中外物理学精品书系

本书出版得到"国家出版基金"资助

国家出版基金项目
NATIONAL PUBLICATION FOUNDATION

普通高等教育"十一五"国家级规划教材

中 外 物 理 学 精 品 书 系

前 沿 系 列 · 8

大气动力学

(第二版)

上册

刘式适 刘式达 编著

北京大学出版社
PEKING UNIVERSITY PRESS

图书在版编目(CIP)数据

大气动力学/刘式适,刘式达编著.—2版.—北京大学出版社,2011.7
(中外物理学精品书系)
ISBN 978-7-301-16158-6

Ⅰ.大…　Ⅱ.①刘…②刘…　Ⅲ.大气动力学　Ⅳ.P433

中国版本图书馆 CIP 数据核字(2009)第 222796 号

书　　名:**大气动力学**(第二版)(上、下)
著作责任者:刘式适　刘式达　编著
责 任 编 辑:顾卫宇
标 准 书 号:ISBN 978-7-301-16158-6/P·0074
出 版 发 行:北京大学出版社
地　　址:北京市海淀区成府路 205 号　100871
网　　址:http://www.pup.cn
电　　话:出版部 62752015　发行部 62750672　编辑部 62752021　出版部 62754962
电 子 邮 箱:zpup@pup.pku.edu.cn
印 刷 者:北京中科印刷有限公司
经 销 者:新华书店
730 毫米×980 毫米　16 开本　42 印张　780 千字
1991 年 10 月第 1 版
2011 年 7 月第 2 版　2017 年 7 月第 2 次印刷
定　　价:99.00 元(上、下册)

序　言

物理学是研究物质、能量以及它们之间相互作用的科学。她不仅是化学、生命、材料、信息、能源和环境等相关学科的基础，同时还是许多新兴学科和交叉学科的前沿。在科技发展日新月异和国际竞争日趋激烈的今天，物理学不仅囿于基础科学和技术应用研究的范畴，而且在社会发展与人类进步的历史进程中发挥着越来越关键的作用。

我们欣喜地看到，改革开放三十多年来，随着中国政治、经济、教育、文化等领域各项事业的持续稳定发展，我国物理学取得了跨越式的进步，做出了很多为世界瞩目的研究成果。今日的中国物理正在经历一个历史上少有的黄金时代。

在我国物理学科快速发展的背景下，近年来物理学相关书籍也呈现百花齐放的良好态势，在知识传承、学术交流、人才培养等方面发挥着无可替代的作用。从另一方面看，尽管国内各出版社相继推出了一些质量很高的物理教材和图书，但系统总结物理学各门类知识和发展，深入浅出地介绍其与现代科学技术之间的渊源，并针对不同层次的读者提供有价值的教材和研究参考，仍是我国科学传播与出版界面临的一个极富挑战性的课题。

为有力推动我国物理学研究、加快相关学科的建设与发展，特别是展现近年来中国物理学者的研究水平和成果，北京大学出版社在国家出版基金的支持下推出了《中外物理学精品书系》，试图对以上难题进行大胆的尝试和探索。该书系编委会集结了数十位来自内地和香港顶尖高校及科研院所的知名专家学者。他们都是目前该领域十分活跃的专家，确保了整套丛书的权威性和前瞻性。

这套书系内容丰富，涵盖面广，可读性强，其中既有对我国传统物理学发展的梳理和总结，也有对正在蓬勃发展的物理学前沿的全面展示；既引进和介绍了世界物理学研究的发展动态，也面向国际主流领域传播中国物理的优秀专著。可以说，《中外物理学精品书系》力图完整呈现近现代世界和中国物理科学发展的全貌，是一部目前国内为数不多的兼具学术价值和阅读乐趣的经典物理丛书。

《中外物理学精品书系》另一个突出特点是，在把西方物理的精华要义“请进来”的同时，也将我国近现代物理的优秀成果“送出去”。物理学科在世界范围内的重要性不言而喻，引进和翻译世界物理的经典著作和前沿动态，可以满足当前国内物理教学和科研工作的迫切需求。另一方面，改革开放几十年来，我国的物理学研究取得了长足发展，一大批具有较高学术价值的著作相继问世。这套丛书首次将一些中国物理学者的优秀论著以英文版的形式直接推向国际相关研究的主流领域，使世界对中国物理学的过去和现状有更多的深入了解，不仅充分展示出中国物理学研究和积累的“硬实力”，也向世界主动传播我国科技文化领域不断创新的“软实力”，对全面提升中国科学、教育和文化领域的国际形象起到重要的促进作用。

值得一提的是，《中外物理学精品书系》还对中国近现代物理学科的经典著作进行了全面收录。20世纪以来，中国物理界诞生了很多经典作品，但当时大都分散出版，如今很多代表性的作品已经淹没在浩瀚的图书海洋中，读者们对这些论著也都是“只闻其声，未见其真”。该书系的编者们在这方面下了很大工夫，对中国物理学科不同时期、不同分支的经典著作进行了系统的整理和收录。这项工作具有非常重要的学术意义和社会价值，不仅可以很好地保护和传承我国物理学的经典文献，充分发挥其应有的传世育人的作用，更能使广大物理学人和青年学子切身体会我国物理学研究的发展脉络和优良传统，真正领悟到老一辈科学家严谨求实、追求卓越、博大精深的治学之美。

温家宝总理在2006年中国科学技术大会上指出，“加强基础研究是提升国家创新能力、积累智力资本的重要途径，是我国跻身世界科技强国的必要条件”。中国的发展在于创新，而基础研究正是一切创新的根本和源泉。我相信，这套《中外物理学精品书系》的出版，不仅可以使所有热爱和研究物理学的人们从中获取思维的启迪、智力的挑战和阅读的乐趣，也将进一步推动其他相关基础科学更好更快地发展，为我国今后的科技创新和社会进步做出应有的贡献。

中国科学院院士，北京大学教授

王恩哥

2010年5月于燕园

内 容 简 介

本书包含大气动力学的主要内容，是作者多年从事该课程教学的结晶. 全书共分十三章，分上、下两册. 上册包括前七章，后六章为下册. 第一章到第五章主要介绍大气动力学的基本方程和最基本的运动规律；第六章应用摄动法建立了描写大气尺度运动的准地转运动方程组；第七章和第八章较全面地介绍大气波动及其传播理论；第九章介绍非线性波动理论；第十章介绍大气能量学；第十一章介绍稳定度理论；第十二章介绍地转适应理论；第十三章介绍最近发展较快的低纬大气动力学.

本书阐述由浅入深、严谨系统；编排精细新颖，应用新的方法叙述大气动力学中的一些概念，如准地转、有效位能等；并介绍大气动力学的最新发展，如非线性波、波的传播理论等. 为了便于教学，每章末并附有复习思考题和习题. 考虑近十多年的研究进展，本书第二版中第九章、第十章、第十二章和第十三章增加了一些相对成熟的内容.

本书可供天气动力学、大气物理学、海洋动力学等专业作为教材或教学参考书，也可供广大从事海洋、气象等方面的科技人员阅读参考.

第二版前言

《大气动力学》第一版已经面世18年了，通过教学和自学中广大读者反映，这本教科书较为系统，叙述严谨而便于学习，内容丰富而便于查找. 不少读者认为从这本书的学习中获得了广泛的大气动力学知识，提高了这方面的理论水平，而且认为“大气动力学”不难学也有兴趣.

尽管该书曾获1995年国家教委高等学校优秀教材一等奖，但由于近二十多年来大气动力学学科的进展，加之在教学中的体会，特别是学者学习的体会，反馈给作者，是极具价值，应当采纳的宝贵意见，因此，有必要对第一版书中的叙述作适当修改，同时改正第一版书中的一些错误. 在北京大学出版社的大力支持下，本书第二版得以问世.

随着我国经济的蓬勃发展和科技教育事业的飞跃进步，我们相信，这本书第二版必将满足广大读者的需要.

在第二版诞生之际，作者再一次深深感谢北京大学许多老师的深切关心和热情支持，也对北京大学出版社和顾卫宇编辑的大力协助和支持表示由衷的谢意.

有关章节的内容与国家海洋局第一海洋研究所海气相互作用课题组作了有益的讨论，在此也向他们表示深切的感谢.

刘式适　刘式达
于北京大学物理学院
2008年8月

第一版前言

多年的学习和工作使我们体会到：总结近 10 多年国内外的科研成果编写出《大气动力学》一书，贡献给广大气象工作者不仅是我们的愿望，也是广大地球流体力学工作者所希望的.

本书是在 1982 年 10 月所编“动力气象学”讲义（上、下册）的基础上修订而成的. 在修订过程中既考虑了教学，又考虑了学科的发展；既注意了系统性，又注意便于自学，使初学者能循序渐进地学习它既不感到多大困难又发生兴趣. 当然，编写本书的主要目的还是在于使大学生通过学习掌握大气动力学的基础理论，且学会应用近代数学、物理的方法去解决大气动力学的基本问题，并从中了解本学科需要进一步探索和发展之处，从而在今后的学习和工作中去攻克它，为祖国的气象事业和四个现代化服务.

全书共分十三章，第一章到第五章主要介绍大气动力学的基本方程和最基本的运动规律；第六章应用摄动法建立了描写大气大尺度运动的准地转运动方程组；第七章和第八章较全面地介绍大气波动及其传播理论；第七章介绍近十多年发展的非线性波动理论；第十章介绍大气能量学；第十一章介绍稳定度理论；第十二章介绍地转适应理论；第十三章介绍近几年发展较快的低纬大气动力学.

本书内容除参考国内外有关的重要著作外，还包含了近些年我们和国内外一些学者的重要科研成果. 本书的编写出版还要感谢一贯对本书的出版给以极大关心的谢义炳教授，杨大升教授主编的“动力气象学”也给本书以极大的启发，陶祖钰副教授阅读了本书的全部书稿，并提出了许多宝贵的意见. 北大出版社邱淑清同志对本书的出版作了极大的努力，我们在此深表感谢. 还要说明的是，本书的出版得到了中国科学院大气物理所曾庆存教授的热情支持和大气所开放实验室的大力资助，在此深表谢意.

限于编者的水平，本书一定有不少缺点和错误，希望读者指正.

目　　录

上　　册

下 册

第一章　大气运动的基本方程

本章的主要内容有：

简述地球的特征及其对大气运动的影响；

分析大气中的力场，并建立大气运动的基本方程，这些方程主要有：运动方程(Newton 第二定律)、连续性方程(质量守恒定律)、状态方程(气体状态定律)、热力学方程(热力学第一定律)和水汽方程(水汽质量守恒定律)；

指出大气运动的湍流性，并根据湍流半经验理论将上述方程平均化；

建立描写大气运动的封闭方程组，并给出常用的初始条件和边界条件.

§1.1　地球与大气的基本特征

一、地球的基本特征

地球一方面绕太阳公转(一年 365.25 天绕太阳一周)，另一方面又绕自己的轴(称为地轴)自西向东旋转. 对太阳而言，自转一周的时间平均为 24 小时(称为太阳日)；对恒星而言，自转一周的时间平均为 23 小时 56 分 4 秒(称为恒星日).

地球自转角速度为一矢量，记为 $\boldsymbol{\Omega}$，见图 1.1. 其方向为地轴方向，即垂直于旋转平面，并与旋转平面构成右手螺旋系统；$\boldsymbol{\Omega}$ 的大小按恒星日计算为

$$\Omega = \frac{2\pi}{1\ \text{恒星日}} = \frac{2\pi}{86\,164\ \mathrm{s}} \approx 7.292 \times 10^{-5}\ \mathrm{s}^{-1}.$$

地球自转对大气运动有重大的影响，而地球公转主要决定一年四季的变化，但对大气运动影响极小.

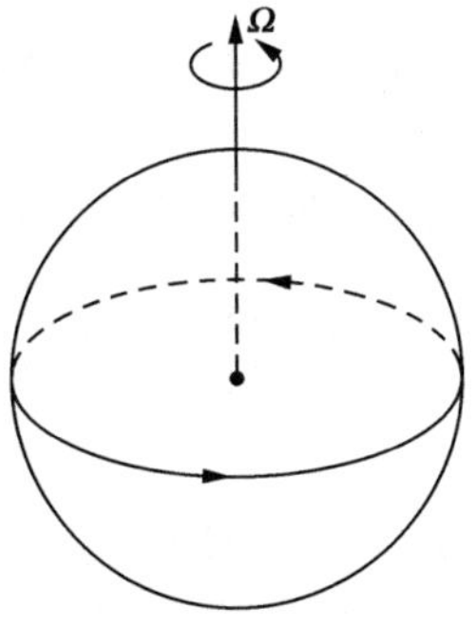

图 1.1　地球自转角速度

地球可视为一椭球体，赤道半径 $a_e \approx 6.378 \times 10^6\ \mathrm{m}$，极地半径 $a_p \approx 6.357 \times 10^6\ \mathrm{m}$，两半径之差约 21 km. 又地球上最高的山脉高度不超过 10 km，所以，地球一般可作为球体来处理. 设与椭球体同体积的球体半径为 a(称为地球的平均半径)，则

$$a \approx 6.371 \times 10^6\ \mathrm{m};$$

地球的质量经推算为

$$M \approx 5.976 \times 10^{24}\ \mathrm{kg}.$$

二、大气的基本特征

大气环绕地球并与地球一道旋转，地球大气总质量约为

$$M_a \approx 5.136 \times 10^{18}\,\mathrm{kg}.$$

标准大气压为一大气压，其数值为

$$P_0 = 1013.25\,\mathrm{hPa} \approx 1000\,\mathrm{hPa},$$

它即是常说的海平面气压，标准大气密度数值为

$$\rho_0 \approx 1.29\,\mathrm{kg} \cdot \mathrm{m}^{-3},$$

它即是常说的海平面附近的大气密度. 大气密度和压强都随高度的增加而减小. 大约 95%的大气质量集中在离地面 20 km 高度以下，这层大气相对于地球半径是很薄的，但其中有千变万化的天气. 这层大气连续地充满该层的整个空间，可视为连续介质，因而其中一切物理量都可视为时间和空间的连续函数. 即大气的任一微小部分(空气微团)可以作为“点”来处理，称为空气质点.

§1.2　绝对运动与相对运动

对于地球而言，固定在地球上的观测者与地球一道旋转，他所观测到的大气运动是相对于旋转地球的相对运动，而对于在恒星上的观测者而言，它所观测到的大气运动是绝对运动.

设原点位于地球中心，坐标轴方向相对于恒星(如太阳)是固定的坐标系为惯性坐标系；而原点也在地球中心，但坐标轴固定在地球上的坐标系为旋转坐标系. 对于矢量 $\boldsymbol{A}$，设它在惯性坐标系和在旋转坐标系中随时间的变化率分别为 $\frac{\mathrm{d_a}\boldsymbol{A}}{\mathrm{d}t}$ 和 $\frac{\mathrm{d}\boldsymbol{A}}{\mathrm{d}t}$，因而，依力学基本原理，$\frac{\mathrm{d_a}\boldsymbol{A}}{\mathrm{d}t}$ 应是 $\frac{\mathrm{d}\boldsymbol{A}}{\mathrm{d}t}$ 与因旋转坐标系以角速度 $\boldsymbol{\Omega}$ 旋转而引起的 $\boldsymbol{A}$ 的变化 $\boldsymbol{\Omega} \times \boldsymbol{A}$ 之和，即

$$\frac{\mathrm{d_a}\boldsymbol{A}}{\mathrm{d}t} = \frac{\mathrm{d}\boldsymbol{A}}{\mathrm{d}t} + \boldsymbol{\Omega} \times \boldsymbol{A}. \tag{1.1}$$

对于空气微团的位置矢量(矢径)$\boldsymbol{r}$，上式化为

$$\boldsymbol{V}_a = \boldsymbol{V} + \boldsymbol{\Omega} \times \boldsymbol{r}. \tag{1.2}$$

它表示空气微团的绝对速度 $\boldsymbol{V}_a \equiv \frac{\mathrm{d_a}\boldsymbol{r}}{\mathrm{d}t}$ 等于它的相对速度 $\boldsymbol{V} \equiv \frac{\mathrm{d}\boldsymbol{r}}{\mathrm{d}t}$ 与因地球自转而引起的牵连速度 $\boldsymbol{V}_c \equiv \boldsymbol{\Omega} \times \boldsymbol{r}$ 之和.

取旋转坐标系原点在球心 O，空气微团所在空间一点为 P，则 $\boldsymbol{r} = \overrightarrow{OP}$；取地轴到 P 点且垂直于地轴的矢径为 $\boldsymbol{R}$($\boldsymbol{R}$ 的大小 R 称为通过 P 点的纬圈半径)，如图

1.2，$\boldsymbol{R}=\overrightarrow{O'P}$；因

$$\boldsymbol{r}=\overrightarrow{OO'}+\boldsymbol{R},$$

则

$$\boldsymbol{\Omega}\times\boldsymbol{r}=\boldsymbol{\Omega}\times(\overrightarrow{OO'}+\boldsymbol{R})=\boldsymbol{\Omega}\times\boldsymbol{R}. \tag{1.3}$$

上式表示：因地球旋转产生的牵连速度 $\mathbf{V}_c$ 既垂直于 $\boldsymbol{\Omega}$ 又垂直于 $\boldsymbol{R}$，因而与通过 P 点的纬圈相切，方向自西向东.

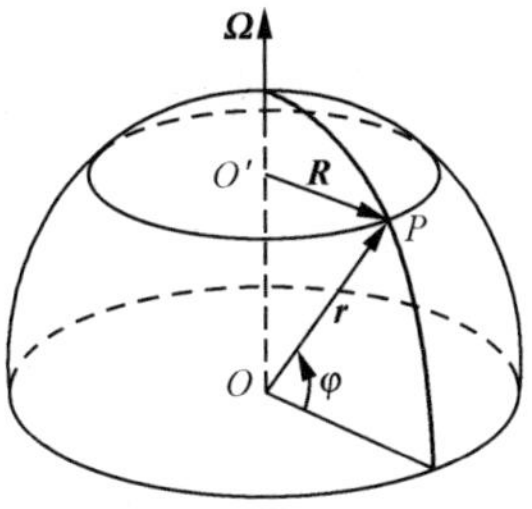

图 1.2 $\boldsymbol{r}$ 与 $\boldsymbol{R}$

将(1.3)式代入(1.2)式，则空气微团的绝对速度可表为

$$\mathbf{V}_a=\mathbf{V}+\boldsymbol{\Omega}\times\boldsymbol{R}. \tag{1.4}$$

同样，由(1.1)式可以得到空气微团的绝对加速度为

$$\frac{\mathrm{d_a}\mathbf{V}_a}{\mathrm{d}t}=\frac{\mathrm{d}\mathbf{V}_a}{\mathrm{d}t}+\boldsymbol{\Omega}\times\mathbf{V}_a.$$

(1.2)式代入上式得到

$$\frac{\mathrm{d_a}\mathbf{V}_a}{\mathrm{d}t}=\frac{\mathrm{d}}{\mathrm{d}t}(\mathbf{V}+\boldsymbol{\Omega}\times\boldsymbol{r})+\boldsymbol{\Omega}\times(\mathbf{V}+\boldsymbol{\Omega}\times\boldsymbol{r})=\frac{\mathrm{d}\mathbf{V}}{\mathrm{d}t}+2\boldsymbol{\Omega}\times\mathbf{V}+\boldsymbol{\Omega}\times(\boldsymbol{\Omega}\times\boldsymbol{r}). \tag{1.5}$$

其中 $\mathrm{d}\mathbf{V}/\mathrm{d}t$ 为相对加速度，$2\boldsymbol{\Omega}\times\mathbf{V}$ 为 Coriolis 加速度，$\boldsymbol{\Omega}\times(\boldsymbol{\Omega}\times\boldsymbol{r})$为地球旋转产生的牵连加速度. 上式表明：空气微团的绝对加速度等于相对加速度、Coriolis 加速度与牵连加速度之和.

对于牵连加速度，依(1.3)式

$$\boldsymbol{\Omega}\times(\boldsymbol{\Omega}\times\boldsymbol{r})=\boldsymbol{\Omega}\times(\boldsymbol{\Omega}\times\boldsymbol{R})=(\boldsymbol{\Omega}\cdot\boldsymbol{R})\boldsymbol{\Omega}-(\boldsymbol{\Omega}\cdot\boldsymbol{\Omega})\boldsymbol{R}=-\Omega^2\boldsymbol{R},$$

这样，(1.5)式可改写为

$$\frac{\mathrm{d_a}\mathbf{V}_a}{\mathrm{d}t}=\frac{\mathrm{d}\mathbf{V}}{\mathrm{d}t}+2\boldsymbol{\Omega}\times\mathbf{V}-\Omega^2\boldsymbol{R}. \tag{1.6}$$

§1.3 运动方程

运动方程是 Newton 第二定律的数学表述. Newton 第二定律指出：在惯性坐标系中，作用于物体上的力等于物体的质量与其加速度的乘积. 对于单位质量的空气微团而言，设其受力为 $\boldsymbol{F}_i(i=1,2,\cdots)$，因而运动方程可表为

$$\frac{\mathrm{d_a}\mathbf{V}_a}{\mathrm{d}t}=\sum_i\boldsymbol{F}_i.$$

将(1.6)式代入上式，得到

$$\frac{\mathrm{d}\mathbf{V}}{\mathrm{d}t}+2\boldsymbol{\Omega}\times\mathbf{V}-\Omega^2\boldsymbol{R}=\sum_i\boldsymbol{F}_i. \tag{1.7}$$

若不考虑电磁力,则在惯性坐标系中单位质量空气微团所受的作用力有下列三种.

一、地心引力

地心引力是万有引力的一种,单位质量空气微团所受的地心引力为

$$\boldsymbol{g}_a \equiv -\frac{GM}{r^3}\boldsymbol{r}, \tag{1.8}$$

其中

$$G = 6.668 \times 10^{-11}\,\mathrm{kg^{-1} \cdot m^3 \cdot s^{-2}}$$

为引力常数,M 为地球质量,$\boldsymbol{r}$ 为矢径,$r=|\boldsymbol{r}|$.

由此便知:地心引力 $\boldsymbol{g}_a$ 的方向指向球心,大小与 r^2 成反比.

不难证明(见本章末习题 6):地心引力 $\boldsymbol{g}_a$ 是位势力或保守力,即它可表为

$$\boldsymbol{g}_a = -\nabla \phi_a, \tag{1.9}$$

其中 ∇ 为 Hamilton 算子,ϕ_a 称为引力位势,它的空间微分为

$$\delta\phi_a = \nabla \phi_a \cdot \delta\boldsymbol{r} = -\boldsymbol{g}_a \cdot \delta\boldsymbol{r},$$

其中 $\delta\boldsymbol{r}$ 为矢径 $\boldsymbol{r}$ 的空间微分. 由上式求得

$$\phi_a = -\int \boldsymbol{g}_a \cdot \delta\boldsymbol{r} = \int \frac{GM}{r^3}\boldsymbol{r} \cdot \delta\boldsymbol{r} = \int \frac{GM}{r^2}\delta r = -\frac{GM}{r} + C_1,$$

其中 C_1 为积分常数. 如取极地海平面($r=a_p$)的引力位势为零,则由上式定得 $C_1 = \frac{GM}{a_p}$,因而

$$\phi_a = -\frac{GM}{r} + \frac{GM}{a_p} = GM\left(\frac{1}{a_p} - \frac{1}{r}\right).$$

所以,等引力位势面为同心球面,且 ϕ_a 随 r 的增加而增加.

二、气压梯度力

气压梯度力是由于空气压强不均匀,周围空气对空气微团的作用力. 单位质量空气微团所受的气压梯度力为

$$\boldsymbol{G} \equiv -\frac{1}{\rho}\nabla p, \tag{1.10}$$

其中 ρ 为空气密度,p 为空气压强.

由此便知:气压梯度力 $\boldsymbol{G}$ 的方向垂直于等压面,且由高压指向低压,大小与气压梯度 ∇p的大小$|\nabla p|$成正比,与空气密度成反比.

三、分子黏性力(分子摩擦力)

分子黏性力是空气速度分布不均匀的情况下,由于空气分子运动引起动量输

送的表现.单位质量空气微团所受的分子黏性力可表为

$$\boldsymbol{F} \equiv \nu \nabla^2 \boldsymbol{V} + \frac{\nu}{3} \nabla(\nabla \cdot \boldsymbol{V}), \tag{1.11}$$

其中 ∇^2 为 Laplace 算子,ν 称为运动学分子黏性系数.通常还引进动力学分子黏性系数 μ,它与 ν 的关系为

$$\nu = \mu/\rho. \tag{1.12}$$

在海平面附近,通常取

$$\mu = 1.72 \times 10^{-5}\ \mathrm{kg \cdot m^{-1} \cdot s^{-1}}, \quad \nu = 1.34 \times 10^{-5}\ \mathrm{m^2 \cdot s^{-1}}.$$

有时,分子黏性力 $\boldsymbol{F}$ 也可用分子黏性应力张量 τ_{ij} 表示为

$$F_j = \frac{1}{\rho} \frac{\partial \tau_{ij}}{\partial x_i}.$$

把地心引力、气压梯度力和分子黏性力三者代入到运动方程(1.7)的右端,并把(1.7)式左端第二项和第三项移至右端,则运动方程(1.7)化为

$$\frac{\mathrm{d}\boldsymbol{V}}{\mathrm{d}t} = \boldsymbol{g}_a + \Omega^2 \boldsymbol{R} - 2\boldsymbol{\Omega} \times \boldsymbol{V} - \frac{1}{\rho} \nabla p + \boldsymbol{F}. \tag{1.13}$$

上述运动方程的表示意味着是在与地球一道旋转的坐标系中考察大气运动.

这样,依 D'Alembert 原理,在旋转坐标系中又增加了两个力,它们是:

四、Coriolis 力(地转偏向力)

对单位质量空气微团而言,Coriolis 力表示为

$$\boldsymbol{C} \equiv -2\boldsymbol{\Omega} \times \boldsymbol{V}, \tag{1.14}$$

是由于地球旋转及空气微团相对于地球有运动而产生.Coriolis 力 $\boldsymbol{C}$ 垂直于 $\boldsymbol{\Omega}$ 和 $\boldsymbol{V}$,且在北半球指向运动的右方.因 $\boldsymbol{C}$ 垂直于 $\boldsymbol{V}$,所以,Coriolis 力对空气微团运动不作功.即它只能改变速度的方向,不能改变速度的大小,故 Coriolis 力又有地转偏向力之称.

五、惯性离心力

对单位质量空气微团而言,惯性离心力为

$$\boldsymbol{F}_c \equiv \Omega^2 \boldsymbol{R}, \tag{1.15}$$

是由于地球自转所引起,惯性离心力 $\boldsymbol{F}_c$ 的方向垂直于地轴向外(即 $\boldsymbol{R}$ 的方向),大小为 $\Omega^2 R$ $(R = |\boldsymbol{R}|)$.在极地点,因 $R=0$,所以,在极地点无惯性离心力的作用.

同样,也不难证明(见本章末习题 6),惯性离心力 $\boldsymbol{F}_c$ 与地心引力 $\boldsymbol{g}_a$ 一样也是位势力或保守力,即它可表为

$$\Omega^2 \boldsymbol{R} = -\nabla \phi_c,$$

其中 ϕ_c 称为惯性离心力位势.它的空间微分为

$$\delta\phi_c = \nabla\phi_c \cdot \delta\boldsymbol{r} = -\Omega^2\boldsymbol{R}\cdot\delta\boldsymbol{r} = -\Omega^2\boldsymbol{R}\cdot\delta\boldsymbol{R},$$

其中 $\delta\boldsymbol{R}$ 为 $\boldsymbol{R}$ 的空间微分.由上式求得

$$\phi_c = -\int\Omega^2\boldsymbol{R}\cdot\delta\boldsymbol{R} = -\int\Omega^2 R\delta R = -\frac{1}{2}\Omega^2R^2 + C_2,$$

其中 δR 为 R 的空间微分,C_2 为积分常数.如规定在地轴上($R=0$)的离心力位势为零,则由上式定得 $C_2=0$,因而

$$\phi_c = -\frac{1}{2}\Omega^2R^2.$$

所以,等离心力位势面为同轴圆柱面,且 $\phi_c<0$,其绝对值随 R 的增加而增加.

我们上面分析了五种力,它们就是通常所说的空气微团的作用力.在这些力中与地球有关但与空气运动无关的有地心引力 $\boldsymbol{g}_a$ 与惯性离心力 $\Omega^2\boldsymbol{R}$.如地球不旋转,静止空气微团所受地球的作用力就只有地心引力 $\boldsymbol{g}_a$.然而,实际地球是自转的,因而单纯的地心引力 $\boldsymbol{g}_a$ 无法测量到,实际测量到的是地心引力 $\boldsymbol{g}_a$ 和惯性离心力 $\Omega^2\boldsymbol{R}$ 的合力,也就是通常所说的重力.对单位质量的空气微团而言,它表为

$$\boldsymbol{g} \equiv \boldsymbol{g}_a + \Omega^2\boldsymbol{R}. \tag{1.16}$$

重力的简单图像见图 1.3.

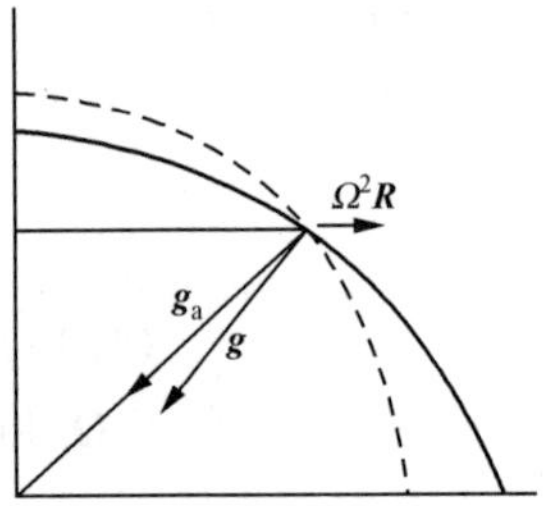

图 1.3 重力

因 $\boldsymbol{g}_a$ 指向球心,$\Omega^2\boldsymbol{R}$ 垂直于地轴向外,因而,除赤道和极地而外,$\boldsymbol{g}$ 并不指向球心,而具有指向赤道方向的分量.正由于存在惯性离心力,使地球成为椭球体,赤道半径比极地半径约长 21 km.但这个差值比起地球平均半径来讲是微不足道的,因此,在地球流体(海洋及大气)动力学中仍把地球处理为一球形.

因 $\boldsymbol{g}_a$ 和 $\Omega^2\boldsymbol{R}$ 都是位势力,所以,重力 $\boldsymbol{g}$ 也是位势力,即它可表为

$$\boldsymbol{g} = -\nabla\phi, \tag{1.17}$$

其中 ϕ 称为重力位势,它为引力位势 ϕ_a 和离心力位势 ϕ_c 之和,即

$$\phi = \phi_a + \phi_c = GM\left(\frac{1}{a_p} - \frac{1}{r}\right) - \frac{1}{2}\Omega^2R^2. \tag{1.18}$$

从(1.17)式便知:重力 $\boldsymbol{g}$ 的方向垂直于等重力位势面,且由高重力位势值指向低重力位势值.$\boldsymbol{g}$ 的大小即是重力加速度 $g=|\boldsymbol{g}|$.因重力位势 ϕ 随 r 和 R 变化,引进纬度 φ 和海拔高度 z,由图 1.2 知

$$R = r\cos\varphi, \quad r = a + z.$$

因而重力加速度 g 随纬度 φ 和高度 z 的变化而变化.通常,g 随纬度 φ 的增加而增加,随高度 z 的增加而减小.设在海平面($z=0$),g 随 φ 的变化记为 $g_0(\varphi)$.据分析有

$$g_0(\varphi) = g_0(0)(1 + 0.005\,302\sin^2\varphi - 0.000\,007\sin^2 2\varphi),$$

其中 $g_0(0)=9.780\,31\,\mathrm{m\cdot s^{-2}}$ 为赤道海平面处的重力加速度，由上式可算得极地海平面处重力加速度的数值为 $g_0(\pi/2)=9.830\,28\,\mathrm{m\cdot s^{-2}}$. g 随 φ 和 z 的变化，常采用下列公式计算

$$g = g_0(\varphi)(1 - 3.14\times 10^{-7}z),$$

其中 z 用米做单位.

对于 $z=20\,\mathrm{km}$ 以下的大气，我们通常就取 $g=9.8\,\mathrm{m\cdot s^{-2}}$ 来计算. 若认为 $\boldsymbol{g}$ 的方向指向球心，则重力位势 ϕ 的空间微分为

$$\delta\phi = \nabla\phi\cdot\delta\boldsymbol{r} = -\boldsymbol{g}\cdot\delta\boldsymbol{r} \approx g\delta z,$$

其中 δz 为 z 的空间微分. 若规定在海平面 $\phi=0$，则由上式求得重力位势 ϕ 为

$$\phi = \int_0^z g\delta z \approx g_0(\varphi)z \approx gz. \tag{1.19}$$

所以，重力位势 ϕ 表示移动单位质量空气微团从海平面 $(z=0)$ 到 z 高度，克服重力所作的功，其数值近似等于重力加速度 $g_0(\varphi)$ 乘以海拔高度 z. 在 z 不太大时，ϕ 就用 gz 来代替.

利用(1.18)式，我们可以画出等重力位势面的大致形势，见图 1.4 中的实线. 若取等 ϕ_a 面与等 ϕ_c 面的间隔都为 $10^7\,\mathrm{m^2\cdot s^{-2}}$，则穿过等 ϕ_a 面与等 ϕ_c 面的交点就是等 ϕ 面. 由图 1.4 可知，等重力位势面间的几何距离是不同的，在极地密(g 数值相对大)赤道疏(g 数值相对小).

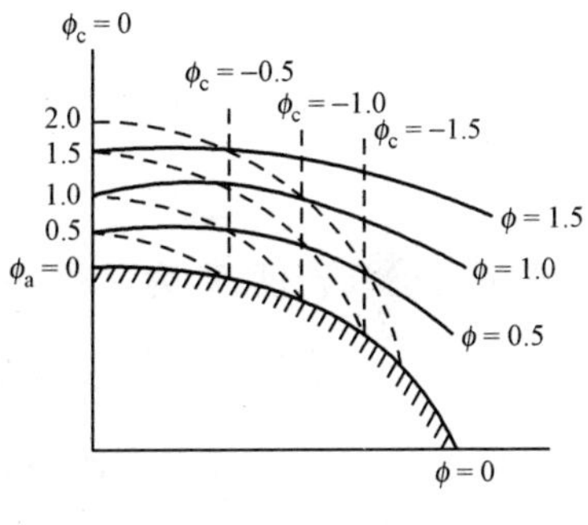

图 1.4 等重力位势面

实际工作中，考虑到用“几何米”这把尺子去量度重力位势时，等重力位势面不平行的特点，又考虑到两重力位势面重力位势差值相同的事实，设计了“位势米(gpm)”① 尺子去量度重力位势. 因由(1.18)式，当 $z=1\,\mathrm{m}$ 时，$\phi\approx 9.8\,\mathrm{m^2\cdot s^{-2}}$. 为了使这两把尺子在数值上更接近，我们定义

$$1\,\mathrm{gpm} = 9.8\,\mathrm{m^2\cdot s^{-2}},$$

并引进位势米 $(\mathrm{m^2\cdot s^{-2}})$ 的当量 C

$$C = 9.8\,\mathrm{m^2\cdot s^{-2}/gpm},$$

则用位势米做单位的重力位势为

$$z_g = \frac{1}{C}\phi = \frac{1}{C}\int_0^z g\delta z \approx \frac{1}{C}g_0(\varphi)z.$$

z_g 称为位势高度，它的本质不是高度，而是重力位势. 引入位势高度后，它用位势米

① 单位 gpm 为气象学中常用单位.

做单位，它就像哈哈镜一样，把几何上本来不平行的等重力位势面，变成彼此平行了. 以致认为重力只在 z_g 上有分量，而且 z_g 在数值上与 z 很接近. 因 $g_0(\varphi)z \approx Cz_g$，因而若 z 用 z_g 代替，则 g_0 就用 C 代替.

将(1.16)式代入(1.13)式得到

$$\frac{\mathrm{d}\boldsymbol{V}}{\mathrm{d}t} = \boldsymbol{g} - \frac{1}{\rho}\nabla p - 2\boldsymbol{\Omega} \times \boldsymbol{V} + \boldsymbol{F}. \tag{1.20}$$

这就是在地球上常用到的描述大气运动的运动方程或 Navier-Stokes 方程的矢量形式，其中

$$\frac{\mathrm{d}}{\mathrm{d}t} \equiv \frac{\partial}{\partial t} + \boldsymbol{V} \cdot \nabla \tag{1.21}$$

称为个别微商(或物质导数、随体微商、个别变化)，$\frac{\partial}{\partial t}$称为局地微商(或局地变化)，$\boldsymbol{V} \cdot \nabla$ 称为迁移变化. 在(1.20)式中$-\frac{\mathrm{d}\boldsymbol{V}}{\mathrm{d}t}$称为惯性力.

§1.4　连续性方程

连续性方程是质量守恒定律的数学表述，它表为

$$\frac{\mathrm{d}\rho}{\mathrm{d}t} + \rho\nabla \cdot \boldsymbol{V} = 0, \tag{1.22}$$

其中 ρ 为空气密度，$\boldsymbol{V}$ 为速度. 由于

$$\frac{\mathrm{d}\rho}{\mathrm{d}t} = \frac{\partial\rho}{\partial t} + \boldsymbol{V} \cdot \nabla\rho, \quad \nabla \cdot \rho\boldsymbol{V} = \rho\nabla \cdot \boldsymbol{V} + \boldsymbol{V} \cdot \nabla\rho,$$

连续性方程(1.22)式可以改写为

$$\frac{\partial\rho}{\partial t} + \nabla \cdot \rho\boldsymbol{V} = 0. \tag{1.23}$$

在上述诸式中，$\nabla \cdot \rho\boldsymbol{V}$ 称为质量散度，$\nabla \cdot \boldsymbol{V}$ 称为速度散度. 在大气中 $\boldsymbol{V}$ 的水平运动部分，即空气的水平运动通常称为风，记为 $\boldsymbol{V}_h$. 相应，$\boldsymbol{V}_h$ 的散度称为水平速度散度或水平辐散辐合.

若定义

$$\alpha \equiv 1/\rho, \tag{1.24}$$

称为比容，则连续性方程也可表为

$$\frac{\mathrm{d}\alpha}{\mathrm{d}t} = \alpha\nabla \cdot \boldsymbol{V}. \tag{1.25}$$

如密度定常，$\frac{\partial\rho}{\partial t}=0$，此时流体可称为非弹性流体，连续性方程写为

$$\nabla \cdot \rho\boldsymbol{V} = 0. \tag{1.26}$$

对于密度的空间变化和时间变化都很小的流体(它可以称为准均匀不可压缩流体),可忽略 $\mathrm{d}\rho/\mathrm{d}t$对于质量平衡的影响,因而连续性方程可近似地写为

$$\nabla \cdot \boldsymbol{V} = 0. \tag{1.27}$$

必须注意,上式忽略了 $\mathrm{d}\rho/\mathrm{d}t$,意味着不考虑 $\mathrm{d}\rho/\mathrm{d}t$ 在质量平衡中的作用,但 $\mathrm{d}\rho/\mathrm{d}t$ 还要受热力学的规律所制约.

§1.5 状态方程

大气状态方程即是理想气体的 Clapeyron 定律的数学表述,它可表为

$$p = \rho RT, \tag{1.28}$$

或

$$p\alpha = RT, \tag{1.29}$$

其中 p 是气体,T 是气温,

$$R = 287\,\mathrm{J \cdot kg^{-1} \cdot K^{-1}}$$

为干空气的气体常数.

对于湿空气,状态方程仍可以用(1.28)式或(1.29)式进行精确计算,只要把其中的温度 T 改为虚温 T_v 即可. T_v 与 T 的关系为

$$T_\mathrm{v} = T(1 + 0.608q), \tag{1.30}$$

其中 q 称为比湿.

对于像水这样的流体,压力变化引起的密度很小,状态方程可简写为

$$\rho = \rho_0[1 - \beta_T(T - T_0)], \tag{1.31}$$

其中

$$\beta_T = -\frac{1}{\rho}\left(\frac{\partial\rho}{\partial T}\right)_p \tag{1.32}$$

为热膨胀系数,ρ_0,T_0 分别为标准状态的密度和温度.

关于海水,尚需考虑海水的盐度 S,其状态方程可以写为

$$\rho = \rho_0[1 - \beta_T(T - T_0) + \beta_S(S - S_0)], \tag{1.33}$$

其中

$$\beta_S = \frac{1}{\rho}\left(\frac{\partial\rho}{\partial S}\right)_{p,T} \tag{1.34}$$

为盐压缩系数,S_0 为标准状态的盐度. 对于海水,通常取 $\rho_0 = 1.03\times10^3\,\mathrm{kg\cdot m^{-3}}$, $T_0 = 289\,\mathrm{K}$, $S_0 = 3.5\times10^{-4}$, $\beta_T = (2\pm1.5)\times10^{-4}\,\mathrm{K^{-1}}$, $\beta_S = (7.6\pm0.2)\times10^{-1}$.

对于大气,常引入一个新的温度,它称为位温,记为 θ,它是将空气微团通过绝热过程移动到压强 $P_0 = 1000\,\mathrm{hPa}$ 处的温度,其表达式为

$$\theta = T\left(\frac{P_0}{p}\right)^{R/c_p}, \tag{1.35}$$

其中

$$c_p = 1.005 \times 10^3 \mathrm{J \cdot kg^{-1} \cdot K^{-1}}$$

为空气的定压比热.

类似于位温,还可以引入位密度 ρ_θ,它是空气微团通过绝热过程移动到压强 $P_0=1000\,\mathrm{hPa}$ 处的密度,即

$$\rho_\theta = \frac{P_0}{R\theta}. \tag{1.36}$$

将(1.35)式代入到上式,得到

$$\rho_\theta = \rho\left(\frac{P_0}{p}\right)^{1/\gamma}, \tag{1.37}$$

其中

$$\gamma \equiv c_p/c_V \approx 1.4 \tag{1.38}$$

称为 Poisson 指数,而

$$c_V = 718\,\mathrm{J \cdot kg^{-1} \cdot K^{-1}}$$

为空气的定容比热;c_p,c_V 与 R 之间的关系为

$$c_p - c_V = R. \tag{1.39}$$

§1.6 热力学方程

热力学方程是热力学第一定律的数学表述,在不计分子黏性耗损时,它可以有如下几种表述形式.

一、用气温、比容表述

$$c_V\frac{\mathrm{d}T}{\mathrm{d}t} + p\frac{\mathrm{d}\alpha}{\mathrm{d}t} = Q, \tag{1.40}$$

Q 是单位质量空气在单位时间内从外界得到的热量,它包括通过分子热传导、辐射、相变等方式传输的热量.

(1.40)式是经典的热力学第一定律的表述形式.它表示单位质量空气从外界吸收的热量等于空气内能 c_VT 的增加和对外作功之和.

二、用气压、气温表述

将状态方程(1.29)式个别微商有

$$p\frac{\mathrm{d}\alpha}{\mathrm{d}t} + \alpha\frac{\mathrm{d}p}{\mathrm{d}t} = R\frac{\mathrm{d}T}{\mathrm{d}t}, \tag{1.41}$$

把它代入到(1.40)式,并利用(1.39)式,消去 α 得到

$$c_p \frac{\mathrm{d}T}{\mathrm{d}t} - \alpha \frac{\mathrm{d}p}{\mathrm{d}t} = Q. \tag{1.42}$$

三、用气压、密度表述

将(1.41)式代入到(1.40)式,并利用(1.39)式,消去 T 得到

$$\frac{\mathrm{d}\ln p}{\mathrm{d}t} + \gamma \frac{\mathrm{d}\ln\alpha}{\mathrm{d}t} = \frac{1}{c_V T} Q, \tag{1.43}$$

或利用 $\alpha = 1/\rho$,则上式改写为

$$\frac{\mathrm{d}\ln p}{\mathrm{d}t} - \gamma \frac{\mathrm{d}\ln\rho}{\mathrm{d}t} = \frac{1}{c_V T} Q. \tag{1.44}$$

四、用位温表述

将位温公式(1.35)取对数有

$$\ln\theta = \ln T - \frac{R}{c_p}\ln p + \frac{R}{c_p}\ln P_0,$$

上式两端作个别微商得

$$\frac{\mathrm{d}\ln\theta}{\mathrm{d}t} = \frac{\mathrm{d}\ln T}{\mathrm{d}t} - \frac{R}{c_p}\frac{\mathrm{d}\ln p}{\mathrm{d}t}.$$

再将上式代入到(1.42)式得到

$$\frac{\mathrm{d}\ln\theta}{\mathrm{d}t} = \frac{1}{c_p T} Q. \tag{1.45}$$

若令

$$s = c_p \ln\theta = c_p \ln T - R\ln p + R\ln P_0 \tag{1.46}$$

为单位质量空气的熵(entropy),则(1.45)式可改写为

$$T\frac{\mathrm{d}s}{\mathrm{d}t} = Q. \tag{1.47}$$

在空气运动的短期变化过程中,可以认为空气微团与外界无热量交换,这就是绝热过程.此时,上述四种热力学方程的表述形式(1.40),(1.42),(1.44)和(1.45)式分别变为下列四种形式的绝热方程

$$c_V \frac{\mathrm{d}T}{\mathrm{d}t} + p\frac{\mathrm{d}\alpha}{\mathrm{d}t} = 0, \tag{1.48}$$

$$c_p \frac{\mathrm{d}T}{\mathrm{d}t} - \alpha\frac{\mathrm{d}p}{\mathrm{d}t} = 0, \tag{1.49}$$

$$\frac{\mathrm{d}\ln p}{\mathrm{d}t} - \gamma\frac{\mathrm{d}\ln\rho}{\mathrm{d}t} = 0, \tag{1.50}$$

$$\frac{\mathrm{d}\theta}{\mathrm{d}t} = 0 \quad 或 \quad \frac{\mathrm{d}\ln\theta}{\mathrm{d}t} = 0. \tag{1.51}$$

(1.51)式即是绝热过程中的位温守恒定律，它表示在干绝热过程中，位温 θ 是守恒量. 这里，我们体会到，将气压 p 和气温 T 综合成位温 θ，具有很大的优越性，这是大气动力学所特有的.

对于湿空气，它上升到凝结高度后，因冷却而凝结，因而释放凝结潜热，这部分热量可表为

$$Q_c = -L\frac{\mathrm{d}q_s}{\mathrm{d}t}, \tag{1.52}$$

其中 q_s 为饱和比湿，

$$L = 2.5\times 10^6 \mathrm{J\cdot kg^{-1}}$$

是单位质量水汽的凝结潜热.

若仅考虑凝结潜热释放，不考虑其他非绝热因子的作用，这种过程在形式上也可以化为绝热过程来处理，称为湿绝热过程.

考虑凝结潜热的热力学方程可以写为

$$c_p\frac{\mathrm{d}T}{\mathrm{d}t} - \alpha\frac{\mathrm{d}p}{\mathrm{d}t} = -L\frac{\mathrm{d}q_s}{\mathrm{d}t} \quad 或 \quad c_pT\frac{\mathrm{d}\ln\theta}{\mathrm{d}t} = -L\frac{\mathrm{d}q_s}{\mathrm{d}t},$$

上式两边除以 c_pT，且考虑 $\frac{1}{T}\frac{\mathrm{d}T}{\mathrm{d}t} \ll \frac{1}{q_s}\frac{\mathrm{d}q_s}{\mathrm{d}t}$，则上式近似化为

$$\frac{\mathrm{d}\ln\theta}{\mathrm{d}t} = -\frac{\mathrm{d}}{\mathrm{d}t}\left(\frac{Lq_s}{c_pT}\right). \tag{1.53}$$

由上式可知：在干绝热过程中，位温 θ 是守恒量，但在湿绝热过程中，位温 θ 不再守恒. 在饱和湿空气的上升过程中 q_s 减小，θ 增加. 若引进相当位温 θ_e，其定义为

$$\theta_e = \theta e^{Lq_s/c_pT}. \tag{1.54}$$

这样，湿绝热方程(1.53)可化为

$$\frac{\mathrm{d}\ln\theta_e}{\mathrm{d}t} = 0 \quad 或 \quad \frac{\mathrm{d}\theta_e}{\mathrm{d}t} = 0. \tag{1.55}$$

由此可知，考虑了水汽凝结潜热以后，尽管位温 θ 不守恒，但相当位温 θ_e 是守恒的，这也是湿绝热过程名称的意义. 位温 θ 综合了气压和气温，而相当位温 θ_e 又将饱和比湿综合了进来，这就具有极大的优越性. 一般在等压面上，高温(θ 大)高湿(q_s 大)地区，θ_e 值也较大；低温(θ 小)低湿(q_s 小)地区，θ_e 值也较小.

类似熵的引入，我们定义单位质量空气的湿熵为

$$s_e = c_p\ln\theta_e = c_p\ln\theta + \frac{Lq_s}{T} = c_p\ln T - R\ln p + \frac{Lq_s}{T} + R\ln P_0. \tag{1.56}$$

这样，湿绝热方程(1.55)可改写为

$$\frac{\mathrm{d}s_e}{\mathrm{d}t} = 0. \tag{1.57}$$

§1.7 水 汽 方 程

水汽方程,即考虑空气中有水汽时,水汽质量守恒定律的数学表述,它表为

$$\frac{\mathrm{d}q}{\mathrm{d}t}=S, \tag{1.58}$$

其中 q 为比湿(水汽饱和时用饱和比湿 q_s). S 为单位质量湿空气在单位时间内从外界得到的水汽量,它包括水汽相变(水汽质量因凝结而减小,因蒸发而增加),水汽扩散等方式传输的水汽质量.

§1.8 基本方程组

从物理学的观点看,运动方程反映了大气的动力学关系,仅用运动方程来描写大气运动是很不够的. 这是因为在运动过程中,空气的状态参数要发生变化,因而必须补充连续性方程、状态方程和热力学方程. 若考虑降水问题或其他湿大气问题,还需要加上水汽方程. 这样,运动方程、连续性方程、状态方程、热力学方程和水汽方程便构成了描写大气运动的基本方程组:

$$\begin{cases}\dfrac{\mathrm{d}\boldsymbol{V}}{\mathrm{d}t}=\boldsymbol{g}-\dfrac{1}{\rho}\nabla p-2\boldsymbol{\Omega}\times\boldsymbol{V}+\boldsymbol{F},\\ \dfrac{\mathrm{d}\rho}{\mathrm{d}t}+\rho\nabla\cdot\boldsymbol{V}=0,\\ p=\rho RT,\\ c_p\dfrac{\mathrm{d}T}{\mathrm{d}t}-\dfrac{1}{\rho}\dfrac{\mathrm{d}p}{\mathrm{d}t}=Q,\\ \dfrac{\mathrm{d}q}{\mathrm{d}t}=S.\end{cases} \tag{1.59}$$

若热源 Q 和水汽源 S 已知或它们能表为 $\boldsymbol{V},p,\rho,T,q$ 的函数,则方程(1.59)是封闭的,它包含七个方程(其中运动方程是矢量形式,它可写为三个标量方程)七个未知函数($\boldsymbol{V}$ 的三个分量和 p,ρ,T,q). 若考虑干空气,则去掉水汽方程,方程组(1.59)依然封闭.

§1.9 球坐标系中的大气运动方程组

大气运动发生在旋转的地球上,而且地球可近似作为一个球体,因此讨论大气运动宜用球坐标系.

一、球坐标系$\{O;\lambda,\varphi,r\}$

O为地球中心;λ为经度,以通过英国Greenwich一地的经圈平面为参考平面计算,向东为正;φ为纬度,以赤道平面为参考平面计算,向北为正;r是空间一点离地球中心的距离,恒为正.一般在数学上用的球坐标系为$\{O;r,\theta,\lambda\}$,这里θ自极轴开始起算,θ与纬度φ的关系为

$$\theta=\frac{\pi}{2}-\varphi,$$

θ称为余纬.球坐标系见图1.5.

在球坐标系中三个坐标上的线元分别是

$$\delta x\equiv r\cos\varphi\delta\lambda,\quad \delta y\equiv r\delta\varphi,\quad \delta z\equiv\delta r.$$

球面上的面积元和空间体积元分别是

$$\delta S\equiv\delta x\delta y=r^2\cos\varphi\delta\lambda\delta\varphi,\quad \delta v\equiv\delta x\delta y\delta z=r^2\cos\varphi\delta\lambda\delta\varphi\delta r.$$

令$\boldsymbol{i},\boldsymbol{j},\boldsymbol{k}$分别表球坐标系三个坐标方向上的单位矢量,则$\boldsymbol{i}$与纬圈相切指向东,$\boldsymbol{j}$与经圈相切指向北,$\boldsymbol{k}$垂直球面向上.$(\boldsymbol{i},\boldsymbol{j},\boldsymbol{k})$构成右手系统,且它们随地点的不同而不同,即它们具有局地性.

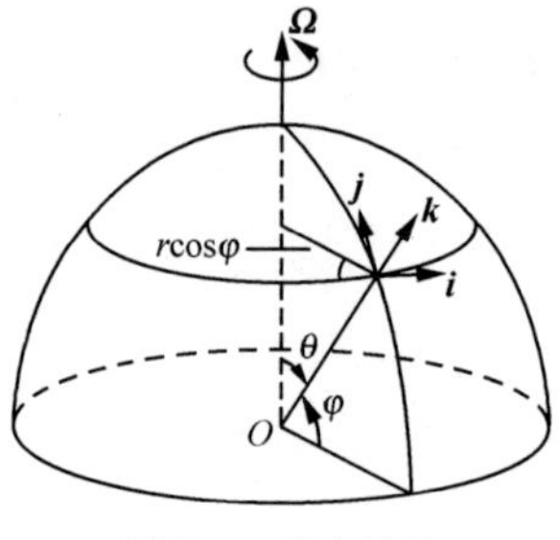

图1.5　球坐标系

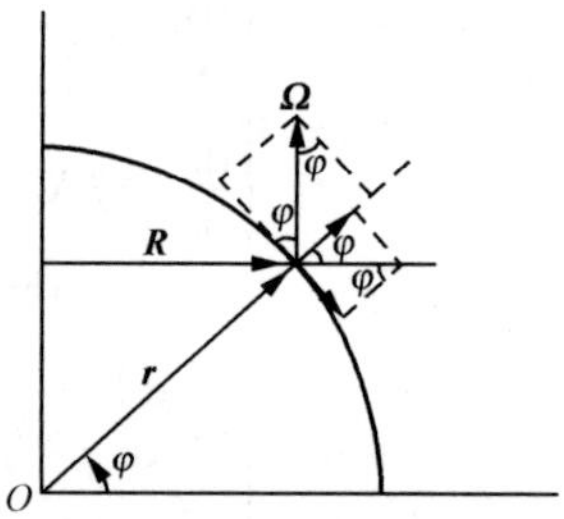

图1.6　$\boldsymbol{r}$与$\boldsymbol{R}$

如图1.6,有

$$\boldsymbol{r}=r\boldsymbol{k},\quad \boldsymbol{R}=R(-\sin\varphi\boldsymbol{j}+\cos\varphi\boldsymbol{k}).\tag{1.60}$$

下面考查$\boldsymbol{i},\boldsymbol{j},\boldsymbol{k}$分别随时间和空间的变化.

在地点不变时,显然$\boldsymbol{i},\boldsymbol{j},\boldsymbol{k}$不随时间$t$变化,即

$$\frac{\partial\boldsymbol{i}}{\partial t}=0,\quad \frac{\partial\boldsymbol{j}}{\partial t}=0,\quad \frac{\partial\boldsymbol{k}}{\partial t}=0.$$

当空气微团仅仅沿纬圈由P点移至P'点时,$\boldsymbol{i},\boldsymbol{j},\boldsymbol{k}$分别变为$\boldsymbol{i}',\boldsymbol{j}',\boldsymbol{k}'$,这样,经过$\Delta\lambda$,$\boldsymbol{i},\boldsymbol{j},\boldsymbol{k}$的改变量分别为

$$\Delta\boldsymbol{i}\equiv\boldsymbol{i}'-\boldsymbol{i},\quad \Delta\boldsymbol{j}\equiv\boldsymbol{j}'-\boldsymbol{j},\quad \Delta\boldsymbol{k}\equiv\boldsymbol{k}'-\boldsymbol{k}.$$

如图1.7(a),$\Delta\boldsymbol{i}$在纬圈平面内,其极限方向垂直于$\boldsymbol{i}$且指向地轴,即$-\boldsymbol{R}$的方向(图

1.7(b))；$\Delta \boldsymbol{j}$ 在经圈的切平面内，其极限方向垂直 $\boldsymbol{j}$ 且指向 $-\boldsymbol{i}$ 的方向（图 1.7(c))；$\Delta \boldsymbol{k}$ 在包含 r 的与纬圈相切的平面内，其极限方向垂直于 $\boldsymbol{k}$ 且指向 $\boldsymbol{i}$ 的方向（图 1.7(d)). 因而

$$
\begin{cases}
\dfrac{\partial \boldsymbol{i}}{\partial \lambda} = \lim\limits_{\Delta\lambda\to 0}\dfrac{\Delta \boldsymbol{i}}{\Delta\lambda} = \lim\limits_{\Delta\lambda\to 0}\dfrac{|\Delta \boldsymbol{i}|\left(-\dfrac{\boldsymbol{R}}{R}\right)}{\Delta\lambda} = -\dfrac{\boldsymbol{R}}{R} = (\sin\varphi)\boldsymbol{j} - (\cos\varphi)\boldsymbol{k}, \\[2ex]
\dfrac{\partial \boldsymbol{j}}{\partial \lambda} = \lim\limits_{\Delta\lambda\to 0}\dfrac{\Delta \boldsymbol{j}}{\Delta\lambda} = \lim\limits_{\Delta\lambda\to 0}\dfrac{|\Delta \boldsymbol{j}|(-\boldsymbol{i})}{\Delta\lambda} = -\boldsymbol{i}\lim\limits_{\Delta\lambda\to 0}\dfrac{\Delta\alpha}{\Delta\lambda} = -\boldsymbol{i}\lim\limits_{\Delta\lambda\to 0}\dfrac{\widehat{PP'}\Big/\dfrac{r}{\tan\varphi}}{\widehat{PP'}/r\cos\varphi} = -(\sin\varphi)\boldsymbol{i}, \\[2ex]
\dfrac{\partial \boldsymbol{k}}{\partial \lambda} = \lim\limits_{\Delta\lambda\to 0}\dfrac{\Delta \boldsymbol{k}}{\Delta\lambda} = \lim\limits_{\Delta\lambda\to 0}\dfrac{|\Delta \boldsymbol{k}|\,\boldsymbol{i}}{\Delta\lambda} = \boldsymbol{i}\lim\limits_{\Delta\lambda\to 0}\dfrac{\Delta\beta}{\Delta\lambda} = \boldsymbol{i}\lim\limits_{\Delta\lambda\to 0}\dfrac{\widehat{PP'}/r}{\widehat{PP'}/r\cos\varphi} = (\cos\varphi)\boldsymbol{i}.
\end{cases}
$$

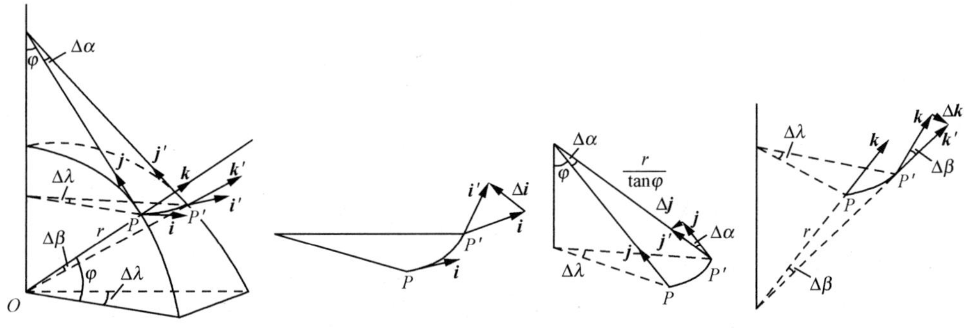

(a) (b) (c) (d)

图 1.7 $\boldsymbol{i},\boldsymbol{j},\boldsymbol{k}$ 随 λ 的变化

再考虑空气微团仅仅沿经圈由 P 点移至 P'' 的情况. $\boldsymbol{i},\boldsymbol{j},\boldsymbol{k}$ 分别变为 $\boldsymbol{i}'',\boldsymbol{j}'',\boldsymbol{k}''$，这样，经过 $\Delta\varphi$，$\boldsymbol{i},\boldsymbol{j},\boldsymbol{k}$ 的改变量分别为 $\Delta\boldsymbol{i}\equiv\boldsymbol{i}''-\boldsymbol{i}$，$\Delta\boldsymbol{j}\equiv\boldsymbol{j}''-\boldsymbol{j}$，$\Delta\boldsymbol{k}\equiv\boldsymbol{k}''-\boldsymbol{k}$，如图 1.8(a). $\Delta\boldsymbol{i}$ 在纬圈的切平面内，但因 $\boldsymbol{i}''$ 与 $\boldsymbol{i}$ 的方位相同，因而 $\Delta\boldsymbol{i}=0$（图 1.8(b))；$\Delta\boldsymbol{j}$ 在经圈平面内，其极限方向垂直于 $\boldsymbol{j}$ 且指向 $-\boldsymbol{k}$ 的方向（图 1.8(c))；$\Delta\boldsymbol{k}$ 在经圈平面内，其极

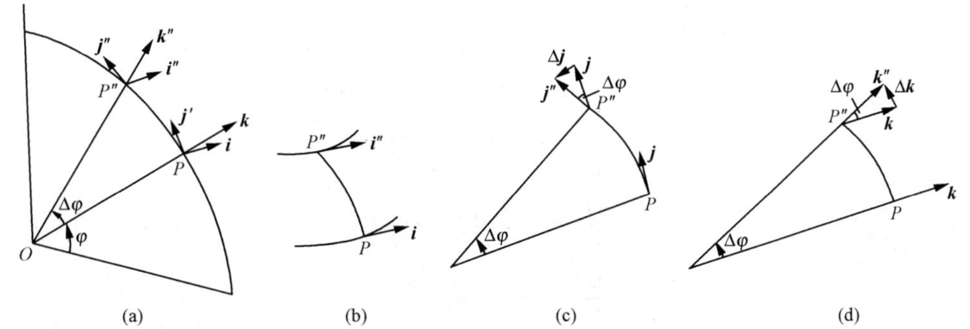

(a) (b) (c) (d)

图 1.8 $\boldsymbol{i},\boldsymbol{j},\boldsymbol{k}$ 随 φ 的变化

限方向垂直于 $\boldsymbol{k}$ 且指向 $\boldsymbol{j}$ 的方向(图 1.8(d)). 因而

$$\begin{cases}\dfrac{\partial \boldsymbol{i}}{\partial \varphi}=\lim\limits_{\Delta\varphi\to 0}\dfrac{\Delta \boldsymbol{i}}{\Delta\varphi}=0,\\[2ex] \dfrac{\partial \boldsymbol{j}}{\partial \varphi}=\lim\limits_{\Delta\varphi\to 0}\dfrac{\Delta \boldsymbol{j}}{\Delta\varphi}=\lim\limits_{\Delta\varphi\to 0}\dfrac{|\Delta \boldsymbol{j}|(-\boldsymbol{k})}{\Delta\varphi}=-\boldsymbol{k}\lim\limits_{\Delta\varphi\to 0}\dfrac{\Delta\varphi}{\Delta\varphi}=-\boldsymbol{k},\\[2ex] \dfrac{\partial \boldsymbol{k}}{\partial \varphi}=\lim\limits_{\Delta\varphi\to 0}\dfrac{\Delta \boldsymbol{k}}{\Delta\varphi}=\lim\limits_{\Delta\varphi\to 0}\dfrac{|\Delta \boldsymbol{k}|\boldsymbol{j}}{\Delta\varphi}=\boldsymbol{j}\lim\limits_{\Delta\varphi\to 0}\dfrac{\Delta\varphi}{\Delta\varphi}=\boldsymbol{j}.\end{cases}$$

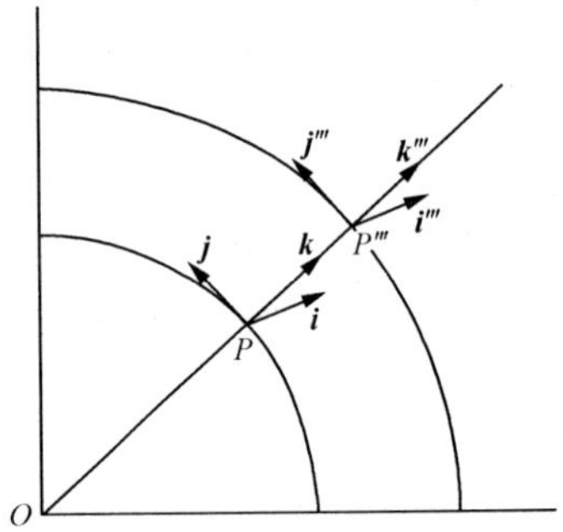

图 1.9　$\boldsymbol{i},\boldsymbol{j},\boldsymbol{k}$ 随 r 的变化

至于空气微团仅仅沿地球半径方向由 P 点移至 P''' 的情况,因此时 $\boldsymbol{i},\boldsymbol{j},\boldsymbol{k}$ 的方位都未改变(见图 1.9),因而

$$\begin{cases}\dfrac{\partial \boldsymbol{i}}{\partial r}=0,\\[2ex] \dfrac{\partial \boldsymbol{j}}{\partial r}=0,\\[2ex] \dfrac{\partial \boldsymbol{k}}{\partial r}=0.\end{cases}$$

在球坐标系中的 Hamilton 算子为

$$\nabla\equiv \boldsymbol{i}\,\frac{1}{r\cos\varphi}\frac{\partial}{\partial\lambda}+\boldsymbol{j}\,\frac{1}{r}\frac{\partial}{\partial\varphi}+\boldsymbol{k}\,\frac{\partial}{\partial r}. \tag{1.61}$$

空气微团的速度表为

$$\boldsymbol{V}=u\boldsymbol{i}+v\boldsymbol{j}+w\boldsymbol{k}, \tag{1.62}$$

其中

$$u=r\cos\varphi\frac{\mathrm{d}\lambda}{\mathrm{d}t},\quad v=r\frac{\mathrm{d}\varphi}{\mathrm{d}t},\quad w=\frac{\mathrm{d}r}{\mathrm{d}t} \tag{1.63}$$

分别表东西风速或纬向速度($u>0$ 为西风,$u<0$ 为东风),南北风速或经向速度($v>0$ 为南风,$v<0$ 为北风)和垂直运动或垂直速度($w>0$ 为上升运动,$w<0$ 为下沉运动).

在球坐标系中的个别微商为

$$\frac{\mathrm{d}}{\mathrm{d}t}\equiv\frac{\partial}{\partial t}+\boldsymbol{V}\cdot\nabla=\frac{\partial}{\partial t}+u\,\frac{1}{r\cos\varphi}\frac{\partial}{\partial\lambda}+v\,\frac{1}{r}\frac{\partial}{\partial\varphi}+w\,\frac{\partial}{\partial r}, \tag{1.64}$$

利用上式,将 $\boldsymbol{i},\boldsymbol{j},\boldsymbol{k}$ 的时空变化式代入求得 $\boldsymbol{i},\boldsymbol{j},\boldsymbol{k}$ 的个别微商为

$$\begin{cases}\dfrac{\mathrm{d}\boldsymbol{i}}{\mathrm{d}t}=\dfrac{u\tan\varphi}{r}\boldsymbol{j}-\dfrac{u}{r}\boldsymbol{k},\\[2ex] \dfrac{\mathrm{d}\boldsymbol{j}}{\mathrm{d}t}=-\dfrac{u\tan\varphi}{r}\boldsymbol{i}-\dfrac{v}{r}\boldsymbol{k},\\[2ex] \dfrac{\mathrm{d}\boldsymbol{k}}{\mathrm{d}t}=\dfrac{u}{r}\boldsymbol{i}+\dfrac{v}{r}\boldsymbol{j}.\end{cases} \tag{1.65}$$

在球坐标系中,矢量

$$\boldsymbol{A} = A_\lambda \boldsymbol{i} + A_\varphi \boldsymbol{j} + A_r \boldsymbol{k}$$

的散度和旋度分别为

$$\nabla \cdot \boldsymbol{A} = \frac{1}{r\cos\varphi}\frac{\partial A_\lambda}{\partial \lambda} + \frac{1}{r\cos\varphi}\frac{\partial (A_\varphi \cos\varphi)}{\partial \varphi} + \frac{1}{r^2}\frac{\partial (A_r r^2)}{\partial r} \tag{1.66}$$

和

$$\begin{aligned}\nabla \times \boldsymbol{A} = {} & \boldsymbol{i}\left(\frac{1}{r}\frac{\partial A_r}{\partial \varphi} - \frac{1}{r}\frac{\partial A_\varphi r}{\partial r}\right) + \boldsymbol{j}\left(\frac{1}{r}\frac{\partial A_\lambda r}{\partial r} - \frac{1}{r\cos\varphi}\frac{\partial A_r}{\partial \lambda}\right) \\ & + \boldsymbol{k}\left(\frac{1}{r\cos\varphi}\frac{\partial A_\varphi}{\partial \lambda} - \frac{1}{r\cos\varphi}\frac{\partial A_\lambda \cos\varphi}{\partial \varphi}\right).\end{aligned} \tag{1.67}$$

而 Laplace 算子为

$$\nabla^2 \equiv \frac{1}{r^2\cos^2\varphi}\frac{\partial^2}{\partial \lambda^2} + \frac{1}{r^2\cos\varphi}\frac{\partial}{\partial \varphi}\left(\cos\varphi\frac{\partial}{\partial \varphi}\right) + \frac{1}{r^2}\frac{\partial}{\partial r}\left(r^2\frac{\partial}{\partial r}\right). \tag{1.68}$$

二、加速度

将(1.62)式对时间个别微商便得到加速度

$$\begin{aligned}\frac{\mathrm{d}\boldsymbol{V}}{\mathrm{d}t} &= \frac{\mathrm{d}}{\mathrm{d}t}(u\boldsymbol{i} + v\boldsymbol{j} + w\boldsymbol{k}) \\ &= \left(\frac{\mathrm{d}u}{\mathrm{d}t}\boldsymbol{i} + \frac{\mathrm{d}v}{\mathrm{d}t}\boldsymbol{j} + \frac{\mathrm{d}w}{\mathrm{d}t}\boldsymbol{k}\right) + \left(u\frac{\mathrm{d}\boldsymbol{i}}{\mathrm{d}t} + v\frac{\mathrm{d}\boldsymbol{j}}{\mathrm{d}t} + w\frac{\mathrm{d}\boldsymbol{k}}{\mathrm{d}t}\right).\end{aligned} \tag{1.69}$$

由此可知,空气微团的加速度$\frac{\mathrm{d}\boldsymbol{V}}{\mathrm{d}t}$包含两部分:一部分为$\left(\frac{\mathrm{d}u}{\mathrm{d}t}\boldsymbol{i} + \frac{\mathrm{d}v}{\mathrm{d}t}\boldsymbol{j} + \frac{\mathrm{d}w}{\mathrm{d}t}\boldsymbol{k}\right)$,是由于速度分量 u,v,w 随时间变化所引起的;另一部分为$\left(u\frac{\mathrm{d}\boldsymbol{i}}{\mathrm{d}t} + v\frac{\mathrm{d}\boldsymbol{j}}{\mathrm{d}t} + w\frac{\mathrm{d}\boldsymbol{k}}{\mathrm{d}t}\right)$,是由于速度 u,v,w 和地球的球面性所引起,它称为曲率加速度. 根据(1.65)式,曲率加速度可表为

$$u\frac{\mathrm{d}\boldsymbol{i}}{\mathrm{d}t} + v\frac{\mathrm{d}\boldsymbol{j}}{\mathrm{d}t} + w\frac{\mathrm{d}\boldsymbol{k}}{\mathrm{d}t} = \left(-\frac{uv\tan\varphi}{r} + \frac{uw}{r}\right)\boldsymbol{i} + \left(\frac{u^2\tan\varphi}{r} + \frac{vw}{r}\right)\boldsymbol{j} - \frac{u^2+v^2}{r}\boldsymbol{k},$$

负的曲率加速度常称为曲率项力. 不难证明,它与速度矢量 $\boldsymbol{V}$ 垂直(见本章末习题 9).

将上式代入(1.69)式便求得在球坐标系中空气微团的加速度为

$$\frac{\mathrm{d}\boldsymbol{V}}{\mathrm{d}t} = \left(\frac{\mathrm{d}u}{\mathrm{d}t} - \frac{uv\tan\varphi}{r} + \frac{uw}{r}\right)\boldsymbol{i} + \left(\frac{\mathrm{d}v}{\mathrm{d}t} + \frac{u^2\tan\varphi}{r} + \frac{vw}{r}\right)\boldsymbol{j} + \left(\frac{\mathrm{d}w}{\mathrm{d}t} - \frac{u^2+v^2}{r}\right)\boldsymbol{k}. \tag{1.70}$$

三、运动方程

因地心引力和重力的夹角非常小(不到 0.1 度),以致我们认为重力就指向球心,因而,在球坐标系中,重力可表为

$$\boldsymbol{g} = - g\boldsymbol{k}. \tag{1.71}$$

而气压梯度力为

$$\boldsymbol{G} = -\frac{1}{\rho}\nabla p = -\frac{1}{\rho}\left(\frac{1}{r\cos\varphi}\frac{\partial p}{\partial \lambda}\boldsymbol{i} + \frac{1}{r}\frac{\partial p}{\partial \varphi}\boldsymbol{j} + \frac{\partial p}{\partial r}\boldsymbol{k}\right). \tag{1.72}$$

从图 1.6 知,地球自转角速度为

$$\boldsymbol{\Omega} = \Omega\cos\varphi\boldsymbol{j} + \Omega\sin\varphi\boldsymbol{k}, \tag{1.73}$$

则在球坐标系中,Coriolis 力为

$$\boldsymbol{C} = -2\boldsymbol{\Omega}\times\boldsymbol{V} = -2\begin{vmatrix} \boldsymbol{i} & \boldsymbol{j} & \boldsymbol{k} \\ 0 & \Omega\cos\varphi & \Omega\sin\varphi \\ u & v & w \end{vmatrix} = (fv - f'w)\boldsymbol{i} - fu\boldsymbol{j} + f'u\boldsymbol{k}, \tag{1.74}$$

其中

$$f = 2\Omega\sin\varphi, \quad f' = 2\Omega\cos\varphi \tag{1.75}$$

称为 Coriolis 参数.

在球坐标系中,若记分子黏性力为

$$\boldsymbol{F} = F_\lambda\boldsymbol{i} + F_\varphi\boldsymbol{j} + F_r\boldsymbol{k},$$

则大气运动方程(1.20)在球坐标系中写为

$$\begin{cases} \dfrac{\mathrm{d}u}{\mathrm{d}t} - \dfrac{uv}{r}\tan\varphi + \dfrac{uw}{r} = -\dfrac{1}{\rho r\cos\varphi}\dfrac{\partial p}{\partial \lambda} + fv - f'w + F_\lambda, \\ \dfrac{\mathrm{d}v}{\mathrm{d}t} + \dfrac{u^2}{r}\tan\varphi + \dfrac{vw}{r} = -\dfrac{1}{\rho r}\dfrac{\partial p}{\partial \varphi} - fu + F_\varphi, \\ \dfrac{\mathrm{d}w}{\mathrm{d}t} - \dfrac{u^2 + v^2}{r} = -g - \dfrac{1}{\rho}\dfrac{\partial p}{\partial z} + f'u + F_r. \end{cases} \tag{1.76}$$

四、连续性方程

考虑(1.62)式和(1.66)式,连续性方程(1.22)或(1.23)在球坐标系中可写为

$$\frac{\mathrm{d}\rho}{\mathrm{d}t} + \rho\left(\frac{1}{r\cos\varphi}\frac{\partial u}{\partial \lambda} + \frac{1}{r}\frac{\partial v}{\partial \varphi} + \frac{\partial w}{\partial r}\right) + \rho\left(-\frac{v}{r}\tan\varphi + \frac{2w}{r}\right) = 0, \tag{1.77}$$

或

$$\frac{\partial \rho}{\partial t} + \frac{1}{r\cos\varphi}\frac{\partial \rho u}{\partial \lambda} + \frac{1}{r}\frac{\partial \rho v}{\partial \varphi} + \frac{\partial \varphi w}{\partial r} - \frac{\rho v}{r}\tan\varphi + \frac{2\rho w}{r} = 0. \tag{1.78}$$

在(1.77)式中,$\rho\left(-\dfrac{v}{r}\tan\varphi + \dfrac{2w}{r}\right)$项完全是由于地球球面性引起的.故$-\dfrac{v}{r}\tan\varphi + \dfrac{2w}{r}$又称为曲率速度散度.

五、基本方程组

运动方程(1.76)、连续性方程(1.77),再计入状态方程、热力学方程和水汽方程,则在球坐标系中,描写大气运动的基本方程组可以写为

$$\begin{cases}\dfrac{\mathrm{d}u}{\mathrm{d}t}-\dfrac{uv}{r}\tan\varphi+\dfrac{uw}{r}-fv+f'w=-\dfrac{1}{\rho r\cos\varphi}\dfrac{\partial p}{\partial\lambda}+F_\lambda,\\ \dfrac{\mathrm{d}v}{\mathrm{d}t}+\dfrac{u^2}{r}\tan\varphi+\dfrac{vw}{r}+fu=-\dfrac{1}{\rho r}\dfrac{\partial p}{\partial\varphi}+F_\varphi,\\ \dfrac{\mathrm{d}w}{\mathrm{d}t}-\dfrac{u^2+v^2}{r}-f'u=-g-\dfrac{1}{\rho}\dfrac{\partial p}{\partial r}+F_r,\\ \dfrac{\mathrm{d}\rho}{\mathrm{d}t}+\rho\Big(\dfrac{1}{r\cos\varphi}\dfrac{\partial u}{\partial\lambda}+\dfrac{1}{r}\dfrac{\partial v}{\partial\varphi}+\dfrac{\partial w}{\partial r}\Big)+\rho\Big(-\dfrac{v}{r}\tan\varphi+\dfrac{2w}{r}\Big)=0,\\ p=\rho RT,\\ c_p\dfrac{\mathrm{d}T}{\mathrm{d}t}-\dfrac{1}{\rho}\dfrac{\mathrm{d}p}{\mathrm{d}t}=Q\quad\text{或}\quad c_pT\dfrac{\mathrm{d}\ln\theta}{\mathrm{d}t}=Q,\\ \dfrac{\mathrm{d}q}{\mathrm{d}t}=S.\end{cases}\tag{1.79}$$

§1.10 局地直角坐标系中的大气运动方程组及β平面近似

前面讨论的球坐标系中的大气运动方程组,在考虑全球问题时必须应用它.然而,它的形式比较复杂,若考虑的不是全球问题,而是一个不包含极地且水平范围不太大的问题,此时地球的球面能否简化为平面呢?

回答是肯定的,一方面因为大气是一个薄层,其有天气意义的厚度 D 约为 10 km,比起地球平均半径小得多,因而

$$r\approx a,$$

另一方面因为实际大气运动,通常 u,v 量级为 $10\ \mathrm{m\cdot s^{-1}}$,$w$ 量级为 $10^{-2}\ \mathrm{m\cdot s^{-2}}$.所以在中纬度($f\approx f'=10^{-4}\ \mathrm{s^{-1}}$,$\tan\varphi\approx1$),对于运动方程有

$$\begin{cases}\dfrac{|uw|}{r},\dfrac{|vw|}{r}\ll\dfrac{|uv|}{r}|\tan\varphi|,\quad \dfrac{u^2}{r}\tan\varphi\ll|fv|,|fu|,\\ |f'w|\ll|fv|,\\ \dfrac{u^2+v^2}{r}\ll|f'u|\ll g.\end{cases}$$

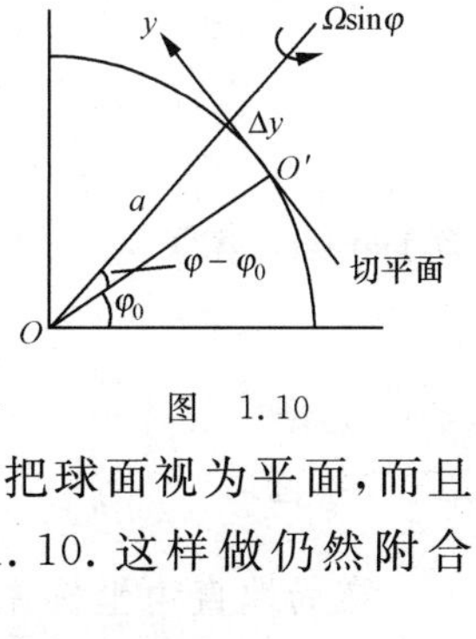

图 1.10

这样,在中纬度,运动方程中的所有曲率加速度项都可以略去,而且包含 f' 的 Coriolis 力项也可以略去.这不但意味着把球面视为平面,而且认为水平面绕铅直轴以角速度 $f/2=\Omega\sin\varphi$ 旋转,见图 1.10.这样做仍然附合

Coriolis 力和曲率项力都不作功的原则.

基于上述考虑，我们建立局地直角坐标系.

一、局地直角坐标系$\{O';x,y,z\}$

O'为海平面上任一点；x 轴正向指向东，y 轴正向指向北，z 轴垂直指向上；(x,y)平面称为水平面，(x,z)平面称为纬向-垂直剖面，(y,z)平面称为经向-垂直剖面. 在局地直角坐标系中三个坐标方向的单位矢量仍然是 $\boldsymbol{i},\boldsymbol{j},\boldsymbol{k}$，不过，它们是常矢量. 而且它的三个线元就是 $\delta x,\delta y,\delta z$. 在局地直角坐标系中，水平面的面积元和空间体积元分别是

$$\delta A = \delta x\delta y, \quad \delta v = \delta x\delta y\delta z.$$

在该坐标系中空气微团的速度仍然是 $\mathbf{V}(u,v,w)$，即

$$u \equiv \frac{\mathrm{d}x}{\mathrm{d}t}, \quad v \equiv \frac{\mathrm{d}y}{\mathrm{d}t}, \quad w \equiv \frac{\mathrm{d}z}{\mathrm{d}t}. \tag{1.80}$$

Hamilton 算子为

$$\nabla \equiv \boldsymbol{i}\frac{\partial}{\partial x} + \boldsymbol{j}\frac{\partial}{\partial y} + \boldsymbol{k}\frac{\partial}{\partial z}. \tag{1.81}$$

而个别微商为

$$\frac{\mathrm{d}}{\mathrm{d}t} \equiv \frac{\partial}{\partial t} + \mathbf{V}\cdot\nabla \equiv \frac{\partial}{\partial t} + u\frac{\partial}{\partial x} + v\frac{\partial}{\partial y} + w\frac{\partial}{\partial z}. \tag{1.82}$$

在局地直角坐标系中，矢量

$$\boldsymbol{A} = A_x\boldsymbol{i} + A_y\boldsymbol{j} + A_z\boldsymbol{k}$$

的散度和旋度分别为

$$\nabla\cdot\boldsymbol{A} = \frac{\partial A_x}{\partial x} + \frac{\partial A_y}{\partial y} + \frac{\partial A_z}{\partial z} \tag{1.83}$$

和

$$\nabla\times\boldsymbol{A} = \begin{vmatrix} \boldsymbol{i} & \boldsymbol{j} & \boldsymbol{k} \\ \dfrac{\partial}{\partial x} & \dfrac{\partial}{\partial y} & \dfrac{\partial}{\partial z} \\ A_z & A_y & A_z \end{vmatrix} = \left(\frac{\partial A_z}{\partial y} - \frac{\partial A_y}{\partial z}\right)\boldsymbol{i} + \left(\frac{\partial A_x}{\partial z} - \frac{\partial A_z}{\partial x}\right)\boldsymbol{j} + \left(\frac{\partial A_y}{\partial x} - \frac{\partial A_x}{\partial y}\right)\boldsymbol{k}, \tag{1.84}$$

而 Laplace 算子为

$$\nabla^2 \equiv \frac{\partial^2}{\partial x^2} + \frac{\partial^2}{\partial y^2} + \frac{\partial^2}{\partial z^2}. \tag{1.85}$$

二、β 平面

在局地直角坐标系中，作为纬度 φ 的函数的 Coriolis 参数 $f = 2\Omega\sin\varphi$ 如何处

理呢？

设局地直角坐标系的原点 O' 在纬度 φ_0，我们将 f 展为 $\varphi-\varphi_0$ 的 Taylor 级数，即

$$f \equiv 2\Omega\sin\varphi = 2\Omega\left[\sin\varphi_0 + (\varphi-\varphi_0)\cos\varphi_0 - \frac{1}{2}(\varphi-\varphi_0)^2\sin\varphi_0 + \cdots\right].$$

但由图 1.10 知

$$\varphi-\varphi_0 \approx y/a.$$

则将上式代入 f 的级数表达式有

$$f = 2\Omega\sin\varphi_0 + \frac{2\Omega\cos\varphi_0}{a}y - \frac{1}{2}2\Omega\sin\varphi_0\left(\frac{y}{a}\right)^2 + \cdots. \tag{1.86}$$

在不包含极地的中高纬地区，$\sin\varphi_0\approx\cos\varphi_0$，则由上式知：当 $y/a\ll 1$ 时，即考虑大气南北运动范围比地球平均半径小得多时，这相当于大气中的所谓中、小尺度运动，则(1.86)式右端仅需取第一项得

$$f = f_0 \quad (y \ll a). \tag{1.87}$$

这意味着把 f 视为常数，这称为 f 常数近似，其中

$$f_0 = 2\Omega\sin\varphi_0$$

为 Coriolis 参数在坐标原点的值.

对于大气的所谓大尺度运动，其南北运动范围在 10^3 km 左右，因而 $y/a<1$，$(y/a)^2\ll 1$，此时(1.86)式右端可取到第二项为止，而有

$$f = f_0 + \beta_0 y. \tag{1.88}$$

这里引进了

$$\beta \equiv \frac{\partial f}{\partial y} = \frac{\partial f}{a\partial\varphi} = \frac{2\Omega\cos\varphi}{a}, \tag{1.89}$$

称为 Rossby 参数，它是大气动力学的重要参数；而

$$\beta_0 = \frac{2\Omega\cos\varphi_0}{a}$$

为 Rossby 参数在坐标原点的值.

在(1.88)式中 f_0，β_0 均为常数，因而 f 是 y 的线性函数，所以，在局地直角坐标系中应用(1.88)式意味着球面被 f 作为 y 的线性函数的平面所代替，这称为 β 平面近似.

在低纬地区，坐标原点通常取在赤道，$\varphi_0=0$，则(1.88)式化为

$$f = \beta_0 y. \tag{1.90}$$

它称为赤道 β 平面近似.

三、基本方程组

根据建立局地直角坐标系的基本思想，我们忽略所有方程中的曲率项而得到

在局地直角坐标系中描写大气运动的基本方程组为

$$\begin{cases} \dfrac{\mathrm{d}u}{\mathrm{d}t} - fv = -\dfrac{1}{\rho}\dfrac{\partial p}{\partial x} + F_x, \\ \dfrac{\mathrm{d}v}{\mathrm{d}t} + fu = -\dfrac{1}{\rho}\dfrac{\partial p}{\partial y} + F_y, \\ \dfrac{\mathrm{d}w}{\mathrm{d}t} = -g - \dfrac{1}{\rho}\dfrac{\partial p}{\partial z} + F_z, \\ \dfrac{\mathrm{d}\rho}{\mathrm{d}t} + \rho\left(\dfrac{\partial u}{\partial x} + \dfrac{\partial v}{\partial y} + \dfrac{\partial w}{\partial z}\right) = 0, \\ p = \rho RT, \\ c_p \dfrac{\mathrm{d}T}{\mathrm{d}t} - \dfrac{1}{\rho}\dfrac{\mathrm{d}p}{\mathrm{d}t} = Q \quad 或 \quad c_p T \dfrac{\mathrm{d}\ln\theta}{\mathrm{d}t} = Q, \\ \dfrac{\mathrm{d}q}{\mathrm{d}t} = S, \end{cases} \tag{1.91}$$

其中 F_x, F_y, F_z 是分子黏性力 $\boldsymbol{F}$ 的三个分量. 根据流体力学的理论它可以写为

$$\begin{cases} F_x = \nu\nabla^2 u + \dfrac{\nu}{3}\dfrac{\partial}{\partial x}\nabla\cdot\mathbf{V} = \dfrac{1}{\rho}\left(\dfrac{\partial\tau_{xx}}{\partial x} + \dfrac{\partial\tau_{yx}}{\partial y} + \dfrac{\partial\tau_{zx}}{\partial z}\right), \\ F_y = \nu\nabla^2 v + \dfrac{\nu}{3}\dfrac{\partial}{\partial y}\nabla\cdot\mathbf{V} = \dfrac{1}{\rho}\left(\dfrac{\partial\tau_{xy}}{\partial x} + \dfrac{\partial\tau_{yy}}{\partial y} + \dfrac{\partial\tau_{zy}}{\partial z}\right), \\ F_z = \nu\nabla^2 w + \dfrac{\nu}{3}\dfrac{\partial}{\partial z}\nabla\cdot\mathbf{V} = \dfrac{1}{\rho}\left(\dfrac{\partial\tau_{xz}}{\partial x} + \dfrac{\partial\tau_{yz}}{\partial y} + \dfrac{\partial\tau_{zz}}{\partial z}\right), \end{cases}$$

这里 τ_{ij} 表示分子黏性应力,它可写为

$$\begin{cases} \tau_{xx} = -\dfrac{2}{3}\mu\nabla\cdot\mathbf{V} + 2\mu\dfrac{\partial u}{\partial x}, \\ \tau_{yy} = -\dfrac{2}{3}\mu\nabla\cdot\mathbf{V} + 2\mu\dfrac{\partial v}{\partial y}, \\ \tau_{zz} = -\dfrac{2}{3}\mu\nabla\cdot\mathbf{V} + 2\mu\dfrac{\partial w}{\partial z}, \\ \tau_{xy} = \tau_{yx} = \mu\left(\dfrac{\partial v}{\partial x} + \dfrac{\partial u}{\partial y}\right), \\ \tau_{yz} = \tau_{zy} = \mu\left(\dfrac{\partial w}{\partial y} + \dfrac{\partial v}{\partial z}\right), \\ \tau_{zx} = \tau_{xz} = \mu\left(\dfrac{\partial u}{\partial z} + \dfrac{\partial w}{\partial x}\right). \end{cases}$$

一般认为方程组(1.91)对除极地($\varphi=\pm\pi/2$)之外的大气运动均适合. 若讨论包含极地的大气运动,则在水平运动方程中应加入包含 $\tan\varphi$ 的曲率项,即水平运动方程应写为

$$\begin{cases} \frac{\mathrm{d}u}{\mathrm{d}t} - \frac{uv}{a}\tan\varphi - fv = -\frac{1}{\rho}\frac{\partial p}{\partial x} + F_x, \\ \frac{\mathrm{d}v}{\mathrm{d}t} + \frac{u^2}{a}\tan\varphi + fu = -\frac{1}{\rho}\frac{\partial p}{\partial y} + F_y. \end{cases} \tag{1.92}$$

当然,在连续性方程中也应计入相应包含 $\tan\varphi$ 的项.

§1.11 大气运动的湍流性,平均化的大气运动基本方程组

一、湍流概念

前面我们所建立的大气运动方程组(1.91)中的物理量是空间一点在一个瞬时的值(尽管已对分子运动作了统计平均),并不是真正的观测值.由于观测仪器的构造及观测的方法,我们所测到的物理量总是在一定空间范围和一定时间间隔内的平均值.

事实上由于大气运动具有湍流性,即空气微团作极不规则的运动,空间一点在一个瞬时的物理量是随机变量,带有很大的偶然性.尽管它们满足方程组,但求解是毫无意义的.经典流体力学研究表明:当 Reynolds 数

$$Re \equiv UL/\nu \tag{1.93}$$

(L 为空间尺度,U 为速度尺度,ν 为运动学分子黏性系数)超过临界 Reynolds 数 Re_c,即

$$Re > Re_c$$

时,流体运动从层流状态转变为湍流状态.一般认为 Re_c 在 2×10^3—5×10^4 之间,但大气中通常 Re 大于 10^{10},这也表明大气运动具有强烈的湍流性.

二、平均化运算

基于上述分析,我们不能得到空间一点在一个瞬时的物理量 $A(x,y,z,t)$ 的变化规律,只能分析 $A(x,y,z,t)$ 的平均值 $\overline{A}(x,y,z,t)$ 的变化规律.为此,我们将 A 表为它的平均值 $\overline{A}$ 及脉动值 A' 之和,即

$$A = \overline{A} + A', \tag{1.94}$$

其中 $\overline{A}$ 在理论上应为 A 的数学期望,实际上我们取 $\overline{A}$ 为 A 在一定空间范围和时间间隔内的平均值,即

$$\overline{A} = \frac{1}{\Delta x\Delta y\Delta z\Delta t}\int_{x-\frac{\Delta x}{2}}^{x+\frac{\Delta x}{2}}\int_{y-\frac{\Delta y}{2}}^{y+\frac{\Delta y}{2}}\int_{z-\frac{\Delta z}{2}}^{z+\frac{\Delta z}{2}}\int_{t-\frac{\Delta t}{2}}^{t+\frac{\Delta t}{2}} A(x,y,z,t)\delta x\delta y\delta z\delta t, \tag{1.95}$$

其中 $\Delta x,\Delta y,\Delta z$ 和 Δt 分别为取平均的空间和时间尺度,它依赖于仪器的构造和观测的方法,也依赖于研究问题的要求.但不管如何,它们宏观上要足够小,微观上要

足够大,以致使这种平均具有代表性.

注意 $\overline{A}$ 仍然是空间和时间的函数. 而且,不难证明,平均化具有如下运算性质:

$$\begin{cases}\overline{A'}=0, \quad \overline{\overline{A}}=\overline{A};\\ \overline{A_1\pm A_2}=\overline{A}_1\pm\overline{A}_2, \quad \overline{cA}=c\overline{A}(c=\text{常数});\\ \overline{\overline{A}_1\cdot A_2}=\overline{A}_1\cdot\overline{A}_2, \quad \overline{A_1A_2}=\overline{A}_1\overline{A}_2+\overline{A_1'A_2'};\\ \overline{\dfrac{\partial A}{\partial x_i}}=\dfrac{\partial\overline{A}}{\partial x_i}, \quad \overline{\int A\delta x_i}=\int\overline{A}\delta x_i(x_i\text{ 代表 }x,y,z\text{ 或 }t).\end{cases} \tag{1.96}$$

三、方程组的平均化

利用平均化运算法则(1.96)式,我们将方程组(1.91)平均化,以达到实用的目的.

为了讨论方便,我们认为密度 ρ 的脉动值 ρ' 在数量上比起平均值 $\bar{\rho}$ 要小得多,即在数值上假定

$$\rho=\bar{\rho}. \tag{1.97}$$

下面,我们分别不同的方程来说明.

1. 连续性方程的平均化

在局地直角坐标系中的连续性方程为

$$\frac{\partial\rho}{\partial t}+\frac{\partial\rho u}{\partial x}+\frac{\partial\rho v}{\partial y}+\frac{\partial\rho w}{\partial z}=0. \tag{1.98}$$

利用(1.97)式,很快求得它的平均化方程为

$$\frac{\partial\bar{\rho}}{\partial t}+\frac{\partial\bar{\rho}\bar{u}}{\partial x}+\frac{\partial\bar{\rho}\bar{v}}{\partial y}+\frac{\partial\bar{\rho}\bar{w}}{\partial z}=0, \tag{1.99}$$

其形式与原方程一样.

(1.98)式减去(1.99)式就得到脉动速度的连续性方程为

$$\frac{\partial\bar{\rho}u'}{\partial x}+\frac{\partial\bar{\rho}v'}{\partial y}+\frac{\partial\bar{\rho}w'}{\partial z}=0. \tag{1.100}$$

2. 运动方程的平均化

在局地直角坐标系中的运动方程为

$$\begin{cases}\dfrac{\partial u}{\partial t}+u\dfrac{\partial u}{\partial x}+v\dfrac{\partial u}{\partial y}+w\dfrac{\partial u}{\partial z}-fv=-\dfrac{1}{\rho}\dfrac{\partial p}{\partial x}+F_x,\\ \dfrac{\partial v}{\partial t}+u\dfrac{\partial v}{\partial x}+v\dfrac{\partial v}{\partial y}+w\dfrac{\partial v}{\partial z}+fu=-\dfrac{1}{\rho}\dfrac{\partial p}{\partial y}+F_y,\\ \dfrac{\partial w}{\partial t}+u\dfrac{\partial w}{\partial x}+v\dfrac{\partial w}{\partial y}+w\dfrac{\partial w}{\partial z}=-g-\dfrac{1}{\rho}\dfrac{\partial p}{\partial z}+F_z.\end{cases} \tag{1.101}$$

我们就以第一个方程,即 x 方向的运动方程来说明运动方程的平均化.

左端 Coriolis 参数 f 的平均化可应用 β 平面近似. 按(1.88)式有

$$\bar{f}=\frac{1}{\Delta x\Delta y\Delta z\Delta t}\int_{x-\frac{\Delta x}{2}}^{x+\frac{\Delta x}{2}}\int_{y-\frac{\Delta y}{2}}^{y+\frac{\Delta y}{2}}\int_{z-\frac{\Delta z}{2}}^{z+\frac{\Delta z}{2}}\int_{t-\frac{\Delta t}{2}}^{t+\frac{\Delta t}{2}}(f_0+\beta_0 y)\delta x\delta y\delta z\delta t=\frac{1}{\Delta y}\int_{y-\frac{\Delta y}{2}}^{y+\frac{\Delta y}{2}}(f_0+\beta_0 y)\delta y$$

$$=\frac{1}{\Delta y}\Big[f_0 y+\frac{\beta_0}{2}y^2\Big]_{y-\frac{\Delta y}{2}}^{y+\frac{\Delta y}{2}}=\frac{1}{\Delta y}(f_0+\beta_0 y)\Delta y=f_0+\beta_0 y=f,$$

因而

$$\overline{fv}=f\bar{v}.$$

利用(1.97)式有

$$\overline{\frac{1}{\rho}\frac{\partial p}{\partial x}}=\frac{1}{\bar{\rho}}\frac{\partial\bar{p}}{\partial x}.$$

又记 F_x 的平均为 $\bar{F}_x$. 关键在于加速度 $\frac{\mathrm{d}u}{\mathrm{d}t}$ 的平均化，

$$\begin{aligned}\overline{\frac{\mathrm{d}u}{\mathrm{d}t}}&=\overline{\frac{\partial u}{\partial t}+u\frac{\partial u}{\partial x}+v\frac{\partial u}{\partial y}+w\frac{\partial u}{\partial z}}\\&=\frac{\partial\bar{u}}{\partial t}+\bar{u}\frac{\partial\bar{u}}{\partial x}+\bar{v}\frac{\partial\bar{u}}{\partial y}+\bar{w}\frac{\partial\bar{u}}{\partial z}+\left(\overline{u'\frac{\partial u'}{\partial x}+v'\frac{\partial u'}{\partial y}+w'\frac{\partial u'}{\partial z}}\right)\\&=\frac{\mathrm{d}\bar{u}}{\mathrm{d}t}+\frac{1}{\bar{\rho}}\overline{\bar{\rho}u'\frac{\partial u'}{\partial x}+\bar{\rho}v'\frac{\partial u'}{\partial y}+\bar{\rho}w'\frac{\partial u'}{\partial z}}\\&=\frac{\mathrm{d}\bar{u}}{\mathrm{d}t}+\frac{1}{\bar{\rho}}\left(\frac{\partial\bar{\rho}\,\overline{u'^2}}{\partial x}+\frac{\partial\bar{\rho}\,\overline{u'v'}}{\partial y}+\frac{\partial\bar{\rho}\,\overline{u'w'}}{\partial z}\right)-\frac{1}{\bar{\rho}}\overline{u'\left(\frac{\partial\bar{\rho}u'}{\partial x}+\frac{\partial\bar{\rho}v'}{\partial y}+\frac{\partial\bar{\rho}w'}{\partial z}\right)}.\end{aligned}$$

但利用(1.100)式，上式右端最后一项为零，因而

$$\overline{\frac{\mathrm{d}u}{\mathrm{d}t}}=\frac{\mathrm{d}u}{\mathrm{d}t}+\frac{1}{\bar{\rho}}\left(\frac{\partial\bar{\rho}\,\overline{u'^2}}{\partial x}+\frac{\partial\bar{\rho}\,\overline{u'v'}}{\partial y}+\frac{\partial\bar{\rho}\,\overline{u'w'}}{\partial z}\right),\tag{1.102}$$

其中

$$\frac{\mathrm{d}\bar{u}}{\mathrm{d}t}=\frac{\partial\bar{u}}{\partial t}+\bar{u}\frac{\partial\bar{u}}{\partial x}+\bar{v}\frac{\partial\bar{u}}{\partial y}+\bar{w}\frac{\partial\bar{u}}{\partial z}.$$

这样，平均化后的 x 方向的运动方程为

$$\frac{\mathrm{d}\bar{u}}{\mathrm{d}t}-f\bar{v}=-\frac{1}{\bar{\rho}}\frac{\partial\bar{p}}{\partial x}+\bar{F}_x+\frac{1}{\bar{\rho}}\Big[\frac{\partial(-\bar{\rho}\,\overline{u'^2})}{\partial x}+\frac{\partial(-\bar{\rho}\,\overline{u'v'})}{\partial y}+\frac{\partial(-\bar{\rho}\,\overline{u'w'})}{\partial z}\Big].$$

它与原方程比较，右端形式上多了一含有方括号的项. 类似，y 方向和 z 方向的运动方程平均化，它们的右端在形式上也会增加一大项，故平均化的运动方程为

$$\begin{cases}\dfrac{\mathrm{d}\bar{u}}{\mathrm{d}t}-f\bar{v}=-\dfrac{1}{\bar{\rho}}\dfrac{\partial\bar{p}}{\partial x}+\bar{F}_x+\dfrac{1}{\bar{\rho}}\left(\dfrac{\partial T_{xx}}{\partial x}+\dfrac{\partial T_{yx}}{\partial y}+\dfrac{\partial T_{zx}}{\partial z}\right),\\[2ex]\dfrac{\mathrm{d}\bar{v}}{\mathrm{d}t}+f\bar{u}=-\dfrac{1}{\bar{\rho}}\dfrac{\partial\bar{p}}{\partial y}+\bar{F}_y+\dfrac{1}{\bar{\rho}}\left(\dfrac{\partial T_{xy}}{\partial x}+\dfrac{\partial T_{yy}}{\partial y}+\dfrac{\partial T_{zy}}{\partial z}\right),\\[2ex]\dfrac{\mathrm{d}\bar{w}}{\mathrm{d}t}=-g-\dfrac{1}{\bar{\rho}}\dfrac{\partial\bar{p}}{\partial z}+\bar{F}_z+\dfrac{1}{\bar{\rho}}\left(\dfrac{\partial T_{xz}}{\partial x}+\dfrac{\partial T_{yz}}{\partial y}+\dfrac{\partial T_{zz}}{\partial z}\right),\end{cases}\tag{1.103}$$

其中

$$T_{ij} \equiv \begin{bmatrix} T_{xx} & T_{yx} & T_{zx} \\ T_{xy} & T_{yy} & T_{zy} \\ T_{xz} & T_{yz} & T_{zz} \end{bmatrix} \equiv \begin{bmatrix} -\bar{\rho}\overline{u'^2} & -\bar{\rho}\overline{u'v'} & -\bar{\rho}\overline{u'w'} \\ -\bar{\rho}\overline{v'u'} & -\bar{\rho}\overline{v'^2} & -\bar{\rho}\overline{v'w'} \\ -\bar{\rho}\overline{w'u'} & -\bar{\rho}\overline{w'v'} & -\bar{\rho}\overline{w'^2} \end{bmatrix} \tag{1.104}$$

称为 Reynolds 应力张量，其中每一个都表示一个 Reynolds 应力. Reynolds 应力张量形式上有九个应力，但由于对称性，$T_{xy}=T_{yx}$，$T_{xz}=T_{zx}$，$T_{yz}=T_{zy}$，因而实质上只有六个应力分量. 由(1.104)式所表征的 Reynolds 应力张量的物理含意是清楚的，它表示作用在一个立方体的三个面上的三个方向的应力. 例如，$T_{zx}=-\bar{\rho}\,\overline{u'w'}$，$T_{zy}=-\bar{\rho}\,\overline{v'w'}$，$T_{zz}=-\bar{\rho}\,\overline{w'^2}$分别表示作用于垂直于 z 轴的面(即 xy 平面)上的应力在 x，y 和 z 方向上的分量，其中 T_{zx}，T_{zy} 称为切应力，T_{zz} 称为法应力.

我们就以 $T_{zx}=-\bar{\rho}\,\overline{u'w'}$ 为例说明应力的具体物理意义. 因 w' 为垂直速度脉动，即单位时间内由于有 w' 通过垂直于 z 轴的单位面积的空气的体积量，而 $\bar{\rho}u'$ 代表单位体积空气在 x 方向的脉动动量，所以 $\bar{\rho}\,\overline{u'w'}$ 就代表单位时间通过垂直于 z 轴的单位面积向上输送的空气在 x 方向上的脉动动量的平均值，而 $T_{zx}=-\bar{\rho}\,\overline{u'w'}$ 就代表单位时间通过垂直于 z 轴的单位面积向下输送的空气在 x 方向上的脉动动量的平均值，它也称为 x 方向的湍流动量的垂直通量密度. 湍流 Reynolds 应力 T_{zx} 与分子黏性应力 τ_{zx} 相似，不过，T_{zx} 是由湍流运动所引起的，而 τ_{zx} 是由分子运动所引起的.

因动量输送的结果表现为黏性. 如 τ_{zx} 表示分子运动引起的动量输送，它在垂直方向上的差异形成分子黏性力 $\dfrac{1}{\rho}\dfrac{\partial \tau_{zx}}{\partial z}$，同样，$T_{zx}$ 在垂直方向上的差异就形成湍流黏性力 $\dfrac{1}{\bar{\rho}}\dfrac{\partial T_{zx}}{\partial z}$. 所以，运动方程(1.103)的各个方程右端最后一项统称为湍流黏性力或湍流摩擦力，分别记为 F_x^*，F_y^*，F_z^*，统一写为 $\boldsymbol{F}^*$，即

$$\boldsymbol{F}^* = F_x^*\boldsymbol{i} + F_y^*\boldsymbol{j} + F_z^*\boldsymbol{k}, \tag{1.105}$$

其中

$$\begin{cases} F_x^* = \dfrac{1}{\bar{\rho}}\left(\dfrac{\partial T_{xx}}{\partial x} + \dfrac{\partial T_{yx}}{\partial y} + \dfrac{\partial T_{zx}}{\partial z}\right), \\ F_y^* = \dfrac{1}{\bar{\rho}}\left(\dfrac{\partial T_{xy}}{\partial x} + \dfrac{\partial T_{yy}}{\partial y} + \dfrac{\partial T_{zy}}{\partial z}\right), \\ F_z^* = \dfrac{1}{\bar{\rho}}\left(\dfrac{\partial T_{xz}}{\partial x} + \dfrac{\partial T_{yz}}{\partial y} + \dfrac{\partial T_{zz}}{\partial z}\right) \end{cases} \tag{1.106}$$

为湍流摩擦力的三个分量.

可以想象，大气中以空气微团为单体的湍流运动的尺度要比以分子为单体的分子不规则运动(即 Brown 运动)的尺度大得多，所以，在数值上通常大气中的湍

流黏性力比分子黏性力要大得多，即

$$|\boldsymbol{F}^*| \gg |\boldsymbol{F}|.$$

因而在运动方程中，分子黏性力相对于湍流黏性力可以略去. 实际上，Reynolds 数 Re 为惯性力与分子黏性力之比，而大气中 $Re > 10^{10}$，所以，在运动方程中，分子黏性力与惯性力相比也微不足道.

3. 状态方程的平均化

状态方程为：

$$p = \rho RT. \tag{1.107}$$

利用(1.97)式，上式平均化后化为

$$\bar{p} = \bar{\rho} R\bar{T}. \tag{1.108}$$

这就是平均化后状态方程，它在形式上与原状态方程一样.

4. 热力学方程的平均化

热力学方程用位温 θ 表达可以写为

$$c_p \frac{\mathrm{d}\theta}{\mathrm{d}t} = \frac{\theta}{T} Q, \tag{1.109}$$

其中 θ 和 T 以 Kelvin 温标为单位，因而一般有

$$|\theta'| \ll \bar{\theta}, \quad |T'| \ll \bar{T}, \quad \theta/T \approx \bar{\theta}/\bar{T}.$$

而$\dfrac{\mathrm{d}\theta}{\mathrm{d}t}$的平均化与$\dfrac{\mathrm{d}u}{\mathrm{d}t}$的平均化类似，则仿照(1.102)式有

$$\overline{\frac{\mathrm{d}\theta}{\mathrm{d}t}} = \frac{\mathrm{d}\bar{\theta}}{\mathrm{d}t} + \frac{1}{\bar{\rho}}\left(\frac{\partial \bar{\rho}\,\overline{\theta' u'}}{\partial x} + \frac{\partial \bar{\rho}\,\overline{\theta' v'}}{\partial y} + \frac{\partial \bar{\rho}\,\overline{\theta' w'}}{\partial z}\right).$$

所以，热力学方程(1.109)平均化后化为

$$c_p \frac{\mathrm{d}\bar{\theta}}{\mathrm{d}t} = \frac{\bar{\theta}}{\bar{T}}\bar{Q} + \frac{1}{\bar{\rho}}\left(\frac{\partial H_x}{\partial x} + \frac{\partial H_y}{\partial y} + \frac{\partial H_z}{\partial z}\right), \tag{1.110}$$

其中 $\bar{Q}$ 为 Q 的平均值，而

$$\boldsymbol{H} \equiv \begin{bmatrix} H_x \\ H_y \\ H_z \end{bmatrix} \equiv \begin{bmatrix} -\bar{\rho} c_p \overline{\theta' u'} \\ -\bar{\rho} c_p \overline{\theta' v'} \\ -\bar{\rho} c_p \overline{\theta' w'} \end{bmatrix} \tag{1.111}$$

称为湍流热量通量密度矢量，H_x, H_y, H_z 是它的三个分量. 通常称 $c_p T$ 为单位质量空气微团的焓，$c_p\theta$ 为位焓，则仿 T_{zx} 的分析知，$H_z = -\bar{\rho} c_p \overline{\theta' w'}$表征单位时间内通过垂直于 z 轴的单位面积向下输送的位焓脉动的平均值. 类似分析可知，H_z 在垂直方向上的差异就形成因湍流热传导而形成的热量，我们把(1.110)式的右端最后一项记为 Q^*，即

$$Q^* = \frac{1}{\bar{\rho}}\left(\frac{\partial H_x}{\partial x} + \frac{\partial H_y}{\partial y} + \frac{\partial H_z}{\partial z}\right) = \frac{1}{\bar{\rho}} \nabla \cdot \boldsymbol{H}. \tag{1.112}$$

一般,湍流热传导输送的热量比分子热传导输送的热量数值上要大得多,所以,在考虑了湍流因素后,大气中的非绝热因子主要指:太阳辐射、相变潜热和湍流热传导.

在绝热情况下,平均化后的热力学方程(1.110)化为

$$c_p \frac{\mathrm{d}\bar{\theta}}{\mathrm{d}t} = 0, \tag{1.113}$$

或者就用

$$c_p \frac{\mathrm{d}\overline{T}}{\mathrm{d}t} - \frac{1}{\bar{\rho}} \frac{\mathrm{d}\bar{p}}{\mathrm{d}t} = 0. \tag{1.114}$$

它们在形式上都与原来的绝热方程一样.

5. 水汽方程的平均化

水汽方程为

$$\frac{\mathrm{d}q}{\mathrm{d}t} = S. \tag{1.115}$$

与$\frac{\mathrm{d}u}{\mathrm{d}t}$的平均化类似,$\frac{\mathrm{d}q}{\mathrm{d}t}$的平均化结果是

$$\overline{\frac{\mathrm{d}q}{\mathrm{d}t}} = \frac{\mathrm{d}\bar{q}}{\mathrm{d}t} + \frac{1}{\bar{\rho}}\left(\frac{\partial \bar{\rho}\,\overline{q'u'}}{\partial x} + \frac{\partial \bar{\rho}\,\overline{q'v'}}{\partial y} + \frac{\partial \bar{\rho}\,\overline{q'w'}}{\partial z}\right).$$

所以,水汽方程(1.115)平均化后化为

$$\frac{\mathrm{d}\bar{q}}{\mathrm{d}t} = \overline{S} + \frac{1}{\bar{\rho}}\left(\frac{\partial W_x}{\partial x} + \frac{\partial W_y}{\partial y} + \frac{\partial W_z}{\partial z}\right), \tag{1.116}$$

其中 $\overline{S}$ 为 S 的平均值,而

$$\boldsymbol{W} \equiv \begin{bmatrix} W_x \\ W_y \\ W_z \end{bmatrix} \equiv \begin{bmatrix} -\bar{\rho}\,\overline{q'u'} \\ -\bar{\rho}\,\overline{q'v'} \\ -\bar{\rho}\,\overline{q'w'} \end{bmatrix}, \tag{1.117}$$

称为湍流水汽通常密度矢量,W_x, W_y, W_z 是它的三个分量. 显然,$W_z = -\bar{\rho}\,\overline{q'w'}$表征单位时间通过垂直于 z 轴的单位面积向下输送的水汽脉动量的平均值. 而且 $\frac{1}{\bar{\rho}}\left(\frac{\partial W_x}{\partial x} + \frac{\partial W_y}{\partial y} + \frac{\partial W_z}{\partial z}\right)$为单位质量空气在单位时间内因湍流扩散而得到的水汽量,我们记为 S^*,即

$$S^* = \frac{1}{\bar{\rho}}\left(\frac{\partial W_x}{\partial x} + \frac{\partial W_y}{\partial y} + \frac{\partial W_z}{\partial z}\right) = \frac{1}{\bar{\rho}} \nabla \cdot \boldsymbol{W}. \tag{1.118}$$

同样认为,大气中因湍流扩散输送的水汽量比分子扩散输送的水汽量在数值上要大得多,所以,在考虑了湍流因素后,大气中影响水汽变化的因子主要有:水汽相变和湍流水汽扩散.

根据上述分析，我们求得了平均化的大气运动方程组，它在形式上几乎与原方程组一样，但有两点不同. 首先，方程组中所有的物理量由在一点的瞬时值变成了平均值；其次，在运动方程右端增加了湍流黏性力，在热力学方程右端增加了湍流热传导，在水汽方程右端增加了湍流水汽扩散. 为了应用方便，我们仍用方程组(1.91)描述大气运动，只是其中物理量就视为平均值，而且，(F_x, F_y, F_z)就视为湍流黏性力(略去分子黏性力)，Q中认为包含湍流热传导项，S中认为包含湍流水汽扩散项.

§1.12　湍流半经验理论，封闭方程组

为了考虑大气运动的湍流性，又为了使方程组的物理量与观测值一致，我们将描写大气运动的方程组平均化. 但平均化的方程组带来了新的问题，这就是在方程组中出现了湍流黏性力、湍流热传导与湍流水汽扩散，而它们都与两个脉动量乘积的平均值有关. 诸如

$$T_{zx} = -\rho\overline{u'w'}, \quad H_z = -\rho c_p\overline{\theta'w'}, \quad W_z = -\rho\overline{q'w'}.$$

这些项的出现使得方程组不封闭.

为了使方程组封闭，在湍流理论中通常有两种做法. 第一是所谓湍流统计理论，它应用概率统计理论，研究两个脉动量(随机量)乘积平均值(称为二阶相关函数)，如$\overline{u'w'}$，$\overline{\theta'w'}$，$\overline{q'w'}$等的变化规律. 这方面的研究甚多，对湍流运动规律有了进一步的了解，但离使方程组封闭甚远，这里我们不予讨论，有兴趣的读者可参阅有关的书. 第二是所谓湍流半经验理论，它仿照气体分子运动论，将两个脉动量乘积的平均值或湍流通量密度表示成平均量的函数(在大气动力学中常称这类做法为参数化)，从而使方程组封闭. 虽然这种做法在理论上是不完善的，带有经验的成分，但它较好地解决了一部分实际问题，因而有广泛的应用. 这里，我们简要叙述这种做法.

空气的分子直径是10^{-10} m(10^{-10} m$=10^{-1}$ nm，1 nm$=10^{-9}$ m，nm 表示纳米)左右，根据气体分子运动理论，在通常的气温、气压条件下，这些气体分子以

$$c = 4 \times 10^2\,\mathrm{m \cdot s^{-1}}$$

的速度作不规则的运动，分子在两次碰撞间所移动的平均距离，即平均自由程约为

$$l = 10^{-7}\,\mathrm{m}.$$

由于碰撞，气体分子间进行动量交换而产生分子黏性. 分子黏性系数为

$$\nu = \frac{1}{3}cl,$$

和

$$\mu = \rho\nu = \frac{1}{3}\rho c l.$$

由此可计算出 ν 和 μ 的值.

分子黏性应力,如 τ_{zx},在空气作水平运动时可表为

$$\tau_{zx} = \mu \frac{\partial u}{\partial z} = \rho\nu \frac{\partial u}{\partial z}. \tag{1.119}$$

为了求湍流通量密度,如 $T_{zx} = -\rho \overline{u'w'}$,Prandtl 假定:与分子运动的平均自由程相似,在湍流运动中,存在一个距离 l',在 l' 内空气微团保持自身的物理属性,空气微团移动 l' 后与其他空气微团混合,l' 称为混合长.

设 u(u 即为 $\bar{u}$,按上节最后约定,我们省略平均符号,以下同)只是 z 的函数,即 $u=u(z)$. 若空气微团原先在 z_0 高度,$u=u(z_0)$,到达 z 高度后,与其他空气微团进行湍流交换,则

$$l' = z - z_0. \tag{1.120}$$

空气微团到达 z 高度后,由于它带来的速度为 $u(z_0)$,而 z 高度上的速度为 $u(z)$,因而产生 u'. 在 $z-z_0$ 不大时,u' 可表为

$$u'(z) = u(z_0) - u(z) = -\frac{\partial u}{\partial z}(z - z_0) = -l' \frac{\partial u}{\partial z}, \tag{1.121}$$

因而

$$\overline{u'w'} = -\overline{l'w' \frac{\partial u}{\partial z}} = -\overline{l'w'} \frac{\partial u}{\partial z}. \tag{1.122}$$

令

$$K = \overline{l'w'}, \tag{1.123}$$

称为垂直方向的湍流黏性系数. 相应,湍流半经验理论也称为 K 理论. 这样,(1.122)式写为

$$\overline{u'w'} = -K \frac{\partial u}{\partial z}. \tag{1.124}$$

所以,Reynolds 应力 T_{zx} 可表为

$$T_{zx} \equiv -\rho \overline{u'w'} = \rho K \frac{\partial u}{\partial z} = A \frac{\partial u}{\partial z}, \tag{1.125}$$

其中

$$A \equiv \rho K$$

称为垂直方向的湍流交换系数.

(1.125)式与(1.119)式比较即知,K 相当于 ν,A 相当于 μ. 不过,这里 K 和 A 都是不确定的. 当然,若假定 K 或 A 是常数或者它们是已知的函数,问题也算解决了. 在本书以后讨论的大部分问题中,我们认为 K 是常数,且认为其数值是 ν 的 10^4—10^5 倍,通常取

$$K=\begin{cases}0.1\ \mathrm{m^2\cdot s^{-1}}, & 0\leqslant z\leqslant h_1(h_1\ \text{约几十米}),\\ 5—10\ \mathrm{m^2\cdot s^{-1}}, & h_1\leqslant z\leqslant h_2(h_2\ \text{约 1 公里}).\end{cases}$$

为了在某些场合下(例如讨论近地面层的问题)，更好地表达湍流通量密度，Prandtl 进一步研究了 K，他假定脉动速度是各向同性的，即假定

$$w'\sim u'\sim v',$$

但由(1.121)式 $u'=-l'\dfrac{\partial u}{\partial z}$，类似有 $v'=-l'\dfrac{\partial v}{\partial z}$，又考虑 $z>z_0$ 时，$l'=z-z_0$，$w'>0$，则我们假定

$$w'=l'\left|\frac{\partial V_{\mathrm{h}}}{\partial z}\right|,\tag{1.126}$$

其中 V_{h} 表示平均风速.

若将(1.126)式代入到(1.123)式得到

$$K=\overline{l'^2}\left|\frac{\partial V_{\mathrm{h}}}{\partial z}\right|=l^2\left|\frac{\partial V_{\mathrm{h}}}{\partial z}\right|,\tag{1.127}$$

其中

$$l^2=\overline{l'^2},$$

l 也称为混合长.

将(1.127)式代入(1.125)式得到

$$T_{zx}=\rho l^2\left|\frac{\partial V_{\mathrm{h}}}{\partial z}\right|\frac{\partial u}{\partial z}.\tag{1.128}$$

从(1.125)式和(1.128)式可知：Prandtl 把一个本来是属于统计规律的量 T_{zx} 用平均化的量表达了，但给人们留下来 K 和 l 的问题.

因 $K>0$，则由(1.125)式知，湍流动量输送总是跟 u 的梯度方向相反，从 u 的高值输向低值，即当$\dfrac{\partial u}{\partial z}>0$ 时$\overline{u'w'}<0$.

仿(1.125)式和(1.128)式，我们可以得到其他 Reynolds 应力的表达式，例如

$$T_{zy}=\rho K\frac{\partial v}{\partial z}=\rho l^2\left|\frac{\partial V_{\mathrm{h}}}{\partial z}\right|\frac{\partial v}{\partial z},\tag{1.129}$$

又例如

$$\begin{cases}T_{xx}=\rho K_{\mathrm{h}}\dfrac{\partial u}{\partial x}, & T_{yx}=\rho K_{\mathrm{h}}\dfrac{\partial u}{\partial y},\\ T_{xy}=\rho K_{\mathrm{h}}\dfrac{\partial v}{\partial x}, & T_{yy}=\rho K_{\mathrm{h}}\dfrac{\partial v}{\partial y},\end{cases}\tag{1.130}$$

其中 K_{h} 为水平面上的湍流黏性系数，我们未区别 x 和 y 方向，以致在上式中 T_{yx} 与 T_{xy} 在表达形式上有所不同. 而且我们未列入 T_{xz}，T_{yz} 和 T_{zz}，因为它们仅出现在 z 方向的运动方程中，那里最大项为 g，湍流黏性力相对于 g 一般认为是微不足

道的.

利用(1.125)式,(1.129)式和(1.130)式,我们可以把 x 和 y 方向的湍流黏性力表为

$$\begin{cases} F_x^* = K_{\mathrm{h}} \nabla_{\mathrm{h}}^2 u + K \dfrac{\partial^2 u}{\partial z^2}, \\ F_y^* = K_{\mathrm{h}} \nabla_{\mathrm{h}}^2 v + K \dfrac{\partial^2 v}{\partial z^2}, \end{cases} \tag{1.131}$$

其中我们假定了 K_{h} 和 K 均为常数,而

$$\nabla_{\mathrm{h}}^2 \equiv \frac{\partial^2}{\partial x^2} + \frac{\partial^2}{\partial y^2} \tag{1.132}$$

为水平面上的 Laplace 算子,对于 F_z^* 也可作类似的讨论.

类似,我们可以得到湍流热量通量密度和湍流水汽通量密度,它们分别表为

$$H_x = \rho c_p K_{\mathrm{Hh}} \frac{\partial \theta}{\partial x}, \quad H_y = \rho c_p K_{\mathrm{Hh}} \frac{\partial \theta}{\partial y}, \quad H_z = \rho c_p K_{\mathrm{H}} \frac{\partial \theta}{\partial z}, \tag{1.133}$$

$$W_x = \rho K_{\mathrm{Wh}} \frac{\partial q}{\partial x}, \quad W_y = \rho K_{\mathrm{Wh}} \frac{\partial q}{\partial y}, \quad W_z = \rho K_{\mathrm{W}} \frac{\partial q}{\partial z}, \tag{1.134}$$

其中 K_{Hh} 为水平湍流导温系数($\rho c_p K_{\mathrm{Hh}}$ 称水平湍流导热系数);K_{H} 为垂直湍流导温系数($\rho c_p K_{\mathrm{H}}$ 称垂直湍流导热系数);K_{Wh} 为水平湍流扩散系数;K_{W} 为垂直湍流扩散系数.

(1.133)式和(1.134)式表明:湍流热量和水汽输送也分别是从 θ 和 q 的高值向低值输送.而且由这两式,我们可得湍流热传导加热和湍流输送的水汽量分别是

$$Q^* = K_{\mathrm{Hh}} c_p \nabla_{\mathrm{h}}^2 \theta + K_{\mathrm{H}} c_p \frac{\partial^2 \theta}{\partial z^2}, \tag{1.135}$$

和

$$S^* = K_{\mathrm{Wh}} \nabla_{\mathrm{h}}^2 q + K_{\mathrm{W}} \frac{\partial^2 q}{\partial z^2}. \tag{1.136}$$

因物理量在大气中垂直方向的梯度值远大于水平方向的梯度值,加之太阳辐射首先加热地面和下界面的作用,一般情况下认为垂直方向上的湍流交换远大于水平方向的湍流交换,所以,通常认为

$$K_{\mathrm{h}} \ll K, \quad K_{\mathrm{Hh}} \ll K_{\mathrm{H}}, \quad K_{\mathrm{Wh}} \ll K_{\mathrm{W}}.$$

以致在多数场合下,我们只考虑垂直方向的湍流交换,而忽略水平方向的湍流交换.

考虑了大气湍流,大气运动的基本方程组不封闭,但应用了湍流半经验理论,方程组(1.91)便封闭了.虽然如此,但描写大气运动的基本方程组是非线性方程组,它反映了物理量之间的相互联系、相互制约,这样的方程组在不加简化的条件下求解几乎是不可能的.

上述用速度(u,v,w)的二阶导数表征的湍流黏性、用位温θ的二阶导数表征的湍流热传导和用比湿q的二阶导数表征的湍流扩散统称为湍流的耗散效应(dissipation effects).

在(1.121)式中,我们只用到$z-z_0$的一次项,若考虑到$z-z_0$的二次项,则有

$$u'(z)=-l'\frac{\partial u}{\partial z}-\frac{1}{2}l'^2\frac{\partial^2 u}{\partial z^2}. \tag{1.137}$$

则(1.122)式改写为

$$\overline{u'w'}=-K\frac{\partial u}{\partial z}+D\frac{\partial^2 u}{\partial z^2}, \tag{1.138}$$

其中

$$D=-\frac{1}{2}\overline{l'^2w'} \tag{1.139}$$

称为垂直方向的湍流频散系数.类似可引入水平方向的湍流频散系数D_{h},这样,(1.131)式改写为

$$\begin{cases}F_x^*=K_{\mathrm{h}}\nabla_{\mathrm{h}}^2u+K\dfrac{\partial^2 u}{\partial z^2}-D_{\mathrm{h}}\left(\dfrac{\partial^3 u}{\partial x^3}+\dfrac{\partial^3 u}{\partial y^3}\right)-D\dfrac{\partial^3 u}{\partial z^3},\\ F_y^*=K_{\mathrm{h}}\nabla_{\mathrm{h}}^2v+K\dfrac{\partial^2 v}{\partial z^2}-D_{\mathrm{h}}\left(\dfrac{\partial^3 v}{\partial x^3}+\dfrac{\partial^3 v}{\partial y^3}\right)-D\dfrac{\partial^3 v}{\partial z^3},\end{cases} \tag{1.140}$$

其中,包含u和v的三阶导数项可称为湍流频散力,详见§9.5的分析.对于F_z^*也可以作类似的分析.

类似,(1.135)式和(1.136)式可分别改写为

$$Q^*=K_{\mathrm{Hh}}c_p\nabla_{\mathrm{h}}^2\theta+K_{\mathrm{H}}c_p\frac{\partial^2\theta}{\partial z^2}-D_{\mathrm{Hh}}c_p\left(\frac{\partial^3\theta}{\partial x^3}+\frac{\partial^3\theta}{\partial y^3}\right)-D_{\mathrm{H}}c_p\frac{\partial^3\theta}{\partial z^3}, \tag{1.141}$$

和

$$S^*=K_{\mathrm{Wh}}\nabla_{\mathrm{h}}^2q+K_{\mathrm{W}}\frac{\partial^2 q}{\partial z^2}-D_{\mathrm{Wh}}\left(\frac{\partial^3 q}{\partial x^3}+\frac{\partial^3 q}{\partial y^3}\right)-D_{\mathrm{W}}\frac{\partial^3 q}{\partial z^3}. \tag{1.142}$$

(1.141)式和(1.142)式右端最后两项可分别称为湍流热频散和湍流水汽频散.D_{Hh},D_{H}和D_{Wh},D_{W}分别称为湍流热频散系数和湍流水汽频散系数.由速度(u,v,w)、位温θ和比湿q的三阶导数项所引起的动量、热量和水汽的变化统称为湍流的频散效应(dispersion effects).

§1.13　初条件与边条件

描写大气运动的方程组要有确定的解,必须根据实际状况和物理要求给出一定的初条件与边条件.它们应恰当地表征某种运动的初始状态和边界的物理状况,既不能多给,也不能少给.

一、初条件

初条件也称初始条件，它指初始时刻（通常取为 $t=0$），各物理量在空间各点所具有的值. 即

$$\begin{cases} u\,|_{t=0} = u_0(x,y,z), \quad v\,|_{t=0} = v_0(x,y,z), \quad w\,|_{t=0} = w_0(x,y,z), \\ p\,|_{t=0} = p_0(x,y,z), \quad \rho\,|_{t=0} = \rho_0(x,y,z), \quad T\,|_{t=0} = T_0(x,y,z), \\ q\,|_{t=0} = q_0(x,y,z). \end{cases} \tag{1.143}$$

通常，方程组中所包含的未知函数对时间的一阶偏导数的数目，就是我们所应给的初条件的个数.

若通过消元，使方程组化为含有一个未知函数的方程，则该方程中未知函数对时间的偏导数的阶数，就是我们所应给的初条件的个数.

二、边条件

边条件也称边界条件，它指在讨论问题区域的边界上，各物理量在各个时刻所具有的值. 它一般包含水平侧向条件和垂直边条件. 例如，考虑全球问题，物理量 A 对经度 λ 必须以 2π 为周期，即

$$A(\lambda,\varphi,r,t) = A(\lambda+2\pi,\varphi,r,t). \tag{1.144}$$

其他水平侧向边条件需根据具体问题而定.

垂直边条件通常就是指大气的下界和上界应满足的条件. 这些条件常用的有：

1. 下边条件

它是指大气下边界（地表面）所满足的条件.

若把下界面 $z=0$ 视为理想刚体，无黏性，则下界面为一物质面，因而其法向速度为零，即

$$w\,|_{z=0} = 0, \tag{1.145}$$

若考虑下界面 $z=0$ 的黏性，则空气黏附在界面上，因而整个速度 $\mathbf{V}$ 都为零，即

$$u\,|_{z=0} = 0, \quad v\,|_{z=0} = 0, \quad w\,|_{z=0} = 0. \tag{1.146}$$

若考虑下界面有地形，其地形高度函数为 $h_s(x,y)$，即

$$z = h_s(x,y), \tag{1.147}$$

则空气沿地形运动，要求

$$w_s = w\,|_{z=h_s(x,y)} = \frac{\mathrm{d}h_s}{\mathrm{d}t} = u_s\frac{\partial h_s}{\partial x} + v_s\frac{\partial h_s}{\partial y}. \tag{1.148}$$

它表示下界面的垂直运动系地形强迫所致. 这里（u_s，v_s）为下边界的风速. 条件（1.145）式、（1.146）式和（1.148）式统称为运动学条件.

若下界面为海平面，海平面气压为 $p_0(x,y,t)$，因而，

$$p\,|_{z=0}=p(x,y,0,t)=p_0(x,y,t). \tag{1.149}$$

在下界面有地形的条件下，下界面气压或场面气压为 $p_s(x,y,t)$，因而

$$p\,|_{z=h_s(x,y)}=p(x,y,h_s,t)=p_s(x,y,t). \tag{1.150}$$

条件(1.149)式和(1.150)式统称为动力学条件.

从能量的观点看，下界面的热通量应是进入下界面的热通量和从下界面流失的热通量相抵消的结果，这就是所谓下界面热量平衡方程，它通常写为

$$-\rho_g c_g k_g\left(\frac{\partial T}{\partial z}\right)_{z=0}=R_2-R_1-C, \tag{1.151}$$

其中 ρ_g,c_g,k_g 分别为土壤的密度、比热和导温系数，R_2 为下界面有效长波辐射通量，R_1 为到达下界面的净短波辐射通量，C 为下界面水汽相变(凝结或蒸发)产生的热通量.

条件(1.151)式通常称为热力学条件.

2. 上边条件

它是指大气上边界($z\to\infty$)所满足的条件.

大气上边界，任何物理量都应有界，即

$$u,v,w,p,\rho,T,q<\infty\quad(z\to\infty). \tag{1.152}$$

对气压 p 而言，它随高度 z 的增加呈指数减小，因而有

$$p\,|_{z\to\infty}=0 \tag{1.153}$$

和

$$\lim_{z\to\infty} zp=0. \tag{1.154}$$

另外，有时应用下面两个条件：

$$\lim_{z\to\infty}\rho w=0, \tag{1.155}$$

$$\lim_{z\to\infty}(\rho u^2,\rho v^2,\rho w^2)<\infty, \tag{1.156}$$

前者表示大气和外界无质量交换，后者表示大气水平的和垂直的动能有界.

3. 自由面条件

在实际大气中，密度随高度减小，并不存在均匀不可压缩流体中的所谓自由面. 但大气中有一种所谓均质大气模式，假定空气密度 ρ 不随高度变化. 在这种模式中，若把大气分成许多厚度相等的气层，则每个气层单位面积内的空气重量是相等的，也就是各气层对下界面总压强的贡献是相等的，但下界面气压 p_0 不可能是无穷大. 因此，这种厚度相等的气层数目一定是有限的，即均质大气高度是有限的. 均质大气高度又称为大气标高(scale height).

对于静止大气，垂直方向的运动方程化为

$$\frac{\partial p}{\partial z}=-g\rho, \tag{1.157}$$

它称为静力学方程或静力平衡条件.

自大气下界($z=0,p=p_0$)到均质大气高度($z=h,p=p_h\to 0$)积分上式有

$$\int_{p_0}^{0}\delta p=-g\int_{0}^{h}\rho\delta z.$$

注意 $\rho=$常数,则得

$$p_0=\rho g h.$$

设下界面的气温为 T_0,则由状态方程有

$$p_0=\rho R T_0.$$

将上两式比较求得均质大气高度(或大气标高)为

$$h=RT_0/g=h(x,y,t). \tag{1.158}$$

将 T_0 的平均值 $\overline{T}_0$ 代入上式,求得平均均质大气高度为

$$H=R\overline{T}_0/g. \tag{1.159}$$

若取 $\overline{T}_0\approx 288\,\mathrm{K}$,则由上式求得

$$H\approx 8\times 10^3\,\mathrm{m}.$$

这个数值差不多就是人们通常认为的有天气意义的大气上界的高度.

人们经常把 $z=h(x,y,t)$ 看成是大气的一个自由面,在自由面以下的大气视为是不可压缩的,这样,把自由面视为大气上界,应用流体力学的自由面条件它应满足

$$w_h\equiv w\,|_{z=h}=\frac{\mathrm{d}h}{\mathrm{d}t}=\frac{\partial h}{\partial t}+u\frac{\partial h}{\partial x}+v\frac{\partial h}{\partial y} \tag{1.160}$$

和

$$p\,|_{z=h}=p_h=\text{常数}. \tag{1.161}$$

上式中取 $p_h=$常数,而不是 $p_h=0$,是考虑到实际大气状况,在 $z=h$ 以上仍然存在一定的大气.

实际上,我们经常把均质大气高度 h 视为一个重要的参数. 例如,由大气下界($z=0,p=p_0$)到任一高度($z=z,p=p$)积分静力学方程(1.157)得到大气压高公式

$$p=p_0\mathrm{e}^{-\int_0^z\frac{g}{RT}\delta z}=p_0\mathrm{e}^{-gz/RT_m}, \tag{1.162}$$

其中

$$T_m=z\Big/\int_0^z\frac{1}{T}\delta z \tag{1.163}$$

称为气压平均温度. 之所以如此是因为从(1.162)式有

$$gz=RT_m\ln\frac{p_0}{p}, \tag{1.164}$$

又以 $\rho=p/RT$ 代入静力学方程(1.157)有

$$\frac{\partial \ln p}{\partial z} = -\frac{g}{RT}. \tag{1.165}$$

积分上式得到

$$gz = R\int_{p}^{p_0} T\delta\ln p. \tag{1.166}$$

将(1.164)式和(1.166)式比较得

$$T_{\mathrm{m}} = \frac{\int_{p}^{p_0} T\delta\ln p}{\ln\dfrac{p_0}{p}}. \tag{1.167}$$

因 T_{m} 在数值上近似等于 T_0,因而压高公式(1.162)近似表为

$$p \approx p_0 \mathrm{e}^{-z/h}. \tag{1.168}$$

再应用状态方程,因而近似得

$$\rho \approx \rho_0 \mathrm{e}^{-z/h}. \tag{1.169}$$

所以在 $z=h$ 处有

$$p_{\mathrm{h}} = \frac{1}{\mathrm{e}}p_0, \quad \rho_{\mathrm{h}} = \frac{1}{\mathrm{e}}\rho_0.$$

即在均质大气高度处,实际大气的气压和密度分别近似等于地面气压和密度的 1/e.

由(1.168)式和(1.169)式还可以得到

$$\frac{\partial \ln p}{\partial z} = \frac{\partial \ln \rho}{\partial z} = -\frac{1}{h}. \tag{1.170}$$

这样,我们有

$$O\left(\frac{\partial \ln p}{\partial z}\right) = O\left(\frac{\partial \ln \rho}{\partial z}\right) = \frac{1}{H}, \tag{1.171}$$

即我们可以用 $1/H$ 去估计大气中 $\partial\ln p/\partial z$ 和 $\partial\ln\rho/\partial z$ 的大小.

4. 内边界条件

大气中经常存在着分界面,如不连续面或某些物理量剧烈变化的过渡区域,如锋面、逆温层、对流层顶和切变线等,此时常需列入内边界条件.

对于分界面,设其方程为

$$z = h(x,y,t). \tag{1.172}$$

因分界面为物质面,则在分界面上

$$w_j\big|_{z=h} = \left(\frac{\partial}{\partial t} + u_j\frac{\partial}{\partial x} + v_j\frac{\partial}{\partial y}\right)h \quad (j=1,2). \tag{1.173}$$

而且分界面两边的压力应该连续,即

$$\left(\frac{\partial}{\partial t} + u_j\frac{\partial}{\partial x} + v_j\frac{\partial}{\partial y} + w_j\frac{\partial}{\partial z}\right)(p_1 - p_2) = 0 \quad (j=1,2). \tag{1.174}$$

这里 $j=1,2$ 分别表分界面的两侧.(1.173)和(1.174)式分别叫做分界面的运动学条件和动力学条件.

§1.14　气压倾向方程

根据静力学关系(1.157),从任一高度 $z=z(p=p)$ 到大气上界 $z\to\infty(p\to 0)$ 积分得

$$p=\int_z^{\infty}\rho g\,\delta z. \tag{1.175}$$

它表示:任一高度上的气压即为该高度以上单位截面气柱的重量.

上式两端对时间微商得到

$$\frac{\partial p}{\partial t}=\int_z^{\infty}g\,\frac{\partial \rho}{\partial t}\delta z. \tag{1.176}$$

因而,z 高度上气压的变化决定于该高度以上单位截面气柱内空气密度的变化.

利用连续性方程和边界条件(1.155),上式化为

$$\frac{\partial p}{\partial t}=g\rho w-g\int_z^{\infty}\nabla_{\mathrm{h}}\cdot\rho\boldsymbol{V}_{\mathrm{h}}\delta z, \tag{1.177}$$

该式称为气压倾向方程.它说明,z 高度上空气的气压变化决定于两大物理因素:第一,z 高度上的垂直运动 w 所引起的质量通量密度 $g\rho w$.若 $w>0$,则 z 高度以上的气层自下面得到质量,因此气压升高,$\partial p/\partial t>0$;若 $w<0$,则质量自 z 高度以上气层流入下层,因此气压下降,$\partial p/\partial t<0$.第二,z 高度以上整个气层由于水平质量散度 $\nabla_{\mathrm{h}}\cdot\rho\boldsymbol{V}_{\mathrm{h}}$ 引起的质量变化.若 z 高度以上整个气层水平质量散度以辐合为主,即

$$\int_z^{\infty}\nabla_{\mathrm{h}}\cdot\rho\boldsymbol{V}_{\mathrm{h}}\delta z<0,$$

则 z 高度以上的气层有质量流入,因此气压升高,$\partial p/\partial t>0$;若 z 高度以上整个气层水平质量散度以辐散为主,即

$$\int_z^{\infty}\nabla_{\mathrm{h}}\cdot\rho\boldsymbol{V}_{\mathrm{h}}\delta z>0,$$

则 z 高度以上的气层有质量流出,因此气压下减,$\partial p/\partial t<0$.

由于上述影响气压变化的两大项常相互抵消($w>0$ 常引起 z 高度以上气层水平质量辐散,$w<0$ 常引起 z 高度以上气层水平质量辐合),因此,一般不用上式计算$\dfrac{\partial p}{\partial t}$.

取 $z=h_{\mathrm{s}}$,利用(1.148)式可求得场面气压变化为

$$\frac{\partial p_{\mathrm{s}}}{\partial t}=g\rho\left(u\frac{\partial h_{\mathrm{s}}}{\partial x}+v\frac{\partial h_{\mathrm{s}}}{\partial y}\right)-g\int_{h_{\mathrm{s}}}^{\infty}\nabla_{\mathrm{h}}\cdot\rho\boldsymbol{V}_{\mathrm{h}}\delta z, \tag{1.178}$$

它称为场面气压的倾向方程.

§1.15 柱坐标系中的大气运动方程组

不考虑地球的曲率,在讨论诸如台风的运动时宜用柱坐标系.柱坐标系记为$\{O';r,\theta,z\}$,其中O'为地球表面上一点(经纬度分别为λ和φ,$z=0$),z为铅直轴.它是由平面极坐标$\{O';r,\theta\}$加上z轴所构成.局地直角坐标系$\{O';x,y,z\}$与柱坐标系$\{O';x,y,z\}$的关系为

$$x = r\cos\theta,\quad y = r\sin\theta,\quad z = z. \tag{1.179}$$

r是空间一点在(x,y)平面上的投影到O'点的距离,θ是该距离与x轴的夹角.

在柱坐标系上三个坐标轴上的线元分别是δr,$r\delta\theta$和δz,水平面上的面积元和空间体积元分别是

$$\delta A = r\delta r\delta\theta,\quad \delta v = r\delta r\delta\theta\delta z. \tag{1.180}$$

在柱坐标系中空气微团的速度为$\boldsymbol{V}(v_r,v_\theta,v_z)$,即

$$v_r \equiv \frac{\mathrm{d}r}{\mathrm{d}t},\quad v_\theta \equiv r\frac{\mathrm{d}\theta}{\mathrm{d}t},\quad v_z \equiv \frac{\mathrm{d}z}{\mathrm{d}t} = w, \tag{1.181}$$

其中v_z即是垂直速度w,v_r和v_θ分别为径向速度和切向速度.

在柱坐标系中的 Hamilton 算子为

$$\nabla \equiv \boldsymbol{e}_r\frac{\partial}{\partial r} + \boldsymbol{e}_\theta\frac{\partial}{r\partial\theta} + \boldsymbol{e}_z\frac{\partial}{\partial z}, \tag{1.182}$$

其中$\boldsymbol{e}_r$,$\boldsymbol{e}_\theta$和$\boldsymbol{e}_z$分别是r,θ和z轴上的单位坐标矢量(注意$\boldsymbol{e}_z=\boldsymbol{k}$).而在柱坐标系中的个别微商为

$$\frac{\mathrm{d}}{\mathrm{d}t} \equiv \frac{\partial}{\partial t} + V\cdot\nabla \equiv \frac{\partial}{\partial t} + v_r\frac{\partial}{\partial r} + v_\theta\frac{1}{r}\frac{\partial}{\partial\theta} + w\frac{\partial}{\partial z}. \tag{1.183}$$

在柱坐标系中,矢量

$$\boldsymbol{A} = A_r\boldsymbol{e}_r + A_\theta\boldsymbol{e}_\theta + A_z\boldsymbol{e}_z \tag{1.184}$$

的散度和旋度分别为

$$\nabla\cdot\boldsymbol{A} = \frac{1}{r}\frac{\partial(rA_r)}{\partial r} + \frac{1}{r}\frac{\partial A_\theta}{\partial\theta} + \frac{\partial A_z}{\partial z} \tag{1.185}$$

和

$$\nabla\times\boldsymbol{A} = \boldsymbol{e}_r\left(\frac{1}{r}\frac{\partial A_z}{\partial\theta} - \frac{\partial A_\theta}{\partial z}\right) + \boldsymbol{e}_\theta\left(\frac{\partial A_r}{\partial z} - \frac{\partial A_z}{\partial r}\right) + \boldsymbol{e}_z\left(\frac{1}{r}\frac{\partial rA_\theta}{\partial r} - \frac{1}{r}\frac{\partial A_r}{\partial\theta}\right). \tag{1.186}$$

而 Laplace 算子为

$$\nabla^2 \equiv \frac{1}{r}\frac{\partial}{\partial r}\left(r\frac{\partial}{\partial r}\right) + \frac{1}{r^2}\frac{\partial^2}{\partial\theta^2} + \frac{\partial^2}{\partial z^2}. \tag{1.187}$$

与球坐标系类似,柱坐标系也是曲线坐标系,需要考虑其单位坐标矢量的局地性.若认为地球只绕铅直轴以角速度 $\Omega\sin\varphi=f/2$ 旋转,不难证明在柱坐标系中的大气运动方程可以写为

$$\begin{cases}\dfrac{\mathrm{d}v_r}{\mathrm{d}t}-\dfrac{v_\theta^2}{r}-fv_\theta=-\dfrac{1}{\rho}\dfrac{\partial p}{\partial r}+F_r,\\ \dfrac{\mathrm{d}v_\theta}{\mathrm{d}t}+\dfrac{v_rv_\theta}{r}+fv_r=-\dfrac{1}{\rho r}\dfrac{\partial p}{\partial \theta}+F_\theta,\\ \dfrac{\mathrm{d}w}{\mathrm{d}t}=-g-\dfrac{1}{\rho}\dfrac{\partial p}{\partial z}+F_z,\end{cases} \tag{1.188}$$

其中(F_r,F_θ,F_z)为摩擦力.

类似,在柱坐标系中的连续性方程可以写为

$$\frac{\mathrm{d}\rho}{\mathrm{d}t}+\rho\left(\frac{\partial v_r}{\partial r}+\frac{v_r}{r}+\frac{1}{r}\frac{\partial v_\theta}{\partial\theta}+\frac{\partial w}{\partial z}\right)=0. \tag{1.189}$$

至于热力学方程仍然可以写为

$$c_p\frac{\mathrm{d}T}{\mathrm{d}t}-\frac{1}{\rho}\frac{\mathrm{d}p}{\mathrm{d}t}=Q \tag{1.190}$$

或

$$c_pT\frac{\mathrm{d}\ln\theta}{\mathrm{d}t}=Q. \tag{1.191}$$

而水汽方程仍然是

$$\frac{\mathrm{d}q}{\mathrm{d}t}=S. \tag{1.192}$$

注意,由(1.179)式的头两式有

$$x^2+y^2=r^2,\quad \tan\theta=\frac{y}{x}. \tag{1.193}$$

因此,若设

$$\dot{x}\equiv\frac{\mathrm{d}x}{\mathrm{d}t},\quad \dot{y}\equiv\frac{\mathrm{d}y}{\mathrm{d}t},\quad \dot{r}\equiv\frac{\mathrm{d}r}{\mathrm{d}t},\quad \dot{\theta}\equiv\frac{\mathrm{d}\theta}{\mathrm{d}t}, \tag{1.194}$$

则很容易得到

$$r\dot{r}=x\dot{x}+y\dot{y},\quad r^2\dot{\theta}=x\dot{y}-y\dot{x}. \tag{1.195}$$

复习思考题

1. 地球自转对大气有哪些动力作用?

2. Coriolis 力是怎样产生的?它与速度的关系如何?南北半球有何区别?它在赤道、极地的方向如何?

3. 惯性离心力是怎样产生的?如果没有地球自转,此力存在不存在?

4. 曲率项力是怎样产生的？如果没有地球自转，此力存在不存在？

5. 为什么地球不可能是一个绝对球体？

6. 为什么把地心引力与惯性离心力二者合并为重力？

7. 重力的方向如何？与等高面垂直否？海平面上的重力如何？

8. 你如何认识我们不考虑重力在水平方向上的分量？

9. 物理上什么样的力是位势力（或保守力）？位势力主要有哪些性质？

10. 重力位势的物理意义是什么？

11. 位势高度的量纲是什么？因位势米与几何米在数值上差不多，能否写 1 gpm≈1 m？

12. 在什么情况下，基本方程中可以不考虑地球曲率的作用？

13. 你如何理解大气中短时期的热力过程可视为绝热过程？

14. 你如何理解局地直角坐标系？该坐标系中是如何考虑地球旋转的？去掉方程中包含 $f'=2\Omega\cos\varphi$ 的项是否合理？

15. 在局地直角坐标系中是如何处理 $f=2\Omega\sin\varphi$ 的？这种处理是否合理？

16. 什么是 Rossby 参数？在什么条件下需考虑它的作用？

17. 湍流不规则运动与 Brown 分子不规则运动两者有何异同？为什么大气通常不考虑分子黏性、分子热传导和分子扩散？

18. 为什么要把空间一点在一个瞬间的物理量分为平均状态和脉动状态两部分？如何理解平均状态通常仍是空间和时间的函数？

19. $T_{zx}=-\rho\overline{u'w'}$ 的物理意义如何？依 Prandtl 混合长理论，它如何表示？类比说明 $T_{yx}=-\rho\overline{u'v'}$.

20. $H_z=-\rho c_p\overline{\theta'w'}$ 的物理意义如何？依 Prandtl 混合长理论，它如何表示？若大气是稳定层结，H_z 表示热量向上输送还是向下输送？

21. 什么叫混合长？

22. 大气运动方程一般包含几个方程？对于干空气和湿空气有何区别？

23. 大气运动方程组有哪些重要特点？

24. 什么是均质大气？均质大气高度（或大气标高）h 的意义是什么？

习　题

1. 证明

$$\frac{\mathrm{d}\boldsymbol{V}}{\mathrm{d}t}=\frac{\partial\boldsymbol{V}}{\partial t}+\nabla\left(\frac{\boldsymbol{V}^2}{2}\right)+(\nabla\times\boldsymbol{V})\times\boldsymbol{V}.$$

2. 一人造地球卫星经过赤道时，飞行方向与赤道平面成 60°角，若它的速度为 $8\times10^3\ \mathrm{m\cdot s^{-1}}$，求 Coriolis 加速度的大小.

3. 设地面重力为 g_0，不考虑惯性离心力，证明：当 $z \ll a$ 时，重力大小可近似表为

$$g = g_0\left(1 - \frac{2}{a}z\right),$$

a 为地球半径.

4. 设 $g_0(45°\mathrm{N}) = 9.80616\ \mathrm{m \cdot s^{-2}}$，求 $z = 3000\ \mathrm{m}$ 处的位势高度.

5. 求移动单位质量空气从 3000 m 到 5000 m，克服重力所做的功.

6. 利用球坐标系证明：地心引力与惯性离心力都是位势力，即证明

$$\nabla \times \boldsymbol{g}_a = 0, \quad \nabla \times (\Omega^2 \boldsymbol{R}) = 0.$$

7. 利用球坐标系证明

(1) $\nabla \cdot \boldsymbol{r} = 3$，$\nabla \times \boldsymbol{r} = 0$；　　(2) $\nabla \cdot \boldsymbol{R} = 2$，$\nabla \times \boldsymbol{R} = 0$；

(3) $\nabla \cdot \boldsymbol{\Omega} = 0$，$\nabla \times \boldsymbol{\Omega} = 0$.

8. 利用球坐标系证明

(1) $\nabla \cdot (\boldsymbol{\Omega} \times \boldsymbol{r}) = 0$，$\nabla \times (\boldsymbol{\Omega} \times \boldsymbol{r}) = 2\boldsymbol{\Omega}$；

(2) $\nabla \cdot \boldsymbol{V}_a = \nabla \cdot \boldsymbol{V}$，$\nabla \times \boldsymbol{V}_a = \nabla \times \boldsymbol{V} + 2\boldsymbol{\Omega}$.

9. 证明曲率项力(负的曲率加速度)可表为

$$-\frac{1}{r}\boldsymbol{K} \times \boldsymbol{V},$$

其中

$$\boldsymbol{K} = -v\boldsymbol{i} + u\boldsymbol{j} + u\tan\varphi\boldsymbol{k}.$$

因而曲率项力或曲率加速度一定与速度垂直.

10. 证明

(1) $\nabla^2 \phi_a = 0$；　　(2) $\nabla^2 \phi_c = -2\Omega^2$；　　(3) $\nabla^2 \phi = -2\Omega^2$.

11. 假设地球为球状，试计算海平面上地心引力与重力间的夹角，并计算夹角的最大值.

12. 一物体在 40°N 处由 1000 m 高度自由下落，试求该物体着地时因 Coriolis 力的作用向东偏移的距离.

13. 设在 $z = 1\ \mathrm{m}$ 的高度上测得

$$\frac{\partial u}{\partial z} = 1.5\ \mathrm{m \cdot s^{-1}/m}, \quad \frac{\partial \theta}{\partial z} = 0.36\ \mathrm{K/m}, \quad \frac{\partial q}{\partial z} = 0.2 \times 10^{-3}/\mathrm{m}.$$

取湍流系数 $K = K_H = K_W = 0.5\ \mathrm{m^2 \cdot s^{-1}}$，取 $\rho = 1.25\ \mathrm{kg \cdot m^{-3}}$. 求该高度上的 T_{zx}，H_z 和 W_z 的值.

14. 证明：对于局地直角坐标系中的水平运动方程

$$\begin{cases} \dfrac{\mathrm{d}u}{\mathrm{d}t} - fv = -\alpha\dfrac{\partial p}{\partial x} + F_x, \\[2ex] \dfrac{\mathrm{d}v}{\mathrm{d}t} + fu = -\alpha\dfrac{\partial p}{\partial y} + F_y, \end{cases}$$

将坐标(x,y)沿逆时针方向旋转一角度θ变为(x',y')后方程组的形式不变.

15. 若考虑下边界有地形$h_s(x,y)$，证明在静力平衡条件下的场面气压为

$$p_s = \rho g(h - h_s),$$

其中ρ=常数，h为均质大气高度. 而此时大气的厚度为

$$H \equiv h - h_s = \frac{RT_s}{g},$$

其中T_s为下界面的温度.

16. 证明下列三种模式大气情况下的压高公式

(1) 均质大气(密度不随高度变化的大气)：$\rho(z)=\rho_0$=常数，

$$p = p_0 - \rho_0 g z.$$

(2) 等温大气(温度不随高度变化的大气)：$T(z)=T_0$=常数，

$$p = p_0 e^{-z/h}, \quad h = \frac{RT_0}{g}.$$

(3) 多元大气(温度随高度增加呈线性递减的大气)：$T(z)=T_0-\Gamma z$(Γ=常数)，

$$p = p_0\left(\frac{T_0 - \Gamma z}{T_0}\right)^{g/R\Gamma}.$$

其中p_0为大气下界$(z=0)$处的压强.

17. 设大气由对流层$(0\leqslant z\leqslant H_1)$和平流层$(H_1\leqslant z\leqslant H_2)$组成. 证明平流层内任一高度$z=h$处的压强为

$$p_h = p_0\left(\frac{T_0 - \Gamma H_1}{T_0}\right)^{g/R\Gamma} \cdot e^{-g(h-H_1)/R(T_0-\Gamma H_1)},$$

其中p_0和T_0分别为大气下界$(z=0)$处的压强和温度.

18. 证明：

(1) 对于空间等压面($p(x,y,z)$=常数)，其坡度为

$$\left(\frac{\partial z}{\partial x}\right)_{p=\text{常数}} = -\frac{\partial p}{\partial x}\Big/\frac{\partial p}{\partial z}, \quad \left(\frac{\partial z}{\partial y}\right)_{p=\text{常数}} = -\frac{\partial p}{\partial y}\Big/\frac{\partial p}{\partial z}.$$

(2) 对于空间等温面($T(x,y,z)$=常数)，其坡度为

$$\left(\frac{\partial z}{\partial x}\right)_{T=\text{常数}} = -\frac{\partial T}{\partial x}\Big/\frac{\partial T}{\partial z}, \quad \left(\frac{\partial z}{\partial y}\right)_{T=\text{常数}} = -\frac{\partial T}{\partial y}\Big/\frac{\partial T}{\partial z}.$$

19. 不考虑加速度，但考虑$f'\equiv 2\Omega\cos\varphi$的作用，此时有

$$\begin{cases} -fv + f'w = -\dfrac{1}{\rho}\dfrac{\partial p}{\partial x}, \\ -f'u = -g - \dfrac{1}{\rho}\dfrac{\partial p}{\partial z}. \end{cases}$$

请分析$f'w$一项对经向速度和$-f'u$一项对静力学方程的影响.

20. 若考虑湍流的耗散效应和频散效应,但不考虑它在各个方向上的差别,证明此时的大气运动方程组可以写为

$$
\begin{cases}
\dfrac{\mathrm{d}u}{\mathrm{d}t} - fv = -\dfrac{1}{\rho}\dfrac{\partial p}{\partial x} + K\,\nabla^2 u - D\,\nabla\cdot\square u, \\
\dfrac{\mathrm{d}v}{\mathrm{d}t} + fu = -\dfrac{1}{\rho}\dfrac{\partial p}{\partial y} + K\,\nabla^2 v - D\,\nabla\cdot\square v, \\
\dfrac{\mathrm{d}w}{\mathrm{d}t} = -g - \dfrac{1}{\rho}\dfrac{\partial p}{\partial z} + K\,\nabla^2 w - D\,\nabla\cdot\square w, \\
\dfrac{\mathrm{d}\theta}{\mathrm{d}t} = K_{\mathrm{H}}\,\nabla^2\theta - D_{\mathrm{H}}\,\nabla\cdot\square\theta, \\
\dfrac{\mathrm{d}q}{\mathrm{d}t} = K_{\mathrm{W}}\,\nabla^2 q - D_{\mathrm{W}}\,\nabla\cdot\square q,
\end{cases}
$$

其中

$$
\nabla \equiv \boldsymbol{i}\frac{\partial}{\partial x} + \boldsymbol{j}\frac{\partial}{\partial y} + \boldsymbol{k}\frac{\partial}{\partial z}, \quad \square \equiv \boldsymbol{i}\frac{\partial^2}{\partial x^2} + \boldsymbol{j}\frac{\partial^2}{\partial y^2} + \boldsymbol{k}\frac{\partial^2}{\partial z^2}.
$$

第二章　大气运动的变形方程

本章的主要内容有：

讨论大气基本方程(主要是运动方程)的一些变形，它们是：角动量方程、能量方程、环流定理、涡度方程和散度方程，这些方程对于从各种不同角度研究大气运动和分析大气运动的本质都有重要的意义；

给出速度场的分解表示，特别是平面速度场分解的 Helmholtz 定理，并介绍几种典型的平面流场；

介绍正压大气与斜压大气的基本概念.

§2.1　角动量和角动量方程

因空气有运动，因而必然有动量矩或角动量存在.

一、绝对角动量

单位质量空气对地球中心的绝对角动量矢量 $\boldsymbol{M}$ 是矢径 $\boldsymbol{r}$ 与绝对速度 $\boldsymbol{V}_{\mathrm{a}}$ 的矢量积，即

$$\boldsymbol{M} \equiv \boldsymbol{r} \times \boldsymbol{V}_{\mathrm{a}}. \tag{2.1}$$

将绝对速度 $\boldsymbol{V}_{\mathrm{a}}$ 的表达式(1.2)代入得

$$\boldsymbol{M} = \boldsymbol{r} \times \boldsymbol{V} + \boldsymbol{r} \times (\boldsymbol{\Omega} \times \boldsymbol{r}). \tag{2.2}$$

它说明 $\boldsymbol{M}$ 分为两部分，一部分是

$$\boldsymbol{M}_1 = \boldsymbol{r} \times \boldsymbol{V}, \tag{2.3}$$

它是矢径与相对速度的矢量积，称为相对动量矢量；另一部分是

$$\boldsymbol{M}_2 = \boldsymbol{r} \times (\boldsymbol{\Omega} \times \boldsymbol{r}), \tag{2.4}$$

它是矢径与牵连速度的矢量积，称为牵连角动量矢量.

在球坐标系，利用(1.60)式和(1.73)式有

$$\boldsymbol{M}_1 = \boldsymbol{r} \times \boldsymbol{V} = \begin{vmatrix} \boldsymbol{i} & \boldsymbol{j} & \boldsymbol{k} \\ 0 & 0 & r \\ u & v & w \end{vmatrix} = -rv\boldsymbol{i} + ru\boldsymbol{j}, \tag{2.5}$$

$$\boldsymbol{\Omega} \times \boldsymbol{r} = \begin{vmatrix} \boldsymbol{i} & \boldsymbol{j} & \boldsymbol{k} \\ 0 & \Omega\cos\varphi & \Omega\sin\varphi \\ 0 & 0 & r \end{vmatrix} = \Omega r\cos\varphi\boldsymbol{i}, \tag{2.6}$$

$$M_2 = r\times(\Omega\times r) = \begin{vmatrix} i & j & k \\ 0 & 0 & r \\ \Omega r\cos\varphi & 0 & 0 \end{vmatrix} = \Omega r^2\cos\varphi j. \tag{2.7}$$

因而空气微团对地心的绝对角动量矢量 $\boldsymbol{M}$ 可表为

$$\boldsymbol{M} = -rv\boldsymbol{i} + (ru + \Omega r^2\cos\varphi)\boldsymbol{j}. \tag{2.8}$$

将对地心的绝对角速度矢量 $\boldsymbol{M}$ 投影到地球自转轴方向，我们就得到单位质量空气对地轴的绝对角动量为

$$M \equiv \boldsymbol{M}\cdot\frac{\boldsymbol{\Omega}}{\Omega} = [-rv\boldsymbol{i} + (ru + \Omega r^2\cos\varphi)\boldsymbol{j}]\cdot(\cos\varphi\boldsymbol{j} + \sin\varphi\boldsymbol{k})$$

$$= r\cos\varphi(u + \Omega r\cos\varphi) = R(u + \Omega R). \tag{2.9}$$

注意，这里 M 是标量，它不是 $\boldsymbol{M}$ 的模. 由上式可知，单位质量空气对地轴的绝对角动量 M 是它离地轴的距离 $R = r\cos\varphi$ 与它的纬向绝对速度分量 $u + \Omega R = u + \Omega r\cos\varphi$ 的乘积，其中

$$M_1 = Ru = r\cos\varphi\cdot u = r^2\cos^2\varphi\frac{\mathrm{d}\lambda}{\mathrm{d}t} \tag{2.10}$$

是由于空气相对于地球的纬向运动 u 所产生的角动量，称为 u 角动量（注意 $M_1 \neq |\boldsymbol{M}_1|$）；

$$M_2 = \Omega R^2 = \Omega r^2\cos^2\varphi \tag{2.11}$$

是由于地球自转形成的牵连速度 $\Omega r\cos\varphi$ 所产生的角动量，称为 Ω 角动量（注意 $M_2 \neq |\boldsymbol{M}_2|$）.

在大气中，研究某些以局地铅直轴为中心轴的涡旋运动（如台风），常引入所谓绕局地铅直轴的绝对角动量，对单位质量空气微团而言，设它与铅直轴的距离为 r，相对切向速度为 v_θ，则其绝对切向速度为

$$V_\theta = v_\theta + \Omega r\sin\varphi = v_\theta + fr/2. \tag{2.12}$$

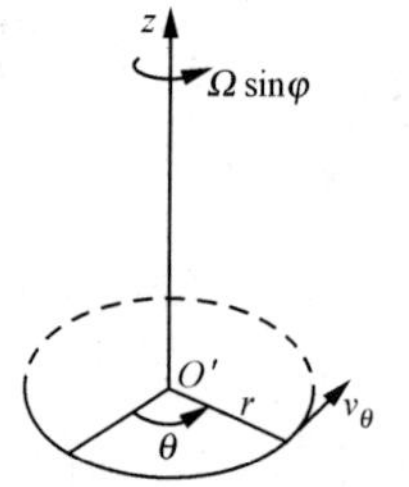

图 2.1　绕局地铅直轴的涡旋

见图 2.1. 注意这里 r 是局地柱坐标系（O'；r,θ,z）中的 r.

所以，单位质量空气绕局地铅直轴的绝对角动量为

$$M = rV_\theta = r(v_\theta + \Omega r\sin\varphi) = r\left(v_\theta + \frac{1}{2}fr\right). \tag{2.13}$$

因相对切向速度 v_θ 可表为

$$v_\theta = r\frac{\mathrm{d}\theta}{\mathrm{d}t},$$

因而

$$M = r^2\left(\frac{\mathrm{d}\theta}{\mathrm{d}t} + \Omega\sin\varphi\right) = r^2\left(\frac{\mathrm{d}\theta}{\mathrm{d}t} + \frac{1}{2}f\right). \tag{2.14}$$

二、角动量方程

由第一章分析知,在绝对坐标系中大气运动方程为

$$\frac{\mathrm{d}_{\mathrm{a}}\boldsymbol{V}_{\mathrm{a}}}{\mathrm{d}t}=\boldsymbol{g}_{\mathrm{a}}-\frac{1}{\rho}\nabla p+\boldsymbol{F}. \tag{2.15}$$

用矢径 $\boldsymbol{r}$ 去叉乘上式得

$$\boldsymbol{r}\times\frac{\mathrm{d}_{\mathrm{a}}\boldsymbol{V}_{\mathrm{a}}}{\mathrm{d}t}=\boldsymbol{r}\times\boldsymbol{g}_{\mathrm{a}}+\boldsymbol{r}\times\left(-\frac{1}{\rho}\nabla p\right)+\boldsymbol{r}\times\boldsymbol{F}.$$

但利用矢量积的微商性质有

$$\boldsymbol{r}\times\frac{\mathrm{d}_{\mathrm{a}}\boldsymbol{V}_{\mathrm{a}}}{\mathrm{d}t}=\frac{\mathrm{d}_{\mathrm{a}}}{\mathrm{d}t}(\boldsymbol{r}\times\boldsymbol{V}_{\mathrm{a}})-\boldsymbol{V}_{\mathrm{a}}\times\frac{\mathrm{d}_{\mathrm{a}}\boldsymbol{r}}{\mathrm{d}t}=\frac{\mathrm{d}_{\mathrm{a}}\boldsymbol{M}}{\mathrm{d}t}-\boldsymbol{V}_{\mathrm{a}}\times\boldsymbol{V}_{\mathrm{a}}=\frac{\mathrm{d}_{\mathrm{a}}\boldsymbol{M}}{\mathrm{d}t},$$

又

$$\boldsymbol{r}\times\boldsymbol{g}_{\mathrm{a}}=0,$$

这样,我们就有

$$\frac{\mathrm{d}\boldsymbol{M}}{\mathrm{d}t}=\boldsymbol{r}\times\left(-\frac{1}{\rho}\nabla p\right)+\boldsymbol{r}\times\boldsymbol{F}. \tag{2.16}$$

这就是空气对地心的绝对角动量矢量方程. 它表示 $\boldsymbol{M}$ 的个别变化决定于气压梯度力的力矩$\boldsymbol{r}\times\left(-\frac{1}{\rho}\nabla p\right)$和摩擦力的力矩 $\boldsymbol{r}\times\boldsymbol{F}$.

再用$\frac{\boldsymbol{\Omega}}{\Omega}=\cos\varphi\boldsymbol{j}+\sin\varphi\boldsymbol{k}$ 去点乘(2.16)式,注意

$$\boldsymbol{r}\times\left(-\frac{1}{\rho}\nabla p\right)=r\left(-\frac{1}{\rho r\cos\varphi}\frac{\partial p}{\partial\lambda}\boldsymbol{j}+\frac{1}{\rho r}\frac{\partial p}{\partial\varphi}\boldsymbol{i}\right),$$

$$\boldsymbol{r}\times\boldsymbol{F}=r(F_{\lambda}\boldsymbol{j}-F_{\varphi}\boldsymbol{i}),$$

则得到空气对地轴的绝对角动量方程为

$$\frac{\mathrm{d}M}{\mathrm{d}t}=r\cos\varphi\left(-\frac{1}{\rho r\cos\varphi}\frac{\partial p}{\partial\lambda}+F_{\lambda}\right)=-\frac{1}{\rho}\frac{\partial p}{\partial\lambda}+F_{\lambda}r\cos\varphi. \tag{2.17}$$

它表示 M 的个别变化决定于纬圈方向气压梯度力的力矩与摩擦力力矩的相对大小.

就气压梯度力的力矩$-\frac{1}{\rho}\frac{\partial p}{\partial\lambda}$而言,若$\frac{\partial p}{\partial\lambda}>0$,即自西向东气压增加,则$-\frac{1}{\rho}\frac{\partial p}{\partial\lambda}<0$,即气压梯度力力矩为负,气压梯度力给空气一自东向西的力矩,以减弱空气自西向东的运动,使得$\frac{\mathrm{d}M}{\mathrm{d}t}<0$;反之,若$\frac{\partial p}{\partial\lambda}<0$,即自西向东气压减小,则$-\frac{1}{\rho}\frac{\partial p}{\partial\lambda}>0$,即气压梯度力力矩为正,气压梯度力给空气一自西向东的力矩,以增强空气自西向东的运动,使得$\frac{\mathrm{d}M}{\mathrm{d}t}>0$.

至于摩擦力力矩 $F_\lambda r\cos\varphi$，若认为摩擦力的作用与运动方向相反的话，则它总使得空气的运动减弱. 就整个大气而言，在赤道东风带里，地面摩擦力力矩为正，即地面摩擦力给大气一个自西向东的力矩，使得地球持续地给大气正的角动量，并使东风逐渐减弱；而在中高纬度的西风带里，摩擦力力矩为负，即摩擦力给大气一个自东向西的力矩，消耗大气的角动量，使西风也逐渐减弱. 所以，从摩擦力力矩分析，整个大气东风带为角动量制造区，西风带为角动量消耗区，它们都使得大气东西风带减弱，所以，要维持大气东西风带的常定状态，必须把大气在东风带从地球获得的角动量输送到西风带去再还给地球.

至于绕局地铅直轴的绝对角动量方程，可将(2.13)式的两边对时间求个别微商得

$$\frac{\mathrm{d}M}{\mathrm{d}t} = r\frac{\mathrm{d}v_\theta}{\mathrm{d}t} + v_r v_\theta + frv_r = r\left(\frac{\mathrm{d}v_\theta}{\mathrm{d}t} + \frac{v_r v_\theta}{r} + fv_r\right), \tag{2.18}$$

其中

$$v_r = \mathrm{d}r/\mathrm{d}t$$

为径向速度.

注意在柱坐标系中的切向运动方程为

$$\frac{\mathrm{d}v_\theta}{\mathrm{d}t} + \frac{v_r v_\theta}{r} + fv_r = -\frac{1}{\rho r}\frac{\partial p}{\partial\theta} + F_\theta \tag{2.19}$$

(见(1.188)的第二式)，则(2.19)式代入(2.18)式就得到空气绕局地铅直轴的绝对角动量方程为

$$\frac{\mathrm{d}M}{\mathrm{d}t} = r\left(-\frac{1}{\rho r}\frac{\partial p}{\partial\theta} + F_\theta\right) = -\frac{1}{\rho}\frac{\partial p}{\partial\theta} + rF_\theta. \tag{2.20}$$

上式的意义可类似地分析.

三、角动量守恒定律

由(2.16)式可知，若气压梯度力与摩擦力的合力矩矢量为零，则 $\boldsymbol{M}$ 守恒，即

$$\frac{\mathrm{d}\boldsymbol{M}}{\mathrm{d}t} = 0. \tag{2.21}$$

类似，我们可分析绕地轴和绕局地铅直轴绝对角动量的守恒性. 若不考虑摩擦力，则由(2.17)式知，若气压不随经度变化，即若 $\partial p/\partial\lambda = 0$，则有绕地轴绝对角动量 M 守恒，即

$$\frac{\mathrm{d}M}{\mathrm{d}t} = 0 \quad (M = r\cos\varphi(u + \Omega r\cos\varphi)). \tag{2.22}$$

同样，不考虑摩擦力，若气压对局地铅直轴对称，即 $\partial p/\partial\theta = 0$，则有绕局地铅直轴绝对角动量 M 守恒，即(2.20)式化为

$$\frac{\mathrm{d}M}{\mathrm{d}t}=0\quad\left(M=r\left(v_\theta+\frac{1}{2}fr\right)\right). \tag{2.23}$$

§2.2　能量与能量方程

一、基本形式

对大气而言,能量的基本形式有内能、(重力)势能、动能;考虑水汽后还有潜热能.

1. 内能与内能方程

单位质量空气的内能为

$$I=c_V T, \tag{2.24}$$

由热力学第一定律(1.40)式可得内能方程为

$$\frac{\mathrm{d}I}{\mathrm{d}t}=Q-p\frac{\mathrm{d}\alpha}{\mathrm{d}t}. \tag{2.25}$$

它说明:单位质量空气内能的变化决定于非绝热加热和气压场对空气所作的压缩功.有时,我们把 $p\alpha$ 或 RT 称为压力能,记为 J,即

$$J=p\alpha=RT. \tag{2.26}$$

利用连续性方程(1.25),(2.25)可改写为

$$\frac{\mathrm{d}I}{\mathrm{d}t}=Q-p\alpha\,\nabla\cdot\boldsymbol{V}=Q-\frac{p}{\rho}\nabla\cdot\boldsymbol{V}. \tag{2.27}$$

对固定体积 V 而言,空气的总内能为

$$I^*=\iiint_M I\,\delta m=\iiint_V \rho I\,\delta v=\iiint_V \rho c_V T\,\delta v, \tag{2.28}$$

其中 M 为 V 内空气的总质量,体积元 δv 内的质量为 $\delta m=\rho\delta v$.

将(2.28)式求个别微商,并注意质量守恒定律和(2.27)式得到 I^* 的个别变化为

$$\frac{\mathrm{d}I^*}{\mathrm{d}t}=\iiint_M\frac{\mathrm{d}}{\mathrm{d}t}(I\delta m)=\iiint_M\frac{\mathrm{d}I}{\mathrm{d}t}\delta m=\iiint_V\rho Q\delta v-\iiint_V p\,\nabla\cdot\boldsymbol{V}\delta v. \tag{2.29}$$

对于单位截面的空气柱,$\delta v=1\cdot\delta z$,空气的总内能为

$$I_{\mathrm{i}}^*=\int_0^\infty \rho c_V T\,\delta z. \tag{2.30}$$

在静力平衡的条件下,上式右端的积分可化为对 p 的积分,则得到

$$I_{\mathrm{i}}^*=\frac{1}{g}\int_0^{p_0} c_V T\,\delta p. \tag{2.31}$$

2. 势能和势能方程

单位质量空气的势能就是重力势能,也就是重力位势,即为

$$\phi = gz. \tag{2.32}$$

将上式两端作个别微商得到势能方程为

$$\frac{\mathrm{d}\phi}{\mathrm{d}t} = gw = -\boldsymbol{g}\cdot\boldsymbol{V}. \tag{2.33}$$

它说明：单位质量空气势能的变化完全决定于垂直运动.

在固定体积 V 内，空气的总势能为

$$\phi^* = \iiint\limits_M \phi\,\delta m = \iiint\limits_V \rho\phi\,\delta v = \iiint\limits_V \rho g z\,\delta v. \tag{2.34}$$

将上式个别微商得到 ϕ^* 的个别变化为

$$\frac{\mathrm{d}\phi^*}{\mathrm{d}t} = \iiint\limits_M \frac{\mathrm{d}\phi}{\mathrm{d}t}\delta m = \iiint\limits_V \rho g w\,\delta v = -\iiint\limits_V \rho\boldsymbol{g}\cdot\boldsymbol{V}\delta v. \tag{2.35}$$

单位截面空气柱内空气的总势能为

$$\phi_{\mathrm{i}}^* = \int_0^\infty \rho g z\,\delta z. \tag{2.36}$$

在静力平衡的条件下，上式化为

$$\phi_{\mathrm{i}}^* = \int_0^{p_0} z\delta p. \tag{2.37}$$

将上式右端分部积分，注意 $z=0, p=p_0; z\to\infty, p\to p_0\mathrm{e}^{-z/h}\to 0$. 因而有

$$\phi_{\mathrm{i}}^* = [zp]_{p=0}^{z=0} - \int_\infty^0 p\delta z = \int_0^\infty \rho RT\,\delta z = \frac{1}{g}\int_0^{p_0} RT\,\delta p. \tag{2.38}$$

3. 动能与动能方程

单位质量空气的动能为

$$K = \frac{1}{2}\boldsymbol{V}^2 = \frac{1}{2}(u^2+v^2+w^2) = \frac{1}{2}V^2 \quad (V = |\,\boldsymbol{V}\,|). \tag{2.39}$$

将运动方程(1.20)的两端点乘 $\boldsymbol{V}$ 就得到动能方程为

$$\frac{\mathrm{d}K}{\mathrm{d}t} = \boldsymbol{g}\cdot\boldsymbol{V} + \boldsymbol{V}\cdot\left(-\frac{1}{\rho}\nabla p\right) + \boldsymbol{F}\cdot\boldsymbol{V} = -gw + \boldsymbol{V}\cdot(-\alpha\nabla p) + \boldsymbol{F}\cdot\boldsymbol{V}. \tag{2.40}$$

它说明：单位质量空气动能的变化决定于垂直运动、气压梯度力和摩擦力的作功.

在固定体积 V 内，空气的总动能为

$$K^* = \iiint\limits_M K\,\delta m = \iiint\limits_V \rho K\,\delta v = \iiint\limits_V \rho\,\frac{1}{2}\boldsymbol{V}^2\,\delta v. \tag{2.41}$$

将上式个别微商得到 K^* 的个别变化为

$$\frac{\mathrm{d}K^*}{\mathrm{d}t} = \iiint\limits_M \frac{\mathrm{d}K}{\mathrm{d}t}\delta m = -\iiint\limits_V \rho g w\,\delta v + \iiint\limits_V \boldsymbol{V}\cdot(-\nabla p)\delta v + \iiint\limits_V \rho\boldsymbol{F}\cdot\boldsymbol{V}\delta v$$

$$= \iiint_V \rho \boldsymbol{g} \cdot \boldsymbol{V} \delta v - \iiint_V \boldsymbol{V} \cdot \nabla p \delta v + \iiint_V \rho \boldsymbol{F} \cdot \boldsymbol{V} \delta v. \tag{2.42}$$

单位截面空气柱内空气的总动能为

$$K_i^* = \int_0^\infty \rho \frac{1}{2} \boldsymbol{V}^2 \delta z. \tag{2.43}$$

在静力平衡的条件下，上式化为

$$K_i^* = \frac{1}{g} \int_0^{p_0} \frac{1}{2} \boldsymbol{V}^2 \delta p. \tag{2.44}$$

4. 潜热能与潜热能方程

单位质量空气的潜热能(latent heat content)为

$$H = Lq. \tag{2.45}$$

由水汽方程(1.58)式可得潜热能方程为

$$\frac{\mathrm{d}H}{\mathrm{d}t} = LS. \tag{2.46}$$

它说明：单位质量空气潜热能的变化完全决定于水汽输送.

在固定体积 V 内，空气的总潜热能为

$$H^* = \iiint_M H \delta m = \iiint_V \rho H \delta v = \iiint_V \rho Lq \delta v. \tag{2.47}$$

将上式个别微商得到 H^* 的个别变化为

$$\frac{\mathrm{d}H^*}{\mathrm{d}t} = \iiint_M \frac{\mathrm{d}H}{\mathrm{d}t} \delta m = \iiint_V \rho LS \delta v. \tag{2.48}$$

单位截面空气柱内空气的总潜热能为

$$H_i^* = \int_0^\infty \rho Lq \delta z. \tag{2.49}$$

在静力平衡的条件下，上式化为

$$H_i^* = \frac{1}{g} \int_0^{p_0} Lq \delta p. \tag{2.50}$$

上述内能、势能、动能和潜热能是大气中除电磁能、辐射能以外的四种最基本的能量形式.

二、组合形式

在大气动力学中，根据各种基本能量形式的特点及有关过程的性质，还常常采用以下几种主要的基本能量的组合形式.

1. 显热能(感热，sensible heat)

内能与压力能之和称为显热能或感热. 对单位质量空气而言，其显热能为

$$h = I + J = c_V T + RT = (c_V + R) T = c_p T. \tag{2.51}$$

它即是焓(enthalpy).因它只与气温有关,所以,相对于潜热称为显热或感热.

由热力学第一定律(1.42)式可得显热能方程为

$$\frac{\mathrm{d}h}{\mathrm{d}t} = Q + \alpha \frac{\mathrm{d}p}{\mathrm{d}t}. \tag{2.52}$$

在固定体积 V 内,空气的总显热能为

$$h^* = \iiint_M h\,\delta m = \iiint_V \rho h\,\delta v = \iiint_V \rho c_p T\,\delta v. \tag{2.53}$$

将上式个别微商得到 h^* 的个别变化为

$$\frac{\mathrm{d}h^*}{\mathrm{d}t} = \iiint_M \frac{\mathrm{d}h}{\mathrm{d}t}\delta m = \iiint_V \rho Q\,\delta v + \iiint_V \frac{\mathrm{d}p}{\mathrm{d}t}\delta v. \tag{2.54}$$

单位截面空气柱内空气的总显热能为

$$h_i^* = \int_0^\infty \rho c_p T\,\delta z. \tag{2.55}$$

在静力平衡的条件下,上式化为

$$h_i^* = \frac{1}{g}\int_0^{p_0} c_p T\,\delta p. \tag{2.56}$$

2. 全势能

内能与势能之和称为全势能.对单位质量空气而言,其全势能为

$$P = I + \phi = c_V T + gz. \tag{2.57}$$

将(2.25)式与(2.33)式相加就得到全势能方程为

$$\frac{\mathrm{d}P}{\mathrm{d}t} = Q - p\frac{\mathrm{d}\alpha}{\mathrm{d}t} - \mathbf{g}\cdot\mathbf{V} = Q - \frac{p}{\rho}\nabla\cdot\mathbf{V} + gw. \tag{2.58}$$

在固定体积 V 内,空气的总全势能为

$$P^* = \iiint_M P\,\delta m = \iiint_V \rho P\,\delta v = \iiint_V \rho(c_V T + gz)\delta v. \tag{2.59}$$

将上式个别微商得到 P^* 的个别变化为

$$\frac{\mathrm{d}P^*}{\mathrm{d}t} = \iiint_M \frac{\mathrm{d}P}{\mathrm{d}t}\delta m = \iiint_V \rho Q\,\delta v - \iiint_V p\,\nabla\cdot\mathbf{V}\delta v + \iiint_V \rho g w\,\delta v. \tag{2.60}$$

单位截面空气柱内,空气的总全势能为

$$P_i^* = \int_0^\infty \rho(c_V T + gz)\delta z. \tag{2.61}$$

在静力平衡的条件下,利用(2.39)式得到

$$P_i^* = \frac{1}{g}\int_0^{p_0} c_p T\,\delta p. \tag{2.62}$$

它与 h_i^* 一样,即是说,在静力平衡的条件下,单位截面气柱内的全势能与焓是相等的.正因为在静力平衡条件下,单位截面气柱的势能与内能一样都决定于气温,

以致势能与内能同时随气温的增减而增减，所以在大气动力学中经常把势能与内能结合在一起考虑称为全势能.这里应注意，单位质量空气的全势能并不是单位质量空气的焓.

3. 温湿能(temperature-moisture energy)

感热与潜热之和称为温湿能或湿焓，对单位质量空气而言，湿焓为

$$h_{\mathrm{m}} = c_p T + Lq. \tag{2.63}$$

(2.46)式与(2.52)式相加可得温湿能方程为

$$\frac{\mathrm{d}h_{\mathrm{m}}}{\mathrm{d}t} = Q + LS + \alpha\frac{\mathrm{d}p}{\mathrm{d}t}. \tag{2.64}$$

在固定体积 V 内，空气的总温湿能为

$$h_{\mathrm{m}}^{*} = \iiint_{M} h_{\mathrm{m}}\delta m = \iiint_{V}\rho h_{\mathrm{m}}\delta v = \iiint_{V}\rho(c_p T + LS)\delta v. \tag{2.65}$$

将上式个别微商得到 h_{m}^{*} 的个别变化为

$$\frac{\mathrm{d}h_{\mathrm{m}}^{*}}{\mathrm{d}t} = \iiint_{M}\frac{\mathrm{d}h_{\mathrm{m}}}{\mathrm{d}t}\delta m = \iiint_{V}\rho Q\delta v + \iiint_{V}\rho LS\delta v + \iiint_{V}\frac{\mathrm{d}p}{\mathrm{d}t}\delta v. \tag{2.66}$$

单位截面空气柱内空气的总温湿能为

$$h_{\mathrm{mi}}^{*} = \int_0^{\infty}\rho(c_p T + Lq)\delta z. \tag{2.67}$$

在静力平衡条件下，上式化为

$$h_{\mathrm{mi}}^{*} = \frac{1}{g}\int_0^{p_0}(c_p T + Lq)\delta p. \tag{2.68}$$

4. 静力能(static energy)

若在诸能量中撇开动能，剩余的能量组合在一起称为静力能.对单位质量的干空气而言，其静力能为

$$\phi_{\mathrm{d}} = c_p T + gz, \tag{2.69}$$

它称为干静力能(dry static energy)或 Montgomery 位势.对单位质量的湿空气而言，其静力能为

$$\phi_{\mathrm{m}} = c_p T + gz + Lq, \tag{2.70}$$

它称为湿静力能(moist static energy)或湿 Montgomery 位势.

(2.33)式分别与(2.52)式和(2.64)式相加可得到干静力能方程和湿静力能方程分别是

$$\frac{\mathrm{d}\phi_{\mathrm{d}}}{\mathrm{d}t} = Q + \alpha\frac{\mathrm{d}p}{\mathrm{d}t} + gw, \tag{2.71}$$

$$\frac{\mathrm{d}\phi_{\mathrm{m}}}{\mathrm{d}t} = Q + LS + \alpha\frac{\mathrm{d}p}{\mathrm{d}t} + gw. \tag{2.72}$$

在固定体积 V 内，空气的总干静力能和湿静力能分别为

$$\phi_{\mathrm{d}}^{*}=\iiint_{M}\phi_{\mathrm{d}}\delta m=\iiint_{V}\rho\phi_{\mathrm{d}}\delta v=\iiint_{V}\rho(c_{p}T+gz)\delta v,\tag{2.73}$$

$$\phi_{\mathrm{m}}^{*}=\iiint_{M}\phi_{\mathrm{m}}\delta m=\iiint_{V}\rho\phi_{\mathrm{m}}\delta v=\iiint_{V}\rho(c_{p}T+gz+Lq)\delta v.\tag{2.74}$$

将上两式分别个别微商得到 ϕ_{d}^{*} 和 ϕ_{m}^{*} 的个别变化分别是

$$\frac{\mathrm{d}\phi_{\mathrm{d}}^{*}}{\mathrm{d}t}=\iiint_{M}\frac{\mathrm{d}\phi_{\mathrm{d}}}{\mathrm{d}t}\delta m=\iiint_{V}\rho Q\delta v+\iiint_{V}\rho gw\delta v+\iiint_{V}\frac{\mathrm{d}p}{\mathrm{d}t}\delta v,\tag{2.75}$$

$$\frac{\mathrm{d}\phi_{\mathrm{m}}^{*}}{\mathrm{d}t}=\iiint_{M}\frac{\mathrm{d}\phi_{\mathrm{m}}}{\mathrm{d}t}\delta m=\iiint_{V}\rho Q\delta v+\iiint_{V}\rho LS\delta v+\iiint_{V}\rho gw\delta v+\iiint_{V}\frac{\mathrm{d}p}{\mathrm{d}t}\delta v.\tag{2.76}$$

单位截面空气柱内空气的总干静力能与湿静力能分别是

$$\phi_{\mathrm{di}}^{*}=\int_{0}^{\infty}\rho(c_{p}T+gz)\delta z,\tag{2.77}$$

$$\phi_{\mathrm{mi}}^{*}=\int_{0}^{\infty}\rho(c_{p}T+gz+Lq)\delta z.\tag{2.78}$$

在静力平衡条件下，上两式分别化为

$$\phi_{\mathrm{di}}=\frac{1}{g}\int_{0}^{p_{0}}(c_{p}T+gz)\delta p,\tag{2.79}$$

$$\phi_{\mathrm{mi}}=\frac{1}{g}\int_{0}^{p_{0}}(c_{p}T+gz+Lq)\delta p.\tag{2.80}$$

5. 总能量

所有基本形式能量之和称为总能量. 对单位质量的干空气和湿空气而言，其总能量分别为

$$E_{\mathrm{d}}=c_{p}T+gz+\frac{1}{2}\boldsymbol{V}^{2},\tag{2.81}$$

$$E_{\mathrm{m}}=c_{p}T+gz+Lq+\frac{1}{2}\boldsymbol{V}^{2}.\tag{2.82}$$

(2.81)式中的 E_{d} 也称为 Bernoulli 函数.

将(2.40)式分别与(2.71)式和(2.72)式相加可得到干空气和湿空气的总能量方程分别是

$$\frac{\mathrm{d}E_{\mathrm{d}}}{\mathrm{d}t}=Q+\alpha\frac{\partial p}{\partial t}+\boldsymbol{F}\cdot\boldsymbol{V},\tag{2.83}$$

$$\frac{\mathrm{d}E_{\mathrm{m}}}{\mathrm{d}t}=Q+LS+\alpha\frac{\partial p}{\partial t}+\boldsymbol{F}\cdot\boldsymbol{V}.\tag{2.84}$$

在固定体积 V 内，干空气和湿空气的总能量分别是

$$E_{\mathrm{d}}^{*}=\iiint_{M}E_{\mathrm{d}}\delta m=\iiint_{V}\rho E_{\mathrm{d}}\delta v=\iiint_{V}\rho\left(c_{p}T+gz+\frac{1}{2}\boldsymbol{V}^{2}\right)\delta v,\tag{2.85}$$

$$E_{\mathrm{m}}^{*}=\iiint_{M}E_{\mathrm{m}}\delta m=\iiint_{V}\rho E_{\mathrm{m}}\delta v=\iiint_{V}\rho\left(c_{p}T+gz+Lq+\frac{1}{2}\boldsymbol{V}^{2}\right)\delta v. \tag{2.86}$$

将上两式分别个别微商得到 E_{d}^{*} 和 E_{m}^{*} 的个别变化分别是

$$\frac{\mathrm{d}E_{\mathrm{d}}^{*}}{\mathrm{d}t}=\iiint_{M}\frac{\mathrm{d}E_{\mathrm{d}}}{\mathrm{d}t}\delta m=\iiint_{V}\rho Q\delta v+\iiint_{V}\frac{\partial p}{\partial t}\delta v+\iiint_{V}\rho\boldsymbol{F}\cdot\boldsymbol{V}\delta v, \tag{2.87}$$

$$\frac{\mathrm{d}E_{\mathrm{m}}^{*}}{\mathrm{d}t}=\iiint_{M}\frac{\mathrm{d}E_{\mathrm{m}}}{\mathrm{d}t}\delta m=\iiint_{V}\rho Q\delta v+\iiint_{V}\rho LS\delta v+\iiint_{V}\frac{\partial p}{\partial t}\delta v+\iiint_{V}\rho\boldsymbol{F}\cdot\boldsymbol{V}\delta v. \tag{2.88}$$

单位截面空气柱内干空气和湿空气的总能量分别是

$$E_{\mathrm{d}}^{*}=\int_{0}^{\infty}\rho\left(c_{p}T+gz+\frac{1}{2}\boldsymbol{V}^{2}\right)\delta z, \tag{2.89}$$

$$E_{\mathrm{mi}}^{*}=\int_{0}^{\infty}\rho\left(c_{p}T+gz+Lq+\frac{1}{2}\boldsymbol{V}^{2}\right)\delta z. \tag{2.90}$$

在静力平衡条件下，上两式分别化为

$$E_{\mathrm{di}}^{*}=\frac{1}{g}\int_{0}^{p_0}\left(c_{p}T+gz+\frac{1}{2}\boldsymbol{V}^{2}\right)\delta p, \tag{2.91}$$

$$E_{\mathrm{mi}}^{*}=\frac{1}{g}\int_{0}^{p_0}\left(c_{p}T+gz+Lq+\frac{1}{2}\boldsymbol{V}^{2}\right)\delta p. \tag{2.92}$$

三、能量守恒定律

根据(2.83)和(2.87)式，若空气在运动过程中绝热、无摩擦和气压定常，则干空气的总能量不变，即

$$\frac{\mathrm{d}E_{\mathrm{d}}}{\mathrm{d}t}=0,\quad \frac{\mathrm{d}E_{\mathrm{d}}^{*}}{\mathrm{d}t}=0. \tag{2.93}$$

因定常条件下，轨迹与流线重合，因而上两式表示沿流线 E_{d} 和 E_{d}^{*} 不变. 其中沿流线 $c_pT+gz+\frac{1}{2}\boldsymbol{V}^2$ 不变就是所谓 Bernoulli 方程.

对于湿空气，若它在运动过程中除绝热、无摩擦和定常外，又与外界无水汽交换，则由(2.84)式和(2.88)式有

$$\frac{\mathrm{d}E_{\mathrm{m}}}{\mathrm{d}t}=0,\quad \frac{\mathrm{d}E_{\mathrm{m}}^{*}}{\mathrm{d}t}=0. \tag{2.94}$$

(2.93)式和(2.94)式就是大气能量守恒定律.

四、能量大小

在诸种能量形式中，动能在数量上一般较其他形式能量为小，特别要比全势能小 2—3 个量级.

例如，取 $T=250\ \mathrm{K}$，$V=15\ \mathrm{m\cdot s^{-1}}$，$z=3000\ \mathrm{m}$，$q=0.02$，则求得

$$\begin{cases} c_V T \approx 1.8 \times 10^5 \, \mathrm{m}^2 \cdot \mathrm{s}^{-2}, & gz \approx 3 \times 10^4 \, \mathrm{m}^2 \cdot \mathrm{s}^{-2}, \\ Lq \approx 5 \times 10^4 \, \mathrm{m}^2 \cdot \mathrm{s}^{-2}, & \dfrac{1}{2} V^2 = 1.1 \times 10^2 \, \mathrm{m}^2 \cdot \mathrm{s}^{-2}. \end{cases}$$

注意 $1\,\mathrm{m}^2 \cdot \mathrm{s}^{-2} = 1\,\mathrm{J} \cdot \mathrm{kg}^{-1}$. 因此，在数量上静力能可近似代替总能量，而且可以认为大气中只有极小一部分全势能释放出来转换为动能，绝大部分全势能被储存了起来.

我们从单位截面空气柱的能量计算中也能看出这一点. 在静力平衡的条件下，由(2.31)式、(2.38)式、(2.44)式和(2.50)式，我们得到

$$\begin{cases} \dfrac{\phi_i^*}{I_i^*} = \dfrac{R}{c_V}, \quad \dfrac{I_i^*}{P_i^*} = \dfrac{c_V}{c_p}, \quad \dfrac{\phi_i^*}{P_i^*} = \dfrac{R}{c_p}, \\ \dfrac{K_i^*}{P_i^*} = \dfrac{\dfrac{1}{g}\displaystyle\int_0^{p_0} \dfrac{1}{2} V^2 \delta p}{\dfrac{1}{g}\displaystyle\int_0^{p_0} c_p T \delta p} = \dfrac{\dfrac{1}{2}\overline{V}^2}{c_p \overline{T}} = \dfrac{\dfrac{1}{2}\overline{V}^2}{\dfrac{c_V}{R} \cdot c_s^2} = \dfrac{1}{2} \cdot \dfrac{R}{c_V} (Ma)^2, \\ \dfrac{H_i^*}{P_i^*} = \dfrac{\dfrac{1}{g}\displaystyle\int_0^{p_0} Lq \delta p}{\dfrac{1}{g}\displaystyle\int_0^{p_0} c_p T \delta p} = \dfrac{L\overline{q}}{c_p \overline{T}}, \end{cases}$$

其中 $\overline{V}, \overline{T}, \overline{q}$ 分别为气柱的平均速度、平均气温和平均比湿；而

$$c_s = \sqrt{\gamma R \overline{T}} \tag{2.95}$$

为绝热声速；

$$Ma = \overline{V}/c_s \tag{2.96}$$

为 Mach 数.

按照前面应用的数据计算，我们求得

$$\frac{\phi_i^*}{I_i^*} = 0.4, \quad \frac{I_i^*}{P_i^*} = 0.7, \quad \frac{\phi_i^*}{P_i^*} = 0.3, \quad \frac{K_i^*}{P_i^*} = \frac{1}{2000}, \quad \frac{H_i^*}{P_i^*} = 0.2.$$

根据这个结果，对静力平衡下的单位截面气柱，其能量有如下几点结论：

(1) 势能与内能同时增加或同时减小，且它们之间有确定的比例，平均讲，势能是内能的 40%；

(2) 在全势能中，内能约占 70%，势能约占 30%；

(3) 平均讲，潜热能相当于全势能的 20%，这说明大气中潜热能应占有一定的地位，特别对于强烈发展的系统，如台风，潜热能(主要是凝结潜热)将占有更重要的地位；

(4) 从数量上看，动能与全势能相比是微不足道的，不过这个小量对大气运动是至关重要的，但也说明了这样一个基本事实，即大气中全势能转换为动量的只是其中一个很小的部分.

上述对能量相对大小的粗略估计,在大气运动的分析和计算中是需要予以充分注意的.

五、全势能与动能间的转换

(2.60)式和(2.42)式分别给出了空间 V 内全势能和动能的个别变化. 注意 $p\nabla\cdot\boldsymbol{V}=\nabla\cdot p\boldsymbol{V}-\boldsymbol{V}\cdot\nabla p$ 和 Gauss 定理

$$\iiint_V \nabla\cdot\boldsymbol{A}\delta v=\oiint_S \boldsymbol{A}\cdot\delta\boldsymbol{S}, \tag{2.97}$$

这里 S 为包围 V 的面积,δS 为 S 上的面积元,$\delta\boldsymbol{S}=(\delta S)\boldsymbol{n}$($\boldsymbol{n}$ 为外法线矢量)为有向面积元. 我们有

$$\begin{cases}\dfrac{\mathrm{d}P^*}{\mathrm{d}t}=\displaystyle\iiint_V\boldsymbol{V}\cdot\nabla p\delta v+\iiint_V\rho g w\delta v-\oiint_S p\boldsymbol{V}\cdot\delta\boldsymbol{S}+\iiint_V\rho Q\delta v,\\ \dfrac{\mathrm{d}K^*}{\mathrm{d}t}=-\displaystyle\iiint_V\boldsymbol{V}\cdot\nabla p\delta v-\iiint_V\rho g w\delta v+\iiint_V\rho\boldsymbol{F}\cdot\boldsymbol{V}\delta v.\end{cases} \tag{2.98}$$

由(2.98)式的第一式看到,引起固定空气 V 内全势能改变的物理过程有:

(1) 热源的作用,即 $\iiint_V\rho Q\delta v$ 一项. 地球大气不停息地运动着,其根本能源就是太阳辐射能,太阳辐射非均匀地加热大气,增加了大气的全势能. 但地球大气对太阳辐射的纯吸收很少,即是说大气直接吸收太阳辐射而变成的全势能是很少的,太阳辐射首先要加热下界面,然后通过长波辐射、湍流、相变等过程把热量传递给大气而增加其全势能.

(2) 边界上的空气运动,使得空气质量流入、流出引起的全势能变化,即 $-\oiint_S p\boldsymbol{V}\cdot\delta\boldsymbol{S}$ 一项.

(3) 空气的垂直运动,即 $\iiint_V\rho g w\delta v$ 一项. 这一项在动能的个别变化方程中也有,但符号相反,这说明它是全势能与动能之间的相互转换项. 若在等压面上暖的空气(ρ 小)上升($w>0$),冷的空气(ρ 大)下沉($w<0$),则

$$\iiint_V\rho g w\delta v<0,$$

因而引起全势能转换为动能. 否则就是动能转换为全势能.

(4) 气压梯度力作功,即 $\iiint_V\boldsymbol{V}\cdot\nabla p\delta v$ 一项. 这一项在动能的个别变化方程中也有,但符号相反,这说明它也是全势能与动能之间的相互转换项. 当空气由高气压向低气压运动时,则

$$\iiint_V \boldsymbol{V} \cdot \nabla p \delta v < 0,$$

因而引起全势能转换为动能，否则就是动能转换为全势能. 由(2.98)式的第二式看到，为了抵消摩擦对于动能的消耗，要使动能得以维持，必须有全势能转换为动能.

上述分析表明，太阳辐射首先转换为大气的全势能，然后全势能再转换为动能. 由于摩擦耗损动能，需不断有动能制造，据计算，投射到大气上界的平均太阳辐射通量密度为

$$S_0 = 1370\ \mathrm{W \cdot m^{-2}},$$

这就是平均太阳常数. 但被下界吸收的约为 342.5 $\mathrm{W \cdot m^{-2}}$，而大气动能摩擦耗损约为 2.3 $\mathrm{W \cdot m^{-2}}$，这也是全势能转化为动能的平均值. 所以，若把大气视为一个制造动能的热机，它不断地把太阳辐射变为全势能，然后再将全势能转换为动能，不过这种转换只有很小的一部分，热机效率约为

$$\eta = \frac{2.3}{342.5} = 0.0067 = 0.67\%,$$

这是一部效率极低的热机.

§2.3　正压大气与斜压大气

为了说明大气中各种物理状态空间分布间的联系以及物理量空间分布对于大气运动的影响，我们引入正压大气和斜压大气的概念.

一、基本概念

在大气中，如果空间等压面和等密度面(或等比容面)重合，亦即密度场是气压场的下列单值函数关系：

$$\rho = \rho(p), \tag{2.99}$$

则我们就称大气是正压的或是正压大气. 如果空间等压面和等密度面相交割，亦即密度场不仅决定于气压场，而且决定于其他状态，亦即

$$\rho = \rho(p, T, \cdots), \tag{2.100}$$

我们就称大气是斜压的或是斜压大气.

由上述定义可知：在正压大气中，由于等压面和等密度面重合，依据状态方程 $p=\rho RT$，它必然也和等温面重合，即 p,ρ,T 三个等值面彼此平行. 所以，在正压大气中，p,ρ,T 中任一物理量的等值面上没有别的物理量的等值线分布；而在斜压大气中，等压面、等密度面和等温度面彼此相交，必然在任一物理量的等值面上有别的物理量的等值线分布. 从实际状况看，显然大气是斜压的，但如果等压面上某些地区等温线很稀疏，在该地区的大气就能近似地处理为正压大气.

由于空气的运动，一般来讲，大气的正压状态不易维持. 但如果空气微团在运动过程中 ρ 的变化也仅仅依赖于 p，那么正压状态就能够维持，这种大气就称为是自动正压的. 例如，在正压大气中，若空气运动又遵循干绝热过程，则此种大气是自动正压的.

正压大气是一种理想化的大气状态分布，通常大气都是斜压的，但把大气处理为正压大气能使问题大大简化.

二、斜压性的表征

大气斜压性通常有下列两种表征方法：

1. 斜压矢量

斜压矢量是 $\nabla \alpha$ 与 $-\nabla p$ 的矢量积，记为 $\boldsymbol{B}$，即

$$\boldsymbol{B} \equiv \nabla \alpha \times (-\nabla p) = -\nabla \alpha \times \nabla p = \frac{1}{\rho^2} \nabla \rho \times \nabla p. \tag{2.101}$$

因正压大气，等 α 面（或等 ρ 面）与等 p 面重合，则

$$\boldsymbol{B} = 0 \quad (\text{正压大气}). \tag{2.102}$$

但对斜压大气 $\boldsymbol{B} \neq 0$，且斜压性越强，$\boldsymbol{B}$ 的数值 B 也越大.

根据(2.101)式知：斜压矢量 $\boldsymbol{B}$ 的方向为依右手法则，经最小角度从 $\nabla \alpha$ 到 $-\nabla p$，大拇指所指的方向，或从 $\nabla \rho$ 到 ∇p 大拇指所指的方向. $\boldsymbol{B}$ 的大小为

$$B = |\nabla \alpha| |\nabla p| \sin\theta, \tag{2.103}$$

其中 θ 为 $\nabla \alpha$ 与 $-\nabla p$ 的夹角，也就是等 α 面（或等 ρ 面）与等 p 面的夹角，即

$$\theta = \angle(\nabla \alpha, -\nabla p) < \pi. \tag{2.104}$$

所以，当 $\nabla \alpha$，∇p 的数值越大，而且 θ 越近于 90°时，则 B 的值越大，此时大气斜压性越强. 显然，等压面上等温线比较密集的地区（它表示等压面与等温面交角靠近 90°），如锋区和急流区的斜压性就较强.

依(2.101)式，在直角坐标系中，$\boldsymbol{B}$ 的三个分量为

$$\begin{cases} B_x = -\left(\dfrac{\partial \alpha}{\partial y}\dfrac{\partial p}{\partial z} - \dfrac{\partial \alpha}{\partial z}\dfrac{\partial p}{\partial y}\right) = \dfrac{1}{\rho^2}\left(\dfrac{\partial \rho}{\partial y}\dfrac{\partial p}{\partial z} - \dfrac{\partial \rho}{\partial z}\dfrac{\partial p}{\partial y}\right), \\ B_y = -\left(\dfrac{\partial \alpha}{\partial z}\dfrac{\partial p}{\partial x} - \dfrac{\partial \alpha}{\partial x}\dfrac{\partial p}{\partial z}\right) = \dfrac{1}{\rho^2}\left(\dfrac{\partial \rho}{\partial z}\dfrac{\partial p}{\partial x} - \dfrac{\partial \rho}{\partial x}\dfrac{\partial p}{\partial z}\right), \\ B_z = -\left(\dfrac{\partial \alpha}{\partial x}\dfrac{\partial p}{\partial y} - \dfrac{\partial \alpha}{\partial y}\dfrac{\partial p}{\partial x}\right) = \dfrac{1}{\rho^2}\left(\dfrac{\partial \rho}{\partial x}\dfrac{\partial p}{\partial y} - \dfrac{\partial \rho}{\partial y}\dfrac{\partial p}{\partial x}\right). \end{cases} \tag{2.105}$$

它说明斜压性具有三度空间的意义，但在大气中，物理量的垂直变化数值远大于水平变化数值$\left(\left|\dfrac{\partial q}{\partial z}\right| \gg \left|\dfrac{\partial q}{\partial x}\right|, \left|\dfrac{\partial q}{\partial y}\right|\right)$，又南北变化数值大于东西变化数值$\left(\left|\dfrac{\partial q}{\partial y}\right| > \left|\dfrac{\partial q}{\partial x}\right|\right)$，所以，一般认为

$$|B_z| \ll |B_y| < |B_x|.$$

它说明：在水平面((x,y)平面)上，大气具有准正压性，而在经向垂直剖面((y,z)平面)上，大气具有强斜压性.

2. 单位压容管(力管)

所谓单位压容管是指相隔一个单位的等压面与相隔一个单位的等比容面所组成的网络管，下一节将看到，单位压容管具有一定的力学意义，所以，它也称为力管. 其图像见图 2.2.

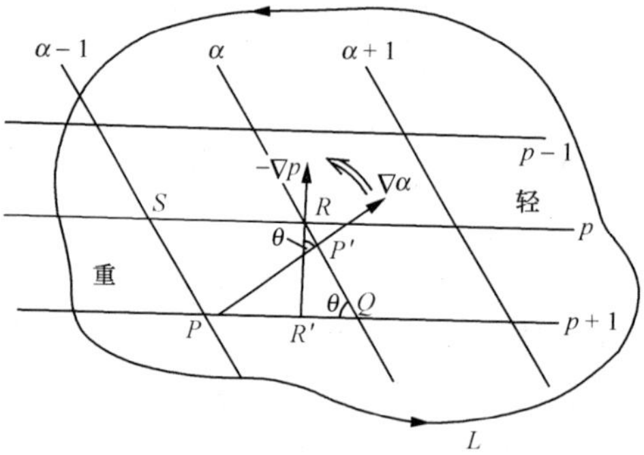

图 2.2　力管

显然，正压大气不存在力管；对斜压大气，若$\nabla\alpha$和$-\nabla p$的数值越大，两者间的交角越大，则一定区域内力管的数目越多，斜压性越强.

由图 2.2 知，斜压矢量 $\boldsymbol{B}$ 的方向为力管延伸的方向. 下面证明：$\boldsymbol{B}$ 的大小 B 等于力管的横截面内，单位面积力管的数目. 设在力管的横截面的一定区域内所包含单位压容管的数目为 N，该区域的总面积为 A，则应有

$$B = N/A. \tag{2.106}$$

这是因为图 2.2 中一个单位压容管的横截面 $PQRS$ 的面积为

$$\Delta A = PQ \cdot QR \cdot \sin\theta.$$

因力管的相邻等压面和等比容面都相差一个单位，则

$$|\nabla\alpha| = 1/PP', \quad |-\nabla p| = 1/RR'.$$

所以，对一个单位压容管而言有

$$B_0 = |\nabla\alpha||-\nabla p|\sin\theta = \frac{1}{PP' \cdot RR'}\sin\theta.$$

但

$$\sin\theta = PP'/PQ = RR'/QR,$$

这样就有

$$B_0 = \sin\theta/PQ \cdot QR \cdot \sin^2\theta = 1/\Delta A.$$

这就是(2.106)式 $N=1$ 的特例.

三、静止大气的正压性

对于静止大气，运动方程的矢量形式化为

$$-\nabla\phi - \alpha\nabla p = 0.$$

上式作旋度运算，即作 $\nabla\times$ 的运算，得到

$$\boldsymbol{B} \equiv \nabla \alpha \times (-\nabla p) = 0. \tag{2.107}$$

它说明：静止大气必然是正压的，而且此时由(2.105)式有

$$\nabla \times (-\alpha \nabla p) = 0. \tag{2.108}$$

因而静止大气的气压梯度力必然是位势力.

若只考虑垂直方向满足静力平衡，即

$$\alpha \frac{\partial p}{\partial z} = -g, \tag{2.109}$$

则有

$$\nabla_{\mathrm{h}}\left(\alpha \frac{\partial p}{\partial z}\right) = 0,$$

即

$$\frac{\partial p}{\partial z} \nabla_{\mathrm{h}} \alpha + \alpha \nabla_{\mathrm{h}}\left(\frac{\partial p}{\partial z}\right) = 0$$

或

$$\frac{\partial p}{\partial z} \nabla_{\mathrm{h}} \alpha - \frac{\partial \alpha}{\partial z} \nabla_{\mathrm{h}} p + \frac{\partial}{\partial z}(\alpha \nabla_{\mathrm{h}} p) = 0.$$

利用(2.105)式，上式又可改写为

$$B_y \boldsymbol{i} - B_x \boldsymbol{j} + \frac{\partial}{\partial z}(\alpha \nabla_{\mathrm{h}} p) = 0$$

或

$$\frac{\partial}{\partial z}(-\alpha \nabla_{\mathrm{h}} p) = B_y \boldsymbol{i} - B_x \boldsymbol{j} = \boldsymbol{B} \times \boldsymbol{k}. \tag{2.110}$$

上式表明：静力平衡条件下，水平气压梯度力随高度的变化完全决定于大气的斜压性.

对于正压大气，上式化为

$$\frac{\partial}{\partial z}(-\alpha \nabla_{\mathrm{h}} p) = 0.$$

上式说明：在静力平衡的条件下，正压大气中的水平气压梯度力不随高度变化. 通常认为大气风场 $\boldsymbol{V}_{\mathrm{h}}$ 是由水平气压梯度力所决定的，因而通常也认为：在静力平衡条件下，正压大气中的风场 $\boldsymbol{V}_{\mathrm{h}}$ 也不随高度改变，即

$$\frac{\partial \boldsymbol{V}_{\mathrm{h}}}{\partial z} = 0. \tag{2.111}$$

谢义炳教授分析了大面积的降水与湿空气运动的关系，引进了湿力管(等压面与等 θ_{e} 面的交管)概念. 相应，湿斜压矢量定义为

$$\boldsymbol{B}_{\mathrm{m}} = \alpha \nabla p \times \nabla \ln\theta_{\mathrm{e}}. \tag{2.112}$$

§2.4　环流与环流定理

观测表明，大气的大范围运动是有序的，而且大气运动常是涡旋运动，如气旋、反气旋、台风和极涡等. 环流是描述大规模大气运动和涡旋运动特征的一种物理量.

一、环流

在速度场内任取一闭合曲线 L，规定 L 的一个走向（若 L 为水平面上的一条闭合曲线，常规定逆时针走向为 L 的正向），在 L 上任取一有向线元 $\delta\boldsymbol{L}$，它就是矢径元 $\delta\boldsymbol{r}$，设其上空气速度为 $\boldsymbol{V}$，则 $\boldsymbol{V}$ 在 L 上的线积分

$$C=\oint_L \boldsymbol{V}\cdot\delta\boldsymbol{L}=\oint_L \boldsymbol{V}\cdot\delta\boldsymbol{r}, \tag{2.113}$$

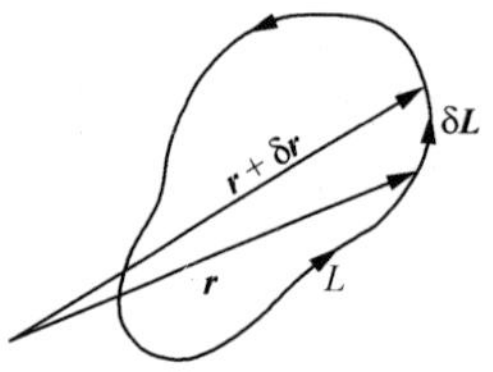

图 2.3　环流

称为速度环流，简称为环流. 见图 2.3. $C>0$ 称为正环流，它表示空气有沿着 L 正方向运动的倾向；$C<0$ 称为反环流，它表示空气有逆着 L 正方向，即沿 L 的反方向运动的倾向.

若 L 取为纬圈，L 的正向自西向东，则对环流有贡献的只有纬向速度 u，(2.113)式化为

$$C_1=\oint_L u\delta x \quad (\delta x=r\cos\varphi\delta\lambda), \tag{2.114}$$

C_1 称为纬向环流或西风环流.

若 L 取为由经线和垂线构成的闭合回路，规定 L 的正向在低层自北向南，高层自南向北，则对环流有贡献的是经向速度 v 和垂直速度 w，则(2.113)式化为

$$C_2=\oint_L v\delta y+w\delta z \quad (\delta y=r\delta\varphi,\delta z=\delta r), \tag{2.115}$$

C_2 称为经圈环流.

Hadley 认为：由于太阳加热不均匀（低纬加热多，高纬加热少），导致低纬一般有上升运动，高纬有下沉运动，再加上低空的向赤道运行的气流和高空的向极地运行的气流就构成一个经圈环流. 它称为直接环流或 Hadley 环流，这是单圈经圈环流模型，见图 2.4. 后来，Ferrel 认为：在低纬与高纬仍然是 Hadley 环流，但在中纬，低空盛行偏南气流，高空盛行偏北气流，这样就在中纬形成一个与 Hadley 环流相反的经圈环流，它称为间接环流或 Ferrel 环流. 高低纬的 Hadley 环流和中纬的 Ferrel 环流就构成三圈经圈环流模型，见图 2.5.

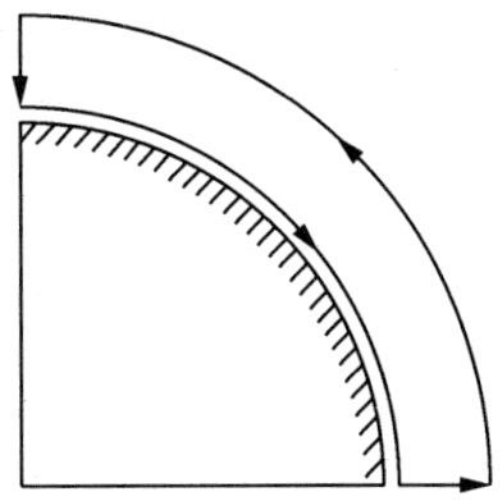

图 2.4　单圈环流

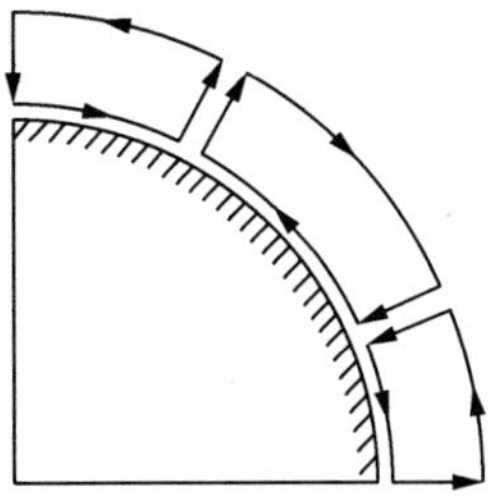

图 2.5　三圈环流

若 L 取为水平面上闭合流动(如气旋、反气旋)的流线,则对环流有贡献的是风场 $\boldsymbol{V}_{\mathrm{h}}(u,v)$,则(2.113)式化为

$$C_3 = \oint_L \boldsymbol{V}_{\mathrm{h}} \cdot \delta \boldsymbol{L} = \oint_L u\delta x + v\delta y. \tag{2.116}$$

对北半球的气旋,$C_3>0$;反气旋,$C_3<0$. 因此,$C_3>0$ 称为气旋式环流,$C_3<0$ 称为反气旋式环流.

对于绝对速度 $\boldsymbol{V}_{\mathrm{a}}$ 构成的环流

$$C_{\mathrm{a}} = \oint_L \boldsymbol{V}_{\mathrm{a}} \cdot \delta \boldsymbol{L} = \oint_L \boldsymbol{V}_{\mathrm{a}} \cdot \delta \boldsymbol{r} \tag{2.117}$$

称为绝对环流. 相应,由相对速度 $\boldsymbol{V}$ 构成的环流(2.113)式就称为相对环流. 将(1.2)式代入上式得到

$$C_{\mathrm{a}} = C + \oint_L (\boldsymbol{\Omega} \times \boldsymbol{r}) \cdot \delta \boldsymbol{r}. \tag{2.118}$$

应用 Stokes 定理

$$\oint_L \boldsymbol{B} \cdot \delta \boldsymbol{r} = \iint_A (\nabla \times \boldsymbol{B}) \cdot \delta \boldsymbol{A}, \tag{2.119}$$

这里 A 为 L 所包围的面积,δA 为 A 上的面积元,$\delta \boldsymbol{A}=(\Delta A)\boldsymbol{n}$($\boldsymbol{n}$ 为面法线单位矢量),L 的走向与 $\boldsymbol{n}$ 构成右手系统. 我们有

$$\oint_L (\boldsymbol{\Omega} \times \boldsymbol{r}) \cdot \delta \boldsymbol{r} = \iint_A \nabla \times (\boldsymbol{\Omega} \times \boldsymbol{r}) \cdot \delta \boldsymbol{A} = \iint_A 2\boldsymbol{\Omega} \cdot \delta \boldsymbol{A} = 2\boldsymbol{\Omega} \cdot \boldsymbol{A}. \tag{2.120}$$

这样,(2.118)式化为

$$C_{\mathrm{a}} = C + 2\boldsymbol{\Omega} \cdot \boldsymbol{A} = C + 2\Omega A_{\mathrm{e}}, \tag{1.121}$$

其中 A_{e} 为 A 在赤道平面上的投影面积.

若 L 选在水平面上,则

$$\boldsymbol{\Omega} \cdot \boldsymbol{A} = \Omega A \sin\varphi.$$

这样,(2.121)式化为

$$C_{\mathrm{a}} = C + 2\Omega \sin\varphi \cdot A = C + fA. \tag{2.122}$$

二、环流加速度

环流随时间如何变化呢？我们假定 L 是物质回路，即不管 L 的形状随时间如何变化，L 都是由同样的空气微团所组成的回路.

在物质回路上求环流随时间的变化，即对(2.113)式求个别微商得

$$\begin{aligned}\frac{\mathrm{d}C}{\mathrm{d}t}&=\frac{\mathrm{d}}{\mathrm{d}t}\oint_L \boldsymbol{V}\cdot\delta\boldsymbol{r}=\oint_L\frac{\mathrm{d}}{\mathrm{d}t}(\boldsymbol{V}\cdot\delta\boldsymbol{r})=\oint_L\frac{\mathrm{d}\boldsymbol{V}}{\mathrm{d}t}\cdot\delta\boldsymbol{r}+\oint_L\boldsymbol{V}\cdot\delta\boldsymbol{V}\\&=\oint_L\frac{\mathrm{d}\boldsymbol{V}}{\mathrm{d}t}\cdot\delta\boldsymbol{r}.\end{aligned}\tag{2.123}$$

若称上式右端为加速度环流的话，则上式表明：对物质回路，速度环流的加速度等于加速度的环流.

同样，将(2.117)式在绝对坐标系中求个别微商得到绝对环流加速度为

$$\frac{\mathrm{d}_a C_a}{\mathrm{d}t}=\oint_L\frac{\mathrm{d}_a\boldsymbol{V}_a}{\mathrm{d}t}\cdot\delta\boldsymbol{r}.\tag{2.124}$$

三、绝对环流加速度定理、Kelvin(Thomson)定理

将在绝对坐标系中的运动方程(2.15)式代入(2.14)式，注意 $\boldsymbol{g}_a=-\nabla\phi_a$，则得

$$\frac{\mathrm{d}_a C_a}{\mathrm{d}t}=-\oint_L\alpha\delta p+\oint_L\boldsymbol{F}\cdot\delta\boldsymbol{r},\tag{2.125}$$

这就是绝对环流加速度定理. 根据 Stokes 定理(2.119)，上式右端第一项可改写为

$$\begin{aligned}-\oint_L\alpha\delta p&=-\oint_L\alpha\nabla p\cdot\delta\boldsymbol{r}=-\iint_A\nabla\times(\alpha\nabla p)\cdot\delta\boldsymbol{A}\\&=-\iint_A[\alpha\nabla\times(\nabla p)+\nabla\alpha\times\nabla p]\cdot\delta\boldsymbol{A}=-\iint_A\nabla\alpha\times\nabla p\cdot\delta\boldsymbol{A}\\&=\iint_A\boldsymbol{B}\cdot\delta\boldsymbol{A}.\end{aligned}$$

这样，绝对环流加速度定理(2.125)可改写为

$$\frac{\mathrm{d}_a C_a}{\mathrm{d}t}=\iint_A\boldsymbol{B}\cdot\delta\boldsymbol{A}+\oint_L\boldsymbol{F}\cdot\delta\boldsymbol{r},\tag{2.126}$$

其中 $\boldsymbol{B}$ 为斜压矢量. 上述表明：绝对环流加速度随时间的变化决定于大气的斜压性和摩擦力. 关于(2.125)式或(2.126)式右端两项的意义将在后面叙述.

若大气是正压的($\boldsymbol{B}=0$)，又在 L 上没有摩擦力($\boldsymbol{F}=0$)，则由(2.126)式得到

$$\frac{\mathrm{d}_a C_a}{\mathrm{d}t}=0,\tag{2.127}$$

这就是绝对环流守恒的 Kelvin(Thomson)定理. 它说明：在正压和无摩擦的大气

中，绝对环流在物质回路上守恒.

四、相对环流加速度定理(Bjerknes 定理)

把(2.121)式作$\frac{\mathrm{d_a}}{\mathrm{d}t}$运算得

$$\frac{\mathrm{d_a}C_\mathrm{a}}{\mathrm{d}t}=\frac{\mathrm{d_a}C}{\mathrm{d}t}+2\Omega\frac{\mathrm{d_a}A_\mathrm{e}}{\mathrm{d}t}. \tag{2.128}$$

注意在惯性坐标系与在旋转坐标系中，标量对时间的个别微商是一样的，即对标量A，

$$\frac{\mathrm{d_a}A}{\mathrm{d}t}=\frac{\mathrm{d}A}{\mathrm{d}t}, \tag{2.129}$$

则将(2.128)式代入(2.126)式后求得

$$\frac{\mathrm{d}C}{\mathrm{d}t}=\iint_A \boldsymbol{B}\cdot\delta\boldsymbol{A}-2\Omega\frac{\mathrm{d}A_\mathrm{e}}{\mathrm{d}t}+\oint_L \boldsymbol{F}\cdot\delta\boldsymbol{r}. \tag{2.130}$$

这就是相对环流加速度定理，也叫 Bjerknes 定理，它表明相对环流随时间的变化决定于大气的斜压性、L 所包围的面积A 在赤道平面上的投影面积A_e 随时间的变化和摩擦力. 它们分别称为斜压项、惯性项和摩擦项. 下面分别讨论这三项对环流变化的作用.

1. 斜压项(或力管项)

斜压项用N表示，即

$$N=-\oint_L \alpha\nabla p\cdot\delta\boldsymbol{r}=-\oint_L \alpha\delta p=\iint_A \boldsymbol{B}\cdot\delta\boldsymbol{A}. \tag{2.131}$$

若是正压大气，$\boldsymbol{B}=0$，则$N=0$；若是斜压大气，$\boldsymbol{B}\neq 0$，而且如果在A内$\boldsymbol{B}$在面法线方向上的分量不为零，则$N\neq 0$.

为了说明斜压项的作用，我们考察图 2.6，设L为逆时针方向，它即是$\nabla\alpha$到$-\nabla p$的方向，即与$\boldsymbol{B}$的绕向相同，因而$\boldsymbol{B}$与$\boldsymbol{A}$同方向，

$$\boldsymbol{B}\cdot\delta\boldsymbol{A}=B\delta A,\quad N=\iint_A B\delta A>0,$$

它使得L方向的环流加强，即使得轻空气或热空气(α大表示ρ小，在p相同时这也表示T大)上升，重空气或冷空气(α小表示ρ大，在p相同时这也表示T小)下沉. 而且因为B代表单位面积内力管的数目，因此，N就表L所包围的面积内力管的数目.

因$N=-\oint_L \alpha\delta p$，则在以$p$为横坐标，$\alpha$为纵坐标的图 2.6 上画出与物质回路$L$所对应的曲线，由图知，它也是逆时针走向. 则依定积分的几何意义可知，N就代

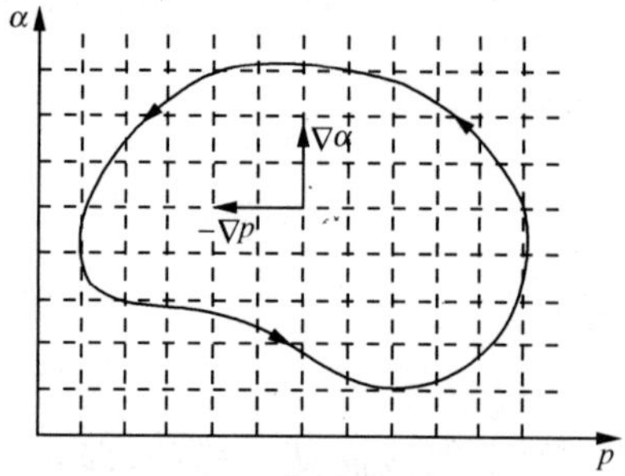

图 2.6　力管环流

表该坐标平面上，曲线所包围的面积，它使得 $\nabla\alpha$ 到 $-\nabla p$ 方向的环流加强，这与图 2.2 的分析是一致的.

综上所述，斜压项或力管项的作用使得热空气上升、冷空气下沉. 如果开始大气是静止的，则这种环流伴有的空气旋转会使得等比容面跟着旋转，最后趋向于与等压面平行. 这说明：大气斜压性自身就存在使斜压性减弱的因素. 在这个过程中，大气中的全势能转换为动能，所以，在这个意义上，我们认为在正压大气没有全势能的释放.

许多现象，如 Hadley 环流，海陆风环流（在近地面，白天盛行海洋吹向陆地的风，即海风；夜间相反，盛行陆地吹向海洋的风，即陆风），山谷风环流（在近地面，白天盛行山谷吹向山顶的风，即谷风；夜间相反，盛行山顶吹向山谷的风，即山风）等都可以从不均匀加热引起的斜压作用得到解释.

2. 惯性项

惯性项用 I 表示，即

$$I=\oint_L -2\boldsymbol{\Omega}\times\boldsymbol{V}\cdot\delta\boldsymbol{r}=-2\Omega\frac{\mathrm{d}A_e}{\mathrm{d}t},\qquad(2.132)$$

这一项反映 Coriolis 力的作用. 当 A_e 减小时，$\frac{\mathrm{d}A_e}{\mathrm{d}t}<0$，则它使得环流加强，这是因为 A_e 的减小意味着有向 L 内的法向速度分量，在 Coriolis 力的作用下，加强了 L 方向的环流；当 A_e 增加时，$\frac{\mathrm{d}A_e}{\mathrm{d}t}>0$，则它使得环流减小.

3. 摩擦项

摩擦项用 J 表示，即

$$J=\oint_L \boldsymbol{F}\cdot\delta\boldsymbol{r}.\qquad(2.133)$$

若 L 上的摩擦力与 L 上的速度方向相反，大小成正比，即

$$\boldsymbol{F}=-k\boldsymbol{V},\qquad(2.134)$$

其中 $k>0$ 为摩擦系数，上式称为 Rayleigh 摩擦.（2.134）式代入（2.133）式得

$$J=-k\oint_L \boldsymbol{V}\cdot\delta\boldsymbol{r}=-kC.\qquad(2.135)$$

因而，当 $C>0$ 时，$J<0$，即它使原有的正环流减弱；当 $C<0$ 时，$J>0$，即它使得 $\mathrm{d}C/\mathrm{d}t>0$，但因 $C<0$，所以有 $\mathrm{d}|C|/\mathrm{d}t<0$，即它使得原有反环流的绝对值减小. 总之，摩擦力的作用总使得环流的绝对值减小.

§2.5 散度与涡度、流场分析

一、散度

散度即速度散度，对空气微团的速度 $\mathbf{V}$，其散度为

$$\Theta \equiv \mathrm{div}\mathbf{V} \equiv \nabla \cdot \mathbf{V}. \tag{2.136}$$

它与流量

$$Q = \oiint_S \mathbf{V} \cdot \delta \boldsymbol{S} \tag{2.137}$$

的关系就是 $\mathbf{V}$ 的 Gauss 公式

$$\oiint_S \mathbf{V} \cdot \delta \boldsymbol{S} = \iiint_V \nabla \cdot \mathbf{V} \delta v. \tag{2.138}$$

因而，散度表示空气的体积元 δv 在单位时间内的相对变化率，即

$$\mathrm{div}\mathbf{V} = \nabla \cdot \mathbf{V} = \frac{1}{\delta v}\frac{\mathrm{d}(\delta v)}{\mathrm{d}t}. \tag{2.139}$$

散度在球坐标系与直角坐标系中分别表示为

$$\begin{aligned}\nabla \cdot \mathbf{V} &= \frac{1}{r\cos\varphi}\frac{\partial u}{\partial \lambda} + \frac{1}{r}\frac{\partial v}{\partial \varphi} + \frac{\partial w}{\partial r} - \frac{v}{r}\tan\varphi + \frac{2w}{r} \\ &= \frac{1}{r\cos\varphi}\frac{\partial u}{\partial \lambda} + \frac{1}{r\cos\varphi}\frac{\partial v\cos\varphi}{\partial \varphi} + \frac{1}{r^2}\frac{\partial r^2 w}{\partial r},\end{aligned} \tag{2.140}$$

$$\nabla \cdot \mathbf{V} = \frac{\partial u}{\partial x} + \frac{\partial v}{\partial y} + \frac{\partial w}{\partial z}. \tag{2.141}$$

在大气中，常讨论水平速度 $\mathbf{V}_{\mathrm{h}}$（即风速）的散度，称为水平散度或水平辐散辐合，记为 D，即

$$D \equiv \nabla \cdot \mathbf{V}_{\mathrm{h}} \equiv \nabla_{\mathrm{h}} \cdot \mathbf{V}. \tag{2.142}$$

$D>0$ 称为水平辐散，$D<0$ 称为水平辐合，$D=0$ 称为水平无辐散.

与(2.139)式相似，水平速度散度表示空气的水平面积元 δA 在单位时间内的相对变化率，即

$$\nabla \cdot \mathbf{V}_{\mathrm{h}} = \frac{1}{\delta A}\frac{\mathrm{d}(\delta A)}{\mathrm{d}t}. \tag{2.143}$$

它在球坐标系和直角坐标系中分别表为

$$D = \frac{1}{r\cos\varphi}\frac{\partial u}{\partial \lambda} + \frac{1}{r}\frac{\partial v}{\partial \varphi} - \frac{v}{r}\tan\varphi, \tag{2.144}$$

$$D = \frac{\partial u}{\partial x} + \frac{\partial v}{\partial y}. \tag{2.145}$$

值得注意的是空气绝对速度的散度就等于相对速度的散度(见第一章习题8),即

$$\nabla \cdot \boldsymbol{V}_{\mathrm{a}} = \nabla \cdot \boldsymbol{V}. \tag{2.146}$$

二、涡度

涡度即速度旋度,对空气微团的速度 $\boldsymbol{V}$,其涡度为

$$\boldsymbol{\omega} \equiv \mathrm{rot}\boldsymbol{V} \equiv \nabla \times \boldsymbol{V}. \tag{2.147}$$

它与环流(2.113)式的关系就是 $\boldsymbol{V}$ 的 Stokes 公式

$$\oint_L \boldsymbol{V} \cdot \delta \boldsymbol{r} = \iint_A \nabla \times \boldsymbol{V} \cdot \delta \boldsymbol{A}.$$

因而,涡度在面法向上的分量 ω_n 表示单位面积上的环流,即

$$\omega_n \equiv \frac{\delta C}{\delta A}. \tag{2.148}$$

绝对速度的涡度

$$\boldsymbol{\omega}_{\mathrm{a}} = \nabla \times \boldsymbol{V}_{\mathrm{a}} \tag{2.149}$$

等于相对速度的涡度 $\boldsymbol{\omega}=\nabla \times \boldsymbol{V}$ 与牵连速度的涡度 $\nabla \times (\boldsymbol{\Omega} \times \boldsymbol{r}) = 2\boldsymbol{\Omega}$ 之和(见第一章习题8),即

$$\boldsymbol{\omega}_{\mathrm{a}} = \boldsymbol{\omega} + 2\boldsymbol{\Omega}. \tag{2.150}$$

涡度 $\boldsymbol{\omega}$ 用分量形式写出为

$$\boldsymbol{\omega} = \xi \boldsymbol{i} + \eta \boldsymbol{j} + \zeta \boldsymbol{k}, \tag{2.151}$$

其中 ξ,η 为水平涡度分量,ζ 为垂直涡度分量,它只与风速 $\boldsymbol{V}_{\mathrm{h}}$ 有关,以后简称为垂直涡度,甚至就称为涡度,它就是

$$\zeta \equiv \boldsymbol{\omega} \cdot \boldsymbol{k} \equiv (\nabla \times \boldsymbol{V}) \cdot \boldsymbol{k}. \tag{2.152}$$

$\zeta>0$ 称为正(垂直)涡度或气旋式(垂直)涡度;$\zeta<0$ 称为负(垂直)涡度或反气旋式(垂直)涡度;$\zeta=0$ 称为零(垂直)涡度.

在球坐标系中,ξ,η,ζ 分别是

$$\begin{cases} \xi \equiv \dfrac{1}{r}\dfrac{\partial w}{\partial \varphi} - \dfrac{\partial v}{\partial r} - \dfrac{v}{r} = \dfrac{1}{r}\left(\dfrac{\partial w}{\partial \varphi} - \dfrac{\partial r v}{\partial r}\right), \\ \eta \equiv \dfrac{\partial u}{\partial r} - \dfrac{1}{r\cos\varphi}\dfrac{\partial w}{\partial \lambda} + \dfrac{u}{r} = \dfrac{1}{r\cos\varphi}\left(\dfrac{\partial r u \cos\varphi}{\partial r} - \dfrac{\partial w}{\partial \lambda}\right), \\ \zeta \equiv \dfrac{1}{r\cos\varphi}\dfrac{\partial v}{\partial \lambda} - \dfrac{1}{r}\dfrac{\partial u}{\partial \varphi} + \dfrac{u}{r}\tan\varphi = \dfrac{1}{r\cos\varphi}\left(\dfrac{\partial v}{\partial \lambda} - \dfrac{\partial u \cos\varphi}{\partial \varphi}\right). \end{cases} \tag{2.153}$$

而在直角坐标系中,ξ,η,ζ 分别是

$$\begin{cases}\xi \equiv \dfrac{\partial w}{\partial y}-\dfrac{\partial v}{\partial z},\\ \eta \equiv \dfrac{\partial u}{\partial z}-\dfrac{\partial w}{\partial x},\\ \zeta \equiv \dfrac{\partial v}{\partial x}-\dfrac{\partial u}{\partial y}.\end{cases} \tag{2.154}$$

因 $2\boldsymbol{\Omega}=2\Omega\cos\varphi\boldsymbol{j}+2\Omega\sin\varphi\boldsymbol{k}=f'\boldsymbol{j}+f\boldsymbol{k}$，所以，绝对涡度 $\boldsymbol{\omega}_{\mathrm{a}}$ 的三个分量可表为

$$\begin{cases}\xi_{\mathrm{a}}=\xi,\\ \eta_{\mathrm{a}}=\eta+f',\\ \zeta_{\mathrm{a}}=\zeta+f,\end{cases} \tag{2.155}$$

其中 $\zeta_{\mathrm{a}}=\zeta+f$ 称为绝对垂直涡度分量，简称为绝对垂直涡度，甚至就称为绝对涡度.

三、流线与轨迹

流场分析的内容之一是分析流线与轨迹. 所谓流线是指固定时刻空间的一族曲线，该曲线族中任一条曲线上一点的切线方向就代表该点空气速度 $\mathbf{V}$ 的方向. 因流线的切线方向可用矢径的空间微分 $\delta\boldsymbol{r}$ 来表示，因此，流线的方程可表为

$$\mathbf{V}\times\delta\boldsymbol{r}=0. \tag{2.156}$$

在直角坐标系中，上述流线方程可表为

$$\frac{\delta x}{u}=\frac{\delta y}{v}=\frac{\delta z}{w}. \tag{2.157}$$

所谓轨迹是指空气微团在空间运动时所描绘出来的曲线. 轨迹与流线不同，轨迹是同一微团在不同时刻的运动曲线，而流线是同一时刻不同微团所组成的曲线. 轨迹的方向即空气微团速度的方向，也就是矢径的全微分 $\mathrm{d}\boldsymbol{r}$ 的方向，因此，轨迹的方程可表为

$$\mathbf{V}\times\mathrm{d}\boldsymbol{r}=0. \tag{2.158}$$

在直角坐标系中，上述轨迹方程可表为

$$\frac{\mathrm{d}x}{u}=\frac{\mathrm{d}y}{v}=\frac{\mathrm{d}z}{w}=\mathrm{d}t. \tag{2.159}$$

四、无散场

若在空间 V 内，处处满足

$$\Theta\equiv\nabla\cdot\mathbf{V}=0, \tag{2.160}$$

则称 V 内速度场 $\mathbf{V}$ 为无散场. 因为

$$\mathrm{div\,rot}\mathbf{A}=\nabla\cdot(\nabla\times\mathbf{A})=0,$$

则无散场 $\mathbf{V}$ 可表为

$$\boldsymbol{V} = -\operatorname{rot}\boldsymbol{A} \equiv -\nabla \times \boldsymbol{A}, \tag{2.161}$$

$\boldsymbol{A}$ 称为矢势或管量. 无散场 $\boldsymbol{V}$ 的涡度是

$$\boldsymbol{\omega} \equiv \nabla \times \boldsymbol{V} = -\nabla \times (\nabla \times \boldsymbol{A}) = -[\nabla(\nabla \cdot \boldsymbol{A}) - \nabla^2 \boldsymbol{A}].$$

通常选择 $\boldsymbol{A}$ 使得

$$\nabla \cdot \boldsymbol{A} = 0.$$

这样,无散场的涡度化为

$$\boldsymbol{\omega} = \nabla^2 \boldsymbol{A}, \tag{2.162}$$

这是矢量 $\boldsymbol{A}$ 的 Poisson 方程. 它的解为

$$\boldsymbol{A} = -\frac{1}{4\pi}\iiint_V \frac{\boldsymbol{\omega}(\xi,\eta,\zeta)}{R}\mathrm{d}\xi\mathrm{d}\eta\mathrm{d}\zeta, \tag{2.163}$$

其中

$$R = \sqrt{(x-\xi)^2 + (y-\eta)^2 + (z-\zeta)^2}. \tag{2.164}$$

对于水平面区域 A 内的水平无散场 $\boldsymbol{V}_{\mathrm{h}}$,它满足

$$D \equiv \nabla \cdot \boldsymbol{V}_{\mathrm{h}} = 0, \tag{2.165}$$

则存在流函数 ψ,使得

$$\boldsymbol{V}_{\mathrm{h}} = -\nabla_{\mathrm{h}}\psi \times \boldsymbol{k}. \tag{2.166}$$

水平无散场 $\boldsymbol{V}_{\mathrm{h}}$ 的垂直涡度是

$$\zeta \equiv (\nabla \times \boldsymbol{V}_{\mathrm{h}}) \cdot \boldsymbol{k} = [\nabla \times (-\nabla_{\mathrm{h}}\psi \times \boldsymbol{k})] \cdot \boldsymbol{k} = \nabla_{\mathrm{h}}^2\psi, \tag{2.167}$$

这是 ψ 的二维 Poisson 方程. 它的解为

$$\psi(x,y) = -\frac{1}{2\pi}\iint_A \zeta(\xi,\eta)\ln\frac{1}{R}\mathrm{d}\xi\mathrm{d}\eta, \tag{2.168}$$

其中

$$R = \sqrt{(x-\xi)^2 + (y-\eta)^2}. \tag{2.169}$$

在直角坐标系中,(2.166)式写为

$$u = -\frac{\partial\psi}{\partial y}, \quad v = \frac{\partial\psi}{\partial x}. \tag{2.170}$$

由此求得流函数的空间微分为

$$\delta\psi = \frac{\partial\psi}{\partial x}\delta x + \frac{\partial\psi}{\partial y}\delta y = v\delta x - u\delta y.$$

上式不但说明 $\delta\psi = 0$ 或

$$\psi = \text{常数} \tag{2.171}$$

表征的是水平流场 $\boldsymbol{V}_{\mathrm{h}}$ 的流线,而且可以求得流函数为

$$\psi = \int v\delta x - u\delta y. \tag{2.172}$$

例 1　水平流场

$$\begin{cases} u = -by, \\ v = bx \end{cases} \quad (b = \text{常数}), \tag{2.173}$$

它满足水平无辐散的条件，且垂直涡度为

$$\zeta = 2b. \tag{2.174}$$

而由(2.172)式求得的流函数为

$$\psi = \int bx\,\delta x + by\,\delta y = \frac{b}{2}(x^2 + y^2) + \text{常数}. \tag{2.175}$$

因而 ψ=常数所表征的流线是圆，这是水平无散涡旋场的典型例子，见图 2.7. 大气中的气旋($b>0,\zeta>0$)和反气旋($b<0,\zeta<0$)与它相似.

该流场的流线也可以由(2.157)式求得. 由(2.157)式有

$$\frac{\delta y}{\delta x} = \frac{v}{u} = -\frac{x}{y}. \tag{2.176}$$

这个常微分方程的解就是流线

$$x^2 + y^2 = C(\text{常数}). \tag{2.177}$$

这与(2.175)式的分析是一致的.

例 2　水平流场

$$\begin{cases} u = -lb\sin kx\cos ly, \\ v = kb\cos kx\sin ly \end{cases} \quad (k,l,b\ \text{为常数}), \tag{2.178}$$

它满足水平无辐散的条件，且垂直涡度为

$$\zeta = -(k^2 + l^2)b\sin kx\sin ly. \tag{2.179}$$

而由(2.172)式求得的流函数为

$$\psi = b\sin kx\sin ly + \text{常数}, \tag{2.180}$$

因而 ψ=常数所表征的流线是中心对称的四个圆($-\pi\leqslant kx\leqslant\pi,-\pi\leqslant ly\leqslant\pi$)，见图 2.8，大气中的对称涡旋与它相似.

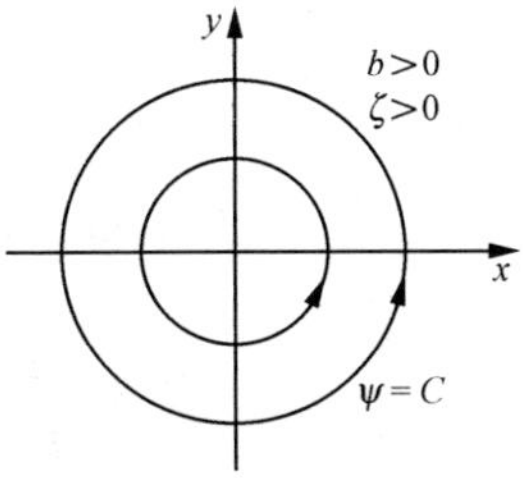

图 2.7　无散涡旋场

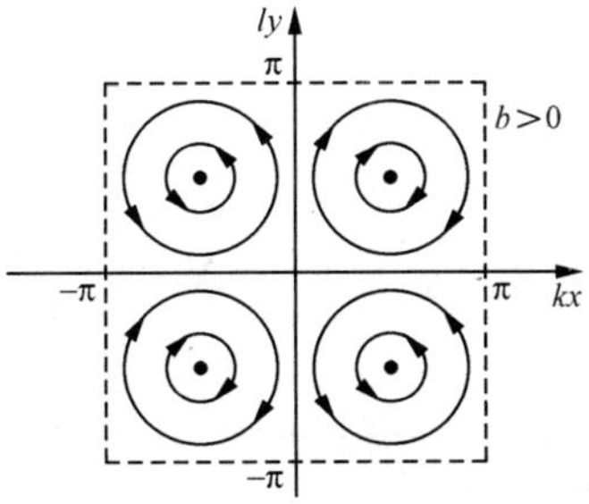

图 2.8　无散涡旋场

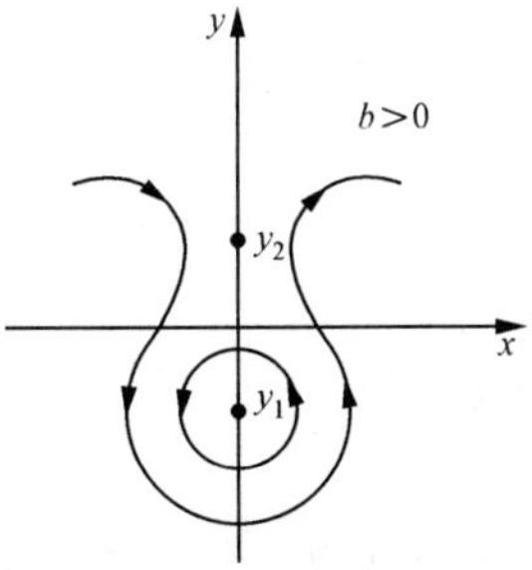

图 2.9　无散涡旋场

例 3 水平流场

$$\begin{cases} u = -lb\sin l(y-y_1), \\ v = k^2 bx \end{cases} \quad \begin{pmatrix} l = \dfrac{\pi}{y_2 - y_1} > 0, \\ k > 0, b > 0, y_2 > y_1 \end{pmatrix}, \tag{2.181}$$

它满足水平无辐散的条件，且垂直涡度为

$$\zeta = k^2 b + l^2 b\cos l(y-y_1). \tag{2.182}$$

而由(2.172)式求得的流函数为

$$\psi = \frac{1}{2}k^2 bx^2 - b\cos l(y-y_1) + 常数, \tag{2.183}$$

因为在 $y=y_1$ 附近，

$$\begin{aligned} \psi &\approx \frac{1}{2}k^2 bx^2 - b\left[1 - \frac{1}{2}l^2(y-y_1)^2\right] + 常数 \\ &= -b + \frac{1}{2}b[k^2x^2 + l^2(y-y_1)^2] + 常数, \end{aligned}$$

因而 $\psi=$常数所表征的流线近似为中心在点$(0,y_1)$的一个圆；而在 $y=y_2$ 附近，因为

$$l(y-y_1) = l(y-y_2) + l(y_2-y_1) = l(y-y_2) + \pi,$$

$$\cos l(y-y_1) = \cos[\pi + l(y-y_2)] = -\cos l(y-y_2) \approx -\left[1 - \frac{1}{2}l^2(y-y_2)^2\right],$$

$$\psi \approx \frac{1}{2}k^2 bx^2 + b\left[1 - \frac{1}{2}l^2(y-y_2)^2\right] + 常数 = b + \frac{1}{2}b[k^2x^2 - l^2(y-y_2)^2] + 常数,$$

因而 $\psi=$常数所表征的流线近似为两支双曲线. 这样，就有了图 2.9 的流线，大气中的切断低压与它相似.（在(2.181)式中，若 u 不变，取 $v=-k^2bx$，则图 2.9 就变为类似于阻塞高压的流线，见本章末习题 21）

五、无旋场

若在空间 V 内，处处满足

$$\boldsymbol{\omega} \equiv \nabla \times \boldsymbol{V} = 0, \tag{2.184}$$

则称 V 内速度场 $\boldsymbol{V}$ 为无旋场. 因为

$$\text{rot grad}\varphi = \nabla \times (\nabla \varphi) = 0, \tag{2.185}$$

则无旋场 $\boldsymbol{V}$ 可表为

$$\boldsymbol{V} = \text{grad}\,\varphi = \nabla \varphi, \tag{2.186}$$

φ 称为速度势. 无旋场 $\boldsymbol{V}$ 的散度为

$$\Theta \equiv \nabla \cdot \boldsymbol{V} = \nabla \cdot (\nabla \varphi) = \nabla^2 \varphi. \tag{2.187}$$

这是速度势 φ 的 Poisson 方程. 类似(2.163)式，它的解为

$$\varphi = -\frac{1}{4\pi}\iiint_V \frac{\Theta(\xi,\eta,\zeta)}{R}\mathrm{d}\xi\mathrm{d}\eta\mathrm{d}\zeta, \tag{2.188}$$

R 见(2.164)式.

对于水平面区域 A 内的平面无旋场 $\boldsymbol{V}_\mathrm{h}$，它满足

$$\zeta \equiv (\nabla \times \boldsymbol{V}_\mathrm{h}) \cdot \boldsymbol{k} = 0, \tag{2.189}$$

则存在平面速度势 φ，使得

$$\boldsymbol{V}_\mathrm{h} = \nabla_\mathrm{h}\varphi. \tag{2.190}$$

水平无旋场 $\boldsymbol{V}_\mathrm{h}$ 的水平散度是

$$D \equiv \nabla \cdot \boldsymbol{V}_\mathrm{h} = \nabla \cdot (\nabla_\mathrm{h}\varphi) = \nabla_\mathrm{h}^2\varphi. \tag{2.191}$$

这是 φ 的二维 Poisson 方程，它的解为

$$\varphi(x,y) = -\frac{1}{2\pi}\iint_A D(\xi,\eta)\ln\frac{1}{R}\mathrm{d}\xi\mathrm{d}\eta, \tag{2.192}$$

其中 R 见(2.169)式.

在直角坐标系中，(2.190)式写为

$$u = \frac{\partial\varphi}{\partial x}, \quad v = \frac{\partial\varphi}{\partial y}. \tag{2.193}$$

由此求得速度势的空间微分为

$$\delta\varphi = \frac{\partial\varphi}{\partial x}\delta x + \frac{\partial\varphi}{\partial y}\delta y, \tag{2.194}$$

显然水平流场 $\boldsymbol{V}_\mathrm{h}$ 的方向与速度势梯度的方向重合. 由上式求得速度势为

$$\varphi = \int u\delta x + v\delta y. \tag{2.195}$$

例 1 水平流场

$$\begin{cases} u = ax, \\ v = ay \end{cases} \quad (a = \text{常数}), \tag{2.196}$$

它满足垂直涡度为零的条件，且水平散度为

$$D = 2a. \tag{2.197}$$

而由(2.195)式求得的速度势为

$$\varphi = \int ax\delta x + ay\delta y = \frac{a}{2}(x^2 + y^2) + \text{常数}. \tag{2.198}$$

因而 φ=常数所表征的等速度势线是一个圆，这是水平无旋有散场的典型例子. 该流场的流线可由(2.157)式求得为

$$\frac{\delta y}{\delta x} = \frac{v}{u} = \frac{y}{x}. \tag{2.199}$$

这是一阶齐次线性常微分方程. 它的解很容易求得为

$$y/x = C(\text{常数}), \tag{2.200}$$

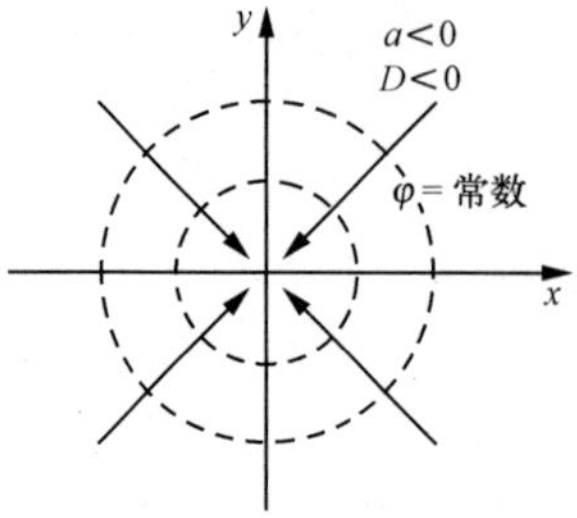

图 2.10　无旋有散场

这是通过原点的直线，见图 2.10.

六、变形场

对水平流场 $\mathbf{V}_h$，除无散场（但有旋）和无旋场（但有散）外，尚有对散度和涡度都没有贡献的场，即所谓无散无旋场或称为变形场.

例 1　水平流场

$$\begin{cases} u = ax, \\ v = -ay \end{cases} \quad (a = 常数). \tag{2.201}$$

显然，它满足

$$D = 0 \quad 和 \quad \zeta = 0. \tag{2.202}$$

此时，该流场的强度可用所谓变形度（deformation）

$$F \equiv \frac{\partial u}{\partial x} - \frac{\partial v}{\partial y} \tag{2.203}$$

来表征，F 是把水平散度$\frac{\partial u}{\partial x}+\frac{\partial v}{\partial y}$中的“＋”号改为“－”号而得.（2.201）式代入上式求得

$$F = 2a. \tag{2.204}$$

将（2.201）式代入（2.157）式求得该流场的流线方程为

$$\frac{\delta y}{\delta x} = \frac{v}{u} = -\frac{y}{x}. \tag{2.205}$$

上述方程的解很容易求得为

$$xy = C(常数), \tag{2.206}$$

这是双曲线. 见图 2.11，大气中存在类似的变形场.

例 2　水平流场

$$\begin{cases} u = ay, \\ v = ax \end{cases} \quad (a = 常数). \tag{2.207}$$

它也满足水平无辐散和垂直涡度为零的条件，即满足（2.202）式. 但此时（2.203）式中的 $F=0$，要用另一个变形度

$$G \equiv \frac{\partial v}{\partial x} + \frac{\partial u}{\partial y} \tag{2.208}$$

来表征，G 是把垂直涡度$\frac{\partial v}{\partial x}-\frac{\partial u}{\partial y}$中的“－”号改为“＋”号而得.（2.207）式代入上式求得

$$G = 2a. \tag{2.209}$$

将（2.207）式代入（2.157）式求得该流场的流线方程为

$$\frac{\delta y}{\delta x}=\frac{v}{u}=\frac{x}{y}. \tag{2.210}$$

上述方程的解很容易求得为

$$x^2-y^2=C(\text{常数}), \tag{2.211}$$

这也是双曲线,见图 2.12. 它与图 2.11 完全相似,只是双曲线的位置不同.

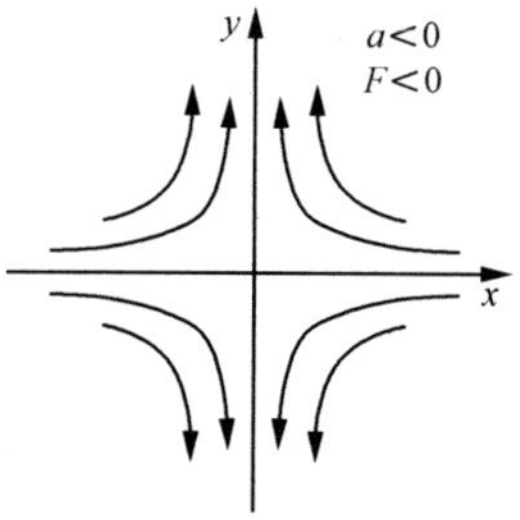

图 2.11　变形场

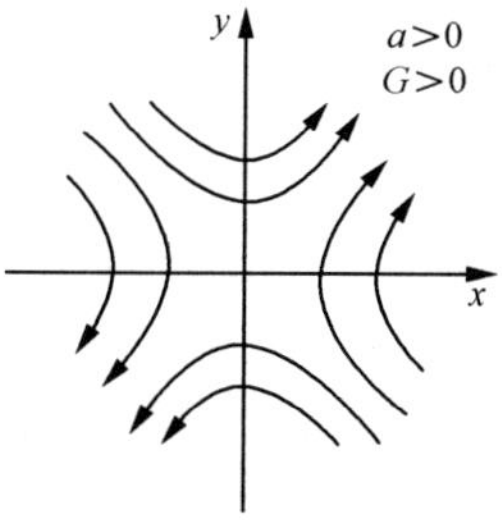

图 2.12　变形场

有(2.203)式的变形度 F 和(2.208)式的变形度 G,那么我们就能够很容易得到

$$\begin{cases}\dfrac{\partial u}{\partial x}=\dfrac{1}{2}(D+F), & \dfrac{\partial v}{\partial y}=\dfrac{1}{2}(D-F),\\[2mm] \dfrac{\partial v}{\partial x}=\dfrac{1}{2}(\zeta+G), & -\dfrac{\partial u}{\partial y}=\dfrac{1}{2}(\zeta-G).\end{cases} \tag{2.212}$$

关于更一般的大气流场的拓扑结构,我们将在第十一章 § 11.9 中予以说明.

七、速度场分解的 Helmholtz 定理

若在空间 V 内,$\boldsymbol{V}$ 是有散有旋的场,即

$$\nabla\cdot\boldsymbol{V}=\Theta\neq 0,\quad \nabla\times\boldsymbol{V}=\boldsymbol{\omega}\neq 0. \tag{2.213}$$

则依线性运算的叠加原理,设

$$\boldsymbol{V}=\boldsymbol{V}_1+\boldsymbol{V}_2, \tag{2.214}$$

而 $\boldsymbol{V}_1$ 和 $\boldsymbol{V}_2$ 分别满足

$$\begin{cases}\nabla\cdot\boldsymbol{V}_1=0,\\ \nabla\times\boldsymbol{V}_1=\boldsymbol{\omega},\end{cases} \tag{2.215}$$

和

$$\begin{cases}\nabla\cdot\boldsymbol{V}_2=\Theta,\\ \nabla\times\boldsymbol{V}_2=0,\end{cases} \tag{2.216}$$

则 $\boldsymbol{V}_1$ 是有旋无散场,$\boldsymbol{V}_2$ 是无旋有散场. 则依(2.161)式、(2.186)式有

$$\boldsymbol{V}=-\nabla\times\boldsymbol{A}+\nabla\varphi. \tag{2.217}$$

这就是空间速度场分解的 Helmholtz 定理. 它表示,一般三维速度场 $\boldsymbol{V}$ 可以用管量场 $\boldsymbol{A}$ 和速度势 φ 去表征. $\boldsymbol{A}$ 和 φ 分别满足

$$\nabla^2 \boldsymbol{A} = \boldsymbol{\omega}, \quad \nabla^2 \varphi = \Theta. \tag{2.218}$$

对于二维水平面上的流场 $\boldsymbol{V}_h$,若满足

$$\nabla \cdot \boldsymbol{V}_h = D \neq 0, \quad (\nabla \times \boldsymbol{V}_h) \cdot \boldsymbol{k} = \zeta \neq 0, \tag{2.219}$$

则类似分析,它可表为

$$\boldsymbol{V}_h = -\nabla_h \psi \times \boldsymbol{k} + \nabla_h \varphi, \tag{2.220}$$

这是平面速度场分解的 Helmholtz 定理. 它表示,一般二维速度场 $\boldsymbol{V}_h$ 可以用流函数 ψ 和势函数(即速度势)φ 去表征. 而 ψ 和 φ 分别满足

$$\nabla_h^2 \varphi = D, \quad \nabla_h^2 \psi = \zeta. \tag{2.221}$$

在直角坐标系中,(2.220)式写开即是

$$\begin{cases} u = -\dfrac{\partial \psi}{\partial y} + \dfrac{\partial \varphi}{\partial x}, \\ v = \dfrac{\partial \psi}{\partial x} + \dfrac{\partial \varphi}{\partial y}. \end{cases} \tag{2.222}$$

§2.6 涡度方程、位涡度方程

由于地球的旋转,地球大气中经常看到以涡旋场为主的运动系统,如气旋、反气旋、台风等涡旋运动系统. 本节推导描述涡旋运动应满足的方程——涡度方程和位涡度方程.

一、涡度方程

运动方程的矢量形式(1.20)为

$$\frac{\mathrm{d}\boldsymbol{V}}{\mathrm{d}t} + 2\boldsymbol{\Omega} \times \boldsymbol{V} = \boldsymbol{g} - \alpha \nabla p + \boldsymbol{F}. \tag{2.223}$$

但

$$\frac{\mathrm{d}\boldsymbol{V}}{\mathrm{d}t} = \frac{\partial \boldsymbol{V}}{\partial t} + \nabla\left(\frac{\boldsymbol{V}^2}{2}\right) + \boldsymbol{\omega} \times \boldsymbol{V} \tag{2.224}$$

(见第一章习题 1). 因而,运动方程(2.223)改写为

$$\frac{\partial \boldsymbol{V}}{\partial t} + \boldsymbol{\omega}_a \times \boldsymbol{V} = \boldsymbol{g} - \alpha \nabla p - \nabla\left(\frac{\boldsymbol{V}^2}{2}\right) + \boldsymbol{F}. \tag{2.225}$$

对上式作旋度运算(即 $\nabla\times$)运算,注意

$$\nabla \times \boldsymbol{g} = \nabla \times (\nabla \phi) = 0, \quad \nabla \times (-\alpha \nabla p) = -\nabla \alpha \times \nabla p = \boldsymbol{B}.$$

又利用公式

$$\nabla \times (\boldsymbol{A} \times \boldsymbol{B}) = (\boldsymbol{B} \cdot \nabla)\boldsymbol{A} - (\boldsymbol{A} \cdot \nabla)\boldsymbol{B} + \boldsymbol{A}(\nabla \cdot \boldsymbol{B}) - \boldsymbol{B}(\nabla \cdot \boldsymbol{A}), \tag{2.226}$$

有

$$\nabla \times (\boldsymbol{\omega}_a \times \boldsymbol{V}) = (\boldsymbol{V} \cdot \nabla)\boldsymbol{\omega}_a - (\boldsymbol{\omega}_a \cdot \nabla)\boldsymbol{V} + \boldsymbol{\omega}_a(\nabla \cdot \boldsymbol{V}) - \boldsymbol{V}(\nabla \cdot \boldsymbol{\omega}_a)$$
$$= (\boldsymbol{V} \cdot \nabla)\boldsymbol{\omega}_a - (\boldsymbol{\omega}_a \cdot \nabla)\boldsymbol{V} + \boldsymbol{\omega}_a(\nabla \cdot \boldsymbol{V}),$$

其中用到了

$$\nabla \cdot \boldsymbol{\omega}_a = \nabla \cdot (\boldsymbol{\omega} + 2\boldsymbol{\Omega}) = \nabla \cdot \boldsymbol{\omega} + 2\nabla \cdot \boldsymbol{\Omega} = \nabla \cdot (\nabla \times \boldsymbol{V}) = 0.$$

这样，就得到涡度方程

$$\frac{\mathrm{d}\boldsymbol{\omega}_a}{\mathrm{d}t} - (\boldsymbol{\omega}_a \cdot \nabla)\boldsymbol{V} + (\nabla \cdot \boldsymbol{V})\boldsymbol{\omega}_a = \boldsymbol{B} + \nabla \times \boldsymbol{F}. \tag{2.227}$$

二、Taylor-Proudman 定理

若运动满足如下几个条件：

(1) 定常，即

$$\frac{\partial}{\partial t} = 0;$$

(2) 缓慢，即

$$(\boldsymbol{V} \cdot \nabla)\boldsymbol{\omega}_a \approx 0 \quad \text{和} \quad |\boldsymbol{\omega}| \ll |2\boldsymbol{\Omega}|;$$

(3) 正压，即

$$\boldsymbol{B} = 0;$$

(4) 无摩擦，即

$$\boldsymbol{F} = 0.$$

则涡度方程(2.227)化为

$$(2\boldsymbol{\Omega} \cdot \nabla)\boldsymbol{V} - (\nabla \cdot \boldsymbol{V})2\boldsymbol{\Omega} = 0. \tag{2.228}$$

若再考虑运动是均匀不可压缩的(ρ=常数)，即

$$\nabla \cdot \boldsymbol{V} = 0,$$

则(2.228)式化为

$$(\boldsymbol{\Omega} \cdot \nabla)\boldsymbol{V} = 0. \tag{2.229}$$

这就是所谓 Taylor-Proudman 定理，它表示在均匀(必正压)无摩擦流体的定常缓慢运动中，流体运动速度在其旋转方向上保持不变，即运动趋于二维的. 在大气的局地直角坐标系中，(2.229)式写为

$$f\frac{\partial \boldsymbol{V}}{\partial z} = 0. \tag{2.230}$$

它表示空气速度的三个分量都与 z 无关，这样，再考虑大气下边界 $w=0$ 的条件，则上式就化为

$$\frac{\partial \boldsymbol{V}_h}{\partial z} = 0, \tag{2.231}$$

运动就化为纯水平运动.

事实上,上述结论对大气并不需要加上均匀不可压缩的条件.因为在局地直角坐标系中,(2.228)式化为

$$f\frac{\partial \mathbf{V}_{\mathrm{h}}}{\partial z}-f\Big(\frac{\partial u}{\partial x}+\frac{\partial v}{\partial y}+\frac{\partial w}{\partial z}\Big)\boldsymbol{k}=0.$$

这样就有

$$\frac{\partial \mathbf{V}_{\mathrm{h}}}{\partial z}=0,\quad \nabla\cdot\mathbf{V}_{\mathrm{h}}=0. \tag{2.232}$$

它表示在正压无摩擦的定常缓慢的大气运动中,不仅风速不随高度改变,而且是水平无辐散的.这从另一角度论证了正压大气风速不随高度变化(在(2.111)式,我们也已论述).

三、垂直涡度方程

三维涡度矢量方程(2.227)用得较少,用得最多的垂直涡度方程,这是因为大气中水平运动占优势的缘故.将涡度矢量方程(2.227)投影到局地直角坐标系的 z 轴上,即将(2.227)式两端点乘 $\boldsymbol{k}$,注意

$$\boldsymbol{\omega}_{\mathrm{a}}\cdot\boldsymbol{k}=\zeta+f,\quad \mathbf{V}\cdot\boldsymbol{k}=w, \tag{2.233}$$

$$\xi\frac{\partial w}{\partial x}+\eta\frac{\partial w}{\partial y}=\frac{\partial u}{\partial z}\frac{\partial w}{\partial y}-\frac{\partial v}{\partial z}\frac{\partial w}{\partial x}.$$

则得到垂直涡度方程为

$$\frac{\mathrm{d}}{\mathrm{d}t}(\zeta+f)+(\zeta+f)D=B_z+\Big(\frac{\partial u}{\partial z}\frac{\partial w}{\partial y}-\frac{\partial v}{\partial z}\frac{\partial w}{\partial x}\Big)+\Big(\frac{\partial F_y}{\partial x}-\frac{\partial F_x}{\partial y}\Big); \tag{2.234}$$

或因

$$\frac{\mathrm{d}f}{\mathrm{d}t}=v\frac{\partial f}{\partial y}=\beta_0 v, \tag{2.235}$$

则垂直涡度方程(2.234)可改写为

$$\frac{\mathrm{d}\zeta}{\mathrm{d}t}+\beta_0 v+(f+\zeta)D=B_z+\Big(\frac{\partial u}{\partial z}\frac{\partial w}{\partial y}-\frac{\partial v}{\partial z}\frac{\partial w}{\partial x}\Big)+\Big(\frac{\partial F_y}{\partial x}-\frac{\partial F_x}{\partial y}\Big), \tag{2.236}$$

这里 β_0 为 Rossby 参数 β 在坐标原点的值.

垂直涡度方程(2.234)或(2.236)也可以由水平运动方程作垂直涡度运算求得.在局地直角坐标系中水平运动方程为

$$\begin{cases}\dfrac{\partial u}{\partial t}+u\dfrac{\partial u}{\partial x}+v\dfrac{\partial u}{\partial y}+w\dfrac{\partial u}{\partial z}-fv=-\alpha\dfrac{\partial p}{\partial x}+F_x,\\[2mm] \dfrac{\partial v}{\partial t}+u\dfrac{\partial v}{\partial x}+v\dfrac{\partial v}{\partial y}+w\dfrac{\partial v}{\partial z}+fu=-\alpha\dfrac{\partial p}{\partial y}+F_y,\end{cases} \tag{2.237}$$

若将(2.237)式的第二式作$\dfrac{\partial}{\partial x}$运算，第一式作$\dfrac{\partial}{\partial y}$运算，然后两式相减即得到垂直涡度方程.

在垂直涡度方程中，$(f+\zeta)D$ 称为水平散度项，相当于环流加速度定理中的惯性项，反映了 Coriolis 力的作用；

$$B_z = -\left(\frac{\partial \alpha}{\partial x}\frac{\partial p}{\partial y} - \frac{\partial \alpha}{\partial y}\frac{\partial p}{\partial x}\right) \tag{2.238}$$

称为斜压项或力管项，在环流加速度定理中也有类似的项，反映了大气的斜压性，由斜压矢量分析知，这一项相对较小；

$$\frac{\partial u}{\partial z}\frac{\partial w}{\partial y} - \frac{\partial v}{\partial z}\frac{\partial w}{\partial x} = \xi\frac{\partial w}{\partial x} + \eta\frac{\partial w}{\partial y}$$

称为扭转项或转换项，它是由于水平涡度的存在和垂直运动在水平方向不均匀分布形成的水平涡度向垂直涡度的转换；

$$\frac{\partial F_y}{\partial x} - \frac{\partial F_x}{\partial y}$$

称为摩擦项，反映摩擦力的作用.

若考虑正压大气，运动又是水平($w=0$)和无摩擦的，则垂直涡度方程(2.236)化为

$$\frac{\mathrm{d}\zeta}{\mathrm{d}t} + \beta_0 v + (f+\zeta)D = 0. \tag{2.239}$$

因 B_z 项、扭转项在大气中较小，而且不考虑摩擦，则经常采用(2.239)式的简化涡度方程.

若又考虑运动是水平无辐散的，则上式化为

$$\frac{\mathrm{d}\zeta}{\mathrm{d}t} + \beta_0 v = 0 \tag{2.240}$$

或

$$\frac{\mathrm{d}\zeta_a}{\mathrm{d}t} = \frac{\mathrm{d}}{\mathrm{d}t}(\zeta + f) = 0. \tag{2.241}$$

(2.240)式或(2.241)式就是绝对垂直涡度守恒定律. 它说明在正压无摩擦的大气水平无辐散的运动中，其绝对垂直涡度 $\zeta_a=\zeta+f$ 守恒. 或者说，在运动过程中，相对垂直涡度 ζ 的变化完全由空气南北运动形成的纬度效应所致.

若在平直的西风气流中，有一扰动促使空气向北运动，由于 β 效应，相对涡度 ζ 要减小，相应气旋式曲率减小以致变为反气旋式曲率，到一定时刻，它要维持 $f+\zeta$ 守恒，必然产生向南的运动，由于 β 效应，相对涡度 ζ 要增加，这样，反气旋式曲率要逐渐转化为气旋式曲率. 所以，空气微团在水平运动过程中，若要维持绝对涡度守恒，就要形成一个波状轨迹. 如图 2.13.

若大气中的水平流场只有经向风速，而且在东西方向上已呈波状. 则同样分析可知，要维持绝对垂直涡度守恒，向北运动，相对涡度减小；向南运动，相对涡度增加，这样，这种波状流型(ζ 场或 v 场)就要向西移动，见图 2.14. 但这种向西的移动在大气中通常很小，若考虑大气向东的基本气流，则这种波状流型总是缓慢地向东移动的，这就是所谓 Rossby 波，我们在第七章和第八章将详细讨论它. 在海洋中，这种向西的移动形成大洋西部流场强化.

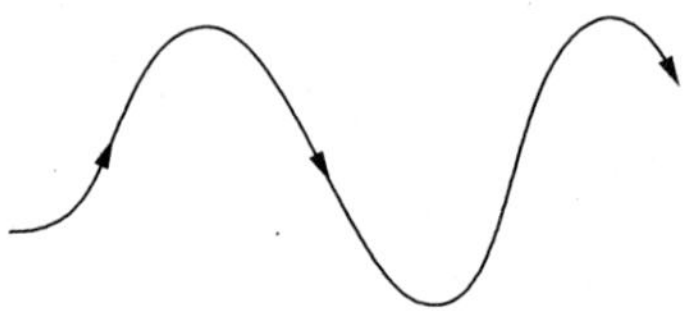

图 2.13　波状轨迹

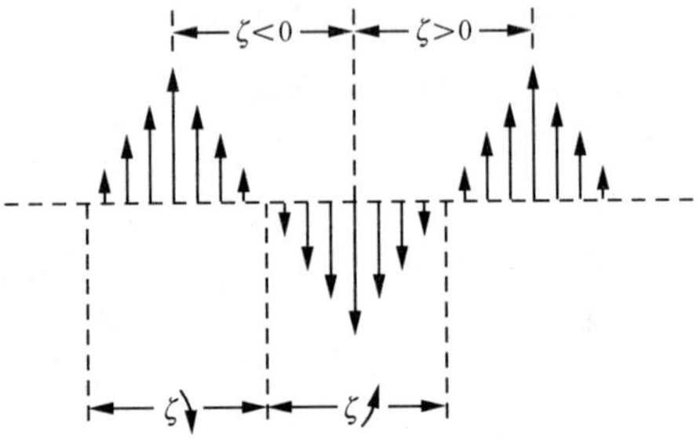

图 2.14　波状流线的运动

四、位涡度方程

我们在第一章讨论过的大气运动方程组中的运动方程、连续性方程和热力学方程可以组合为一个描述涡旋运动的方程——位涡度方程.

考虑连续性方程

$$\nabla \cdot \mathbf{V} = \frac{1}{\alpha}\frac{\mathrm{d}\alpha}{\mathrm{d}t},$$

代入到涡度方程(2.227)，消去 $\nabla \cdot \mathbf{V}$，得到

$$\frac{\mathrm{d}}{\mathrm{d}t}(\alpha\boldsymbol{\omega}_{\mathrm{a}}) - (\alpha\boldsymbol{\omega}_{\mathrm{a}} \cdot \nabla)\mathbf{V} = \alpha\boldsymbol{B} + \alpha\nabla \times \boldsymbol{F}. \tag{2.242}$$

这是考虑了连续性方程后得到的涡度方程.

在正压($\boldsymbol{B}=0$)和无摩擦($\boldsymbol{F}=0$)的条件下，(2.242)式化为

$$\frac{\mathrm{d}}{\mathrm{d}t}(\alpha\boldsymbol{\omega}_{\mathrm{a}}) = (\alpha\boldsymbol{\omega}_{\mathrm{a}} \cdot \nabla)\mathbf{V}. \tag{2.243}$$

若在正压无摩擦的条件下，又考虑在水平面上的纯二维运动，即

$$\mathbf{V} = \mathbf{V}_{\mathrm{h}} = u\boldsymbol{i} + v\boldsymbol{j};$$

且认为 $\mathbf{V}_{\mathrm{h}}$ 不随高度变化，即

$$\frac{\partial \mathbf{V}_{\mathrm{h}}}{\partial z} = 0.$$

因而

$$\boldsymbol{\omega}_{\mathrm{a}} = \zeta_{\mathrm{a}}\boldsymbol{k}, \quad (\alpha\boldsymbol{\omega}_{\mathrm{a}} \cdot \nabla)\boldsymbol{V} = \alpha\zeta_{\mathrm{a}}\frac{\partial \boldsymbol{V}_{\mathrm{h}}}{\partial z} = 0.$$

这样,方程(2.242)化为

$$\frac{\mathrm{d}}{\mathrm{d}t}\left(\frac{\zeta_{\mathrm{a}}}{\rho}\right) = 0. \tag{2.244}$$

上式表明:在正压无摩擦条件下的纯水平二维运动,ζ_{a}/ρ 是守恒的.

方程(2.242)是涡度方程(或运动方程)和连续性方程组合得到的,未考虑热力学方程.若在方程(2.242)中加入热力学方程,就可得到位涡度方程.

用熵 $s=c_p\ln\theta$ 表征的热力学方程(1.47)可以写为

$$\frac{\partial s}{\partial t} + \boldsymbol{V}\cdot\nabla s = \frac{Q}{T}. \tag{2.245}$$

对上式两端作梯度(即 ∇)运算得

$$\frac{\partial \nabla s}{\partial t} + \nabla(\boldsymbol{V}\cdot\nabla s) = \nabla\left(\frac{Q}{T}\right). \tag{2.246}$$

上式左端第二项可利用公式

$$\nabla(\boldsymbol{A}\cdot\boldsymbol{B}) = \boldsymbol{A}\times(\nabla\times\boldsymbol{B}) + (\boldsymbol{A}\cdot\nabla)\boldsymbol{B} + (\boldsymbol{B}\cdot\nabla)\boldsymbol{A} + \boldsymbol{B}\times(\nabla\times\boldsymbol{A}), \tag{2.247}$$

得

$$\begin{aligned}\nabla(\boldsymbol{V}\cdot\nabla s) &= \boldsymbol{V}\times(\nabla\times\nabla s) + (\boldsymbol{V}\cdot\nabla)\nabla s + (\nabla s\cdot\nabla)\boldsymbol{V} + \nabla s\times(\nabla\times\boldsymbol{V})\\ &= (\boldsymbol{V}\cdot\nabla)\nabla s + (\nabla s\cdot\nabla)\boldsymbol{V} + \nabla s\times(\nabla\times\boldsymbol{V}).\end{aligned}$$

因而(2.246)式化为

$$\frac{\mathrm{d}}{\mathrm{d}t}\nabla s + (\nabla s\cdot\nabla)\boldsymbol{V} + \nabla s\times(\nabla\times\boldsymbol{V}) = \nabla\left(\frac{Q}{T}\right).$$

将上式点乘 $\alpha\boldsymbol{\omega}_{\mathrm{a}}$,(2.242)式点乘 ∇s,然后相加,注意由公式

$$\boldsymbol{A}\cdot(\boldsymbol{B}\cdot\nabla)\boldsymbol{C} = \boldsymbol{B}\cdot(\boldsymbol{A}\cdot\nabla)\boldsymbol{C} + \boldsymbol{B}\cdot\boldsymbol{A}\times(\nabla\times\boldsymbol{C}), \tag{2.248}$$

有

$$\nabla s\cdot(\alpha\boldsymbol{\omega}_{\mathrm{a}}\cdot\nabla)\boldsymbol{V} = \alpha\boldsymbol{\omega}_{\mathrm{a}}(\nabla s\cdot\nabla)\boldsymbol{V} + \alpha\boldsymbol{\omega}_{\mathrm{a}}\cdot\nabla s\times(\nabla\times\boldsymbol{V}).$$

则得到

$$\frac{\mathrm{d}}{\mathrm{d}t}(\alpha\boldsymbol{\omega}_{\mathrm{a}}\cdot\nabla s) = \alpha\boldsymbol{B}\cdot\nabla s + \alpha\nabla s\cdot\nabla\times\boldsymbol{F} + \alpha\boldsymbol{\omega}_{\mathrm{a}}\cdot\nabla\left(\frac{Q}{T}\right). \tag{2.249}$$

因 s 只是 p 与 T 的函数,也即是 p 和 α 的函数

$$s = s(p,\alpha), \tag{2.250}$$

则有

$$\nabla s = \frac{\partial s}{\partial p}\nabla p + \frac{\partial s}{\partial \alpha}\nabla\alpha. \tag{2.251}$$

但 $\boldsymbol{B}=-\nabla\alpha\times\nabla p$，因而有

$$\boldsymbol{B}\cdot\nabla s=(-\nabla\alpha\times\nabla p)\cdot\left(\frac{\partial s}{\partial p}\nabla p+\frac{\partial s}{\partial \alpha}\nabla\alpha\right)=0.$$

这样，(2.249)式化为

$$\frac{\mathrm{d}}{\mathrm{d}t}\left(\frac{\boldsymbol{\omega}_{\mathrm{a}}\cdot\nabla s}{\rho}\right)=\frac{1}{\rho}\nabla s\cdot\nabla\times\boldsymbol{F}+\frac{1}{\rho}\boldsymbol{\omega}_{\mathrm{a}}\cdot\nabla\left(\frac{Q}{T}\right).\tag{2.252}$$

这就是由涡度方程、连续性方程、热力学方程以及状态方程组合而成的方程，它称为 Ertel-郭晓岚(H. L. Kuo)位涡度方程，其中 $\frac{1}{\rho}\boldsymbol{\omega}_{\mathrm{a}}\cdot\nabla s$ 称为位涡度.

若运动是绝热($Q=0$)和无摩擦($\boldsymbol{F}=0$)的，则位涡度方程(2.252)化为

$$\frac{\mathrm{d}q}{\mathrm{d}t}=\frac{\mathrm{d}}{\mathrm{d}t}\left(\frac{\boldsymbol{\omega}_{\mathrm{a}}\cdot\nabla s}{\rho}\right)=0,\tag{2.253}$$

这称为位涡度守恒定律，它表示：在绝热和无摩擦的运动中，位涡度 $q\equiv\boldsymbol{\omega}_{\mathrm{a}}\cdot\nabla s/\rho$ 守恒.

五、垂直位涡度方程

由于大气水平运动远大于垂直运动，并且物理量的垂直变化远大于水平变化. 因而近似有

$$q\equiv\frac{\boldsymbol{\omega}_{\mathrm{a}}\cdot\nabla s}{\rho}\approx\frac{(f+\zeta)}{\rho}\frac{\partial s}{\partial z}=\frac{c_p}{\rho}(f+\zeta)\frac{\partial\ln\theta}{\partial z},\tag{2.254}$$

它称为垂直位涡度. 相应，位涡度方程(2.252)近似简化为

$$\frac{\mathrm{d}}{\mathrm{d}t}\left(\frac{f+\zeta}{\rho}\frac{\partial\ln\theta}{\partial z}\right)=\frac{1}{\rho}\frac{\partial\ln\theta}{\partial z}\left(\frac{\partial F_y}{\partial x}-\frac{\partial F_x}{\partial y}\right)+\frac{f+\zeta}{\rho c_p}\frac{\partial}{\partial z}\left(\frac{Q}{T}\right).$$

若应用静力学关系，上式化为

$$\frac{\mathrm{d}}{\mathrm{d}t}\left[(f+\zeta)\frac{\partial\ln\theta}{\partial p}\right]=\frac{\partial\ln\theta}{\partial p}\left(\frac{\partial F_y}{\partial x}-\frac{\partial F_x}{\partial y}\right)+\frac{f+\zeta}{c_p}\frac{\partial}{\partial p}\left(\frac{Q}{T}\right).$$

在绝热和无摩擦的条件下，上两式分别化为

$$\frac{\mathrm{d}}{\mathrm{d}t}\left(\frac{f+\zeta}{\rho}\frac{\partial\ln\theta}{\partial z}\right)=0,\tag{2.255}$$

$$\frac{\mathrm{d}}{\mathrm{d}t}\left[(f+\zeta)\frac{\partial\ln\theta}{\partial p}\right]=0,\tag{2.256}$$

它们都称为垂直位涡度守恒定律. 正由于此，也常称 $(f+\zeta)\frac{\partial\ln\theta}{\partial p}$ 为垂直位涡度.

考虑介于二等位温面 θ_1 与 θ_2 之间的大气层，设该气层的气压差为 Δp，因绝热过程中，空气微团位温保持不变，则

$$(f+\zeta)\frac{\partial\ln\theta}{\partial p}\approx(f+\zeta)\frac{\ln\theta_2-\ln\theta_1}{\Delta p}=\frac{f+\zeta}{\Delta p}\ln\frac{\theta_2}{\theta_1},$$

其中 $\ln\frac{\theta_2}{\theta_1}$ 为常数，则(2.256)式化为

$$\frac{\mathrm{d}}{\mathrm{d}t}\left(\frac{f+\zeta}{\Delta p}\right)=0. \tag{2.257}$$

若假定该气层的空气又是不可压缩的，气层垂直厚度误为 h，则由上式或由(2.255)式可以得到

$$\frac{\mathrm{d}}{\mathrm{d}t}\left(\frac{f+\zeta}{h}\right)=0. \tag{2.258}$$

$(f+\zeta)/h$ 常称为正压大气的垂直位涡度.

(2.258)式可用来解释地形对西风气流的影响而产生的背风槽现象. 如图 2.15，一均匀西风气流遇到一南北向山脉. 起始，$\zeta_0=0$；爬坡时，厚度减小，因为 ζ 减小(f 不变)，从而获得反气旋式的涡度并伴有向南运动，使 f 减小；所以，当气流越过山顶后，首先 f 减小使 ζ 增大，加之下坡时，厚度增加，也使 ζ 增大，使流动从反气旋变为气旋，形成背风槽. 随后，气旋曲率伴有的向北运动，f 增加，ζ 减小，气流又获得反气旋式曲率，如此不断，在山脉的下游还可出现一系列的脊与槽. 例如，美国 Rocky 山脉东侧常形成背风槽，而在美国东海岸产生第二个槽.

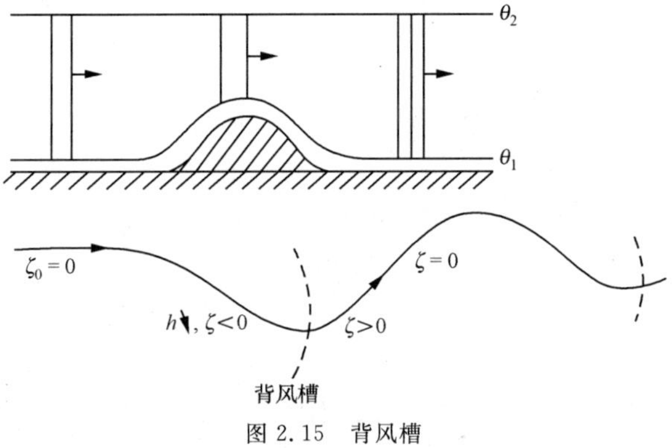

图 2.15 背风槽

值得注意的是，山脉对东风气流的影响就不同了. 当东风气流接近南北向山脉时，爬坡使厚度变小，则 ζ 减小形成反气旋式曲率并伴有向北运动，使 f 增大. 此时为了保持位涡守恒，将使 ζ 的负值更大，致使气流折回向东. 若这种折回产生气旋式涡度，$\zeta_0>0$，则随着气流的爬坡和向南运动，h 和 f 同时减小；当气流爬过山顶后，h 增加使 ζ 增加产生向北运动，f 也增加. 结果与前面相反. 到下游一定距离后，仍维持稳定的东风气流，见图 2.16.

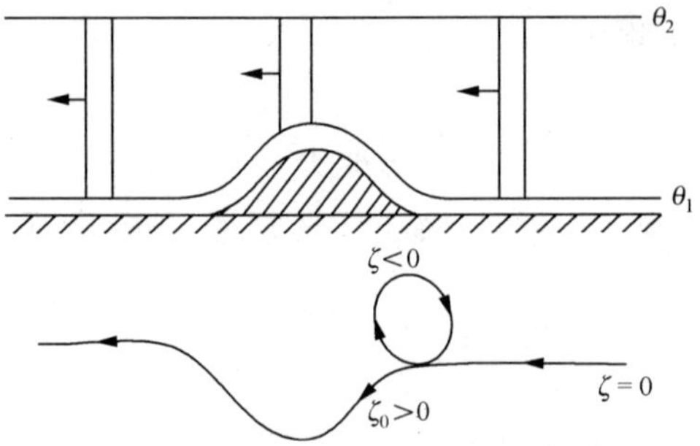

图 2.16　山脉对东风气流的影响

§ 2.7　散度方程与平衡方程

与垂直涡度方程相应，在大气中也常用水平散度方程.

一、散度方程

在局地直角坐标系中，水平运动方程(2.237)作水平散度运算，即将其中第一个方程对 x 微商，第二个方程对 y 微商，然后两式相加即得到水平散度方程为

$$\frac{\mathrm{d}D}{\mathrm{d}t}+D^2-2\mathrm{J}(u,v)+\beta_0 u-f\zeta=-\alpha\nabla_{\mathrm{h}}^2 p-\nabla_{\mathrm{h}} w\cdot\frac{\partial \boldsymbol{V}_{\mathrm{h}}}{\partial z}-\nabla_{\mathrm{h}}\alpha\cdot\nabla_{\mathrm{h}} p+\nabla_{\mathrm{h}}\cdot\boldsymbol{F}, \tag{2.259}$$

其中

$$\mathrm{J}(A,B)=\frac{\partial A}{\partial x}\frac{\partial B}{\partial y}-\frac{\partial A}{\partial y}\frac{\partial B}{\partial x} \tag{2.260}$$

为 Jacobi 算子.

与垂直涡度方程(2.234)相比，两者有类似之处. 在散度方程(2.259)中，除 $D^2-2\mathrm{J}(u,v)$ 外，在垂直涡度方程(2.234)中也有类似的项.

二、平衡方程

若考虑无摩擦($\boldsymbol{F}=0$)的大气水平($w=0$)无辐散($D=0$)的运动，再忽略密度的水平变化($\nabla_{\mathrm{h}}\alpha=0$)，则散度方程(2.259)化为

$$\alpha\nabla_{\mathrm{h}} p-f\zeta+\beta_0 u-2\mathrm{J}(u,v)=0. \tag{2.261}$$

上式表征普遍的风场与气压场的平衡关系，它称为平衡方程. 它反映了定常和水平无辐散的水平运动所受的惯性力、Coriolis 力与气压梯度力三者的平衡. 这种平衡运动，第三章我们将详细讨论.

因平衡方程由 $D=0$ 导得，则按(2.170)式可在平衡方程中引入流函数 ψ，则平

衡方程(2.261)化为

$$f\nabla_h^2\psi+\beta_0\frac{\partial\psi}{\partial y}+2\left\{\frac{\partial^2\psi}{\partial x^2}\frac{\partial^2\psi}{\partial y^2}-\left(\frac{\partial^2\psi}{\partial x\partial y}\right)^2\right\}=\alpha\nabla_h^2 p, \tag{2.262}$$

它常用来根据气压场确定流场.在数值预报模式中,常应用平衡方程来确定初始时刻的流场.

若已知流场(ψ已知)求气压场,平衡方程(2.262)是关于 p 的 Poisson 方程;若已知气压场(p已知)求流场,它是非线性方程,称为 Monge-Ampere 方程. Monge-Ampere 方程的普遍型式为

$$A\frac{\partial^2\psi}{\partial x^2}+2B\frac{\partial^2\psi}{\partial x\partial y}+C\frac{\partial^2\psi}{\partial y^2}+D\left[\frac{\partial^2\psi}{\partial x^2}\frac{\partial^2\psi}{\partial y^2}-\left(\frac{\partial^2\psi}{\partial x\partial y}\right)^2\right]+E=0, \tag{2.263}$$

其中 A,B,C,D,E 均是 $x,y,\frac{\partial\psi}{\partial x},\frac{\partial\psi}{\partial y}$ 的连续函数或为常数.

方程(2.263)的特征方程为

$$\lambda^2+(AC-B^2-DE)=0. \tag{2.264}$$

当 λ 有实根,即当 $AC-B^2-DE<0$ 时,方程(2.263)属抛物型或者双曲型;而当

$$AC-B^2-DE>0 \tag{2.265}$$

时,方程(2.263)属椭圆型.大气多属于这种情况.

方程(2.263)与方程(2.262)比较有

$$A=C=f,\quad B=0,\quad D=2,\quad E=\beta_0\frac{\partial\psi}{\partial y}-\alpha\nabla_h^2 p. \tag{2.266}$$

将(2.266)式代入(2.265)式得

$$f^2-2\left(\beta_0\frac{\partial\psi}{\partial y}-\alpha\nabla_h^2 p\right)>0 \tag{2.267}$$

或

$$\alpha\nabla_h^2 p-\beta_0\frac{\partial\psi}{\partial y}>-\frac{f^2}{2}, \tag{2.268}$$

这是方程(2.262)属椭圆型的条件.

因 $-\beta_0\frac{\partial\psi}{\partial y}$ 一项在上式中通常较小,则上式近似为

$$\alpha\nabla_h^2 p>-\frac{f^2}{2}. \tag{2.269}$$

(2.268)式左端用平衡方程(2.262)代入,得

$$f\nabla_h^2\psi+2\left\{\frac{\partial^2\psi}{\partial x^2}\frac{\partial^2\psi}{\partial y^2}-\left(\frac{\partial^2\psi}{\partial x\partial y}\right)^2\right\}>-\frac{f^2}{2}. \tag{2.270}$$

上式两端乘以 2,不难得到

$$\left(2\frac{\partial^2\psi}{\partial x^2}+f\right)\left(2\frac{\partial^2\psi}{\partial y^2}+f\right)>4\left(\frac{\partial^2\psi}{\partial x\partial y}\right)^2. \tag{2.271}$$

因上式左端为正,则上式存在下列两种可能的条件:

$$2\frac{\partial^2\psi}{\partial x^2}+f>0,\quad 2\frac{\partial^2\psi}{\partial y^2}+f>0; \tag{2.272}$$

$$2\frac{\partial^2\psi}{\partial x^2}+f<0,\quad 2\frac{\partial^2\psi}{\partial y^2}+f<0. \tag{2.273}$$

注意 $\zeta=\nabla_h^2\psi$,则上述两个条件可分别化为

$$\zeta+f>0, \tag{2.274}$$

$$\zeta+f<0, \tag{2.275}$$

这就是解椭圆型 Monge-Ampere 方程(2.262)的条件.

复习思考题

1. 什么是绝对角动量? 什么是 u 角动量和 Ω 角动量?

2. 大气能量包含哪几种基本形式和组合形式?

3. 什么是静力能? 其意义何在?

4. 什么是全势能? 从物理上说明单位截面气柱内的内能与势能是同时增加或同时减小的.

5. 对单位截面气柱而言,各种能量的相对大小如何? 它说明什么问题?

6. 正压方程与绝热方程意义有何区别?

7. 大气斜压性主要表现在空间哪一个平面上? 在等压面上如何说明大气的斜压性?

8. 什么是力管? 其动力意义何在? 湿力管的意义又何在?

9. 环流是矢量还是标量? 环流 $C\neq 0$ 的意义何在? 若就以地面图上的等压线作为闭合回路,试问气旋与反气旋系统的环流如何?

10. $N\equiv-\oint_L \alpha\delta p$ 与力管的关系如何? 它的正负如何判定?

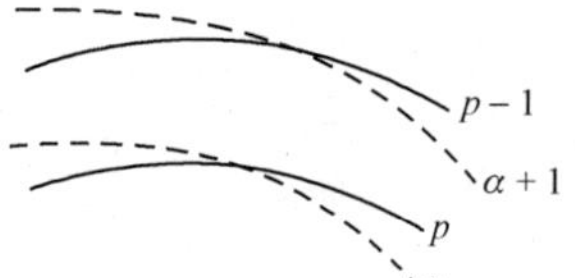

复习思考题 11 图

11. 当气压场与比容场呈如图所示的分布时,什么方向的环流将得到加强? 并从物理上给出解释.

12. 利用环流定理解释海陆风现象和山谷风现象? 为什么北京气象台在很多时刻总是说北京的风白天是北转南,夜晚是南转北?

13. 说明等压面天气图上冷平流地区气旋式环流加强,而暖平流地区反气旋式环流加强.

14. Coriolis 力对空气运动不作功,为什么环流定理中还有 Coriolis 力作用的惯性项?

15. 散度与流量有何联系? 涡度与环流有何联系? 它们又有什么差别?

16. 什么是气旋式垂直涡度？什么是反气旋式垂直涡度？

17. 试比较图示(a)，(b)两种流场的垂直涡度. 从而理解 $\zeta\neq0$ 不一定表示空气作旋转运动，空气作旋转运动也有可能 $\zeta=0$.（但应注意：大气中的涡旋运动通常 $\zeta\neq0$）

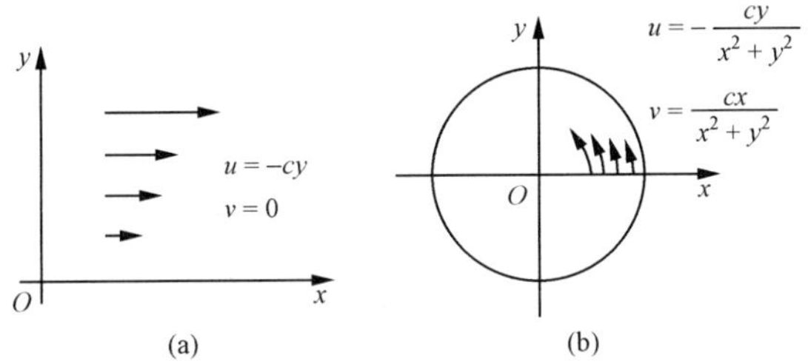

复习思考题 17 图

18. 速度势 φ 与流函数 ψ 的量纲是什么？

19. 若 $\mathbf{V}_h=\nabla_h\varphi$，问 $\mathbf{V}_h$ 与 φ 的等值线分布有何关系？若 $\mathbf{V}_h=-\nabla_h\psi\times\boldsymbol{k}$，问 $\mathbf{V}_h$ 与 ψ 的等值线（即流线）有何关系？ψ 的高值在 $\mathbf{V}_h$ 的右方还是左方？

20. 什么是位涡度？位涡度方程的意义如何？

21. 根据 x，y 方向的运动方程熟练地导出垂直涡度方程和水平散度方程.

22. Taylor-Proudman 定理的意义如何？它主要说明什么问题？

23. 什么是平衡方程？其意义如何？

24. 说明当绝对垂直涡度守恒时，Rossby 参数 β 对垂直涡度 ζ 变化的作用.

习　　题

1. 利用球坐标系 λ 方向的运动方程导出绕地轴的绝对角动量方程.

2. 利用 Kelvin 定理证明.

(1) 在纬度 φ 处围绕地轴的西风环流（在环线上取 u 为常数）对地轴的绝对角动量守恒.

(2) 在纬度 φ 处围绕局地垂直轴的环流（在圆周上取 v_θ 为常数）对垂直轴的绝对角动量守恒.

3. 设摩擦力 $\boldsymbol{F}=-k\mathbf{V}$（$k>0$，称为 Rayleigh 摩擦）.

(1) 设初始环流为 C_0，求在摩擦力作用下环流随时间的变化.

(2) 设初始环流为零，力管数 $N=$常数，不考虑 Coriolis 力的作用，求环流随时间的变化和可能达到的最大环流.

4. 考虑南北铅直平面上的闭合回路 $ABCDA$（见图），AD，BC 为二等压线（气压分别为 p_1 和 p_2，且 $p_2<p_1$），近于与地面平行，长为 Δy，AB 和 CD 为二垂直线，长为 Δz，且各具有平均温度 $T_m^{(1)}$ 和 $T_m^{(2)}$，又设回路上下界西风风速分别为 u_2 和

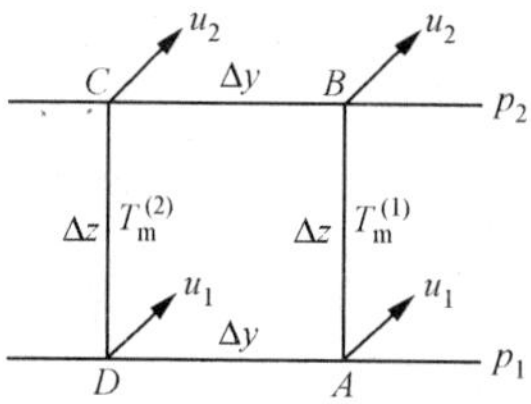

习题 4 图

u_1，试求回路上环流保持不变时，u_2-u_1 与平均温度 $T_m^{(1)}$，$T_m^{(2)}$ 的关系，并求 $\nabla y \to 0, \Delta z \to 0$ 时，风速的垂直切变与南北温度梯度的关系.

5. 在 $\varphi=30°N$ 有一圆柱形气柱，其半径 $r_0=10^5\,m$，如果空气开始时是静止的($v_0=0$)，求当气柱膨胀使半径达到 $r=2\times10^5\,m$ 时，要维持绝对环流守恒，其周界的平均线速度.

6. 证明在柱坐标系(r,θ,z)中，相对涡度为

$$\xi=\frac{1}{r}\frac{\partial w}{\partial\theta}-\frac{\partial v_\theta}{\partial z},\quad \eta=\frac{\partial v_r}{\partial z}-\frac{\partial w}{\partial r},\quad \zeta=\frac{1}{r}\frac{\partial}{\partial r}(rv_\theta)-\frac{1}{r}\frac{\partial v_r}{\partial\theta}=\frac{\partial v_\theta}{\partial r}+\frac{v_\theta}{r}-\frac{1}{r}\frac{\partial v_r}{\partial\theta}.$$

7. 求以下四种圆运动的垂直涡度：

(1) $u_\theta=Cr^2$；　(2) $v_\theta=C$；　(3) $v_\theta=C/r^2$；　(4) $v_\theta=C/\sqrt{r}$，

其中 C 为常数.

8. 在一半径为 r 的圆上取等距离的三点 A,B,C. 设这三点风速的切向分量分别为 v_A,v_B,v_C. 根据环流与涡度的关系求圆内风场的平均垂直涡度.

9. 利用如图所给风速风向的数据，用差分法求四点 A,B,C,D 间区域(用 O 点为代表)的平均垂直涡度.

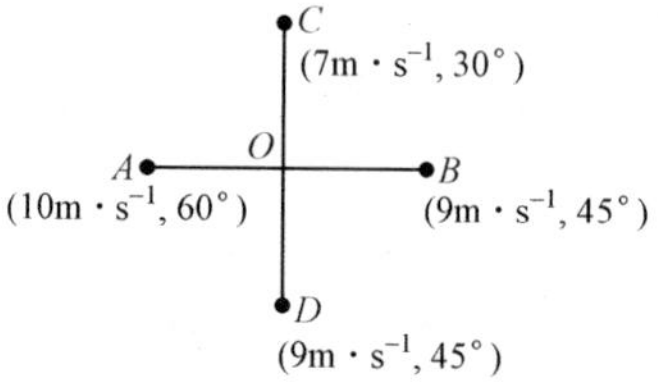

习题 9 图

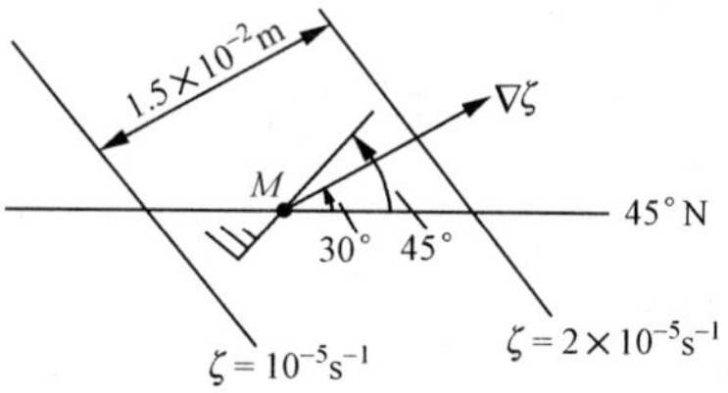

习题 11 图

10. 在正压、无摩擦的水平运动条件下，设水平散度 D 为常数，求绝对垂直涡度的变化.

11. 根据绝对垂直涡度守恒原理，计算如图所给 500 hPa 等压面图(比例尺为 $1:2\times10^7$)上 M 点的相对涡度变化.

12. 证明斜压矢量

$$\begin{aligned}\boldsymbol{B}&=R\nabla\ln p\times\nabla T=\alpha\nabla p\times\nabla\ln T=c_p\nabla T\times\nabla\ln\theta\\&=\nabla\Pi\times\nabla\theta=\alpha\nabla p\times\nabla\ln\theta,\end{aligned}$$

其中 $\Pi=c_p\dfrac{T}{\theta}$ 称为 Exner 函数. 并说明湿斜压矢量 $\boldsymbol{B}_m\approx\dfrac{R}{c_p}\nabla\ln p\times\nabla\phi_d$.

13. 在正压不可压缩的流体(密度为 ρ)内，有一半径为 r_0 的水平涡旋，其平均相对垂直涡度为 ζ_0，垂直厚度为 h_0，涡旋边缘平均切向速度为 v_0. 证明：当涡

旋垂直厚度变为原有厚度的 n 倍时，涡旋半径、相对垂直涡度和涡旋平均速度分别为

$$r=\frac{1}{\sqrt{n}}r_0,\quad \zeta=n\zeta_0+(n-1)f_0,\quad v=\sqrt{n}v_0+\frac{n-1}{2\sqrt{n}}r_0f_0,$$

其中 f_0 为 Coriolis 参数，设为常数.

14. 在垂直涡度方程中，设 ρ 为常数，动量输送的湍流系数 K 为常数，证明

$$\frac{\partial F_y}{\partial x}-\frac{\partial F_x}{\partial y}=K\nabla^2\zeta.$$

15. 证明正压无辐散水平运动的垂直涡度方程可以写为

$$\frac{\partial}{\partial t}\nabla_h^2\psi+\mathrm{J}(\psi,\nabla_h^2\psi)+\beta_0\frac{\partial\psi}{\partial x}=0,$$

其中 ψ 为流函数，$\mathrm{J}(A,B)\equiv\frac{\partial A}{\partial x}\frac{\partial B}{\partial y}-\frac{\partial A}{\partial y}\frac{\partial B}{\partial x}$ 为 Jacobi 算子.

16. 若运动沿纬圈平均后有

$$\frac{\partial\bar{v}}{\partial y}+\frac{\partial\bar{w}}{\partial z}=0,$$

$\bar{v}$ 和 $\bar{w}$ 分别为沿纬圈平均的经向速度和垂直速度，试引进流函数表达 $\bar{v}$ 和 $\bar{w}$.

17. 图示为一理想锋面在 (y,z) 平面中的示意图，取两根等压线及两垂直线组成闭合回路 $ABCD$，回路上下界纬向速度分别为 u_2 和 u_1，利用相对环流定理，证明在没有环流加速度时有下面锋面坡度公式(称为 Margules 公式)

$$\tan\alpha\equiv\frac{\Delta z}{\Delta y}=\frac{\rho_1\rho_2f_0(u_2-u_1)}{\bar{\rho}g(\rho_1-\rho_2)},$$

其中 $\bar{\rho}$ 为空气平均密度，f_0 为 Coriolis 参数，取为常数.

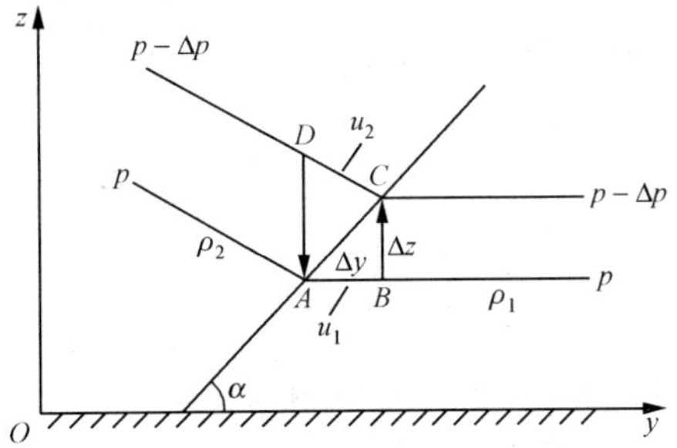

习题 17 图

提示：

(1) $N\equiv-\oint_L\frac{1}{\rho}\delta p=\left(\frac{1}{\rho_1}-\frac{1}{\rho_2}\right)\Delta p$;

(2) $2\Omega\dfrac{\mathrm{d}A_e}{\mathrm{d}t}=2\oint_L \boldsymbol{\Omega}\times\boldsymbol{V}\cdot\delta\boldsymbol{r}$

$$=2\boldsymbol{\Omega}\cdot\oint_L\{(v\delta z-w\delta y)\boldsymbol{i}+(w\delta x-u\delta z)\boldsymbol{j}+(u\delta y-v\delta x)\boldsymbol{k}\}$$

$$=2\Omega\oint_L\{(w\delta x-u\delta z)\cos\varphi+(u\delta y-v\delta x)\sin\varphi\}$$

$$=f_0\oint_L u\delta y=f_0(u_1-u_2)\Delta y;$$

(3) 利用静力学关系近似有 $\Delta p=g\bar{\rho}\Delta z$.

18. 对于水平运动，在球坐标系(λ,φ,r)和柱坐标系(r,θ,z)中写出速度分解的 Helmholtz 定理.

19. 证明：在边界 S，$v_n=0$ 的无旋运动有

$$\iiint_V\varphi\,\nabla^2\varphi\delta v=\iiint_V\varphi\,\nabla\cdot\boldsymbol{V}\delta v=-\iiint_V(\nabla\varphi)^2\delta v,$$

其中 φ 为速度势.

提示：$\varphi\nabla^2\varphi=\nabla\cdot(\varphi\nabla\varphi)-(\nabla\varphi)^2$.

20. 若二维无辐散运动的流函数为

$$\psi=-\bar{u}y+A\sin k(x-ct),$$

其中 $\bar{u},A,k,c$ 为常数. 求在 $t=0$ 时通过原点的流线和轨迹方程；并画出流线以及 $c=-\bar{u},0,\bar{u}/2,\bar{u},3\bar{u}/2,2\bar{u},3\bar{u}$ 时的轨迹(取 $\bar{u}>0,A>0$).

21. 求解水平流场

$$\begin{cases}u=-lb\sin l(y-y_1),\\ v=-k^2bx\end{cases}\quad\left(\begin{array}{l}l=\dfrac{\pi}{y_2-y_1}>0\\ k>0,b>0,y_2>y_1\end{array}\right),$$

并说明其流线类似于大气中的阻塞高压.

22. 求解三维无散度流场

(1) $\begin{cases}u=-ax\quad(a>0),\\ v=-by\quad(b>0),\\ w=(a+b)z;\end{cases}$ (2) $\begin{cases}u=-ax-by,\\ v=bx-ay,\\ w=2az\end{cases}$ $(a>0,b>0)$.

23. 设二维无辐散涡旋流的流函数 ψ 满足

$$\nabla_h^2\psi=2b\quad(b=\text{常数}),$$

证明：下列四种流函数满足：

(1) $\psi=ay+by^2+c\arctan(y/x)$；

(2) $\psi=ay+by^2+c\ln(x^2+y^2)$；

(3) $\psi=(ax+by)y$；

(4) $\psi = a\mathrm{e}^{-\lambda y}\cos\lambda x + by^2$,

其中 a, c, λ 均为常数.

24. 在水平无辐散的条件下,利用上题若取 $\psi = \frac{b}{2}(x^2 + y^2)$,证明:

$$a = -by, \quad v = bx.$$

第三章　大气中的平衡运动

本章的主要内容有：

介绍描写大气水平运动的方程组和较为方便的自然坐标系；

介绍大气的动力分层，即从动力的角度将大气分为边界层和自由大气；

讨论在一些力的平衡下的大气水平运动，即所谓大气平衡运动，这些平衡运动有：地转风、梯转风、旋转风、惯性风以及对数定律和指数定律，还有 Ekman 螺线，这些平衡运动反映了大气运动的基本特征；

叙述惯性振动和惯性稳定度的基本概念和判据.

§3.1　大气水平运动的方程组

本章主要讨论大气的水平运动，即运动满足

$$w = 0, \quad \boldsymbol{V} = \boldsymbol{V}_{\mathrm{h}} = u\boldsymbol{i} + v\boldsymbol{j}. \tag{3.1}$$

又假定垂直方向无摩擦作用和运动是绝热的，则根据(1.91)式，描写大气水平运动的基本方程组为

$$\begin{cases} \dfrac{\mathrm{d_h}u}{\mathrm{d}t} - fv = -\dfrac{1}{\rho}\dfrac{\partial p}{\partial x} + F_x, \\ \dfrac{\mathrm{d_h}v}{\mathrm{d}t} + fu = -\dfrac{1}{\rho}\dfrac{\partial p}{\partial y} + F_y, \\ 0 = -g - \dfrac{1}{\rho}\dfrac{\partial p}{\partial z}, \\ \dfrac{\partial \rho}{\partial t} + \dfrac{\partial \rho u}{\partial x} + \dfrac{\partial \rho v}{\partial y} = 0, \\ p = \rho R T, \\ c_p \dfrac{\mathrm{d_h}T}{\mathrm{d}t} - \dfrac{1}{\rho}\dfrac{\mathrm{d_h}p}{\mathrm{d}t} = 0, \quad \text{或} \quad \dfrac{\mathrm{d_h}\ln\theta}{\mathrm{d}t} = 0. \end{cases} \tag{3.2}$$

这里，我们未考虑水汽的作用，其中

$$\frac{\mathrm{d_h}}{\mathrm{d}t} \equiv \frac{\partial}{\partial t} + u\frac{\partial}{\partial x} + v\frac{\partial}{\partial y} \tag{3.3}$$

是只含水平运动的个别微商. 方程组(3.2)的第三式说明：当垂直方向无摩擦时，大气的纯水平运动应是静力平衡的.

下面，我们主要分析大气水平运动的流场，即风场. 因而，主要应用方程组

(3.2)的前三式,其中第一和第二两式,即水平运动方程可写为矢量形式:

$$\frac{\mathrm{d}\boldsymbol{V}_{\mathrm{h}}}{\mathrm{d}t}-f\boldsymbol{V}_{\mathrm{h}}\times\boldsymbol{k}=-\alpha\nabla_{\mathrm{h}}p+\boldsymbol{F}_{\mathrm{h}},\tag{3.4}$$

其中水平摩擦力 $\boldsymbol{F}_{\mathrm{h}}$ 若仅考虑湍流摩擦(它是主要的),而且忽略湍流水平输送,则

$$\begin{cases}F_x=\alpha\dfrac{\partial T_{zx}}{\partial z}, & T_{zx}=\rho K\dfrac{\partial u}{\partial z},\\ F_y=\alpha\dfrac{\partial T_{zy}}{\partial y}, & T_{zy}=\rho K\dfrac{\partial v}{\partial z},\end{cases}\tag{3.5}$$

K 为垂直方向动量输送的湍流系数.(3.5)式写为矢量形式是

$$\begin{cases}\boldsymbol{F}_{\mathrm{h}}\equiv F_x\boldsymbol{i}+F_y\boldsymbol{j}=\alpha\dfrac{\partial \boldsymbol{T}_z}{\partial z},\\ \boldsymbol{T}_z\equiv T_{zx}\boldsymbol{i}+T_{zy}\boldsymbol{j}=\rho K\dfrac{\partial \boldsymbol{V}_{\mathrm{h}}}{\partial z},\end{cases}\tag{3.6}$$

这里 T_z 为作用在水平面上的湍流 Reynolds 应力.

§3.2 力的垂直分布和大气的动力分层

由水平运动方程看到:大气水平运动的加速度决定于水平气压梯度力、水平 Coriolis 力和湍流摩擦力.但在大气的不同高度,这些力的作用大小不一样.我们根据这种差别把大气分为不同的层次.

对于大气水平气压梯度力 $-\alpha\nabla_{\mathrm{h}}p$,从大气的实际状况分析,$|\nabla_{\mathrm{h}}p|$ 随高度的增加而缓慢减小,但 $\alpha\equiv 1/\rho$ 随高度的增加呈指数增加,因而粗略估计,水平气压梯度力 $-\alpha\nabla_{\mathrm{h}}p$ 的数值随高度的增加而增加.

对于水平 Coriolis 力 $f\boldsymbol{V}_{\mathrm{h}}\times\boldsymbol{k}$,从大气的实际状况分析,在地表面 $\boldsymbol{V}_{\mathrm{h}}$ 可认为是零,但 $\boldsymbol{V}_{\mathrm{h}}$ 的数值随高度的增加而增加,因而粗略估计,水平 Coriolis 力的数值随高度的增加而增加(地表面为零).

至于湍流摩擦力 $\boldsymbol{F}_{\mathrm{h}}=\alpha\dfrac{\partial \boldsymbol{T}_z}{\partial z}$,因 $\boldsymbol{T}_z=\rho K\dfrac{\partial \boldsymbol{V}_{\mathrm{h}}}{\partial z}$,但实际状况分析,风速垂直切变 $\dfrac{\partial \boldsymbol{V}_{\mathrm{h}}}{\partial z}$ 的数值随高度的增加而减小,又在下界面附近,由于热力和动力原因,湍流交换剧烈,因而 K 的数值在下界面附近较大,所以粗略估计,湍流摩擦力的数值随高度的增加而减小.

基于上述分析,我们就有图 3.1 的力的垂直分布示意图.并把大气分为两大层次:行星边界层和自由大气.见图 3.2.

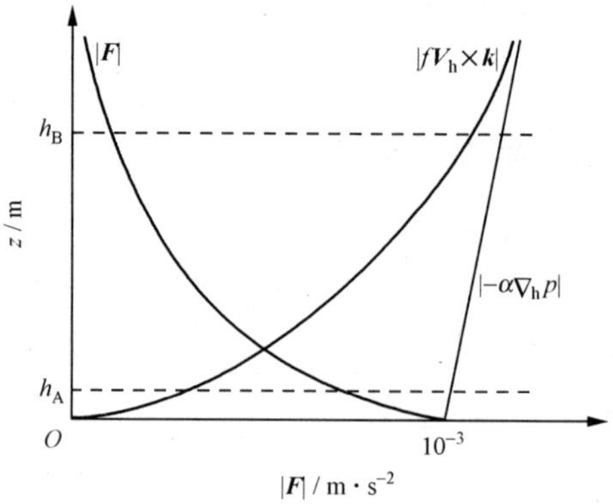

图 3.1 力的垂直分布

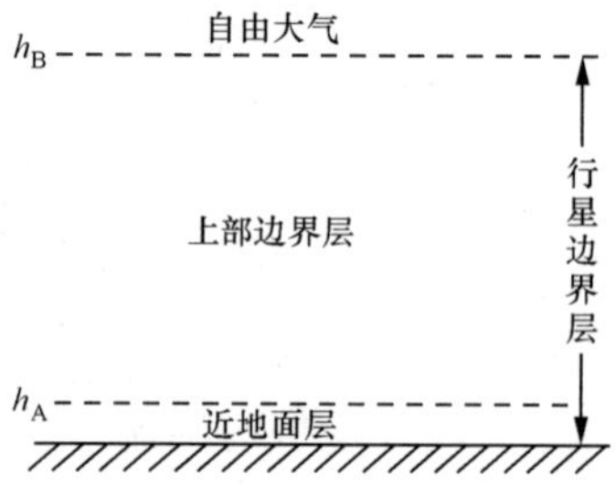

图 3.2 大气动力分层

一、行星边界层(planetary boundary layer)

行星边界层或摩擦层,简称为边界层,它是自地表面到大约 1 至 1.5 km 高度的一层大气,即其范围是

$$0 \leqslant z \leqslant h_B \approx (1—1.5) \times 10^3 \mathrm{m}.$$

该层是临近地球表面的一层,必须考虑湍流摩擦力的作用.边界层按动力性质的差异又可以分为两个不同的层次:近地面层和上部边界层.

1. 近地面层

近地面层又称为表面边界层,这是覆盖在地表面上的一个极薄的气层,其厚度仅 20 至100 m.即该层的范围是

$$0 \leqslant z \leqslant h_A \approx (20—100)\mathrm{m}.$$

近地面层的主要特点有:

(1) 湍流摩擦力与气压梯度力起主要作用,Coriolis 力相对可忽略;

(2) 厚度相对整个大气极为稀薄,风向几乎不随高度改变,风速大小随高度增加而增加,因而 $\boldsymbol{T}_z$, $\frac{\partial \boldsymbol{V}_h}{\partial z}$ 与 $\boldsymbol{V}_h$ 同方向,即

$$\boldsymbol{T}_z \equiv \rho K \frac{\partial \boldsymbol{V}_h}{\partial z} = \gamma \boldsymbol{V}_h, \tag{3.7}$$

其中 γ 为一正常数;

(3) 物理量垂直梯度的数值相对较大.

2. 上部边界层

这是近地面层以上的边界层,又称为上部摩擦层.其范围是

$$h_A \leqslant z \leqslant h_B.$$

上部边界层的主要特点有:

(1) 湍流摩擦力、气压梯度力与 Coriolis 力有同等的重要性；

(2) 下界面对近地面层的影响通过该层向上输送影响高层.

二、自由大气(free atmosphere)

行星边界层以上的大气称为自由大气.尽管我们讨论问题时，一般不考虑电磁力的作用，但通常还是认为自由大气一直延伸到大气上界，即它的范围是

$$h_{\mathrm{B}} \leqslant z < \infty.$$

在自由大气中，摩擦力可以忽略，即是理想大气.在这层大气中，空气主要在水平气压梯度力和 Coriolis 力的支配下运动.尽管自由大气不考虑摩擦，但它紧挨着边界层，因而边界层的摩擦作用还会间接影响自由大气，这主要体现在边界层摩擦所形成的水平辐散辐合在边界层顶$z=h_{\mathrm{B}}$处产生垂直运动，相应在自由大气中便伴有相反的水平辐合辐散.这种因湍流摩擦在自由大气中形成的环流通常称为副环流(次级环流或二级环流).所以，自由大气作为第一近似可以忽略湍流摩擦作用，但边界层中的摩擦效应要通过副环流影响自由大气.

§3.3　自然坐标系

讨论大气的水平运动，用自然坐标系较为方便.

一、自然坐标系$\{P;s,n\}$

设曲线 T 为空气水平运动的轨迹.在轨迹 T 上取一点 P 作为坐标原点，该点空气微团的风速为 $\boldsymbol{V}_{\mathrm{h}}$，其大小为

$$V_{\mathrm{h}} = |\boldsymbol{V}_{\mathrm{h}}| = \sqrt{u^2+v^2}; \tag{3.8}$$

s 轴为 P 点的风速方向，即轨迹的切线方向；n 轴垂直 s 轴，并指向 s 轴的左方，即轨迹的法线方向，见图 3.3.

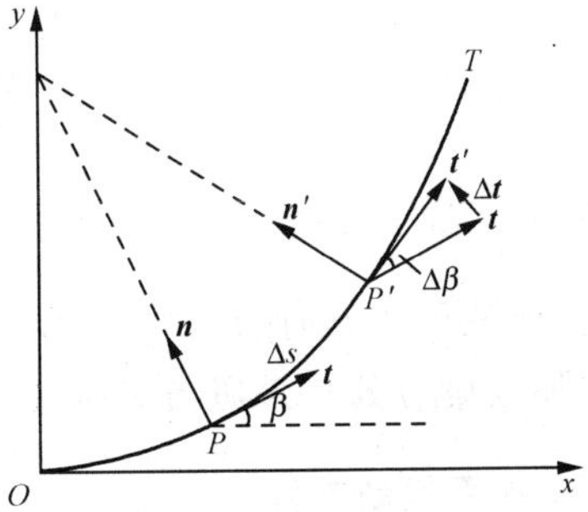

图 3.3　自然坐标系

设 s 和 n 方向的单位矢量分别为 $\boldsymbol{t}$ 和 $\boldsymbol{n}$，而空气微团由 P 点移动到 P' 点时，$\boldsymbol{t}$ 和 $\boldsymbol{n}$ 也随之改变.

自然坐标系中的 Hamilton 算子为

$$\nabla_{\mathrm{h}} \equiv \boldsymbol{t}\frac{\partial}{\partial s} + \boldsymbol{n}\frac{\partial}{\partial n}, \tag{3.9}$$

而个别微商为

$$\frac{\mathrm{d_h}}{\mathrm{d}t} \equiv \frac{\partial}{\partial t} + V_{\mathrm{h}}\frac{\partial}{\partial s}. \tag{3.10}$$

二、速度与加速度

在自然坐标系中的速度可表为

$$\boldsymbol{V}_{\mathrm{h}}=V_{\mathrm{h}}\boldsymbol{t},\quad V_{\mathrm{h}}\equiv\frac{\mathrm{d}s}{\mathrm{d}t};\tag{3.11}$$

因而加速度为

$$\frac{\mathrm{d}\boldsymbol{V}_{\mathrm{h}}}{\mathrm{d}t}=\frac{\mathrm{d}V_{\mathrm{h}}}{\mathrm{d}t}\boldsymbol{t}+V_{\mathrm{h}}\frac{\mathrm{d}\boldsymbol{t}}{\mathrm{d}t}.\tag{3.12}$$

下面求$\frac{\mathrm{d}\boldsymbol{t}}{\mathrm{d}t}$. 因

$$\frac{\mathrm{d}\boldsymbol{t}}{\mathrm{d}t}=\frac{\mathrm{d}\boldsymbol{t}}{\mathrm{d}s}\frac{\mathrm{d}s}{\mathrm{d}t}=V_{\mathrm{h}}\frac{\mathrm{d}\boldsymbol{t}}{\mathrm{d}s},\tag{3.13}$$

但由图 3.3,有

$$\frac{\mathrm{d}\boldsymbol{t}}{\mathrm{d}s}=\lim_{\Delta s\to 0}\frac{\Delta\boldsymbol{t}}{\Delta s}=\lim_{\Delta s\to 0}\frac{\Delta\beta}{\Delta s}\boldsymbol{n}=\frac{\mathrm{d}\beta}{\mathrm{d}s}\boldsymbol{n}=K_t\boldsymbol{n},\tag{3.14}$$

其中

$$K_{\mathrm{t}}\equiv\frac{\mathrm{d}\beta}{\mathrm{d}s}\tag{3.15}$$

表示风向β(风与x轴的夹角)沿轨迹的变化率,称为轨迹的曲率. K_{t}的倒数

$$R_{\mathrm{t}}=1/K_{\mathrm{t}}\tag{3.16}$$

称为轨迹的曲率半径. 当轨迹呈逆时针弯曲时,β随s的增加而增加,$K_{\mathrm{t}}>0$,$R_{\mathrm{t}}>0$;当轨迹呈顺时针弯曲时,β随s的增加而减小,$K_{\mathrm{t}}<0$,$R_{\mathrm{t}}<0$.

将(3.14)式代入(3.13)式有

$$\frac{\mathrm{d}\boldsymbol{t}}{\mathrm{d}t}=K_{\mathrm{t}}V_{\mathrm{h}}\boldsymbol{n}.\tag{3.17}$$

再将(3.17)式代入(3.12)式,得到自然坐标系中的加速度为

$$\frac{\mathrm{d}\boldsymbol{V}_{\mathrm{h}}}{\mathrm{d}t}=\frac{\mathrm{d}V_{\mathrm{h}}}{\mathrm{d}t}\boldsymbol{t}+K_{\mathrm{t}}V_{\mathrm{h}}^2\boldsymbol{n},\tag{3.18}$$

其中$\frac{\mathrm{d}V_{\mathrm{h}}}{\mathrm{d}t}$称为切向加速度,表风速大小的变化;$K_{\mathrm{t}}V_{\mathrm{h}}^2$称为法向加速度或向心加速度,反映风速方向的变化. $-K_{\mathrm{t}}V_{\mathrm{h}}^2\boldsymbol{n}$就是曲线运动的离心力. 所以,在自然坐标系中的加速度可分解为切向加速度与法向加速度两部分.

三、水平运动方程

在自然坐标系中,水平气压梯度力、Coriolis 力和摩擦力分别是:

$$-\alpha\nabla_{\mathrm{h}}p=\left(-\alpha\frac{\partial p}{\partial s}\right)\boldsymbol{t}+\left(-\alpha\frac{\partial p}{\partial n}\right)\boldsymbol{n};\tag{3.19}$$

$$f\boldsymbol{V}_h \times \boldsymbol{k} = fV_h\boldsymbol{t} \times \boldsymbol{k} = -fV_h\boldsymbol{n}; \tag{3.20}$$

$$\boldsymbol{F} = F_s\boldsymbol{t} + F_n\boldsymbol{n}. \tag{3.21}$$

所以,在自然坐标系中的水平运动方程为

$$\begin{cases} \dfrac{dV_h}{dt} = -\alpha\dfrac{\partial p}{\partial s} + F_s, \\ K_tV_h^2 + fV_h = -\alpha\dfrac{\partial p}{\partial n} + F_n. \end{cases} \tag{3.22}$$

上述水平运动方程表明,在自然坐标系的法向才有 Coriolis 力的作用.

四、轨迹与流线曲率的关系——Blaton 公式

在自然坐标系中,风向 β 的个别微商有

$$\frac{d\beta}{dt} = \frac{d\beta}{ds}\frac{ds}{dt} = K_tV_h. \tag{3.23}$$

但利用(3.10)式有

$$\frac{d\beta}{dt} = \frac{\partial\beta}{\partial t} + V_h\frac{\partial\beta}{\partial s} = \frac{\partial\beta}{\partial t} + K_sV_h, \tag{3.24}$$

其中

$$K_s \equiv \frac{\partial\beta}{\partial s} \tag{3.25}$$

表固定时刻风向沿流线的变化率,这就是流线的曲率.

(3.23)式与(3.24)式结合就得到表征轨迹曲率与流线曲率关系的 Blaton 公式:

$$K_t = K_s + \frac{1}{V_h}\frac{\partial\beta}{\partial t}. \tag{3.26}$$

在运动定常时,$\dfrac{\partial\beta}{\partial t}=0$,则有

$$K_t = K_s, \tag{3.27}$$

此时轨迹与流线重合.

五、水平散度

在自然坐标系中的水平散度为

$$\begin{aligned} D = \nabla_h \cdot \boldsymbol{V}_h &= \left(\boldsymbol{t}\frac{\partial}{\partial s} + \boldsymbol{n}\frac{\partial}{\partial n}\right)\cdot(V_h\boldsymbol{t}) \\ &= \boldsymbol{t}\cdot\frac{\partial V_h\boldsymbol{t}}{\partial s} + \boldsymbol{n}\cdot\frac{\partial V_h\boldsymbol{t}}{\partial n} = \boldsymbol{t}\cdot\left(\frac{\partial V_h}{\partial s}\boldsymbol{t} + V_h\frac{\partial\boldsymbol{t}}{\partial s}\right) + \boldsymbol{n}\cdot\left(\frac{\partial V_h}{\partial n}\boldsymbol{t} + V_h\frac{\partial\boldsymbol{t}}{\partial n}\right). \end{aligned} \tag{3.28}$$

但

$$\frac{\partial \boldsymbol{t}}{\partial s}=\lim_{\Delta s\to 0}\frac{\Delta \boldsymbol{t}}{\Delta s}=\lim_{\Delta s\to 0}\frac{\Delta\beta}{\Delta s}\boldsymbol{n}=\frac{\partial\beta}{\partial s}\boldsymbol{n}=K_{\mathrm{s}}\boldsymbol{n},\tag{3.29}$$

$$\frac{\partial \boldsymbol{t}}{\partial n}=\lim_{\Delta n\to 0}\frac{\Delta \boldsymbol{t}}{\Delta n}=\lim_{\Delta n\to 0}\frac{\Delta\beta}{\Delta n}\boldsymbol{n}=\frac{\partial\beta}{\partial n}\boldsymbol{n}=K_{\mathrm{n}}\boldsymbol{n},\tag{3.30}$$

其中

$$K_{\mathrm{n}}\equiv\frac{\partial\beta}{\partial n}\tag{3.31}$$

表固定时刻风向沿流线法向的变化率,称为流线法线的曲率.

将(3.29)式和(3.30)式代入(3.28)式求得

$$D=\frac{\partial V_{\mathrm{h}}}{\partial s}+K_{\mathrm{n}}V_{\mathrm{h}},\tag{3.32}$$

这就是在自然坐标系中水平散度的表达式. 其中 $\partial V_{\mathrm{h}}/\partial s$ 表风速大小沿流线的变化,称为风速大小散度或纵向散度; $K_{\mathrm{n}}V_{\mathrm{h}}$ 反映风向变化引起的散度,称为风向散度或横向散度.

六、垂直涡度

在自然坐标系中的垂直涡度分量为

$$\begin{aligned}\zeta&=(\nabla_{\mathrm{h}}\times\boldsymbol{V}_{\mathrm{h}})\cdot\boldsymbol{k}=\left[\left(\boldsymbol{t}\frac{\partial}{\partial s}+\boldsymbol{n}\frac{\partial}{\partial n}\right)\times(V_{\mathrm{h}}\boldsymbol{t})\right]\cdot\boldsymbol{k}\\&=\left(\boldsymbol{t}\times\frac{\partial V_{\mathrm{h}}\boldsymbol{t}}{\partial s}+\boldsymbol{n}\times\frac{\partial V_{\mathrm{h}}\boldsymbol{t}}{\partial n}\right)\cdot\boldsymbol{k}\\&=\left[\boldsymbol{t}\times\left(\frac{\partial V_{\mathrm{h}}}{\partial s}\boldsymbol{t}+\boldsymbol{V}_{\mathrm{h}}\frac{\partial \boldsymbol{t}}{\partial s}\right)+\boldsymbol{n}\times\left(\frac{\partial V_{\mathrm{h}}}{\partial n}\boldsymbol{t}+V_{\mathrm{h}}\frac{\partial \boldsymbol{t}}{\partial n}\right)\right]\cdot\boldsymbol{k}.\end{aligned}\tag{3.33}$$

将(3.29)式和(3.30)式代入上式就得到

$$\zeta=K_{\mathrm{s}}V_{\mathrm{h}}-\frac{\partial V_{\mathrm{h}}}{\partial n},\tag{3.34}$$

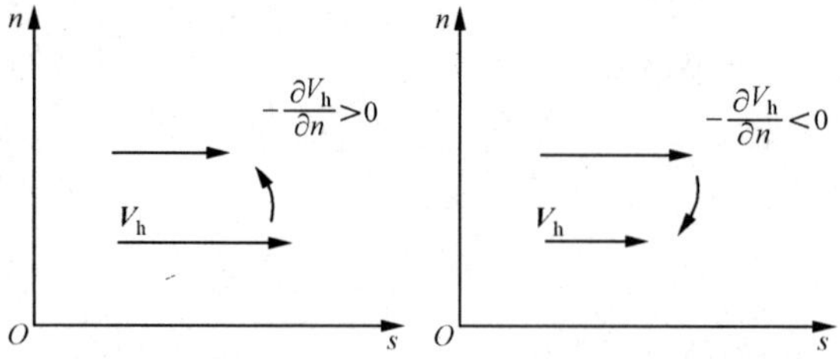

(a) 气旋式切变涡度 (b) 反气旋式切变涡度

图 3.4

此即在自然坐标系中垂直涡度的表达式. 其中 $K_{\mathrm{s}}V_{\mathrm{h}}$ 表风速以及流线曲率形成的涡度,称为曲率涡度,气旋式流线曲率 $K_{\mathrm{s}}V_{\mathrm{h}}>0$,反气旋式流线曲率 $K_{\mathrm{s}}V_{\mathrm{h}}<0$; $-\partial V_{\mathrm{h}}/\partial n$ 表风速大小沿法线的变化,称为切变涡度,气旋式切变($\partial V_{\mathrm{h}}/\partial n<0$),$-\partial V_{\mathrm{h}}/\partial n>0$,见图 3.4(a); 反气旋式切变($\partial V_{\mathrm{h}}/\partial n>0$),$-\partial V_{\mathrm{h}}/\partial n<0$,见图 3.4(b).

§3.4 自由大气中的平衡运动

自由大气不考虑湍流摩擦力，则水平运动方程的矢量形式(3.4)化为

$$\frac{\mathrm{d}\boldsymbol{V}_{\mathrm{h}}}{\mathrm{d}t}-f\boldsymbol{V}_{\mathrm{h}}\times\boldsymbol{k}=-\alpha\nabla_{\mathrm{h}}p. \tag{3.35}$$

在直角坐标系和自然坐标系中，上述方程分别表为

$$\begin{cases}\dfrac{\mathrm{d}_{\mathrm{h}}u}{\mathrm{d}t}-fv=-\alpha\dfrac{\partial p}{\partial x},\\ \dfrac{\mathrm{d}_{\mathrm{h}}v}{\mathrm{d}t}+fu=-\alpha\dfrac{\partial p}{\partial y},\end{cases} \tag{3.36}$$

$$\begin{cases}\dfrac{\mathrm{d}V_{\mathrm{h}}}{\mathrm{d}t}=-\alpha\dfrac{\partial p}{\partial s},\\ K_{\mathrm{t}}V_{\mathrm{h}}^{2}+fV_{\mathrm{h}}=-\alpha\dfrac{\partial p}{\partial n}.\end{cases} \tag{3.37}$$

下面，我们依据上述三个方程讨论自由大气中的平衡运动，它包括地转风、梯度风、旋转风和惯性风，重点在分析地转风的性质.

一、地转平衡与地转风、热成风

1. 地转平衡与地转风

自由大气中，水平气压梯度力与 Coriolis 力二者的平衡称为地转平衡；相应的空气水平运动称为地转风，记为 $\boldsymbol{V}_{\mathrm{g}}$. 所以，由(3.35)式知，地转平衡满足

$$-\alpha\nabla_{\mathrm{h}}p+f\boldsymbol{V}_{\mathrm{g}}\times\boldsymbol{k}=0. \tag{3.38}$$

由此得到地转风 $\boldsymbol{V}_{\mathrm{g}}$ 为

$$\boldsymbol{V}_{\mathrm{g}}=-\frac{1}{f\rho}\nabla_{\mathrm{h}}p\times\boldsymbol{k}. \tag{3.39}$$

在直角坐标系中，地转平衡和地转风 $\boldsymbol{V}_{\mathrm{g}}=u_{\mathrm{g}}\boldsymbol{i}+v_{\mathrm{g}}\boldsymbol{j}$ 分别为

$$\begin{cases}-\alpha\dfrac{\partial p}{\partial x}+fv_{\mathrm{g}}=0,\\ -\alpha\dfrac{\partial p}{\partial y}-fu_{\mathrm{g}}=0,\end{cases} \tag{3.40}$$

和

$$\begin{cases}u_{\mathrm{g}}=-\dfrac{1}{f\rho}\dfrac{\partial p}{\partial y},\\ v_{\mathrm{g}}=\dfrac{1}{f\rho}\dfrac{\partial p}{\partial x}.\end{cases} \tag{3.41}$$

在自然坐标系中，地转平衡和地转风 $\boldsymbol{V}_{\mathrm{g}}=V_{\mathrm{g}}\boldsymbol{t}$ 分别为

$$\begin{cases}-\alpha\dfrac{\partial p}{\partial s}=0,\\ -\alpha\dfrac{\partial p}{\partial n}-fV_{\mathrm{g}}=0,\end{cases}\tag{3.42}$$

和

$$\frac{\partial p}{\partial s}=0,\quad V_{\mathrm{g}}=-\frac{1}{f\rho}\frac{\partial p}{\partial n}.\tag{3.43}$$

由(3.38)、(3.40)式或(3.42)式，我们都有

$$\boldsymbol{V}_{\mathrm{g}}\cdot\nabla_{\mathrm{h}}p=u_{\mathrm{g}}\frac{\partial p}{\partial x}+v_{\mathrm{g}}\frac{\partial p}{\partial y}=V_{\mathrm{g}}\frac{\partial p}{\partial s}=0.\tag{3.44}$$

所以，地转风 $\boldsymbol{V}_{\mathrm{g}}$ 是水平等速($\mathrm{d}V_{\mathrm{h}}/\mathrm{d}t=0$)直线($K_{\mathrm{t}}=0$)运动，风向与等压线平行(运动定常时，等压线为地转风的流线)，而且在北半球，背风而立，高压在右，低压在左，见图 3.5. 南半球相反. 风速大小与水平气压梯度力的大小成正比，与空气密度、Coriolis 参数成反比，它称为 Buys-Bullot 风压定律.

由(3.44)式知，地转风 $\boldsymbol{V}_{\mathrm{g}}$ 与水平气压梯度垂直，因而水平气压梯度力对地转运动不作功，这完全是由于地球旋转存在 Coriolis 力的缘故. 若没有 Coriolis 力，在经典流体力学的理想流体理论中已经说明，那时流体将沿压力梯度力方向运动(如水从高水位流向低水位)，但有了 Coriolis 力的作用，流体将沿着垂直于压力梯度力的方向运动(实际大气的大范围运动正是如此)，这是地球流体(海洋与大气)与一般流体的重要区别.

因大气纯水平运动满足静力平衡关系：$\partial p/\partial z=-g\rho$(见方程组(3.2)的第三式)，它一方面表示气压 p 随高度 z 的增加而减小，在 x,y,t 都固定时，气压 p 与高度 z 一一对应；另一方面因 ρ 是变量，因而等压面与等高面不平行，这样，气压 p 与高度 z 的对应关系主要还表现为：在等高面上气压高处，对应在等压面上高度也高，见图 3.6，即等高面上的气压梯度与等压面上的高度梯度方向相同. 下面，我们简单证明之.

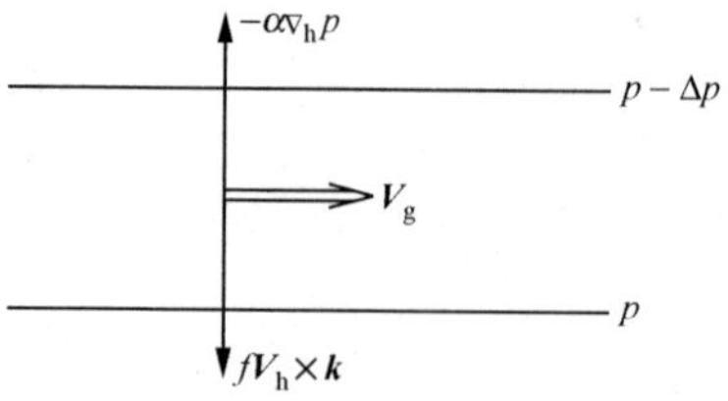

图 3.5　地转风

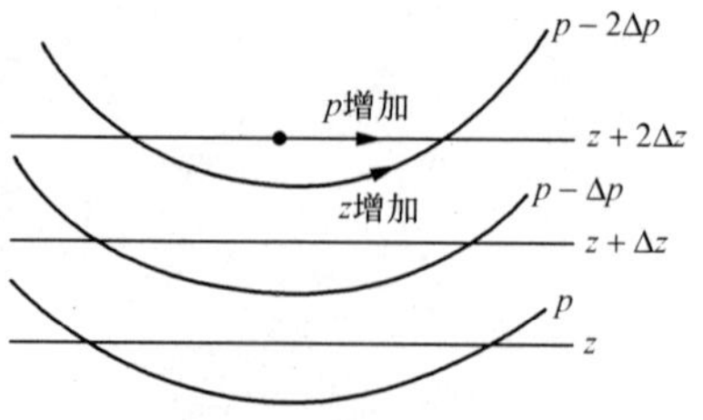

图 3.6　等压面与等高面配置

固定时刻，等压面方程写为

$$p(x,y,z)=\text{常数}.\tag{3.45}$$

由此可求出等压面高度为

$$z = z(x, y). \tag{3.46}$$

相应,等压面的坡度为

$$z_x \equiv \left(\frac{\partial z}{\partial x}\right)_p, \quad z_y \equiv \left(\frac{\partial z}{\partial y}\right)_p. \tag{3.47}$$

根据复合函数求微商的法则,则(3.45)式有

$$\begin{cases} \dfrac{\partial p}{\partial x} + \dfrac{\partial p}{\partial z}\left(\dfrac{\partial z}{\partial x}\right)_p = 0, \\ \dfrac{\partial p}{\partial y} + \dfrac{\partial p}{\partial z}\left(\dfrac{\partial z}{\partial y}\right)_p = 0. \end{cases} \tag{3.48}$$

利用静力学关系即得

$$\begin{cases} \dfrac{\partial p}{\partial x} = \rho g\left(\dfrac{\partial z}{\partial x}\right)_p = \rho\left(\dfrac{\partial \phi}{\partial x}\right)_p, \\ \dfrac{\partial p}{\partial y} = \rho g\left(\dfrac{\partial z}{\partial y}\right)_p = \rho\left(\dfrac{\partial \phi}{\partial y}\right)_p, \end{cases} \tag{3.49}$$

或

$$\nabla_{\mathrm{h}} p = \rho g\, \nabla_p z = \rho\, \nabla_p \phi, \tag{3.50}$$

其中

$$\nabla_p \equiv \boldsymbol{i}\left(\frac{\partial}{\partial x}\right)_p + \boldsymbol{j}\left(\frac{\partial}{\partial y}\right)_p \tag{3.51}$$

表示在等压面运算的 Hamilton 算子.

利用(3.50)式,地转风公式(3.39)可改写为

$$\boldsymbol{V}_{\mathrm{g}} = -\frac{g}{f}\nabla_p z \times \boldsymbol{k} = -\frac{1}{f}\nabla_p \phi \times \boldsymbol{k}. \tag{3.52}$$

它在直角坐标系和自然坐标系中可分别写为

$$\begin{cases} u_{\mathrm{g}} = -\dfrac{g}{f}\left(\dfrac{\partial z}{\partial y}\right)_p = -\dfrac{1}{f}\left(\dfrac{\partial \phi}{\partial y}\right)_p, \\ v_{\mathrm{g}} = \dfrac{g}{f}\left(\dfrac{\partial z}{\partial x}\right)_p = \dfrac{1}{f}\left(\dfrac{\partial \phi}{\partial x}\right)_p, \end{cases} \tag{3.53}$$

和

$$\begin{cases} \rho g\left(\dfrac{\partial z}{\partial s}\right)_p = \rho\left(\dfrac{\partial \phi}{\partial s}\right)_p = 0, \\ V_{\mathrm{g}} = -\dfrac{g}{f}\left(\dfrac{\partial z}{\partial n}\right)_p = -\dfrac{1}{f}\left(\dfrac{\partial \phi}{\partial n}\right)_p. \end{cases} \tag{3.54}$$

它说明:地转风 $\boldsymbol{V}_{\mathrm{g}}$ 与等压面上的等高线或等重力位势线平行,且北半球 z 或 ϕ 的高值在右,低值在左.大小与等压面的坡度成正比,与 Coriolis 参数成反比.

在自由大气的大尺度运动中,地转风是实际风的一个良好近似.在等压面图

上，等重力位势线就是地转风的流线. 在第六章，我们将说明：在大尺度运动(水平尺度为 10^6m 的运动)中，地转风公式(3.41)和(3.53)中的 f 可视为常数 f_0，而且在(3.41)式中 ρ 可视为 $\rho_0(z)$(即只是 z 的函数). 这样，由(3.41)式求得地转风的散度和涡度分别是

$$D_g = 0, \quad \zeta_g = \frac{1}{f_0\rho_0}\nabla_h^2 p. \tag{3.55}$$

而在等压面上运算，由(3.53)式求得

$$D_g = 0, \quad \zeta_g = \frac{1}{f_0}\nabla_p^2\phi. \tag{3.56}$$

这些都说明：在大尺度运动的地转风关系中，其散度为零(注意按(3.41)式或(3.53)式计算，散度都不为零)，而且在等压面上可用 $\frac{1}{f_0}\nabla_p^2\phi$ 来计算它的涡度.

2. 热成风与地转风的垂直切变

由地转风的表达式(3.52)看到，在静力平衡的条件下，地转风随高度的变化决定于等压面的坡度 $\nabla_p z$，如等压面的坡度不随高度改变，那么，地转风也不随高度改变. 我们要问：是什么因素决定等压面的坡度随高度变化呢？

由静力学关系 $\partial p/\partial z = -g\rho$ 知，若是正压大气，等压面上各点密度都一样，则改变同样高度 δz，对于不同的点，相应气压的改变 δp 也一样，因而等压面彼此平行，等压面坡度不随高度改变. 斜压大气则不然，所以，斜压大气是地转风随高度变化的充分必要条件. 下面我们将予以证明.

为了表征地转风 $\boldsymbol{V}_g$ 随高度的变化，我们引入热成风的概念. 设 $\boldsymbol{V}_{g_1}$ 和 $\boldsymbol{V}_{g_2}$ 分别为同一地点(x,y 相同)但不同等压面 p_1, p_2($p_2 < p_1$)上的地转风，则称 $\boldsymbol{V}_{g_2} - \boldsymbol{V}_{g_1}$ 为二等压面间的热成风，记为 $\boldsymbol{V}_T$，即

$$\boldsymbol{V}_T \equiv \Delta\boldsymbol{V}_g = \boldsymbol{V}_{g_2} - \boldsymbol{V}_{g_1} = -\frac{1}{f}\nabla_p(\Delta\phi)\times\boldsymbol{k}, \tag{3.57}$$

其中

$$\Delta\phi \equiv \phi_2 - \phi_1$$

为二等压面间的重力位势差，称为位势厚度. $\boldsymbol{V}_T$ 的分量为

$$\begin{cases} u_T = -\dfrac{1}{f}\left(\dfrac{\partial\Delta\phi}{\partial y}\right)_p, \\ v_T = \dfrac{1}{f}\left(\dfrac{\partial\Delta\phi}{\partial x}\right)_p. \end{cases} \tag{3.58}$$

由热成风的定义知：热成风并非真正的风，而是地转风的矢量差. 它表征地转风随高度的变化，也就反映了大气的斜压性. 而且热成风 $\boldsymbol{V}_T$ 与等位势厚度线平行，北半球，在热成风的右侧是高厚度，左侧是低厚度.

在§1.13中我们引入了气压平均温度 T_m，对等压面 p_1 和 p_2 而言，其气压平

均温度为

$$T_{\mathrm{m}}=\int_{p_2}^{p_1}T\delta\ln p\Big/\ln\frac{p_1}{p_2}. \tag{3.59}$$

而且,由静力学关系不难求得

$$\Delta\phi=\int_{p_2}^{p_1}RT\delta\ln p=RT_{\mathrm{m}}\ln\frac{p_1}{p_2}. \tag{3.60}$$

将(3.60)式代入(3.57)式得到

$$\boldsymbol{V}_T=-\frac{R}{f}\ln\frac{p_1}{p_2}\nabla_p T_{\mathrm{m}}\times\boldsymbol{k}=-\frac{g\Delta z}{fT_{\mathrm{m}}}\nabla_p T_{\mathrm{m}}\times\boldsymbol{k}. \tag{3.61}$$

所以,热成风与等 T_{m} 线平行,且北半球高温在右,低温在左,这是热成风名词的由来.

我们把上式改写为

$$\Delta\boldsymbol{V}_{\mathrm{g}}=-\frac{g\Delta z}{fT_{\mathrm{m}}}\nabla_p T_{\mathrm{m}}\times\boldsymbol{k}, \tag{3.62}$$

则

$$\frac{\Delta\boldsymbol{V}_{\mathrm{g}}}{\Delta z}=-\frac{g}{f}\nabla_p\ln T_{\mathrm{m}}\times\boldsymbol{k}. \tag{3.63}$$

令 $\Delta z\to 0$,相应 $\Delta\boldsymbol{V}_{\mathrm{g}}\to 0$,$T_{\mathrm{m}}\to T$,则由上式求得地转风 $\boldsymbol{V}_{\mathrm{g}}$ 的垂直切变为

$$\frac{\partial\boldsymbol{V}_{\mathrm{g}}}{\partial z}=-\frac{g}{f}\nabla_p\ln T\times\boldsymbol{k}=-\frac{g}{f}\nabla_p\ln\theta\times\boldsymbol{k}. \tag{3.64}$$

此式也常称为热成风关系. 上式明显表示:地转风的垂直切变与大气斜压性直接关联,对正压大气,等压面与等温面平行,$\nabla_p\ln T=0$,则$\dfrac{\partial\boldsymbol{V}_{\mathrm{g}}}{\partial z}=0$;反之,当$\dfrac{\partial\boldsymbol{V}_{\mathrm{g}}}{\partial z}=0$,可导得 $\nabla_p\ln T=0$. 所以,正压大气的充分必要条件是无地转风的垂直切变,即

$$\frac{\partial\boldsymbol{V}_{\mathrm{g}}}{\partial z}=0. \tag{3.65}$$

这也是说,斜压大气是地转风存在垂直切变的充分必要条件. 因此,在自由大气中,常把

$$\frac{\partial\boldsymbol{V}_{\mathrm{h}}}{\partial z}=0 \tag{3.66}$$

视为正压的条件.

地转风的垂直切变与大气斜压性的关系,我们从第二章的(2.110)式可直接得到. 由(3.39)式有

$$-\alpha\nabla_{\mathrm{h}}p=-f\boldsymbol{V}_{\mathrm{g}}\times\boldsymbol{k}.$$

将上式代入(2.110)式得到

$$\boldsymbol{B}\times\boldsymbol{k}=-f\frac{\partial\boldsymbol{V}_{\mathrm{g}}}{\partial z}\times\boldsymbol{k}. \tag{3.67}$$

因$\dfrac{\partial \boldsymbol{V}_g}{\partial z}$为二维矢量，则若令

$$\boldsymbol{B}_h = B_x\boldsymbol{i} + B_y\boldsymbol{j} \tag{3.68}$$

表 $\boldsymbol{B}$ 的水平分矢量，则由(3.67)式得到

$$\boldsymbol{B}_h = -f\frac{\partial \boldsymbol{V}_g}{\partial z} = g\,\nabla_p \ln T \times \boldsymbol{k}. \tag{3.69}$$

由此可知：在等压面上，$\boldsymbol{B}_h$ 垂直于温度梯度 $\nabla_p T$，且高温在 $\boldsymbol{B}_h$ 的左侧，低温在 $\boldsymbol{B}_h$ 的右侧．因而可以判断，它将使得在与 $\boldsymbol{B}_h$ 垂直的剖面上 L 方向的环流加强，这将使高温区有上升运动，低温区有下沉运动，见图 3.7.

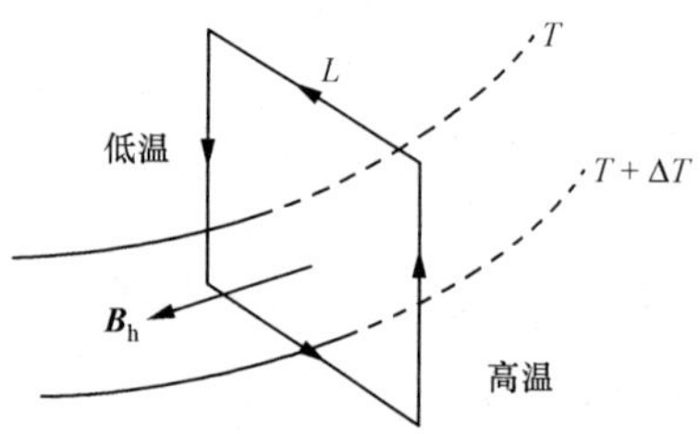

图 3.7　$\boldsymbol{B}_h$ 的作用

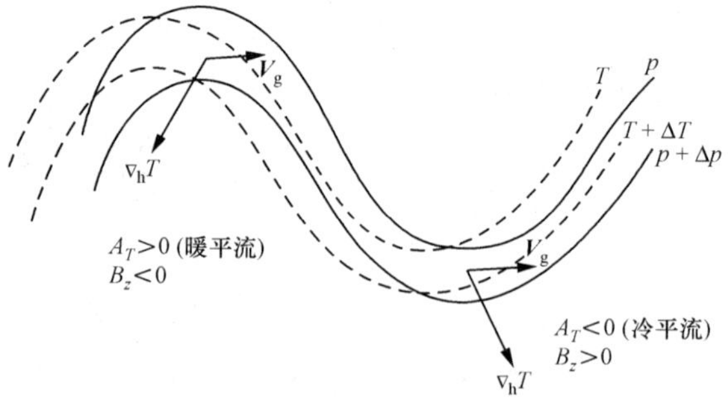

图 3.8　温度平流和 B_z 的作用

至于 $\boldsymbol{B}$ 的垂直分量 B_z，也可以找到它与地转风 $\mathbf{V}_g$ 的关系．利用(2.238)式我们不难得到

$$\begin{aligned} B_z &= \alpha\left(\frac{\partial p}{\partial x}\frac{\partial \ln T}{\partial y} - \frac{\partial p}{\partial y}\frac{\partial \ln T}{\partial x}\right) = f\left(v_g\frac{\partial \ln T}{\partial y} + u_g\frac{\partial \ln T}{\partial x}\right) \\ &= f\mathbf{V}_g \cdot \nabla_h \ln T = -\frac{f}{T}A_{Tg}, \end{aligned} \tag{3.70}$$

其中

$$A_{Tg} \equiv -\boldsymbol{V}_g \cdot \nabla_h T \tag{3.71}$$

称为地转温度平流．一般温度平流定义为

$$A_T \equiv -\boldsymbol{V}_h \cdot \nabla_h T. \tag{3.72}$$

风由高温流向低温时，$A_T > 0$，称为暖平流；反之，风由低温流向高温时，$A_T < 0$，称为冷平流．见图 3.8．任何物理量的平流都可以仿(3.72)式来定义．

这样，由(3.70)式可知，北半球，在地转冷平流区，$B_z > 0$，它将使得水平面上气旋式环流加强；在地转暖平流区，$B_z < 0$，它将使得水平面上反气旋式环流加强．图 3.8 为常见的中纬度西风带温度槽落后于气压槽的情况，由于气压槽区是冷平流，便加强槽区的气旋式环流；同样，气压脊区是暖平流，便加强脊区的反气旋式环流．因而，这种形势常使得西风带不稳定(槽和脊都加强)．

二、梯度平衡与梯度风

地转风是等速直线运动，在定常情况下，流线（等压线或等重力位势线）为直线. 实际自由大气中，流线多非直线，因而需考虑曲线运动.

1. 梯度平衡与梯度风

自由大气中，水平气压梯度力，Coriolis 力与等速曲线运动的离心力三者的平衡称为梯度平衡；相应的空气水平运动称为梯度风，记为 $\boldsymbol{V}_{\mathrm{gr}}$. 因此，由(3.18)式和(3.35)式知，梯度平衡满足

$$-K_{\mathrm{t}}V_{\mathrm{gr}}^2\boldsymbol{n}-\alpha\nabla_{\mathrm{h}}p+f\boldsymbol{V}_{\mathrm{gr}}\times\boldsymbol{k}=0. \tag{3.73}$$

所以，在自然坐标系中，梯度平衡和梯度风 $\boldsymbol{V}_{\mathrm{gr}}=V_{\mathrm{gr}}\boldsymbol{t}$ 满足

$$\begin{cases}-\alpha\dfrac{\partial p}{\partial s}=0,\\[2mm] -\alpha\dfrac{\partial p}{\partial n}=K_{\mathrm{t}}V_{\mathrm{gr}}^2+fV_{\mathrm{gr}}.\end{cases} \tag{3.74}$$

所以，梯度风 $\boldsymbol{V}_{\mathrm{gr}}$ 是水平等速（$\mathrm{d}V_{\mathrm{h}}/\mathrm{d}t=0$）曲线（$K_{\mathrm{t}}\neq0$）运动，风向与等压线平行（运动定常时，等压线为梯度风的流线）. 梯度风与气压场的关系分下列三种不同情况：

(1) 等压线呈气旋式弯曲（$K_{\mathrm{t}}>0$），则由(3.74)式的第二式，在北半球（$f>0$），$\partial p/\partial n<0$，即运动的左侧是低压，这与地转风是相似的，是北半球通常气旋系统的情况，见图 3.9(a)；

(2) 等压线呈反气旋式弯曲（$K_{\mathrm{t}}<0$），且 $K_{\mathrm{t}}V_{\mathrm{gr}}^2+fV_{\mathrm{gr}}>0$，即 $|fV_{\mathrm{gr}}|>|K_{\mathrm{t}}V_{\mathrm{gr}}^2|$，因而 Coriolis 力的数值大于离心力的数值，因而在北半球（$f>0$），$\partial p/\partial n<0$，即运动的左侧是低压，这也与地转风相似，这是北半球正常反气旋系统的情况，见图 3.9(b)；

(3) 等压线呈反气旋式弯曲（$K_{\mathrm{t}}<0$），且 $K_{\mathrm{t}}V_{\mathrm{gr}}^2+fV_{\mathrm{gr}}<0$，即 $|fV_{\mathrm{gr}}|<|K_{\mathrm{t}}V_{\mathrm{gr}}^2|$，因而 Coriolis 力的数值小于离心力的数值，因而在北半球（$f>0$），$\partial p/\partial n>0$，即运动的左侧是高压，这与地转风相反，这是北半球反常反气旋系统的情况，多见于下面所介绍的旋风系统，见图 3.9(c).

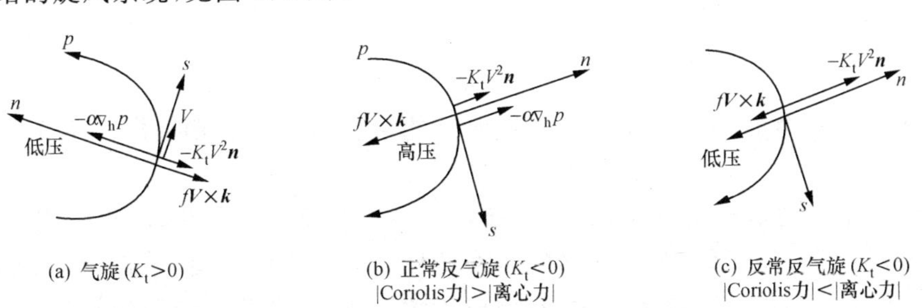

图 3.9

2. 梯度风速大小

下面我们证明梯度风速大小 V_{gr} 有下列公式

$$V_{gr}=\begin{cases}\dfrac{-f+\sqrt{f^2+4K_tfV_g}}{2K_t}, & \text{对气旋和正常的反气旋,}\\[2ex] \dfrac{-f-\sqrt{f^2-4K_tfV_g}}{2K_t}, & \text{对反常的反气旋,}\end{cases} \tag{3.75}$$

其中

$$V_g=\frac{1}{f\rho}\left|\frac{\partial p}{\partial n}\right| \quad (\text{北半球}) \tag{3.76}$$

表梯度风中与气压梯度相当的地转风大小.

因气旋和正常反气旋,$\dfrac{\partial p}{\partial n}<0$,则令 $V_g=-\dfrac{1}{f\rho}\dfrac{\partial p}{\partial n}$ 后,梯度风速的方程((3.74)式的第二式)可以写为

$$K_tV_{gr}^2+fV_{gr}-fV_g=0. \tag{3.77}$$

这是 V_{gr} 的二次代数方程,解之得

$$V_{gr}=\frac{1}{2K_t}(-f\pm\sqrt{f^2+4K_tfV_g}). \tag{3.78}$$

对气旋($K_t>0$),要保证 $V_{gr}>0$,上式根号前只能取正号;对正常反气旋($K_t<0$),表面上看要保证 $V_{gr}>0$,上式根号前取正负号都行,但用 $K_t\to 0$ 的极限去分析,它应满足

$$\lim_{K_t\to 0}V_{gr}=V_g. \tag{3.79}$$

但只有(3.78)式的根号前取正号,才满足上式,若根号前取负号,只能得到 $\lim\limits_{K_t\to 0}V_{gr}=\infty$. 这就证明了(3.75)式的第一式.

对反常的反气旋,$\dfrac{\partial p}{\partial n}>0$,则令 $V_g=\dfrac{1}{f\rho}\dfrac{\partial p}{\partial n}$ 后,梯度风速的方程可以写为

$$K_tV_{gr}^2+fV_{gr}+fV_g=0. \tag{3.80}$$

解之得

$$V_{gr}=\frac{1}{2K_t}(-f\pm\sqrt{f^2-4K_tfV_g}). \tag{3.81}$$

此时 $K_t<0$,要保证 $V_{gr}>0$,上式根号前只能取负号. 这就证明了(3.75)式的第二式.

值得注意的是梯度风速公式(3.75),对气旋和反常反气旋,其根号内都是正值,它表示对这两类系统的气压梯度和风速大小都没有限制,如气旋、台风、龙卷风等都可以有较强的气压梯度和风速;但对正常反气旋,公式(3.75)的根号内,第一项为正,第二项为负,则要求根号内为正必须有

$$f^2 + 4K_t f V_g \geqslant 0. \tag{3.82}$$

由此得到：在北半球应有

$$V_g \leqslant \frac{f}{-4K_t} = \frac{f}{4|K_t|} \tag{3.83}$$

或

$$\left|\frac{\partial p}{\partial n}\right| \leqslant \frac{f^2 \rho}{4|K_t|}. \tag{3.84}$$

这就解释了通常见到的正常反气旋气压梯度和风速都不能太大的事实，特别是反气旋中心附近（$1/|K_t|$很小）更是如此.

另外，对气旋和正常反气旋，由(3.77)式有

$$K_t V_{gr}^2 = -f(V_{gr} - V_g). \tag{3.85}$$

则对气旋（$K_t > 0$）有

$$V_{gr} < V_g,$$

即气旋是亚地转风（风速小于气压梯度相应的地转风）；而对正常反气旋（$K_t < 0$）有

$$V_{gr} > V_g,$$

即正常反气旋是超地转风（风速大于气压梯度相应的地转风）.

三、旋转平衡与旋转风

自由大气中，水平气压梯度力与等速曲线运动的离心力二者的平衡称为旋转平衡；相应的空气水平运动称为旋转风，记为$\mathbf{V}_c$. 因此，由(3.18)式和(3.35)式知，旋转平衡满足

$$-K_t V_c^2 \boldsymbol{n} - \alpha \nabla_h p = 0. \tag{3.86}$$

所以，在自然坐标系中，旋转平衡和旋转风$\mathbf{V}_c = V_c \boldsymbol{t}$满足

$$\begin{cases} -\alpha \dfrac{\partial p}{\partial s} = 0, \\ -\alpha \dfrac{\partial p}{\partial n} = K_t V_c^2. \end{cases} \tag{3.87}$$

所以，旋转风$\mathbf{V}_c$是水平等速（$\mathrm{d}V_h/\mathrm{d}t = 0$）曲线（$K_t \neq 0$）运动，风向与等压线平行（运动定常时，等压线为旋转风的流线）. 而且，当流线呈气旋式弯曲（$K_t > 0$）时，$\partial p/\partial n < 0$，即运动的左侧是低压；当流线呈反气旋式弯曲（$K_t < 0$）时，$\partial p/\partial n > 0$，即运动的右侧是低压，它们分别见图3.10(a)和(b). 不管等压线怎样弯

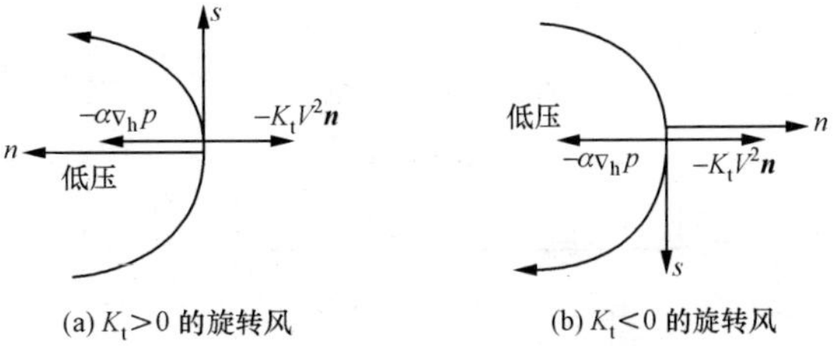

(a) $K_t > 0$ 的旋转风　　(b) $K_t < 0$ 的旋转风

图 3.10

曲，曲率中心都是低压.大气中常见的旋风和龙卷风都属此类，因未考虑 Coriolis 力的作用，这些系统在大气中为小型系统.

若应用(3.76)式，则由(3.87)式的第二式求得旋转风速大小为

$$V_c = \sqrt{\frac{fV_g}{|K_t|}}. \tag{3.88}$$

四、惯性平衡与惯性风

自由大气中，水平 Coriolis 力与等速曲线运动的离心力二者的平衡称为惯性平衡；相应的空气水平运动称为惯性风，记为 $\boldsymbol{V}_i$.因此，由(3.18)式和(3.35)式知，惯性平衡满足

$$-K_tV_i^2\boldsymbol{n} + f\boldsymbol{V}_i \times \boldsymbol{k} = 0. \tag{3.89}$$

所以，在自然坐标系中，惯性平衡和惯性风 $\boldsymbol{V}_i = V_i\boldsymbol{t}$ 满足

$$\begin{cases} \dfrac{dV_i}{dt} = 0, \\ K_tV_i^2 + fV_i = V_i(K_tV_i + f) = 0. \end{cases} \tag{3.90}$$

所以，惯性风 $\boldsymbol{V}_i$ 是在均匀气压场($\nabla_h p = 0$)条件下的等速($dV_i/dt = 0$)曲线($K_t \neq 0$)运动.其风速大小为

$$V_i = -f/K_t = -fR_t. \tag{3.91}$$

由此知：在北半球($f>0$)，必须 $K_t<0$，即运动轨迹必须是反气旋式的，见图 3.11.又因运动过程中 V_i 不变，因而 $|K_t|$ 与 f 成正比，但 f 随纬度 φ 的增加而增强，因而 $|K_t|$ 也随纬度 φ 的增加而增加.

若不考虑 f 随纬度的变化，即取 $f = f_0$，则 K_t 或 R_t 为一常数，此时运动轨迹在北半球为一顺时针旋转的圆，称为惯性圆，见图 3.12.惯性圆的半径(称为惯性半径)为

$$R_i = |R_t| = V_i/f_0. \tag{3.92}$$

惯性圆的周期(绕惯性圆一周所需的时间)为

$$\tau_I = 2\pi R_i/V_i = 2\pi/f_0. \tag{3.93}$$

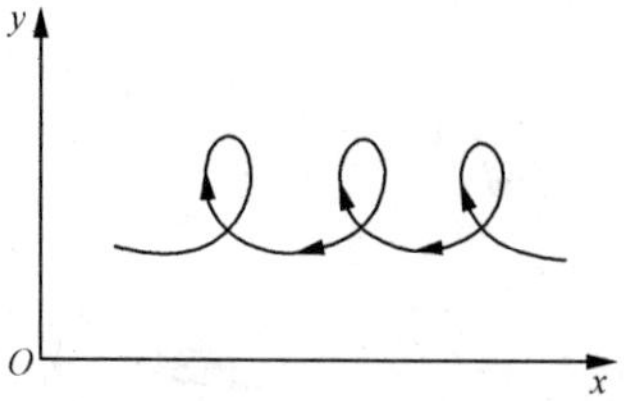

图 3.11 惯性风的轨迹

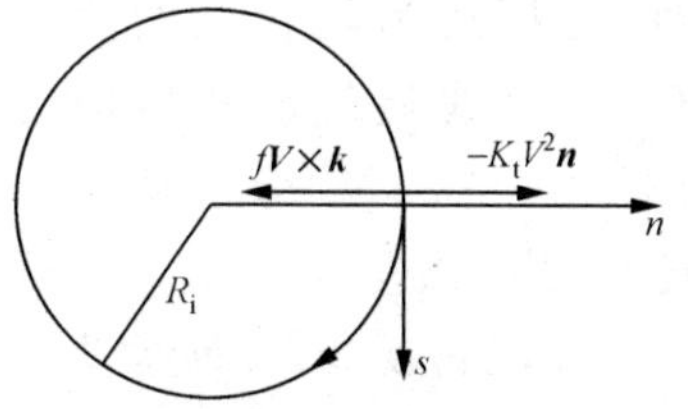

图 3.12 惯性圆

我们知道，设于纬度 φ_0 处的 Foucault 摆绕垂直轴旋转的角速度为 $\Omega\sin\varphi_0 =$

$f_0/2$. 因而它绕垂直轴一周所需的时间为

$$\tau_F = \frac{2\pi}{f_0/2} = \frac{4\pi}{f_0}, \tag{3.94}$$

τ_F 称为一个 Foucault 摆日.

比较(3.93)和(3.94)式有

$$\tau_I = \tau_F/2, \tag{3.95}$$

即惯性圆周期是半个摆日.

由(3.93)式知,惯性圆的圆频率就是 Coriolis 参数 f_0,因而通常认为惯性运动的时间尺度为

$$\tau_i = f_0^{-1}. \tag{3.96}$$

§ 3.5 惯性振动和惯性稳定度

本节讨论水平运动在 Coriolis 力作用下形成的惯性振动和在地转风的背景下这种惯性振动的稳定性.

一、惯性振动

因为在北半球,Coriolis 力总偏向于运动的右方,因此,仅在 Coriolis 力作用下的水平运动必然是在平衡位置附近的振动,这种振动称为惯性振动.

在直角坐标系中,仅在 Coriolis 力作用下的水平运动方程可以写为

$$\begin{cases} \dfrac{du}{dt} - f_0 v = 0, \\ \dfrac{dv}{dt} + f_0 u = 0. \end{cases} \tag{3.97}$$

在方程组(3.97)中已设 f 为常数,并写为 f_0. 则上述方程组消去 u 很快得到

$$\frac{d^2 v}{dt^2} + f_0^2 v = 0. \tag{3.98}$$

若消去 v,得到的 u 的方程也是上述形式.

方程(3.98)是二阶振动型微分方程,振动的圆频率为 f_0,这就是惯性振动的圆频率. 它也说明:对于作经向运动的空气微团而言,由于 Coriolis 力,它受到一个与运动方向相反的恢复力 $-f_0^2 v$,促使它在平衡位置作惯性振动.

二、惯性稳定度

以上讨论惯性振动,仅考虑 Coriolis 力,未考虑其他力的作用,也未考虑空气水平运动的背景状态. 实际在旋转地球大气中总存在一个基本的纬向气流 $\bar{u}$,在中

高纬度,基本气流是西风($\bar{u}>0$);在低纬度,基本气流是东风($\bar{u}<0$).

通常基本气流 $\bar{u}$ 在经向分布是不均匀的,即

$$\bar{u}=\bar{u}(y). \tag{3.99}$$

这种不均匀的基本气流对在其中作经向运动的空气有重要的影响.

因为没有考虑经向的基本气流,即认为 $\bar{v}=0$,则由(3.36)式有

$$\frac{\partial \bar{p}}{\partial x}=0, \quad f_0\bar{u}=-\frac{1}{\bar{\rho}}\frac{\partial \bar{p}}{\partial y}, \tag{3.100}$$

其中 $\bar{p}$ 和 $\bar{\rho}$ 分别为环境空气的气压和密度. 上式表明:环境空气的气压场在纬向是均匀的,而气压场的经向分布与基本气流构成地转关系.

我们的问题是:在这个存在基本气流的环境大气中作经向运动的空气,在 Coriolis 力和气压梯度力作用下能否返回原有的位置. 若这种大气对空气的经向运动起抑制作用,空气有返回原有位置的趋向,则称这种大气是惯性稳定的;若这种大气对空气的经向运动起加速作用,使空气远离原有位置,则称这种大气是惯性不稳定的;介于两者之间,则称这种大气是惯性中性的. 惯性稳定、中性和不稳定统称为惯性稳定度. 所以,惯性稳定度就是讨论处于地转平衡的大气对于空气水平运动的影响.

为了简化,我们假定在满足(3.100)式的环境大气中作水平运动的空气微团维持大气气压场的分布,即空气微团的气压 p 和密度 ρ 满足

$$\frac{\partial p}{\partial x}=\frac{\partial \bar{p}}{\partial x}=0, \quad -\frac{1}{\rho}\frac{\partial p}{\partial y}=-\frac{1}{\bar{\rho}}\frac{\partial \bar{p}}{\partial y}=f_0\bar{u}. \tag{3.101}$$

这样,空气微团的水平运动方程(3.36)可以写为

$$\begin{cases}\dfrac{\mathrm{d}u}{\mathrm{d}t}-f_0 v=0,\\[2mm] \dfrac{\mathrm{d}v}{\mathrm{d}t}+f_0 u=f_0\bar{u}.\end{cases} \tag{3.102}$$

将方程组(3.102)与(3.97)比较,这里在 y 方向多了一个气压梯度力

$$-\frac{1}{\rho}\frac{\partial p}{\partial y}=f_0\bar{u}.$$

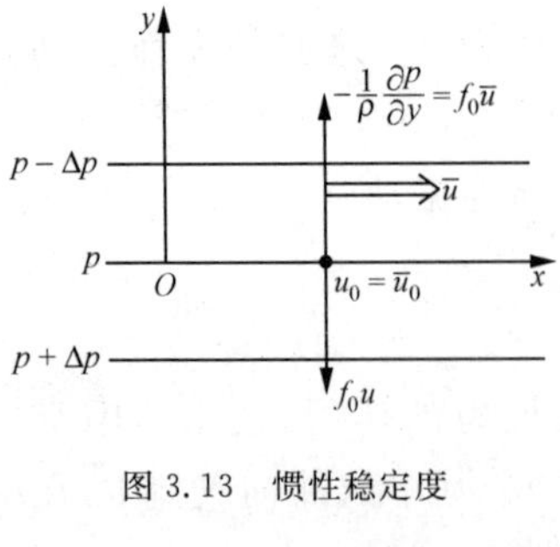

图 3.13 惯性稳定度

对于水平运动的空气微团而言,在 y 方向它所受的气压梯度力为 $f_0\bar{u}$(在 $\bar{u}>0$ 时,方向向北),而它所受的 Coriolis 力为 f_0u(方向向南),二者数值之差为

$$F\equiv f_0\bar{u}-f_0u=-f_0(u-\bar{u}). \tag{3.103}$$

它称为净的气压梯度力,见图 3.13. 这样,(3.102)式的第二式改写为

$$\frac{\mathrm{d}v}{\mathrm{d}t}=F=-f_0(u-\bar{u}). \tag{3.104}$$

设空气微团的起始位置为 $y=0$，且在该位置空气微团纬向风速 u_0 与环境空气纬向风速 $\bar{u}_0$ 相同，即

$$u_0 = \bar{u}_0. \tag{3.105}$$

但空气微团 u 的变化受 Coriolis 力控制(见(3.102)式的第一式)，而环境空气 $\bar{u}$ 的变化由其分布所决定. 因而，尽管在起始位置 $u_0=\bar{u}_0$，但空气微团移动到新的位置后，一般 $u\neq\bar{u}$.

设空气微团向北移动微小距离 y，则其纬向风速近似为

$$u = u_0 + \frac{\mathrm{d}u}{\mathrm{d}y}y = u_0 + \frac{\mathrm{d}u}{\mathrm{d}t}\frac{\mathrm{d}t}{\mathrm{d}y}y = u_0 + \frac{1}{v}\frac{\mathrm{d}u}{\mathrm{d}t}y = u_0 + f_0 y. \tag{3.106}$$

而在 y 处，环境空气的纬向风速为

$$\bar{u} = \bar{u}_0 + \frac{\partial\bar{u}}{\partial y}y = u_0 + \frac{\partial\bar{u}}{\partial y}\cdot y. \tag{3.107}$$

将上两式一并代入到(3.104)式得到

$$\frac{\mathrm{d}v}{\mathrm{d}t} = -I^2 y, \tag{3.108}$$

其中

$$I^2 = f_0\bar{\zeta}_a, \tag{3.109}$$

而

$$\bar{\zeta}_a = -\frac{\partial\bar{u}}{\partial y} + f_0 \tag{3.110}$$

为环境空气的绝对垂直涡度.

因 $v\equiv\frac{\mathrm{d}y}{\mathrm{d}t}$，则(3.108)式可改写为

$$\frac{\mathrm{d}^2 y}{\mathrm{d}t^2} = -I^2 y. \tag{3.111}$$

当 $I^2>0$ 时，方程(3.111)也是振动型微分方程，其振动频率为 I，所以 I 可称为有水平风速切变时的惯性频率. 当 $\partial\bar{u}/\partial y=0$ 时，$I=f_0$.

由(3.111)式看到：$-I^2 y$ 是作水平运动的单位质量空气微团在存在纬向地转基本气流 $\bar{u}$ 的条件下在 y 方向所受的净的气压梯度力，因此，在地转平衡的大气中，作水平运动的空气在 y 方向离开原有位置后，是受抑制返回原有位置还是继续加速取决于 I^2 的符号.

当 $I^2>0$ 时，空气微团所受净的气压梯度力为负，因而空气微团有返回原有位置的趋向，此时方程(3.111)有振动解，所以是惯性稳定的；当 $I^2<0$ 时，空气微团所受净的气压梯度力为正，因而空气微团有继续离开原有位置的趋向，此时方程(3.111)有指数解，所以是惯性不稳定的；当 $I^2=0$ 时，空气微团不受净的气压梯度力作用，因而是惯性中性的.

综上所述,惯性稳定度的判据是

$$I^2\begin{cases}>0, & \text{惯性稳定},\\ =0, & \text{惯性中性},\\ <0, & \text{惯性不稳定}.\end{cases} \tag{3.112}$$

在北半球,$f>0$,则由(3.110)式,上述稳定度判据可改写为

$$\bar{\zeta}_a\begin{cases}>0, & \text{惯性稳定},\\ =0, & \text{惯性中性},\\ <0, & \text{惯性不稳定}.\end{cases} \tag{3.113}$$

这就表明:在北半球,环境空气基本气流绝对垂直涡度的符号可以作为惯性稳定度的判据.对于大气大尺度运动,在北半球中高纬地区,绝对垂直涡度几乎恒为正,所以,一般讲,中高纬大尺度运动是惯性稳定的,但在 $\partial\bar{u}/\partial y>0$,且数值特别大的地区,如西风急流右侧,也会造成惯性不稳定.而在低纬地区,当 $f<\partial\bar{u}/\partial y$ 时,常会形成惯性不稳定,以后,我们将说明:在台风的发展中也会有惯性不稳定.

值得注意的是:惯性不稳定常不能独立出现,而且,惯性不稳定引起的空气经向混合,使风速南北切变减小,结果会恢复惯性稳定状态.

§3.6 近地面层大气中的平衡运动

近地面层可忽略 Coriolis 力的作用,但湍流摩擦力极为重要,则水平运动方程的矢量形式(3.4)化为

$$\frac{\mathrm{d}\boldsymbol{V}_{\mathrm{h}}}{\mathrm{d}t}=-\alpha\nabla_{\mathrm{h}}p+\alpha\frac{\partial\boldsymbol{T}_z}{\partial z}. \tag{3.114}$$

我们所考虑的平衡运动即是水平气压梯度力与湍流摩擦力二者相平衡的运动,即它满足

$$\alpha\left(-\nabla_{\mathrm{h}}p+\frac{\partial\boldsymbol{T}_z}{\partial z}\right)=0. \tag{3.115}$$

但由于近地面层很薄($h_{\mathrm{A}}\leqslant 100\ \mathrm{m}$),上述两项的绝对值都很小,通常估计

$$|\nabla_{\mathrm{h}}p|=\left|\frac{\partial\boldsymbol{T}_z}{\partial z}\right|=10^{-3}\,\mathrm{N\cdot m^{-3}}.$$

据此我们可以认为 $\boldsymbol{T}_z$ 穿过近地面层任一水平截面都是一样的,即在数量上认为 $\partial\boldsymbol{T}_z/\partial z=0$,或

$$\boldsymbol{T}_z=\boldsymbol{T}_0=\text{常矢量}, \tag{3.116}$$

其中 $\boldsymbol{T}_0$ 为 $z=0$ 处(实质应为在 $z>0$ 的邻近下界面处)的 Reynolds 应力.

必须注意:上式从物理上分析是考虑近地面层很薄,以致认为穿过任一高度的湍流动量输送通量密度几乎是一样的,因此这是一个数量上的近似.绝不能由此

认为近地面层湍流摩擦力为零,从质量上看,在近地面层湍流摩擦力还是很重要的.

基于同样分析,通常也认为在近地面层风向几乎不随高度改变,即 $\boldsymbol{T}_z$,$\partial \boldsymbol{V}_\mathrm{h}/\partial z$ 和 $\boldsymbol{V}_\mathrm{h}$ 同方向,因而矢量方程(3.116)可改为标量形式:

$$T_z \equiv \rho K \frac{\partial V_\mathrm{h}}{\partial z} = T_0 = \text{常数}, \tag{3.117}$$

其中 K 为湍流系数.因近地面层 $\dfrac{\partial V_\mathrm{h}}{\partial z} > 0$,则依第一章(1.127)式有

$$K = l^2 \frac{\partial V_\mathrm{h}}{\partial z}. \tag{3.118}$$

将(3.118)式代入(3.117)式得到

$$\rho l^2 \left(\frac{\partial V_\mathrm{h}}{\partial z}\right)^2 = T_0. \tag{3.119}$$

上式通常可改写为

$$l \frac{\partial V_\mathrm{h}}{\partial z} = V_*, \tag{3.120}$$

其中

$$V_* = \sqrt{T_0/\rho} \tag{3.121}$$

具有速度量纲,而且与 Reynolds 应力有关,称为摩擦速度.(3.120)式就是一般讨论近地面层平衡运动的基本方程,其中 l 是混合长,若 l 已知,则方程(3.120)可以求解.

在近地面层,混合长 l 不能视为常数,通常认为它决定于动力因素(下界面)和热力因素(大气层结,它分为中性层结、稳定和不稳定层结,详细讨论见第四章).越靠近下界面,湍流越受抑制;层结越稳定,湍流也越受抑制.

至于下边界条件,一般取 $z=0$ 时,$V_\mathrm{h}=0$,但考虑下界面很粗糙,其上有植被覆盖,因而认为从下界面开始就有湍流,以致认为在靠近 $z=0$ 的某个高度 z_0 上风速为零,z_0 称为粗糙度,它决定于下界面的性质和凸凹不平的程度.风洞实验确定

$$z_0 = \frac{1}{30}\delta,$$

其中 δ 为覆盖下界面粗糙物的平均高度.所以,在讨论近地面层大气的平衡运动时,常用的下边界条件为

$$z = z_0, \quad V_\mathrm{h} = 0. \tag{3.122}$$

下面我们分中性层结和一般层结两种情况来分析.

一、中性层结下的对数定律

在中性层结下,近地面层湍流仅决定于下界面.可以想象:离下界面越近,l 越

小.因而,Prandtl 假定:这种条件下的混合长 l 是 z 的线性函数,即

$$l = kz, \tag{3.123}$$

其中

$$k = 0.4, \tag{3.124}$$

称为 Karman 常数.

将(3.123)式代入(3.118)式,求得此种条件下的湍流系数为

$$K = k^2 z^2 \frac{\partial V_h}{\partial z}. \tag{3.125}$$

将(3.123)式代入方程(3.120)得到

$$\frac{\partial V_h}{\partial z} = \frac{V_*}{k} \cdot \frac{1}{z}. \tag{3.126}$$

利用边条件(3.122)式,从 $z=z_0$ 到 $z=z$ 积分上式得到

$$V_h = \frac{V_*}{k} \ln \frac{z}{z_0} \quad (z_0 \leqslant z \leqslant h_A). \tag{3.127}$$

这就是近地面层大气的平衡运动导得的中性层结下风速随高度变化的对数定律.它说明,在近地面层中性层结下,风速随高度呈对数增加,见图 3.14(a);而在半对数坐标系中它为一直线,见图 3.14(b).

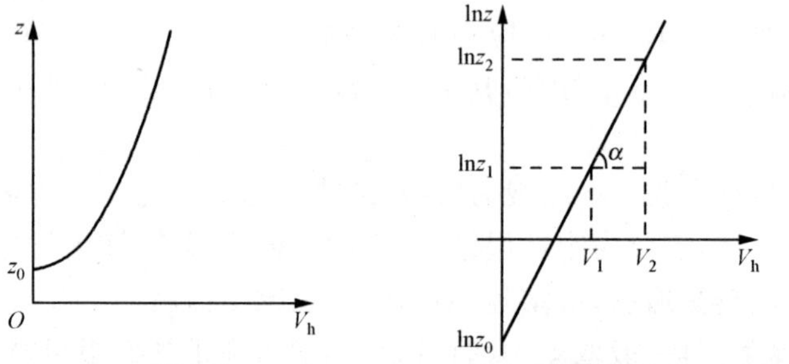

图 3.14 在半对数坐标系中的风速变化

由(3.126)式知:风速垂直切变$\frac{\partial V_h}{\partial z}$与 z 成反比,即风速垂直切变随高度的增加而减小.因而

$$\frac{\partial^2 V_h}{\partial z^2} = -\frac{V_*}{k} \frac{1}{z^2} < 0. \tag{3.128}$$

(3.126)式代入(3.125)式得到湍流系数

$$K = lV_* = kV_* z, \tag{3.129}$$

即湍流系数随高度 z 呈线性增加.

将(3.127)式代入(3.121)式得到 Reynolds 应力为

$$T_0 = \rho V_*^2 = \rho c_D V_h^2, \tag{3.130}$$

其中

$$c_D = \left(\frac{V_*}{V_h}\right)^2 = \left(k \Big/ \ln\frac{z}{z_0}\right)^2, \tag{3.131}$$

称为拖曳系数或阻力系数.

在实际工作中,若已知风速的观测记录,则在半对数坐标系(V_h,$\ln z$)中可定出一条直线,该直线的斜率为

$$\tan\alpha = \frac{\partial \ln z}{\partial V_h} = \frac{\ln(z_2/z_1)}{(V_2 - V_1)} = \frac{k}{V_*}.$$

在纵轴上的截距为

$$b = \ln z_0,$$

见图 3.14(b). 这样便可根据实际风速资料定出 V_*,z_0,T_0,K 等.

二、一般层结下的指数定律

在一般层结下的混合长,既要考虑动力因素,又要考虑热力因素. 显然,在不稳定层结下的混合长要比稳定层结下的混合长大,因而 Laikhtman 假定

$$l = Az^{1-\varepsilon}, \tag{3.132}$$

其中 A 与层结、粗糙度有关. ε 规定为

$$\begin{cases} -1 < \varepsilon < 0, & \text{不稳定层结}, \\ \varepsilon = 0, & \text{中性层结}, \\ 0 < \varepsilon < 1, & \text{稳定层结}. \end{cases} \tag{3.133}$$

将(3.132)式代入方程(3.120)得到

$$\frac{\partial V_h}{\partial z} = \frac{V_*}{Az^{1-\varepsilon}}. \tag{3.134}$$

因离下界面越近,下界面的影响越显著,利用此性质可确定 A. 若认为在粗糙度 $z = z_0$ 上满足对数定律,则由(3.126)式

$$\left(\frac{\partial V_h}{\partial z}\right)_{z=z_0} = \frac{V_*}{kz_0}.$$

而由(3.134)式

$$\left(\frac{\partial V_h}{\partial z}\right)_{z=z_0} = \frac{V_*}{Az_0^{1-\varepsilon}}.$$

将此两式比较定得

$$A = kz_0^{\varepsilon}. \tag{3.135}$$

将(3.135)式代回(3.132)式有

$$l = kz\left(\frac{z}{z_0}\right)^{-\varepsilon}, \tag{3.136}$$

它可以认为是在一般层结下应用的混合长公式.在中性层结时,$\varepsilon=0$,它退化为Prandtl混合长公式(3.123).

将(3.135)式代入(3.134)式得到

$$\frac{\partial V_{\mathrm{h}}}{\partial z}=\frac{V_{*}}{kz_0}\left(\frac{z}{z_0}\right)^{\varepsilon-1}=\frac{V_{*}}{kz_0}\left(\frac{z_0}{z}\right)^{1-\varepsilon}. \tag{3.137}$$

利用边条件(3.122)式,从 $z=z_0$ 到 $z=z$ 积分上式得到

$$V_{\mathrm{h}}=\frac{V_{*}}{k\varepsilon}\left\{\left(\frac{z}{z_0}\right)^{\varepsilon}-1\right\}\quad(z_0\leqslant z\leqslant h_{\mathrm{A}}). \tag{3.138}$$

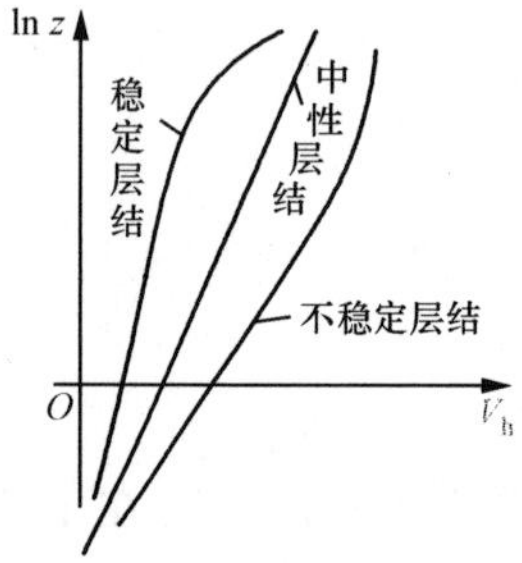

图 3.15　指数定律

这就是从近地面层大气的平衡运动导得的一般层结下风速随高度变化的指数定律.它说明:在半对数坐标系(V_{h},$\ln z$)中,稳定层结下,风速曲线呈上凸形;不稳定层结下,风速曲线呈下凹形;而中性层结下仍为一直线.见图3.15.

由(3.137)式看到,因 $1-\varepsilon>0$,则当 z 增加时,$\partial V_{\mathrm{h}}/\partial z$ 减小;又因 $z_0/z\leqslant 1$,则在同一高度(z 相同),$|\varepsilon|$ 相同时,不稳定层结下的风速垂直切变要小于稳定层结下的风速垂直切变(这应在远离 z_0 处才明显),这是由于在不稳定层结下有利于湍流混合的缘故.

在(3.138)式中,令 $\varepsilon\to 0$,则得

$$\lim_{\varepsilon\to 0}V_{\mathrm{h}}=\lim_{\varepsilon\to 0}\frac{V_{*}}{k}\frac{(z/z_0)^{\varepsilon}-1}{\varepsilon}=\frac{V_{*}}{k}\ln\frac{z}{z_0}. \tag{3.139}$$

这表明指数定律在中性层结下转化为对数定律.

利用指数定律(3.138)可确定

$$K=lV_{*}=kV_{*}z_0(z/z_0)^{1-\varepsilon}, \tag{3.140}$$

$$T_0=\rho V_{*}^2=\rho\left\{\frac{k\varepsilon}{(z/z_0)^{\varepsilon}-1}\right\}^2V_{\mathrm{h}}^2. \tag{3.141}$$

关于近地面层的风速、位温和比湿的垂直分布,我们还将在§4.3中进行讨论.

§3.7　上部边界层大气中的平衡运动

在自由大气中,水平气压梯度力与Coriolis力二者平衡,形成地转风,且风与等压线平行.但在行星边界层中必须考虑湍流摩擦力的作用,因此,平衡运动是水平气压梯度力、Coriolis力与湍流摩擦力三者的平衡.三力平衡,风向一般不可能再与等压线平行,风必须偏离等压线运动,而且必须向低压偏.为什么呢?

在行星边界层,水平运动方程(3.4)的矢量形式为

$$\frac{\mathrm{d}\mathbf{V}_{\mathrm{h}}}{\mathrm{d}t}=-\alpha\nabla_{\mathrm{h}}p+f\mathbf{V}_{\mathrm{h}}\times\boldsymbol{k}+\alpha\frac{\partial\boldsymbol{T}_z}{\partial z}, \tag{3.142}$$

力的平衡运动则满足

$$-\alpha\nabla_{\mathrm{h}}p+f\boldsymbol{V}_{\mathrm{h}}\times\boldsymbol{k}+\alpha\frac{\partial\boldsymbol{T}_z}{\partial z}=0. \tag{3.143}$$

从能量原理分析，Coriolis 力不作功，则方程(3.143)两边用 $\boldsymbol{V}_{\mathrm{h}}$ 点乘得

$$(-\alpha\nabla_{\mathrm{h}}p)\cdot\boldsymbol{V}_{\mathrm{h}}+\left(\alpha\frac{\partial\boldsymbol{T}_z}{\partial z}\right)\cdot\boldsymbol{V}_{\mathrm{h}}=0. \tag{3.144}$$

但湍流摩擦力通常对空气运动作负功，引起动能耗损，即

$$\left(\alpha\frac{\partial\boldsymbol{T}_z}{\partial z}\right)\cdot\boldsymbol{V}_{\mathrm{h}}<0.$$

则方程(3.144)成立，只有

$$(-\alpha\nabla_{\mathrm{h}}p)\cdot\boldsymbol{V}_{\mathrm{h}}>0.$$

它表示水平气压梯度力 $-\alpha\nabla_{\mathrm{h}}p$ 与 $\boldsymbol{V}_{\mathrm{h}}$ 的夹角小于 90°，因而风偏向低压，以保证水平气压梯度力对空气运动作正功以抵消摩擦耗损，见图 3.16.

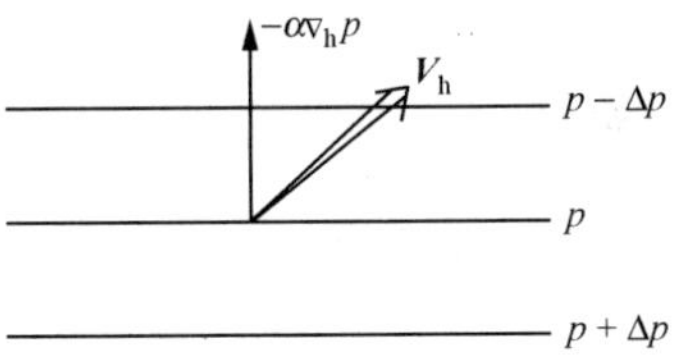

图 3.16　上部边界层风偏向低压

在直角坐标系中，方程(3.143)表为

$$\begin{cases}-\dfrac{1}{\rho}\dfrac{\partial p}{\partial x}+fv+\dfrac{1}{\rho}\dfrac{\partial}{\partial z}\left(\rho K\dfrac{\partial u}{\partial z}\right)=0,\\[2ex]-\dfrac{1}{\rho}\dfrac{\partial p}{\partial y}-fu+\dfrac{1}{\rho}\dfrac{\partial}{\partial z}\left(\rho K\dfrac{\partial v}{\partial z}\right)=0.\end{cases} \tag{3.145}$$

将气压场用地转风表示，即令

$$u_{\mathrm{g}}=-\frac{1}{f\rho}\frac{\partial p}{\partial y},\quad v_{\mathrm{g}}=\frac{1}{f\rho}\frac{\partial p}{\partial x}, \tag{3.146}$$

则方程组(3.145)化为

$$\begin{cases}f(v-v_{\mathrm{g}})+\dfrac{1}{\rho}\dfrac{\partial}{\partial z}\left(\rho K\dfrac{\partial u}{\partial z}\right)=0,\\[2ex]-f(u-u_{\mathrm{g}})+\dfrac{1}{\rho}\dfrac{\partial}{\partial z}\left(\rho K\dfrac{\partial v}{\partial z}\right)=0.\end{cases} \tag{3.147}$$

为了求解简便，我们作如下几个假定：

(1) ρ 不随高度改变，因边界层相对较薄，这样简化是可以的；

(2) K 不随高度改变，若考虑 K 随高度的变化，求解方程相对复杂，但结论类似；

(3) u_{g} 和 v_{g} 不随高度改变，即水平气压梯度不随高度改变；

(4) 取 x 轴平行于等压线，即求解时取 $v_{\mathrm{g}}=0$.

上述诸假定即为

$$\frac{\partial\rho}{\partial z}=0,\quad\frac{\partial K}{\partial z}=0,\quad\frac{\partial u_{\mathrm{g}}}{\partial z}=0,\quad v_{\mathrm{g}}=0. \tag{3.148}$$

此外，取 $f=f_0$.

在上述假定下，方程组(3.147)化为

$$\begin{cases} K\dfrac{\partial^2 u}{\partial z^2}+f_0 v=0, \\ K\dfrac{\partial^2 v}{\partial z^2}-f_0(u-u_g)=0. \end{cases} \tag{3.149}$$

至于边条件，下边界应取在近地面层的上界(那里 $\partial \mathbf{V}_h/\partial z$ 与 $\mathbf{V}_h$ 同方向)，但方程组(3.149)可以认为是在整个边界层中成立的，所以，我们将下边界取在地面；上边界应取在自由大气下界(那里 $z=h_B$)，但 $h_B=(1\sim1.5)\times10^3\,\text{m}$，而且也可认为方程组(3.149)可扩展到自由大气，则为运算简化，我们取为 $z\to\infty$. 这样，方程组(3.149)的边条件取为

$$\begin{cases} z=0,\ u=0,\ v=0, \\ z\to\infty,\ u=u_g,\ v=v_g=0. \end{cases} \tag{3.150}$$

一、Ekman 定律

为了求解方便，我们引入复速度

$$\widetilde{V}=u+\mathrm{i}v \quad (\mathrm{i}\equiv\sqrt{-1}), \tag{3.151}$$

则方程组(3.149)的第一式加上第二式乘以 i 得到

$$\frac{\partial^2\widetilde{V}}{\partial z^2}-\frac{\mathrm{i}f_0}{K}(\widetilde{V}-u_g)=0. \tag{3.152}$$

引入复地转偏差 $\widetilde{V}'$，它是复速度 $\widetilde{V}$ 与地转风 u_g 之差，即

$$\widetilde{V}'\equiv\widetilde{V}-u_g. \tag{3.153}$$

在 § 3.9 中我们将详细论述它.

再引入所谓 Ekman 标高 h_E，

$$h_E\equiv\sqrt{2K/f_0}, \tag{3.154}$$

由下面将知道，它是边界层厚度的特征量.

注意 $\mathrm{i}f_0/K=(1+\mathrm{i})^2 f_0/2K=((1+\mathrm{i})/h_E)^2$，则方程(3.152)化为

$$\frac{\partial^2\widetilde{V}'}{\partial z^2}-\left(\frac{1+\mathrm{i}}{h_E}\right)^2\widetilde{V}'=0; \tag{3.155}$$

而边条件(3.150)化为

$$\begin{cases} z=0,\ \widetilde{V}'=-u_g, \\ z\to\infty,\ \widetilde{V}'=0; \end{cases} \tag{3.156}$$

方程(3.155)的通解为

$$\widetilde{V}'=A\mathrm{e}^{(1+\mathrm{i})z/h_E}+B\mathrm{e}^{-(1+\mathrm{i})z/h_E}, \tag{3.157}$$

其中 A,B 为二任意常数.

但由上边条件((3.156)式的第二式),代入(3.157)式定得 $A=0$: 再由下边条件((3.156)式的第一式)定得 $B=-u_g$,故

$$\widetilde{V}'=-u_g e^{-(1+i)z/h_E}=-u_g e^{-z/h_E}e^{-iz/h_E}. \tag{3.158}$$

将(3.153)式代入,并分开实部和虚部,则求得边界层的平衡运动解为

$$\begin{cases} u=u_g\left(1-e^{-z/h_E}\cos\dfrac{z}{h_E}\right), \\ v=u_g e^{-z/h_E}\sin\dfrac{z}{h_E}. \end{cases} \tag{3.159}$$

这就是边界层大气的平衡运动导得的风速随高度变化的 Ekman 定律. 图 3.17 给出了由(3.159)式描绘的 u 和 v 随高度的变化图,它说明: 靠近下边界,受摩擦作用,u 和 v 的数值很小,但 $v>0$,表征风偏向低压;到一定高度(应为 $z=\pi h_E/4$,见本章末习题 27),v 达极大,随后 z 增大,v 减小,u 继续变大;到 $z=\pi h_E/2$ 时,$u=u_g$;到 $z=\pi h_E$ 时,$v=0$.

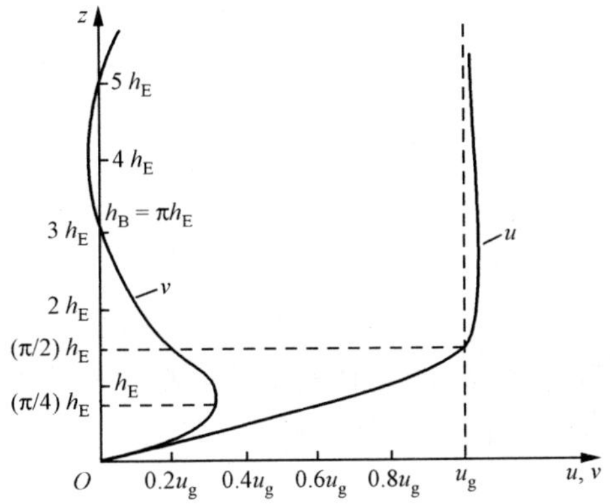

图 3.17 u,v 随 z 的变化

若以 u 为横坐标,v 为纵坐标,在此平面上描绘出各个高度上 $\boldsymbol{V}_h$ 的矢量,则 $\boldsymbol{V}_h$ 的端点画出一条曲线,它是一螺旋线,称为 Ekman 螺线,见图 3.18.

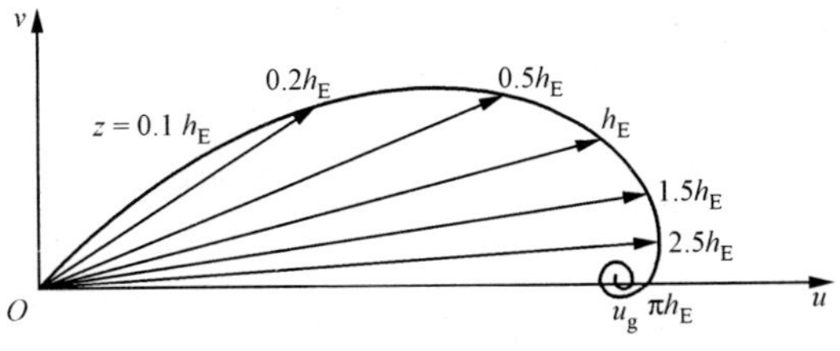

图 3.18 Ekman 螺线

我们称随高度的增加,首先达到风向与等压线平行的高度 h_B 为边界层高度或 Ekman 层高度,它满足

$$v = 0$$

或

$$\sin(h_B/h_E) = 0.$$

由此求得边界层高度为

$$h_B = \pi h_E = \pi\sqrt{2K/f_0}. \tag{3.160}$$

在这个意义上,可知 h_E 是边界层的特征厚度. 当然,具体计算时,h_B 才是边界层厚度. 若取$f_0=10^{-4}\,\mathrm{s}^{-1}$,$K=5\,\mathrm{m}^2\cdot\mathrm{s}^{-1}$,则算得 $h_B=10^3\,\mathrm{m}$;取 $K=10\,\mathrm{m}^2\cdot\mathrm{s}^{-1}$,算得 $h_B\approx1.5\times10^3\,\mathrm{m}$. 这都接近于实际边界层的厚度. 当然,也可利用上式,根据实际的 h_B,反过来推算出湍流系数 K 的值.

由(3.159)式,求得边界层的风速大小 V_h 及风与等压线的偏角 β 满足

$$\begin{cases} V_h \equiv \sqrt{u^2+v^2} = u_g\sqrt{1-2\mathrm{e}^{-z/h_E}\cos(z/h_E)+\mathrm{e}^{-2z/h_E}}, \\ \tan\beta \equiv \dfrac{v}{u} = \dfrac{\mathrm{e}^{-z/h_E}\sin(z/h_E)}{1-\mathrm{e}^{-z/h_E}\cos(z/h_E)}. \end{cases} \tag{3.161}$$

在下边界,风速为零,但由上式的第二式求得

$$\lim_{z\to0}\tan\beta = \lim_{z\to0}\frac{\mathrm{e}^{-z/h_E}\sin(z/h_E)}{1-\mathrm{e}^{-z/h_E}\sin(z/h_E)} = \lim_{z\to0}\frac{\dfrac{1}{h_E}\mathrm{e}^{-z/h_E}\left(\cos\dfrac{z}{h_E}-\sin\dfrac{z}{h_E}\right)}{\dfrac{1}{h_E}\mathrm{e}^{-z/h_E}\left(\cos\dfrac{z}{h_E}+\sin\dfrac{z}{h_E}\right)} = 1, \tag{3.162}$$

因而 $\beta=45^\circ$. 所以由 Ekman 螺线定得

$$V_h\big|_{z=0} = 0, \quad \beta\big|_{z=0} = \pi/4. \tag{3.163}$$

Ekman 螺线为一等角螺线,即其切线方向(表示风速的垂直切变 $\partial\boldsymbol{V}_h/\partial z$)与 $-\boldsymbol{V}'\equiv\boldsymbol{V}_g-\boldsymbol{V}_h$ 的夹角在各个高度上都一样,且都等于 $\pi/4$. 这是因为由(3.158)式求得

$$\frac{\partial\boldsymbol{V}_h}{\partial z} \equiv \frac{\partial\widetilde{V}}{\partial z} = \frac{1+\mathrm{i}}{h_E}u_g\mathrm{e}^{-(1+\mathrm{i})z/h_E} = \sqrt{2}u_g h_E^{-1}\mathrm{e}^{-z/h_E}\mathrm{e}^{\mathrm{i}(\pi/4-z/h_E)}. \tag{3.164}$$

而(3.158)式本身可改写为

$$\boldsymbol{V}' \equiv \widetilde{V}' = u_g\mathrm{e}^{-z/h_E}\mathrm{e}^{\mathrm{i}\left(\pi-\frac{z}{h_E}\right)}, \tag{3.165}$$

因此,$\boldsymbol{V}'$(或 $\widetilde{V}'$)和$\dfrac{\partial\boldsymbol{V}_h}{\partial z}\left(\text{或}\dfrac{\partial\widetilde{V}}{\partial z}\right)$的主幅角分别是

$$\arg\boldsymbol{V}' = \arg\widetilde{V}' = \pi-\frac{z}{h_E}, \quad \arg\frac{\partial\boldsymbol{V}_h}{\partial z} = \arg\frac{\partial\widetilde{V}}{\partial z} = \frac{\pi}{4}-\frac{z}{h_E}.$$

于是,$\boldsymbol{V}'$ 与$\dfrac{\partial\boldsymbol{V}_h}{\partial z}$的夹角为

$$\angle(\boldsymbol{V}', \partial\boldsymbol{V}_h/\partial z) = \arg\boldsymbol{V}' - \arg\frac{\partial\boldsymbol{V}_h}{\partial z} = \frac{3\pi}{4};$$

因而,$-\boldsymbol{V}'$ 与$\dfrac{\partial\boldsymbol{V}_h}{\partial z}$的夹角为

$$\angle(-\mathbf{V}',\partial\mathbf{V}_{\mathrm{h}}/\partial z)=\pi-\angle(\mathbf{V}',\partial\mathbf{V}_{\mathrm{h}}/\partial z)=\frac{\pi}{4}. \tag{3.166}$$

见图 3.19.

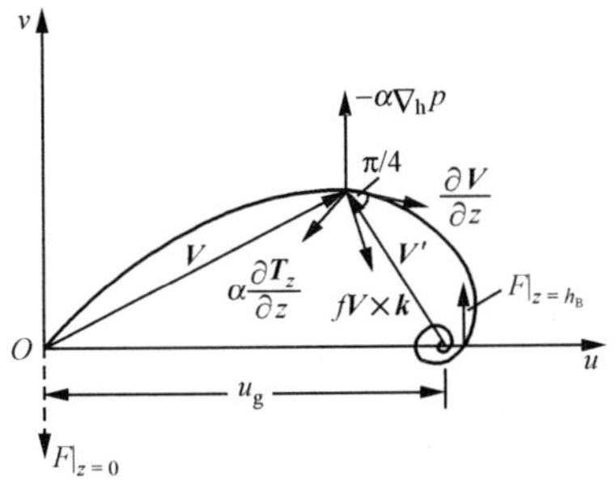

图 3.19　湍流摩擦力

Ekman 螺线为一等角螺线，也可以从其极坐标的表达式中得到说明. 将极点取在横坐标上 $u=u_{\mathrm{g}}$ 的一点上，则其极半径 r 即是地转偏差的大小，即

$$r=|\tilde{V}'|=u_{\mathrm{g}}\mathrm{e}^{-z/h_{\mathrm{E}}}, \tag{3.167}$$

而极角 θ 即是地转偏差 $\tilde{V}'$ 的幅角，即

$$\theta=\pi-\frac{z}{h_{\mathrm{E}}}. \tag{3.168}$$

将(3.167)式与(3.168)式联立后消去 z 得到 Ekman 螺线的极坐标表达式为

$$r=(u_{\mathrm{g}}\mathrm{e}^{-\pi})\mathrm{e}^{\theta}, \tag{3.169}$$

见图 3.20. 设螺线的切线与极半径的夹角为 α，则由图可知

$$\tan\alpha=\frac{r\delta\theta}{\delta r}=\frac{r\delta\theta}{(u_{\mathrm{g}}\mathrm{e}^{-\pi})\mathrm{e}^{\theta}\delta\theta}=\frac{r\delta\theta}{r\delta\theta}=1.$$

因而

$$\alpha=\pi/4, \tag{3.170}$$

即它是 $\alpha=\frac{\pi}{4}$ 的等角螺线.

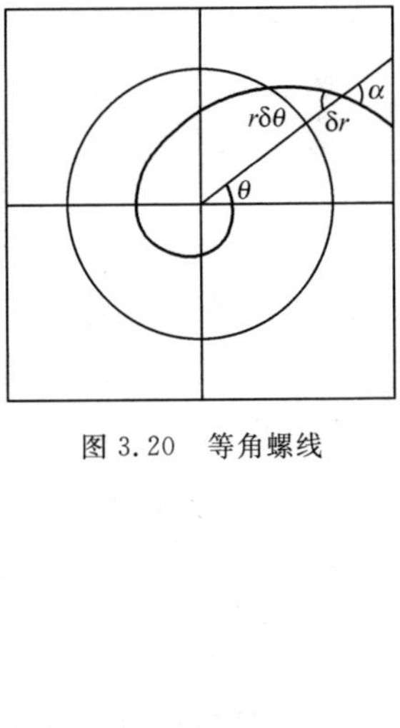

图 3.20　等角螺线

二、湍流摩擦力

根据三力平衡的条件，可以确定湍流摩擦力与风之间的关系. 在方程(3.143)中(取 $f=f_0$)，用 $-f_0\mathbf{V}_{\mathrm{g}}\times\boldsymbol{k}$ 代替 $-\alpha\nabla_{\mathrm{h}}p$ 得到

$$-f_0\mathbf{V}_{\mathrm{g}}\times\boldsymbol{k}+f_0\mathbf{V}_{\mathrm{h}}\times\boldsymbol{k}+\alpha\frac{\partial\boldsymbol{T}_z}{\partial z}=0. \tag{3.171}$$

由此求得湍流摩擦力为

$$\boldsymbol{F}_{\mathrm{h}} \equiv \alpha \frac{\partial \boldsymbol{T}_z}{\partial z} = -f_0(\boldsymbol{V}_{\mathrm{h}} - \boldsymbol{V}_{\mathrm{g}}) \times \boldsymbol{k} = -f_0 \boldsymbol{V}' \times \boldsymbol{k}. \tag{3.172}$$

上式表示湍流摩擦力 $\boldsymbol{F}_{\mathrm{h}}$ 与地转偏差矢量 $\boldsymbol{V}' \equiv \boldsymbol{V}_{\mathrm{h}} - \boldsymbol{V}_{\mathrm{g}}$ 垂直,而且在北半球指向 $\boldsymbol{V}'$ 的左方. 随高度 z 增加,$\boldsymbol{V}'$ 与 $\boldsymbol{F}_{\mathrm{h}}$ 都顺时针偏转,见图 3.19.

由(3.152)式可求得用复数形式表示的湍流摩擦力为

$$\begin{aligned} \boldsymbol{F}_{\mathrm{h}} &\equiv \alpha \frac{\partial \boldsymbol{T}_z}{\partial z} = K \frac{\partial^2 \widetilde{V}}{\partial z^2} = \mathrm{i} f_0 \widetilde{V}' = -\mathrm{i} f_0 u_{\mathrm{g}} \mathrm{e}^{-z/h_{\mathrm{E}}} \mathrm{e}^{-\mathrm{i}z/h_{\mathrm{E}}} \\ &= f_0 u_{\mathrm{g}} \mathrm{e}^{-z/h_{\mathrm{E}}} \mathrm{e}^{\mathrm{i}\left(\frac{3\pi}{2} - \frac{z}{h_{\mathrm{E}}}\right)}. \end{aligned} \tag{3.173}$$

由此可知,湍流摩擦力的大小为

$$|\boldsymbol{F}_{\mathrm{h}}| = f_0 u_{\mathrm{g}} \mathrm{e}^{-z/h_{\mathrm{E}}}, \tag{3.174}$$

它随 z 的增加呈指数减小. 而 $\boldsymbol{F}_{\mathrm{h}}$ 与横轴的夹角(幅角)为

$$\gamma = \frac{3\pi}{2} - \frac{z}{h_{\mathrm{E}}}. \tag{3.175}$$

例如,$z=0$ 处,

$$|\boldsymbol{F}_{\mathrm{h}}| = f_0 u_{\mathrm{g}}, \quad \gamma = 3\pi/2,$$

即该点湍流摩擦力与水平气压梯度力大小相等,但方向相反;$z=h_{\mathrm{B}}$ 处,

$$|\boldsymbol{F}_{\mathrm{h}}| = f_0 u_{\mathrm{g}} \mathrm{e}^{-\pi}, \quad \gamma = \pi/2,$$

即该点湍流摩擦力与水平气压梯度力同方向,数值是水平气压梯度力数值的 $\mathrm{e}^{-\pi}$ 倍,而且该点湍流摩擦力与该点速度方向垂直,且指向速度的左方.

从(3.149)式可求得湍流摩擦力对空气运动作功的功率为

$$W = \boldsymbol{F}_{\mathrm{h}} \cdot \boldsymbol{V}_{\mathrm{h}} = K \frac{\partial^2 u}{\partial z^2} u + K \frac{\partial^2 v}{\partial z^2} v = -f_0 uv + f_0(u - u_{\mathrm{g}})v = -f_0 u_{\mathrm{g}} v. \tag{3.176}$$

上式表明:在北半球,只要风偏向低压,$v>0$,则 $W<0$,即湍流摩擦力对空气运动作负功,这就是一般黏性的意义;但若风偏向高压,如在 $z>h_{\mathrm{B}}$ 的某些高度上,$v<0$,则 $W>0$,即湍流摩擦力对空气运动作正功,提供空气运动的动能,这不具有通常黏性的意义,为此,我们称它为负黏性.

§3.8　Ekman 抽吸与旋转衰减

上一节我们已经指出:在边界层中,由于湍流摩擦的作用,风必须穿过等压线从高压向低压运动. 它一方面使得水平气压梯度力对空气运动作功、提供能量,以抵消摩擦消耗,另一方面使空气质量由高压向低压输送.

因 x 轴与等压线平行,单位时间空气向低压一侧移动的距离为 v,则在边界层内($0 \leqslant z \leqslant h_{\mathrm{B}}$),单位时间中空气穿过单位长度等压线,向低压方向输送的质量为

$$M = \int_0^{h_B} \rho v \delta z. \tag{3.177}$$

以(3.159)式的第二式代入，注意

$$\int e^{ax} \sin bx \, \delta x = \frac{e^{ax}(a\sin bx - b\cos bx)}{a^2 + b^2} + C,$$

则得到

$$M = \int_0^{h_B} \rho u_g e^{-z/h_E} \sin \frac{z}{h_E} \delta z = \frac{1}{2} \rho h_E u_g (1 + e^{-\pi}) \approx \frac{1}{2} \rho h_E u_g. \tag{3.178}$$

注意，上式若从 $z=0$ 积分到 $z \to \infty$，则结果是准确的.

上述质量输送必然引起质量的辐散辐合和垂直运动. 利用不可压缩流体的连续性方程(即认为边界层内，ρ 为常数)

$$\frac{\partial u}{\partial x} + \frac{\partial v}{\partial y} + \frac{\partial w}{\partial z} = 0 \tag{3.179}$$

和下边条件

$$z = 0, \quad w = 0, \tag{3.180}$$

我们可求得边界层顶($z=h_B$)的垂直运动 w_B 为

$$w_B = -\int_0^{h_B} \left(\frac{\partial u}{\partial x} + \frac{\partial v}{\partial y} \right) \delta z.$$

以(3.159)式代入上式右端，注意

$$\begin{aligned} \frac{\partial u}{\partial x} &= \frac{\partial}{\partial x} \left\{ u_g \left(1 - e^{-z/h_E} \cos \frac{z}{h_E} \right) \right\} = \frac{\partial}{\partial x} \left(-\frac{1}{f_0 \rho} \frac{\partial p}{\partial y} \right) \left(1 - e^{-z/h_E} \cos \frac{z}{h_E} \right) \\ &= -\frac{1}{f_0 \rho} \frac{\partial}{\partial y} \left(\frac{\partial p}{\partial x} \right) \left(1 - e^{-z/h_E} \cos \frac{z}{h_E} \right) = 0, \end{aligned}$$

则得到

$$w_B = -\frac{\partial}{\partial y} \int_0^{h_B} v \delta z = -\frac{1}{\rho} \frac{\partial M}{\partial y} = \frac{1}{2} h_E \zeta_g, \tag{3.181}$$

其中 ζ_g 为地转风涡度，这里 $v_g=0$，因而 $\zeta_g = -\frac{\partial u_g}{\partial y}$. (3.181)式表明：边界层顶的垂直运动与地转风涡度成正比. 这就建立了边界层与自由大气的联系，这种联系主要表现在以下两个方面：

第一，当 $\zeta_g > 0$ 时，$w_B > 0$，此时，边界层内有水平辐合和形成边界层顶的上升运动，相应在自由大气形成水平辐散；当 $\zeta_g < 0$ 时，$w_B < 0$，此时，边界层内有水平辐散和形成边界层顶的下沉运动，相应在自由大气形成水平辐合. 这就是湍流摩擦强迫诱导出的在垂直剖面上的环流. 如果我们把自由大气中不计湍流黏性而形成的环流称为一级环流的话，则我们称上述由边界层的湍流摩擦效应产生的强迫环流为二级环流，见图 3.21.

第二，作为第一近似，在自由大气中，我们可以不计湍流摩擦，也忽略边界层通

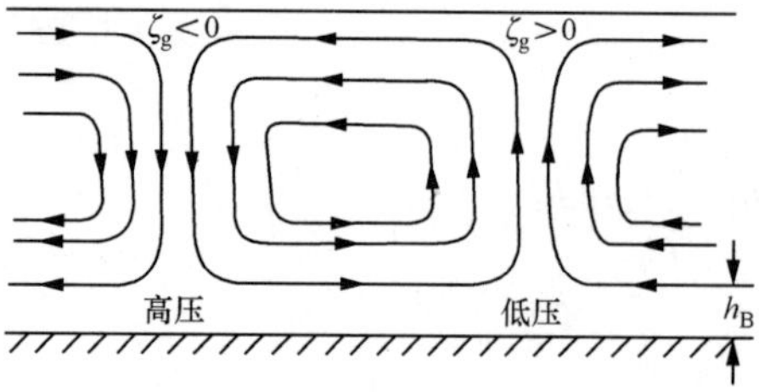

图 3.21 边界层湍流摩擦强迫形成的二级环流

过各层湍流黏性扩散那种极端缓慢的过程对自由大气的影响，但绝不能忽略边界层通过 w_B 对自由大气的影响. 通过 w_B，自由大气与边界层进行质量和其他物理量的交换，自由大气中动量大的空气通过 $w_B<0$ 被吸入边界层，边界层中动量小的空气通过 $w_B>0$ 被抽入自由大气，这种作用称为 Ekman 抽吸(Ekman pumping). 若取 $\zeta_g=10^{-5}\mathrm{s}^{-1}$，$h_B=10^3\mathrm{m}$，则由(3.181)式求得

$$w_B = 0.5\times 10^{-2}\mathrm{m}\cdot\mathrm{s}^{-1}.$$

这个数值与自由大气本身的垂直运动($w=10^{-2}\mathrm{m}\cdot\mathrm{s}^{-1}$)具有同样的量级.

由于 Ekman 抽吸强烈地反映边界层湍流摩擦的作用，它必然使自由大气运动减慢，相应地，地转风涡度 ζ_g 也减小，这称为旋转衰减(spin down).

考虑正压大气，$\rho=$常数，自由大气的上界为均质大气高度 H，假定该高度垂直速度为零，即

$$z = H,\quad w_H = 0. \tag{3.182}$$

又考虑中高纬度通常为 $\zeta<f$，且不考虑 β 的作用，则利用(3.179)式，垂直涡度方程(2.239)式写为

$$\frac{\mathrm{d}\zeta}{\mathrm{d}t} = -f_0 D = f_0\frac{\partial w}{\partial z}. \tag{3.183}$$

上式中取 $\zeta=\zeta_g$，注意，在正压大气中地转风及其涡度不随高度变化，则利用(3.181)式和(3.182)式把上式从 $z=h_B$ 到 $z=H$ 积分得到

$$\frac{\mathrm{d}\zeta_g}{\mathrm{d}t} = -\frac{f_0 w_B}{H-h_B} = -\frac{h_E}{2(H-h_B)}f_0\zeta_g. \tag{3.184}$$

因 $H\gg h_B$，则(3.184)式近似为

$$\frac{\mathrm{d}\zeta_g}{\mathrm{d}t} = -\frac{h_E}{2H}f_0\zeta_g. \tag{3.185}$$

设初始时刻的地转风涡度为 ζ_{g0}，即

$$\zeta_g\,|_{t=0} = \zeta_{g0}.$$

则积分方程(3.185)得到

$$\zeta_g = \zeta_{g0}\,\mathrm{e}^{-\frac{h_E}{2H}f_0 t}. \tag{3.186}$$

由此可知，由于 Ekman 抽吸使地转风涡度随时间呈指数衰减. 若称使地转风涡度 ζ_g 衰减至初始地转风涡度 ζ_{g0} 的 1/e 倍所需的时间为旋转衰减时间，则由(3.186)式求得旋转衰减时间为

$$t_E = \frac{2H}{f_0 h_E} = \sqrt{\frac{2}{f_0 K}}H. \tag{3.187}$$

若取 $H=10^4\,\mathrm{m}, f_0=10^{-4}\,\mathrm{s}^{-1}, K=10\,\mathrm{m}^2\cdot\mathrm{s}^{-1}$,则求得

$$t_E = 4.5\times 10^5\,\mathrm{s}\approx 5\,\mathrm{d}(\text{天}).$$

但是湍流黏性扩散方程可写为

$$\frac{\partial\zeta_g}{\partial t} = K\frac{\partial^2\zeta_g}{\partial z^2}, \tag{3.188}$$

因而,湍流黏性扩散时间尺度可写为

$$t_D = H^2/K. \tag{3.189}$$

同样取 $H=10^4\mathrm{m}, K=10\,\mathrm{m}^2\cdot\mathrm{s}^{-1}$,则求得

$$t_D = 10^7\,\mathrm{s}\approx 116\,\mathrm{d}.$$

所以,它再一次说明:在自由大气中,通过 Ekman 抽吸所体现的湍流黏性远比湍流黏性的直接影响有效得多.

§ 3.9 地转偏差

我们讨论的平衡运动,如地转风,它是水平气压梯度力和 Coriolis 力二者平衡下的等速直线运动. 在地转风的条件下,空气不作加速运动,也就不会有水平速度及其他物理量的变化,因而不会形成天气的变化. 一方面自由大气大范围的大气运动基本上维持地转运动;另一方面它也不可能完全是地转的,应是非地转运动.

一、地转偏差

实际风 $\boldsymbol{V}_h$ 与地转风 $\boldsymbol{V}_g$ 的矢量差称为地转偏差,记为 $\boldsymbol{V}'$,即

$$\boldsymbol{V}' \equiv \boldsymbol{V}_h - \boldsymbol{V}_g. \tag{3.190}$$

它的两个分量为

$$u' \equiv u - u_g,\quad v' \equiv v - v_g. \tag{3.191}$$

在水平运动方程(3.4)中,$-\alpha\nabla_h p$ 用 $-f\boldsymbol{V}_g\times\boldsymbol{k}$ 去代替,则得

$$\frac{\mathrm{d}\boldsymbol{V}_h}{\mathrm{d}t} = f\boldsymbol{V}'\times\boldsymbol{k} + \boldsymbol{F}_h. \tag{3.192}$$

将上式两端叉乘 $\boldsymbol{k}$ 求得地转偏差为

$$\boldsymbol{V}' = -\frac{1}{f}\frac{\mathrm{d}\boldsymbol{V}_h}{\mathrm{d}t}\times\boldsymbol{k} + \frac{1}{f}\boldsymbol{F}_h\times\boldsymbol{k}. \tag{3.193}$$

由此可见,地转偏差 $\boldsymbol{V}'$ 决定于水平运动的加速度和湍流摩擦力,下面我们分别叙述.

二、加速度引起的地转偏差

(3.193)式右端第一项为水平运动加速度引起的地转偏差,记为 $\boldsymbol{V}_1'$,则

$$\boldsymbol{V}_1' = -\frac{1}{f}\frac{\mathrm{d}\boldsymbol{V}_\mathrm{h}}{\mathrm{d}t}\times\boldsymbol{k}. \tag{3.194}$$

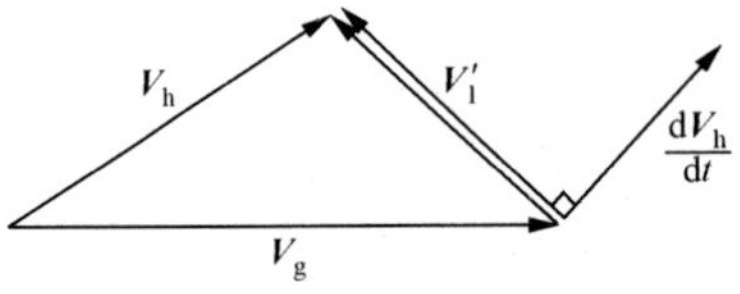

图 3.22 加速度引起的地转偏差

因而,由加速度引起的地转偏差 $\boldsymbol{V}_1'$ 与水平加速度$\frac{\mathrm{d}\boldsymbol{V}_\mathrm{h}}{\mathrm{d}t}$垂直,北半球,$\boldsymbol{V}_1'$ 在$\frac{\mathrm{d}\boldsymbol{V}_\mathrm{h}}{\mathrm{d}t}$的左侧,$\boldsymbol{V}_1'$ 的大小与加速度$\frac{\mathrm{d}\boldsymbol{V}_\mathrm{h}}{\mathrm{d}t}$的大小成正比,与 Coriolis 参数 f 成反比,见图 3.22.

正由于 $\boldsymbol{V}_1'$ 的存在,使 $\boldsymbol{V}_\mathrm{h}$ 有穿越等压线的运动,气压梯度力对空气运动作功,造成动能变化.

地转偏差仅考虑 $\boldsymbol{V}_1'$,则(3.194)式可改写为

$$\frac{\mathrm{d}\boldsymbol{V}_\mathrm{h}}{\mathrm{d}t} = f\boldsymbol{V}_1'\times\boldsymbol{k} = f(\boldsymbol{V}_\mathrm{h}-\boldsymbol{V}_\mathrm{g})\times\boldsymbol{k}. \tag{3.195}$$

以 $\boldsymbol{V}_\mathrm{h}$ 点乘上式两端求得水平运动动能的个别变化为

$$\frac{\mathrm{d}K_\mathrm{h}}{\mathrm{d}t} = f[(\boldsymbol{V}_\mathrm{h}-\boldsymbol{V}_\mathrm{g})\times\boldsymbol{k}]\cdot\boldsymbol{V}_\mathrm{h} = -f(\boldsymbol{V}_\mathrm{g}\times\boldsymbol{k})\cdot\boldsymbol{V}_\mathrm{h} = -f(\boldsymbol{V}_\mathrm{h}\times\boldsymbol{V}_\mathrm{g})\cdot\boldsymbol{k}, \tag{3.196}$$

其中

$$K_\mathrm{h} = \frac{1}{2}\boldsymbol{V}_\mathrm{h}^2 = \frac{1}{2}(u^2+v^2) \tag{3.197}$$

为水平运动动能.

设实际风 $\boldsymbol{V}_\mathrm{h}$ 与等压线的偏角为 β,它也是 $\boldsymbol{V}_\mathrm{h}$ 与 $\boldsymbol{V}_\mathrm{g}$ 的夹角,则由(3.196)式得到

$$\frac{\mathrm{d}K_\mathrm{h}}{\mathrm{d}t} = fV_\mathrm{h}V_\mathrm{g}\sin\beta. \tag{3.198}$$

由此可知,当实际风偏向低压时,$\sin\beta>0$,气压梯度力对空气运动作正功,动能增加,$\frac{\mathrm{d}K_\mathrm{h}}{\mathrm{d}t}>0$;当风偏向高压时,$\sin\beta<0$,空气运动克服气压梯度力作功,动能减小,$\frac{\mathrm{d}K_\mathrm{h}}{\mathrm{d}t}<0$.

若不考虑水平加速度$\frac{\mathrm{d}\boldsymbol{V}_\mathrm{h}}{\mathrm{d}t}$中的非线性项,则(3.194)式化为

$$\boldsymbol{V}_1' = -\frac{1}{f}\frac{\partial\boldsymbol{V}_\mathrm{h}}{\partial t}\times\boldsymbol{k}. \tag{3.199}$$

其中 $\boldsymbol{V}_\mathrm{h}$ 如再用 $\boldsymbol{V}_\mathrm{g} = -\frac{1}{f\rho}\nabla_\mathrm{h}p\times\boldsymbol{k}$ 去近似,并忽略 ρ 的局地变化,则(3.198)式化为

$$\boldsymbol{V}_1' = -\frac{1}{f^2\rho}\nabla_\mathrm{h}\left(\frac{\partial p}{\partial t}\right), \tag{3.200}$$

其中$\frac{\partial p}{\partial t}$为气压的局地变化，称为变压. 上式表征的即是由变压的水平梯度所引起的地转偏差，我们称为变压风. 因而，变压风沿着变压梯度的方向由变压高值指向变压低值，正由于此，在负变压的中心区域常有水平辐合和上升运动并形成坏天气.

三、湍流摩擦引起的地转偏差

(3.193)式右端第二式为湍流摩擦力引起的地转偏差，记为$\boldsymbol{V}_2'$，则

$$\boldsymbol{V}_2' = \frac{1}{f}\boldsymbol{F}_{\mathrm{h}} \times \boldsymbol{k}. \tag{3.201}$$

这实际上由(3.172)式也可得到. 因而，由湍流摩擦力引起的地转偏差$\boldsymbol{V}_2'$与湍流摩擦力$\boldsymbol{F}_{\mathrm{h}}$垂直，北半球，$\boldsymbol{V}_2'$在$\boldsymbol{F}_{\mathrm{h}}$的右侧，$\boldsymbol{V}_2'$的大小与摩擦力$\boldsymbol{F}_{\mathrm{h}}$的大小成正比，与Coriolis参数$f$成反比.

(3.165)式即是$\boldsymbol{V}_2'$的复数表示，因而$\boldsymbol{V}_2'$的大小为

$$V_2' = u_{\mathrm{g}} \mathrm{e}^{-z/h_{\mathrm{E}}}. \tag{2.202}$$

它随z的增加呈指数减小，$\boldsymbol{V}_2'$与等压线的夹角为

$$\arg \boldsymbol{V}_2' = \pi - \frac{z}{h_{\mathrm{E}}}. \tag{3.203}$$

四、地转偏差的散度

我们在§3.4中已经说明：大尺度运动的地转风的散度可以认为是零，因此，若令地转偏差$\boldsymbol{V}'$的散度为D'，即

$$D' \equiv \nabla_{\mathrm{h}} \cdot \boldsymbol{V}', \tag{3.204}$$

则由(3.190)式得到

$$\nabla_{\mathrm{h}} \cdot \boldsymbol{V}_{\mathrm{h}} = \nabla_{\mathrm{h}} \cdot \boldsymbol{V}' \tag{3.205}$$

或

$$D = D'. \tag{3.206}$$

它表明实际风的散度可以用地转偏差的散度去代替.

复习思考题

1. 边界层和自由大气是如何区分的？边界层内又如何区别近地面层和上部边界层？各个层次的主要特点是什么？

2. 什么叫切变涡度？什么叫曲率涡度？它们的正负如何确定？试画图说明.

3. 说明地转风、梯度风、旋转风和惯性风在力学意义上的差别.

4. 热成风的实质是什么？是否给热成风下这样一个定义：“不计摩擦的空气

沿平均等温线的水平运动”?

5. 等压面上的等温线若恒与等高线平行,有没有热成风?

6. 你如何理解正压大气没有地转风的垂直切变?

7. 图示是等压面图上等重力位势线与等温线配置的示意图,请说明 A,B 两点的温度平流.

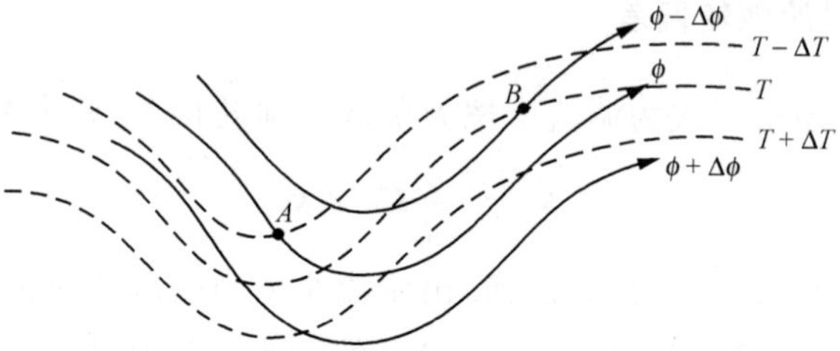

复习思考题 7 图

8. 说明在自由大气的某个气层中,当风随高度增加呈逆时针旋转时,该气层为冷平流,而当风随高度增加呈顺时针旋转时,该气层为暖平流.

9. 写出垂直涡度的平流表达式.

10. 为什么经常可以看到有很强的低压发展(如气旋和台风),而高压不能发展得很强?

11. 在地转风条件下,水平气压梯度力对空气运动作功否?梯度风时又怎样?

12. 什么叫惯性稳定度?其判据如何?为什么在大气中不易观测到惯性不稳定状态?

13. 粗糙度的物理意义是什么?解释下列观测事实:

$$z_0(\text{稳定层结}) < z_0(\text{中性层结}) < z_0(\text{不稳定层结}).$$

14. 在近地面层观测风速的垂直分布时,风速计安装在相隔同样距离的各个高度上好不好?为什么?你觉得应如何安装.

15. 从物理上解释在近地面层不同层结下风速随高度分布的差异.

16. 图中三条风速随高度分布的曲线是在一天之中测到的,试判断它们各自是在什么时候测到的?为什么?

17. 从物理上说明:边界层内风偏向低压,且随高度增加,这种向低压偏的趋势减小逐渐成为沿等压线运动.

18. 湍流摩擦力的大小和方向在 Ekman 理论中是如何变化的?并作图说明在 $z=0$ 和 $z=h_B$ 两个高度上的湍流摩擦力与风及地转偏差的关系.

19. 什么叫负黏性?在什么条件下发生负黏性?此时湍流摩擦力对动能的作用如何?

20. 什么叫二级环流?什么叫 Ekman 抽吸?Ekman 抽吸为什么会造成旋转

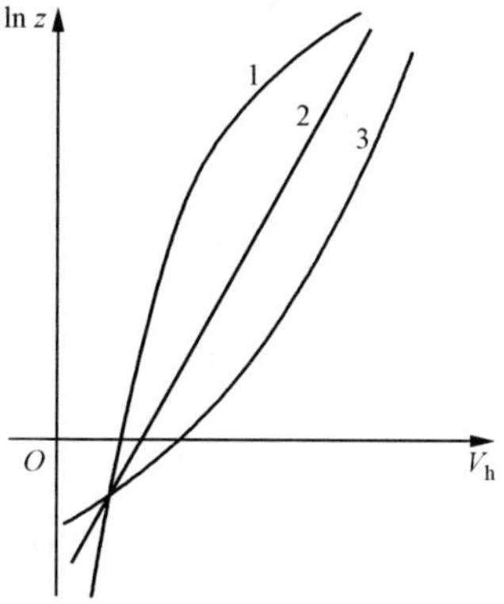

复习思考题 16 图

衰减？

21. 说明地转运动的重要性及其局限性.

22. 若不考虑湍流摩擦，说明 $\boldsymbol{V}, \boldsymbol{V}_g, \boldsymbol{V}_1'$ 中的任两个相互平行，将没有水平动能的变化.

23. 从物理上解释负变压中心常常有坏天气.

24. 说明 $\left|\frac{\mathrm{d}\boldsymbol{V}_h}{\mathrm{d}t}\right|$ 与 $\frac{\mathrm{d}|\boldsymbol{V}_h|}{\mathrm{d}t}$ 的物理意义，并说明 $\frac{\mathrm{d}|\boldsymbol{V}_h|}{\mathrm{d}t} \leqslant \left|\frac{\mathrm{d}\boldsymbol{V}_h}{\mathrm{d}t}\right|$.

25. 地转偏差对水平速度散度及垂直运动有何作用？

习　　题

1. 若考虑曲率项力的作用，证明此时的地转风方程为

$$\begin{cases} \left(f + \dfrac{u}{r}\tan\varphi\right)u = -\dfrac{1}{\rho r}\dfrac{\partial p}{\partial \varphi}, \\ \left(f + \dfrac{u}{r}\tan\varphi\right)v = \dfrac{1}{\rho r\cos\varphi}\dfrac{\partial p}{\partial \lambda}. \end{cases}$$

2. 利用等压面上的地转风公式，证明等压面的坡度为

$$\tan\delta \equiv \left(\frac{\partial z}{\partial n}\right)_p = \frac{fV_g}{g},$$

并在 $\varphi = 45°\mathrm{N}, V_g = 10\ \mathrm{m \cdot s^{-1}}$ 的条件下计算等压面的坡度.

3. 证明：当静力平衡满足时，对于等熵面(或等位温面)，

(1) $\nabla_h p = \nabla_\theta p + \rho\nabla_\theta \phi$；

(2) 地转风公式为

$$\boldsymbol{V}_g = -\frac{1}{f}\nabla_\theta \phi_d \times \boldsymbol{k},$$

其中 θ 为位温，$\phi_d = c_p T + \phi$ 为干静力能或 Montgomery 位势.

4. 对定常的水平运动,若无摩擦且不考虑 ρ 的水平变化,证明

$$\begin{cases}(f+\zeta)u=-\dfrac{\partial P}{\partial y},\\ (f+\zeta)v=\dfrac{\partial P}{\partial x},\end{cases}$$

其中 $P=\dfrac{p}{\rho}+\dfrac{1}{2}(u^2+v^2)=J+K_{\mathrm{h}}$ 为压力能与水平运动动能之和.

5. 证明:在绝热过程中,当地转风关系满足时有

$$\frac{\partial T}{\partial t}=A_{T\mathrm{g}}+\frac{1}{\rho c_p}\frac{\partial p}{\partial t},$$

其中 $A_{T\mathrm{g}}=-\boldsymbol{V}_{\mathrm{g}}\cdot\nabla_{\mathrm{h}}T$ 为地转温度平流.

6. 在 $\varphi=45°$N 处,700 hPa 等压面上地转风的风向 240°,大小为 20.6 m · s^{-1};500 hPa 等压面上地转风的风向为 300°,大小也是 20.6 m · s^{-1},求 700 hPa 到 500 hPa 气层间的平均水平温度梯度的大小和方向,并画图示意.

7. 北京($\varphi=40°$N),500 hPa 等压面上的地转风为 17 m · s^{-1}的北风,而 1000 hPa 到 500 hPa 等压面气层的厚度自北向南每 100 km 增加 10 gpm,求 1000 hPa 等压面上地转风的大小和方向.

8. 证明:在等压面上地转温度平流为

$$A_{T\mathrm{g}}\equiv\boldsymbol{V}_{\mathrm{g}}\cdot\nabla_pT=-\frac{fTV_{\mathrm{g}}^2}{g}\frac{\partial\beta}{\partial z},$$

其中 β 为风向(风与 x 轴的夹角).

提示:$\nabla_p\ln T=\dfrac{f}{g}\dfrac{\partial\boldsymbol{V}_{\mathrm{g}}}{\partial z}\times\boldsymbol{k}$,　$\dfrac{\partial\boldsymbol{V}_{\mathrm{g}}}{\partial z}=\dfrac{\partial V_{\mathrm{g}}}{\partial z}\boldsymbol{t}+V_{\mathrm{g}}\dfrac{\partial\boldsymbol{t}}{\partial z}=\dfrac{\partial V_{\mathrm{g}}}{\partial z}\boldsymbol{t}+V_{\mathrm{g}}\dfrac{\partial\beta}{\partial z}\boldsymbol{n}$.

9. 写出在等压面上梯度风的方程.

10. 证明:正压大气中梯度风不随高度变化.

11. 试求 45°N 处离反气旋中心 500 km 处可能的最大梯度风速为多少? 相应地,在等压面图上(比例尺为 $1:2\times10^7$)可以容许的相邻 40 gpm 的等重力位势线的最小距离是多少?

12. 证明梯度风方程可改写为以下两种形式:

(1) $V_{\mathrm{gr}}^2=V_{\mathrm{i}}(V_{\mathrm{gr}}-V_{\mathrm{g}})$;　　(2) $\dfrac{V_{\mathrm{gr}}^2}{V_{\mathrm{c}}^2}+\dfrac{V_{\mathrm{gr}}}{V_{\mathrm{g}}}=1$.

13. 证明在柱坐标系(r,θ,z)中各种平衡运动的方程分别是

(1) 地转风:$\dfrac{\partial p}{\partial\theta}=0,v_\theta=\dfrac{1}{f\rho}\dfrac{\partial p}{\partial r}$;

(2) 梯度风:$\dfrac{\partial p}{\partial\theta}=0,\dfrac{v_\theta^2}{r}+fv_\theta=\dfrac{1}{\rho}\dfrac{\partial p}{\partial r}$;

(3) 旋转风：$\dfrac{\partial p}{\partial \theta}=0,\dfrac{v_\theta^2}{r}=\dfrac{1}{\rho}\dfrac{\partial p}{\partial r}$；　　　　(4) 惯性风：$v_\theta=-fr$.

并写出地转风、梯度风和旋转风在等压面上的相应表达式.

14. 在柱坐标系中，画出以$\dfrac{1}{\rho}\dfrac{\partial p}{\partial r}=\left(\dfrac{\partial \phi}{\partial r}\right)_p$ 为横坐标，v_θ 为纵坐标的地转风和梯度风的曲线，并给出说明.

15. 证明：在柱坐标系中，与梯度风相应的风速垂直切变为

$$\left(f+\frac{2v_\theta}{r}\right)\frac{\partial v_\theta}{\partial p}=-\frac{R}{p}\left(\frac{\partial T}{\partial r}\right)_p.$$

（注意：静力学关系可改写为 $\partial\phi/\partial p=-RT/p$.）

16. 考虑定常的水平圆涡旋运动，当 $r\leqslant R$ 时空气以常角速度 ω 逆时针旋转，当 $r\geqslant R$ 时，空气的切向速度与 r 成反比，设空气运动满足梯度风关系和静力学关系，且风场是连续的，证明：通过涡旋中心高度为 z_0 的等压面方程为

$$z=\begin{cases} z_0+\dfrac{\omega(f+\omega)}{2g}r^2, & r\leqslant R; \\ z_0+\dfrac{\omega^2R^2}{2g}\left(2-\dfrac{R^2}{r^2}\right)+\dfrac{f\omega R^2}{g}\left(\dfrac{1}{2}+\ln\dfrac{r}{R}\right), & r\geqslant R. \end{cases}$$

17. 一陆龙卷风以等角速度 ω 逆时针旋转，设它满足旋转风方程，证明其中心的气压为

$$p=p_0\mathrm{e}^{-\omega^2r^2/2RT},$$

其中 p_0 是离中心距离为 r_0 处的气压；T 是气温，设为常数. 若 $T=288\ \mathrm{K}$，$r_0=100\ \mathrm{m}$ 处的气压 $p_0=1000\ \mathrm{hPa}$，风速为 $100\ \mathrm{m\cdot s^{-1}}$，问龙卷风中心气压是多少？

18. 在初条件

$$x\big|_{t=0}=0,\quad y\big|_{t=0}=0,\quad u\big|_{t=0}=u_0,\quad v\big|_{t=0}=v_0$$

下求解惯性振动，并证明轨迹是以点$(v_0/f_0,-u_0/f_0)$为中心，半径为 $V_0/f_0\equiv\sqrt{u_0^2+v_0^2}/f_0$ 的圆.

19. 假定 x 方向无气压梯度，且 y 方向气压梯度力为常数 G；又设 Coriolis 参数 f 为常数($f=f_0$)；无摩擦. 求在初条件

$$x\big|_{t=0}=0,\quad y\big|_{t=0}=0,\quad u\big|_{t=0}=u_0,\quad v\big|_{t=0}=v_0$$

下空气的水平运动.

20. 上题若设

$$-\frac{1}{\rho}\nabla_{\mathrm{h}}p=\boldsymbol{a}t+\boldsymbol{b},$$

其中 $\boldsymbol{a}(a_x,a_y)$和 $\boldsymbol{b}(b_x,b_y)$为常矢量，求在初条件 $u|_{t=0}=u_0,v|_{t=0}=v_0$ 下的空气水平运动.

21. 设有一个绕局地垂直作轴对称运动的不可压缩圆形涡旋，其水平运动方程是

$$\begin{cases}\dfrac{\mathrm{d}v_r}{\mathrm{d}t}-\dfrac{v_\theta^2}{r}=-\dfrac{1}{\rho}\dfrac{\partial p}{\partial r},\\[2ex]\dfrac{\mathrm{d}v_\theta}{\mathrm{d}t}+\dfrac{v_r v_\theta}{r}=0.\end{cases}$$

设环境空气满足旋转风关系，空气径向运动不改变环境空气的气压场分布，在初始位置 $r=r_0$，空气的角动量 M_0 与环境空气的角动量 $\overline{M}_0$ 相同. 证明：当

$$\frac{\partial \overline{M}^{-2}}{\partial r}<0$$

时涡旋惯性不稳定，这里 $\overline{M}=r\bar{v}_\theta$ 为环境空气的角动量.

提示：把运动方程中的 v_θ 换为 M/r，$M=rv_\theta$ 为空气角动量.

22. 上题如考虑 Coriolis 力的作用，但设 f 是常数($f=f_0$)，结果将如何改变.

提示：此时，$M=r\left(v_\theta+\dfrac{f_0}{2}r\right)$.

23. 证明：惯性稳定度判据可改写为

$$\frac{\partial \overline{K}}{\partial y}\begin{cases}< f_0\bar{u}, & \text{惯性稳定},\\ = f_0\bar{u}, & \text{惯性中性},\\ > f_0\bar{u}, & \text{惯性不稳定}.\end{cases}$$

其中 $\overline{K}=\bar{u}^2/2$ 为基本气流的动能.

24. 证明：在单位时间内，地转风通过单位高度的整个纬圈的质量输送为零.

25. 假定在近地面层中，混合长 $l=-k\dfrac{\partial V_\mathrm{h}}{\partial z}\Big/\dfrac{\partial^2 V_\mathrm{h}}{\partial z^2}$，并且在下边界 $z=0$，$\dfrac{\partial V_\mathrm{h}}{\partial z}\to\infty$，试求风速随高度的分布.

26. 近地面层中性层结时，得到下列风速观测资料：

z/m	0.5	1.0	2	5	9	15
$V_\mathrm{h}/(\mathrm{m}\cdot\mathrm{s}^{-1})$	3.7	4.4	5.0	5.5	5.8	6.2

用作图法求粗糙度、湍流系数、Reynolds 应力和 20 m 高度上的风速.

27. 根据 Ekman 螺线定律，证明：

(1) 当 $z=\dfrac{\pi}{4}h_\mathrm{E}$ 时，v 达极大，并求极大值；

(2) 当 $z=\dfrac{\pi}{2}h_\mathrm{E}$ 时，$u=u_\mathrm{g}$，$v=v_\mathrm{g}\mathrm{e}^{-\pi/2}$；

(3) 当 $z=\pi h_\mathrm{E}=h_\mathrm{B}$ 时，$v=0$，$u>u_\mathrm{g}$.

28. 作 40°N 处的 Ekman 螺线，取 $u_\mathrm{g}=10\ \mathrm{m}\cdot\mathrm{s}^{-1}$，$K=5\ \mathrm{m}^2\cdot\mathrm{s}^{-1}$，并估计 h_E

和 h_B.

29. 设在 45°N 处自下而上在 1500 m 高度上第一次观测到风向与地转风向一致，求湍流系数.

30. 在定常的等速水平直线运动中，设湍流摩擦力为 Rayleigh 型，即

$$\boldsymbol{F}=-k\boldsymbol{V}_h,$$

$k>0$ 为 Rayleigh 摩擦系数，又设 $f=f_0$.

(1) 证明：风速大小为 $V_h=\dfrac{f_0}{\sqrt{k^2+f_0^2}}V_g\left(\text{其中 } V_g=\dfrac{1}{f_0\rho}|\nabla_h p|\right)$；

(2) 证明：风与等压线的偏角为 $\beta=\arctan(k/f)$；

(3) 求 $\varphi=51°\mathrm{N}$，$\beta=23°$时的摩擦系数.

提示：应用自然坐标系证明.

31. 在边界层，若下边界条件用 $z=0$，$\dfrac{\partial \boldsymbol{V}_h}{\partial z}$与 $\boldsymbol{V}_h$ 同方向，设 $z=0$ 处风速大小为 V_0，方向为 β_0(风与等压线的夹角，等压线取为 x 轴，即风与 x 轴的夹角)，证明：

(1) $$\begin{cases} u=u_g\left\{1+\sqrt{2}\sin\beta_0\,\mathrm{e}^{-z/h_E}\cos\left(\beta_0+\dfrac{3\pi}{4}-\dfrac{z}{h_E}\right)\right\}, \\ v=\sqrt{2}u_g\sin\beta_0\,\mathrm{e}^{-z/h_E}\sin\left(\beta_0+\dfrac{3\pi}{4}-\dfrac{z}{h_E}\right); \end{cases}$$

(2) 边界层高度 $h_B=\left(\beta_0+\dfrac{3\pi}{4}\right)h_E$；

(3) 边界层顶的垂直运动 $w_B=\dfrac{1}{2}h_E\zeta_g\sin 2\beta_0$；

(4) 下边界风速大小为 $V_h=u_g(\cos\beta_0-\sin\beta_0)$；

(5) 下边界 Reynolds 应力大小为 $T_0=\rho\sqrt{2f_0K}u_g\sin\beta_0$.

32. 正压大气中，位于 45°N 处有一气旋性涡旋，$\zeta_g=8\times10^{-5}\,\mathrm{s}^{-1}$. 设 $K=5\,\mathrm{m}^2\cdot\mathrm{s}^{-1}$，求边界层顶的垂直运动和旋转衰减时间(设 $H=10^4\,\mathrm{m}$).

33. 若在 45°N 处的实际风偏向地转风左方 30°角，设 $V_g=20\,\mathrm{m}^2\cdot\mathrm{s}^{-1}$，求风速的变化率.

34. 设 $V_g=8\,\mathrm{m}\cdot\mathrm{s}^{-1}$，地转偏差与地转风垂直，且是地转风数值的 1/4，若风偏向低压，求 $\varphi=40°\mathrm{N}$ 处单位质量空气水平动能的变化.

35. 证明：存在地转偏差 V'时

$$\frac{\mathrm{d}K_h}{\mathrm{d}t}=fV'V_g\sin(\boldsymbol{V}_g,\boldsymbol{V}')=fV_hV'\sin(\boldsymbol{V}_h,\boldsymbol{V}'),$$

其中 $K_h=(u^2+v^2)/2$.

36. 大气完全的惯性运动方程组可以写为

$$\begin{cases}\dfrac{\mathrm{d}u}{\mathrm{d}t}-f_0v+f_0'w=0,\\ \dfrac{\mathrm{d}v}{\mathrm{d}t}+f_0u=0,\\ \dfrac{\mathrm{d}w}{\mathrm{d}t}-f_0'u=0,\end{cases}$$

其中 $f_0\equiv2\Omega\sin\varphi_0$ 和 $f_0'\equiv2\Omega\cos\varphi_0$ 为常数.导出完全惯性振动的微分方程,并证明惯性振动的圆频率为 $\omega\equiv2\Omega$.

第四章　层结大气与静力平衡

本章的主要内容有：

叙述大气层结与层结稳定度的概念，并给出层结稳定度的判据，同时给出描述大气层结的几个重要的层结参数，主要的有：Brunt-Väisälä 频率，Richardson 数等；

叙述近地面层大气湍流的 Monin-Obukhov 理论；

介绍有效势能的概念和表达式，并指出它是旋转的层结大气中一种特有的能量，只有它可能转换为大气运动的动能；

给出以静止状态为背景的大气运动方程组，这是讨论许多大气动力学问题所常用的方程组，并介绍在静力近似、非弹性近似和 Boussinesq 近似下的方程组；

介绍描写大气运动的旋转浅水模式或正压模式和这种模式下的大气运动方程组，这种模式尽管是简化的和简单的大气模式，但它能较好地反映很多大气现象；

介绍在静力平衡条件下的准 Lagrange 坐标系和在该坐标系下的大气运动方程组，主要的有 p 坐标系，θ 坐标系和 σ 坐标系等.

§4.1　层结大气和层结稳定度

一、层结大气

由于地球旋转和大气不同层次对太阳辐射吸收程度的差异，使得大气状态在垂直方向上呈不均匀的分布，所谓大气层结通常是指静止大气的密度、温度等状态在垂直方向上的分布，相应的大气称为是层结大气. 这样，大气是旋转的层结流体，它与海洋统称为地球流体.

图 4.1 和图 4.2 分别给出大气中典型的密度和温度层结.

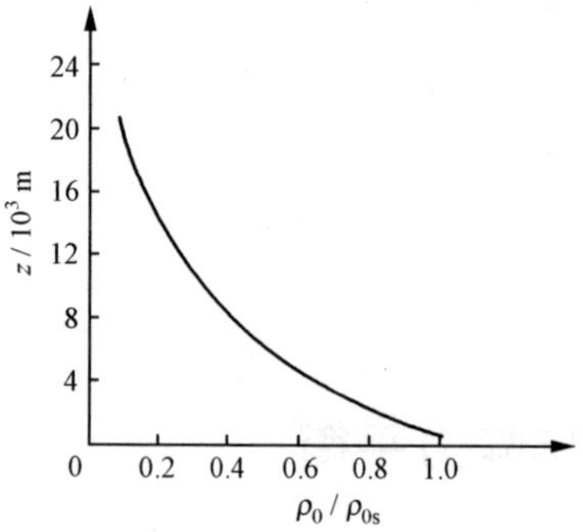

图 4.1 密度层结(ρ_0 为密度,ρ_{0s}为地面密度)

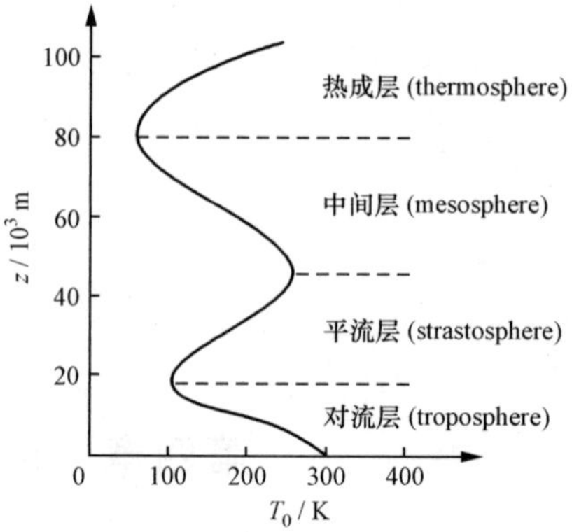

图 4.2 温度层结(T_0 为温度)

为了描述层结,我们应用方程组,在局地直角坐标系中,绝热和无摩擦的大气运动方程组(1.91)可以写为

$$\begin{cases}\dfrac{\mathrm{d}u}{\mathrm{d}t}-fv=-\alpha\dfrac{\partial p}{\partial x},\\ \dfrac{\mathrm{d}v}{\mathrm{d}t}+fu=-\alpha\dfrac{\partial p}{\partial y},\\ \dfrac{\mathrm{d}w}{\mathrm{d}t}=-g-\alpha\dfrac{\partial p}{\partial z},\\ \dfrac{\partial\rho}{\partial t}+\dfrac{\partial\rho u}{\partial x}+\dfrac{\partial\rho v}{\partial y}+\dfrac{\partial\rho w}{\partial z}=0,\\ p\alpha=RT,\quad \alpha=1/\rho,\quad \theta=T(p_0/p)^{R/c_p},\\ \dfrac{\mathrm{d}\ln p}{\mathrm{d}t}=\gamma\dfrac{\mathrm{d}\ln\rho}{\mathrm{d}t},\quad \dfrac{\mathrm{d}\ln\theta}{\mathrm{d}t}=0,\quad c_p\dfrac{\mathrm{d}T}{\mathrm{d}t}-\alpha\dfrac{\mathrm{d}p}{\mathrm{d}t}=0.\end{cases}\tag{4.1}$$

静力学是动力学的特殊情况,即其速度为零,

$$u_0=v_0=w_0=0.\tag{4.2}$$

设静止大气的气压、密度(或比容)、气温和位温分别是 p_0,ρ_0(或 α_0),T_0 和 θ_0,则由方程组(4.1)得到

$$\begin{cases}\alpha_0\dfrac{\partial p_0}{\partial x}=0,\quad \alpha_0\dfrac{\partial p_0}{\partial y}=0,\quad -\alpha_0\dfrac{\partial p_0}{\partial z}-g=0,\\ p_0\alpha_0=RT_0,\quad \alpha_0=1/\rho_0,\quad \theta_0=T_0(p_0/p_0)^{R/c_p},\\ \dfrac{\partial\rho_0}{\partial t}=0,\quad \dfrac{\partial p_0}{\partial t}=0,\quad \dfrac{\partial\theta_0}{\partial t}=0,\quad \dfrac{\partial T_0}{\partial t}=0,\end{cases}\tag{4.3}$$

其中第一组的三个式子可以合写为

$$\nabla p_0-\rho_0\boldsymbol{g}=0.\tag{4.4}$$

由此可见,对于静止空气,所有物理状态是定常的,气压 p_0 仅是 z 的函数,相应,ρ_0

(或 α_0),T_0 和 θ_0 也只能仅是 z 的函数,即

$$p_0 = p_0(z), \quad \rho_0 = \rho_0(z), \quad T_0 = T_0(z), \quad \theta_0 = \theta_0(z). \tag{4.5}$$

这样,只要高度 z 相同的各点,其状态必然相同,因而,所有状态的等值面都是水平面,这也说明了静止大气是正压大气. 而且静止空气满足静力学关系,因而

$$\frac{\partial p_0}{\partial z} = -g\rho_0 < 0, \tag{4.6}$$

即静止大气气压随高度增加而减小.

由上式和状态方程,我们有

$$\frac{\partial \ln p_0}{\partial z} = -\frac{g}{RT_0} \approx -\frac{1}{H}, \tag{4.7}$$

其数值近于 $-10^{-4}\,\mathrm{m}^{-1}$,其中 T_0 在数值上近于地面气温.

状态方程取对数后再对 z 微商有

$$\frac{\partial \ln \rho_0}{\partial z} = \frac{\partial \ln p_0}{\partial z} - \frac{\partial \ln T_0}{\partial z} = \frac{\partial \ln p_0}{\partial z} + \frac{\Gamma}{T_0}, \tag{4.8}$$

其中

$$\Gamma \equiv -\frac{\partial T_0}{\partial z} \tag{4.9}$$

称为大气垂直减温率,用它可表征大气的温度层结. 在对流层,平均而言 $\frac{\partial T_0}{\partial z} < 0$,且

$$\Gamma \approx 0.65\,\mathrm{K}/100\,\mathrm{m}.$$

若取 $T_0 = 300\,\mathrm{K}$,则 $\Gamma/T_0 = 2\times 10^{-5}\,\mathrm{m}^{-1}$,因而,在对流层,(4.8)式近似化为

$$\frac{\partial \ln \rho_0}{\partial z} \approx \frac{\partial \ln p_0}{\partial z} = -\frac{1}{H}. \tag{4.10}$$

它也说明:空气密度随高度增加而减小. 常用 $-\frac{\partial \rho_0}{\partial z}$ 表征大气的密度层结.

位温公式取对数后再对 z 微商有

$$\frac{\partial \ln \theta_0}{\partial z} = \frac{\partial \ln T_0}{\partial z} - \frac{R}{c_p}\frac{\partial \ln p_0}{\partial z} = \frac{1}{T_0}\left(\frac{\partial T_0}{\partial z} + \frac{g}{c_p}\right). \tag{4.11}$$

应用绝热方程,我们求得空气微团在运动过程中的垂直减温率为

$$\Gamma_{\mathrm{d}} \equiv -\frac{\mathrm{d}T}{\mathrm{d}z} = -\frac{1}{\rho c_p}\frac{\mathrm{d}p}{\mathrm{d}z}. \tag{4.12}$$

设空气微团在运动过程中气压 p 随 z 的变化符合静力学关系,即假定

$$\frac{\mathrm{d}p}{\mathrm{d}z} = \frac{\partial p_0}{\partial z} = -g\rho_0, \tag{4.13}$$

则将(4.13)式代入(4.12)式,注意,在数值上 $\rho_0/\rho \approx 1$,由此求得空气微团干绝热垂直减温率为

$$\Gamma_d = g/c_p \approx 0.98\,\mathrm{K}/100\,\mathrm{m}. \tag{4.14}$$

这样,(4.11)式化为

$$\frac{\partial \theta_0}{\partial z} = \frac{\theta_0}{T_0}(\Gamma_d - \Gamma). \tag{4.15}$$

因上式综合了温度、气压和密度垂直分布的作用,因此,我们常用位温 θ_0 的垂直变化 $\partial\theta_0/\partial z$ 来表征大气的层结. 显然,在对流层的平均情况下

$$\frac{\partial \theta_0}{\partial z} > 0,$$

即位温 θ_0 随高度的增加而增加.

将(4.8)式和(4.11)式结合并消去 T_0 后还可得到

$$\frac{\partial \ln\theta_0}{\partial z} = \left(1 - \frac{R}{c_p}\right)\frac{\partial \ln p_0}{\partial z} - \frac{\partial \ln\rho_0}{\partial z} = \frac{1}{\gamma}\frac{\partial \ln p_0}{\partial z} - \frac{\partial \ln\rho_0}{\partial z}. \tag{4.16}$$

二、层结稳定度

流体的层结对于流体的垂直运动(常称为对流)有着重要的影响. 日常生活中我们知道,若密度大的流体在密度小的流体的下面,则这种层结分布是稳定的,否则就是不稳定的. 对于空气而言,尽管其密度随高度增加而减小,但也未必是稳定的,因为它还受温度层结所制约,是密度层结和温度层结共同作用的结果.

设想在层结大气中有一空气微团,如果由于某种原因使其产生一个小的垂直位移,若层结大气使空气微团趋于回到原来的平衡位置,则称层结是稳定的;若层结大气使空气微团趋于继续离开原来的平衡位置,则称层结是不稳定的;介于二者之间的称为层结是中性的. 所以,层结稳定度就是讨论处于静力平衡的层结大气对于空气垂直运动的影响. 因静止大气满足静力平衡,所以层结稳定度又称为静力稳定度.

设空气微团在起始位置(设为 $z=0$)与环境空气有相同的密度、气压和温度. 例如,密度相同,有

$$\rho(0) = \rho_0(0). \tag{4.17}$$

又假设空气微团在垂直位移的过程中,一方面进行得足够慢,以致其气压不断调整到与环境空气气压相同(即准静力);另一方面又进行得足够快,以致其来不及与环境空气发生热交换(即绝热),即假定

$$p = p_0, \quad \frac{\partial p}{\partial z} = \frac{\partial p_0}{\partial z} = -g\rho_0 \tag{4.18}$$

和

$$\mathrm{d}\rho = 0 \quad (\text{不可压缩流体}), \tag{4.19}$$

或

$$\mathrm{d}\ln\rho = \frac{1}{\gamma}\mathrm{d}\ln p \quad (\text{大气}). \tag{4.20}$$

(4.19)式表征的是不可压缩流体的绝热方程(大气有时也如此处理),(4.20)式表征的是可压缩流体(包含大气)的绝热方程.

依上述假定,位于 $z=0$ 处的空气微团尽管与环境空气密度相同,但空气运动受绝热过程控制,因而,当空气微团到达新的位置后,其密度一般不再与环境空气的密度相同.

对运动的空气微团,不计摩擦下的垂直运动方程为

$$\frac{\mathrm{d}w}{\mathrm{d}t} = -g - \frac{1}{\rho}\frac{\partial p}{\partial z}. \tag{4.21}$$

利用(4.18)式,垂直运动方程(4.21)化为

$$\frac{\mathrm{d}w}{\mathrm{d}t} = -g\frac{\rho-\rho_0}{\rho}. \tag{4.22}$$

或利用(4.18)式和状态方程 $\rho = p/RT = p_0/RT$, $\rho_0 = p_0/RT_0$,以及位温公式(1.35),则上式化为

$$\frac{\mathrm{d}w}{\mathrm{d}t} = g\frac{T-T_0}{T_0} = g\frac{\theta-\theta_0}{\theta_0}. \tag{4.23}$$

根据 Archimede 原理,运动空气所受的浮力等于所排开的与运动空气同体积的环境空气的质量.因单位质量运动空气的体积就是比容 $\alpha=1/\rho$,则单位质量运动空气所受的浮力大小为

$$b = \rho_0\alpha g = g\rho_0/\rho. \tag{4.24}$$

即方程(4.22)中右端的 $g\rho_0/\rho$ 一项为 Archimede 浮力 b,另一项为重力 g,右端就是浮力与重力之差,它称为净的 Archimede 浮力,记为 B,即

$$B \equiv b - g = g\frac{\rho_0}{\rho} - g = -g\frac{\rho-\rho_0}{\rho} = -g\frac{\rho'}{\rho} = g\frac{T'}{T} = g\frac{\theta'}{\theta_0}. \tag{4.25}$$

其中

$$\rho' \equiv \rho - \rho_0, \quad T' \equiv T - T_0, \quad \theta' \equiv \theta - \theta_0. \tag{4.26}$$

ρ' 为运动空气与环境空气的密度差,T' 为运动空气与环境空气的温度差,θ' 为运动空气与环境空气的位温差.

这样,垂直运动方程(4.22)可以写为

$$\frac{\mathrm{d}w}{\mathrm{d}t} = B. \tag{4.27}$$

所以,当空气微团垂直向上运动时,若 $\rho'>0$(相应,$T'<0$,$\theta'<0$),它表示运动空气的密度大于环境空气的密度(相应,运动空气的温度和位温分别小于环境空气的温度和位温),即重力大于浮力,则净的 Archimede 浮力 $B<0$,垂直方向减速将使运动空气下沉;若 $\rho'<0$(相应,$T'>0$,$\theta'>0$),它表示运动空气的密度小于环境空气

的密度(相应,运动空气的温度和位温分别大于环境空气的温度和位温),即浮力大于重力,则净的 Archimede 浮力 $B>0$,垂直方向加速将使运动继续上升;若 $\rho'=0$(相应 $T'=\theta'=0$),它表示运动空气的密度(温度和位温)等于环境空气的密度(温度和位温),即重力等浮力,则净的 Archimede 浮力 $B=0$,垂直方向等速运动.

就以密度来说,因垂直位移 z 很小,运动空气到达新的位置后的密度为

$$\rho \approx \rho_0(0) + \frac{\mathrm{d}g}{\mathrm{d}z} \cdot z,$$

而此处环境空气的密度为

$$\rho_0 \approx \rho_0(0) + \frac{\partial \rho_0}{\partial z} \cdot z,$$

因而净的 Archimede 浮力为

$$B = -\frac{g}{\rho}\left(\frac{\mathrm{d}\rho}{\mathrm{d}z} - \frac{\partial \rho_0}{\partial z}\right) z. \tag{4.28}$$

对不可压缩流体,由(4.19)式,$\mathrm{d}\rho=0$,则上式化为

$$B = \frac{g}{\rho}\frac{\partial \rho_0}{\partial z} \cdot z \approx g\frac{\partial \ln \rho_0}{\partial z} z. \tag{4.29}$$

因而,不可压缩流体层结稳定度的判据是

$$\frac{\partial \rho_0}{\partial z}\begin{cases} <0, & \text{稳定}, \\ =0, & \text{中性}, \\ >0, & \text{不稳定}. \end{cases} \tag{4.30}$$

这是我们熟知的事实.

对于作为可压缩流体的空气,由(4.20)和(4.18)式,(4.28)式化为

$$\begin{aligned} B &= -\frac{g}{\rho}\left(\frac{\mathrm{d}\rho}{\mathrm{d}p}\frac{\partial p_0}{\partial z} - \frac{\partial \rho_0}{\partial z}\right) z = -\frac{g}{\rho}\left(\frac{\rho}{\gamma p_0}\frac{\partial p_0}{\partial z} - \frac{\partial \rho_0}{\partial z}\right) z \approx g\left(\frac{\partial \ln \rho_0}{\partial z} - \frac{1}{\gamma}\frac{\partial \ln p_0}{\partial z}\right) z \\ &= -g\frac{\partial \ln \theta_0}{\partial z} z. \end{aligned} \tag{4.31}$$

上式最后的结果利用了(4.16)式. 这样,可压缩的空气层结稳定度的判据是

$$\frac{\partial \theta_0}{\partial z}\begin{cases} >0, & \text{层结稳定}, \\ =0, & \text{层结中性}, \\ <0, & \text{层结不稳定}. \end{cases} \tag{4.32}$$

即静止大气的位温随高度增加时,层结是稳定的;位温随高度减小时,层结是不稳定的;位温不随高度变化时,层结是中性的.

利用(4.15)式,我们还可以把大气层结稳定度的判据改写为

$$\Gamma\begin{cases} <\Gamma_{\mathrm{d}}, & \text{层结稳定}, \\ =\Gamma_{\mathrm{d}}, & \text{层结中性}, \\ >\Gamma_{\mathrm{d}}, & \text{层结不稳定}. \end{cases} \tag{4.33}$$

为什么大气层结稳定度判据与一般不可压缩流体层结稳定度判据不同呢？这是因为不可压缩流体在上升过程中一般保持其密度和温度不变，但空气在上升过程中其密度和温度都要发生变化的缘故. 当 $\Gamma<\Gamma_d$ 或 $\partial\theta_0/\partial z>0$ 时，上升的空气到达新的位置后，不但温度比环境空气温度要低，而且其密度比环境空气密度要大，因而重力＞浮力，$B<0$，层结是稳定的；当 $\Gamma>\Gamma_d$ 或 $\partial\theta_0/\partial z<0$ 时，上升空气到达新的位置，不但其温度比环境空气温度要高，而且密度比环境空气密度要小，因而浮力＞重力，$B>0$；只有当 $\Gamma=\Gamma_d$ 或 $\partial\theta_0/\partial z=0$ 时，上升空气才始终保持与环境空气有同样的密度和温度，因而浮力＝重力，$B=0$. 见图 4.3.

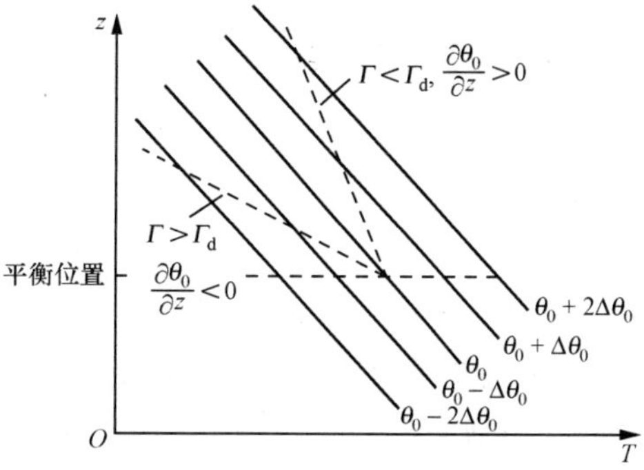

图 4.3 层结稳定度

将(4.29)式和(4.31)式代入(4.27)式，注意 $w=\mathrm{d}z/\mathrm{d}t$，得

$$\frac{\mathrm{d}^2 z}{\mathrm{d}t^2}+N^2 z=0, \tag{4.34}$$

其中

$$N^2=\begin{cases}-g\dfrac{\partial\ln\rho_0}{\partial z}, & \text{不可压缩流体,}\\ g\dfrac{\partial\ln\theta_0}{\partial z}, & \text{大气.}\end{cases} \tag{4.35}$$

而净的 Archimede 浮力可写为

$$B=-N^2 z. \tag{4.36}$$

从(4.34)式知，层结稳定度判据可统一写为

$$N^2\begin{cases}>0, & \text{层结稳定,}\\ =0, & \text{层结中性,}\\ <0, & \text{层结不稳定.}\end{cases} \tag{4.37}$$

而且，在层结稳定时，N 具有频率的性质，因而通常称 N 为浮力频率或称为 Brunt-Väisälä 频率. N 仅随 z 变化. 在大气对流层，平均而言

$$N\approx 1.16\times 10^{-2}\,\mathrm{s}^{-1}.$$

综上分析可知：层结对空气的垂直运动有着重要的作用，从力学观点看，这种作用实质上就是把垂直方向上的重力对空气微团的作用改变为浮力对空气微团的作用，所以，空气微团垂直向上运动需克服重力作功，而构成重力势能就要改变为克服稳定层结下的净 Archimede 浮力作功，此时的势能称为有效势能，我们将在第四节详细论述.

还要指出的是：这里层结稳定度与第三章讨论的惯性稳定度是相似的.不同的是：层结稳定度的背景是静力平衡下的层结大气，考察它对空气垂直运动的作用；而惯性稳定度的背景是地转平衡的大气，考察它对空气南北运动的作用.而且，这里方程(4.34)与第三章方程(3.111)相似，这里的 N^2 与第三章的 I^2 相应.

对于湿空气，按湿绝热方程，它在运动过程中的垂直减温率为

$$\Gamma_{\mathrm{m}} \equiv -\frac{\mathrm{d}T}{\mathrm{d}z} = -\frac{1}{\rho c_p}\frac{\mathrm{d}p}{\mathrm{d}z} + \frac{L}{c_p}\frac{\mathrm{d}q_{\mathrm{s}}}{\mathrm{d}z}. \tag{4.38}$$

应用静力近似(4.13)，并取 $\rho_0/\rho \approx 1$，上式则化为

$$\Gamma_{\mathrm{m}} = \Gamma_{\mathrm{d}} + \frac{L}{c_p}\frac{\mathrm{d}q_{\mathrm{s}}}{\mathrm{d}z}. \tag{4.39}$$

这就是湿绝热垂直减温率 Γ_{m} 与干绝热垂直减温率 Γ_{d} 及饱和比湿 q_{s} 垂直变化间的关系.但通常

$$\frac{\mathrm{d}q_{\mathrm{s}}}{\mathrm{d}z} \leqslant 0,$$

因而，

$$\Gamma_{\mathrm{m}} \leqslant \Gamma_{\mathrm{d}}, \tag{4.40}$$

即湿绝热垂直减温率一般不大于干绝热垂直减温率.

因为对于静止的湿空气，相当位温为

$$\theta_{\mathrm{e}_0} = \theta_0 \mathrm{e}^{Lq_{\mathrm{s0}}/c_p T_0}, \tag{4.41}$$

其中 q_{s0} 为静止湿空气的饱和比湿.由上式取对数得

$$\ln\theta_{\mathrm{e}_0} = \ln\theta_0 + \frac{Lq_{\mathrm{s0}}}{c_p T_0}.$$

上式对 z 微商，近似取 $\frac{\partial}{\partial z}\left(\frac{Lq_{\mathrm{s0}}}{c_p T_0}\right) \approx \frac{L}{c_p T_0}\frac{\partial q_{\mathrm{s0}}}{\partial z}$，则有

$$\frac{\partial \ln\theta_{\mathrm{e}_0}}{\partial z} = \frac{\partial \ln\theta_0}{\partial z} + \frac{L}{c_p T_0}\frac{\partial q_{\mathrm{s0}}}{\partial z}. \tag{4.42}$$

将(4.15)式代入上式，利用(4.39)式，取 $\frac{\mathrm{d}q_{\mathrm{s}}}{\partial z} \approx \frac{\partial q_{\mathrm{s0}}}{\partial z}$，则上式化为

$$\frac{\partial \ln\theta_{\mathrm{s0}}}{\partial z} = \frac{1}{T_0}(\Gamma_{\mathrm{m}} - \Gamma). \tag{4.43}$$

类似 N^2，可引入湿 Brunt-Väisälä 频率 N_{m}，它满足

$$N_{\mathrm{m}}^2 = g\frac{\partial \ln\theta_{\mathrm{s0}}}{\partial z} = \frac{g}{T_0}(\Gamma_{\mathrm{m}} - \Gamma). \tag{4.44}$$

这样，饱和湿空气层结稳定度的判据可以写为

$$N_{\mathrm{m}}^2 \begin{cases} > 0, & \text{层结稳定}, \\ = 0, & \text{层结中性}, \\ < 0, & \text{层结不稳定}, \end{cases} \tag{4.45}$$

或

$$\Gamma\begin{cases}<\Gamma_m, & 层结稳定, \\ =\Gamma_m, & 层结中性, \\ >\Gamma_m, & 层结不稳定.\end{cases}\tag{4.46}$$

图 4.4 是对流层大气在平均情况下，位温 θ_0 和相当位温 θ_{e_0} 随高度的分布. 由图可知，平均而言，$\partial\theta_0/\partial z>0$，即对干空气或未饱和湿空气而言，对流层大气层结经常是稳定的；但在对流层低层，$\partial\theta_{e_0}/\partial z<0$，特别在热带或暴雨系统中更是如此，它说明在对流层低层，对流系统中的大气经常处于湿不稳定状态.

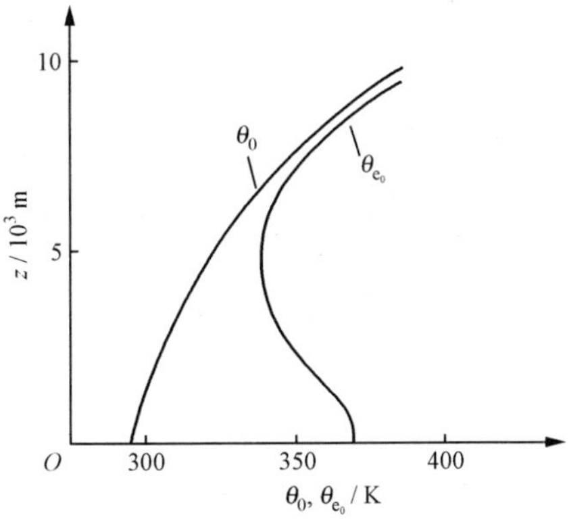

图 4.4 θ_0，θ_{e_0} 的垂直分布

把湿空气与干空气的层结稳定度结合起来一并考虑有如下几点结论：

(1) 当 $\dfrac{\partial\theta_{e_0}}{\partial z}>0$ 时，$\Gamma<\Gamma_m$，必然 $\Gamma<\Gamma_d$，即 $\Gamma<\Gamma_m<\Gamma_d$，则对未饱和湿空气和饱和湿空气都是稳定的，此时，我们称层结是绝对稳定的；

(2) 当 $\dfrac{\partial\theta_0}{\partial z}<0$ 时，$\Gamma>\Gamma_d$，必然 $\Gamma>\Gamma_m$，即 $\Gamma>\Gamma_d>\Gamma_m$，则对未饱和湿空气和饱和湿空气都是不稳定的，此时，我们称层结是绝对不稳定的；

(3) 当 $\dfrac{\partial\theta_{e_0}}{\partial z}<0$，但 $\dfrac{\partial\theta_0}{\partial z}>0$ 时，即 $\Gamma_m<\Gamma<\Gamma_d$，则对未饱和湿空气是稳定的，但对饱和湿空气是不稳定的，此时，我们称层结是条件不稳定的.

上述结论可表述为

$$\begin{cases}\Gamma<\Gamma_m<\Gamma_d, & 层结绝对稳定, \\ \Gamma_m<\Gamma<\Gamma_d, & 层结条件不稳定, \\ \Gamma>\Gamma_d>\Gamma_m, & 层结绝对不稳定.\end{cases}\tag{4.47}$$

§ 4.2 Richardson 数

由上节分析可知，层结对空气垂直运动的作用表现为净的 Archimede 浮力 $B=-N^2z$. 对稳定层结大气而言，$N^2>0$，离平衡位置向上运动的空气，$B<0$，$\mathrm{d}w/\mathrm{d}t<0$；离平衡位置向下运动的空气，$B>0$，$\mathrm{d}w/\mathrm{d}t>0$；因而，通常的稳定层结大气将抑制对流，同样也抑制湍流.

实际分析表明：在大气中风速的垂直切变 $\partial V_h/\partial z$ 对空气的垂直作用也有重要的作用. 通常大气状况，$\partial V_h/\partial z>0$，这种风速的垂直分布将引起水平动量的垂直输送，因而将促进对流，同样也促进湍流.

下面，我们从能量角度比较稳定层结和风速垂直切变这两种因素对于对流运动或湍流运动的贡献.

一、稳定层结对于对流动能的耗损率

既然稳定层结抑制对流，它必然消耗对流运动的动能. 将(4.27)式两边乘以 w 并利用(4.36)式得

$$\frac{\mathrm{d}}{\mathrm{d}t}\left(\frac{1}{2}w^2\right)=Bw=-N^2wz. \tag{4.48}$$

由于 $w=\mathrm{d}z/\mathrm{d}t$ 表单位时间垂直方向上的位移，因而对稳定层结而言($N^2>0$)，N^2wz 表示单位质量空气在垂直位移过程中抵抗净的 Archimede 浮力在单位时间内所作的功，在数值上也就是对流运动动能的耗损率.

通常，空气离开平衡位置向上运动，$z>0$，$w>0$；向下运动，$z<0$，$w<0$；所以，在稳定层结下对流运动的 w 与 z 具有正相关. 引入

$$K_{\mathrm{H}}=\overline{wz}>0. \tag{4.49}$$

它是 w 与 z 乘积的平均值，称为对流导温系数，在湍流运动中，它就是湍流导温系数(见第一章).

所以，由方程(4.48)可知，平均来讲(N^2 为常数)，在稳定层结大气中的单位时间内，单位质量的空气由于垂直位移，抵抗净的 Archimede 浮力所消耗的对流动能的数值为

$$W_1\equiv-\overline{\frac{\mathrm{d}}{\mathrm{d}t}\left(\frac{1}{2}w^2\right)}=K_{\mathrm{H}}N^2. \tag{4.50}$$

在湍流运动中上式实际为

$$W_1=-\frac{g}{\theta_0}\overline{\theta'w'}. \tag{4.51}$$

在数值上它就是在层结大气中，单位时间内单位质量的空气克服 Archimede 浮力作功所消耗的湍流运动的动能.

二、风速垂直切变对于对流动能的供给率

既然风速垂直切变促进对流，它必然供给对流运动所需要的动能. 因有风速垂直切变，上下层空气必然产生水平运动动量交换，其结果必然是消耗水平运动动能以供给对流运动所需要的动能. 下面，我们计算因风速垂直切变消耗的水平运动动能.

若仅考虑风速的垂直切变，则空气水平运动的加速度可以写为

$$\begin{cases}\dfrac{\mathrm{d}u}{\mathrm{d}t}=w\dfrac{\partial u}{\partial z},\\[2ex]\dfrac{\mathrm{d}v}{\mathrm{d}t}=w\dfrac{\partial v}{\partial z}.\end{cases}$$

上述方程组的第一式两端乘 u,第二式两端乘 v,然后相加得到

$$\frac{\mathrm{d}}{\mathrm{d}t}\left[\frac{1}{2}(u^2+v^2)\right]=uw\frac{\partial u}{\partial z}+vw\frac{\partial v}{\partial z}. \tag{4.52}$$

因为当$\frac{\partial u}{\partial z}>0,\frac{\partial v}{\partial z}>0$ 时,$w>0$ 的运动空气带来较小的风速,$w<0$ 的运动空气带来较大的风速,所以,在存在风速垂直切变时,通常 u 与 w,v 与 w 都是负相关,且认为$\overline{uw},\overline{vw}$的数值分别与$\frac{\partial u}{\partial z},\frac{\partial v}{\partial z}$成正比,即

$$\overline{uw}=-K\frac{\partial u}{\partial z}<0,\quad \overline{vw}=-K\frac{\partial v}{\partial z}<0, \tag{4.53}$$

其中 $K>0$ 称为因对流造成的水平运动动量的输送系数.将上式与(1.120)式比较即知,在湍流运动中,K 就是动量湍流系数.

所以,将(4.53)式代入方程(4.52)可知,平均来讲,在存在风速垂直切变大气中的单位时间内,单位质量的空气由于水平运动动量的交换所消耗的水平运动动能,也就是供给对流运动的动能为

$$W_2=-\overline{\frac{\mathrm{d}}{\mathrm{d}t}\left(\frac{1}{2}\boldsymbol{V}_{\mathrm{h}}^2\right)}=K\left[\left(\frac{\partial u}{\partial z}\right)^2+\left(\frac{\partial v}{\partial z}\right)^2\right]=K\left(\frac{\partial \boldsymbol{V}_{\mathrm{h}}}{\partial z}\right)^2. \tag{4.54}$$

在湍流运动中,上式实际为

$$W_2=\frac{1}{\rho}\left(T_{zx}\frac{\partial u}{\partial z}+T_{zy}\frac{\partial v}{\partial z}\right)+\frac{1}{\rho}\boldsymbol{T}_z\cdot\frac{\partial \boldsymbol{V}_{\mathrm{h}}}{\partial z}. \tag{4.55}$$

在数值上它就是在有风速垂直切变大气中,单位时间内单位质量的空气通过 Reynolds 应力克服湍流摩擦作功所消耗的平均运动动能,它全部转换为湍流运动所需要的动能.

在经典的理论中,$W_2>0$,即只能是水平运动动能转换为对流运动动能,这是因为它认为垂直运动完全由于风速垂直切变所造成的.

在湍流运动中,经典的看法也只能是 $W_2>0$,即是平均运动动能转换为脉动运动动能.因为根据经典力学的实验结果,在流管中的流动变成湍流运动以后,流体运动的阻力是增加的,要维持湍流只有平均运动动能转换为湍流不规则运动的动能,这就是说,湍流摩擦力对空气平均运动作负功.

在大气边界层中,要维持经常的湍流运动,也只能是平均运动动能转换为湍流运动动能.

第十章我们将知道,在大气大尺度运动中,可以是相反方向的转换,即是大型

扰动动能转换为平均运动动能,这也是"负黏性"的问题.

由(4.54)式,我们可以计算在大气边界层的单位截面气柱中,平均运动动能向脉动动能的转换率为

$$W^* = \int_0^{h_B} K\left[\left(\frac{\partial u}{\partial z}\right)^2 + \left(\frac{\partial v}{\partial z}\right)^2\right]\delta z = \int_0^{h_B} \boldsymbol{T}_z \cdot \frac{\partial \boldsymbol{V}_h}{\partial z}\delta z. \tag{4.56}$$

三、Richardson 数

由上分析可知,对流运动或湍流运动能否发展,取决于 W_1 与 W_2 的相对大小,若 $W_2 > W_1$,则对流发展或湍流增强;若 $W_2 < W_1$,则对流抑制或湍流减弱.

为此,称无量纲数 W_1/W_2 为通量 Richardson 数,记为 Ri_f,

$$Ri_f \equiv \frac{W_1}{W_2} = \frac{K_H}{K} \cdot \frac{N^2}{\left(\frac{\partial \boldsymbol{V}_h}{\partial z}\right)^2}. \tag{4.57}$$

通常取 $K_H = K$,则通量 Richardson 数 Ri_f 化为通常的 Richardson 数,即

$$Ri = \frac{N^2}{\left(\frac{\partial \boldsymbol{V}_h}{\partial z}\right)^2} = \frac{N^2}{\left(\frac{\partial u}{\partial z}\right)^2 + \left(\frac{\partial v}{\partial z}\right)^2}. \tag{4.58}$$

由此,我们得到判断对流运动或湍流运动能否发展的判据为

$$Ri \begin{cases} < 1, & \text{对流发展或湍流增强,} \\ > 1, & \text{对流抑制或湍流减弱.} \end{cases} \tag{4.59}$$

由于在得到 Ri 数的过程中,没有考虑层结和风速垂直切变以外的因素. 因此,完全用上式去判断对流强弱或湍流增衰是不准确的. 为此,我们可以把上式修改为

$$Ri \begin{cases} < Ri_c, & \text{对流发展或湍流增强,} \\ > Ri_c, & \text{对流抑制或湍流减弱,} \end{cases} \tag{4.60}$$

其中 Ri_c 称为临界 Richardson 数,一般情况下

$$Ri_c < 1.$$

在简化的理论分析中,

$$Ri_c = 1/4.$$

详细讨论见第十一章.

上述理论分析在定性上是与实际一致的. 例如,在近地面层,风速垂直切变数值大,加之太阳辐射首先加热地面和近地面层,容易产生层结不稳定,因而近地面层 Ri 数的数值较小,甚至是负值,因而容易产生湍流运动;又例如,在急流、锋面、飑线附近,风速垂直切变数值较大,Ri 数数值较小,因而容易发生强对流或湍流运动;再例如,在对流层中上层,风速垂直切变数值较小,因而 Ri 数较小,如取 $\left|\frac{\partial \boldsymbol{V}_h}{\partial z}\right| = (1\text{—}2)\times 10^{-3}\,\mathrm{s}^{-1}$,$N^2 = (1\text{—}2)\times 10^{-4}\,\mathrm{s}^{-2}$,则算得 $Ri = 50\text{—}100$. 因而这里

一般对流和湍流都是很弱的.

对饱和湿空气,可引入湿 Richardson 数,它定义为

$$Ri_{\mathrm{m}} \equiv \frac{N_{\mathrm{m}}^2}{\left(\dfrac{\partial \boldsymbol{V}_{\mathrm{h}}}{\partial z}\right)^2}. \tag{4.61}$$

从严格的能量转换的角度去分析 Richardson 数,详见§10.7.

§4.3 近地面层大气湍流的 Monin-Obukhov 理论

在第一章,我们介绍了湍流运动的半经验理论,并在第二章将它应用于大气边界层求解边界层的平衡运动.本章第二节我们又知道,大气湍流运动又紧密地与大气层结有关.本节介绍与层结密切相关的近地面层大气湍流运动的 Monin-Obukhov 理论.

一、湍流垂直通量密度

在第一章的湍流半经验理论中,我们引进了湍流通量密度的概念,在第三章我们又指出,由于近地面层相对很薄,湍流垂直通量密度可近似认为不随高度变化而处理为常数.湍流垂直能量密度主要有三类:

1. 湍流动量通量密度

$$T_0 \equiv -\rho \overline{V_{\mathrm{h}}' w'} = \rho K_{\mathrm{M}} \frac{\partial V_{\mathrm{h}}}{\partial z}, \tag{4.62}$$

其中 V_{h}' 和 w' 分别为水平速度和垂直运动的脉动,V_{h} 为水平速度的观测值,ρ 为密度,K_{M} 为动量湍流系数(即湍流黏性系数 K).引入摩擦速度

$$V_* = \sqrt{T_0/\rho} = \sqrt{K_{\mathrm{M}} \frac{\partial V_{\mathrm{h}}}{\partial z}}, \tag{4.63}$$

则(4.62)式化为

$$T_0 = \rho V_*^2, \quad -\overline{V_{\mathrm{h}}' w'} = V_*^2. \tag{4.64}$$

2. 湍流热量通量密度

$$H_0 \equiv -\rho c_p \overline{\theta' w'} = \rho c_p K_{\mathrm{H}} \frac{\partial \theta}{\partial z} \approx \rho c_p K_{\mathrm{H}} \frac{\partial \theta_0}{\partial z}, \tag{4.65}$$

其中 θ 和 θ' 分别为位温的观测值和脉动值,θ_0 为静止空气的位温,K_{H} 为热量湍流系数.若引入摩擦位温

$$\theta_* = H_0/\rho c_p V_* = K_{\mathrm{H}} \frac{\partial \theta_0}{\partial z}\bigg/ V_*, \tag{4.66}$$

则(4.65)式化为

$$H_0 = \rho c_p V_* \theta_*, \quad -\overline{\theta' w'} = V_* \theta_*. \tag{4.67}$$

3. 湍流水汽通量密度

$$W_0 \equiv -\rho \overline{q' w'} = \rho K_W \frac{\partial q}{\partial z}, \tag{4.68}$$

其中 q 和 q' 分别为比湿的观测值和脉动值，K_W 为水汽湍流系数. 若引入摩擦比湿

$$q_* = W_0 / \rho V_* = K_W \frac{\partial q}{\partial z} \bigg/ V_*, \tag{4.69}$$

则(4.68)式化为

$$W_0 = \rho V_* q_*, \quad -\overline{q' w'} = V_* q_*. \tag{4.70}$$

二、Monin-Obukhov 长度

Monin-Obukhov 在物理上考虑了在近地面层动力和热力因子的共同作用，在数学上应用量纲分析法，引进了一个具有长度量纲的量

$$L \equiv \frac{(-\overline{V_h' w'})^{3/2}}{k \dfrac{g}{\theta_0} (-\overline{\theta' w'})}, \tag{4.71}$$

它称为 Monin-Obukhov 长度，其中 g 为重力加速度，θ_0 为静止空气的位温，k 为 Karman 常数(见(3.124)式).

(4.64)式和(4.67)式代入上式，并注意(4.66)式，得到

$$L = \frac{V_*^2}{k(g/\theta_0)\theta_*} = -\frac{V_*^3}{k K_H N^2}, \tag{4.72}$$

由此可见

$$L \begin{cases} > 0, & \text{稳定层结}, \\ \to \infty, & \text{中性层结}, \\ < 0, & \text{不稳定层结}. \end{cases} \tag{4.73}$$

三、普适函数

根据量纲分析理论，Monin-Obukhov 将近地面层的风速垂直变化、位温垂直变化和比湿的垂直变化分别写为

$$\frac{\partial V_h}{\partial z} = \frac{V_*}{kz} \Phi_M(\zeta), \tag{4.74}$$

$$\frac{\partial \theta}{\partial z} = \frac{\theta_*}{kz} \Phi_H(\zeta) \tag{4.75}$$

和

$$\frac{\partial q}{\partial z} = \frac{q_*}{kz} \Phi_W(\zeta), \tag{4.76}$$

其中 $\Phi_{\mathrm{M}}(\zeta)$,$\Phi_{\mathrm{H}}(\zeta)$和 $\Phi_{\mathrm{W}}(\zeta)$分别称为动量、热量和水汽垂直分布廓线的普适函数,而

$$\zeta \equiv z/L \tag{4.77}$$

是以 Monin-Obukhov 长度 L 为尺度的无量纲"高度". 由(4.73)式即知

$$\zeta\begin{cases}>0, & \text{稳定层结},\\ =0, & \text{中性层结},\\ <0, & \text{不稳定层结}.\end{cases} \tag{4.78}$$

由于在近地面层中性层结下风速随高度变化呈对数定律,则将(4.74)式与(3.126)式比较即有

$$\zeta = 0,\quad \Phi_{\mathrm{M}}(\zeta) = 1. \tag{4.79}$$

现在,根据观测资料分析,常用的普适函数的形式是

$$\Phi_{\mathrm{M}}(\zeta) = \begin{cases}1+\beta_{\mathrm{M}}\zeta, & \zeta\geqslant 0,\\ (1-\gamma_{\mathrm{M}}\zeta)^{-1/4}, & \zeta\leqslant 0;\end{cases}\quad \Phi_{\mathrm{H}}(\zeta) = \Phi_{\mathrm{W}}(\zeta) = \begin{cases}\alpha(1+\beta_{\mathrm{H}}\zeta), & \zeta\geqslant 0,\\ \alpha(1-\gamma_{\mathrm{H}}\zeta)^{-1/2}, & \zeta\leqslant 0,\end{cases} \tag{4.80}$$

其中 β_{M},γ_{M},α,β_{H} 和 γ_{H} 均是正的常数,有人取 $\beta_{\mathrm{M}}=\beta_{\mathrm{H}}=5$,$\gamma_{\mathrm{M}}=\gamma_{\mathrm{H}}=16$,$\alpha=1$.

四、近地面层风速、位温和比湿的垂直分布

1. 风速的垂直分布

将(4.74)式改写为

$$\frac{\partial V_{\mathrm{h}}}{\partial z} = \frac{V_*}{kz}\{1-[1-\Phi_{\mathrm{M}}(\zeta)]\},$$

并对上式作 z_0(粗糙度)到 z 的积分,应用 $z=z_0$,$V_{\mathrm{h}}=0$ 的条件(即(3.122)式),求得近地面层风速的垂直分布为

$$V_{\mathrm{h}} = \frac{V_*}{k}\left[\ln\frac{z}{z_0} - \Psi_{\mathrm{M}}(\zeta)\right], \tag{4.81}$$

其中

$$\Psi_{\mathrm{M}}(\zeta) = \int_{\zeta_0}^{\zeta}\frac{1-\Phi_{\mathrm{M}}(\zeta)}{\zeta}\delta\zeta,\quad \zeta_0 = z_0/L. \tag{4.82}$$

将(4.80)式中的 $\Phi_{\mathrm{M}}(\zeta)$代入上式求得

$$\Psi_{\mathrm{M}}(\zeta) = \begin{cases}-\beta_{\mathrm{M}}(\zeta-\zeta_0), & \zeta\geqslant 0,\\ \ln\dfrac{1+x^2}{2}+2\ln\dfrac{1+x}{2}-2\arctan x+\dfrac{\pi}{2}\quad (x=(1-\gamma_{\mathrm{M}}\zeta)^{1/4}), & \zeta\leqslant 0.\end{cases} \tag{4.83}$$

2. 位温的垂直分布

利用下边界条件:

$$z = z_0,\quad \theta = \theta_0, \tag{4.84}$$

由(4.75)式类似地求得近地面层位温的垂直分布为

$$\theta = \theta_0 + \frac{\theta_*}{k}\left[\ln\frac{z}{z_0} - \Psi_{\mathrm{H}}(\zeta)\right], \tag{4.85}$$

其中

$$\Psi_{\mathrm{H}}(\zeta) = \int_{\zeta_0}^{\zeta} \frac{1-\Phi_{\mathrm{H}}(\zeta)}{\zeta}\delta\zeta, \quad \zeta_0 = z_0/L. \tag{4.86}$$

将(4.80)式中的 $\Phi(\zeta)$代入上式求得

$$\Psi_{\mathrm{H}}(\zeta) = \begin{cases} \alpha(1+\beta_{\mathrm{H}}\zeta), & \zeta \geqslant 0, \\ 2\alpha\ln\dfrac{1+y}{2} \quad (y = (1-\gamma_{\mathrm{H}}\zeta)^{1/2}), & \zeta \leqslant 0. \end{cases} \tag{4.87}$$

3. 水汽的垂直分布

利用下边界条件：

$$z = z_0, \quad q = q_0, \tag{4.88}$$

由(4.76)式同样类似地求得近地面层比湿的垂直分布为

$$q = q_0 + \frac{q_*}{k}\left[\ln\frac{z}{z_0} - \Psi_{\mathrm{W}}(\zeta)\right], \tag{4.89}$$

其中

$$\Psi_{\mathrm{W}}(\zeta) = \int_{\zeta_0}^{\zeta} \frac{1-\Phi_{\mathrm{W}}(\zeta)}{\zeta}\delta\zeta \quad (\zeta_0 \equiv z_0/L, \zeta \equiv z/L). \tag{4.90}$$

将(4.80)式中的 $\Phi_{\mathrm{W}}(\zeta)$代入上式求得

$$\Psi_{\mathrm{W}}(\zeta) = \begin{cases} \alpha(1+\beta_{\mathrm{H}}\zeta), & \zeta \geqslant 0, \\ 2\alpha\ln\dfrac{1+y}{2} \quad (y = (1-\gamma_{\mathrm{H}}\zeta)^{1/2}), & \zeta \leqslant 0. \end{cases} \tag{4.91}$$

§4.4 有效势能(available potential energy)

一、问题的提出

大气运动的根本能源是太阳辐射，因太阳辐射的纬度和高度差异形成大气全势能，然后再转为大气运动动能.

第二章分析知，大气中动能的数值相对于全势能的数值很小. 因此，并非所有全势能都能自动地转换为动能，而只是其中极小的一部分释放出来转换为动能，绝大部分的全势能被储存了起来；在第二章的环流定理分析中，我们也知道，在正压大气中，尽管有全势能，但它不能产生力管环流. 因而不能使全势能释放转换为动能.

事实上，由(2.98)式知，在绝热($Q=0$)和无边界流动(在边界上 $\boldsymbol{V}=0$)的条件

下，在体积 V 内全势能的变化为

$$\frac{\mathrm{d}P^*}{\mathrm{d}t}=\iiint_V \mathbf{V}\cdot(\nabla p-\boldsymbol{g})\delta v=\iiint_V\left[\mathbf{V}_{\mathrm{h}}\nabla_{\mathrm{h}}p+w\left(\frac{\partial p}{\partial z}+g\rho\right)\right]\delta v, \tag{4.92}$$

这部分全势能用于转换为动能. 上式表明：在(1) 静止大气($\mathbf{V}=0$)；(2) 严格的地转平衡($\mathbf{V}_{\mathrm{h}}\cdot\nabla_{\mathrm{h}}p=0$)和静力平衡$\left(\frac{\partial p}{\partial z}=-g\rho\right)$的两种情况下，不可能有全势能的释放.

若利用(4.18)式和(4.25)式，则(4.92)式化为

$$\frac{\mathrm{d}P^*}{\mathrm{d}t}=\iiint_V -\rho wB\,\delta v=\iiint_V wg\rho'\,\delta v. \tag{4.93}$$

上式表明：全势能的释放完全决定于在大气中有无密度偏差 ρ' 和相应的垂直运动 w 存在. 在如图 4.5(a)的正压大气中，所有状态的等值面都是水平的，只要它维持正压状态，水平面上就没有 ρ'，而且是稳定的层结大气，也没有激发垂直运动的可能. 相反，如果大气是斜压的，状态分布见图 4.5(b)，尽管其中层结还是稳定的，但等位温面不再是水平的，而是倾斜的. 因而，在等压面上存在位温梯度(通常是南暖北冷)，则在水平面上存在密度偏差 ρ' 或位温偏差 θ'. 而且，因在稳定层结($N^2>0$)下，$z>0$ 时，$B<0$；$z<0$ 时，$B>0$，需克服净的 Archimede 浮力作功. 同时，在斜压性的作用下，暖空气上升，冷空气下沉，使全势能释放转换为动能.

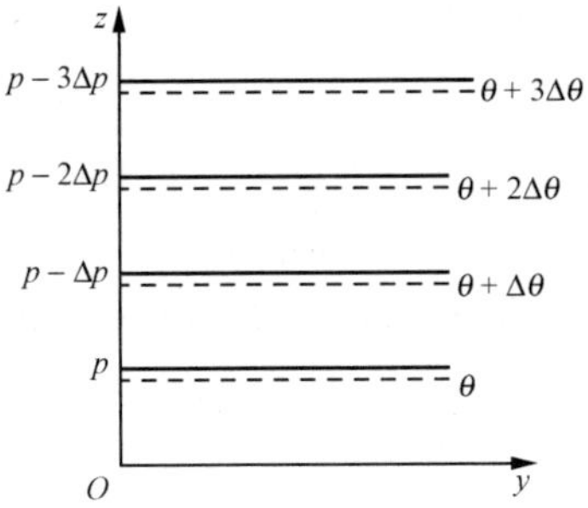

(a) 正压状态

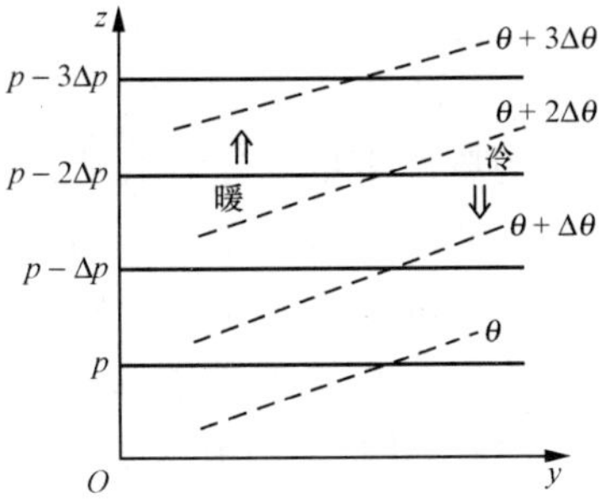

(b) 斜压状态

图 4.5

由上分析可知：在稳定而且正压的大气中全势能不能释放，而在稳定但斜压的大气中全势能才有可能被释放. 而且，由(4.93)式可知

$$\frac{\mathrm{d}P}{\mathrm{d}t}=-wB=-B\frac{\mathrm{d}z}{\mathrm{d}t}, \tag{4.94}$$

因而，可以释放的那一部分全势能的大小在数值上等于克服 Archimede 浮力作功的大小.

二、有效势能

取正压而且层结稳定的静止大气作为参考状态($N^2>0$),这个状态下的大气全势能不能转换为动能.在这个状态下,若有扰动使空气微团从起始位置 $z=0$ 按绝热过程移动到某个高度 $z=z$,则因 $\rho\neq\rho_0$,产生 ρ',相应有 θ',它克服净的 Archimede 浮力作功的大小就称为该空气微团的有效势能.

设 $N^2=$常数,则由(4.36)式知,单位质量空气微团的有效势能为

$$A=\int_0^z -B\delta z=\int_0^z N^2 z\delta z=\frac{N^2}{2}z^2. \tag{4.95}$$

注意,在一般的重力场,空气垂直向上位移克服重力场所作的功即是重力势能,而在考虑层结作用后的浮力场中,稳定层结下空气垂直向上位移克服净的 Archimede 浮力所作的功,就是有效势能.

设在 $z=0$ 处,空气微团的位温为 θ_0(与环境空气相同),它绝热位移到 $z=z$ 处,应保持 θ_0 不变,但环境空气在 $z=z$ 处的位温是 $\theta_0+\Delta\theta_0\approx\theta_0+\frac{\partial\theta_0}{\partial z}\cdot z$,则空气微团到达 $z=z$ 后产生位温偏差

$$\theta'=\theta_0-(\theta_0+\Delta\theta_0)=-\Delta\theta_0=-\frac{\partial\theta_0}{\partial z}z=-\frac{N^2}{g}\theta_0 z. \tag{4.96}$$

将(4.96)式代入(4.95)式,消去 z 得到

$$A=\frac{g^2}{2N^2}\left(\frac{\theta'}{\theta_0}\right)^2. \tag{4.97}$$

这就是常用的单位质量空气有效势能的表达式.在数值上它与 z 高度上位温偏差 θ' 的平方成正比,这样,有效势能的定义在形式上类似于动能了,在全势能中只有这一部分才是有可能转换为动能的有效部分.若在 z 高度位温处处相同,$\theta'=0$,则无有效势能,$A=0$.但此时势能和全势能照常存在.

由(4.97)式,我们得到在体积 V 内空气的总有效势能为

$$A^*=\iiint_V \rho\frac{g^2}{2N^2}\left(\frac{\theta'}{\theta_0}\right)^2\delta v. \tag{4.98}$$

对于单位截面的气柱,总有效势能为

$$A_i^*=\int_0^\infty \rho\frac{g^2}{2N^2}\left(\frac{\theta'}{\theta_0}\right)^2\delta z. \tag{4.99}$$

在静力平衡的条件下,上式化为

$$A_i^*=\int_0^{p_0}\frac{g}{2N^2}\left(\frac{\theta'}{\theta_0}\right)^2\delta p=\int_0^{p_0}\frac{T_0}{2(\Gamma_d-\Gamma)}\left(\frac{\theta'}{\theta_0}\right)^2\delta p, \tag{4.100}$$

这就是 Lorenz 所采用的有效势能的表达式.

在等压面上,将位温公式 $\theta=T(P_0/p)^{R/c_p}$ 取对数有

$$\ln\theta = \ln T + \frac{R}{c_p}(\ln P_0 - \ln p) \quad (p = \text{常数}). \tag{4.101}$$

令

$$\theta = \theta_0 + \theta', \quad T = T_0 + T', \quad T', \theta' \ll T_0, \theta_0, \tag{4.102}$$

其中 T' 表温度偏差. 则(4.101)式化为

$$\ln\theta_0\left(1 + \frac{\theta'}{\theta_0}\right) = \ln T_0\left(1 + \frac{T'}{T_0}\right) + \frac{R}{c_p}(\ln P_0 - \ln p) \quad (p = \text{常数}). \tag{4.103}$$

注意,对静止大气,在等压面上,(4.101)式化为

$$\ln\theta_0 = \ln T_0 + \frac{R}{c_p}(\ln P_0 - \ln p_0). \tag{4.104}$$

将(4.103)式减去(4.104)式,取 $p \approx p_0$,则得到

$$\ln\left(1 + \frac{\theta'}{\theta_0}\right) = \ln\left(1 + \frac{T'}{T_0}\right). \tag{4.105}$$

注意 $\theta'/\theta_0 \ll 1, T'/T_0 \ll 1$,则上式近似为

$$\theta'/\theta_0 = T'/T_0 \quad (p = \text{常数}). \tag{4.106}$$

因此(4.100)式又可改写为

$$A_i^* = \int_0^{p_0} \frac{g}{2N^2}\left(\frac{T'}{T_0}\right)^2 \delta p = \int_0^{p_0} \frac{T_0}{2(\Gamma_d - \Gamma)}\left(\frac{T'}{T_0}\right)^2 \delta p. \tag{4.107}$$

利用(2.62)式,我们可以求得单位截面气柱有效势能与全势能之比为

$$\frac{A_i^*}{P_i^*} = \frac{1}{2} \cdot \frac{\Gamma_d}{\Gamma_d - \Gamma}\overline{\left(\frac{T'}{T_0}\right)^2}, \tag{4.108}$$

其中"—"表气柱中的平均值. 取 $T' = 15\,\text{K}, T_0 = 250\,\text{K}$,则求得

$$A_i^*/P_i^* = 1/200.$$

再利用§2.2中的计算,因 $K_i^*/P_i^* = 1/2000$,则求得

$$\frac{K_i^*}{A_i^*} = \frac{1/2000}{1/200} = \frac{1}{10}.$$

由此可知,有效势能只占全势能的 1/200,而动能只占有效势能的 1/10. 这说明在可以释放的全势能中,实际上也只有 1/10 真正转换为动能.

对于饱和湿空气,有效势能定义为

$$A_m = \frac{g^2}{2N_m^2}\left(\frac{\theta_e'}{\theta_{e_0}}\right)^2, \tag{4.109}$$

其中 θ_e' 为 θ_e 相对于 θ_{e_0} 的偏差,而在固定体积 V 和单位截面气柱内的湿有效势能分别是

$$A_m^* = \iiint_V \rho \frac{g^2}{2N_m^2}\left(\frac{\theta_e'}{\theta_{e_0}}\right)^2 \delta v, \tag{4.110}$$

$$A_{m_i}^* = \int_0^\infty \rho \frac{g^2}{2N_m^2}\left(\frac{\theta_e'}{\theta_{e_0}}\right)^2 \delta z = \int_0^{p_0} \frac{g}{2N_m^2}\left(\frac{\theta_e'}{\theta_{e_0}}\right)^2 \delta p. \tag{4.111}$$

§4.5 以静止大气为背景的大气运动基本方程组

我们把静止大气的状态作为大气的背景状态，显然，它满足(4.11)式、(4.13)式和(4.15)式. 假定在此背景状态的大气中，由于某种原因产生一个小偏差 p',ρ',T',θ'；同时伴有运动 u',v',w'，即我们设

$$\begin{cases} u = u', \quad v = v', \quad w = w', \\ p = p_0(z) + p', \quad \rho = \rho_0(z) + \rho', \quad T = T_0(z) + T', \quad \theta' = \theta_0(z) + \theta', \end{cases} \tag{4.112}$$

且

$$p', \rho', T', \theta' \ll p_0, \rho_0, T_0, \theta_0. \tag{4.113}$$

我们考虑运动是无摩擦和绝热的. 下面分别讨论在上述假定下各个方程的变化.

一、运动方程

运动方程为

$$\begin{cases} \dfrac{du}{dt} - fv = -\dfrac{1}{\rho}\dfrac{\partial p}{\partial x}, \\ \dfrac{dv}{dt} + fu = -\dfrac{1}{\rho}\dfrac{\partial p}{\partial y}, \\ \dfrac{dw}{dt} = -g - \dfrac{1}{\rho}\dfrac{\partial p}{\partial z}. \end{cases} \tag{4.114}$$

在基本假定下有

$$-\frac{1}{\rho}\frac{\partial p}{\partial x} = -\frac{1}{\rho_0\left(1+\dfrac{\rho'}{\rho_0}\right)}\frac{\partial p'}{\partial x} \approx -\frac{1}{\rho_0}\left(1-\frac{\rho'}{\rho_0}\right)\frac{\partial p'}{\partial x} \approx -\frac{1}{\rho_0}\frac{\partial p'}{\partial x},$$

$$-\frac{1}{\rho}\frac{\partial p}{\partial y} = -\frac{1}{\rho_0\left(1+\dfrac{\rho'}{\rho_0}\right)}\frac{\partial p'}{\partial y} \approx -\frac{1}{\rho_0}\left(1-\frac{\rho'}{\rho_0}\right)\frac{\partial p'}{\partial y} \approx -\frac{1}{\rho_0}\frac{\partial p'}{\partial y},$$

$$-g-\frac{1}{\rho}\frac{\partial p}{\partial z} = -g-\frac{1}{\rho_0\left(1+\dfrac{\rho'}{\rho_0}\right)}\left(\frac{\partial p_0}{\partial z}+\frac{\partial p'}{\partial z}\right) \approx -g-\frac{1}{\rho_0}\left(1-\frac{\rho'}{\rho_0}\right)\left(\frac{\partial p_0}{\partial z}+\frac{\partial p'}{\partial z}\right)$$

$$\approx \left(-g-\frac{1}{\rho_0}\frac{\partial p_0}{\partial z}\right)-\frac{1}{\rho_0}\frac{\partial p'}{\partial z}+\left(\frac{1}{\rho_0}\frac{\partial p_0}{\partial z}\right)\frac{\rho'}{\rho_0} = -\frac{1}{\rho_0}\frac{\partial p'}{\partial z}-g\frac{\rho'}{\rho_0}.$$

以上我们都忽略了$\frac{\rho'}{\rho_0^2}$与$\frac{\partial p'}{\partial x}$,$\frac{\partial p'}{\partial y}$,$\frac{\partial p'}{\partial z}$的乘积项.

这样,运动方程(4.114)化为

$$\begin{cases}\frac{\mathrm{d}u}{\mathrm{d}t}-fv=-\frac{1}{\rho_0}\frac{\partial p'}{\partial x},\\ \frac{\mathrm{d}u}{\mathrm{d}t}+fu=-\frac{1}{\rho_0}\frac{\partial p'}{\partial y},\\ \frac{\mathrm{d}w}{\mathrm{d}t}=-\frac{1}{\rho_0}\frac{\partial p'}{\partial z}-g\frac{\rho'}{\rho_0},\end{cases}\tag{4.115}$$

其中,头两个方程(水平运动方程)右端$\frac{\partial p'}{\partial x}$,$\frac{\partial p'}{\partial y}$可分别用$\frac{\partial p}{\partial x}$,$\frac{\partial p}{\partial y}$代替,因此,水平运动方程在形式上几乎与原方程一样,只是ρ换成了$\rho_0(z)$;第三个方程右端$-\frac{1}{\rho}\frac{\partial p}{\partial z}$形式上换成了$-\frac{1}{\rho_0}\frac{\partial p'}{\partial z}$,而重力$-g$换成了净的 Archimede 浮力$-g\frac{\rho'}{\rho_0}$,第三个方程实际上是方程(4.27)的推广,因为当初准静力假定未考虑压力的偏差.

二、连续性方程

连续性方程为

$$\frac{\mathrm{d}\ln\rho}{\mathrm{d}t}+\frac{\partial u}{\partial x}+\frac{\partial v}{\partial y}+\frac{\partial w}{\partial y}=0.\tag{4.116}$$

在基本假定下有

$$\ln\rho=\ln\rho_0\left(1+\frac{\rho'}{\rho_0}\right)=\ln\rho_0+\ln\left(1+\frac{\rho'}{\rho_0}\right)\approx\ln\rho_0+\frac{\rho'}{\rho_0},\tag{4.117}$$

因而

$$\frac{\mathrm{d}\ln\rho}{\mathrm{d}t}=\frac{\mathrm{d}}{\mathrm{d}t}\left(\frac{\rho'}{\rho_0}\right)+\frac{\mathrm{d}\ln\rho_0}{\mathrm{d}t}=\frac{\mathrm{d}}{\mathrm{d}t}\left(\frac{\rho'}{\rho_0}\right)+w\frac{\partial\ln\rho_0}{\partial z}.\tag{4.118}$$

这样,连续性方程(4.116)化为

$$\frac{\mathrm{d}}{\mathrm{d}t}\left(\frac{\rho'}{\rho_0}\right)+\frac{\partial u}{\partial x}+\frac{\partial v}{\partial y}+\frac{1}{\rho_0}\frac{\partial\rho_0 w}{\partial z}=0,\tag{4.119}$$

它与原方程有一定的不同.

三、状态方程

状态方程为

$$p=\rho RT,\tag{4.120}$$

在基本假定下变为

$$p_0+p'=(\rho_0+\rho')R(T_0+T')\approx\rho_0RT_0+\rho'RT_0+\rho_0RT',\tag{4.121}$$

上式最后已忽略了 $\rho' RT'$ 一项. 注意 $p_0=\rho_0 RT_0$，则上式化为

$$p' = \rho' RT_0 + \rho_0 RT', \tag{4.122}$$

或等式两边同除以 $p_0=\rho_0 RT_0$ 后得

$$\frac{p'}{p_0} = \frac{\rho'}{\rho_0} + \frac{T'}{T_0}. \tag{4.123}$$

对于位温公式

$$\theta = T\left(\frac{P_0}{p}\right)^{R/c_p}, \tag{4.124}$$

两边取对数后有

$$\ln\theta = \ln T - \frac{R}{c_p}\ln p + \frac{R}{c_p}\ln P_0. \tag{4.125}$$

在基本假定下有

$$\ln\theta_0\left(1+\frac{\theta'}{\theta_0}\right) = \ln T\left(1+\frac{T'}{T_0}\right) - \frac{R}{c_p}\ln p_0\left(1+\frac{p'}{p_0}\right) + \frac{R}{c_p}\ln P_0. \tag{4.126}$$

但背景状态满足 $\theta_0=T_0(P_0/p_0)^{R/c_p}$，则有

$$\ln\theta_0 = \ln T_0 - \frac{R}{c_p}\ln p_0 + \frac{R}{c_p}\ln P_0. \tag{4.127}$$

将(4.126)式减去(4.127)式得

$$\ln\left(1+\frac{\theta'}{\theta_0}\right) = \ln\left(1+\frac{T'}{T_0}\right) - \frac{R}{c_p}\ln\left(1+\frac{p'}{p_0}\right). \tag{4.128}$$

因 $\theta'/\theta_0 \ll 1, T'/T_0 \ll 1, p'/p_0 \ll 1$，则上式近似为

$$\frac{\theta'}{\theta_0} = \frac{T'}{T_0} - \frac{R}{c_p}\cdot\frac{p'}{p_0}. \tag{4.129}$$

将(4.123)式与(4.129)式结合，并消去 T'/T_0 后有

$$\frac{\theta'}{\theta_0} = \frac{1}{\gamma}\frac{p'}{p_0} - \frac{\rho'}{\rho_0} \quad \left(\gamma \equiv \frac{c_p}{c_V}\right) \tag{4.130}$$

或

$$\rho_0\frac{\theta'}{\theta_0} = \frac{1}{c_s^2}p' - \rho', \tag{4.131}$$

其中

$$c_s = \sqrt{\gamma p_0/\rho_0} = \sqrt{\gamma RT_0} \tag{4.132}$$

为绝热声速或 Laplace 声速. 在大气对流层，平均而言

$$c_s = 330\,\mathrm{m\cdot s^{-1}}.$$

四、绝热方程

用位温 θ 表示的绝热方程为

$$\frac{\mathrm{d}\ln\theta}{\mathrm{d}t} = 0. \tag{4.133}$$

但在基本假定下有

$$\ln\theta = \ln\theta_0\left(1 + \frac{\theta'}{\theta_0}\right) = \ln\theta_0 + \ln\left(1 + \frac{\theta'}{\theta_0}\right) \approx \ln\theta_0 + \frac{\theta'}{\theta_0}, \tag{4.134}$$

因而

$$\frac{\mathrm{d}\ln\theta}{\mathrm{d}t} = \frac{\mathrm{d}}{\mathrm{d}t}\left(\frac{\theta'}{\theta_0}\right) + \frac{\mathrm{d}\ln\theta_0}{\mathrm{d}t} = \frac{\mathrm{d}}{\mathrm{d}t}\left(\frac{\theta'}{\theta_0}\right) + w\frac{\partial\ln\theta_0}{\partial z} = \frac{\mathrm{d}}{\mathrm{d}t}\left(\frac{\theta'}{\theta_0}\right) + \frac{N^2}{g}w. \tag{4.135}$$

则绝热方程(4.133)化为

$$\frac{\mathrm{d}}{\mathrm{d}t}\left(g\frac{\theta'}{\theta_0}\right) + N^2 w = 0. \tag{4.136}$$

根据(4.16)式，我们可以用 N^2，c_s^2 和 g 来表征 $-\dfrac{\partial\ln\rho_0}{\partial z}$，即

$$\sigma_0 \equiv -\frac{\partial\ln\rho_0}{\partial z} = \frac{N^2}{g} + \frac{g}{c_s^2}. \tag{4.137}$$

方程(4.115)，(4.119)，(4.123)和(4.136)即构成以静止大气状态为背景的大气运动方程组，为

$$\begin{cases} \dfrac{\mathrm{d}u}{\mathrm{d}t} - fv = -\dfrac{1}{\rho_0}\dfrac{\partial p'}{\partial x}, \\ \dfrac{\mathrm{d}v}{\mathrm{d}t} + fu = -\dfrac{1}{\rho_0}\dfrac{\partial p'}{\partial y}, \\ \dfrac{\mathrm{d}w}{\mathrm{d}t} = -\dfrac{1}{\rho_0}\dfrac{\partial p'}{\partial z} - g\dfrac{\rho'}{\rho_0}, \\ \dfrac{\mathrm{d}}{\mathrm{d}t}\left(\dfrac{\rho'}{\rho_0}\right) + \dfrac{\partial u}{\partial x} + \dfrac{\partial v}{\partial y} + \dfrac{1}{\rho_0}\dfrac{\partial \rho_0 w}{\partial z} = 0, \\ \dfrac{p'}{p_0} = \dfrac{\rho'}{\rho_0} + \dfrac{T'}{T_0}, \quad \dfrac{\theta'}{\theta_0} = \dfrac{1}{\gamma}\dfrac{p'}{p_0} - \dfrac{\rho'}{\rho_0}, \\ \dfrac{\mathrm{d}}{\mathrm{d}t}\left(g\dfrac{\theta'}{\theta_0}\right) + N^2 w = 0. \end{cases} \tag{4.138}$$

这组方程考虑了大气的层结，因而更能反映实际大气的状况. 不过，在背景状态中无基本气流.

下面我们说明：在考虑大气层结后，方程组中不再出现全势能，而出现有效势能. 显然，方程组(4.138)的前三式(运动方程)分别乘以 u，v，w 后相加即构成动能的变化方程；而方程组(4.138)的第六式(绝热方程)乘以 $\dfrac{g}{N^2}\dfrac{\theta'}{\theta_0}$ 则构成有效势能的变化方程. 为了讨论方便，我们将方程组(4.138)中的 $\dfrac{\mathrm{d}}{\mathrm{d}t}$ 改为 $\dfrac{\partial}{\partial t}$，这样做，相当于忽

略$\frac{\mathrm{d}}{\mathrm{d}t}$中的非线性项，也就是不考虑能量的对流和平流输送，但不影响体积 V 内各种形式能量间的转换.

同时，为了说明对方程组作某种简化，我们引进参数 δ_1 和 δ_2 分别到垂直运动方程和连续性方程中去. 这样，方程组(4.138)写为

$$\begin{cases}\dfrac{\partial u}{\partial t}-fv=-\dfrac{1}{\rho_0}\dfrac{\partial p'}{\partial x},\\ \dfrac{\partial v}{\partial t}+fu=-\dfrac{1}{\rho_0}\dfrac{\partial p'}{\partial y},\\ \delta_1\dfrac{\partial w}{\partial t}=-\dfrac{1}{\rho_0}\dfrac{\partial p'}{\partial z}-g\dfrac{\rho'}{\rho_0},\\ \delta_2\dfrac{\partial}{\partial t}\left(\dfrac{\rho'}{\rho_0}\right)+\dfrac{\partial u}{\partial x}+\dfrac{\partial v}{\partial y}+\dfrac{1}{\rho_0}\dfrac{\partial \rho_0 w}{\partial z}=0,\\ \dfrac{\partial}{\partial t}\left(g\dfrac{\theta'}{\theta_0}\right)+N^2w=0,\quad \dfrac{\theta'}{\theta_0}=\dfrac{1}{c_s^2}\dfrac{p'}{\rho_0}-\dfrac{\rho'}{\rho_0}.\end{cases}\tag{4.139}$$

若取 $\delta_1=0$ 导得$\frac{\partial p'}{\partial z}=-g\rho'$，又因$\frac{\partial p_0}{\partial z}=-g\rho_0$，则有$\frac{\partial p}{\partial z}=-g\rho$，这就是静力平衡近似；若取 $\delta_2=0$，就表示在连续性方程中不考虑密度的局地变化，它称为非弹性近似(anelastic approximation). 所以

$$\delta_1=\begin{cases}1, & \text{垂直运动方程不简化},\\ 0, & \text{静力平衡近似},\end{cases}\tag{4.140}$$

$$\delta_2=\begin{cases}1, & \text{连续性方程不简化},\\ 0, & \text{非弹性近似}.\end{cases}\tag{4.141}$$

将方程组(4.139)的前三式分别乘以 $\rho_0 u,\rho_0 v,\rho_0 w$，然后相加则得

$$\frac{\partial}{\partial t}\left[\rho_0\left(\frac{1}{2}\mathbf{V}_h^2+\frac{\delta_1}{2}w^2\right)\right]=-\mathbf{V}\cdot\nabla p'-g\rho' w=-\nabla\cdot p'\mathbf{V}+p'\nabla\cdot\mathbf{V}-g\rho' w.\tag{4.142}$$

但利用(4.139)的第四式和第五式以及(4.137)式有

$$\begin{aligned}\nabla\cdot\mathbf{V}&=-\delta_2\frac{\partial}{\partial t}\left(\frac{\rho'}{\rho_0}\right)-w\frac{\partial\ln\rho_0}{\partial z}=\delta_2\left[\frac{\partial}{\partial t}\left(\frac{\theta'}{\theta_0}\right)-\frac{\partial}{\partial t}\left(\frac{p'}{\rho_0c_s^2}\right)\right]-w\frac{\partial\ln\rho_0}{\partial z}\\&=-\delta_2\frac{\partial}{\partial t}\left(\frac{p'}{\rho_0c_s^2}\right)-w\left(\delta_2\frac{N^2}{g}+\frac{\partial\ln\rho_0}{\partial z}\right)\\&=-\delta_2\frac{\partial}{\partial t}\left(\frac{p'}{\rho_0c_s^2}\right)+w\frac{g}{c_s^2}-w(\delta_2-1)\frac{N^2}{g}.\end{aligned}\tag{4.143}$$

将上式代入(4.142)式得

$$\frac{\partial}{\partial t}\left[\rho_0\left(\frac{1}{2}\mathbf{V}_h^2+\frac{\delta_1}{2}w_1^2+\frac{\delta_2}{2}\frac{p'^2}{\rho_0^2c_s^2}\right)\right]=-\nabla\cdot p'\mathbf{V}+gw\left(\frac{p'}{c_s^2}-\rho'\right)-p'w(\delta_2-1)\frac{N^2}{g}.\tag{4.144}$$

将方程组(4.139)的第五式乘以 $\rho_0 \dfrac{g}{N^2}\dfrac{\theta'}{\theta_0}$ 得

$$\frac{\partial}{\partial t}\left[\rho_0 \frac{g^2}{2N^2}\left(\frac{\theta'}{\theta_0}\right)^2\right]=-\rho_0 g w \frac{\theta'}{\theta_0}=-g w\left(\frac{p'}{c_s^2}-\rho'\right), \tag{4.145}$$

这显然是有效势能变化的方程. 由此可知,在考虑了大气层结后,有效势能的变化公式能直接由绝热方程获得.

将(4.144)式和(4.145)式相加有

$$\frac{\partial}{\partial t}\left[\rho_0\left(\frac{1}{2}\boldsymbol{V}_h^2+\frac{\delta_1}{2}w_1^2+\frac{\delta_2}{2}\frac{p'^2}{\rho_0^2 c_s^2}+\frac{g^2}{2N^2}\left(\frac{\theta'}{\theta_0}\right)^2\right)\right]=-\nabla\cdot p'\boldsymbol{V}-p'w(\delta_2-1)\frac{N^2}{g}. \tag{4.146}$$

令

$$E_e=\frac{p'^2}{2\rho_0^2 c_s^2} \tag{4.147}$$

表示单位质量空气的弹性势能,从推导过程看到,只有 $\delta_2\neq 0$ 时,这部分能量才存在,所以,弹性势能的产生完全是因为大气的可压缩性所引起的.

取 $\delta_1=\delta_2=1$,它表示方程组(4.139)不作简化,则方程(4.146)化为

$$\frac{\partial}{\partial t}[\rho_0(K+E_e+A)]=-\nabla\cdot p'\boldsymbol{V}. \tag{4.148}$$

将上式在体积 V 上积分,设 V 的边界上 $\boldsymbol{V}=0$,则得

$$\frac{\partial}{\partial t}(K^*+E_e^*+A^*)=0, \tag{4.149}$$

其中

$$K^*\equiv\iiint_V \rho_0\frac{V^2}{2}\delta v\equiv\iiint_V \rho_0 K\delta v, \tag{4.150}$$

$$E_e^*\equiv\iiint_V \rho_0\frac{p'^2}{2\rho_0^2 c_s^2}\delta v\equiv\iiint_V \rho_0 E_e\delta v, \tag{4.151}$$

$$A^*\equiv\iiint_V \rho_0\frac{g^2}{2N^2}\left(\frac{\theta'}{\theta_0}\right)^2\delta v\equiv\iiint_V \rho_0 A\delta v, \tag{4.152}$$

分别为体积 V 内空气的总动能、总弹性势能和总有效势能. (4.149)式即是方程组(4.138)所表征的能量守恒定律,它表明:在考虑了大气层结后的绝热无摩擦的闭合系统中,其动能、弹性势能与有效势能之和守恒.

显然,若作静力平衡近似,即取 $\delta_1=0$,$\delta_2=1$,这意味着在动能中不考虑垂直运动动能. 相应,在(4.149)式中 K^* 改为 K_h^*(总水平运动动能)

$$K_h^*\equiv\iiint_V \rho_0\frac{\boldsymbol{V}_h^2}{2}\delta v\equiv\iiint_V \rho_0 K_h\delta v. \tag{4.153}$$

这样(4.149)式改为

$$\frac{\partial}{\partial t}(K_{\mathrm{h}}^{*}+E_{\mathrm{e}}^{*}+A^{*})=0. \tag{4.154}$$

类似，若作非弹性近似，即取 $\delta_1=1,\delta_2=0$，这意味着不考虑弹性势能，这样(4.149)式可改写为

$$\frac{\partial}{\partial t}(K^{*}+A^{*})=0. \tag{4.155}$$

则动能与有效势能之和守恒. 注意，上式是近似的，因此时(4.146)式右端有一项 $p'wN^2/g$ 被省略了.

§4.6 静力近似、非弹性近似和 Boussinesq 近似

方程组(4.138)可以反映绝热和无摩擦条件下的各种大气运动，为了表现具体的运动，通常采用一些近似，本节介绍几种近似.

一、静力近似

大气大尺度运动，静力平衡很准确成立，故常应用静力学方程，这就是静力近似. 在垂直运动方程中，令 $\frac{\mathrm{d}w}{\mathrm{d}t}=0$，则得到静力近似的方程组为

$$\begin{cases}\dfrac{\mathrm{d}u}{\mathrm{d}t}-fv=-\dfrac{1}{\rho_0}\dfrac{\partial p'}{\partial x},\\ \dfrac{\mathrm{d}v}{\mathrm{d}t}+fu=-\dfrac{1}{\rho_0}\dfrac{\partial p'}{\partial y},\\ 0=-\dfrac{1}{\rho_0}\dfrac{\partial p'}{\partial z}-g\dfrac{\rho'}{\rho_0},\\ \dfrac{\mathrm{d}}{\mathrm{d}t}\left(\dfrac{\rho'}{\rho_0}\right)+\dfrac{\partial u}{\partial x}+\dfrac{\partial v}{\partial y}+\dfrac{1}{\rho_0}\dfrac{\partial \rho_0 w}{\partial z}=0,\\ \dfrac{p'}{p_0}=\dfrac{\rho'}{\rho_0}+\dfrac{T'}{T_0},\quad \dfrac{\theta'}{\theta_0}=\dfrac{1}{\gamma}\dfrac{p'}{p_0}-\dfrac{\rho'}{\rho_0}=\dfrac{1}{c_s^2}\dfrac{p'}{\rho_0}-\dfrac{\rho'}{\rho_0},\\ \dfrac{\mathrm{d}}{\mathrm{d}t}\left(g\dfrac{\theta'}{\theta_0}\right)+N^2w=0.\end{cases} \tag{4.156}$$

显然，此时(4.154)式成立，即方程组(4.156)中包含水平运动动能、弹性势能和有效势能. 而且，以后我们将知道，它将排除声波.

二、非弹性近似(anelastic approximation)

大气中像积云对流这样的水平尺度较小的系统，静力平衡不再准确适合，此时，常在连续性方程中省略 $\frac{\mathrm{d}}{\mathrm{d}t}\left(\frac{\rho'}{\rho_0}\right)$ 一项，这就是非弹性近似，其方程组为

$$\begin{cases}\dfrac{\mathrm{d}u}{\mathrm{d}t}-fv=-\dfrac{1}{\rho_0}\dfrac{\partial p'}{\partial x},\\ \dfrac{\mathrm{d}v}{\mathrm{d}t}+fu=-\dfrac{1}{\rho_0}\dfrac{\partial p'}{\partial y},\\ \dfrac{\mathrm{d}w}{\mathrm{d}t}=-\dfrac{1}{\rho_0}\dfrac{\partial p'}{\partial z}-g\dfrac{\rho'}{\rho_0},\\ \rho_0\left(\dfrac{\partial u}{\partial x}+\dfrac{\partial v}{\partial y}\right)+\dfrac{1}{\rho_0}\dfrac{\partial \rho_0 w}{\partial z}=0,\\ \dfrac{p'}{p_0}=\dfrac{\rho'}{\rho_0}+\dfrac{T'}{T_0},\quad \dfrac{\theta'}{\theta_0}=\dfrac{1}{\gamma}\dfrac{p}{p_0}-\dfrac{\rho'}{\rho_0}=\dfrac{1}{c_s^2}\dfrac{p'}{\rho_0}-\dfrac{\rho'}{\rho_0},\\ \dfrac{\mathrm{d}}{\mathrm{d}t}\left(g\dfrac{\theta'}{\theta_0}\right)+N^2w=0.\end{cases}\tag{4.157}$$

显然，此时(4.155)式成立，即方程组(4.157)中包含动能和有效势能，而且，以后我们将知道，它也能排除声波.

三、Boussinesq 近似

它在非弹性近似的基础上再近似一步，不但在连续性方程中令$\dfrac{\mathrm{d}}{\mathrm{d}t}\left(\dfrac{\rho'}{\rho_0}\right)=0$，而且忽略$w\dfrac{\partial \ln\rho_0}{\partial z}$一项，这样，连续性方程就是完全不可压缩流体的形式. 因此时声速$c_s\equiv\sqrt{\mathrm{d}p/\mathrm{d}\rho}\to\infty$，则由(4.131)式和(4.129)式，状态方程中与p'有关的项忽略，即取为$\dfrac{\theta'}{\theta_0}=-\dfrac{\rho'}{\rho_0}=\dfrac{T'}{T_0}$. 相应，在绝热方程中$\dfrac{\mathrm{d}}{\mathrm{d}t}\left(\dfrac{\theta'}{\theta_0}\right)=-\dfrac{\mathrm{d}}{\mathrm{d}t}\left(\dfrac{\rho'}{\rho_0}\right)$，且$N^2=-g\dfrac{\partial \ln\rho_0}{\partial z}$，所以，Boussinesq 近似的基本方程组为

$$\begin{cases}\dfrac{\mathrm{d}u}{\mathrm{d}t}-fv=-\dfrac{1}{\rho_0}\dfrac{\partial p'}{\partial x},\\ \dfrac{\mathrm{d}v}{\mathrm{d}t}+fu=-\dfrac{1}{\rho_0}\dfrac{\partial p'}{\partial y},\\ \dfrac{\mathrm{d}w}{\mathrm{d}t}=-\dfrac{1}{\rho_0}\dfrac{\partial p'}{\partial z}-g\dfrac{\rho'}{\rho_0},\\ \dfrac{\partial u}{\partial x}+\dfrac{\partial v}{\partial y}+\dfrac{\partial w}{\partial z}=0,\\ \dfrac{\theta'}{\theta_0}=-\dfrac{\rho'}{\rho_0}=\dfrac{T'}{T_0},\\ \dfrac{\mathrm{d}}{\mathrm{d}t}\left(-g\dfrac{\rho'}{\rho_0}\right)+N^2w=0,\end{cases}\tag{4.158}$$

显然，与非弹性近似一样，此方程组包含动能和有效势能，而且，因连续性方程是不

可压缩流体的形式,以后将知道,这样做不但排除了声波,而且要求运动的垂直厚度比大气标高 H 要小.

显然,在 Boussinesq 近似下,单位质量空气的有效势能是

$$A = \frac{g^2}{2N^2}\left(\frac{\rho'}{\rho_0}\right)^2 \quad \left(\text{其中 } N^2 = -g\frac{\partial \ln \rho_0}{\partial z}\right). \tag{4.159}$$

注意,在非弹性近似和 Boussinesq 近似方程组中,垂直运动方程中仍含有 ρ';此外,在 Boussinesq 近似的方程组(4.158)中的 $-g\dfrac{\rho'}{\rho_0}$ 仍可以用 $g\dfrac{\theta'}{\theta_0}$ 去代替.

§4.7 正压模式(旋转浅水模式,rotating shallow water model)

我们这里所说的正压模式是在静力平衡条件下把大气视为有一自由面的均匀不可压缩流体的极端简化的模式. 在一般流体力学中,它称为浅水模式,在大气中即称为旋转浅水模式.

假定大气满足静力平衡,且是均匀不可压缩的,其下界 $z=0$ 为理想刚体,即它满足

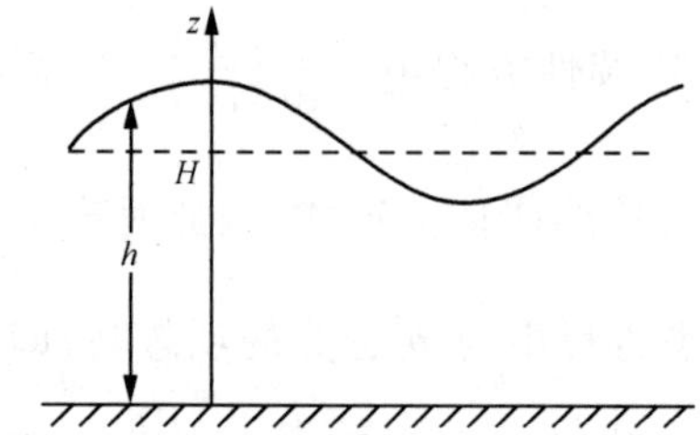

图 4.6 正压模式

$$w|_{z=0} = 0, \tag{4.160}$$

其上界(自由面)为均质大气高度: $z=h(x,y,t)$(静止时,$h=H=$常数),它满足

$$w_h \equiv w|_{z=h} = \frac{\mathrm{d}h}{\mathrm{d}t} = \frac{\partial h}{\partial t} + u\frac{\partial h}{\partial x} + v\frac{\partial h}{\partial y}, \tag{4.161}$$

$$p|_{z=h} = p_h = \text{常数}. \tag{4.162}$$

又假定运动是无摩擦的,见图 4.6.

据上假定,正压模式的基本方程组可以写为

$$\begin{cases} \dfrac{\partial u}{\partial t} + u\dfrac{\partial u}{\partial x} + v\dfrac{\partial u}{\partial y} + w\dfrac{\partial u}{\partial z} - fv = -\dfrac{1}{\rho}\dfrac{\partial p}{\partial x}, \\ \dfrac{\partial v}{\partial t} + u\dfrac{\partial v}{\partial x} + v\dfrac{\partial v}{\partial y} + w\dfrac{\partial v}{\partial z} + fu = -\dfrac{1}{\rho}\dfrac{\partial p}{\partial y}, \\ 0 = -g - \dfrac{1}{\rho}\dfrac{\partial p}{\partial z}, \\ \dfrac{\partial u}{\partial x} + \dfrac{\partial v}{\partial y} + \dfrac{\partial w}{\partial z} = 0. \end{cases} \tag{4.163}$$

方程组(4.163)包含四个方程和四个未知数(u,v,w 和 p),是封闭的. 下面,我们利用边条件(4.160)、(4.161)和(4.162)来改变方程组(4.163)的形式.

一、正压模式的方程组

首先,我们利用静力学方程,从任一高度 $z=z<h$ 积分到自由面 $z=h$:

$$\int_z^h \frac{\partial p}{\partial z}\delta z = -\int_z^h g\rho\delta z. \tag{4.164}$$

利用(4.162)式得到 z 高度上的气压为

$$p = p_h + g\rho(h-z), \tag{4.165}$$

它表示气压 p 随高度呈线性减小. 由此得到

$$\frac{\partial p}{\partial x} = g\rho\frac{\partial h}{\partial x}, \quad \frac{\partial p}{\partial y} = g\rho\frac{\partial h}{\partial y} \tag{4.166}$$

或

$$-\frac{1}{\rho}\nabla_h p = -g\nabla_h h. \tag{4.167}$$

上式表明:正压模式中的水平气压梯度力可以用自由面的重力位势

$$\phi = gh \tag{4.168}$$

的梯度来表示. 因 $h(x,y,t)$ 与 z 无关,所以,水平气压梯度力 $-\frac{1}{\rho}\nabla_h p$ 与 z 无关. 因静止时 $-\frac{1}{\rho}\nabla_h p=0$,所以,运动完全伴随着 $-\frac{1}{\rho}\nabla_h p$ 的产生而产生. 这样,我们完全可以认为方程组(4.163)的头两式左端 u,v 的加速度必然与 z 无关,因而

$$\frac{\partial \boldsymbol{V}_h}{\partial z} = 0, \tag{4.169}$$

这与(2.111)式的结论相似. 正由于此,我们称该模式为正压模式. 所以,应用静力学关系和自由面条件后,正压模式的运动方程可以改写为

$$\begin{cases} \dfrac{\partial u}{\partial t} + u\dfrac{\partial u}{\partial x} + v\dfrac{\partial u}{\partial y} - fv = -g\dfrac{\partial h}{\partial x}, \\ \dfrac{\partial v}{\partial t} + u\dfrac{\partial v}{\partial x} + v\dfrac{\partial v}{\partial y} + fu = -g\dfrac{\partial h}{\partial y}. \end{cases} \tag{4.170}$$

再将连续性方程从 $z=0$ 到 $z=h$ 积分:

$$\int_0^h \left(\frac{\partial u}{\partial x} + \frac{\partial v}{\partial y}\right)\delta z + \int_0^h \frac{\partial w}{\partial z}\delta z = 0,$$

利用自由面条件(4.161),并注意 $\frac{\partial u}{\partial x}+\frac{\partial v}{\partial y}$ 与 z 无关,则得到

$$w_h = -h\left(\frac{\partial u}{\partial x} + \frac{\partial v}{\partial y}\right) \quad 或 \quad \frac{\partial h}{\partial t} + u\frac{\partial h}{\partial x} + v\frac{\partial h}{\partial y} + h\left(\frac{\partial u}{\partial x} + \frac{\partial v}{\partial y}\right) = 0. \tag{4.171}$$

这就是利用静力学关系和自由面条件而改写的正压模式的连续性方程. 它表明:

在正压模式中，水平运动的散度完全决定于自由面高度的变化.

所以，正压模式的方程组通常写为

$$\begin{cases} \dfrac{d_h u}{dt} - fv = -g\dfrac{\partial h}{\partial x}, \\ \dfrac{d_h v}{dt} + fu = -g\dfrac{\partial h}{\partial y}, \\ \dfrac{d_h h}{dt} + h\left(\dfrac{\partial u}{\partial x} + \dfrac{\partial v}{\partial y}\right) = 0 \end{cases} \tag{4.172}$$

或

$$\begin{cases} \dfrac{d_h u}{dt} - fv = -\dfrac{\partial \phi}{\partial x}, \\ \dfrac{d_h v}{dt} + fu = -\dfrac{\partial \phi}{\partial y}, \\ \dfrac{d_h \phi}{dt} + \phi\left(\dfrac{\partial u}{\partial x} + \dfrac{\partial v}{\partial y}\right) = 0. \end{cases} \tag{4.173}$$

方程组(4.172)的头两式很易化为垂直涡度方程

$$\frac{d_h}{dt}(\zeta + f) = -(\zeta + f)\left(\frac{\partial u}{\partial x} + \frac{\partial v}{\partial y}\right) \tag{4.174}$$

或

$$\frac{d_h \ln(\zeta + f)}{dt} = -\left(\frac{\partial u}{\partial x} + \frac{\partial v}{\partial y}\right). \tag{4.175}$$

而方程组(4.172)的第三式可改写为

$$-\left(\frac{\partial u}{\partial x} + \frac{\partial v}{\partial y}\right) = \frac{d_h \ln h}{dt}. \tag{4.176}$$

将(4.175)式和(4.176)式结合消去$\dfrac{\partial u}{\partial x}+\dfrac{\partial v}{\partial y}$得到

$$\frac{d_h}{dt}\left(\frac{f + \zeta}{h}\right) = 0. \tag{4.177}$$

这就是正压模式的位涡度守恒定律，$(f+\zeta)/h$ 称为正压大气垂直位涡度. 第二章中我们曾得到过它，见(2.258)式.

二、正压模式的能量守恒定律

类似(4.149)式，我们可以得到正压模式的能量守恒定律. 对单位质量空气而言，水平运动动能为 $K_h=(u^2+v^2)/2$，重力势能为 gz，则单位截面的气柱内总动能和势能分别是

$$K_{h_i}^* = \int_0^h K_h \rho \delta z = \rho K_h h, \tag{4.178}$$

$$\phi_i^* = \int_0^h \rho g z \delta z = \frac{\rho}{2} g h^2 = \frac{\rho}{2} \phi h \quad (\phi = gh). \tag{4.179}$$

为了求得正压模式中的能量守恒定律,我们把正压模式的水平运动方程改写为

$$\begin{cases} \dfrac{\partial u}{\partial t} - (f+\zeta)v + \dfrac{\partial K_h}{\partial x} = -\dfrac{\partial \phi}{\partial x}, \\ \dfrac{\partial v}{\partial t} + (f+\zeta)u + \dfrac{\partial K_h}{\partial y} = -\dfrac{\partial \phi}{\partial y}. \end{cases} \tag{4.180}$$

将第一式乘以 ρu,第二式乘以 ρv,相加得到

$$\frac{\partial}{\partial t}(\rho K_h) + \rho \mathbf{V}_h \cdot \nabla K_h = -\rho \mathbf{V}_h \cdot \nabla \phi.$$

上式再乘以 h 得

$$h \frac{\partial}{\partial t}(\rho K_h) + \rho h \mathbf{V}_h \cdot \nabla K_h = -\rho h \mathbf{V}_h \cdot \nabla \phi,$$

即

$$\frac{\partial}{\partial t}(\rho K_h h) - \rho K_h \frac{\partial h}{\partial t} + \nabla \cdot \rho K_h h \mathbf{V}_h - \rho K_h \nabla \cdot h \mathbf{V}_h = -\nabla \cdot \rho h \phi \mathbf{V}_h + \rho \phi \nabla \cdot h \mathbf{V}_h \tag{4.181}$$

或

$$\frac{\partial}{\partial t}(\rho K_h h) - \rho \phi \nabla \cdot h \mathbf{V}_h = \rho K_h \left(\frac{\partial h}{\partial t} + \nabla \cdot h \mathbf{V}_h \right) - \nabla \cdot (\rho K_h h + \rho h \phi) \mathbf{V}_h. \tag{4.182}$$

利用连续性方程,右端第一项为零,左端第二项

$$-\rho \phi \nabla \cdot h \mathbf{V}_h = \rho \phi \frac{\partial h}{\partial t} = \rho g h \frac{\partial h}{\partial t} = \frac{\partial}{\partial t}\left(\frac{\rho}{2} g h^2 \right) = \frac{\partial}{\partial t}\left(\frac{\rho}{2} \phi h \right),$$

则得

$$\frac{\partial}{\partial t}\left(\rho K_h h + \frac{\rho}{2} \phi h \right) = -\nabla \cdot (\rho K_h h + \rho h \phi) \mathbf{V}_h. \tag{4.183}$$

将上式在整个正压模式所在的平面区域 A 上积分,设 A 的边界上 $\mathbf{V}=0$,则得

$$\frac{\partial}{\partial t} \iint_A (K_{h_i}^* + \phi_i^*) \delta A = 0 \tag{4.184}$$

或

$$\frac{\partial}{\partial t}(K_h^* + \phi_h^*) = 0, \tag{4.185}$$

其中

$$K_h^* = \iint_A K_{h_i}^* \delta A = \iiint_V \frac{\rho}{2}(u^2 + v^2) \delta v \quad (\delta v \equiv h \delta A), \tag{4.186}$$

$$\phi^* = \iint_A \phi_i^* \delta A = \iiint_V \frac{\rho}{2} gh\,\delta v \quad (\delta v \equiv h\delta A), \tag{4.187}$$

分别是正压模式的大气总水平运动动能和总势能.(4.185)式表明：在正压模式的大气中,空气的总水平运动动能和总重力势能之和守恒.

三、以静态为背景的正压模式方程组

与一般方程组类似,我们考虑以静止大气为背景的大气运动.设静止($u_0 = v_0 = 0$)时的自由面高度为 H,则由方程组(4.172)知

$$H = 常数 \quad (或\ \phi_0 = gH = 常数).$$

这样,在静态背景下的运动可以设为

$$u = u',\quad v = v',\quad h = H + h' \quad (或\ \phi = \phi_0 + \phi',\phi' = gh') \tag{4.188}$$

且

$$h' \ll H \quad (或\ \phi' \ll \phi_0).$$

这样,正压模式的方程组可以写为

$$\begin{cases} \dfrac{\mathrm{d_h} u}{\mathrm{d}t} - fv = -g\dfrac{\partial h'}{\partial x}, \\ \dfrac{\mathrm{d_h} v}{\mathrm{d}t} + fu = -g\dfrac{\partial h'}{\partial y}, \\ \dfrac{\mathrm{d_h} h'}{\mathrm{d}t} + (H + h')\left(\dfrac{\partial u}{\partial x} + \dfrac{\partial v}{\partial y}\right) = 0 \end{cases} \tag{4.189}$$

或

$$\begin{cases} \dfrac{\mathrm{d_h} u}{\mathrm{d}t} - fv = -\dfrac{\partial \phi'}{\partial x}, \\ \dfrac{\mathrm{d_h} v}{\mathrm{d}t} + fu = -\dfrac{\partial \phi'}{\partial y}, \\ \dfrac{\mathrm{d_h} \phi'}{\mathrm{d}t} + (c_0^2 + \phi')\left(\dfrac{\partial u}{\partial x} + \dfrac{\partial v}{\partial y}\right) = 0, \end{cases} \tag{4.190}$$

其中

$$c_0^2 = gH. \tag{4.191}$$

若考虑下边界有地形,地形高度为 $z = h_s(x,y)$,则可以证明(见本章末习题12),此时的正压模式方程组可以写为

$$\begin{cases} \dfrac{\mathrm{d_h} u}{\mathrm{d}t} - fv = -\dfrac{\partial \phi}{\partial x}, \\ \dfrac{\mathrm{d_h} v}{\mathrm{d}t} + fu = -\dfrac{\partial \phi}{\partial y}, \\ \dfrac{\mathrm{d_h} \phi^*}{\mathrm{d}t} + \phi^*\left(\dfrac{\partial u}{\partial x} + \dfrac{\partial v}{\partial y}\right) = 0, \end{cases} \tag{4.192}$$

其中

$$\phi = gh, \quad \phi^* = \phi - \phi_s, \quad \phi_s = gh_s. \tag{4.193}$$

§4.8 准 Lagrange 坐标系

到现在为止，我们在球坐标和直角坐标系中，都以几何高度 z 作为垂直坐标，这样做，对物理量空间变化的理解比较直观，但在应用时有时感到不便. 例如，在方程组中包含了不易测量的空气密度，在考虑地形时，下边界 $z=h_s(x,y)$ 是个变量. 但若改用气压 p 作为垂直坐标，不但附合实际的等压面分析，而且下面将看到，其方程组的形式也比较简单. 当然，也可以考虑用其他物理量，如 θ，作为垂直坐标以适应不同的问题.

不管选什么物理量来代替 z 作为垂直坐标，我们必须要求，在 x,y,t 固定时，该物理量是 z 的严格单调函数(单调增函数或单调减函数)，这样，才能保证在新坐标系中固定的一点和实际空间中的一点相对应，因此，称这种坐标系为准 Lagrange 坐标系.

本节讨论的垂直坐标变换都是在静力平衡的条件下进行的，即它满足

$$\frac{\partial p}{\partial z} = -g\rho, \tag{4.194}$$

这是大气大尺度运动十分准确的一个关系式.

我们取新的垂直坐标为 q，通常它是 x,y,z,t 的函数，即

$$q = q(x,y,z,t), \tag{4.195}$$

我们把以 q 作为垂直坐标的坐标系简称为 q 坐标系. 要求 q 随 z 单调变化. 因此 z 也可表为 x,y,q,t 的函数，即

$$z = z(x,y,q,t). \tag{4.196}$$

这样，任一物理量 A 可表为

$$A = A(x,y,z,t) = A(x,y,z(x,y,q,t),t), \tag{4.197}$$

即是说，A 通过 x,y,z,t 表为 x,y,q,t 的复合函数. 因而

$$\begin{cases} \left(\dfrac{\partial A}{\partial x}\right)_q = \left(\dfrac{\partial A}{\partial x}\right)_z + \dfrac{\partial A}{\partial z}\left(\dfrac{\partial z}{\partial x}\right)_q, \\ \left(\dfrac{\partial A}{\partial y}\right) = \left(\dfrac{\partial A}{\partial y}\right)_z + \dfrac{\partial A}{\partial z}\left(\dfrac{\partial z}{\partial y}\right)_q, \\ \dfrac{\partial A}{\partial q} = \dfrac{\partial A}{\partial z}\dfrac{\partial z}{\partial q}, \\ \left(\dfrac{\partial A}{\partial t}\right)_q = \left(\dfrac{\partial A}{\partial t}\right)_z + \dfrac{\partial A}{\partial z}\left(\dfrac{\partial z}{\partial t}\right)_q, \end{cases} \tag{4.198}$$

其中$\left(\frac{\partial A}{\partial x}\right)_q$，$\left(\frac{\partial A}{\partial y}\right)_q$，$\left(\frac{\partial A}{\partial t}\right)_q$分别表示在$q$坐标系中$A$对$x$，$y$，$t$的偏微商，即表$q$不变时$A$对$x$，$y$，$t$的偏微商，而$\left(\frac{\partial A}{\partial x}\right)_z$，$\left(\frac{\partial A}{\partial y}\right)_z$，$\left(\frac{\partial A}{\partial t}\right)_z$分别表在$z$坐标系中$A$对$x$，$y$，$t$的偏微商，以前我们就写为$\frac{\partial A}{\partial x}$，$\frac{\partial A}{\partial y}$，$\frac{\partial A}{\partial t}$，以后也这样写.

在(4.198)式的第三式中，令$A=q$，得到

$$\frac{\partial q}{\partial z}\frac{\partial z}{\partial q}=1. \tag{4.199}$$

这样，(4.198)式可以改写为

$$\begin{cases}\dfrac{\partial A}{\partial x}=\left(\dfrac{\partial A}{\partial x}\right)_q-\dfrac{\partial A}{\partial z}\left(\dfrac{\partial z}{\partial x}\right)_q,\\ \dfrac{\partial A}{\partial y}=\left(\dfrac{\partial A}{\partial y}\right)_q-\dfrac{\partial A}{\partial z}\left(\dfrac{\partial z}{\partial y}\right)_q,\\ \dfrac{\partial A}{\partial z}=\dfrac{\partial A}{\partial q}\dfrac{\partial q}{\partial z},\\ \dfrac{\partial A}{\partial t}=\left(\dfrac{\partial A}{\partial t}\right)_q-\dfrac{\partial A}{\partial z}\left(\dfrac{\partial z}{\partial t}\right)_q.\end{cases} \tag{4.200}$$

其中头两式可合写为

$$\nabla_{\mathrm{h}}A=\nabla_q A-\frac{\partial A}{\partial z}\nabla_q z, \tag{4.201}$$

式中

$$\nabla_q\equiv \boldsymbol{i}\left(\frac{\partial}{\partial x}\right)_q+\boldsymbol{j}\left(\frac{\partial}{\partial y}\right)_q \tag{4.202}$$

表在q坐标系中的水平 Hamilton 算子.

在(4.200)式中，令$A=p$，并利用静力学关系(4.194)得到

$$\begin{cases}\dfrac{\partial p}{\partial x}=\left(\dfrac{\partial p}{\partial x}\right)_q+g\rho\left(\dfrac{\partial z}{\partial x}\right)_q=\left(\dfrac{\partial p}{\partial x}\right)_p+\rho\left(\dfrac{\partial \phi}{\partial x}\right)_q,\\ \dfrac{\partial p}{\partial y}=\left(\dfrac{\partial p}{\partial y}\right)_q+g\rho\left(\dfrac{\partial z}{\partial y}\right)_q=\left(\dfrac{\partial p}{\partial y}\right)_q+\rho\left(\dfrac{\partial \phi}{\partial y}\right)_q,\\ \dfrac{\partial p}{\partial q}\dfrac{\partial q}{\partial z}=-g\rho,\\ \dfrac{\partial p}{\partial t}=\left(\dfrac{\partial p}{\partial t}\right)_q+g\rho\left(\dfrac{\partial z}{\partial t}\right)_q=\left(\dfrac{\partial p}{\partial t}\right)_q+\rho\left(\dfrac{\partial \phi}{\partial t}\right)_q.\end{cases} \tag{4.203}$$

相应，(4.201)式化为

$$\nabla_{\mathrm{h}}p=\nabla_q p+g\rho\nabla_q z=\nabla_q p+\rho\nabla_q\phi. \tag{4.204}$$

若将(4.200)的第三式代入其他各式，则得到

$$\begin{cases}\dfrac{\partial A}{\partial x}=\left(\dfrac{\partial A}{\partial x}\right)_q-\dfrac{\partial A}{\partial q}\dfrac{\partial q}{\partial z}\left(\dfrac{\partial z}{\partial x}\right)_q,\\ \dfrac{\partial A}{\partial y}=\left(\dfrac{\partial A}{\partial y}\right)_q-\dfrac{\partial A}{\partial q}\dfrac{\partial q}{\partial z}\left(\dfrac{\partial z}{\partial y}\right)_q,\\ \dfrac{\partial A}{\partial t}=\left(\dfrac{\partial A}{\partial t}\right)_q-\dfrac{\partial A}{\partial q}\dfrac{\partial q}{\partial z}\left(\dfrac{\partial z}{\partial t}\right)_q.\end{cases}\tag{4.205}$$

相应,(4.201)式改写为

$$\nabla_{\mathrm{h}}A=\nabla_qA-\frac{\partial A}{\partial q}\frac{\partial q}{\partial z}\nabla_qz.\tag{4.206}$$

在 q 坐标系中,A 的个别变化为

$$\begin{aligned}\frac{\mathrm{d}A}{\mathrm{d}t}&=\left(\frac{\partial A}{\partial t}\right)_q+\left(\frac{\partial A}{\partial x}\right)_q\frac{\mathrm{d}x}{\mathrm{d}t}+\left(\frac{\partial A}{\partial y}\right)_q\frac{\mathrm{d}y}{\mathrm{d}t}+\frac{\partial A}{\partial q}\frac{\mathrm{d}q}{\mathrm{d}t}\\&=\left(\frac{\partial A}{\partial t}\right)_q+u\left(\frac{\partial A}{\partial x}\right)_q+v\left(\frac{\partial A}{\partial y}\right)_q+\dot{q}\frac{\partial A}{\partial q},\end{aligned}\tag{4.207}$$

其中

$$\dot{q}\equiv\frac{\mathrm{d}q}{\mathrm{d}t}\tag{4.208}$$

表 q 的个别变化,它反映空气微团穿过等 q 面的运动,即是 q 坐标系中的垂直运动,称为垂直 q 速度.

利用全微分的不变性和(4.205)式,$\dot{q}$ 可以写为

$$\dot{q}=\frac{\partial q}{\partial t}+u\frac{\partial q}{\partial x}+v\frac{\partial q}{\partial y}+w\frac{\partial q}{\partial z}=\frac{\partial q}{\partial z}\left\{w-\left(\frac{\partial z}{\partial t}\right)_q-\boldsymbol{V}_{\mathrm{h}}\cdot\nabla_qz\right\}.\tag{4.209}$$

它表示垂直 q 速度 $\dot{q}$ 除与 w 有关外,还与等 q 面的局地变化以及等 q 面的倾斜有关.若后面两项较小,则上式近似为

$$\dot{q}\approx\frac{\partial q}{\partial z}w.\tag{4.210}$$

这样,可使垂直 q 速度与真正的垂直速度相对应.

利用(4.200)式的头两式可求得在 q 坐标系中的水平散度和垂直涡度分别是

$$\begin{cases}D_q\equiv\left(\dfrac{\partial u}{\partial x}+\dfrac{\partial v}{\partial y}\right)_q=D+\left[\dfrac{\partial u}{\partial z}\left(\dfrac{\partial z}{\partial x}\right)_q+\dfrac{\partial v}{\partial z}\left(\dfrac{\partial z}{\partial y}\right)_q\right],\\ \zeta_q\equiv\left(\dfrac{\partial v}{\partial x}-\dfrac{\partial u}{\partial y}\right)_q=\zeta+\left[\dfrac{\partial v}{\partial z}\left(\dfrac{\partial z}{\partial x}\right)_q-\dfrac{\partial u}{\partial z}\left(\dfrac{\partial z}{\partial y}\right)_q\right].\end{cases}\tag{4.211}$$

上式右端方括号里的项若比右端第一项小,则上式近似有

$$D_q\approx D,\quad \zeta_q\approx\zeta.\tag{4.212}$$

这样,可使 D_q,ζ_q 分别与真正的水平散度和垂直涡度相对应.

根据 q 坐标系与 z 坐标系的关系,我们可以写出 q 坐标系中的大气运动方程组.利用(4.203)式的头三式,我们可以很快写出 q 坐标系中的大气运动方程为

$$\begin{cases}\dfrac{\mathrm{d}u}{\mathrm{d}t}-fv=-\left(\dfrac{\partial\phi}{\partial x}\right)_q-\dfrac{1}{\rho}\left(\dfrac{\partial p}{\partial x}\right)_q+F_x,\\ \dfrac{\mathrm{d}v}{\mathrm{d}t}+fu=-\left(\dfrac{\partial\phi}{\partial y}\right)_q-\dfrac{1}{\rho}\left(\dfrac{\partial p}{\partial y}\right)_q+F_y,\\ \dfrac{1}{g}\dfrac{\partial p}{\partial q}\dfrac{\partial q}{\partial z}=-\rho\quad\text{或}\quad\dfrac{\partial\phi}{\partial q}=-\dfrac{1}{\rho}\dfrac{\partial p}{\partial q}.\end{cases}\tag{4.213}$$

注意，垂直运动方程就是静力学方程，其中最后一个形式利用了(4.199)式. 又式中湍流摩擦力 F_x,F_y，若主要考虑垂直动量输送，则

$$\begin{cases}F_x=\dfrac{1}{\rho}\dfrac{\partial T_{zx}}{\partial z}=\dfrac{1}{\rho}\dfrac{\partial T_{zx}}{\partial q}\dfrac{\partial q}{\partial z},\quad T_{zx}=\rho K\dfrac{\partial u}{\partial z}=\rho K\dfrac{\partial u}{\partial q}\dfrac{\partial q}{\partial z},\\ F_y=\dfrac{1}{\rho}\dfrac{\partial T_{zy}}{\partial z}=\dfrac{1}{\rho}\dfrac{\partial T_{zy}}{\partial q}\dfrac{\partial q}{\partial z},\quad T_{zy}=\rho K\dfrac{\partial v}{\partial z}=\rho K\dfrac{\partial v}{\partial q}\dfrac{\partial q}{\partial z}.\end{cases}\tag{4.214}$$

由方程组(4.213)的前两式，我们得到 q 坐标系中的地转风关系为

$$\begin{cases}u_g=-\dfrac{1}{f}\left[\left(\dfrac{\partial\phi}{\partial y}\right)_q+\dfrac{1}{\rho}\left(\dfrac{\partial p}{\partial y}\right)_q\right],\\ v_g=\dfrac{1}{f}\left[\left(\dfrac{\partial\phi}{\partial x}\right)_q+\dfrac{1}{\rho}\left(\dfrac{\partial p}{\partial x}\right)_q\right].\end{cases}\tag{4.215}$$

若把连续性方程写为

$$\frac{\mathrm{d}\ln\rho}{\mathrm{d}t}+D+\frac{\partial w}{\partial z}=0,\tag{4.216}$$

因在 q 坐标系中

$$w\equiv\frac{\mathrm{d}z}{\mathrm{d}t}=\left(\frac{\partial z}{\partial t}\right)_q+u\left(\frac{\partial z}{\partial x}\right)_q+v\left(\frac{\partial z}{\partial y}\right)_q+\dot{q}\frac{\partial z}{\partial q},\tag{4.217}$$

则

$$\begin{aligned}\frac{\partial w}{\partial z}&=\frac{\partial w}{\partial q}\frac{\partial q}{\partial z}=\frac{\partial q}{\partial z}\frac{\partial}{\partial q}\left[\left(\frac{\partial z}{\partial t}\right)_q+u\left(\frac{\partial z}{\partial x}\right)_q+v\left(\frac{\partial z}{\partial y}\right)_q+\dot{q}\frac{\partial z}{\partial q}\right]\\ &=\frac{\partial q}{\partial z}\left\{\left[\frac{\partial}{\partial t}\left(\frac{\partial z}{\partial q}\right)\right]_q+u\left[\frac{\partial}{\partial x}\left(\frac{\partial z}{\partial q}\right)\right]_q+v\left[\frac{\partial}{\partial y}\left(\frac{\partial z}{\partial q}\right)\right]_q+\dot{q}\frac{\partial}{\partial q}\left(\frac{\partial z}{\partial q}\right)\right.\\ &\qquad\left.+\frac{\partial u}{\partial q}\left(\frac{\partial z}{\partial x}\right)_q+\frac{\partial v}{\partial q}\left(\frac{\partial z}{\partial y}\right)_q+\frac{\partial\dot{q}}{\partial q}\frac{\partial z}{\partial q}\right\}\\ &=\frac{\partial q}{\partial z}\left[\frac{\mathrm{d}}{\mathrm{d}t}\left(\frac{\partial z}{\partial q}\right)+\frac{\partial u}{\partial q}\left(\frac{\partial z}{\partial x}\right)_q+\frac{\partial v}{\partial q}\left(\frac{\partial z}{\partial y}\right)_q\right]+\frac{\partial\dot{q}}{\partial q}\\ &=\frac{\mathrm{d}}{\mathrm{d}t}\ln\left|\frac{\partial z}{\partial q}\right|+\frac{\partial u}{\partial z}\left(\frac{\partial z}{\partial x}\right)_q+\frac{\partial v}{\partial z}\left(\frac{\partial z}{\partial y}\right)_q+\frac{\partial\dot{q}}{\partial q}.\end{aligned}$$

将上式代入(4.216)式，并利用(4.211)式的前一式就得到

$$\frac{\mathrm{d}}{\mathrm{d}t}\ln\rho\left|\frac{\partial z}{\partial q}\right|+\left(\frac{\partial u}{\partial x}+\frac{\partial v}{\partial y}\right)_q+\frac{\partial\dot{q}}{\partial q}=0,\tag{4.218}$$

这就是 q 坐标系中的连续性方程.

状态方程

$$p = \rho RT \tag{4.219}$$

形式不变.若把位温公式 $\theta = T(P_0/p)^{R/c_p}$ 写为

$$\frac{1}{\rho} = \frac{R\theta}{p}\left(\frac{p}{P_0}\right)^{R/c_p}. \tag{4.220}$$

将上式两边取对数有

$$\ln\frac{1}{\rho} = \ln\theta - \frac{1}{\gamma}\ln p + 常数, \tag{4.221}$$

因而有

$$\nabla_q \ln\frac{1}{\rho} = \nabla_q \ln\theta - \frac{1}{\gamma}\nabla_q \ln p. \tag{4.222}$$

热力学方程和水汽方程形式不变,它们可分别写为

$$\frac{\mathrm{d}\ln\theta}{\mathrm{d}t} = \frac{1}{c_p T}Q, \tag{4.223}$$

$$\frac{\mathrm{d}q}{\mathrm{d}t} = S. \tag{4.224}$$

所以,在 q 坐标系中,大气运动的基本方程可以写为

$$\begin{cases} \dfrac{\mathrm{d}u}{\mathrm{d}t} - fv = -\left(\dfrac{\partial\phi}{\partial x}\right)_q - \dfrac{1}{\rho}\left(\dfrac{\partial p}{\partial x}\right)_q + F_x, \\ \dfrac{\mathrm{d}v}{\mathrm{d}t} + fu = -\left(\dfrac{\partial\phi}{\partial y}\right)_q - \dfrac{1}{\rho}\left(\dfrac{\partial p}{\partial y}\right)_q + F_y, \\ \dfrac{\partial\phi}{\partial q} = -\dfrac{1}{\rho}\dfrac{\partial p}{\partial q}, \\ \dfrac{\mathrm{d}}{\mathrm{d}t}\ln\rho\left|\dfrac{\partial z}{\partial q}\right| + \left(\dfrac{\partial u}{\partial x} + \dfrac{\partial v}{\partial y}\right)_q + \dfrac{\partial\dot{q}}{\partial q} = 0, \\ p = \rho RT, \\ \dfrac{\mathrm{d}\ln\theta}{\mathrm{d}t} = \dfrac{1}{c_p T}Q, \end{cases} \tag{4.225}$$

这里未列入水汽方程.

垂直坐标的变换使得边界条件也要作相应的变换.通常,上边界取一 q 的坐标面,$q=q_t=$常数,且认为该坐标面为一物质面,因而,上边界条件写为

$$q = q_t, \quad \dot{q} = 0. \tag{4.226}$$

在下边界 $q=q_s(x,y,t)$,设空气沿着该面运动,则下边界条件写为

$$q = q_s(x,y,t), \quad \dot{q} = \frac{\mathrm{d}q_s}{\mathrm{d}t} = \frac{\partial q_s}{\partial t} + u_s\frac{\partial q_s}{\partial x} + v_s\frac{\partial q_s}{\partial y}. \tag{4.227}$$

下面,我们给出几种具体的准 Lagrange 坐标系.

一、p 坐标系(气压坐标系)

这是以气压 p 作为垂直坐标的坐标系. 由静力学关系(4.194)知,p 是 z 的单调减函数. 令

$$q = p, \tag{4.228}$$

$$\dot{q} = \dot{p} = \frac{\mathrm{d}p}{\mathrm{d}t} \equiv \omega, \tag{4.229}$$

ω 称为垂直 p 速度. 并注意

$$\left(\frac{\partial p}{\partial x}\right)_p = \left(\frac{\partial p}{\partial y}\right)_p = 0, \quad \frac{\partial p}{\partial p} = 1,$$

则方程组(4.225)化为

$$\begin{cases} \dfrac{\mathrm{d}u}{\mathrm{d}t} - fv = -\left(\dfrac{\partial \phi}{\partial x}\right)_p + F_x, \\ \dfrac{\mathrm{d}v}{\mathrm{d}t} + fu = -\left(\dfrac{\partial \phi}{\partial y}\right)_p + F_y, \\ \dfrac{\partial \phi}{\partial p} = -\dfrac{1}{\rho} = -\dfrac{RT}{p}, \\ \left(\dfrac{\partial u}{\partial x} + \dfrac{\partial v}{\partial y}\right)_p + \dfrac{\partial \omega}{\partial p} = 0, \\ p = \rho RT, \\ \dfrac{\mathrm{d}\ln\theta}{\mathrm{d}t} = \dfrac{1}{c_p T}Q \quad 或 \quad c_p\dfrac{\mathrm{d}T}{\mathrm{d}t} - \dfrac{1}{\rho}\omega = Q, \end{cases} \tag{4.230}$$

其中

$$\frac{\mathrm{d}}{\mathrm{d}t} \equiv \left(\frac{\partial}{\partial t}\right)_p + u\left(\frac{\partial}{\partial x}\right)_p + v\left(\frac{\partial}{\partial y}\right)_p + \omega\frac{\partial}{\partial p}, \tag{4.231}$$

且据(4.214)式有

$$\begin{cases} F_x = \dfrac{1}{\rho}\dfrac{\partial T_{zx}}{\partial z} = -g\dfrac{\partial T_{zx}}{\partial p}, \quad T_{zx} = \rho K\dfrac{\partial u}{\partial z} = -g\rho^2 K\dfrac{\partial u}{\partial p}, \\ F_y = \dfrac{1}{\rho}\dfrac{\partial T_{zy}}{\partial z} = -g\dfrac{\partial T_{zy}}{\partial p}, \quad T_{zy} = \rho K\dfrac{\partial v}{\partial z} = -g\rho^2 K\dfrac{\partial v}{\partial p}. \end{cases} \tag{4.232}$$

最值得注意的是,p 坐标系的连续方程在形式上与均匀不可压缩流体的连续性方程类似,因为它形式上不含时间,所以成为一个诊断方程,这是应用 p 坐标系的最大优点. 为什么在 p 坐标系中连续性方程如此简单呢? 这是因为在 z 坐标系中的质量元 $\delta m = \rho\delta x\delta y\delta z$ 在 p 坐标系中变为 $\delta m = -\dfrac{1}{g}\delta x\delta y\delta p$. 第一,没有 ρ 了;第二,$\delta x\delta y\delta p$ 实际上是"重量元",因而连续性方程成为比较简单的形式.

利用(4.209)式,求得垂直 p 速度 ω 与垂直速度 w 的关系为

$$\omega=\frac{\partial p}{\partial t}+u\frac{\partial p}{\partial x}+v\frac{\partial p}{\partial y}+w\frac{\partial p}{\partial z}=\rho\left(\frac{\partial \phi}{\partial t}+u\frac{\partial \phi}{\partial x}+v\frac{\partial \phi}{\partial y}\right)_p-g\rho w. \tag{4.233}$$

因大气中气压的空间变化主要表现在 z 方向，因此，空气上升 p 就减小，$\omega<0$；空气下沉 p 就增加，$\omega>0$. 因而 ω 经常与 w 反号，即上式常近似为

$$\omega\approx-g\rho w. \tag{4.234}$$

从(4.210)式也可以得到这个近似式.

利用(4.211)式，求得 p 坐标系中的水平散度和垂直涡度分别是

$$\begin{cases}D_p=D+\left[\dfrac{\partial u}{\partial z}\left(\dfrac{\partial z}{\partial x}\right)_p+\dfrac{\partial v}{\partial z}\left(\dfrac{\partial z}{\partial y}\right)_p\right],\\ \zeta_p=\zeta+\left[\dfrac{\partial v}{\partial z}\left(\dfrac{\partial z}{\partial x}\right)_p-\dfrac{\partial u}{\partial z}\left(\dfrac{\partial z}{\partial y}\right)_p\right].\end{cases} \tag{4.235}$$

在下一章我们将知道，对于大尺度运动，上式右端方括号内的项要比右端小一个量级(其中等压面坡度的量级为 10^{-4}，见第三章习题 2). 所以，通常就不区别 D_p 和 D，ζ_p 和 ζ，即有

$$D_p\approx D,\quad \zeta_p\approx\zeta. \tag{4.236}$$

由(4.230)式的头两式知，p 坐标系中的地转风关系为

$$u_g=-\frac{1}{f}\left(\frac{\partial\phi}{\partial y}\right)_p,\quad v_g=\frac{1}{f}\left(\frac{\partial\phi}{\partial x}\right)_p. \tag{4.237}$$

又(4.222)式在 p 坐标系中化为

$$\nabla_p\ln\frac{1}{\rho}=\nabla_p\ln\theta=\nabla_p\ln T=\nabla_p\ln\left(-\frac{\partial\phi}{\partial p}\right), \tag{4.238}$$

上式最后一个等式应用了静力学关系. 类似也有

$$\left(\frac{\partial}{\partial t}\ln\frac{1}{\rho}\right)_p=\left(\frac{\partial}{\partial t}\ln\theta\right)_p=\left(\frac{\partial}{\partial t}\ln T\right)_p=\left[\frac{\partial}{\partial t}\ln\left(-\frac{\partial\phi}{\partial p}\right)_p\right]. \tag{4.239}$$

把(4.237)式对 p 微商求得 p 坐标系中地转风的垂直切变是

$$\begin{cases}f\dfrac{\partial u_g}{\partial p}=\dfrac{R}{p}\left(\dfrac{\partial T}{\partial y}\right)_p=\dfrac{1}{\rho}\left(\dfrac{\partial\ln T}{\partial y}\right)_p=\dfrac{1}{\rho}\left(\dfrac{\partial\ln\theta}{\partial y}\right)_p,\\ f\dfrac{\partial v_g}{\partial p}=-\dfrac{R}{p}\left(\dfrac{\partial T}{\partial x}\right)_p=-\dfrac{1}{\rho}\left(\dfrac{\partial\ln T}{\partial x}\right)_p=-\dfrac{1}{\rho}\left(\dfrac{\partial\ln\theta}{\partial x}\right)_p.\end{cases} \tag{4.240}$$

(4.237)式在第二章我们已得到过，(4.240)式的等价形式在第三章我们也已得到过.

在 p 坐标系中，应用(4.238)式，热力学方程还可改写为

$$\left(\frac{\partial}{\partial t}+u\frac{\partial}{\partial x}+v\frac{\partial}{\partial y}\right)_p\ln\left(-\frac{\partial\phi}{\partial p}\right)+\omega\frac{\partial\ln\theta}{\partial p}=\frac{1}{c_pT}Q, \tag{4.241}$$

上式两端乘以 $\dfrac{\partial\phi}{\partial p}=-\dfrac{1}{\rho}$ 后得到

$$\left(\frac{\partial}{\partial t}+u\frac{\partial}{\partial x}+v\frac{\partial}{\partial y}\right)_p\frac{\partial\phi}{\partial p}+\left(-\frac{1}{\rho}\frac{\partial\ln\theta}{\partial p}\right)\omega=-\frac{R}{pc_p}Q. \tag{4.242}$$

p 坐标系常用的上边界条件和下边界条件分别是

$$p=p_t(\text{也可取 } p_t=0),\quad \omega=0, \tag{4.243}$$

$$p=p_s(x,y,t),\quad \omega=\frac{\partial p_s}{\partial t}+u_s\frac{\partial p_s}{\partial x}+v_s\frac{\partial p_s}{\partial y}\equiv\omega_s. \tag{4.244}$$

将静力学方程$\frac{\partial\phi}{\partial p}=-\frac{RT}{p}$从 $p=p_s$ 到 $p=p$ 积分，求得任一等压面上的重力位势为

$$\phi=\phi_s+R\int_p^{p_s}T\delta\ln p, \tag{4.245}$$

其中

$$\phi_s=gh_s \tag{4.246}$$

为地形高度 $z=h_s(x,y)$ 所对应的重力位势.

将连续性方程从 $p=p_t(\omega=0)$ 积分到 $p=p$；求得任一等压面上的垂直 p 速度为

$$\omega=-\int_{p_t}^{p}\nabla_p\cdot\boldsymbol{V}\delta p. \tag{4.247}$$

上式令 $p=p_s$，对应左端 ω 用(4.244)式的 ω_s 代替，则求得下界面场面气压 p_s 的局地变化为

$$\frac{\partial p_s}{\partial t}=-\left(u_s\frac{\partial p_s}{\partial x}+v_s\frac{\partial p_s}{\partial y}\right)-\int_{p_t}^{p_s}\nabla_p\cdot\boldsymbol{V}\delta p, \tag{4.248}$$

上式称为场面气压的倾向方程，这与(1.178)式是等价的.

由 p 坐标系的水平运动方程很易得到垂直涡度方程和水平散度方程. 它们分别是

$$\frac{\mathrm{d}\zeta}{\mathrm{d}t}+\beta_0 v=-(f+\zeta)D+\left(\frac{\partial u}{\partial p}\frac{\partial\omega}{\partial y}-\frac{\partial v}{\partial p}\frac{\partial\omega}{\partial x}\right)+\left(\frac{\partial F_y}{\partial x}-\frac{\partial F_x}{\partial y}\right), \tag{4.249}$$

$$\begin{aligned}\frac{\mathrm{d}D}{\mathrm{d}t}&+D^2-2\left(\frac{\partial u}{\partial x}\frac{\partial v}{\partial y}-\frac{\partial u}{\partial y}\frac{\partial v}{\partial x}\right)+\beta_0 u-f\zeta\\&=-\nabla^2\phi-\left(\frac{\partial u}{\partial p}\frac{\partial\omega}{\partial x}+\frac{\partial v}{\partial p}\frac{\partial\omega}{\partial y}\right)+\left(\frac{\partial F_x}{\partial x}+\frac{\partial F_y}{\partial y}\right).\end{aligned} \tag{4.250}$$

注意，上两式我们已省略角标 p.

在(4.250)式中，令 $D=0,\omega=0,F_x=F_y=0$，则得到 p 坐标系中的平衡方程为

$$\nabla^2\phi-f\zeta+\beta_0 u-2\mathrm{J}(u,v)=0, \tag{4.251}$$

其中 $\mathrm{J}(u,v)$ 为 Jacobi 算子，(4.251)式或写为

$$f\nabla^2\psi+\beta_0\frac{\partial\psi}{\partial y}+2\left\{\frac{\partial^2\psi}{\partial x^2}\frac{\partial^2\psi}{\partial y^2}-\left(\frac{\partial^2\psi}{\partial x\partial y}\right)^2\right\}=\nabla^2\phi. \tag{4.252}$$

二、z^* 坐标系(气压对数坐标系)

这是一个以与气压的对数成正比的高度 z^* 作为垂直坐标的坐标系，z^* 定义为

$$z^* = H\ln\frac{p_0}{p} = -H\ln\frac{p}{p_0}, \tag{4.253}$$

其中 $H=RT_0/g$ 为均质大气高度，取为常数；p_0 为海平面气压，也取为常数. 注意，z^* 一般并不是真正的高度，因为由静力学方程(4.194)可求得

$$z = \frac{RT_m}{g}\ln\frac{p_0}{p} = \frac{T_m}{T_0}H\ln\frac{p_0}{p} = \frac{T_m}{T_0}z^*. \tag{4.254}$$

因而，在等温大气中，$z^*=z$. 一般，$z^*\neq z$. 但由上式知，z^* 随 z 是单调增加的. 令

$$q = z^*, \tag{4.255}$$

$$\dot{q} = \dot{z}^* = \frac{dz^*}{dt} \equiv w^* = -H\frac{d\ln p}{dt}. \tag{4.256}$$

w^* 称为垂直 z^* 速度，并注意

$$\left(\frac{\partial p}{\partial x}\right)_{z^*} = 0,\quad \left(\frac{\partial p}{\partial y}\right)_{z^*} = 0,\quad \frac{\partial p}{\partial z^*} = -\frac{p_0}{H}e^{-z^*/H} = -\frac{p}{H},$$

$$\frac{\partial}{\partial z^*} = \frac{\partial p}{\partial z^*}\frac{\partial}{\partial p} = -\frac{p}{H}\frac{\partial}{\partial p},\quad \frac{\partial z}{\partial z^*} = -\frac{p}{H}\frac{\partial z}{\partial p} = \frac{p}{\rho g H},$$

$$\rho\frac{\partial z}{\partial z^*} = \frac{p}{gH},\quad \frac{d}{dt}\ln\rho\left|\frac{\partial z}{\partial z^*}\right| = \frac{d}{dt}\ln\frac{p}{gH} = \frac{d\ln p}{dt} = -\frac{w^*}{H},$$

则方程组(4.225)化为

$$\begin{cases} \dfrac{du}{dt} - fv = -\left(\dfrac{\partial\phi}{\partial x}\right)_{z^*} + F_x, \\ \dfrac{dv}{dt} + fu = -\left(\dfrac{\partial\phi}{\partial y}\right)_{z^*} + F_y, \\ \dfrac{\partial\phi}{\partial z^*} = \dfrac{p}{\rho H} = \dfrac{RT}{H}, \\ \left(\dfrac{\partial u}{\partial x} + \dfrac{\partial v}{\partial y}\right)_{z^*} + \dfrac{\partial w^*}{\partial z^*} - \dfrac{w^*}{H} = 0, \\ p = \rho RT, \\ \dfrac{d\ln\theta}{dt} = \dfrac{1}{c_pT}Q \quad \text{或} \quad c_p\dfrac{dT}{dt} + \dfrac{RT}{H}w^* = Q, \end{cases} \tag{4.257}$$

其中

$$\frac{d}{dt} \equiv \left(\frac{\partial}{\partial t}\right)_{z^*} + u\left(\frac{\partial}{\partial x}\right)_{z^*} + v\left(\frac{\partial}{\partial y}\right)_{z^*} + w^*\frac{\partial}{\partial z^*}. \tag{4.258}$$

利用(4.256)式，不难求得垂直 z^* 速度与垂直 p 速度之间的关系为

$$w^* = -\frac{H}{p}\omega. \tag{4.259}$$

(4.234)式代入上式求得 w^* 与 w 间的近似关系为

$$w^* \approx \frac{gH}{RT}w. \tag{4.260}$$

在 z^* 坐标系中，应用(4.258)式，并注意

$$T\frac{\partial \ln\theta}{\partial z^*} = T\frac{\partial}{\partial z^*}\left(\ln T - \frac{R}{c_p}\ln p\right) = \frac{\partial T}{\partial z^*} + \frac{RT}{c_p H},$$

热力学方程还可改写为

$$\left(\frac{\partial}{\partial t} + u\frac{\partial}{\partial x} + v\frac{\partial}{\partial y}\right)_{z^*} T + \left(T\frac{\partial \ln\theta}{\partial z^*}\right)w^* = \frac{1}{c_p}Q.$$

在对流层，在数值上 $T\dfrac{\partial \ln\theta}{\partial z^*}$ 近于为常数，且

$$T\frac{\partial \ln\theta}{\partial z^*} \approx -\Gamma_0 \approx 0.26\ \text{K}/100\ \text{m}. \tag{4.261}$$

这是应用 z^* 坐标系的优点之一. 而且因为 $-p\dfrac{\partial}{\partial p} = H\dfrac{\partial}{\partial z^*}$，所以凡在方程中出现 $-p\dfrac{\partial}{\partial p}$ 都可化为 $H\dfrac{\partial}{\partial z^*}$，这样，就把某些在 p 坐标系中是变系数的方程化成 z^* 坐标系中的常系数方程.

因 z^* 坐标系的水平运动方程与 p 坐标系的水平运动方程在形式上是一样的，所以，z^* 坐标系中的垂直涡度方程和散度方程在形式上也与 p 坐标系中的垂直涡度方程和散度方程一样，在此不再列出了.

三、θ 坐标系(位温坐标系或熵坐标系)

这是以位温 θ 作为垂直坐标的坐标系，因单位质量空气的熵为 $s = c_p\ln\theta$(见(1.42)式)，所以也称为熵坐标系. 应用静力学方程(4.194)和位温公式不难求得

$$\frac{\partial\theta}{\partial z} = \frac{\theta}{T}\left(\Gamma_d + \frac{\partial T}{\partial z}\right). \tag{4.262}$$

因在对流层通常 $\dfrac{\partial T}{\partial z} < 0$，且 $\dfrac{\partial T}{\partial z} = -\Gamma \approx 0.6\ \text{K}/100\ \text{m}$，因此，在对流层通常 $\dfrac{\partial\theta}{\partial z} > 0$，即 θ 是 z 的单调增函数. 令

$$q = \theta = T\left(\frac{P_0}{p}\right)^{R/c_p}, \tag{4.263}$$

$$\dot{q} = \dot{\theta} = \frac{d\theta}{dt}. \tag{4.264}$$

$\dot{\theta}$ 称为垂直 θ 速度，在绝热条件下，$\dot{\theta} = 0$. 注意

$$\left(\frac{\partial p}{\partial x}\right)_\theta = \rho c_p\left(\frac{\partial T}{\partial x}\right)_\theta, \quad \left(\frac{\partial p}{\partial y}\right)_\theta = \rho c_p\left(\frac{\partial T}{\partial y}\right)_\theta \tag{4.265}$$

或

$$\frac{1}{\rho}\nabla_\theta p = c_p \nabla_\theta T, \tag{4.266}$$

则利用(4.204)式,水平气压梯度力可写为

$$-\frac{1}{\rho}\nabla_{\mathrm{h}} p = -\frac{1}{\rho}\nabla_\theta p - \nabla_\theta \phi = -\nabla_\theta(\phi + c_p T) = -\nabla_\theta \phi_{\mathrm{d}}, \tag{4.267}$$

这里

$$\phi_{\mathrm{d}} = \phi + c_p T \tag{4.268}$$

为干静力能或称为 Montgomery 位势(见(2.69)式). 这样,在 θ 坐标系中,方程组(4.225)化为

$$\begin{cases}\dfrac{\mathrm{d}u}{\mathrm{d}t} - fv = -\left(\dfrac{\partial \phi_{\mathrm{d}}}{\partial x}\right)_\theta + F_x, \\ \dfrac{\mathrm{d}v}{\mathrm{d}t} + fu = -\left(\dfrac{\partial \phi_{\mathrm{d}}}{\partial y}\right)_\theta + F_y, \\ \dfrac{\partial \phi}{\partial \theta} = -\dfrac{1}{\rho}\dfrac{\partial p}{\partial \theta}, \\ \dfrac{\mathrm{d}}{\mathrm{d}t}\ln\left|\dfrac{\partial p}{\partial \theta}\right| + \left(\dfrac{\partial u}{\partial x} + \dfrac{\partial v}{\partial y}\right)_\theta + \dfrac{\partial \dot{\theta}}{\partial \theta} = 0, \\ p = \rho R T, \quad \theta = T\left(\dfrac{P_0}{p}\right)^{R/c_p}, \\ c_p \dfrac{T}{\theta}\dot{\theta} = Q,\end{cases} \tag{4.269}$$

其中

$$\frac{\mathrm{d}}{\mathrm{d}t} \equiv \left(\frac{\partial}{\partial t}\right)_\theta + u\left(\frac{\partial}{\partial x}\right)_\theta + v\left(\frac{\partial}{\partial y}\right)_\theta + \dot{\theta}\frac{\partial}{\partial \theta}. \tag{4.270}$$

利用(4.209)式,求得垂直 θ 速度 $\dot{\theta}$ 与垂直速度 w 的关系为

$$\dot{\theta} = \frac{\partial \theta}{\partial t} + u\frac{\partial \theta}{\partial x} + v\frac{\partial \theta}{\partial y} + w\frac{\partial \theta}{\partial z}. \tag{4.271}$$

考虑到大气中 θ 的变化主要在 z 方向,则上式近似为

$$\dot{\theta} = \frac{\partial \theta}{\partial z}w. \tag{4.272}$$

因 $\dfrac{\partial \theta}{\partial z} > 0$,则 $\dot{\theta}$ 与 w 同符号.

若将位温公式取对数后再对 θ 微商,则有

$$c_p \frac{T}{\theta} = c_p \frac{\partial T}{\partial \theta} - \frac{1}{\rho}\frac{\partial p}{\partial \theta}.$$

上式与静力学方程 $\dfrac{\partial \phi}{\partial \theta} = -\dfrac{1}{\rho}\dfrac{\partial p}{\partial \theta}$ 结合,消去 $\dfrac{\partial p}{\partial \theta}$ 得

$$\frac{\partial \phi_{\mathrm{d}}}{\partial \theta} = c_p \frac{T}{\theta}, \tag{4.273}$$

这就是 θ 坐标系常用的静力学方程的形式. 引入

$$\Pi \equiv c_p \frac{T}{\theta} = c_p \left(\frac{p}{P_0}\right)^{R/c_p}, \tag{4.274}$$

它称为 Exner 函数. 则静力学方程(4.273)式又可写为

$$\frac{\partial \phi_{\mathrm{d}}}{\partial \theta} = \Pi. \tag{4.275}$$

相应,热力学方程写为

$$\Pi \dot{\theta} = Q. \tag{4.276}$$

若将连续性方程中的 $\frac{\mathrm{d}}{\mathrm{d}t}\ln\left|\frac{\partial p}{\partial \theta}\right|$ 写出,并与后面三项合并,则连续性方程可改写为

$$\left[\frac{\partial}{\partial t}\left(\frac{\partial p}{\partial \theta}\right)\right]_\theta + \left[\frac{\partial}{\partial x}\left(u\frac{\partial p}{\partial \theta}\right)\right]_\theta + \left[\frac{\partial}{\partial y}\left(v\frac{\partial p}{\partial \theta}\right)_\theta\right] + \frac{\partial}{\partial \theta}\left(\dot{\theta}\frac{\partial p}{\partial \theta}\right) = 0. \tag{4.277}$$

由(4.269)的头两式知,θ 坐标系中的地转风关系为

$$u_{\mathrm{g}} = -\frac{1}{f}\left(\frac{\partial \phi_{\mathrm{d}}}{\partial y}\right)_\theta, \quad v_{\mathrm{g}} = \frac{1}{f}\left(\frac{\partial \phi_{\mathrm{d}}}{\partial x}\right)_\theta, \tag{4.278}$$

这实际上我们已在第三章习题 3 中论证过.

θ 坐标系的上、下边界条件分别写为

$$\theta = \theta_{\mathrm{t}} = 常数, \quad \dot{\theta} = 0, \tag{4.279}$$

$$\theta = \theta_{\mathrm{s}}(x, y, t), \quad \theta = \frac{\partial \theta_{\mathrm{s}}}{\partial t} + u_{\mathrm{s}}\frac{\partial \theta_{\mathrm{s}}}{\partial x} + v_{\mathrm{s}}\frac{\partial \theta_{\mathrm{s}}}{\partial y} = \theta_{\mathrm{s}}. \tag{4.280}$$

静力学方程(4.276)从 $\theta=\theta_{\mathrm{s}}$ 到 $\theta=\theta$ 积分,得到

$$\phi_{\mathrm{d}} = \phi_{\mathrm{ds}} + \int_{\theta_{\mathrm{s}}}^{\theta} \Pi \delta\theta. \tag{4.281}$$

若 Π 已知,则依上式,根据下界面干静力能 ϕ_{ds} 的数值求出任一 θ 面上的干静力能 ϕ_{d}.

将连续性方程(4.277)从 $\theta=\theta_{\mathrm{t}}(\dot{\theta}=0)$ 积分到 $\theta=\theta$,假定

$$\theta = \theta_{\mathrm{t}}, \quad \frac{\partial p}{\partial t} = 0. \tag{4.282}$$

则求得任一 θ 面上的气压倾向为

$$\left(\frac{\partial p}{\partial t}\right)_\theta = \int_\theta^{\theta_{\mathrm{t}}} \left[\frac{\partial}{\partial x}\left(u\frac{\partial p}{\partial \theta}\right) + \frac{\partial}{\partial y}\left(v\frac{\partial p}{\partial \theta}\right)\right]_\theta \delta\theta - \dot{\theta}\frac{\partial p}{\partial \theta}. \tag{4.283}$$

上式令 $\theta=\theta_{\mathrm{s}}$,则得到下界 θ_{s} 面上的气压倾向为

$$\left(\frac{\partial p}{\partial t}\right)_{\theta_s}=\int_{\theta_s}^{\theta_t}\left[\frac{\partial}{\partial x}\left(u\frac{\partial p}{\partial \theta}\right)+\frac{\partial}{\partial y}\left(v\frac{\partial p}{\partial \theta}\right)\right]_\theta \delta\theta-\dot{\theta}_s\left(\frac{\partial p}{\partial \theta}\right)_{\theta_s}. \tag{4.284}$$

四、σ 坐标系(修正的 p 坐标系)

考虑到 p 坐标系下边界条件比较复杂,人们设计了一种相对的气压坐标系,其垂直坐标为

$$q=\sigma=\frac{p-p_t}{\pi}\quad (\pi\equiv p_s-p_t). \tag{4.285}$$

其中上边界的气压 p_t 也可以取为零.这样,大气上边界 $p=p_t$ 可以写为 $\sigma=0$,下边界 $p=p_s$ 可以写为 $\sigma=1$. $\sigma=0$ 和 $\sigma=1$ 是 σ 坐标系的两个坐标面,显然

$$0\leqslant\sigma\leqslant 1. \tag{4.286}$$

该坐标系的垂直速度为

$$\dot{q}=\dot{\sigma}=\frac{\mathrm{d}\sigma}{\mathrm{d}t}, \tag{4.287}$$

它称为垂直 σ 速度.注意

$$\left(\frac{\partial p}{\partial x}\right)_\sigma=\sigma\left(\frac{\partial \pi}{\partial x}\right)_\sigma,\quad \left(\frac{\partial p}{\partial y}\right)_\sigma=\sigma\left(\frac{\partial \pi}{\partial y}\right)_\sigma,\quad \frac{\partial p}{\partial \sigma}=\pi, \tag{4.288}$$

则方程组(4.225)化为

$$\begin{cases}\dfrac{\mathrm{d}u}{\mathrm{d}t}-fv=-\left(\dfrac{\partial \phi}{\partial x}\right)_\sigma-\alpha\sigma\left(\dfrac{\partial \pi}{\partial x}\right)_\sigma+F_x,\\[2ex] \dfrac{\mathrm{d}v}{\mathrm{d}t}+fu=-\left(\dfrac{\partial \phi}{\partial y}\right)_\sigma-\alpha\sigma\left(\dfrac{\partial \pi}{\partial x}\right)_\sigma+F_y,\\[2ex] \dfrac{\partial \phi}{\partial \sigma}=-\alpha\pi,\\[2ex] \dfrac{\mathrm{d}\ln\pi}{\mathrm{d}t}+\left(\dfrac{\partial u}{\partial x}+\dfrac{\partial v}{\partial y}\right)_\sigma+\dfrac{\partial\dot{\sigma}}{\partial\sigma}=0,\\[2ex] (\sigma\pi+p_t)\alpha=RT,\\[2ex] c_p\dfrac{\mathrm{d}T}{\mathrm{d}t}-\alpha\dfrac{\mathrm{d}}{\mathrm{d}t}(\pi\sigma)=Q,\end{cases} \tag{4.289}$$

其中

$$\frac{\mathrm{d}}{\mathrm{d}t}=\left(\frac{\partial}{\partial t}\right)_\sigma+u\left(\frac{\partial}{\partial x}\right)_\sigma+v\left(\frac{\partial}{\partial y}\right)_\sigma+\dot{\sigma}\frac{\partial}{\partial\sigma}. \tag{4.290}$$

利用(4.285)式可知垂直 p 速度与垂直 σ 速度的关系为

$$\omega=\frac{\mathrm{d}}{\mathrm{d}t}(\pi\sigma)=\pi\dot{\sigma}+\sigma\dot{\pi}. \tag{4.291}$$

特别,取 $p_t=0$,则

$$\pi=p_s,\quad \sigma=p/p_s,\quad \alpha\sigma=RT/p_s. \tag{4.292}$$

再注意

$$\frac{\partial T}{\partial \sigma}=\pi\frac{\partial T}{\partial p}=-\frac{\pi}{\rho g}\frac{\partial T}{\partial z}=-\frac{\alpha p_s}{g}\frac{\partial T}{\partial z}=-\frac{RT}{g\sigma}\frac{\partial T}{\partial z},$$

$$\frac{\partial T}{\partial \sigma}-\frac{\alpha\pi}{c_p}=-\frac{RT}{g\sigma}\frac{\partial T}{\partial z}-\frac{RT}{\sigma c_p}=-\frac{1}{R\sigma}\cdot\frac{R^2T}{g}\left(\Gamma_d+\frac{\partial T}{\partial z}\right),$$

则方程组(4.289)化为

$$\begin{cases}\dfrac{du}{dt}-fv=-\left(\dfrac{\partial\phi}{\partial x}\right)_\sigma-RT\left(\dfrac{\partial\ln p_s}{\partial x}\right)_\sigma+F_x,\\ \dfrac{dv}{dt}+fu=-\left(\dfrac{\partial\phi}{\partial y}\right)_\sigma-RT\left(\dfrac{\partial\ln p_s}{\partial y}\right)_\sigma+F_y,\\ \dfrac{\partial\phi}{\partial\sigma}=-\dfrac{RT}{\sigma},\\ \left(\dfrac{\partial}{\partial t}+u\dfrac{\partial}{\partial x}+v\dfrac{\partial}{\partial y}\right)_\sigma\ln p_s+\left(\dfrac{\partial u}{\partial x}+\dfrac{\partial v}{\partial y}\right)_\sigma+\dfrac{\partial\dot\sigma}{\partial\sigma}=0,\\ \sigma p_s=\rho RT,\\ \left(\dfrac{\partial}{\partial t}+u\dfrac{\partial}{\partial x}+v\dfrac{\partial}{\partial y}\right)_\sigma T-\left[\dfrac{1}{R\sigma}\cdot\dfrac{R^2T}{g}\left(\Gamma_d+\dfrac{\partial T}{\partial z}\right)\right]\dot\sigma\\ \qquad\qquad-\dfrac{RT}{c_p}\left(\dfrac{\partial}{\partial t}+u\dfrac{\partial}{\partial x}+v\dfrac{\partial}{\partial y}\right)_\sigma\ln p_s=\dfrac{Q}{c_p}.\end{cases}\tag{4.293}$$

若将静力学方程代入热力学方程,则热力学方程还可以改写为

$$\left(\frac{\partial}{\partial t}+u\frac{\partial}{\partial x}+v\frac{\partial}{\partial y}\right)_\sigma\frac{\partial\phi}{\partial\sigma}+\frac{1}{\sigma^2}\left[\frac{R^2T}{g}\left(\Gamma_d+\frac{\partial T}{\partial z}\right)\right]\dot\sigma$$
$$+\frac{R^2T}{\sigma c_p}\left(\frac{\partial}{\partial t}+u\frac{\partial}{\partial x}+v\frac{\partial}{\partial y}\right)_\sigma\ln p_s=-\frac{R}{\sigma c_p}Q.\tag{4.294}$$

在 σ 坐标系中,上、下边界条件可以写为

$$\sigma=0,\quad \dot\sigma=0,\tag{4.295}$$

$$\sigma=1,\quad \dot\sigma=0.\tag{4.296}$$

这个简单的边界条件是应用 σ 坐标系的最大优点.

方程组(4.289)中的连续性方程还可改写为

$$\left(\frac{\partial\pi}{\partial t}\right)_\sigma+\left(\frac{\partial\pi u}{\partial x}+\frac{\partial\pi v}{\partial y}\right)_\sigma+\frac{\partial\pi\dot\sigma}{\partial\sigma}=0.\tag{4.297}$$

利用边条件(4.295)和(4.296),对 σ 积分上式得到

$$\left(\frac{\partial\pi}{\partial t}\right)_\sigma=-\int_0^1\left(\frac{\partial\pi u}{\partial x}+\frac{\partial\pi v}{\partial y}\right)_\sigma\delta\sigma.\tag{4.298}$$

若 $p_t=0$,上式化为

$$\left(\frac{\partial p_s}{\partial t}\right)_\sigma=-\int_0^1\left(\frac{\partial p_s u}{\partial x}+\frac{\partial p_s v}{\partial y}\right)_\sigma\delta\sigma,\tag{4.299}$$

这是 σ 坐标系中下界面气压的倾向方程.

连续性方程(4.297)若从 $\sigma=0$ 积分到 $\sigma=\sigma$,则得

$$\sigma\left(\frac{\partial\pi}{\partial t}\right)_{\sigma}+\int_{0}^{\sigma}\left(\frac{\partial\pi u}{\partial x}+\frac{\partial\pi v}{\partial y}\right)_{\sigma}\delta\sigma+\pi\dot{\sigma}=0. \tag{4.300}$$

将(4.298)式代入上式,则求得垂直 σ 速度为

$$\dot{\sigma}=\frac{\sigma}{\pi}\int_{0}^{1}\left(\frac{\partial\pi u}{\partial x}+\frac{\partial\pi v}{\partial y}\right)_{0}\delta\sigma-\frac{1}{\pi}\int_{0}^{\sigma}\left(\frac{\partial\pi u}{\partial x}+\frac{\partial\pi v}{\partial y}\right)_{\sigma}\delta\sigma. \tag{4.301}$$

将方程组(4.293)中的静力学方程积分,可求得等 σ 面上的重力位势为

$$\phi=\phi_{s}+\int_{\sigma}^{1}RT\,\delta\ln\sigma. \tag{4.302}$$

五、ζ 坐标系(地形坐标系)

ζ 坐标系是考虑地形修正的 z 坐标系,其垂直坐标为

$$q=\zeta=\frac{h_{t}-z}{H},\quad H=h_{t}-h_{s}, \tag{4.303}$$

其中 h_t 为模式大气上界的高度,取为常数. $h_s(x,y)$ 为地形高度. 显然上边界 $z=h_t$, $\zeta=0$;下边界 $z=h$, $\zeta=1$,因而

$$0\leqslant\zeta\leqslant 1. \tag{4.304}$$

该坐标系的垂直速度为

$$\dot{q}=\dot{\zeta}=\frac{\mathrm{d}\zeta}{\mathrm{d}t}. \tag{4.305}$$

它称为垂直 ζ 速度,注意

$$\frac{\partial\phi}{\partial\zeta}=-gH, \tag{4.306}$$

则方程组(4.225)化为

$$\begin{cases}\dfrac{\mathrm{d}u}{\mathrm{d}t}-fv=-\left(\dfrac{\partial\phi}{\partial x}\right)_{\zeta}-\dfrac{1}{\rho}\left(\dfrac{\partial p}{\partial x}\right)_{\zeta}+F_{x},\\ \dfrac{\mathrm{d}v}{\mathrm{d}t}+fu=-\left(\dfrac{\partial\phi}{\partial y}\right)_{\zeta}-\dfrac{1}{\rho}\left(\dfrac{\partial p}{\partial y}\right)_{\zeta}+F_{y},\\ \dfrac{\partial p}{\partial\zeta}=\rho gH,\\ \dfrac{\mathrm{d}}{\mathrm{d}t}\ln\rho H+\left(\dfrac{\partial u}{\partial x}+\dfrac{\partial v}{\partial y}\right)_{\zeta}+\dfrac{\partial\dot{\zeta}}{\partial\zeta}=0,\\ p=\rho RT,\\ c_{p}\dfrac{\mathrm{d}T}{\mathrm{d}t}-\dfrac{1}{\rho}\dfrac{\mathrm{d}p}{\mathrm{d}t}=Q,\end{cases} \tag{4.307}$$

其中

$$\frac{\mathrm{d}}{\mathrm{d}t} \equiv \left(\frac{\partial}{\partial t}\right)_\zeta + u\left(\frac{\partial}{\partial x}\right)_\zeta + v\left(\frac{\partial}{\partial y}\right)_\zeta + \dot{\zeta}\frac{\partial}{\partial \zeta}. \tag{4.308}$$

ζ 坐标系的上、下边条件可以写为

$$\zeta = 0, \quad \dot{\zeta} = 0, \tag{4.309}$$

$$\zeta = 1, \quad \dot{\zeta} = 0, \tag{4.310}$$

这也是 ζ 坐标系的一大优点.该坐标系的其他方面,我们不再一一列举.

上面我们已列举了五种准 Lagrange 坐标系,但在以后章节中,我们主要应用其中的 p 坐标系.

§4.9 其他层结参数

在本章第一节,我们就引进了层结参数 $N^2 = g\dfrac{\partial \ln\theta_0}{\partial z}$. N 是 Brunt-Väisälä 频率.不过,这是在 z 坐标系中常用的.在其他坐标系中还要引入其他一些层结参数.以 p 坐标系为例,若考虑绝热和无摩擦的运动,其方程组(4.230)可以写为

$$\begin{cases} \dfrac{\mathrm{d}u}{\mathrm{d}t} - fv = -\left(\dfrac{\partial \phi}{\partial x}\right)_p, \\ \dfrac{\mathrm{d}v}{\mathrm{d}t} + fu = -\left(\dfrac{\partial \phi}{\partial y}\right)_p, \\ \dfrac{\partial \phi}{\partial p} = -\dfrac{RT}{p}, \\ \left(\dfrac{\partial u}{\partial x} + \dfrac{\partial v}{\partial y}\right)_p + \dfrac{\partial \omega}{\partial p} = 0, \\ p = \rho RT, \quad \theta = T\left(\dfrac{P_0}{p}\right)^{R/c_p}, \\ \dfrac{\mathrm{d}\ln\theta}{\mathrm{d}t} = 0 \quad \text{或} \quad \left(\dfrac{\partial}{\partial t} + u\dfrac{\partial}{\partial x} + v\dfrac{\partial}{\partial y}\right)_p \dfrac{\partial \phi}{\partial p} + \left(-\dfrac{1}{\rho}\dfrac{\partial \ln\theta}{\partial p}\right)\omega = 0. \end{cases} \tag{4.311}$$

作为特例,我们考虑静止的空气,其所有速度为零,则由方程组(4.311)得到

$$\begin{cases} \left(\dfrac{\partial \phi}{\partial x}\right)_p = 0, \quad \left(\dfrac{\partial \phi_0}{\partial y}\right)_p = 0, \quad \dfrac{\partial \phi_0}{\partial p} = -\dfrac{RT_0}{p} = -\dfrac{1}{\rho_0}, \\ p = \rho_0 RT_0, \quad \theta_0 = T_0\left(\dfrac{P_0}{p}\right)^{R/c_p}, \quad \dfrac{\partial \theta_0}{\partial t} = 0, \quad \left[\dfrac{\partial}{\partial t}\left(\dfrac{\partial \phi_0}{\partial p}\right)\right]_p = 0. \end{cases} \tag{4.312}$$

由此可见,在 p 坐标系中,对于静止空气,所有物理状态是定常的,且它们都只是 p 的函数,满足静力学方程,这与 z 坐标系的情况是相似的,即

$$\phi_0=\phi_0(p),\quad \rho_0=\rho_0(p),\quad T_0=T_0(p),\quad \theta_0=\theta_0(p),\tag{4.313}$$

当然是正压的大气状态.

与 z 坐标系类似,我们考虑以静止大气为背景的大气运动,为此设

$$\begin{cases}u=u',\quad v=v',\quad \omega=\omega',\\ \phi=\phi_0(p)+\phi',\quad \rho=\rho_0(p)+\rho',\quad T=T_0(p)+T',\quad \theta=\theta_0(p)+\theta',\end{cases}\tag{4.314}$$

且

$$\phi',\rho',T',\theta'\ll\phi_0,\rho_0,T_0,\theta_0.\tag{4.315}$$

将(4.314)式代入方程组(4.311)的前三式,得到

$$\begin{cases}\dfrac{\mathrm{d}u}{\mathrm{d}t}-fv=-\left(\dfrac{\partial\phi'}{\partial x}\right)_p,\\ \dfrac{\mathrm{d}v}{\mathrm{d}t}+fu=-\left(\dfrac{\partial\phi'}{\partial y}\right)_p,\\ \dfrac{\partial\phi'}{\partial p}=-\dfrac{RT'}{p},\end{cases}\tag{4.316}$$

其形式与原有的方程形式一样,只是 ϕ 和 T 分别被 ϕ' 和 T' 代替.

将(4.314)式代入连续性方程((4.311)的第四式),其形式不变;代入状态方程((4.311)的第五式),并取对数得到

$$\begin{cases}\ln p=\ln\rho_0\left(1+\dfrac{\rho'}{\rho_0}\right)+\ln R+\ln T_0\left(1+\dfrac{T'}{T_0}\right),\\ \ln\theta_0\left(1+\dfrac{\theta'}{\theta_0}\right)=\ln T_0\left(1+\dfrac{T'}{T_0}\right)+\dfrac{R}{c_p}\ln\dfrac{P_0}{p}.\end{cases}\tag{4.317}$$

利用(4.312)式和(4.315)式不难得到

$$\theta'/\theta_0=T'/T_0=-\rho'/\rho_0,\tag{4.318}$$

这是以静态大气为背景的 p 坐标系中的状态方程.

应用上式,静力学方程((4.316)的第三式)可以写为

$$\frac{\partial\phi'}{\partial p}=-\frac{T'}{\rho_0T_0}=-\frac{\theta'}{\rho_0\theta_0}.\tag{4.319}$$

将(4.314)式代入绝热方程((4.311)的第六式),得到

$$\left(\frac{\partial}{\partial t}+u\frac{\partial}{\partial x}+v\frac{\partial}{\partial y}\right)_p\frac{\partial\phi'}{\partial p}+\left[-\frac{1}{\rho_0}\frac{\partial\ln\theta_0}{\partial p}-\frac{1}{\rho_0}\frac{\partial}{\partial p}\left(\frac{\theta'}{\theta_0}\right)\right]\omega=0,\tag{4.320}$$

式中应用了

$$\ln\theta=\ln\theta_0\left(1+\frac{\theta'}{\theta_0}\right)\approx\ln\theta_0+\frac{\theta'}{\theta_0},\quad \frac{1}{\rho}\frac{\partial\ln\theta_0}{\partial p}\approx\frac{1}{\rho_0}\frac{\partial\ln\theta_0}{\partial p}.$$

对于式中的小项 $-\dfrac{1}{\rho_0}\dfrac{\partial}{\partial p}\left(\dfrac{\theta'}{\theta_0}\right)$,若应用(4.319)式,则可用 $\dfrac{\partial}{\partial p}\left(\dfrac{\partial\phi'}{\partial p}\right)$ 去近似,这样,绝

热方程(4.320)可化为

$$\left(\frac{\partial}{\partial t}+u\frac{\partial}{\partial x}+v\frac{\partial}{\partial y}\right)_p\left(\frac{\partial\phi'}{\partial p}\right)+\omega\frac{\partial}{\partial p}\left(\frac{\partial\phi'}{\partial p}\right)+\sigma\omega=0, \tag{4.321}$$

其中

$$\sigma=-\frac{1}{\rho_0}\frac{\partial\ln\theta_0}{\partial p} \tag{4.322}$$

为 p 坐标系中的层结参数.

利用 p 坐标系与 z 坐标系的关系,不难得到

$$\sigma=\frac{1}{g\rho_0^2}\frac{\partial\ln\theta_0}{\partial z}=\frac{N^2}{g^2\rho_0^2}. \tag{4.323}$$

引进 p 坐标系的另两个层结参数 α_0 和 c_α,其定义为

$$\alpha_0=\frac{R}{g}(\Gamma_a-\Gamma),\quad c_\alpha^2=\alpha_0RT_0=\alpha_0gH. \tag{4.324}$$

比较(4.323)式和(4.324)式,不难得到

$$\begin{cases}c_\alpha^2=R(\Gamma_d-\Gamma)H=\dfrac{g}{T_0}(\Gamma_d-\Gamma)H^2=N^2H^2,\\[2ex]\sigma=\dfrac{N^2H^2}{g^2\rho_0^2H^2}=\dfrac{c_\alpha^2}{p^2}.\end{cases} \tag{4.325}$$

在大气对流层,平均而言

$$\sigma=10^{-6}\,\mathrm{kg^{-2}\cdot m^4\cdot s^2},\quad \alpha_0=0.1,\quad c_\alpha=10^2\,\mathrm{m\cdot s^{-1}}.$$

在(4.321)式中,$\omega\dfrac{\partial}{\partial p}\left(\dfrac{\partial\phi'}{\partial p}\right)$一项常在准地转条件下被略去(详见第六章),此时(4.321)式就化为

$$\left(\frac{\partial}{\partial t}+u\frac{\partial}{\partial x}+v\frac{\partial}{\partial y}\right)\frac{\partial\phi'}{\partial p}+\sigma\omega=0, \tag{4.326}$$

其形式又与原有绝热方程((4.311)的第六式)相似. 只是这里用 $\sigma=-\dfrac{1}{\rho_0}\dfrac{\partial\ln\theta_0}{\partial p}$代替了$-\dfrac{1}{\rho}\dfrac{\partial\ln\theta}{\partial p}$.

由上分析知,在 p 坐标系中以静态为背景的大气运动方程组可以写为(省略下标 p)

$$\begin{cases}\dfrac{\mathrm{d}u}{\mathrm{d}t}-fv=-\dfrac{\partial\phi'}{\partial x},\\ \dfrac{\mathrm{d}v}{\mathrm{d}t}+fu=-\dfrac{\partial\phi'}{\partial y},\\ \dfrac{\partial\phi'}{\partial p}=-\dfrac{RT'}{p}=-\dfrac{\theta'}{\rho_0\theta_0},\\ \dfrac{\partial u}{\partial x}+\dfrac{\partial v}{\partial y}+\dfrac{\partial\omega}{\partial p}=0,\\ \dfrac{\mathrm{d}}{\mathrm{d}t}\left(\dfrac{\partial\phi'}{\partial p}\right)+\sigma\omega=0.\end{cases}\tag{4.327}$$

与原方程(4.311)比较,头四个方程几乎与原方程组一样,但在绝热方程中出现了层结参数$\sigma=-\dfrac{1}{\rho_0}\dfrac{\partial\ln\theta_0}{\partial p}$,而且此绝热方程就是表征有效势能变化的方程.将此绝热方程与z坐标的绝热方程(方程组(4.138)的最后一式)比较,$g\dfrac{\theta'}{\theta_0}$在这里换成了$\dfrac{\partial\phi'}{\partial p}$,$N^2w$换成了$\sigma\omega$.

在§4.6中,我们已经说明:在静力近似的方程组中含有有效势能.但此时的形式有所不同.将有效势能的表达式(4.97)用在p坐标系中写为

$$A=\frac{g^2}{2N^2}\left(\frac{\theta'}{\theta_0}\right)_p^2.\tag{4.328}$$

将(4.319)式代入,并考虑到(4.325)式,则有效势能化为

$$A=\frac{g^2}{2\sigma\rho_0^2g^2}\left(-\rho_0\frac{\partial\phi'}{\partial p}\right)^2=\frac{1}{2\sigma}\left(\frac{\partial\phi'}{\partial p}\right)^2,\tag{4.329}$$

这就是p坐标系中单位质量空气有效势能的表达式.以后为了应用方便,上式中的ϕ'常写为ϕ而成为

$$A=\frac{1}{2\sigma}\left(\frac{\partial\phi}{\partial p}\right)^2.\tag{4.330}$$

对于饱和湿空气,类似的层结参数可以写为

$$\begin{cases}\sigma_{\mathrm{m}}=-\dfrac{1}{\rho_0}\dfrac{\partial\ln\theta_{\mathrm{e}_0}}{\partial p},\\ c_{\mathrm{m}}^2=\alpha_{\mathrm{m}}RT_0,\quad\alpha_{\mathrm{m}}=\dfrac{R}{g}(\Gamma_{\mathrm{m}}-\Gamma),\end{cases}\tag{4.331}$$

而且也不难得到

$$\begin{cases}\sigma_{\mathrm{m}}=\dfrac{N_{\mathrm{m}}^2}{g^2\rho_0^2}=\dfrac{c_{\mathrm{m}}^2}{p^2},\\ c_{\mathrm{m}}^2=N_{\mathrm{m}}^2H^2.\end{cases}\tag{4.332}$$

上述对于 p 坐标系的处理方式亦可以用于其他坐标系，例如，σ 坐标系的方程组(4.293)可以写为

$$\begin{cases}\dfrac{\mathrm{d}u}{\mathrm{d}t}-fv=-\left(\dfrac{\partial\phi}{\partial x}\right)_\sigma-c_0^2\left(\dfrac{\partial\ln p_s}{\partial x}\right)_\sigma+F_x,\\ \dfrac{\mathrm{d}v}{\mathrm{d}t}+fu=-\left(\dfrac{\partial\phi}{\partial y}\right)_\sigma-c_0^2\left(\dfrac{\partial\ln p_s}{\partial y}\right)_\sigma+F_y,\\ \dfrac{\partial\phi}{\partial\sigma}=-\dfrac{RT}{\sigma},\\ \left(\dfrac{\partial}{\partial t}+u\dfrac{\partial}{\partial x}+v\dfrac{\partial}{\partial y}\right)_\sigma\ln p_s+\left(\dfrac{\partial u}{\partial x}+\dfrac{\partial v}{\partial y}\right)_\sigma+\dfrac{\partial\dot{\sigma}}{\partial\sigma}=0,\\ \sigma p_s=\rho RT,\\ \left(\dfrac{\partial}{\partial t}+u\dfrac{\partial}{\partial x}+v\dfrac{\partial}{\partial y}\right)_\sigma T-\dfrac{c_a^2}{R\sigma}\dot{\sigma}-\dfrac{c_0^2}{c_p}\left(\dfrac{\partial}{\partial t}+u\dfrac{\partial}{\partial x}+v\dfrac{\partial}{\partial y}\right)_\sigma\ln p_s=\dfrac{Q}{c_p},\end{cases}\tag{4.333}$$

其中

$$c_0^2=RT_0=gH,\quad c_a^2=\alpha_0RT_0=\alpha_0c_0^2.\tag{4.334}$$

复习思考题

1. 位温的意义是什么？用它如何表示层结稳定度？

2. 比较层结稳定度和惯性稳定度的异同.

3. 物理上说明：在稳定层结下，空气微团垂直位移是在其平衡位置附近的振动.

4. 用 Archimede 原理说明空气在垂直位移过程中所受的 Archimede 浮力.

5. Richardson 数的意义如何？

6. 什么是有效势能？引进它的意义如何？它与一般重力势能有何异同？

7. 静力近似下系统的能量守恒定律与非静力平衡系统的能量守恒定律有何区别？

8. 什么叫非弹性近似？其主要特征(包括能量)怎样？

9. 什么叫 Boussinesq 近似？其主要特征(包括能量)怎样？Boussinesq 近似下，有效势能的表达式有何变化？

10. 正压模式(旋转浅水模式)的基本假定是什么？方程组有哪些特点？在正压模式的大气中系统有无有效势能？

11. 我们引进的准 Lagrange 坐标系的主要条件是什么？

12. 比较 z 坐标系与 p 坐标系的方程组及边界条件，说明 p 坐标系的优点及缺点.

13. 简述 z^* 坐标系，θ 坐标系，σ 坐标系，ζ 坐标系的优缺点.

14. 物理上解释为什么在 p 坐标系中连续性方程为一不可压缩的形式？

15. 物理上解释为什么在 p 坐标系中涡度方程中没有力管项？

16. 画图说明 $\left(\frac{\partial A}{\partial x}\right)_z$ 与 $\left(\frac{\partial A}{\partial x}\right)_p$ 的区别.

17. 什么叫垂直 p 速度 ω？为什么 $\omega>0$ 常表示下沉运动，$\omega<0$ 常表示上升运动？

18. 物理上解释对于绝热运动，若 $\omega=0$，温度将守恒.

19. 在 p 坐标系中，有效势能的表达式有何改变？

20. 综合说明表示层结稳定度的几个参数的意义和它们之间的关系.

习　题

1. 求在净的 Archimede 浮力作用下，空气微团垂直位移随时间的变化. 设 $N^2=$常数，并对不同层结分别求解.

2. 设层结是稳定的，起始高度($z=0$)上的空气温度为 T_0，上升速度为 w_0，求振荡周期和空气所能达到的最大垂直运动和最大高度. 若取 $\Gamma=0.65\ \mathrm{K/100\ m}$，$T_0=300\ \mathrm{K}$，$w_0=0.1\ \mathrm{m\cdot s^{-1}}$，求振荡频率、周期、最大垂直运动和最大高度.

3. 证明：层结稳定度判据可表为

$$\frac{\partial\phi_{\mathrm{d}}}{\partial z}\begin{cases}>0, & \text{层结稳定},\\ =0, & \text{层结中性},\\ <0, & \text{层结不稳定},\end{cases}$$

其中 $\phi_{\mathrm{d}}=\phi+c_pT$ 为干静力能或 Montgomery 位势.

4. 若从方程(4.23)出发，即

$$\frac{\mathrm{d}w}{\mathrm{d}t}=g\,\frac{T-T_0}{T_0},$$

上式右端即是原始的净 Archimede 浮力，它使空气微团从 z_1 移动到 $z_2(z_2>z_1)$所作功的大小

$$E=\int_{z_1}^{z_2}g\,\frac{T-T_0}{T_0}\delta z$$

称为不稳定能量，在不稳定层结时，$E>0$，垂直运动动能增加(注意它与有效势能定义的区别，有效势能是把净的 Archimede 浮力 $g\,\frac{T-T_0}{T_0}$化为$-N^2z$，在稳定层结时 $N^2>0$，空气克服净的 Archimede 浮力所作的功). 证明：在静力平衡假定下$\left(\delta p_0=\frac{\partial p_0}{\partial z}\delta z=-g\rho_0\delta z\right)$，不稳定能量可化为

$$E = R\int_{p_2}^{p_1}(T - T_0)\delta\ln p \quad (\text{记 } \delta\ln p_0 \text{ 为 } \delta\ln p).$$

5. 根据 Monin-Obukhov 理论，证明在近地面层

(1) $Ri=\zeta\dfrac{\Phi_H(\zeta)}{\Phi_M^2(\zeta)}$， $Ri_f=\dfrac{K_H}{K_M}\zeta\dfrac{\Phi_H(\zeta)}{\Phi_M^2(\zeta)}$，

(2) $K_M=kV_* z/\Phi_M(\zeta)$， $K_H=kV_* z/\Phi_H(\zeta)$， $K_W=kV_* z/\Phi_W(\zeta)$，

$K_M/K_H=\Phi_H(\zeta)/\Phi_M(\zeta)$ （K_M/K_H 可称为湍流 Prandtl 数，见第五章(5.86)式）.

6. 证明单位截面气柱的有效势能可表为

(1) $A_i^*=\dfrac{R}{2gP_0^\kappa}\displaystyle\int_0^\infty p_0^{\kappa-1}\left(\theta'\frac{\partial p_0}{\partial\theta}\right)^2\delta\theta$，其中 $\kappa=R/c_p$，θ 为位温，p_0 为静止大气气压，它只是 θ 的函数.

提示：$\dfrac{\partial p_0}{\partial\theta}=\left(\dfrac{\partial\theta_0}{\partial p}\right)^{-1}$，$\dfrac{\partial\ln\theta_0}{\partial p}=-\dfrac{\Gamma_d-\Gamma}{\Gamma_d}\cdot\dfrac{\kappa}{p_0}$.

(2) 取 $p'=p-p_0(\theta)=-\theta'\dfrac{\partial p_0}{\partial\theta}$，$A_i^*=\dfrac{R}{2gP_0^\kappa}\displaystyle\int_0^\infty p_0^{1+\kappa}\left(\frac{p'}{p_0}\right)^2\delta\theta$.

(3) 取 $p^{1+\kappa}-p_0^{1+\kappa}\approx(1+\kappa)p_0^{1+\kappa}\left(\dfrac{p'}{p_0}\right)$，$A_i^*=\dfrac{c_p}{(1+\kappa)gP_0^\kappa}\displaystyle\int_0^\infty(p^{1+\kappa}-p_0^{1+\kappa})\delta\theta$.

7. 若认为空气微团在上升过程中按多元过程进行，此时

$$Q = c_\pi \mathrm{d}T,$$

c_π 称为多元比热. 证明：在静力平衡条件下空气微团的垂直减温率为

$$\Gamma_\pi \equiv -\frac{\mathrm{d}T}{\mathrm{d}z} = \frac{g}{c_p - c_\pi}\cdot\frac{T}{T_0} \approx \frac{g}{c_p - c_\pi},$$

并证明：此时 Brunt-Väisälä 频率 N 可改为

$$N_\pi \equiv \sqrt{\frac{g}{T_0}(\Gamma_\pi - \Gamma)}.$$

8. 若引进位势密度（见(1.37)式）

$$\rho_\theta = \rho\left(\frac{P_0}{p}\right)^{\frac{1}{\gamma}} \quad (\gamma \equiv c_p/c_V),$$

它表示空气沿干绝热过程下降到 $P_0 = 1000$ hPa 时所具有的密度，证明：若取 $\theta=\theta_0$，有

$$N^2 = g\frac{\partial\ln\theta}{\partial z} = -g\frac{\partial\ln\rho_\theta}{\partial z}.$$

9. 证明：以静态大气为背景的涡度方程和散度方程分别是

$$\frac{\mathrm{d}\zeta}{\mathrm{d}t} + \beta_0 v + (f+\zeta)D \approx \frac{\partial u}{\partial z}\frac{\partial w}{\partial y} - \frac{\partial v}{\partial z}\frac{\partial w}{\partial x},$$

$$\frac{\mathrm{d}D}{\mathrm{d}t}+D^2-2\mathrm{J}(u,v)+\beta_0 u-f\zeta=-\frac{1}{\rho_0}\nabla_{\mathrm{h}}^2 p'-\left(\frac{\partial u}{\partial z}\frac{\partial w}{\partial x}+\frac{\partial v}{\partial z}\frac{\partial w}{\partial y}\right).$$

10. 利用 Ekman 定律，证明平均运动动能向脉动运动动能的转换率为

$$W^*=\rho\sqrt{\frac{f_0K}{2}}u_{\mathrm{g}}^2(1-\mathrm{e}^{-2\pi}).$$

11. 在正压模式（旋转浅水模式）中，位涡度为 $q=(f+\zeta)/h$，若称 $E_q=q^2/2$ 为位涡拟能，证明

$$\frac{\partial hE_q}{\partial t}+\nabla_{\mathrm{h}}\cdot(hE_q\boldsymbol{V}_{\mathrm{h}})=0.$$

12. 考虑下边界有地形 $z=h_{\mathrm{s}}(x,y)$（地形高度）的正压模式（旋转浅水模式），证明，此时方程组可以写为

$$\begin{cases}\dfrac{\mathrm{d_h}u}{\mathrm{d}t}-fv=-\dfrac{\partial\phi}{\partial x},\\[2mm]\dfrac{\mathrm{d_h}v}{\mathrm{d}t}+fu=-\dfrac{\partial\phi}{\partial y},\\[2mm]\dfrac{\mathrm{d_h}\phi^*}{\mathrm{d}t}+\phi^*\left(\dfrac{\partial u}{\partial x}+\dfrac{\partial v}{\partial y}\right)=0\end{cases}$$

（即(4.192)式），其中

$$\phi=gh,\quad \phi_{\mathrm{s}}=gh_{\mathrm{s}},\quad \phi^*\approx\phi-\phi_{\mathrm{s}},$$

且有

$$w_{\mathrm{h}}-w_{\mathrm{h_s}}=-(h-h_{\mathrm{s}})\left(\frac{\partial u}{\partial x}+\frac{\partial v}{\partial y}\right),$$

而此时的垂直位涡度守恒定律为

$$\frac{\mathrm{d_h}}{\mathrm{d}t}\left(\frac{f+\zeta}{h-h_{\mathrm{s}}}\right)=0.$$

13. 上题，若考虑静止大气为背景，证明

$$\phi_0=gH=\text{常数}=c_0^2,$$

并证明，此时的方程组可以写为

$$\begin{cases}\dfrac{\mathrm{d_h}u}{\mathrm{d}t}-fv=-\dfrac{\partial\phi'}{\partial x},\\[2mm]\dfrac{\mathrm{d_h}v}{\mathrm{d}t}+fu=-\dfrac{\partial\phi'}{\partial y},\\[2mm]\dfrac{\mathrm{d_h}\phi'}{\mathrm{d}t}-\left(u\dfrac{\partial\phi_{\mathrm{s}}}{\partial x}+v\dfrac{\partial\phi_{\mathrm{s}}}{\partial y}\right)+(c_0^2+\phi'-\phi_{\mathrm{s}})\left(\dfrac{\partial u}{\partial x}+\dfrac{\partial v}{\partial y}\right)=0,\end{cases}$$

其中 $\phi'=gh'$，$\phi_{\mathrm{s}}=gh_{\mathrm{s}}$.

14. (1) 证明：正压模式的水平运动方程可以写为

$$
\begin{cases}
\dfrac{\partial u}{\partial t}-(f+\zeta)v=-\dfrac{\partial E}{\partial x},\\[2ex]
\dfrac{\partial v}{\partial t}+(f+\zeta)u=-\dfrac{\partial E}{\partial y},
\end{cases}
$$

其中 $E=gh+\dfrac{1}{2}(u^2+v^2)$ 为正压模式中的总能量.

(2) 证明：在 p 坐标系中，水平运动方程可以写为

$$
\begin{cases}
\left(\dfrac{\partial u}{\partial t}\right)_p-(f+\zeta_p)v=-\left(\dfrac{\partial M}{\partial x}\right)_p+F_x,\\[2ex]
\left(\dfrac{\partial v}{\partial t}\right)_p+(f+\zeta_p)u=-\left(\dfrac{\partial M}{\partial y}\right)_p+F_y,
\end{cases}
$$

其中 $M=\phi+\dfrac{1}{2}(u^2+v^2)$ 为机械能(势能与动能之和).

15. 证明在 p 坐标系中，地转风的垂直切变可表为

$$
\begin{cases}
\dfrac{\partial u_{\mathrm{g}}}{\partial z}=-\dfrac{g}{f}\left(\dfrac{\partial\ln\theta}{\partial y}\right)_p=-\dfrac{g}{f}\left(\dfrac{\partial\ln\alpha}{\partial y}\right)_p,\\[2ex]
\dfrac{\partial v_{\mathrm{g}}}{\partial z}=\dfrac{g}{f}\left(\dfrac{\partial\ln\theta}{\partial x}\right)_p=\dfrac{g}{f}\left(\dfrac{\partial\ln\alpha}{\partial x}\right)_p,
\end{cases}
$$

对于饱和湿空气，上式如何?

16. 假定静力平衡满足，证明等位温面的坡度与等压面的坡度之间有以下关系

$$
\nabla_\theta z-\nabla_p z=-\frac{1}{\Gamma_{\mathrm{d}}-\Gamma}\nabla_p T.
$$

17. 同一种气压系统(如高气压、低气压)在各个高度上中心点$\left(\text{高压中心}，\left(\dfrac{\partial z}{\partial x}\right)_p=0，\left(\dfrac{\partial^2 z}{\partial x^2}\right)_p<0；\text{低压中心}，\left(\dfrac{\partial z}{\partial x}\right)_p=0，\left(\dfrac{\partial^2 z}{\partial x^2}\right)_p>0\right)$的连线称为气压系统的中心轴线，证明：

(1) 对于热力不对称的气压系统，中心轴线是倾斜的，其倾角 θ(中心轴线与 z 轴的夹角)满足

$$
\tan\theta\equiv\frac{\delta x}{\delta z}=-\frac{1}{T}\left(\frac{\partial T}{\partial x}\right)_p\Big/\left(\frac{\partial^2 z}{\partial x^2}\right)_p,
$$

并说明高低压的不同.

(2) 对于热力对称的气压系统$\left(\text{冷低压中心}，T,z\text{ 最小}，\left(\dfrac{\partial T}{\partial x}\right)_p>0，\left(\dfrac{\partial z}{\partial x}\right)_p>0；\text{暖高压中心}，T,z\text{ 最大}，\left(\dfrac{\partial T}{\partial x}\right)_p<0，\left(\dfrac{\partial z}{\partial x}\right)_p<0；\text{冷高压}，\left(\dfrac{\partial T}{\partial x}\right)_p>0，\left(\dfrac{\partial z}{\partial x}\right)_p<0；\text{暖低压}，\left(\dfrac{\partial T}{\partial x}\right)_p<0，\left(\dfrac{\partial z}{\partial x}\right)_p>0\right)$，等压面坡度随高度变化满足：

$$\frac{\partial}{\partial z}\left(\frac{\partial z}{\partial x}\right)_p=\frac{1}{T}\left(\frac{\partial T}{\partial x}\right)_p,$$

并说明各种系统的不同.

18. 证明 θ 坐标系的垂直运动 $\dot{\theta}$ 与真正的垂直运动 w 有下列近似关系

$$\dot{\theta}=\frac{\theta}{T}(\Gamma_{\mathrm{d}}-\Gamma)w\quad\left(\text{其中 }\Gamma=-\frac{\partial T_0}{\partial z}\approx-\frac{\partial T}{\partial z}\right).$$

19. 证明 θ 坐标系中的涡度方程和散度方程分别是

$$\frac{\mathrm{d}\zeta_\theta}{\mathrm{d}t}+\beta_0 v=-(f+\zeta_\theta)D_\theta+\left\{\frac{\partial u}{\partial p}\left(\frac{\partial\dot{\theta}}{\partial y}\right)_\theta-\frac{\partial v}{\partial p}\left(\frac{\partial\dot{\theta}}{\partial y}\right)_\theta\right\}+\left(\frac{\partial F_y}{\partial x}-\frac{\partial F_x}{\partial y}\right)_\theta,$$

$$\begin{aligned}&\frac{\mathrm{d}D_\theta}{\mathrm{d}t}+\beta_0 u-f\zeta_\theta+D_\theta^2-2\left(\frac{\partial u}{\partial x}\frac{\partial v}{\partial y}-\frac{\partial u}{\partial y}\frac{\partial v}{\partial x}\right)_\theta\\&\qquad=-\nabla_\theta^2\phi_{\mathrm{d}}-\left\{\frac{\partial u}{\partial p}\left(\frac{\partial\dot{\theta}}{\partial x}\right)_p+\frac{\partial v}{\partial p}\left(\frac{\partial\dot{\theta}}{\partial y}\right)_p\right\}+\left(\frac{\partial F_x}{\partial x}+\frac{\partial F_y}{\partial y}\right)_\theta,\end{aligned}$$

其中

$$\zeta_\theta\equiv\left(\frac{\partial v}{\partial x}-\frac{\partial u}{\partial y}\right)_\theta,\quad D_\theta\equiv\left(\frac{\partial u}{\partial x}+\frac{\partial v}{\partial y}\right)_\theta.$$

20. 利用 θ 坐标系的涡度方程和连续性方程,证明在绝热和无摩擦条件下有

$$\frac{\mathrm{d}_\theta}{\mathrm{d}t}\left\{(f+\zeta_\theta)\frac{\partial\ln\theta}{\partial p}\right\}=0,$$

其中$\dfrac{\mathrm{d}_\theta}{\mathrm{d}t}=\left(\dfrac{\partial}{\partial t}+u\dfrac{\partial}{\partial x}+v\dfrac{\partial}{\partial y}\right)_\theta$,这就是等熵面上的位涡度守恒定律.

21. 证明在 θ 坐标系中,$\dfrac{1}{\rho}\nabla_\theta p=\theta\nabla_\theta\Pi$,且地转风的垂直切变为

$$\frac{\partial\boldsymbol{V}_{\mathrm{g}}}{\partial\theta}=-\frac{1}{f}\nabla_\theta\Pi\times\boldsymbol{k},$$

其中 $\Pi=c_p\dfrac{T}{\theta}=c_p\left(\dfrac{p}{P_0}\right)^{R/c_p}$ 为 Exner 函数.

22. 证明在 p 坐标的绝热条件下:

(1) 下边条件:$p=p_0$, $w=0$ 可写为

$$\frac{\mathrm{d}_p}{\mathrm{d}t}\left(p_0\frac{\partial\phi}{\partial p}+\alpha_0\phi\right)=0;$$

(2) 上边条件:$p\to0$, $\rho w<\infty$ 可写为

$$p\left\{p\frac{\mathrm{d}_p}{\mathrm{d}t}\left(\frac{\partial\phi}{\partial t}+\alpha_0\phi\right)\right\}<\infty,$$

其中 $\alpha_0=\dfrac{R}{g}(\Gamma_{\mathrm{d}}-\Gamma)$.

23. 导出 θ_{e} 坐标系中的水平运动方程,并说明对饱和湿空气的地转风关系

应为

$$\mathbf{V}_{\mathrm{g}}=-\frac{1}{f}\nabla_{\theta_{\mathrm{e}}}\phi_{\mathrm{m}}\times\boldsymbol{k},$$

其中 $\phi_{\mathrm{m}}=c_pT+gz+Lq_{\mathrm{s}}$ 为饱和湿空气的静力能.

24. 证明 σ 坐标系的热力学方程可以写为

$$\frac{c_p}{R}\frac{\mathrm{d}}{\mathrm{d}t}\left(\sigma\frac{\partial\phi}{\partial\sigma}\right)+RT\left(\frac{\dot{\sigma}}{\sigma}+\frac{\dot{\pi}}{\pi}\right)=Q,$$

其中 $\sigma=p/p_{\mathrm{s}}$，$\pi=p_{\mathrm{s}}$.

25. 证明 σ 坐标系的地转风关系可以写为

$$\mathbf{V}_{\mathrm{g}}=-\frac{1}{f}(\nabla_\sigma\phi+RT\,\nabla_\sigma\ln p_{\mathrm{s}})\times\boldsymbol{k},$$

其中 $\sigma=p/p_{\mathrm{s}}$.

26. 证明 σ 坐标系的地转风垂直切变为

$$\frac{\partial\mathbf{V}_{\mathrm{g}}}{\partial\sigma}=\frac{R}{f}\left(\frac{1}{\sigma}\nabla_\sigma T-\frac{\partial T}{\partial\sigma}\nabla_\sigma\ln p_{\mathrm{s}}\right)\times\boldsymbol{k},$$

其中 $\sigma=p/p_{\mathrm{s}}$.

27. 证明 σ 坐标系的涡度方程和散度方程分别是

$$\begin{aligned}\frac{\mathrm{d}\zeta_\sigma}{\mathrm{d}t}+\beta_0 v=&-(f+\zeta_\sigma)D_\sigma+\left\{\frac{\partial u}{\partial\sigma}\left(\frac{\partial\dot{\sigma}}{\partial y}\right)_\sigma-\frac{\partial v}{\partial\sigma}\left(\frac{\partial\dot{\sigma}}{\partial x}\right)_\sigma\right\}\\&-R\left(\frac{\partial T}{\partial x}\frac{\partial\ln p_{\mathrm{s}}}{\partial y}-\frac{\partial T}{\partial y}\frac{\partial\ln p_{\mathrm{s}}}{\partial x}\right)_\sigma+\left(\frac{\partial F_y}{\partial x}-\frac{\partial F_x}{\partial y}\right)_\sigma,\end{aligned}$$

$$\begin{aligned}&\frac{\mathrm{d}D_\sigma}{\mathrm{d}t}+\beta_0 u-f\zeta_\sigma+D_\sigma^2-2\left(\frac{\partial u}{\partial x}\frac{\partial v}{\partial y}-\frac{\partial u}{\partial y}\frac{\partial v}{\partial x}\right)_\sigma\\&\quad=-\nabla_\sigma^2\phi-RT\,\nabla_\sigma^2\ln p_{\mathrm{s}}-R\left(\frac{\partial T}{\partial x}\frac{\partial\ln p_{\mathrm{s}}}{\partial x}+\frac{\partial T}{\partial y}\frac{\partial\ln p_{\mathrm{s}}}{\partial y}\right)\\&\quad\quad-\left(\frac{\partial u}{\partial\sigma}\frac{\partial\dot{\sigma}}{\partial x}+\frac{\partial v}{\partial\sigma}\frac{\partial\dot{\sigma}}{\partial y}\right)_\sigma+\left(\frac{\partial F_x}{\partial x}+\frac{\partial F_y}{\partial y}\right)_\sigma,\end{aligned}$$

其中 $\sigma=p/p_{\mathrm{s}}$，$\zeta_\sigma=\left(\frac{\partial v}{\partial x}-\frac{\partial u}{\partial y}\right)_\sigma$，$D_\sigma=\left(\frac{\partial u}{\partial x}+\frac{\partial v}{\partial y}\right)_\sigma$.

28. 写出在 p 坐标系中以静态为背景的地转风关系，并证明

$$f\frac{\partial\mathbf{V}_{\mathrm{g}}}{\partial p}=\frac{1}{\rho_0\theta_0}\nabla_p\theta'\times\boldsymbol{k}.$$

29. 证明在 p 坐标系中，以静态为背景的热力学方程可以写为

$$\left(\frac{\partial}{\partial t}+u\frac{\partial}{\partial x}+v\frac{\partial}{\partial y}\right)_p\frac{\partial\phi'}{\partial p}+\omega\frac{\partial}{\partial p}\left(\frac{\partial\phi'}{\partial p}\right)+\sigma\omega=-\frac{R}{pc_p}Q.$$

30. 证明在静力平衡条件下，Richardson 数可表为

$$Ri = \frac{\sigma}{\left(\frac{\partial \boldsymbol{V}_{\mathrm{h}}}{\partial p}\right)^2},$$

其中 $\sigma = -\frac{1}{\rho_0}\frac{\partial \ln\theta_0}{\partial p}$.

31. 考虑 p 坐标系中的定常水平无辐散运动

$$\begin{cases} u\frac{\partial u}{\partial x} + v\frac{\partial u}{\partial y} - fv = -\frac{\partial \phi}{\partial x}, \\ u\frac{\partial v}{\partial x} + v\frac{\partial v}{\partial y} + fu = -\frac{\partial \phi}{\partial y}, \\ \frac{\partial u}{\partial x} + \frac{\partial v}{\partial y} = 0, \end{cases}$$

其中 f=常数.

(1) 根据水平无辐散条件,若令

$$u(x,y) = X(x)Y'(y), \quad v(x,y) = -X'(x)Y(y).$$

证明 $X(x)$,$Y(y)$均满足下列方程

$$ZZ''' - Z'Z'' + \frac{4}{L^2}ZZ' = 0,$$

其中 Z 代表 X 或 Y,$4/L^2$ 为分离变量常数.

(2) 若令 $X(\infty)=Y(\infty)=0$,证明

$$X(x) = Ae^{-(x-x_0)^2/L^2}, \quad Y(y) = Be^{-(y-y_0)^2/L^2},$$

其中 A,B,x_0,y_0 为积分常数.

(3) 证明

$$u(x,y) = -\frac{2C}{L^2}(y-y_0)e^{-R^2/L^2}, \quad v(x,y) = -\frac{2C}{L^2}(x-x_0)e^{-R^2/L^2},$$

$$\phi(x,y) = -\frac{C^2}{L^2}e^{-2R^2/L^2} - fCe^{-R^2/L^2},$$

其中 $C=AB$,$R^2=(x-x_0)^2+(y-y_0)^2$.

32. 上题,若引进流函数 ψ:

$$u = -\frac{\partial \psi}{\partial y}, \quad v = \frac{\partial \psi}{\partial x},$$

并取 $f=f_0+\beta_0 y$,证明:方程组可以化为

$$\begin{cases} \mathrm{J}\left(\psi, u - f_0 y - \frac{1}{2}\beta_0 y^2\right) = -\frac{\partial \phi}{\partial x}, \\ \mathrm{J}\left(\psi, \frac{\partial \psi}{\partial x}\right) - (f_0 + \beta_0 y)\frac{\partial \psi}{\partial y} = -\frac{\partial \phi}{\partial y}, \end{cases}$$

其中 $\mathrm{J}(A,B) \equiv \frac{\partial A}{\partial x}\frac{\partial B}{\partial y} - \frac{\partial A}{\partial y}\frac{\partial B}{\partial x}$ 为 Jacobi 算子.

第五章　尺 度 分 析

本章的主要内容有：

按运动的几何和物理特征，对大气运动进行分类；

引进特征尺度参数，对中高纬度($|\varphi|\geqslant 20°$)的大气各类运动进行尺度分析，找到各种尺度间的联系；

介绍大气中由某些特征尺度构成的无量纲参数，并阐述它们的意义；

利用特征尺度使方程组无量纲化并说明一些近似的充分条件.

§5.1　大气运动的分类和尺度概念

我们已经建立的大气运动方程组是非常复杂的，它是非定常的、非线性的、非不可压缩的和非绝热的. 在一定的初条件和边条件下求解析解几乎有着不可克服的困难. 同时，这样的方程组可以描写发生在大气中的许多现象，如声波、雷暴、台风和长波等，这些运动在物理性质上各具有特殊性，因此为了研究具体的物理问题和简化方程组，我们有必要把发生在大气中的运动进行分类.

一、大气运动的分类

对大气运动的长期观测和分析表明：大气中的各种运动(如天气系统)的物理特征主要决定于运动所占的水平空间范围的大小，通常以此为依据，将大气运动分为三大类：

1. *大尺度运动*

这类运动的天气系统包括长波、阻塞高压和大型气旋等. 因为这类运动是影响大范围天气的主要系统，所以，这类运动又称为天气尺度运动. 它所占的水平范围达几千公里，垂直范围占整个对流层，生命史一般在 5 天以上，风速约为 $10\,\mathrm{m\cdot s^{-1}}$，垂直速度约为$(1—5)\times10^{-2}\,\mathrm{m\cdot s^{-1}}$.

2. *中尺度运动*

这类运动的天气系统包括一般的气旋、反气旋和台风等. 它所占的水平范围为几百公里，垂直范围占大部分对流层，生命史一般为 1—5 天，风速约为 $10\,\mathrm{m\cdot s^{-1}}$，垂直速度约为$(5—10)\times10^{-2}\,\mathrm{m\cdot s^{-1}}$.

3. *小尺度运动*

这类运动的天气系统包括小型涡旋和大的积云雷暴系统等. 它所占的水平范

围为几十公里，垂直范围在10公里以内，生命史一般为10小时，风速10—25 $\mathrm{m\cdot s^{-1}}$，垂直运动为0.5—1 $\mathrm{m\cdot s^{-1}}$.

从上述运动分类我们可以看到：同一类运动的不同系统，其特征差别相对较小，而不同类型的运动多数特征有较大的差别. 当然这种划分不是绝对的，各种不同类的运动在大气中是有机地联系在一起的.

还要说明的是，还有比大尺度运动更大的系统，如超长波，它称为行星尺度运动，其所占水平范围达到与地球半径差不多的大小；也还有比小尺度运动更小的系统，如一般的积云，它称为微尺度运动，其所占水平范围仅仅只有几公里.

二、尺度概念

同一类的运动，其物理量具有一定的数量级，我们把某种运动的某几何量或物理量的数量级称为该几何量或物理量的特征值或特征尺度，简称为尺度. 通常，水平距离尺度记为 L，垂直距离尺度记为 D，水平速度或风速的尺度记为 U，垂直运动的尺度记为 W，时间尺度记为 τ. 在 p 坐标系中，气压尺度记为 P，垂直 p 速度 ω 的尺度记为 Ω_0.

静止大气的气压 p_0，密度 ρ_0，温度 T_0，位温 θ_0，重力位势 ϕ_0 的尺度就分别记为 $p_0,\rho_0,T_0,\theta_0,\phi_0$，它们通常认为是已知量，而 p,ρ,T,θ,ϕ 与 $p_0,\rho_0,T_0,\theta_0,\phi_0$ 的偏差 $p',\rho',T',\theta',\phi'$ 的尺度分别记为 P',Π',T',Θ',Φ'.

Coriolis 参数 f 的尺度记为 f_0（中、高纬度取为 $10^{-4}\,\mathrm{s^{-1}}$），Rossby 参数 β 的尺度记为 β_0（它取为 $10^{-11}\,\mathrm{m^{-1}\cdot s^{-1}}$）. 某些常数（如 $g,a,\Gamma_d,R,c_p,c_V,\nu,K$ 等）和某些认为已知的参数（如 $H,N^2,c_s^2,c_0^2,\alpha_0,\sigma_0,\sigma,\Gamma,c_\alpha^2$ 等）的尺度都用其本身的符号来代表.

大气中垂直涡度 ζ 的尺度记为 ζ_0，水平速度散度 D 的尺度记为 D_0，地转偏差的尺度记为 U'.

以上表征尺度的量统称为尺度参数.

§5.2 尺度分析(scale analysis)

所谓尺度分析是指在大气状态和运动规律的支配下，寻找不同运动各种尺度参数间的关系，从而找到不同运动方程组的近似条件. 在尺度分析中，通常认为 L，D，U，τ 是基本尺度参数，除基本尺度参数和一些已知的常数和参数外，其他尺度参数都是待定的，必须根据大气状态和运动的规律定出. 根据上一节的分析，我们把大、中、小三种尺度运动的基本尺度参数列表如下：

运动 \ 基本尺度	L/m	D/m	U/m·s^{-1}	τ/s
大尺度运动	10^6	10^4	10	10^5
中尺度运动	10^5	10^4	10	10^5
小尺度运动	10^4	10^3—10^4	10	10^4

由上表看出：大尺度运动 $\tau=L/U$；中、小尺度运动 $\tau>L/U$，因而

$$\tau \geqslant L/U \quad (\text{大尺度运动 } \tau = L/U). \tag{5.1}$$

此外，大气标高通常取为 $H=RT_0/g\approx10^4$m，则大、中尺度运动 $D=H$，小尺度运动 $D\leqslant H$，因而

$$D \leqslant H \quad (\text{大、中尺度运动 } D = H). \tag{5.2}$$

为了使尺度分析合理，根据大气情况，我们总是假定：任何物理量变化的尺度与其本身的尺度相同. 例如，若设物理量 q 的尺度为 Q，则

$$O\left(\frac{\partial q}{\partial t}\right)=\frac{Q}{\tau},\quad O\left(\frac{\partial q}{\partial x}\right)=O\left(\frac{\partial q}{\partial y}\right)=\frac{Q}{L},\quad O\left(\frac{\partial q}{\partial z}\right)=\frac{Q}{D}. \tag{5.3}$$

q 的二阶导数也类似分析. 另外，在尺度分析中，我们总是认为在一个方程中，其数量级最大的项不能只有一项，至少要有两项. 最后，考虑到大气中的摩擦力和非绝热加热是比较复杂和难以确定的，因而，在尺度分析中，我们不考虑摩擦力的作用且认为过程是绝热的.

一、静止大气状态的尺度分析

静止大气的状态方程为

$$p_0 = \rho_0 R T_0. \tag{5.4}$$

若取大气标高

$$H = RT_0/g, \tag{5.5}$$

则

$$p_0 \sim \rho_0 g H. \tag{5.6}$$

这就是静止大气压尺度的关系式. 若取 $\rho_0=1\ \text{kg}\cdot\text{m}^{-3}$，$g=10\ \text{m}\cdot\text{s}^{-2}$，$H=10^4$m，则定得

$$p_0 \sim 10^5\,\text{Pa} = 10^3\,\text{hPa}.$$

对大、中尺度运动 $D=H$，因而上述 p_0 的值也可视为 p 坐标系中自变量 p 的尺度 P（通常大、中尺度运动可应用 p 坐标系），即

$$P \sim \rho_0 g H = \rho_0 g D. \tag{5.7}$$

由静止大气的位温公式

$$\theta_0 = T_0 (P_0/p_0)^{R/c_p} \tag{5.8}$$

可知 θ_0 与 T_0 的尺度相同，即

$$\theta_0 \sim T_0. \tag{5.9}$$

另外，由静止大气的静力学关系

$$\frac{\partial \ln p_0}{\partial z} = -\frac{g}{RT_0} = -\frac{1}{H}, \tag{5.10}$$

不难得到$\frac{\partial \ln p_0}{\partial z}$和$\frac{\partial \ln \rho_0}{\partial z}$的尺度为

$$\frac{\partial \ln p_0}{\partial z} \sim \frac{\partial \ln \rho_0}{\partial z} \sim \frac{1}{H}. \tag{5.11}$$

这可以参见(4.7)式和(4.10)式.

注意，前面静止大气状态的尺度分析中，我们应用了符号"~"表示尺度的等号，以免与原有公式相混.

利用 p 坐标系中静止大气的静力学关系

$$\frac{\partial \phi_0}{\partial p} = -\frac{RT_0}{p}, \tag{5.12}$$

不难获得

$$\phi_0 \sim RT_0 = gH = c_0^2. \tag{5.13}$$

二、连续性方程的尺度分析

以静态大气状态为基态的连续性方程为

$$\frac{\mathrm{d}}{\mathrm{d}t}\left(\frac{\rho'}{\rho_0}\right) + \frac{\partial u}{\partial x} + \frac{\partial v}{\partial y} + \frac{1}{\rho_0}\frac{\partial \rho_0 w}{\partial z} = 0, \tag{5.14}$$

即

$$\frac{\partial}{\partial t}\left(\frac{\rho'}{\rho_0}\right) + \boldsymbol{V}_{\mathrm{h}} \cdot \nabla_{\mathrm{h}}\left(\frac{\rho'}{\rho_0}\right) + w\frac{\partial}{\partial z}\left(\frac{\rho'}{\rho_0}\right) + \frac{\partial u}{\partial x} + \frac{\partial v}{\partial y} + \frac{\partial w}{\partial z} + w\frac{\partial \ln \rho_0}{\partial z} = 0. \tag{5.15}$$

$$\frac{\Pi'}{\rho_0 \tau} \ll \frac{U}{L} \qquad \frac{\Pi'}{\rho_0}\frac{U}{L} \ll \frac{U}{L} \qquad \frac{\Pi'}{\rho_0}\frac{W}{D} \ll \frac{W}{D} \qquad \boxed{\frac{U}{L}} \qquad \boxed{\frac{U}{L}} \qquad \frac{W}{D} \qquad \frac{W}{H} \leqslant \frac{W}{D}$$

方程(5.15)下面一行对应表示方程中各项的大小，其中最大项用方框标出. 上面我们应用了 $\rho' \ll \rho_0$ 及(5.1)式和(5.2)式.

因方程(5.15)中的最大项为$\frac{\partial u}{\partial x}$和$\frac{\partial v}{\partial y}$，它们的尺度为 U/L，方程中的待定项尺度为$\frac{W}{D}$，因而，若$\frac{\partial u}{\partial x}$，$\frac{\partial v}{\partial y}$同号，则

$$W/D = U/L;$$

若$\frac{\partial u}{\partial x}$，$\frac{\partial v}{\partial y}$异号，则

$$W/D < U/L.$$

所以

$$W/D \leqslant U/L \tag{5.16}$$

或

$$W \leqslant \frac{D}{L}U. \tag{5.17}$$

上式给出了垂直运动尺度 W 的上界.类似,对于 p 坐标的连续性方程

$$\frac{\partial u}{\partial x}+\frac{\partial v}{\partial y}+\frac{\partial \omega}{\partial p}=0, \tag{5.18}$$

同样可以导得

$$\Omega_0 \leqslant \frac{P}{L}U. \tag{5.19}$$

若在连续性方程中,把$\frac{\partial u}{\partial x}+\frac{\partial v}{\partial y}$视为一项,其尺度为 D_0,则无论从方程(5.15)或是方程(5.18)都可确定

$$D_0=\frac{W}{D}=\frac{\Omega_0}{P}\leqslant\frac{U}{L}. \tag{5.20}$$

利用(5.7)式,对大、中尺度运动有

$$\Omega_0=\rho_0 gW. \tag{5.21}$$

三、水平运动方程的尺度分析

以静态大气为背景的水平运动方程为

$$\begin{cases}\dfrac{\mathrm{d}u}{\mathrm{d}t}-fv=-\dfrac{1}{\rho_0}\dfrac{\partial p'}{\partial x},\\[2mm] \dfrac{\mathrm{d}v}{\mathrm{d}t}+fu=-\dfrac{1}{\rho_0}\dfrac{\partial p'}{\partial y},\end{cases} \tag{5.22}$$

即

$$\begin{cases}\dfrac{\partial u}{\partial t}+\boldsymbol{V}_{\mathrm{h}}\cdot\nabla_{\mathrm{h}}u+w\dfrac{\partial u}{\partial z}-fv=-\dfrac{1}{\rho_0}\dfrac{\partial p'}{\partial x},\\[2mm] \dfrac{\partial v}{\partial t}+\boldsymbol{V}_{\mathrm{h}}\cdot\nabla_{\mathrm{h}}v+w\dfrac{\partial v}{\partial z}+fu=-\dfrac{1}{\rho_0}\dfrac{\partial p'}{\partial y}.\end{cases} \tag{5.23}$$

$$\frac{U}{\tau}\leqslant\frac{U^2}{L}\qquad \boxed{\frac{U^2}{L}}\qquad \frac{UW}{D}\leqslant\frac{U^2}{L}\qquad \boxed{f_0U}\qquad \frac{P'}{\rho_0 L}$$

方程(5.23)左端对大尺度运动、中尺度运动、小尺度运动的最大项分别是 f_0U, $f_0U=U^2/L$, U^2/L;而右端 $P'/\rho_0 L$ 待定,则由此确定

$$P'=\rho_0 U(f_0L,U)_{\max}=\begin{cases}\rho_0 f_0UL, & \text{大尺度运动},\\ \rho_0 f_0UL=\rho_0U^2, & \text{中尺度运动},\\ \rho_0U^2, & \text{小尺度运动}.\end{cases} \tag{5.24}$$

利用(5.6)式可求得

$$\frac{P'}{p_0}=\frac{U}{gH}(f_0,L,U)_{\max}=\begin{cases}\dfrac{Uf_0L}{gH}, & \text{大尺度运动,}\\ \dfrac{Uf_0L}{gH}=\dfrac{U^2}{gH}, & \text{中尺度运动,}\\ \dfrac{U^2}{gH}, & \text{小尺度运动.}\end{cases} \tag{5.25}$$

类似,利用 p 坐标系的水平运动方程

$$\begin{cases}\dfrac{\mathrm{d}u}{\mathrm{d}t}-fv=-\dfrac{\partial\phi'}{\partial x},\\ \dfrac{\mathrm{d}u}{\mathrm{d}t}+fu=-\dfrac{\partial\phi'}{\partial y}\end{cases} \tag{5.26}$$

可以确定

$$\Phi'=U(f_0L,U)_{\max}=\begin{cases}f_0UL, & \text{大尺度运动,}\\ f_0UL=U^2, & \text{中尺度运动,}\\ U^2, & \text{小尺度运动.}\end{cases} \tag{5.27}$$

四、状态方程的尺度分析

以静态大气为背景的状态方程为

$$\frac{p'}{p_0}=\frac{\rho'}{\rho_0}+\frac{T'}{T_0}, \tag{5.28}$$

位温关系为

$$\frac{\theta'}{\theta_0}=\frac{1}{\gamma}\frac{p'}{p_0}-\frac{\rho'}{\rho_0}. \tag{5.29}$$

因为上两式分别由 $p=\rho RT$ 和 $\theta=T(P_0/p)^{R/c_p}$ 变化而来,但此两式又不能简化,(5.28)式和(5.29)式也不能简化,从而知道,ρ'/ρ_0,T'/T_0,θ'/θ_0 与 p'/p_0 具有同样的量级,即

$$\frac{\Pi'}{\rho_0}=\frac{T'}{T_0}=\frac{\Theta'}{\theta_0}=\frac{P'}{p_0}=\frac{U}{gH}(f_0L,U)_{\max}=\begin{cases}\dfrac{f_0UL}{gH}, & \text{大尺度运动,}\\ \dfrac{f_0UL}{gH}=\dfrac{U^2}{gH}, & \text{中尺度运动.}\\ \dfrac{U^2}{gH}, & \text{小尺度运动.}\end{cases} \tag{5.30}$$

五、绝热方程的尺度分析

以静态大气为背景的绝热方程为

$$\frac{\mathrm{d}}{\mathrm{d}t}\left(\frac{\theta'}{\theta_0}\right)+\frac{N^2}{g}w=0 \tag{5.31}$$

或

$$\frac{\partial}{\partial t}\left(\frac{\theta'}{\theta_0}\right) \quad + \quad \boldsymbol{V}_{\mathrm{h}}\cdot\nabla_{\mathrm{h}}\left(\frac{\theta'}{\theta_0}\right) \quad + \quad w\frac{\partial}{\partial z}\left(\frac{\theta'}{\theta_0}\right) \quad + \quad \frac{N^2}{g}w=0, \tag{5.32}$$

$$\frac{\Theta'}{\theta_0\tau}\leqslant\frac{U}{L}\frac{\Theta'}{\theta_0} \qquad \boxed{\frac{U}{L}\frac{\Theta'}{\theta_0}} \qquad \frac{W}{D}\frac{\Theta'}{\theta_0}\leqslant\frac{U}{L}\frac{\Theta'}{\theta_0} \qquad \frac{N^2}{g}W$$

其中最大项为$\frac{U}{L}\frac{\Theta'}{\theta_0}$，而$\frac{N^2}{g}W$ 待定，由此定得

$$W=\frac{g}{N^2}\cdot\frac{U}{L}\cdot\frac{\Theta'}{\theta_0}. \tag{5.33}$$

将(5.30)式代入上式得

$$W=\frac{U^2}{N^2LH}(f_0L,U)_{\max}=\begin{cases}\dfrac{f_0U^2}{N^2H}, & \text{大尺度运动,}\\[2ex] \dfrac{f_0U^2}{N^2H}=\dfrac{U^3}{N^2LH}, & \text{中尺度运动,}\\[2ex] \dfrac{U^3}{N^2LH}, & \text{小尺度运动.}\end{cases} \tag{5.34}$$

这就确定了垂直运动的尺度．对大、中、小尺度运动分别算得 $W=10^{-2}\,\mathrm{m\cdot s^{-1}}$，$10^{-2}\,\mathrm{m\cdot s^{-1}}$，$10^{-1}\,\mathrm{m\cdot s^{-1}}$，而且从数值判断：(5.17)式可以修改为

$$W\leqslant 10^{-1}\,\frac{D}{L}U \quad \left(\text{大尺度运动}\,W=10^{-1}\,\frac{D}{L}U\right). \tag{5.35}$$

类似，利用 p 坐标系的绝热方程

$$\left(\frac{\partial}{\partial t}+u\frac{\partial}{\partial x}+v\frac{\partial}{\partial y}\right)\frac{\partial\phi'}{\partial p}+\sigma\omega=0 \tag{5.36}$$

可以定得垂直 p 速度的尺度为

$$\Omega_0=\frac{U\Phi'}{LP\sigma}=\frac{U^2}{\rho_0 gLH\sigma}(f_0L,U)_{\max}=\frac{U^2P}{N^2LH^2}(f_0L,U)_{\max}. \tag{5.37}$$

对大、中尺度运动都可算得 $\Omega_0=10^{-1}\,\mathrm{Pa\cdot s^{-1}}$，因而从数值判断，(5.19)式可以修改为

$$\Omega_0\leqslant 10^{-1}\,\frac{P}{L}U \quad \left(\text{大尺度运动}\,\Omega_0=10^{-1}\,\frac{P}{L}U\right). \tag{5.38}$$

最后，要说明两个问题：首先，我们未应用垂直运动方程作尺度分析，这是因为在垂直运动方程中$\frac{\mathrm{d}w}{\mathrm{d}t}$一项最小，无法由它确定 w 的尺度；其次，垂直涡度分量 $\zeta=\frac{\partial v}{\partial x}-\frac{\partial u}{\partial y}$，通常用其中两项中的任一项去估计，即

$$\zeta_0 = U/L. \tag{5.39}$$

对大、中、小尺度运动，分别算得 $\zeta_0=10^{-5}\,\mathrm{s}^{-1}$，$10^{-4}\,\mathrm{s}^{-1}$，$10^{-3}\,\mathrm{s}^{-1}$；而由(5.20)式分别算得 $D_0=10^{-6}\,\mathrm{s}^{-1}$，$10^{-6}\,\mathrm{s}^{-1}$，$10^{-5}$—$10^{-4}\,\mathrm{s}^{-1}$. 所以，垂直涡度的数值都比水平散度的数值大一到二个量级，在这个意义上，我们也可认为大气运动是涡旋运动.

以上进行的尺度分析只适用于大气的中、高纬度，那里，我们取 $f_0=10^{-4}\,\mathrm{s}^{-1}$. 关于低纬度的尺度分析，我们将在第十三章中讨论.

§5.3 无量纲参数

由大气运动的基本尺度参数(τ,L,U,D)和已知参数(如 α,H,f_0,β_0,g 等)构成的无量纲量称为无量纲参数. 下面我们介绍大气动力学中常见的一些无量纲参数.

一、Rossby 数

我们用 Ro 表示 Rossby 数，

$$Ro \equiv U/f_0L. \tag{5.40}$$

因

$$Ro = \frac{U^2/L}{f_0U} = \frac{\text{水平惯性力}}{\text{Coriolis 力}}, \tag{5.41}$$

所以，Ro 表示水平惯性力与 Coriolis 力之比. 当 $Ro\ll1$ 时，水平惯性力相对于 Coriolis 力可忽略；当 $Ro\gtrsim1$ 时，必须考虑水平惯性力(也就是非线性平流项)的作用.

因 L/U 为运动的平流时间，记为 τ_{a}，即

$$\tau_{\mathrm{a}} \equiv L/U. \tag{5.42}$$

而 f_0^{-1} 为惯性运动的特征时间，记为 τ_{i}，即

$$\tau_{\mathrm{i}} = f_0^{-1}. \tag{5.43}$$

因而

$$Ro = \frac{f_0^{-1}}{L/U} = \frac{\tau_{\mathrm{i}}}{\tau_{\mathrm{a}}}. \tag{5.44}$$

所以，Ro 表示惯性特征时间与平流运动时间之比. 当 $Ro\ll1$ 时，平流时间远大于惯性特征时间，平流过程是慢过程；当 $Ro\gtrsim1$ 时，平流时间是小于或近于惯性特征时间，平流过程是快过程.

因 U/L 是相对涡度 ζ 的尺度参数 ζ_0，f_0 是牵连涡度 f 的尺度参数，因而

$$Ro = \frac{U/L}{f_0} = \frac{\zeta_0}{f_0}, \tag{5.45}$$

所以，Ro 也是相对涡度与牵连涡度之比. 当 $Ro\ll1$ 时，相对涡度相对于牵连涡度可

忽略；当 $Ro \gtrsim 1$ 时，必须考虑相对涡度的作用.

按照本章开头对大、中、小尺度运动的划分可知，对大、中、小尺度运动，Ro 的数值分别为

$$Ro = \begin{cases} 10^{-1}, & \text{大尺度运动}, \\ 10^{0}, & \text{中尺度运动}, \\ 10, & \text{小尺度运动}. \end{cases}$$

所以，Ro 经常被用来判别运动的类型. 对大尺度运动，Ro 是一小参数. 由上面分析可知：Rossby 数 Ro 在大气动力学中是一个非常重要的无量纲参数.

二、Kibel 数

我们用 ε 表示 Kibel 数，

$$\varepsilon \equiv 1/f_0\tau. \tag{5.46}$$

因

$$\varepsilon = \frac{U/\tau}{f_0 U} = \frac{\text{局地惯性力}}{\text{Coriolis 力}}, \tag{5.47}$$

所以，ε 表示局地惯性力与 Coriolis 力之比. 当 $\varepsilon \ll 1$ 时，局地惯性力相对于 Coriolis 力可忽略；当 $\varepsilon \gtrsim 1$ 时，必须考虑局地惯性力（也就是 u，v 的非定常项）的作用.

因 $\tau_i = f_0^{-1}$ 是惯性运动的特征时间，则

$$\varepsilon = \frac{f_0^{-1}}{\tau} = \frac{\tau_i}{\tau}, \tag{5.48}$$

所以，ε 表示惯性特征时间与时间尺度之比. 当 $\varepsilon \ll 1$ 时，时间尺度远大于惯性特征时间，运动过程是慢过程；当 $\varepsilon \gtrsim 1$ 时，时间尺度小于或近于惯性特征时间，运动过程是快过程.

三、Froude 数

我们用 Fr 表示 Froude 数，

$$Fr \equiv U^2/gD. \tag{5.49}$$

因对大、中尺度运动 $D \sim H$，则

$$Fr = \frac{U^2}{gH} = \left(\frac{U}{c_0}\right)^2 \quad (c_0 = \sqrt{gH}). \tag{5.50}$$

所以，Fr 表示 U 与 c_0 之比的平方，数值约为 10^{-3}. 对于小尺度和微尺度运动，Froude 数常定义为

$$Fr^* \equiv U^2/gL, \tag{5.51}$$

它即是惯性力（用 U^2/L 表征）与重力之比.

四、Reynolds 数

我们用 Re 表示 Reynolds 数，

$$Re = \frac{UL}{\nu}. \tag{5.52}$$

因

$$Re = \frac{U^2/L}{\nu U/L^2} = \frac{\text{惯性力}}{\text{分子黏性力}}, \tag{5.53}$$

所以，Re 表示惯性力与分子黏性力之比. 在大气中，$\nu=10^{-5}\,\mathrm{m^2\cdot s^{-1}}$，则对大、中、小尺度运动，$Re$ 的数值分别为 10^{12}，10^{11}，10^{10}. 它表明：在大气中分子黏性完全可以不予考虑.

根据经典流体力学的理论，当

$$Re > Re_c \tag{5.54}$$

（Re_c 为临界 Reynolds 数，数值约为 2×10^3—5×10^4 之间）时，运动由层流变为湍流，在大气中 Re 的数值远大于 Re_c，所以，大气在运动性质上完全是湍流运动.

五、Ekman 数

我们用 Ek 表示 Ekman 数，

$$Ek \equiv K/f_0D^2. \tag{5.55}$$

因

$$Ek = \frac{KU/D^2}{f_0U} = \frac{\text{动量垂直输送引起的湍流摩擦力}}{\text{Coriolis 力}}, \tag{5.56}$$

所以，Ek 表示水平方向动量的垂直输送引起的湍流摩擦力与 Coriolis 力之比. 当 $Ek\ll1$ 时，湍流摩擦力相对于 Coriolis 力可忽略；当 $Ek\gtrsim1$ 时，必须考虑湍流摩擦力的作用.

在边界层中，湍流摩擦力与 Coriolis 力同量级，则取 $Ek=1$ 可定得

$$D_E = \sqrt{K/f_0}, \tag{5.57}$$

这就是 Ekman 标高 $h_E=\sqrt{2K/f_0}$ 的特征值.

因 Ekman 旋转衰减时间为 $t_E=H\sqrt{2/f_0K}$，其尺度可取为

$$\tau_E = D\sqrt{1/f_0K} \tag{5.58}$$

（对大、中、小尺度运动 $D=H$），则

$$\sqrt{Ek} = \frac{\sqrt{K/f_0}}{D} = \frac{f_0^{-1}}{D\sqrt{(f_0K)^{-1}}} = \frac{\tau_i}{\tau_E}, \tag{5.59}$$

所以，$\sqrt{Ek}$ 表示惯性特征时间与 Ekman 旋转衰减时间之比. 若 $Ek\ll1$ 时，Ekman

旋转衰减时间远大于惯性特征时间，它表示通过 Ekman 抽吸形成的旋转衰减是缓慢的；当 $Ek \ll 1$ 时，Ekman 旋转衰减时间小于或近于惯性特征时间，它表示旋转衰减是快速的.

六、层结无量纲参数

我们用 α_0 表示层结无量纲数，

$$\alpha_0 \equiv \frac{R}{g}(\Gamma_d - \Gamma) = \frac{H}{T_0}(\Gamma_d - \Gamma) = \frac{N^2 H}{g}, \tag{5.60}$$

其数值约为 10^{-1}，按这个数值算得 $N = 10^{-2}\,\mathrm{s}^{-1}$. 因 $c_0 = \sqrt{gH}$，$c_\alpha = \sqrt{\alpha_0 R T_0} = NH$，则

$$\alpha_0 = N^2 H^2 / gH = (c_\alpha / c_0)^2, \tag{5.61}$$

所以，α_0 表示 c_α^2 与 c_0^2 之比.

七、Obukhov 参数

我们用 μ 表示 Obukhov 参数，

$$\mu \equiv L / L_R, \tag{5.62}$$

其中 L_R 称为 Rossby 变形半径(Rossby radius of deformation).

正压大气的 Rossby 变形半径 L_R 记为 L_0，它定义为

$$L_0 \equiv c_0 / f_0 = \sqrt{gH} / f_0. \tag{5.63}$$

L_0 的数值如表 5.1. 正压大气的 Obukhov 参数 μ 相应记为 μ_0，即

$$\mu_0 \equiv L / L_0. \tag{5.64}$$

表 5.1 不同纬度 L_0 的值

纬度 φ(°N)	30	45	60	90	特征值
$L_0/10^3$ m	3840	2700	2200	1900	3000

斜压大气的 Rossby 变形半径 L_R 记为 L_1，它定义为

$$L_1 \equiv \frac{c_\alpha}{f_0} = \frac{\sqrt{\alpha_0 R T_0}}{f_0} = \frac{NH}{f_0}. \tag{5.65}$$

L_1 的数值如表 5.2. 斜压大气的 Obukhov 参数 μ 相应记为 μ_1，即

$$\mu_1 \equiv L / L_1. \tag{5.66}$$

表 5.2 不同纬度 L_1 的值

纬度 φ(°N)	30	45	60	90	特征值
$L_1/10^3$ m	1222	863	707	650	1000

μ^2 可称为行星 Froude 数，即

$$\mu^2 \equiv L^2/L_R^2, \tag{5.67}$$

所以，正压大气和斜压大气的行星 Froude 数分别为

$$\mu_0^2 \equiv L^2/L_0^2 = f_0^2 L^2/gH, \tag{5.68}$$

$$\mu_1^2 \equiv L^2/L_1^2 = f_0^2 L^2/N^2 H^2. \tag{5.69}$$

关于 μ 和 μ^2 的物理意义，我们将在下一节和以后说明. 注意：$1/\mu^2$ 也称为 Burger 数.

八、Richardson 数

Richardson 数 Ri 在上一章我们已作了定义，它是

$$Ri \equiv N^2 \Big/ \left(\frac{\partial \boldsymbol{V}_h}{\partial z}\right)^2. \tag{5.70}$$

若用尺度参数表示，因 $\left(\frac{\partial \boldsymbol{V}_h}{\partial z}\right)^2 \sim \frac{U^2}{D^2}$，则

$$Ri \equiv N^2 D^2/U^2. \tag{5.71}$$

对大、中尺度运动 $D=H$，则上式可改写为

$$Ri = N^2 H^2/U^2 = c_a^2/U^2, \tag{5.72}$$

其数值约为 10^2.

关于 Ri 的意义，这里不再重复了.

九、热 Rossby 数

应用热成风公式或地转风的垂直切变（见第四章习题 15），若设体温水平变化的尺度为 Θ'，热成风的尺度为 U_T，则

$$U_T = \frac{gD}{f_0 L}\frac{\Theta'}{\theta_0}. \tag{5.73}$$

我们定义

$$Ro_T \equiv \frac{U_T}{f_0 L} = \frac{gD}{f_0^2 L^2}\frac{\Theta'}{\theta_0} \tag{5.74}$$

为热 Rossby 数. 对大、中尺度运动，$D=H$，则 Ro_T 可改写为

$$Ro_T = \frac{gH}{f_0^2 L^2}\frac{\Theta'}{\theta_0} = \frac{1}{\mu_0^2}\frac{\Theta'}{\theta_0}, \tag{5.75}$$

所以，Ro_T 表征了加热和旋转两因子的综合作用，在大气环流理论，特别是大气环流模型实验中，Ro_T 是一个很重要的参数. 大气中大尺度运动 $Ro_T=10^{-1}$.

十、Taylor 数

我们用 Ta 表示 Taylor 数，

$$Ta \equiv f_0^2 D^4 / K^2, \tag{5.76}$$

在讨论分子黏性时，K 为 ν. 因

$$Ta = \left(\frac{f_0 U}{KU/D^2}\right)^2 = \left(\frac{\text{Coriolis 力}}{\text{湍流动量垂直输送产生的湍流摩擦力}}\right)^2, \tag{5.77}$$

所以，Ta 表示 Coriolis 力与湍流动量垂直输送产生的湍流摩擦力之比的平方. 显然

$$\sqrt{Ta} = \frac{f_0 D^2}{K} = \frac{1}{Ek}, \tag{5.78}$$

所以，$\sqrt{Ta}$表示 Coriolis 力与湍流摩擦力之比，有时称它为旋转 Reynolds 数.

十一、Rayleigh 数

我们用 Ra 表示 Rayleigh 数，

$$Ra \equiv |N^2| D^4 / K \cdot K_{\mathrm{H}}, \tag{5.79}$$

其中 K, K_{H} 分别为湍流黏性系数和湍流导温系数(在讨论非湍流问题时，K 改为 ν，K_{H} 改为分子导温系数 κ).

我们知道，对流运动发展除了要求层结不稳定($N^2<0$)外，还需要克服湍流摩擦和湍流热传导(它们分别使空气上下层风速和温度均一)的耗散作用. 用净的 Archimede 浮力 $B=-N^2 z$，其尺度为

$$B \sim |N^2| D. \tag{5.80}$$

又因垂直方向湍流摩擦力的尺度为 KW/D^2，则在垂直方向上

$$\frac{\text{浮力}}{\text{湍流摩擦力}} = \frac{|N^2| D}{KW/D^2} = \frac{|N^2| D^3}{KW}, \tag{5.81}$$

这里 W 是非基本尺度参数. 但考虑湍流热传导，使垂直温度梯度变化，因此可由定常湍流热传导方程 $w\frac{\partial T}{\partial z} = K_{\mathrm{H}} \frac{\partial^2 T}{\partial z^2}$定得因湍流热传导而产生的垂直运动尺度为

$$W = K_{\mathrm{H}} / D, \tag{5.82}$$

将(5.82)式代入(5.81)式就得到 Ra. 所以

$$Ra = \frac{|N^2| D^4}{K \cdot K_{\mathrm{H}}} = \frac{\text{浮力}}{\text{湍流摩擦力}}, \tag{5.83}$$

即 Ra 表示浮力与湍流摩擦力(包含了湍流热传导)之比. 从而认为

$$Ra \begin{cases} > 1, & \text{对流发展}, \\ < 1, & \text{对流衰减}. \end{cases} \tag{5.84}$$

当然，在实际工作中用的判断对流发展的判据是

$$\begin{cases} Ra > Ra_{\mathrm{c}}, & \text{对流发展}, \\ Ra < Ra_{\mathrm{c}}, & \text{对流衰减}, \end{cases} \tag{5.85}$$

其中 Ra_c 为临界 Rayleigh 数.

十二、Prandtl 数

我们用 Pr 表示湍流 Prandtl 数,

$$Pr \equiv K/K_H, \tag{5.86}$$

在讨论非湍流问题时,K 改为 ν,K_H 改为分子导温系数 κ,即 $Pr=\frac{\nu}{\kappa}$.

十三、球形参数

我们用 s 表示球形参数,

$$s \equiv L/a, \tag{5.87}$$

其中 a 为地球半径. 因

$$s = \frac{U^2/a}{U^2/L} = \frac{\text{曲率项力}}{\text{惯性力}}, \tag{5.88}$$

所以,s 是水平方向的曲率项力(极高纬除外)与惯性力之比. 当 $s \ll 1$ 时,曲率项力相对于惯性力可忽略,当 $s \gtrsim 1$ 时(如超长波),必须考虑曲率项力的作用.

因 β 平面近似公式为

$$f = f_0 + \beta_0 y, \tag{5.89}$$

则上式右端第二项与第一项之比的尺度为

$$\frac{\beta_0 y}{f_0} = \frac{(2\Omega\cos\varphi_0/a)y}{2\Omega\sin\varphi_0} \sim \frac{L}{a} = s. \tag{5.90}$$

所以,s 也是 β 平面近似中第二项与第一项之比. 当 $s \ll 1$ 时,第二项相对第一项可忽略而采用 $f=f_0$ 的 f 常数近似(中、小尺度运动);当 $s \gtrsim 1$ 时,第二项不能忽略,这就是一般的 β 平面近似(大尺度运动).

十四、无量纲的 Rossby 参数

我们用 β_1 表示无量纲的 Rossby 参数,

$$\beta_1 \equiv \beta_0 L^2/U. \tag{5.91}$$

因

$$\frac{\partial\zeta}{\partial y} \sim \frac{\zeta_0}{L} = \frac{U^2}{L}, \quad \frac{\partial f}{\partial y} \sim \beta_0, \tag{5.92}$$

则

$$\beta_1 = \frac{\beta_0}{U/L^2} \sim \frac{\partial f/\partial y}{\partial\zeta/\partial y}. \tag{5.93}$$

所以,β_1 是牵连涡度的经向变化与相对涡度的经向变化之比. 因空气微团若遵守绝

对涡度守恒，只有$\frac{\partial f}{\partial y}$与$\frac{\partial \zeta}{\partial y}$的量级相当才是恰当的，所以，只有 $\beta_1 \sim 1$ 才能体现 Rossby 参数 β 的作用. 而大尺度运动 $\beta_1 \sim 1$. 因在中纬度

$$\beta_0 = \frac{2\Omega\cos\varphi_0}{a} \sim \frac{f_0}{a}, \tag{5.94}$$

则

$$\beta_1 = \frac{f_0 L^2}{aU} = \frac{L}{a} \cdot \frac{1}{U/f_0 L} = \frac{s}{Ro}. \tag{5.95}$$

所以，β_1 也是球形参数与 Rossby 数之比.

十五、垂直-水平比(aspect-ratio)参数

我们用 δ 表示垂直-水平比参数，

$$\delta \equiv D/L. \tag{5.96}$$

对大、中、小尺度运动，δ 的数值分别为 10^{-2}，10^{-1}，10^{-1}—10^{0}. 引进 δ 后，(5.35)式可以写为

$$W \leqslant 10^{-1}\delta \cdot U \quad (\text{大尺度运动 } W = 10^{-1}\delta \cdot U). \tag{5.97}$$

则当 $\delta \ll 1$ 时，$W \ll U$，运动是准水平的；当 $\delta \gtrsim 1$ 时，运动是三维的.

关于 δ 的别的意义，我们将在下节说明.

十六、无量纲厚度参数

我们用 λ 表示无量纲厚度参数，

$$\lambda \equiv D/H. \tag{5.98}$$

当 $\lambda \ll 1$ 时，$D \ll H$，系统是浅薄的；当 $\lambda \gtrsim 1$ 时，系统是深厚的.

十七、Mach 数

我们用 Ma 表示 Mach 数，

$$Ma \equiv U/c_s. \tag{5.99}$$

它是风速与绝热声速之比. 当 $Ma \ll 1$ 时，运动是低速的；当 $Ma \gtrsim 1$ 时，运动是超声速的.

十八、陈秋士数

我们用 C 表示陈秋士数，

$$C \equiv D_0/\zeta_0. \tag{5.100}$$

当 $C \ll 1$ 时，$D_0 \ll \zeta_0$，大气是准涡旋运动；当 $C \gg 1$ 时，$D_0 \gg \zeta_0$，大气是准位势-无旋运动. 因地转风的水平散度为零(f 为常数)，风的水平散度等于地转偏差的散度

$(\nabla_h \cdot \boldsymbol{V} = \nabla_h \cdot \boldsymbol{V}')$. 则

$$D_0 \equiv U'/L, \tag{5.101}$$

其中 U' 为地转偏差的尺度，它表示非地转风的强弱. 注意 $\zeta_0 \equiv U/L$，则

$$C = U'/U. \tag{5.102}$$

所以，C 表示地转偏差与风速之比. 当 $C \ll 1$ 时，$U' \ll U$，这是弱非地转状态；$C \gtrsim 1$ 时，$U' \gtrsim U$，这是强非地转状态. 因 $D_0 = W/D$，$\zeta_0 = U/L$，对大尺度运动

$$W = f_0 U^2 / N^2 D,$$

则大尺度运动有

$$C = \frac{W/D}{U/L} = \frac{W}{U} \cdot \frac{L}{D} = \frac{f_0 UL}{N^2 D^2}. \tag{5.103}$$

§5.4　方程的无量纲化及某些近似的充分条件

有了无量纲参数，我们可以把某些尺度用无量纲参数表示. 例如(5.24)式可以改写为

$$P' = \rho_0 f_0 UL (1, Ro)_{\max}. \tag{5.104}$$

(5.30)式可以改写为

$$\frac{\Pi'}{\rho_0} = \frac{P'}{p_0} = \frac{T'}{T_0} = \frac{\Theta'}{\theta_0} = \frac{f_0 UL}{gH}(1, Ro)_{\max} = \mu_0^2 Ro (1, Ro)_{\max}. \tag{5.105}$$

(5.34)式可以改写为

$$W = \frac{f_0 U^2}{N^2 H}(1, Ro)_{\max} = \lambda^{-1} \cdot \mu_1^2 \cdot \delta \cdot Ro (1, Ro)_{\max} \cdot U. \tag{5.106}$$

类似，(5.27)式和(5.37)式又分别改写为

$$\Phi' = f_0 UL (1, Ro)_{\max}, \tag{5.107}$$

$$\Omega_0 = \mu_1^2 Ro (1, Ro)_{\max} \cdot \frac{P}{L} U. \tag{5.108}$$

对大尺度运动，$\lambda = 1$，$\mu_1^2 = 1$，$Ro = 10^{-1}$，则上面诸式可综合写为

$$\frac{P'}{\rho_0} = \Phi' = f_0 UL, \tag{5.109}$$

$$\frac{\Pi'}{\rho_0} = \frac{P'}{p_0} = \frac{T'}{T_0} = \frac{\Theta'}{\theta_0} = \mu_0^2 Ro, \tag{5.110}$$

$$W = \delta \cdot RoU, \quad \Omega_0 = \frac{P}{L} \cdot RoU. \tag{5.111}$$

下面，我们利用无量纲参数将运动方程和连续性方程无量纲化，并讨论一些近似的充分条件，为此，我们设

$$\begin{cases}(x,y)=L(x_1,y_1), \quad z=Dz_1, \quad t=\tau t_1,\\ (u,v)=U(u_1,v_1), \quad w=Ww_1, \quad f=f_0f_1,\\ p'=P'p_1', \quad \rho'/\rho_0=(\Pi'/\rho_0)\cdot\rho_1',\end{cases} \tag{5.112}$$

其中角标为“1”的量是无量纲量，其数量级是1. 上式中的 f_1（f 的无量纲数）还可以用无量纲参数表达，即

$$f_1\equiv\frac{f_0+\beta_0 y}{f_0}=1+\frac{\beta_0 y}{f_0}=1+\frac{\frac{\beta_1 U}{L^2}Ly_1}{f_0}=1+Ro\beta_1 y_1. \tag{5.113}$$

一、水平运动方程的无量纲化和地转近似

在无摩擦的条件下，以静态为背景的水平运动方程为

$$\begin{cases}\dfrac{\partial u}{\partial t}+u\dfrac{\partial u}{\partial x}+v\dfrac{\partial u}{\partial y}+w\dfrac{\partial u}{\partial z}-fv=-\dfrac{1}{\rho_0}\dfrac{\partial p'}{\partial x},\\ \dfrac{\partial v}{\partial t}+u\dfrac{\partial v}{\partial x}+v\dfrac{\partial v}{\partial y}+w\dfrac{\partial v}{\partial z}+fu=-\dfrac{1}{\rho_0}\dfrac{\partial p'}{\partial y}.\end{cases} \tag{5.114}$$

将(5.112)式代入(5.114)式得到

$$\begin{cases}\dfrac{U}{\tau}\dfrac{\partial u_1}{\partial t_1}+\dfrac{U^2}{L}\left(u_1\dfrac{\partial u_1}{\partial x_1}+v_1\dfrac{\partial u_1}{\partial y_1}\right)+\dfrac{UW}{D}w_1\dfrac{\partial u_1}{\partial z_1}+f_0U(-f_1v_1)=\dfrac{P'}{\rho_0 L}\left(-\dfrac{\partial p_1'}{\partial x_1}\right),\\ \dfrac{U}{\tau}\dfrac{\partial v_1}{\partial t_1}+\dfrac{U^2}{L}\left(u_1\dfrac{\partial v_1}{\partial x_1}+v_1\dfrac{\partial v_1}{\partial y_1}\right)+\dfrac{UW}{D}w_1\dfrac{\partial v_1}{\partial z_1}+f_0U(f_1u_1)=\dfrac{P'}{\rho_0 L}\left(-\dfrac{\partial p_1'}{\partial y_1}\right).\end{cases} \tag{5.115}$$

由尺度分析知，(5.115)式左端加速度项以 U^2/L 为最大，我们就用它表征 $\mathrm{d}u/\mathrm{d}t$ 和 $\mathrm{d}v/\mathrm{d}t$ 的大小，则上式改写为

$$\begin{cases}\dfrac{U^2}{L}\dfrac{\mathrm{d}u_1}{\mathrm{d}t_1}+f_0U(-f_1v_1)=\dfrac{P'}{\rho_0 L}\left(-\dfrac{\partial p_1'}{\partial x_1}\right),\\ \dfrac{U^2}{L}\dfrac{\mathrm{d}v_1}{\mathrm{d}t_1}+f_0U(f_1u_1)=\dfrac{P'}{\rho_0 L}\left(-\dfrac{\partial p_1'}{\partial y_1}\right).\end{cases} \tag{5.116}$$

等式两边同除以 f_0U，并利用 Ro 和(5.104)式得

$$\begin{cases}Ro\dfrac{\mathrm{d}u_1}{\mathrm{d}t_1}-f_1v_1=(1,Ro)_{\max}\left(-\dfrac{\partial p_1'}{\partial x_1}\right),\\ Ro\dfrac{\mathrm{d}v_1}{\mathrm{d}t_1}+f_1u_1=(1,Ro)_{\max}\left(-\dfrac{\partial p_1'}{\partial y_1}\right),\end{cases} \tag{5.117}$$

这就是无量纲化的水平运动方程. 由上式看出：如 $Ro\ll 1$，则地转关系精确成立. 所以，地转近似的充分条件是

$$Ro\ll 1. \tag{5.118}$$

二、垂直运动方程的无量纲化和静力近似

在无摩擦的条件下，以静态为背景的垂直运动方程为

$$\frac{\partial w}{\partial t}+u\frac{\partial w}{\partial x}+v\frac{\partial w}{\partial y}+w\frac{\partial w}{\partial z}=-\frac{1}{\rho_0}\frac{\partial p'}{\partial z}-g\frac{\rho'}{\rho_0}. \tag{5.119}$$

将(5.112)式代入(5.119)式得

$$\frac{W}{\tau}\frac{\partial w_1}{\partial t_1}+\frac{UW}{L}\left(u_1\frac{\partial w_1}{\partial x_1}+v_1\frac{\partial w_1}{\partial y_1}\right)+\frac{W^2}{D}\left(w_1\frac{\partial w_1}{\partial z_1}\right)=\frac{P'}{\rho_0 D}\left(-\frac{\partial p_1'}{\partial z_1}\right)+g\frac{\Pi'}{\rho_0}(-\rho_1'). \tag{5.120}$$

由尺度分析知：(5.120)式左端 $\mathrm{d}w/\mathrm{d}t$ 中以 UW/L 为最大，我们就用它表征 $\mathrm{d}w/\mathrm{d}t$ 的大小，则上式改写为

$$\frac{UW}{L}\frac{\mathrm{d}w_1}{\mathrm{d}t_1}=\frac{P'}{\rho_0 D}\left(-\frac{\partial p_1'}{\partial z_1}\right)+g\frac{\Pi'}{\rho_0}(-\rho_1'). \tag{5.121}$$

将等式两边同除以 $P'/\rho_0 D$ 得

$$\frac{\rho_0 DUW}{P'L}\frac{\mathrm{d}w_1}{\mathrm{d}t_1}=-\frac{\partial p_1'}{\partial z_1}+\frac{gD\Pi'}{P'}(-\rho_1'). \tag{5.122}$$

但由(5.104)式、(5.105)式和(5.97)式有

$$\frac{\rho_0 DUW}{P'L}=\frac{\rho_0 DUW}{\rho_0 f_0 UL^2(1,Ro)_{\max}}=\frac{W}{U}\cdot\frac{D}{L}\cdot\frac{Ro}{(1,Ro)_{\max}}\leqslant 10^{-1}\delta^2, \tag{5.123}$$

$$\frac{gD\Pi'}{P'}=\frac{gD\dfrac{\rho_0 f_0 UL}{gH}(1,Ro)_{\max}}{\rho_0 f_0 UL(1,Ro)_{\max}}=\frac{D}{H}=\lambda. \tag{5.124}$$

这样，(5.122)式可写为

$$10^{-1}\delta^2\frac{\mathrm{d}w_1}{\mathrm{d}t_1}=-\frac{\partial p_1}{\partial z_1}-\lambda\rho_1', \tag{5.125}$$

其中左端我们取了最大值. 上式就是无量纲的垂直运动方程. 由上式看到：如 $\delta\ll 1$ 和 $\lambda=1$，则静力平衡精确成立. 所以，静力近似的充分条件为

$$\delta\ll 1 \quad 和 \quad \lambda=1. \tag{5.126}$$

三、连续性方程的无量纲化和非弹性近似，Boussinesq 近似

以静态为背景的连续性方程为

$$\frac{\partial}{\partial t}\left(\frac{\rho'}{\rho_0}\right)+u\frac{\partial}{\partial x}\left(\frac{\rho'}{\rho_0}\right)+v\frac{\partial}{\partial y}\left(\frac{\rho'}{\rho_0}\right)+w\frac{\partial}{\partial z}\left(\frac{\rho'}{\rho_0}\right)+\frac{\partial u}{\partial x}+\frac{\partial v}{\partial y}+\frac{\partial w}{\partial z}+w\frac{\partial\ln\rho_0}{\partial z}=0. \tag{5.127}$$

将(5.112)式代入(5.127)式，并注意$\dfrac{\partial\ln\rho_0}{\partial z}\sim\dfrac{1}{H}$，则得

$$\frac{\Pi'}{\rho_0\tau}\frac{\partial\rho'}{\partial t_1}+\frac{\Pi'U}{\rho_0 L}\left(u_1\frac{\partial\rho_1'}{\partial x_1}+v_1\frac{\partial\rho_1'}{\partial y_1}\right)+\frac{\Pi'W}{\rho_0 D}w_1\frac{\partial\rho_1'}{\partial z_1}+\frac{U}{L}\left(\frac{\partial u_1}{\partial x_1}+\frac{\partial v_1}{\partial y_1}\right)+\frac{W}{D}\frac{\partial w_1}{\partial z_1}+\frac{W}{H}=0. \tag{5.128}$$

由尺度分析知：左端$\frac{\mathrm{d}}{\mathrm{d}t}\left(\frac{\rho'}{\rho_0}\right)$以$\frac{\Pi'U}{\rho_0 L}$为最大，我们就用它表征$\frac{\mathrm{d}}{\mathrm{d}t}\left(\frac{\rho'}{\rho_0}\right)$的大小；左端$\nabla\cdot\boldsymbol{V}$以$U/L$为最大，就用它表征$\nabla\cdot\boldsymbol{V}$的大小，则上式改写为

$$\frac{\Pi'U}{\rho_0 L}\frac{\mathrm{d}\rho_1'}{\mathrm{d}t_1}+\frac{U}{L}\left(\frac{\partial u_1}{\partial x_1}+\frac{\partial v_1}{\partial y_1}+\frac{\partial w_1}{\partial z_1}\right)+\frac{W}{H}=0. \tag{5.129}$$

等式两边同除以U/L得

$$\frac{\Pi'}{\rho_0}\frac{\mathrm{d}\rho_1'}{\mathrm{d}t_1}+\frac{\partial u_1}{\partial x_1}+\frac{\partial v_1}{\partial y_1}+\frac{\partial w_1}{\partial z_1}+\frac{WL}{UH}=0. \tag{5.130}$$

将(5.105)式代入上式，并注意$WL/UH\leqslant 10^{-1}\lambda$，

$$\mu_0^2 Ro(1,Ro)_{\max}\frac{\mathrm{d}\rho_1'}{\mathrm{d}t_1}+\frac{\partial u_1}{\partial x_1}+\frac{\partial v_1}{\partial y_1}+\frac{\partial w_1}{\partial z_1}+10^{-1}\lambda=0, \tag{5.131}$$

其中左端最后一项我们取了最大值. 上式就是无量纲的连续性方程. 由上式看出：若$10^{-1}\leqslant Ro\leqslant 10$，则非弹性近似的充分条件为

$$\mu_0\ll 1. \tag{5.132}$$

在此基础上，若再加上$\lambda<1$，则连续性方程化为

$$\frac{\partial u}{\partial x}+\frac{\partial v}{\partial y}+\frac{\partial w}{\partial z}=0,$$

这就是 Boussinesq 近似. 所以，Boussinesq 近似的充分条件为

$$\mu_0\ll 1,\quad \lambda<1. \tag{5.133}$$

最后，我们要说明的是本节将方程无量纲化是很粗糙的. 首先，某些量的尺度估计粗糙，如$\partial\ln\rho_0/\partial z$我们用$1/H$去估计，实际上由(4.137)式$\sigma_0\equiv-\frac{\partial\ln\rho_0}{\partial z}=\frac{N^2}{g}+\frac{g}{c_s^2}$，它应该用此式去估计；其次，在尺度参数中，$\rho_0$是个变量，如取$P'=\rho_0 fUL(1,Ro)_{\max}$去估计$p'$，则遇到$\partial p'/\partial z$时，应考虑到$\rho_0$的变化；再有，在个别微商项和散度项中，我们都用其中的最大项去估计了. 在下一章，我们将比较仔细地分析.

复习思考题

1. 大气运动分类的原则是什么？具体如何划分？

2. 什么是尺度？什么是尺度分析？

3. $W/U\leqslant D/L$的意义何在？

4. 大尺度运动水平速度散度和垂直涡度的量级各是多少？为什么有这个差别？

5. 从尺度分析中,大尺度运动有什么特点? 中、小尺度运动又如何?

6. 叙述 $\varepsilon=(f_0\tau)^{-1}$ 和 $Ro=U/f_0L$ 的意义.

7. 作尺度分析时,为什么不从原始的方程组出发,而应用以静态大气为背景的方程组?

8. 说明地转近似的充分条件,并在物理上加以解释.

9. 说明静力近似的充分条件,并在物理上加以解释.

10. 说明非弹性近似和 Boussinesq 近似的充分条件,并在物理上加以解释.

习 题

1. 依 Helmholtz 速度分解定理,大气水平运动

$$\boldsymbol{V}_\mathrm{h}=\boldsymbol{V}_1+\boldsymbol{V}_2,$$

其中 $\boldsymbol{V}_1=-\nabla_\mathrm{h}\psi\times\boldsymbol{k}$, $\boldsymbol{V}_2=\nabla_\mathrm{h}\varphi$, ψ 为流函数, φ 为速度势. 利用 $\zeta=\nabla_\mathrm{h}^2\psi$ 和 $D=\nabla_\mathrm{h}^2\varphi$ 估计大尺度运动 $\boldsymbol{V}_1$ 和 $\boldsymbol{V}_2$ 的尺度 U_1 和 U_2,证明 U_1 比 U_2 大一个量级.

2. 在无摩擦的条件下,对大尺度运动的涡度方程各项大小作出估计,证明:在保留最大项的条件下,涡度方程可简化为

$$\frac{\partial\zeta}{\partial t}+u\frac{\partial\zeta}{\partial x}+v\frac{\partial\zeta}{\partial y}+\beta_0 v=-fD,$$

并由此估计垂直运动的尺度

$$W=\frac{D}{L}U(Ro+s)\quad\left(Ro\equiv\frac{U}{f_0L},s\equiv\frac{L}{a}\right).$$

3. 在无摩擦的条件下,对大尺度运动的散度方程各项大小作出估计,证明:在保留最大项的条件下,散度方程可简化为

$$f\zeta=\alpha\nabla_\mathrm{h}^2p.$$

4. 若定义微尺度运动: $L=10^3\,\mathrm{m}$, $D=10^3\,\mathrm{m}$, $U=10\,\mathrm{m\cdot s^{-1}}$, $\tau=10^3\,\mathrm{s}$,应用尺度分析法对微尺度运动的各个方程作出分析.

5. 估计典型的龙卷运动的运动方程中各项的数量级. 取 $L=10^2\,\mathrm{m}$, $D=10^3\,\mathrm{m}$, $U=10^2\,\mathrm{m\cdot s^{-1}}$, $W=10\,\mathrm{m\cdot s^{-1}}$, $\tau=10\,\mathrm{s}$, $P'=10^4\,\mathrm{Pa}$,并说明此种情况下,静力平衡能否成立.

6. 对大尺度运动,估计 fv 和 $f'w$ 在什么纬度带具有相同的数量级(可取二者之比在 0.5 和 5 之间作为同一量级的表征).

7. 比较在 $\varphi=45°\mathrm{N}$ 处,以 $10^3\,\mathrm{m\cdot s^{-1}}$ 的速度向东发射一颗弹道导弹所受的曲率项力 $u^2\tan\varphi/a$ 和 Coriolis 力 fu 的大小. 若导弹运行了 $10^6\,\mathrm{m}$,问由于这两项的作用,导弹将偏离其向东路径多少? 在这种情况下,曲率项力能省略吗?

8. 若认为在边界层中,湍流摩擦力与 Coriolis 力有相同的大小,试估计边界层的厚度(取 $K=10^2\,\mathrm{m^2\cdot s^{-1}}$).

9. 在无摩擦的条件下，证明地转偏差的尺度

$$U' = U^2/f_0 L.$$

10. 用尺度分析法，证明大尺度运动

$$D_p \sim D, \quad \zeta_p \sim \zeta.$$

11. 证明

$$Ri = \sigma P^2/U^2 = c_\alpha^2/U^2,$$

其中 $\sigma = -\dfrac{1}{\rho_0}\dfrac{\partial \ln\theta_0}{\partial p}$，$c_\alpha^2 = \alpha_0 R T_0 = \alpha_0 g H$ $\left(\text{其中 } \alpha_0 = \dfrac{R}{T_0}(\Gamma_d - \Gamma)\right)$.

12. 对大尺度运动，证明

(1) $\alpha_0 = RiFr$；　　(2) $C = 1/RoRi$；

(3) $\mu_0^2 = Fr/Ro^2$，$\mu_1^2 = \dfrac{1}{Ro^2 Ri}$；　　(4) $W = \dfrac{D}{L}U\dfrac{1}{RoRi}$，$\Omega_0 = \dfrac{P}{L}U\dfrac{1}{RoRi}$.

13. 利用以静态大气为背景的正压模式方程组

$$\begin{cases} \dfrac{\partial u}{\partial t} + u\dfrac{\partial u}{\partial x} + v\dfrac{\partial u}{\partial y} - fv = -\dfrac{\partial \phi'}{\partial x}, \\ \dfrac{\partial v}{\partial t} + u\dfrac{\partial v}{\partial x} + v\dfrac{\partial v}{\partial y} + fu = -\dfrac{\partial \phi'}{\partial y}, \\ \dfrac{\partial \phi'}{\partial t} + u\dfrac{\partial \phi'}{\partial x} + v\dfrac{\partial \phi'}{\partial y} + c_0^2\left(\dfrac{\partial u}{\partial x} + \dfrac{\partial v}{\partial y}\right) = 0 \quad (c_0^2 = gH) \end{cases}$$

作尺度分析，证明 ϕ' 的尺度

$$\Phi' = f_0 UL(1, Ro)_{\max}.$$

14. 对大尺度运动，将正压模式的方程组无量纲化，并讨论地转近似和水平无辐散近似的充分条件.

15. 若定义

$$S \equiv Ro^2 Ri,$$

证明对大尺度运动

$$S = 1/\mu_1^2.$$

16. 对大尺度运动，根据 $\mu_1^2 = 1$，证明

$$\delta \equiv D/L = \sqrt{f_0^2/N^2} \quad (N^2 > 0),$$

并说明 L, D 与层结稳定强弱（N^2 的大小）的关系.

17. 考虑分子黏性，且认为 $D = L$（小尺度运动），证明

(1) $Ra = -PrRe^2 Ri\left(Ri = \dfrac{N^2 D^2}{U^2} < 0\right)$；　　(2) $Ta = \left(\dfrac{Re}{Ro}\right)^2$.

第六章 准地转动力学

本章的主要内容有：

应用小参数方法(摄动法)分析大尺度大气运动的方程组，并用它来说明大尺度准地转运动的概念；

给出描写大尺度运动的准地转模式和准地转位涡守恒定律，并给出相应的能量守恒定律；

介绍准地转运动中的 $\partial\phi/\partial t$ 的方程和 ω 方程；

给出描写大尺度运动的准无辐散模式；

介绍半地转的基本概念.

§6.1 小参数方法(摄动法)

在物理、流体力学、天体力学和地球流体力学等的理论研究中经常使用小参数方法.

小参数方法，也称为摄动法，它是求解非线性微分方程式或方程组的一种有效的方法，在§9.11和§9.12中将有摄动法后续发展的论述.

流体力学，包括大气动力学的方程组是非线性方程组，它很少有精确解，通常借助于近似方法求渐近解. 小参数方法就是寻求非线性方程近似解的有效的方法之一.

小参数方法的做法是：首先把方程组无量纲化，最后，选择一个合适的小参数(它称为摄动量)，最后把解写为该小参数的幂级数代入方程求各级渐近解. 下面我们将看到：各级近似解都以零级近似为基础. 所以，零级近似解要求准确，这意味着当小参数充分小时，零级近似解与精确解的差也要充分小.

我们将小参数方法应用于大气的大尺度运动，从而引进准地转概念.

在上一章，我们引进了许多无量纲参数. 对于大气大尺度运动($L=10^6\,\mathrm{m}$，$D=10^4\,\mathrm{m}$，$U=10\,\mathrm{m\cdot s^{-1}}$，$\tau=L/U=10^5\,\mathrm{s}$)，取 $f_0=10^{-4}\,\mathrm{s^{-1}}$，$\beta_0=10^{-11}\,\mathrm{m^{-1}\cdot s^{-1}}$，$N^2=10^{-4}\,\mathrm{s^{-2}}$，$H=10^4\,\mathrm{m}$，$K=10-10^2\,\mathrm{m^2\cdot s^{-1}}$，其中的一些无量纲参数的值为

$$
\begin{cases}
Ro \equiv \dfrac{U}{f_0 L} = 10^{-1}, \quad \varepsilon \equiv \dfrac{1}{f_0 \tau} = 10^{-1}, \quad Ek = \dfrac{K}{f_0 D^2} = 10^{-3}—10^{-2}, \\
\alpha_0 \equiv \dfrac{N^2 H}{g} = 10^{-1}, \quad \mu_0^2 \equiv \dfrac{L^2}{L_0^2} = \dfrac{f_0^2 L^2}{gH} = 10^{-1}, \quad \mu_1^2 \equiv \dfrac{L^2}{L_1^2} = \dfrac{f_0^2 L^2}{N^2 H^2} = \dfrac{\mu_0^2}{\alpha_0} = 1, \\
Ri \equiv \dfrac{N^2 D^2}{U^2} = 10^2, \quad C \equiv \dfrac{D_0}{\zeta_0} = \dfrac{f_0 UL}{N^2 D^2} = 10^{-1}, \\
\beta_1 \equiv \dfrac{\beta_0 L^2}{U} = 1, \quad \delta \equiv \dfrac{D}{L} = 10^{-2}, \quad \lambda \equiv \dfrac{D}{H} = 1.
\end{cases}
\tag{6.1}
$$

考虑到 Ro 所表征的力学意义和 $Ro=10^{-1}$,通常,在大尺度运动中,我们就选取 Ro 为小参数.

由第四章(4.138)式,绝热无摩擦的大气运动方程组可以写为

$$
\begin{cases}
\dfrac{\partial u}{\partial t} + u\dfrac{\partial u}{\partial x} + v\dfrac{\partial u}{\partial y} + w\dfrac{\partial u}{\partial z} - fv = -\dfrac{1}{\rho_0}\dfrac{\partial p'}{\partial x}, \\
\dfrac{\partial v}{\partial t} + u\dfrac{\partial v}{\partial x} + v\dfrac{\partial v}{\partial y} + w\dfrac{\partial v}{\partial z} + fu = -\dfrac{1}{\rho_0}\dfrac{\partial p'}{\partial y}, \\
\dfrac{\partial w}{\partial t} + u\dfrac{\partial w}{\partial x} + v\dfrac{\partial w}{\partial y} + w\dfrac{\partial w}{\partial z} = -\dfrac{1}{\rho_0}\dfrac{\partial p'}{\partial z} - g\dfrac{\rho'}{\rho_0}, \\
\dfrac{\partial}{\partial t}\left(\dfrac{\rho'}{\rho_0}\right) + u\dfrac{\partial}{\partial x}\left(\dfrac{\rho'}{\rho_0}\right) + v\dfrac{\partial}{\partial y}\left(\dfrac{\rho'}{\rho_0}\right) + w\dfrac{\partial}{\partial z}\left(\dfrac{\rho'}{\rho_0}\right) + \dfrac{\partial u}{\partial x} + \dfrac{\partial v}{\partial y} + \dfrac{1}{\rho_0}\dfrac{\partial \rho_0 w}{\partial z} = 0, \\
\dfrac{\theta'}{\theta_0} = \dfrac{1}{c_s^2}\dfrac{p'}{\rho_0} - \dfrac{\rho'}{\rho_0}, \\
\dfrac{\partial}{\partial t}\left(\dfrac{\theta'}{\theta_0}\right) + u\dfrac{\partial}{\partial x}\left(\dfrac{\theta'}{\theta_0}\right) + v\dfrac{\partial}{\partial y}\left(\dfrac{\theta'}{\theta_0}\right) + w\dfrac{\partial}{\partial z}\left(\dfrac{\theta'}{\theta_0}\right) + \dfrac{N^2}{g}w = 0.
\end{cases}
\tag{6.2}
$$

根据小参数方法,首先,我们将方程组(6.2)无量纲化. 由上章的尺度分析和(5.109)—(5.111)式,我们令

$$
\begin{cases}
(x, y) = L(x_1, y_1), \quad z = Dz_1, \quad t = \dfrac{L}{U}t_1, \\
(u, v) = U(u_1, v_1), \quad w = Ro\dfrac{DU}{L}w_1, \quad f = f_0 f_1, \\
p' = \rho_0 f_0 UL p_1', \quad \rho' = \rho_0 \mu_0^2 Ro \rho_1', \quad \theta' = \theta_0 \mu_0^2 Ro \theta_1',
\end{cases}
\tag{6.3}
$$

其中角标为“1”的量为无量纲量,其量级为 1.

将(6.3)式代入(6.2)式得

$$
\begin{cases}
\dfrac{U^2}{L}\dfrac{\mathrm{d}u_1}{\mathrm{d}t_1}+f_0U(-f_1v_1)=f_0U\left(-\dfrac{\partial p_1'}{\partial x_1}\right),\\
\dfrac{U^2}{L}\dfrac{\mathrm{d}v_1}{\mathrm{d}t_1}+f_0U(f_1u_1)=f_0U\left(-\dfrac{\partial p_1'}{\partial y_1}\right),\\
Ro\,\dfrac{U^2D}{L^2}\dfrac{\mathrm{d}w_1}{\mathrm{d}t_1}=\dfrac{f_0UL}{D}\left(-\dfrac{1}{\rho_0}\dfrac{\partial\rho_0p_1'}{\partial z_1}\right)+g\mu_0^2Ro(-\rho_1'),\\
\mu_0^2Ro\,\dfrac{U}{L}\dfrac{\mathrm{d}\rho_1'}{\mathrm{d}t_1}+\dfrac{U}{L}\left(\dfrac{\partial u_1}{\partial x_1}+\dfrac{\partial v_1}{\partial y_1}\right)+Ro\,\dfrac{U}{L}\left(\dfrac{1}{\rho_0}\dfrac{\partial\rho_0w_1}{\partial z_1}\right)=0,\\
\mu_0^2Ro\theta_1'=\dfrac{f_0UL}{c_s^2}p_1'-\mu_0^2Ro\rho_1',\\
\mu_0^2Ro\,\dfrac{U}{L}\dfrac{\mathrm{d}\theta_1'}{\mathrm{d}t_1}+Ro\,\dfrac{N^2UD}{gL}w_1=0,
\end{cases}
\tag{6.4}
$$

其中

$$
\frac{\mathrm{d}}{\mathrm{d}t_1}\equiv\frac{\partial}{\partial t_1}+u_1\frac{\partial}{\partial x_1}+v_1\frac{\partial}{\partial y_1}+Row_1\frac{\partial}{\partial z_1}.\tag{6.5}
$$

注意(4.137)式,$\sigma_0\equiv-\dfrac{\partial\ln\rho_0}{\partial z}=\dfrac{N^2}{g}+\dfrac{g}{c_s^2}$,令

$$
\sigma_1\equiv-\partial\ln\rho_0/\partial z_1\tag{6.6}
$$

为 σ_0 的无量纲量,即

$$
\sigma_1\equiv-\frac{\partial\ln\rho_0}{\partial z_1}=D\sigma_0=\frac{N^2D}{g}+\frac{gD}{c_s^2}=\frac{c_a^2}{c_0^2}+\frac{c_0^2}{c_s^2}=\alpha_0+\frac{1}{\gamma},\tag{6.7}
$$

其中 $\gamma\equiv c_p/c_V$.

方程组(6.4)的第一、二两式同除以 f_0U,第三式乘以 D/f_0UL,第四式乘以 L/U,第五式除以 μ_0^2Ro,第六式乘以 L/μ_0^2U,则得

$$
\begin{cases}
Ro\,\dfrac{\mathrm{d}u_1}{\mathrm{d}t_1}-f_1v_1=-\dfrac{\partial p_1'}{\partial x_1},\\
Ro\,\dfrac{\mathrm{d}v_1}{\mathrm{d}t_1}+f_1u_1=-\dfrac{\partial p_1'}{\partial y_1},\\
\delta^2Ro^2\,\dfrac{\mathrm{d}w_1}{\mathrm{d}t_1}=-\dfrac{\partial p_1'}{\partial z_1}+\sigma_1p_1'-\rho_1',\\
\mu_0^2Ro\,\dfrac{\mathrm{d}\rho_1'}{\mathrm{d}t_1}+\dfrac{\partial u_1}{\partial x_1}+\dfrac{\partial v_1}{\partial y_1}+Ro\,\dfrac{1}{\rho_0}\dfrac{\partial\rho_0w_1}{\partial z_1}=0,\\
\theta_1'=\dfrac{1}{\gamma}p_1'-\rho_1',\\
Ro\left(\dfrac{\mathrm{d}\theta_1'}{\mathrm{d}t_1}+\dfrac{\alpha_0}{\mu_0^2}w_1\right)=0.
\end{cases}
\tag{6.8}
$$

因为$\delta^2 Ro^2=10^{-4}\ll 1$，所以，方程组(6.8)的第三式左端可以充分准确地舍弃，而成为静力学关系，它说明，对于大尺度运动，因$\delta=10^{-2}\ll 1$，即便它处于扰动状态，它也充分准确地满足静力平衡.

因为$\mu_0^2 Ro=10^{-1}Ro=10^{-2}$，所以，方程组(6.8)的第四式左端第一项也可较准确地舍弃，而形成非弹性近似. 它说明，对于大尺度运动，因$\mu_0^2=10^{-1}<1$，$\mu_0^2 Ro=10^{-2}\ll 1$，它也较准确地满足非弹性近似.

因$\alpha_0/\mu_0^2=1/\mu_1^2=1$，所以，方程组(6.8)的第六式括号内$w_1$前的系数$\mu_1^{-2}$就是1.

若将方程组(6.8)的第五式代入到第三式(其左端已舍弃)，并利用(6.7)式，则方程组(6.8)简化为

$$\begin{cases} Ro\,\dfrac{\mathrm{d}u_1}{\mathrm{d}t_1}-f_1 v_1=-\dfrac{\partial p_1'}{\partial x_1}, \\ Ro\,\dfrac{\mathrm{d}v_1}{\mathrm{d}t_1}+f_1 u_1=-\dfrac{\partial p_1'}{\partial y_1}, \\ \dfrac{\partial p_1'}{\partial z_1}-\alpha_0 p_1'-\theta_1'=0 \quad (\alpha_0=10^{-1}=Ro), \\ \dfrac{\partial u_1}{\partial x_1}+\dfrac{\partial v_1}{\partial y_1}+Ro\,\dfrac{1}{\rho_0}\dfrac{\partial \rho_0 w_1}{\partial z_1}=0, \\ Ro\left(\dfrac{\mathrm{d}\theta_1'}{\mathrm{d}t_1}+\mu_1^{-2}w_1\right)=0. \end{cases} \tag{6.9}$$

若选择Ro为小参数，则应用小参数方法的下一步就是将$u_1,v_1,w_1,p_1',\theta_1'$等展为$Ro$的幂级数. 由(6.5)式看到$Ro w_1$在形式上相当于$u_1,v_1$，且由方程组(6.9)的第四式看到，头两项比第三项大一个量级. 因而粗略地有$\partial\rho_0 w_1/\partial z_1=0$，即$\rho_0 w_1$不随$z_1$变化，所以，只要一个高度上$w$为零(如下边界)，则$w$处处为零. 故以下我们取$w_1$的零级近似$w_1^{(0)}=0$. 这样，我们设

$$\begin{cases} u_1=u_1^{(0)}+Ro u_1^{(1)}+Ro^2 u_1^{(2)}+\cdots, \\ v_1=v_1^{(0)}+Ro v_1^{(1)}+Ro^2 v_1^{(2)}+\cdots, \\ w_1=w_1^{(1)}+Ro w_1^{(2)}+\cdots, \\ p_1'=p_1^{(0)}+Ro p_1^{(1)}+Ro^2 p_1^{(2)}+\cdots, \\ \theta_1'=\theta_1^{(0)}+Ro\theta_1^{(1)}+Ro^2\theta_1^{(2)}+\cdots, \end{cases} \tag{6.10}$$

其中右上角为“(0)”的表零级近似，“(1)”表一级近似，“(2)”表二级近似，…. 而且据(5.113)式，

$$f_1=1+Ro\beta_1 y_1 \quad (\beta_1=1). \tag{6.11}$$

这样，把(6.10)式和(6.11)式代入方程组(6.9)，得到

$$\begin{cases} Ro\,\dfrac{\mathrm{d}}{\mathrm{d}t_1}(u_1^{(0)}+Rou_1^{(1)}+\cdots)-(1+Ro\beta_1 y_1)(v_1^{(0)}+Rov_1^{(1)}+\cdots) \\ \qquad =-\dfrac{\partial}{\partial x_1}(p_1^{(0)}+Rop_1^{(1)}+\cdots), \\ Ro\,\dfrac{\mathrm{d}}{\mathrm{d}t_1}(v_1^{(0)}+Rov_1^{(1)}+\cdots)+(1+Ro\beta_1 y_1)(u_1^{(0)}+Rou_1^{(1)}+\cdots) \\ \qquad =-\dfrac{\partial}{\partial y_1}(p_1^{(0)}+Rop_1^{(1)}+\cdots), \\ \dfrac{\partial}{\partial z_1}(p_1^{(0)}+Rop_1^{(1)}+\cdots)-\alpha_0(p_1^{(0)}+Rop_1^{(1)}+\cdots)-(\theta_1^{(0)}+Ro\theta_1^{(1)}+\cdots)=0, \\ \dfrac{\partial}{\partial x_1}(u_1^{(0)}+Rou_1^{(1)}+\cdots)+\dfrac{\partial}{\partial y_1}(v_1^{(0)}+Rov_1^{(1)}+\cdots) \\ \qquad +Ro\,\dfrac{1}{\rho_0}\dfrac{\partial}{\partial z_1}[\rho_0(w_1^{(1)}+Row_1^{(2)}+\cdots)]=0, \\ Ro\left\{\dfrac{\mathrm{d}}{\mathrm{d}t_1}(\theta_1^{(0)}+Ro\theta_1^{(1)}+\cdots)+\mu_1^{-2}(w_1^{(1)}+Row_1^{(2)}+\cdots)\right\}=0, \end{cases} \tag{6.12}$$

其中

$$\frac{\mathrm{d}}{\mathrm{d}t_1}=\frac{\partial}{\partial t_1}+(u_1^{(0)}+Rou_1^{(1)}+\cdots)\frac{\partial}{\partial x_1}+(v_1^{(0)}+Rov_1^{(1)}+\cdots)\frac{\partial}{\partial y_1}$$
$$+(Row_1^{(1)}+Ro^2 w_1^{(2)}+\cdots)\frac{\partial}{\partial z_1}. \tag{6.13}$$

比较方程组(6.12)的各个方程的两端,使 Ro 的同幂次项相等,则可求得方程组(6.12)的各级近似解.

使方程组(6.12)的各个方程两端 Ro^0 的系数相等,就得到它的零级近似方程组为

$$\begin{cases} v_1^{(0)}=\dfrac{\partial p_1^{(0)}}{\partial x_1}, \quad u_1^{(0)}=-\dfrac{\partial p_1^{(0)}}{\partial y_1}, \\ \dfrac{\partial p_1^{(0)}}{\partial z_1}=\theta_1^{(0)}, \quad \dfrac{\partial u_1^{(0)}}{\partial x_1}+\dfrac{\partial v_1^{(0)}}{\partial y_1}=0. \end{cases} \tag{6.14}$$

将它还原为有量纲的形式是

$$\begin{cases} f_0 v^{(0)}=\dfrac{1}{\rho_0}\dfrac{\partial p^{(0)}}{\partial x}, \quad f_0 u^{(0)}=-\dfrac{1}{\rho_0}\dfrac{\partial p^{(0)}}{\partial y}, \\ \dfrac{\partial}{\partial z}\left(\dfrac{p^{(0)}}{\rho_0}\right)=g\dfrac{\theta^{(0)}}{\theta_0}, \quad \dfrac{\partial u^{(0)}}{\partial x}+\dfrac{\partial v^{(0)}}{\partial y}=0. \end{cases} \tag{6.15}$$

它说明:方程组的零级近似反映了大气大尺度运动的基本特色,即地转平衡、静力平衡和水平无辐散.而且 $u^{(0)}$,$v^{(0)}$,$p^{(0)}$,$\theta^{(0)}$ 通过地转关系和静力学关系联结起来.

还要注意的是，在地转关系中 f 是 f_0（常数），ρ 是 ρ_0（ρ_0 仅是 z 的函数），正由于此，才能保证 $\mathbf{V}^{(0)}=(u^{(0)},v^{(0)})$ 是无辐散的. 还有，静力学关系使气压偏差 p' 与位温偏差 θ' 发生了联系.

零级近似在数量上反映了大尺度运动的主要特征，不过它表征的是不随时间变化的平衡运动，要反映运动的变化和本质，还需要考虑一级近似甚至二级近似.

使方程组(6.12)的各个方程两端 Ro 的系数相等，就得到它的一级近似方程组为

$$\begin{cases}\left(\dfrac{\partial}{\partial t_1}+u_1^{(0)}\dfrac{\partial}{\partial x_1}+v_1^{(0)}\dfrac{\partial}{\partial y_1}\right)u_1^{(0)}-\beta_1 y_1 v_1^{(0)}-v_1^{(1)}=-\dfrac{\partial p_1^{(1)}}{\partial x_1},\\ \left(\dfrac{\partial}{\partial t_1}+u_1^{(0)}\dfrac{\partial}{\partial x_1}+v_1^{(0)}\dfrac{\partial}{\partial y_1}\right)v_1^{(0)}+\beta_1 y_1 u_1^{(0)}+u_1^{(1)}=-\dfrac{\partial p_1^{(1)}}{\partial y_1},\\ \dfrac{\partial p_1^{(1)}}{\partial z_1}=\theta_1^{(1)}+\alpha_0 Ro^{-1}p_1^{(0)}\quad(\alpha_0 Ro^{-1}=1),\\ \dfrac{\partial u_1^{(1)}}{\partial x_1}+\dfrac{\partial v_1^{(1)}}{\partial y_1}+\dfrac{1}{\rho_0}\dfrac{\partial \rho_0 w_1^{(1)}}{\partial z_1}=0,\\ \left(\dfrac{\partial}{\partial t_1}+u_1^{(0)}\dfrac{\partial}{\partial x_1}+v_1^{(0)}\dfrac{\partial}{\partial y_1}\right)\theta_1^{(0)}+\mu_1^{-2}w_1^{(1)}=0.\end{cases}\tag{6.16}$$

将它还原为有量纲的形式是：

$$\begin{cases}\left(\dfrac{\partial}{\partial t}+u^{(0)}\dfrac{\partial}{\partial x}+v^{(0)}\dfrac{\partial}{\partial y}\right)u^{(0)}-\beta_0 y v^{(0)}-f_0 v^{(1)}=-\dfrac{1}{\rho_0}\dfrac{\partial p^{(1)}}{\partial x},\\ \left(\dfrac{\partial}{\partial t}+u^{(0)}\dfrac{\partial}{\partial x}+v^{(0)}\dfrac{\partial}{\partial y}\right)v^{(0)}+\beta_0 y u^{(0)}+f_0 u^{(1)}=-\dfrac{1}{\rho_0}\dfrac{\partial p^{(1)}}{\partial y},\\ \dfrac{\partial}{\partial z}\left(\dfrac{p^{(1)}}{\rho_0}\right)=g\dfrac{\theta^{(1)}}{\theta_0}+\dfrac{N^2}{g}\dfrac{p^{(0)}}{\rho_0},\\ \dfrac{\partial u^{(1)}}{\partial x}+\dfrac{\partial v^{(1)}}{\partial y}+\dfrac{1}{\rho_0}\dfrac{\partial \rho_0 w^{(1)}}{\partial z}=0,\\ \left(\dfrac{\partial}{\partial t}+u^{(0)}\dfrac{\partial}{\partial x}+v^{(0)}\dfrac{\partial}{\partial y}\right)\left(g\dfrac{\theta^{(0)}}{\theta_0}\right)+N^2 w^{(1)}=0.\end{cases}\tag{6.17}$$

一级近似方程组不仅显示出物理量随时间变化的特色，而且建立了零级近似与一级近似的联系，这种联系主要表现在：在局地变化、平流变化及包含 β 的项中，水平运动全都可以用地转关系代替，且无对流项，而绝热方程中的 $\theta_1^{(0)}$（或 $\theta^{(0)}/\theta_0$）可利用静力学关系用 $\dfrac{\partial p_1^{(0)}}{\partial z_1}$ $\left(或\dfrac{1}{g}\dfrac{\partial}{\partial z}\left(\dfrac{p^{(0)}}{\rho_0}\right)\right)$ 代替. 不过，一级近似中的水平散度不再是零，因此，若出现水平散度 $\dfrac{\partial u_1^{(1)}}{\partial x_1}+\dfrac{\partial v_1^{(1)}}{\partial y_1}$ $\left(或\dfrac{\partial u^{(1)}}{\partial x}+\dfrac{\partial v^{(1)}}{\partial y}\right)$ 只能应用一级近似中的连

续性方程,用$-\frac{1}{\rho_0}\frac{\partial \rho_0 w_1^{(1)}}{\partial z_1}\left(或-\frac{1}{\rho_0}\frac{\partial \rho_0 w^{(1)}}{\partial z}\right)$去代替.至于一级近似的垂直运动方程仍然是静力学方程.综上所述的一级近似方程组所反映的特征就是人们通常所说的准地转运动(quasi-geostrophic flow)的概念.

直接应用一级近似方程组(6.16)或(6.17)并不方便,因为它包含$u_1^{(1)}$,$v_1^{(1)}$和$p_1^{(1)}$(或$u^{(1)}$,$v^{(1)}$和$p^{(1)}$).若将方程组的前两式化为涡度方程并利用第四式,则可消去$u_1^{(1)}$,$v_1^{(1)}$和$p_1^{(1)}$(或$u^{(1)}$,$v^{(1)}$和$p^{(1)}$).这样,方程组(6.16)可改写为

$$\begin{cases}\left(\frac{\partial}{\partial t_1}+u_1^{(0)}\frac{\partial}{\partial x_1}+v_1^{(0)}\frac{\partial}{\partial y_1}\right)\zeta_1^{(0)}+\beta_1 v_1^{(0)}=-\left(\frac{\partial u_1^{(1)}}{\partial x_1}+\frac{\partial v_1^{(1)}}{\partial y_1}\right)=\frac{1}{\rho_0}\frac{\partial \rho_0 w_1^{(1)}}{\partial z_1},\\ \left(\frac{\partial}{\partial t_1}+u_1^{(0)}\frac{\partial}{\partial x_1}+v_1^{(0)}\frac{\partial}{\partial y_1}\right)\theta_1^{(0)}+\mu_1^{-2}w_1^{(1)}=0,\end{cases} \tag{6.18}$$

其中

$$\zeta_1^{(0)}\equiv\frac{\partial v_1^{(0)}}{\partial x_1}-\frac{\partial u_1^{(0)}}{\partial y_1}=\nabla_1^2 p_1^{(0)} \tag{6.19}$$

为垂直涡度分量的零级近似,即无量纲的地转涡度,又式中

$$\nabla_1^2\equiv\frac{\partial^2}{\partial x_1^2}+\frac{\partial^2}{\partial y_1^2}. \tag{6.20}$$

相应,方程组(6.17)可改写为

$$\begin{cases}\left(\frac{\partial}{\partial t}+u^{(0)}\frac{\partial}{\partial x}+v^{(0)}\frac{\partial}{\partial y}\right)\zeta^{(0)}+\beta_0 v^{(0)}=-f_0 D^{(1)}=f_0\frac{1}{\rho_0}\frac{\partial \rho_0 w^{(1)}}{\partial z},\\ \left(\frac{\partial}{\partial t}+u^{(0)}\frac{\partial}{\partial x}+v^{(0)}\frac{\partial}{\partial y}\right)\left(g\frac{\theta^{(0)}}{\theta_0}\right)+N^2 w^{(1)}=0,\end{cases} \tag{6.21}$$

其中

$$\zeta^{(0)}\equiv\frac{\partial v^{(0)}}{\partial x}-\frac{\partial u^{(0)}}{\partial y}=\frac{1}{f_0}\nabla_h^2 p^{(0)} \tag{6.22}$$

为地转涡度.方程组(6.21)也就是方程组(6.18)还原而成的有量纲方程.

方程组(6.18)或(6.21)再一次说明了准地转的概念,它体现在涡度方程中,除水平辐散项外,其他各项中的水平运动都可以用地转关系去代替(其中f用f_0代替)且无对流项.而且在涡度方程中的散度项$-(f+\zeta)D$已被$-f_0 D$所代替.

若将小参数方法应用到涡度方程和散度方程可得到一些类似的结果.

由方程组(6.2)的前两式很易求得涡度方程和散度方程是

$$\begin{cases}\frac{\mathrm{d}\zeta}{\mathrm{d}t}+\beta_0 v=-(f+\zeta)D+\left(\frac{\partial u}{\partial z}\frac{\partial w}{\partial y}-\frac{\partial v}{\partial z}\frac{\partial w}{\partial x}\right),\\ \frac{\mathrm{d}D}{\mathrm{d}t}+D^2-2\mathrm{J}(u,v)+\beta_0 u-f\zeta=-\frac{1}{\rho_0}\nabla_h^2 p'-\left(\frac{\partial u}{\partial z}\frac{\partial w}{\partial x}+\frac{\partial v}{\partial z}\frac{\partial w}{\partial y}\right).\end{cases} \tag{6.23}$$

首先，将方程组(6.23)无量纲化，令

$$
\begin{cases}
(x,y)=L(x_1,y_1), \quad z=Dz_1, \quad t=\dfrac{L}{U}t_1,\\
(u,v)=U(u_1,v_1), \quad w=Ro\,\dfrac{DU}{L}w_1, \quad f=f_0f_1,\\
p'=\rho_0f_0ULp_1', \quad \zeta=\dfrac{U}{L}\zeta_1, \quad D=Ro\,\dfrac{U}{L}D_1.
\end{cases}
\tag{6.24}
$$

将(6.24)式代入(6.23)式得

$$
\begin{cases}
\dfrac{U^2}{L^2}\dfrac{\mathrm{d}\zeta_1}{\mathrm{d}t_1}+\beta_0U(v_1)=-\dfrac{U^2}{L^2}(f_1+Ro\zeta_1)D_1+Ro\,\dfrac{U^2}{L^2}\left(\dfrac{\partial u_1}{\partial z_1}\dfrac{\partial w_1}{\partial y_1}-\dfrac{\partial v_1}{\partial z_1}\dfrac{\partial w_1}{\partial x_1}\right),\\
Ro\,\dfrac{U^2}{L^2}\dfrac{\mathrm{d}D_1}{\mathrm{d}t_1}+Ro^2\,\dfrac{U^2}{L^2}D_1^2-\dfrac{U^2}{L^2}2\mathrm{J}_1(u_1,v_1)+\beta_0U(u_1)+f_0\,\dfrac{U}{L}(-f_1\zeta_1)\\
\qquad =f_0\,\dfrac{U}{L}(-\nabla_1^2p_1')+Ro\,\dfrac{U^2}{L^2}\left[-\left(\dfrac{\partial u_1}{\partial z_1}\dfrac{\partial w_1}{\partial x_1}+\dfrac{\partial v_1}{\partial z_1}\dfrac{\partial w_1}{\partial y_1}\right)\right],
\end{cases}
\tag{6.25}
$$

其中

$$
\mathrm{J}_1(A,B)=\frac{\partial A}{\partial x_1}\frac{\partial B}{\partial y_1}-\frac{\partial A}{\partial y_1}\frac{\partial B}{\partial x_1}. \tag{6.26}
$$

方程组(6.25)的第一式除以 U^2/L^2，第二式除以 f_0U/L，则得

$$
\begin{cases}
\dfrac{\mathrm{d}\zeta_1}{\mathrm{d}t_1}+\beta_1v_1=-(f_1+Ro\zeta_1)D_1+Ro\left(\dfrac{\partial u_1}{\partial z_1}\dfrac{\partial w_1}{\partial y_1}-\dfrac{\partial v_1}{\partial z_1}\dfrac{\partial w_1}{\partial x_1}\right),\\
Ro^2\,\dfrac{\mathrm{d}D_1}{\mathrm{d}t_1}+Ro^3D_1^2-2Ro\mathrm{J}_1(u_1,v_1)+Ro\beta_1u_1-f_1\zeta_1\\
\qquad =-\nabla_1^2p_1'-Ro^2\left(\dfrac{\partial u_1}{\partial z_1}\dfrac{\partial w_1}{\partial x_1}+\dfrac{\partial v_1}{\partial z_1}\dfrac{\partial w_1}{\partial y_1}\right).
\end{cases}
\tag{6.27}
$$

由无量纲的散度方程看到，最小的项为 $Ro^3D_1^2$，这意味着水平散度很小，故我们取 D_1 的零级近似 $D_1^{(0)}=0$，因而设

$$
\begin{cases}
u_1=u_1^{(0)}+Rou_1^{(1)}+\cdots,\\
v_1=v_1^{(0)}+Rov_1^{(1)}+\cdots,\\
w_1=w_1^{(1)}+Row_1^{(2)}+\cdots,\\
\zeta_1=\zeta_1^{(0)}+Ro\zeta_1^{(1)}+\cdots,\\
D_1=D_1^{(1)}+RoD_1^{(2)}+\cdots,\\
p_1'=p_1^{(0)}+Rop_1^{(1)}+\cdots.
\end{cases}
\tag{6.28}
$$

将(6.28)式代入(6.27)式，并注意(6.11)式，则得

$$\begin{cases}\dfrac{\mathrm{d}}{\mathrm{d}t_1}(\zeta_1^{(0)}+Ro\zeta_1^{(1)}+\cdots)+\beta_1(v_1^{(0)}+Rov_1^{(1)}+\cdots)\\ \quad =-[1+Ro\beta_1 y_1+Ro(\zeta_1^{(0)}+Ro\zeta_1^{(1)}+\cdots)](D_1^{(1)}+RoD_1^{(2)}+\cdots)\\ \quad\quad +Ro\left\{\dfrac{\partial}{\partial z_1}(u_1^{(0)}+Rou_1^{(1)}+\cdots)\dfrac{\partial}{\partial y_1}(w_1^{(1)}+Row_1^{(2)}+\cdots)\right.\\ \quad\quad \left.-\dfrac{\partial}{\partial z_1}(v_1^{(0)}+Rov_1^{(1)}+\cdots)\dfrac{\partial}{\partial x_1}(w_1^{(1)}+Row_1^{(2)}+\cdots)\right\},\\ Ro^2\dfrac{\mathrm{d}}{\mathrm{d}t_1}(D_1^{(1)}+RoD_1^{(2)}+\cdots)+Ro^3(D_1^{(1)}+RoD_1^{(2)}+\cdots)^2\\ \quad\quad -2Ro\mathrm{J}_1(u_1^{(0)}+Rou_1^{(1)}+\cdots,v_1^{(0)}+Rov_1^{(1)}+\cdots)\\ \quad\quad +Ro\beta_1(u_1^{(0)}+Rou_1^{(1)}+\cdots)-(1+Ro\beta_1 y_1)(\zeta_1^{(0)}+Ro\zeta_1^{(1)}+\cdots)\\ \quad =-\nabla_1^2(p_1^{(0)}+Rop_1^{(1)}+\cdots)-Ro^2\left\{\dfrac{\partial}{\partial z_1}(u_1^{(0)}+Rou_1^{(1)}+\cdots)\right.\\ \quad\quad \cdot\dfrac{\partial}{\partial x_1}(w_1^{(1)}+Row_1^{(2)}+\cdots)+\dfrac{\partial}{\partial z_1}(v_1^{(0)}+Rov_1^{(1)}+\cdots)\\ \quad\quad \left.\cdot\dfrac{\partial}{\partial y_1}(w_1^{(1)}+Row_1^{(2)}+\cdots)\right\}.\end{cases} \tag{6.29}$$

使方程组(6.29)两端 Ro^0 的系数相等,就得到它的零级近似为

$$\begin{cases}\left(\dfrac{\partial}{\partial t_1}+u_1^{(0)}\dfrac{\partial}{\partial x_1}+v_1^{(0)}\dfrac{\partial}{\partial y_1}\right)\zeta_1^{(0)}+\beta_1 v_1^{(0)}=-D_1^{(1)},\\ \zeta_1^{(0)}=\nabla_1^2 p_1^{(0)},\end{cases} \tag{6.30}$$

其中第一式就是方程组(6.18)的第一式;第二式就是(6.19)式,它说明散度方程或平衡方程的零级近似为地转风关系(其中 f 为 f_0).

使方程(6.29)两端 Ro 的系数相等,就得到它的一级近似为

$$\begin{cases}\left(\dfrac{\partial}{\partial t_1}+u_1^{(0)}\dfrac{\partial}{\partial x_1}+v_1^{(0)}\dfrac{\partial}{\partial y_1}\right)\zeta_1^{(1)}+\left(u_1^{(1)}\dfrac{\partial}{\partial x_1}+v_1^{(1)}\dfrac{\partial}{\partial y_1}+w_1^{(1)}\dfrac{\partial}{\partial z_1}\right)\zeta_1^{(0)}+\beta_1 v_1^{(1)}\\ \quad =-(\beta_1 y_1+\zeta_1^{(0)})D_1^{(1)}-D_1^{(2)}+\left(\dfrac{\partial u_1^{(0)}}{\partial z_1}\dfrac{\partial w_1^{(1)}}{\partial y_1}-\dfrac{\partial v_1^{(0)}}{\partial z_1}\dfrac{\partial w_1^{(1)}}{\partial x_1}\right),\\ -2\mathrm{J}_1(u_1^{(0)},v_1^{(0)})-\beta_1 u_1^{(0)}+\beta_1 y_1\zeta_1^{(0)}-\zeta_1^{(1)}=-\nabla_1^2 p_1^{(1)}.\end{cases} \tag{6.31}$$

这两个方程实际上是方程组(6.27)的两个方程各保留最大项和次大项得到的(稍有不同).因此,方程组(6.31)还原为有量纲形式即是

$$\begin{cases}\dfrac{\mathrm{d}\zeta}{\mathrm{d}t}+\beta_0 v=-(f+\zeta)D+\left(\dfrac{\partial u^{(0)}}{\partial z}\dfrac{\partial w}{\partial y}-\dfrac{\partial v^{(0)}}{\partial z}\dfrac{\partial w}{\partial x}\right),\\ \dfrac{1}{\rho_0}\nabla_{\mathrm{h}}^2 p'-f\zeta^{(0)}+\beta_0 u^{(0)}-2\mathrm{J}(u^{(0)},v^{(0)})=0.\end{cases} \tag{6.32}$$

所以，散度方程的一级近似是平衡方程.

利用 p 坐标系的运动方程组也可做类似的分析，这留做习题(本章末习题 1).

小参数方法也可用于正压模式(或旋转浅水模式)的大气运动方程组. 以静态为背景的正压模式大气运动方程可以写为

$$\begin{cases}\dfrac{\partial u}{\partial t}+u\dfrac{\partial u}{\partial x}+v\dfrac{\partial u}{\partial y}-fv=-\dfrac{\partial \phi'}{\partial x},\\ \dfrac{\partial v}{\partial t}+u\dfrac{\partial v}{\partial x}+v\dfrac{\partial v}{\partial y}+fu=-\dfrac{\partial \phi'}{\partial y},\\ \dfrac{\partial \phi'}{\partial t}+u\dfrac{\partial \phi'}{\partial x}+v\dfrac{\partial \phi'}{\partial y}+(c_0^2+\phi')\left(\dfrac{\partial u}{\partial x}+\dfrac{\partial v}{\partial y}\right)=0\end{cases}\tag{6.33}$$

(见第四章(4.190)式)，其中

$$c_0^2=gH,\tag{6.34}$$

H 为静态的流体深度；而

$$\phi=\phi_0+\phi'=c_0^2+gh',\tag{6.35}$$

h'为自由面高度的扰动. 为了使方程组(6.33)无量纲化，对大尺度运动我们设

$$\begin{cases}(x,y)=L(x_1,y_1),\quad t=(L/U)\cdot t_1,\\ (u,v)=U(u_1,v_1),\quad \phi'=f_0UL\phi_1',\quad f=f_0f_1.\end{cases}\tag{6.36}$$

将(6.36)式代入(6.33)式得到

$$\begin{cases}\dfrac{U^2}{L}\dfrac{\mathrm{d_h}u_1}{\mathrm{d}t_1}+f_0U(-f_1v_1)=f_0U\left(-\dfrac{\partial \phi_1'}{\partial x_1}\right),\\ \dfrac{U^2}{L}\dfrac{\mathrm{d_h}v_1}{\mathrm{d}t_1}+f_0U(f_1u_1)=f_0U\left(-\dfrac{\partial \phi_1'}{\partial y_1}\right),\\ f_0U^2\dfrac{\mathrm{d_h}\phi_1'}{\mathrm{d}t_1}+(c_0^2+f_0UL\phi_1')\dfrac{U}{L}\left(\dfrac{\partial u_1}{\partial x_1}+\dfrac{\partial v_1}{\partial y_1}\right)=0,\end{cases}\tag{6.37}$$

其中

$$\frac{\mathrm{d_h}}{\mathrm{d}t_1}\equiv\frac{\partial}{\partial t_1}+u_1\frac{\partial}{\partial x_1}+v_1\frac{\partial}{\partial y_1}.\tag{6.38}$$

方程组(6.37)的头两式除以 f_0U，第三式除以 $c_0^2U/L=gHU/L$，得到

$$\begin{cases}Ro\dfrac{\mathrm{d_h}u_1}{\mathrm{d}t_1}-f_1v_1=-\dfrac{\partial \phi_1'}{\partial x_1},\\ Ro\dfrac{\mathrm{d_h}v_1}{\mathrm{d}t_1}+f_1u_1=-\dfrac{\partial \phi'}{\partial y_1},\\ Ro\mu_0^2\dfrac{\mathrm{d_h}\phi_1}{\mathrm{d}t_1}+(1+Ro\mu_0^2\phi_1')\left(\dfrac{\partial u_1}{\partial x_1}+\dfrac{\partial v_1}{\partial y_1}\right)=0.\end{cases}\tag{6.39}$$

类似，设

$$\begin{cases} u_1 = u_1^{(0)} + Ro u_1^{(1)} + \cdots, \\ v_1 = v_1^{(0)} + Ro v_1^{(1)} + \cdots, \\ \phi_1' = \phi_1^{(0)} + Ro\phi_1^{(1)} + \cdots. \end{cases} \tag{6.40}$$

将它代入到(6.39)式得

$$\begin{cases} Ro\,\dfrac{\mathrm{d_h}}{\mathrm{d}t_1}(u_1^{(0)} + Ro u_1^{(1)} + \cdots) - (1 + Ro\beta_1 y_1)(v_1^{(0)} + Ro v_1^{(1)} + \cdots) \\ \qquad = -\dfrac{\partial}{\partial x_1}(\phi_1^{(0)} + R_0\phi_1^{(1)} + \cdots), \\ Ro\,\dfrac{\mathrm{d_h}}{\mathrm{d}t_1}(v_1^{(0)} + Ro v_1^{(1)} + \cdots) + (1 + Ro\beta_1 y_1)(u_1^{(0)} + Ro u_1^{(1)} + \cdots) \\ \qquad = -\dfrac{\partial}{\partial y_1}(\phi_1^{(0)} + Ro\phi_1^{(1)} + \cdots), \\ Ro\mu_0^2\,\dfrac{\mathrm{d_h}}{\mathrm{d}t_1}(\phi_1^{(0)} + Ro\phi_1^{(1)} + \cdots) + [1 + Ro\mu_0^2(\phi_1^{(0)} + Ro\phi_1^{(1)} + \cdots)] \\ \qquad \cdot \left\{\dfrac{\partial}{\partial x_1}(u_1^{(0)} + Ro u_1^{(1)} + \cdots) + \dfrac{\partial}{\partial y_1}(v_1^{(0)} + Ro v_1^{(1)} + \cdots)\right\} = 0, \end{cases} \tag{6.41}$$

其中

$$\frac{\mathrm{d_h}}{\mathrm{d}t_1} = \frac{\partial}{\partial t_1} + (u_1^{(0)} + Ro u_1^{(1)} + \cdots)\frac{\partial}{\partial x_1} + (v_1^{(0)} + Ro v_1^{(1)} + \cdots)\frac{\partial}{\partial y_1}. \tag{6.42}$$

视 μ_0^2 为参数,则比较方程组(6.41)的两端,使 Ro 的同幂次项相等,则求得它的零级近似方程组为

$$\begin{cases} v_1^{(0)} = \dfrac{\partial \phi_1^{(0)}}{\partial x_1}, \quad u_1^{(0)} = -\dfrac{\partial \phi_1^{(0)}}{\partial y_1}, \\ \dfrac{\partial u_1^{(0)}}{\partial x_1} + \dfrac{\partial v_1^{(0)}}{\partial y_1} = 0, \end{cases} \tag{6.43}$$

这就是地转关系和水平无辐散关系.将它还原为有量纲形式是:

$$\begin{cases} f_0 v^{(0)} = \dfrac{\partial \phi^{(0)}}{\partial x}, \quad f_0 u^{(0)} = -\dfrac{\partial \phi^{(0)}}{\partial y}, \\ \dfrac{\partial u^{(0)}}{\partial x} + \dfrac{\partial v^{(0)}}{\partial y} = 0. \end{cases} \tag{6.44}$$

(6.41)式的一级近似方程组为

$$\begin{cases}\left(\dfrac{\partial}{\partial t_1}+u_1^{(0)}\dfrac{\partial}{\partial x_1}+v_1^{(0)}\dfrac{\partial}{\partial y_1}\right)u_1^{(0)}-\beta_1 y_1 v_1^{(0)}-v_1^{(1)}=-\dfrac{\partial\phi_1^{(1)}}{\partial x_1},\\ \left(\dfrac{\partial}{\partial t_1}+u_1^{(0)}\dfrac{\partial}{\partial x_1}+v_1^{(0)}\dfrac{\partial}{\partial y_1}\right)v_1^{(0)}+\beta_1 y_1 u_1^{(0)}+u_1^{(1)}=-\dfrac{\partial\phi_1^{(1)}}{\partial y_1},\\ \mu_0^2\left(\dfrac{\partial}{\partial t_1}+u_1^{(0)}\dfrac{\partial}{\partial x_1}+v_1^{(0)}\dfrac{\partial}{\partial y_1}\right)\phi_1^{(0)}+\left(\dfrac{\partial u_1^{(1)}}{\partial x_1}+\dfrac{\partial v_1^{(1)}}{\partial y_1}\right)=0.\end{cases}\tag{6.45}$$

它还原为有量纲形式是

$$\begin{cases}\left(\dfrac{\partial}{\partial t}+u^{(0)}\dfrac{\partial}{\partial x}+v^{(0)}\dfrac{\partial}{\partial y}\right)u^{(0)}-\beta_0 yv^{(0)}-f_0 v^{(1)}=-\dfrac{\partial\phi^{(1)}}{\partial x},\\ \left(\dfrac{\partial}{\partial t}+u^{(0)}\dfrac{\partial}{\partial x}+v^{(0)}\dfrac{\partial}{\partial y}\right)v^{(0)}+\beta_0 yu^{(0)}+f_0 u^{(1)}=-\dfrac{\partial\phi^{(1)}}{\partial y},\\ \left(\dfrac{\partial}{\partial t}+u^{(0)}\dfrac{\partial}{\partial x}+v^{(0)}\dfrac{\partial}{\partial y}\right)\phi^{(0)}+c_0^2\left(\dfrac{\partial u^{(1)}}{\partial x}+\dfrac{\partial v^{(0)}}{\partial y}\right)=0.\end{cases}\tag{6.46}$$

将(6.45)和(6.46)的前两式化为涡度方程，则方程组(6.45)和(6.46)分别化为

$$\begin{cases}\left(\dfrac{\partial}{\partial t_1}+u_1^{(0)}\dfrac{\partial}{\partial x_1}+v_1^{(0)}\dfrac{\partial}{\partial y_1}\right)\zeta_1^{(0)}+\beta_1 v_1^{(0)}=-\left(\dfrac{\partial u^{(1)}}{\partial x_1}+\dfrac{\partial v_1^{(1)}}{\partial y_1}\right),\\ \mu_0^2\left(\dfrac{\partial}{\partial t_1}+u_1^{(0)}\dfrac{\partial}{\partial x_1}+v_1^{(0)}\dfrac{\partial}{\partial y_1}\right)\phi_1^{(0)}+\left(\dfrac{\partial u_1^{(1)}}{\partial x_1}+\dfrac{\partial v_1^{(1)}}{\partial y_1}\right)=0,\end{cases}\tag{6.47}$$

$$\begin{cases}\left(\dfrac{\partial}{\partial t}+u^{(0)}\dfrac{\partial}{\partial x}+v^{(0)}\dfrac{\partial}{\partial y}\right)\zeta^{(0)}+\beta_0 v^{(0)}=-f_0\left(\dfrac{\partial u^{(1)}}{\partial x}+\dfrac{\partial v^{(1)}}{\partial y}\right),\\ \left(\dfrac{\partial}{\partial t}+u^{(0)}\dfrac{\partial}{\partial x}+v^{(0)}\dfrac{\partial}{\partial y}\right)\phi^{(0)}+c_0^2\left(\dfrac{\partial u^{(1)}}{\partial x}+\dfrac{\partial v^{(1)}}{\partial y}\right)=0.\end{cases}\tag{6.48}$$

(6.47)或(6.48)就是准地转概念下的正压模式的方程组.

§6.2 准地转模式与准地转位涡度守恒定律

根据上节分析，我们称方程组(6.21)为准地转模式. 它包含一个涡度方程和一个绝热方程. 在涡度方程中，所有的风场都可用地转风(其中 f 取为 f_0)去代替，且无对流项，而散度项 $-(f+\zeta)D$ 用 $-f_0D$ 或用 $f_0\dfrac{1}{\rho_0}\dfrac{\partial\rho_0 w}{\partial z}$ 代替，这意味着水平散度中的风场不能用地转风代替. 在绝热方程中，风场也可以用地转风场代替，且 $\dfrac{\theta^{(0)}}{\theta_0}$ 可用静力学关系被 $\dfrac{1}{g}\dfrac{\partial}{\partial z}\left(\dfrac{p'}{\rho_0}\right)$ 所替代.

为了方便，由零级近似方程组，我们可以引入准地转流函数

$$\psi=p'/f_0\rho_0.\tag{6.49}$$

这里，我们已把 $p^{(0)}$ 写为 p'. 这样，方程组(6.15)可以改写为

$$\begin{cases} u^{(0)} = -\dfrac{\partial \psi}{\partial y}, \quad v^{(0)} = \dfrac{\partial \psi}{\partial x}, \quad \dfrac{\partial u^{(0)}}{\partial x} + \dfrac{\partial v^{(0)}}{\partial y} = 0, \\ \dfrac{\partial}{\partial z}(f_0 \psi) = g\dfrac{\theta'}{\theta_0}. \end{cases} \tag{6.50}$$

这里,我们已把 $p^{(0)}$,$\theta^{(0)}$ 分别写为 p',θ',这是因为 p',θ' 只用到零级近似的缘故. 在方程组(6.50)中包含一组地转关系、一个水平无辐散关系和一个静力学关系.

利用(6.50)式,准地转模式(6.21)可以写为

$$\begin{cases} \left(\dfrac{\partial}{\partial t} + u^{(0)}\dfrac{\partial}{\partial x} + v^{(0)}\dfrac{\partial}{\partial y}\right)(f + \zeta^{(0)}) = f_0 \cdot \dfrac{1}{\rho_0}\dfrac{\partial \rho_0 w}{\partial z}, \\ \left(\dfrac{\partial}{\partial t} + u^{(0)}\dfrac{\partial}{\partial x} + v^{(0)}\dfrac{\partial}{\partial y}\right)\left(f_0\dfrac{\partial \psi}{\partial z}\right) + N^2 w = 0, \end{cases} \tag{6.51}$$

这里,我们已把 $w^{(1)}$ 写为 w,式中

$$\zeta^{(0)} = \nabla_h^2 \psi. \tag{6.52}$$

方程组(6.51)包含两个方程和两个未知函数 ψ 和 w. 由方程组(6.51)的第二式有

$$w = -\frac{f_0}{N^2}\left(\frac{\partial}{\partial t} + u^{(0)}\frac{\partial}{\partial x} + v^{(0)}\frac{\partial}{\partial y}\right)\left(\frac{\partial \psi}{\partial z}\right), \tag{6.53}$$

把它代入到方程组(6.51)第一式的右端有

$$\begin{aligned} f_0\frac{1}{\rho_0}\frac{\partial \rho_0 w}{\partial z} &= -\frac{1}{\rho_0}\frac{\partial}{\partial z}\left[\left(\frac{\partial}{\partial t} + u^{(0)}\frac{\partial}{\partial x} + v^{(0)}\frac{\partial}{\partial y}\right)\left(\frac{f_0^2}{N^2}\rho_0\frac{\partial \psi}{\partial z}\right)\right] \\ &= -\frac{1}{\rho_0}\left(\frac{\partial}{\partial t} + u^{(0)}\frac{\partial}{\partial x} + v^{(0)}\frac{\partial}{\partial y}\right)\frac{\partial}{\partial z}\left(\frac{f_0^2}{N^2}\rho_0\frac{\partial \psi}{\partial z}\right) \\ &\quad - \frac{f_0^2}{N^2}\left[\frac{\partial u^{(0)}}{\partial z}\frac{\partial}{\partial x}\left(\frac{\partial \psi}{\partial z}\right) + \frac{\partial v^{(0)}}{\partial z}\frac{\partial}{\partial y}\left(\frac{\partial \psi}{\partial z}\right)\right] \\ &= -\frac{1}{\rho_0}\left(\frac{\partial}{\partial t} + u^{(0)}\frac{\partial}{\partial x} + v^{(0)}\frac{\partial}{\partial y}\right)\frac{\partial}{\partial z}\left(\frac{f_0^2}{N^2}\rho_0\frac{\partial \psi}{\partial z}\right) \\ &\quad - \frac{f_0^2}{N^2}\left[-\frac{\partial^2 \psi}{\partial y \partial z}\frac{\partial^2 \psi}{\partial x \partial z} + \frac{\partial^2 \psi}{\partial x \partial z}\frac{\partial^2 \psi}{\partial y \partial z}\right] \\ &= -\frac{1}{\rho_0}\left(\frac{\partial}{\partial t} + u^{(0)}\frac{\partial}{\partial x} + v^{(0)}\frac{\partial}{\partial y}\right)\frac{\partial}{\partial z}\left(\frac{f_0^2}{N^2}\rho_0\frac{\partial \psi}{\partial z}\right). \end{aligned}$$

这样,方程组(6.51)的第一式化为

$$\left(\frac{\partial}{\partial t} + u^{(0)}\frac{\partial}{\partial x} + v^{(0)}\frac{\partial}{\partial y}\right)q = 0, \tag{6.54}$$

其中

$$q \equiv f + \zeta^{(0)} + \frac{1}{\rho_0}\frac{\partial}{\partial z}\left(\frac{f_0^2}{N^2}\rho_0\frac{\partial \psi}{\partial z}\right) = f + \nabla_h^2 \psi + \frac{1}{\rho_0}\frac{\partial}{\partial z}\left(\frac{f_0^2}{N^2}\rho_0\frac{\partial \psi}{\partial z}\right) \tag{6.55}$$

称为准地转位涡度.(6.54)式称为准地转位涡度守恒定律,或准地转位涡度方程,又称为 Charney-Obukhov 方程,其中 $u^{(0)}=-\partial\psi/\partial y, v^{(0)}=\partial\psi/\partial x$. 所以,准地转位涡度守恒定律仅含一个未知函数 ψ,正由于此,它有着广泛的应用.事实上,准地转位涡度守恒定律是大气大尺度运动特征的综合体现.

为了明显表现 Rossby 参数 β 的作用,准地转位涡度守恒定律(6.54)还可改写为

$$\left(\frac{\partial}{\partial t}+u^{(0)}\frac{\partial}{\partial x}+v^{(0)}\frac{\partial}{\partial y}\right)q_0+\beta_0 v^{(0)}=0, \tag{6.56}$$

其中

$$q_0=\zeta^{(0)}+\frac{1}{\rho_0}\frac{\partial}{\partial z}\left(\frac{f_0^2}{N^2}\rho_0\frac{\partial\psi}{\partial z}\right)=\nabla_{\mathrm{h}}^2\psi+\frac{1}{\rho_0}\frac{\partial}{\partial z}\left(\frac{f_0^2}{N^2}\rho_0\frac{\partial\psi}{\partial z}\right) \tag{6.57}$$

称为相对准地转位涡度.显然

$$q=q_0+f. \tag{6.58}$$

类似 z 坐标系,在 p 坐标系中的准地转模式可以写为

$$\begin{cases}\left(\dfrac{\partial}{\partial t}+u^{(0)}\dfrac{\partial}{\partial x}+v^{(0)}\dfrac{\partial}{\partial y}\right)(f+\zeta^{(0)})=f_0\dfrac{\partial\omega}{\partial p},\\[2ex]\left(\dfrac{\partial}{\partial t}+u^{(0)}\dfrac{\partial}{\partial x}+v^{(0)}\dfrac{\partial}{\partial y}\right)\left(f_0\dfrac{\partial\psi}{\partial p}\right)+\sigma\omega=0,\end{cases} \tag{6.59}$$

其中

$$\begin{cases}u^{(0)}=-\dfrac{\partial\psi}{\partial y},\quad v^{(0)}=\dfrac{\partial\psi}{\partial x},\quad \zeta^{(0)}=\nabla_p^2\psi,\\[2ex]\psi=\phi'/f_0.\end{cases} \tag{6.60}$$

将方程组(6.59)的两式消去 ω 后化为

$$\left(\frac{\partial}{\partial t}+u^{(0)}\frac{\partial}{\partial x}+v^{(0)}\frac{\partial}{\partial y}\right)q=0, \tag{6.61}$$

其中

$$q\equiv f+\zeta^{(0)}+\frac{\partial}{\partial p}\left(\frac{f_0^2}{\sigma}\frac{\partial\psi}{\partial p}\right)=f+\nabla_p^2\psi+\frac{\partial}{\partial p}\left(\frac{f_0^2}{\sigma}\frac{\partial\psi}{\partial p}\right) \tag{6.62}$$

为 p 坐标系中的准地转位涡度.(6.61)式即是 p 坐标系中的准地转位涡度守恒定律.

在(6.55)式中将 N 改为 N_{m},(6.62)式中 σ 改为 σ_{m},就得到饱和湿空气的准地转位涡度,相应也有形如方程(6.54)或(6.61)的准地转位涡度守恒定律.

对于正压模式,显然,方程组(6.48)是准地转正压模式.我们把它改写为

$$\begin{cases}\left(\dfrac{\partial}{\partial t}+u^{(0)}\dfrac{\partial}{\partial x}+v^{(0)}\dfrac{\partial}{\partial y}\right)(f+\zeta^{(0)})=-f_0D,\\[2ex]\left(\dfrac{\partial}{\partial t}+u^{(0)}\dfrac{\partial}{\partial x}+v^{(0)}\dfrac{\partial}{\partial y}\right)(f_0\psi)+c_0^2D=0,\end{cases} \tag{6.63}$$

其中

$$\begin{cases} u^{(0)} = -\dfrac{\partial \psi}{\partial y}, \quad v^{(0)} = \dfrac{\partial \psi}{\partial x}, \quad \zeta^{(0)} = \nabla_{\mathrm{h}}^2 \psi, \\ \psi = \phi' / f_0 = gh' / f_0. \end{cases} \tag{6.64}$$

将方程组(6.63)的两式消去 D 后化为

$$\left(\frac{\partial}{\partial t} + u^{(0)} \frac{\partial}{\partial x} + v^{(0)} \frac{\partial}{\partial y}\right) q = 0, \tag{6.65}$$

其中

$$q \equiv f + \zeta^{(0)} - \lambda_0^2 \psi = f + \nabla_{\mathrm{h}}^2 \psi - \lambda_0^2 \psi \tag{6.66}$$

为正压模式的准地转位涡度,而

$$\lambda_0 \equiv \frac{f_0}{c_0} = \frac{f_0}{\sqrt{gH}} = \frac{1}{L_0}, \tag{6.67}$$

因而 λ_0^{-1} 是正压 Rossby 变形半径. 方程(6.65)就是正压模式的准地转位涡度守恒定律. 注意它是在绝热和无摩擦的条件下得到的.

类似,我们根据(4.192)式可以导得含地形的正压准地转位涡度守恒定律也可以写为(6.65)式的形式. 但其中

$$q = f + \zeta^{(0)} - \lambda_0^2 \psi^*, \quad \psi^* = \psi - \psi_{\mathrm{s}}, \quad \psi_{\mathrm{s}} = \frac{1}{f_0} \phi_{\mathrm{s}}. \tag{6.68}$$

§ 6.3　准地转模式的能量守恒定律

在准地转模式中,水平加速度项没有对流项,而且应用了静力学关系,因此,在准地转模式中的动能就是水平运动动能,即

$$K = K_{\mathrm{h}} = \frac{1}{2}(u^{(0)^2} + v^{(0)^2}) = \frac{1}{2}(\nabla_{\mathrm{h}} \psi)^2. \tag{6.69}$$

又根据静力学关系和有效势能的定义(4.97)式,我们得到准地转的有效势能为

$$A = \frac{1}{2N^2}\left[\frac{\partial}{\partial z}\left(\frac{p'}{\rho_0}\right)^2\right] = \frac{f_0^2}{2N^2}\left(\frac{\partial \psi}{\partial z}\right)^2. \tag{6.70}$$

类似,在 p 坐标系中准地转的动能和有效势能分别是

$$K = \frac{1}{2}(\nabla_p \psi)^2, \tag{6.71}$$

$$A = \frac{f_0^2}{2\sigma}\left(\frac{\partial \psi}{\partial p}\right)^2. \tag{6.72}$$

在正压准地转模式中,$u^{(0)}$,$v^{(0)}$ 不随高度改变,各个高度上动能一样,因而单位截面气柱中,单位质量空气的动能为

$$K_{\mathrm{i}} = \frac{1}{H}\int_0^H \frac{1}{2}(u^{(0)^2} + v^{(0)^2})\delta z = \frac{1}{2}(u^{(0)^2} + v^{(0)^2}) = \frac{1}{2}(\nabla_{\mathrm{h}}\psi)^2. \quad (6.73)$$

但在正压准地转模式中,各个高度上位能不一样,则单位截面气柱中,因自由面有 h',则以静止自由面(其高度为 H)作为参考面时,单位质量空气的势能为

$$\phi_{\mathrm{i}} = \frac{1}{H}\int_0^{h'} gz\,\delta z = \frac{g}{2H}h'^2 = \frac{(gh')^2}{2gH} = \frac{f_0^2}{2c_0^2}\psi^2 = \frac{1}{2}\lambda_0^2\psi^2. \quad (6.74)$$

在 z 坐标系中,准地转模式的方程组(6.51)可以写为

$$\begin{cases}\dfrac{\partial}{\partial t}\nabla_{\mathrm{h}}^2\psi + \nabla_{\mathrm{h}}\cdot[(\nabla_{\mathrm{h}}^2\psi + f)\boldsymbol{V}^{(0)}] = \dfrac{f_0}{\rho_0}\dfrac{\partial\rho_0 w}{\partial z},\\[2ex] \dfrac{\partial}{\partial t}\left(\dfrac{\partial\psi}{\partial z}\right) + \nabla_{\mathrm{h}}\cdot\left(\dfrac{\partial\psi}{\partial z}\boldsymbol{V}^{(0)}\right) = -\dfrac{N^2}{f_0}w.\end{cases} \quad (6.75)$$

以 $-\psi$ 乘以方程组(6.75)的第一式得

$$-\psi\frac{\partial}{\partial t}\nabla_{\mathrm{h}}^2\psi - \psi\nabla_{\mathrm{h}}\cdot[(\nabla_{\mathrm{h}}^2\psi + f)\boldsymbol{V}^{(0)}] = -\frac{f_0\psi}{\rho_0}\frac{\partial\rho_0 w}{\partial z}. \quad (6.76)$$

但

$$\begin{cases}-\psi\dfrac{\partial}{\partial t}\nabla_{\mathrm{h}}^2\psi = \dfrac{\partial}{\partial t}\left[\dfrac{1}{2}(\nabla_{\mathrm{h}}\psi)^2\right] - \nabla_{\mathrm{h}}\cdot\left[\psi\nabla_{\mathrm{h}}\left(\dfrac{\partial\psi}{\partial t}\right)\right] = \dfrac{\partial K}{\partial t} - \nabla_{\mathrm{h}}\cdot\left[\psi\nabla_{\mathrm{h}}\left(\dfrac{\partial\psi}{\partial t}\right)\right],\\[2ex] -\psi\nabla_{\mathrm{h}}\cdot[(\nabla_{\mathrm{h}}^2\psi + f)\boldsymbol{V}^{(0)}] = -\nabla_{\mathrm{h}}\cdot[\psi(\nabla_{\mathrm{h}}^2\psi + f)\boldsymbol{V}^{(0)}] + (\nabla_{\mathrm{h}}^2\psi + f)\boldsymbol{V}^{(0)}\cdot\nabla\psi\\ \qquad\qquad = -\nabla_{\mathrm{h}}\cdot[\psi(\nabla_{\mathrm{h}}^2\psi + f)\boldsymbol{V}^{(0)}],\end{cases} \quad (6.77)$$

则(6.76)式化为

$$\frac{\partial K}{\partial t} = \nabla_{\mathrm{h}}\cdot[\psi(\nabla_{\mathrm{h}}^2\psi + f)\boldsymbol{V}^{(0)}] + \nabla_{\mathrm{h}}\cdot\left[\psi\nabla_{\mathrm{h}}\left(\frac{\partial\psi}{\partial t}\right)\right] - \frac{f_0\psi}{\rho_0}\frac{\partial\rho_0 w}{\partial z}, \quad (6.78)$$

这就是准地转模式动能变化的微分形式.

以 $\dfrac{f_0^2}{N^2}\dfrac{\partial\psi}{\partial z}$(设 N^2 = 常数)乘以方程组(6.75)的第二式得

$$\frac{f_0^2}{N^2}\frac{\partial\psi}{\partial z}\frac{\partial}{\partial t}\left(\frac{\partial\psi}{\partial z}\right) + \frac{f_0^2}{N^2}\frac{\partial\psi}{\partial z}\nabla_{\mathrm{h}}\cdot\left(\frac{\partial\psi}{\partial z}\boldsymbol{V}^{(0)}\right) = -f_0 w\frac{\partial\psi}{\partial z}, \quad (6.79)$$

但

$$\frac{f_0^2}{N^2}\frac{\partial\psi}{\partial z}\frac{\partial}{\partial t}\left(\frac{\partial\psi}{\partial z}\right) = \frac{\partial}{\partial t}\left[\frac{f_0^2}{2N^2}\left(\frac{\partial\psi}{\partial z}\right)^2\right] = \frac{\partial A}{\partial t},$$

$$\frac{f_0^2}{N^2}\frac{\partial\psi}{\partial z}\nabla_{\mathrm{h}}\cdot\left(\frac{\partial\psi}{\partial z}\boldsymbol{V}^{(0)}\right) = \frac{f_0^2}{2N^2}\nabla_{\mathrm{h}}\cdot\left[\left(\frac{\partial\psi}{\partial z}\right)^2\boldsymbol{V}^{(0)}\right].$$

则(6.78)式化为

$$\frac{\partial A}{\partial t} = -\frac{f_0^2}{2N^2}\nabla_{\mathrm{h}}\cdot\left[\left(\frac{\partial\psi}{\partial y}\right)^2\boldsymbol{V}^{(0)}\right] - f_0 w\frac{\partial\psi}{\partial z}, \quad (6.80)$$

这是准地转模式有效势能变化的微分形式.

将(6.78)式与(6.80)式相加,注意

$$-\frac{f_0\psi}{\rho_0}\frac{\partial\rho_0 w}{\partial z}\approx-\frac{\partial}{\partial z}(f_0\psi w)+f_0 w\frac{\partial\psi}{\partial z}$$

(忽略了 ρ_0 的变化),则得

$$\begin{aligned}\frac{\partial}{\partial t}(K+A)=&\nabla_{\mathrm{h}}\cdot[\psi(\nabla_{\mathrm{h}}^2\psi+f)\boldsymbol{V}^{(0)}]+\nabla_{\mathrm{h}}\cdot\left[\psi\nabla_{\mathrm{h}}\left(\frac{\partial\psi}{\partial t}\right)\right]\\&-\frac{f_0^2}{2N^2}\nabla_{\mathrm{h}}\cdot\left[\left(\frac{\partial\psi}{\partial z}\right)^2\boldsymbol{V}^{(0)}\right]-\frac{\partial}{\partial z}(f_0\psi w),\end{aligned}\tag{6.81}$$

这就是准地转模式总能量变化的微分形式.

将(6.81)式在整个体积 V 上积分,设在 V 的边界上 $\psi=0$,则得到

$$\frac{\partial}{\partial t}\iiint_V(K+A)\delta v=0.\tag{6.82}$$

它表明:在准地转模式中,体积内的动能与有效势能之和守恒.

事实上,若不考虑非线性项(它对能量的积分变化无贡献,以后,我们也将这么做),上述结论可直接从准地转位涡度守恒定律(6.54)式得到.

不考虑非线性项和 ρ_0,N^2 的变化,则(6.54)式写为

$$\frac{\partial}{\partial t}\left(\nabla_{\mathrm{h}}^2\psi+\frac{f_0^2}{N^2}\frac{\partial^2\psi}{\partial z^2}\right)+\beta_0\frac{\partial\psi}{\partial x}=0.\tag{6.83}$$

以 $-\psi$ 乘以上式得

$$-\psi\frac{\partial}{\partial t}\nabla_{\mathrm{h}}^2\psi-\frac{f_0^2}{N^2}\psi\frac{\partial}{\partial t}\left(\frac{\partial^2\psi}{\partial z^2}\right)-\beta_0\psi\frac{\partial\psi}{\partial x}=0,\tag{6.84}$$

但

$$\begin{aligned}-\frac{f_0^2}{N^2}\psi\frac{\partial}{\partial t}\left(\frac{\partial^2\psi}{\partial z^2}\right)&=-\frac{f_0^2}{N^2}\frac{\partial}{\partial z}\left[\psi\frac{\partial}{\partial z}\left(\frac{\partial\psi}{\partial t}\right)\right]+\frac{1}{2}\frac{f_0^2}{N^2}\frac{\partial}{\partial t}\left(\frac{\partial\psi}{\partial z}\right)^2\\&=\frac{\partial A}{\partial t}-\frac{f_0^2}{N^2}\frac{\partial}{\partial z}\left[\psi\frac{\partial}{\partial z}\left(\frac{\partial\psi}{\partial t}\right)\right],\end{aligned}$$

再利用(6.77)式,则(6.84)式化为

$$\frac{\partial}{\partial t}(K+A)=\nabla_{\mathrm{h}}\cdot\left[\psi\nabla_{\mathrm{h}}\left(\frac{\partial\psi}{\partial t}\right)\right]+\frac{f_0^2}{N^2}\frac{\partial}{\partial z}\left[\psi\frac{\partial}{\partial z}\left(\frac{\partial\psi}{\partial t}\right)\right]+\frac{\beta_0}{2}\frac{\partial\psi^2}{\partial x}.\tag{6.85}$$

上式在整个体积 τ 上积分,并利用 τ 的边界 $\psi=0$ 的条件就得到(6.82)式.

类似,若以 $q_0=\nabla_{\mathrm{h}}^2\psi+\dfrac{f_0^2}{N^2}\dfrac{\partial^2\psi}{\partial z^2}$ 乘(6.83)式有

$$\frac{\partial}{\partial t}\left(\frac{1}{2}q_0^2\right)+\beta_0\left(\nabla_{\mathrm{h}}^2\psi+\frac{f_0^2}{N^2}\frac{\partial^2\psi}{\partial z^2}\right)\frac{\partial\psi}{\partial x}=0.\tag{6.86}$$

但

$$\beta_0\left(\nabla_h^2\psi+\frac{f_0^2}{N^2}\frac{\partial^2\psi}{\partial z^2}\right)\frac{\partial\psi}{\partial x}=\frac{\beta_0}{2}\frac{\partial}{\partial x}\left[\left(\frac{\partial\psi}{\partial x}\right)^2-\left(\frac{\partial\psi}{\partial y}\right)^2-\frac{f_0^2}{N^2}\left(\frac{\partial\psi}{\partial z}\right)^2\right]$$
$$+\beta_0\frac{\partial}{\partial y}\left(\frac{\partial\psi}{\partial x}\frac{\partial\psi}{\partial y}\right)+\beta_0\frac{f_0^2}{N^2}\frac{\partial}{\partial z}\left(\frac{\partial\psi}{\partial x}\frac{\partial\psi}{\partial z}\right),$$

则(6.86)式化为

$$\frac{\partial}{\partial t}\left(\frac{1}{2}q_0^2\right)=-\frac{\beta_0}{2}\frac{\partial}{\partial x}\left[\left(\frac{\partial\psi}{\partial x}\right)^2-\left(\frac{\partial\psi}{\partial y}\right)^2-\frac{f_0^2}{N^2}\left(\frac{\partial\psi}{\partial z}\right)^2\right]$$
$$-\beta_0\frac{\partial}{\partial y}\left(\frac{\partial\psi}{\partial x}\frac{\partial\psi}{\partial y}\right)-\beta_0\frac{f_0^2}{N^2}\frac{\partial}{\partial z}\left(\frac{\partial\psi}{\partial x}\frac{\partial\psi}{\partial z}\right). \tag{6.87}$$

上式在整个体积上积分就得到

$$\frac{\partial}{\partial t}\iiint_V\frac{1}{2}q_0^2\delta v=0. \tag{6.88}$$

若把相对准地转位涡度 q_0 的平方之半 $\frac{1}{2}q_0^2$ 称为准地转位涡能或位涡拟能(enstrophy),则上式就是体积 V 内拟能的守恒定律.

与 z 坐标系类似,利用方程组(6.59)或方程(6.62),我们可以求得 p 坐标系中准地转的能量守恒定律和位涡拟能守恒定律,这与(6.82)式和(6.88)式的形式相似.

同样,正压准地转涡度守恒定律(6.65)在不考虑非线性项的情况下可以写为

$$\frac{\partial}{\partial t}(\nabla_h^2\psi-\lambda_0^2\psi)+\beta_0\frac{\partial\psi}{\partial x}=0. \tag{6.89}$$

以 $-\psi$ 乘上式得

$$-\psi\frac{\partial}{\partial t}\nabla_h^2\psi+\lambda_0^2\psi\frac{\partial\psi}{\partial t}-\beta_0\psi\frac{\partial\psi}{\partial x}=0. \tag{6.90}$$

但利用(6.77)式,且注意

$$\lambda_0^2\psi\frac{\partial\psi}{\partial t}=\frac{\partial}{\partial t}\left(\frac{1}{2}\lambda_0^2\psi^2\right),\quad -\beta_0\psi\frac{\partial\psi}{\partial x}=-\frac{\beta_0}{2}\frac{\partial\psi^2}{\partial x},$$

则(6.90)式化为

$$\frac{\partial}{\partial t}(K_i+\phi_i)=\frac{\beta_0}{2}\frac{\partial\psi^2}{\partial x}+\nabla_h\cdot\left[\psi\nabla_h\left(\frac{\partial\psi}{\partial t}\right)\right]. \tag{6.91}$$

上式在整个区域 A(设边界上 $\psi=0$)上积分得

$$\frac{\partial}{\partial t}\iint_A(K_i+\phi_i)\delta A=0, \tag{6.92}$$

这就是正压准地转模式的能量守恒定律.

类似可得到正压准地转模式的位涡拟能守恒定律为

$$\frac{\partial}{\partial t}\iint_A\frac{1}{2}q_0^2\delta A=\frac{\partial}{\partial t}\iint_A\frac{1}{2}(\nabla_h^2\psi-\lambda_0^2\psi)^2\delta A=0, \tag{6.93}$$

其中 $q_0^2=(\nabla_h^2\psi-\lambda_0^2\psi)^2$.

§6.4 准地转的位势倾向方程和 ω 方程

准地转的位势倾向方程和 ω 方程是从准地转方程组演化得到的两个方程，它们是中纬度天气诊断和数值预报的两个基础方程.

将(6.60)式代入(6.59)式得

$$\begin{cases}\dfrac{\partial}{\partial t}\nabla_p^2\phi'+\mathrm{J}_p\left(\phi',\dfrac{1}{f_0}\nabla_p^2\phi'+f\right)=f_0^2\dfrac{\partial\omega}{\partial p},\\ \dfrac{\partial}{\partial t}\left(\dfrac{\partial\phi'}{\partial p}\right)+\dfrac{1}{f_0}\mathrm{J}_p\left(\phi',\dfrac{\partial\phi'}{\partial p}\right)+\sigma\omega=0,\end{cases}\tag{6.94}$$

其中

$$\mathrm{J}_p(A,B)=\left(\frac{\partial A}{\partial x}\frac{\partial B}{\partial y}-\frac{\partial A}{\partial y}\frac{\partial B}{\partial x}\right)_p\tag{6.95}$$

是在等压面上的 Jacobi 算子.

准地转模式方程组包含两个未知函数 ϕ' 和 ω，消去 ω 可得 ϕ' 的方程(即位势倾向方程)；消去 $\partial\phi'/\partial t$ 可得 ω 的方程(即 ω 方程). 为了方便，下面我们设 σ＝常数.

一、准地转位势倾向方程

方程组(6.94)的第二式乘 f_0^2/σ，然后对 p 微商，把结果与第一式相加即得

$$\left(\nabla_p^2+\frac{f_0^2}{\sigma}\frac{\partial^2}{\partial p^2}\right)\frac{\partial\phi'}{\partial t}=-\mathrm{J}_p\left(\phi',\frac{1}{f_0}\nabla_p^2\phi'+f\right)-\frac{f_0}{\sigma}\frac{\partial}{\partial p}\mathrm{J}_p\left(\phi',\frac{\partial\phi'}{\partial p}\right),\tag{6.96}$$

这就是准地转的位势倾向($\partial\phi'/\partial t$)方程. 它可根据 ϕ' 的瞬时值计算 $\partial\phi'/\partial t$.

为了便于物理上分析，可将(6.96)式右端改写一下，引进绝对涡度和温度的地转平流：

$$\begin{aligned}A_{\zeta_a}&\equiv-\boldsymbol{V}_h^{(0)}\cdot\nabla_p(\zeta^{(0)}+f)=-\left[u^{(0)}\frac{\partial(\zeta^{(0)}+f)}{\partial x}+v^{(0)}\frac{\partial(\zeta^{(0)}+f)}{\partial y}\right]\\&=\frac{1}{f_0}\frac{\partial\phi'}{\partial y}\frac{\partial}{\partial x}\left(\frac{1}{f_0}\nabla_p^2\phi'+f\right)-\frac{1}{f_0}\frac{\partial\phi'}{\partial x}\frac{\partial}{\partial y}\left(\frac{1}{f_0}\nabla_p^2\phi'+f\right)\\&=-\frac{1}{f_0}\mathrm{J}_p\left(\phi',\frac{1}{f_0}\nabla_p^2\phi'+f\right),\end{aligned}\tag{6.97}$$

$$\begin{aligned}A_T&\equiv-\boldsymbol{V}_h^{(0)}\cdot\nabla_pT'=\frac{p}{R}\boldsymbol{V}_h^{(0)}\cdot\nabla_p\left(\frac{\partial\phi'}{\partial p}\right)=\frac{p}{R}\left[u^{(0)}\frac{\partial}{\partial x}\left(\frac{\partial\phi'}{\partial p}\right)+v^{(0)}\frac{\partial}{\partial y}\left(\frac{\partial\phi'}{\partial p}\right)\right]\\&=\frac{p}{R}\left[-\frac{1}{f_0}\frac{\partial\phi'}{\partial y}\frac{\partial}{\partial x}\left(\frac{\partial\phi'}{\partial p}\right)+\frac{1}{f_0}\frac{\partial\phi'}{\partial x}\frac{\partial}{\partial y}\left(\frac{\partial\phi'}{\partial p}\right)\right]=\frac{p}{f_0R}\mathrm{J}_p\left(\phi',\frac{\partial\phi'}{\partial p}\right).\end{aligned}\tag{6.98}$$

这样，位势倾向方程(6.96)可改写为

$$\left(\nabla_p^2+\frac{f_0^2}{\sigma}\frac{\partial^2}{\partial p^2}\right)\frac{\partial\phi'}{\partial t}=f_0A_{\zeta_a}-\frac{f_0^2R}{\sigma}\frac{\partial}{\partial p}\left(\frac{1}{p}A_T\right). \tag{6.99}$$

因此,位势倾向 $\partial\phi'/\partial t$ 的空间变化与绝对涡度的地转平流以及温度地转平流随气压(或高度)的变化有关.

为了定性地分析(6.99)式,我们考虑 ϕ' 是波状,即设

$$\phi'=\Phi(t)\cos\left(kx-\frac{\pi p}{P_0}\right)\cos ly, \tag{6.100}$$

其中 k,l 分别是 x,y 方向上的波数(详见下一章),$P_0=1000$ hPa. (6.100)式代入(6.99)式的左端很易得到

$$\left(\nabla_p^2+\frac{f_0^2}{\sigma}\frac{\partial^2}{\partial p^2}\right)\frac{\partial\phi'}{\partial t}=-\left[k^2+l^2+\frac{f_0^2}{\sigma}\left(\frac{\pi}{P_0}\right)^2\right]\frac{\partial\phi'}{\partial t}. \tag{6.101}$$

上式表示:在通常的稳定层结下($\sigma>0$),$\left(\nabla_p^2+\frac{f_0^2}{\sigma}\frac{\partial^2}{\partial p^2}\right)\frac{\partial\phi'}{\partial t}$ 与 $\frac{\partial\phi'}{\partial t}$ 的符号相反. 这样,(6.99)式可改写为

$$\left[k^2+l^2+\frac{f_0^2}{\sigma}\left(\frac{\pi}{P_0}\right)^2\right]\frac{\partial\phi'}{\partial t}=-f_0A_{\zeta_a}+\frac{f_0^2R}{\sigma}\frac{\partial}{\partial p}\left(\frac{1}{p}A_T\right). \tag{6.102}$$

所以,当 $A_{\zeta_a}<0$(负涡度平流)和 $\frac{\partial}{\partial p}\left(\frac{1}{p}A_T\right)>0$(相当于高层冷平流,低层暖平流)时,$\frac{\partial\phi'}{\partial t}>0$;而当 $A_{\zeta_a}>0$(正涡度平流)和 $\frac{\partial}{\partial p}\left(\frac{1}{p}A_T\right)<0$(相当于高层暖平流,低层冷平流)时,$\frac{\partial\phi'}{\partial t}<0$. 这些在物理上都是比较容易理解的.

二、准地转 ω 方程

方程组(6.94)的第一式对 p 微商,第二式作 ∇_p^2 运算,然后相减消去 $\partial\phi'/\partial t$ 则得

$$\left(\nabla_p^2+\frac{f_0^2}{\sigma}\frac{\partial^2}{\partial p^2}\right)\omega=\frac{1}{\sigma}\frac{\partial}{\partial p}\mathrm{J}_p\left(\phi',\frac{1}{f_0}\nabla_p^2\phi'+f\right)-\frac{1}{\sigma}\nabla_p^2\left[\frac{1}{f_0}\mathrm{J}_p\left(\phi',\frac{\partial\phi'}{\partial p}\right)\right], \tag{6.103}$$

这就是准地转的 ω 方程,它可根据 ϕ' 的瞬时值计算 ω.

若将(6.97)式和(6.98)式代入,则(6.103)式可改写为

$$\left(\nabla_p^2+\frac{f_0^2}{\sigma}\frac{\partial^2}{\partial p^2}\right)\omega=-\frac{f_0}{\sigma}\frac{\partial A_{\zeta_a}}{\partial p}-\frac{R}{\sigma p}\nabla_p^2A_T. \tag{6.104}$$

因此,ω 的空间变化与绝对涡度地转平流随气压(或高度)的变化以及温度平流的水平变化有关.

类似(6.100)式,我们设

$$\omega = \Omega(t)\cos\left(kx - \frac{\pi p}{P_0}\right)\cos ly. \tag{6.105}$$

则有

$$\left(\nabla_p^2 + \frac{f_0^2}{\sigma}\frac{\partial^2}{\partial p^2}\right)\omega = -\left[k^2 + l^2 + \frac{f_0^2}{\sigma}\left(\frac{\pi}{P_0}\right)^2\right]\omega. \tag{6.106}$$

又设 ϕ' 是(6.100)式,则一定有

$$\nabla_p^2 A_T = - n^2 A_T \quad (n^2 > 0), \tag{6.107}$$

这样,(6.104)式可改写为

$$\left[k^2 + l^2 + \frac{f_0^2}{\sigma}\left(\frac{\pi}{P_0}\right)^2\right](-\omega) = -\frac{f_0}{\sigma}\frac{\partial A_{\zeta_a}}{\partial p} + n^2\frac{R}{\sigma p}A_T. \tag{6.108}$$

所以,当 $\frac{\partial A_{\zeta_a}}{\partial p} < 0$(正涡度平流随高度增加而增加或负涡度平流随高度增加而减小)和 $A_T > 0$(暖平流)时,$-\omega > 0$(上升运动);而当 $\frac{\partial A_{\zeta_a}}{\partial p} > 0$(正涡度平流随高度增加而减小或负涡度平流随高度增加而增加)和 $A_T < 0$(冷平流)时,$-\omega < 0$(下沉运动).

§ 6.5 准无辐散模式

准地转模式反映了大尺度运动的本质,但精确度还不高,这是因为地转近似只是散度方程零级近似的缘故.因散度方程的一级近似是平衡方程,而平衡方程是散度方程令 $D=0$ 的结果,所以,在准地转模式中,用平衡方程所表征的风速 u,v 代替地转关系 $u^{(0)},v^{(0)}$,即构成准无辐散模式.

例如,在 p 坐标系中,准无辐散模式的基本方程组为

$$\begin{cases} \left(\frac{\partial}{\partial t} + u\frac{\partial}{\partial x} + v\frac{\partial}{\partial y}\right)(f + \zeta) = f_0\frac{\partial \omega}{\partial p}, \\ 2\mathrm{J}_p(u,v) - \beta_0 u + f\zeta = \nabla_p^2\phi', \\ \left(\frac{\partial}{\partial t} + u\frac{\partial}{\partial x} + v\frac{\partial}{\partial y}\right)\left(\frac{\partial \phi'}{\partial p}\right) + \sigma\omega = 0, \end{cases} \tag{6.109}$$

或因 $D=0$,引入流函数:

$$u = -\frac{\partial \psi}{\partial y}, \quad v = \frac{\partial \psi}{\partial x}, \quad \zeta = \nabla_p^2\psi. \tag{6.110}$$

注意这里 ψ 不是准地转流函数,它与 ϕ' 的关系不是 $\psi = \phi'/f_0$,(6.109)的第二式是平衡方程.

这样,准无辐散模式的基本方程组(6.109)可以改写为

$$\begin{cases}\dfrac{\partial}{\partial t}\nabla_p^2\psi+\mathrm{J}_p(\psi,\nabla_p^2\psi+f)=f_0\dfrac{\partial\omega}{\partial p},\\ \nabla_p^2\phi'-f_0\nabla_p^2\psi-\beta_0\dfrac{\partial\psi}{\partial y}-2\left[\dfrac{\partial^2\psi}{\partial x^2}\dfrac{\partial^2\psi}{\partial y^2}-\left(\dfrac{\partial^2\psi}{\partial x\partial y}\right)^2\right]=0,\\ \dfrac{\partial}{\partial t}\left(\dfrac{\partial\phi'}{\partial p}\right)+\mathrm{J}_p\left(\psi,\dfrac{\partial\phi'}{\partial p}\right)+\sigma\omega=0.\end{cases}\tag{6.111}$$

准无辐散方程组(6.111)的第三式乘以 f_0/σ(设 σ 为常数),然后对 p 微商,把结果与第一式相加得

$$\nabla_p^2\left(\frac{\partial\psi}{\partial t}\right)+\frac{f_0}{\sigma}\frac{\partial^2}{\partial p^2}\left(\frac{\partial\phi'}{\partial t}\right)=-\mathrm{J}_p(\psi,\nabla_p^2\psi+f)-\frac{f_0}{\sigma}\frac{\partial}{\partial p}\mathrm{J}_p\left(\psi,\frac{\partial\phi'}{\partial p}\right).\tag{6.112}$$

它包含 ϕ' 和 ψ,为了消去 ϕ',只有利用平衡方程.但直接利用平衡方程不易消去 ϕ',下面我们利用平衡方程的原始方程,即定常的水平运动方程

$$\begin{cases}u\dfrac{\partial u}{\partial x}+v\dfrac{\partial u}{\partial y}-fv=-\dfrac{\partial\phi'}{\partial x},\\ u\dfrac{\partial v}{\partial x}+v\dfrac{\partial v}{\partial y}+fu=-\dfrac{\partial\phi'}{\partial y},\end{cases}\tag{6.113}$$

即

$$\begin{cases}-\mathrm{J}_p\left(\psi,\dfrac{\partial\psi}{\partial y}\right)-f\dfrac{\partial\psi}{\partial x}=-\dfrac{\partial\phi'}{\partial x},\\ \mathrm{J}_p\left(\psi,\dfrac{\partial\psi}{\partial x}\right)-f\dfrac{\partial\psi}{\partial y}=-\dfrac{\partial\phi'}{\partial y}.\end{cases}\tag{6.114}$$

上式对 p 微商得

$$\begin{cases}\dfrac{\partial}{\partial x}\left(\dfrac{\partial\phi'}{\partial p}\right)=f\dfrac{\partial}{\partial x}\left(\dfrac{\partial\psi}{\partial p}\right)+\dfrac{\partial}{\partial p}\mathrm{J}_p\left(\psi,\dfrac{\partial\psi}{\partial y}\right),\\ \dfrac{\partial}{\partial y}\left(\dfrac{\partial\phi'}{\partial p}\right)=f\dfrac{\partial}{\partial y}\left(\dfrac{\partial\psi}{\partial p}\right)-\dfrac{\partial}{\partial p}\mathrm{J}_p\left(\psi,\dfrac{\partial\psi}{\partial x}\right).\end{cases}\tag{6.115}$$

将(6.115)的第二式乘以 $\dfrac{\partial\psi}{\partial x}$,第一式乘以 $\dfrac{\partial\psi}{\partial y}$,然后相减得

$$\mathrm{J}_p\left(\psi,\frac{\partial\phi'}{\partial p}\right)=f\mathrm{J}_p\left(\psi,\frac{\partial\psi}{\partial p}\right)-\left[\frac{\partial\psi}{\partial x}\frac{\partial}{\partial p}\mathrm{J}_p\left(\psi,\frac{\partial\psi}{\partial x}\right)+\frac{\partial\psi}{\partial y}\frac{\partial}{\partial p}\mathrm{J}_p\left(\psi,\frac{\partial\psi}{\partial y}\right)\right].\tag{6.116}$$

将上式(其中 f 用 f_0 代替)代入到(6.112)式右端的最后一项,且(6.112)式左端第二项中 $\dfrac{\partial\phi'}{\partial t}$ 近似用 $f_0\dfrac{\partial\psi}{\partial t}$ 代替,则得到

$$\begin{aligned}\left(\nabla_p^2+\frac{f_0^2}{\sigma}\frac{\partial^2}{\partial p^2}\right)\frac{\partial\psi}{\partial t}=&-\mathrm{J}_p(\psi,\nabla_p^2\psi+f)-\frac{f_0^2}{\sigma}\frac{\partial}{\partial p}\mathrm{J}_p\left(\psi,\frac{\partial\psi}{\partial p}\right)\\&+\frac{f_0}{\sigma}\frac{\partial}{\partial p}\left[\frac{\partial\psi}{\partial x}\frac{\partial}{\partial p}\mathrm{J}_p\left(\psi,\frac{\partial\psi}{\partial x}\right)+\frac{\partial\psi}{\partial y}\frac{\partial}{\partial p}\mathrm{J}_p\left(\psi,\frac{\partial\psi}{\partial y}\right)\right],\end{aligned}\tag{6.117}$$

这就是准水平无辐散的 $\partial\psi/\partial t$ 的方程. 它可根据瞬时 ψ 的值去计算 $\partial\psi/\partial t$.

同样,可以导出 ω 方程,但也很复杂. 我们将方程组(6.111)中的平衡方程用线性平衡方程代替,则方程组(6.111)化为

$$\begin{cases}\dfrac{\partial}{\partial t}\nabla_p^2\psi+\mathrm{J}_p(\psi,\nabla_p^2\psi+f)=f_0\dfrac{\partial\omega}{\partial p},\\ \nabla_p^2\phi'-f_0\nabla_p^2\psi-\beta_0\dfrac{\partial\psi}{\partial y}=0,\\ \dfrac{\partial}{\partial t}\left(\dfrac{\partial\phi'}{\partial p}\right)+\mathrm{J}_p\left(\psi,\dfrac{\partial\phi'}{\partial p}\right)+\sigma\omega=0,\end{cases}\tag{6.118}$$

其中第二式为线性平衡方程. 将它对时间微商与方程组(6.118)的第一式消去 $\dfrac{\partial}{\partial t}\nabla_p^2\psi$ 得到

$$\nabla_p^2\frac{\partial\phi'}{\partial t}+f_0\mathrm{J}_p(\psi,\nabla_p^2\psi+f)-\beta_0\frac{\partial^2\psi}{\partial y\partial t}=f_0^2\frac{\partial\omega}{\partial p}.\tag{6.119}$$

上式对 p 微商,(6.118)的第三式作 ∇_p^2 运算,然后相减得到

$$\begin{aligned}\left(\nabla_p^2+\frac{f_0^2}{\sigma}\frac{\partial^2}{\partial p^2}\right)\omega=&\frac{f_0}{\sigma}\frac{\partial}{\partial p}\mathrm{J}_p(\psi,\nabla_p^2\psi+f)-\frac{\beta_0}{\sigma}\frac{\partial^2\psi}{\partial t\partial y\partial p}\\&-\frac{1}{\sigma}\nabla_p^2\mathrm{J}_p\left(\psi,\frac{\partial\phi'}{\partial p}\right),\end{aligned}\tag{6.120}$$

这就是准水平无辐散的 ω 方程.

§6.6 半地转模式

由方程组(6.17)知,在准地转模式中,空气微团的水平加速度可写为

$$\begin{cases}\dfrac{\mathrm{d}u}{\mathrm{d}t}=\left(\dfrac{\partial}{\partial t}+u^{(0)}\dfrac{\partial}{\partial x}+v^{(0)}\dfrac{\partial}{\partial y}\right)u^{(0)},\\ \dfrac{\mathrm{d}v}{\mathrm{d}t}=\left(\dfrac{\partial}{\partial t}+u^{(0)}\dfrac{\partial}{\partial x}+v^{(0)}\dfrac{\partial}{\partial y}\right)v^{(0)},\end{cases}\tag{6.121}$$

它表示平流的风场和被平流的风场都是地转风.

在准无辐散模式中,(6.121)式中的所有风场都被平衡风场(平衡方程所确定的风场)所代替.

在半地转模式中,假定被平流的风场仍是地转风场,但认为平流的风场是非地转风,即假定

$$\begin{cases}\dfrac{\mathrm{d}u}{\mathrm{d}t}=\left(\dfrac{\partial}{\partial t}+u\dfrac{\partial}{\partial x}+v\dfrac{\partial}{\partial y}\right)u^{(0)}=\dfrac{\mathrm{d_h}u^{(0)}}{\mathrm{d}t},\\ \dfrac{\mathrm{d}v}{\mathrm{d}t}=\left(\dfrac{\partial}{\partial t}+u\dfrac{\partial}{\partial x}+v\dfrac{\partial}{\partial y}\right)v^{(0)}=\dfrac{\mathrm{d_h}v^{(0)}}{\mathrm{d}t}.\end{cases}\tag{6.122}$$

这样,在 p 坐标系中,半地转模式的基本方程组可以写为

$$\begin{cases}\left(\dfrac{\partial}{\partial t}+u\dfrac{\partial}{\partial x}+v\dfrac{\partial}{\partial y}\right)u^{(0)}-\beta_0 yv^{(0)}-f_0 v=-\dfrac{\partial\phi'}{\partial x},\\ \left(\dfrac{\partial}{\partial t}+u\dfrac{\partial}{\partial x}+v\dfrac{\partial}{\partial y}\right)v^{(0)}+\beta_0 yu^{(0)}+f_0 u=-\dfrac{\partial\phi'}{\partial y},\\ \dfrac{\partial u}{\partial x}+\dfrac{\partial v}{\partial y}+\dfrac{\partial\omega}{\partial p}=0,\\ \left(\dfrac{\partial}{\partial t}+u\dfrac{\partial}{\partial x}+v\dfrac{\partial}{\partial y}\right)\left(\dfrac{\partial\phi'}{\partial p}\right)+\sigma\omega=0.\end{cases}\tag{6.123}$$

上式包含四个方程、四个未知函数 u,v,ω,ϕ' 是封闭的.若将其中的头两式化为涡度方程和散度方程,则散度方程可用平衡方程代替$\left(\text{此时 }\zeta\equiv\dfrac{\partial v}{\partial x}-\dfrac{\partial u}{\partial y}=\nabla_p^2\psi\right)$.这样,半地转模式的基本方程组可以改写为

$$\begin{cases}\left(\dfrac{\partial}{\partial t}+u\dfrac{\partial}{\partial x}+v\dfrac{\partial}{\partial y}\right)\zeta^{(0)}+\beta_0 v^{(0)}=f_0\dfrac{\partial\omega}{\partial p},\\ \left(\dfrac{\partial}{\partial t}+u\dfrac{\partial}{\partial x}+v\dfrac{\partial}{\partial y}\right)\dfrac{\partial\phi'}{\partial p}+\sigma\omega=0,\\ 2\mathrm{J}(u,v)-\beta_0 u+f\zeta=\nabla_p^2\phi',\\ u=-\dfrac{\partial\psi}{\partial y},\quad v=\dfrac{\partial\psi}{\partial x},\quad \zeta=\nabla_p^2\psi.\end{cases}\tag{6.124}$$

复习思考题

1. 小参数方法的基本思想和做法如何?
2. 什么是准地转?其主要特征是什么?与地转有何不同?
3. 准地转位涡度守恒定律的意义何在?
4. 比较准地转、准无辐散和半地转模式.
5. 比较绝对涡度、绝对位涡度和准地转位涡度的异同,它们各在什么条件下是保守量?
6. 准地转模式中的能量与通常的能量有何异同?
7. 为什么在准地转模式中的动能不包括垂直运动动能?
8. 在什么条件中准地转模式的总能量守恒?
9. 准地转模式在什么条件下可以转化为正压水平无辐散的模式?
10. 什么是准地转位涡能或位涡拟能?

习 题

1. 用小参数方法求下列 p 坐标系方程组的零级和一级近似:

$$\begin{cases}\dfrac{\mathrm{d}u}{\mathrm{d}t}-fv=-\dfrac{\partial\phi'}{\partial x},\\ \dfrac{\mathrm{d}v}{\mathrm{d}t}+fu=-\dfrac{\partial\phi'}{\partial y},\\ \dfrac{\partial u}{\partial x}+\dfrac{\partial v}{\partial y}+\dfrac{\partial\omega}{\partial p}=0,\\ \dfrac{\mathrm{d}}{\mathrm{d}t}\left(\dfrac{\partial\phi'}{\partial p}\right)+\sigma\omega=0.\end{cases}$$

对大尺度运动,取

$$\begin{cases}(x,y)=L(x_1,y_1),\quad p=Pp_1,\quad t=(L/U)\cdot t_1,\\ (u,v)=U(u_1,v_1),\quad \omega=Ro(PU/L)\cdot\omega_1,\quad f=f_0f_1,\\ \phi'=f_0UL\phi_1'.\end{cases}$$

注意 $\sigma=c_a^2/p^2\sim\alpha_0gH/P^2$,取 $Ro\equiv U/f_0L$ 为小参数,$\mu_0^2=f_0^2L^2/gH$ 为参数.

2. 利用上题水平运动方程一级近似的结果,证明由它导出的散度方程就是平衡方程.

3. 证明 p 坐标系的准地转位涡度守恒定律可以写为

$$\left(\frac{\partial}{\partial t}+u^{(0)}\frac{\partial}{\partial x}+v^{(0)}\frac{\partial}{\partial y}\right)q_0+\beta_0v^{(0)}=0,$$

其中

$$q_0=\zeta^{(0)}+\frac{\partial}{\partial p}\left(\frac{f_0^2}{\sigma}\frac{\partial\psi}{\partial p}\right)=\nabla_p^2\psi+\frac{\partial}{\partial p}\left(\frac{f_0^2}{\sigma}\frac{\partial\psi}{\partial p}\right).$$

4. (1) 证明正压模式的准地转位涡度守恒定律可以写为

$$\left(\frac{\partial}{\partial t}+u^{(0)}\frac{\partial}{\partial x}+v^{(0)}\frac{\partial}{\partial y}\right)q_0+\beta_0v^{(0)}=0,$$

其中 $q_0=\zeta^{(0)}-\lambda_0^2\psi=\nabla_h^2\psi-\lambda_0^2\psi$.

(2) 若 q_0 为一点涡,即 $q_0=-\delta(\boldsymbol{r}-\boldsymbol{r}_0)$($\delta$ 为 δ 函数),证明此时

$$\psi=\frac{1}{2\pi}\mathrm{K}_0(\lambda_0\mid\boldsymbol{r}-\boldsymbol{r}_0\mid),$$

$\mathrm{K}_0(x)$为零阶的变型的 Bessel 函数,并说明 $\lambda_0\to0$ 时,$\psi=-\dfrac{1}{2\pi}\ln|\boldsymbol{r}-\boldsymbol{r}_0|$.

5. 设 f 的尺度为 f_0,ζ 的尺度为 U/L,又设 $h=H+h'(h'\ll H)$,证明在 $Ro<1$ 的条件下

$$\frac{\zeta+f}{h}\approx\frac{1}{H}q=\frac{1}{H}(f+\zeta-\lambda_0^2\psi)\quad\left(\psi=\frac{1}{f_0}gh'\right).$$

6. 用小参数方法求下列含地形的正压模式方程组(见第四章习题 13)的零级和一级近似:

$$\begin{cases}\dfrac{\mathrm{d_h}u}{\mathrm{d}t}-fv=-\dfrac{\partial\phi'}{\partial x},\\ \dfrac{\mathrm{d_h}v}{\mathrm{d}t}+fu=-\dfrac{\partial\phi'}{\partial y},\\ \dfrac{\mathrm{d_h}\phi'}{\mathrm{d}t}-\left(u\dfrac{\partial\phi_s}{\partial x}+v\dfrac{\partial\phi_s}{\partial y}\right)+(c_0^2+\phi'-\phi_s)\left(\dfrac{\partial u}{\partial x}+\dfrac{\partial v}{\partial y}\right)=0.\end{cases}$$

对大尺度运动，取

$$\begin{cases}(x,y)=L(x_1,y_1),\quad t=(L/U)\cdot t_1,\quad f=f_0f_1,\\ (u,v)=U(u_1,v_1),\quad \phi'=f_0UL\phi_1',\quad \phi_s=Roc_0^2\phi_{s_1};\end{cases}$$

又取 $Ro=U/f_0L$ 为小参数.

7. 利用上题，证明含地形的正压准地转位涡度守恒定律可以写为

$$\left(\frac{\partial}{\partial t}+u^{(0)}\frac{\partial}{\partial x}+v^{(0)}\frac{\partial}{\partial y}\right)q=0,$$

其中 $q=f+\zeta^{(0)}-\lambda_0^2(\psi-\psi_s)$，$\psi_s=\dfrac{1}{f_0}\phi_s$，又式中 $\lambda_0=f_0/c_0$.

8. 对于准地转模式，证明：

(1) 有效势能 $A=\dfrac{f_0^2}{2N^2}\left(\dfrac{\partial\psi}{\partial z}\right)^2$ 与动能 $K=\dfrac{1}{2}(u^2+v^2)$ 之比的尺度为

$$\frac{A}{K}\sim\mu_1^2\equiv\frac{f_0^2L^2}{N^2H^2};$$

(2) 总能量 $K+A$ 与位涡拟能 $\dfrac{1}{2}q_0^2=\dfrac{1}{2}\left(\nabla_h^2\psi+\dfrac{f_0^2}{N^2}\dfrac{\partial^2\psi}{\partial z^2}\right)^2$ 之比的尺度为

$$\frac{K+A}{\frac{1}{2}q_0^2}\sim\frac{L^2}{1+\mu_1^2}.$$

9. 利用 p 坐标系的准地转模式方程组(6.59)，证明准地转的能量守恒定律

$$\frac{\partial}{\partial t}\iiint_V(K+A)\delta v=0,$$

其中 $K=\dfrac{1}{2}(\nabla_p\psi)^2$，$A=\dfrac{f_0^2}{2\sigma}\left(\dfrac{\partial\psi}{\partial p}\right)^2$.

10. 利用第3题(舍弃非线性项)证明 p 坐标系准地转的能量守恒定律.

11. 利用第3题(舍弃非线性项)证明 p 坐标系准地转的位涡拟能守恒定律：

$$\frac{\partial}{\partial t}\iiint_V\frac{1}{2}q_0^2\delta v=0.$$

12. 利用正压模式的准地转方程组(6.63)，证明正压准地转的能量守恒定律：

$$\frac{\partial}{\partial t}\iint_A(K_i+\phi_i)\delta A=0,$$

其中 $K_i=(\nabla_h\psi)^2/2$，$\phi_i=\lambda_0^2\psi^2/2$ ($\lambda_0^2=f_0^2/c_0^2$).

13. 利用第 4 题(舍弃非线性项)证明正压准地转的能量守恒定律.

14. 利用第 4 题(舍弃非线性项)证明正压准地转的位涡拟能守恒定律：

$$\frac{\partial}{\partial t}\iint_A \frac{1}{2}q_0^2\delta A = 0.$$

15. p 坐标系的涡度方程和绝热方程若写为

$$\begin{cases}\left(\dfrac{\partial}{\partial t}+u^{(0)}\dfrac{\partial}{\partial x}+u^{(0)}\dfrac{\partial}{\partial y}+\omega\dfrac{\partial}{\partial p}\right)(f+\zeta)=(\zeta+f)\dfrac{\partial\omega}{\partial p},\\ \left(\dfrac{\partial}{\partial t}+u^{(0)}\dfrac{\partial}{\partial x}+v^{(0)}\dfrac{\partial}{\partial y}\right)\ln\theta+\omega\dfrac{\partial\ln\theta}{\partial p}=0,\end{cases}$$

其中($u^{(0)}$，$v^{(0)}$)为地转风. 证明：上述方程组可以化为

$$\frac{\mathrm{d}}{\mathrm{d}t}\left\{(f+\zeta)\frac{\partial\ln\theta}{\partial p}\right\}=0,$$

这里 $\dfrac{\mathrm{d}}{\mathrm{d}t}=\dfrac{\partial}{\partial t}+u^{(0)}\dfrac{\partial}{\partial x}+v^{(0)}\dfrac{\partial}{\partial y}+\omega\dfrac{\partial}{\partial p}$.

16. 证明考虑湍流摩擦和非绝热加热的准地转模式方程组可以写为

$$\begin{cases}\left(\dfrac{\partial}{\partial t}+u^{(0)}\dfrac{\partial}{\partial x}+v^{(0)}\dfrac{\partial}{\partial y}\right)(f+\zeta^{(0)})=f_0\dfrac{1}{\rho_0}\dfrac{\partial\rho_0 w}{\partial z}+K_h\nabla_h^2\zeta^{(0)}+K\dfrac{\partial^2\zeta^{(0)}}{\partial z^2},\\ \left(\dfrac{\partial}{\partial t}+u^{(0)}\dfrac{\partial}{\partial x}+v^{(0)}\dfrac{\partial}{\partial y}\right)\left(f_0\dfrac{\partial\psi}{\partial z}\right)+N^2w=\dfrac{g}{c_pT_0}Q.\end{cases}$$

并证明：此时准地转位涡度

$$q=f+\zeta^{(0)}+\frac{1}{\rho_0}\frac{\partial}{\partial z}\left(\frac{f_0^2}{N^2}\rho_0\frac{\partial\psi}{\partial z}\right)$$

满足方程

$$\left(\frac{\partial}{\partial t}+u^{(0)}\frac{\partial}{\partial x}+v^{(0)}\frac{\partial}{\partial y}\right)q=K_h\nabla_h^2\zeta^{(0)}+K\frac{\partial^2\zeta^{(0)}}{\partial z^2}+\frac{f_0}{\rho_0}\frac{\partial}{\partial z}\left(\frac{\rho_0 g}{N^2c_pT_0}Q\right),$$

其中 K_h 和 K 分别为水平方向和 z 方向的湍流系数.

17. 上题若改为 p 坐标系，证明：此时准地转位涡度

$$q=f+\zeta^{(0)}+\frac{\partial}{\partial p}\left(\frac{f_0^2}{\sigma}\frac{\partial\psi}{\partial p}\right)$$

满足

$$\left(\frac{\partial}{\partial t}+u^{(0)}\frac{\partial}{\partial x}+v^{(0)}\frac{\partial}{\partial y}\right)q=K_h\nabla_p^2\zeta^{(0)}+g^2\rho K\frac{\partial}{\partial p}\left(\rho\frac{\partial\zeta^{(0)}}{\partial p}\right)-\frac{f_0}{c_p}\frac{\partial}{\partial p}\left(\frac{Q}{\rho_0T_0\sigma}\right).$$

18. 证明考虑 Rayleigh 摩擦 $\boldsymbol{F}=-k\boldsymbol{V}$ 时的正压准地转位涡度方程可以写为

$$\left(\frac{\partial}{\partial t}+u^{(0)}\frac{\partial}{\partial x}+v^{(0)}\frac{\partial}{\partial y}\right)q=-k\zeta^{(0)},$$

其中 $q=f+\zeta^{(0)}-\lambda_0^2\psi$，$\zeta^{(0)}=\nabla_h^2\psi$，$\lambda_0=f_0/c_0$.

19. 上题若考虑地形,并考虑运动与 y 无关,且设 $\psi_s=\Psi_s\cos k_s x$ $\left(其中\ \Psi_s=\frac{1}{f_0}gh_s\right)$,并设 $u=\bar{u}+u'$,$v=v'$,证明:在定常情况下,方程化为

$$\frac{\partial^2 v}{\partial x^2}+\frac{k}{\bar{u}}\frac{\partial v}{\partial x}+\frac{\beta_0}{\bar{u}}v=\lambda_0^2\Psi_s k_s\sin k_s x \quad \left(其中\ \Psi_s=\frac{gH_s}{f_0}\right).$$

20. 利用正压准地转模式方程组,证明散度 D 满足

$$\left(\nabla_h^2-\frac{1}{L_0^2}\right)D=\frac{f_0}{c_0^2}\boldsymbol{V}^{(0)}\cdot\nabla_h\zeta^{(0)},$$

其中 $L_0=c_0/f_0$.

21. 设水平尺度为 L,风速的尺度为 U,利用上题证明散度 D 的尺度 D_0 满足

(1) 当 $L\gg L_0$ 时,$D_0=\frac{U}{L}Ro$; (2) 当 $L\ll L_0$ 时,$D_0=\left(\frac{L}{L_0}\right)^2\frac{U}{L}Ro$.

22. 证明:正压准地转位涡守恒定律

$$\left(\frac{\partial}{\partial t}+u^{(0)}\frac{\partial}{\partial x}+v^{(0)}\frac{\partial}{\partial y}\right)(\nabla_h^2\psi-\lambda_0^2\psi)+\beta_0 v^{(0)}=0$$

的无量纲方程为

$$\left(\frac{\partial}{\partial t_1}+u_1^{(0)}\frac{\partial}{\partial x_1}+v_1^{(0)}\frac{\partial}{\partial y}\right)(\nabla_1^2\psi_1-\mu_0^2\psi_1)+\beta_1 v_1^{(0)}=0,$$

其中 $\mu_0^2=(L/L_0)^2$,$L_0=c_0/f_0$,$\beta_1=\beta_0 L^2/U$.

23. 利用 Fourier 积分变换求解

$$\begin{cases}\dfrac{\partial}{\partial t}\left(\dfrac{\partial^2\psi}{\partial x^2}-\lambda_0^2\psi\right)+\beta_0\dfrac{\partial\psi}{\partial x}=0 \quad (-\infty<x<\infty,t>0),\\ \psi|_{t=0}=\psi_0(x).\end{cases}$$

24. 求解

$$\begin{cases}\dfrac{\partial}{\partial t}(\nabla_h^2\psi-\lambda_0^2\psi)+\beta_0\dfrac{\partial\psi}{\partial x}=0 \quad (-\infty<x<\infty,0<y<d,t>0),\\ \left.\dfrac{\partial\psi}{\partial x}\right|_{y=0}=0,\quad \left.\dfrac{\partial\psi}{\partial x}\right|_{y=d}=0 \quad (-\infty<x<\infty,t\geqslant 0),\\ \psi|_{t=0}=\psi_0(x)\sin\dfrac{\pi y}{d} \quad (-\infty<x<\infty,0\leqslant y\leqslant d).\end{cases}$$

提示:设 $\psi=\Psi(x,t)\sin\frac{\pi y}{d}$,再利用上题结果.

25. 利用二重 Fourier 变换求解

$$\begin{cases}\left(\dfrac{\partial}{\partial t}+\bar{u}\dfrac{\partial}{\partial x}\right)\nabla_h^2\psi+\beta_0\dfrac{\partial\psi}{\partial x}=0 \quad (-\infty<x,y<\infty,t>0),\\ \psi|_{t=0}=\psi_0(x,y),\end{cases}$$

其中 $\bar{u}$=常数.

26. 对于中尺度大气运动，可以视 f 为常数 f_0，若再不考虑 $p^{(1)}$ 的作用，证明：由(6.17)式可以得到中尺度准平衡模式的方程组为

$$\begin{cases} f_0^2 u^{(1)} = -\left(\dfrac{\partial}{\partial t} + u^{(0)} \dfrac{\partial}{\partial x} + v^{(0)} \dfrac{\partial}{\partial y}\right)\dfrac{\partial}{\partial x}(f_0 \psi), \\ f_0^2 v^{(1)} = -\left(\dfrac{\partial}{\partial t} + u^{(0)} \dfrac{\partial}{\partial x} + v^{(0)} \dfrac{\partial}{\partial y}\right)\dfrac{\partial}{\partial y}(f_0 \psi), \\ N^2 w^{(1)} = -\left(\dfrac{\partial}{\partial t} + u^{(0)} \dfrac{\partial}{\partial x} + v^{(0)} \dfrac{\partial}{\partial y}\right)\dfrac{\partial}{\partial z}(f_0 \psi), \end{cases}$$

其中 $u^{(0)} = -\dfrac{\partial \psi}{\partial y}, v^{(0)} = \dfrac{\partial \psi}{\partial x}, \dfrac{\partial}{\partial z}(f_0 \psi) = g\dfrac{\theta'}{\theta_0}$.

27. 螺度定义为 $h \equiv \boldsymbol{\omega} \cdot \mathbf{V}$，其中 $\boldsymbol{\omega} = \nabla \times \mathbf{V}$，证明在定常和准地转条件下的螺度可表示为

$$h^{(0)} = -\mathrm{J}\left(\psi, \frac{\partial \psi}{\partial z}\right) = \frac{N^2}{f_0} w = \frac{g}{f_0 \theta_0} A_\theta,$$

其中

$$u^{(0)} = -\frac{\partial \psi}{\partial y}, v^{(0)} = \frac{\partial \psi}{\partial x}, f_0 \frac{\partial \psi}{\partial z} = g\frac{\theta'}{\theta_0},$$

$$\mathrm{J}(A, B) = \frac{\partial A}{\partial x}\frac{\partial B}{\partial y} - \frac{\partial A}{\partial y}\frac{\partial B}{\partial x}, A_\theta = -\mathbf{V}_{\mathrm{h}} \cdot \nabla_{\mathrm{h}} \theta'.$$

28. 若考虑 Ekman 抽吸，$w_{\mathrm{B}} = \dfrac{1}{2} h_{\mathrm{E}} \zeta \left(h_{\mathrm{E}} = \sqrt{\dfrac{2K}{f_0}}\text{，见(3.154)式}\right)$，证明：此时的正压准地转位涡度方程可以写为

$$\left(\frac{\partial}{\partial t} + u\frac{\partial}{\partial x} + v\frac{\partial}{\partial y}\right) q \approx -\frac{f_0}{H}\left(\frac{1}{2} h_{\mathrm{E}}\right)\zeta, \quad q = f + \zeta - \lambda_0^2 \psi, \quad \zeta = \nabla_{\mathrm{h}}^2 \psi.$$

第七章　线 性 波 动

本章的主要内容有：

介绍波动的基本概念和表征波的基本参数；

介绍求解线性波动的小扰动方法和正交模方法；

分析大气中的基本波动和正压模式、准地转模式和一般大气运动线性方程组中所包含的波动，并分析其中一些基本波动形成的物理条件和对天气的影响以及各种滤波方法；

详细讨论 Rossby 波的性质，并扩展到球坐标系而引进 Haurwitz 波，并分析由于 Rossby 波的频散所引起的上下游效应；

对大气超长波进行尺度分析和频率分析.

§7.1　波的基本概念

物理上认为：波动是扰动在空间中的传播，这里所说的扰动较多的情况是指的振动. 因此，波动具有时空双重周期性. 此外，伴随着波动总有能量的传输. 所以，具有时空双重周期性的运动形式和能量的传输是一切波动的基本特性，否则，不能成为严格意义下的波动.

物理学中，在波动的几何描述中引进波面和波线的概念.

波面和波阵面，也叫等相位面，它是扰动的相位相等各点的轨迹. 若波面为球面，则称为球面波；若波面为平面，则称为平面波. 大气波动多属平面波. 波能量传播的路径称为波线.

在波动中，任一物理量的扰动可以视为各种不同频率和不同振幅的简谐波的叠加. 而简谐波可以表为空间和时间的简单周期函数. 例如，物理量 q 在 x 方向上的简谐波可以表为

$$q = a\cos(kx - \omega t + \theta_0), \tag{7.1}$$

其中 a 是振幅，为常数；k 称为波数，它与波长 L 的关系为

$$k = 2\pi/L. \tag{7.2}$$

在(7.1)式中，ω 为圆频率，它与周期 τ 的关系为

$$\omega = 2\pi/\tau. \tag{7.3}$$

在(7.1)式中，$kx-\omega t+\theta_0$ 称为相位函数，简称为相位. 相位相同的各点，波有相同

的状态(a 相同时,q 相同),θ_0 称为初相位.记相位函数为 θ,则

$$\theta(x,t)=kx-\omega t+\theta_0. \tag{7.4}$$

相位相同的各点的连线称为等相位线,它满足

$$\theta\equiv kx-\omega t+\theta_0=\text{常数}. \tag{7.5}$$

等相位线的移动速度为

$$c=\left(\frac{\mathrm{d}x}{\mathrm{d}t}\right)_{\theta=\text{常数}}=\frac{\omega}{k}, \tag{7.6}$$

它称为相速度或波速.

我们知道,用余弦函数表示简谐波不如用复指数函数来得方便,因为 $\cos\alpha=\mathrm{Re}(\mathrm{e}^{\mathrm{i}\alpha})$,则(7.1)式可以改写为

$$q=a\mathrm{e}^{\mathrm{i}(kx-\omega t+\theta_0)}=Q\mathrm{e}^{\mathrm{i}(kx-\omega t)}=Q\mathrm{e}^{\mathrm{i}k(x-ct)}. \tag{7.7}$$

上式已省略了取实部 Re 的符号,其中

$$Q=a\mathrm{e}^{\mathrm{i}\theta_0} \tag{7.8}$$

称为复振幅,它满足

$$|Q|^2=QQ^*=(a\mathrm{e}^{\mathrm{i}\theta_0})(a\mathrm{e}^{-\mathrm{i}\theta_0})=a^2. \tag{7.9}$$

Q^* 为 Q 的复共轭.对于一般的三维简谐波,可以写为

$$q=Q\mathrm{e}^{\mathrm{i}(kx+ly+nz-\omega t)}, \tag{7.10}$$

这是(7.7)式的推广,Q 为复振幅,ω 为圆频率.而 k,l,n 分别为 x,y,z 方向上的波数,它们可分别写为

$$k=2\pi/L_x,\quad l=2\pi/L_y,\quad n=2\pi/L_z, \tag{7.11}$$

其中 L_x,L_y,L_z 分别为 x,y,z 方向上的波长.

记(7.10)式的相位函数为 θ,则

$$\theta(x,y,z,t)\equiv kx+ly+nz-\omega t. \tag{7.12}$$

因而

$$\frac{\partial\theta}{\partial x}=k,\quad \frac{\partial\theta}{\partial y}=l,\quad \frac{\partial\theta}{\partial z}=n,\quad \frac{\partial\theta}{\partial t}=-\omega. \tag{7.13}$$

引入矢径 $\boldsymbol{r}$ 和波矢量 $\boldsymbol{K}$:

$$\boldsymbol{r}\equiv x\boldsymbol{i}+y\boldsymbol{j}+z\boldsymbol{k}, \tag{7.14}$$

$$\boldsymbol{K}\equiv k\boldsymbol{i}+l\boldsymbol{j}+n\boldsymbol{k}=\nabla\theta. \tag{7.15}$$

上式说明:$\boldsymbol{K}$ 垂直于等相位面($\theta=$常数,或波面),即波矢量 $\boldsymbol{K}$ 是等相位面的法矢量,也就是波移动的方向.$\boldsymbol{K}$ 的模$|\boldsymbol{K}|$称为全波数,记为 K,即

$$K=|\boldsymbol{K}|=\sqrt{k^2+l^2+n^2}. \tag{7.16}$$

利用 $\boldsymbol{r}$ 和 $\boldsymbol{K}$,相位函数(7.12)式可表为

$$\theta\equiv\boldsymbol{K}\cdot\boldsymbol{r}-\omega t, \tag{7.17}$$

而等相位面满足

$$\theta \equiv \boldsymbol{K} \cdot \boldsymbol{r} - \omega t = \text{常数}. \tag{7.18}$$

设固定时刻,二相邻等相位面的距离为 L,L 即是全波长.但两相邻等相位面的相位差为 2π,因而 $KL=2\pi$,即

$$K = 2\pi/L. \tag{7.19}$$

三维波等相位面的移动速度为相速度或波速,记为 $\boldsymbol{c}$,则

$$\boldsymbol{c} \equiv \left(\frac{\mathrm{d}\boldsymbol{r}}{\mathrm{d}t}\right)_{\theta=\text{常数}}. \tag{7.20}$$

将(7.18)式两端对时间微商得到

$$\boldsymbol{K} \cdot \boldsymbol{c} = \omega, \tag{7.21}$$

它说明 $\boldsymbol{c}$ 与 $\boldsymbol{K}$ 是共线矢量,都是波移动的方向.上式可改写为

$$\boldsymbol{c} = \frac{\omega}{\boldsymbol{K}} = \frac{\omega}{K^2}\boldsymbol{K}. \tag{7.22}$$

$\boldsymbol{c}$ 的数值为

$$c = \omega/K = \omega/\sqrt{k^2 + l^2 + n^2}. \tag{7.23}$$

而波在 x,y,z 方向上的移速 c_x,c_y,c_z 分别是

$$\begin{cases} c_x \equiv \left(\dfrac{\mathrm{d}x}{\mathrm{d}t}\right)_{y,z\text{固定},\theta=\text{常数}} = -\dfrac{\partial\theta}{\partial t}\Big/\dfrac{\partial\theta}{\partial x} = \dfrac{\omega}{k}, \\ c_y \equiv \left(\dfrac{\mathrm{d}y}{\mathrm{d}t}\right)_{x,z\text{固定},\theta=\text{常数}} = -\dfrac{\partial\theta}{\partial t}\Big/\dfrac{\partial\theta}{\partial y} = \dfrac{\omega}{l}, \\ c_z \equiv \left(\dfrac{\mathrm{d}z}{\mathrm{d}t}\right)_{x,y\text{固定},\theta=\text{常数}} = -\dfrac{\partial\theta}{\partial t}\Big/\dfrac{\partial\theta}{\partial z} = \dfrac{\omega}{n}. \end{cases} \tag{7.24}$$

必须注意 $\boldsymbol{c}$ 不满足矢量合成法则,即

$$\boldsymbol{c} \neq c_x\boldsymbol{i} + c_y\boldsymbol{j} + c_z\boldsymbol{k}. \tag{7.25}$$

对于线性问题,以(7.10)式的解(其中 $\boldsymbol{K},\boldsymbol{Q},\omega$ 是常数)代入到线性方程,可以得到 ω 与 $\boldsymbol{K}$ 的下列关系:

$$\omega = \Omega(\boldsymbol{K}), \tag{7.26}$$

这就是所谓线性波的频散关系,它决定于介质(大气)的性质.

上面我们叙述的是均均介质中的单色波,即认为波具有一定的振幅、一定的波数和一定的频率,而且认为波在空间和时间上都是无限的.实际的波动,并不是形如(7.10)式的单色波,而是各种单色波的叠加.依线性方程的叠加原理,利用 Fourier 积分,它可以写为

$$q(\boldsymbol{r},t) = \int_{-\infty}^{+\infty} \boldsymbol{Q}(\boldsymbol{K})\mathrm{e}^{\mathrm{i}(\boldsymbol{K}\cdot\boldsymbol{r}-\omega t)}\,\delta\boldsymbol{K}, \tag{7.27}$$

它称为波群(wave group)或波列(wave train).这些单波叠加形成相互干涉,使得一部分地区波相互增长,使波列有较大的振幅,而在另一部分地区波相互削弱,使波列有较小的振幅.

为清楚说明波列,我们考察两个单色波,振幅都为 Q,而波矢与圆频率稍有不同,分别是 $\boldsymbol{K}_1,\boldsymbol{K}_2$ 和 ω_1,ω_2,即

$$\Delta\boldsymbol{K}\equiv\boldsymbol{K}_2-\boldsymbol{K}_1\approx 0,\quad \Delta\omega=\omega_2-\omega_1\approx 0. \tag{7.28}$$

这样,两个单色波分别表为

$$\begin{cases} q_1(\boldsymbol{r},t)=Q\mathrm{e}^{\mathrm{i}(\boldsymbol{K}_1\cdot\boldsymbol{r}-\omega_1 t)}, \\ q_2(\boldsymbol{r},t)=Q\mathrm{e}^{\mathrm{i}(\boldsymbol{K}_2\cdot\boldsymbol{r}-\omega_2 t)}. \end{cases} \tag{7.29}$$

它们叠加后的波列为

$$\begin{aligned} q&\equiv q_1+q_2=Q\left[\mathrm{e}^{\mathrm{i}(\boldsymbol{K}_1\cdot\boldsymbol{r}-\omega_1 t)}+\mathrm{e}^{\mathrm{i}(\boldsymbol{K}_2\cdot\boldsymbol{r}-\omega_2 t)}\right] \\ &=Q\left\{\mathrm{e}^{-\mathrm{i}\left[\frac{(\boldsymbol{K}_2-\boldsymbol{K}_1)\cdot\boldsymbol{r}}{2}-\frac{(\omega_2-\omega_1)t}{2}\right]}+\mathrm{e}^{\mathrm{i}\left[\frac{(\boldsymbol{K}_2-\boldsymbol{K}_1)\cdot\boldsymbol{r}}{2}-\frac{(\omega_2-\omega_1)t}{2}\right]}\right\}\mathrm{e}^{\mathrm{i}\left[\frac{(\boldsymbol{K}_2+\boldsymbol{K}_1)\cdot\boldsymbol{r}}{2}-\frac{(\omega_2+\omega_1)t}{2}\right]} \\ &=A(\boldsymbol{r},t)\mathrm{e}^{\mathrm{i}(\boldsymbol{K}\cdot\boldsymbol{r}-\omega t)}, \end{aligned} \tag{7.30}$$

其中

$$A(\boldsymbol{r},t)=2Q\cos\left(\frac{1}{2}(\Delta\boldsymbol{K})\cdot\boldsymbol{r}-\frac{1}{2}(\Delta\omega)t\right), \tag{7.31}$$

$$\boldsymbol{K}=\frac{1}{2}(\boldsymbol{K}_1+\boldsymbol{K}_2)\approx\boldsymbol{K}_1\approx\boldsymbol{K}_2,\quad \omega=\frac{1}{2}(\omega_1+\omega_2)\approx\omega_1\approx\omega_2. \tag{7.32}$$

由(7.30)式看到:叠加后的波列,包含两种波动现象,第一部分为 $\mathrm{e}^{\mathrm{i}(\boldsymbol{K}\cdot\boldsymbol{r}-\omega t)}$,称为载波(carrier wave),其波矢量 $\boldsymbol{K}$ 和圆频率 ω 分别接近于各个单波的波矢量和圆频率.因而移速为相速度,即

$$\boldsymbol{c}\equiv\omega/\boldsymbol{K}; \tag{7.33}$$

另一部分为 $A(\boldsymbol{r},t)$,称为波包(wave packet),它是载波的包络线,其波矢量为 $\Delta\boldsymbol{K}/2$,圆频率为 $\Delta\omega/2$,数值都接近于零.

所以,相对而言,载波是高频的,它随空间和时间变化较快,而波包是低频的,它随空间和时间缓慢变化.这种波列的一维图像见图 7.1.

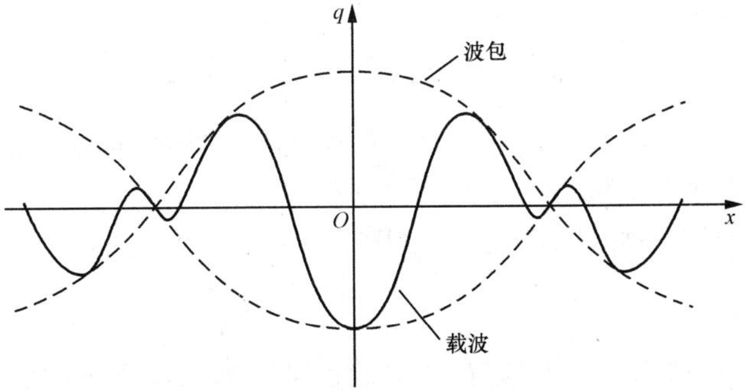

图 7.1　波列

波列的移动速度为

$$\boldsymbol{c}_{\mathrm{g}} \equiv \frac{\Delta\omega}{2} \bigg/ \frac{\Delta \boldsymbol{K}}{2} = \frac{\Delta\omega}{\Delta \boldsymbol{K}} \to \frac{\partial\omega}{\partial \boldsymbol{K}} = \frac{\partial\Omega}{\partial \boldsymbol{K}}, \tag{7.34}$$

$\boldsymbol{c}_{\mathrm{g}}$ 称为群速度,它是 $A(\boldsymbol{r},t)$为常数时,$\boldsymbol{r}$ 随 t 的变化率,即

$$\boldsymbol{c}_{\mathrm{g}} \equiv \left(\frac{\mathrm{d}\boldsymbol{r}}{\mathrm{d}t}\right)_{A=\text{常数}}. \tag{7.35}$$

由(7.15)式和(7.34)式,可知 $\boldsymbol{c}_{\mathrm{g}}$ 的三个分量为

$$c_{\mathrm{g}x} \equiv \frac{\partial\Omega}{\partial k}, \quad c_{\mathrm{g}y} \equiv \frac{\partial\Omega}{\partial l}, \quad c_{\mathrm{g}z} \equiv \frac{\partial\Omega}{\partial n}. \tag{7.36}$$

因而,

$$\boldsymbol{c}_{\mathrm{g}} \equiv \frac{\partial\Omega}{\partial k}\boldsymbol{i} + \frac{\partial\Omega}{\partial l}\boldsymbol{j} + \frac{\partial\Omega}{\partial n}\boldsymbol{k}. \tag{7.37}$$

利用(7.33)式,(7.31)式可改写为

$$A(\boldsymbol{r},t) = 2Q\cos\frac{\Delta \boldsymbol{K}}{2}\cdot(\boldsymbol{r}-\boldsymbol{c}_{\mathrm{g}}t) = A(\boldsymbol{r}-\boldsymbol{c}_{\mathrm{g}}t). \tag{7.38}$$

所以,对一个以群速度 $\boldsymbol{c}_{\mathrm{g}}$ 运动的观测者来说,波包的振幅 A 是常数,即

$$\frac{\partial A}{\partial t} + \boldsymbol{c}_{\mathrm{g}}\cdot\nabla A = 0. \tag{7.39}$$

因为 A^2 可以表征波列的强度或能量,所以,群速度 $\boldsymbol{c}_{\mathrm{g}}$ 也是波列能量传播的速度.

若引进对波数空间的 Hamilton 算子 ∇_K:

$$\nabla_K \equiv \boldsymbol{i}\frac{\partial}{\partial k} + \boldsymbol{j}\frac{\partial}{\partial l} + \boldsymbol{k}\frac{\partial}{\partial n}, \tag{7.40}$$

则 $\boldsymbol{c}_{\mathrm{g}}$ 可表为

$$\boldsymbol{c}_{\mathrm{g}} = \nabla_K\omega = \nabla_K\Omega. \tag{7.41}$$

它表示在波数空间中,群速度 $\boldsymbol{c}_{\mathrm{g}} \equiv \dfrac{\partial\Omega}{\partial \boldsymbol{K}}$ 就是 Ω 的梯度,因而它垂直于 Ω 的等值面.因为 $\omega=Kc$,则上式化为

$$\boldsymbol{c}_{\mathrm{g}} = \nabla_K(Kc) = c\nabla_K K + K\nabla_K c = c\frac{\boldsymbol{K}}{K} + K\nabla_K c = \boldsymbol{c} + K\nabla_K c. \tag{7.42}$$

由上式可知:若 c 与 K 无关,$\boldsymbol{c}_{\mathrm{g}}=\boldsymbol{c}$,则波称为是非频散波(或非色散波);若 c 与 K 有关,$\boldsymbol{c}_{\mathrm{g}}\neq\boldsymbol{c}$,则波称为是频散波(或色散波).

在空间一维情形(如 x),群速度 c_{g} 表为

$$c_{\mathrm{g}} \equiv \frac{\mathrm{d}\omega}{\mathrm{d}k} = \frac{\mathrm{d}kc}{\mathrm{d}k} = c + k\frac{\mathrm{d}c}{\mathrm{d}k}. \tag{7.43}$$

它表示 ω 对 k 的一阶微商为群速度 c_{g},当然也可以考虑 c_{g} 随 k 的变化,也就是 ω 对 k 的二阶微商:

$$\frac{\mathrm{d}c_{\mathrm{g}}}{\mathrm{d}k} = \frac{\mathrm{d}^2\omega}{\mathrm{d}k^2}. \tag{7.44}$$

若在某个波长范围内，$\frac{\mathrm{d}c_g}{\mathrm{d}k}\approx 0$，它表示 c_g 几乎不随 k 变，它称为弱频散波(weak dispersive wave)；否则，称为强频散波(strong dispersive wave).

以后，我们将看到，实系数的线性方程，只有当其全部由奇数阶导数组成，或者全部由偶数阶导数组成时，才会导出实的频散关系. 因此，实的频散关系 $\omega(k)$ 或含 k 的奇次幂，或含 k 的偶次幂. 例如，$\omega(k)$ 是下列含 k 的奇次幂函数

$$\omega = \alpha k + \gamma k^3 + \cdots, \tag{7.45}$$

其中 $\alpha,\gamma,\cdots$ 为常数. 显然，

$$c = \alpha + \gamma k^2 + \cdots, \quad c_g = \alpha + 3\gamma k^2 + \cdots. \tag{7.46}$$

因而(7.45)式表征的是频散波，但此时，

$$\frac{\mathrm{d}c_g}{\mathrm{d}k} = 6\gamma k + \cdots. \tag{7.47}$$

则对于长波($k\ll 1$)，$\frac{\mathrm{d}c_g}{\mathrm{d}k}\approx 0$，$c_g\approx c$. 所以，用(7.45)式表征的频散波对长波而言是弱频散波.

相反，若 $\omega(k)$ 是下列含 k 的偶次幂函数：

$$\omega = \omega_0 + \beta k^2 + \cdots, \tag{7.48}$$

其中 $\omega_0,\beta,\cdots$ 是常数. 这样就有

$$c = \frac{\omega_0}{k} + \beta k + \cdots, \quad c_g = 2\beta k + \cdots. \tag{7.49}$$

因而(7.48)式表征的是频散波，但此时

$$\frac{\mathrm{d}c_g}{\mathrm{d}k} = 2\beta + \cdots. \tag{7.50}$$

则对于长波，$\frac{\mathrm{d}c_g}{\mathrm{d}k}\neq 0$，$c_g\neq c$. 所以，用(7.48)式所表征的频散波对长波而言是强频散波(对短波也是).

最后，我们说明一下横波与纵波的概念. 物理上认为：振动方向与波传播方向垂直的波动为横波；振动方向与波传播方向一致的波动为纵波. 所以，横波的条件是：

$$\boldsymbol{V}\cdot\boldsymbol{K} = 0 \quad 或 \quad \boldsymbol{V}\cdot\boldsymbol{c} = 0; \tag{7.51}$$

而纵波的条件为

$$\boldsymbol{V}\times\boldsymbol{K} = 0, \quad \boldsymbol{V}\times\boldsymbol{c} = 0. \tag{7.52}$$

上两式中 $\boldsymbol{V}$ 为空气的速度.

§7.2 小振幅波和小扰动方法(small perturbation method)

讨论大气波动，需利用描写大气运动的基本方程组，但方程组是非线性的，不

加简化的求解有着几乎不可克服的困难.所以,本章只讨论线性波动,我们将在第九章简述非线性波动.

波按其振幅(这里是指某物理量振动的最大幅度所相应的位移)与波长之间的关系来分可以有小振幅波和有限振幅波两种类型.所谓小振幅波是指其振幅远小于波长的波,否则就是有限振幅波.我们就以(x,y)平面上的波动为例来说明.按第五章尺度分析知,水平运动方程中的平流非线性项与局地非定常项之比为

$$\left(u\frac{\partial(u,v)}{\partial x}+v\frac{\partial(u,v)}{\partial y}\right)\bigg/\frac{\partial(u,v)}{\partial t}=\frac{U^2}{L}\bigg/\frac{U}{c}=\frac{Ro}{\varepsilon}=\frac{U\tau}{L},\tag{7.53}$$

其中Ro,ε分别为 Rossby 数和 Kubil 数;U为水平运动的尺度;L为水平距离尺度;τ为时间尺度.对波动而言,L即是波长;τ即是周期;空气微团按U的速度振动,大约经过τ时间走了a的距离,a即是振动的振幅.因而周期τ可表为

$$\tau=a/U.\tag{7.54}$$

将(7.54)式代入(7.53)式得到

$$\left(u\frac{\partial(u,v)}{\partial x}+v\frac{\partial(u,v)}{\partial y}\right)\bigg/\frac{\partial(u,v)}{\partial t}=\frac{Ro}{\varepsilon}=\frac{a}{L}.\tag{7.55}$$

上式表明:非线性项与非定常线性项之比是振幅a与波长L之比.对于小振幅波,$a\ll L$,因而非线性项相对非定常项可略去,这样方程组可以线性化,也就是认为u,v是一阶小量,而$u\dfrac{\partial(u,v)}{\partial x}+v\dfrac{\partial(u,v)}{\partial y}$为二阶小量,在这个意义上,小振幅波也称为线性波;对于有限振幅波,$a\ll L$不成立,因而非线性项相对于非定常项不能略去,这样方程组仍是非线性的,所以有限振幅波为非线性波.

讨论小振幅波可以应用线性的方程组,如何将非线性方程组线性化呢?通常应用所谓小扰动方法或微扰方法.小扰动方法的基本思想和做法是:

(1) 把描写大气运动和状态的任一物理量看成是由已知的基本量和叠加在其上的微扰量组成.即任一物理量q可表示为

$$q=Q+q',\tag{7.56}$$

其中Q表示q的基本量,q'表示q的微扰量.

考虑大气的实际状态,基本量Q可以选为静止大气的物理量q_0,也可以选为沿纬圈平均的物理量$\overline{q}$.$\overline{q}$的定义是

$$\overline{q}(y,z,t)=\frac{1}{L}\int_0^L q(x,y,z,t)\delta x=\frac{1}{2\pi}\int_0^{2\pi}q\delta\lambda,\tag{7.57}$$

其中L是纬度为φ的纬圈总长度或x方向的波长.显然$\overline{q}$不随x变化,而且$\overline{q'}=0$.

(2) 基本量Q满足原有的方程组定解条件(视$q'=0$).

(3) 微扰量q'满足的方程组和定解条件由q的方程组和定解条件分别减去Q的方程组和定解条件而得到.但其中q'及其导数的二次乘积项可作为高阶小量而

略去. 因而, q'满足的方程组和定解条件便是线性的了.

下面,我们主要说明用小扰动方法将方程组线性化,而且以不同的基本状态来说明.

一、基本状态是静态

这就是我们在第四章所讨论的,即设

$$\begin{cases} u = u', \quad v = v', \quad w = w' \quad (u_0 = v_0 = w_0 = 0), \\ p = p_0(z) + p', \quad \rho = \rho_0(z) + \rho', \quad T = T_0(z) + T', \quad \theta = \theta_0(z) + \theta'. \end{cases} \tag{7.58}$$

若将 $u, v, w, p', \rho', T', \theta'$ 都视为微扰量,则它们的二次乘积项可忽略. 这样,第四章的方程组(4.139)就是我们所需要的扰动方程组,即

$$\begin{cases} \dfrac{\partial u}{\partial t} - fv = -\dfrac{1}{\rho_0}\dfrac{\partial p'}{\partial x}, \\ \dfrac{\partial v}{\partial t} + fu = -\dfrac{1}{\rho_0}\dfrac{\partial p'}{\partial y}, \\ \delta_1 \dfrac{\partial w}{\partial t} = -\dfrac{1}{\rho_0}\dfrac{\partial p'}{\partial z} - g\dfrac{\rho'}{\rho_0}, \\ \delta_2 \dfrac{\partial}{\partial t}\left(\dfrac{\rho'}{\rho_0}\right) + \dfrac{\partial u}{\partial x} + \dfrac{\partial v}{\partial y} + \dfrac{1}{\rho_0}\dfrac{\partial \rho_0 w}{\partial z} = 0, \\ \dfrac{\partial}{\partial t}\left(g\dfrac{\theta'}{\theta_0}\right) + N^2 w = 0 \quad \text{或} \quad \dfrac{\partial p'}{\partial t} + \dfrac{c_s^2 N^2}{g}\rho_0 w = c_s^2 \dfrac{\partial \rho'}{\partial t}, \end{cases} \tag{7.59}$$

其中 $\delta_1 = 0, \delta_2 = 0$ 分别表静力近似和非弹性近似.

为了应用方便,我们令

$$U = \rho_0 u, \quad V = \rho_0 v, \quad W = \rho_0 w, \tag{7.60}$$

则方程组(7.59)可改写为

$$\begin{cases} \dfrac{\partial U}{\partial t} - fV = -\dfrac{\partial p'}{\partial x}, \\ \dfrac{\partial V}{\partial t} + fU = -\dfrac{\partial p'}{\partial y}, \\ \delta_1 \dfrac{\partial W}{\partial t} = -\dfrac{\partial p'}{\partial z} - g\rho', \\ \delta_2 \dfrac{\partial \rho'}{\partial t} + \dfrac{\partial U}{\partial x} + \dfrac{\partial V}{\partial y} + \dfrac{\partial W}{\partial z} = 0, \\ \dfrac{\partial p'}{\partial t} + \dfrac{c_s^2 N^2}{g} W = c_s^2 \dfrac{\partial \rho'}{\partial t}. \end{cases} \tag{7.61}$$

对于 Boussinesq 近似,方程组(7.59)的第四式还要舍弃 $\dfrac{\partial}{\partial t}\left(\dfrac{\rho'}{\rho_0}\right)$ 和 $w\dfrac{\partial \ln\rho_0}{\partial z}$ 两项,第

五式还要舍弃$\frac{\partial p'}{\partial t}$一项，这样，Boussinesq 近似的线性方程组可以写为

$$\begin{cases}\dfrac{\partial u}{\partial t}-fv=-\dfrac{1}{\rho_0}\dfrac{\partial p'}{\partial x},\\ \dfrac{\partial v}{\partial t}+fu=-\dfrac{1}{\rho_0}\dfrac{\partial p'}{\partial y},\\ \dfrac{\partial w}{\partial t}=-\dfrac{1}{\rho_0}\dfrac{\partial p'}{\partial z}-g\dfrac{\rho'}{\rho_0},\\ \dfrac{\partial u}{\partial x}+\dfrac{\partial v}{\partial y}+\dfrac{\partial w}{\partial z}=0,\\ \dfrac{\partial}{\partial t}\left(-g\dfrac{\rho'}{\rho_0}\right)+N^2w=0.\end{cases}\tag{7.62}$$

同样，对于正压模式，以静态为基态的线性化方程组可以写为

$$\begin{cases}\dfrac{\partial u}{\partial t}-fv=-\dfrac{\partial\phi'}{\partial x},\\ \dfrac{\partial v}{\partial t}+fu=-\dfrac{\partial\phi'}{\partial y},\\ \dfrac{\partial\phi'}{\partial t}+c_0^2\left(\dfrac{\partial u}{\partial x}+\dfrac{\partial v}{\partial y}\right)=0,\end{cases}\tag{7.63}$$

详见第四章(4.190)式或第六章(6.33)式.

类似，以静态为基态的线性化的准地转位涡度方程为

$$\frac{\partial}{\partial t}\left(\nabla_{\mathrm{h}}^2\psi+\frac{f_0^2}{N^2}\frac{\partial^2\psi}{\partial z^2}\right)+\beta_0\frac{\partial\psi}{\partial x}=0,\tag{7.64}$$

其中忽略了 N^2 和 ρ_0 的变化，详见(6.83)式.

而线性化的正压准地转位涡度方程可以写为

$$\frac{\partial}{\partial t}(\nabla_{\mathrm{h}}^2\psi-\lambda_0^2\psi)+\beta_0\frac{\partial\psi}{\partial x}=0.\tag{7.65}$$

二、基本状态是沿纬圈平均的状态

这种基本状态常用来表示大气的大尺度运动，比如以后我们常用的 Boussinesq 近似的方程组(4.158)，为了使用方便，又将其中的$-g\frac{\rho}{\rho_0}$改写为 $g\frac{\theta}{\theta_0}$，且忽略 ρ_0 的变化，这样的方程组可以写为

$$\begin{cases}\left(\dfrac{\partial}{\partial t}+u\dfrac{\partial}{\partial x}+v\dfrac{\partial}{\partial y}+w\dfrac{\partial}{\partial z}\right)u-fv=-\dfrac{\partial\phi}{\partial x},\\[2mm]\left(\dfrac{\partial}{\partial t}+u\dfrac{\partial}{\partial x}+v\dfrac{\partial}{\partial y}+w\dfrac{\partial}{\partial z}\right)v+fu=-\dfrac{\partial\phi}{\partial y},\\[2mm]\left(\dfrac{\partial}{\partial t}+u\dfrac{\partial}{\partial x}+v\dfrac{\partial}{\partial y}+w\dfrac{\partial}{\partial z}\right)w=-\dfrac{\partial\phi}{\partial z}+g\dfrac{\theta}{\theta_0}\quad(\phi\equiv p'/\rho_0),\\[2mm]\dfrac{\partial u}{\partial x}+\dfrac{\partial v}{\partial y}+\dfrac{\partial w}{\partial z}=0,\\[2mm]\left(\dfrac{\partial}{\partial t}+u\dfrac{\partial}{\partial x}+v\dfrac{\partial}{\partial y}+w\dfrac{\partial}{\partial z}\right)\left(g\dfrac{\theta}{\theta_0}\right)+N^2w=0,\end{cases}\tag{7.66}$$

其中,ϕ 和 θ 实际上是相对于静态的偏差.

根据小扰动方法的第一条,我们令

$$\begin{cases}u=\bar{u}+u',\quad v=\bar{v}+v',\quad w=\bar{w}+w',\\ \phi=\bar{\phi}+\phi',\quad \theta=\bar{\theta}+\theta',\end{cases}\tag{7.67}$$

其中带“—”的量为沿纬圈的平均值,带“′”的量为小扰动量.

考虑到沿纬圈,v,w 通常是正负相间排列的,因而 $\bar{v}$ 和 $\bar{w}$ 的数值极小(通常称 $\bar{v}$ 和 $\bar{w}$ 构成所谓平均经圈环流),可以认为是零.这样,速度的基本量仅剩纬向气流 $\bar{u}$.因此,(7.67)式可改写为

$$\begin{cases}u=\bar{u}+u',\quad v=v',\quad w=w',\\ \phi=\bar{\phi}+\phi',\quad \theta=\bar{\theta}+\theta'.\end{cases}\tag{7.68}$$

注意:按(7.58)的最后一式,$\dfrac{\partial\bar{\theta}}{\partial y}=\dfrac{\partial\overline{\theta'}}{\partial y}$,$\dfrac{\partial}{\partial z}\left(\dfrac{\bar{\theta}}{\theta_0}\right)=\dfrac{\partial}{\partial z}\left(\dfrac{\overline{\theta'}}{\theta_0}\right)$.这里的 θ' 即是(7.68)式中的 θ.

根据小扰动法的第二条,基本状态满足原有的方程组(7.66),这是 $\bar{u}$,$\bar{\phi}$,$\bar{\theta}$ 满足

$$\begin{cases}\dfrac{\partial\bar{u}}{\partial t}=0,\quad f\bar{u}=-\dfrac{\partial\bar{\phi}}{\partial y},\quad \dfrac{\partial\bar{\phi}}{\partial z}=g\dfrac{\bar{\theta}}{\theta_0},\\[2mm]\dfrac{\partial}{\partial t}\left(g\dfrac{\bar{\theta}}{\theta_0}\right)=0,\quad f\dfrac{\partial\bar{u}}{\partial z}=-\dfrac{g}{\theta_0}\dfrac{\partial\bar{\theta}}{\partial y}.\end{cases}\tag{7.69}$$

上式说明:若取物理量沿纬圈的平均值作为基态,则这样的基态是定常的,但都与 y 和 z 有关,且 $\bar{u}$ 与 $\bar{\phi}$ 满足地转关系,$\bar{\phi}$ 与 $\bar{\theta}$ 满足静力学关系,因而 $\bar{u}$ 与 $\bar{\theta}$ 满足热成风关系.

根据小扰动方法的第三条,将(7.69)式代入方程组(7.66),并略去小扰动的二次乘积项,注意$\dfrac{\partial\overline{(\ )}}{\partial x}=0$,则得到扰动方程组为

$$\begin{cases}\left(\dfrac{\partial}{\partial t}+\bar{u}\dfrac{\partial}{\partial x}\right)u'-fv'+v'\dfrac{\partial\bar{u}}{\partial y}+w'\dfrac{\partial\bar{u}}{\partial z}=-\dfrac{\partial\phi'}{\partial x},\\ \left(\dfrac{\partial}{\partial t}+\bar{u}\dfrac{\partial}{\partial x}\right)v'+fu'=-\dfrac{\partial\phi'}{\partial y},\\ \left(\dfrac{\partial}{\partial t}+\bar{u}\dfrac{\partial}{\partial x}\right)w'=-\dfrac{\partial\phi'}{\partial z}+g\dfrac{\theta'}{\theta_0},\\ \dfrac{\partial u'}{\partial x}+\dfrac{\partial v'}{\partial y}+\dfrac{\partial w'}{\partial z}=0,\\ \left(\dfrac{\partial}{\partial t}+\bar{u}\dfrac{\partial}{\partial x}\right)\left(g\dfrac{\theta'}{\theta_0}\right)-f\dfrac{\partial\bar{u}}{\partial z}v'+N^2w'=0.\end{cases}\tag{7.70}$$

注意，绝热方程中$-f\dfrac{\partial\bar{u}}{\partial z}v'$一项是从$v'\dfrac{\partial}{\partial y}\left(g\dfrac{\bar{\theta}}{\theta_0}\right)$并利用(7.69)式中的热成风关系演变而来.

与基本状态是静态的情况相比，扰动方程中的局地时间导数项变成了平流导数项的线性形式，即多了$\bar{u}\dfrac{\partial}{\partial x}$一项.

有时，为了简化，我们取基本气流为常数，即

$$\bar{u}=\text{常数},\tag{7.71}$$

则扰动方程组(7.70)就简化为

$$\begin{cases}\left(\dfrac{\partial}{\partial t}+\bar{u}\dfrac{\partial}{\partial x}\right)u'-fv'=-\dfrac{\partial\phi'}{\partial x},\\ \left(\dfrac{\partial}{\partial t}+\bar{u}\dfrac{\partial}{\partial x}\right)v'+fu'=-\dfrac{\partial\phi'}{\partial y},\\ \left(\dfrac{\partial}{\partial t}+\bar{u}\dfrac{\partial}{\partial x}\right)w'=-\dfrac{\partial\phi'}{\partial z}+g\dfrac{\theta'}{\theta_0},\\ \dfrac{\partial u'}{\partial x}+\dfrac{\partial v'}{\partial y}+\dfrac{\partial w'}{\partial z}=0,\\ \left(\dfrac{\partial}{\partial t}+\bar{u}\dfrac{\partial}{\partial x}\right)\left(g\dfrac{\theta'}{\theta_0}\right)+N^2w'=0.\end{cases}\tag{7.72}$$

类似，对于正压模式的方程组

$$\begin{cases}\left(\dfrac{\partial}{\partial t}+u\dfrac{\partial}{\partial x}+v\dfrac{\partial}{\partial y}\right)u-fv=-\dfrac{\partial\phi}{\partial x},\\ \left(\dfrac{\partial}{\partial t}+u\dfrac{\partial}{\partial x}+v\dfrac{\partial}{\partial y}\right)v+fu=-\dfrac{\partial\phi}{\partial y},\\ \left(\dfrac{\partial}{\partial t}+u\dfrac{\partial}{\partial x}+v\dfrac{\partial}{\partial y}\right)\phi+\phi\left(\dfrac{\partial u}{\partial x}+\dfrac{\partial v}{\partial y}\right)=0,\end{cases}\tag{7.73}$$

若假定

$$u=\bar{u}+u',\quad v=v',\quad \phi=\bar{\phi}+\phi',\tag{7.74}$$

则基本量满足

$$\frac{\partial \bar{u}}{\partial t}=0,\quad f\bar{u}=-\frac{\partial \bar{\phi}}{\partial y},\quad \frac{\partial \bar{\phi}}{\partial t}=0,\tag{7.75}$$

即沿纬圈平均的基本状态满足定常和地转关系,因而它们只是 y 的函数.

将(7.74)式代入(7.73)式,再减去(7.75)式,并略去微扰量的二次乘积项,再利用(7.75)式,则得到

$$\begin{cases}\left(\dfrac{\partial}{\partial t}+\bar{u}\dfrac{\partial}{\partial x}\right)u'-\left(f-\dfrac{\partial \bar{u}}{\partial y}\right)v'=-\dfrac{\partial \phi'}{\partial x},\\ \left(\dfrac{\partial}{\partial t}+\bar{u}\dfrac{\partial}{\partial x}\right)v'+fu'=-\dfrac{\partial \phi'}{\partial y},\\ \left(\dfrac{\partial}{\partial t}+\bar{u}\dfrac{\partial}{\partial x}\right)\phi'-f\bar{u}v'+c_0^2\left(\dfrac{\partial u'}{\partial x}+\dfrac{\partial v'}{\partial y}\right)=0,\end{cases}\tag{7.76}$$

其中

$$c_0^2=\bar{\phi}(y)=gH(y)\tag{7.77}$$

是 y 的函数.

若取 $\bar{u}$=常数,则方程组(7.76)简化为

$$\begin{cases}\left(\dfrac{\partial}{\partial t}+\bar{u}\dfrac{\partial}{\partial x}\right)u'-fv'=-\dfrac{\partial \phi'}{\partial x},\\ \left(\dfrac{\partial}{\partial t}+\bar{u}\dfrac{\partial}{\partial x}\right)v'+fu'=-\dfrac{\partial \phi'}{\partial y},\\ \dfrac{\partial \phi'}{\partial t}+\bar{u}\left(\dfrac{\partial \phi'}{\partial x}-fv'\right)+c_0^2\left(\dfrac{\partial u'}{\partial x}+\dfrac{\partial v'}{\partial y}\right)=0.\end{cases}\tag{7.78}$$

对于准地转位涡度守恒定律

$$\left(\frac{\partial}{\partial t}+u\frac{\partial}{\partial x}+v\frac{\partial}{\partial y}\right)q=0,\tag{7.79}$$

若令

$$\psi=\bar{\psi}+\psi'.\tag{7.80}$$

相应

$$u=\bar{u}+u',\quad v=v',\quad q=\bar{q}+q',\tag{7.81}$$

其中

$$\begin{cases}\bar{u}=-\dfrac{\partial \bar{\psi}}{\partial y},\quad u'=-\dfrac{\partial \psi'}{\partial y},\quad v'=\dfrac{\partial \psi'}{\partial x},\\ \bar{q}=f+\dfrac{\partial^2 \bar{\psi}}{\partial y^2}+\dfrac{1}{\rho_0}\dfrac{\partial}{\partial z}\left(\dfrac{f_0^2}{N^2}\rho_0\dfrac{\partial \bar{\psi}}{\partial z}\right),\\ q'=\nabla_h^2\psi'+\dfrac{1}{\rho_0}\dfrac{\partial}{\partial z}\left(\dfrac{f_0^2}{N^2}\rho_0\dfrac{\partial \psi'}{\partial z}\right).\end{cases}\tag{7.82}$$

显然,沿纬圈平均的基本状态定常,即它们只是 y,z 的函数.

(7.80)式代入(7.79)式,忽略微扰量的二次乘积项,得到线性化的准地转位涡度方程:

$$\left(\frac{\partial}{\partial t}+\bar{u}\frac{\partial}{\partial x}\right)q'+v'\frac{\partial\bar{q}}{\partial y}=0, \tag{7.83}$$

其中

$$\frac{\partial\bar{q}}{\partial y}=\beta_0-\frac{\partial^2\bar{u}}{\partial y^2}-\frac{1}{\rho_0}\frac{\partial}{\partial z}\left(\frac{f_0^2}{N^2}\rho_0\frac{\partial\bar{u}}{\partial z}\right). \tag{7.84}$$

类似,p 坐标系的位涡守恒定律,在(7.80)式和(7.81)式的条件下,线性化后形式上也是(7.83)式,但其中

$$\begin{cases}\bar{q}=f+\dfrac{\partial^2\bar{\psi}}{\partial y^2}+\dfrac{\partial}{\partial p}\left(\dfrac{f_0^2}{\sigma}\dfrac{\partial\bar{\psi}}{\partial p}\right),\\ \dfrac{\partial\bar{q}}{\partial y}=\beta_0-\dfrac{\partial^2\bar{u}}{\partial y^2}-\dfrac{\partial}{\partial p}\left(\dfrac{f_0^2}{\sigma}\dfrac{\partial\bar{u}}{\partial p}\right),\\ q'=\nabla_p^2\psi'+\dfrac{\partial}{\partial p}\left(\dfrac{f_0^2}{\sigma}\dfrac{\partial\psi'}{\partial p}\right).\end{cases} \tag{7.85}$$

在 $\bar{u}$=常数时,(7.83)式化为

$$\left(\frac{\partial}{\partial t}+\bar{u}\frac{\partial}{\partial x}\right)q'+\beta_0\frac{\partial\psi'}{\partial x}=0. \tag{7.86}$$

而正压模式的准地转位涡度守恒定律,在(7.80)式和(7.81)式的条件下,线性化后形式上也是(7.83)式,但其中

$$\begin{cases}\bar{q}=f+\dfrac{\partial^2\bar{\psi}}{\partial y^2}-\lambda_0^2\bar{\psi},\\ \dfrac{\partial\bar{q}}{\partial y}=\beta_0-\dfrac{\partial^2\bar{u}}{\partial y^2}+\lambda_0^2\bar{u},\\ q'=\nabla_h^2\psi'-\lambda_0^2\psi'.\end{cases} \tag{7.87}$$

这样,(7.83)式还可以写为下列显式:

$$\left(\frac{\partial}{\partial t}+\bar{u}\frac{\partial}{\partial x}\right)\nabla_h^2\psi'-\lambda_0^2\frac{\partial\psi'}{\partial t}+\left(\beta_0-\frac{\partial^2\bar{u}}{\partial y^2}\right)\frac{\partial\psi'}{\partial x}=0. \tag{7.88}$$

在 $\bar{u}$=常数时,上式化为

$$\left(\frac{\partial}{\partial t}+\bar{u}\frac{\partial}{\partial x}\right)\nabla_h^2\psi'-\lambda_0^2\frac{\partial\psi'}{\partial t}+\beta_0\frac{\partial\psi'}{\partial x}=0. \tag{7.89}$$

§7.3 正交模方法(normal modes method)

讨论小振幅波动我们需求解出小扰动方法得到的线性偏微分方程组.第四节开始我们将说明,这样的方程组可以通过消元化为一个未知函数的波动型偏微分

方程.我们知道,最简单的三维波动方程为

$$\frac{\partial^2 \psi}{\partial t^2} = c^2 \nabla^2 \psi \quad (c = \text{常数}). \tag{7.90}$$

我们主要关心的是上述方程表征的波的频率是多少?为此,可设它有下列单波解

$$\psi = \hat{\psi} e^{i(kx+ly+nz-\omega t)}. \tag{7.91}$$

由此,我们有

$$\begin{cases} \dfrac{\partial \psi}{\partial l} = -i\omega\psi, & \dfrac{\partial^2 \psi}{\partial t^2} = -\omega^2 \psi, \\ \dfrac{\partial \psi}{\partial x} = ik\psi, & \dfrac{\partial^2 \psi}{\partial x^2} = -k^2 \psi, \\ \dfrac{\partial \psi}{\partial y} = il\psi, & \dfrac{\partial^2 \psi}{\partial y^2} = -l^2 \psi, \\ \dfrac{\partial \psi}{\partial z} = in\psi, & \dfrac{\partial^2 \psi}{\partial z^2} = -n^2 \psi, \\ \dfrac{\partial^2 \psi}{\partial x \partial t} = \omega k \psi, & \cdots, \end{cases} \tag{7.92}$$

其他导数可以类推.将(7.91)式代入方程(7.90)并利用(7.92)式,则得到

$$\omega^2 = (k^2 + l^2 + n^2)c^2 = K^2 c^2. \tag{7.93}$$

这是波的圆频率 ω 与波数 K 之间的关系式,也即频率方程.由频率方程(7.93)定出圆频率为

$$\omega = \pm Kc, \tag{7.94}$$

它即是本征频率.由此定出方程(7.90)的非零解(7.91)式就是本征函数.

因为形如(7.91)式的波动解是波动方程的标准形式解,故称它为标准波型或正交模态.利用它求解线性波动的方法称为正交模方法或标准波型法.

§7.4 大气中的基本波动

产生大气波动的因子很多,如大气可压缩性,大气层结,重力,Coriolis 力,边界面(如自由面)的扰动等.不同因子形成的波动其性质有很大的差别.大气波动的最简单的形式有:声波、重力外波、重力内波、惯性波、Kelvin 波和 Rossby 波等,它们称为大气中的基本波动.低纬波动我们将在第十三章中讨论.

一、声波

声波是由于大气的可压缩性所引起的.当空气的一部分受到压缩时,其四周空气也依次被压缩,这种压缩过程的传播即形成声波.人在不远的距离内能听到近处发出的声音,就是声波的传播所致.

为了突出研究大气可压缩性引起的声波，我们不考虑 Coriolis 力的作用，也不考虑层结的影响.

我们仅考虑在 x 方向振动的传播，此时 $u\neq 0, v=w=0$. 则方程组(7.61)的第一、第四和第五个方程(取 $\delta_2=1, f=0, N=0$)即构成描写一维声波的方程组，即

$$\begin{cases}\dfrac{\partial U}{\partial t}=-\dfrac{\partial p'}{\partial x},\\ \dfrac{\partial \rho'}{\partial t}+\dfrac{\partial U}{\partial x}=0,\\ \dfrac{\partial p'}{\partial t}=c_s^2\dfrac{\partial \rho'}{\partial t}.\end{cases}\tag{7.95}$$

将方程组(7.95)的后两式合并，则方程组(7.95)化为

$$\begin{cases}\dfrac{\partial U}{\partial t}=-\dfrac{\partial p'}{\partial x},\\ \dfrac{\partial p'}{\partial t}=-c_s^2\dfrac{\partial U}{\partial x}.\end{cases}\tag{7.96}$$

通过消元，方程组(7.96)很易化为

$$\mathscr{L}_s(U, p')=0,\tag{7.97}$$

其中

$$\mathscr{L}_s\equiv\frac{\partial^2}{\partial t^2}-c_s^2\frac{\partial^2}{\partial x^2}\tag{7.98}$$

为一维(x)声波算子.

为了求得声波波速，我们应用正交模方法，设方程(7.97)的单波解为

$$(U, p')=(\hat{U}, \hat{p})\mathrm{e}^{\mathrm{i}(kx-\omega t)}.\tag{7.99}$$

将其代入方程(7.97)得到一维声波的频率方程为

$$\omega^2=k^2c_s^2.\tag{7.100}$$

相应，一维声波波速为

$$c\equiv\omega/k=\pm c_s,\tag{7.101}$$

其中 $c_s=\sqrt{\gamma RT_0}\approx 330\ \mathrm{m\cdot s^{-1}}$.

所以，在水平面内的一维声波可沿 x 轴的正负两个方向传播，其相速度约为 $330\ \mathrm{m\cdot s^{-1}}$，大大超过空气运动的速度，故声波属于快波的类型.

为了通过方程组(7.95)说明声波产生的物理机制，我们设想在 x 方向设置一个长直容器，其中装满常压、常密度的静止空气，容器中央部分有一活塞，见图 7.2.

当活塞迅速下压时，因 AA' 间的空气首先受压缩，则由方程组(7.95)的第三式(绝热方程)，AA' 间空气的密度和气压都增加，且 A 点邻近左边的密度和气压分别

大于右边的密度和气压，并在 A 点附近形成沿 x 方向的水平气压梯度力 $\left(-\frac{\partial p'}{\partial x}>0\right)$. 由方程组(7.95)的第一式(运动方程)可知，A 点附近空气获得沿 x 正方向的加速度 $\left(\frac{\partial U}{\partial t}=\rho_0\frac{\partial u}{\partial t}>0\right)$，同时，由方程组(7.95)的第二式(连续性方程)，

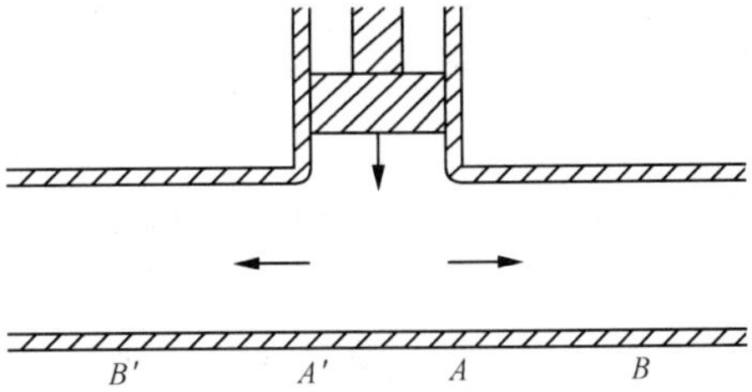

图 7.2 声波的传播

因 $\frac{\partial \rho'}{\partial t}>0$，则 A 点附近 $\frac{\partial U}{\partial x}<0$，因而在 A 点右边附近产生水平质量辐合，使 A 点右方 B 点的密度增加，相应气压也增加. 如此不断. 这意味着：初始时刻首先在活塞附近形成的压缩扰动将由 A 点依次向右传播(同时由 A' 点依次向左传播)，形成声波.

类似可说明声波在 y 方向上的传播，水平方向传播的声波又称为 Lamb 波. 由上面的分析可知，水平声波产生的必不可少的内在条件是空气的可压缩性及伴有的水平辐散辐合，而且还有水平方向的加速作用. 类似我们还可分析声波在垂直方向的传播，显然，空气的可压缩性、垂直加速和辐散辐合也是必不可少的. 若运动在垂直方向满足静力平衡，排除了垂直加速作用，也就排除了声波在垂直方向的传播. 以后将会看到，在静力平衡时，尽管在方程组中还包含水平声波(它是作为 $w=0$ 的特解出现的，见本章末习题 4)，但从整体看，三维声波被排除了. 所以，排除声波的物理条件有：

(1) 大气是不可压缩的；

(2) 大气是非弹性的或 Boussinesq 流体；

(3) 大气是水平无辐散的；

(4) 大气是静力平衡的；

(5) 大气是准地转的(因其零级近似是水平无辐散的).

二、重力波

重力波是大气在重力作用下产生的一种波动，它的产生与垂直运动联系在一起，即要求 $w\neq 0$. 重力波又分为重力外波和重力内波. 重力外波是指处于大气上下边界(如自由面及下边界)的空气，受到垂直扰动以后，偏离平衡位置，在重力作用下产生的波动. 它发生在边界面上，离扰动边界越远，波动越不显著. 而重力内波是指在大气内部，由于层结作用或在大气内部的不连续面上，受到垂直扰动，偏离平衡位置，在重力作用下产生的波动.

下面分别讨论重力外波和重力内波. 为了突出重力波，我们将不考虑 Coriolis

力的作用.

1. 重力外波(表面重力波)

我们应用正压模式的方程组(7.63)讨论重力外波.这样做意味着假定大气是均匀不可压缩和静力平衡的,从而排除了声波.同时意味着自由面有垂直扰动.因为这里自由面是问题的边界,所以,因自由面扰动产生的重力外波是一种边界波(boundary waves),求解还可见本章末习题5.

与声波类似,我们仅考虑重力外波在 x 方向的传播,则方程组(7.63)的第一、第三两式(取 $f=0$)构成描写一维重力外波的方程组,即

$$\begin{cases}\dfrac{\partial u}{\partial t}=-\dfrac{\partial \phi'}{\partial x},\\ \dfrac{\partial \phi'}{\partial t}+c_0^2\dfrac{\partial u}{\partial x}=0.\end{cases}\tag{7.102}$$

通过消元,方程组(7.102)很易化为

$$\mathscr{L}_{\mathrm{G}}^{(1)}(u,\phi')=0,\tag{7.103}$$

其中

$$\mathscr{L}_{\mathrm{G}}^{(1)}\equiv\frac{\partial^2}{\partial t^2}-c_0^2\frac{\partial^2}{\partial x^2}\tag{7.104}$$

为一维重力外波算子.

应用正交模方法,令方程(7.103)的单波解为

$$(u,\phi')=(\hat{u},\hat{\phi})\mathrm{e}^{\mathrm{i}(kx-\omega t)}.\tag{7.105}$$

将其代入方程(7.103)求得一维重力外波的频率关系为

$$\omega^2=k^2c_0^2.\tag{7.106}$$

相应,一维重力外波波速为

$$c\equiv\omega/k=\pm c_0,\tag{7.107}$$

其中 $c_0=\sqrt{gH}=\sqrt{RT_0}\approx 280\ \mathrm{m\cdot s^{-1}}$.

所以,一维重力外波(这里即自由面上的表面重力波)可沿 x 轴的正负两个方向传播,其传播速度约为 $280\mathrm{m\cdot s^{-1}}$,比空气运动的速度大得多,故重力外波也属于快波的类型.

因为由第五章知,静力平衡的充分条件是 $D/L\ll 1$,在这里它表示流体深度远小于波长,所以,由(7.106)式所表征的重力外波也有浅水波之称.

下面,我们通过方程组(7.102)说明重力外波产生的物理机制.如图7.3知,在自由面有垂直扰动,例如,在 A 点,$h'>0$,$w>0$,这意味着在 A 点的自由面较高,则在 A 点附近形成沿 x 正方向的气压梯度力$\left(-\dfrac{1}{\rho}\dfrac{\partial p'}{\partial x}=-g\dfrac{\partial h'}{\partial x}=-\dfrac{\partial \phi'}{\partial x}>0\right)$.由方程组(7.102)的第一式可知,$A$ 点附近的空气获得沿 x 方向的加速度$\left(\dfrac{\partial u}{\partial t}>0\right)$;同

时，由方程组(7.102)的第二式，因 $\frac{\partial \phi'}{\partial t} = g\frac{\partial h'}{\partial t} > 0$，则 A 点附近 $\frac{\partial u}{\partial x} < 0$，即在 A 点附近产生水平质量辐合，使 A 点右方 B 点的自由面升高，如此不断. 这意味着初始时刻首先在自由面某处产生的垂直扰动将由 A 点向右(同时也向左)传播，导致重力外波.

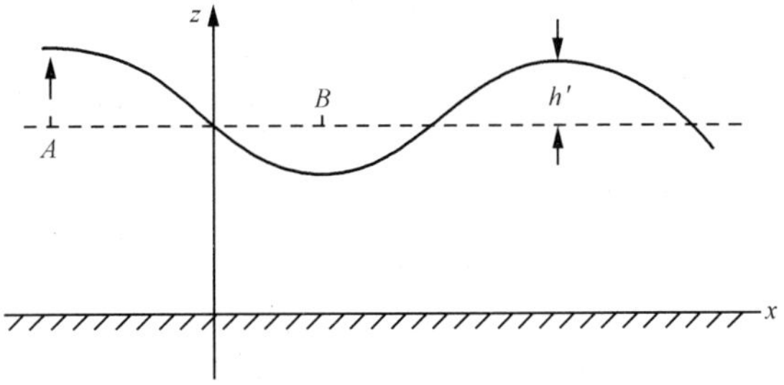

图 7.3 重力外波的传播

综上所述，重力外波产生的必不可少的外在条件是边界面上的垂直扰动，而这种垂直扰动在重力作用下形成的水平气压梯度及伴有水平辐散辐合的交替变化，则是重力外波产生的内在条件. 所以，排除重力外波的物理条件有：

(1) 大气上下边界是刚体边界(即上下边界构成齐次边条件)；

(2) 大气是水平无辐散的；

(3) 大气是准地转的；

(4) 大气是纯水平运动.

还要指出的是：应用方程组(7.102)表示在 $z=0$ 处 $w=0$；在 $z=h$ 处，w 最大. 因此，重力外波离扰动边界越远越不明显. 即是说，重力外波只能在水平方向传播，而在垂直方向上不能传播，这称为捕获波(trapped waves). 这相当于在(7.10)式中

$$n^2 < 0 \tag{7.108}$$

的情况(n 为纯虚数).

2. 重力内波

这里我们仅仅讨论在一般大气层结条件($\Gamma < \Gamma_d$, $N^2 > 0$)下，在大气内部，由于垂直扰动($w \neq 0$)在重力作用下所产生的重力内波. 为了排除声波，我们在连续性方程中忽略 $\partial\rho'/\partial t$ 一项，即采用非弹性近似；为了排除重力外波，我们认为大气上下边界为刚体边界，即应用下列齐次边条件：

$$w\,|_{z=0} = 0, \quad w\,|_{z=H} = 0. \tag{7.109}$$

与重力外波一样，我们不考虑 Coriolis 力的作用，且为了简化，设扰动与 y 无关. 则方程组(7.61)的第一、第三、第四和第五式(取 $\delta_1=1$, $\delta_2=0$, $f=0$)即构成描写二维 (x,y) 重力内波的方程组，即

$$
\begin{cases}
\dfrac{\partial U}{\partial t}=-\dfrac{\partial p'}{\partial x},\\
\dfrac{\partial W}{\partial t}=-\dfrac{\partial p'}{\partial z}-g\rho',\\
\dfrac{\partial U}{\partial x}+\dfrac{\partial W}{\partial z}=0,\\
\dfrac{\partial p'}{\partial t}+\dfrac{c_s^2N^2}{g}W=c_s^2\dfrac{\partial \rho'}{\partial t}.
\end{cases}
\tag{7.110}
$$

为了简化,式中 c_s^2,N^2 均视为常数.将方程组(7.110)的第一、第三两式消去 U 得

$$
\frac{\partial^2 W}{\partial t\partial z}=\frac{\partial^2 p'}{\partial x^2};
\tag{7.111}
$$

再将方程组(7.110)的第二、第四两式消去 ρ'得到

$$
\left(\frac{\partial^2}{\partial t^2}+N^2\right)W=-\frac{\partial}{\partial t}\left(\frac{\partial}{\partial z}+\frac{g}{c_s^2}\right)p';
\tag{7.112}
$$

而从(7.111)式和(7.112)式消去 p'或 W 得到

$$
\mathscr{L}_G^{(2)}(W,p')=0,
\tag{7.113}
$$

其中

$$
\mathscr{L}_G^{(2)}\equiv\frac{\partial^2}{\partial t^2}\left(\frac{\partial^2}{\partial x^2}+\frac{\partial^2}{\partial z^2}+\frac{g}{c_s^2}\frac{\partial}{\partial z}\right)+N^2\frac{\partial^2}{\partial x^2}
\tag{7.114}
$$

为二维重力内波算子

由边条件(7.109)知,重力内波在垂直方向上亦呈波动状态,这是与重力外波的显著不同之处.考虑算子 $\mathscr{L}_G^{(2)}$ 的性质,我们设方程(7.113)的单波解为

$$
(W,p')=(\hat{W},\hat{p})\exp\left\{-\frac{g}{2c_s^2}z\right\}\cdot\exp\{\mathrm{i}(kx+nz-\omega t)\},
\tag{7.115}
$$

其中因子 $\exp\left\{-\dfrac{g}{2c_s^2}z\right\}$ 的引入是为了消除方程(7.113)中对 z 的一阶导数项.(7.115)式代入方程(7.113),求得二维重力内波的频率方程为

$$
\omega^2=\frac{k^2N^2}{k^2+n_1^2},
\tag{7.116}
$$

其中

$$
n_1^2=n^2+\frac{g^2}{4c_s^4}.
\tag{7.117}
$$

由(7.116)式看到:重力内波以 Brunt-Väisälä 频率 N 为最大频率,即

$$
\omega<|N|
\tag{7.118}
$$

($\omega^2=N^2$ 表浮力振荡).而且,由此求得它在 x,y 方向上的相速度分别是

$$
c_x\equiv\frac{\omega}{k}=\pm\frac{N}{\sqrt{k^2+n_1^2}},\quad c_z\equiv\frac{\omega}{n}=\pm\frac{k}{n}\cdot\frac{N}{\sqrt{k^2+n_1^2}}.
\tag{7.119}
$$

由边条件(7.109)知,H 可视为就是 z 方向重力内波的半波长,即

$$n=\frac{\pi}{H}\approx 3.14\times 10^{-4}\,\mathrm{m}^{-1}. \tag{7.120}$$

而 $g^2/4c_s^4\approx 2\times 10^{-9}\,\mathrm{m}^{-2}$,因而

$$n_1^2\approx n^2. \tag{7.121}$$

再取 $k\approx n$(小尺度运动),则由(7.119)式求得

$$c_x=c_z\approx\pm\frac{NH}{\sqrt{(k^2+n^2)H^2}}=\pm\frac{c_a}{\sqrt{2}\pi}. \tag{7.122}$$

取 $c_a=100\,\mathrm{m}\cdot\mathrm{s}^{-1}$,则由上式算得 $c_x\approx c_z=22\,\mathrm{m}\cdot\mathrm{s}^{-1}$. 所以,二维重力内波可分别沿 x 和 z 两个方向传播,其传播速度通常在几十米·秒$^{-1}$,在这个意义上,重力内波属于中速波型.

在通常的稳定层结下,垂直扰动浮力振荡的传播即是重力内波;在中性层结下,无净浮力作用,重力内波消失;在不稳定层结下,垂直方向加速度运动,没有振荡,也就没有重力内波. 但不稳定层结的形成是一个发展过程,这种过程使原有的重力内波振幅加大(即所谓不稳定). 不过,不稳定层结伴有的热对流,又将使层结趋于稳定,且使重力内波恢复.

下面,我们通过方程组(7.110)说明在稳定层结($N^2>0$)下,重力内波产生的物理机制. 首先,垂直扰动在净浮力作用下会形成垂直振荡. 这也可以从(7.112)式看到. 当不考虑 p' 时,(7.112)式化为

$$\frac{\partial^2 W}{\partial t^2}+N^2W=0, \tag{7.123}$$

它说明 W 以频率 N 在平衡位置附近振荡. 其次,由于上下边界已经固定,一当某处有垂直运动,其上部和下部必产生不同符号的水平速度散度. 如图 7.4,在 A 点 $w>0$,则在该点以下 $\frac{\partial W}{\partial z}>0$,在该点以上 $\frac{\partial W}{\partial z}<0$,又根据方程组(7.110)的第三式(连续性方程),在 A 点以下有水平辐合 $\left(\frac{\partial U}{\partial x}<0\right)$,在 A 点以上有水平辐散 $\left(\frac{\partial U}{\partial x}>0\right)$. 这种在 A 点上下的水平散度分布使得在 A 点以下空气向内运动,在 A 点以上空气向外运动,造成 A 点左右未受扰动的空气的上下有与 A 点上下相反的辐散($D>0$)、辐合($D<0$)运动. 如 B,C 点的下层辐散,上层辐合,使得 B,C 点有下沉运动. 这样,初始在 A 点的浮力振荡逐渐地向左右及上下传播开来,形成重力内波. 图 7.5 给出了重力内波的简单流形,它很像对流云运动的流形.

由第五章分析可知,对小尺度运动,可不必考虑 Coriolis 力的作用,正由于此,通常认为重力内波是小尺度运动的主要波动.

综上所述,重力内波形成的条件是在稳定层结下的垂直扰动及伴有的水平辐

散辐合.所以,排除重力内波的物理条件有:

(1) 大气是中性层结;

(2) 大气是水平无辐散的;

(3) 大气是准地转的;

(4) 大气是纯水平运动,或扰动与 z 无关.

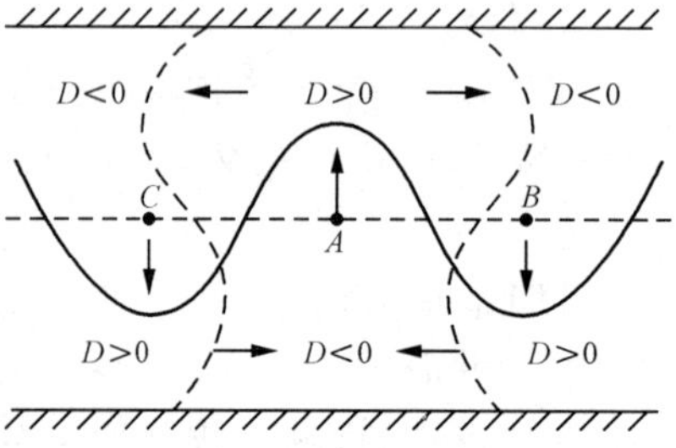

图 7.4　重力内波

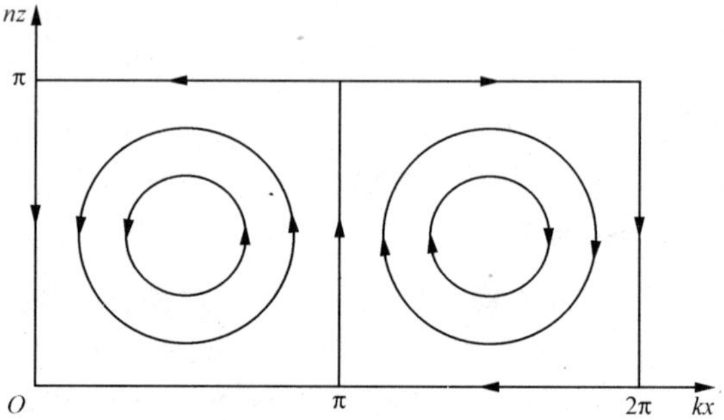

图 7.5　重力内波流形

三、惯性波

惯性波是大气在 Coriolis 力作用下产生的一种波动.由下面的分析将看到,它的产生与重力内波有相似之处,即与垂直运动联系在一起,也就是要求 $w\neq 0$.与重力内波类似,为了排除声波,我们在连续性方程中忽略 $\frac{\partial \rho'}{\partial t}$ 一项,即采用非弹性近似,而且应用边条件(7.109)可排除重力外波;与重力内波不同,这里必须考虑 Coriolis 力的作用,而且假定中性层结($N^2=0$)可排除重力内波.

设扰动与 y 无关,并取 $f=f_0$,则利用方程组(7.61)(取 $\delta_1=1,\delta_2=0,N^2=0$),描写惯性波的方程组可以写为

$$\begin{cases}\dfrac{\partial U}{\partial t}-f_0 V=-\dfrac{\partial p'}{\partial x},\\ \dfrac{\partial V}{\partial t}+f_0 U=0,\\ \dfrac{\partial W}{\partial t}=-\dfrac{\partial p'}{\partial z}-g\rho',\\ \dfrac{\partial U}{\partial x}+\dfrac{\partial W}{\partial z}=0,\\ \dfrac{\partial p'}{\partial t}=c_s^2\dfrac{\partial \rho'}{\partial t},\end{cases}\tag{7.124}$$

其中 f_0,c_s^2 均视为常数.方程组(7.124)的第一、第二两式消去 V,得到

$$\left(\frac{\partial^2}{\partial t^2}+f_0^2\right)U=-\frac{\partial^2 p'}{\partial t\partial x}. \tag{7.125}$$

上式对 x 微商，并利用方程组(7.124)的第四式消去 U，得

$$\left(\frac{\partial^2}{\partial t^2}+f_0^2\right)\frac{\partial W}{\partial z}=\frac{\partial^3 p'}{\partial t\partial x^2}. \tag{7.126}$$

由方程组(7.124)的第三、第五两式消去 ρ'，得到

$$\frac{\partial^2 W}{\partial t^2}=-\frac{\partial}{\partial t}\left(\frac{\partial}{\partial z}+\frac{g}{c_s^2}\right)p'. \tag{7.127}$$

由(7.126)式和(7.127)式消去 p' 或 W，得到

$$\mathscr{L}_1(W,p')=0, \tag{7.128}$$

其中

$$\mathscr{L}_1\equiv\frac{\partial^2}{\partial t^2}\left(\frac{\partial^2}{\partial x^2}+\frac{\partial^2}{\partial z^2}+\frac{g}{c_s^2}\frac{\partial}{\partial z}\right)+f_0^2\left(\frac{\partial^2}{\partial z^2}+\frac{g}{c_s^2}\frac{\partial}{\partial z}\right) \tag{7.129}$$

为二维惯性波算子.

考虑到边条件(7.109)，惯性波在垂直方向也呈波动状态，从而我们设方程(7.128)的解与重力内波的解(7.115)形式相同.(7.115)式代入方程(7.128)，求得二维惯性波的频率 ω 满足

$$\omega^2=\frac{n_1^2f_0^2}{k^2+n_1^2}\approx\frac{n^2f_0^2}{k^2+n^2}, \tag{7.130}$$

其中 $n_1^2=n^2+\dfrac{g^2}{4c_s^4}\approx n^2$（见(7.117)式）. 由上式可见，惯性波以惯性频率为最大频率，即

$$\omega<f_0 \tag{7.131}$$

($\omega^2=f_0^2$ 表惯性振荡). 而且，由此求得它在 x,z 方向上的相速度分别是

$$c_x\equiv\frac{\omega}{k}=\pm\frac{n}{k}\cdot\frac{f_0}{\sqrt{k^2+n^2}},\quad c_z\equiv\frac{\omega}{n}=\pm\frac{f_0}{\sqrt{k^2+n^2}}, \tag{7.132}$$

取 $n=\dfrac{\pi}{H}$，$k<n$（中尺度运动），则由(7.132)式求得

$$c_x\approx\pm f_0/k,\quad c_z=\pm f_0/n. \tag{7.133}$$

取 $f_0=10^{-4}\,\mathrm{s}^{-1}$，$k=\dfrac{2\pi}{10^5}\,\mathrm{m}^{-1}$，则由上式算得 $c_x\approx 2\,\mathrm{m\cdot s^{-1}}$，$c_z=0.3\,\mathrm{m\cdot s^{-1}}$. 所以，二维惯性波可分别沿 x 和 z 的两个方向传播，其传播速度通常只有几米·秒$^{-1}$，因而，惯性波属于慢速波型.

下面，我们利用方程组(7.124)简述惯性波产生的物理机制. 首先，水平扰动在 Coriolis 力作用下会形成惯性振荡. 这也可以从(7.125)式看到. 当不考虑 ρ' 时，(7.125)式化为

$$\frac{\partial^2 U}{\partial t^2} + f_0^2 U = 0, \tag{7.134}$$

它说明U以频率f_0在平衡位置附近振荡. 其次，与重力内波类似，惯性波的传播必须靠垂直扰动及伴有的水平辐散辐合的交替变化，才能使惯性振动向外传播.

因为在惯性波中考虑了 Coriolis 力的作用，而且认为$f=$常数，所以惯性波是中尺度运动中的一种波动. 不过，在中尺度运动中，既要考虑 Coriolis 力，也要考虑层结的作用，这样，由 Coriolis 力与重力共同作用形成的惯性-重力内波才是中尺度运动的主要波动. 后面我们将分析它. 也正由于此，纯惯性波不易单独出现.

综上分析，惯性波形成的物理条件是在旋转地球($f\neq 0$)中的垂直扰动及伴有的水平辐散辐合. 所以，排除惯性波的物理条件有

(1) 不考虑地球的旋转，即不计 Coriolis 力的作用；

(2) 大气是水平无辐散的；

(3) 大气是准地转的；

(4) 大气是纯水平运动，或扰动与z无关.

四、Rossby 波

Rossby 波是大气水平扰动在 Rossby 参数$\beta\equiv \mathrm{d}f/\mathrm{d}y$作用下产生的一种波动. 实际大气对流层的中层和上层，气压场和流场呈现的波型(波长达几千公里，沿纬圈波的数目在 3—5 个，波速接近于风速大小)就认为是 Rossby 波. 正由于此，Rossby 波又称为大气长波.

考虑到大尺度运动水平无辐散的性质，又设$u\neq 0, v\neq 0, w=0$，这样，利用方程组(7.62)，描写最简单的 Rossby 波的方程组可以写为

$$\begin{cases}\dfrac{\partial u}{\partial t} - fv = -\dfrac{\partial \phi'}{\partial x},\\[2mm] \dfrac{\partial v}{\partial t} + fu = -\dfrac{\partial \phi'}{\partial y} \quad (\phi' = p'/\rho_0),\\[2mm] \dfrac{\partial u}{\partial x} + \dfrac{\partial v}{\partial y} = 0.\end{cases} \tag{7.135}$$

因为应用了水平无辐散的条件，因而，方程组(7.135)完全排除了声波、重力波和惯性波. 方程组(7.135)很易化为水平无辐散的线性涡度方程：

$$\frac{\partial \zeta}{\partial t} + \beta_0 v = 0. \tag{7.136}$$

若利用水平无辐散的条件引入流函数ψ，使得

$$u = -\frac{\partial \psi}{\partial y}, \quad v = \frac{\partial \psi}{\partial x}, \tag{7.137}$$

则方程(7.136)化为

$$\mathscr{L}_{\mathrm{R}}\psi = 0, \tag{7.138}$$

其中

$$\mathscr{L}_{\mathrm{R}} \equiv \frac{\partial}{\partial t}\nabla_{\mathrm{h}}^2 + \beta_0 \frac{\partial}{\partial x} \tag{7.139}$$

为水平面上水平无辐散条件下的 Rossby 波算子.

设方程(7.138)的单波解为

$$\psi = \hat{\psi}\exp\{\mathrm{i}(kx + ly - \omega t)\}, \tag{7.140}$$

将其代入到方程(7.138),得到平面无辐散 Rossby 波的频率满足

$$\omega = -\beta_0 k/K_{\mathrm{h}}^2, \tag{7.141}$$

其中

$$K_{\mathrm{h}}^2 \equiv k^2 + l^2 \quad (K_{\mathrm{h}}\text{ 为水平全波数}). \tag{7.142}$$

(7.141)式说明:在未扰动的状态是静态时,Rossby 波的圆频率只有一个负值,这表示 Rossby 波只单向传播,这是与声波、重力波和惯性波所不同的.而且由此求得它在 x,y 方向上的相速度分别是

$$c_x \equiv \frac{\omega}{k} = -\frac{\beta_0}{K_{\mathrm{h}}^2}, \quad c_y \equiv \frac{\omega}{l} = \frac{k}{l}\left(-\frac{\beta_0}{K_{\mathrm{h}}^2}\right). \tag{7.143}$$

取 $\beta_0 = 2\times10^{-11}\,\mathrm{m}^{-1}\cdot\mathrm{s}^{-1}$,$k\approx l = 2\pi/L \approx 6\times10^{-6}\,\mathrm{m}^{-1}$,则由上式算得 $c_x = c_y = -0.4\,\mathrm{m}\cdot\mathrm{s}^{-1}$.这个数值太小,这是因为没有考虑大尺度运动在大气中高纬度存在西风基本气流的缘故.关于包含基本气流的 Rossby 波,我们将在第九节中分析.

下面,我们通过方程组(7.135)或涡度方程(7.136)说明 Rossby 波形成的物理机制.涡度方程(7.136)计入非线性项后化为

$$\frac{\mathrm{d_h}}{\mathrm{d}t}(f + \zeta) = 0, \tag{7.144}$$

这是绝对垂直涡度守恒定律.它表示:空气微团在水平运动过程中,相对垂直涡度 ζ 的变化完全受牵连涡度 f 的变化所制约,亦即受 Rossby 参数 β 所制约.如图 7.6,设想起始时刻,空气微团在 A 点具有气旋式涡度 $\zeta_0>0$,所在纬度的 Coriolis 对数为 f_0.若它受到向北的速度扰动($v>0$),因而 f 将增大,为了维持绝对涡度守恒,ζ 就要减小,当向北到达 B 点($f=f_1$),气旋式涡度减小到零($\zeta=\zeta_1=0$),在以后的向北运动过程中,f 继续增大,而 ζ 由气旋式变为反气旋式($\zeta<0$),当到达 C 点($v=0$,$f=f_2$),反气旋式涡度达到最大($\zeta=\zeta_1<0$),此后,空气微团开始向南运动($v<0$),f 减小,ζ 增大,这样,空气微团反气旋式涡度将减小,到达与 B 点同纬度的 D 点,反气旋式涡度减小到零,以后继续向南,f 继续减小,而 ζ 又变为气旋式涡度,到达与 A 点同纬度的 E 点,气旋式涡度达到最大,即恢复到最初的状态.以后又将重复上述过程.这样,空气微团要维持绝对垂直涡度守恒,在 β 的作用下,其轨迹为波状,在定常的情况下,流线也呈波状,这就是 Rossby 波.所以,Rossby 波

形成的主要是 Rossby 参数 β 对相对涡度变化所起的调节作用. 因为 Rossby 波考虑了 β 的作用,所以,它是大尺度运动的主要波动,也是影响大范围天气的主要波动.

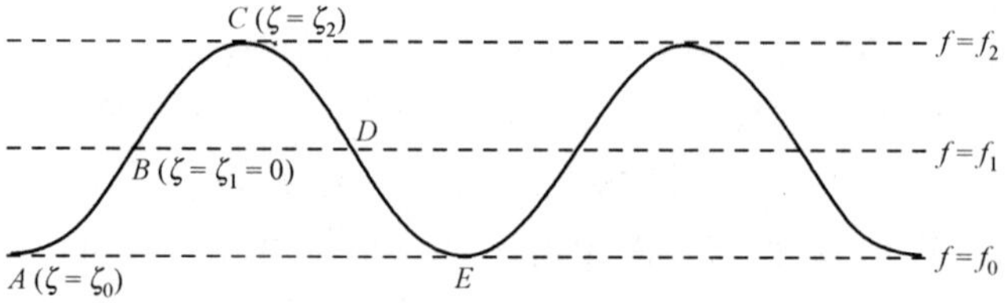

图 7.6 Rossby 波

前面我们讨论的几种波动都是大气中最简单的单一波型,其中每一个波都只在特定条件下存在,故称为大气的基本波动. 为了对这些波动的成因及其性质有比较清楚的了解,分别讨论这些基本波型是必要的. 但在实际大气中,形成基本波型的各种条件,一般都是同时起作用的,而且波是三维的,因此,大气中的实际波动应是由形成基本波型的各个因子共同作用形成的混合波型. 下一节开始我们就分析它.

另外,不同类型的波动不仅波传播的物理机制不同,而且波的性质及其对天气的影响也有很大的差异. 通常讲,快速波对天气的影响较小,慢速波对天气的影响较大. 而且,不同尺度的运动,起主要作用的波动也不一样. 大尺度运动主要是 Rossby 波起作用,中尺度运动主要是惯性-重力内波起作用,小尺度运动主要是重力内波起作用. 我们在讨论某一尺度运动时,总希望突出主要波动,而略去次要波动. 粗见,好像保留次要波动也可以,但实际计算表明:快波的存在会增加计算次数和容易造成计算不稳定. 基于上述分析,我们把对某种尺度运动的天气意义不大,并在计算上又十分灵敏的快波称为该尺度运动的"噪音". 例如,对各种尺度运动,声波都是噪音. 至于对某种尺度运动有重大天气意义的波动(也可以称为"谐音")必须保留. 滤除"噪音"保留"谐音"的简化处理称为滤波. 这是数值天气预报中一个十分重要的问题.

§7.5 正压模式中的大气波动

从本节开始,我们用四节的篇幅讨论大气中的混合波动和 Kelvin 波,但都未考虑基本气流的作用.

线性的正压模式方程组(7.63)是在不可压缩、静力平衡和有自由面的条件下得到的. 它表征边界扰动、重力、Coriolis 参数和 Rossby 参数的作用. 方程组(7.63)的第一和第二两式分别消去 v 和 u 有:

$$\begin{cases}\left(\dfrac{\partial^2}{\partial t^2}+f^2\right)u=-\left(\dfrac{\partial^2}{\partial t\partial x}+f\dfrac{\partial}{\partial y}\right)\phi',\\\left(\dfrac{\partial^2}{\partial t^2}+f^2\right)v=-\left(\dfrac{\partial^2}{\partial t\partial y}-f\dfrac{\partial}{\partial x}\right)\phi'.\end{cases}\tag{7.145}$$

它建立了 u,v 与 ϕ' 的关系. 而且由此看到, 若 $\phi'=0$, 则 u 和 v 作惯性振荡, 振荡频率为 f. 为了把方程组(7.63)化为仅含一个未知函数的方程, 我们先将它的头两个方程化为涡度方程, 即

$$\left(\frac{\partial^2}{\partial t\partial y}-f\frac{\partial}{\partial x}\right)u=\left(\frac{\partial^2}{\partial t\partial x}+f\frac{\partial}{\partial y}+\beta_0\right)v.\tag{7.146}$$

方程组(7.63)的第一式对 t 微商, 并利用第三式消去 ϕ', 得到

$$\left(\frac{\partial^2}{\partial t^2}-c_0^2\frac{\partial^2}{\partial x^2}\right)u=\left(f\frac{\partial}{\partial t}+c_0^2\frac{\partial^2}{\partial x\partial y}\right)v.\tag{7.147}$$

由(7.146)式与(7.147)式中消去 u, 注意

$$\frac{\partial^2}{\partial t\partial y}\left(f\frac{\partial v}{\partial t}\right)=f\frac{\partial^3 v}{\partial t^2\partial y}+\beta_0\frac{\partial^2 v}{\partial t^2},\tag{7.148}$$

最后得到

$$\mathscr{L}v=0,\tag{7.149}$$

其中

$$\mathscr{L}\equiv\frac{\partial}{\partial t}\left(\frac{\partial^2}{\partial t^2}-c_0^2\nabla_h^2+f^2\right)-\beta_0c_0^2\frac{\partial}{\partial x}.\tag{7.150}$$

(7.149)式就是描写正压模式线性波动的基本方程.

应用正交模方法, 并取(7.150)式中的 f 为常数 f_0. 我们设方程(7.149)的单波解为

$$v=\hat{v}e^{i(kx+ly-\omega t)},\tag{7.151}$$

将其代入方程(7.149)得到频率方程为

$$\omega^3-(K_h^2c_0^2+f_0^2)\omega-\beta_0kc_0^2=0.\tag{7.152}$$

因为方程组(7.63)或方程(7.149)含有三次的时间偏导数, 所以, 我们求得的频率方程(7.152)是 ω 的三次代数方程. 其准确解相当繁杂, 但其近似解的意义很清楚. 如对于方程(7.152)中的高频波, 保留方程左端的头两项, 则得到

$$\omega^2=K_h^2c_0^2+f_0^2=c_0^2(K_h^2+\lambda_0^2).\tag{7.153}$$

由上式表征的波动称为惯性-重力外波或 Poincaré 波. 它是自由面的垂直扰动在重力和 Coriolis 力的作用下, 通过水平辐散辐合的调节所形成的.

实际上, 在方程(7.152)式中, 不考虑 β 的作用就得到惯性-重力外波. 这样, 由(7.150)式知, 惯性-重力外波满足

$$\mathscr{L}v=0,\tag{7.154}$$

其中

$$\mathscr{L} \equiv \frac{\partial^2}{\partial t^2} - c_0^2 \nabla_h^2 + f_0^2. \tag{7.155}$$

方程(7.154)是著名的 Klein-Gordon 方程. 对于 u 和 ϕ' 也有同样的方程.

由(7.153)式求得惯性-重力外波的波速为

$$c \equiv \omega / K_h = \pm \sqrt{c_0^2 + (f_0/K_h)^2}. \tag{7.156}$$

显然

$$|c| \geqslant c_0. \tag{7.157}$$

若再不考虑 f 的作用,(7.153)式化为

$$\omega^2 = K_h^2 c_0^2, \tag{7.158}$$

这就是二维重力外波的频率方程.

对于方程(7.152)中的低频波,保留方程左端的后两项,则求得

$$\omega = -\frac{\beta_0 k}{K_h^2 + \lambda_0^2} \quad (\lambda_0^2 = f_0^2 / c_0^2). \tag{7.159}$$

由上式表征的波动称为正压 Rossby 波. 上式与(7.141)式比较知,这里的正压 Rossby 波是有水平速度散度的 Rossby 波,λ_0^2 反映水平速度散度的作用.

在(7.150)式中,忽略 $\partial^3/\partial t^3$ 项,我们可知正压 Rossby 波满足

$$\mathscr{L} v = 0, \tag{7.160}$$

其中

$$\mathscr{L} \equiv \frac{\partial}{\partial t}(\nabla_h^2 - \lambda_0^2) + \beta_0 \frac{\partial}{\partial x}. \tag{7.161}$$

综上分析知,正压模式的方程组中包含惯性-重力外波和正压 Rossby 波. 下面我们进一步分析这两类波动的其他特征.

对于惯性-重力外波,由(7.153)式求得相速度为

$$\boldsymbol{c} = \frac{\omega}{K_h^2} \boldsymbol{K}_h, \tag{7.162}$$

其中

$$\boldsymbol{K}_h = k\boldsymbol{i} + l\boldsymbol{j} \tag{7.163}$$

为水平波矢. 而由(7.153)式求得惯性-重力外波的群速度为

$$\boldsymbol{c}_g = \frac{\partial \omega}{\partial k}\boldsymbol{i} + \frac{\partial \omega}{\partial l}\boldsymbol{j} = \frac{c_0^2}{\omega}(k\boldsymbol{i} + l\boldsymbol{j}) = \frac{c_0^2}{\omega}\boldsymbol{K}_h. \tag{7.164}$$

由(7.162)式和(7.164)式可知

$$\boldsymbol{c} \times \boldsymbol{c}_g = 0. \tag{7.165}$$

所以,惯性-重力外波的相速度与群速度共线.

对于正压 Rossby 波,类似求得

$$c_x = -\frac{\beta_0}{K_h^2 + \lambda_0^2}, \quad c_y = \frac{k}{l} c_x, \tag{7.166}$$

$$c_{gx} = \frac{\beta_0(k^2 - l^2 - \lambda_0^2)}{(K_h^2 + \lambda_0^2)^2}, \quad c_{gy} = \frac{2\beta_0 kl}{(K_h^2 + \lambda_0^2)^2}. \tag{7.167}$$

由此可知，在无基本气流时，$c_x < 0$.

正压 Rossby 波等相位线(槽、脊线)的斜率(等相位线与 x 轴夹角 α 的正切)为

$$\begin{aligned}\tan\alpha &\equiv \left(\frac{\mathrm{d}y}{\mathrm{d}x}\right)_{\theta=\text{常数}} \\ &= -\frac{\partial\theta}{\partial x}\Big/\frac{\partial\theta}{\partial y} = -\frac{k}{l}.\end{aligned} \tag{7.168}$$

因而，当 k,l 同号时(通常总是取 $k>0$，k,l 同号意味着 $l>0$)，$\tan\alpha<0$，此时，等相位线的 y 随 x 增加而减小，即等相位线呈西北-东南走向，称为导式(leading)；当 k,l 异号时(若取 $k>0$，此时 $l<0$)，$\tan\alpha>0$，此时，等相位线的 y 随 x 增加而增加，等相位线呈东北-西南走向，称为曳式(trailing). 这两种等相位线分别见图 7.7(a) 和 7.7(b). Rossby 波槽脊线的倾斜统称为 Rossby 波的螺旋(spiral)结构.

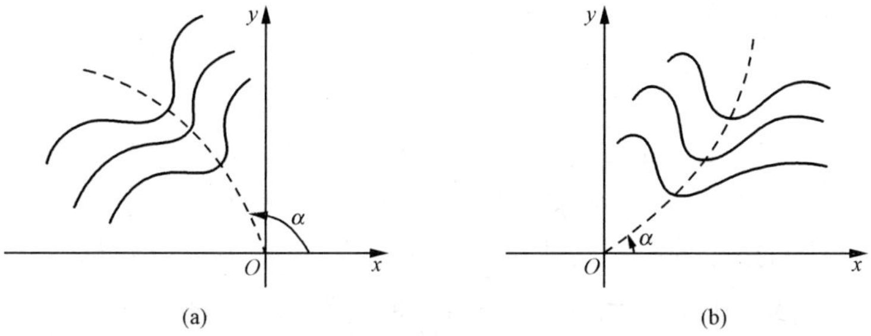

图 7.7　Rossby 波等相位线

§ 7.6　Kelvin 波

前面用正交模方法求解大气波动最基本的假定之一是将解(例如 ψ)设成如(7.91)式的单波解的形式. 若 k,l,n 全为实数，它表明在 x,y,z 三个方向上解全是周期形式. 这就要求 x,y,z 三个方向上都是有界区间，而且在边界上给定的是齐次边条件. 声波、重力内波、惯性波和 Rossby 波都是在这样的条件下得到的. 但如果某些区间是半无界的(如 $0\leqslant y<\infty$)，尽管 $y\to\infty$ 给定的是有界性条件，但在 $y=0$ 处给定的是非齐次边条件，此时还存在一种具重力波性质但是单向传播的所谓 Kelvin 波，与重力外波(表面重力波)一样，它也是一种边界波.

我们就以上节的正压模式为例，不考虑 β 的作用. 正压模式的方程组(7.63)写为

$$\begin{cases}\dfrac{\partial u}{\partial t}-f_0 v=-\dfrac{\partial \phi'}{\partial x},\\ \dfrac{\partial v}{\partial t}+f_0 u=-\dfrac{\partial \phi'}{\partial y},\\ \dfrac{\partial \phi'}{\partial t}+c_0^2\left(\dfrac{\partial u}{\partial x}+\dfrac{\partial v}{\partial y}\right)=0.\end{cases} \tag{7.169}$$

这就是方程组(7.63)中的 f 改为 f_0 的结果. 方程组(7.169)的第一和第二两式分别消去 v,u 和 ϕ' 得到

$$\begin{cases}\left(\dfrac{\partial^2}{\partial t^2}+f_0^2\right)u=-\left(\dfrac{\partial^2}{\partial t\partial x}+f_0\dfrac{\partial}{\partial y}\right)\phi',\\ \left(\dfrac{\partial^2}{\partial t^2}+f_0^2\right)v=-\left(\dfrac{\partial^2}{\partial t\partial y}-f_0\dfrac{\partial}{\partial x}\right)\phi',\\ \left(\dfrac{\partial^2}{\partial t\partial y}-f_0\dfrac{\partial}{\partial x}\right)u=\left(\dfrac{\partial^2}{\partial t\partial x}+f_0\dfrac{\partial}{\partial y}\right)v.\end{cases} \tag{7.170}$$

而方程组(7.169)的第一和第三两式消去 ϕ' 有

$$\left(\frac{\partial^2}{\partial t^2}-c_0^2\frac{\partial^2}{\partial x^2}\right)u=\left(f_0\frac{\partial}{\partial t}+c_0^2\frac{\partial^2}{\partial x\partial y}\right)v. \tag{7.171}$$

(7.170)的第三式和(7.171)式消去 u 就得到方程(7.154). 它就是不考虑 β 作用下正压模式中的惯性-重力外波所满足的方程. 现在不同的是现在 y 方向上的区间为 $0\leqslant y<\infty$,且给的是如下的边条件:

$$\begin{cases}y=0, \quad u=u_0 e^{i(kx-\omega t)}, \quad v=0, \quad \phi'=\phi_0 e^{i(kx-\omega t)},\\ y\to\infty, \quad (u,v,\phi')<\infty.\end{cases} \tag{7.172}$$

此时会出现什么情况呢? 此时的解不能再写为(7.151)式的形式,而是写为

$$(u,v,\phi')=(U(y),V(y),\Phi(y))e^{i(kx-\omega t)}, \tag{7.173}$$

其中振幅 $U(y),V(y),\Phi(y)$ 都是 y 的函数.

若把(7.173)式中的 v 代入到方程(7.154),并利用(7.172)式中关于 v 的边条件得到

$$\begin{cases}\dfrac{d^2V}{dy^2}+l^2V=0,\\ V|_{y=0}=0, \quad V|_{y\to\infty}<\infty,\end{cases} \tag{7.174}$$

其中

$$l^2=\frac{\omega^2-f_0^2}{c_0^2}-k^2. \tag{7.175}$$

显然,只有 $l^2>0$ 时,定解问题(7.174)才有非零解

$$V(y)=A\sin ly, \quad v=(A\sin ly)e^{i(kx-\omega t)}. \tag{7.176}$$

而且,此时的(7.175)式就是(7.153)式,即它表征的是惯性-重力外波. 那么,$l^2<0$

会出现什么情况呢？当 $l^2<0$ 时，定解问题(7.174)只有零解，即

$$V(y)\equiv 0,\quad v\equiv 0 \tag{7.177}$$

且

$$\frac{\omega^2-f_0^2}{c_0^2}-k^2=-l_0^2\quad (l_0^2>0). \tag{7.178}$$

若将(7.177)式中的 $v\equiv 0$ 代入到(7.171)式和(7.170)的第二和第三两式有：

$$\begin{cases}\dfrac{\partial^2 u}{\partial t^2}-c_0^2\dfrac{\partial^2 u}{\partial x^2}=0,\\ \dfrac{\partial^2\phi'}{\partial t\partial y}-f_0\dfrac{\partial\phi'}{\partial x}=0,\\ \dfrac{\partial^2 u}{\partial t\partial y}-f_0\dfrac{\partial u}{\partial x}=0.\end{cases} \tag{7.179}$$

(7.173)中的 u 代入到(7.179)的第一式，要使 $U(y)$ 有非零解，只有

$$\omega^2=k^2c_0^2,\quad \omega=\pm kc_0. \tag{7.180}$$

这是重力外波的圆频率. 它充分说明：对于区间 $0<y<\infty$，若在 $y=0$ 处，$v=0$，则区间内处处都有 $v=0$，而此时的波动只有重力外波.

(7.180)式代入到(7.178)式有

$$l_0^2=f_0^2/c_0^2=\frac{1}{L_0^2}, \tag{7.181}$$

其中 $L_0\equiv c_0/f_0$ 即是正压 Rossby 变形半径.

下面说明：在整个区间中处处都有 $v=0$，且在 $y=0$ 处，u 和 ϕ' 是非齐次边条件，在此条件下，(7.180)式中只有 $\omega=kc_0$ 才是正确的. 即此时只有沿 x 正向传播的重力波存在，这就是所谓 Kelvin 波.

(7.173)式中的 u 和 ϕ' 代入到(7.179)的第三式和第二式，并利用(7.172)式中关于 u 和 ϕ' 的边条件得到

$$\begin{cases}\dfrac{\mathrm{d}U}{\mathrm{d}y}+\dfrac{f_0k}{\omega}U=0,\\ U|_{y=0}=u_0,\quad U|_{y\to\infty}<\infty;\end{cases}\qquad \begin{cases}\dfrac{\mathrm{d}\Phi}{\mathrm{d}y}+\dfrac{f_0k}{\omega}\Phi=0,\\ \Phi|_{y=0}=\phi_0,\quad \Phi|_{y\to\infty}<\infty.\end{cases} \tag{7.182}$$

这里在 $y=0$ 处，U 和 Φ 都是非齐次边条件. 显然，上两式成立只有

$$\omega=kc_0, \tag{7.183}$$

此时

$$\begin{cases}U(y)=u_0\mathrm{e}^{-y/L_0},\quad u=u_0\mathrm{e}^{-y/L_0}\mathrm{e}^{\mathrm{i}(kx-\omega t)},\\ \Phi(y)=\phi_0\mathrm{e}^{-y/L_0},\quad \phi'=\phi_0\mathrm{e}^{-y/L_0}\mathrm{e}^{\mathrm{i}(kx-\omega t)}.\end{cases} \tag{7.184}$$

所以，若在 y 方向是半无界区间($0\leqslant y<\infty$)，且给定侧边界条件($y=0$，v 是齐次边条件，u 和 ϕ' 是非齐次边条件)和无穷远处的有界性条件，则在整个区间中处处都有 $v=0$，而 u 和 ϕ' 随 y 的增大，按 e^{-y/L_0} 的格式指数衰减，这就是具有重力波性质

的，而且只向 x 正方向传播的所谓 Kelvin 波. 关于低纬的 Kelvin 波，我们将在 §13.5 中叙述.

对于 Kelvin 波，还可以在一般意义下论述. 由于 $v\equiv 0$，(7.179) 的第一式为关于 u 的标准的线性波动方程，其通解可以写为

$$u = F_1(x - c_0 t, y) + F_2(x + c_0 t, y), \tag{7.185}$$

其中 $F_1(x-c_0t,y)$ 表征沿 x 正方向传播的重力波，$F_2(x+c_0t,y)$ 表征沿 x 反方向传播的重力波.

注意 $v\equiv 0$，则 (7.185) 式代入到方程组 (7.169) 的第一式，求得

$$\phi' = c_0[F_1(x - c_0 t, y) - F_2(x + c_0 t, y)]. \tag{7.186}$$

同样注意 $v\equiv 0$，则 (7.185) 式和 (7.186) 式代入到方程组 (7.169) 的第二式，得到

$$\frac{\partial F_1}{\partial y} = -\frac{1}{L_0}F_1, \quad \frac{\partial F_2}{\partial y} = \frac{1}{L_0}F_2 \quad (L_0 \equiv c_0/f_0).$$

解上述 F_1 和 F_2 的一阶线性偏微分方程，得到

$$\begin{cases} F_1(x - c_0 t, y) = F(x - c_0 t)\mathrm{e}^{-y/L_0}, \\ F_2(x + c_0 t, y) = G(x + c_0 t)\mathrm{e}^{y/L_0}. \end{cases} \tag{7.187}$$

显然，$F_2(x+c_0t,y)$ 随着 y 的增加而指数增长，不可能满足 $y\to\infty$ 时物理量有界的条件，只有 $F_1(x-c_0t,y)$ 满足，所以，Kelvin 波具有重力波的性质，只沿着 x 正方向传播，传播速度为 c_0，而且

$$\begin{cases} u = F(x - c_0 t)\mathrm{e}^{-y/L_0}, \\ v = 0, \\ \phi' = c_0 F(x - c_0 t)\mathrm{e}^{-y/L_0}. \end{cases} \tag{7.188}$$

事实上，只要讨论的区间是半无界的，而且在非无穷的那一侧边界上给定的是非齐次边条件，则都存在类似于 Kelvin 波的边界波. 当然，若在非无穷的一侧边界上给定的是齐次边条件，也就没有 Kelvin 波了.

§7.7 一般大气系统中的波动

我们就用方程 (7.61) 来说明一般大气系统中所包含的波动.

首先，由方程组 (7.61) 的第一、第二两式分别消去 p' 和 U 得到

$$\begin{cases} \left(\dfrac{\partial^2}{\partial t\partial y} - f\dfrac{\partial}{\partial x}\right)U = \left(\dfrac{\partial^2}{\partial t\partial x} + f\dfrac{\partial}{\partial y} + \beta_0\right)V, \\ \left(\dfrac{\partial^2}{\partial t\partial y} - f\dfrac{\partial}{\partial x}\right)p' = -\left(\dfrac{\partial^2}{\partial t^2} + f^2\right)V. \end{cases} \tag{7.189}$$

再由方程组 (7.61) 的第三、第五两式分别消去 ρ' 和 W 得到

$$\begin{cases}\left(\delta_1 \dfrac{\partial^2}{\partial t^2}+N^2\right)W=-\dfrac{\partial}{\partial t}\left(\dfrac{\partial}{\partial z}+\dfrac{g}{c_s^2}\right)p',\\ \left(\delta_1 \dfrac{\partial^2}{\partial t^2}+N^2\right)\rho'=-\left(\dfrac{N^2}{g}\dfrac{\partial}{\partial z}-\delta_1\dfrac{1}{c_s^2}\dfrac{\partial^2}{\partial t^2}\right)p'.\end{cases} \tag{7.190}$$

由(7.189)式和(7.190)式看到：若 $p'=0$，则 V 作惯性振动(振动频率为 f)，而 W 和 ρ' 作浮力振荡($\delta_1=1$，振动频率为 N).

方程组(7.189)的第二式分别与方程组(7.190)的两式消去 p' 得到

$$\begin{cases}\left(\dfrac{\partial^2}{\partial t\partial y}-f\dfrac{\partial}{\partial x}\right)\left(\delta_1 \dfrac{\partial^2}{\partial t^2}+N^2\right)W=\dfrac{\partial}{\partial t}\left(\dfrac{\partial^2}{\partial t^2}+f^2\right)\left(\dfrac{\partial}{\partial z}+\dfrac{g}{c_s^2}\right)V,\\ \left(\dfrac{\partial^2}{\partial t\partial y}-f\dfrac{\partial}{\partial x}\right)\left(\delta_1 \dfrac{\partial^2}{\partial t^2}+N^2\right)\rho'=\left(\dfrac{N^2}{g}\dfrac{\partial}{\partial z}-\delta_1\dfrac{1}{c_s^2}\dfrac{\partial^2}{\partial t^2}\right)\left(\dfrac{\partial^2}{\partial t^2}+f^2\right)V.\end{cases} \tag{7.191}$$

其次，将方程组(7.61)的第四式作 $\left(\dfrac{\partial^2}{\partial t\partial y}-f\dfrac{\partial}{\partial x}\right)\left(\delta_1\dfrac{\partial^2}{\partial t^2}+N^2\right)$ 运算，并利用(7.189)式的第一式和(7.191)式得到

$$\mathscr{L}V=0, \tag{7.192}$$

其中

$$\mathscr{L}\equiv\left(\delta_1 \frac{\partial^2}{\partial t^2}+N^2\right)\left(\frac{\partial}{\partial t}\nabla_h^2+\beta_0\frac{\partial}{\partial x}\right)+\left(\frac{\partial^2}{\partial t^2}+f^2\right)\frac{\partial}{\partial t}\left[\frac{\partial^2}{\partial z^2}+\left(\delta_2\frac{N^2}{g}+\frac{g}{c_s^2}\right)\frac{\partial}{\partial z}-\delta_1\delta_2\frac{1}{c_s^2}\frac{\partial^2}{\partial t^2}\right]. \tag{7.193}$$

(7.192)式就是描写一般大气线性波动的基本方程.

应用正交模方法，并取(7.193)式中的 $f=f_0$，我们设方程(7.192)的单波解为

$$V=\hat{V}\exp\{\mathrm{i}(kx+ly+nz-\omega t)\}\cdot\exp\left\{-\frac{1}{2}\left(\delta_2\frac{N^2}{g}+\frac{g}{c_s^2}\right)z\right\}. \tag{7.194}$$

这里，因子 $\exp\left\{-\dfrac{1}{2}\left(\delta_2\dfrac{N^2}{g}+\dfrac{g}{c_s^2}\right)z\right\}$ 是为了消去方程(7.192)中所含有的对 z 的一阶导数项. 若应用 Boussinesq 近似，对 z 的一阶导数项就不存在，本节以后，我们都这么做.

将(7.194)式代入(7.192)式就得到下列 ω 的五次代数方程：

$$\delta_1\delta_2\omega^5-\omega_A^2\omega^3+\delta_1\omega_s^2\omega_R\omega^2+\omega_B^4\omega-N^2\omega_s^2\omega_R=0, \tag{7.195}$$

其中

$$\begin{cases}\omega_A^2=(\delta_1K_h^2+n_1^2)c_s^2+\delta_1\delta_2f_0^2,\\ \omega_B^4=(K_h^2N^2+n_1^2f_0^2)c_s^2,\\ \omega_s^2=K_h^2c_s^2,\quad \omega_R=-\beta_0k/K_h^2,\end{cases} \tag{7.196}$$

而

$$n_1^2 = n^2 + \frac{1}{4}\left(\delta_2 \frac{N^2}{g} + \frac{g}{c_s^2}\right)^2. \tag{7.197}$$

显然，ω_s 表征水平声波的频率，ω_R 表征水平无辐散的 Rossby 波的频率. 我们仍近似地求解方程(7.195)的五个根.

对于中、高频波，方程(7.195)左端包含 ω_R 的两项可以略去，则方程(7.195)退化为下列准二次方程：

$$\delta_1\delta_2\omega^4 - \omega_A^2\omega^2 + \omega_B^4 = 0. \tag{7.198}$$

在 $\delta_1 = \delta_2 = 1$ 时，方程(7.198)的解为

$$\omega_{1,2}^2 = \frac{\omega_A^2}{2}\{1 + \sqrt{1 - 4(\omega_B/\omega_A)^4}\}, \tag{7.199}$$

$$\omega_{3,4}^2 = \frac{\omega_A^2}{2}\{1 - \sqrt{1 - 4(\omega_B/\omega_A)^4}\}. \tag{7.200}$$

因在不考虑层结($N=0$)和地球自转($f_0=0$)的条件下，$\omega_B^4=0$，此时 $\omega_{1,2}^2=\omega_A^2$，$\omega_{3,4}^2=0$. 所以，$\omega_{1,2}$ 表征惯性-声波的频率；$\omega_{3,4}$ 表征惯性-重力内波的频率.

对于低频波，方程(7.195)左端仅保留最后两项，则求得方程(7.195)的第五个根为

$$\omega_5 = \frac{K_h^2N^2}{K_h^2N^2 + n_1^2 f_0^2}\omega_R = -\frac{\beta_0 k}{K_h^2 + \dfrac{f_0^2}{N^2}n_1^2}. \tag{7.201}$$

由上式表征的波动称为斜压(含层结)Rossby 波.

综上分析知，一般大气系统的方程组中包含惯性-声波、惯性-重力内波和斜压 Rossby 波. 为清楚起见，我们还要对其中的一些波动作具体分析，在讨论中，我们忽略因子$\left(\delta_2 \dfrac{N^2}{g} + \dfrac{g}{c_s^2}\right)^2$，而取 $n_1^2 = n^2$.

一、纯声波

由上一节分析知，它是由大气的可压缩性所引起($\delta_2 \neq 0$). 在讨论纯声波时，我们不考虑层结($N=0$)和地球自转($f=0$)的作用.

令 $N=0$，$f_0=0$，$\beta_0=0$，则频率方程(7.195)退化为

$$\omega^3(\delta_1\delta_2\omega^2 - \omega_A^2) = 0. \tag{7.202}$$

在 $\delta_1=\delta_2=1$ 和 $\omega\neq 0$ 时求得

$$\omega^2 = (K_h^2 + n^2)c_s^2 = K^2c_s^2, \tag{7.203}$$

这就是三维纯声波的频率方程.

若大气是不可压缩的，则它必然排除声波的存在. 若作非弹性近似($\delta_2=0$)或静力近似($\delta_1=0$)，则由(7.202)式知，此时声波也将被排除. 这是因为非弹性近似

排除了速度散度场所伴有的密度扰动的局地变化，而从(7.190)式看到，静力近似也排除了密度和压力扰动的局地变化.

由(7.193)式知，纯声波满足方程

$$\mathscr{L}V = 0, \tag{7.204}$$

其中

$$\mathscr{L} \equiv \frac{\partial^2}{\partial t^2} - c_s^2 \nabla^2. \tag{7.205}$$

若不考虑(7.194)式中的因子 $\exp\left\{-\frac{1}{2}\left(\delta_2 \frac{N^2}{g} + \frac{g}{c_s^2}\right)z\right\}$，则将(7.194)式代入(7.189)式和(7.190)式求得纯声波的流场满足

$$U = \frac{k}{l}V, \quad W = \frac{n}{l}V. \tag{7.206}$$

由此求得声波的流场

$$\mathbf{V} = \frac{1}{\rho_0}(U\boldsymbol{i} + V\boldsymbol{j} + W\boldsymbol{k}) = \frac{V}{\rho_0 l}(k\boldsymbol{i} + l\boldsymbol{j} + n\boldsymbol{k}) = \frac{V}{\rho_0 l}\boldsymbol{K}, \tag{7.207}$$

因而

$$\mathbf{V} \times \boldsymbol{K} = 0. \tag{7.208}$$

所以，声波是纵波.

又由(7.203)式求得纯声波的相速度和群速度分别是

$$\boldsymbol{c} = c_s \boldsymbol{K}/K, \tag{7.209}$$

$$\boldsymbol{c}_g = c_s \boldsymbol{K}/K. \tag{7.210}$$

因而

$$\boldsymbol{c} \times \boldsymbol{c}_g = 0. \tag{7.211}$$

所以，纯声波的相速度与群速度共线.

最后还要指出，仅在水平方向传播的惯性-声波称为旋转大气中的 Lamb 波，其圆频率 ω 满足

$$\omega^2 = K_h^2 c_s^2 + f_0^2. \tag{7.212}$$

二、纯重力内波

由§7.4 分析知，纯重力内波是在稳定层结的大气中，垂直扰动在 Archimede 浮力作用下的浮力振荡在空间的传播. 在讨论纯重力内波时，我们不考虑可压缩性($\delta_2=0$)和地球自转($f=0$)的作用. 令 $\delta_2=0$，$f_0=0$，$\beta_0=0$，则频率方程(7.195)退化为

$$-\omega_A^2\omega^2 + \omega_B^4 = 0. \tag{7.213}$$

在 $\delta_1=1$ 时求得

$$\omega^2 = K_h^2 N^2 / K^2, \tag{7.214}$$

这就是三维纯重力内波的频率方程.

由(7.193)式知,三维纯重力内波满足

$$\mathscr{L}V = 0, \tag{7.215}$$

其中

$$\mathscr{L} \equiv \frac{\partial^2}{\partial t^2} \nabla^2 + N^2 \nabla_h^2. \tag{7.216}$$

若不考虑(7.194)式中的因子 $\exp\left\{-\frac{1}{2}\left(\delta_2 \frac{N^2}{g} + \frac{g}{c_s^2}\right)z\right\}$,则将(7.194)式代入(7.189)式和(7.190)式,并利用(7.214)式求得纯重力内波的流场满足

$$U = \frac{k}{l}V, \quad W = \frac{-\omega^2}{-\omega^2 + N^2} \cdot \frac{n}{l}V = -\frac{k^2 + l^2}{n^2} \cdot \frac{n}{l}V. \tag{7.217}$$

由此求得纯重力内波的流场为

$$\boldsymbol{V} = \frac{1}{\rho_0}(U\boldsymbol{i} + V\boldsymbol{j} + W\boldsymbol{k}) = \frac{V}{\rho_0 l}\left(k\boldsymbol{i} + l\boldsymbol{j} - \frac{k^2 + l^2}{n}\boldsymbol{k}\right). \tag{7.218}$$

因而

$$\boldsymbol{V} \cdot \boldsymbol{K} = 0, \tag{7.219}$$

所以,重力内波是横波.

又由(7.214)式求得纯重力内波的相速度与群速度分别是

$$\boldsymbol{c} = \frac{K_h N}{K^3}\boldsymbol{K}, \tag{7.220}$$

$$\boldsymbol{c}_g = \frac{n^2 N}{K_h K^3}\left(k\boldsymbol{i} + l\boldsymbol{j} - \frac{K_h^2}{n}\boldsymbol{k}\right). \tag{7.221}$$

因而

$$\boldsymbol{c} \cdot \boldsymbol{c}_g = 0, \tag{7.222}$$

所以,重力内波的相速度与群速度相互垂直.

从(7.220)和(7.221)式还可以看到,对向一个方向传播的重力内波而言,其群速度与相速度的水平分量符号相同,但垂直分量符号相反.

三、纯惯性波

由§7.4分析知,它是大气中三维流场扰动在 Coriolis 力作用下的惯性振荡在空间的传播. 在讨论纯惯性波时,我们不考虑可压缩性($\delta_2=0$)和层结($N=0$)的作用. 令 $\delta_2=0$, $N=0$, $\beta_0=0$,则频率方程(7.195)退化为

$$-\omega_A^2\omega^2 + \omega_B^4 = 0. \tag{7.223}$$

在 $\delta_1=1$ 时求得

$$\omega^2 = n^2 f_0^2 / K^2, \tag{7.224}$$

这就是三维纯惯性波的频率方程.

由(7.193)式知,纯惯性波满足

$$\mathscr{L}V = 0, \tag{7.225}$$

其中

$$\mathscr{L} \equiv \frac{\partial^2}{\partial t^2}\nabla^2 + f_0^2\frac{\partial^2}{\partial z^2}. \tag{7.226}$$

类似重力内波,将(7.194)式代入(7.189)式和(7.190)式,并利用(7.224)式求得纯惯性内波的流场满足

$$U = \frac{k\omega + \mathrm{i}lf_0}{l\omega - \mathrm{i}kf_0}V, \quad W = \frac{n}{\omega}\cdot\frac{\omega^2 - f_0^2}{l\omega - \mathrm{i}kf_0}V = -\frac{nK_\mathrm{h}^2 f_0^2}{\omega K^2(l\omega - \mathrm{i}kf_0)}V. \tag{7.227}$$

由此求得纯惯性波的流场

$$\boldsymbol{V} = \frac{1}{\rho_0}(U\boldsymbol{i} + V\boldsymbol{j} + W\boldsymbol{k}) = \frac{V}{\rho_0\omega(l\omega - \mathrm{i}kf_0)}\left\{(k\omega^2 + \mathrm{i}lf_0\omega)\boldsymbol{i} + (l\omega^2 - \mathrm{i}kf_0\omega)\boldsymbol{j} - \frac{nK_\mathrm{h}^2 f_0^2}{K^2}\boldsymbol{k}\right\}. \tag{7.228}$$

因而

$$\boldsymbol{V}\cdot\boldsymbol{K} = 0, \tag{7.229}$$

所以,惯性波也是横波.

又由(7.224)式求得纯惯性波的相速度与群速度分别是

$$\boldsymbol{c} = \frac{nf_0}{K^3}\boldsymbol{K}, \tag{7.230}$$

$$\boldsymbol{c}_\mathrm{g} = -\frac{f_0}{K^3}(kn\boldsymbol{i} + ln\boldsymbol{j} - K_\mathrm{h}^2\boldsymbol{k}). \tag{7.231}$$

因而

$$\boldsymbol{c}\cdot\boldsymbol{c}_\mathrm{g} = 0. \tag{7.232}$$

所以,纯惯性波的相速度与群速度相互垂直.从(7.230)式和(7.231)式还可以看到,对向一个方向传播的惯性波而言,其群速度与相速度的水平分量符号相反,但垂直分量符号相同.

四、惯性-重力内波

上一节我们已说明:在大气的通常情况下,惯性波常与重力内波混合在一起形成惯性-重力内波.令 $\delta_2 = 0, \beta_0 = 0$,则频率方程(7.195)退化为

$$-\omega_\mathrm{A}^2\omega^2 + \omega_\mathrm{B}^4 = 0. \tag{7.233}$$

在 $\delta_1 = 1$ 时求得

$$\omega^2 = (K_\mathrm{h}^2 N^2 + n^2 f_0^2)/K^2. \tag{7.234}$$

这就是惯性-重力内波的频率方程.

由(7.193)式知,纯惯性-重力内波满足

$$\mathscr{L}V = 0, \tag{7.235}$$

其中

$$\mathscr{L} \equiv \left(\frac{\partial^2}{\partial t^2} + N^2\right)\nabla_{\mathrm{h}}^2 + \left(\frac{\partial^2}{\partial t^2} + f_0^2\right)\frac{\partial^2}{\partial z^2}. \tag{7.236}$$

类似,可证明惯性-重力内波是横波(见本章末习题).

又由(7.234)式求得惯性-重力内波的相速度和群速度分别是

$$\boldsymbol{c} = \frac{\omega}{K^2}\boldsymbol{K}, \tag{7.237}$$

$$\boldsymbol{c}_{\mathrm{g}} = \frac{(N^2 - f_0^2)n}{\omega K^4}(kn\boldsymbol{i} + ln\boldsymbol{j} - K_{\mathrm{h}}^2\boldsymbol{k}). \tag{7.238}$$

因而

$$\boldsymbol{c} \cdot \boldsymbol{c}_{\mathrm{g}} = 0, \tag{7.239}$$

所以,惯性-重力内波的相速度与群速度相互垂直.

由(7.237)式和(7.238)式看到,对向一个方向传播的惯性-重力内波而言,当 $N^2 > f_0^2$ 时,其相速度与群速度的水平分量符号相同,但垂直分量符号相反,这呈现了重力内波的性质;当 $N^2 < f_0^2$ 时,其相速度与群速度的水平分量符号相反,但垂直分量符号相同,这呈现了惯性波的性质.

下面,我们利用上述性质说明背风波(lee wave),即气流经过大地形激发出来的具有中尺度性质的惯性-重力内波的特征. 设想有一均匀的西风气流 $\bar{u}$ 越过一南北向的山脉,当它移动到背风面时,在层结稳定的条件下,个别空气产生浮力振荡;加上地球地转的影响便形成背风波. 这是一个相对于地面静止的惯性-重力内波系统. 如果与这种波动相联系的垂直运动足够强,而且水汽又充足,那么,在振荡中的上升部分将出现凝结现象,因而形成波状云. 这是在大气中经常观测到的一种现象.

由于基本气流是西风($\bar{u} > 0$),则是要同时考虑 $\frac{\partial}{\partial t}$ 和 $\bar{u}\,\frac{\partial}{\partial x}$ 对于沿 x 方向的波 $\exp\{\mathrm{i}(kx + ly + nz - \omega t)\}$ 的作用,使波的形状不变,必须

$$c_x = \omega / k = -\bar{u}, \tag{7.240}$$

即背风波以 $c_x = -\bar{u}$ 的速度向西传播. 由于背风波是气流经过山脉激发出来的,所以,波的能源集中在山脉附近,然后向上传,即波能量以 $c_{gx} > 0$ 的速度向上传播.

综上分析可知,背风波的相速度有向西的分量,群速度有向上的分量. 又因背风波是惯性-重力内波,所以,背风波随 N^2 与 f_0^2 的大小差别而有不同的形状. 当 $N^2 > f_0^2$ 时,$\boldsymbol{c}$ 与 $\boldsymbol{c}_{\mathrm{g}}$ 的水平分量符号相同,垂直分量符号相反,所以,背风波的等相

位线随高度是向西倾斜的，见图7.8(a)；当 $N^2 < f_0^2$ 时，$\boldsymbol{c}$ 与 $\boldsymbol{c}_g$ 的水平分量符号相反，垂直分量符号相同，所以，背风波的等相位线随高度是向东倾斜的，见图 7.8(b).

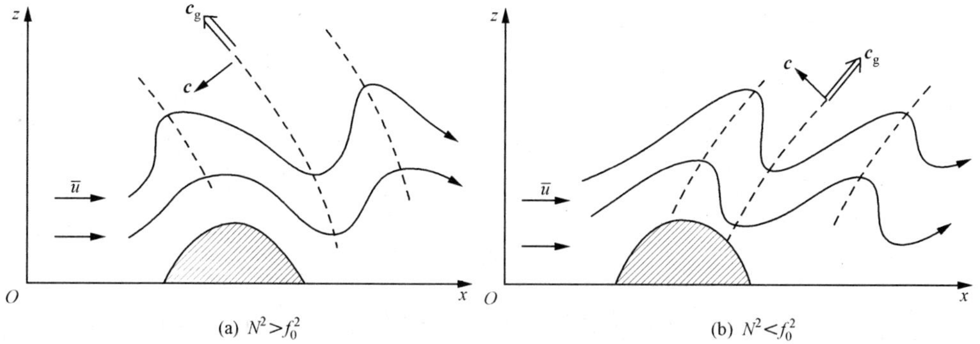

图 7.8 背风波

五、Rossby 波

我们就取(7.201)式，且用 n 代替 n_1，则它写为

$$\omega = -\frac{\beta_0 k}{K_h^2 + \dfrac{f_0^2}{N^2} n^2}. \tag{7.241}$$

由(7.193)式知，斜压(含层结)Rossby 波满足

$$\mathscr{L} V = 0, \tag{7.242}$$

其中

$$\mathscr{L} \equiv \frac{\partial}{\partial t}\left(\nabla_h^2 + \frac{f_0^2}{N^2}\frac{\partial^2}{\partial z^2}\right) + \beta_0 \frac{\partial}{\partial x}. \tag{7.243}$$

若不考虑因子 $\exp\left\{-\frac{1}{2}\left(\delta_2 \frac{N^2}{g} + \frac{g}{c_s^2}\right)z\right\}$，则将(7.194)式代入(7.189)式和(7.190)式求得斜压 Rossby 流场满足

$$U = \frac{k\omega + \mathrm{i}lf_0 + \beta_0}{l\omega - \mathrm{i}kf_0} V, \quad W = \frac{-\omega n}{N^2} \cdot \frac{-f_0^2}{l\omega - \mathrm{i}kf_0} V = \frac{nf_0^2\omega}{N^2(l\omega - \mathrm{i}kf_0)} V. \tag{7.244}$$

由此求得 Rossby 波的流场为

$$\boldsymbol{V} = \frac{1}{\rho_0}(U\boldsymbol{i} + V\boldsymbol{j} + W\boldsymbol{k}) = \frac{V}{\rho_0(l\omega - \mathrm{i}kf_0)}\left\{(k\omega + \mathrm{i}lf_0 + \beta_0)\boldsymbol{i} + (l\omega - \mathrm{i}kf_0)\boldsymbol{j} + \frac{f_0^2}{N^2} n\omega \boldsymbol{k}\right\}. \tag{7.245}$$

因而

$$\boldsymbol{V}\cdot\boldsymbol{K}=0,\tag{7.246}$$

所以,Rossby 波是横波.

由(7.241)式我们求得

$$c_x=-\frac{\beta_0}{K_{\mathrm{h}}^2+\frac{f_0^2}{N^2}n^2},\quad c_y=\frac{k}{l}c_x,\quad c_z=\frac{k}{n}c_x,\tag{7.247}$$

$$c_{gx}=\frac{\beta_0\left(k^2-l^2-\frac{f_0^2}{N^2}n^2\right)}{\left(K_{\mathrm{h}}^2+\frac{f_0^2}{N^2}n^2\right)^2},\quad c_{gy}=\frac{2\beta_0 kl}{\left(K_{\mathrm{h}}^2+\frac{f_0^2}{N^2}n^2\right)^2},\quad c_{gz}=\frac{2\beta_0 kn\frac{f_0^2}{N^2}}{\left(K_{\mathrm{h}}^2+\frac{f_0^2}{N^2}n^2\right)^2}.\tag{7.248}$$

斜压 Rossby 波的等相位线在(x,z)和(y,z)平面上的斜率分别是

$$\begin{cases}\tan\beta\equiv\left(\dfrac{\partial z}{\partial x}\right)_{\theta=\text{常数}}=-\dfrac{\partial\theta}{\partial x}\Big/\dfrac{\partial\theta}{\partial z}=-\dfrac{k}{n},\\ \tan\gamma\equiv\left(\dfrac{\partial z}{\partial y}\right)_{\theta=\text{常数}}=-\dfrac{\partial\theta}{\partial y}\Big/\dfrac{\partial\theta}{\partial z}=-\dfrac{l}{n}.\end{cases}\tag{7.249}$$

因而,当k,n同号时,$\tan\beta<0$,此时,等相位线自下而上向西倾斜;当k,n异号时,$\tan\beta>0$,此时,等相位线自下而上向东倾斜.类似,当l,n同号时,等相位线自下而上向南倾斜;当k,n异号时,等相位线自下而上向北倾斜.

§7.8 准地转模式中的大气波动

下面我们说明:由于准地转概念的应用,它将消除所有高频与中频波动,仅保留低频的 Rossby 波.对于准地转正压模式的线性方程(7.65),设其单波解为

$$\psi=\hat{\psi}\exp\{\mathrm{i}(kx+ly-\omega t)\},\tag{7.250}$$

将其代入求得

$$\omega=-\frac{\beta_0 k}{K_{\mathrm{h}}^2+\lambda_0^2},\tag{7.251}$$

这就是在§7.5中已讨论过的正压 Rossby 波的圆频率(7.159)式.

对于一般的准地转模式的线性方程(7.64),设其单波解为

$$\psi=\hat{\psi}\exp\{\mathrm{i}(kx+ly+nz-\omega t)\},\tag{7.252}$$

将其代入求得

$$\omega=-\frac{\beta_0 k}{K_{\mathrm{h}}^2+\frac{f_0^2}{N^2}n^2},\tag{7.253}$$

这就是在上节已讨论过的含层结的斜压 Rossby 波的圆频率(7.201)式,或

(7.241)式.

由上面分析可知,应用准地转近似可以滤去声波、惯性-重力外波和惯性-重力内波,而仅保留 Rossby 波.

比较准地转正压模式和一般模式的 Rossby 波的圆频率,即比较(7.251)式和(7.253)式,发现二者在形式上极为相似,只是分母中 λ_0^2 和 $\frac{f_0^2}{N^2}n^2$ 的差异. 注意 $\lambda_0^2=f_0^2/c_0^2=f_0^2/gH$,若在一般的准地转模式中,定义一个与正压模式相当的高度 H_1,则它满足

$$\frac{f_0^2}{gH_1}=\frac{f_0^2}{N^2}n^2, \tag{7.254}$$

由此求得

$$H_1=N^2/gn^2, \tag{7.255}$$

H_1 称为相当高度(equivalent height). 应用相当高度 H_1,正压模式就相当于一个简化的斜压模式. 而且一般准地转模式 Rossby 波的圆频率(7.253)式可以改写为

$$\omega=-\beta_0 k/(K_{\mathrm{h}}^2+\lambda_1^2), \tag{7.256}$$

其中

$$\lambda_1^2\equiv f_0^2/gH_1. \tag{7.257}$$

实际上,在(7.252)式中,n 可以利用 z 方向的边条件定出. 因为由(7.252)式可得

$$\frac{\partial^2\psi}{\partial z^2}+n^2\psi=0. \tag{7.258}$$

因而

$$\psi=A(x,y,t)\cos nz+B(x,y,t)\sin nz. \tag{7.259}$$

若规定 $0\leqslant z\leqslant H$,且设

$$\left.\frac{\partial\psi}{\partial z}\right|_{z=0}=0,\quad \left.\frac{\partial\psi}{\partial z}\right|_{z=H}=0, \tag{7.260}$$

则将(7.260)式代入(7.259)式得 $B=0$ 和

$$\sin nH=0. \tag{7.261}$$

由此定得本征值为

$$n=n_j=j\pi/H\quad(j=0,1,2,\cdots). \tag{7.262}$$

相应的非零解是

$$\psi=A(x,y,t)\cos\frac{j\pi z}{H}=\exp\{\mathrm{i}(kx+ly-\omega t)\}\cos\frac{j\pi z}{H}\quad(j=0,1,2,\cdots). \tag{7.263}$$

显然,$j=0$ 就是正压模式所对应的模态.

将(7.262)式代入(7.255)式求得相当高度为

$$H_1 = \frac{N^2 H^2}{gj^2\pi^2} = \frac{c_a^2}{gj^2\pi^2} \quad (j = 0,1,2,\cdots). \tag{7.264}$$

所以,正压模态,$H_1 \to \infty$. 若取 $j=1, c_a = 10^2\,\text{m}\cdot\text{s}^{-1}$,则由上式定得 $H_1 \approx 10^2\,\text{m}$, $\sqrt{gH_1} \approx 30\,\text{m}\cdot\text{s}^{-1}$.

§7.9 包含基本气流的 Rossby 波

前面讨论的大气波动是取静态为基本状态,但实际大气的波动,特别是 Rossby 波都是在有基本气流的背景下产生的,所以,准确讨论 Rossby 波需考虑基本气流的作用. 本节阐述在纬圈基本气流 $\bar{u}$=常数下的各种 Rossby 波.

一、正压水平无辐散条件下的 Rossby 波

根据方程组(7.72),其方程组为

$$\begin{cases} \left(\dfrac{\partial}{\partial t} + \bar{u}\dfrac{\partial}{\partial x}\right)u' - fv' = -\dfrac{\partial \phi'}{\partial x}, \\ \left(\dfrac{\partial}{\partial t} + \bar{u}\dfrac{\partial}{\partial x}\right)v' + fu' = -\dfrac{\partial \phi'}{\partial y}, \\ \dfrac{\partial u'}{\partial x} + \dfrac{\partial v'}{\partial y} = 0. \end{cases} \tag{7.265}$$

由方程组(7.265)的第三式,引入流函数 ψ:

$$u' = -\frac{\partial \psi'}{\partial y}, \quad v' = \frac{\partial \psi'}{\partial x}, \tag{7.266}$$

则方程组(7.265)化为下列水平无辐散的涡度方程:

$$\left(\frac{\partial}{\partial t} + \bar{u}\frac{\partial}{\partial x}\right)\nabla_h^2 \psi' + \beta_0 \frac{\partial \psi'}{\partial x} = 0. \tag{7.267}$$

比较方程(7.267)与方程(7.138),发现它们的差别仅在于$\dfrac{\partial}{\partial t}$换成了$\dfrac{\partial}{\partial t} + \bar{u}\dfrac{\partial}{\partial x}$. 因而,若设

$$\psi' = \hat{\psi}\exp\{\mathrm{i}(kx + ly - \omega t)\}, \tag{7.268}$$

将其代入方程(7.267)求得

$$\omega - k\bar{u} = -\beta_0 k / K_h^2, \tag{7.269}$$

这就是水平无辐散条件下的正压 Rossby 波圆频率 ω 满足的关系. 其中 $\omega - k\bar{u}$ 称为 Doppler 频率,记为 ω_D,即

$$\omega_D \equiv \omega - k\bar{u}. \tag{7.270}$$

在(7.269)式中,若令 $\bar{u}=0$,则化为(7.141)式.

由(7.269)式,求得它在 x, y 方向的相速度和群速度分别是

$$c_x = \bar{u} - \frac{\beta_0}{K_h^2}, \quad c_y = \frac{k}{l} c_x, \tag{7.271}$$

$$c_{gx} = \bar{u} - \frac{\beta_0}{K_h^2} + \frac{2\beta_0 k^2}{K_h^4} = \bar{u} + \frac{\beta_0 (k^2 - l^2)}{K_h^4}, \quad c_{gy} = \frac{2\beta_0 kl}{K_h^4}. \tag{7.272}$$

由(7.271)式知，c_x 的正负决定于 $\bar{u}$ 与 β_0/K_h^2 的相对大小，通常 $\bar{u}>\beta_0/K_h^2$，因而 $c_x>0$，即波向东移动；但 c_y 可正可负，它决定于水平波矢的方向(即 k/l 的符号). 因

$$\frac{c_y}{c_x} = k/l, \tag{7.273}$$

所以，对于向东移动($c_x>0$)的导式(k,l 同号)Rossby 波，它也向北移动($c_y>0$)；而对于向东移动($c_x>0$)的曳式(k,l 异号)Rossby 波，它也向南移动($c_y<0$).

而且，对于 x 方向的短波，$k^2>l^2$，$c_{gx}-\bar{u}>0$，与 $c_x-\bar{u}$ 的符号相反；对于 x 方向的长波，$k^2<l^2$，$c_{gx}-\bar{u}<0$，与 $c_x-\bar{u}$ 的符号相同. 至于 c_{gy}，从(7.271)式和(7.272)式看到，只要 $c_x>0$，c_{gy} 就与 c_y 的符号相同，而且导式波能量向北传($c_{gy}>0$)，曳式波能量向南传($c_{gy}<0$).

特别当 $l=0$ 时，即认为扰动与 y 无关，或认为 y 方向扰动无限宽，则 Rossby 波在 x 方向的移速为

$$c = \bar{u} - \frac{\beta_0}{k^2} = \bar{u} - \frac{\beta_0 L^2}{4\pi^2}, \tag{7.274}$$

它称为 Rossby 公式，其中 L 为 x 方向的波长. 相应 x 方向的群速度为

$$c_g = \bar{u} + \frac{\beta_0}{k^2} = \bar{u} + \frac{\beta_0 L^2}{4\pi^2}. \tag{7.275}$$

比较(7.274)式和(7.275)式知

$$c_g > c, \tag{7.276}$$

而且 $c_g-\bar{u}$ 与 $c-\bar{u}$ 符号相反. 图 7.9 和图 7.10 分别给出了 $c_g-\bar{u}$，$c-\bar{u}$ 随 k^2 以及 c，c_g 随 L 的变化图像.

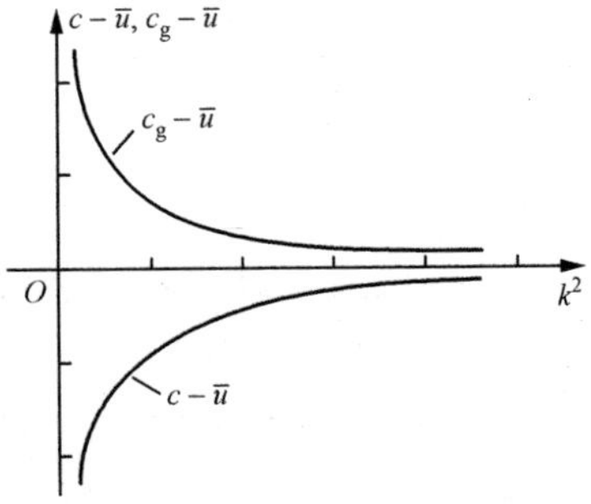

图 7.9　$c_g-\bar{u}$，$c-\bar{u}$ 随 k^2 的变化

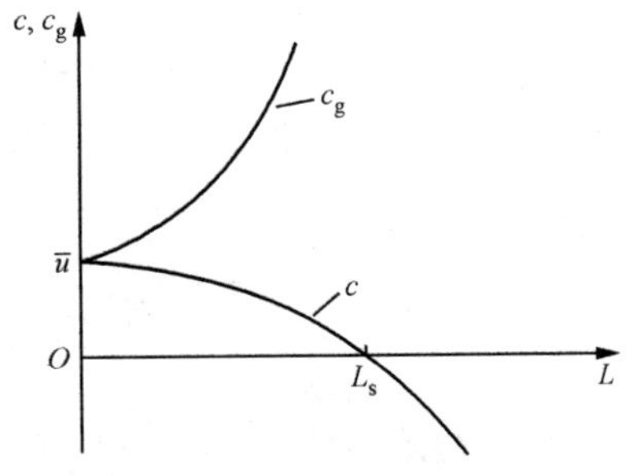

图 7.10　c_g，c 随 L 的变化

由 Rossby 公式(7.274)看到：波长 L 越大，波速 c 越小；波长 L 越小，波速 c

越大. 令 $c=0$,求得 Rossby 驻波的波长为

$$L_s = 2\pi\sqrt{\bar{u}/\beta_0}. \tag{7.277}$$

在中高纬度 $L_s \approx (5—6)\times 10^6$ m. 相应,驻波波数为

$$k_s = \frac{2\pi}{L_s} = \sqrt{\beta_0/\bar{u}}. \tag{7.278}$$

而根据沿纬圈波的数目

$$m = (2\pi a\cos\varphi)/L = ka\cos\varphi, \tag{7.279}$$

可求得沿纬圈驻波的数目为

$$m_s = (2\pi a\cos\varphi)/L_s = k_s a\cos\varphi. \tag{7.280}$$

在中高纬度 $m_s = (4—5)$ 个.

将(7.277)式和(7.280)式代入(7.274)式,求得

$$c = \bar{u}\left(1-\frac{L^2}{L_s^2}\right) = \bar{u}\left(1-\frac{m_s^2}{m^2}\right). \tag{7.281}$$

所以,当 $L<L_s$(或 $m>m_s$)时,$c>0$,波向东移动;当 $L>L_s$(或 $m<m_s$)时,$c<0$,波向西移动. 因此,我们称 L_s 为临界波长,k_s 为临界波数,m_s 为沿纬圈的临界波的数目.

二、正压水平有辐散条件下的 Rossby 波

我们就利用方程(7.89),以(7.268)形式的解代入求得

$$\omega - k\bar{u} = -\frac{k(\beta_0+\lambda_0^2\bar{u})}{K_h^2+\lambda_0^2} \tag{7.282}$$

或

$$\omega = \frac{k}{K_h^2+\lambda_0^2}(K_h^2\bar{u}-\beta_0). \tag{7.283}$$

(7.282)式或(7.283)式即是在有水平辐散的条件下,正压 Rossby 波的圆频率 ω 满足的关系式. 当 $\bar{u}=0$ 时,(7.282)式或(7.283)式就化为(7.159)式.

由(7.283)式求得它在 x,y 方向的相速度和群速度分别是

$$c_x = \frac{K_h^2\bar{u}-\beta_0}{K_h^2+\lambda_0^2} = \frac{K_h^2}{K_h^2+\lambda_0^2}\left(\bar{u}-\frac{\beta}{K_h^2}\right),\quad c_y = \frac{k}{l}c_x, \tag{7.284}$$

$$\begin{cases} c_{gx} = \bar{u} - \dfrac{\beta_0+\lambda_0^2\bar{u}}{K_h^2+\lambda_0^2} + \dfrac{2(\beta_0+\lambda_0^2\bar{u})k^2}{(K_h^2+\lambda_0^2)^2} = \bar{u} + \dfrac{(\beta_0+\lambda_0^2\bar{u})(k^2-l^2-\lambda_0^2)}{(K_h^2+\lambda_0^2)^2}, \\ c_{gy} = \dfrac{2(\beta_0+\lambda_0^2\bar{u})kl}{(K_h^2+\lambda_0^2)^2}. \end{cases} \tag{7.285}$$

比较(7.284)式和(7.274)式中的 c_x 可以清楚地看到,水平散度对 Rossby 波的影

响：有水平散度时的 c_x 比无水平散度时的 c_x 小，后者是前者的 $\left(1+\frac{\lambda_0^2}{K_h^2}\right)$ 倍. 特别当 $l=0$ 时，Rossby 波在 x 方向上的移速为

$$c=\frac{k^2\bar{u}-\beta_0}{k^2+\lambda_0^2}=\frac{k^2}{k^2+\lambda_0^2}\left(\bar{u}-\frac{\beta_0}{k^2}\right), \tag{7.286}$$

它称为叶笃正公式. 相应 x 方向的群速度为

$$c_g=\bar{u}+\frac{(\beta_0+\lambda_0^2\bar{u})(k^2-\lambda_0^2)}{(k^2+\lambda_0^2)^2}=\frac{k^2(k^2+3\lambda_0^2)\bar{u}+\beta_0(k^2-\lambda_0^2)}{(k^2+\lambda_0^2)^2}. \tag{7.287}$$

图 7.11 和图 7.12 分别给出了 $c_g-\bar{u}$, $c-\bar{u}$ 随 k^2 以及 c, c_g 随 L 变化的图像. 由图 7.11 可知：$c-\bar{u}<0$，而当 $k^2<\lambda_0^2$ 时 $c_g-\bar{u}<0$；当 $k^2>\lambda_0^2$ 时 $c_g-\bar{u}>0$. 由图 7.12 可知：当 $L<L_s$ 时，$c>0$, $c_g>0$ 且 $c_g>c$；当 $L>L_s'$（L_s' 为 $c_g=0$ 时的波长）时，$c<0$, $c_g<0$，且 $|c_g|>|c|$. 而且 c 和 c_g 都是有界的，这些都与水平无辐散的情况不同.

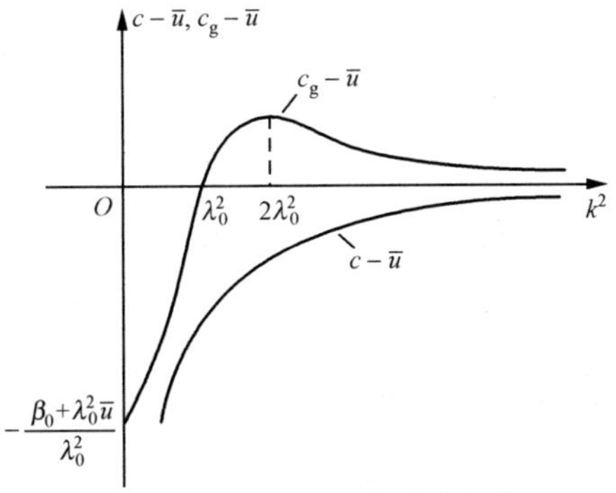

图 7.11 $c_g-\bar{u}$, $c-\bar{u}$ 随 k^2 的变化

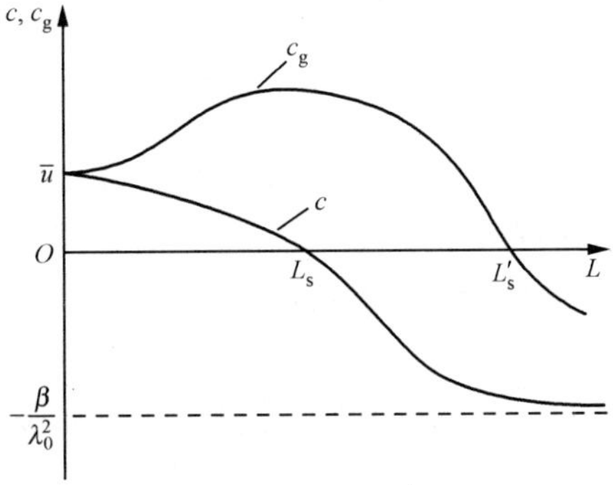

图 7.12 c, c_g 随 L 的变化

三、斜压大气中的 Rossby 波

我们就利用方程(7.86)，并设 ρ_0 和 N^2 为常数，以

$$\psi'=\hat{\psi}\exp\{\mathrm{i}(kx+ly+nz-\omega t)\} \tag{7.288}$$

代入则求得

$$\omega-k\bar{u}=-\frac{\beta_0 k}{K_h^2+\frac{f_0^2}{N^2}n^2} \tag{7.289}$$

或

$$\omega=k\left(\bar{u}-\frac{\beta_0}{K_h^2+\frac{f_0^2}{N^2}n^2}\right). \tag{7.290}$$

(7.289)式或(7.290)式即是含层结因子的斜压 Rossby 波的圆频率 ω 满足的关系式. 当 $\bar{u}=0$ 时,(7.289)式或(7.290)式就化为(7.253)式.

由(7.290)式求得它在 x,y,z 方向上的相速度和群速度分别是

$$c_x=\bar{u}-\frac{\beta_0}{K_h^2+\dfrac{f_0^2}{N^2}n^2},\quad c_y=\frac{k}{l}c_x,\quad c_z=\frac{k}{n}c_x;\tag{7.291}$$

$$\begin{cases}c_{gx}=\bar{u}+\dfrac{\beta_0\left(k^2-l^2-\dfrac{f_0^2}{N^2}n^2\right)}{\left(K_h^2+\dfrac{f_0^2}{N^2}n^2\right)^2},\quad c_{gy}=\dfrac{2\beta_0 kl}{\left(K_h^2+\dfrac{f_0^2}{N^2}n^2\right)^2},\\ c_{gz}=\dfrac{2\beta_0 kn\dfrac{f_0^2}{N^2}}{\left(K_h^2+\dfrac{f_0^2}{N^2}n^2\right)^2}.\end{cases}\tag{7.292}$$

通常 $c_x>0$,波向东移动,但 c_y,c_z 可正可负,它决定于波矢的方向,即

$$\frac{c_y}{c_x}=\frac{k}{l},\quad \frac{c_z}{c_x}=\frac{k}{n}.\tag{7.293}$$

而且从(7.291)式和(7.292)式可看到,只要 $c_x>0$,层结稳定,则 c_{gy} 与 c_y,c_{gz} 与 c_z 有相同的符号. 并且可以看到,对于垂直方向向西倾斜的 Rossby 波,能量向上传;向东倾斜的 Rossby 波能量向下传.

§7.10 Rossby 波的频散,上下游效应

从上一节的分析我们知道,Rossby 波是频散的. 如一维 Rossby 波,$c_g\neq c$,能量传播的速度不同于波传播的速度,这样就要发生能量频散,促使 Rossby 波不断变化,所以,Rossby 波的频散对于大尺度运动具有重要的意义,通常认为大尺度运动的演变过程就是 Rossby 波的频散过程.

对在 x 方向传播的 Rossby 波来说,在该方向若 $c_g>c>0$ 时,扰动的能量先于扰动向下游传播,致使下游产生新的扰动或加强下游原有的扰动,即上游扰动对下游产生效应,它称为上游效应;反之,在该方向若 $c>0$,但 $c_g<0$ 时,扰动向下游传播,但扰动的能量向上游传播,致使上游有新的扰动产生,或加强上游原有的扰动,即下游扰动对上游产生效应,它称为下游效应. 上游效应与下游效应统称为上下游效应.

上下游效应早就引起人们的注意,人们常发现在某一区域一个槽(或脊)加强后不久(如隔一天),在其下游也伴有槽(或脊)的加强. 这可能就是由于 Rossby 波上游效应造成的.

从上节分析可知，对平面 Rossby 波，无论是水平无辐散和有辐散的情况，都有 $c_g > c$，因而都有上游效应. 但在水平无辐散情况，恒有 $c_g > 0$；而水平有辐散情况，c_g 可正可负. 因而水平无辐散情况仅有上游效应，无下游效应；但有水平辐散时可能有上游效应和下游效应.

叶笃正在最简单的情况下($\bar{u}$=常数，正压水平无辐散)，求解了 Rossby 波的上游效应. 设扰动与 y 无关，初始时刻($t=0$)，$v'=0$；但在某一固定的经度(设为 $x=0$)，有一气旋式涡度 ζ_0=常数注入西风带中，我们考察由于 Rossby 波的频散，该涡度如何在下游引起新的扰动. 上述问题归结为求解正压水平无辐散涡度方程的下列混合问题：

$$\begin{cases}\left(\dfrac{\partial}{\partial t}+\bar{u}\dfrac{\partial}{\partial x}\right)\dfrac{\partial v'}{\partial x}+\beta_0 v'=0 \quad (x>0,t>0),\\ v'\big|_{x=0}=0,\quad \dfrac{\partial v'}{\partial x}\bigg|_{x=0}=\zeta_0 \quad (t\geqslant 0),\\ v'\big|_{t=0}=0 \quad (x\geqslant 0).\end{cases} \tag{7.294}$$

这样的定解问题可应用 Riemann 方法或 Laplace 变换方法求解. 这里介绍 Laplace 变换方法. 令

$$\tilde{v}(x,s)\equiv L[v'(x,t)]=\int_0^{\infty} v'(x,t)\mathrm{e}^{-st}\,\mathrm{d}t. \tag{7.295}$$

则

$$L\left[\frac{\partial^2 v'}{\partial t\partial x}\right]=\frac{\partial}{\partial x}L\left[\frac{\partial v'}{\partial t}\right]=\frac{\partial}{\partial x}\{sL[v']-v'\big|_{t=0}\}=s\frac{\partial\tilde{v}}{\partial x},$$

$$L\left[\bar{u}\frac{\partial^2 v'}{\partial x^2}\right]=\bar{u}\frac{\partial^2}{\partial x^2}L[v']=\bar{u}\frac{\partial^2\tilde{v}}{\partial x^2},\quad L[\beta_0 v']=\beta_0 L[v']=\beta\tilde{v}.$$

又

$$L[v'\big|_{x=0}]=\tilde{v}\big|_{x=0},\quad L\left[\frac{\partial v'}{\partial x}\bigg|_{x=0}\right]=\frac{\partial\tilde{v}}{\partial x}\bigg|_{x=0},\quad L[\zeta_0]=\frac{\zeta_0}{s}.$$

这样，定解问题(7.294)化为

$$\begin{cases}\bar{u}\dfrac{\partial^2\tilde{v}}{\partial x^2}+s\dfrac{\partial\tilde{v}}{\partial x}+\beta_0\tilde{v}=0,\\ \tilde{v}\big|_{x=0}=0,\quad \dfrac{\partial\tilde{v}}{\partial x}\bigg|_{x=0}=\dfrac{\zeta_0}{s}.\end{cases} \tag{7.296}$$

定解问题(7.296)的方程对 x 而言是常系数的. 其通解为

$$\tilde{v}(x,s)=A(s)\mathrm{e}^{\lambda_1 x}+B(s)\mathrm{e}^{\lambda_2 x}, \tag{7.297}$$

其中 λ_1,λ_2 是特征方程

$$\bar{u}\lambda^2+s\lambda+\beta_0=0 \tag{7.298}$$

的两个特征根：

$$\begin{cases}\lambda_1 = \dfrac{1}{2\bar{u}}(-s+\sqrt{s^2-4\beta_0\bar{u}}),\\ \lambda_2 = \dfrac{1}{2\bar{u}}(-s-\sqrt{s^2-4\beta_0\bar{u}}),\end{cases} \tag{7.299}$$

而 $A(s)$,$B(s)$可由定解问题(7.296)中的边条件定出.利用它有

$$\begin{cases}A(s)+B(s)=0,\\ \lambda_1 A(s)+\lambda_2 B(s)=\zeta_0/s.\end{cases} \tag{7.300}$$

因而定得

$$A(s)=-B(s)=\zeta_0/(\lambda_1-\lambda_2)s=\zeta_0\bar{u}/s\sqrt{s^2-4\beta_0\bar{u}}. \tag{7.301}$$

所以

$$\begin{aligned}\tilde{v}(x,s)&=\frac{\zeta_0\bar{u}}{s\sqrt{s^2-4\beta_0\bar{u}}}\exp\left\{-\frac{x}{2\bar{u}}s\right\}\left[\exp\left\{\frac{x}{2\bar{u}}\sqrt{s^2-4\beta_0\bar{u}}\right\}-\exp\left\{\frac{x}{2\bar{u}}\sqrt{s^2-4\beta_0\bar{u}}\right\}\right]\\ &=\frac{1}{s}F(x,s),\end{aligned} \tag{7.302}$$

其中

$$F(x,s)=\zeta_0\bar{u}\left(\frac{\exp\left\{\dfrac{x}{2\bar{u}}\sqrt{s^2-4\beta_0\bar{u}}\right\}}{\sqrt{s^2-4\beta_0\bar{u}}}-\frac{\exp\left(-\dfrac{x}{2\bar{u}}\sqrt{s^2-4\beta_0\bar{u}}\right)}{\sqrt{s^2-4\beta_0\bar{u}}}\right)e^{-\frac{x}{2\bar{u}}s}. \tag{7.303}$$

下面求 $\tilde{v}(x,s)$的反演.首先,利用 Laplace 变换的积分性质,对(7.302)式进行反演得

$$v'(x,t)=L^{-1}[\tilde{v}(x,s)]=L^{-1}\left[\frac{F(x,s)}{s}\right]=\int_0^t f(x,\tau)\mathrm{d}\tau, \tag{7.304}$$

其中

$$\begin{aligned}f(x,t)&=L^{-1}[F(x,s)]\\ &=\zeta_0\bar{u}\left\{L^{-1}\left[\frac{\exp\left\{\dfrac{x}{2\bar{u}}\sqrt{s^2-4\beta_0\bar{u}}\right\}}{\sqrt{s^2-4\beta_0\bar{u}}}e^{-\frac{x}{2\bar{u}}s}\right]-L^{-1}\left[\frac{\exp\left\{-\dfrac{x}{2\bar{u}}\sqrt{s^2-4\beta_0\bar{u}}\right\}}{\sqrt{s^2-4\beta_0\bar{u}}}e^{-\frac{x}{2\bar{u}}s}\right]\right\}.\end{aligned} \tag{7.305}$$

但利用反演公式

$$L^{-1}\left[\frac{\exp(-b\sqrt{s^2-a^2})}{\sqrt{s^2+a^2}}\right]=\mathrm{J}_0(\sqrt{a^2(t^2-b^2)})\theta(t-b), \tag{7.306}$$

其中 J_0 是零阶 Bessel 函数,而 θ 是 Heaviside 单位函数,它满足

$$\theta(t)=\begin{cases}0, & t<0,\\ 1, & t>0.\end{cases} \tag{7.307}$$

这样就有

$$L^{-1}\left[\frac{\exp\left\{\frac{x}{2\bar{u}}\sqrt{s^2-4\beta_0\bar{u}}\right\}}{\sqrt{s^2-4\beta_0\bar{u}}}\right]=\mathrm{J}_0\left(\sqrt{-4\beta_0\bar{u}\left(t^2-\frac{x^2}{4\bar{u}^2}\right)}\right)\theta\left(t+\frac{x}{2\bar{u}}\right),\tag{7.308}$$

$$L^{-1}\left[\frac{\exp\left\{-\frac{x}{2\bar{u}}\sqrt{s^2-4\beta_0\bar{u}}\right\}}{\sqrt{s^2-4\beta_0\bar{u}}}\right]=\mathrm{J}_0\left(\sqrt{-4\beta_0\bar{u}\left(t^2-\frac{x^2}{4\bar{u}^2}\right)}\right)\theta\left(t-\frac{x}{2\bar{u}}\right).\tag{7.309}$$

再利用 Laplace 变换的迟缓性质：

$$L^{-1}[\mathrm{e}^{-s\tau}F(s)]=f(t-\tau)\theta(t-\tau)\quad (L^{-1}[F(s)]=f(t)),\tag{7.310}$$

就有

$$L^{-1}\left[\frac{\exp\left\{\frac{x}{2\bar{u}}\sqrt{s^2-4\beta_0\bar{u}}\right\}}{\sqrt{s^2-4\beta_0\bar{u}}}\mathrm{e}^{-\frac{x}{2\bar{u}}s}\right]=\mathrm{J}_0\left(\sqrt{-4\beta_0\bar{u}\left[\left(t-\frac{x}{2\bar{u}}\right)^2-\frac{x^2}{4\bar{u}}\right]}\right)\theta\left(t-\frac{x}{2\bar{u}}+\frac{x}{2\bar{u}}\right)$$
$$=\mathrm{J}_0(2\sqrt{\beta_0 t(x-\bar{u}t)})\theta(t),\tag{7.311}$$

$$L^{-1}\left[\frac{\exp\left\{-\frac{x}{2\bar{u}}\sqrt{s^2-4\beta_0\bar{u}}\right\}}{\sqrt{s^2-4\beta_0\bar{u}}}\mathrm{e}^{-\frac{x}{2\bar{u}}s}\right]=\mathrm{J}_0\left(\sqrt{-4\beta_0\bar{u}\left[\left(t-\frac{x}{2\bar{u}}\right)^2-\frac{x^2}{4\bar{u}}\right]}\right)\theta\left(t-\frac{x}{2\bar{u}}-\frac{x}{2\bar{u}}\right)$$
$$=\mathrm{J}_0(2\sqrt{\beta_0 t(x-\bar{u}t)})\theta\left(t-\frac{x}{\bar{u}}\right).\tag{7.312}$$

将(7.311)式和(7.312)式代入(7.305)式得

$$f(x,t)=\zeta_0\bar{u}\mathrm{J}_0(2\sqrt{\beta_0 t(x-\bar{u}t)})\left[\theta(t)-\theta\left(t-\frac{x}{\bar{u}}\right)\right],\tag{7.313}$$

再代入(7.304)式最后求得

$$v'(x,t)=\zeta_0\bar{u}\int_0^t\mathrm{J}_0(2\sqrt{\beta_0\tau(x-\bar{u}\tau)})\left[\theta(\tau)-\theta\left(\tau-\frac{x}{\bar{u}}\right)\right]\mathrm{d}\tau.\tag{7.314}$$

下面，我们简单分析解的性质，对于场点 x：

(1) 当 $t<x/\bar{u}$ 时，它表示伴随 $\bar{u}$ 运行的扰动尚未到达. 显然，对于 $0<\tau<t$，$\theta(\tau)=1,\theta\left(\tau-\frac{x}{\bar{u}}\right)=0$，则解(7.314)可以写为

$$v'(x,t)=\zeta_0\bar{u}\int_0^t\mathrm{J}_0(2\sqrt{\beta_0\tau(x-\bar{u}\tau)})\mathrm{d}\tau.\tag{7.315}$$

(2) 当 $t\geqslant x/\bar{u}$ 时，它表示伴随 $\bar{u}$ 运行的扰动已经到达. 显然，对于 $0<\tau<x/\bar{u}$，$\theta(\tau)=1,\theta\left(\tau-\frac{x}{\bar{u}}\right)=0$；对于 $\frac{x}{\bar{u}}<\tau<t,\theta(\tau)=1,\theta\left(\tau-\frac{x}{\bar{u}}\right)=1$. 则解(7.314)可以写为

$$v'(x,t)=\zeta_0\bar{u}\int_0^{x/\bar{u}}\mathrm{J}_0\left(2\sqrt{\beta_0\tau(x-\bar{u}\tau)}\right)\mathrm{d}\tau. \tag{7.316}$$

由此可知,解将与 t 无关.注意,

$$\begin{aligned}2\sqrt{\beta_0\tau(x-\bar{u}\tau)}&=\sqrt{4\beta_0\tau x-4\beta_0\bar{u}\tau^2}\\&=\sqrt{(k_sx)^2-(2\bar{u}k_s\tau-k_sx)^2},\end{aligned}$$

其中 $k_s=\sqrt{\beta_0/\bar{u}}$是 Rossby 驻波波数(见(7.278)式).这样若令

$$\alpha=2\bar{u}k_s\tau-k_sx \tag{7.317}$$

代替 τ,则解(7.316)式化为

$$\begin{aligned}v'(x,t)&=\frac{\bar{u}\zeta_0}{2\bar{u}k_s}\int_{-k_sx}^{k_sx}\mathrm{J}_0\left(\sqrt{(k_sx)^2-\alpha^2}\right)\mathrm{d}\alpha\\&=\frac{\zeta_0}{k_s}\int_0^{k_sx}\mathrm{J}_0\left(\sqrt{(k_sx)^2-\alpha^2}\right)\mathrm{d}\alpha.\end{aligned} \tag{7.318}$$

利用 Bessel 函数的下列积分公式

$$\int_0^z\mathrm{J}_0\left(\sqrt{z^2-\alpha^2}\right)\mathrm{d}\alpha=\sin z, \tag{7.319}$$

则(7.318)式化为

$$v'(x,t)=\frac{\zeta_0}{k_s}\sin k_sx. \tag{7.320}$$

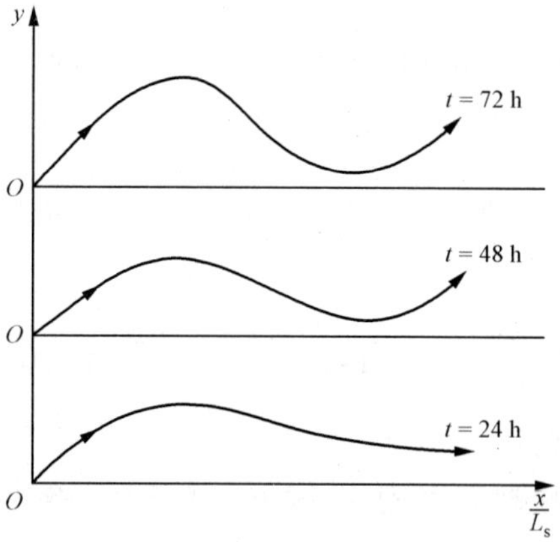

图 7.13　上游效应

上式表明:在 $t\geqslant x/\bar{u}$ 后,伴随 $\bar{u}$ 运行的扰动构成一定常的正弦波动,其波数恰好是 Rossby 驻波波数 k_s,波长也就恰好是 Rossby 驻波波长.

在 $\bar{u}$,β_0 给定后,可以数值积分计算 $v'(x,t)$.图 7.13 给出了 $t=0$ 以后第一天、第二天和第三天的流线图.由图我们可以看出,在 $x=0$ 处存在固定扰源的情况下,由于 Rossby 波的频散,24 小时后,下游即有脊发展;到 48 小时,脊已建立成功,同时下游开始有槽新生;到 72 小时,槽也建立成功.这便在理论上简单地说明了 Rossby 波的上游效应.同时,它也说明大气中平均槽脊的形成与外源强迫关系密切.

§7.11　超长波的尺度分析与频率分析

在大气中还存在水平尺度 L 与地球平均半径 a 相当的所谓行星尺度运动.行

星尺度运动的典型就是超长波或行星波(planetary waves).超长波是指沿纬圈波的数目在1—3左右的由Rossby参数引起的大气波动,其波长占120—180个经度(在中纬度波长在10 000公里左右).正由于其波长特别长,故称为超长波,它在对流层上层和平流层中最为显著.广义的行星波既包含Rossby波也包含超长波.

超长波的基本尺度通常取为

$$\begin{cases} L = 10^7\,\mathrm{m}, \quad D = H = 10^4\,\mathrm{m}, \quad U = 10\,\mathrm{m}\cdot\mathrm{s}^{-1}, \\ \tau = \dfrac{L}{U} = 10^6\,\mathrm{s}. \end{cases}$$

由此可知,超长波的D,U均与大尺度的运动相同,L,τ均比大尺度运动大一个量级,但$\tau=L/U$仍与大尺度运动的式子相同.因而,与大尺度运动类似可求得垂直运动的尺度为

$$W = f_0U^2/N^2D. \tag{7.321}$$

取$f_0=10^{-4}\,\mathrm{s}^{-1}$,$N=10^{-2}\,\mathrm{s}^{-1}$算得$W=10^{-2}\,\mathrm{m}\cdot\mathrm{s}^{-1}$,相应,$\Omega_0=10^{-1}\,\mathrm{Pa}\cdot\mathrm{s}^{-1}$.而水平散度的尺度为

$$D_0 = W/D = f_0U^2/N^2D^2. \tag{7.322}$$

同样算得$D_0=10^{-6}\,\mathrm{s}^{-1}$,这与垂直涡度的尺度

$$\zeta_0 = U/L \tag{7.323}$$

的尺度是同量级的,这是超长波运动与大尺度运动的重大区别.

超长波的一些无量纲参数的值为

$$\begin{cases} Ro \equiv \dfrac{U}{f_0L} = 10^{-2}, \quad \varepsilon \equiv \dfrac{1}{f_0\tau} = 10^{-2}, \quad s = \dfrac{L}{a} \gtrsim 1, \\ \mu_0^2 \equiv \dfrac{L^2}{L_0^2} = \dfrac{f_0^2L^2}{gH} = 10, \quad \mu_1^2 \equiv \dfrac{L^2}{L_1^2} = \dfrac{f_0^2L^2}{N^2H^2} = 10^2, \\ Ri \equiv \dfrac{N^2D^2}{U^2} = 10^2, \quad C \equiv \dfrac{D_0}{\zeta_0} = \dfrac{f_0UL}{N^2D^2} = 1, \\ \beta_1 \equiv \dfrac{\beta_0L^2}{U} = 10^2, \quad \delta \equiv \dfrac{D}{L} = 10^{-2}, \quad \lambda \equiv \dfrac{D}{H} = 1. \end{cases} \tag{7.324}$$

由此便知:对于行星尺度的超长波运动,其地转近似和静力近似比大尺度运动更准确地成立.但因为它的水平散度和垂直涡度具有相同的量级,所以它不能像Rossby波那样采用水平无辐散的假定.

因超长波$L\gtrsim a$,其地转风关系可以用球坐标系写为

$$fu = -\frac{1}{a}\frac{\partial\phi}{\partial\varphi}, \quad fv = \frac{1}{a\cos\varphi}\frac{\partial\phi}{\partial\lambda}. \tag{7.325}$$

至于超长波的控制方程,通常用涡度方程作尺度分析求得.不考虑摩擦,p坐标系的涡度方程可以写为

$$\frac{\partial\zeta}{\partial t} + u\frac{\partial\zeta}{\partial x}+v\frac{\partial\zeta}{\partial y} + \omega\frac{\partial\zeta}{\partial p} + \beta_0 v = - f_0 D - \zeta D. \tag{7.326}$$

$$\begin{array}{cccccc} \dfrac{\zeta_0}{\tau} & \dfrac{U\zeta_0}{L} & \dfrac{\Omega_0\zeta_0}{P} & \boxed{\beta_0 U} & \boxed{f_0 D} & \zeta_0 D_0 \\ 10^{-12} & 10^{-12} & 10^{-12} & 10^{-10} & 10^{-10} & 10^{-12} \end{array}$$

由此便知，对于超长波，涡度方程中的最大项为 $\beta_0 v$ 和 $f_0 D$，其他各项都比这两项小两个量级. 所以，对超长波而言，涡度方程的较准确的近似为

$$\beta_0 v + f_0 D = 0, \tag{7.327}$$

它称为超长波的 Burger 方程，也就是简化的涡度方程. 它说明，对于超长波运动，涡度方程中 β 的作用与散度的作用相平衡，使得涡度方程中不包含时间变化项，而具有准定常的性质.

超长波的垂直运动方程仍是静力学关系，而连续性方程与热力学方程在 p 坐标系中都不能进一步简化，这些都与大尺度运动相似. 正由于此，有人把超长波运动称为第二类准地转运动.

大量的分析及理论研究都表明：准静止的超长波主要是由于与海陆分布相对应的冷热源和地形的强迫作用通过 β 效应而产生的，至于移动性超长波，它与 Rossby 波的形成是类似的，只是水平尺度更大而已.

下面，我们在不考虑地形、摩擦和非绝热作用的情况下，对层结大气中的超长波进行频率分析. 为了简化起见，我们讨论纯斜压的情况，此时基本气流 $\bar{u}$ 只是 p 的函数，则若令

$$\begin{cases} u = \bar{u}(p) + u', \quad v = v', \quad \omega = \omega', \\ \phi = \bar{\phi}(y,p) + \phi'. \end{cases} \tag{7.328}$$

这样，超长波的线性方程组可以写为

$$\begin{cases} \beta_0 v' = - f_0 D' = f_0 \dfrac{\partial\omega'}{\partial p}, \\ \left(\dfrac{\partial}{\partial t} + \bar{u}\dfrac{\partial}{\partial x}\right)\dfrac{\partial\phi'}{\partial p} - f_0\dfrac{\partial\bar{u}}{\partial p}v' + \dfrac{c_a^2}{p^2}\omega' = 0. \end{cases} \tag{7.329}$$

为了求解方程组(7.329)，我们对 v' 应用准地转近似，即假定

$$v' = \frac{\partial\psi'}{\partial x}, \quad \psi' = \frac{\phi'}{f_0}. \tag{7.330}$$

这样，方程组(7.329)化为

$$\begin{cases} \beta_0 \dfrac{\partial\psi'}{\partial x} - f_0\dfrac{\partial\omega'}{\partial p} = 0, \\ \left(\dfrac{\partial}{\partial t} + \bar{u}\dfrac{\partial}{\partial x}\right)\dfrac{\partial\psi'}{\partial p} - \dfrac{\partial\bar{u}}{\partial p}\dfrac{\partial\psi'}{\partial x} + \dfrac{c_a^2}{f_0 p^2}\omega' = 0. \end{cases} \tag{7.331}$$

下面，我们应用所谓“斜压两层模式”来求解方程组(7.331). 这种两层模式在

解决许多斜压大气动力学的问题中是比较简单而且有效的.

斜压两层模式是将整个大气在垂直方向自上而下按气压等分为 4 层,如图 7.14,分隔点分别记为 0,1,2,3,4. 相应的气压分别是 $p_0=0, p_1=\frac{1}{4}p_s, p_2=\frac{1}{2}p_s, p_3=\frac{3}{4}p_s, p_4=p_s$,其中 $p_s\approx 10^3\,\text{hPa}$. 相邻两点的气压间隔为

$$\Delta p=\frac{1}{4}p_s\approx 250\,\text{hPa}.$$

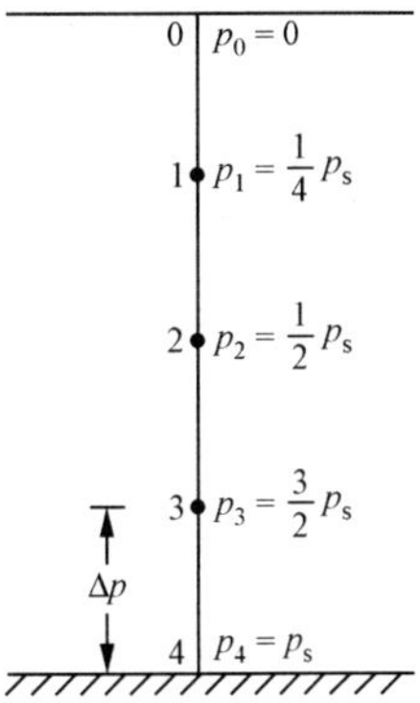

图 7.14 斜压两层模式

斜压两层模式的通常做法是将涡度方程写在 1,3 两层上,而将绝热方程写在当中的第 2 层上,这样,方程组(7.331)在斜压两层模式中写为

$$\begin{cases}\beta_0\dfrac{\partial\psi_1'}{\partial x}-f_0\left(\dfrac{\partial\omega'}{\partial p}\right)_1=0,\\[2ex]\beta_0\dfrac{\partial\psi_3'}{\partial x}-f_0\left(\dfrac{\partial\omega'}{\partial p}\right)_3=0,\\[2ex]\left(\dfrac{\partial}{\partial t}+\bar{u}_2\dfrac{\partial}{\partial x}\right)\left(\dfrac{\partial\psi'}{\partial p}\right)_2-\left(\dfrac{\partial\bar{u}}{\partial p}\right)_2\dfrac{\partial\psi_2'}{\partial x}+\dfrac{c_\alpha^2}{f_0p_2^2}\omega_2'=0.\end{cases}\tag{7.332}$$

式中 c_α^2 取为常数,即用第 2 层上 c_α^2 的值代替.

在大气上下界,取 ω' 为零的边条件,即

$$\omega_0'=0,\quad \omega_4'=0.\tag{7.333}$$

斜压两层模式要求:凡方程中对 p 的微商都用中央差商近似代替,这样,方程组(7.332)中

$$\begin{cases}\left(\dfrac{\partial\omega'}{\partial p}\right)_1=\dfrac{\omega_2'-\omega_0'}{p_2-p_0}=\dfrac{\omega_2'}{2\Delta p},\\[2ex]\left(\dfrac{\partial\omega'}{\partial p}\right)_3=\dfrac{\omega_4'-\omega_2'}{p_4-p_2}=-\dfrac{\omega_2'}{2\Delta p},\\[2ex]\left(\dfrac{\partial\psi'}{\partial p}\right)_2=\dfrac{\psi_3'-\psi_1'}{p_3-p_1}=-\dfrac{\psi_1'-\psi_3'}{2\Delta p},\\[2ex]\left(\dfrac{\partial\bar{u}}{\partial p}\right)_2=\dfrac{\bar{u}_3-\bar{u}_1}{p_3-p_1}=-\dfrac{\bar{u}_1-\bar{u}_3}{2\Delta p}.\end{cases}\tag{7.334}$$

再取近似

$$\psi_2'=(\psi_1'+\psi_3')/2.\tag{7.335}$$

这样,方程组(7.332)化为

$$
\begin{cases}
\beta_0 \dfrac{\partial \psi_1'}{\partial x} - f_0 \dfrac{\omega_2'}{2\Delta p} = 0, \\
\beta_0 \dfrac{\partial \psi_3'}{\partial x} + f_0 \dfrac{\omega_2'}{2\Delta p} = 0, \\
\left(\dfrac{\partial}{\partial x} + \bar{u}_2 \dfrac{\partial}{\partial x}\right)(\psi_1' - \psi_3') - \dfrac{\bar{u}_1 - \bar{u}_3}{2}\left(\dfrac{\partial \psi_1'}{\partial x} + \dfrac{\partial \psi_3'}{\partial x}\right) - \dfrac{c_a^2}{2f_0\Delta p}\omega_2' = 0.
\end{cases}
\tag{7.336}
$$

将方程组(7.336)的前两式相加和相减，这样，方程组(7.336)化为

$$
\begin{cases}
\beta_0 \left(\dfrac{\partial \psi_1'}{\partial x} + \dfrac{\partial \psi_3'}{\partial x}\right) = 0, \\
\beta_0 \left(\dfrac{\partial \psi_1'}{\partial x} - \dfrac{\partial \psi_3'}{\partial x}\right) = f_0 \dfrac{\omega_2'}{\Delta p}, \\
\left(\dfrac{\partial}{\partial t} + \bar{u}_2 \dfrac{\partial}{\partial x}\right)(\psi_1' - \psi_3') - \dfrac{\bar{u}_1 - \bar{u}_3}{2}\left(\dfrac{\partial \psi_1'}{\partial x} + \dfrac{\partial \psi_3'}{\partial x}\right) - \dfrac{c_a^2}{2f_0\Delta p}\omega_2' = 0,
\end{cases}
\tag{7.337}
$$

或

$$
\begin{cases}
\beta_0 \dfrac{\partial}{\partial x}(\psi_1' - \psi_3') = f_0 \dfrac{\omega_2'}{\Delta p}, \\
\left(\dfrac{\partial}{\partial t} + \bar{u}_2 \dfrac{\partial}{\partial x}\right)(\psi_1' - \psi_3') - \dfrac{c_a^2}{2f_0\Delta p}\omega_2' = 0,
\end{cases}
\tag{7.338}
$$

其中除 $\bar{u}_2$ 和 ω_2' 是第 2 层的量，其他未知函数 ψ_1'，ψ_3' 都是第 1，3 层的量，这就是“两层”的含义.

方程组(7.338)的两式消去 ω_2' 得到

$$
\mathscr{L}\hat{\psi}' = 0, \tag{7.339}
$$

其中

$$
\hat{\psi}' = \frac{1}{2}(\psi_1' - \psi_3'), \tag{7.340}
$$

$$
\mathscr{L} \equiv \left(\frac{\partial}{\partial t} + \bar{u}_2 \frac{\partial}{\partial x}\right) - \frac{\beta_0}{2\lambda_1^2}\frac{\partial}{\partial x} = \frac{\partial}{\partial t} + \left(\bar{u}_2 - \frac{\beta_0}{2\lambda_1^2}\right)\frac{\partial}{\partial x}. \tag{7.341}
$$

而

$$
\lambda_1^2 = f_0^2 / c_a^2. \tag{7.342}
$$

显然 λ_1^{-1} 是斜压 Rossby 变形半径.

应用正交模方法，设

$$
\hat{\psi}' = \hat{\psi}e^{ik(x-ct)}, \tag{7.343}
$$

将其代入方程(7.339)求得超长波 x 方向的波速为

$$c = \bar{u}_2 - \frac{\beta_0}{2\lambda_1^2}. \tag{7.344}$$

上式表明：在最简单的斜压两层模式中，采用 Burger 方程并考虑纬向基本气流和大气层结，所得的超长波波速与波长无关，即使对于波长很长的超长波($k \to 0$)，波速仍然具有有限值；超长波波速主要决定于 Rossby 参数 β_0 和大气层结，在一般的大气层结下，取 $N^2 = 10^{-4}\,\mathrm{s}^{-2}$，$c_a = 10^2\,\mathrm{m \cdot s^{-1}}$，由上式算得

$$c = (\bar{u}_2 - 10)\,\mathrm{m \cdot s^{-1}}.$$

在更稳定的层结下，算得的 c 为负值，这就是倒退的超长波.

§7.12 Haurwitz 波

前面讨论的大气波动实际上都是在局地直角坐标系中进行运算的. 现在，我们在球坐标系$\{O;\lambda,\varphi,r\}$中分析准地转模式中的 Rossby 波，此时称为 Haurwitz 波.

在球坐标系中，准地转位涡度守恒定律可以写为

$$\frac{\partial q}{\partial t} + \frac{1}{a^2\cos\varphi}\left(\frac{\partial \psi}{\partial \lambda}\frac{\partial q}{\partial \varphi} - \frac{\partial \psi}{\partial \varphi}\frac{\partial q}{\partial \lambda}\right) = 0, \tag{7.345}$$

其中

$$q \equiv \nabla_s^2\psi + \frac{f_0^2}{N^2}\frac{\partial^2 \psi}{\partial z^2} + f \tag{7.346}$$

为准地转位涡度. 而

$$\nabla_s^2 \equiv \frac{1}{a^2}\left[\frac{1}{\cos^2\varphi}\frac{\partial^2}{\partial \lambda^2} + \frac{1}{\cos\varphi}\frac{\partial}{\partial \varphi}\left(\cos\varphi\frac{\partial}{\partial \varphi}\right)\right] \tag{7.347}$$

为球坐标系中球面上的 Laplace 算子.

令相对准地转位涡度为

$$q_0 \equiv \nabla_s^2\psi + \frac{f_0^2}{N^2}\frac{\partial^2 \psi}{\partial z^2}, \tag{7.348}$$

则方程(7.345)可以改写为

$$\frac{\partial q_0}{\partial t} + \frac{1}{a^2\cos\varphi}\left(\frac{\partial \psi}{\partial \lambda}\frac{\partial q_0}{\partial \varphi} - \frac{\partial \psi}{\partial \varphi}\frac{\partial q_0}{\partial \lambda}\right) + \frac{2\Omega}{a^2}\frac{\partial \psi}{\partial \lambda} = 0. \tag{7.349}$$

引进

$$\eta = \sin\varphi, \tag{7.350}$$

则方程(7.349)化为

$$a^2\frac{\partial q_0}{\partial t} + \left(\frac{\partial \psi}{\partial \lambda}\frac{\partial q_0}{\partial \eta} - \frac{\partial \psi}{\partial \eta}\frac{\partial q_0}{\partial \lambda}\right) + 2\Omega\frac{\partial \psi}{\partial \lambda} = 0. \tag{7.351}$$

相应，(7.347)式改写为

$$\nabla_s^2 = \frac{1}{a^2}\left[\frac{\partial}{\partial \eta}(1-\eta^2)\frac{\partial}{\partial \eta} + \frac{1}{1-\eta^2}\frac{\partial^2}{\partial \lambda^2}\right]. \tag{7.352}$$

为简单起见,我们仅考虑球面上的运动,此时不考虑 ψ 随 z 的变化,则方程(7.351)改写为

$$a^2 \frac{\partial}{\partial t}\nabla_s^2\psi + \left(\frac{\partial \psi}{\partial \lambda}\frac{\partial \nabla_s^2\psi}{\partial \eta} - \frac{\partial \psi}{\partial \eta}\frac{\partial \nabla_s^2\psi}{\partial \lambda}\right) + 2\Omega\frac{\partial \psi}{\partial \lambda} = 0. \tag{7.353}$$

这实际上就是正压球面二维无辐散的涡度方程.

下面采用小扰动方法将方程(7.353)线性化. 为了方便,设基本气流的角速度为 α,则

$$u = \bar{u} + u' = \alpha a\cos\varphi + u', \quad v = v'. \tag{7.354}$$

相应,

$$\zeta = \bar{\zeta} + \zeta' = 2\alpha\sin\varphi + \zeta' = 2\alpha\eta + \zeta', \tag{7.355}$$

而

$$\psi = \bar{\psi} + \psi' = -\int \bar{u}a\,\delta\varphi + \psi' = -\alpha a^2\sin\varphi + \psi' = -\alpha a^2\eta + \psi'. \tag{7.356}$$

将(7.356)式代入(7.353)式,忽略小扰动的二次乘积项,则得

$$a^2\left(\frac{\partial}{\partial t} + \alpha\frac{\partial}{\partial \lambda}\right)\nabla_s^2\psi' + 2(\Omega+\alpha)\frac{\partial \psi'}{\partial \lambda} = 0. \tag{7.357}$$

根据正交模方法,我们设方程(7.357)的解为

$$\psi' = \Psi(\eta)e^{i(m\lambda-\omega t)}, \tag{7.358}$$

其中 m 为沿纬圈波的数目(见(7.279)式). 将(7.358)式代入(7.357)式得到

$$\frac{d}{d\eta}\left[(1-\eta^2)\frac{d\Psi}{d\eta}\right] + \left[\frac{2m(\Omega+\alpha)}{m\alpha-\omega} - \frac{m^2}{1-\eta^2}\right]\Psi = 0, \tag{7.359}$$

这是 Ψ 关于 η 的连带 Legendre 方程. 由连带 Legendre 方程的本征值问题知,只有当

$$\frac{2m(\Omega+\alpha)}{m\alpha-\omega} = l(l+1) \equiv \mu_0 \quad (l = 0,1,2,\cdots) \tag{7.360}$$

时,Ψ 在球面上才有有界的解. 而且,解为连带 Legendre 函数

$$\Psi(\eta) = P_l^m(\eta) = P_l^m(\sin\varphi), \quad l = m, m+1, \cdots. \tag{7.361}$$

由(7.360)式求得圆频率 ω 为

$$\omega = m\left(\frac{\mu_0 - 2}{\mu_0}\alpha - \frac{2\Omega}{\mu_0}\right), \tag{7.362}$$

这就是球面上的 Rossby 波,即 Haurwitz 波的圆频率.

在 $m\neq 0$ 时,求得 Haurwitz 波在 λ 方向上的移动速度为

$$c \equiv \frac{\omega}{k} = a\cos\varphi\frac{\omega}{m} = a\cos\varphi\left(\frac{\mu_0 - 2}{\mu_0}\alpha - \frac{2\Omega}{\mu_0}\right). \tag{7.363}$$

对于驻波，$c=0$，则由上式求得基本流场的平均角速度(刚体旋转部分)为

$$\alpha_s = 2\Omega/(\mu_0 - 2). \tag{7.364}$$

这样，(7.362)式和(7.363)式可分别改写为

$$\omega = \frac{\mu_0 - 2}{\mu_0} m(\alpha - \alpha_s), \tag{7.365}$$

$$c = \frac{\mu_0 - 2}{\mu_0} a\cos\varphi(\alpha - \alpha_s). \tag{7.366}$$

§7.13 永恒性波解(permanent wave solution)

本节用一种特殊的方法求解非线性准地转位涡度方程(7.351)，目的主要在解释大气中高纬度西风带存在的常定的平均槽脊和低纬度存在的副热带高压.

永恒性波的特点是其波形不变，而且以常定的角速度 $\hat{\omega}$ 移动. $\hat{\omega}$ 与圆频率 ω 的关系为

$$\hat{\omega} = \omega/m. \tag{7.367}$$

由(7.362)式和(7.363)式得到

$$\hat{\omega} = \frac{\mu_0 - 2}{\mu_0}\alpha - \frac{2\Omega}{\mu_0}, \tag{7.368}$$

$$c = \hat{\omega} a \cos\varphi. \tag{7.369}$$

因而 $\hat{\omega}$ 是常数，但波的圆频率 ω 仍与波数有关.

设方程(7.351)的解为

$$\psi(\lambda,\eta,z,t) = \psi(\xi,\eta,z),\quad \xi = m\lambda - \omega t = m(\lambda - \hat{\omega} t), \tag{7.370}$$

则有

$$\frac{\partial\psi}{\partial t} = -\frac{\omega}{m}\frac{\partial\psi}{\partial\lambda} = -\hat{\omega}\frac{\partial\psi}{\partial\lambda}. \tag{7.371}$$

将(7.370)式代入到方程(7.351)得到

$$\frac{\partial\psi}{\partial\lambda}\left(\frac{\partial q_0}{\partial\eta} + 2\Omega\right) - \left(\frac{\partial\psi}{\partial\eta} + a^2\hat{\omega}\right)\frac{\partial q_0}{\partial\lambda} = 0. \tag{7.372}$$

作下列变量代换

$$\Psi = \psi + a^2\hat{\omega}\eta, \tag{7.373}$$

且注意(7.346)式，即

$$q = q_0 + f = q_0 + 2\Omega\eta, \tag{7.374}$$

则因

$$\begin{cases} \dfrac{\partial\Psi}{\partial\lambda} = \dfrac{\partial\psi}{\partial\lambda}, & \dfrac{\partial\Psi}{\partial\eta} = \dfrac{\partial\psi}{\partial\eta} + a^2\hat{\omega}, \\ \dfrac{\partial q}{\partial\lambda} = \dfrac{\partial q_0}{\partial\lambda}, & \dfrac{\partial q}{\partial\eta} = \dfrac{\partial q_0}{\partial\eta} + 2\Omega, \end{cases} \tag{7.375}$$

这样,(7.372)式化为

$$\frac{\partial \Psi}{\partial \lambda}\frac{\partial q}{\partial \eta}-\frac{\partial \Psi}{\partial \eta}\frac{\partial q}{\partial \lambda}=0. \tag{7.376}$$

上式左端是以 λ,η 为自变量,关于 Ψ 和 q 的 Jacobi 行列式.因而上式表明 q 和 Ψ 不互相独立,而且,方程(7.376)的解为

$$q=F(\Psi), \tag{7.377}$$

这里 F 是 Ψ 的任意函数.为了讨论方便,我们取 $F(\Psi)$是 Ψ 的下列线性函数:

$$q=-\frac{\mu}{a^2}\Psi, \tag{7.378}$$

其中 μ 是待定常数.

将(7.373)式和(7.374)式代入(7.378)式得到

$$q_0+2\Omega\eta=-\frac{\mu}{a^2}(\psi+a^2\hat{\omega}\eta) \tag{7.379}$$

或

$$\nabla_s^2\psi+\frac{f_0^2}{N^2}\frac{\partial^2\psi}{\partial z^2}+\frac{\mu}{a^2}\psi=-(2\Omega+\mu\hat{\omega})\eta. \tag{7.380}$$

注意(7.352)式,不难发现

$$\psi_1=-\frac{2\Omega+\mu\hat{\omega}}{\mu-2}a^2\eta \tag{7.381}$$

是方程(7.380)的一个特解.这样,我们设方程(7.380)的解为

$$\psi(\lambda,\eta,z,t)=\psi_1+\sum_{j=0}^{J}\sum_{m=0}^{l}A_l^m Z_j(z)\mathrm{P}_l^m(\eta)\mathrm{e}^{\mathrm{i}(m\lambda-\hat{\omega}t)}. \tag{7.382}$$

注意,满足 ψ 在 $\eta=\pm1$ 时有界

$$a^2\nabla_s^2\psi=-\mu_0^2\psi=-l(l+1)\psi,\quad l=m,m+1,\cdots, \tag{7.383}$$

则将(7.382)式代入方程(7.380),得到

$$\frac{\mathrm{d}^2 Z_j}{\mathrm{d}z^2}+\frac{N^2}{f_0^2a^2}(\mu-\mu_0)Z_j=0. \tag{7.384}$$

若令

$$n^2\equiv\frac{N^2}{f_0^2a^2}(\mu-\mu_0), \tag{7.385}$$

则方程(7.384)化为

$$\frac{\mathrm{d}^2 Z_j}{\mathrm{d}z^2}+n^2Z_j=0. \tag{7.386}$$

由此可知,n 相当于 z 方向的波数.若在 z 方向给(7.260)式的齐次边条件,则定得

$$n=n_j=\frac{j\pi}{H}\quad(j=0,1,2,\cdots) \tag{7.387}$$

(见(7.262)式).相应,

$$Z_j(z)=\cos n_j z=\cos\frac{j\pi z}{H}\quad(j=0,1,2,\cdots).\tag{7.388}$$

将(7.387)式代入(7.385)式定得 μ 为

$$\mu=\mu_0+\frac{f_0^2a^2n^2}{N^2}=l(l+1)+\frac{f_0^2}{N^2}\frac{a^2}{H^2}(j\pi)^2.\tag{7.389}$$

特别，$j=0$，$\mu=\mu_0$，这就是 Haurwitz 波所表征的正压模态，它的解由(7.382)式得到为

$$\psi=\psi_1+\sum_{m=0}^{l}A_l^m\mathrm{P}_l^m(\eta)\mathrm{e}^{\mathrm{i}m(\lambda-\hat{\omega}t)}.\tag{7.390}$$

由(7.389)式可以根据 j 值和 l 值来确定 μ 值，反过来，若给定一个 μ 值，能够找到 0 或正整数 j 与 l，使得(7.389)式成立，则将这些关于(j,l)的解叠加起来即是所求.

郭晓岚取 $\mu=156$，$NH=50\pi\ \mathrm{m\cdot s^{-1}}$，$f_0=10^{-4}\ \mathrm{s^{-1}}$，$a=6\times10^6\mathrm{m}$，求得 $j=0$，$l=12$ 和 $j=1$，$l=3$，并分别在 $m=3$ 和 $m=6$ 时分析等 ψ 线，见图 7.15 和图 7.16. 从图中可以看出，在中高纬，$m=3$ 和 $m=6$ 时分别对应三个槽和六个槽，而低纬却是三个副热带高压，这与常见的平均天气图上的流场相似.

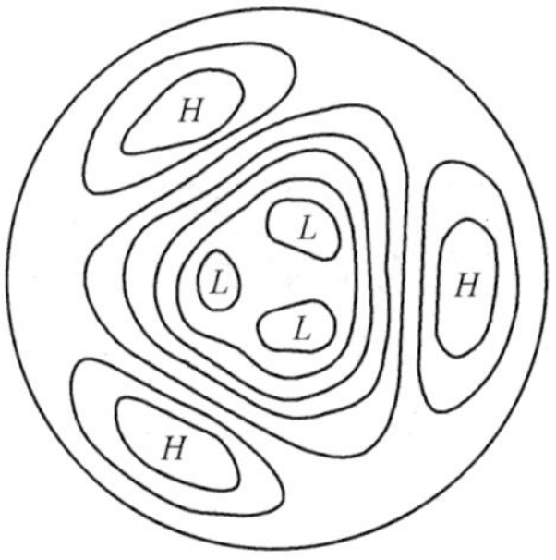

图 7.15 $m=3$ 时的水平流线

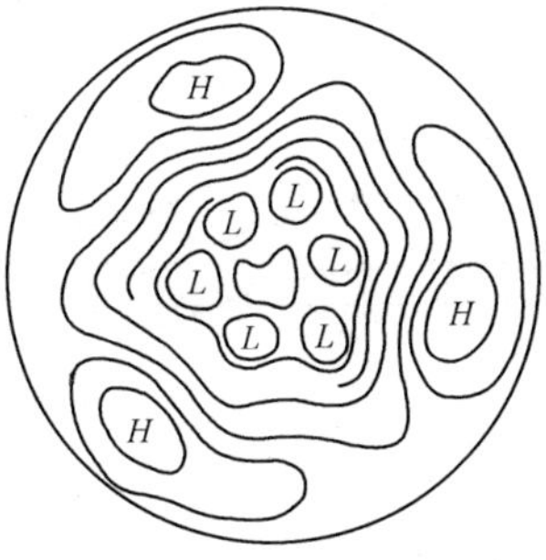

图 7.16 $m=6$ 时的水平流线

§7.14 地形 Rossby 波

早在第二章，我们就利用正压大气的垂直位涡度守恒定律解释地形对西风气流的影响而产生的背风槽现象. 现在我们把它与 Rossby 波联系在一起，称为地形 Rossby 波. 这是因为根据含地形 $h_s=h_s(x,y)$的正压准地转位涡度方程(见(6.65)式和(6.68)式)可知，含地形的基本状态是静态的线性的正压准地转位涡度方程可以写为

$$\frac{\partial}{\partial t}(\nabla_h^2\psi-\lambda_0^2\psi)+\left(\beta_0+\lambda_0^2\frac{\partial\psi_s}{\partial y}\right)\frac{\partial\psi}{\partial x}-\left(\lambda_0^2\frac{\partial\psi_s}{\partial x}\right)\frac{\partial\psi}{\partial y}=0\quad\left(\psi_s=\frac{1}{f_0}gh_s\right).\tag{7.391}$$

无地形时，它就退化为(7.65)式. 由此可见，$\lambda_0^2\dfrac{\partial \psi_s}{\partial y}$与$\beta$处于同等的地位，也就是说，地形的南北坡度与 Rossby 参数 β_0 起着同样的作用. 因此，我们把它称为地形 Rossby 波. 若设$\dfrac{\partial \psi_s}{\partial x}$和$\dfrac{\partial \psi_s}{\partial y}$为常数，则应用正交模方法，很容易求得地形 Rossby 波的圆频率为

$$\omega=-\frac{\left(\lambda_0^2\dfrac{\partial \psi_s}{\partial y}\right)k-\left(\lambda_0^2\dfrac{\partial \psi_s}{\partial x}\right)l}{K_h^2+\lambda_0^2}. \tag{7.392}$$

上式与(7.159)式相比，这里分子多了一项$-\left(\lambda_0^2\dfrac{\partial \psi_s}{\partial x}\right)l$，另一项中 $\lambda_0^2\dfrac{\partial \psi_s}{\partial y}=\dfrac{f_0}{H}\dfrac{\partial h_s}{\partial y}$代替了$\beta_0$(参见本章末习题 18).

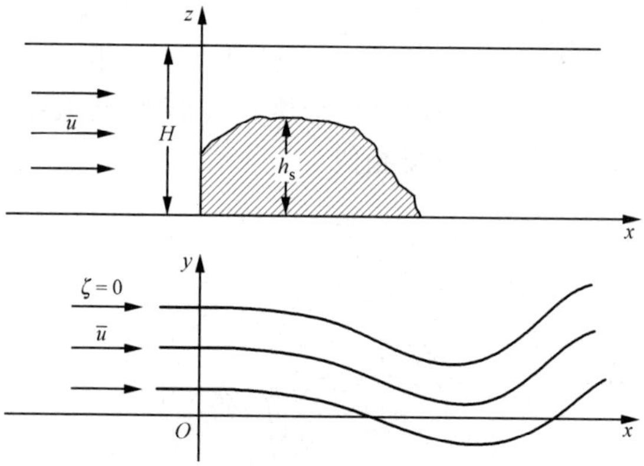

图 7.17 地形 Rossby 波

下面再应用正压大气的垂直位涡度守恒定律

$$\frac{\mathrm{d}}{\mathrm{d}t}\left(\frac{f+\zeta}{h}\right)=0, \tag{7.393}$$

在定常条件下分析西风气流遭遇地形时的影响.

如图 7.17，在迎风面($x<0$)，有一均匀西风 $\bar{u}$，气层厚度为 H，相对涡度 $\zeta_0=0$；过 $x=0$ 后($x>0$)，由于存在山脉，设山脉高度为 h_s，则气层厚度为 $H-h_s$，相对涡度 $\zeta\neq 0$.

在定常条件下(7.393)式表示$(f+\zeta)/h$ 沿流线 $\psi=$常数保持不变. ψ 为流函数，它满足

$$u=-\frac{\partial \psi}{\partial y},\quad v=\frac{\partial \psi}{\partial x}. \tag{7.394}$$

由图 7.17 可知

$$x<0:\ h=H,\quad \psi=-\bar{u}y,\quad v=0,\quad \zeta=0,\quad f=f_0+\beta_0 y=f_0-\frac{\beta_0}{\bar{u}}\psi; \tag{7.395}$$

$$x>0:\ h=H-h_s,\quad \zeta=\nabla_h^2\psi,\quad f=f_0+\beta_0 y. \tag{7.396}$$

这样，方程(7.393)可以写为

$$\frac{1}{H-h_s}(\nabla_h^2\psi+f_0+\beta_0 y)=\frac{1}{H}\left(f_0-\frac{\beta_0}{\bar{u}}\psi\right). \tag{7.397}$$

而在 $x=0$ 处存在连接条件，它为

$$x=0,\quad \frac{\partial\psi}{\partial y}=-\bar{u},\quad \frac{\partial\psi}{\partial x}=0. \tag{7.398}$$

另外，我们设在$(x,y)=(0,0)$处，$\psi=0$，即

$$x=y=0,\quad \psi=0. \tag{7.399}$$

方程(7.397)改写为

$$\nabla_h^2\psi+k^2\psi=-\left(\frac{h_s}{H}f_0+\beta_0 y\right), \tag{7.400}$$

其中

$$k^2\equiv\frac{H-h_s}{H}\frac{\beta_0}{\bar{u}}=\left(1-\frac{h_s}{H}\right)k_s^2\quad (k_s=\sqrt{\beta_0/\bar{u}}). \tag{7.401}$$

方程(7.400)是非齐次的 Helmholtz 方程，显然，它有一特解：

$$\psi_1=-\frac{1}{k^2}\left(\frac{h_s}{H}f_0+\beta_0 y\right)=-\frac{H}{H-h_s}\cdot\frac{\bar{u}}{\beta_0}\left(\frac{h_s}{H}f_0+\beta_0 y\right). \tag{7.402}$$

根据方程(7.400)，设其通解为

$$\psi=\psi_1+(D+y)X(x), \tag{7.403}$$

其中 D 为常数，$X(x)$是 x 的任意函数.

将解(7.403)代入方程(7.400)得到 $X(x)$满足

$$X''+k^2X=0, \tag{7.404}$$

$X(x)$的通解为

$$X(x)=A\cos kx+B\sin kx, \tag{7.405}$$

其中 A,B 为两任意常数.

将(7.405)式代入(7.403)式得到

$$\psi=\psi_1+(D+y)(A\cos kx+B\sin kx). \tag{7.406}$$

注意$\frac{\partial\psi}{\partial x}=(D+y)(-kA\sin kx+kB\cos kx)$，$\frac{\partial\psi}{\partial y}=-\frac{\beta_0}{k^2}+A\cos kx+B\sin kx$，则利用连接条件(7.398)式定得

$$A=-\left(\bar{u}-\frac{\beta_0}{k^2}\right),\quad B=0. \tag{7.407}$$

因而

$$\psi=-\frac{H}{H-h_s}\cdot\frac{\bar{u}}{\beta_0}\left(\frac{h_s}{H}f_0+\beta_0 y\right)-(D+y)\left(\bar{u}-\frac{\beta_0}{k^2}\right)\cos kx. \tag{7.408}$$

再由条件(7.399)式定得

$$D=f_0/\beta_0. \tag{7.409}$$

这样，最后求得

$$\psi=-\frac{H}{H-h_s}\frac{\bar{u}}{\beta_0}\left(\frac{h_s}{H}f_0+\beta_0 y\right)-\left(\frac{f_0}{\beta_0}+y\right)\left(\bar{u}-\frac{\beta_0}{k^2}\right)\cos kx$$

$$= -\bar{u}y - \bar{u}\left[\frac{h_s}{H-h_s}\frac{f_0+\beta_0 y}{\beta_0}(1-\cos kx)\right]. \tag{7.410}$$

因而 ψ 在 x 方向是周期变化，也就是定常波动. 其波长为

$$L = \frac{2\pi}{k} = \frac{2\pi}{k_s}\sqrt{\frac{H}{H-h_s}} = \sqrt{\frac{H}{H-h_s}}L_s \quad (L_s = 2\pi/k_s). \tag{7.411}$$

若取 $h_s = \frac{1}{10}H$，$\varphi = 45°\text{N}$，$\bar{u} = 1\ \text{m}\cdot\text{s}^{-1}$，则求得 $L \approx 1.6\times10^6\ \text{m}$.

§7.15 定常 Rossby 波的形成

全球平均大气环流的水平分布是在西风带上存在着定常的平均槽脊，这就是定常 Rossby 波. 在§7.13 中我们已求得了准地转位涡度方程的永恒性波解，这种解和定常 Rossby 波是很相似的. 本节进一步分析平均槽脊的形成，说明由于地形的存在，在一定的地理区域上形成了定常的平均槽脊.

在 z 坐标系中，准地转模式的涡度方程可以写为

$$\left(\frac{\partial}{\partial t} + u\frac{\partial}{\partial x} + v\frac{\partial}{\partial y}\right)\zeta + \beta_0 v = f_0\frac{\partial w}{\partial z}. \tag{7.412}$$

设基本气流 $\bar{u}$ = 常数，则方程(7.410)线性化后化为

$$\left(\frac{\partial}{\partial t} + \bar{u}\frac{\partial}{\partial x}\right)\nabla_h^2\psi' + \beta_0\frac{\partial \psi'}{\partial x} = f_0\frac{\partial w}{\partial z}, \tag{7.413}$$

在定常情况下，上式化为

$$\bar{u}\frac{\partial}{\partial x}\nabla_h^2\psi' + \beta_0\frac{\partial \psi'}{\partial x} = f_0\frac{\partial w}{\partial z}. \tag{7.414}$$

考虑下边界有地形 $h_s(x,y)$，下边条件写为

$$z = h_s, \quad w_s = \bar{u}_0\frac{\partial h_s}{\partial x}, \tag{7.415}$$

其中 $\bar{u}_0$ 为下界面的平均西风. 上边条件写为

$$z = H, \quad w = 0. \tag{7.416}$$

设 ψ' 与高度无关，将方程(7.414)两边从下界积分到上界得

$$H\left(\bar{u}\frac{\partial}{\partial x}\nabla_h^2\psi' + \beta_0\frac{\partial \psi'}{\partial x}\right) = -f_0 w_s = -f_0\bar{u}_0\frac{\partial h_s}{\partial x}. \tag{7.417}$$

又考虑(7.414)式垂直积分后上式左端的流场相当于大气中层的流场，我们假定 $\bar{u}_0$ 与 $\bar{u}$ 成线性关系，比例系数为 $\alpha(\alpha<1)$，即

$$\bar{u}_0 = \alpha\bar{u}. \tag{7.418}$$

这样，方程(7.417)改写为

$$\bar{u}\frac{\partial}{\partial x}\nabla_h^2\psi' + \beta_0\frac{\partial \psi'}{\partial x} = -\frac{f_0\alpha}{H}\bar{u}\frac{\partial h_s}{\partial x}, \tag{7.419}$$

这是 ψ' 的非齐次方程，非齐次的强迫项为地形. 设

$$h_s(x,y) = \hat{h}_s \cos kx \cos ly. \tag{7.420}$$

这样，方程(7.419)化为

$$\bar{u}\frac{\partial}{\partial x}\nabla_h^2\psi' + \beta_0\frac{\partial \psi'}{\partial x} = \frac{f_0\alpha k\bar{u}}{H}\hat{h}_s \sin kx \cos ly. \tag{7.421}$$

设它有特解

$$\psi'(x,y) = a\cos kx \cos ky, \tag{7.422}$$

则把它代入方程(7.421)定得

$$a = \frac{\alpha f_0}{H}\cdot\frac{\hat{h}_s}{K_h^2 - k_s^2}. \tag{7.423}$$

所以，特解为

$$\psi'(x,y) = \frac{\alpha f_0}{H}\frac{\hat{h}_s}{K_h^2 - k_s^2}\cos kx \cos ly. \tag{7.424}$$

对于 Rossby 波，通常 $c=\bar{u}-\frac{\beta_0}{K_h^2}>0$，即

$$K_h^2 > k_s^2 = \beta_0/\bar{u}. \tag{7.425}$$

由此可见，ψ' 与地形同相位，即高压脊与山脊相合. 这与实际的平均槽脊情况定性一致.

复习思考题

1. 波有哪些基本参数？各个参数之间有什么关系？

2. 设空气经向速度的波动解为

$$v = 5\sin[\pi(0.6x - 200t)],$$

式中 x 以 m 为单位，t 以 s 为单位，v 以 $\mathrm{m\cdot s^{-1}}$ 为单位. 试写出 v 的振幅、波长、波速、圆频率及周期.

3. 什么是横波？什么是纵波？两者有何区别？

4. 什么叫波包？什么叫群速度？其意义如何？

5. 群速度与相速度有何区别？何时二者一致？

6. 什么是频散波？强频散波与弱频散波各有什么特征？

7. 对于波群，其相位部分和振幅部分随空间和时间变化有何不同？

8. 什么叫小振幅波？什么中有限振幅波？(7.55)式中的 a/L 等同于 U/c (c 为相速度)吗？

9. 什么叫正交模方法？对于平面问题，设波动解为 $Ae^{i(kx+ly-\omega t)}$ 和 $A(y)e^{i(kx-\omega t)}$ 有何不同？

10. 为什么讨论波动时不考虑摩擦力？你认为摩擦力对波动起什么作用？

11. 大气声波、重力外波、重力内波、惯性波和 Rossby 波的物理机制各是什么？

12. 大气基本波动中，从最快的声波到最慢的 Rossby 波，其形成过程中，水平速度辐散的作用如何变化？

13. 重力外波与重力内波有何异同？

14. 方程组包含的波动类型数目(指圆频率 ω 的个数)与方程组中物理量对时间偏导数的个数有何关系？

15. 普遍的大气运动方程组应包含哪几类波动？边界条件对大气波动的影响如何？

16. 为什么要滤波？不滤行不行？

17. 讨论大尺度运动时，如何滤去声波？如何滤去重力外波？如何滤去惯性-重力内波？

18. 物理上解释准地转近似为什么可滤去声波和惯性-重力波？

19. 中、小尺度运动如何滤 Rossby 波？

20. 什么叫 Doppler 频率？基本气流在波速中起什么作用？

21. 什么叫 Rossby 波临界波长？它在 Rossby 波中起什么作用？

22. 比较水平无辐散条件下 Rossby 波的结果.

23. 上下游效应的物理本质是什么？

24. 什么叫超长波？其主要特征如何？

25. 什么叫 Haurwitz 波？它与 Rossby 波的关系如何？

26. 什么叫永恒性波解？其特点如何？平均槽脊如何形成？

习 题

1. 应用正交模方法求下列波动方程的圆频率

(1) $\dfrac{\partial^2\psi}{\partial t^2}=c_0^2\dfrac{\partial^2\psi}{\partial x^2}$； (2) $\dfrac{\partial^2\psi}{\partial t^2}+\gamma^2\dfrac{\partial^4\psi}{\partial x^4}=0$；

(3) $\dfrac{\partial\psi}{\partial t}+\bar{u}\dfrac{\partial\psi}{\partial x}+\gamma\dfrac{\partial^3 u}{\partial x^3}=0$； (4) $\dfrac{\partial^2\psi}{\partial t^2}-c_0^2\nabla_h^2\psi-\lambda^2\nabla_h^2\dfrac{\partial^2\psi}{\partial t^2}=0$.

2. 写出(x,y)平面内二维声波(Lamb 波)所满足的方程，并求出它的圆频率.

3. 讨论声波在垂直方向上的传播，并说明静力平衡时可以滤去垂直声波.

4. 讨论下列方程组中所包含的波动

$$\begin{cases}\dfrac{\partial U}{\partial t}=-\dfrac{\partial p'}{\partial x},\\[2mm]\dfrac{\partial V}{\partial t}=-\dfrac{\partial p'}{\partial y},\\[2mm]\delta_1\dfrac{\partial W}{\partial t}=-\dfrac{\partial p'}{\partial z}-g\rho',\\[2mm]\dfrac{\partial \rho'}{\partial t}+\dfrac{\partial U}{\partial x}+\dfrac{\partial V}{\partial y}+\dfrac{\partial W}{\partial z}=0,\\[2mm]\dfrac{\partial p'}{\partial t}+\dfrac{c_s^2N^2}{g}W=c_s^2\dfrac{\partial \rho'}{\partial t},\end{cases}$$

并说明：静力平衡可滤去声波．但它包含 $W=0$ 的特解：$\omega^2=K_h^2c_s^2,\dfrac{\partial p'}{\partial z}+\dfrac{g}{c_s^2}p'=0$．这就是水平声波．

提示：方程组消元可化为

$$\begin{cases}\left(\dfrac{\partial}{\partial z}+\dfrac{N^2}{g}\right)\dfrac{\partial W}{\partial t}=-\left(\dfrac{1}{c_s^2}\dfrac{\partial^2}{\partial t^2}-\nabla_h^2\right)p',\\[2mm]\left(\delta_1\dfrac{\partial^2}{\partial t^2}+N^2\right)W=-\dfrac{\partial}{\partial t}\left(\dfrac{\partial}{\partial z}+\dfrac{g}{c_s^2}\right)p'.\end{cases}$$

5．讨论重力外波，若不用静力平衡假定，而应用下列方程组：

$$\begin{cases}\dfrac{\partial u}{\partial t}=-\dfrac{1}{\rho}\dfrac{\partial p'}{\partial x},\\[2mm]\dfrac{\partial w}{\partial t}=-\dfrac{1}{\rho}\dfrac{\partial p'}{\partial z}\quad(\rho=\text{常数}),\\[2mm]\dfrac{\partial u}{\partial x}+\dfrac{\partial w}{\partial z}=0\end{cases}$$

和边界条件

$$z=0,\quad w=0;$$
$$z=h,\quad \frac{\partial p'}{\partial t}+w\frac{\partial p_0}{\partial z}=\frac{\partial p'}{\partial t}-g\rho w=0.$$

证明：波速 c 满足

$$c^2=\frac{g}{k}\tanh(kh).$$

并讨论 $kh\ll1$（长波）和 $kh\gg1$（短波）的两种情况．

6．应用线性的 Boussinesq 方程组（见(7.62)式，其中 $f=0$）讨论重力内波，并证明此方程组可化为

$$\mathscr{L}w=0,$$

其中

$$\mathscr{L} \equiv \frac{\partial^2}{\partial t^2}\left[\nabla_h^2 + \frac{1}{\rho_0}\frac{\partial}{\partial z}\left(\rho_0 \frac{\partial}{\partial z}\right)\right] + N^2 \nabla_h^2,$$

并说明若应用正交模方法求单波解，即便计入非线性项 $u\frac{\partial}{\partial x}+v\frac{\partial}{\partial y}+w\frac{\partial}{\partial z}$，它也会自动消失.

7. 由上题，证明重力内波的涡度 $(\xi,\eta,\zeta)=\left(\frac{\partial w}{\partial y}-\frac{\partial v}{\partial z},\frac{\partial u}{\partial z}-\frac{\partial w}{\partial x},\frac{\partial v}{\partial x}-\frac{\partial u}{\partial y}\right)$ 满足

$$\frac{\partial \xi}{\partial t} = \frac{\partial B}{\partial y}, \quad \frac{\partial \eta}{\partial t} = -\frac{\partial B}{\partial x}, \quad \frac{\partial \zeta}{\partial t} = 0,$$

其中 $B=-g\frac{\rho'}{\rho_0}$，ρ_0 随 z 的变化已忽略.

8. 应用(7.62)式描写的线性 Boussinesq 方程组讨论惯性-重力内波，证明它可化为

$$\mathscr{L}w = 0,$$

其中

$$\mathscr{L} \equiv \left(\frac{\partial^2}{\partial t^2} + N^2\right)\nabla_h^2 + \left(\frac{\partial^2}{\partial t^2} + f_0^2\right)\frac{1}{\rho_0}\frac{\partial}{\partial z}\left(\rho_0 \frac{\partial}{\partial z}\right).$$

并证明

$$\frac{\partial q}{\partial t} = 0,$$

其中

$$q = \zeta + f_0 \frac{\partial}{\partial z}\left(\frac{B}{N^2}\right), \quad \zeta = \frac{\partial v}{\partial x} - \frac{\partial u}{\partial y}, \quad B = -g\frac{\rho'}{\rho_0}.$$

9. 利用 Boussinesq 近似的线性方程组(7.62)求解大气波动，并证明方程组可化为

$$\mathscr{L}v = 0,$$

其中

$$\mathscr{L} \equiv \left(\frac{\partial^2}{\partial t^2} + N^2\right)\left(\frac{\partial}{\partial t}\nabla_h^2 + \beta_0 \frac{\partial}{\partial x}\right) + \left(\frac{\partial^2}{\partial t^2} + f^2\right)\frac{\partial}{\partial t}\left(\frac{\partial^2}{\partial z^2} - \frac{1}{c_s^2}\frac{\partial^2}{\partial t^2}\right)$$

$\left(\text{注意，Boussinesq 近似常忽略}\frac{\partial \ln \rho_0}{\partial z}\text{一项}\right)$.

10. 证明惯性-重力内波是横波，即

$$\mathbf{V} \cdot \mathbf{K} = 0.$$

11. 对于惯性-重力波，证明其水平速度矢量曲线的轨道为一椭圆，即

$$|\mathbf{V}|^2 \equiv u^2 + v^2 = r_0^2(\omega^2\cos^2\theta + f_0^2\sin^2\theta),$$

其短轴 b 与长轴 a 之比为

$$b/a = |\mathbf{V}|_{\theta=\pi/2} / |\mathbf{V}|_{\theta=0} = |f_0| / |\omega|.$$

（1）对惯性-重力外波，

$$\omega^2 = K_h^2 c_0^2 + f_0^2, \quad \theta = kx + ly - \omega t, \quad r_0^2 = \hat{\phi}^2 / K_h^2 c_0^4,$$

$\hat{\phi}$ 为 ϕ' 的振幅；

（2）对惯性-重力内波，

$$\omega^2 = (K_h^2 N^2 + n^2 f_0^2)/K^2, \quad K^2 = K_h^2 + n^2,$$

$$\theta = kx + ly + nz - \omega t, \quad r_0^2 = K_h^2 \hat{p}^2 / \rho_0^2 (\omega^2 - f_0^2)^2,$$

$\hat{p}$ 为 p' 的振幅.

提示：（1）对惯性-重力外波，取 $f = f_0$，利用（7.145）式，取实部解为

$$u = \frac{\hat{\phi}}{K_h^2 c_0^2}(k\omega\cos\theta - lf_0\sin\theta), \quad v = \frac{\hat{\phi}}{K_h^2 c_0^2}(l\omega\cos\theta + kf_0\sin\theta).$$

（2）对惯性-重力内波，取 $f = f_0$，利用（7.189）式，取实部解为

$$u = \frac{\hat{p}}{\rho_0(\omega^2 - f_0^2)}(k\omega\cos\theta - lf_0\sin\theta), \quad v = \frac{\hat{p}}{\rho_0(\omega^2 - f_0^2)}(l\omega\cos\theta + kf_0\sin\theta).$$

12. 对于 p 坐标系中的准地转模式的方程组（6.59），其中 $\sigma = c_\alpha^2/p^2$，假设 $\psi = \bar{\psi} + \psi'$，$u^{(0)} = \bar{u}(p) + u'$，$v^{(0)} = v'$，$\omega = \omega'$ $\left(\bar{u}(p) = -\dfrac{\partial\bar{\psi}}{\partial y}\right)$. 证明其线性化的形式为

$$\begin{cases} \left(\dfrac{\partial}{\partial t} + \bar{u}(p)\dfrac{\partial}{\partial x}\right)\nabla_p^2\psi' + \beta_0\dfrac{\partial\psi'}{\partial x} = f_0\dfrac{\partial\omega'}{\partial p}, \\ \left(\dfrac{\partial}{\partial t} + \bar{u}(p)\dfrac{\partial}{\partial x}\right)\left(\dfrac{\partial\psi'}{\partial p}\right) - \dfrac{\partial\bar{u}}{\partial p}\dfrac{\partial\psi'}{\partial x} = -\dfrac{c_\alpha^2}{f_0 p^2}\omega'. \end{cases}$$

13. 根据有水平辐散的 Rossby 波的圆频率

$$\omega = -\beta_0 k/(K_h^2 + \lambda_0^2)$$

证明：

（1）$\dfrac{c_{gy}}{c_y} = -\dfrac{2l^2}{K_h^2 + \lambda_0^2} < 0$；

（2）若 l 给定，当 $k^2 = l^2 + \lambda_0^2$ 时，ω 达到极小，并有

$$\omega_{\min} = -\beta_0/2\sqrt{l^2 + \lambda_0^2}.$$

且与 $l = 0$ 对应的极限频率 $\omega_m = -\beta_0/2\lambda_0$ 相应的波长为

$$L_m = 2\pi L_0,$$

其中 $L_0 = c_0/f_0$ 为正压 Rossby 变形半径.

（3）当 $k = 0$ 时，c_x 达到极小，且

$$(c_x)_{\min} = -\beta_0/(l^2 + \lambda_0^2).$$

（4）当 $k = \sqrt{3(l^2 + \lambda_0^2)}$ 时，c_{gx} 达到极大，且

$$(c_{gx})_{\max} = \beta_0/8(l^2 + \lambda_0^2).$$

（5）当 $k = 0$ 时，c_{gx} 达到极小，且

$$(c_{gx})_{\min} = -\beta_0/(l^2+\lambda_0^2).$$

14. 求正压模式的方程组(7.78)所包含的大气波动,证明它可化为

$$\mathscr{L}v = 0,$$

其中

$$\mathscr{L} \equiv \left[\left(\frac{\partial}{\partial t}+\bar{u}\frac{\partial}{\partial x}\right)^2 - c_0^2\nabla_h^2\right]\left[\left(\frac{\partial}{\partial t}+\bar{u}\frac{\partial}{\partial x}\right)\frac{\partial}{\partial x}+\beta_0\right]+f^2\frac{\partial^2}{\partial t\partial x}.$$

并近似求解关于$(c-\bar{u})$的三次代数方程.

15. 证明上题分别在:(1) 准地转;(2) 水平无辐散的条件下,可滤去其中的快波.

16. 证明:对一维波群

(1) $c_g = c - L\dfrac{dc}{dL}$;　　(2) $c_g = \dfrac{c^2}{c-\omega\dfrac{dc}{d\omega}}$.

17. 求一维惯性-重力外波的群速度,并证明

$$|c_g|_{\max} = c_0 = \sqrt{gH}.$$

18. 求含地形的准地转正压模式方程(见第六章习题7)所包含的地形 Rossby 波的圆频率. 注意:要把方程组线性化,并且设$\dfrac{\partial\psi_s}{\partial x}=0$,$\dfrac{\partial\psi_s}{\partial y}=$常数,令$\beta_0=0$,$\beta_s=\lambda_0^2\dfrac{\partial\psi_s}{\partial y}$. 若设$\beta_s=\beta_0\left(1-\varepsilon\dfrac{y}{L}\right)(\varepsilon\ll1)$,结果如何?

19. 估计中纬度正压水平无辐散条件下 Rossby 驻波的数目. 取$\varphi=45°\text{N}$,$\bar{u}=15\,\text{m}\cdot\text{s}^{-1}$.

20. 由下列两 Rossby 波公式

(1) $c=\bar{u}-\dfrac{\beta_0}{k^2}$;　　(2) $c=\left(\bar{u}-\dfrac{\beta_0}{k^2}\right)\Big/\left(1+\dfrac{\lambda_0^2}{k^2}\right)$.

计算在$\varphi=45°\text{N}$,当沿纬圈波的数目$m=3,4,5,6$情况下的波速. 取$\bar{u}=15\,\text{m}\cdot\text{s}^{-1}$.

21. 取$l=m$,证明 Haurwitz 驻波满足

$$m^2+m-2\left(1+\frac{\Omega}{\alpha_s}\right)=0,$$

并在$\dfrac{\alpha_s}{\Omega}\ll1$的条件下,证明

$$m_s \approx \sqrt{\frac{2\Omega}{\alpha_s}} = \sqrt{\frac{2\Omega a\cos\varphi}{\bar{u}}}\quad(\text{取 }\bar{u}=\alpha_s\cos\varphi).$$

22. 在m_s,L_s,$\bar{u}$,c等方面比较 Haurwitz 波与 Rossby 波,并说明二者在较低纬度比较接近.

23. 求定常时,正压水平无辐散涡度方程

$$\bar{u}\frac{\partial^2 v}{\partial x^2}+\beta_0 v=0$$

在条件

$$v\big|_{x=0}=0 \quad 和 \quad \left.\frac{\partial v}{\partial x}\right|_{x=0}=\zeta_0$$

下的解，说明其波数为 $k_s=\sqrt{\beta_0/\bar{u}}$.

24. 上题若考虑 Rayleigh 摩擦，方程化为

$$\bar{u}\frac{\partial^2 v}{\partial x^2}+k\frac{\partial v}{\partial x}+\beta_0 v=0,$$

在同样条件下求解 v，说明其波数为 $k_s^*=\sqrt{k_s^2-\left(\frac{k}{2\bar{u}}\right)^2}$.

25. 在定常时，证明正压准地转位涡度方程

$$u\frac{\partial q}{\partial x}+v\frac{\partial q}{\partial y}=0$$

的解为

$$q=F(\psi).$$

若取 $F(\psi)=-\mu^2\psi$，证明上式的解为

$$\psi=-\frac{f}{\mu^2-\lambda_0^2}+\sum_j A_j e^{i(kx+ly)},$$

并且 μ 满足

$$\mu^2-\lambda_0^2=K_h^2.$$

26. 对于完全的正压准地转位涡度方程

$$\frac{\partial q}{\partial t}+u\frac{\partial q}{\partial x}+v\frac{\partial q}{\partial y}=0$$

求它的永恒破解. 即令

$$\psi(x,y,t)=\psi(x-ct,y) \quad (c=常数),$$

证明

$$q\equiv F(\Psi), \quad \Psi=\psi+cy.$$

若取 $F(\Psi)=-\mu^2\Psi$，证明

$$\psi=-\frac{f+\mu^2 cy}{\mu^2-\lambda_0^2}+\sum_j A_j e^{i[k(x-ct)+ly]},$$

而 μ 满足 $\mu^2-\lambda_0^2=K_h^2$.

27. 用 Laplace 积分变换法求解包含 Rayleigh 撞擦的正压水平无辐散涡度方程的下列混合问题的解：

$$\begin{cases}\left(\dfrac{\partial}{\partial t}+\bar{u}\dfrac{\partial}{\partial x}\right)\dfrac{\partial v}{\partial x}+k\dfrac{\partial v}{\partial x}+\beta_0 v=0 \quad (x>0,t>0),\\ v\big|_{x=0}=0,\quad \dfrac{\partial v}{\partial x}\Big|_{x=0}=\zeta_0 \quad (t\geqslant 0),\\ v'\big|_{t=0}=0,\quad (x\geqslant 0).\end{cases}$$

28. 应用有地形的准地转正压两层模式讨论定常 Rossby 波，在忽略相对涡度时，方程组为

$$\begin{cases}J(\psi_1,\lambda_0^2(\psi_2-\psi_1)+\beta_0 y-\lambda_0^2\psi_s)=0,\\ J(\psi_2,-\lambda_0^2(\psi_2-\psi_1)+\beta_0 y)=0,\end{cases}$$

其中 $\psi_s=g^* h_s/f_0$，$g^*=g(\rho_1-\rho_2)/\rho_1$. 注意 $J(\psi,\psi)=0$，则方程组化为

$$\begin{cases}J(\psi_1,\lambda_0^2\psi_2+\beta_0 y-\lambda_0^2\psi_s)=0,\\ J(\psi_2,\lambda_0^2\psi_1+\beta_0 y)=0.\end{cases}$$

(1) 证明：方程组的通解为

$$\begin{cases}\lambda_0^2\psi_2+\beta_0 y-\lambda_0^2\psi_s=F_1(\psi_1),\\ \lambda_0^2\psi_1+\beta_0 y=F_2(\psi_2),\end{cases}$$

其中 $F_1(\psi_1)$，$F_2(\psi_2)$ 分别为 ψ_1，ψ_2 的任意函数.

(2) 设 $x\to\infty$，$\psi_{1\infty}=-\bar{u}y$，$\psi_s=0$，$\psi_{2\infty}=-\bar{u}y$. 证明：

$$F_1(\psi_1)=-\frac{\beta_0-\lambda_0^2\bar{u}}{\bar{u}}\psi_1,\quad F_2(\psi_2)=-\frac{\beta_0-\lambda_0^2\bar{u}}{\bar{u}}\psi_2.$$

(3) 根据(1)和(2)，证明：

$$\psi_1=-\bar{u}\left(y+\frac{\lambda_0^2\bar{u}-\beta_0}{2\lambda_0^2\bar{u}-\beta_0}\cdot\frac{\lambda_0^2}{\beta_0}\psi_s\right),\quad \psi_2=-\bar{u}\left(y+\frac{\lambda_0^2\bar{u}}{2\lambda_0^2\bar{u}-\beta_0}\cdot\frac{\lambda_0^2}{\beta_0}\psi_s\right),$$

$$\bar{\psi}=\frac{1}{2}(\psi_1+\psi_2)=-\bar{u}\left(y+\frac{\lambda_0^2}{2\beta_0}\psi_s\right).$$

29. 证明：正压模式的方程组，在超长波的情况下可以写为

$$fv=g\frac{\partial h}{\partial x},\quad fu=-g\frac{\partial h}{\partial y},\quad \frac{\partial h}{\partial t}+h\left(\frac{\partial u}{\partial x}+\frac{\partial v}{\partial y}\right)=0,$$

因而 Burger 方程此时变为

$$\frac{\partial h}{\partial t}-\left(\frac{g\beta_0}{f^2}\right)h\frac{\partial h}{\partial x}=0.$$

30. 若考虑 Ekman 抽吸，$w_B=\dfrac{1}{2}h_E\zeta$（$h_E=\sqrt{\dfrac{2K}{f_0}}$，见(3.154)式)，在静态为背景的条件下，将准地转位涡度方程(参见第六章习题 28)线性化，并令

$$\psi=\hat{\psi}e^{-\sigma t}\cdot e^{i(kx+ly-\omega t)},$$

证明

$$\omega=-\frac{\beta_0 k}{k^2+l^2+\lambda_0^2},\quad \sigma=\frac{k^2+l^2}{k^2+l^2+\lambda_0^2}\cdot\frac{1}{t_{\mathrm{E}}}\quad \left(t_{\mathrm{E}}=\sqrt{\frac{2}{f_0 K}}\cdot H\right).$$

31. 用 Fourier 积分变换法求解正压 Rossby 波的下列混合问题：

$$\begin{cases}\dfrac{\partial}{\partial t}(\nabla_{\mathrm{h}}^2\psi-\lambda_0^2\psi)+\beta_0\dfrac{\partial\psi}{\partial x}=0 & (-\infty<x<\infty,y_1<y<y_2,t>0)\\ \left.\dfrac{\partial\psi}{\partial x}\right|_{y=y_1}=0,\quad \left.\dfrac{\partial\psi}{\partial x}\right|_{y=y_2}=0 & (-\infty<x<\infty,t\geqslant 0)\\ \psi\,|_{t=0}=\psi_0(x,y)=\phi_0(x)\sin l(y-y_1) & (-\infty<x<\infty,t\geqslant 0),\end{cases}$$

其中 $\omega(k)=-\dfrac{\beta_0 k}{k^2+a^2}(a^2=l^2+\lambda_0^2,c=\dfrac{n\pi}{y_2-y_1},n=1,2,\cdots)$.

提示：(1) 令 $\psi(x,y,t)=\phi(x,t)\sin l(y-y_1)$，对 $\phi(x,t)$ 用 Fourier 积分变换法.

(2) 对缓变波包，在 $k=k_0$ 附近，取

$$\omega(k)=\omega(k_0)+c_{gx_0}(k-k_0)\quad \left(c_{gx_0}\equiv\left(\frac{\partial\omega}{\partial k}\right)_{k=k_0}\right).$$

证明 $\phi(x,t)=\phi_0(x-c_{gt_0}t)\mathrm{e}^{\mathrm{i}(k_0x-\omega_0t)}(\omega_0=\omega(k_0))$，并求 $\psi(x,y,t)$.

(3) 设在 $k=k_{\mathrm{m}}$ 处 c_{gx} 达极值$\left(\text{该处}\dfrac{\partial c_{gx}}{\partial k}=\dfrac{\partial^2\omega}{\partial k^2}=0\right)$和

$$\omega(k)=\omega(k_{\mathrm{m}})+(c_{gx})_{k_{\mathrm{m}}}(k-k_{\mathrm{m}})+\frac{1}{6}(c_{gx}'')_{k_{\mathrm{m}}}(k-k_{\mathrm{m}})^3,$$

并设 $\phi_0(x)$ 是偶函数，证明

$$\phi(x,t)=\sqrt{2\pi}B\Phi_0(k_{\mathrm{m}})\cos[k_{\mathrm{m}}x-\omega(k_{\mathrm{m}})t]\mathrm{Ai}(B(x-c_{gx}(k_{\mathrm{m}})t)),$$

其中 $B=|c_{gx}''(k_{\mathrm{m}}t/z)|^{-1/3}$，$\mathrm{Ai}(\xi)$ 为 Airy 函数，注意

$$\int_{-\infty}^{\infty}\mathrm{e}^{\mathrm{i}(ak+bk^3)}\mathrm{d}k=\frac{2\pi}{(3b)^{1/3}}\mathrm{Ai}\left(\frac{a}{(3b)^{1/3}}\right),$$

$\Phi_0(k)$ 是 $\phi_0(x)$ 的 Fourier 变换.

中　外　物　理　学　精　品　书　系

本书出版得到"国家出版基金"资助

国家出版基金项目
NATIONAL PUBLICATION FOUNDATION

普通高等教育“十一五”国家级规划教材

中 外 物 理 学 精 品 书 系

前 沿 系 列 · 8

大气动力学

(第二版)

下册

刘式适 刘式达 编著

北京大学出版社
PEKING UNIVERSITY PRESS

下 册 目 录

第八章　波的传播理论

本章的主要内容有：

分析缓变波列的主要性质，同时引进局地波的参数和运动学关系；

介绍波能密度和波能通量矢量的概念，并建立波能密度守恒原理；

引进 Lagrange 量和波作用量，并根据波能密度守恒原理导出波作用量守恒原理；

介绍波的多尺度方法，并综合运用小参数方法，一并导出波的频率方程和波作用守恒原理；

介绍 Rossby 波传播的一些特征和对动量、热量的输送；

叙述 E-P 通量和用它来讨论东西风带和经圈环流；

分析波与基本气流间的相互作用和大气扰动演变的特征；

分析波与波之间的相互作用.

§8.1　缓变波列(slowly varying wave train)

由上一章分析知：波列与单波不同，其振幅也随空间和时间缓慢地变化，因而，不能像单波那样，仅用一个简单的正弦或余弦函数来表征.事实上，只有在严格的均匀介质(在均匀介质中，基本参数，如 N^2，$\bar{u}$ 等均认为是常数)中，正弦函数或余弦函数才是正交模，而且在均匀介质中，波动的参数 k,l,n,ω 等也是常数；对于非均匀介质(其中基本参数 N^2，$\bar{u}$ 等均为变量)中的波动(波参数 k,l,n,ω 等也为变量)，不能再用正余弦函数来表征.不过，波群或缓变波列的分析，为我们讨论非均匀介质中的波提供了一个很好的近似.

据波列分析，我们把非均匀介质中的波表示为下列缓变波列：

$$\psi = A(\boldsymbol{r},t)\mathrm{e}^{\mathrm{i}\theta(\boldsymbol{r},t)}, \tag{8.1}$$

其中振幅函数 $A(\boldsymbol{r},t)$ 随 $\boldsymbol{r},t$ 缓慢变化；$\theta(\boldsymbol{r},t)$ 是相位函数.由于 $A(\boldsymbol{r},t)$ 是缓变函数，在一个局部范围内，仍可视 A 为常数，所以，在局部范围内，(8.1)式也可认为是单波.正由于此，缓变波列中的波参数(波数和圆频率等)都具有局地性.为此，我们定义缓变波列的局地频率为

$$\omega(\boldsymbol{r},t) = -\frac{\partial\theta}{\partial t}, \tag{8.2}$$

而缓变波列在 x,y,z 方向上的局地波数分别定义为

$$\begin{cases} k(\boldsymbol{r},t) = \dfrac{\partial\theta}{\partial x}, \\ l(\boldsymbol{r},t) = \dfrac{\partial\theta}{\partial y}, \\ n(\boldsymbol{r},t) = \dfrac{\partial\theta}{\partial z}. \end{cases} \tag{8.3}$$

相应,局地波矢量为

$$\boldsymbol{K}(\boldsymbol{r},t) = k\boldsymbol{i} + l\boldsymbol{j} + n\boldsymbol{k} = \nabla\theta. \tag{8.4}$$

将(8.1)式分别对 t,x,y,z 微商有

$$\begin{cases} \dfrac{\partial\psi}{\partial t} = \left(\dfrac{1}{A}\dfrac{\partial A}{\partial t} + \mathrm{i}\dfrac{\partial\theta}{\partial t}\right)\psi = \left(\dfrac{1}{A}\dfrac{\partial A}{\partial t} - \mathrm{i}\omega\right)\psi, \\ \dfrac{\partial\psi}{\partial x} = \left(\dfrac{1}{A}\dfrac{\partial A}{\partial x} + \mathrm{i}\dfrac{\partial\theta}{\partial x}\right)\psi = \left(\dfrac{1}{A}\dfrac{\partial A}{\partial x} + \mathrm{i}k\right)\psi, \\ \dfrac{\partial\psi}{\partial y} = \left(\dfrac{1}{A}\dfrac{\partial A}{\partial y} + \mathrm{i}\dfrac{\partial\theta}{\partial y}\right)\psi = \left(\dfrac{1}{A}\dfrac{\partial A}{\partial y} + \mathrm{i}l\right)\psi, \\ \dfrac{\partial\psi}{\partial z} = \left(\dfrac{1}{A}\dfrac{\partial A}{\partial z} + \mathrm{i}\dfrac{\partial\theta}{\partial z}\right)\psi = \left(\dfrac{1}{A}\dfrac{\partial A}{\partial z} + \mathrm{i}n\right)\psi. \end{cases} \tag{8.5}$$

因为在缓变波列中,相对于相位而言,振幅是缓变的,所以,由上式知,缓变波列意味着

$$\frac{1}{A}\frac{\partial A}{\partial t} \ll |\omega|, \quad \frac{1}{A}\frac{\partial A}{\partial x} \ll |k|, \quad \frac{1}{A}\frac{\partial A}{\partial y} \ll |l|, \quad \frac{1}{A}\frac{\partial A}{\partial z} \ll |n|. \tag{8.6}$$

这样,(8.5)式可近似为

$$\begin{cases} \dfrac{\partial\psi}{\partial t} \approx -\mathrm{i}\omega\psi, \\ \dfrac{\partial\psi}{\partial x} \approx \mathrm{i}k\psi, \\ \dfrac{\partial\psi}{\partial y} \approx \mathrm{i}l\psi, \\ \dfrac{\partial\psi}{\partial z} \approx \mathrm{i}n\psi. \end{cases} \tag{8.7}$$

这实际上是把(8.1)式中的 A 近似视为常数.或者说,在局部范围内,缓变波列仍可以用正余弦函数去近似.

由(8.2)式和(8.3)式,我们可以得到缓变波列的下述运动学关系

$$\begin{cases} \dfrac{\partial\omega}{\partial x} = -\dfrac{\partial k}{\partial t}, \quad \dfrac{\partial\omega}{\partial y} = -\dfrac{\partial l}{\partial t}, \quad \dfrac{\partial\omega}{\partial z} = -\dfrac{\partial n}{\partial t}, \\ \dfrac{\partial k}{\partial y} = \dfrac{\partial l}{\partial x}, \quad \dfrac{\partial k}{\partial z} = \dfrac{\partial n}{\partial x}, \quad \dfrac{\partial l}{\partial z} = \dfrac{\partial n}{\partial y}. \end{cases} \tag{8.8}$$

类似,我们定义缓变波列的局地频散关系为

$$\omega = \Omega(\boldsymbol{K};\boldsymbol{r},t), \tag{8.9}$$

其中 $\boldsymbol{K}$ 按(8.4)式也是 $\boldsymbol{r}$ 和 t 的函数.上式通常是由扰动方程导得的.

由(8.2)式和(8.9)式,我们可以定义缓变波列的局地相速度和群速度分别是

$$\boldsymbol{c} = \frac{\omega}{\boldsymbol{K}} = \frac{\omega}{K^2}\boldsymbol{K}, \tag{8.10}$$

$$\boldsymbol{c}_g = \frac{\partial\Omega}{\partial K} = c_{gx}\boldsymbol{i} + c_{gy}\boldsymbol{j} + c_{gz}\boldsymbol{k}, \tag{8.11}$$

其中

$$c_{gx} = \frac{\partial\Omega}{\partial k}, \quad c_{gy} = \frac{\partial\Omega}{\partial l}, \quad c_{gz} = \frac{\partial\Omega}{\partial n}. \tag{8.12}$$

由(8.9)式,根据复合函数的微商法则求得

$$\begin{cases}\dfrac{\partial\omega}{\partial t} = \dfrac{\partial\Omega}{\partial t} + \dfrac{\partial\Omega}{\partial k}\dfrac{\partial k}{\partial t} + \dfrac{\partial\Omega}{\partial l}\dfrac{\partial l}{\partial t} + \dfrac{\partial\Omega}{\partial n}\dfrac{\partial n}{\partial t} = \dfrac{\partial\Omega}{\partial t} + c_{gx}\dfrac{\partial k}{\partial t} + c_{gy}\dfrac{\partial l}{\partial t} + c_{gz}\dfrac{\partial n}{\partial t}, \\ \dfrac{\partial\omega}{\partial x} = \dfrac{\partial\Omega}{\partial x} + \dfrac{\partial\Omega}{\partial k}\dfrac{\partial k}{\partial x} + \dfrac{\partial\Omega}{\partial l}\dfrac{\partial l}{\partial x} + \dfrac{\partial\Omega}{\partial n}\dfrac{\partial n}{\partial x} = \dfrac{\partial\Omega}{\partial x} + c_{gx}\dfrac{\partial k}{\partial x} + c_{gy}\dfrac{\partial l}{\partial x} + c_{gz}\dfrac{\partial n}{\partial x}, \\ \dfrac{\partial\omega}{\partial y} = \dfrac{\partial\Omega}{\partial y} + \dfrac{\partial\Omega}{\partial k}\dfrac{\partial k}{\partial y} + \dfrac{\partial\Omega}{\partial l}\dfrac{\partial l}{\partial y} + \dfrac{\partial\Omega}{\partial n}\dfrac{\partial n}{\partial y} = \dfrac{\partial\Omega}{\partial y} + c_{gx}\dfrac{\partial k}{\partial y} + c_{gy}\dfrac{\partial l}{\partial y} + c_{gz}\dfrac{\partial n}{\partial y}, \\ \dfrac{\partial\omega}{\partial z} = \dfrac{\partial\Omega}{\partial z} + \dfrac{\partial\Omega}{\partial k}\dfrac{\partial k}{\partial z} + \dfrac{\partial\Omega}{\partial l}\dfrac{\partial l}{\partial z} + \dfrac{\partial\Omega}{\partial n}\dfrac{\partial n}{\partial z} = \dfrac{\partial\Omega}{\partial z} + c_{gx}\dfrac{\partial k}{\partial z} + c_{gy}\dfrac{\partial l}{\partial z} + c_{gz}\dfrac{\partial n}{\partial z}.\end{cases} \tag{8.13}$$

利用(8.8)式,(8.13)式可改写为

$$\begin{cases}\dfrac{\partial\omega}{\partial t} = \dfrac{\partial\Omega}{\partial t} - \boldsymbol{c}_g \cdot \nabla\omega, \\ -\dfrac{\partial k}{\partial t} = \dfrac{\partial\Omega}{\partial x} + \boldsymbol{c}_g \cdot \nabla k, \\ -\dfrac{\partial l}{\partial t} = \dfrac{\partial\Omega}{\partial y} + \boldsymbol{c}_g \cdot \nabla l, \\ -\dfrac{\partial n}{\partial t} = \dfrac{\partial\Omega}{\partial z} + \boldsymbol{c}_g \cdot \nabla n,\end{cases} \tag{8.14}$$

或

$$\begin{cases}\dfrac{\mathrm{D_g}\omega}{\mathrm{D}t} = \dfrac{\partial\Omega}{\partial t}, \\ \dfrac{\mathrm{D_g}k}{\mathrm{D}t} = -\dfrac{\partial\Omega}{\partial x}, \\ \dfrac{\mathrm{D_g}l}{\mathrm{D}t} = -\dfrac{\partial\Omega}{\partial y}, \\ \dfrac{\mathrm{D_g}n}{\mathrm{D}t} = -\dfrac{\partial\Omega}{\partial z},\end{cases} \tag{8.15}$$

其中后三式可合写为

$$\frac{\mathrm{D_g}\boldsymbol{K}}{\mathrm{D}t}=-\nabla\Omega,\tag{8.16}$$

在上两式中

$$\frac{\mathrm{D_g}}{\mathrm{D}t}\equiv\frac{\partial}{\partial t}+\boldsymbol{c}_{\mathrm{g}}\cdot\nabla.\tag{8.17}$$

(8.15)式和(8.16)式表明：在非均匀介质的波动中，圆频率 ω 和波数(或波矢)在按群速度移动的过程中是不守恒的. 同样，波能也不会守恒(详见 § 8.8).

对于均匀介质中的波动，ω 与 $\boldsymbol{r}, t$ 无关，(8.9)式化为

$$\omega=\Omega(\boldsymbol{K}).\tag{8.18}$$

这样，(8.15)式和(8.16)式分别写为

$$\frac{\mathrm{D_g}\omega}{\mathrm{D}t}=0,\quad\frac{\mathrm{D_g}k}{\mathrm{D}t}=0,\quad\frac{\mathrm{D_g}l}{\mathrm{D}t}=0,\quad\frac{\mathrm{D_g}n}{\mathrm{D}t}=0,\tag{8.19}$$

$$\frac{\mathrm{D_g}\boldsymbol{K}}{\mathrm{D}t}=0.\tag{8.20}$$

这些都表明：在均匀介质的波动中，圆频率 ω 和波数(或波矢)在按群速度移动的过程中是守恒的. 所以，在均匀介质中，群速度 $\boldsymbol{c}_{\mathrm{g}}$ 也是波矢 $\boldsymbol{K}$ 的传播速度. 事实上，若介质在空间和时间上都是均匀的，则圆频率和波数都是常量.

§ 8.2 波能密度及其守恒原理

下面，我们以正压模式为例，说明波能密度的概念和波能密度守恒原理.

一、惯性-重力外波

线性的正压模式方程组为

$$\begin{cases}\dfrac{\partial u}{\partial t}-f_0v=-\dfrac{\partial\phi'}{\partial x},\\[2mm]\dfrac{\partial v}{\partial t}+f_0u=-\dfrac{\partial\phi'}{\partial y},\\[2mm]\dfrac{\partial\phi'}{\partial t}+c_0^2\left(\dfrac{\partial u}{\partial x}+\dfrac{\partial v}{\partial y}\right)=0.\end{cases}\tag{8.21}$$

对于惯性-重力外波，f 为常数，就写为 f_0. 将方程组(8.21)的前两式化为涡度方程和散度方程，则方程组(8.21)化为

$$\begin{cases}\dfrac{\partial\zeta}{\partial t}+f_0D=0,\\ \dfrac{\partial D}{\partial t}-f_0\zeta=-\nabla_{\mathrm{h}}^2\phi',\\ \dfrac{\partial\phi'}{\partial t}+c_0^2D=0.\end{cases}\tag{8.22}$$

方程组(8.22)通过消元很易求得

$$\mathscr{L}D=0,\tag{8.23}$$

其中

$$\mathscr{L}\equiv\frac{\partial^2}{\partial t^2}-c_0^2\nabla_{\mathrm{h}}^2+f_0^2.\tag{8.24}$$

因由方程组(8.22)的第三式，$D=-\dfrac{1}{c_0^2}\dfrac{\partial\phi'}{\partial t}$，则对 ϕ' 也有方程

$$\mathscr{L}\phi'=0.\tag{8.25}$$

方程(8.23)或(8.25)即是 Klein-Gordon 方程. 以单波解代入方程(8.25)求得惯性-重力外波的频散关系为

$$\omega^2=K_{\mathrm{h}}^2c_0^2+f_0^2.\tag{8.26}$$

相应求得群速度在 x,y 方向上的分量是

$$c_{gx}\equiv\frac{\partial\omega}{\partial k}=\frac{kc_0^2}{\omega},\quad c_{gy}\equiv\frac{\partial\omega}{\partial l}=\frac{lc_0^2}{\omega}.\tag{8.27}$$

为了方便，令

$$\psi=\phi'/f_0,\tag{8.28}$$

则方程(8.25)化为

$$\mathscr{L}\psi=0.\tag{8.29}$$

以$\dfrac{1}{c_0^2}\dfrac{\partial\psi}{\partial t}$乘方程(8.29)的两端，注意

$$\frac{1}{c_0^2}\frac{\partial\psi}{\partial t}\frac{\partial^2\psi}{\partial t^2}=\frac{1}{2c_0^2}\frac{\partial}{\partial t}\left(\frac{\partial\psi}{\partial t}\right)^2,$$

$$\begin{aligned}\frac{1}{c_0^2}\frac{\partial\psi}{\partial t}(-c_0^2\nabla_{\mathrm{h}}^2\psi)&=\frac{1}{2}\frac{\partial}{\partial t}\left[\left(\frac{\partial\psi}{\partial x}\right)^2+\left(\frac{\partial\psi}{\partial y}\right)^2\right]-\left[\frac{\partial}{\partial x}\left(\frac{\partial\psi}{\partial t}\frac{\partial\psi}{\partial x}\right)+\frac{\partial}{\partial y}\left(\frac{\partial\psi}{\partial t}\frac{\partial\psi}{\partial y}\right)\right]\\&=\frac{1}{2}\frac{\partial}{\partial t}(\nabla_{\mathrm{h}}\psi)^2-\nabla_{\mathrm{h}}\cdot\left(\frac{\partial\psi}{\partial t}\nabla_{\mathrm{h}}\psi\right),\end{aligned}$$

$$\frac{1}{c_0^2}\frac{\partial\psi}{\partial t}(f_0^2\psi)=\frac{1}{2}\frac{\partial}{\partial t}\lambda_0^2\psi^2,$$

则方程(8.29)化为

$$\frac{\partial}{\partial t}\left\{\frac{1}{2}\left[\frac{1}{c_0^2}\left(\frac{\partial\psi}{\partial t}\right)^2+(\nabla_{\mathrm{h}}\psi)^2+\lambda_0^2\psi^2\right]\right\}+\nabla_{\mathrm{h}}\cdot\left(-\frac{\partial\psi}{\partial t}\nabla_{\mathrm{h}}\psi\right)=0,\tag{8.30}$$

这是惯性-重力外波的能量方程. 其中$\frac{1}{2c_0^2}\left(\frac{\partial\psi}{\partial t}\right)^2$相当于垂直运动动能，$\frac{1}{2}(\nabla_h\psi)^2$和$\lambda_0^2\psi^2$分别是水平运动动能和重力势能.

设ψ是一缓变波列，即

$$\psi = \mathrm{Re}\{A(x,y,t)\mathrm{e}^{\mathrm{i}\theta(x,y,t)}\} = a\cos(\theta+\alpha), \tag{8.31}$$

其中

$$a = |A|, \quad \alpha = \arg A, \quad \theta = kx + ly - \omega t. \tag{8.32}$$

作为缓变波列的第一近似，忽略a和α的变化，同时忽略ω,k,l的变化.

由(8.31)式得到

$$\begin{cases}\dfrac{\partial\psi}{\partial t} = \omega a\sin(\theta+\alpha),\\[2mm] \dfrac{\partial\psi}{\partial x} = -ka\sin(\theta+\alpha),\\[2mm] \dfrac{\partial\psi}{\partial y} = -la\sin(\theta+\alpha).\end{cases} \tag{8.33}$$

因而，惯性-重力外波的总能量为

$$\begin{aligned}E &= \frac{1}{2}\left[\frac{1}{c_0^2}\left(\frac{\partial\psi}{\partial t}\right)^2 + (\nabla_h\psi)^2 + \lambda_0^2\psi^2\right]\\ &= \frac{1}{2c_0^2}(\omega^2 + K_h^2c_0^2)a^2\sin^2(\theta+\alpha) + \frac{1}{2}\lambda_0^2a^2\cos^2(\theta+\alpha);\end{aligned} \tag{8.34}$$

而能量通量矢量为

$$\boldsymbol{F} = -\frac{\partial\psi}{\partial t}\nabla_h\psi = \omega\boldsymbol{K}_h a^2\sin^2(\theta+\alpha). \tag{8.35}$$

这样，能量方程(8.30)可改写为

$$\frac{\partial E}{\partial t} + \nabla_h\cdot\boldsymbol{F} = 0. \tag{8.36}$$

因为$\cos^2(\theta+\alpha)$和$\sin^2(\theta+\alpha)$在一个周期$T=2\pi/\omega$内的平均值为1/2，即

$$\begin{aligned}\frac{1}{T}\int_0^T\cos^2(\theta+\alpha)\mathrm{d}t &= \frac{1}{\omega T}\int_0^{\frac{2\pi}{\omega}}\cos^2(kx+ly+\alpha-\omega t)\mathrm{d}\omega t\\ &= \frac{1}{2}\int_0^{\frac{2\pi}{\omega}}\frac{1}{2}[1+\cos2(kx+ly+\alpha-\omega t)]\mathrm{d}\omega t = \frac{1}{2},\end{aligned}$$

$$\begin{aligned}\frac{1}{T}\int_0^T\sin^2(\theta+\alpha)\mathrm{d}t &= \frac{1}{\omega T}\int_0^{\frac{2\pi}{\omega}}\sin^2(kx+ly+\alpha-\omega t)\mathrm{d}\omega t\\ &= \frac{1}{2}\int_0^{\frac{2\pi}{\omega}}\frac{1}{2}[1-\cos2(kx+ly+\alpha-\omega t)]\mathrm{d}\omega t = \frac{1}{2},\end{aligned}$$

因而将(8.34)式和(8.35)式在一个周期$T=2\pi/\omega$内求平均得到惯性-重力外波在

一个周期 T 内能量和能通量矢量的平均值分别为

$$\begin{cases} \mathscr{E} = \dfrac{1}{4c_0^2}(\omega^2 + K_h^2 c_0^2 + f_0^2)a^2, \\ \vec{\mathscr{F}} = \dfrac{1}{2}\omega a^2 \boldsymbol{K}_h. \end{cases} \tag{8.37}$$

以(8.26)式和(8.27)式代入，则有

$$\begin{cases} \mathscr{E} = \dfrac{1}{2c_0^2}(K_h^2 c_0^2 + f_0^2)a^2 = \dfrac{1}{2}(K_h^2 + \lambda_0^2)a^2 = \dfrac{1}{2c_0^2}\omega^2 a^2, \\ \vec{\mathscr{F}} = \mathscr{E}\boldsymbol{c}_g, \end{cases} \tag{8.38}$$

$\mathscr{E}$ 称为波能密度，$\vec{\mathscr{F}}$ 称为波能通量密度矢量. 这样，能量方程(8.36)在一个周期 T 内的平均为

$$\frac{\partial \mathscr{E}}{\partial t} + \nabla_h \cdot \mathscr{E}\boldsymbol{c}_g = 0. \tag{8.39}$$

上式表明：波能密度的时间变化在均匀介质中完全决定于波能通量密度矢量的散度.

二、正压 Rossby 波

线性正压 Rossby 波满足方程

$$\mathscr{L}\psi = 0, \tag{8.40}$$

其中

$$\mathscr{L} \equiv \frac{\partial}{\partial t}(\nabla_h^2 - \lambda_0^2) + \beta_0 \frac{\partial}{\partial x}. \tag{8.41}$$

以 ψ 乘方程(8.40)两端得到正压 Rossby 波的能量方程是

$$\frac{\partial}{\partial t}\left\{\frac{1}{2}[(\nabla_h\psi)^2 + \lambda_0^2\psi^2]\right\} + \nabla_h \cdot \left[-\psi\nabla_h\left(\frac{\partial\psi}{\partial t}\right) - \frac{\beta_0}{2}\psi^2 \boldsymbol{i}\right] = 0, \tag{8.42}$$

这也就是第六章的方程(6.91).

由方程(8.40)求得正压 Rossby 波的频散关系为

$$\omega = -\beta_0 k/(K_h^2 + \lambda_0^2). \tag{8.43}$$

相应

$$c_{gx} = \frac{\beta_0(k^2 - l^2 - \lambda_0^2)}{(K_h^2 + \lambda_0^2)^2}, \quad c_{gy} = \frac{2\beta_0 kl}{(K_h^2 + \lambda_0^2)^2}. \tag{8.44}$$

类似，设 ψ 是一缓变波列：

$$\psi = a\cos(\theta + \alpha), \tag{8.45}$$

则求得正压 Rossby 波的总能量为

$$E \equiv \frac{1}{2}[(\nabla_h\psi)^2 + \lambda_0^2\psi^2] = \frac{1}{2}K_h^2 a^2 \sin^2(\theta + \alpha) + \frac{1}{2}\lambda_0^2 a^2 \cos^2(\theta + \alpha); \tag{8.46}$$

而能量通量矢量为

$$\boldsymbol{F} \equiv -\psi \nabla_{\mathrm{h}}\left(\frac{\partial \psi}{\partial t}\right)-\frac{\beta_0}{2}\psi^2 \boldsymbol{i} = -\left(\omega \boldsymbol{K}_{\mathrm{h}}+\frac{\beta_0}{2}\boldsymbol{i}\right)a^2\cos^2(\theta+\alpha). \tag{8.47}$$

E 和 $\boldsymbol{F}$ 在一个周期内的平均值,即波能密度和波能通量密度矢量分别是

$$\begin{cases}\mathscr{E}=(K_{\mathrm{h}}^2+\lambda_0^2)a^2/4, \\ \vec{\mathscr{F}}=\left(\omega \boldsymbol{K}_{\mathrm{h}}+\dfrac{\beta_0}{2}\boldsymbol{i}\right)a^2\Big/2.\end{cases} \tag{8.48}$$

利用(8.43)式和(8.44)式有

$$\begin{cases}\mathscr{E}=-a^2\beta_0 k/4\omega, \\ \vec{\mathscr{F}}=\mathscr{E}\boldsymbol{c}_{\mathrm{g}}.\end{cases} \tag{8.49}$$

因而,能量方程(8.42)在一个周期 T 内的平均值为

$$\frac{\partial \mathscr{E}}{\partial t}+\nabla_{\mathrm{h}}\cdot \mathscr{E}\boldsymbol{c}_{\mathrm{g}}=0. \tag{8.50}$$

这与方程(8.39)在形式上完全一样.

由上两例分析可知:对于线性波动,作为缓变波列的第一近似,它有许多共同的特征.首先,波能密度 $\mathscr{E}$ 都可以表为

$$\mathscr{E}=f(\boldsymbol{K})a^2, \tag{8.51}$$

其中 $f(\boldsymbol{K})$依赖于波的性质.其次,对均匀介质中的波动,波能密度遵守守恒原理:

$$\frac{\partial \mathscr{E}}{\partial t}+\nabla\cdot \mathscr{E}\boldsymbol{c}_{\mathrm{g}}=0. \tag{8.52}$$

将(8.51)式代入(8.52)式,注意均匀介质的(8.20)式,则得

$$\frac{\partial a^2}{\partial t}+\nabla\cdot a^2\boldsymbol{c}_{\mathrm{g}}=0. \tag{8.53}$$

这是能量以群速度 $\boldsymbol{c}_{\mathrm{g}}$ 传播的基本表达式.

§8.3 波作用量及其守恒原理

我们仍以正压模式为例,说明波作用量的概念和波作用量守恒原理.

一、惯性-重力外波

若令

$$\psi_t \equiv \frac{\partial \psi}{\partial t},\quad \psi_x \equiv \frac{\partial \psi}{\partial x},\quad \psi_y \equiv \frac{\partial \psi}{\partial y},\quad \psi_z \equiv \frac{\partial \psi}{\partial z}, \tag{8.54}$$

则惯性-重力外波的方程(8.29)可以写为

$$F(t,x,y;\psi,\psi_t,\psi_x,\psi_y)=0, \tag{8.55}$$

其中

$$F(t,x,y;\psi,\psi_t,\psi_x,\psi_y) \equiv \frac{1}{c_0^2}\frac{\partial \psi_x}{\partial t} - \left(\frac{\partial \psi_x}{\partial x} + \frac{\partial \psi_y}{\partial y}\right) + \lambda_0^2 \psi. \tag{8.56}$$

由变分原理知，在任意区域 R 上的泛函

$$J[\psi] = \iiiint_R L(\psi,\psi_t,\psi_x,\psi_y,\psi_z)\delta t\delta x\delta y\delta z \tag{8.57}$$

的极值问题与 Euler 方程

$$L_\psi - \frac{\partial L_{\psi_t}}{\partial t} - \frac{\partial L_{\psi_x}}{\partial x} - \frac{\partial L_{\psi_y}}{\partial y} - \frac{\partial L_{\psi_z}}{\partial z} = 0 \tag{8.58}$$

的求解等价.(8.57)式中的 $L(\psi,\psi_t,\psi_x,\psi_y,\psi_z)$ 称为 Lagrange 量或 Lagrange 函数. 方程(8.58)即是波动方程，其中 $L_{\psi_t}, L_{\psi_x}, L_{\psi_y}, L_{\psi_z}$ 分别表 L 对 $\psi_t,\psi_x,\psi_y,\psi_z$ 的导数.

对于惯性-重力外波，比较方程(8.58)和方程(8.55)知，惯性-重力外波的 Lagrange 量为

$$L = \frac{1}{2c_0^2}\psi_t^2 - \frac{1}{2}(\psi_x^2 + \psi_y^2) - \frac{1}{2}\lambda_0^2\psi^2. \tag{8.59}$$

以(8.31)式和(8.33)式代入得到

$$L = \frac{1}{2c_0^2}\omega^2 a^2 \sin^2(\theta+\alpha) - \frac{1}{2}K_h^2 a^2 \sin^2(\theta+\alpha) - \frac{1}{2}\lambda_0^2 a^2 \cos^2(\theta+\alpha). \tag{8.60}$$

L 在一个周期内的平均值为

$$\mathscr{L}(\omega,\boldsymbol{K}_h,a) = \frac{1}{4c_0^2}(\omega^2 - K_h^2 c_0^2 - f_0^2)a^2, \tag{8.61}$$

$\mathscr{L}$ 称为平均 Lagrange 量，它是波振幅 a 的二次函数. 而且，由上式可以很快导得

$$a\frac{\partial \mathscr{L}}{\partial a} = 2\mathscr{L}. \tag{8.62}$$

在(8.61)式中，若令

$$\mathscr{L} = 0, \tag{8.63}$$

可求得惯性-重力外波的频散关系. 又由(8.61)式有

$$\frac{\partial \mathscr{L}}{\partial \omega} = \frac{1}{2c_0^2}\omega a^2, \quad \frac{\partial \mathscr{L}}{\partial \boldsymbol{K}_h} = -\frac{1}{2}a^2\boldsymbol{K}_h. \tag{8.64}$$

将上式与(8.38)式比较有

$$\mathscr{E} = \omega\frac{\partial \mathscr{L}}{\partial \omega}, \quad \vec{\mathscr{F}} = -\omega\frac{\partial \mathscr{L}}{\partial \boldsymbol{K}_h}. \tag{8.65}$$

再由 $\vec{\mathscr{F}} = \mathscr{E}\boldsymbol{c}_g$ 有

$$\boldsymbol{c}_g \equiv \frac{\partial \omega}{\partial \boldsymbol{K}_h} = -\frac{\partial \mathscr{L}}{\partial \boldsymbol{K}_h}\bigg/\frac{\partial \mathscr{L}}{\partial \omega}. \tag{8.66}$$

因而，若定义波作用量为

$$\mathscr{A} \equiv \frac{\partial \mathscr{L}}{\partial \omega} = \frac{\mathscr{E}}{\omega} = \frac{1}{2c_0^2}\omega a^2, \tag{8.67}$$

则波能密度守恒原理(8.39)式可改写为

$$\frac{\partial}{\partial t}(\omega \mathscr{A}) + \nabla_{\mathrm{h}} \cdot (\omega \mathscr{A} \boldsymbol{c}_{\mathrm{g}}) = 0. \tag{8.68}$$

注意均匀介质的(8.19)式,则得到

$$\frac{\partial \mathscr{A}}{\partial t} + \nabla_{\mathrm{h}} \cdot (\mathscr{A} \boldsymbol{c}_{\mathrm{g}}) = 0, \tag{8.69}$$

它称为波作用量守恒原理.

二、正压 Rossby 波

若令

$$\begin{cases} \psi_t \equiv \dfrac{\partial \psi}{\partial t}, \quad \psi_x \equiv \dfrac{\partial \psi}{\partial x}, \quad \psi_y \equiv \dfrac{\partial \psi}{\partial y}, \quad \psi_z \equiv \dfrac{\partial \psi}{\partial z}, \\ \psi_{tt} \equiv \dfrac{\partial^2 \psi}{\partial t^2}, \quad \psi_{tx} \equiv \dfrac{\partial^2 \psi}{\partial t \partial x}, \quad \psi_{ty} \equiv \dfrac{\partial^2 \psi}{\partial t \partial y}, \end{cases} \tag{8.70}$$

则正压 Rossby 波方程(8.40)可以写为

$$F(t, x, y, \psi, \psi_t, \psi_x, \psi_y, \psi_{tx}, \psi_{ty}) = 0, \tag{8.71}$$

其中

$$F(t, x, y, \psi, \psi_t, \psi_x, \psi_y, \psi_{tx}, \psi_{ty}) = \frac{\partial \psi_{tx}}{\partial x} + \frac{\partial \psi_{ty}}{\partial y} - \lambda_0^2 \psi_t + \beta_0 \psi_x. \tag{8.72}$$

此时,泛函(8.57)式推广为

$$J(\psi) = \iiiint\limits_R L(\psi, \psi_t, \psi_x, \psi_y, \psi_z, \psi_{tt}, \psi_{tx}, \psi_{ty}, \psi_{xx}, \psi_{xy}, \psi_{yy}, \cdots) \delta t \delta x \delta y \delta z. \tag{8.73}$$

相应 Euler 方程(8.58)推广为

$$L_\psi - \frac{\partial L_{\psi_t}}{\partial t} - \frac{\partial L_{\psi_x}}{\partial x} - \frac{\partial L_{\psi_y}}{\partial y} - \frac{\partial L_{\psi_z}}{\partial z} + \frac{\partial^2 L_{\psi_{tt}}}{\partial t^2} + \frac{\partial^2 L_{\psi_{tx}}}{\partial t \partial x} + \frac{\partial^2 L_{\psi_{ty}}}{\partial t \partial y} + \cdots = 0. \tag{8.74}$$

比较方程(8.74)和方程(8.72)知,正压 Rossby 波的 Lagrange 量为

$$L = \frac{1}{2}[(\psi_{xt})^2 + (\psi_{yt})^2 + \lambda_0^2 \psi_t^2 - \beta_0 \psi_t \psi_x]. \tag{8.75}$$

以(8.45)式代入得到

$$L = \frac{\omega^2 a^2}{2}\left[K_{\mathrm{h}}^2 \cos^2(\theta + \alpha) + \lambda_0^2 \sin^2(\theta + \alpha) + \frac{\beta_0 k}{\omega} \sin^2(\theta + \alpha)\right]. \tag{8.76}$$

消去公共因子 ω^2,则求得正压 Rossby 波的平均 Lagrange 量为

$$\mathscr{L}(\omega, \boldsymbol{K}_{\mathrm{h}}, a) = \frac{1}{4}(K_{\mathrm{h}}^2 + \lambda_0^2 + \beta_0 k/\omega) a^2. \tag{8.77}$$

类似，令 $\mathscr{L}=0$ 可求得正压 Rossby 波的频散关系，而且

$$\frac{\partial \mathscr{L}}{\partial \omega}=-\frac{\beta_0 k}{4\omega^2}a^2, \quad \frac{\partial \mathscr{L}}{\partial \boldsymbol{K}_h}=\frac{1}{2\omega}\left(\omega \boldsymbol{K}_h+\frac{\beta_0}{2}\boldsymbol{i}\right)a^2. \tag{8.78}$$

将上式与(8.49)式比较有

$$\mathscr{E}=\omega\frac{\partial \mathscr{L}}{\partial \omega}, \quad \vec{\mathscr{F}}=-\omega\frac{\partial \mathscr{L}}{\partial \boldsymbol{K}_h}. \tag{8.79}$$

同样也有

$$\boldsymbol{c}_g=-\frac{\partial \mathscr{L}}{\partial \boldsymbol{K}_h}\Big/\frac{\partial \mathscr{L}}{\partial \omega}. \tag{8.80}$$

类似，可定义正压 Rossby 波的波作用量为

$$\mathscr{A}\equiv\frac{\partial \mathscr{L}}{\partial \omega}=\frac{\mathscr{E}}{\omega}=-\frac{\beta_0 k}{4\omega^2}a^2. \tag{8.81}$$

同样，正压 Rossby 波的波能密度守恒原理(8.50)式可改写为

$$\frac{\partial \mathscr{A}}{\partial t}+\nabla_h\cdot\mathscr{A}\boldsymbol{c}_g=0, \tag{8.82}$$

这是正压 Rossby 波的波作用量守恒原理.

由上两例分析可知：对于线性波动，作为缓变波列的第一近似，波的平均 Lagrange 量可以表示为

$$\mathscr{L}(\omega,\boldsymbol{K},a)=G(\omega,\boldsymbol{K})a^2, \tag{8.83}$$

其中 G 是 ω 和 $\boldsymbol{K}$ 的函数，而且由

$$G(\omega,\boldsymbol{K})=0 \tag{8.84}$$

可确定线性波的频散关系

$$\omega=\Omega(\boldsymbol{K}). \tag{8.85}$$

又因，由(8.84)式有

$$\frac{\partial G}{\partial \omega}\frac{\partial \Omega}{\partial \boldsymbol{K}}+\frac{\partial G}{\partial \boldsymbol{K}}=0, \tag{8.86}$$

因而求得群速度为

$$\boldsymbol{c}_g\equiv\frac{\partial \Omega}{\partial \boldsymbol{K}}=-\frac{\partial G}{\partial \boldsymbol{K}}\Big/\frac{\partial G}{\partial \omega}=-\frac{\partial \mathscr{L}}{\partial \boldsymbol{K}}\Big/\frac{\partial \mathscr{L}}{\partial \omega}. \tag{8.87}$$

由平均 Lagrange 量可以求得

$$\mathscr{E}=\omega\frac{\partial \mathscr{L}}{\partial \omega}, \quad \vec{\mathscr{F}}=-\omega\frac{\partial \mathscr{L}}{\partial \boldsymbol{K}}=\mathscr{E}\boldsymbol{c}_g. \tag{8.88}$$

对线性波，其波作用量一般定义为

$$\mathscr{A}\equiv\frac{\partial \mathscr{L}}{\partial \omega}=\frac{\mathscr{E}}{\omega}; \tag{8.89}$$

而且，在均匀介质中，波作用量守恒，即

$$\frac{\partial \mathscr{A}}{\partial t}+\nabla \cdot (\mathscr{A}\boldsymbol{c}_{\mathrm{g}})=0. \tag{8.90}$$

在均匀介质中，若存在常定和均匀的基本西风气流 $\bar{u}$，则引入 Doppler 频率

$$\omega_{\mathrm{D}}=\omega-k\bar{u}. \tag{8.91}$$

此时，波作用量定义为

$$\mathscr{A}^{*}=\frac{\mathscr{E}}{\omega_{\mathrm{D}}}=\frac{\mathscr{E}}{\omega-k\bar{u}}. \tag{8.92}$$

相应，波作用量守恒方程为

$$\left(\frac{\partial}{\partial t}+\bar{u}\frac{\partial}{\partial x}\right)\mathscr{A}^{*}+\nabla \cdot \mathscr{A}^{*}\boldsymbol{c}_{\mathrm{g}}=0. \tag{8.93}$$

当然，波作用量定义方式可以不同，但一定要正比于振幅的平方.

§8.4 波的多尺度方法

前两节，我们应用缓变波列的概念导出了均匀介质的波动中波能密度和波作用量具有守恒性. 本节，我们将缓变波列的概念引申成为讨论波传播的一种渐近方法，这就是波的多尺度方法.

由上一章波列的分析知，波列由两部分构成：一部分是高频载波，其随时间、空间变化相对较快；另一部分是低频波包，其随时间、空间变化相对较慢. 这表示：波列存在两种时间和空间尺度，一是快时间、空间尺度：

$$t=t,\quad x=x,\quad y=y,\quad z=z, \tag{8.94}$$

它表征波列相位函数的变化；另一是慢时间、空间尺度：

$$T=\varepsilon t,\quad X=\varepsilon x,\quad Y=\varepsilon y,\quad Z=\varepsilon z, \tag{8.95}$$

它表征波列振幅函数的变化，其中 ε 满足

$$|\varepsilon|\ll 1, \tag{8.96}$$

称为小参数.

这样，任一缓变波列可以表示为

$$\psi=A(X,Y,Z,T)\mathrm{e}^{\mathrm{i}\theta(x,y,z,t)}, \tag{8.97}$$

其中振幅 A 明显表示出是 X,Y,Z,T 的缓变函数. 同样，k,l,n,ω 也可视为 X,Y,Z,T 的缓变函数. 因

$$\frac{\partial A}{\partial t}=\varepsilon\frac{\partial A}{\partial T},\quad \frac{\partial A}{\partial x}=\varepsilon\frac{\partial A}{\partial X},\quad \frac{\partial A}{\partial y}=\varepsilon\frac{\partial A}{\partial Y},\quad \frac{\partial A}{\partial z}=\varepsilon\frac{\partial A}{\partial Z}, \tag{8.98}$$

则由(8.97)式得到

$$
\begin{cases}
\dfrac{\partial\psi}{\partial t}=\left(-\mathrm{i}\omega A+\varepsilon\dfrac{\partial A}{\partial T}\right)\mathrm{e}^{\mathrm{i}\theta}, \quad \dfrac{\partial\psi}{\partial x}=\left(\mathrm{i}kA+\varepsilon\dfrac{\partial A}{\partial X}\right)\mathrm{e}^{\mathrm{i}\theta},\\
\dfrac{\partial\psi}{\partial y}=\left(\mathrm{i}lA+\varepsilon\dfrac{\partial A}{\partial Y}\right)\mathrm{e}^{\mathrm{i}\theta}, \quad \dfrac{\partial\psi}{\partial z}=\left(\mathrm{i}nA+\varepsilon\dfrac{\partial A}{\partial Z}\right)\mathrm{e}^{\mathrm{i}\theta},\\
\dfrac{\partial^2\psi}{\partial t^2}=\left[-\omega^2A-\mathrm{i}\varepsilon\left(2\omega\dfrac{\partial A}{\partial T}+A\dfrac{\partial\omega}{\partial T}\right)+\varepsilon^2\dfrac{\partial^2A}{\partial T^2}\right]\mathrm{e}^{\mathrm{i}\theta},\\
\dfrac{\partial^2\psi}{\partial x^2}=\left[-k^2A+\mathrm{i}\varepsilon\left(2k\dfrac{\partial A}{\partial X}+A\dfrac{\partial k}{\partial X}\right)+\varepsilon^2\dfrac{\partial^2A}{\partial X^2}\right]\mathrm{e}^{\mathrm{i}\theta},\\
\dfrac{\partial^2\psi}{\partial y^2}=\left[-l^2A+\mathrm{i}\varepsilon\left(2l\dfrac{\partial A}{\partial Y}+A\dfrac{\partial l}{\partial Y}\right)+\varepsilon^2\dfrac{\partial^2A}{\partial Y^2}\right]\mathrm{e}^{\mathrm{i}\theta},\\
\dfrac{\partial^2\psi}{\partial z^2}=\left[-n^2A+\mathrm{i}\varepsilon\left(2n\dfrac{\partial A}{\partial Z}+A\dfrac{\partial n}{\partial Z}\right)+\varepsilon^2\dfrac{\partial^2A}{\partial Z^2}\right]\mathrm{e}^{\mathrm{i}\theta},
\end{cases}
\tag{8.99}
$$

等等.将上述表达式代入波方程,利用波的运动学关系(8.8)式和(8.15)式可以确定波的各级渐近解.若应用小参数方法,将 A 展为 ε 的幂级数

$$A=A_0+\varepsilon A_1+\varepsilon^2A_2+\cdots, \tag{8.100}$$

其中 $A_0,A_1,A_2,\cdots$分别为 A 的零级近似、一级近似、二级近似……,则下面将看到,波方程的零级近似为波的频率方程,而一级近似就是波作用量的方程,对均匀介质而言就是波作用量守恒原理.

下面,我们仍以前两节的两个例子为例说明波的多尺度方法.

一、惯性-重力外波

以(8.97)形式的解(与 z 无关)代入惯性-重力外波的方程(8.29),并利用(8.99)式得到

$$
\begin{aligned}
&\left\{-\omega^2A-\mathrm{i}\varepsilon\left(2\omega\frac{\partial A}{\partial T}+A\frac{\partial\omega}{\partial T}\right)+\varepsilon^2\frac{\partial^2A}{\partial T^2}\right\}\\
&\quad -c_0^2\left\{-K_\mathrm{h}^2A+\mathrm{i}\varepsilon\left(2k\frac{\partial A}{\partial X}+2l\frac{\partial A}{\partial Y}+A\frac{\partial k}{\partial X}+A\frac{\partial l}{\partial Y}\right)\right.\\
&\quad \left.+\varepsilon^2\left(\frac{\partial^2A}{\partial X^2}+\frac{\partial^2A}{\partial Y^2}\right)\right\}+f_0^2A=0.
\end{aligned}
\tag{8.101}
$$

将(8.100)式代入上式求得方程(8.101)的零级近似、一级近似方程分别是

$$(\omega^2-K_\mathrm{h}^2c_0^2-f_0^2)A_0=0, \tag{8.102}$$

$$
\begin{aligned}
&\mathrm{i}\left\{2\omega\frac{\partial A_0}{\partial T}+2c_0^2\left(k\frac{\partial A_0}{\partial X}+l\frac{\partial A_0}{\partial Y}\right)+\left(\frac{\partial\omega}{\partial T}+c_0^2\frac{\partial k}{\partial X}+c_0^2\frac{\partial l}{\partial Y}\right)A_0\right\}\\
&\quad +(\omega^2-K_\mathrm{h}^2c_0^2-f_0^2)A_1=0.
\end{aligned}
\tag{8.103}
$$

由(8.102)式,因 $A_0\neq0$,则得

$$\omega^2 = K_h^2 c_0^2 + f_0^2, \tag{8.104}$$

这就是惯性-重力外波的频散关系. 由此有

$$c_{gx} = kc_0^2/\omega, \quad c_{gy} = lc_0^2/\omega. \tag{8.105}$$

将(8.104)式代入(8.103)式,则得

$$2\omega\frac{\partial A_0}{\partial T} + 2c_0^2\left(k\frac{\partial A_0}{\partial X} + l\frac{\partial A_0}{\partial Y}\right) + \left(\frac{\partial\omega}{\partial T} + c_0^2\frac{\partial k}{\partial X} + c_0^2\frac{\partial l}{\partial Y}\right)A_0 = 0. \tag{8.106}$$

设 A_0 为实数,上式两边乘以 $A_0/2c_0^2$(若 A_0 为复数,则上式两边乘以 $A_0^*/2c_0^2$,A_0^* 为 A_0 的共轭)得

$$\frac{\partial}{\partial T}\left(\frac{\omega}{2c_0^2}A_0^2\right) + \nabla_h \cdot \left(\frac{1}{2}A_0^2\boldsymbol{K}_h\right) = 0. \tag{8.107}$$

但根据(8.67)式,对惯性-重力外波

$$\mathscr{A} = \frac{\omega}{2c_0^2}a^2, \quad \mathscr{A}\boldsymbol{c}_g = \frac{1}{2}a^2\boldsymbol{K}_h, \tag{8.108}$$

所以,方程(8.107)表征的即是惯性-重力外波的波作用量方程.

二、正压 Rossby 波

以(8.97)形式的解(与 z 无关)代入正压 Rossby 波的方程(8.40),并利用(8.99)式得到

$$\left(-\mathrm{i}\omega + \varepsilon\frac{\partial}{\partial T}\right)\left\{-(K_h^2 + \lambda_0^2)A + \varepsilon\mathrm{i}\left(2k\frac{\partial A}{\partial X} + 2l\frac{\partial A}{\partial Y} + A\frac{\partial k}{\partial X} + A\frac{\partial l}{\partial Y}\right)\right.$$
$$\left. + \varepsilon^2\left(\frac{\partial^2 A}{\partial X^2} + \frac{\partial^2 A}{\partial Y^2}\right)\right\} + \beta_0\left(\mathrm{i}kA + \varepsilon\frac{\partial A}{\partial X}\right) = 0. \tag{8.109}$$

再以(8.100)式代入,则求得方程(8.109)的零级近似、一级近似方程分别是

$$\{(K_h^2 + \lambda_0^2)\omega + \beta_0 k\}A_0 = 0, \tag{8.110}$$

$$\frac{\partial}{\partial T}[(K_h^2 + \lambda_0^2)A_0] - \omega\left(2k\frac{\partial A_0}{\partial X} + 2l\frac{\partial A_0}{\partial Y} + A_0\frac{\partial k}{\partial X} + A_0\frac{\partial l}{\partial Y}\right) - \beta_0\frac{\partial A_0}{\partial X}$$
$$- \mathrm{i}\{(K_h^2 + \lambda_0^2)\omega + \beta_0 k\}A_1 = 0. \tag{8.111}$$

由(8.110)式,因 $A_0 \neq 0$,则得

$$\omega = -\beta_0 k/(K_h^2 + \lambda_0^2), \tag{8.112}$$

这是正压 Rossby 波的频散关系. 由此有

$$c_{gx} = \beta_0(k^2 - l^2 - \lambda_0^2)/(K_h^2 + \lambda_0^2)^2, \quad c_{gy} = 2\beta_0 kl/(K_h^2 + \lambda_0^2)^2. \tag{8.113}$$

将(8.112)式代入(8.111)式得

$$\frac{\partial}{\partial T}[(K_h^2 + \lambda_0^2)A_0] - \omega\left(2k\frac{\partial A_0}{\partial X} + 2l\frac{\partial A_0}{\partial Y} + A_0\frac{\partial k}{\partial X} + A_0\frac{\partial l}{\partial Y}\right) - \beta_0\frac{\partial A_0}{\partial X} = 0. \tag{8.114}$$

将上式两端乘以 $-(K_h^2+\lambda_0^2)A_0/2\beta_0 k = A_0/2\omega$,得

$$\frac{\partial}{\partial T}\left(-\frac{\beta_0 k}{4\omega^2}A_0^2\right)+\nabla_h\cdot\left(-\frac{1}{2}\boldsymbol{K}_h-\frac{\beta_0}{4\omega}\boldsymbol{i}\right)A_0^2=0. \tag{8.115}$$

但根据(8.81)式，对正压 Rossby 波

$$\mathscr{A}=-\frac{\beta_0 k}{4\omega^2}a^2,\quad \mathscr{A}\boldsymbol{c}_g=-\frac{1}{2}\left(\boldsymbol{K}_h+\frac{\beta_0}{2\omega}\boldsymbol{i}\right)A_0^2. \tag{8.116}$$

所以，方程(8.115)式表征的是正压 Rossby 波的波作用量方程.

§8.5 Rossby 波的传播图像

在上一章中，我们已经简单分析了 Rossby 波传播的一些特征. 从本节开始，我们将继续讨论 Rossby 波传播的另一些特征. 本节叙述正压 Rossby 波的传播图像.

在正压模式中，Rossby 波的圆频率 ω((8.112)式)可以改写为

$$k^2+l^2+\lambda_0^2+\beta_0 k/\omega=0, \tag{8.117}$$

或写为

$$(k+\beta_0/2\omega)^2+l^2=R^2, \tag{8.118}$$

其中

$$R^2=(\beta_0/2\omega)^2-\lambda_0^2. \tag{8.119}$$

但由(8.117)式知，在 l 固定时，当取

$$k^2=l^2+\lambda_0^2 \tag{8.120}$$

时，$|\omega|$ 取极大值 $\beta_0/2\sqrt{l^2+\lambda_0^2}$(详见第七章习题 11)，即

$$|\omega|\leqslant\beta_0/2\sqrt{l^2+\lambda_0^2}\leqslant\beta_0/2\lambda_0, \tag{8.121}$$

因而 $R^2>0$，R 为实数.

(8.118)式说明：对正压 Rossby 波而言，在波数平面 (k,l) 上，波矢 $\boldsymbol{K}_h$ 的起点在坐标原点 O，端点 W 在以 $C(-\beta_0/2\omega,\theta)$ 为圆心，半径为 R 的圆上，见图 8.1. 坐标原点到圆的最小距离是

$$k_m=-\frac{\beta_0}{2\omega}-R=-\frac{\beta_0}{2\omega}-\sqrt{\left(\frac{\beta_0}{2\omega}\right)^2-\lambda_0^2}. \tag{8.122}$$

特别在水平无辐散的条件下，$\lambda_0^2=0$，此时圆的半径为

$$R_0=\beta_0/2|\omega|. \tag{8.123}$$

而此时 $k_m=0$，因而圆与 l 轴相切，见图 8.2.

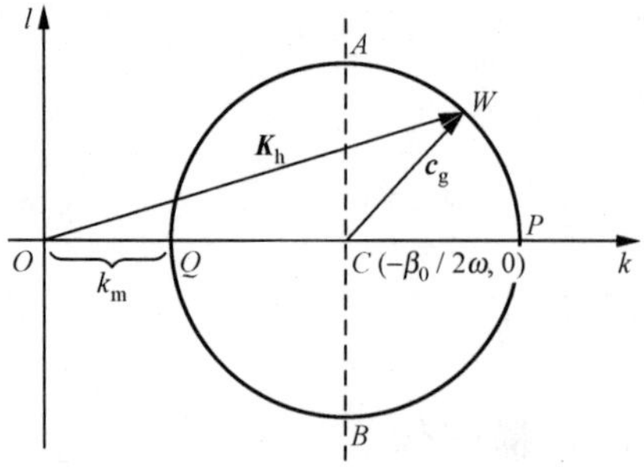

图 8.1　正压 Rossby 波的传播图像($\lambda_0^2 \neq 0$)

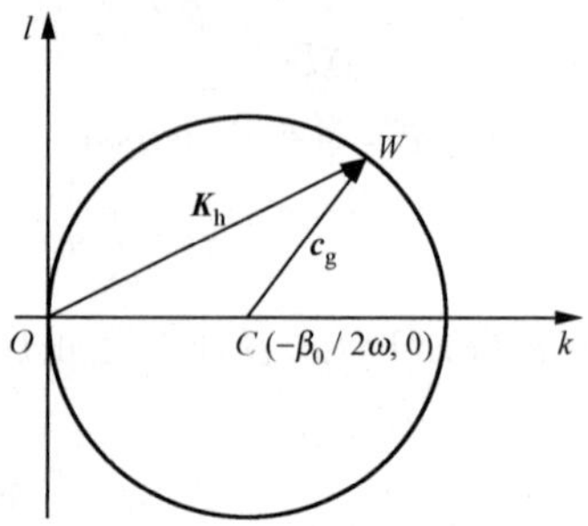

图 8.2　正压 Rossby 波的传播图像($\lambda_0^2 = 0$)

从图 8.1 和图 8.2 可知,矢量$\overrightarrow{OW}$的方向为波矢 $\boldsymbol{K}_h$ 的方向,也就是正压 Rossby 波相速度传播的方向,而且对 x 方向波长较短(k 大)的 Rossby 波,波矢 $\boldsymbol{K}_h$ 的端点 W 落在右半圆 APB 上,x 方向波长较长(k 小)的 Rossby 波,波矢 $\boldsymbol{K}_h$ 的端点 W 落在左半圆 AQB 上.

而且由正压 Rossby 波的群速度公式(8.113)可以得到

$$\begin{aligned}\boldsymbol{c}_g = c_{gx}\boldsymbol{i} + c_{gy}\boldsymbol{j} &= \frac{2\beta_0 k}{(K_h^2+\lambda_0^2)^2}\left[\frac{k^2-(l^2+\lambda_0^2)}{2k}\boldsymbol{i} + l\boldsymbol{j}\right] \\ &= \frac{2\beta_0 k}{(K_h^2+\lambda_0^2)^2}\left[\frac{2k^2-(K_h^2+\lambda_0^2)}{2k}\boldsymbol{i} + l\boldsymbol{j}\right] = \frac{2\beta_0 k}{(K_h^2+\lambda_0^2)^2}\left[\left(k - \frac{K_h^2+\lambda_0^2}{2k}\right)\boldsymbol{i} + l\boldsymbol{j}\right] \\ &= \frac{2\beta_0 k}{(K_h^2+\lambda_0^2)^2}\left[\left(k + \frac{\beta_0}{2\omega}\right)\boldsymbol{i} + l\boldsymbol{j}\right] = \frac{2\beta_0 k}{(K_h^2+\lambda_0^2)^2}\overrightarrow{CW}.\end{aligned} \tag{8.124}$$

所以,当 $k>0$ 时,$\overrightarrow{CW}$的方向为 Rossby 波群速度 $\boldsymbol{c}_g$ 的方向,也就是正压 Rossby 波能量传播的方向.而且右半圆上的波(短波,k 大)向东传播能量,左半圆上的波(长波,k 小)向西传播能量.

注意,上述结论都未考虑基本气流的作用.这些结论都是由 Longuet-Higgins (1964 年)得到的,所以,图 8.1 或图 8.2 中的圆又称为 L-H 圆.

Longuet-Higgins 和 Hoskins 又讨论了在球面上 Rossby 波的传播.在球坐标系中,正压无辐散的涡度方程可以写为

$$\left(\frac{\partial}{\partial t} + \frac{u}{a\cos\varphi}\frac{\partial}{\partial\lambda} + \frac{v}{a}\frac{\partial}{\partial\varphi}\right)(\nabla_s^2\psi + f) = 0, \tag{8.125}$$

其中

$$\nabla_s^2 \equiv \frac{1}{a^2}\left[\frac{1}{\cos^2\varphi}\frac{\partial^2}{\partial\lambda^2} + \frac{1}{\cos\varphi}\frac{\partial}{\partial\varphi}\left(\cos\varphi\frac{\partial}{\partial\varphi}\right)\right]. \tag{8.126}$$

令

$$u = \bar{u} + u', \quad v = v'. \tag{8.127}$$

相应

$$\psi=-\int \bar{u} a\,\delta\varphi+\psi'. \tag{8.128}$$

将(8.127)式和(8.128)式代入方程(8.125)，得到线性化的涡度方程为

$$\left(\frac{\partial}{\partial t}+\frac{\bar{u}}{a\cos\varphi}\frac{\partial}{\partial\lambda}\right)\nabla_s^2\psi'+B\frac{1}{a\cos\varphi}\frac{\partial\psi'}{\partial\lambda}=0, \tag{8.129}$$

其中

$$B\equiv\frac{2\Omega\cos\varphi}{a}-\frac{1}{a^2}\frac{\partial}{\partial\varphi}\left[\frac{1}{\cos\varphi}\frac{\partial}{\partial\varphi}(\bar{u}\cos\varphi)\right]. \tag{8.130}$$

下面应用球的 Mercator 投影，将方程(8.129)化为较为简洁的形式. 为此，令

$$x=a\lambda,\quad y=a\ln\left(\frac{1+\sin\varphi}{\cos\varphi}\right), \tag{8.131}$$

注意

$$\begin{cases}\mathrm{d}x=a\mathrm{d}\lambda,\quad \mathrm{d}y=\dfrac{a}{\cos\varphi}\mathrm{d}\varphi,\\ \dfrac{1}{a\cos\varphi}\dfrac{\partial}{\partial\lambda}=\dfrac{1}{\cos\varphi}\dfrac{\partial}{\partial x},\quad \dfrac{1}{a}\dfrac{\partial}{\partial\varphi}=\dfrac{1}{\cos\varphi}\dfrac{\partial}{\partial y},\\ \nabla_s^2=\dfrac{1}{\cos^2\varphi}\left(\dfrac{\partial^2}{\partial x^2}+\dfrac{\partial^2}{\partial y^2}\right),\\ \cos\varphi=\mathrm{sech}\left(\dfrac{y}{a}\right),\quad \sin\varphi=\tanh\left(\dfrac{y}{a}\right),\end{cases} \tag{8.132}$$

再令

$$\bar{u}_M=\frac{\bar{u}}{\cos\varphi}, \tag{8.133}$$

$$B_M=B\cos\varphi=\frac{2\Omega\cos^2\varphi}{a}-\frac{\partial}{\partial y}\left[\frac{1}{\cos^2\varphi}\frac{\partial}{\partial y}(\bar{u}_M\cos^2\varphi)\right], \tag{8.134}$$

则方程(8.129)化为

$$\left(\frac{\partial}{\partial t}+\bar{u}_M\frac{\partial}{\partial x}\right)\left(\frac{\partial^2\psi'}{\partial x^2}+\frac{\partial^2\psi'}{\partial y^2}\right)+B_M\frac{\partial\psi'}{\partial x}=0, \tag{8.135}$$

这是直角坐标形式的线性化的无辐散涡度方程. 若以单波解 $\psi'=\hat{\psi}e^{i(kx+ly-\omega t)}$ 代入，则求得频散关系为

$$\omega=k\bar{u}_M-\frac{B_M k}{K^2}, \tag{8.136}$$

其中

$$K^2=k^2+l^2. \tag{8.137}$$

由(8.136)式，求得群速度 $\mathbf{c}_g$ 的 x,y 分量分别为

$$c_{gx}\equiv\frac{\partial\omega}{\partial k}=\frac{\omega}{k}+\frac{2B_M k^2}{K^4},\quad c_{gy}\equiv\frac{\partial\omega}{\partial l}=\frac{2B_M kl}{K^4}. \tag{8.138}$$

因为(8.136)式的右端不明显依赖于 x 和 t，则由(8.15)式可知，沿着群速度方

向,ω 和 k 保持不变,但 l 要变化.

波射线,是波能量传播的路径.波射线方程,也就是群速度 $\boldsymbol{c}_g$ 的路径方程,满足

$$\frac{\mathrm{d}y}{\mathrm{d}x}=\frac{c_{gy}}{c_{gx}}. \tag{8.139}$$

对静止波而言,$\omega=0$.则利用(8.138)式,方程(8.139)化为

$$\frac{\mathrm{d}y}{\mathrm{d}x}=\frac{l}{k}. \tag{8.140}$$

但由(8.136)式,静止波的波数 K_s 满足

$$K_s^2=B_M/\bar{u}_M. \tag{8.141}$$

而由(8.138)式求得此时的群速度大小为

$$c_g=2B_Mk/K_s^3=2k\bar{u}_M/K_s. \tag{8.142}$$

在球坐标系中,基本气流 $\bar{u}$ 通常可表为

$$\bar{u}=\alpha a\cos\varphi, \tag{8.143}$$

其中 α 称为基本气流的角速度,取为常数.将上式代入(8.133)式和(8.134)式有

$$\bar{u}_M=\alpha a, \tag{8.144}$$

$$B_M=2(\Omega+\alpha)\cos^2\varphi/a. \tag{8.145}$$

将(8.144)式和(8.145)式代入(8.141)式有

$$K_s^2=\cos^2\varphi/\varepsilon^2a^2, \tag{8.146}$$

其中

$$\varepsilon^2\equiv\alpha/2(\Omega+\alpha). \tag{8.147}$$

将(8.137)式代入方程(8.140),并利用(8.146)式得到

$$\frac{\mathrm{d}y}{\mathrm{d}x}=\sqrt{\frac{K_s^2}{k^2}-1}=\sqrt{\frac{\cos^2\varphi}{\varepsilon^2a^2k^2}-1}. \tag{8.148}$$

但利用(8.132)式

$$\frac{\mathrm{d}\varphi}{\mathrm{d}\lambda}=\cos\varphi\frac{\mathrm{d}y}{\mathrm{d}x}, \tag{8.149}$$

这样,将(8.148)式代入(8.149)式得到

$$\frac{\mathrm{d}\varphi}{\mathrm{d}\lambda}=\frac{\cos\varphi}{\cos\varphi_0}\cdot\sqrt{\cos^2\varphi-\cos^2\varphi_0}, \tag{8.150}$$

其中

$$\cos\varphi_0=\varepsilon ak. \tag{8.151}$$

比较(8.151)式和(8.146)式知,φ_0 相当于 $l=0$ 或 $K_s=k$ 时的 φ,称为转向纬度(turning latitude).

积分方程(8.150),得

$$\tan\varphi = \tan\varphi_0 \sin(\lambda - \lambda_0), \tag{8.152}$$

λ_0 是积分常数. 上式是通过球面上点$(\lambda, \varphi) = (\lambda_0, 0)$的大圆，因而说明在球面上的静止正压 Rossby 波群速度的轨迹为一个大圆，称之为大圆定理(great circle routes theorem). 一条波射线如果从$(\lambda, \varphi) = (\lambda_0, 0)$开始向高纬度延伸，则当 $\lambda - \lambda_0 = \frac{\pi}{2}$时，波射线达到最高纬度 $\varphi = \varphi_0$；当$\frac{\pi}{2} < \lambda - \lambda_0 < \pi$ 时，波射线又折回到低纬度，并在 $\lambda - \lambda_0 = \pi$ 时，波射线返回到赤道 $\varphi = 0$.

§8.6　Rossby 波的经向和垂直传播

本节分析 Rossby 波经向和垂直传播的一些基本结果.

一、Rossby 波的经向传播

我们就正压水平无辐散的 Rossby 波为例来说明. 在基本气流 $\bar{u} = \bar{u}(y)$时，其线性方程为

$$\left(\frac{\partial}{\partial t} + \bar{u}\frac{\partial}{\partial x}\right)\nabla_h^2 \psi' + \left(\beta_0 - \frac{\partial^2 \bar{u}}{\partial y^2}\right)\frac{\partial \psi'}{\partial x} = 0. \tag{8.153}$$

为了分析 Rossby 波的经向传播，我们设方程(8.153)的解为

$$\psi' = \Psi(y) e^{ik(x-ct)}, \tag{8.154}$$

其中 c 为 x 方向波的传播速度.

将(8.154)式代入方程(8.153)，在 $\bar{u} - c \neq 0$ 的条件下得到

$$\frac{d^2 \Psi}{dy^2} + l^2 \Psi = 0, \tag{8.155}$$

其中

$$l^2 \equiv \frac{\beta_0 - \dfrac{\partial^2 \bar{u}}{\partial y^2}}{\bar{u} - c} - k^2, \tag{8.156}$$

l^2 称为 y 方向的折射指数(refractive index). 当 $l^2 > 0$ 时，波在 y 方向能够传播(此时方程(8.155)有振动解)，而且依光学中的 Snell 定律，波传播总是指向折射指数 l^2 大的区域，这种情况称为波导(wave guide 或 duct)；当 $l^2 < 0$ 时，Rossby 波的经向传播受阻(trapped).

由(8.156)式知，$l^2 > 0$ 要求

$$\left(\beta_0 - \frac{\partial^2 \bar{u}}{\partial y^2}\right) \Big/ (\bar{u} - c) > k^2, \tag{8.157}$$

这就是 Rossby 波得以经向传播的条件.

特别，对于定常(即静止)Rossby 波或 Rossby 驻波，(8.156)式改为

$$l^2 = K_0^2 - k^2, \tag{8.158}$$

其中

$$K_0 = \sqrt{\left(\beta_0 - \frac{\partial^2 \bar{u}}{\partial y^2}\right)\Big/\bar{u}}. \tag{8.159}$$

这样，定常 Rossby 波得以经向传播的条件可以写为

$$k < K_0 \tag{8.160}$$

或

$$0 < \bar{u} < \bar{u}_{c0}, \tag{8.161}$$

其中

$$\bar{u}_{c0} \equiv \left(\beta_0 - \frac{\partial^2 \bar{u}}{\partial y^2}\right)\Big/k^2, \tag{8.162}$$

称为 Rossby 波经向传播的临界风速.

二、Rossby 波的垂直传播

我们就以准地转的斜压 Rossby 波为例来说明. 在基本气流 $\bar{u}=\bar{u}(y,z)$ 时，其线性方程为

$$\left(\frac{\partial}{\partial t} + \bar{u}\frac{\partial}{\partial x}\right)\left(\nabla_h^2 \psi' + \frac{f_0^2}{N^2}\frac{\partial^2 \psi'}{\partial z^2}\right) + \frac{\partial \bar{q}}{\partial y}\frac{\partial \psi'}{\partial x} = 0, \tag{8.163}$$

其中 $\bar{q}$ 为基本气流的准地转位涡度，

$$\frac{\partial \bar{q}}{\partial y} = \beta_0 - \frac{\partial^2 \bar{u}}{\partial y^2} - \frac{f_0^2}{N^2}\frac{\partial^2 \bar{u}}{\partial z^2}. \tag{8.164}$$

为了分析 Rossby 波的垂直传播，我们设方程(8.163)的解为

$$\psi' = \Psi(z)\mathrm{e}^{\mathrm{i}(kx+ly-\omega t)}. \tag{8.165}$$

将解(8.165)式代入方程(8.163)，在 $\bar{u}-c\neq 0$ 时，得到

$$\frac{\mathrm{d}^2 \Psi}{\mathrm{d}z^2} + n^2 \Psi = 0, \tag{8.166}$$

其中

$$n^2 \equiv \frac{N^2}{f_0^2}\left(\frac{\partial \bar{q}/\partial y}{\bar{u}-c} - K_h^2\right), \tag{8.167}$$

c 为 x 方向的传播速度，n^2 称为 z 方向的折射指数. 当 $n^2>0$ 时，Rossby 波能够在 z 方向传播，存在波导；当 $n^2<0$ 时，Rossby 波的垂直传播受阻. 由(8.167)式知，$n^2>0$ 要求在稳定层结下有

$$\frac{\partial \bar{q}}{\partial y}\Big/(\bar{u}-c) > K_h^2, \tag{8.168}$$

这就是 Rossby 波得以垂直传播的条件.

特别，对于定常 Rossby 波，(8.167)式改写为

$$n^2 = \frac{N^2}{f_0^2}(K_1^2 - K_h^2), \tag{8.169}$$

其中

$$K_1 = \sqrt{\frac{\partial \bar{q}}{\partial y} \Big/ \bar{u}}. \tag{8.170}$$

这样，定常 Rossby 波得以垂直传播的条件是

$$K_h < K_1 \tag{8.171}$$

或

$$0 < \bar{u} < \bar{u}_{c1}, \tag{8.172}$$

其中

$$\bar{u}_{c1} \equiv \frac{\partial \bar{q}}{\partial y} \Big/ K_h^2 \tag{8.173}$$

称为 Rossby 波垂直传播的临界风速.

§ 8.7　Rossby 波的动量和热量输送

前面分析 Rossby 波的传播未涉及很多物理量. 本节着重分析 Rossby 波对动量和热量的输送.

准地转位涡度守恒定律为

$$\left(\frac{\partial}{\partial t} + u\frac{\partial}{\partial x} + v\frac{\partial}{\partial y}\right)q = 0. \tag{8.174}$$

设

$$u = \bar{u} + u', \quad v = v', \quad \psi = \bar{\psi} + \psi', \quad q = \bar{q} + q', \tag{8.175}$$

将它们代入方程(8.174)，并将方程沿纬圈平均，注意$\dfrac{\partial u'}{\partial x} + \dfrac{\partial v'}{\partial y} = 0$，得到

$$\frac{\partial \bar{q}}{\partial t} = -\frac{\partial \overline{q'v'}}{\partial y}, \tag{8.176}$$

其中$\overline{q'v'}$为扰动准地转位涡度的经向输送通量，下面可以看到，$\overline{q'v'}$可以分为动量经向输送通量和热量经向输送通量两部分. 因在 z 坐标系中，

$$u' = -\frac{\partial \psi'}{\partial y}, \quad v' = \frac{\partial \psi'}{\partial x}, \quad q' = \nabla_h^2 \psi' + \frac{f_0^2}{N^2}\frac{\partial^2 \psi'}{\partial z^2}, \tag{8.177}$$

而且由静力学关系有

$$\frac{\partial \psi'}{\partial z} = \frac{g}{f_0}\frac{\theta'}{\theta_0}, \tag{8.178}$$

其中 θ' 为扰动位温. 这样就有

$$q'v' = \frac{\partial\psi'}{\partial x}\left(\nabla_h^2\psi' + \frac{f_0^2}{N^2}\frac{\partial^2\psi'}{\partial z^2}\right) = \frac{\partial\psi'}{\partial x}\nabla_h^2\psi' + \frac{f_0^2}{N^2}\frac{\partial\psi'}{\partial x}\frac{\partial^2\psi'}{\partial z^2}$$
$$= \left\{\frac{1}{2}\frac{\partial}{\partial x}\left[\left(\frac{\partial\psi'}{\partial x}\right)^2 - \left(\frac{\partial\psi'}{\partial y}\right)^2\right] + \frac{\partial}{\partial y}\left(\frac{\partial\psi'}{\partial x}\frac{\partial\psi'}{\partial y}\right)\right\}$$
$$+ \frac{f_0^2}{N^2}\left\{\frac{\partial}{\partial z}\left(\frac{\partial\psi'}{\partial x}\frac{\partial\psi'}{\partial z}\right) - \frac{\partial\psi'}{\partial z}\frac{\partial}{\partial x}\left(\frac{\partial\psi'}{\partial z}\right)\right\}$$
$$= \frac{1}{2}\frac{\partial}{\partial x}\left[\left(\frac{\partial\psi'}{\partial x}\right)^2 - \left(\frac{\partial\psi'}{\partial y}\right)^2\right] - \frac{\partial}{\partial y}u'v' + \frac{f_0}{\partial\theta_0/\partial z}\frac{\partial}{\partial z}\theta'v' - \frac{f_0^2}{2N^2}\frac{\partial}{\partial x}\left(\frac{\partial\psi'}{\partial z}\right)^2. \tag{8.179}$$

将上式沿纬圈平均得到

$$\overline{q'v'} = -\frac{\partial}{\partial y}\overline{u'v'} + \frac{f_0}{\partial\theta_0/\partial z}\frac{\partial}{\partial z}\overline{\theta'v'}. \tag{8.180}$$

在 p 坐标系中，上式可改写为

$$\overline{q'v'} = -\frac{\partial}{\partial y}\overline{u'v'} + \frac{f_0}{\partial\theta_0/\partial p}\frac{\partial}{\partial p}\overline{\theta'v'}. \tag{8.181}$$

因$\overline{u'v'}$为西风扰动动量 u' 的经向输送通量（$\overline{u'v'}>0$ 则扰动动量向北输送，$\overline{u'v'}<0$ 则扰动动量向南输送），$\overline{\theta'v'}$表征感热 $c_p\theta'$ 的经向输送通量（$\overline{\theta'v'}>0$ 表热量向北输送，$\overline{\theta'v'}<0$ 表热量向南输送），所以，$\overline{q'v'}$是动量和热量经向输送的综合效果，而且方程(8.176)表明，正是由于 Rossby 波对动量和热量的输送才引起平均准地转位涡度的变化，也就引起基本气流的变化.

仿§8.2 中的讨论，我们设 ψ'为一缓变波列：

$$\psi' = a\cos(\theta+\alpha), \quad \theta = kx + ly + nz - \omega t, \tag{8.182}$$

作为第一近似，我们忽略 a,k,l,n,ω 的变化.

从(8.182)式，我们有

$$\begin{cases} u' = -\dfrac{\partial\psi'}{\partial y} = la\sin(\theta+\alpha), \\ v' = \dfrac{\partial\psi'}{\partial x} = -ka\sin(\theta+\alpha), \\ \theta' = \theta_0\dfrac{f_0}{g}\dfrac{\partial\psi'}{\partial z} = -\theta_0\dfrac{f_0}{g}na\sin(\theta+\alpha). \end{cases} \tag{8.183}$$

因而

$$\begin{cases} u'v' = -kla^2\sin^2(\theta+\alpha), \\ \theta'v' = \theta_0\dfrac{f_0}{g}kna^2\sin^2(\theta+\alpha). \end{cases} \tag{8.184}$$

但与§8.2 的分析类似，$\sin^2(\theta+\alpha)$沿纬圈的平均值为 1/2，则

$$\begin{cases}\overline{u'v'} = -\dfrac{1}{2}kla^2, \\ \dfrac{f_0}{\partial\theta_0/\partial z}\overline{\theta'v'} = \dfrac{f_0^2}{2N^2}kna^2.\end{cases} \tag{8.185}$$

由此可见，Rossby 螺旋波（Rossby spiral wave），即 Rossby 波槽脊线的倾斜必然引起动量和热量的经向输送.

在水平面上，倾斜的槽脊引起动量的经向输送. 对于导式槽脊线（k，l 同号，槽脊线呈西北-东南走向），$\overline{u'v'}<0$，动量向南输送；对于曳式槽脊线（k，l 异号，槽脊线呈东北-西南走向），$\overline{u'v'}>0$，动量向北输送. 图 8.3 表示 Rossby 波对动量的经向输送，这是中纬度典型的 Rossby 波的水平结构.

在(x,z)平面上，倾斜的槽脊线引起热量的经向输送. 若 $N^2>0$，则对于自下而上向西倾斜的槽脊线（k，n 同号），$\overline{\theta'v'}>0$，热量向北输送（暖空气向北向上运行，冷空气向南向下运行）；对于自下而上向东倾斜的槽脊线（k，n 异号），$\overline{\theta'v'}<0$，热量向南输送（暖空气向南向下运行，冷空气向北向上运行）. 图 8.4 表示了 Rossby 波对热量的经向输送，其中温度槽落后于流场槽，这是中纬度典型的 Rossby 波槽脊线自下而上向西倾斜的 Rossby 波的垂直结构.

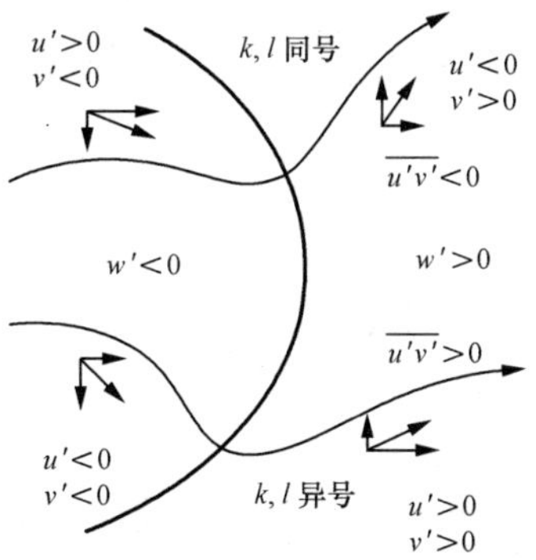

图 8.3　Rossby 波对动量的经向输送

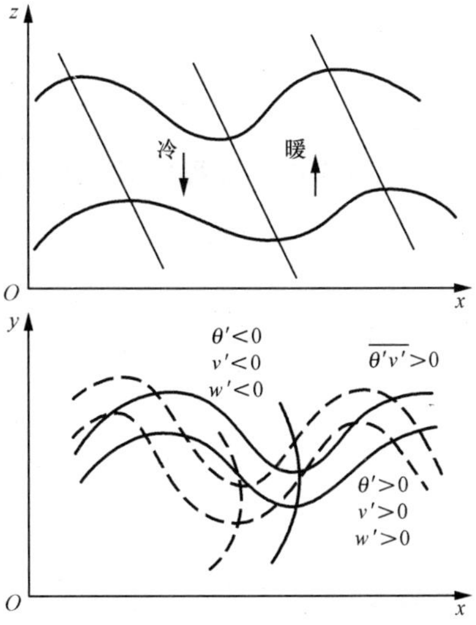

图 8.4　Rossby 波对热量的经向输送

类似，也可分析 Rossby 波动量和热量的垂直输送，即分析$\overline{u'w'}$和$\overline{\theta'w'}$. 从图 8.3 看出：对于水平面上的导式槽脊线，$\overline{u'w'}<0$，动量向下输送；对于水平面上的曳式槽脊线$\overline{u'w'}>0$，动量向上输送. 而从图 8.4 看出：对于槽脊线自下而上向西倾斜形成的温度槽落后于流场槽的结构，$\overline{\theta'w'}>0$，暖空气上升，冷空气下沉，热量向上输送；否则，$\overline{\theta' w'}<0$.

§8.8 Rossby 波的演变，波与基本气流的相互作用

在§8.3中，我们引入缓变波列的波作用量，并且在均匀基本场或均匀介质的条件下导出了波作用量守恒原理. 实际的基本场是非均匀的，或者说介质是非均匀的，此时，波作用量就不再守恒了. 由这种不守恒性，我们可以确定波的演变. 下面，我们就以 Rossby 波为例来说明.

线性化的准地转位涡度守恒定律可以写为

$$\left(\frac{\partial}{\partial t}+\bar{u}\frac{\partial}{\partial x}\right)\left(\nabla_{\mathrm{h}}^2\psi'+\frac{f_0^2}{N^2}\frac{\partial^2\psi'}{\partial z^2}\right)+B\frac{\partial\psi'}{\partial x}=0, \tag{8.186}$$

其中

$$B\equiv\frac{\partial\bar{q}}{\partial y}=\beta_0-\frac{\partial^2\bar{u}}{\partial y^2}-\frac{f_0^2}{N^2}\frac{\partial^2\bar{u}}{\partial z^2},\quad \bar{q}\equiv f+\frac{\partial^2\bar{\psi}}{\partial y^2}+\frac{f_0^2}{N^2}\frac{\partial^2\bar{\psi}}{\partial z^2}. \tag{8.187}$$

这里我们主要考虑 $\bar{u}$ 的变化，忽略了 ρ_0 和 N 的变化.

应用波的多尺度方法，设 ψ' 表为下列缓变波列

$$\psi'=A(X,Y,Z,T)\mathrm{e}^{\mathrm{i}\theta(x,y,z,t)}, \tag{8.188}$$

其中

$$X=\varepsilon x,\quad Y=\varepsilon y,\quad Z=\varepsilon z,\quad T=\varepsilon t,\quad \theta=kx+ly+nz-\omega t, \tag{8.189}$$

ε 为小参数.

将(8.188)式代入方程(8.186)得到

$$\begin{aligned}&\left[-\mathrm{i}(\omega-k\bar{u})+\varepsilon\left(\frac{\partial}{\partial T}+\bar{u}\frac{\partial}{\partial X}\right)\right]\left\{-K^2A+\mathrm{i}\varepsilon\left(2k\frac{\partial A}{\partial X}+2l\frac{\partial A}{\partial Y}+2\frac{f_0^2}{N^2}\frac{\partial A}{\partial Z}\right.\right.\\&\qquad\left.+A\frac{\partial k}{\partial X}+A\frac{\partial l}{\partial Y}+\frac{f_0^2}{N^2}A\frac{\partial n}{\partial Z}\right)\\&\qquad\left.+\varepsilon^2\left(\frac{\partial^2A}{\partial X^2}+\frac{\partial^2A}{\partial Y^2}+\frac{f_0^2}{N^2}\frac{\partial^2A}{\partial Z^2}\right)\right\}+B\left(\mathrm{i}kA+\varepsilon\frac{\partial A}{\partial X}\right)=0,\end{aligned} \tag{8.190}$$

其中

$$K^2=K_{\mathrm{h}}^2+\frac{f_0^2}{N^2}n^2,\quad K_{\mathrm{h}}^2=k^2+l^2. \tag{8.191}$$

再依小参数方法，令

$$A=A_0+\varepsilon A_1+\varepsilon^2A_2+\cdots, \tag{8.192}$$

并将其代入方程(8.190)求得零级近似方程为

$$\{(\omega-k\bar{u})k^2+Bk\}A_0=0. \tag{8.193}$$

因 $A_0\neq0$，则由上式求得频散关系为

$$\omega=k\bar{u}-\frac{Bk}{K^2}=\Omega(k,l,n;X,Y,Z,T). \tag{8.194}$$

由此求得

$$\begin{cases} c_{gx} \equiv \dfrac{\partial \Omega}{\partial k} = \bar{u} - \dfrac{B}{K^2} + \dfrac{2Bk^2}{K^4}, \\ c_{gy} \equiv \dfrac{\partial \Omega}{\partial l} = \dfrac{2Bkl}{K^4}, \\ c_{gz} \equiv \dfrac{\partial \Omega}{\partial n} = 2\dfrac{f_0^2}{N^2}Bkn \Big/ K^4. \end{cases} \tag{8.195}$$

利用(8.15)式,注意 $\bar{u}$ 与 X 无关,求得

$$\begin{cases} \dfrac{\mathrm{D_g}\omega}{\mathrm{D}T} = \left(\dfrac{\partial \Omega}{\partial T}\right)_{k,l,n,X,Y,Z} = k\left(\dfrac{\partial \bar{u}}{\partial T} - \dfrac{1}{K^2}\dfrac{\partial B}{\partial T}\right), \\ \dfrac{\mathrm{D_g}k}{\mathrm{D}T} = -\left(\dfrac{\partial \Omega}{\partial X}\right)_{k,l,n,Y,Z,T} = 0, \\ \dfrac{\mathrm{D_g}l}{\mathrm{D}T} = -\left(\dfrac{\partial \Omega}{\partial Y}\right)_{k,l,n,X,Z,T} = -k\left(\dfrac{\partial \bar{u}}{\partial Y} - \dfrac{1}{K^2}\dfrac{\partial B}{\partial Y}\right), \\ \dfrac{\mathrm{D_g}n}{\mathrm{D}T} = -\left(\dfrac{\partial \Omega}{\partial Z}\right)_{k,l,n,X,Y,T} = -k\left(\dfrac{\partial \bar{u}}{\partial Z} - \dfrac{1}{K^2}\dfrac{\partial B}{\partial Z}\right). \end{cases} \tag{8.196}$$

方程(8.190)的一级近似为

$$\left(\frac{\partial}{\partial T} + \bar{u}\frac{\partial}{\partial X}\right)K^2A_0 - (\omega - k\bar{u})\left(2k\frac{\partial A_0}{\partial X} + 2l\frac{\partial A_0}{\partial Y} + 2\frac{f_0^2}{N^2}n\frac{\partial A_0}{\partial Z}\right.$$
$$\left. + A_0\frac{\partial k}{\partial X} + A_0\frac{\partial l}{\partial Y} + \frac{f_0^2}{N^2}A_0\frac{\partial n}{\partial Z}\right) - B\frac{\partial A_0}{\partial X} = 0. \tag{8.197}$$

利用(8.195)式和(8.194)式有

$$\begin{cases} K^2c_{gx} = K^2\bar{u} - B + 2Bk^2/K^2 = K^2\bar{u} - B - 2k(\omega - k\bar{u}), \\ K^2c_{gy} = 2Bkl/K^2 = -2l(\omega - k\bar{u}), \\ K^2c_{gz} = 2\dfrac{f_0^2}{N^2}Bkn \Big/ K^2 = -2\dfrac{f_0^2}{N^2}n(\omega - k\bar{u}), \end{cases} \tag{8.198}$$

即

$$K^2\boldsymbol{c}_g = (K^2\bar{u} - B)\boldsymbol{i} - 2(\omega - k\bar{u})\mathbf{K}, \tag{8.199}$$

其中

$$\mathbf{K} = k\boldsymbol{i} + l\boldsymbol{j} + \frac{f_0^2}{N^2}n\boldsymbol{k}. \tag{8.200}$$

将(8.198)式代入(8.197)式得到

$$K^2\left(\frac{\partial A_0}{\partial T} + \bar{u}\frac{\partial A_0}{\partial X}\right) + A_0\left(\frac{\partial}{\partial T} + \bar{u}\frac{\partial}{\partial X}\right)K^2 + [K^2(c_{gx} - \bar{u}) + B]\frac{\partial A_0}{\partial X} + K^2c_{gy}\frac{\partial A_0}{\partial Y}$$
$$+ K^2c_{gz}\frac{\partial A_0}{\partial Z} - A_0(\omega - k\bar{u})\left(\frac{\partial k}{\partial X} + \frac{\partial l}{\partial Y} + \frac{f_0^2}{N^2}\frac{\partial n}{\partial Z}\right) - B\frac{\partial A_0}{\partial X} = 0 \tag{8.201}$$

或

$$K^2\frac{\mathrm{D_g}A_0}{\mathrm{D}T}+A_0\left(\frac{\partial}{\partial T}+\bar{u}\frac{\partial}{\partial X}\right)K^2-A_0(\omega-k\bar{u})\left(\frac{\partial k}{\partial X}+\frac{\partial l}{\partial Y}+\frac{f_0^2}{N^2}\frac{\partial n}{\partial Z}\right)=0.\tag{8.202}$$

由(8.199)式

$$\begin{aligned}\nabla\cdot K^2\boldsymbol{c}_{\mathrm{g}}&=\bar{u}\frac{\partial K^2}{\partial X}-2(\omega-k\bar{u})\left(\frac{\partial k}{\partial X}+\frac{\partial l}{\partial Y}+\frac{f_0^2}{N^2}\frac{\partial n}{\partial Z}\right)\\&\quad-2\left(k\frac{\partial}{\partial X}+l\frac{\partial}{\partial Y}+\frac{f_0^2}{N^2}n\frac{\partial}{\partial z}\right)(\omega-k\bar{u})\\&=\bar{u}\frac{\partial K^2}{\partial X}-2(\omega-k\bar{u})\left(\frac{\partial k}{\partial X}+\frac{\partial l}{\partial Y}+\frac{f_0^2}{N^2}\frac{\partial n}{\partial Z}\right)\\&\quad-2\left(k\frac{\partial}{\partial X}+l\frac{\partial}{\partial Y}+\frac{f_0^2}{N^2}n\frac{\partial}{\partial Z}\right)\omega+2\left(k\frac{\partial}{\partial X}+l\frac{\partial}{\partial Y}+\frac{f_0^2}{N^2}n\frac{\partial}{\partial Z}\right)k\bar{u},\end{aligned}\tag{8.203}$$

但利用(8.8)式

$$-2\left(k\frac{\partial}{\partial X}+l\frac{\partial}{\partial Y}+\frac{f_0^2}{N^2}n\frac{\partial}{\partial Z}\right)\omega=2k\frac{\partial k}{\partial T}+2l\frac{\partial l}{\partial T}+2\frac{f_0^2}{N^2}n\frac{\partial n}{\partial T}=\frac{\partial K^2}{\partial T},$$

$$\begin{aligned}&2\left(k\frac{\partial}{\partial X}+l\frac{\partial}{\partial Y}+\frac{f_0^2}{N^2}n\frac{\partial}{\partial Z}\right)k\bar{u}\\&\quad=\bar{u}\frac{\partial k^2}{\partial X}+2kl\frac{\partial\bar{u}}{\partial y}+2l\bar{u}\frac{\partial k}{\partial Y}+2\frac{f_0^2}{N^2}kn\frac{\partial\bar{u}}{\partial Z}+2\frac{f_0^2}{N^2}n\bar{u}\frac{\partial k}{\partial Z}\\&\quad=\bar{u}\frac{\partial k^2}{\partial X}+2kl\frac{\partial\bar{u}}{\partial Y}+2l\bar{u}\frac{\partial l}{\partial X}+2\frac{f_0^2}{N^2}kn\frac{\partial\bar{u}}{\partial Z}+2\frac{f_0^2}{N^2}n\bar{u}\frac{\partial n}{\partial Z}\\&\quad=\bar{u}\frac{\partial K^2}{\partial X}+2kl\frac{\partial\bar{u}}{\partial Y}+2\frac{f_0^2}{N^2}kn\frac{\partial\bar{u}}{\partial Z},\end{aligned}$$

这样,(8.203)式就化为

$$\begin{aligned}\nabla\cdot K^2\boldsymbol{c}_{\mathrm{g}}=&2\left\{\left(\frac{\partial}{\partial T}+\bar{u}\frac{\partial}{\partial X}\right)K^2-(\omega-k\bar{u})\left(\frac{\partial k}{\partial X}+\frac{\partial l}{\partial Y}+\frac{f_0^2}{N^2}\frac{\partial n}{\partial Z}\right)\right\}-\frac{\partial K^2}{\partial T}\\&+2kl\frac{\partial\bar{u}}{\partial Y}+2\frac{f_0^2}{N^2}kn\frac{\partial\bar{u}}{\partial Z}.\end{aligned}\tag{8.204}$$

将(8.204)式代入(8.202)式,消去上式中带花括号的项得

$$K^2\frac{\mathrm{D_g}A_0}{\mathrm{D}T}+\frac{A_0}{2}\left\{\frac{\partial K^2}{\partial T}+\nabla\cdot K^2\boldsymbol{c}_{\mathrm{g}}-2kl\frac{\partial\bar{u}}{\partial Y}-2\frac{f_0^2}{N^2}kn\frac{\partial\bar{u}}{\partial Z}\right\}=0\tag{8.205}$$

或

$$K^2\frac{\mathrm{D_g}A_0}{\mathrm{D}T}+\frac{A_0}{2}\frac{\mathrm{D_g}K^2}{\mathrm{D}T}+\frac{A_0}{2}K^2\,\nabla\cdot\boldsymbol{c}_{\mathrm{g}}-\frac{A_0}{2}\left(2kl\frac{\partial\bar{u}}{\partial Y}+2\frac{f_0^2}{N^2}kn\frac{\partial\bar{u}}{\partial Z}\right)=0.\tag{8.206}$$

下面,我们根据(8.196)式和(8.206)式分析 Rossby 波的演变规律.这些规律主要是我国学者曾庆存、巢纪平等人得到的.

一、波能演变方程

令 Rossby 波的波能密度为

$$\mathscr{E} = K^2 A_0^2/4, \tag{8.207}$$

这是正压 Rossby 波波能密度(8.48)的第一式的推广.以 $A_0/2$ 乘(8.206)式得

$$\frac{1}{4}K^2\frac{\mathrm{D_g}A_0^2}{\mathrm{D}T}+\frac{1}{4}A_0^2\frac{\mathrm{D_g}K^2}{\mathrm{D}T}+\frac{1}{4}K^2A_0^2\nabla\cdot\boldsymbol{c}_{\mathrm{g}}-\frac{1}{4}A_0^2\left(2kl\frac{\partial\bar{u}}{\partial Y}+2\frac{f_0^2}{N^2}kn\frac{\partial\bar{u}}{\partial Z}\right)=0, \tag{8.208}$$

即

$$\frac{\partial\mathscr{E}}{\partial T}+\nabla\cdot\mathscr{E}\boldsymbol{c}_{\mathrm{g}}=\frac{1}{4}A_0^2\left(2kl\frac{\partial\bar{u}}{\partial Y}+2\frac{f_0^2}{N^2}kn\frac{\partial\bar{u}}{\partial Z}\right). \tag{8.209}$$

这是在基本流场 $\bar{u}$ 变化的情况下,也就是在非均匀介质中 Rossby 波波能密度的方程.波能密度是不守恒的,正由于此,我们可利用它讨论 Rossby 波的振幅或波能的演变.

在边界扰动为零的条件下,在波列所占的区域 V 上积分得到

$$\iiint_V\frac{\partial\mathscr{E}}{\partial T}\delta v=\frac{1}{4}\iiint_V A_0^2\left(2kl\frac{\partial\bar{u}}{\partial Y}+2\frac{f_0^2}{N^2}kn\frac{\partial\bar{u}}{\partial Z}\right)\delta v. \tag{8.210}$$

由此可知,Rossby 波能否发展决定于 Rossby 波的空间螺旋结构(kl 和 kn,它们分别表征 $-\overline{u'v'}$ 和 $\overline{\theta'v'}$)及其在基本气流上的位置$\left(kl\dfrac{\partial\bar{u}}{\partial Y}\right.$和 $kn\dfrac{\partial\bar{u}}{\partial Z}$的符号,它们分别表征 $-\overline{u'v'}\dfrac{\partial\bar{u}}{\partial Y}$和$\left.\overline{\theta'v'}\dfrac{\partial\bar{u}}{\partial Z}\right)$.我们分纯正压和纯斜压两种情况来说明.

1. 纯正压情况:$\bar{u}=\bar{u}(y)$

此时,(8.210)式变为

$$\iint_A\frac{\partial\mathscr{E}}{\partial T}\delta A=\frac{1}{4}\iint_A A_0^2\left(2kl\frac{\partial\bar{u}}{\partial Y}\right)\delta A, \tag{8.211}$$

其中 A 为 V 在水平面上的投影区域.利用(8.185)式,上式也可改写为

$$\iint_A\frac{\partial\mathscr{E}}{\partial T}\delta A=-\iint_A\overline{u'v'}\frac{\partial\bar{u}}{\partial Y}\delta A. \tag{8.212}$$

因此,正压 Rossby 波的发展与否决定于 Rossby 波的水平结构及其在基本气流上的位置,也就是决定于 Rossby 波的动量经向输送和基本气流的经向分布.

设 $\bar{u}(y)$ 的分布为如图 8.5(a)所示的急流型.在急流以南,$\dfrac{\partial\bar{u}}{\partial Y}>0$;急流以北,

$\frac{\partial \bar{u}}{\partial Y}<0$. 所以，急流以北呈导式（$k$，$l$ 同号）和急流以南呈曳式（k，l 异号）的正压螺旋 Rossby 波将衰减（波能减小），此时，Rossby 波向急流中心输送动量，这是正压衰减型的 Rossby 波，见图 8.5(b)；相反，急流以北呈曳式和急流以南呈导式的正压 Rossby 波将发展（波能增加），此时，Rossby 波从急流中心向北向南输送动量，这是正压发展型的 Rossby 波，见图 8.5(c).

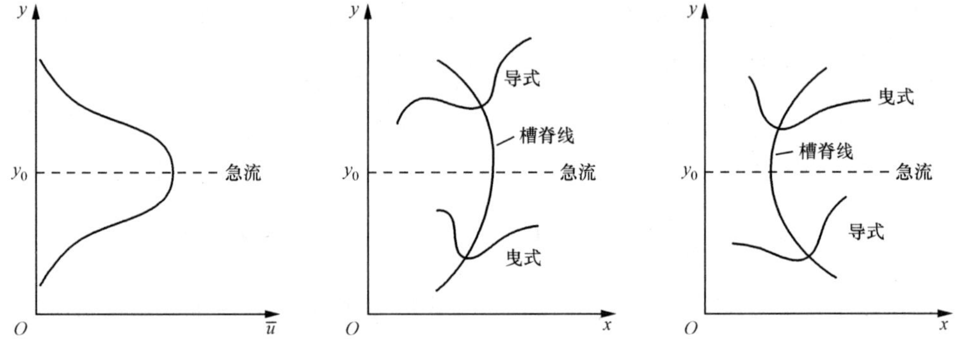

图 8.5　正压 Rossby 波

2. 纯斜压情况：$\bar{u}=\bar{u}(z)$

此时，$\bar{u}$ 的垂直切变完全决定于位温 $\bar{\theta}$ 的经向分布，即有如下的热成风关系：

$$\frac{\partial \bar{u}}{\partial z}=\frac{\partial}{\partial z}\left(-\frac{\partial \bar{\psi}}{\partial y}\right)=-\frac{g}{f_0\theta_0}\frac{\partial \bar{\theta}}{\partial y}. \tag{8.213}$$

而此时(8.210)式变为

$$\iiint\limits_V \frac{\partial \mathscr{E}}{\partial T}\delta v=\frac{1}{4}\iiint\limits_V A_0^2\left(2\,\frac{f_0^2}{N^2}kn\,\frac{\partial \bar{u}}{\partial Z}\right)\delta v=-\frac{1}{4}\iiint\limits_V A_0^2\left(2\,\frac{f_0}{\partial\theta_0/\partial z}kn\,\frac{\partial \bar{\theta}}{\partial Y}\right)\delta v. \tag{8.214}$$

利用(8.185)式，上式也可改写为

$$\iiint\limits_V \frac{\partial \mathscr{E}}{\partial T}\delta v=\iiint\limits_V \frac{f_0}{\partial\theta_0/\partial z}\,\overline{\theta' v'}\,\frac{\partial \bar{u}}{\partial Z}\delta v=-\iiint\limits_V \frac{g}{\theta_0(\partial\theta_0/\partial z)}\,\overline{\theta' v'}\,\frac{\partial \bar{\theta}}{\partial Y}\delta v. \tag{8.215}$$

因此，纯斜压 Rossby 波的发展与否决定于 Rossby 波的垂直结构及其在基本气流上的位置，也就是决定于 Rossby 波的热量经向输送和基本气流的垂直分布（或位温的经向分布）.

在对流层，通常是稳定层结 $\left(\frac{\partial \theta_0}{\partial z}>0\right)$，且温度和位温都由南向北递减 $\left(\frac{\partial \bar{\theta}}{\partial Y}<0\right)$，相应，基本气流随高度增强 $\left(\frac{\partial \bar{u}}{\partial Z}>0\right)$，所以，在对流层，当槽脊线自下而上向东倾斜时（$k$，$n$ 异号），纯斜压 Rossby 波将衰减（波能减小），此时，冷空气向北

运动和暖空气向南运动，使得 Rossby 波向南输送热量，这是纯斜压衰减型的 Rossby 波；相反，当对流层的槽脊线自下而上向西倾斜时（k，n 同号），纯斜压 Rossby 波将发展（波能增加），此时，冷空气向南运动和暖空气向北运动，使得 Rossby 波向北输送热量，这是纯斜压发展型的 Rossby 波. 在平流层，因为温度和位温由南向北增加$\left(\dfrac{\partial\bar{\theta}}{\partial Y}>0\right)$，相应，基本气流随高度减小$\left(\dfrac{\partial\bar{u}}{\partial Z}<0\right)$，可得到相反的结果. 纯斜压 Rossby 波的分析示意图见图 8.6(a)，(b)，(c).

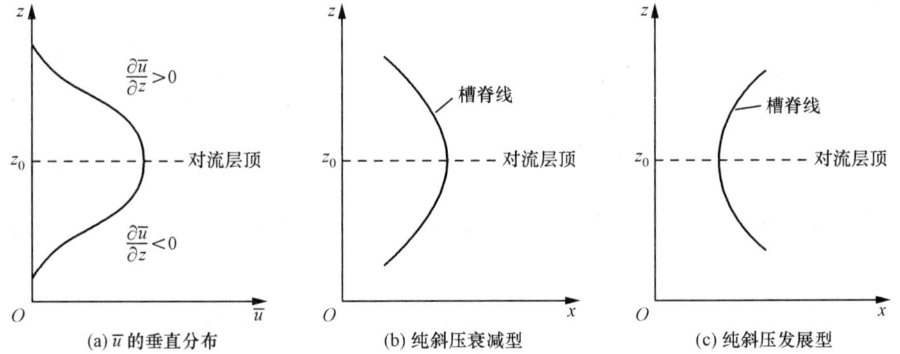

图 8.6 纯斜压 Rossby 波

在一般情况下，(8.210)式表明：Rossby 波波能的演变是正压和斜压两因子共同决定，通常，斜压因子为主，图 8.7 给出的是常见的正压衰减但斜压发展的 Rossby 波等相位线的分布. 图 8.8 是正压和斜压都发展的 Rossby 波等相位线的分布.

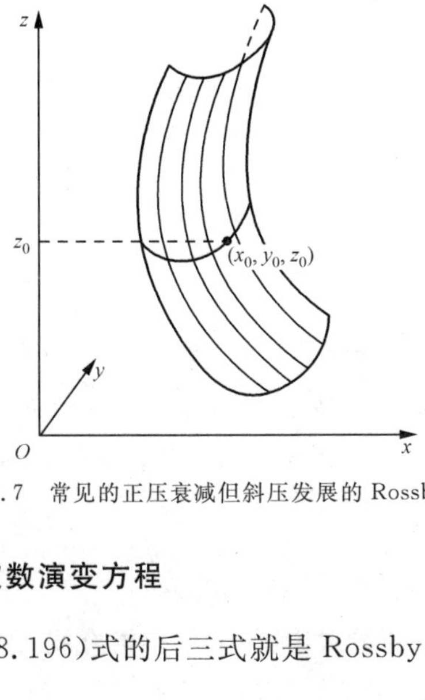

图 8.7 常见的正压衰减但斜压发展的 Rossby 波

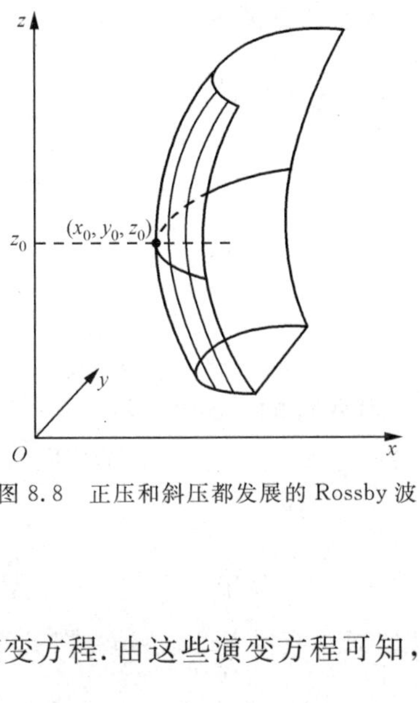

图 8.8 正压和斜压都发展的 Rossby 波

二、波数演变方程

(8.196)式的后三式就是 Rossby 波的波数演变方程. 由这些演变方程可知，跟随群速度的移动，x 方向的波数（或该方向的波长）不变；只要有基本气流的水平切变和垂直切变，y 方向和 z 方向的波数或相应的波长就要变化. 若 $\bar{u}$ 的廓线不太尖锐，$\frac{1}{K^2}\frac{\partial B}{\partial Y}$，$\frac{1}{K^2}\frac{\partial B}{\partial Z}$相对较小，这样，近似有

$$\frac{\mathrm{D_g} l}{\mathrm{D}T} = -k\frac{\partial \bar{u}}{\partial Y},\quad \frac{\mathrm{D_g} n}{\mathrm{D}T} = -k\frac{\partial \bar{u}}{\partial Z} \tag{8.216}$$

或

$$\frac{\mathrm{D_g} l^2}{\mathrm{D}T} = -2kl\frac{\partial \bar{u}}{\partial Y},\quad \frac{\mathrm{D_g} n^2}{\mathrm{D}T} = -2kn\frac{\partial \bar{u}}{\partial Z}. \tag{8.217}$$

因此，衰减的正压 Rossby 波$\left(kl\frac{\partial \bar{u}}{\partial Y}<0\right)$，$l^2$ 要增大或 y 方向波要收缩，发展的正压 Rossby 波$\left(kl\frac{\partial \bar{u}}{\partial Y}>0\right)$，$l^2$ 要减小或 y 方向波要拉长；类似，斜压衰减的 Rossby 波$\left(kn\frac{\partial \bar{u}}{\partial Z}<0\right)$，垂直方向波要收缩，斜压发展的 Rossby 波$\left(kn\frac{\partial \bar{u}}{\partial Z}>0\right)$，垂直方向也要拉长.

利用(8.196)式的后三式可以求得 Rossby 波全波数 K 的演变. 若 $\bar{u}$ 的廓线不太尖锐的话，由(8.217)式求得

$$\frac{\mathrm{D_g} K^2}{\mathrm{D}T} = \frac{\mathrm{D_g} k^2}{\mathrm{D}T} + \frac{\mathrm{D_g} l^2}{\mathrm{D}T} + \frac{\mathrm{D_g} n^2}{\mathrm{D}T} = -\left(2kl\frac{\partial \bar{u}}{\partial Y} + 2kn\frac{\partial \bar{u}}{\partial Z}\right). \tag{8.218}$$

所以，衰减的 Rossby 波，全波数增大，相应全波长或总尺度减小；发展的 Rossby 波，全波数减小，总尺度增大.

三、等相位线演变方程

因 Rossby 波在水平面上的等相位线斜率为 $\tan\alpha = -k/l$，在垂直剖面(x,z)上的等相位线斜率为 $\tan\beta = -k/n$，则由(8.196)式的后三式可以求得 $\tan\alpha$ 和 $\tan\beta$ 的演变. 若 $\bar{u}$ 的廓线不太尖锐的话，则由(8.216)式求得

$$\begin{cases} \dfrac{\mathrm{D_g}\tan\alpha}{\mathrm{D}T} = \dfrac{\mathrm{D_g}(-k/l)}{\mathrm{D}T} = \dfrac{k}{l^2}\dfrac{\mathrm{D_g} l}{\mathrm{D}T} = -\dfrac{k^2}{l^2}\dfrac{\partial \bar{u}}{\partial Y}, \\ \dfrac{\mathrm{D_g}\tan\beta}{\mathrm{D}T} = \dfrac{\mathrm{D_g}(-k/n)}{\mathrm{D}T} = \dfrac{k}{n^2}\dfrac{\mathrm{D_g} n}{\mathrm{D}T} = -\dfrac{k^2}{n^2}\dfrac{\partial \bar{u}}{\partial Z}. \end{cases} \tag{8.219}$$

考虑到衰减的 Rossby 波，$-k/l$ 与 $\partial\bar{u}/\partial Y$ 同号，$-k/n$ 与 $\partial\bar{u}/\partial Z$ 同号；而发展的 Rossby 波，$-k/l$ 与 $\partial\bar{u}/\partial Y$ 反号，$-k/n$ 与 $\partial\bar{u}/\partial Z$ 反号. 因而，对衰减的 Rossby 波有

$$\frac{\mathrm{D_g}\,|\tan\alpha|}{\mathrm{D}T} = -\frac{k^2}{l^2}\left|\frac{\partial \bar{u}}{\partial Y}\right| < 0,\quad \frac{\mathrm{D_g}\,|\tan\beta|}{\mathrm{D}T} = -\frac{k^2}{n^2}\left|\frac{\partial \bar{u}}{\partial Z}\right| < 0. \tag{8.220}$$

所以，对于衰减的 Rossby 波，其等相位线斜率的绝对值减小，使得槽脊线日益接近

东西走向($k\to 0$). 对发展的 Rossby 波有

$$\frac{\mathrm{D_g}\,|\tan\alpha|}{\mathrm{D}T}=\frac{k^2}{l^2}\left|\frac{\partial\bar{u}}{\partial Y}\right|>0,\quad \frac{\mathrm{D_g}\,|\tan\beta|}{\mathrm{D}T}=\frac{k^2}{n^2}\left|\frac{\partial\bar{u}}{\partial Z}\right|>0.\qquad(8.221)$$

所以,对于发展的 Rossby 波,其等相位线斜率的绝对值增大,使得槽脊线日益接近南北走向和垂直走向($l\to 0$ 和 $n\to 0$).

上述等相位线的演变使得 $k\to 0$ 或 $l\to 0$ 和 $n\to 0$,它都使得能量的变化变慢,因而都减缓了 Rossby 波的演变.

四、波与基本气流的相互作用(wave-basic flow interaction)

由上述分析可知,波的发展与否依赖于基本气流,而基本气流的演变也依赖于 Rossby 波的动量和热量输送.因此,波与基本气流之间存在相互影响、相互作用.衰减的 Rossby 波,基本气流从波得到动量和能量,使基本气流及其切变增加($\bar{u}$ 和 $\partial\bar{u}/\partial Y$,$\partial\bar{u}/\partial Z$ 增加),因而波移动加快,y 和 z 方向波加快收缩,而槽脊线向东西走向的演变减缓.因为此时 $\partial\bar{u}/\partial Y$,$\partial\bar{u}/\partial Z$ 加大,所以,波的衰减相对加快.发展的 Rossby 波,波从基本气流得到动量和能量,使基本气流及其切变减小($\bar{u}$ 和 $\partial\bar{u}/\partial Y$,$\partial\bar{u}/\partial Z$ 减小),因而波移动减慢,y 和 z 方向波的拉长减缓,而槽脊线向南北走向和垂直方向的演变也减缓.因为此时$\dfrac{\partial\bar{u}}{\partial Y}$,$\dfrac{\partial\bar{u}}{\partial Z}$减小,所以,波的发展相对减慢.

以上分析再一次说明,由于波与基本气流的相互作用,因 $\partial\bar{u}/\partial Y$,$\partial\bar{u}/\partial Z$ 的存在而发展的 Rossby 波,由于 $\partial\bar{u}/\partial Y$,$\partial\bar{u}/\partial Z$ 的减小而发展减缓;相反,因 $\partial\bar{u}/\partial Y$,$\partial\bar{u}/\partial Z$ 的存在而衰减的 Rossby 波,由于 $\partial\bar{u}/\partial Y$,$\partial\bar{u}/\partial Z$ 的加大,而加速衰减.就整个大气的平均状况而言,一旦因太阳辐射的纬度差异形成了基本气流,则发展的 Rossby 波将削弱基本气流,而衰减的 Rossby 波将增加基本气流,这样,通过 Rossby 波的动量和能量输送,使得作为大气环流中一个环节的基本气流和扰动都得以维持.下面两节,我们仍将分析波与基本气流的相互作用.

§8.9 E-P 通量(Eliassen-Palm flux)

本节介绍可以综合表征 Rossby 波的动量和热量经向和垂直输送的一个矢量场,即所谓 E-P 通量,早先,Eliassen 和 Palm 考虑准地转的情况,只引进了综合表征动量和热量经向输送的一个矢量场,即由(8.180)式引入矢量

$$\boldsymbol{J}_1=-\overline{u'v'}\boldsymbol{j}+\frac{f_0}{\partial\theta_0/\partial z}\overline{\theta'v'}\boldsymbol{k}=J_{1y}\boldsymbol{j}+J_{1z}\boldsymbol{k},\qquad(8.222)$$

它称为 Eliassen-Palm 通量,简称 E-P 通量.仿照上式,我们引进了另一个综合表征动量和热量垂直输送的矢量场,即

$$\boldsymbol{J}_2 = -\overline{u'w'}\boldsymbol{j} + \frac{f_0}{\partial\theta_0/\partial z}\overline{\theta'w'}\boldsymbol{k} = J_{2y}\boldsymbol{j} + J_{2z}\boldsymbol{k}, \tag{8.223}$$

我们不妨也可以称它为 E-P 通量.

有了 E-P 通量,一方面它能描写动量和热量的经向和垂直输送,另一方面通过它反映波与基本气流的相互作用. 例如,线性化的准地转位涡度守恒定律(见(7.83)式)可以写为

$$\left(\frac{\partial}{\partial t} + \bar{u}\frac{\partial}{\partial x}\right)q' + v'\frac{\partial\bar{q}}{\partial y} = 0. \tag{8.224}$$

将方程(8.224)的两边乘以 q',再沿纬圈平均得

$$\frac{\partial}{\partial t}\left(\frac{1}{2}\overline{q'^2}\right) + \overline{q'v'}\frac{\partial\bar{q}}{\partial y} = 0. \tag{8.225}$$

设 $B = \dfrac{\partial\bar{q}}{\partial y}$ 不随时间变化,则上式化为

$$\frac{\partial E_{\mathrm{p}}}{\partial t} + \overline{q'v'} = 0, \tag{8.226}$$

其中

$$E_{\mathrm{p}} = \frac{\frac{1}{2}\overline{q'^2}}{B} = \frac{\frac{1}{2}\overline{q'^2}}{\dfrac{\partial\bar{q}}{\partial y}} \tag{8.227}$$

称为扰动位涡拟能.

由(8.226)式可知,扰动位涡拟能的变化完全决定于 Rossby 波对扰动准地转位涡度的经向输送 $\overline{q'v'}$.

但由(8.180)式和(8.222)式知

$$\overline{q'v'} = -\frac{\partial}{\partial y}\overline{u'v'} + \frac{f_0}{\partial\theta_0/\partial z}\frac{\partial}{\partial z}\overline{\theta'v'} = \frac{\partial J_{1y}}{\partial y} + \frac{\partial J_{1z}}{\partial z} = \nabla\cdot\boldsymbol{J}_1, \tag{8.228}$$

上式表示:准地转位涡度的经向输送通量密度 $\overline{q'v'}$ 等于 E-P 通量 $\boldsymbol{J}_1$ 的散度.

有了 E-P 通量 $\boldsymbol{J}_1$,(8.226)式可改写为

$$\frac{\partial E_{\mathrm{p}}}{\partial t} + \nabla\cdot\boldsymbol{J}_1 = 0. \tag{8.229}$$

(8.229)式就是绝热无摩擦条件下的扰动位涡拟能的变化方程. 利用 E-P 通量可计算 Rossby 波对于动量和热量的经向输送,计算 $\nabla\cdot\boldsymbol{J}_1$ 还可得到扰动位涡拟能的变化($\nabla\cdot\boldsymbol{J}_1<0$,扰动位涡拟能增加;$\nabla\cdot\boldsymbol{J}_1>0$,扰动位涡拟能减小).

方程(8.229)在形式上与波能密度守恒原理和波作用量守恒原理完全一样. 这样,就可以把经圈平面 (y,z) 上的 E-P 通量 $\boldsymbol{J}_1$ 的方向视为该平面上群速度 $\boldsymbol{c}_{\mathrm{g}}$ 的方向. 因而,可以根据 E-P 通量 $\boldsymbol{J}_1$ 的方向判别经圈平面上 Rossby 波能量传播的情况.

下面，我们进一步分析 E-P 通量在波流相互作用中的贡献.

在准地转的情况下，(8.228)式代入到(8.176)式有

$$\frac{\partial \bar{q}}{\partial t} = -\frac{\partial}{\partial y}\nabla\cdot\boldsymbol{J}_1. \tag{8.230}$$

其中，平均准地转位涡度 $\bar{q}$ 在不考虑 ρ_0 和 N^2 随高度变化的情况下可以写为

$$\bar{q} = f + \frac{\partial^2\bar{\psi}}{\partial y^2} + \frac{f_0^2}{N^2}\frac{\partial^2\bar{\psi}}{\partial z^2}, \tag{8.231}$$

而

$$\frac{\partial \bar{q}}{\partial y} = \beta_0 - \frac{\partial^2\bar{u}}{\partial y^2} - \frac{f_0^2}{N^2}\frac{\partial^2\bar{u}}{\partial z^2}. \tag{8.232}$$

(8.230)式表明：在准地转的条件下，平均准地转位涡度 $\bar{q}$ 随时间的变化决定于 $\nabla\cdot\boldsymbol{J}_1$ 的经向变化.

在一般的情况下，$\frac{\partial \bar{q}}{\partial t}$不仅依赖于 $\nabla\cdot\boldsymbol{J}_1$ 的经向变化，而且依赖于 $\nabla\cdot\boldsymbol{J}_2$ 的垂直变化. 为了说明这一点，我们应用以静态为背景的大气运动方程组(7.66)，但加上静力平衡的条件，即

$$\begin{cases}\left(\dfrac{\partial}{\partial t} + u\dfrac{\partial}{\partial x} + v\dfrac{\partial}{\partial y} + w\dfrac{\partial}{\partial z}\right)u - fv = -\dfrac{\partial\phi}{\partial x},\\ \left(\dfrac{\partial}{\partial t} + u\dfrac{\partial}{\partial x} + v\dfrac{\partial}{\partial y} + w\dfrac{\partial}{\partial z}\right)v + fu = -\dfrac{\partial\phi}{\partial y},\\ \dfrac{\partial\phi}{\partial z} = g\dfrac{\theta}{\theta_0}\quad(\phi\equiv p'/\rho_0),\\ \dfrac{\partial u}{\partial x} + \dfrac{\partial v}{\partial y} + \dfrac{\partial w}{\partial z} = 0,\\ \left(\dfrac{\partial}{\partial t} + u\dfrac{\partial}{\partial x} + v\dfrac{\partial}{\partial y} + w\dfrac{\partial}{\partial z}\right)\left(g\dfrac{\theta}{\theta_0}\right) + N^2 w = 0.\end{cases} \tag{8.233}$$

若令

$$u = \bar{u} + u',\quad v = v',\quad w = w',\quad \phi = \bar{\phi} + \phi',\quad \theta = \bar{\theta} + \theta', \tag{8.234}$$

则基本状态满足地转风关系和静力学关系：

$$\bar{u} = -\frac{\partial\bar{\psi}}{\partial y},\quad f_0\frac{\partial\bar{\psi}}{\partial z} = g\frac{\bar{\theta}}{\theta_0}\quad(\bar{\psi} = \bar{\phi}/f_0), \tag{8.235}$$

其中已将 f 写成了 f_0，(8.235)中的两式构成了热成风关系：

$$f_0\frac{\partial\bar{u}}{\partial z} = -\frac{\partial}{\partial y}\left(g\frac{\bar{\theta}}{\theta_0}\right) = -f_0\frac{\partial^2\bar{\psi}}{\partial y\partial z}, \tag{8.236}$$

而且有

$$\frac{\partial u'}{\partial x} + \frac{\partial v'}{\partial y} + \frac{\partial w'}{\partial z} = 0. \tag{8.237}$$

将(8.234)式代入方程组(8.233)，并将它沿纬圈平均，同时利用(8.237)式，得到

$$\begin{cases}\dfrac{\partial \bar{u}}{\partial t}=-\dfrac{\partial \overline{u'v'}}{\partial y}-\dfrac{\partial \overline{u'w'}}{\partial z},\\ \dfrac{\partial}{\partial t}\left(g\dfrac{\bar{\theta}}{\theta_0}\right)=\dfrac{g}{\theta_0}\left(-\dfrac{\partial \overline{\theta'v'}}{\partial y}-\dfrac{\partial \overline{\theta'w'}}{\partial z}\right).\end{cases} \tag{8.238}$$

由于这里的 $\bar{u}$ 和 $\bar{\theta}$ 分别满足地转风关系和静力学关系，因而认为方程组(8.238)是具有准地转意义下的方程组. 正由于此，我们还可以利用(8.231)式，注意

$$\frac{\partial \bar{q}}{\partial t}=-\frac{\partial^2 \bar{u}}{\partial t\partial y}+\frac{f_0}{N^2}\frac{\partial^2}{\partial t\partial z}\left(g\frac{\bar{\theta}}{\theta_0}\right), \tag{8.239}$$

则(8.238)的第一式作 $-\dfrac{\partial}{\partial y}$ 运算，第二式作 $\dfrac{f_0}{N^2}\dfrac{\partial}{\partial z}$ 运算，然后相加得到

$$\frac{\partial \bar{q}}{\partial t}=-\frac{\partial}{\partial y}\nabla\cdot\boldsymbol{J}_1-\frac{\partial}{\partial z}\nabla\cdot\boldsymbol{J}_2. \tag{8.240}$$

(8.240)式可以视为是(8.230)式的推广. 它说明：正是由于 $\nabla\cdot\boldsymbol{J}_1$ 的经向变化和 $\nabla\cdot\boldsymbol{J}_2$ 的垂直变化，即动量和热量输送及其在空间的分布不均匀，可以引起准地转意义下的平均位涡度的变化，也就引起了基本气流的变化. 在(8.240)式中

$$\nabla\cdot\boldsymbol{J}_2=\frac{\partial J_{2y}}{\partial y}+\frac{\partial J_{2z}}{\partial z}=-\frac{\partial}{\partial y}\overline{u'w'}+\frac{f_0}{\partial\theta_0/\partial z}\frac{\partial}{\partial z}\overline{\theta'w'}. \tag{8.241}$$

§8.10　东西风带和经圈环流的维持

大气环流除具有平均槽脊的特征外，在经圈平面(y,z)上还存在东西风带(即 $\bar{u}$)和与之相联系的平均经圈环流(即 $\bar{v}$ 和 $\bar{w}$)，见图 8.9.

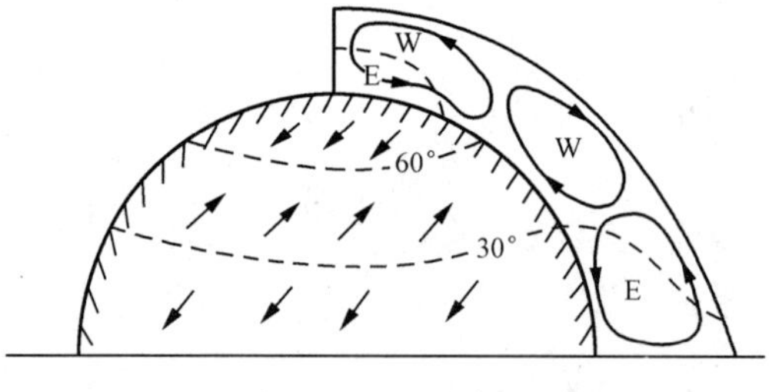

图 8.9　东西风带和经圈环流(W 表西风，E 表东风)

正由于此，我们不能再像(8.234)式那样，此时要考虑 $\bar{v}$ 和 $\bar{w}$，同时要考虑摩擦和加热. 为了方便，在方程组(8.233)中，不考虑 $\dfrac{\mathrm{d}v}{\mathrm{d}t}$，即认为 y 方向存在一个地转关系. 这样，对于方程组(8.233)，我们设

$$\begin{gathered}u=\bar{u}+u',\quad v=\bar{v}+v',\quad w=\bar{w}+w',\\ \theta=\bar{\theta}+\theta',\quad \psi=\bar{\psi}+\psi'\quad(\psi=\phi/f_0),\end{gathered} \tag{8.242}$$

代入方程组(8.233)，并沿纬圈平均，在忽略 $\bar{v}\dfrac{\partial \bar{u}}{\partial y}$，$\bar{w}\dfrac{\partial \bar{u}}{\partial z}$，$\bar{v}\dfrac{\partial}{\partial y}\left(g\dfrac{\bar{\theta}}{\theta_0}\right)$ 和

$\overline{w}\dfrac{\partial}{\partial z}\left(g\dfrac{\bar{\theta}}{\theta_0}\right)$等项后，化为

$$\begin{cases}\dfrac{\partial\bar{u}}{\partial t}-f_0\bar{v}=-\dfrac{\partial\overline{u'v'}}{\partial y}-\dfrac{\partial\overline{u'w'}}{\partial z}+\bar{F}_x,\\ \bar{u}=-\dfrac{\partial\bar{\psi}}{\partial y},\\ f_0\dfrac{\partial\bar{\psi}}{\partial z}=g\dfrac{\bar{\theta}}{\theta_0},\\ \dfrac{\partial\bar{v}}{\partial y}+\dfrac{\partial\overline{w}}{\partial z}=0,\\ \dfrac{\partial}{\partial t}\left(g\dfrac{\bar{\theta}}{\theta_0}\right)+N^2\overline{w}=\dfrac{g}{\theta_0}\left(-\dfrac{\partial\overline{\theta'v'}}{\partial y}-\dfrac{\partial\overline{\theta'w'}}{\partial z}\right)+\dfrac{g}{c_pT_0}\bar{Q},\end{cases}\tag{8.243}$$

其中 $\bar{F}_x$ 表沿纬圈平均的 x 方向上的摩擦力，$\bar{Q}$ 表沿纬圈平均的非绝热加热.

为了方便，我们引进下列所谓次级经圈环流：

$$\begin{cases}\bar{v}^*=\bar{v}-\dfrac{1}{\partial\theta_0/\partial z}\dfrac{\partial\overline{\theta'v'}}{\partial z}-\dfrac{1}{f_0}\dfrac{\partial\overline{u'w'}}{\partial z},\\ \overline{w}^*=\overline{w}+\dfrac{1}{\partial\theta_0/\partial z}\dfrac{\partial\overline{\theta'v'}}{\partial y}+\dfrac{1}{f_0}\dfrac{\partial\overline{u'w'}}{\partial y}.\end{cases}\tag{8.244}$$

利用(8.243)的第四式，并且不考虑 $\partial\theta_0/\partial z$ 随 z 的变化，显然有

$$\frac{\partial\bar{v}^*}{\partial y}+\frac{\partial\overline{w}^*}{\partial z}=0.\tag{8.245}$$

有了次级经圈环流($\bar{v}^*$，$\overline{w}^*$)，方程组(8.243)的第一式和第五式不难化为

$$\begin{cases}\dfrac{\partial\bar{u}}{\partial t}-f_0\bar{v}^*=\nabla\cdot\boldsymbol{J}_1+\bar{F}_x,\\ \dfrac{\partial}{\partial t}\left(g\dfrac{\bar{\theta}}{\theta_0}\right)+N^2\overline{w}^*=-\dfrac{N^2}{f_0}\nabla\cdot\boldsymbol{J}_2+\dfrac{g}{c_pT_0}\bar{Q}.\end{cases}\tag{8.246}$$

在(8.229)式和(8.246)式的第一式中都包含 $\nabla\cdot\boldsymbol{J}_1$ 一项，它正好反映了波与基流之间的相互作用. 在 $\boldsymbol{J}_1$ 的辐散区域，$\nabla\cdot\boldsymbol{J}_1>0$，扰动位涡拟能减小，纬向基流增加(西风增强，东风减弱)；在 $\boldsymbol{J}_1$ 的辐合区域，$\nabla\cdot\boldsymbol{J}_1<0$，扰动位涡拟能增加，纬向基流减小(西风减弱，东风增强)；而在 $\nabla\cdot\boldsymbol{J}_1=0$ 的区域，扰动位涡拟能不变，使得纬向基流不变，此时可称为无加速原理.

考虑(8.239)式，方程组(8.246)的第一式作$-\dfrac{\partial}{\partial y}$运算，第二式作$\dfrac{f_0}{N^2}\dfrac{\partial}{\partial z}$运算，然后相加得到

$$\frac{\partial\bar{q}}{\partial t}=-\frac{\partial}{\partial y}\nabla\cdot\boldsymbol{J}_1-\frac{\partial}{\partial z}\nabla\cdot\boldsymbol{J}_2-\frac{\partial\bar{F}_x}{\partial y}-\frac{f_0g}{N^2c_pT_0}\frac{\partial\bar{Q}}{\partial z}.\tag{8.247}$$

这是考虑了摩擦和非绝热加热后确定$\dfrac{\partial\bar{q}}{\partial t}$的方程，即它是(8.240)式的推广.

若引进矢量

$$\boldsymbol{M} \equiv (\nabla \cdot \boldsymbol{J}_1 + \bar{F}_x)\boldsymbol{j} + \left(\nabla \cdot \boldsymbol{J}_2 + \frac{f_0 g}{N^2 c_p T_0}\bar{Q}\right)\boldsymbol{k}, \tag{8.248}$$

则方程(8.247)可以改写为

$$\frac{\partial \bar{q}}{\partial t} = -\nabla \cdot \boldsymbol{M}, \tag{8.249}$$

矢量 $\boldsymbol{M}$ 综合表征了摩擦、非绝热加热和动量热量的输送等因子的作用. 由方程(8.249)知,当 $\nabla \cdot \boldsymbol{M} < 0$ 时,$\bar{q}$ 增加;$\nabla \cdot \boldsymbol{M} > 0$ 时,$\bar{q}$ 减小.

至于平均经圈环流,由(8.245)式引入相应次级经圈环流($\bar{v}^*$,$\bar{w}^*$)的流函数 $\bar{\chi}^*$:

$$\bar{v}^* = \frac{\partial \bar{\chi}^*}{\partial z}, \quad \bar{w}^* = -\frac{\partial \bar{\chi}^*}{\partial y}. \tag{8.250}$$

这样,方程组(8.246)化为

$$\begin{cases} \dfrac{\partial \bar{u}}{\partial t} - f_0 \dfrac{\partial \bar{\chi}^*}{\partial z} = \nabla \cdot \boldsymbol{J}_1 + \bar{F}_x, \\ \dfrac{\partial}{\partial t}\left(g \dfrac{\bar{\theta}}{\theta_0}\right) - N^2 \dfrac{\partial \bar{\chi}^*}{\partial y} = -\dfrac{N^2}{f_0} \nabla \cdot \boldsymbol{J}_2 + \dfrac{g}{c_p T_0}\bar{Q}. \end{cases} \tag{8.251}$$

(8.235)式(或方程组(8.243)的第二式和第三式)代入到上式,得到

$$\begin{cases} \dfrac{\partial^2 \bar{\psi}}{\partial t \partial y} + f_0 \dfrac{\partial \bar{\chi}^*}{\partial z} = -\nabla \cdot \boldsymbol{J}_1 - \bar{F}_x, \\ -f_0 \dfrac{\partial^2 \bar{\psi}}{\partial t \partial z} + N^2 \dfrac{\partial \bar{\chi}^*}{\partial y} = \dfrac{N^2}{f_0} \nabla \cdot \boldsymbol{J}_2 - \dfrac{g}{c_p T_0}\bar{Q}. \end{cases} \tag{8.252}$$

将(8.252)的第一式作 $f_0 \dfrac{\partial}{\partial z}$运算,第二式作$\dfrac{\partial}{\partial y}$运算,然后相加得到

$$N^2 \frac{\partial^2 \bar{\chi}^*}{\partial y^2} + f_0^2 \frac{\partial^2 \bar{\chi}^*}{\partial z^2} = -f_0 \frac{\partial}{\partial z} \nabla \cdot \boldsymbol{J}_1 + \frac{N^2}{f_0} \frac{\partial}{\partial y} \nabla \cdot \boldsymbol{J}_2 - f_0 \frac{\partial \bar{F}_x}{\partial z} - \frac{g}{c_p T_0} \frac{\partial \bar{Q}}{\partial y}, \tag{8.253}$$

或

$$\frac{\partial^2 \bar{\chi}^*}{\partial y^2} + \frac{f_0^2}{N^2} \frac{\partial^2 \bar{\chi}^*}{\partial z^2} = -\frac{f_0}{N^2} \frac{\partial}{\partial z} \nabla \cdot \boldsymbol{J}_1 + \frac{1}{f_0} \frac{\partial}{\partial y} \nabla \cdot \boldsymbol{J}_2 - \frac{f_0}{N^2} \frac{\partial \bar{F}_x}{\partial z} - \frac{g}{c_p T_0 N^2} \frac{\partial \bar{Q}}{\partial y}. \tag{8.254}$$

(8.253)式或(8.254)式就是描写平均经圈环流变化的方程. 由方程可知,平均经圈环流的空间变化取决于:(1) $\nabla \cdot \boldsymbol{J}_1$ 的垂直变化,(2) $\nabla \cdot \boldsymbol{J}_2$ 的经向变化,(3) $\bar{F}_x$ 的垂直变化,(4) $\bar{Q}$ 的经向变化. 因通常 $N^2 > 0$,所以,方程(8.253)或(8.254)是带有非齐次项的二阶椭圆型的偏微分方程. 根据右端四个强迫函数的实际值可以由方程解出 $\bar{\chi}^*$,得到与图 8.9 相似的三圈环流.

综上分析可知，大气东西风带和经圈环流都是 Rossby 波对动量和热量的输送，以及非绝热加热和摩擦因素共同作用的结果.

§8.11 Rossby 波的共振相互作用

前面三节我们分析了波与基本气流的相互作用，本节分析 Rossby 波之间的相互作用.

不考虑基本气流时，线性正压准地转位涡度守恒定律可写为

$$\frac{\partial}{\partial t}(\nabla_h^2\psi^{(0)}-\lambda_0^2\psi^{(0)})+\beta_0\frac{\partial\psi^{(0)}}{\partial x}=0, \tag{8.255}$$

它表征的正压 Rossby 波的圆频率是

$$\omega=-\beta_0 k/(K_h^2+\lambda_0^2). \tag{8.256}$$

线性方程(8.255)可以作为完全的准地转位涡度方程的零级近似，再进一步需要考虑非线性的作用. 这样，方程(8.255)可改写为

$$\frac{\partial}{\partial t}(\nabla_h^2\psi^{(1)}-\lambda_0^2\psi^{(1)})+\beta_0\frac{\partial\psi^{(1)}}{\partial x}=-\mathrm{J}(\psi^{(0)},\nabla_h^2\psi^{(0)}). \tag{8.257}$$

上式可以视为完全准地转位涡度方程的一级近似，但其中的非线性项中的 ψ 用零级近似 $\psi^{(0)}$ 去代替，即上式中

$$\mathrm{J}(\psi^{(0)},\nabla_h^2\psi^{(0)})=\frac{\partial\psi^{(0)}}{\partial x}\frac{\partial\,\nabla_h^2\psi^{(0)}}{\partial y}-\frac{\partial\psi^{(0)}}{\partial y}\frac{\partial\,\nabla_h^2\psi^{(0)}}{\partial x}. \tag{8.258}$$

为了求方程(8.257)的解，特别是为了考查由 $\mathrm{J}(\psi^{(0)},\nabla_h^2\psi^{(0)})$ 所表征的非线性作用，我们设

$$\psi^{(0)}=\sum_{r=1}^{N}a_r\cos\theta, \tag{8.259}$$

其中 $a_r(r=1,2,\cdots,N)$ 为第 r 个 Rossby 波的振幅；θ_r 为其相位，即

$$\theta_r\equiv k_r x+l_r y-\omega_r t+\alpha\quad(r=1,2,\cdots,N), \tag{8.260}$$

k_r,l_r 分别为第 r 个 Rossby 波在 x,y 方向上的波数，其对应的波矢量和全波数分别是

$$\boldsymbol{K}_r=k_r\boldsymbol{i}+l_r\boldsymbol{j},\quad K_r=\sqrt{k_r^2+l_r^2}. \tag{8.261}$$

在(8.260)式中，α 为初相位，ω_r 为圆频率，它满足

$$\omega_r=-\beta_0 k_r/(K_r^2+\lambda_0^2)\quad(r=1,2,\cdots,N). \tag{8.262}$$

作为缓变波列的近似，我们认为 a_r,k_r,l_r,ω_r 都是常数.

将(8.259)式代入到方程(8.257)得到

$$\frac{\partial}{\partial t}(\nabla_h^2\psi^{(1)}-\lambda_0^2\psi^{(1)})+\beta_0\frac{\partial\psi^{(1)}}{\partial x}=F(x,y,t,p,q), \tag{8.263}$$

其中

$$F(x,y,t,p,q) \equiv \sum_p \sum_q a_p a_q K_p^2 (k_q l_p - k_p l_q) \sin\theta_p \sin\theta_q \tag{8.264}$$

是方程(8.263)的非齐次项或强迫项.因为

$$F(x,y,t,p,q) = F(x,y,t,q,p), \tag{8.265}$$

$$\sin\theta_p \sin\theta_q = \frac{1}{2}[\cos(\theta_p - \theta_q) - \cos(\theta_p + \theta_q)], \tag{8.266}$$

这样,(8.264)式可改写为

$$\begin{aligned} F(x,y,t,p,q) &= \frac{1}{2}\{F(x,y,t,p,q) + F(x,y,t,q,p)\} \\ &= \sum_p \sum_q \frac{a_p a_q}{4}(K_p^2 - K_q^2)(k_q l_p - k_p l_q)[\cos(\theta_q + \theta_q) - \cos(\theta_p - \theta_q)] \\ &= \sum_p \sum_q I(K_p, K_q) a_p a_q [\cos(\theta_p + \theta_q) - \cos(\theta_p - \theta_q)], \end{aligned} \tag{8.267}$$

其中

$$I(K_p, K_q) = \frac{1}{4}(K_p^2 - K_q^2)(\boldsymbol{K}_p \times \boldsymbol{K}_q) \cdot \boldsymbol{k}. \tag{8.268}$$

从强迫项 F 的表达式(8.267)知,这个强迫项也是一个振荡函数,其相位为

$$\theta_{pq} = \theta_p \pm \theta_q. \tag{8.269}$$

注意(8.260)式即知,强迫项 F 的波矢和圆频率分别是

$$\boldsymbol{K}_{pq} = \boldsymbol{K}_p \pm \boldsymbol{K}_q; \tag{8.270}$$

$$\omega_{pq} = \omega_p \pm \omega_q. \tag{8.271}$$

非线性项引起的强迫项表征了第 p 个波和第 q 个波之间的相互作用.显然,由(8.268)式知,当两个波的波长相同($K_p = K_q$)或波矢平行($\boldsymbol{K}_p \times \boldsymbol{K}_q = 0$)时,就有

$$I(\boldsymbol{K}_p, \boldsymbol{K}_q) = 0, \quad F = 0. \tag{8.272}$$

这样,这两个波之间就无相互作用.

方程(8.263)是非齐次方程.当 $F=0$ 时,方程化为齐次方程,此时,它有形式与(8.259)相似的解,其中第 r 个波有相位 θ_r(或 $-\theta_r$)和固有频率 ω_r.在 $F \neq 0$ 时,一般非齐次项所产生的特解与齐次方程的解形式相似,但只有当非齐次项 F 中的振荡与齐次方程的固有振荡发生共振时(此时非齐次项的振荡相位与齐次方程的固有振荡相位相同),特解的形式才与齐次方程的解形式不同.

由(8.267)式知,F 中包含相位分别是 $\theta_p + \theta_q$ 和 $\theta_p - \theta_q$ 的两大类波.例如,当 $\theta_p + \theta_q = -\theta_r$ 时,F 中的一项 $I(K_p, K_q) a_p a_q \cos(\theta_p + \theta_q)$ 就与齐次方程的波发生共振,此时,方程(8.263)有形式为 $A_{pq} t \cos(\theta_p + \theta_q)$ 的特解,这部分特解随着时间的增大而起主要作用,相比,非共振项 $I(K_p, K_q) a_p a_q \cos(\theta_p - \theta_q)$ 所引起的特解可以忽略.所以,共振要求

$$\theta_p + \theta_q + \theta_r = 0. \tag{8.273}$$

相应有

$$\begin{cases} k_p + k_q + k_r = 0, \\ l_p + l_q + l_r = 0, \\ \omega_p + \omega_q + \omega_r = 0, \end{cases} \tag{8.274}$$

这就是三波共振的条件. 利用它,我们可以研究由于非线性项而产生的波与波之间的相互作用.

基于上述分析,我们讨论 Rossby 波之间的相互作用,就直接从非线性准地转位涡度方程

$$\frac{\partial}{\partial t}(\nabla_{\mathrm{h}}^2\psi - \lambda_0^2\psi) + \mathrm{J}(\psi, \nabla_{\mathrm{h}}^2\psi) + \beta_0 \frac{\partial \psi}{\partial x} = 0 \tag{8.275}$$

出发. 而设解为下列三波的叠加:

$$\psi = a_1(t)\cos\theta_1 + a_2(t)\cos\theta_2 + a_3(t)\cos\theta_3, \tag{8.276}$$

其中 $a_1(t), a_2(t), a_3(t)$ 分别是三波的振幅; $\theta_1, \theta_2, \theta_3$ 分别是它们的相位,其中的圆频率 $\omega_1, \omega_2, \omega_3$ 都满足(8.262)式. 将(8.276)式代入到方程(8.275)得到

$$\begin{aligned} &(K_1^2 + \lambda_0^2)\frac{\mathrm{d}a_1}{\mathrm{d}t}\cos\theta_1 + (K_2^2 + \lambda_0^2)\frac{\mathrm{d}a_2}{\mathrm{d}t}\cos\theta_2 + (K_3^2 + \lambda_0^2)\frac{\mathrm{d}a_3}{\mathrm{d}t} \\ &\quad = \frac{1}{2}(K_2^2 - K_3^2)(k_2 l_3 - k_3 l_2)a_2 a_3[\cos(\theta_2 + \theta_3) - \cos(\theta_2 - \theta_3)] \\ &\qquad + \frac{1}{2}(K_3^2 - K_1^2)(k_3 l_1 - k_1 l_3)a_3 a_1[\cos(\theta_3 + \theta_1) - \cos(\theta_3 - \theta_1)] \\ &\qquad + \frac{1}{2}(K_1^2 - K_2^2)(k_1 l_2 - k_2 l_1)a_1 a_2[\cos(\theta_1 + \theta_2) - \cos(\theta_1 - \theta_2)]. \end{aligned} \tag{8.277}$$

为了考查三波的振幅所满足的方程以分析能量,我们利用共振条件(8.273)式和(8.274)式,即

$$\begin{cases} \theta_1 + \theta_2 + \theta_3 = 0, \quad \omega_1 + \omega_2 + \omega_3 = 0, \\ k_1 + k_2 + k_3 = 0, \quad l_1 + l_2 + l_3 = 0, \end{cases} \tag{8.278}$$

而且忽略非共振项的作用,则求得下列 Euler 方程组:

$$\begin{cases} \dfrac{\mathrm{d}a_1}{\mathrm{d}t} = \gamma_1 a_2 a_3 \quad \left(\gamma_1 = \dfrac{K_2^2 - K_3^2}{K_1^2 + \lambda_0^2}\gamma\right), \\ \dfrac{\mathrm{d}a_2}{\mathrm{d}t} = \gamma_2 a_3 a_1 \quad \left(\gamma_2 = \dfrac{K_3^2 - K_1^2}{K_2^2 + \lambda_0^2}\gamma\right), \\ \dfrac{\mathrm{d}a_3}{\mathrm{d}t} = \gamma_3 a_1 a_2 \quad \left(\gamma_3 = \dfrac{K_1^2 - K_2^2}{K_3^2 + \lambda_0^2}\gamma\right), \end{cases} \tag{8.279}$$

其中

$$\gamma = \frac{1}{2}(k_2 l_3 - k_3 l_2) = \frac{1}{2}(k_3 l_1 - k_1 l_3) = \frac{1}{2}(k_1 l_2 - k_2 l_1). \qquad (8.280)$$

但由(8.48)式知，Rossby 波的波能密度为

$$\mathscr{E}_j = (K_j^2 + \lambda_0^2) a_j^2 / 4 \quad (j = 1,2,3), \qquad (8.281)$$

则将方程组(8.279)的三式分别乘以$(K_1^2+\lambda_0^2)a_1/2$，$(K_2^2+\lambda_0^2)a_2/2$，$(K_3^2+\lambda_0^2)a_3/2$，然后相加得

$$\frac{\mathrm{d}}{\mathrm{d}t}(\mathscr{E}_1 + \mathscr{E}_2 + \mathscr{E}_3) = 0. \qquad (8.282)$$

因此，共振三波的总能量是守恒的，这充分说明，共振三波相互作用，彼此交换能量.

由方程组(8.279)还可求得

$$\frac{1}{K_2^2 - K_3^2}\frac{\mathrm{d}\mathscr{E}_1}{\mathrm{d}t} = \frac{1}{K_3^2 - K_1^2}\frac{\mathrm{d}\mathscr{E}_2}{\mathrm{d}t} = \frac{1}{K_1^2 - K_2^2}\frac{\mathrm{d}\mathscr{E}_3}{\mathrm{d}t}. \qquad (8.283)$$

因而，不失一般性，若设

$$K_3 < K_2 < K_1; \qquad (8.284)$$

相应，波长有

$$L_1 < L_2 < L_3. \qquad (8.285)$$

则由(8.283)式知：

$$\begin{aligned} &\text{当}\frac{\mathrm{d}\mathscr{E}_2}{\mathrm{d}t}<0,\text{则}\frac{\mathrm{d}\mathscr{E}_1}{\mathrm{d}t}>0,\frac{\mathrm{d}\mathscr{E}_3}{\mathrm{d}t}>0;\\ &\text{当}\frac{\mathrm{d}\mathscr{E}_2}{\mathrm{d}t}>0,\text{则}\frac{\mathrm{d}\mathscr{E}_1}{\mathrm{d}t}<0,\frac{\mathrm{d}\mathscr{E}_3}{\mathrm{d}t}<0. \end{aligned} \qquad (8.286)$$

由此便知：共振三波不但彼此交换能量，而且是波长中等的 Rossby 波向较小波长和较大波长的 Rossby 波传播能量，或者相反. 这反映了实际大气中高低指数环流中的能量转换.

因正压模式中的位涡拟能是

$$\frac{1}{2}q^2 = \frac{1}{2}(\nabla_{\mathrm{h}}^2\psi - \lambda_0^2\psi)^2, \qquad (8.287)$$

则对第 j 个波，因 $\psi_j = a_j(t)\cos\theta_j$，则有

$$\frac{1}{2}q_j^2 = \frac{1}{2}(K_{\mathrm{h}}^2 + \lambda_0^2)^2 a_j^2 \cos^2\theta_j. \qquad (8.288)$$

注意 $\cos^2\theta$ 在一个周期内的平均值是 1/2，所以位涡拟能在一个周期内的平均值，即所谓位涡拟能密度是

$$\mathscr{F}_j = (K_{\mathrm{h}}^2 + \lambda_0^2)^2 a_j^2 / 4 \quad (j = 1,2,3). \qquad (8.289)$$

比较(8.289)式和(8.281)式有

$$\mathscr{F}_j = (K_j^2 + \lambda_0^2)\mathscr{E}_j \quad (j = 1,2,3). \qquad (8.290)$$

类似(8.282)式,利用(8.279)式我们也可求得

$$\frac{\mathrm{d}}{\mathrm{d}t}(\mathscr{F}_1+\mathscr{F}_2+\mathscr{F}_3)=0. \tag{8.291}$$

因此,共振三波的总位涡拟能也是守恒的.

设初始时刻三波的总能量密度为 $\mathscr{E}_0$,则由(8.282)式有

$$\mathscr{E}_1+\mathscr{E}_2+\mathscr{E}_3=\mathscr{E}_0=\text{常数}, \tag{8.292}$$

再由(8.291)式和(8.292)式必有 $K_1^2\mathscr{E}_1+K_2^2\mathscr{E}_2+K_3^2\mathscr{E}_3$ 为常数,设这个常数为 $K_0^2\mathscr{E}_0$,即

$$K_1^2\mathscr{E}_1+K_2^2\mathscr{E}_2+K_3^2\mathscr{E}_3=K_0^2\mathscr{E}_0=\text{常数}. \tag{8.293}$$

(8.293)式除以(8.292)式即得到共振三波总位涡拟能与总能量之比为

$$K_0^2=\frac{K_1^2\mathscr{E}_1+K_2^2\mathscr{E}_2+K_3^2\mathscr{E}_3}{\mathscr{E}_1+\mathscr{E}_2+\mathscr{E}_3}=\text{常数}. \tag{8.294}$$

由此可知:由(8.293)式所定义的 K_0 为共振三波的波能加权平均波数,相应,(8.294)式所表征的是平均波数守恒原理或平均尺度守恒原理.它表明:共振三波在彼此交换能量的过程中,必须遵从平均尺度守恒的约束.

除了(8.282)式和(8.291)式以外,Euler 方程组(8.279)还有下列守恒量:

$$\begin{cases} a_1^2-\dfrac{\gamma_1}{\gamma_2}a_2^2=A_1^2, \quad a_2^2-\dfrac{\gamma_2}{\gamma_1}a_1^2=A_2^2, \quad a_3^2-\dfrac{\gamma_3}{\gamma_2}a_2^2=A_3^2, \\ a_1^2-\dfrac{\gamma_1}{\gamma_3}a_3^2=A_1^2-\dfrac{\gamma_1}{\gamma_3}A_3^2, \quad a_2^2-\dfrac{\gamma_2}{\gamma_3}a_3^2=-\dfrac{\gamma_2}{\gamma_3}A_3^2, \quad a_3^2-\dfrac{\gamma_3}{\gamma_1}a_1^2=A_3^2-\dfrac{\gamma_3}{\gamma_1}A_1^2, \end{cases} \tag{8.295}$$

其中 A_1^2,A_2^2 和 A_3^2 为常数,且

$$A_2^2=-\frac{\gamma_2}{\gamma_1}A_1^2. \tag{8.296}$$

下面我们求解 Euler 方程组(8.279).设 a_1,a_2,a_3 的初值分别是 a_{10},a_{20},a_{30},则有

$$A_1^2=a_{10}^2-\frac{\gamma_1}{\gamma_2}a_{20}^2, \quad A_2^2=a_{20}^2-\frac{\gamma_2}{\gamma_1}a_{10}^2, \quad A_3^2=a_{30}^2-\frac{\gamma_3}{\gamma_2}a_{20}^2, \tag{8.297}$$

和下列 a_1,a_2 和 a_3 三者之间的关系:

$$\begin{cases} a_1^2-a_{10}^2=\dfrac{\gamma_1}{\gamma_2}(a_2^2-a_{20}^2)=\dfrac{\gamma_1}{\gamma_3}(a_3^2-a_{30}^2), \\ a_2^2-a_{20}^2=\dfrac{\gamma_2}{\gamma_1}(a_1^2-a_{10}^2)=\dfrac{\gamma_2}{\gamma_3}(a_3^2-a_{30}^2), \\ a_3^2-a_{30}^2=\dfrac{\gamma_3}{\gamma_1}(a_1^2-a_{10}^2)=\dfrac{\gamma_3}{\gamma_2}(a_3^2-a_{20}^2). \end{cases} \tag{8.298}$$

这样,Euler 方程组(8.279)中的任何一个方程利用(8.295)式和(8.298)式都可以

化为单一未知函数的非线性常微分方程，这些方程为

$$\begin{cases}\left(\dfrac{\mathrm{d}a_1}{\mathrm{d}t}\right)^2=\dfrac{\omega^2}{A_1^2}(A_1^2-a_1^2)(m'^2A_1^2+m^2a_1^2),\\ \left(\dfrac{\mathrm{d}a_2}{\mathrm{d}t}\right)^2=\dfrac{\omega^2}{A_2^2}(A_2^2-a_2^2)(A_2^2-m^2a_2^2),\\ \left(\dfrac{\mathrm{d}a_3}{\mathrm{d}t}\right)^2=\dfrac{\omega^2}{A_3^2}(A_3^2-a_3^2)(a_3^2-m'^2A_3^2),\end{cases}\tag{8.299}$$

其中

$$\begin{cases}\omega^2=-\gamma_1\gamma_2A_3^2=\gamma_1(\gamma_3a_{20}^2-\gamma_2a_{30}^2),\\ m^2=\dfrac{\gamma_3A_1^2}{\gamma_1A_3^2}=\dfrac{\dfrac{a_{10}^2}{\gamma_1}-\dfrac{a_{20}^2}{\gamma_2}}{\dfrac{a_{30}^2}{\gamma_3}-\dfrac{a_{20}^2}{\gamma_2}},\quad m'^2\equiv1-m^2=\dfrac{\gamma_1A_3^2-\gamma_3A_1^2}{\gamma_1A_3^2}=\dfrac{\dfrac{a_{10}^2}{\gamma_1}-\dfrac{a_{30}^2}{\gamma_3}}{\dfrac{a_{20}^2}{\gamma_2}-\dfrac{a_{30}^2}{\gamma_3}}.\end{cases}\tag{8.300}$$

方程(8.299)的解正好分别是

$$\begin{cases}a_1(t)=A_1\operatorname{cn}(\omega t-\alpha),\\ a_2(t)=A_2\operatorname{sn}(\omega t-\alpha),\\ a_3(t)=A_3\operatorname{dn}(\omega t-\alpha),\end{cases}\tag{8.301}$$

其中 sn( )，cn( )和 dn( )分别为 Jacobi 椭圆正弦函数、Jacobi 椭圆余弦函数和第三类 Jacobi 椭圆函数，其模数和余模数分别为 m 和 m'($0<m,m'<1$)，α 为初相位.

因 sn$x$，cn$x$ 的周期为 4K(m)，dn$x$ 的周期为 2K(m)，则 $a_1(t)$，$a_2(t)$，$a_3(t)$的周期分别是

$$T_1=4\mathrm{K}(m)/\omega,\quad T_2=4\mathrm{K}(m)/\omega,\quad T_3=2\mathrm{K}(m)/\omega,\tag{8.302}$$

其中

$$\mathrm{K}(m)=\int_0^{\pi/2}\frac{1}{\sqrt{1-m^2\sin^2\varphi}}\mathrm{d}\varphi=\int_0^1\frac{1}{\sqrt{(1-x^2)(1-m^2x^2)}}\mathrm{d}x\quad(x=\sin\varphi)\tag{8.303}$$

为第一类 Legendre 完全椭圆积分.

$a_1(t)$，$a_2(t)$和 $a_3(t)$的图像见图 8.10. 从图可知，这里在任何时刻 $a_3(t)$都不为零.

我们知道，按一般线性理论，不稳定波动的振幅 a 应满足

$$\frac{\mathrm{d}a}{\mathrm{d}t}=\sigma a\quad(\sigma>0),\tag{8.304}$$

相应，振幅 a 随时间 t 呈指数增长，即

$$a(t)=a_0\mathrm{e}^{\sigma t},\tag{8.305}$$

σ 为线性波的增长率. 因而，线性波的振幅无限增长，这是不附合实际的，其原因是没有考虑到非线性项的作用. 但从本节的讨论看到，由于波之间的相互作用，波的振幅不能再无限制地增长，Landau 在 1944 年就预料到这个结果，他认为，最有可能的波的振幅应满足

$$\frac{\mathrm{d}a}{\mathrm{d}t}=\sigma a-\frac{l}{2}a^{3},\tag{8.306}$$

其中 l 称为 Landau 常数，方程(8.306)称为 Landau 方程. Landau 方程与我们的分析是一致的.

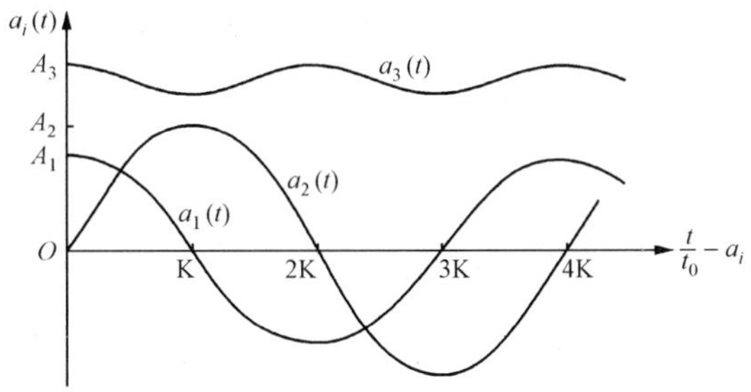

图 8.10　共振相互作用下 Rossby 波振幅的变化

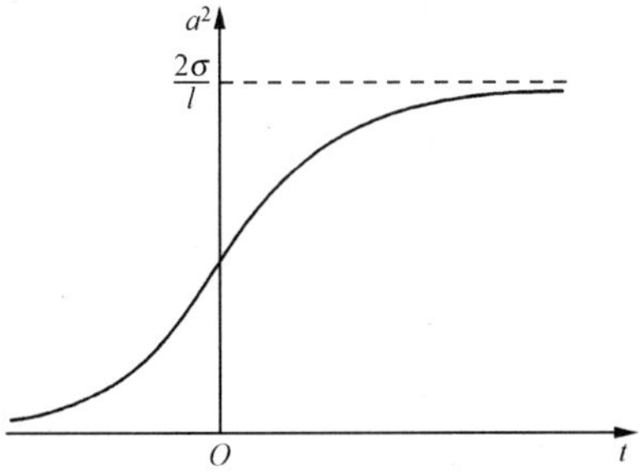

图 8.11　Landau 方程，a^2 随 t 的变化

Landau 方程(8.306)还可改写为

$$\frac{\mathrm{d}a^{2}}{\mathrm{d}t}=a^{2}(2\sigma-la^{2}),\tag{8.307}$$

a^2 随时间 t 的变化见图 8.11(参见本章末习题 15).

复习思考题

1. 将波列写为 $\psi=A(x,y,t)\mathrm{e}^{\mathrm{i}\theta(x,y,t)}$ 的意义是什么？
2. 均匀介质中的波与非均匀介质中的波有何不同？
3. 什么是波能密度？从物理上说明在均匀介质中它的守恒性.
4. 波能通量矢量与波的群速度有何关系？
5. 波作用量如何定义？它与波能密度有何不同？
6. 引进平均 Lagrange 量有什么好处？
7. 用波的多尺度方法，波列应如何表示？
8. 正压 Rossby 波相速度与群速度在图像上有何联系？
9. 什么叫折射指数？什么条件下 Rossby 波能够传播？什么条件下 Rossby 波的传播受阻？
10. Rossby 波的动量和热量输送与其水平和空间结构(即槽脊线的水平和垂直分布)有什么联系？

11. 画图说明对导式 Rossby 波$\overline{u'v'}<0$；曳式 Rossby 波$\overline{u'v'}>0$，并说明正压 Rossby 波的演变及其在实际中的应用. 什么情况下$\overline{u'v'}=0$?

12. 画图说明：当槽线自下而上向东倾斜时，$\overline{u'w'}>0$；槽线自下而上向西倾斜时，$\overline{u'w'}<0$. 并说明斜压 Rossby 波的演变及其在实际中的应用.

13. E-P 通量的引入有什么作用？它与 Rossby 波对动量和热量的输送有何联系？

14. 说明波与基本气流相互作用的矛盾对立统一的关系.

15. 从物理上说明大气中的东西风带和平均经圈环流是如何形成和维持的？

16. 说明为什么 Rossby 波的相互作用使得波振幅不能像线性波那样无限增长？

习 题

1. 对缓变波列，求下列波动方程的 Lagrange 量和平均 Lagrange 量，并求出相应的频散关系：

(1) $\dfrac{\partial^2\psi}{\partial t^2}-c_0^2\,\nabla_{\mathrm{h}}^2\psi=0$；　　(2) $\dfrac{\partial^2\psi}{\partial t^2}-c_0^2\,\nabla_{\mathrm{h}}^2\psi-\lambda^2\,\nabla_{\mathrm{h}}^2\,\dfrac{\partial^2\psi}{\partial t^2}=0$；

(3) $\dfrac{\partial^2\psi}{\partial t^2}+\gamma^2\,\dfrac{\partial^4\psi}{\partial x^4}=0$；　　(4) $\dfrac{\partial\psi}{\partial t}+\alpha\dfrac{\partial\psi}{\partial x}+\beta\dfrac{\partial^3\psi}{\partial x^3}=0$.

2. 利用 Boussinesq 近似下的方程组

$$\begin{cases}\dfrac{\partial u}{\partial t}-fv=-\dfrac{1}{\rho_0}\dfrac{\partial p'}{\partial x},\\[2mm]\dfrac{\partial v}{\partial t}+fu=-\dfrac{1}{\rho_0}\dfrac{\partial p'}{\partial y},\\[2mm]\dfrac{\partial w}{\partial t}=-\dfrac{1}{\rho_0}\dfrac{\partial p'}{\partial z}-g\dfrac{\rho'}{\rho_0},\\[2mm]\dfrac{\partial u}{\partial x}+\dfrac{\partial v}{\partial y}+\dfrac{\partial w}{\partial z}=0,\\[2mm]\dfrac{\partial}{\partial t}\left(-g\dfrac{\rho'}{\rho_0}\right)+N^2w=0\end{cases}$$

证明惯性-重力内波的波能密度为

$$\mathscr{E}=\frac{1}{2}\frac{K^2}{K_{\mathrm{h}}^2}a^2.$$

若是重力内波，又如何？

提示：动能和有效势能分别是$\dfrac{1}{2}(u^2+v^2+w^2)$，$\dfrac{g^2}{2N^2}\left(\dfrac{\rho'}{\rho_0}\right)^2$.

3. 利用上题和波的多尺度方法，证明惯性-重力内波的波能密度和波作用量守恒原理.

4. 假定扰动风速满足水平无辐散的条件,而扰动流函数设为

$$\psi' = A\cos\frac{2\pi}{L_y}y\sin(kx+ly-\omega t);$$

又设初始时刻的平均西风为

$$\bar{u}\mid_{t=0} = B\left(1-\cos\frac{2\pi}{L_y}y\right),$$

其中 A,B,k,l,ω,L_y 均为常数. 试根据方程

$$\frac{\partial\bar{u}}{\partial t} = -\frac{\partial\overline{u'v'}}{\partial y}$$

求 $\bar{u}(x,y,t)$ $\left(注:\overline{(\ )} = \frac{1}{L}\int_0^L(\ )\delta x, L = 2\pi/k\right)$.

5. 在准地转条件下,设

$$\psi' = a_\psi\cos(kx+ly-\omega t),\quad \theta' = a_\theta\cos(kx+ly-\omega t+\alpha),$$

证明

$$\overline{\theta'v'} = \frac{1}{2}ka_\psi a_\theta\sin\alpha,$$

并说明:当温度波落后于流场波时,$0<\alpha<\pi,\overline{\theta'v'}>0$;而当温度波超前流场波时,$-\pi<\alpha<0,\overline{\theta'v'}<0$ $\left(注:\overline{(\ )} = \frac{1}{L}\int_0^L(\ )\delta x, L = \frac{2\pi}{k}\right)$.

6. 在球坐标系中,设准地转流函数为

$$\psi' = A\cos(m\lambda+n\varphi-\omega t),$$

证明

$$\overline{u'v'} = -A^2mn/2a^2\cos\varphi\quad (a\ 为地球半径).$$

7. 设扰动速度(u',w')满足$\frac{\partial u'}{\partial x}+\frac{\partial w'}{\partial z}=0$,因而 $u'=-\frac{\partial\psi'}{\partial z},w'=\frac{\partial\psi'}{\partial x}$,同时设

$$\psi' = a_\psi\cos(kx+nz-\omega t),\quad \theta' = a_\theta\cos(kx+nz-\omega t+\alpha),$$

试求$\overline{u'w'}$和$\overline{\theta'w'}$,并分析结果且与图 8.3 和 8.4 相比较.

8. 在水平无辐散和无基本气流的条件下,若令

$$k = K_h\cos\alpha,\quad l = K_h\sin\alpha\quad (K_h^2 = k^2+l^2),$$

试证明:对 Rossby 波有

(1) $c_{gx}=\frac{\beta_0}{K_h^2}\cos2\alpha, c_{gy}=\frac{\beta_0}{K_h^2}\sin2\alpha$;

(2) $\left(k+\frac{\beta_0}{2\omega}\right)^2+l^2=\left(\frac{\beta_0}{2\omega}\right)^2$,并在波数平面上画图(注意 $\omega<0$);

(3) $\boldsymbol{c}_g=\frac{2\beta_0k}{K_h^4}\overrightarrow{CW}$,其中 $C\left(-\frac{\beta_0}{2\omega},0\right)$为上图的圆心,$W$ 为圆上任一点.

9. 上题若考虑基本气流 $\bar{u}$，并设 $\bar{u}=$常数，证明

(1) $c_{gx}=\bar{u}+\frac{\beta_0}{K_h^2}\cos 2\alpha, c_{gy}=\frac{\beta_0}{K_h^2}\sin 2\alpha$；

(2) 对静止 Rossby 波有 $\bar{u}=\beta_0/K_h^2$，且 c_{gx}, c_{gy} 满足

$$c_{gx}=\bar{u}(1+\cos 2\alpha), \quad c_{gy}=\bar{u}\sin 2\alpha,$$

即

$$(c_{gx}-\bar{u})^2+c_{gy}^2=\bar{u}^2,$$

并在 (u,v) 平面上作图.

10. 对于水平无辐散和无基本气流的 Rossby 波，若入射到 $x=0$ 的刚性边界上，设入射波和反射波分别是

$$\psi_I=\hat{\psi}_I\exp\{i(k_Ix+l_Iy-\omega_It)\}, \quad \psi_R=\hat{\psi}_R\exp\{i(k_Rx+l_Ry-\omega_Rt)\},$$

并取 $\psi=\psi_I+\psi_R$.

(1) 若取边条件为 $\frac{\partial\psi}{\partial y}=0$，证明

$$l_I\hat{\psi}_I\exp\{i(l_Iy-\omega_It)\}+l_R\hat{\psi}_R\exp\{i(l_Ry-\omega_Rt)\}=0;$$

(2) 若对所有 y 和 t，上式成立，必须

$$\omega_R=\omega_I, \quad l_R=l_I, \quad -\hat{\psi}_R=\hat{\psi}_I;$$

(3) 取 $\omega_R=\omega_I=\omega, l_R=l_I=l$，证明

$$(k_Ik_R-l^2)(k_I-k_R)=0;$$

(4) 入射波 $(c_{gx})_I<0$，反射波 $(c_{gx})_R>0$，证明

$$k_I^2<l^2<k_R^2, \quad k_Ik_R=l^2;$$

(5) 令 $k=\frac{1}{2}(k_I+k_R), \Delta k=\frac{1}{2}(k_R-k_I)$，证明

$$\mathrm{Re}\psi=2\hat{\psi}_I\sin(\Delta kx)\sin(kx+ly-\omega t).$$

11. 上题若边界改为 $y=0$，结果如何？

12. 直接利用正压模式的准地转位涡度守恒定律讨论正压 Rossby 波的演变.

13. 利用下列 Boussinesq 近似的方程组分析重力内波的垂直传播：

$$\begin{cases}\left(\frac{\partial}{\partial t}+\bar{u}\frac{\partial}{\partial x}\right)u'+\frac{\partial\bar{u}}{\partial z}w'=-\frac{\partial\phi'}{\partial x} \quad (\phi'=p'/\rho_0),\\ \left(\frac{\partial}{\partial t}+\bar{u}\frac{\partial}{\partial x}\right)v'=-\frac{\partial\phi'}{\partial y},\\ \left(\frac{\partial}{\partial t}+\bar{u}\frac{\partial}{\partial x}\right)w'=-\frac{\partial\phi'}{\partial z}-g\frac{\rho'}{\rho_0},\\ \frac{\partial u'}{\partial x}+\frac{\partial v'}{\partial y}+\frac{\partial w'}{\partial z}=0,\\ \left(\frac{\partial}{\partial t}+\bar{u}\frac{\partial}{\partial x}\right)\left(-g\frac{\rho'}{\rho_0}\right)+N^2w'=0.\end{cases}$$

(1) 证明：它可以化为

$$\mathscr{L}w' = 0,$$

其中

$$\mathscr{L} \equiv \left(\frac{\partial}{\partial t} + \bar{u}\frac{\partial}{\partial x}\right)^2 \nabla^2 - \frac{\partial^2 \bar{u}}{\partial z^2}\left(\frac{\partial}{\partial t} + \bar{u}\frac{\partial}{\partial x}\right)\frac{\partial}{\partial x} + N^2 \nabla_{\mathrm{h}}^2.$$

(2) 令

$$w' = W(z)\mathrm{e}^{\mathrm{i}ly}\mathrm{e}^{\mathrm{i}k(x-ct)},$$

得到

$$\frac{\mathrm{d}^2 W}{\mathrm{d}z^2} + n^2 W = 0, \quad n^2 \equiv \frac{N^2}{(\bar{u}-c)^2} - \frac{\partial^2 \bar{u}/\partial z^2}{\bar{u}-c} - K_{\mathrm{h}}^2, \quad K_{\mathrm{h}}^2 = k^2 + l^2.$$

(3) 讨论重力内波垂直传播的条件.定常情况下又如何？$\frac{\partial^2 \bar{u}}{\partial z^2}=0$ 时又如何？

14. 利用方程组(8.233)证明在静力平衡条件下有：

(1) 有效势能 $A=\frac{1}{2N^2}\left(\frac{\partial \phi}{\partial z}\right)^2(\phi\equiv p'/\rho_0)$，并与 p 坐标系中的有效势能表达式相比较；

(2) 绝热方程为$\frac{\mathrm{d}}{\mathrm{d}t}\left(\frac{\partial \phi}{\partial z}\right)+N^2 w=0$，并与 p 坐标系中的绝热方程作比较.

15. 设 $a|_{t=0}=a_0$，利用 Riccati 方程求解方程(8.308).

第九章　非线性波动

本章的主要内容有：

叙述非线性波动方程的特征线和 Riemann 不变量；

分别阐述非线性、耗散、频散等因子在非线性波动中的作用；

介绍几个著名的非线性演化方程的解析行波解，它们包括 Burgers 方程的冲击波解，KdV 方程的椭圆余弦波解和孤立波解，正弦-Gordon 方程的周期解、扭结波和反扭结波解，非线性 Schrödinger 方程的包络周期波解和包络孤立波解等；同时介绍求行波解的试探函数法、双曲函数展开法和 Jacobi 椭圆函数展开法；

讨论非线性波的一些参数和非线性方程的守恒律；

介绍近似求解非线性波动的奇异摄动法、约化摄动法和幂级数展开法；

介绍求解非线性演化方程孤立波解的一个特技——Bäcklund 变换和求解非线性演化方程初值问题的散射反演法.

§9.1　波动方程的特征线，Riemann 不变量

第七章，我们讨论了线性波动，在那里我们假定波是小振幅，这样可忽略非线性项的作用，因而非线性偏微分方程化成了线性偏微分方程. 实际的波动，振幅相对于波长并不很小，这时，我们必须考虑非线性项的作用，也就是考虑波振幅的作用，这样由非线性偏微分方程求得的波动就是非线性波动.

下面我们举例分析波动方程的一些特点，并由此阐述特征线和 Riemann 不变量.

［**例 1**］　一维线性平流方程

$$\frac{\partial u}{\partial t}+c_0\frac{\partial u}{\partial x}=0, \tag{9.1}$$

其中 c_0 为正的常数.

若作自变量变换，令

$$\xi=x-c_0t,\quad \eta=x+c_0t, \tag{9.2}$$

则有

$$\begin{cases}\dfrac{\partial u}{\partial t}=\dfrac{\partial u}{\partial \xi}\dfrac{\partial \xi}{\partial t}+\dfrac{\partial u}{\partial \eta}\dfrac{\partial \eta}{\partial t}=-c_0\left(\dfrac{\partial u}{\partial \xi}-\dfrac{\partial u}{\partial \eta}\right),\\[2ex]\dfrac{\partial u}{\partial x}=\dfrac{\partial u}{\partial \xi}\dfrac{\partial \xi}{\partial x}+\dfrac{\partial u}{\partial \eta}\dfrac{\partial \eta}{\partial x}=\dfrac{\partial u}{\partial \xi}+\dfrac{\partial u}{\partial \eta},\end{cases} \tag{9.3}$$

这样,方程(9.1)化为

$$\frac{\partial u}{\partial \eta}=0. \tag{9.4}$$

因而,方程的通解为

$$u=f(\xi)=f(x-c_0t), \tag{9.5}$$

其中 f 是 ξ 的任意函数.

解(9.5)表示以常速度 c 沿 x 正方向传播的行波,$\xi\equiv x-c_0t$ 即是它的相位. 显然,如果

$$\frac{\mathrm{d}x}{\mathrm{d}t}=c_0, \tag{9.6}$$

则

$$\frac{\mathrm{d}\xi}{\mathrm{d}t}=\frac{\mathrm{d}x}{\mathrm{d}t}-c_0=0. \tag{9.7}$$

所以,一个随波以速度 c_0 移动的观察者,永远看到波有相同的相位,因而 c 即是相速度.

若 f 是 ξ 的周期函数,则解(9.5)称为是周期性行波. 此时 u 达到最大值的点即是波脊(或波峰,ridge 或 crest),最小值的点即是波槽(或波谷,trough). 因为

$$\frac{\mathrm{d}u}{\mathrm{d}t}=\frac{\partial u}{\partial t}+\frac{\partial u}{\partial x}\frac{\mathrm{d}x}{\mathrm{d}t}, \tag{9.8}$$

则比较(9.8)式和(9.1)式即知:沿方程(9.6)所表示的直线

$$\xi\equiv x-c_0t=\text{常数}, \tag{9.9}$$

有

$$\frac{\mathrm{d}u}{\mathrm{d}t}=0. \tag{9.10}$$

(9.9)式称为方程(9.1)的特征线. 上式表明:沿特征线 $x-c_0t=$常数,u 保持不变,u 就称为方程(9.1)的 Riemann 不变量. 由此可知,沿特征线方向

$$\frac{\mathrm{d}x}{\mathrm{d}t}=a \tag{9.11}$$

的 Riemann 不变量 r 满足方程

$$\frac{\partial r}{\partial t}+a\frac{\partial r}{\partial x}=0. \tag{9.12}$$

[例 2] 一维线性波动方程

$$\frac{\partial^2\psi}{\partial t^2}=c_0^2\frac{\partial^2\psi}{\partial x^2}, \tag{9.13}$$

其中 c_0 为正的常数.

若作(9.2)式的自变量变换,则方程(9.13)化为

$$\frac{\partial^2 \psi}{\partial \xi \partial \eta} = 0. \tag{9.14}$$

所以，方程的通解为

$$\psi = f(\xi) + g(\eta) = f(x - c_0 t) + g(x + c_0 t), \tag{9.15}$$

其中 f 和 g 分别是 ξ 和 η 的任意函数.(9.15)式表明：解 ψ 是以速度 c_0 沿 x 正方向传播的右行波 $f(\xi)$ 和以速度 c_0 沿 x 负方向传播的左行波 $g(\eta)$ 的叠加.

显然，方程(9.13)有两组特征线：

$$\begin{cases} \xi \equiv x - c_0 t = \text{常数}, \\ \eta \equiv x + c_0 t = \text{常数}. \end{cases} \tag{9.16}$$

它们分别满足

$$\frac{\mathrm{d}x}{\mathrm{d}t} = c_0, \quad \frac{\mathrm{d}x}{\mathrm{d}t} = -c_0, \tag{9.17}$$

而且，沿特征线 $x - c_0 t =$ 常数，$f =$ 常数；沿特征线 $x + c_0 t =$ 常数，$g =$ 常数.

方程(9.13)可以改写为

$$\left(\frac{\partial}{\partial t} + c_0 \frac{\partial}{\partial x}\right)\left(\frac{\partial \psi}{\partial t} - c_0 \frac{\partial \psi}{\partial x}\right) = 0, \tag{9.18}$$

也可改写为

$$\left(\frac{\partial}{\partial t} - c_0 \frac{\partial}{\partial x}\right)\left(\frac{\partial \psi}{\partial t} + c_0 \frac{\partial \psi}{\partial x}\right) = 0. \tag{9.19}$$

由此可知，方程(9.13)有两个 Riemann 不变量：

$$r = \frac{\partial \psi}{\partial t} - c_0 \frac{\partial \psi}{\partial x}, \quad s = \frac{\partial \psi}{\partial t} + c_0 \frac{\partial \psi}{\partial x}. \tag{9.20}$$

它们分别沿特征线方向 $\frac{\mathrm{d}x}{\mathrm{d}t} = c_0$ 和 $\frac{\mathrm{d}x}{\mathrm{d}t} = -c_0$ 保持不变.

事实上，若作函数变换，令

$$u \equiv \frac{\partial \psi}{\partial t}, \quad v \equiv c_0 \frac{\partial \psi}{\partial x}, \tag{9.21}$$

则方程(9.13)可改写为

$$\begin{cases} \dfrac{\partial u}{\partial t} - c_0 \dfrac{\partial v}{\partial x} = 0, \\[2ex] \dfrac{\partial v}{\partial t} - c_0 \dfrac{\partial u}{\partial x} = 0. \end{cases} \tag{9.22}$$

方程组(9.22)还可统一写为

$$\frac{\partial \boldsymbol{w}}{\partial t} + \mathbf{A} \frac{\partial \boldsymbol{w}}{\partial x} = 0, \tag{9.23}$$

其中

$$\boldsymbol{w} \equiv \begin{bmatrix} u \\ v \end{bmatrix} \tag{9.24}$$

和

$$\boldsymbol{A} \equiv \begin{bmatrix} 0 & -c_0 \\ -c_0 & 0 \end{bmatrix}; \tag{9.25}$$

而矩阵 $\boldsymbol{A}$ 的特征方程为

$$\begin{vmatrix} 0-\lambda & -c_0 \\ -c_0 & 0-\lambda \end{vmatrix} = 0, \tag{9.26}$$

即

$$\lambda^2 = c_0^2. \tag{9.27}$$

它的根，即矩阵 $\boldsymbol{A}$ 的特征值 λ 为

$$\lambda = \pm c_0, \tag{9.28}$$

它与(9.17)式是等价的.

对矩阵 $\boldsymbol{A}$，其特征向量 $\boldsymbol{X}$ 满足

$$\boldsymbol{AX} = \lambda \boldsymbol{X}. \tag{9.29}$$

由(9.25)式和(9.28)式，对特征方向 $\dfrac{\mathrm{d}x}{\mathrm{d}t}=c_0$ 和 $\dfrac{\mathrm{d}x}{\mathrm{d}t}=-c_0$ 的特征向量可分别取为

$$\boldsymbol{X}_1 = \begin{bmatrix} 1 \\ -1 \end{bmatrix}, \quad \boldsymbol{X}_2 = \begin{bmatrix} 1 \\ 1 \end{bmatrix}. \tag{9.30}$$

这样，若以 1 乘方程组(9.22)的第一式，以 -1 乘方程组(9.22)的第二式，然后相加得

$$\left(\frac{\partial}{\partial t} + c_0 \frac{\partial}{\partial x}\right)(u-v) = 0, \tag{9.31}$$

这就是(9.18)式，$u-v$ 就是 r. 类似，若以 1 乘方程组(9.22)的第一式，以 1 乘方程组(9.22)的第二式，然后相加得

$$\left(\frac{\partial}{\partial t} - c_0 \frac{\partial}{\partial x}\right)(u+v) = 0, \tag{9.32}$$

这就是(9.19)式，$u+v$ 就是 s.

上述两例对线性波的分析，我们可以推广到非线性波的问题中. 下面也举两例说明.

［**例 3**］　一维非线性声波.

我们仅考虑 x 方向，此种情况下，描写一维非线性声波的方程组(水平运动方程、连续性方程和绝热方程)可以写为

$$\begin{cases}\dfrac{\mathrm{d}u}{\mathrm{d}t}=-\dfrac{1}{\rho_0}\dfrac{\partial p'}{\partial x},\\ \dfrac{\mathrm{d}\rho'}{\mathrm{d}t}+\rho_0\dfrac{\partial u}{\partial x}=0,\\ \dfrac{\mathrm{d}p'}{\mathrm{d}t}=c_s^2\dfrac{\mathrm{d}\rho'}{\mathrm{d}t},\end{cases}\tag{9.33}$$

其中

$$\frac{\mathrm{d}}{\mathrm{d}t}\equiv\frac{\partial}{\partial t}+u\frac{\partial}{\partial x}.\tag{9.34}$$

由方程组(9.33)的第三式有

$$\frac{\mathrm{d}}{\mathrm{d}t}(p'-c_s^2\rho')=0,\tag{9.35}$$

因而,在运动过程中 $p'-c_s^2\rho'$ 为常数. 我们假定它处处为常数,则代入方程组(9.33)的第一式消去 p',则方程组(9.33)化为

$$\begin{cases}\dfrac{\partial u}{\partial t}+u\dfrac{\partial u}{\partial x}+\dfrac{c_s^2}{\rho_0}\dfrac{\partial\rho'}{\partial x}=0,\\ \dfrac{\partial\rho'}{\partial t}+u\dfrac{\partial\rho'}{\partial x}+\rho_0\dfrac{\partial u}{\partial x}=0,\end{cases}\tag{9.36}$$

这就是一维非线性声波满足的方程. 仿[例 2],若令

$$\boldsymbol{w}\equiv\begin{bmatrix}u\\ \rho'\end{bmatrix}\tag{9.37}$$

和

$$\boldsymbol{A}\equiv\begin{bmatrix}u & c_s^2/\rho_0\\ \rho_0 & u\end{bmatrix},\tag{9.38}$$

则方程组(9.36)化为

$$\frac{\partial\boldsymbol{w}}{\partial t}+\boldsymbol{A}\frac{\partial\boldsymbol{w}}{\partial x}=0;\tag{9.39}$$

而矩阵 $\boldsymbol{A}$ 的特征方程为

$$\begin{vmatrix}u-\lambda & c_s^2/\rho_0\\ \rho_0 & u-\lambda\end{vmatrix}=0,\tag{9.40}$$

即

$$(\lambda-u)^2-c_s^2=0.\tag{9.41}$$

因而,矩阵 $\boldsymbol{A}$ 的特征值 λ 为

$$\lambda=u\pm c_s.\tag{9.42}$$

所以,方程组(9.36)的特征方向为

$$\frac{\mathrm{d}x}{\mathrm{d}t} = u \pm c_s, \tag{9.43}$$

而满足 $\boldsymbol{AX}=\lambda\boldsymbol{X}$ 的特征向量可分别取为

$$\boldsymbol{X}_1 = \begin{bmatrix} c_s \\ \rho_0 \end{bmatrix}, \quad \boldsymbol{X}_2 = \begin{bmatrix} c_s \\ -\rho_0 \end{bmatrix}. \tag{9.44}$$

这样,以 $\boldsymbol{X}_1$ 的两个分量 ρ_0, c_s 分别乘方程组(9.36)的两式并相加,再以 $\boldsymbol{X}_2$ 的两个分量 $-\rho_0, c_s$ 分别乘方程组(9.36)的两式并相加,则得

$$\begin{cases} c_s\left[\dfrac{\partial \rho'}{\partial t} + (u + c_s)\dfrac{\partial \rho'}{\partial x}\right] + \rho_0\left[\dfrac{\partial u}{\partial t} + (u + c_s)\dfrac{\partial u}{\partial x}\right] = 0, \\ c_s\left[\dfrac{\partial \rho'}{\partial t} + (u - c_s)\dfrac{\partial \rho'}{\partial x}\right] - \rho_0\left[\dfrac{\partial u}{\partial t} + (u - c_s)\dfrac{\partial u}{\partial x}\right] = 0. \end{cases} \tag{9.45}$$

若令

$$r = c_s\rho' + \rho_0 u, \quad s = c_s\rho' = \rho_0 u, \tag{9.46}$$

则方程组(9.45)可以改写为

$$\begin{cases} \dfrac{\partial r}{\partial t} + (u + c_s)\dfrac{\partial r}{\partial x} = 0, \\ \dfrac{\partial s}{\partial t} + (u - c_s)\dfrac{\partial s}{\partial x} = 0, \end{cases} \tag{9.47}$$

r, s 即是一维非线性声波方程(9.33)的 Riemann 不变量. 它们表示:沿着特征线方向 $\dfrac{\mathrm{d}x}{\mathrm{d}t}=u+c_s$ 和 $\dfrac{\mathrm{d}x}{\mathrm{d}t}=u-c_s$,$r$ 和 s 分别保持不变.

[例 4] 一维非线性重力外波.

与[例 3]相同,我们仅考虑 x 方向,而且采用描写重力外波的浅水模式原始方程组,即

$$\begin{cases} \dfrac{\partial u}{\partial t} + u\dfrac{\partial u}{\partial x} + g\dfrac{\partial h}{\partial x} = 0, \\ \dfrac{\partial h}{\partial t} + u\dfrac{\partial h}{\partial x} + h\dfrac{\partial u}{\partial x} = 0, \end{cases} \tag{9.48}$$

其中 h 为自由面的高度. 若令

$$\boldsymbol{w} \equiv \begin{bmatrix} u \\ h \end{bmatrix} \tag{9.49}$$

和

$$\boldsymbol{A} \equiv \begin{bmatrix} u & g \\ h & u \end{bmatrix}, \tag{9.50}$$

则方程组(9.48)可化为

$$\frac{\partial \boldsymbol{w}}{\partial t} + \boldsymbol{A}\frac{\partial \boldsymbol{w}}{\partial x} = 0; \tag{9.51}$$

而矩阵 A 的特征方程为

$$\begin{vmatrix} u-\lambda & g \\ h & u-\lambda \end{vmatrix} = 0, \tag{9.52}$$

即

$$\lambda = u \pm c, \tag{9.53}$$

其中

$$c = \sqrt{gh}. \tag{9.54}$$

所以,方程组(9.48)的特征方向为

$$\frac{\mathrm{d}x}{\mathrm{d}t} = u \pm c; \tag{9.55}$$

而且满足 $\boldsymbol{AX}=\lambda\boldsymbol{X}$ 的特征向量可取为

$$\boldsymbol{X}_1 = \begin{bmatrix} g \\ c \end{bmatrix}, \quad \boldsymbol{X}_2 = \begin{bmatrix} g \\ -c \end{bmatrix}. \tag{9.56}$$

这样,以 $\boldsymbol{X}_1$ 的两个分量 c,g 分别乘方程组(9.48)的两式并相加,再以 $\boldsymbol{X}_2$ 的两个分量 $-c,g$ 分别乘方程组(9.48)的两式并相加,则得

$$\begin{cases} g\left[\dfrac{\partial h}{\partial t} + (u+c)\dfrac{\partial h}{\partial x}\right] + c\left[\dfrac{\partial u}{\partial t} + (u+c)\dfrac{\partial u}{\partial x}\right] = 0, \\ g\left[\dfrac{\partial h}{\partial t} + (u-c)\dfrac{\partial h}{\partial x}\right] - c\left[\dfrac{\partial u}{\partial t} + (u-c)\dfrac{\partial u}{\partial x}\right] = 0. \end{cases} \tag{9.57}$$

若令

$$r = u + 2c, \quad s = u - 2c, \tag{9.58}$$

则方程组(9.57)可以改写为

$$\begin{cases} \dfrac{\partial r}{\partial t} + (u+c)\dfrac{\partial r}{\partial x} = 0, \\ \dfrac{\partial s}{\partial t} + (u-c)\dfrac{\partial s}{\partial x} = 0. \end{cases} \tag{9.59}$$

r,s 即是一维非线性重力外波方程(9.48)的 Riemann 不变量. 这意味着,沿着特征线方向 $\dfrac{\mathrm{d}x}{\mathrm{d}t}=u+c$ 和 $\dfrac{\mathrm{d}x}{\mathrm{d}t}=u-c$,$r$ 和 s 分别保持不变.

Riemann 不变量使我们可根据波的初始($t=0$)状态去确定移动波的未来状态. 就以[例 4]来说,设流体初始是静止的,深度为 H,即

$$t = 0, \quad u_0 = 0, \quad h_0 = H = \text{常数}, \tag{9.60}$$

则初始在(x,t)平面上有一条特征线

$$C_1^0: \frac{\mathrm{d}x}{\mathrm{d}t} = c_0 = \sqrt{gH}, \tag{9.61}$$

它表征向右移动的重力外波. 在 C_1^0 上的任意两点 A_0, B_0 均满足 $u=0, c=c_0$,即

$$u_{A_0}=u_{B_0}=0,\quad c_{A_0}=c_{B_0}=c_0. \tag{9.62}$$

在(x,t)平面上,可以有任一条特征线

$$C_1: \frac{\mathrm{d}x}{\mathrm{d}t}=u+c, \tag{9.63}$$

通常 C_1 不一定与 C_1^0 平行,见图 9.1.

过点 A_0 和 B_0 分别作特征线 C_2,它们都满足

$$C_2: \frac{\mathrm{d}x}{\mathrm{d}t}=u-c, \tag{9.64}$$

它们分别与 C_1 交于点 A 和 B. 因在 C_1 上,$r=u+2c$ 保持不变,则有

$$u_A+2c_A=u_B+2c_B. \tag{9.65}$$

又在 C_2 上,$s=u-2c$ 保持不变,则有

$$u_A-2c_A=u_{A_0}-2c_{A_0}=-2c_0, \tag{9.66}$$

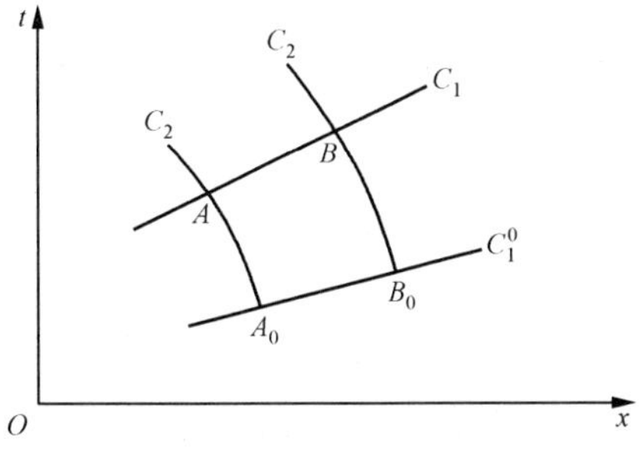

图 9.1 重力外波的特征线

$$u_B-2c_B=u_{B_0}-2c_{B_0}=-2c_0. \tag{9.67}$$

因此由(9.65)—(9.67)式很易得到

$$u_A=u_B,\quad c_A=c_B. \tag{9.68}$$

上式表示:在特征线 C_1 上,u 和 c 均保持不变,而且由(9.66)式和(9.67)式求得

$$u=u_A=u_B=2(c-c_0), \tag{9.69}$$

这是向右移动的重力外波中流体的速度.

§9.2 浅水波的 KdV(Korteweg de Vries)方程和 Boussinesq 方程

在大气中讨论重力外波通常应用所谓浅水条件:流体的深度 h 远小于波长 L,即

$$h/L \ll 1. \tag{9.70}$$

这样,流体满足静力平衡,这相当于浅水重力波或长重力波的情况(见第七章习题 5).

在经典流体力学中,研究表面重力波一般不使用静力平衡假定,而应用下列均匀不可压缩流体(ρ=常数)的方程组

$$\begin{cases}\dfrac{\partial u}{\partial t}=-\dfrac{1}{\rho}\dfrac{\partial p'}{\partial x},\\ \dfrac{\partial w}{\partial t}=-\dfrac{1}{\rho}\dfrac{\partial p'}{\partial z},\\ \dfrac{\partial u}{\partial x}+\dfrac{\partial w}{\partial z}=0,\end{cases}\tag{9.71}$$

以及下列边界条件

$$w\,|_{z=0}=0,\quad \left(\frac{\partial p'}{\partial t}-\rho g w\right)\Big|_{z=h}=0.\tag{9.72}$$

方程组(9.71)通过消元,很易化为

$$\mathscr{L}w=0,\tag{9.73}$$

其中

$$\mathscr{L}\equiv\frac{\partial}{\partial t}\left(\frac{\partial^2}{\partial x^2}+\frac{\partial^2}{\partial z^2}\right).\tag{9.74}$$

应用正交模方法,我们令

$$w=W(z)e^{i(kx-\omega t)},\tag{9.75}$$

将其代入方程(9.73)得

$$\frac{d^2W}{dz^2}-k^2W=0.\tag{9.76}$$

因而

$$W(z)=Ae^{kz}+Be^{-kz},\tag{9.77}$$

其中 A,B 为二任意常数.

将上式代入(9.75)式求得

$$w=(Ae^{kz}+Be^{-kz})e^{i(kx-\omega t)}.\tag{9.78}$$

再将(9.78)式代入方程组(9.71)的第二式求得

$$p'=\frac{i\omega\rho}{k}(Ae^{kz}-Be^{-kz})e^{i(kx-\omega t)},\tag{9.79}$$

这里我们已取积分常数为零.

利用(9.72)式中的下边界条件,由(9.78)式定得

$$B=-A;\tag{9.80}$$

再利用(9.72)式中的自由面边条件,由(9.78)—(9.80)式得到

$$\left\{\left(\frac{\omega^2}{k}-g\right)e^{kh}-\left(\frac{\omega^2}{k}+g\right)e^{-kh}\right\}A=0.$$

要求方程(9.73)有非零解,$A\neq0$,则由上式求得圆频率 ω 满足

$$\omega^2=gk\tanh(kh).\tag{9.81}$$

相应,x 方向波的移速满足

$$c^2 \equiv \frac{\omega^2}{k^2} = \frac{g}{k}\tanh(kh). \tag{9.82}$$

对于深水重力波，流体的深度 h 远大于波长 L，即

$$h/L \gg 1, \tag{9.83}$$

因而

$$kh \gg 1, \quad \tanh(kh) \to 1, \tag{9.84}$$

则(9.81)式和(9.82)式分别化为

$$\omega^2 = gk, \quad c^2 = g/k. \tag{9.85}$$

我们仍重点分析浅水重力波. 由条件(9.70)有

$$kh \ll 1, \quad \tanh(kh) \to kh, \tag{9.86}$$

则(9.81)式和(9.82)式分别化为

$$\omega^2 = ghk^2, \quad c^2 = gh. \tag{9.87}$$

因 $h=H+h'\approx H$，则上式近似为

$$\omega^2 = k^2c_0^2, \quad c^2 = c_0^2 = gH. \tag{9.88}$$

由频率方程 $\omega^2=k^2c_0^2$，不难判断，线性浅水波满足方程

$$\frac{\partial^2 h}{\partial t^2} = c_0^2\frac{\partial^2 h}{\partial x^2}. \tag{9.89}$$

实际上，浅水波用 kh 去逼近 $\tanh(kh)$是太粗糙了，如提高准确度，对浅水波我们取

$$\tanh(kh) = kh - \frac{1}{3}(kh)^3. \tag{9.90}$$

这样，(9.81)式化为

$$\omega^2 = gk\left[kh - \frac{1}{3}(kh)^3\right] = ghk^2 - \frac{1}{3}gh^3k^4. \tag{9.91}$$

取 $h=H$，上式近似化为

$$\omega^2 = k^2c_0^2 - \frac{1}{3}k^4c_0^2H^2. \tag{9.92}$$

类似，由上式也不难判断，相应于(9.92)式的线性浅水波方程，通常称为线性Boussinesq方程，即为

$$\frac{\partial^2 h}{\partial t^2} - c_0^2\frac{\partial^2 h}{\partial x^2} - \frac{1}{3}c_0^2H^2\frac{\partial^4 h}{\partial x^4} = 0, \tag{9.93}$$

而且，(9.93)式也可视为是下列方程组

$$\begin{cases} \dfrac{\partial u}{\partial t} + g\dfrac{\partial h}{\partial x} + \dfrac{1}{3}c_0^2H\dfrac{\partial^3 h}{\partial x^3} = 0, \\ \dfrac{\partial h}{\partial t} + H\dfrac{\partial u}{\partial x} = 0 \end{cases} \tag{9.94}$$

消去 u 的结果. 它好像是在水平运动方程中，除压力梯度力 $-g\dfrac{\partial h}{\partial x}$ 外，又外加了一

个力 $-\frac{1}{3}c_0^2 H\frac{\partial^3 h}{\partial x^3}$.

而方程组(9.94)又可视为下列方程组

$$\begin{cases}\frac{\partial u}{\partial t}+u\frac{\partial u}{\partial x}+g\frac{\partial h}{\partial x}+\frac{1}{3}c_0^2 H\frac{\partial^3 h}{\partial x^3}=0,\\ \frac{\partial h}{\partial t}+u\frac{\partial h}{\partial x}+h\frac{\partial u}{\partial x}=0\end{cases}\tag{9.95}$$

线性化的结果.方程组(9.95)的第一式左端最后一项再以(9.89)式代入,则得

$$\begin{cases}\frac{\partial u}{\partial t}+u\frac{\partial u}{\partial x}+g\frac{\partial h}{\partial x}+\frac{1}{3}H\frac{\partial^3 h}{\partial t^2\partial x}=0,\\ \frac{\partial h}{\partial t}+u\frac{\partial h}{\partial x}+h\frac{\partial u}{\partial x}=0.\end{cases}\tag{9.96}$$

方程组(9.96)称为浅水波的 Boussinesq 方程组.线性的 Boussinesq 方程(9.93)还可改写为

$$\frac{\partial^2 h}{\partial t^2}-c_0^2\frac{\partial^2 h}{\partial x^2}-\frac{1}{3}H^2\frac{\partial^4 h}{\partial t^2\partial x^2}=0.\tag{9.97}$$

这个方程是将方程(9.89)代入线性 Boussinesq 方程(9.93)后而得到的.考虑(9.93)式和(9.95)式,非线性的 Boussinesq 方程通常可以写为

$$\frac{\partial^2 h}{\partial t^2}-c_0^2\frac{\partial^2 h}{\partial x^2}-\alpha\frac{\partial^4 h}{\partial x^4}-\beta\frac{\partial^2 h^2}{\partial x^2}=0,\tag{9.98}$$

其中,α,β 为常数.

浅水波的 Boussinesq 方程(9.96)和(9.97)是基于(9.92)式的分析而建立的,它表征向两个方向传播的非线性浅水波.对于向一个方向(如 x 正方向)传播的表面重力波,ω 应取(9.81)式的算术根,即

$$\omega=\sqrt{gk\tanh(kh)}.\tag{9.99}$$

在浅水条件下,它近似有

$$\begin{aligned}\omega&=\sqrt{gk\left[kh-\frac{1}{3}(kh)^3\right]}\approx\sqrt{k^2c_0^2\left(1-\frac{1}{3}k^2H^2\right)}\\&=kc_0\left(1-\frac{1}{6}k^2H^2\right)=kc_0-\frac{1}{6}k^3c_0H^2.\end{aligned}\tag{9.100}$$

此时,对应频率关系(9.100)的线性方程为

$$\frac{\partial h}{\partial t}+c_0\frac{\partial h}{\partial x}+\beta\frac{\partial^3 h}{\partial x^3}=0\quad\left(\beta=\frac{1}{6}c_0H^2\right).\tag{9.101}$$

但由在§9.1中的分析,对非线性浅水波方程(9.48),向右移动的重力外波满足(9.69)式.则将(9.69)式代入方程组(9.48)的第二式得到

$$\frac{\partial h}{\partial t}+2(c-c_0)\frac{\partial h}{\partial x}+h\frac{\partial}{\partial x}[2(c-c_0)]=0.\tag{9.102}$$

注意 $c=\sqrt{gh}$，则上式化为

$$\frac{\partial h}{\partial t}+(3c-2c_0)\frac{\partial h}{\partial x}=0. \tag{9.103}$$

仿(9.101)式，考虑(9.100)式，则上式可改写为

$$\frac{\partial h}{\partial t}+(3c-2c_0)\frac{\partial h}{\partial x}+\beta\frac{\partial^3 h}{\partial x^3}=0. \tag{9.104}$$

注意

$$h=H+h' \quad (h'\ll H) \tag{9.105}$$

和

$$\begin{aligned}3c-2c_0&=3\sqrt{gh}-2c_0=3\sqrt{gH\left(1+\frac{h'}{H}\right)}-2c_0\\&\approx 3c_0\left(1+\frac{1}{2}\frac{h'}{H}\right)-2c_0=c_0\left(1+\frac{3h'}{2H}\right),\end{aligned} \tag{9.106}$$

则方程(9.104)可以改写为

$$\frac{\partial h'}{\partial t}+c_0\left(1+\frac{3h'}{2H}\right)\frac{\partial h'}{\partial x}+\beta\frac{\partial^3 h'}{\partial x^3}=0, \tag{9.107}$$

它称为浅水波的 KdV 方程，表征向右传播的非线性浅水波. 线性的 KdV 方程通常写为

$$\frac{\partial h'}{\partial t}+c_0\frac{\partial h'}{\partial x}+\beta\frac{\partial^3 h'}{\partial x^3}=0. \tag{9.108}$$

类似，若以最简单的向右传播的浅水波频率 $\omega=kc_0$ 所对应的方程

$$\frac{\partial h'}{\partial t}+c_0\frac{\partial h'}{\partial x}=0$$

代入到方程(9.107)的左端最后一项，则得

$$\frac{\partial h'}{\partial t}+c_0\left(1+\frac{3h'}{2H}\right)\frac{\partial h'}{\partial x}-\frac{1}{6}H^2\frac{\partial^3 h'}{\partial x^2\partial t}=0, \tag{9.109}$$

它称为正规化的长波(regular long wave)方程，其线性方程是

$$\frac{\partial h'}{\partial t}+c_0\frac{\partial h'}{\partial x}-\frac{1}{6}H^2\frac{\partial^3 h'}{\partial x^2\partial t}=0. \tag{9.110}$$

§9.3 非线性的作用：波的变形

本节对比线性平流方程和非线性平流方程，在一定的初条件下分析波的传播特征，从而说明非线性的作用在于引起波的变形.

一、线性平流方程的 Cauchy 问题

我们先分析一维线性平流方程(9.1)在下列初条件

$$u|_{t=0} = u_0(x) \tag{9.111}$$

的 Cauchy 问题(初值问题)：

$$\begin{cases} \dfrac{\partial u}{\partial t} + c_0 \dfrac{\partial u}{\partial x} = 0, \\ u|_{t=0} = u_0(x). \end{cases} \tag{9.112}$$

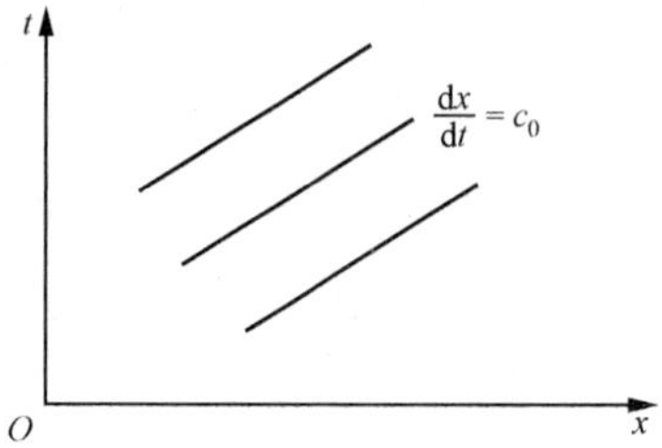

图 9.2 线性平流方程的特征线

在§9.1中我们已经分析，线性平流方程的特征线满足$\dfrac{dx}{dt}=c_0$，在(x,t)平面内，它是平行的直线，见图 9.2. 而且，沿特征线，u 保持不变.

因为线性平流方程的通解是沿 x 方向以速度 c_0 传播的行波 $u=f(x-c_0t)$，所以，其 Cauchy 问题(9.112)的解为

$$u(x,t) = u_0(x - c_0t). \tag{9.113}$$

若我们假定在初始时刻，$u_0(x)$在有限区域$|x|\leqslant a$ 内为一抛物线脉冲(pulse)，即

$$u_0(x) = \begin{cases} a^2 - x^2, & |x| \leqslant a, \\ 0, & |x| > a, \end{cases} \tag{9.114}$$

则代入(9.113)式求得

$$u(x,t) = \begin{cases} a^2 - (x - c_0t)^2, & |x - c_0t| \leqslant a, \\ 0, & |x - c_0t| > a. \end{cases} \tag{9.115}$$

上式表示：线性平流方程的解是一个以速度 c_0 向 x 正方向移动的波，并且在波移动中，扰动形状与初始扰动一样，即保持波不变形，见图 9.3. 其中取 $a=1$.

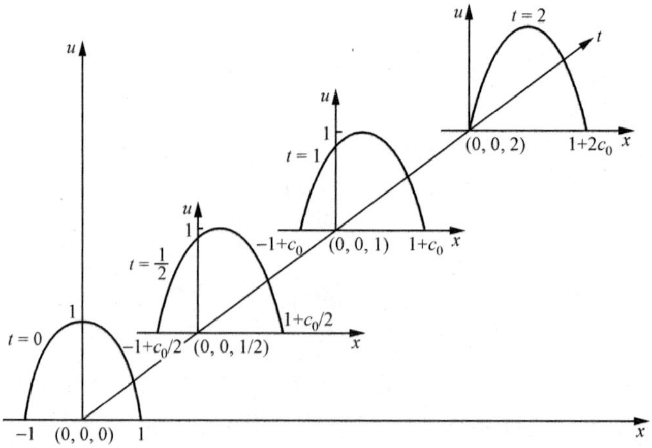

图 9.3 线性平流方程波的传播

二、非线性平流方程的 Cauchy 问题

非线性平流方程可以表示为

$$\frac{\partial u}{\partial t}+u\frac{\partial u}{\partial x}=0. \tag{9.116}$$

显然，其特征线满足

$$\frac{\mathrm{d}x}{\mathrm{d}t}=u(x,t), \tag{9.117}$$

与线性平流方程相同，在特征线上 u 保持不变. 但因为这里 u 是变量，因而由上式求出的特征线不再像线性平流方程的特征线是平行的，而是相交的，见图 9.4.

与线性平流方程一样，非线性平流方程(9.116)u 的解沿特征线是不变的. 而且，因为特征线相对于 t 轴的斜率就是 u，因而，特征线对于 t 轴的斜率越大，u 的值越大.

显然，非线性平流方程(9.116)的通解为

$$u(x,t)=f(x-ut). \tag{9.118}$$

上式表示：解是以速度 u 向 x 正方向传播的非线性波. 不过，这里 u 是变量，因而波有不同的移动速度，较大的 u 值比较小的 u 值有较快的传播速度，所以，它也不能像线性波那样保持波的形状不变，此时波形变陡或会聚(convergence)，见图 9.5.

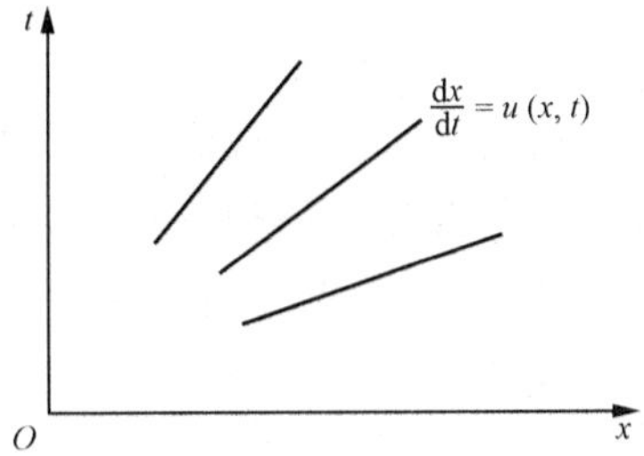

图 9.4 非线性平流方程的特征线

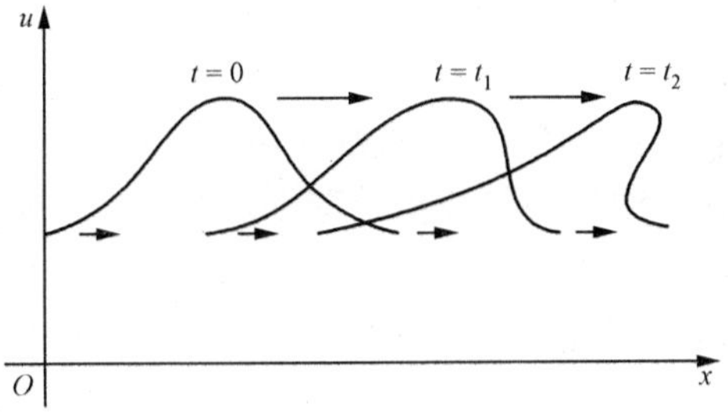

图 9.5 非线性平流方程中波的会聚

考虑非线性平流方程(9.116)的 Cauchy 问题

$$\begin{cases}\dfrac{\partial u}{\partial t}+u\dfrac{\partial u}{\partial x}=0,\\ u\,|_{t=0}=u_0(x).\end{cases} \tag{9.119}$$

根据通解(9.118)式可知，Cauchy 问题(9.119)的解为

$$u(x,t)=u_0(x-ut). \tag{9.120}$$

若取(9.114)式的初条件，则上式化为

$$u(x,t)=\begin{cases}a^2-(x-ut)^2, & |x-ut|\leqslant a,\\ 0, & |x-ut|>a.\end{cases} \tag{9.121}$$

这是隐式解，将它写为显式即是

$$u(x,t)=\begin{cases}\dfrac{1}{2t^2}\left[(2xt-1)\pm\sqrt{1-4xt+4a^2t^2}\right], & |x-ut|\leqslant a,\\ 0, & |x-ut|>a.\end{cases}\tag{9.122}$$

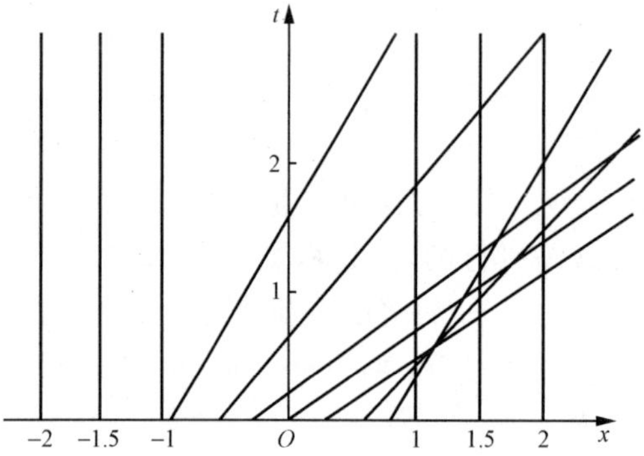

图 9.6　(9.37)式确定的特征线

图 9.6 就是根据上式，由(9.117)式所确定的特征线，其中同样取 $a=1$. 从图 9.6 看到，在 (x,t) 平面上，对 $x\leqslant-1$ 和 $x\geqslant1$，特征线都是平行于 t 轴的直线，而在 $-1<x<1$，从点 $(x,0)$ 出发的特征线和 $x\geqslant1$ 的特征线相交. 这就表示，在交点上，对应的 u 值不止一个，从而使 u 成为多值函数. 所以，在这样的情况下，不论初值 $u_0(x)$ 如何光滑，Cauchy 问题(9.119)的连续光滑解，只能在局部范围中存在. 而在某些点上，特别是当 t 充分大时，解是不连续的，这种解称为弱解(weak solution)，它允许解存在不连续的跳跃，在流体力学中，它称为激波或冲击波(shock waves). 相反，Cauchy 问题(9.119)的连续光滑解称为强解(strong solution).

图 9.7 给出了非线性平流方程对初始抛物线脉冲的传播图像. 从图 9.7 看到，随着时间 t 的增加，初始扰动越来越变形(变陡)，当 t 足够大时，形成激波. 这说明非线性的作用是使得波变形，而且对于非线性方程，即便有光滑的初条件，它也不能在全部时间内存在光滑解，这就是非线性的作用. 这里，我们仅考虑了非线性因子，未考虑黏性(或扩散)、频散等因子的作用. 下面分别说明.

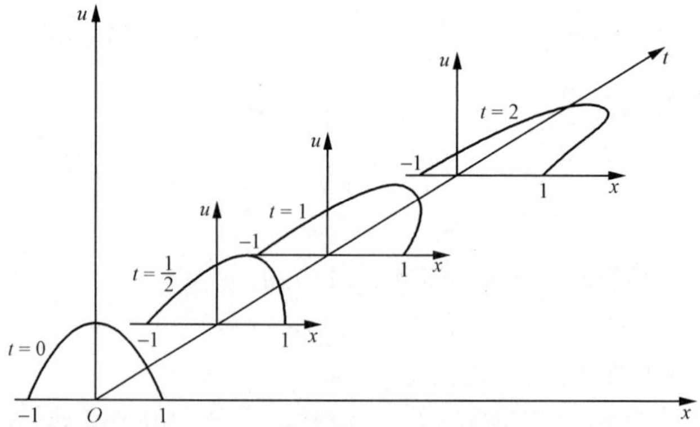

图 9.7　非线性平流方程中波的传播

§ 9.4 耗散的作用,Burgers 方程的求解,冲击波(shock waves)

前一节我们说明了非线性的作用,它使波廓线变陡. 这一节,我们在非线性平流方程中加进耗散因子,考察非线性与耗散的共同作用. 为此,我们引进包含此二因子的所谓 Burgers 方程.

$$\frac{\partial u}{\partial t}+u\frac{\partial u}{\partial x}-\nu\frac{\partial^2 u}{\partial x^2}=0 \quad (\nu>0), \tag{9.123}$$

其中含 u 对 x 的二阶导数项 $\nu\dfrac{\partial^2 u}{\partial x^2}$ 反映了黏性或扩散的作用,也就是耗散的作用.

Burgers 方程(9.123)相应的线性方程是

$$\frac{\partial u}{\partial t}+c_0\frac{\partial u}{\partial x}-\nu\frac{\partial^2 u}{\partial x^2}=0. \tag{9.124}$$

对线性 Burgers 方程(9.124),我们应用正交模方法设

$$u=A\mathrm{e}^{\mathrm{i}(kx-\omega t)}, \tag{9.125}$$

将其代入方程(9.142),导得

$$\omega=kc_0-\mathrm{i}\nu k^2, \tag{9.126}$$

这是线性 Burgers 方程的频散关系. 因而

$$\mathrm{Re}\,\omega=kc_0, \quad \mathrm{Im}\,\omega=-\nu k^2<0. \tag{9.127}$$

这样,波廓线(9.125)式可以写为

$$u=A\mathrm{e}^{-k^2\nu t}\mathrm{e}^{\mathrm{i}k(x-c_0t)}. \tag{9.128}$$

所以,耗散的作用使得线性波的振幅随时间呈指数衰减. 使振幅变为原有振幅 e^{-1} 的衰减时间为

$$t_0=1/\nu k^2. \tag{9.129}$$

耗散系数 ν 越大波长越短(k 越大),波衰减得越快. 这种波动称为耗散波(dissipative waves).

为了阐述耗散因子和非线性因子的共同作用,我们求 Burgers 方程(9.123)的行波解. 为此,我们设

$$u(x,t)=u(\xi), \quad \xi=x-ct, \tag{9.130}$$

其中 c 为常数. 上式表明我们求的是在 x 方向以常速度 c 移动的行波.

将(9.130)式代入方程(9.123),得

$$-c\frac{\mathrm{d}u}{\mathrm{d}\xi}+u\frac{\mathrm{d}u}{\mathrm{d}\xi}-\nu\frac{\mathrm{d}^2 u}{\mathrm{d}\xi^2}=0. \tag{9.131}$$

再将上式对 ξ 积分一次有

$$-cu+\frac{1}{2}u^2-\nu\frac{\mathrm{d}u}{\mathrm{d}\xi}=A, \tag{9.132}$$

其中 A 是积分常数.

将方程(9.132)改写为

$$\frac{\mathrm{d}u}{\mathrm{d}\xi}=\frac{1}{2\nu}(u^2-2cu-2A), \tag{9.133}$$

并设 $\xi\to+\infty$ 和 $\xi\to-\infty$ 时，解 u 的渐近状态分别是 u_2 和 u_1，相应，$\mathrm{d}u/\mathrm{d}\xi\to 0$，即假定

$$\begin{cases}\xi\to+\infty, & u\to u_2, \quad \dfrac{\mathrm{d}u}{\mathrm{d}\xi}\to 0,\\ \xi\to-\infty, & u\to u_1, \quad \dfrac{\mathrm{d}u}{\mathrm{d}\xi}\to 0,\end{cases} \tag{9.134}$$

则由方程(9.133)可知，$u_{1,2}$ 满足方程

$$u_{1,2}^2-2cu_{1,2}-2A=0. \tag{9.135}$$

即 u_1 和 u_2 是方程(9.135)的两个根，因而

$$\begin{cases}u_1=c+\sqrt{c^2+2A},\\ u_2=c-\sqrt{c^2+2A}.\end{cases} \tag{9.136}$$

为了保证 u_1，u_2 是实的，而且不相等，我们假设

$$c^2+2A>0,$$

因而

$$u_1>u_2. \tag{9.137}$$

这样，方程(9.133)可以改写为

$$\frac{\mathrm{d}u}{\mathrm{d}\xi}=\frac{1}{2\nu}(u-u_2)(u-u_1) \tag{9.138}$$

或

$$\frac{1}{(u-u_1)(u-u_2)}\frac{\mathrm{d}u}{\mathrm{d}\xi}\mathrm{d}\xi=\frac{1}{2\nu}\mathrm{d}\xi.$$

将上式对 ξ 积分一次，取积分常数为零，并注意

$$\int\frac{1}{(x-a)(x-b)}\mathrm{d}x=-\frac{2}{a-b}\operatorname{arctanh}\frac{2x-(a+b)}{a-b}\quad(a>b),$$

则得

$$\operatorname{arctanh}\frac{2u-(u_1+u_2)}{u_1-u_2}=-\frac{1}{4\nu}(u_1-u_2)\xi.$$

因而，

$$u(x,t)=\frac{1}{2}\left\{(u_1+u_2)-(u_1-u_2)\tanh\frac{u_1-u_2}{4\nu}(x-ct)\right\}. \tag{9.139}$$

且由(9.135)式或(9.136)式可知

$$c=(u_1+u_2)/2. \tag{9.140}$$

由(9.139)式表征的 Burgers 方程(9.123)解的图像见图 9.8. 因此,Burgers 方程通过连续变化的曲线将两个均匀的渐近状态 u_1 和 u_2 光滑地连接起来,而且 ν 越大,这种连接越平缓. 这是一种连续的激波结构,而(9.140)式就是 Burgers 方程出现激波的 Rankine-Hugoniot 条件. 当然,当 $\nu \to 0$ 时,Burgers 方程蜕化为非线性平流方程,而解(9.139)成为阶梯函数,它在 $\xi=0$ 不连续.

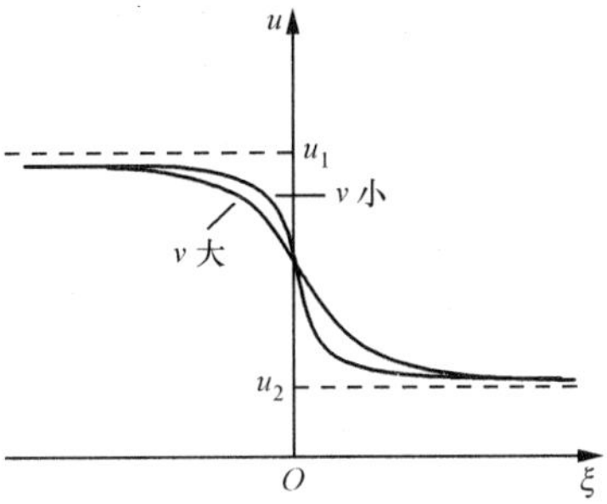

图 9.8 Burgers 方程的解

应该指出,上述解将 u_1 和 u_2 连接起来,主要是 Burgers 方程中非线性项的作用所致. 为了说明它,我们去掉 Burgers 方程中的非线性项而得

$$\frac{\partial u}{\partial t} - \nu \frac{\partial^2 u}{\partial x^2} = 0. \tag{9.141}$$

以(9.130)形式的解代入方程(9.141),很易求得

$$u(x,t) = A + B\mathrm{e}^{-c\xi/\nu}. \tag{9.142}$$

若取 $c>0$,则

$$\begin{cases} \xi \to +\infty, & u \to A, \\ \xi \to -\infty, & u \to \infty. \end{cases} \tag{9.143}$$

这就说明方程(9.141)的解不能通过连续变化的曲线连接两个均匀的状态. 所以,Burgers 方程(9.123)中非线性项的作用在于光滑地连接两个均匀的状态.

当然,上述非线性的作用只有通过耗散因子才能实现. 即是说,与非线性项使波变陡的作用相反,耗散项阻止波变陡并对波起扩展的作用. 因而,在非线性平流方程中加进耗散项后,使得非线性的尖锐不连续状态耗散或扩散为平滑的状态. 这意味着: 非线性因子和耗散因子两者平衡才形成如图 9.8 所示的 Burgers 方程的所谓冲击波解.

在(9.139)式中,若令

$$u^* \equiv u - c = u - (u_1 + u_2)/2, \tag{9.144}$$

则 u^* 在 $\xi \to \pm\infty$ 时的值分别是

$$\begin{cases} \xi \to +\infty, & u^* \to u_2^* = -(u_1 - u_2)/2, \\ \xi \to -\infty, & u^* \to u_1^* = (u_1 - u_2)/2. \end{cases} \tag{9.145}$$

这样,(9.139)式可改写为

$$u^*(x,t) = u_2^* \tanh\left(-\frac{u_2^*}{2\nu}(x-ct)\right). \tag{9.146}$$

因此,在新的函数系统中,u^* 是振幅. 由上式,我们定义 Burgers 方程冲击波的宽度为

$$d = 2\nu / |u_2^*| = 4\nu(u_1 - u_2). \tag{9.147}$$

因而,宽度与 ν 成正比,与振幅成反比.即振幅越大和耗散越小时,宽度也越小.

§9.5 频散的作用,KdV 方程的求解,椭圆余弦波(cnoidal waves)与孤立波(solitary waves)

上一节,我们在非线性平流方程中加进了 $\nu\dfrac{\partial^2 u}{\partial x^2}$,分析了耗散的作用;本节,在非线性平流方程中加进含$\dfrac{\partial^3 u}{\partial x^3}$的频散项并分析它的作用.我们就以§9.2引进的浅水波的 KdV 方程为例来说明.

浅水波的 KdV 方程(9.107)可以写为

$$\frac{\partial h'}{\partial t} + c_0(1 + \lambda h')\frac{\partial h'}{\partial x} + \beta\frac{\partial^3 h'}{\partial x^3} = 0, \tag{9.148}$$

其中

$$\lambda = 3/2H, \quad \beta = c_0 H^2/6. \tag{9.149}$$

若在方程(9.148)中,令

$$\eta = 1 + \lambda h' = 1 + \frac{3}{2H}h', \tag{9.150}$$

则方程(9.148)就化为

$$\frac{\partial \eta}{\partial t} + c_0\eta\frac{\partial \eta}{\partial x} + \beta\frac{\partial^3 \eta}{\partial x^3} = 0. \tag{9.151}$$

这就在形式上消去了方程(9.148)中所含的线性平流项.所以,KdV 方程的一般形式可写为

$$\frac{\partial v}{\partial t} + \alpha v\frac{\partial v}{\partial x} + \beta\frac{\partial^3 v}{\partial x^3} = 0 \quad (\alpha > 0, \beta > 0). \tag{9.152}$$

若再令

$$u = \alpha v, \tag{9.153}$$

则 KdV 方程(9.152)可以化为更为简洁的形式:

$$\frac{\partial u}{\partial t} + u\frac{\partial u}{\partial x} + \beta\frac{\partial^3 u}{\partial x^3} = 0 \quad (\beta > 0), \tag{9.154}$$

这里 $\beta>0$.对于 $\beta<0$ 的 KdV 方程,很容易化为 $\beta>0$ 的形式,见本章末习题 3.

KdV 方程(9.154)相应的线性方程是

$$\frac{\partial u}{\partial t} + c_0\frac{\partial u}{\partial x} + \beta\frac{\partial^3 u}{\partial x^3} = 0. \tag{9.155}$$

若以(9.125)形式的解代入方程(9.155),则导得频散关系为

$$\omega = kc_0 - \beta k^3, \tag{9.156}$$

这里 ω 为实数.由此求得相速度 c_p 和群速度 c_g 分别是

$$c_p \equiv \frac{\omega}{k} = c_0 - \beta k^2, \quad c_g \equiv \frac{\partial\omega}{\partial k} = c_0 - 3\beta k^2. \tag{9.157}$$

因而 $\beta \neq 0$ 时,$c_g \neq c_p$,它充分说明KdV方程中 $\beta\dfrac{\partial^3 u}{\partial x^3}$ 一项表征频散的作用.而且,因为

$$\frac{dc_g}{dk} = -6\beta k, \tag{9.158}$$

所以,$\beta\dfrac{\partial^3 u}{\partial x^3}$ 的作用使得波频散,而且,β 越大,波长越短(k 越大),波频散越强,这种波动就是频散波(dispersive waves).当然,对长波而言(k 小),它是弱频散波,其特点是 ω 中仅含 k 的奇数次项.

为了阐述频散因子和非线性因子的共同作用,我们求KdV方程(9.154)的行波解,与Burgers方程类似,令

$$u(x,t) = u(\xi), \quad \xi = x - ct, \tag{9.159}$$

其中 c 是常数.

将(9.159)式代入方程(9.154),得

$$-c\frac{du}{d\xi} + u\frac{du}{d\xi} + \beta\frac{d^3 u}{d\xi^3} = 0.$$

将上式对 ξ 积分一次有

$$-cu + \frac{1}{2}u^2 + \beta\frac{d^2 u}{d\xi^2} = A, \tag{9.160}$$

其中 A 是积分常数.将上式乘以 $\dfrac{du}{d\xi}$ 后,再对 ξ 积分一次有

$$-\frac{1}{2}cu^2 + \frac{1}{6}u^3 + \frac{\beta}{2}\left(\frac{du}{d\xi}\right)^2 = Au + B$$

或

$$\left(\frac{du}{d\xi}\right)^2 = -\frac{1}{3\beta}F(u), \tag{9.161}$$

其中

$$F(u) \equiv u^3 - 3cu^2 - 6Au - 6B \tag{9.162}$$

是 u 的三次多项式,B 为积分常数.

为了求KdV方程的周期解,我们把方程(9.160)视为一个二阶保守系统.由(9.160)式有

$$\frac{d^2 u}{d\xi^2} = \frac{1}{\beta}\left(A + cu - \frac{1}{2}u^2\right) = -\frac{1}{6\beta}F'(u), \tag{9.163}$$

其中 $F'(u)$ 表 $F(u)$ 对 u 的微商.

根据(9.163)式，$-\frac{1}{6\beta}F'(u)$ 可视为外力，则求得"势能"为

$$\phi(u) = \int \frac{1}{6\beta}F'(u)\mathrm{d}u = \frac{1}{6\beta}F(u). \tag{9.164}$$

它说明形式为(9.162)式的 $F(u)$ 表征"势能"的作用. 若令

$$v \equiv \frac{\mathrm{d}u}{\mathrm{d}\xi}, \tag{9.165}$$

则方程(9.163)化为

$$\begin{cases} \dfrac{\mathrm{d}v}{\mathrm{d}\xi} = -\dfrac{1}{6\beta}F'(u), \\ \dfrac{\mathrm{d}u}{\mathrm{d}\xi} = v. \end{cases} \tag{9.166}$$

因而，系统(9.166)的平衡点 (u_0, v_0) 满足

$$F'(u_0) = 0, \quad v_0 = 0, \tag{9.167}$$

即平衡点在相图 (u,v) 的 u 轴上，而且在 u 轴的坐标是势能 $\phi(u)$ 或 $F(u)$ 的极值点. 这样，我们可根据常微分方程的性质，分析 $F(u)$ 的极大或极小，以确定平衡点的性质，并说明在什么条件下，KdV 方程有周期解.

若 $F(u)$ 只有一个实的零点 $u=u_1$(见图 9.9)，因为，$u\leqslant u_1$ 时，$-F(u)>0$；$u>u_1$ 时，$-F(u)<0$，所以，只有 $u\leqslant u_1$ 时，方程(9.161)才有实函数解. 但此时，u 没有限制，甚至它可以变为无穷大，不存在周期解.

这样，为了求得周期解，我们设 $F(u)$ 有三个实的零点 u_1，u_2 和 u_3，而且不失一般性，设

$$u_1 \geqslant u_2 \geqslant u_3, \tag{9.168}$$

因而 $F(u)$ 可表为

$$F(u) = (u-u_1)(u-u_2)(u-u_3). \tag{9.169}$$

比较(9.162)式和(9.169)式有

$$\begin{cases} c = (u_1+u_2+u_3)/3, \\ A = -(u_1u_2+u_2u_3+u_3u_1)/6, \\ B = u_1u_2u_3/6. \end{cases} \tag{9.170}$$

因

$$\begin{aligned} c^2+2A &= \frac{1}{9}(u_1+u_2+u_3)^2 - \frac{1}{3}(u_1u_2+u_2u_3+u_3u_1) \\ &= \frac{1}{18}\{(u_1-u_2)^2+(u_2-u_3)^2+(u_3-u_1)^2\}, \end{aligned}$$

所以，当 u_1，u_2，u_3 是实数时，

$$c^2+2A\geqslant 0.$$

图 9.10 描绘了 $F(u)$ 有三个实根的三种不同的情况,其中曲线(Ⅰ)表示 $F(u)$ 有三个不等实根,曲线(Ⅱ)表示 $F(u)$ 有一个重实根为 $u_2=u_3$,曲线(Ⅲ)表示 $F(u)$ 有一个重实根为 $u_1=u_2$.

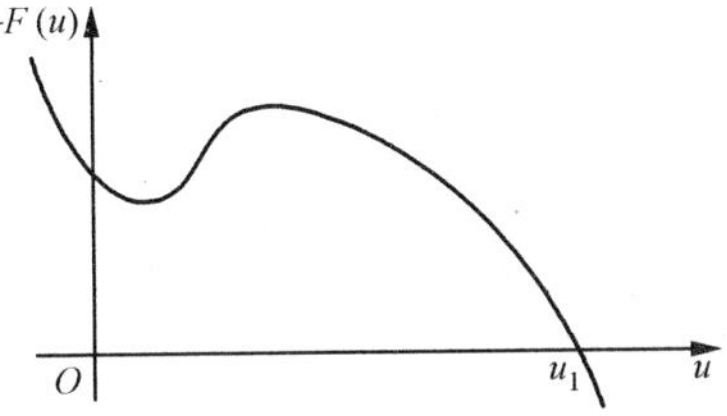

图 9.9 单实零点

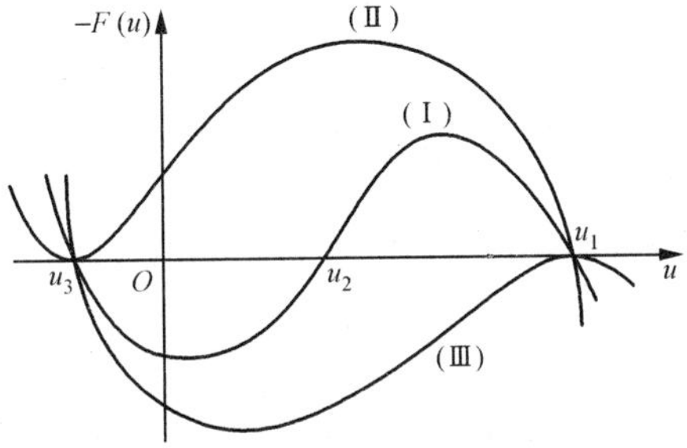

图 9.10 三个实零点

曲线(Ⅰ),由于在区间 (u_2,u_1), $-F(u)>0$,符合方程(9.161)的要求,而且,其中 $-F(u)$ 有一极大值点,相应它是势能 $\phi(u)$ 的极小值点. 因而,平衡点 $(u_0,0)$ 是中心点,在 (u_2,u_1) 内,轨线是闭合的,所以存在周期解. 下面将看到,这个周期解叫椭圆余弦波(cnoidal waves).

曲线(Ⅱ),它是曲线(Ⅰ)中 $u_2=u_3$ 的特例. 此时,在 (u_3,u_1) 内势能 $\phi(u)$ 有一极小值点,但由于 $u_2=u_3$ 是势能 $\phi(u)$ 的极大值点,因此,在 (u_3,u_1) 内,平衡点 $(u_0,0)$ 仍是中心点,但轨线属分型线,且当 $\xi\to\pm\infty$ 时,u 都趋向于 $u_2=u_3$. 下面,我们把这个解叫孤立波(solitary waves).

曲线(Ⅲ),它是曲线(Ⅰ)中 $u_1=u_2$ 的特例. 此时,在 (u_3,u_1) 上,$-F(u)<0$,不符合方程(9.161)的要求,只有一点 $u=u_1=u_2$, $F(u)=0$,它是势能的极小值点,该点就是中心点本身,它对应通常的线性波解.

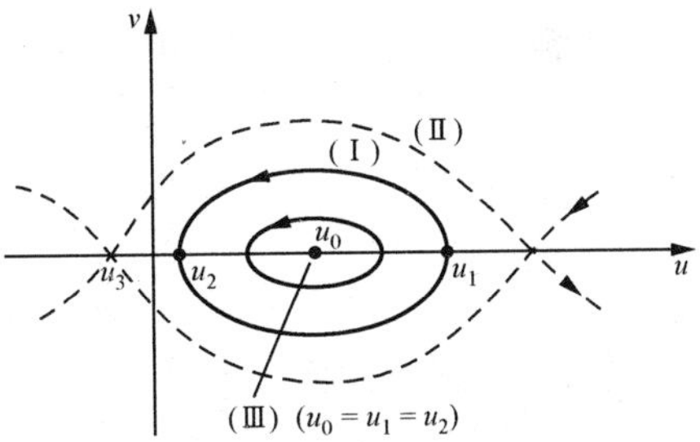

图 9.11 KdV 方程的相图

图 9.11 描绘了在相图 (u,v) 上,对应图 9.10 中曲线(Ⅰ),(Ⅱ)和(Ⅲ)的轨线,图中箭头代表了 ξ 增加的方向. 下面我们分别讨论这三种情况.

一、椭圆余弦波

这是曲线(Ⅰ)的情况. 将方程(9.161)两边开方有

$$\frac{\mathrm{d}u}{\mathrm{d}\xi}=\pm\sqrt{-F(u)/3\beta}. \tag{9.171}$$

上式右端根号外取负号,并注意(9.169)式,得

$$\frac{\mathrm{d}\xi}{\sqrt{3\beta}}=-\frac{\mathrm{d}u}{\sqrt{(u_1-u)(u-u_2)(u-u_3)}}\quad(u_2<u<u_1). \tag{9.172}$$

(9.171)式右端根号外取正号也一样讨论. 令

$$u_1-u=p^2, \tag{9.173}$$

则

$$\begin{cases}u-u_2=(u_1-u_2)-(u_1-u)=(u_1-u_2)-p^2,\\ u-u_3=(u_1-u_3)-(u_1-u)=(u_1-u_3)-p^2.\end{cases} \tag{9.174}$$

注意$-\mathrm{d}u=2p\mathrm{d}p$,则(9.172)式化为

$$\frac{\mathrm{d}\xi}{\sqrt{3\beta}}=\frac{2\mathrm{d}p}{\sqrt{[(u_1-u_3)-p^2][(u_1-u_2)-p^2]}}. \tag{9.175}$$

若再令

$$p=\sqrt{u_1-u_2}\,q, \tag{9.176}$$

相应

$$q=p/\sqrt{u_1-u_2}=\sqrt{(u_1-u)/(u_1-u_2)}. \tag{9.177}$$

这样就有

$$\begin{cases}u=u_1\text{ 时},\quad q=0,\\ u=u_2\text{ 时},\quad q=1.\end{cases} \tag{9.178}$$

因而,方程(9.175)化为

$$\sqrt{\frac{u_1-u_3}{3\beta}}\mathrm{d}\xi=\frac{2}{\sqrt{(1-q^2)(1-m^2q^2)}}\mathrm{d}q, \tag{9.179}$$

其中

$$m^2=\frac{u_1-u_2}{u_1-u_3}\quad(0<m^2<1). \tag{9.180}$$

将方程两边积分,选择$q=0$时,$\xi=0$,相当$u=u_1$,则得

$$\xi=\sqrt{\frac{12\beta}{u_1-u_3}}\int_0^q\frac{1}{(1-q^2)(1-m^2q^2)}\mathrm{d}q. \tag{9.181}$$

上式右端的积分称为第一类 Legendre 椭圆积分,它是上限q和参数m(称为模数)的函数. 反过来,也可把积分上限q视为积分值的函数,它称为 Jacobi 椭圆正弦函数. 因而,(9.181)式可以写为

$$q=\mathrm{sn}\sqrt{\frac{u_1-u_3}{12\beta}}\xi, \tag{9.182}$$

其中$\mathrm{sn}x$表示x的 Jacobi 椭圆正弦函数,在§8.11 中,我们也应用过. 这里详细说明了它的来历.

将(9.177)式代入(9.182)式有

$$\frac{u_1-u}{u_1-u_2}=q^2=\mathrm{sn}^2\sqrt{\frac{u_1-u_3}{12\beta}}\xi=1-\mathrm{cn}^2\sqrt{\frac{u_1-u_3}{12\beta}}\xi, \tag{9.183}$$

其中 $\mathrm{cn}x$ 表示 x 的 Jacobi 椭圆余弦函数($\mathrm{cn}^2x=1-\mathrm{sn}^2x$),由上式解得

$$u(x,t)=u_2+(u_1-u_2)\mathrm{cn}^2\sqrt{\frac{u_1-u_3}{12\beta}}(x-ct), \tag{9.184}$$

它就称为椭圆余弦波,其振幅为 u_1-u_2. 因 cn^2x 的周期为 $2\mathrm{K}(m)$,其中

$$\mathrm{K}(m)=\int_0^1\frac{1}{\sqrt{(1-q^2)(1-m^2q^2)}}\mathrm{d}q, \tag{9.185}$$

称为第一类 Legendre 完全椭圆积分(参见(8.303)式). 所以,由(9.184)式所表征的椭圆余弦波的波长为

$$L=\frac{2\mathrm{K}(m)}{\sqrt{(u_1-u_3)/12\beta}}; \tag{9.186}$$

而波速 c 就是(9.170)的第一式.

图 9.12 描绘了椭圆余弦波的图像.

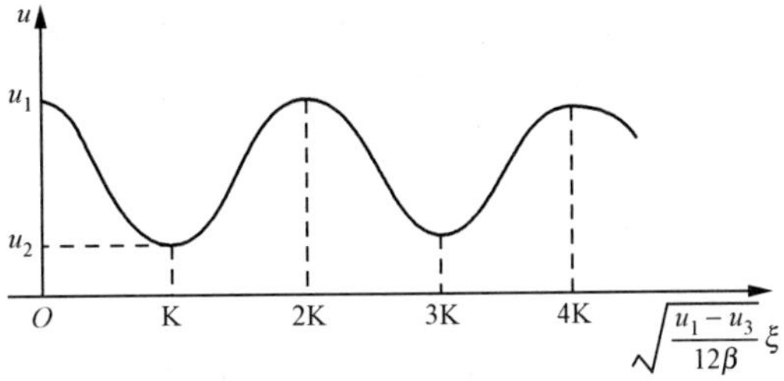

图 9.12 椭圆余弦波

二、孤立波

这是曲线(Ⅱ)的情况. 它是椭圆余弦波中

$$u_2=u_3 \tag{9.187}$$

的特例. 将上式代入(9.180)式可知,此时

$$m=1. \tag{9.188}$$

而(9.181)式右端的积分为 $\mathrm{arctanh}q$,相应,椭圆正弦函数退化为双曲正切函数,椭圆余弦函数退化为双曲正割函数,即

$$\begin{cases}\mathrm{sn}x\to\tanh x,\\ \mathrm{cn}x\to\mathrm{sech}x\end{cases}\quad(m\to1). \tag{9.189}$$

因而,(9.184)式化为

$$u(x,t)=u_2+(u_1-u_2)\mathrm{sech}^2\sqrt{\frac{u_1-u_2}{12\beta}}(x-ct). \tag{9.190}$$

它称为孤立波,是椭圆余弦波在 $m\to1$ 时的极限. 一般我们把非线性演化方程在无穷远处趋于确定常数(包括零)的解都称为孤立波. 但因为 $\mathrm{K}(1)\to\infty$,因而 $L\to\infty$. 所以,孤立波是波长为∞的一个孤立的非线性波. 又因 $\xi\to0$ 时,$\mathrm{sech}\xi\to1$;$\xi\to\pm\infty$ 时,$\mathrm{sech}\xi\to0$,则由(9.190)式有

$$u\mid_{\xi=0}=u_1,\quad u\mid_{\xi\to\pm\infty}=u_2.$$

因而,孤立波在 $\xi\to\pm\infty$时达到一个均匀状态.若记

$$u_2=u_\infty,\tag{9.191}$$

并用 a 表示孤立波的振幅,即

$$a=u_1-u_2,\tag{9.192}$$

这样,孤立波解(9.190)可表为

$$u=u_\infty+a\operatorname{sech}^2\sqrt{\frac{a}{12\beta}}(x-ct).\tag{9.193}$$

其中,孤立波的速度 c,根据(9.170)的第一式得

$$c=\frac{1}{3}(u_1+2u_2)=u_2+\frac{1}{3}(u_1-u_2)=u_\infty+\frac{1}{3}a.\tag{9.194}$$

因而,孤立波相对于 u_∞ 的速度与波的振幅成正比.这是非线性波的一个特色,其圆频率或波速不仅像线性波那样与波数有关,而且也与振幅有关.

通常,我们把孤立波解(9.193)中的 $\sqrt{12\beta/a}$ 称为孤立波的宽度,记为 d,即

$$d=\sqrt{12\beta/a},\tag{9.195}$$

它与$\sqrt{\beta}$成正比,与$\sqrt{a}$成反比.由此说明:KdV 方程中频散项的作用是扩大波的宽度,非线性波的频散就是通过它来实现的.

图 9.13 描绘了孤立波的图像.

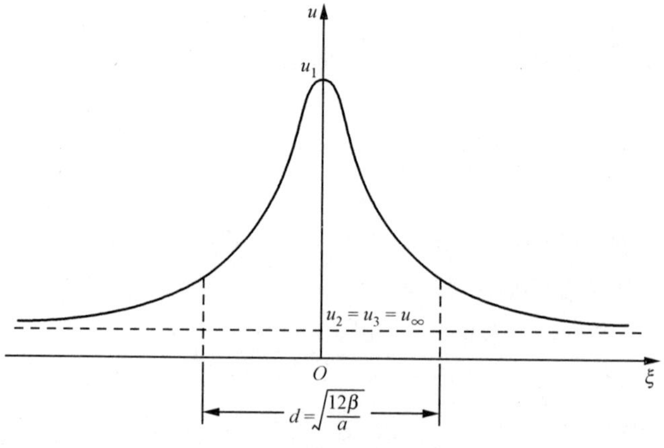

图 9.13 孤立波

我们知道,非线性的作用使波变陡而集中,而前面分析,频散的作用使波加宽,在 KdV 方程中的非线性因子和频散因子两者平衡时,就得到如图 9.13 的孤立波.它在运动过程中,始终保持这个形状,具有粒子的性质,正由于此,我们把孤立波称为孤立子(soliton).孤立波可以携带信息在很长距离内不被歪曲.

最早对孤立波现象的描述是 1844 年.英国科学家 Russell 在写给第 14 届英国科学促进协会的报告中说:"我观察过一次船的运动,这条船被两匹马拉着,沿着狭窄的河道迅速前进.船突然停下时,被船体带过来的水流聚集在船头周围,并处于急剧运动状态,而后形成一个圆而光滑且轮廓分明的巨大水峰,以极大的速度离开船头向前移动.这个水峰大约长 30 英尺,高 1 至 1.5 英尺,行进的速度每小时约 8 至 9 英里.在行进过程中,速度和波形都保持不变.我骑着马紧紧跟随,后来发觉波的高度逐渐减小,在跟踪了 1 至 2 英里以后,它终于消失在蜿蜒曲折的河道之中."①

孤立波和孤立子的概念已广泛应用于流体力学、固体力学、晶格力学、非线性光学、基本粒子物理、分子生物学、等离子体物理和地球物理的广大自然科学领域中.

三、线性波

这是曲线(Ⅲ)的情况,它是椭圆余弦波中

$$u_1 = u_2 \tag{9.196}$$

的特例.将上式代入(9.180)式可知,此时

$$m = 0, \tag{9.197}$$

而(9.181)式右端的积分为 $\arcsin q$,相应,椭圆正弦函数和椭圆余弦函数分别退化为正弦函数和余弦函数,即

$$\begin{cases} \operatorname{sn}x \to \sin x, \\ \operatorname{cn}x \to \cos x \end{cases} \quad (m \to 0). \tag{9.198}$$

因而(9.184)式化为

$$\begin{aligned} u(x,t) &= u_2 + (u_1 - u_2)\cos^2 \sqrt{\frac{u_1 - u_3}{12\beta}}(x - ct) \\ &= \frac{u_1 + u_2}{2} + \frac{u_1 - u_2}{2}\cos \sqrt{\frac{u_1 - u_3}{3\beta}}(x - ct). \end{aligned} \tag{9.199}$$

这就是线性波,是椭圆余弦波在 $m \to 0$ 时的极限,其振幅为 $(u_1 - u_2)/2 \to 0$,波数和波长分别是

$$k = \sqrt{\frac{u_1 - u_3}{3\beta}}, \quad L = 2\pi\sqrt{\frac{3\beta}{u_1 - u_3}}. \tag{9.200}$$

由上面分析可知,KdV 方程所表征的非线性波的基本形式是椭圆余弦波,它的特殊情况是孤立波($m \to 1$)和线性波($m \to 0$),在这个意义上,m 值表征非线性的

① 见 Russell, J. S., Report on Waves, Rep. Mett. Brit. Assoc. Adv. Sci. 14th York, 1844, 311, London, John Murry.

作用，m 值越大（m 最大为 1），非线性作用越大. 而且，非线性波的圆频率和波速不仅和波数有关，且与波的振幅有关，这是非线性波的特色.

对于一般的 KdV 方程(9.152)的求解，可以按(9.153)式的变换求解，也可以直接求解. 若令

$$v(x,t)=v(\xi),\quad \xi=x-ct. \tag{9.201}$$

将其代入方程(9.152)，很易得到

$$\left(\frac{\mathrm{d}v}{\mathrm{d}\xi}\right)^2=-\frac{\alpha}{3\beta}F_1(v), \tag{9.202}$$

其中

$$F_1(v)\equiv v^3-\frac{3c}{\alpha}v^2-\frac{6\beta A}{\alpha}-\frac{6\beta B}{\alpha} \tag{9.203}$$

是 v 的三次多项式，A，B 为积分常数.

这样，很易求得一般 KdV 方程(9.152)的椭圆余弦波解为

$$v(x,t)=v_2+(v_1-v_2)\mathrm{cn}^2\sqrt{\frac{\alpha}{12\beta}(v_1-v_3)}(x-ct), \tag{9.204}$$

其中 v_1，v_2，v_3 是 $F_1(v)$ 的三个实的零点. 显然波速 c 满足

$$c=\frac{\alpha}{3}(v_1+v_2+v_3). \tag{9.205}$$

而且，当 $v_2=v_3$ 时，(9.204)式退化为孤立波解，即

$$v(x,t)=v_\infty+a\,\mathrm{sech}^2\sqrt{\frac{\alpha a}{12\beta}}(x-ct), \tag{9.206}$$

其中

$$\begin{cases}v_\infty=v_2,\quad a=v_1-v_2,\\ c=\dfrac{\alpha}{3}(v_1+2v_2)=\alpha v_\infty+\dfrac{\alpha}{3}a.\end{cases} \tag{9.207}$$

对于浅水波的 KdV 方程(9.148)的求解，可以按(9.150)式的变换求解，也可以直接求解. 若令

$$h'=H\eta(\xi),\quad \xi=x-ct, \tag{9.208}$$

η 是 h' 的无量纲量. 将(9.208)式代入方程(9.148)，不难得到

$$\left(\frac{\mathrm{d}\eta}{\mathrm{d}\xi}\right)^2=-\frac{3}{H^2}F_2(\eta), \tag{9.209}$$

其中

$$F_2(\eta)\equiv\eta^3-2\left(\frac{c}{c_0}-1\right)\eta^2+4A\eta+B \tag{9.210}$$

是 η 的三次多项式，A，B 为积分常数.

不失一般性，我们取 $B=0$，从而选 $F_2(\eta)$ 的三个实零点为 a，0，$a-b$（其中

$0<a<b$)，即

$$F_2(\eta)=\eta(\eta-a)(\eta-a+b)\quad(0<a<b). \tag{9.211}$$

比较(9.210)式和(9.211)式可得

$$2a-b=2\left(\frac{c}{c_0}-1\right). \tag{9.212}$$

这样，可求得浅水波 KdV 方程(9.148)关于 η 的椭圆余弦波解为

$$\eta=a\mathrm{cn}^2\sqrt{\frac{3b}{4H^2}}(x-ct). \tag{9.213}$$

其模数

$$m=\sqrt{a/b}; \tag{9.214}$$

波长为

$$L=\frac{2\mathrm{K}(m)}{\sqrt{3b/4H^2}}=\frac{4H}{\sqrt{3b}}\mathrm{K}(m). \tag{9.215}$$

由(9.208)式，则对 h' 的椭圆余弦波解为

$$h'=a^*\mathrm{cn}^2\sqrt{\frac{3b}{4H^2}}(x-ct). \tag{9.216}$$

其中振幅为

$$a^*=aH; \tag{9.217}$$

波速 c 由(9.212)式决定.

当 $a-b=0$，即 $a=b$ 时，(9.216)式退化为孤立波解，即

$$h'=a^*\mathrm{sech}^2\sqrt{\frac{3a}{4H^2}}(x-ct), \tag{9.218}$$

其中波速由(9.212)式定得为

$$c=c_0\left(1+\frac{a}{2}\right)=c_0\left(1+\frac{a^*}{2H}\right). \tag{9.219}$$

当 $a\to 0$ 时，$m\to 0$，(9.216)式蜕化为线性浅水波解，即

$$h'=a^*\cos^2\frac{\sqrt{3b}}{2H}(x-ct)=\frac{a^*}{2}+\frac{a^*}{2}\cos\frac{\sqrt{3b}}{H}(x-ct). \tag{9.220}$$

相应的波速由(9.212)式求得为

$$c=c_0\left(1-\frac{b}{2}\right). \tag{9.221}$$

由(9.220)式知，此时线性浅水波的波数为

$$k=\sqrt{3b}/H, \tag{9.222}$$

则代入(9.221)式有

$$c=c_0\left(1-\frac{1}{6}k^2H^2\right). \tag{9.223}$$

相应,圆频率为

$$\omega = kc = kc_0\left(1 - \frac{1}{6}k^2 H^2\right), \tag{9.224}$$

这与(9.100)式完全一致.

§9.6 正弦-Gordon 方程的周期解、扭结波(kink waves)与反扭结波(anti-kink waves)

正弦-Gordon 方程的一般形式是

$$\frac{\partial^2 u}{\partial t^2} - c_0^2 \frac{\partial^2 u}{\partial x^2} + f_0^2 \sin u = 0, \tag{9.225}$$

它是普遍的 Klein-Gordon 方程

$$\frac{\partial^2 u}{\partial t^2} - c_0^2 \frac{\partial^2 u}{\partial x^2} + V'(u) = 0 \tag{9.226}$$

中

$$V(u) = f_0^2(1 - \cos u) \tag{9.227}$$

的特例,这里 $V(u)$ 相当于势能. 若令

$$u(x,t) = u(\xi), \quad \xi = x - ct, \tag{9.228}$$

将其代入方程(9.226)得

$$(c^2 - c_0^2)\frac{\mathrm{d}^2 u}{\mathrm{d}\xi^2} + V'(u) = 0. \tag{9.229}$$

上式等价于下列方程组

$$\begin{cases} \dfrac{\mathrm{d}u}{\mathrm{d}\xi} = v, \\ \dfrac{\mathrm{d}v}{\mathrm{d}\xi} = -\dfrac{V'(u)}{c^2 - c_0^2} \quad (c^2 \neq c_0^2). \end{cases} \tag{9.230}$$

方程组(9.230)的平衡点 (u_0, v_0) 满足

$$V'(u_0) = 0, \quad v_0 = 0, \tag{9.231}$$

即平衡点使得 $v = \dfrac{\mathrm{d}u}{\mathrm{d}\xi} = 0$,同时是势能 $V(u)$ 的极值点. 在相平面 (u, v) 上的轨道满足方程:

$$\frac{\mathrm{d}v}{\mathrm{d}u} = -\frac{V'(u)}{(c^2 - c_0^2)v}.$$

由此求得

$$\frac{1}{2}(c^2 - c_0^2)v^2 + V(u) = A, \tag{9.232}$$

A 是积分常数.

将方程组(9.229)的第二式对 ξ 微商,并利用第一式,得

$$\frac{\mathrm{d}^2 v}{\mathrm{d}\xi^2}+\frac{V''(u)}{c^2-c_0^2}v=0. \tag{9.233}$$

由此可知,只有

$$\frac{V''(u_0)}{c^2-c_0^2}>0, \tag{9.234}$$

v 和 u 才有周期解.这意味着 $V''(u_0)$ 与 $c^2-c_0^2$ 有同样的符号.即 $c^2-c_0^2>0$ 时伴有势能的极小值点($V''(u_0)>0$),$c^2-c_0^2<0$ 时伴有势能的极大值点($V''(u_0)<0$).

设相平面(u,v)上的轨道与 u 轴的交点为 u_1 和 u_2,它满足

$$v\,\big|_{u_1,u_2}=\left.\frac{\mathrm{d}u}{\mathrm{d}\xi}\right|_{u_1,u_2}=0. \tag{9.235}$$

由(9.232)式知,上式表示 u_1 和 u_2 是

$$A-V(u)=0 \tag{9.236}$$

的两个实根.这样,当满足条件(9.234)式时,u 在(u_1,u_2)上平衡点 u_0 附近振荡.

由上分析,对于正弦-Gordon 方程(9.225),

$$V'(u)=f_0^2\sin u, \tag{9.237}$$

则其平衡点(u_0,v_0)满足

$$\sin u_0=0,\quad v_0=0. \tag{9.238}$$

因而

$$u_0=n\pi\quad(n=0,1,2,\cdots). \tag{9.239}$$

相应,方程(9.232)化为

$$\frac{1}{2}(c^2-c_0^2)\left(\frac{\mathrm{d}u}{\mathrm{d}\xi}\right)^2+f_0^2(1-\cos u)=A, \tag{9.240}$$

因此时

$$V''(u_0)=f_0^2\cos u_0=\begin{cases}f_0^2>0, & u_0=0,2\pi,\cdots,\\ -f_0^2<0, & u_0=\pi,3\pi,\cdots,\end{cases} \tag{9.241}$$

所以,由(9.234)式知:当 $c^2-c_0^2>0$ 时,在平衡点 $u_0=0,2\pi,\cdots$附近有周期解;而当 $c^2-c_0^2<0$ 时,在平衡点 $u_0=\pi,3\pi,\cdots$附近有周期解.

注意 $1-\cos u=2\sin^2\dfrac{u}{2}$,则(9.240)式化为

$$\frac{1}{2}(c^2-c_0^2)\left(\frac{\mathrm{d}u}{\mathrm{d}\xi}\right)^2+2f_0^2\sin^2\frac{u}{2}=A. \tag{9.242}$$

由(9.242)式知,若 $c^2-c_0^2>0$,要求 $A-2f_0^2\sin^2\dfrac{u}{2}>0$,则 $A>0$;若 $c^2-c_0^2<0$,

要求 $A-2f_0^2\sin^2\dfrac{u}{2}<0$,则 $A<2f_0^2$. 因而一般我们设 $0\leqslant A\leqslant 2f_0^2$. 下面分几种情况说明.

(1) $c^2-c_0^2>0$,但 $0<A<2f_0^2$. 此时,正弦-Gordon 方程(9.225)在平衡点 $u_0=0,2\pi,\cdots$附近有周期解. 此时,方程(9.242)写为

$$\left(\frac{\mathrm{d}u}{\mathrm{d}\xi}\right)^2=\frac{4f_0^2}{c^2-c_0^2}\left(\frac{A}{2f_0^2}-\sin^2\frac{u}{2}\right). \tag{9.243}$$

根据 $\mathrm{d}u/\mathrm{d}\xi=0$,求得在平衡点 $u_0=0$ 点附近的两个 u 值是

$$u_1=2\arcsin\sqrt{\frac{A}{2f_0^2}},\quad u_2=-u_1. \tag{9.244}$$

因而 u 在$(-u_1,u_1)$围绕平衡点 $u_0=0$ 作周期运动. 而且此时(9.243)式化为

$$\frac{\mathrm{d}u}{\mathrm{d}\xi}=\pm\frac{2f_0}{\sqrt{c^2-c_0^2}}\sqrt{\frac{A}{2f_0^2}-\sin^2\frac{u}{2}},$$

或

$$\pm\,\mathrm{d}\xi=\frac{1}{\dfrac{2f_0}{c^2-c_0^2}\cdot\sqrt{\dfrac{A}{2f_0^2}-\sin^2\dfrac{u}{2}}}\mathrm{d}u. \tag{9.245}$$

若令

$$\sin\frac{u}{2}=\sqrt{\frac{A}{2f_0^2}}\sin\varphi=\sin\frac{u_1}{2}\sin\varphi, \tag{9.246}$$

注意$\dfrac{1}{2}\cos\dfrac{u}{2}\mathrm{d}u=\sqrt{\dfrac{A}{2f_0^2}}\cos\varphi\mathrm{d}\varphi$,$\cos\dfrac{u}{2}=\sqrt{1-m^2\sin\varphi}$,则(9.245)式化为

$$\pm\,\mathrm{d}\xi=\frac{\sqrt{c^2-c_0^2}}{f_0}\frac{1}{\sqrt{1-m^2\sin^2\varphi}}\mathrm{d}\varphi, \tag{9.247}$$

其中 m 称为模数$(0<m<1)$,它满足

$$m^2=\sin^2\frac{u_1}{2}=\frac{A}{2f_0^2}. \tag{9.248}$$

对(9.247)式两边自 $\xi=0(u=0)$ 到 $\xi=\xi(u=u)$ 积分得

$$\pm\,\xi=\frac{\sqrt{c^2-c_0^2}}{f_0}\int_0^{\varphi}\frac{1}{\sqrt{1-m^2\sin^2\varphi}}\mathrm{d}\varphi. \tag{9.249}$$

上式右端的积分是第一类 Legendre 椭圆积分(令 $q=\sin\varphi$,它即化为(9.181)式右端的积分),则

$$\sin\varphi=\pm\,\mathrm{sn}\frac{f_0}{\sqrt{c^2-c_0^2}}\xi \tag{9.250}$$

或

$$\sin\frac{u}{2}=\pm\sqrt{\frac{A}{2f_0^2}}\mathrm{sn}\frac{f_0}{\sqrt{c^2-c_0^2}}\xi=\pm\,m\,\mathrm{sn}\frac{f_0}{\sqrt{c^2-c_0^2}}\xi, \tag{9.251}$$

其模数为 $m=\sqrt{\dfrac{A}{2f_0^2}}$. 因 $\mathrm{sn}x$ 以 $4\mathrm{K}(m)$ 为周期，因而上述椭圆正弦波的波长为

$$L=\frac{4\mathrm{K}(m)}{f_0}\sqrt{c^2-c_0^2}. \tag{9.252}$$

(2) $c^2-c_0^2<0$，但 $0<A<2f_0^2$. 此时，正弦-Gordon 方程(9.225)在平衡点 π，3π，…附近有周期解. 此时，方程(9.242)改写为

$$\left(\frac{\mathrm{d}u}{\mathrm{d}\xi}\right)^2=\frac{4f_0^2}{c_0^2-c^2}\left(\sin^2\frac{u}{2}-\frac{A}{2f_0^2}\right)=\frac{4f_0^2}{c_0^2-c^2}\left(1-\frac{A}{2f_0^2}-\cos^2\frac{u}{2}\right). \tag{9.253}$$

(9.253)式与(9.243)式比较，左端相同，右端(9.243)式中的$\dfrac{4f_0^2}{c^2-c_0^2}$变成了(9.253)式中的$\dfrac{4f_0^2}{c_0^2-c^2}$，$\dfrac{A}{2f_0^2}=m^2$ 变成了 $1-\dfrac{A}{2f_0^2}=1-m^2=m'^2$（$m'$称为余模数），$\sin^2\dfrac{u}{2}$变成了 $\cos^2\dfrac{u}{2}$. 这样，类似地求得方程(9.253)的解为

$$\cos\frac{u}{2}=\pm\sqrt{1-\frac{A}{2f_0^2}}\,\mathrm{sn}\frac{f_0}{\sqrt{c_0^2-c^2}}\xi=\pm m'\,\mathrm{sn}\frac{f_0}{\sqrt{c_0^2-c^2}}\xi, \tag{9.254}$$

其模数为 m'. 这是在$(\pi-u_1,\pi+u_1)$围绕平衡点 $u_0=\pi$ 作周期运动的解.

(3) $c^2-c_0^2<0$，但 $A=0$，这是一种极限情况. 因此时

$$m'\to 1,\quad \mathrm{sn}\frac{f_0}{\sqrt{c_0^2-c^2}}\xi\to\tanh\frac{f_0}{\sqrt{c_0^2-c^2}}\xi,$$

则(9.254)式化为

$$\cos\frac{u}{2}=\pm\tanh\frac{f_0}{\sqrt{c_0^2-c^2}}\xi. \tag{9.255}$$

注意由上式很容易得到 $\exp\left\{\mp\dfrac{f_0}{\sqrt{c_0^2-c^2}}\xi\right\}=\sqrt{\dfrac{1-\cos\frac{u}{2}}{1+\cos\frac{u}{2}}}$，又因为

$$\sqrt{\frac{1-\cos\frac{u}{2}}{1+\cos\frac{u}{2}}}=\tan\frac{u}{4},$$

则

$$\tan\frac{u}{4}=\exp\left\{\mp\frac{f_0}{\sqrt{c_0^2-c^2}}\xi\right\}, \tag{9.256}$$

因而求得

$$u=4\arctan\left(\exp\left\{\mp\frac{f_0}{\sqrt{c_0^2-c^2}}(x-ct)\right\}\right). \tag{9.257}$$

其中的正号对应于 $\xi\to-\infty$, $u\to0$; $\xi\to+\infty$, $u\to2\pi$，它称为扭结解(kink solution)，或扭结孤立波，速度为 c，宽度为 $\sqrt{(c_0^2-c^2)/f_0^2}$. 负号对应于 $\xi\to-\infty$, $u\to2\pi$; $\xi\to+\infty$, $u\to0$，它称为反扭结解(anti-kink solution)或反扭结孤立波. 分别见图 9.14(a) 和 9.14(b).

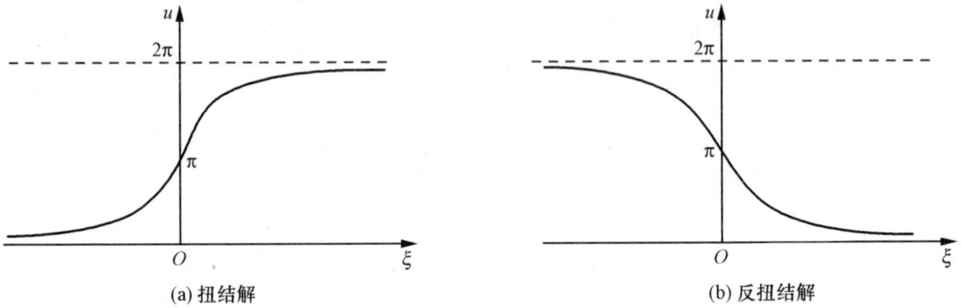

图 9.14 正弦-Gordon 方程的解

若把解(9.257)两边对 x 微商，则得

$$\frac{\partial u}{\partial x}=\frac{4\exp\left\{\pm\frac{f_0}{\sqrt{c_0^2-c^2}}\xi\right\}}{1+\exp\left\{\pm\frac{2f_0}{c_0^2-c^2}\xi\right\}}\left(\pm\frac{f_0}{\sqrt{c_0^2-c^2}}\right)=\pm\frac{2f_0}{\sqrt{c_0^2-c^2}}\operatorname{sech}\frac{f_0}{\sqrt{c_0^2-c^2}}(x-ct), \tag{9.258}$$

这是孤立波解.

(4) $c^2-c_0^2>0$，但 $A=2f_0^2$，这也是一种极限情况. 因此时 $m\to1$，

$$\operatorname{sn}\frac{f_0}{\sqrt{c^2-c_0^2}}\xi\to\tanh\frac{f_0}{\sqrt{c^2-c_0^2}}\xi,$$

则(9.251)式化为

$$\sin\frac{u}{2}=\pm\tanh\frac{f_0}{\sqrt{c^2-c_0^2}}\xi. \tag{9.259}$$

注意由上式很容易得到 $\exp\left\{\pm\frac{f_0}{\sqrt{c^2-c_0^2}}\xi\right\}=\sqrt{\frac{1+\sin\frac{u}{2}}{1-\sin\frac{u}{2}}}$. 又因为

$$\sqrt{\frac{1+\sin\frac{u}{2}}{1-\sin\frac{u}{2}}}=\frac{1+\tan\frac{u}{4}}{1-\tan\frac{u}{4}}=\tan\left(\frac{u}{4}+\frac{\pi}{4}\right),$$

则

$$\tan\left(\frac{u}{4}+\frac{\pi}{4}\right)=\exp\left\{\pm\frac{f_0}{\sqrt{c^2-c_0^2}}\xi\right\}, \tag{9.260}$$

因而求得

$$u=-\pi+4\arctan\left(\exp\left\{\pm\frac{f_0}{\sqrt{c^2-c_0^2}}(x-ct)\right\}\right). \tag{9.261}$$

其中正号对应于 $\xi\to-\infty, u\to-\pi$; $\xi\to+\infty, u\to\pi$,这是正扭结解. 负号对应于 $\xi\to-\infty, u\to\pi$; $\xi\to+\infty, u\to-\pi$,这是反扭结解. 其图像相当于将图 9.14 的曲线向下位移 π.

同样,将(9.261)式对 x 微商得

$$\frac{\partial u}{\partial x}=\pm\frac{2f_0}{\sqrt{c^2-c_0^2}}\operatorname{sech}\frac{f_0}{\sqrt{c^2-c_0^2}}(x-ct), \tag{9.262}$$

这也是孤立波解.

§ 9.7 试探函数法(trial function method),双曲函数展开法(hyperbolic function expansion method)

有些非线性方程的解析行波解很难求,例如 KdV-Burgers 方程

$$\frac{\partial u}{\partial t}+u\frac{\partial u}{\partial x}-\nu\frac{\partial^2 u}{\partial x^2}+\beta\frac{\partial^3 u}{\partial x^3}=0. \tag{9.263}$$

首先我们来分析方程(9.263)的定性特征. 设

$$u=u(\xi),\quad \xi=x-ct. \tag{9.264}$$

将其代入方程(9.263)得

$$-c\frac{\mathrm{d}u}{\mathrm{d}\xi}+u\frac{\mathrm{d}u}{\mathrm{d}\xi}-\nu\frac{\mathrm{d}^2 u}{\mathrm{d}\xi^2}+\beta\frac{\mathrm{d}^3 u}{\mathrm{d}\xi^3}=0, \tag{9.265}$$

将上式对 ξ 积分一次得

$$-cu+\frac{1}{2}u^2-\nu\frac{\mathrm{d}u}{\mathrm{d}\xi}+\beta\frac{\mathrm{d}^2 u}{\mathrm{d}\xi^2}=A, \tag{9.266}$$

A 为积分常数. 上式等价于下列方程组

$$\begin{cases}\dfrac{\mathrm{d}u}{\mathrm{d}\xi}=v\equiv F(u,v),\\[2ex] \dfrac{\mathrm{d}v}{\mathrm{d}\xi}=\mu v-\dfrac{1}{2\beta}(u^2-2cu-2A)\equiv G(u,v),\end{cases} \tag{9.267}$$

其中

$$\mu\equiv\nu/\beta. \tag{9.268}$$

因方程组(9.267)的第二个方程右端

$$u^2 - 2cu - 2A = 0 \tag{9.269}$$

的两个根为

$$\begin{cases} u_1 = c + \sqrt{c^2 + 2A}, \\ u_2 = c - \sqrt{c^2 + 2A}, \end{cases} \tag{9.270}$$

(9.270)式与(9.136)式相同. 则我们设

$$c^2 + 2A > 0, \quad u_1 > u_2.$$

显然,依常微分方程的定性理论(参见§11.7)可知,方程组(9.267)有两个平衡点

$$E_1(u_1, 0) \quad \text{和} \quad E_2(u_2, 0).$$

因为由方程组(9.267)有

$$\frac{\partial F}{\partial u} = 0, \quad \frac{\partial F}{\partial v} = 1, \quad \frac{\partial G}{\partial u} = \frac{1}{\beta}(c - u), \quad \frac{\partial G}{\partial v} = \mu, \tag{9.271}$$

则在平衡点 $E_2(u_2, 0)$ 的特征方程为

$$\begin{vmatrix} 0 - \lambda & 1 \\ \frac{1}{\beta}(c - u_2) & \mu - \lambda \end{vmatrix} = 0. \tag{9.272}$$

将其展开后得

$$\lambda^2 - \mu\lambda - \frac{1}{\beta}\sqrt{c^2 + 2A} = 0, \tag{9.273}$$

因而特征根为

$$\lambda = \frac{1}{2}\left(\mu \pm \sqrt{\mu^2 + \frac{4}{\beta}\sqrt{c^2 + 2A}}\right). \tag{9.274}$$

这是两个不等实根且不同符号,平衡点 $E_2(u_2, 0)$ 是鞍点(saddle),其中正的 λ 值使得 $\xi \to +\infty$ 时,$u \to +\infty$,负的 λ 值使得 $\xi \to +\infty$ 时,$u \to 0$;$\xi \to -\infty$ 时正相反.

类似,求得平衡点 $E_1(u_1, 0)$ 的特征方程为

$$\lambda^2 - \mu\lambda + \frac{1}{\beta}\sqrt{c^2 + 2A} = 0, \tag{9.275}$$

因而特征根为

$$\lambda = \frac{1}{2}\left(\mu \pm \sqrt{\mu^2 - \frac{4}{\beta}\sqrt{c^2 + 2A}}\right). \tag{9.276}$$

此时,特征根的性质依 μ 的相对大小有三种不同情况:

(1) 当 $\mu^2 \geqslant \frac{4}{\beta}\sqrt{c^2 + 2A}$ 时,λ 为两不等或相等实根,且同符号,即

$$\nu^2 \geqslant 4\beta\sqrt{c^2 + 2A},$$

此时相当于耗散大于频散的情况,平衡点 $E_1(u_1, 0)$ 是结点(node),它使得 $\xi \to -\infty$ 时,$u \to u_1$;$\xi \to +\infty$ 时,$u \to u_2$.

(2) 当 $\mu^2<\frac{4}{\beta}\sqrt{c^2+2A}$ 时,λ 为两共轭复根,即

$$0<\nu^2<4\beta\sqrt{c^2+2A},$$

此时相当于频散大于耗散的情况,平衡点 $E_1(u_1,0)$ 是焦点(focus),它在平衡点附近有振荡,但 $\xi\to-\infty$ 时,仍是 $u\to u_1$;$\xi\to+\infty$ 时,仍是 $u\to u_2$.

(3) 当 $\mu=0$ 时,λ 为两纯共轭虚根,即

$$\nu=0,$$

此时相当于无耗散的情况,平衡点 $E_1(u_1,0)$ 是中心(centre),在孤立波时,$\xi\to\pm\infty$ 时都有 $u\to u_2$.

图 9.15 描绘了上述三种情况的解的大致状况. 不管是图 9.15 的哪一种情况,我们都可以设

$$u=u_1+u' \quad (u_1=c+\sqrt{c^2+2A}),\tag{9.277}$$

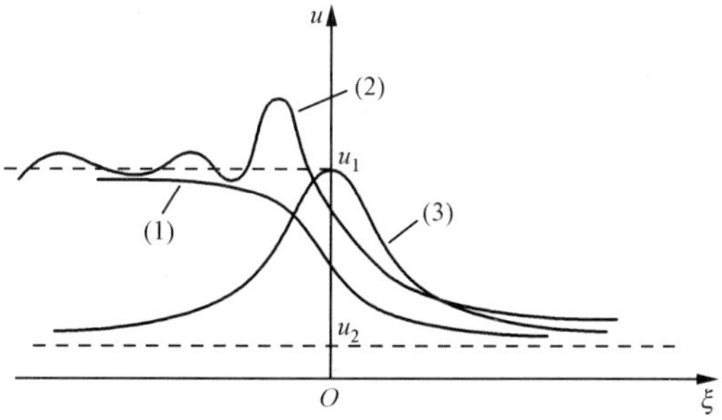

图 9.15 KdV-Burgers 方程的解

上式代入方程(9.266)得到

$$\frac{d^2u'}{d\xi^2}-\frac{\nu}{\beta}\frac{du'}{d\xi}+\frac{1}{2\beta}u'^2+\frac{\sqrt{c^2+2A}}{\beta}u'=0.\tag{9.278}$$

为了求解 KdV-Burgers 方程等类似的方程,我们可以应用下列两种方法.

一、试探函数法

对于图 9.15 中(1)的情况,我们设解为下列试探函数

$$u'=\frac{Be^{b\xi}}{(1+e^{a\xi})^n}\quad (n=2),\tag{9.279}$$

其中 B,a 和 b 为待定常数. (9.279)式代入方程(9.278),注意

$$\frac{du'}{d\xi}=B\cdot\frac{e^{b\xi}[b+2(b-a)e^{a\xi}+(b-2a)e^{2a\xi}]}{(1+e^{a\xi})^4},$$

$$\frac{d^2u'}{d\xi^2}=B\cdot\frac{e^{b\xi}[b^2-2(a^2-b^2-2ab)e^{a\xi}+(2a-b)^2e^{2a\xi}]}{(1+e^{a\xi})^4},$$

则得到

$$b^2+\frac{\sqrt{c^2+2A}}{\beta}-\frac{\nu}{\beta}b+\frac{B}{2\beta}e^{b\xi}+\left[\frac{2}{\beta}(\sqrt{c^2+2A}+a\nu-b\nu)-2(a^2-b^2-2ab)\right]e^{a\xi}$$
$$+\left[\frac{1}{\beta}(2a\nu-b\nu)+\sqrt{c^2+2A}+(2a-b)^2\right]e^{2a\xi}=0.\tag{9.280}$$

取 $b=0$,上式化为

$$\left(\frac{B}{2\beta}+\frac{\sqrt{c^2+2A}}{\beta}\right)-2\left(a^2-\frac{\nu}{\beta}a-\frac{\sqrt{c^2+2A}}{\beta}\right)e^{a\xi}$$
$$+2\left(2a^2+\frac{\nu}{\beta}a+\frac{\sqrt{c^2+2A}}{2\beta}\right)e^{2a\xi}=0, \tag{9.281}$$

由此得

$$a=-\frac{\nu}{5\beta},\quad \beta=-\frac{12\nu^2}{25\beta},\quad \sqrt{c^2+2A}=\frac{6\nu^2}{25\beta}. \tag{9.282}$$

代入(9.279)式求得

$$u'=-\frac{12\nu^2}{25\beta}\cdot\frac{1}{(1+e^{-\frac{\nu}{5\beta}\xi})^2}=-\frac{3\nu^2}{25\beta}\left(1+\tanh\frac{\nu}{10\beta}\xi\right)^2, \tag{9.283}$$

所以

$$u=u_1-\frac{3\nu^2}{25\beta}\left[1+\tanh\frac{\nu}{10\beta}(x-ct)\right]^2. \tag{9.284}$$

因由(9.282)的第三式 $\nu^2=\frac{25}{6}\beta\sqrt{c^2+2A}>4\beta\sqrt{c^2+2A}$,所以,由(9.284)式表征的就是 KdV-Burgers 方程(9.263)的冲击波解,即图 9.15 中的(1)的情况.

对于图 9.15 中(2)的情况,考虑在鞍点附近(即图 9.15 中(2)的右半部分)类似于孤立波解,则根据(9.190)式有

$$u=u_2+(u_1-u_2)\operatorname{sech}^2\sqrt{\frac{u_1-u_2}{12\beta}}\xi\quad(\xi>0), \tag{9.285}$$

其中 u_1 和 u_2 可由(9.170)式和孤立波条件($u_2=u_3$)得到,

$$u_2=c-\sqrt{c^2+2A},\quad u_1=3c-2u_2=c+2\sqrt{c^2+2A}. \tag{9.286}$$

这样,(9.285)式可改写为

$$u=u_2+3\sqrt{c^2+2A}\operatorname{sech}^2\sqrt{\frac{\sqrt{c^2+2A}}{4\beta}}\xi=u_2+\frac{3}{2}(u_1-u_2)\operatorname{sech}^2\sqrt{\frac{u_1-u_2}{8\beta}}\xi. \tag{9.287}$$

而图 9.15 中(2)的左半部分类似于衰减振动,则忽略方程(9.278)中的非线性项而化为下列线性阻尼振动方程:

$$\frac{d^2u'}{d\xi^2}-\frac{\nu}{\beta}\frac{du'}{d\xi}+\frac{\sqrt{c^2+2A}}{\beta}u'=0, \tag{9.288}$$

它的解为

$$u'=a_0e^{\frac{\nu}{2\beta}\xi}\cos k\xi\quad(\xi<0), \tag{9.289}$$

因而

$$u=u_1+a_0e^{\frac{\nu}{2\beta}\xi}\cos k\xi\quad(\xi<0). \tag{9.290}$$

在 $\xi=0$ 处连接解(9.285)和(9.290)有

$$u_2 + 3\sqrt{c^2 + 2A} = u_1 + a_0,$$

因而

$$a_0 = u_2 - u_1 + 3\sqrt{c^2 + 2A} = \sqrt{c^2 + 2A} = \frac{1}{2}(u_1 - u_2). \tag{9.291}$$

这样,我们最后求得 KdV-Burgers 方程(9.263)的另一个冲击波解,即用图 9.15 中(2)所描述的鞍-焦异宿轨道为

$$u = \begin{cases} u_1 + \dfrac{1}{2}(u_1 - u_2)\mathrm{e}^{\frac{\nu}{2\beta}\xi}\cos\sqrt{\dfrac{u_1 - u_2}{2\beta} - \dfrac{\nu^2}{4\beta^2}}\,\xi, & \xi < 0, \\ u_2 + \dfrac{3}{2}(u_1 - u_2)\mathrm{sech}^2\sqrt{\dfrac{u_1 - u_2}{8\beta}}\,\xi, & \xi > 0. \end{cases} \tag{9.292}$$

二、双曲函数展开法

对于 KdV-Burgers 方程(9.263),我们用试探函数法,准确地求得了它的形如(9.284)式的冲击波解,即用图 9.15(1)所描述的鞍-结异宿轨道. 受此启发,我们设形如 KdV-Burgers 方程的非线性偏微分方程的行波解是

$$u = u(\xi), \quad \xi = k(x - ct), \tag{9.293}$$

其中 k 和 c 分别为波数和波速.

(9.293)式代入非线性偏微分方程后,就是 $u(\xi)$ 的非线性常微分方程. 为了解它,可以用双曲函数展开法,此方法是将 $u(\xi)$ 展为双曲函数的有限级数,例如将 $u(\xi)$ 展为双曲正切函数 $\tanh\xi$ 的下列有限级数:

$$u(\xi) = \sum_{j=0}^{n} a_j \eta^j, \quad \eta \equiv \tanh\xi, \tag{9.294}$$

其中 $a_j(j=0,1,2,\cdots,n)$ 为展开系数. 上式的最高阶数为 n,写为

$$\mathrm{D}(u(\xi)) = n. \tag{9.295}$$

因为

$$\frac{\mathrm{d}u}{\mathrm{d}\xi} = \sum_{j=1}^{n} ja_j \tanh^{j-1}\xi\,\mathrm{sech}^2\xi = \sum_{j=1}^{n} ja_j \tanh^{j-1}\xi(1 - \tanh^2\xi), \tag{9.296}$$

则可以认为

$$\begin{cases} \mathrm{D}\left(\dfrac{\mathrm{d}u}{\mathrm{d}\xi}\right) = n + 1, \quad \cdots, \quad \mathrm{D}\left(\dfrac{\mathrm{d}^q u}{\mathrm{d}\xi^q}\right) = n + q, \\ \mathrm{D}\left(u\,\dfrac{\mathrm{d}u}{\mathrm{d}\xi}\right) = 2n + 1, \quad \cdots, \quad \mathrm{D}\left(u^p\,\dfrac{\mathrm{d}^q u}{\mathrm{d}\xi^q}\right) = (p + 1)n + q. \end{cases} \tag{9.297}$$

对于 KdV-Burgers 方程(9.263),以(9.293)式代入后化为

$$-c\,\frac{\mathrm{d}u}{\mathrm{d}\xi} + u\,\frac{\mathrm{d}u}{\mathrm{d}\xi} - \nu k\,\frac{\mathrm{d}^2 u}{\mathrm{d}\xi^2} + \beta k^2\,\frac{\mathrm{d}^3 u}{\mathrm{d}\xi^3} = 0. \tag{9.298}$$

在(9.294)式中,我们选择 n 使得方程(9.298)中的非线性项和最高阶导数项相平

衡.但由(9.297)式知

$$\mathrm{D}\left(u\frac{\mathrm{d}u}{\mathrm{d}\xi}\right)=2n+1,\quad \mathrm{D}\left(\frac{\mathrm{d}^3u}{\mathrm{d}\xi^3}\right)=n+3. \tag{9.299}$$

两者平衡有

$$n=2. \tag{9.300}$$

这里的 n 就是试探函数法(9.279)式中的 n.由(9.300)式可设方程(9.298)的解为

$$u=a_0+a_1\eta+a_2\eta^2,\quad \eta\equiv\tanh\xi. \tag{9.301}$$

注意

$$\frac{\mathrm{d}u}{\mathrm{d}\xi}=(1-\eta^2)\frac{\mathrm{d}u}{\mathrm{d}\eta}=(1-\eta^2)(a_1+2a_2\eta)=a_1+2a_2\eta-a_1\eta^2-2a_2\eta^3,$$

$$\begin{aligned}\frac{\mathrm{d}^2u}{\mathrm{d}\xi^2}&=(1-\eta^2)\left[-2\eta\frac{\mathrm{d}u}{\mathrm{d}\eta}+(1-\eta^2)\frac{\mathrm{d}^2u}{\mathrm{d}\eta^2}\right]\\&=(1-\eta^2)[-2\eta(a_1+2a_2\eta)+2a_2(1-\eta^2)]\\&=2a_2-2a_1\eta-8a_2\eta^2+2a_1\eta^3+6a_2\eta^4,\end{aligned}$$

$$\begin{aligned}\frac{\mathrm{d}^3u}{\mathrm{d}\xi^3}&=-2\eta(1-\eta^2)\left[-2\eta\frac{\mathrm{d}u}{\mathrm{d}\eta}+(1-\eta^2)\frac{\mathrm{d}^2u}{\mathrm{d}\eta^2}\right]\\&\quad+(1-\eta^2)^2\left[-2\frac{\mathrm{d}u}{\mathrm{d}\eta}-4\eta\frac{\mathrm{d}^2u}{\mathrm{d}\eta^2}+(1-\eta^2)\frac{\mathrm{d}^3u}{\mathrm{d}\eta^3}\right]\\&=-2\eta(1-\eta^2)[-2\eta(a_1+2a_2\eta)+2a_2(1-\eta^2)]\\&\quad+(1-\eta^2)^2[-2(a_1+2a_2\eta)-8a_2\eta]\\&=-2a_1-16a_2\eta+8a_1\eta^2+40a_2\eta^3-6a_1\eta^4-24a_2\eta^5,\end{aligned}$$

$$\begin{aligned}u\frac{\mathrm{d}u}{\mathrm{d}\xi}&=(a_0+a_1\eta+a_2\eta^2)(a_1+2a_2\eta-a_1\eta^2-2a_2\eta^3)\\&=a_0a_1+(a_1^2+2a_0a_2)\eta+a_1(-a_0+3a_2)\eta^2+(-2a_0a_2-a_1^2+2a_2^2)\eta^3\\&\quad-3a_1a_2\eta^4-2a_2^2\eta^5,\end{aligned}$$

则(9.301)式代入方程(9.298),得到

$$\begin{aligned}&[(-c+a_0-2\beta k^2)a_1-2\nu ka_2]+[a_1(a_1+2\nu k)+2a_2(-c+a_0-8\beta k^2)]\eta\\&\quad+[-a_1(-c+a_0-8\beta k^2)+3a_1a_2+8\nu ka_2]\eta^2\\&\quad+[-a_1(a_1+2\nu k)+2a_2(c-a_0+a_2+20\beta k^2)]\eta^3\\&\quad-3(2\beta k^2a_1+a_1a_2+2\nu ka_2)\eta^4-2a_2(a_2+12\beta k^2)\eta^5=0.\end{aligned} \tag{9.302}$$

由此定得

$$\begin{aligned}&k=\frac{\nu}{10\beta},\quad a_2=-12\beta k^2=-\frac{3\nu^2}{25\beta},\quad a_1=-\frac{12}{5}\nu k=-\frac{6\nu^2}{25\beta},\\&a_0=c+\frac{\nu^2}{25\beta}+8\beta k^2=c+\frac{3\nu^2}{25\beta}.\end{aligned} \tag{9.303}$$

上式代入到(9.301)式,最后求得

$$
\begin{aligned}
u &= c+\frac{3\nu^2}{25\beta}-\frac{6\nu^2}{25\beta}\tanh k(x-ct)-\frac{3\nu^2}{25\beta}\tanh^2 k(x-ct)\\
&= c+\frac{6\nu^2}{25\beta}-\frac{3\nu^2}{25\beta}[1+\tanh k(x-ct)]^2,
\end{aligned}
\tag{9.304}
$$

比较(9.284)式和(9.304)式,若取 $A=0$, $u_1=2c$, $c=\dfrac{6\nu^2}{25\beta}$,则两者完全一致.

最后我们要指出的是:对于非线性偏微分方程,试探函数法的双曲函数展开法只能求它的冲击波解和孤立波解的情形.

§ 9.8 Jacobi 椭圆函数展开法(Jacobi elliptic function expansion method)

因为不少非线性偏微分方程存在用 Jacobi 椭圆函数表征的准确的周期行波解,加上受双曲函数展开法的启示,作者 2001 年提出了 Jacobi 椭圆函数展开法.

考虑非线性偏微分方程

$$
N\left(u,\frac{\partial u}{\partial t},\frac{\partial u}{\partial x},\frac{\partial^2 u}{\partial t^2},\frac{\partial^2 u}{\partial x^2},\cdots\right)=0,
\tag{9.305}
$$

我们寻求它的行波解

$$
u=u(\xi),\quad \xi=k(x-ct),
\tag{9.306}
$$

其中 k 和 c 分别为波数和波速.

(9.306)代入方程(9.305)就得到 $u(\xi)$ 的非线性常微分方程,用 Jacobi 椭圆函数展开法求解它,是将 $u(\xi)$ 展为 Jacobi 椭圆函数的有限级数.例如将 $u(\xi)$ 展为 Jacobi 椭圆正弦函数 $\mathrm{sn}\xi$ 的下列有限级数:

$$
u(\xi)=\sum_{j=0}^{n}a_j\,\mathrm{sn}^j\xi,
\tag{9.307}
$$

其中 $a_j(j=0,1,2,\cdots,n)$ 为展开系数,上式 $\mathrm{sn}\xi$ 的最高阶数为 n,即

$$
\mathrm{D}(u(\xi))=n.
\tag{9.308}
$$

因为

$$
\frac{\mathrm{d}u}{\mathrm{d}\xi}=\sum_{j=1}^{n}ja_j\,\mathrm{sn}^{j-1}\xi\,\mathrm{cn}\xi\,\mathrm{dn}\xi,
\tag{9.309}
$$

其中 $\mathrm{cn}\xi$ 和 $\mathrm{dn}\xi$ 分别为 Jacobi 椭圆余弦函数和第三种 Jacobi 椭圆函数,且

$$
\mathrm{cn}^2\xi=1-\mathrm{sn}^2\xi,\quad \mathrm{dn}^2\xi=1-m^2\,\mathrm{sn}^2\xi,
\tag{9.310}
$$

这里 $m(0<m<1)$ 为模数.由(9.308)式和(9.309)式可以认为

$$
\begin{cases}
\mathrm{D}\left(\dfrac{\mathrm{d}u}{\mathrm{d}\xi}\right)=n+1,\quad \cdots,\quad \mathrm{D}\left(\dfrac{\mathrm{d}^q u}{\mathrm{d}\xi^q}\right)=n+q,\\[2ex]
\mathrm{D}\left(u\,\dfrac{\mathrm{d}u}{\mathrm{d}\xi}\right)=2n+1,\quad \cdots,\quad \mathrm{D}\left(u^p\,\dfrac{\mathrm{d}^q u}{\mathrm{d}\xi^q}\right)=(p+1)n+q.
\end{cases}
\tag{9.311}
$$

在(9.307)式中,我们选择 n 使得非线性常微分方程中的非线性项和最高阶导数项相平衡.

应该指出的是,因 $m\to 1$ 时,$\mathrm{sn}\xi\to\tanh\xi$,则(9.307)式就退化为

$$u(\xi)=\sum_{j=0}^{n}a_j\tanh^j\xi. \tag{9.312}$$

因此,Jacobi 椭圆正弦函数展开法就退化为上节叙述的双曲函数展开法.

下面举例说明.

一、KdV 方程

KdV 方程的最简形式为(9.154)式,即

$$\frac{\partial u}{\partial t}+u\frac{\partial u}{\partial x}+\beta\frac{\partial^3 u}{\partial x^3}=0. \tag{9.313}$$

将(9.306)式代入方程(9.313),得

$$-c\frac{\mathrm{d}u}{\mathrm{d}\xi}+u\frac{\mathrm{d}u}{\mathrm{d}\xi}+\beta k^2\frac{\mathrm{d}^3u}{\mathrm{d}\xi^3}=0. \tag{9.314}$$

但由(9.311)式知

$$\mathrm{D}\left(u\frac{\mathrm{d}u}{\mathrm{d}\xi}\right)=2n+1,\quad \mathrm{D}\left(\frac{\mathrm{d}^3u}{\mathrm{d}\xi^3}\right)=n+3, \tag{9.315}$$

两者平衡有

$$n=2. \tag{9.316}$$

因而,KdV 方程(9.313)有下列形式的周期解:

$$u=a_0+a_1\mathrm{sn}\xi+a_2\mathrm{sn}^2\xi, \tag{9.317}$$

注意

$$\frac{\mathrm{d}u}{\mathrm{d}\xi}=(a_1+2a_2\mathrm{sn}\xi)\mathrm{cn}\xi\mathrm{dn}\xi,$$

$$u\frac{\mathrm{d}u}{\mathrm{d}\xi}=[a_0a_1+(a_1^2+2a_0a_2)\mathrm{sn}\xi+3a_1a_2\mathrm{sn}^2\xi+2a_2^2\mathrm{sn}^3\xi]\mathrm{cn}\xi\mathrm{dn}\xi,$$

$$\frac{\mathrm{d}^2u}{\mathrm{d}\xi^2}=2a_2-(1+m^2)a_1\mathrm{sn}\xi-4(1+m^2)a_2\mathrm{sn}^2\xi+2m^2a_1\mathrm{sn}^3\xi+6m^2a_2\mathrm{sn}^4\xi,$$

$$\frac{\mathrm{d}^3u}{\mathrm{d}\xi^3}=[-(1+m^2)a_1-8(1+m^2)a_2\mathrm{sn}\xi+6m^2a_1\mathrm{sn}^2\xi+24m^2a_2\mathrm{sn}^3\xi]\mathrm{cn}\xi\mathrm{dn}\xi,$$

则(9.317)式代入方程(9.314),得到

$$\{[-c+a_0-(1+m^2)\beta k^2]a_1+[a_1^2+2(-c+a_0-4(1+m^2)\beta k^2)a_2]\mathrm{sn}\xi$$
$$+3a_1(a_2+2m^2\beta k^2)\mathrm{sn}^2\xi+2a_2(a_2+12m^2\beta k^2)\mathrm{sn}^3\xi\}\mathrm{cn}\xi\mathrm{dn}\xi=0. \tag{9.318}$$

由此定得

$$a_1=0,\quad a_2=-12m^2\beta k^2,\quad a_0=c+4(1+m^2)\beta k^2. \tag{9.319}$$

上式代入到(9.317)式,求得 KdV 方程(9.313)的周期行波解为

$$\begin{aligned} u &= c + 4(1+m^2)\beta k^2 - 12m^2\beta k^2 \mathrm{sn}^2\xi \\ &= c + 4(1-2m^2)\beta k^2 + 12m^2\beta k^2 \mathrm{cn}^2\xi \\ &= c - 4(2-m^2)\beta k^2 + 12\beta^2 k^2 \mathrm{dn}^2\xi. \end{aligned} \tag{9.320}$$

乍看起来,这里的解(9.320)式好像与 KdV 方程的椭圆余弦波解(9.184)式不一样,但在(9.184)式中,$k=\sqrt{\dfrac{u_1-u_3}{12\beta}}$,因而

$$u_1 - u_3 = 12\beta k^2. \tag{9.321}$$

再由(9.180)式,有

$$u_1 - u_2 = 12m^2\beta k^2. \tag{9.322}$$

(9.321)式与(9.322)式相加有

$$2u_1 - (u_2 + u_3) = 12(1+m^2)\beta k^2. \tag{9.323}$$

但由(9.170)的第一式,$u_2+u_3=3c-u_1$,代入上式求得

$$u_1 = c + 4(1+m^2)\beta k^2. \tag{9.324}$$

上式代入(9.322)式和(9.321)式求得

$$u_2 = c + 4(1-2m^2)\beta k^2, \quad u_3 = c - 4(2-m^2)\beta k^2. \tag{9.325}$$

(9.324)式和(9.325)式代入到(9.184)式就得到(9.320)式.因此,(9.320)式与(9.184)式完全一样.

二、mKdV 方程

这个方程的最简形式为

$$\frac{\partial u}{\partial t} + \alpha u^2 \frac{\partial u}{\partial x} + \beta \frac{\partial^3 u}{\partial x^3} = 0, \tag{9.326}$$

利用 Jacobi 椭圆正弦函数展开法,我们寻求形式为(9.306)式的行波解.将(9.306)式代入方程(9.326),有

$$-c\frac{\mathrm{d}u}{\mathrm{d}\xi} + \alpha u^2 \frac{\mathrm{d}u}{\mathrm{d}\xi} + \beta k^2 \frac{\mathrm{d}^3 u}{\mathrm{d}\xi^3} = 0. \tag{9.327}$$

但由(9.311)式知

$$\mathrm{D}\left(u^2 \frac{\mathrm{d}u}{\mathrm{d}\xi}\right) = 3n+1, \quad \mathrm{D}\left(\frac{\mathrm{d}^3 u}{\mathrm{d}\xi^3}\right) = n+3, \tag{9.328}$$

两者平衡有

$$n = 1. \tag{9.329}$$

因而,mKdV 方程(9.326)有下列形式的周期解:

$$u = a_0 + a_1 \mathrm{sn}\xi, \tag{9.330}$$

注意

$$\frac{du}{d\xi}=a_1\mathrm{cn}\xi\mathrm{dn}\xi,\quad u^2\frac{du}{d\xi}=(a_0^2a_1+2a_0a_1^2\mathrm{sn}\xi+a_1^3\mathrm{sn}^2\xi)\mathrm{cn}\xi\mathrm{dn}\xi,$$

$$\frac{d^2u}{d\xi^2}=-(1-m^2)a_1\mathrm{sn}\xi+2m^2a_1\mathrm{sn}^3\xi,$$

$$\frac{d^3u}{d\xi^3}=[-(1+m^2)a_1+6m^2a_1\mathrm{sn}^2\xi]\mathrm{cn}\xi\mathrm{dn}\xi,$$

则(9.330)式代入方程(9.327)，得到

$$\{[-c+\alpha a_0^2-(1+m^2)\beta k^2]a_1+2\alpha a_0a_1^2\mathrm{sn}\xi+(\alpha a_1^2+6m^2\beta k^2)a_1\mathrm{sn}^2\xi\}\mathrm{cn}\xi\mathrm{dn}\xi=0,\tag{9.331}$$

由此定得

$$a_0=0,\quad a_1=\pm\sqrt{-\frac{6\beta}{\alpha}}mk,\quad c=-(1+m^2)\beta k^2.\tag{9.332}$$

上式代入到(9.330)式，求得 mKdV 方程(9.326)的 Jacobi 椭圆正弦函数形式的周期解为

$$u=\pm\sqrt{-\frac{6\beta}{\alpha}}mk\,\mathrm{sn}k(x-ct),\quad c=-(1+m^2)\beta k^2.\tag{9.333}$$

若 u 为实函数，则要求 α 与 β 异号；同样，k 为实数要求 β 与 c 异号.

当 $m\to1$ 时，(9.333)式退化为

$$u=\pm\sqrt{-\frac{6\beta}{\alpha}}k\tanh k(x-ct),\quad c=-2\beta k^2,\tag{9.334}$$

这就是 mKdV 方程(9.240)的冲击波解.

类似于(9.330)式，我们设

$$u=a_0+a_1\mathrm{cn}\xi,\quad \xi=k(x-ct)\tag{9.335}$$

和

$$u=a_0+a_1\mathrm{dn}\xi,\quad \xi=k(x-ct),\tag{9.336}$$

则可分别求得 mKdV 方程(9.326)用 Jacobi 余弦函数和第三种 Jacobi 椭圆函数表征的周期解分别为

$$u=\pm\sqrt{\frac{6\beta}{\alpha}}mk\,\mathrm{cn}k(x-ct),\quad c=(2m^2-1)\beta k^2\tag{9.337}$$

和

$$u=\pm\sqrt{\frac{6\beta}{\alpha}}k\,\mathrm{dn}k(x-ct),\quad c=(2-m^2)\beta k^2.\tag{9.338}$$

若 u 为实函数，上两式要求 α 与 β 同号；k 为实数要求 $\frac{c}{(2m^2-1)\beta}>0$，$\frac{c}{(2-m^2)\beta}>0$.

当 $m\to1$ 时，因 $\mathrm{cn}\xi\to\mathrm{sech}\xi$，$\mathrm{dn}\xi\to\mathrm{sech}\xi$，则(9.337)式和(9.338)式都退化为

$$u=\pm\sqrt{\frac{6\beta}{\alpha}}k\,\mathrm{sech}k(x-ct),\quad c=\beta k^2,\tag{9.339}$$

这就是 mKdV 方程(9.326)的孤立波解.

最后要指出的是,若把方程(9.327)两边对 ξ 积分一次,取积分常数为零,得

$$-cu+\frac{\alpha}{3}u^3+\beta k^2\frac{\mathrm{d}^2u}{\mathrm{d}\xi^2}=0.\tag{9.340}$$

此时,用(9.330)式、(9.335)式和(9.336)式分别代入到方程(9.340),同样可以得到(9.333)式、(9.337)式和(9.338)式,而且因为(9.340)式为二阶非线性常微分方程,根据 Jacobi 椭圆函数的性质,$y=a\mathrm{sn}kx$,$a\mathrm{cn}kx$ 和 $a\mathrm{dn}kx$ 分别满足

$$\begin{cases}\dfrac{\mathrm{d}^2y}{\mathrm{d}x^2}=-(1+m^2)k^2y+\dfrac{2m^2k^2}{a^2}y^3\quad(y=a\mathrm{sn}kx),\\ \dfrac{\mathrm{d}^2y}{\mathrm{d}x^2}=(2m^2-1)k^2y-\dfrac{2m^2k^2}{a^2}y^3\quad(y=a\mathrm{cn}kx),\\ \dfrac{\mathrm{d}^2y}{\mathrm{d}x^2}=(2-m^2)k^2y-\dfrac{2k^2}{a^2}y^3\quad(y=a\mathrm{dn}kx),\end{cases}\tag{9.341}$$

其中 m 为模数. 将方程(9.340)与上式比较,我们同样可以获得 mKdV 方程的三种周期行波解.

三、Boussinesq 方程

Boussinesq 方程的标准形式(见(9.98)式)是

$$\frac{\partial^2u}{\partial t^2}-c_0^2\frac{\partial^2u}{\partial x^2}-\alpha\frac{\partial^4u}{\partial x^4}-\beta\frac{\partial^2u^2}{\partial x^2}=0.\tag{9.342}$$

把(9.306)式代入,求得

$$(c^2-c_0^2)\frac{\mathrm{d}^2u}{\mathrm{d}\xi^2}-\alpha k^2\frac{\mathrm{d}^4u}{\mathrm{d}\xi^4}-\beta\frac{\mathrm{d}^2u^2}{\mathrm{d}\xi^2}=0.\tag{9.343}$$

由(9.311)式知

$$\mathrm{D}\left(\frac{\mathrm{d}^2u^2}{\mathrm{d}\xi^2}\right)=2n+2,\quad \mathrm{D}\left(\frac{\mathrm{d}^4u}{\mathrm{d}\xi^4}\right)=n+4.\tag{9.344}$$

两者平衡有

$$n=2,\tag{9.345}$$

因而,可设方程(9.343)的解为

$$u=a_0+a_1\mathrm{sn}\xi+a_2\mathrm{sn}^2\xi.\tag{9.346}$$

注意

$$\frac{\mathrm{d}u^2}{\mathrm{d}\xi}=[2a_0a_1+(2a_1^2+4a_0a_2)\mathrm{sn}\xi+6a_1a_2\mathrm{sn}^2\xi+4a_2^2\mathrm{sn}^3\xi]\mathrm{cn}\xi\mathrm{dn}\xi,$$

$$\frac{\mathrm{d}^2u^2}{\mathrm{d}\xi^2}=2(a_1^2+2a_0a_2)-2[(1+m^2)a_0-6a_2]a_1\mathrm{sn}\xi$$

$$
\begin{aligned}
&-4[(1+m^2)a_1^2+2(1+m^2)a_0a_2-3a_2^2]\mathrm{sn}^2\xi \\
&+2[2m^2a_0-9(1+m^2)a_2]a_1\mathrm{sn}^3\xi \\
&+2[3m^2a_1^2+6m^2a_0a_2-8(1+m^2)a_2^2]\mathrm{sn}^4\xi \\
&+24m^2a_1a_2\mathrm{sn}^5\xi+20m^2a_2^2\mathrm{sn}^6\xi,
\end{aligned}
$$

$$
\begin{aligned}
\frac{\mathrm{d}^4u}{\mathrm{d}\xi^4}=&-8(1+m^2)a_2+[(1+m^2)+12m^2]a_1\mathrm{sn}\xi+8[2(1+m^2)^2+9m^2]a_2\mathrm{sn}^2\xi \\
&-20m^2(1+m^2)a_1\mathrm{sn}^3\xi-120m^2(1+m^2)a_2\mathrm{sn}^4\xi \\
&+24m^4a_1\mathrm{sn}^5\xi+120m^4a_2\mathrm{sn}^6\xi,
\end{aligned}
$$

则(9.346)式代入方程(9.343),得到

$$
\begin{aligned}
&2[(c^2-c_0^2)a_2+4(1+m^2)\alpha k^2a_2-\beta(a_1^2+2a_0a_2)]-\{(1+m^2)(c^2-c_0^2) \\
&\quad+\alpha k^2[(1+m^2)^2+12m^2]+2\beta[(1+m^2)a_0-6a_2]\}a_1\mathrm{sn}\xi \\
&\quad-2\{2(1+m^2)(c^2-c_0^2)a_2+4\alpha k^2[2(1+m^2)^2+9m^2]a_2 \\
&\quad-2\beta[(1+m^2)a_1^2+2(1+m^2)a_0a_2-3a_2^2]\}a_2\mathrm{sn}^2\xi \\
&\quad+2\{m^2(c^2-c_0^2)+10m^2(1+m^2)\alpha k^2-\beta[2m^2a_0-9(1+m^2)a_2]\}a_1\mathrm{sn}^3\xi \\
&\quad+2\{3m^2(c^2-c_0^2)a_2+60m^2(1+m^2)\alpha k^2a_2 \\
&\quad-\beta[3m^2a_1^2+6m^2a_0a_2-8(1+m^2)a_2]\}\mathrm{sn}^4\xi \\
&\quad-24m^2(m^2\alpha k^2+\beta a_2)a_1\mathrm{sn}^5\xi-20m^2(6m^2\alpha k^2+\beta a_2)a_2\mathrm{sn}^6\xi=0. \qquad (9.347)
\end{aligned}
$$

由此定得

$$
a_1=0,\quad a_2=-\frac{6\alpha}{\beta}m^2k^2,\quad a_0=\frac{c^2-c_0^2}{2\beta}+\frac{2\alpha}{\beta}(1+m^2)k^2. \qquad (9.348)
$$

上式代入到(9.346)式,最后求得

$$
\begin{aligned}
u&=\frac{c^2-c_0^2}{2\beta}+\frac{2\alpha}{\beta}(1+m^2)k^2-\frac{6\alpha}{\beta}m^2k^2\mathrm{sn}^2k(x-ct) \\
&=\frac{c^2-c_0^2}{2\beta}-\frac{2\alpha}{\beta}(2m^2-1)k^2+\frac{6\alpha}{\beta}m^2k^2\mathrm{cn}^2k(x-ct). \qquad (9.349)
\end{aligned}
$$

这就是 Boussinesq 方程(9.342)的准确周期行波解.

当 $m\to1$ 时,(9.349)式退化为

$$
\begin{aligned}
u&=\frac{c^2-c_0^2}{2\beta}+\frac{4\alpha}{\beta}k^2-\frac{6\alpha}{\beta}k^2\tanh^2k(x-ct) \\
&=\frac{c^2-c_0^2}{2\beta}-\frac{2\alpha}{\beta}k^2+\frac{6\alpha}{\beta}\mathrm{sech}^2k(x-ct), \qquad (9.350)
\end{aligned}
$$

这就是 Boussinesq 方程(9.342)的孤立波解.

四、Gardner 方程(混合的 KdV-mKdV 方程)

Gardner 方程,又称为混合的 KdV-mKdV 方程,其一般形式为

$$\frac{\partial u}{\partial t}+\alpha u\frac{\partial u}{\partial x}+\beta u^{2}\frac{\partial u}{\partial x}+\gamma\frac{\partial^{3} u}{\partial x^{3}}=0. \tag{9.351}$$

以(9.306)式代入,得

$$-c\frac{\mathrm{d}u}{\mathrm{d}\xi}+\alpha u\frac{\mathrm{d}u}{\mathrm{d}\xi}+\beta u^{2}\frac{\mathrm{d}u}{\mathrm{d}\xi}+\gamma k^{2}\frac{\mathrm{d}^{3} u}{\mathrm{d}\xi^{3}}=0. \tag{9.352}$$

类似于 mKdV 方程,应用 Jacobi 椭圆函数展开法很容易求得 Gardner 方程的三类周期行波解分别为

$$u=-\frac{\alpha}{2\beta}\pm\sqrt{-\frac{6\gamma}{\beta}}mk\,\mathrm{sn}k(x-ct),\quad c=2(1+m^{2})\gamma k^{2}=-\alpha^{2}/6\beta, \tag{9.353}$$

$$u=-\frac{\alpha}{2\beta}\pm\sqrt{\frac{6\gamma}{\beta}}mk\,\mathrm{cn}k(x-ct),\quad c=-2(2m^{2}-1)\gamma k^{2}=-\alpha^{2}/6\beta \tag{9.354}$$

和

$$u=-\frac{\alpha}{2\beta}\pm\sqrt{\frac{6\gamma}{\beta}}k\,\mathrm{dn}k(x-ct),\quad c=-2(2-m^{2})\gamma k^{2}=-\alpha^{2}/6\beta, \tag{9.355}$$

其中 m 为模数.

$m\to 1$ 时,有

$$u=-\frac{\alpha}{2\beta}\pm\sqrt{-\frac{6\gamma}{\beta}}k\tanh k(x-ct)=-\frac{\alpha}{2\beta}\left[1\pm\tanh\sqrt{-\frac{\alpha^{2}}{24\beta\gamma}}\left(x+\frac{\alpha^{2}}{6\beta}t\right)\right],$$
$$c=4rk^{2}=-\alpha^{2}/6\beta \tag{9.356}$$

和

$$u=-\frac{\alpha}{2\beta}\pm\sqrt{\frac{6\gamma}{\beta}}k\,\mathrm{sech}k(x-ct)=-\frac{\alpha}{2\beta}\left[1\mp\mathrm{sech}\sqrt{\frac{\alpha^{2}}{12\beta\gamma}}\left(x+\frac{\alpha^{2}}{6\beta}t\right)\right],$$
$$c=-2\gamma k^{2}=-\alpha^{2}/6\beta. \tag{9.357}$$

(9.356)式和(9.357)式分别是 Gardner 方程的冲击波解和孤立波解.

§9.9 非线性 Schrödinger 方程的包络周期波(envelope periodic waves)与包络孤立波(envelope solitary waves)

非线性 Schrödinger 方程的一般形式是

$$\mathrm{i}\frac{\partial u}{\partial t}+\alpha\frac{\partial^{2} u}{\partial x^{2}}+\beta|u|^{2}u=0\quad(\beta>0), \tag{9.358}$$

非常有意思的是,非线性 Schrödinger 方程(9.358)可以应用一般的正交模方法求出它的最简化的频散关系,即若令

$$u = A\mathrm{e}^{\mathrm{i}(kx-\omega t)}, \tag{9.359}$$

代入方程(9.358),注意$|u|^2=|A|^2=a^2$(A 为复振幅,$a=|A|$为实振幅),则求得频散关系为

$$\omega = \alpha k^2 - \beta a^2. \tag{9.360}$$

它明显地说明,非线性波的圆频率 ω 不仅与波数 k 有关,而且与振幅 a 有关.即非线性波的频散关系一般可写为

$$\omega = \Omega(k,a). \tag{9.361}$$

由(9.360)式求得相速度 c_{p} 和群速度 c_{g} 分别是

$$c_{\mathrm{p}} = \alpha k - \frac{\beta a^2}{k}, \quad c_{\mathrm{g}} = 2\alpha k. \tag{9.362}$$

$c_{\mathrm{p}} \neq c_{\mathrm{g}}$ 充分说明了非线性 Schrödinger 方程表征频散波,而且因为

$$\frac{\mathrm{d}c_{\mathrm{g}}}{\mathrm{d}k} = 2\alpha, \tag{9.363}$$

所以,可以认为非线性 Schrödinger 方程表征的是强频散波.

通常,设非线性 Schrödinger 方程(9.358)的解为下列波包形式.

$$u = \phi(\xi)\mathrm{e}^{\mathrm{i}(kx-\omega t)}, \quad \xi = x - c_{\mathrm{g}}t, \tag{9.364}$$

其中 $\phi(\xi)$是 ξ 的实函数.显然,对非线性 Schrödinger 方程,波包形式解(9.364)比单波形式解(9.359)更合适.

(9.364)式代入方程(9.358)得到

$$\alpha\frac{\mathrm{d}^2\phi}{\mathrm{d}\xi^2} + \mathrm{i}(2k\alpha - c_{\mathrm{g}})\frac{\mathrm{d}\phi}{\mathrm{d}\xi} + (\omega - \alpha k^2)\phi + \beta\phi^3 = 0, \tag{9.365}$$

因 $\phi(\xi)$是实函数,故要求$\frac{\mathrm{d}\phi}{\mathrm{d}\xi}$前的复系数为零,而这恰好是(9.362)的第二式.又设

$$\omega - \alpha k^2 = -\gamma \quad (\gamma > 0), \tag{9.366}$$

之所以选择 $\omega-\alpha k^2<0$,还可以从(9.360)式得到说明.

这样,方程(9.365)就化为

$$\alpha\frac{\mathrm{d}^2\phi}{\mathrm{d}\xi^2} - \gamma\phi + \beta\phi^3 = 0. \tag{9.367}$$

此方程的形式与方程(9.340)相同.那么,利用 Jacobi 椭圆函数展开法或(9.341)式,求得 ϕ 的三类周期解分别是

$$\phi = \pm\sqrt{-\frac{2\alpha}{\beta}}mp\,\mathrm{sn}p(x - c_{\mathrm{g}}t), \quad p^2 = -\frac{\gamma}{\alpha(1+m^2)}, \quad c_{\mathrm{g}} = 2\alpha k \quad (\alpha < 0, \beta > 0), \tag{9.368}$$

$$\phi = \pm\sqrt{\frac{2\alpha}{\beta}} mp\,\mathrm{cn}p(x - c_g t),\quad p^2 = \frac{\gamma}{\alpha(2m^2 - 1)},$$

$$c_g = 2\alpha k \quad (\alpha > 0, \beta > 0, m < 1/\sqrt{2}), \tag{9.369}$$

$$\phi = \pm\sqrt{\frac{2\alpha}{\beta}} p\,\mathrm{dn}(x - c_g t),\quad p^2 = \frac{\gamma}{\alpha(2 - m^2)},\quad c_g = 2\alpha k \quad (\alpha > 0, \beta > 0), \tag{9.370}$$

上面三式中 m 是模数，p 是振幅周期解中的波数. 由上面三式即可求得非线性 Schrödinger 方程(9.358)的三类包络周期波解是

$$u = \left\{\pm\sqrt{-\frac{2\alpha}{\beta}} mp\,\mathrm{sn}p(x - c_g t)\right\} e^{i(kx - \omega t)},\quad p^2 = -\frac{\gamma}{\alpha(1 + m^2)},\quad c_g = 2\alpha k, \tag{9.371}$$

$$u = \left\{\pm\sqrt{\frac{2\alpha}{\beta}} mp\,\mathrm{cn}p(x - c_g t)\right\} e^{i(kx - \omega t)},\quad p^2 = \frac{\gamma}{\alpha(2m^2 - 1)},\quad c_g = 2\alpha k, \tag{9.372}$$

$$u = \left\{\pm\sqrt{\frac{2\alpha}{\beta}} p\,\mathrm{dn}p(x - c_g t)\right\} e^{i(kx - \omega t)},\quad p^2 = \frac{\gamma}{\alpha(2 - m^2)},\quad c_g = 2\alpha k. \tag{9.373}$$

它们的振幅分别为

$$a = \sqrt{\frac{2m^2\gamma}{(1 + m^2)\beta}},\quad a = \sqrt{\frac{2m^2\gamma}{(2m^2 - 1)\beta}},\quad a = \sqrt{\frac{2\gamma}{(2 - m^2)\beta}}. \tag{9.374}$$

由此定出 γ 分别为

$$\gamma = \frac{1 + m^2}{m^2}\beta a^2,\quad \gamma = \frac{2m^2 - 1}{2m^2}\beta a^2,\quad \gamma = \frac{2 - m^2}{2}\beta a^2. \tag{9.375}$$

上式代入到(9.366)式可以得到比(9.360)式更合理的频散关系.

由(9.371)式、(9.372)式和(9.373)式，令 $m=1$ 可以求得非线性 Schrödinger 方程(9.358)的两类包络孤立波解为

$$u = \left\{\pm\sqrt{-\frac{2\alpha}{\beta}} p\tanh p(x - c_g t)\right\} e^{i(kx - \omega t)} = \left\{\pm\sqrt{\frac{2\gamma}{\beta}}\tanh\sqrt{-\frac{\gamma}{2\alpha}}(x - c_g t)\right\} e^{i(kx - \omega t)}, \tag{9.376}$$

$$u = \left\{\pm\sqrt{\frac{2\alpha}{\beta}} p\,\mathrm{sech}p(x - c_g t)\right\} e^{i(kx - \omega t)} = \left\{\pm\sqrt{\frac{2\gamma}{\beta}}\mathrm{sech}\sqrt{\frac{\gamma}{\alpha}}(x - c_g t)\right\} e^{i(kx - \omega t)}. \tag{9.377}$$

它们分别称为暗(dark)孤子($\alpha<0, \beta>0$)和亮(bright)孤子($\alpha>0, \beta>0$).

§9.10　非线性波的波参数

前面，我们已经引进了非线性波，并对许多非线性方程求得了 $u(\xi) = u(x - ct)$

形式的行波解.下面我们根据这些解的研究确定非线性波的参数.就以非线性的 Klein-Gordon 方程

$$\frac{\partial^2 u}{\partial t^2}-c_0^2\frac{\partial^2 u}{\partial x^2}+V'(u)=0 \tag{9.378}$$

为例来说明.

求方程(9.378)的行波解,令

$$u=u(\xi),\quad \xi=x-ct. \tag{9.379}$$

代入方程(9.378)求得

$$\frac{1}{2}(c^2-c_0^2)\left(\frac{\mathrm{d}u}{\mathrm{d}\xi}\right)^2+V(u)=A, \tag{9.380}$$

其中 A 是与振幅有关的常数.由上式求得

$$\frac{\mathrm{d}u}{\mathrm{d}\xi}=\sqrt{\frac{2}{c^2-c_0^2}(A-V(u))}. \tag{9.381}$$

假设

$$c^2>c_0^2,\quad A>V(u),$$

则(9.381)式积分求得

$$\xi=\sqrt{\frac{c^2-c_0^2}{2}}\int\frac{\mathrm{d}u}{\sqrt{A-V(u)}}. \tag{9.382}$$

设 u_1 和 $u_2(u_2>u_1)$是

$$A-V(u)=0$$

的两个实根,则 u 在 u_1 与 u_2 之间是 ξ 的周期函数,即 u 表征非线性波动.图 9.16 是在相平面上的周期轨道.

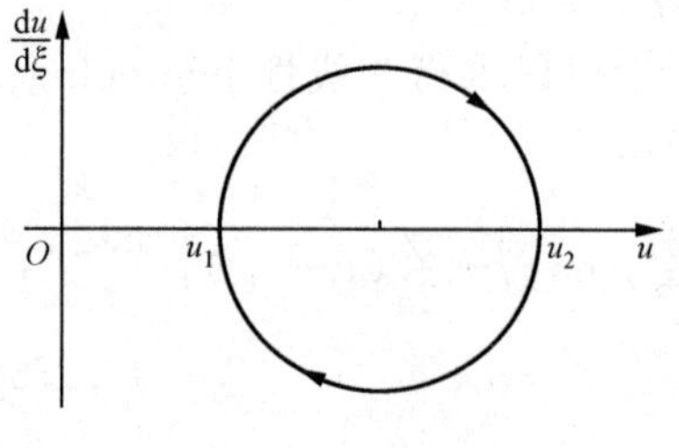

图 9.16 周期轨道

因在图 9.16 的闭合轨道上运行一周,u 值还原,因而,根据(9.382)式可定义非线性波波长 L 为

$$L(c,A)=\sqrt{\frac{c^2-c_0^2}{2}}\oint\frac{1}{\sqrt{A-V(u)}}\mathrm{d}u$$
$$=2\sqrt{\frac{c^2-c_0^2}{2}}\int_{u_1}^{u_2}\frac{1}{\sqrt{A-V(u)}}\mathrm{d}u. \tag{9.383}$$

相应,波数 k,圆频率 ω 和周期 T 分别定义为

$$k(c,A)=\frac{2\pi}{L(c,A)}, \tag{9.384}$$

$$\omega(c,A)=ck(c,A), \tag{9.385}$$

$$T(c,A)=\frac{2\pi}{\omega(c,A)},\tag{9.386}$$

这样定义对于线性波也合适. 例如,线性惯性-重力外波的 Klein-Gordon 方程为

$$\frac{\partial^2 u}{\partial t^2}-c_0^2\frac{\partial^2 u}{\partial x^2}+f_0^2 u=0,\tag{9.387}$$

这是普遍的 Klein-Gordon 方程(9.378)中的

$$V(u)=\frac{1}{2}f_0^2u^2\tag{9.388}$$

的特例,这样,方程(9.381)化为

$$\frac{\mathrm{d}u}{\mathrm{d}\xi}=\sqrt{\frac{2}{c^2-c_0^2}\left(A-\frac{1}{2}f_0^2u^2\right)},$$

而(9.382)式化为

$$\xi=\sqrt{\frac{c^2-c_0^2}{2}}\int\frac{\mathrm{d}u}{\sqrt{A-\frac{1}{2}f_0^2u^2}}=\frac{\sqrt{c^2-c_0^2}}{f}\arccos\left(\frac{f_0u}{\sqrt{2A}}\right).$$

由此求得方程(9.387)的解为

$$u(x,t)=\frac{\sqrt{2A}}{f_0}\cos\frac{f_0}{\sqrt{c^2-c_0^2}}\xi,\tag{9.389}$$

其波长为

$$L=\sqrt{\frac{c^2-c_0^2}{2}}\oint\frac{1}{\sqrt{A-\frac{1}{2}f_0^2u^2}}\mathrm{d}u=\frac{2\pi\sqrt{c^2-c_0^2}}{f_0}.\tag{9.390}$$

相应波数和圆频率分别是

$$k=\frac{2\pi}{L}=\frac{f_0}{\sqrt{c^2-c_0^2}},\tag{9.391}$$

$$\omega=kc=\frac{f_0c}{\sqrt{c^2-c_0^2}}=\pm\sqrt{k^2c_0^2+f_0^2},\tag{9.392}$$

这些都与用正交模方法得到的结果一致.

对于一般的非线性波,其方程常可化为

$$\left(\frac{\mathrm{d}u}{\mathrm{d}\xi}\right)^2=F(u;c,A_i),\tag{9.393}$$

其中

$$u=u(\xi;c,A_i),\quad \xi=x-ct.\tag{9.394}$$

$A_i(i=1,2,\cdots)$是积分常数,其个数决定于方程关于空间导数的阶数.

设方程(9.393)有稳定的周期解,此解在连续的两个 F 的零点 $u_1(c,A_i)$,

$u_2(c,A_i)(u_2>u_1)$之间振荡. 在(u_1,u_2)上,$F>0$且是有界的,即

$$\begin{cases}F(u_1;c,A_i)=0, \quad F(u_2;c,A_i)=0,\\ F(u;c,A_i)>0\ \text{有界}, \quad u_1\leqslant u\leqslant u_2.\end{cases} \tag{9.395}$$

设 ξ_1,ξ_2 满足

$$\begin{cases}u_1(c,A_i)=u(\xi_1;c,A_i),\\ u_2(c,A_i)=u(\xi_2;c,A_i),\end{cases} \tag{9.396}$$

则我们按下列方式定义非线性波的波长为

$$L=L(c,A_i)=2\int_{\xi_1}^{\xi_2}\mathrm{d}\xi=2\int_{u_1}^{u_2}\frac{\mathrm{d}u}{\mathrm{d}u/\mathrm{d}\xi}=2\int_{u_1}^{u_2}\frac{\mathrm{d}u}{\sqrt{F(u;c,A_i)}}; \tag{9.397}$$

波数为

$$k=k(c,A_i)=\frac{2\pi}{L(c,A_i)}; \tag{9.398}$$

圆频率是

$$\omega=\omega(c,A_i)=ck(c,A_i); \tag{9.399}$$

而周期是

$$T=T(c,A_i)=\frac{2\pi}{\omega(c,A_i)}. \tag{9.400}$$

按上述方式定义波参数对于非线性波无疑是合适的. 例如 KdV 方程的椭圆余弦波的方程(9.161)可以写为

$$\left(\frac{\mathrm{d}u}{\mathrm{d}\xi}\right)^2=-\frac{1}{3\beta}(u-u_1)(u-u_2)(u-u_3) \quad (u_1>u_2>u_3), \tag{9.401}$$

在(u_2,u_1),u 有周期解,波长 L 按(9.397)式应为

$$L=2\int_{u_2}^{u_1}\frac{1}{\sqrt{\frac{1}{3\beta}(u_1-u)(u-u_2)(u-u_3)}}\mathrm{d}u. \tag{9.402}$$

经过(9.173)式和(9.176)式的变换,上式化为

$$L=2\sqrt{\frac{12\beta}{u_1-u_3}}\int_0^1\frac{1}{\sqrt{(1-q^2)(1-m^2q^2)}}\mathrm{d}q=2\sqrt{\frac{12\beta}{u_1-u_3}}\mathrm{K}(m), \tag{9.403}$$

这与(9.186)式完全一致. 相应有

$$k=\frac{2\pi}{L}=\frac{\pi}{\mathrm{K}(m)}\sqrt{\frac{u_1-u_3}{12\beta}}, \tag{9.404}$$

$$\omega=kc=\frac{\pi c}{\mathrm{K}(m)}\sqrt{\frac{u_1-u_3}{12\beta}}. \tag{9.405}$$

§9.11 奇异摄动法(singular perturbation method)

在§9.5 中,我们获得了 KdV 方程的椭圆余弦波解,在振幅 $a\to 0$ 时,求得了

线性波解.本节利用奇异摄动法,以相对振幅 ε 作为小参数,求 KdV 方程的各级近似解.

为了理解方便,我们就应用浅水波的 KdV 方程:

$$\frac{\partial h'}{\partial t}+c_0\left(1+\frac{3}{2H}h'\right)\frac{\partial h'}{\partial x}+\beta\frac{\partial^3 h'}{\partial x^3}=0\quad\left(\beta=\frac{1}{6}c_0H^2\right).\tag{9.406}$$

首先,引进相位函数变量 θ 和相对扰动深度 η:

$$\theta\equiv kx-\omega t,\quad \eta\equiv h'/H,\tag{9.407}$$

则方程(9.406)化为

$$(-\omega+kc_0)\frac{\mathrm{d}\eta}{\mathrm{d}\theta}+\frac{3}{2}kc_0\eta\frac{\mathrm{d}\eta}{\mathrm{d}\theta}+\beta k^3\frac{\mathrm{d}^3\eta}{\mathrm{d}\theta^3}=0.\tag{9.408}$$

其次,选取相对振幅

$$\varepsilon=a/H\ll 1\tag{9.409}$$

作为小参数,不仅将 η,而且将 ω 均展为 ε 的幂级数,这是奇异摄动法与一般摄动法的主要区别,即令

$$\begin{cases}\eta=\varepsilon\eta_1(\theta)+\varepsilon^2\eta_2(\theta)+\varepsilon^3\eta_3(\theta)+\cdots,\\ \omega=\omega_0(k)+\varepsilon\omega_1(k)+\varepsilon^2\omega_2(k)+\cdots.\end{cases}\tag{9.410}$$

因为 η 表征自由面扰动,所以,在(9.410)式中 η 的零级近似为零.

将(9.410)式代入方程(9.408),得到它的各级近似方程为

一级近似:$(-\omega_0+kc_0)\dfrac{\mathrm{d}\eta_1}{\mathrm{d}\theta}+\beta k^3\dfrac{\mathrm{d}^3\eta_1}{\mathrm{d}\theta^3}=0$; (9.411)

二级近似:$(-\omega_0+kc_0)\dfrac{\mathrm{d}\eta_2}{\mathrm{d}\theta}+\beta k^3\dfrac{\mathrm{d}^3\eta_2}{\mathrm{d}\theta^3}=\omega_1\dfrac{\mathrm{d}\eta_1}{\mathrm{d}\theta}-\dfrac{3}{2}kc_0\eta_1\dfrac{\mathrm{d}\eta_1}{\mathrm{d}\theta}$; (9.412)

三级近似:$(-\omega_0+kc_0)\dfrac{\mathrm{d}\eta_3}{\mathrm{d}\theta}+\beta k^3\dfrac{\mathrm{d}^3\eta_3}{\mathrm{d}\theta^3}=\omega_1\dfrac{\mathrm{d}\eta_2}{\mathrm{d}\theta}+\omega_2\dfrac{\mathrm{d}\eta_2}{\mathrm{d}\theta}-\dfrac{3}{2}kc_0\dfrac{\mathrm{d}\eta_1\eta_2}{\mathrm{d}\theta}$. (9.413)

一级近似方程(9.411)对 $\dfrac{\mathrm{d}\eta_1}{\mathrm{d}\theta}$ 而言是二阶振动方程,当 $(-\omega_0+kc_0)/\beta k^3=1$ 时可求得振动解,因而

$$\omega_0=kc_0-\beta k^3,\tag{9.414}$$

$$\eta_1=\cos\theta.\tag{9.415}$$

(9.414)式表征的即是线性频散关系.

有了 ω_0 和 η_1,就可将它们代入二级近似方程(9.412),得到

$$\beta k^3\left(\frac{\mathrm{d}^3\eta_2}{\mathrm{d}\theta^3}+\frac{\mathrm{d}\eta_2}{\mathrm{d}\theta}\right)=-\omega_1\sin\theta+\frac{3}{4}kc_0\sin 2\theta,\tag{9.416}$$

方程(9.416)是非齐次方程,其齐次方程的解仍是 $\cos\theta$.但是,右端非齐次项中的第一项 $-\omega_1\sin\theta$ 所对应的特解与齐次方程解的形式相同(共振),因而需设解为 $\theta\sin\theta$

的形式，这种项称为久期项(secular term)，它使解随时间无限增大，这样导致摄动法失败. 但是，有了奇异摄动法，消除这类久期项就有了可能. 这里，为了保证摄动法成功，很自然地设

$$\omega_1 = 0, \tag{9.417}$$

它称为非久期条件. 这样，方程(9.416)对应$\frac{3}{4}kc_0\sin2\theta$的特解很易求得为

$$\eta_2 = \frac{c_0}{8\beta k^2}\cos2\theta. \tag{9.418}$$

有了 η_1 和 η_2，就可以将它们代入三级近似方程(9.413)，并利用(9.417)式，得到

$$\beta k^3\left(\frac{d^3\eta_3}{d\theta^3}+\frac{d\eta_3}{d\theta}\right)=\left(-\omega_2+\frac{3c_0^2}{32\beta k}\right)\sin\theta+\frac{9c_0^2}{32\beta k}\sin3\theta. \tag{9.419}$$

类似方程(9.416)，为了防止摄动法失败，我们取

$$\omega_2 = 3c_0^2/32\beta k. \tag{9.420}$$

这样，不但消除了久期项，使方程(9.419)右端第一项为零，而且我们可以很易求得对应$\frac{9c_0^2}{32\beta k}\sin3\theta$ 的方程(9.419)的特解为

$$\eta_3 = \frac{3c_0^2}{256\beta^2k^4}\cos3\theta. \tag{9.421}$$

如此不断，在求高一级近似解的过程中，自动地调节圆频率，不但可以找到圆频率的各级近似，而且也消除了久期项，使摄动法成功，从而最后求得方程的解. 这就是奇异摄动法的优点所在，这种做法在许多物理问题中有较普遍的意义.

将 ω 和 η 的各级近似代入(9.410)式，最后求得

$$\frac{h'}{H} = \varepsilon\cos\theta+\frac{c_0\varepsilon^2}{8\beta k^2}\cos2\theta+\frac{3c_0^2\varepsilon^3}{256\beta^2k^4}\cos3\theta+\cdots, \tag{9.422}$$

$$\omega = kc_0-\beta k^3+\frac{3c_0^2\varepsilon^2}{32\beta k}+\cdots. \tag{9.423}$$

注意 $\varepsilon=a/H$，$\beta=c_0H^2/6$，则上两式可改写为

$$h' = a\cos\theta+\frac{3}{4k^2H^3}a^2\cos2\theta+\frac{27}{64k^4H^6}a^3\cos3\theta+\cdots, \tag{9.424}$$

$$\frac{\omega}{kc_0} = 1-\frac{1}{6}k^2H^2+\frac{9a^2}{16k^2H^4}+\cdots. \tag{9.425}$$

(9.425)式明确给出了非线性浅水波的频散关系不仅依赖于波数 k，而且依赖于振幅 a.

§9.12 约化摄动法(reductive perturbation method)

本节我们将说明，对于较复杂的非线性方程组，若应用约化摄动法可以化为如

KdV 方程、Burgers 方程、非线性 Schrödinger 方程等较简单的而且能准确求解的非线性方程.

在波的传播理论中,人们早就发现,在一定的条件下可以化复杂波为简单波来处理.例如,线性波动方程

$$\frac{\partial^2 u}{\partial t^2} = c_0^2 \frac{\partial^2 u}{\partial x^2} \tag{9.426}$$

的通解为

$$u = f(\xi) + g(\eta), \tag{9.427}$$

其中

$$\xi = x - c_0 t, \quad \eta = x + c_0 t. \tag{9.428}$$

(9.427)式表明:方程(9.426)所表征的波是右传播波 $f(\xi)$ 与左传播波 $g(\eta)$ 二者叠加而成的复杂波.不过,若方程(9.426)的初条件仅在区间$[-x_0, x_0]$中给出,则右传播波和左传播波相互作用的区域,只是在初始场的近处出现,而在初始场的远处,起作用的就分别是右传播波或左传播波的简单波了.见图 9.17.

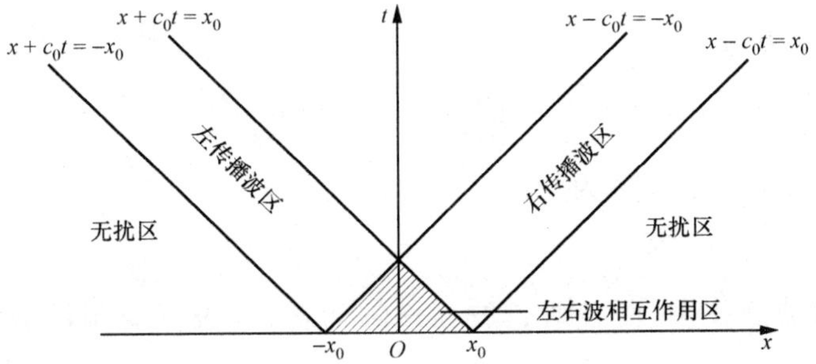

图 9.17 近场与远场

所以,在远离初始场处,方程(9.426)可分别用下列两个向右传播和向左传播的简单波方程来描写

$$\begin{cases} \dfrac{\partial u}{\partial t} + c_0 \dfrac{\partial u}{\partial x} = 0 \quad (\text{向右传播的简单波}), \\ \dfrac{\partial u}{\partial t} - c_0 \dfrac{\partial u}{\partial x} = 0 \quad (\text{向左传播的简单波}). \end{cases} \tag{9.429}$$

方程(9.429)描写的场称为原方程(9.426)的远场(far-field).类似,对于复杂的非线性方程,也可以通过坐标变换和摄动法化为简单的非线性方程(例如 KdV 方程,通常也称为远场方程)去求解,这就是约化摄动法.

下面,我们先分析在波长较大(k 较小)的弱非线性(weakly nonlinear)的问题中,某些简单的非线性方程的空间和时间尺度的联系.例如,Burgers 方程

$$\frac{\partial u}{\partial t} + u\frac{\partial u}{\partial x} - \nu \frac{\partial^2 u}{\partial x^2} = 0, \tag{9.430}$$

其线性方程相应的频散关系为

$$\omega - kc = \mathrm{i}\nu k^2. \tag{9.431}$$

这是单向传播的圆频率，但 ω 是复数. 对于长波($k\to 0$)，因而波的演变是缓慢的. 若选一小参数 $\varepsilon\ll 1$，则可设

$$k = \varepsilon^{\alpha} k_1, \tag{9.432}$$

其中 α 待定，k_1 的量级为 1. 这样，由频散关系(9.431)式求得相位为

$$\theta \equiv kx - \omega t = \varepsilon^{\alpha} k_1 x - [\varepsilon^{\alpha} k_1 c + \mathrm{i}\nu\varepsilon^{2\alpha} k_1^2]t = k_1\varepsilon^{\alpha}(x - ct) - \mathrm{i}\nu k_1^2\varepsilon^{2\alpha} t.$$

上式表明：对于长波($k\to 0$)，因存在(9.431)式的频散关系，在以 c 移动的坐标系中，缓变的空间尺度和时间尺度之间的合适关系为

$$\xi = \varepsilon^{\alpha}(x - ct),\quad \tau = \varepsilon^{2\alpha} t. \tag{9.433}$$

取 $\alpha=1$，上式化为

$$\xi = \varepsilon(x - ct),\quad \tau = \varepsilon^2 t. \tag{9.434}$$

所以，对于包含耗散的复杂的非线性方程要化为 Burgers 方程求解，需作上述变换.

例如，KdV 方程

$$\frac{\partial u}{\partial t} + u\frac{\partial u}{\partial x} + \beta\frac{\partial^3 u}{\partial x^3} = 0, \tag{9.435}$$

其线性方程相应的频散关系为

$$\omega - kc = -\beta k^3. \tag{9.436}$$

它是单向传播的圆频率，而且对长波($k\to 0$)而言，它表征弱频散波$\left(\dfrac{\partial^2\omega}{\partial k^2} = -6\beta k \to 0\right)$. 上式同样给出了在以 c 移动的坐标系中，波演变的合适空间尺度和时间尺度为

$$\xi = \varepsilon^{1/2}(x - ct),\quad \tau = \varepsilon^{3/2} t. \tag{9.437}$$

所以，对于包含弱频散的复杂的非线性方程要化为 KdV 方程求解，需作上述变换.

大气中不少非线性波动是属于弱频散的弱非线性波. 如在 §9.2 中讨论的浅水波. 尽管双向传播的浅水波方程和相应的线性频散关系都比较复杂，但单向传播的浅水波，其线性圆频率满足

$$\omega = \sqrt{gk\tanh(kh)} \approx kc_0 - \beta k^3\quad\left(\beta = \frac{1}{6}c_0 H^2\right), \tag{9.438}$$

这与(9.436)式形式完全一样. 又如线性正压 Rossby 波的圆频率为

$$\omega = -\frac{\beta_0 k}{k^2 + l^2 + \lambda_0^2}\quad\left(\lambda_0^2 = \frac{f_0^2}{c_0^2}\right), \tag{9.439}$$

在 $k\to 0$ 时有

$$\omega=-\frac{\beta_0 k}{(l^2+\lambda_0^2)\left(1+\dfrac{k^2}{l^2+\lambda_0^2}\right)}\approx-\frac{\beta_0 k}{l^2+\lambda_0^2}\left(1-\frac{k^2}{l^2+\lambda_0^2}\right)$$

或

$$\omega-k\left(-\frac{\beta_0}{l^2+\lambda_0^2}\right)=\frac{\beta_0}{(l^2+\lambda_0^2)^2}k^3, \tag{9.440}$$

这也与(9.436)式形式相同. 又如,在(x,z)平面上的重力内波,其线性波的圆频率ω满足

$$\omega^2=k^2N^2/(k^2+n^2). \tag{9.441}$$

对向右传播的重力内波

$$\omega=\sqrt{\frac{k^2N^2}{k^2+n^2}}=\sqrt{\frac{k^2N^2}{n^2}\cdot\frac{1}{1+k^2/n^2}}. \tag{9.442}$$

当$k^2\ll n^2$时,上式可化为

$$\omega\approx\frac{kN}{n}\left(1-\frac{k^2}{2n^2}\right)=\left(\frac{N}{n}\right)k-\frac{N}{2n^3}k^3, \tag{9.443}$$

它形式上也同(9.436)式.

又例如,非线性 Schrödinger 方程

$$\mathrm{i}\frac{\partial u}{\partial t}+\alpha\frac{\partial^2 u}{\partial x^2}+\beta|u|^2u=0, \tag{9.444}$$

其最简单的频散关系(参见(9.360)式)为

$$\omega=\alpha k^2-\beta a^2\quad(a=|A|), \tag{9.445}$$

它单向传播,但表征强频散波$\left(\dfrac{\partial^2\omega}{\partial k^2}=2\alpha\right)$. 不过,它也给出了下列尺度关系

$$\xi=\varepsilon(x-c_g t),\quad \tau=\varepsilon^2 t. \tag{9.446}$$

所以,对于包含强频散的复杂的非线性方程要化为非线性 Schrödinger 方程求解,需作上述变换.

综上分析,化复杂的非线性方程为简单的非线性方程求解,需作(9.434)式、(9.437)式和(9.446)式等的变换. 这种变换通常称为 Gardner-Morikawa 变换,简称 G-M 变换,其一般形式为

$$\xi=\varepsilon^\gamma(x-ct),\quad \tau=\varepsilon^{\gamma+1}t,\quad \varepsilon\ll 1. \tag{9.447}$$

相应

$$\frac{\partial}{\partial t}=-\varepsilon^\gamma c\frac{\partial}{\partial\xi}+\varepsilon^{\gamma+1}\frac{\partial}{\partial\tau},\quad \frac{\partial}{\partial x}=\varepsilon^\gamma\frac{\partial}{\partial\xi}. \tag{9.448}$$

对于复杂的非线性方程,通过 G-M 变换和摄动法化为简单的能准确求解的非线性方程,这种方法称为约化摄动法. 下面,我们举例说明约化摄动法的应用.

[例 1] 有耗散的非线性声波(弱激波).

考虑黏性和热传导，一维大气非线性声波方程组可以写为

$$\begin{cases}\rho\left(\dfrac{\partial u}{\partial t}+u\dfrac{\partial u}{\partial x}\right)+\dfrac{\partial p}{\partial x}=\mu\dfrac{\partial^2 u}{\partial x^2},\\ \dfrac{\partial\rho}{\partial t}+u\dfrac{\partial\rho}{\partial x}+\rho\dfrac{\partial u}{\partial x}=0,\\ \rho T\left(\dfrac{\partial s}{\partial t}+u\dfrac{\partial s}{\partial x}\right)=k\dfrac{\partial^2 T}{\partial x^2},\\ p=\rho RT,\\ p=p(\rho,s),\end{cases} \tag{9.449}$$

其中 μ 和 k 分别为黏性系数和热传导系数，而

$$s=c_p\ln T-R\ln p+常数=c_V\ln p-c_p\ln\rho+常数 \tag{9.450}$$

为比熵.

因方程组(9.449)包含黏性，我们可以将它化为 Burgers 方程，为此，我们令

$$\xi=\varepsilon(x-ct),\quad \tau=\varepsilon^2 t. \tag{9.451}$$

相应

$$\frac{\partial}{\partial t}=\varepsilon^2\frac{\partial}{\partial\tau}-\varepsilon c\frac{\partial}{\partial\xi},\quad \frac{\partial}{\partial x}=\varepsilon\frac{\partial}{\partial\xi}. \tag{9.452}$$

将(9.452)式代入方程组(9.449)的前三式得

$$\begin{cases}\varepsilon\rho\dfrac{\partial u}{\partial\tau}-\rho c\dfrac{\partial u}{\partial\xi}+\rho u\dfrac{\partial u}{\partial\xi}+\dfrac{\partial p}{\partial\xi}=\varepsilon\mu\dfrac{\partial^2 u}{\partial\xi^2},\\ \varepsilon\dfrac{\partial\rho}{\partial\tau}-c\dfrac{\partial\rho}{\partial\xi}+u\dfrac{\partial\rho}{\partial\xi}+\rho\dfrac{\partial u}{\partial\xi}=0,\\ \varepsilon\rho T\dfrac{\partial s}{\partial\tau}-\rho Tc\dfrac{\partial s}{\partial\xi}+\rho Tu\dfrac{\partial s}{\partial\xi}=\varepsilon k\dfrac{\partial^2 T}{\partial\xi^2}.\end{cases} \tag{9.453}$$

应用摄动法，将 p,ρ,T,s 和 u 展为 ε 的幂级数，考虑到在未扰动时 $u=0$，p,ρ,T,s 分别为 p_0,ρ_0,T_0,s_0，它们均与 x,t 无关，可视为常数，即令

$$\begin{cases}p=p_0+\varepsilon p_1+\varepsilon^2 p_2+\cdots,\\ \rho=\rho_0+\varepsilon\rho_1+\varepsilon^2\rho_2+\cdots,\\ T=T_0+\varepsilon T_1+\varepsilon^2 T_2+\cdots,\\ s=s_0+\varepsilon s_1+\varepsilon^2 s_2+\cdots,\\ u=\varepsilon u_1+\varepsilon^2 u_2+\cdots.\end{cases} \tag{9.454}$$

将(9.454)式代入方程组(9.453)得到一级近似和二级近似方程组，它们分别为

$$\begin{cases} -\rho_0 c \dfrac{\partial u_1}{\partial \xi} + \dfrac{\partial p_1}{\partial \xi} = 0, \\ -c \dfrac{\partial \rho_1}{\partial \xi} + \rho_0 \dfrac{\partial u_1}{\partial \xi} = 0, \\ -\rho_0 T_0 c \dfrac{\partial s_1}{\partial \xi} = 0 \end{cases} \tag{9.455}$$

和

$$\begin{cases} \rho_0 \dfrac{\partial u_1}{\partial \tau} - \rho_0 c \dfrac{\partial u_2}{\partial \xi} - \rho_1 c \dfrac{\partial u_1}{\partial \xi} + \rho_0 u_1 \dfrac{\partial u_1}{\partial \xi} + \dfrac{\partial p_2}{\partial \xi} = \mu \dfrac{\partial^2 u_1}{\partial \xi^2}, \\ \dfrac{\partial \rho_1}{\partial \tau} - c \dfrac{\partial \rho_2}{\partial \xi} + u_1 \dfrac{\partial \rho_1}{\partial \xi} + \rho_0 \dfrac{\partial u_2}{\partial \xi} + \rho_1 \dfrac{\partial u_1}{\partial \xi} = 0, \\ \rho_0 T_0 \dfrac{\partial s_1}{\partial \tau} - \rho_0 T_0 c \dfrac{\partial s_2}{\partial \xi} + \rho_0 T_0 u_1 \dfrac{\partial s_1}{\partial \xi} = k \dfrac{\partial^2 T_1}{\partial \xi^2}. \end{cases} \tag{9.456}$$

将(9.454)式代入方程组(9.449)的后两式有

$$\begin{cases} p_0 + \varepsilon p_1 + \cdots = (\rho_0 + \varepsilon\rho_1 + \cdots) R (T_0 + \varepsilon T_1 + \cdots), \\ p_0 + \varepsilon p_1 + \varepsilon^2 p_2 + \cdots = p_0 + \left(\dfrac{\partial p}{\partial \rho}\right)_s (\varepsilon\rho_1 + \varepsilon^2 \rho_2 + \cdots) + \left(\dfrac{\partial p}{\partial s}\right)_\rho (\varepsilon s_1 + \varepsilon^2 s_2 + \cdots) \\ \qquad + \dfrac{1}{2}\left[\left(\dfrac{\partial^2 p}{\partial \rho^2}\right)_s (\varepsilon^2 \rho_1^2 + \cdots) + 2\left(\dfrac{\partial^2 p}{\partial \rho \partial s}\right)(\varepsilon^2 \rho_1 s_1 + \cdots) + \left(\dfrac{\partial^2 p}{\partial s^2}\right)_\rho (\varepsilon^2 s_1^2 + \cdots)\right] + \cdots, \end{cases} \tag{9.457}$$

除 $p_0 = \rho_0 R T_0$ 之外,得到

$$\begin{cases} \dfrac{p_1}{p_0} = \dfrac{\rho_1}{\rho_0} + \dfrac{T_1}{T_0}, \\ p_1 = \left(\dfrac{\partial p}{\partial \rho}\right)_s \rho_1 + \left(\dfrac{\partial p}{\partial s}\right)_\rho s_1, \\ p_2 = \left(\dfrac{\partial p}{\partial \rho}\right)_s \rho_2 + \left(\dfrac{\partial p}{\partial s}\right)_\rho s_2 + \dfrac{1}{2}\left(\dfrac{\partial^2 p}{\partial \rho^2}\right)_s \rho_1^2 + \left(\dfrac{\partial^2 p}{\partial \rho \partial s}\right)\rho_1 s_1 + \dfrac{1}{2}\left(\dfrac{\partial^2 p}{\partial s^2}\right)_\rho s_1^2. \end{cases} \tag{9.458}$$

若设

$$\xi \to \infty, \quad p_1, \rho_1, s_1, u_1 \to 0, \tag{9.459}$$

则积分方程组(9.455)得到

$$s_1 = 0, \quad p_1 = \rho_0 c u_1, \quad \rho_0 u_1 = c\rho_1. \tag{9.460}$$

由上式有

$$c^2 = p_1/\rho_1, \tag{9.461}$$

注意,由(9.450)式有

$$\left(\frac{\partial p}{\partial \rho}\right)_s = c_s^2, \quad \left(\frac{\partial p}{\partial s}\right)_\rho = \frac{p}{c_V} \approx \frac{\rho_0}{c_p} c_s^2, \quad \left(\frac{\partial^2 p}{\partial \rho^2}\right)_s = \frac{\gamma - 1}{\rho} c_s^2 \approx \frac{\gamma - 1}{\rho_0} c_s^2, \tag{9.462}$$

这里 c_s 为绝热声速($c_s^2=\gamma p/\rho$).

以 $s_1=0$ 和(9.462)式代入(9.458)式的后两式有

$$\begin{cases} p_1 = \rho_1 c_s^2, \\ p_2 = c_s^2\left(\rho_2 + \dfrac{\rho_0}{c_p}s_2 + \dfrac{\gamma-1}{2\rho_0}\rho_1^2\right). \end{cases} \tag{9.463}$$

将(9.463)式的第一式与(9.461)式比较有

$$c = c_s, \tag{9.464}$$

再代入到(9.458)式的第一式有

$$\frac{T_1}{T_0} = (\gamma-1)\frac{\rho_1}{\rho_0}. \tag{9.465}$$

将(9.460)式、(9.463)式和(9.465)式代入到(9.456)式得到

$$\begin{cases} c\dfrac{\partial\rho_1}{\partial\tau} - \rho_0 c\dfrac{\partial u_2}{\partial\xi} - \dfrac{c}{\rho_0}\rho_1\dfrac{\partial\rho_1}{\partial\xi} + \dfrac{c}{\rho_0}\rho_1\dfrac{\partial\rho_1}{\partial\xi} + c^2\dfrac{\partial\rho_2}{\partial\xi} + \dfrac{\rho_0}{c_p}c^2\dfrac{\partial s_2}{\partial\xi} \\ \qquad + \dfrac{\gamma-1}{\rho_0}c^2\rho_1\dfrac{\partial\rho_1}{\partial\xi} = \dfrac{\mu c}{\rho_0}\dfrac{\partial^2\rho_1}{\partial\xi^2}, \\ \dfrac{\partial\rho_1}{\partial\tau} - c\dfrac{\partial\rho_2}{\partial\xi} + \dfrac{2c}{\rho_0}\rho_1\dfrac{\partial\rho_1}{\partial\xi} + \rho_0\dfrac{\partial u_2}{\partial\xi} = 0, \\ -\rho_0 T_0 c\dfrac{\partial s_2}{\partial\xi} = \dfrac{kT_0}{\rho_0}(\gamma-1)\dfrac{\partial^2\rho_1}{\partial\xi^2}. \end{cases} \tag{9.466}$$

将方程组(9.466)的第一式除以 c,第三式除以 c_p,然后与第二式相加得到

$$2\frac{\partial\rho_1}{\partial\tau} + \frac{(\gamma+1)c}{\rho_0}\rho_1\frac{\partial\rho_1}{\partial\xi} = \frac{1}{\rho_0}\left[\mu + \frac{k}{c_p}(\gamma-1)\right]\frac{\partial^2\rho_1}{\partial\xi^2} = 0$$

或

$$\frac{\partial\rho_1}{\partial\tau} + \frac{\gamma+1}{2\rho_0}\rho_1\frac{\partial\rho_1}{\partial\xi} - \frac{1}{2\rho_0}\left[\mu + \frac{k}{c_p}(\gamma-1)\right]\frac{\partial^2\rho_1}{\partial\xi^2} = 0, \tag{9.467}$$

这是关于 ρ_1 的 Burgers 方程.

以(9.460)式中的 $\rho_0 u_1 = c\rho_1$ 代入(9.447)式,得到关于 u_1 的 Burgers 方程为

$$\frac{\partial u_1}{\partial\tau} + \frac{\gamma+1}{2}u_1\frac{\partial u_1}{\partial\xi} - \frac{1}{2\rho_0}\left[\mu + \frac{k}{c_p}(\gamma-1)\right]\frac{\partial^2 u_1}{\partial\xi^2} = 0. \tag{9.468}$$

[例 2] 单向传播的非线性浅水波(重力外波).

考虑浅水波的 Boussinesq 方程组(9.96),即

$$\begin{cases} \dfrac{\partial u}{\partial t} + u\dfrac{\partial u}{\partial x} + g\dfrac{\partial h}{\partial x} + \dfrac{H}{3}\dfrac{\partial^3 h}{\partial t^2\partial x} = 0, \\ \dfrac{\partial h}{\partial t} + u\dfrac{\partial h}{\partial x} + h\dfrac{\partial u}{\partial x} = 0. \end{cases} \tag{9.469}$$

在§9.2 中,我们利用特征线分析,导出了单向传播的浅水波满足 KdV 方程,这里

我们应用约化摄动法将它化为 KdV 方程. 为此, 作变换

$$\xi = \varepsilon^{1/2}(x - ct), \quad \tau = \varepsilon^{3/2} t. \tag{9.470}$$

相应

$$\frac{\partial}{\partial t} = \varepsilon^{3/2}\frac{\partial}{\partial \tau} - \varepsilon^{1/2} c \frac{\partial}{\partial \xi}, \quad \frac{\partial}{\partial x} = \varepsilon^{1/2}\frac{\partial}{\partial \xi}. \tag{9.471}$$

将(9.471)式代入方程组(9.469), 得

$$\begin{cases} \varepsilon \dfrac{\partial u}{\partial \tau} - c\dfrac{\partial u}{\partial \xi} + u\dfrac{\partial u}{\partial \xi} + g\dfrac{\partial h}{\partial \xi} + \dfrac{H}{3}\left[\varepsilon^3 \dfrac{\partial^3 h}{\partial \tau^2 \partial \xi} - 2\varepsilon^2 c\dfrac{\partial^3 h}{\partial \tau \partial \xi^2} + \varepsilon c^2 \dfrac{\partial^3 h}{\partial \xi^3}\right] = 0, \\ \varepsilon \dfrac{\partial h}{\partial \tau} - c\dfrac{\partial h}{\partial \xi} + u\dfrac{\partial h}{\partial \xi} + h\dfrac{\partial u}{\partial \xi} = 0. \end{cases} \tag{9.472}$$

再应用摄动法, 设

$$\begin{cases} h = H + \varepsilon h_1 + \varepsilon^2 h_2 + \cdots, \\ u = \varepsilon u_1 + \varepsilon^2 u_2 + \cdots. \end{cases} \tag{9.473}$$

将它们代入方程组(9.472)得到一级近似、二级近似分别为

$$\begin{cases} -c\dfrac{\partial u_1}{\partial \xi} + g\dfrac{\partial h_1}{\partial \xi} = 0, \\ -c\dfrac{\partial h_1}{\partial \xi} + H\dfrac{\partial u_1}{\partial \xi} = 0; \end{cases} \tag{9.474}$$

和

$$\begin{cases} \dfrac{\partial u_1}{\partial \tau} - c\dfrac{\partial u_2}{\partial \xi} + u_1\dfrac{\partial u_1}{\partial \xi} + g\dfrac{\partial h_2}{\partial \xi} + \dfrac{H}{3}c^2\dfrac{\partial^3 h_1}{\partial \xi^3} = 0, \\ \dfrac{\partial h_1}{\partial \tau} - c\dfrac{\partial h_2}{\partial \xi} + u_1\dfrac{\partial h_1}{\partial \xi} + h_1\dfrac{\partial u_1}{\partial \xi} + H\dfrac{\partial u_2}{\partial \xi} = 0. \end{cases} \tag{9.475}$$

若设

$$\xi \to \infty, \quad u_1, h_1 \to 0, \tag{9.476}$$

则积分方程组(9.474), 并取积分常数为零, 则得到

$$cu_1 = gh_1, \quad ch_1 = Hu_1. \tag{9.477}$$

由上式有

$$c^2 = gH = c_0^2. \tag{9.478}$$

将(9.477)式代入方程组(9.475), 得到

$$\begin{cases} \dfrac{c}{H}\dfrac{\partial h_1}{\partial \tau} - c\dfrac{\partial u_2}{\partial \xi} + \dfrac{c^2}{H^2}h_1\dfrac{\partial h_1}{\partial \xi} + g\dfrac{\partial h_2}{\partial \xi} + \dfrac{H}{3}c_0^2\dfrac{\partial^3 h_1}{\partial \xi^3} = 0, \\ \dfrac{\partial h_1}{\partial \tau} - c\dfrac{\partial h_2}{\partial \xi} + \dfrac{c}{H}h_1\dfrac{\partial h_1}{\partial \xi} + \dfrac{c}{H}h_1\dfrac{\partial h_1}{\partial \xi} + H\dfrac{\partial u_2}{\partial \xi} = 0. \end{cases} \tag{9.479}$$

将方程组(9.479)的第一式乘 $\dfrac{H}{c_0} = \dfrac{c_0}{g}$, 并与第二式相加得

$$2\frac{\partial h_1}{\partial \tau}+\frac{3c_0}{H}h_1\frac{\partial h_1}{\partial \xi}+\frac{H^2}{3}c\frac{\partial^3 h_1}{\partial \xi^3}=0$$

或

$$\frac{\partial h_1}{\partial \tau}+\frac{3c_0}{2H}h_1\frac{\partial h_1}{\partial \xi}+\frac{1}{6}c_0H^2\frac{\partial^3 h_1}{\partial \xi^3}=0, \tag{9.480}$$

这是 KdV 方程.它与(9.107)式几乎一样,若应用(9.471)式,将 τ 和 ξ 换回 t 和 x,就与(9.107)式完全相同了.

[**例 3**] 非线性正压 Rossby 波.

考虑正压模式的准地转位涡度方程

$$\left(\frac{\partial}{\partial t}+u\frac{\partial}{\partial x}+v\frac{\partial}{\partial y}\right)(\zeta-\lambda_0^2\psi)+\beta_0\frac{\partial \psi}{\partial x}=0. \tag{9.481}$$

令

$$\begin{cases} u=\bar{u}(y)+u', \quad v=v', \quad \zeta=-\dfrac{\partial \bar{u}}{\partial y}+\nabla_{\mathrm{h}}^2\psi', \\ u'=-\dfrac{\partial \psi'}{\partial y}, \quad v'=\dfrac{\partial \psi'}{\partial x}, \end{cases} \tag{9.482}$$

则方程(9.481)化为

$$\left[\frac{\partial}{\partial t}+\left(\bar{u}(y)-\frac{\partial \psi'}{\partial y}\right)\frac{\partial}{\partial x}+\frac{\partial \psi'}{\partial x}\frac{\partial}{\partial y}\right](\nabla_{\mathrm{h}}^2\psi'-\lambda_0^2\psi')+B\frac{\partial \psi'}{\partial x}=0, \tag{9.483}$$

其中

$$B=\beta_0-\frac{\partial^2\bar{u}}{\partial y^2}. \tag{9.484}$$

应用 G-M 变换,令

$$\xi=\varepsilon^{1/2}(x-ct), \quad \tau=\varepsilon^{3/2}t, \quad y=y, \tag{9.485}$$

这里 c 相当于 x 方向波的传播速度.由上式有

$$\frac{\partial}{\partial t}=\varepsilon^{3/2}\frac{\partial}{\partial \tau}-\varepsilon^{1/2}c\frac{\partial}{\partial \xi}, \quad \frac{\partial}{\partial x}=\varepsilon^{1/2}\frac{\partial}{\partial \xi}, \quad \frac{\partial}{\partial y}=\frac{\partial}{\partial y}, \tag{9.486}$$

将它们代入方程(9.483),得到

$$\left[\varepsilon\frac{\partial}{\partial \tau}+(\bar{u}-c)\frac{\partial}{\partial \xi}-\frac{\partial \psi'}{\partial y}\frac{\partial}{\partial \xi}+\frac{\partial \psi'}{\partial x}\frac{\partial}{\partial y}\right]\left(\varepsilon\frac{\partial^2\psi'}{\partial \xi^2}+\frac{\partial^2\psi'}{\partial y^2}-\lambda_0^2\psi'\right)+B\frac{\partial \psi'}{\partial \xi}=0. \tag{9.487}$$

再令

$$\psi'=\varepsilon\psi_1+\varepsilon^2\psi_2+\cdots, \tag{9.488}$$

并将其代入到方程(9.487),得到一级近似和二级近似分别是

$$\frac{\partial}{\partial \xi}\left[(\bar{u}-c)\left(\frac{\partial^2\psi_1}{\partial y^2}-\lambda_0^2\psi_1\right)+B\psi_1\right]=0, \tag{9.489}$$

和

$$\frac{\partial}{\partial\xi}\left[(\bar{u}-c)\left(\frac{\partial^2\psi_2}{\partial y^2}-\lambda_0^2\psi_2\right)+B\psi_2\right]+\frac{\partial}{\partial\tau}\left(\frac{\partial^2\psi_1}{\partial y^2}-\lambda_0^2\psi_1\right)$$
$$+(\bar{u}-c)\frac{\partial^3\psi_1}{\partial\xi^3}-\frac{\partial\psi_1}{\partial y}\frac{\partial}{\partial\xi}\left(\frac{\partial^2\psi_1}{\partial y^2}-\lambda_0^2\psi_1\right)+\frac{\partial\psi_1}{\partial\xi}\frac{\partial}{\partial y}\left(\frac{\partial^2\psi_1}{\partial y^2}-\lambda_0^2\psi_1\right)=0. \tag{9.490}$$

再将一级近似方程(9.489)对 ξ 积分一次,取积分常数为零,得

$$(\bar{u}-c)\left(\frac{\partial^2\psi_1}{\partial y^2}-\lambda_0^2\psi_1\right)+B\psi_1=0. \tag{9.491}$$

令 $\bar{u}-c\neq 0$,则上式化为

$$\frac{\partial^2\psi_1}{\partial y^2}+[Q(y)-\lambda_0^2]\psi_1=0, \tag{9.492}$$

其中

$$Q(y)=\frac{B}{\bar{u}-c}=\left(\beta_0-\frac{\partial^2\bar{u}}{\partial y^2}\right)\Big/(\bar{u}-c). \tag{9.493}$$

(9.492)式是 $\psi_1(\xi,\tau,y)$ 关于 y 的二阶方程. 如令

$$\psi_1=A(\xi,\tau)G(y), \tag{9.494}$$

则 $G(y)$ 满足

$$\frac{\mathrm{d}^2G}{\mathrm{d}y^2}+[Q(y)-\lambda_0^2]G=0. \tag{9.495}$$

若 G 给定的是齐次边条件:

$$G\,|_{y=y_1}=0,\quad G\,|_{y=y_2}=0, \tag{9.496}$$

则在 $\bar{u}(y)$ 给定时,可确定本征值 c. 例如,$\bar{u}=0$ 时,可定出 $-\frac{\beta_0}{c}-\lambda_0^2=l^2$($l$ 是 y 方向的波数). 因而 $c=-\frac{\beta_0}{l^2+\lambda_0^2}$,这是当 $k\ll l$ 时,Rossby 波在 x 方向波速的近似式.

将(9.494)式代入到方程(9.490),得

$$-\frac{\partial}{\partial\xi}\left[(\bar{u}-c)\left(\frac{\partial^2\psi_2}{\partial y^2}-\lambda_0^2\psi_2\right)+B\psi_2\right]=\left(\frac{\mathrm{d}^2G}{\mathrm{d}y^2}-\lambda_0^2G\right)\frac{\partial A}{\partial\tau}$$
$$+(\bar{u}-c)G\frac{\partial^3A}{\partial\xi^3}-\left[\frac{\mathrm{d}G}{\mathrm{d}y}\left(\frac{\mathrm{d}^2G}{\mathrm{d}y^2}-\lambda_0^2G\right)-G\frac{\mathrm{d}}{\mathrm{d}y}\left(\frac{\mathrm{d}^2G}{\mathrm{d}y^2}-\lambda_0^2G\right)\right]A\frac{\partial A}{\partial\xi} \tag{9.497}$$

或

$$\frac{\partial}{\partial\xi}\left[\frac{\partial^2\psi_2}{\partial y^2}+(Q(y)-\lambda_0^2)\psi_2\right]=\frac{Q(y)}{\bar{u}-c}G\frac{\partial A}{\partial\tau}-G\frac{\partial^3A}{\partial\xi^3}+\frac{1}{\bar{u}-c}\left(\frac{\mathrm{d}G}{\mathrm{d}y}\frac{\mathrm{d}^2G}{\mathrm{d}y^2}-G\frac{\mathrm{d}^3G}{\mathrm{d}y^3}\right)A\frac{\partial A}{\partial\xi}. \tag{9.498}$$

将上式两边乘以 $G(y)$ 有

$$G\frac{\partial}{\partial\xi}\left[\frac{\partial^2\psi_2}{\partial y^2}+(Q(y)-\lambda_0^2)\psi_2\right]=\frac{Q(y)}{\bar{u}-c}G^2\frac{\partial A}{\partial\tau}-G^2\frac{\partial^3A}{\partial\xi^3}$$

$$+\frac{G}{\bar{u}-c}\left(\frac{\mathrm{d}G}{\mathrm{d}y}\frac{\mathrm{d}^2G}{\mathrm{d}y^2}-G\frac{\mathrm{d}^3G}{\mathrm{d}y^3}\right)A\frac{\partial A}{\partial\xi}. \tag{9.499}$$

再将上式两边对 y 从 y_1 到 y_2 积分，并利用边条件(9.496)，注意

$$\begin{aligned}&\frac{\partial}{\partial\xi}\int_{y_1}^{y_2}G\left[\frac{\partial^2\psi_2}{\partial y^2}+(Q(y)-\lambda_0^2)\psi_2\right]\delta y\\&=\frac{\partial}{\partial\xi}\int_{y_1}^{y_2}\frac{\partial}{\partial y}\left(G\frac{\partial\psi_2}{\partial y}-\psi_2\frac{\partial G}{\partial y}\right)\delta y+\frac{\partial}{\partial\xi}\int_{y_1}^{y_2}\psi_2\left[\frac{\partial^2G}{\partial y^2}+(Q(y)-\lambda_0^2)G\right]\delta y=0\end{aligned} \tag{9.500}$$

和

$$\begin{aligned}\int_{y_1}^{y_2}\frac{G}{\bar{u}-c}\left(\frac{\mathrm{d}G}{\mathrm{d}y}\frac{\mathrm{d}^2G}{\mathrm{d}y^2}-G\frac{\mathrm{d}^3G}{\mathrm{d}y^3}\right)\delta y&=-\int_{y_1}^{y_2}\frac{G^3}{\bar{u}-c}\frac{\mathrm{d}}{\mathrm{d}y}\left(\frac{1}{G}\frac{\mathrm{d}^2G}{\mathrm{d}y^2}\right)\delta y\\&=\int_{y_1}^{y_2}\frac{1}{\bar{u}-c}G^3\frac{\mathrm{d}Q}{\mathrm{d}y}\delta y,\end{aligned} \tag{9.501}$$

则最后求得

$$\frac{\partial A}{\partial\tau}+\alpha A\frac{\partial A}{\partial\xi}+\beta\frac{\partial^3A}{\partial\xi^3}=0, \tag{9.502}$$

这是 KdV 方程，其中

$$\begin{cases}\alpha=\displaystyle\int_{y_1}^{y_2}\frac{1}{\bar{u}-c}\cdot\frac{\mathrm{d}Q}{\mathrm{d}y}\cdot G^3\delta y\Big/\int_{y_1}^{y_2}\frac{1}{\bar{u}-c}QG^2\delta y,\\ \beta=-\displaystyle\int_{y_1}^{y_2}G^2\delta y\Big/\int_{y_1}^{y_2}\frac{1}{\bar{u}-c}QG^2\delta y.\end{cases} \tag{9.503}$$

类似，若应用形式为 $\xi=\varepsilon(x-ct),\tau=\varepsilon^3t,y=y$ 的 G-M 变换，正压准地转位涡度方程(9.481)就可以化为 mKdV 方程；若应用形式为 $\xi=\varepsilon(x-c_gt),\tau=\varepsilon^2t,y=y$ 的 G-M 变换，正压准地转位涡度方程(9.481)就可以化为非线性 Schrödinger 方程.

§9.13　幂级数展开法(power series expansion method)

约化摄动法是求解复杂非线性波动的一个途径，但 G-M 变换本身就意味着将要导出的结果. 作者(1983 年)直接解非线性方程，而且将非线性项在平衡点附近幂级数展开，从而求得非线性波，通常它也满足 KdV 方程.

我们就以水平无辐散条件下的正压 Rossby 波为例来说明. 此时，简化的方程组可以写为

$$\begin{cases}\dfrac{\partial}{\partial t}\left(\dfrac{\partial v}{\partial x}\right)+u\dfrac{\partial}{\partial x}\left(\dfrac{\partial v}{\partial x}\right)+\beta_0v=0,\\ \dfrac{\partial u}{\partial x}+\dfrac{\partial v}{\partial y}=0.\end{cases} \tag{9.504}$$

其中第一式为垂直涡度方程,由它求得线性 Rossby 波的频散关系为

$$\omega - k\bar{u} = -\beta_0/k, \tag{9.505}$$

其中 $\bar{u}$ 为基本气流.

现在,我们直接在方程组(9.504)中,令

$$u = \bar{u} + U(\theta), \quad v = V(\theta), \quad \theta = kx + ly - \omega t, \tag{9.506}$$

代入则得

$$\begin{cases} k(-\omega + k\bar{u} + kU)\dfrac{\mathrm{d}^2 V}{\mathrm{d}\theta^2} + \beta_0 V = 0, \\ k\dfrac{\mathrm{d}U}{\mathrm{d}\theta} + l\dfrac{\mathrm{d}V}{\mathrm{d}\theta} = 0. \end{cases} \tag{9.507}$$

将方程组(9.507)的第二式对 θ 积分一次,取积分常数为零,得

$$kU + lV = 0. \tag{9.508}$$

由上式有 $U = -lV/k$,代入方程组(9.507)的第一式有

$$k(\omega - k\bar{u} + lV)\frac{\mathrm{d}^2 V}{\mathrm{d}\theta^2} = \beta_0 V.$$

设 $\omega - k\bar{u} + lV \neq 0$,则有

$$\frac{\mathrm{d}^2 V}{\mathrm{d}\theta^2} + \left[-\frac{\beta_0}{k(\omega - k\bar{u} + lV)}\right]V = 0, \tag{9.509}$$

这是 V 的非线性常微分方程. 若把 $-\beta_0/k(\omega - k\bar{u} + lV)$ 视为已知函数,则方程(9.509)表示振动,要求

$$\omega - k\bar{u} + lV < 0. \tag{9.510}$$

将方程(9.509)的两边乘以 $2\dfrac{\mathrm{d}V}{\mathrm{d}\theta}$,并对 θ 积分,注意

$$\int 2\frac{\mathrm{d}V}{\mathrm{d}\theta}\frac{\mathrm{d}^2 V}{\mathrm{d}\theta^2}\mathrm{d}\theta = \left(\frac{\mathrm{d}V}{\mathrm{d}\theta}\right)^2 + C,$$

$$\int \frac{V\dfrac{\mathrm{d}V}{\mathrm{d}\theta}}{(\omega - k\bar{u}) + lV}\mathrm{d}\theta = \frac{V}{l} - \frac{\omega - k\bar{u}}{l^2}\ln|\omega - k\bar{u} + lV| + C,$$

则得到

$$\left(\frac{\mathrm{d}V}{\mathrm{d}\theta}\right)^2 = \frac{2\beta_0}{kl}\left\{V - \frac{\omega - k\bar{u}}{l^2}\ln|\omega - k\bar{u} + lV|\right\} + A, \tag{9.511}$$

其中 A 为积分常数.

考虑(9.510)式,上式可改写为

$$\left(\frac{\mathrm{d}V}{\mathrm{d}\theta}\right)^2 = \frac{2\beta_0}{kl}\left\{V - \frac{\omega - k\bar{u}}{l}\ln\left(1 + \frac{lV}{\omega - k\bar{u}}\right)\right\} + B, \tag{9.512}$$

B 为任意常数.

对方程(9.512)准确求解几乎是不可能的. 但上式的对数项中,若近似应用

(9.505)式，即得 $lV/(\omega-k\bar{u})=-klV/\beta_0$，则对于长波($k\to 0$)这是一个小量，因而将 $\ln\left(1+\frac{lV}{\omega-k\bar{u}}\right)$ 作幂级数展开：

$$\ln\left(1+\frac{lV}{\omega-k\bar{u}}\right)=\frac{lV}{\omega-k\bar{u}}-\frac{1}{2}\left(\frac{lV}{\omega-k\bar{u}}\right)^2+\frac{1}{3}\left(\frac{lV}{\omega-k\bar{u}}\right)^3-\cdots,\quad(9.513)$$

代入到方程(9.512)，并取到包含 V^3 的项为止，则方程(9.512)化为

$$\left(\frac{\mathrm{d}V}{\mathrm{d}\theta}\right)^2=-\frac{2}{3}\frac{\beta_0 l}{k(\omega-k\bar{u})^2}P(V),\quad(9.514)$$

其中

$$P(V)\equiv V^3-\frac{3}{2}\cdot\frac{\omega-k\bar{u}}{l}V^2+A_1\quad(9.515)$$

是 V 的三次多项式，A_1 是任意常数.

将(9.514)式两边对 θ 微商一次，并令 $\frac{\mathrm{d}V}{\mathrm{d}\theta}\neq 0$，得

$$\frac{\mathrm{d}^2V}{\mathrm{d}\theta^2}+\frac{\beta_0 l}{k(\omega-k\bar{u})^2}V^2-\frac{\beta_0}{k(\omega-k\bar{u})}V=0.\quad(9.516)$$

将上式再对 θ 微商一次得

$$\frac{\mathrm{d}^3V}{\mathrm{d}\theta^3}+\frac{2\beta_0 l}{k(\omega-k\bar{u})^2}V\frac{\mathrm{d}V}{\mathrm{d}\theta}-\frac{\beta_0}{k(\omega-k\bar{u})}\frac{\mathrm{d}V}{\mathrm{d}\theta}=0,\quad(9.517)$$

这是 KdV 方程所对应的常微分方程. 由上式或(9.514)式解得

$$V(\theta)=V_2+(V_1-V_2)\mathrm{cn}^2\sqrt{\frac{\beta_0 l(V_1-V_3)}{6k(\omega-k\bar{u})^2}}\theta\quad(9.518)$$

或

$$v(x,y,t)=V_2+(V_1-V_2)\mathrm{cn}^2\sqrt{\frac{\beta_0 l(V_1-V_3)}{6k(\omega-k\bar{u})^2}}(kx+ly-\omega t),\quad(9.519)$$

其中 V_1,V_2,V_3 是 $F(V)$ 的三个实零点，且设

$$V_1>0,\quad V_2<0,\quad V_3<V_2<0.\quad(9.520)$$

(9.519)式表征的是 Rossby 椭圆余弦波，其 x 方向的波长为

$$L=\frac{2}{k}\sqrt{\frac{6k(\omega-k\bar{u})^2}{\beta_0 l(V_1-V_3)}}\mathrm{K}(m),\quad(9.521)$$

其中 $K(m)$ 是第一类 Legendre 完全积分，模数 m 满足

$$m^2=(V_1-V_2)/(V_1-V_3).\quad(9.522)$$

考虑到 $P(V)=0$ 的根与系数的关系有

$$V_1+V_2+V_3=3(\omega-k\bar{u})/2l<0,\quad(9.523)$$

从而求得

$$\omega-k\bar{u}=2l(V_1+V_2+V_3)/3.\quad(9.524)$$

由此求得 x 方向的波速

$$c \equiv \frac{\omega}{k} = \bar{u} + \frac{2l}{3k}(V_1 + V_2 + V_3). \tag{9.525}$$

根据(9.521)式和(9.524)式可确定圆频率 ω，取 $L = 2\pi/k$，则求得非线性 Rossby 波的圆频率为

$$\omega = k\bar{u} + \frac{\beta_0}{k} \cdot \frac{\pi^2}{4\mathrm{K}^2(m)}\left(\frac{V_1 - V_3}{V_1 + V_2 + V_3}\right). \tag{9.526}$$

由(9.519)式，当振幅 $V_1 - V_2 \to 0$ 时，因 $V_1 > 0, V_2 < 0$，则

$$V_1 \to V_2 \to 0. \tag{9.527}$$

又此时，由(9.522)式有

$$m \to 0, \quad \mathrm{K}(m) \to \pi/2, \tag{9.528}$$

则代入(9.526)式得

$$\omega = k\bar{u} - \beta_0/k, \tag{9.529}$$

这就是(9.505)式. 同样在 $V_2 = V_3 = 0$ 时，我们可求得 Rossby 孤立波.

我们也可以换一种方式得到上述结果. 令

$$\frac{\mathrm{d}V}{\mathrm{d}\theta} \equiv W, \tag{9.530}$$

则(9.509)式改写为

$$\begin{cases} \dfrac{\mathrm{d}W}{\mathrm{d}\theta} = \dfrac{\beta_0 V}{k(\omega - k\bar{u} + lV)} \equiv F(V), \\ \dfrac{\mathrm{d}V}{\mathrm{d}\theta} = W, \end{cases} \tag{9.531}$$

其中 $F(V)$ 是 V 的非线性函数. 方程组(9.531)的平衡点为

$$(V, W) = (0, 0).$$

将 $F(V)$ 在平衡点附近作幂级数展开有

$$F(V) = \frac{\beta_0}{k(\omega - k\bar{u})}V - \frac{\beta_0 l}{k(\omega - k\bar{u})^2}V^2 + \cdots. \tag{9.532}$$

若只取 $F(V)$ 右端的线性部分代替 $F(V)$，则(9.531)式化为

$$\begin{cases} \dfrac{\mathrm{d}W}{\mathrm{d}\theta} = \dfrac{\beta_0}{k(\omega - k\bar{u})}V, \\ \dfrac{\mathrm{d}V}{\mathrm{d}\theta} = W. \end{cases} \tag{9.533}$$

显然，它表征线性 Rossby 波.

若取 $F(V)$ 右端到二次项，则(9.531)式化为

$$\begin{cases} \dfrac{\mathrm{d}W}{\mathrm{d}\theta} = \dfrac{\beta_0}{k(\omega - k\bar{u})}V - \dfrac{\beta_0 l}{k(\omega - k\bar{u})^2}V^2, \\ \dfrac{\mathrm{d}V}{\mathrm{d}\theta} = W. \end{cases} \tag{9.534}$$

由上式有

$$\frac{\mathrm{d}^2 V}{\mathrm{d}\theta^2} = -\frac{\beta_0 l}{k(\omega - k\bar{u})^2} V^2 + \frac{\beta_0}{k(\omega - k\bar{u})} V, \tag{9.535}$$

将它对 θ 微商一次有

$$\frac{\mathrm{d}^3 V}{\mathrm{d}\theta^3} + \frac{2\beta_0 l}{k(\omega - k\bar{u})^2} V \frac{\mathrm{d}V}{\mathrm{d}\theta} - \frac{\beta_0}{k(\omega - k\bar{u})} \frac{\mathrm{d}V}{\mathrm{d}\theta} = 0, \tag{9.536}$$

这就是(9.517)式.

值得注意的是：如果(9.513)式或(9.532)式右端再多取一项，则得到的将是 Gardner 方程(即混合的 KdV-mKdV 方程)所对应的常微分方程.

§9.14 Bäcklund 变换

Bäcklund 变换是解非线性方程的一种特殊方法. 其主要思想是：对某个非线性方程，设法找到它的两个解 $u_0(x,t)$ 和 $u(x,t)$ 之间的一组关系：

$$\begin{cases} \dfrac{\partial u}{\partial t} = P\left(u, u_0, \dfrac{\partial u_0}{\partial t}, \dfrac{\partial u_0}{\partial x}, x, t\right), \\ \dfrac{\partial u}{\partial x} = Q\left(u, u_0, \dfrac{\partial u_0}{\partial t}, \dfrac{\partial u_0}{\partial x}, x, t\right). \end{cases} \tag{9.537}$$

从而我们可根据某个已知的解 $u_0(x,t)$ 找到非线性方程的另一个解 $u(x,t)$，且可以反复运用，从而又可求出非线性方程的一系列新解. 方程(9.537)即称为某个非线性方程的 Bäcklund 变换.

我们先以正弦-Gordon 方程为例来说明. 对于正弦-Gordon 方程

$$\frac{\partial^2 u}{\partial t^2} - c_0^2 \frac{\partial^2 u}{\partial x^2} + f_0^2 \sin u = 0 \tag{9.538}$$

作变换

$$\xi = \frac{\lambda_0}{2}(x - c_0 t), \quad \eta = \frac{\lambda_0}{2}(x + c_0 t) \quad \left(\lambda_0 \equiv \frac{f_0}{c_0}\right), \tag{9.539}$$

则方程(9.538)化为

$$\frac{\partial^2 u}{\partial \xi \partial \eta} = \sin u. \tag{9.540}$$

方程(9.540)通常也称为正弦-Gordon 方程.

设 u, u_0 都满足方程(9.540)，即

$$\begin{cases} \dfrac{\partial^2 u}{\partial \xi \partial \eta} = \sin u, \\ \dfrac{\partial^2 u_0}{\partial \xi \partial \eta} = \sin u_0, \end{cases} \tag{9.541}$$

把这两个方程相加和相减，得到

$$\begin{cases}\dfrac{\partial^2}{\partial\xi\partial\eta}\left(\dfrac{u+u_0}{2}\right)=\dfrac{1}{2}(\sin u+\sin u_0)=\sin\dfrac{u+u_0}{2}\cos\dfrac{u-u_0}{2},\\ \dfrac{\partial^2}{\partial\xi\partial\eta}\left(\dfrac{u-u_0}{2}\right)=\dfrac{1}{2}(\sin u-\sin u_0)=\cos\dfrac{u+u_0}{2}\sin\dfrac{u-u_0}{2}.\end{cases}\tag{9.542}$$

对正弦-Gordon 方程，若作下列 Bäcklund 变换：

$$\begin{cases}\dfrac{\partial u}{\partial\xi}=\dfrac{\partial u_0}{\partial\xi}+2\lambda\sin\dfrac{u+u_0}{2},\\ \dfrac{\partial u}{\partial\eta}=-\dfrac{\partial u_0}{\partial\eta}+\dfrac{2}{\lambda}\sin\dfrac{u-u_0}{2},\end{cases}\tag{9.543}$$

其中 λ 为参数. 将(9.543)的两式分别对 η 和 ξ 微商就得到(9.542)式.

Bäcklund 变换(9.543)把正弦-Gordon 方程的两个解连结起来，从而可以根据已知的一个解求正弦-Gordon 方程的另一个解. 显然 $u_0=0$ 是正弦-Gordon 方程(9.540)的一个平凡解，则以 $u_0=0$ 代入 Bäcklund 变换(9.543)，得

$$\begin{cases}\dfrac{\partial u}{\partial\xi}=2\lambda\sin\dfrac{u}{2},\\ \dfrac{\partial u}{\partial\eta}=\dfrac{2}{\lambda}\sin\dfrac{u}{2}.\end{cases}\tag{9.544}$$

将(9.544)的两式分别对 ξ,η 积分，得

$$\begin{cases}\ln\tan\dfrac{u}{4}=\lambda\xi+G(\eta),\\ \ln\tan\dfrac{u}{4}=\dfrac{1}{\lambda}\eta+F(\xi).\end{cases}\tag{9.545}$$

因(9.545)的两式左边完全一样，因而两式右边也应相同，则有

$$G(\eta)-\frac{1}{\lambda}\eta=F(\xi)-\lambda\xi=\delta(\text{常数}).\tag{9.546}$$

若取 $\delta=0$，则有

$$G(\eta)=\frac{1}{\lambda}\eta,\quad F(\xi)=\lambda\xi.\tag{9.547}$$

这样，方程组(9.545)化为

$$\ln\tan\frac{u}{4}=F(\xi)+G(\eta)=\lambda\xi+\frac{1}{\lambda}\eta.\tag{9.548}$$

从而求得

$$u=4\arctan\left(\exp\left\{\lambda\xi+\frac{1}{\lambda}\eta\right\}\right).\tag{9.549}$$

若取

$$\lambda^2=(c_0+c)/(c_0-c),\quad c<c_0,\tag{9.550}$$

并将其代入(9.549)式,得到

$$u= 4\arctan\left\{\exp\left(\pm\sqrt{\frac{c_0+c}{c_0-c}}\cdot\frac{\lambda_0}{2}(x-c_0t)\pm\sqrt{\frac{c_0-c}{c_0+c}}\cdot\frac{\lambda_0}{2}(x+c_0t)\right)\right\}$$

$$= 4\arctan\left\{\exp\left[\frac{\pm\lambda_0(c_0+c)\left(\frac{x-c_0t}{2}\right)\pm\lambda_0(c_0-c)\left(\frac{x+c_0t}{2}\right)}{\sqrt{c_0^2-c^2}}\right]\right\}$$

$$= 4\arctan\left(\exp\left\{\pm\frac{f_0}{\sqrt{c_0^2-c^2}}(x-ct)\right\}\right)\quad(c<c_0),\tag{9.551}$$

这就是正弦-Gordon 方程的扭结孤立波解,即是(9.257)式.

若取 $u_0=\pi$(显然它也满足方程(9.540)),并取 $\lambda^2=(c+c_0)/(c-c_0)(c>c_0)$,则类似求得

$$u=-\pi+4\arctan\left(\exp\left\{\pm\frac{f_0}{\sqrt{c^2-c_0^2}}(x-ct)\right\}\right),\quad c>c_0,\tag{9.552}$$

这是正弦-Gordon 方程的另一扭结孤立波解,即是(9.261)式.

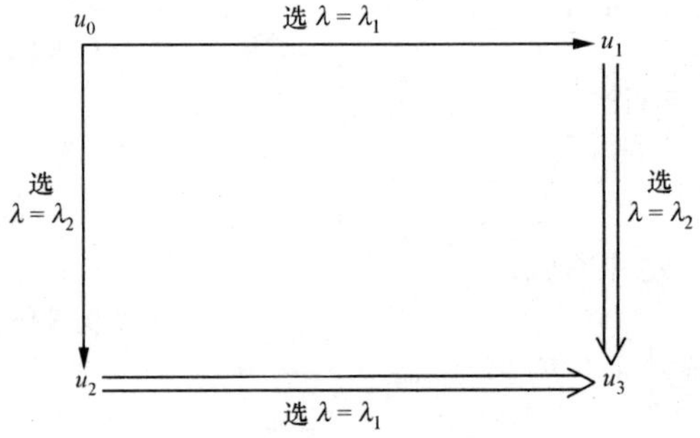

图 9.18 Bäcklund 变换

利用 Bäcklund 变换,我们由 u_0 求得了 u,同样,根据这个 u 还可以求出新的解. 我们设想: 由 u_0,利用 Bäcklund 变换(9.543),分别选参数 $\lambda=\lambda_1$ 和 $\lambda=\lambda_2$ 而求得 u_1 和 u_2;再由这个 u_1 和 u_2,分别选参数 $\lambda=\lambda_2$ 和 $\lambda=\lambda_1$ 可又求得 u_3 和 u_4;若选择合适的积分常数,可使 $u_3=u_4$. 上述设想见图 9.18.

按照上述构思,则由 Bäcklund 变换(9.543)的第一式有

$$\begin{cases}\dfrac{\partial u_1}{\partial\xi}=\dfrac{\partial u_0}{\partial\xi}+2\lambda_1\sin\dfrac{u_1+u_0}{2},\\[2mm] \dfrac{\partial u_2}{\partial\xi}=\dfrac{\partial u_0}{\partial\xi}+2\lambda_2\sin\dfrac{u_2+u_0}{2},\\[2mm] \dfrac{\partial u_3}{\partial\xi}=\dfrac{\partial u_1}{\partial\xi}+2\lambda_2\sin\dfrac{u_3+u_1}{2},\\[2mm] \dfrac{\partial u_3}{\partial\xi}=\dfrac{\partial u_2}{\partial\xi}+2\lambda_1\sin\dfrac{u_3+u_2}{2}.\end{cases}\tag{9.553}$$

上述性质称为 Bäcklund 变换的可交换性,最早是由 Bianchi 于 1879 年证明.

将方程组(9.553)的第一、三两式相加,第二、四两式相加,分别得到

$$\begin{cases}\dfrac{\partial}{\partial\xi}(u_3-u_0)=2\left(\lambda_1\sin\dfrac{u_1+u_0}{2}+\lambda_2\sin\dfrac{u_3+u_1}{2}\right),\\ \dfrac{\partial}{\partial\xi}(u_3-u_0)=2\left(\lambda_1\sin\dfrac{u_3+u_2}{2}+\lambda_2\sin\dfrac{u_2+u_0}{2}\right).\end{cases}\tag{9.554}$$

因(9.554)的两式左边相同,因而其右边应相等,则得

$$\lambda_1\left(\sin\frac{u_1+u_0}{2}-\sin\frac{u_3+u_2}{2}\right)=\lambda_2\left(\sin\frac{u_2+u_0}{2}-\sin\frac{u_3+u_1}{2}\right).\tag{9.555}$$

利用三角函数的和差化积公式,上式化为

$$\lambda_1\sin\frac{(u_3-u_0)-(u_1-u_2)}{4}=\lambda_2\sin\frac{(u_3-u_0)+(u_1-u_0)}{4}$$

或

$$\tan\frac{u_3-u_0}{4}=\frac{\lambda_1+\lambda_2}{\lambda_1-\lambda_2}\tan\frac{u_1-u_2}{4},\tag{9.556}$$

上式称为正弦-Gordon 方程解的非线性叠加公式.由这个叠加公式,我们可以只应用纯代数的运算就可以根据 u_0,u_1 和 u_2 找到正弦-Gordon 方程的一个新解 u_3.公式(9.556)也可以根据 Bäcklund 变换(9.543)的第二式得到.

若取 $u_0=0$,则由解的非线性叠加公式(9.556)得到

$$\tan\frac{u_3}{4}=\frac{\lambda_1+\lambda_2}{\lambda_1-\lambda_2}\tan\frac{u_1-u_2}{4}=\frac{\lambda_1+\lambda_2}{\lambda_1-\lambda_2}\cdot\frac{\tan\frac{u_1}{4}-\tan\frac{u_2}{4}}{1+\tan\frac{u_1}{4}\cdot\tan\frac{u_2}{4}}\tag{9.557}$$

或

$$u_3=4\arctan\left(\frac{\lambda_1+\lambda_2}{\lambda_1-\lambda_2}\tan\frac{u_1-u_2}{4}\right)=4\arctan\left[\frac{\lambda_1+\lambda_2}{\lambda_1-\lambda_2}\cdot\frac{\tan\frac{u_1}{4}-\tan\frac{u_2}{4}}{1+\tan\frac{u_1}{4}\cdot\tan\frac{u_2}{4}}\right].\tag{9.558}$$

下面我们举两例说明解的非线性叠加公式的应用.

[例 1] 两个不同方向前进的扭结孤立波的相互作用.

根据(9.550)式,我们取

$$\lambda_1=\sqrt{(c_0+c)/(c_0-c)},\quad 0<c<c_0,\tag{9.559}$$

则求得一个向 x 正方向前进的扭结孤立波解为

$$\tan\frac{u_1}{4}=\exp\left\{\frac{f_0}{\sqrt{c_0^2-c^2}}(x-ct)\right\}.\tag{9.560}$$

类似,我们取

$$\lambda_2=1/\lambda_1=\sqrt{(c_0-c)/(c_0+c)},\tag{9.561}$$

求得一个向 x 负方向前进的扭结孤立波解为

$$\tan\frac{u_2}{4}=\exp\left\{\frac{f_0}{\sqrt{c_0^2-c^2}}(x+ct)\right\}. \tag{9.562}$$

将(9.560)式和(9.562)式代入(9.558)式,得

$$\tan\frac{u_3}{4}=\frac{\lambda_1+\dfrac{1}{\lambda_1}}{\lambda_1-\dfrac{1}{\lambda_1}}\cdot\frac{\exp\left\{\dfrac{f_0(x-ct)}{\sqrt{c_0^2-c^2}}\right\}-\exp\left\{\dfrac{f_0(x+ct)}{\sqrt{c_0^2-c^2}}\right\}}{1+\exp\left\{\dfrac{f_0(x-ct)}{\sqrt{c_0^2-c^2}}\right\}\cdot\exp\left\{\dfrac{f_0(x+ct)}{\sqrt{c_0^2-c^2}}\right\}}$$

$$=\frac{\lambda_1^2+1}{\lambda_1^2-1}\cdot\frac{\exp\left\{\dfrac{f_0x}{\sqrt{c_0^2-c^2}}\right\}\left(\exp\left\{-\dfrac{f_0ct}{\sqrt{c_0^2-c^2}}\right\}-\exp\left\{\dfrac{f_0ct}{\sqrt{c_0^2-c^2}}\right\}\right)}{1+\exp\left\{\dfrac{2f_0x}{\sqrt{c_0^2-c^2}}\right\}}$$

$$=\frac{c_0}{c}\cdot\frac{-2\sinh\dfrac{f_0ct}{\sqrt{c_0^2-c^2}}}{2\cosh\dfrac{f_0x}{\sqrt{c_0^2-c^2}}}=-\frac{c_0}{c}\cdot\frac{\sinh\dfrac{f_0ct}{\sqrt{c_0^2-c^2}}}{\cosh\dfrac{f_0x}{\sqrt{c_0^2-c^2}}}, \tag{9.563}$$

上式称为正弦-Gordon 方程的双孤立子解.

[例 2] 两个不同方向前进的正、反扭结孤立波的相互作用.

仿[例 1],我们有

$$\begin{cases}\lambda_1=\sqrt{(c_0+c)/(c_0-c)}, \quad \tan\dfrac{u_1}{4}=\exp\left\{\dfrac{f_0(x-ct)}{\sqrt{c_0^2-c^2}}\right\}, \\ \lambda_2=-\dfrac{1}{\lambda_1}, \quad \tan\dfrac{u_2}{4}=\exp\left\{-\dfrac{f_0(x+ct)}{\sqrt{c_0^2-c^2}}\right\}.\end{cases} \tag{9.564}$$

将它们代入(9.557)式得到

$$\tan\frac{u_3}{4}=\frac{\lambda_1-\dfrac{1}{\lambda_1}}{\lambda_1+\dfrac{1}{\lambda_1}}\cdot\frac{\exp\left\{\dfrac{f_0(x-ct)}{\sqrt{c_0^2-c^2}}\right\}-\exp\left\{-\dfrac{f_0(x+ct)}{\sqrt{c_0^2-c^2}}\right\}}{1+\exp\left\{\dfrac{f_0(x-ct)}{\sqrt{c_0^2-c^2}}\right\}\cdot\exp\left\{-\dfrac{f_0(x+ct)}{\sqrt{c_0^2-c^2}}\right\}}$$

$$=\frac{c}{c_0}\cdot\frac{\exp\left\{-\dfrac{f_0ct}{\sqrt{c_0^2-c^2}}\right\}\cdot 2\sinh\dfrac{f_0x}{\sqrt{c_0^2-c^2}}}{1+\exp\left\{-\dfrac{2f_0ct}{\sqrt{c_0^2-c^2}}\right\}}=\frac{c}{c_0}\frac{\sinh\dfrac{f_0x}{\sqrt{c_0^2-c^2}}}{\cosh\dfrac{f_0ct}{\sqrt{c_0^2-c^2}}}, \tag{9.565}$$

这也是正弦-Gordon 方程的一个双孤立子解.

对于 KdV 方程

$$\frac{\partial u}{\partial t}+\alpha u\frac{\partial u}{\partial x}+\beta\frac{\partial^3 u}{\partial x^3}=0 \tag{9.566}$$

也可以找到它的 Bäcklund 变换. 首先通过变换

$$x=\beta^{1/3}x_1,\quad u=-6\alpha^{-1}\beta^{1/3}u_1,\tag{9.567}$$

KdV 方程可化为下列简洁的形式

$$\frac{\partial u}{\partial t}-6u\frac{\partial u}{\partial x}+\frac{\partial^3 u}{\partial x^3}=0,\tag{9.568}$$

其中 u_1, x_1 又分别记成了 u 和 x.

KdV 方程(9.568)很易写为

$$\frac{\partial u}{\partial t}+\frac{\partial}{\partial x}\left(-3u^2+\frac{\partial^2 u}{\partial x^2}\right)=0.\tag{9.569}$$

再令

$$u\equiv\partial w/\partial x,\tag{9.570}$$

则 KdV 方程(9.569)化为

$$\frac{\partial w}{\partial t}=3u^2-\frac{\partial^2 u}{\partial x^2}=3\left(\frac{\partial w}{\partial x}\right)^2-\frac{\partial^3 w}{\partial x^3},\tag{9.571}$$

上式也常称为 KdV 方程. 若取$\left(参见下一节的(9.576)式, 取 u=\dfrac{\partial w}{\partial x}, v=\dfrac{1}{2}w, \lambda=-k^2\right)$

$$u\equiv\frac{\partial w}{\partial x}=\frac{1}{2}w^2-2k^2,\tag{9.572}$$

其中 k 为参数. 则由上式有

$$\frac{\partial^2 w}{\partial x^2}=w\frac{\partial w}{\partial x},\quad \frac{\partial^3 w}{\partial x^3}=\frac{\partial}{\partial x}\left(w\frac{\partial w}{\partial x}\right)=\left(\frac{\partial w}{\partial x}\right)^2+w^2\frac{\partial w}{\partial x},$$

因而

$$\begin{aligned}\frac{\partial w}{\partial t}&=3\left(\frac{\partial w}{\partial x}\right)^2-\left(\frac{\partial w}{\partial x}\right)^2-w^2\frac{\partial w}{\partial x}=2\left(\frac{\partial w}{\partial x}\right)^2-w^2\frac{\partial w}{\partial x}=\frac{\partial w}{\partial x}\left(2\frac{\partial w}{\partial x}-w^2\right)\\&=-4k^2\frac{\partial w}{\partial x}=-4k^2\left(\frac{1}{2}w^2-2k^2\right).\end{aligned}\tag{9.573}$$

所以, 由方程(9.572)和(9.573)构成的下列系统

$$\begin{cases}\dfrac{\partial w}{\partial x}=\dfrac{1}{2}w^2-2k^2=u,\\[2ex]\dfrac{\partial w}{\partial t}=-4k^2\left(\dfrac{1}{2}w^2-2k^2\right)=-4k^2u\end{cases}\tag{9.574}$$

满足 KdV 方程(9.571).

设 w, w_0 都满足 KdV 方程(9.571), 即

$$\begin{cases}\dfrac{\partial w}{\partial t}=3u^2-\dfrac{\partial^2 u}{\partial x^2}\quad\left(u=\dfrac{\partial w}{\partial x}\right),\\[2ex]\dfrac{\partial w_0}{\partial t}=3u_0^2-\dfrac{\partial^2 u_0}{\partial x^2}\quad\left(u_0=\dfrac{\partial w_0}{\partial x}\right),\end{cases}\tag{9.575}$$

则可以找到 KdV 方程(9.571)的 Bäcklund 变换为

$$\begin{cases}\dfrac{\partial w}{\partial x}=-\dfrac{\partial w_0}{\partial x}+\dfrac{1}{2}(w-w_0)^2-2k^2,\\ \dfrac{\partial w}{\partial t}=-\dfrac{\partial w_0}{\partial t}-4k^2u+2u_0^2+u_0(w-w_0)^2+2(w-w_0)\dfrac{\partial u_0}{\partial x}.\end{cases}\tag{9.576}$$

这里要说明的是上述 Bäcklund 变换可以视为是方程组(9.574)的推广,因为,在(9.576)式中令 $w_0=0,u_0=0$ 就转化为(9.574)式.事实上,可以认为(9.576)的第一式为(9.574)的第一式的推广,而(9.576)的第二式是由(9.576)的第一式代入到方程组(9.575)得到的.因为由(9.575)式有

$$\frac{\partial w}{\partial t}=-\frac{\partial w_0}{\partial t}+3u^2+3u_0^2-\frac{\partial^2(u+u_0)}{\partial x^2}.\tag{9.577}$$

但由(9.576)的第一式,有

$$u+u_0=\frac{1}{2}(w-w_0)^2-2k^2,$$

因而,

$$\frac{\partial}{\partial x}(u+u_0)=(w-w_0)\frac{\partial}{\partial x}(w-w_0)=(u-u_0)(w-w_0),$$

$$\begin{aligned}\frac{\partial^2}{\partial x^2}(u+u_0)&=\left(\frac{\partial w}{\partial x}-\frac{\partial w_0}{\partial x}\right)^2+(w-w_0)\frac{\partial^2(w-w_0)}{\partial x^2}\\&=\left(\frac{\partial w}{\partial x}-\frac{\partial w_0}{\partial x}\right)^2+(w-w_0)\frac{\partial^2(w+w_0)}{\partial x^2}-2(w-w_0)\frac{\partial^2 w_0}{\partial x^2}\\&=(u-u_0)^2+(w-w_0)\frac{\partial}{\partial x}(u+u_0)-2(w-w_0)\frac{\partial u_0}{\partial x}\\&=(u-u_0)^2+(u-u_0)(w-w_0)^2-2(w-w_0)\frac{\partial u_0}{\partial x}.\end{aligned}$$

这样,代入(9.577)式有

$$\begin{aligned}\frac{\partial w}{\partial t}&=-\frac{\partial w_0}{\partial t}+3u^2+3u_0^2-(u-u_0)^2-(u-u_0)(w-w_0)^2+2(w-w_0)\frac{\partial u_0}{\partial x}\\&=-\frac{\partial w_0}{\partial t}+2u(u+u_0)+2u_0^2-u(w-w_0)^2+u_0(w-w_0)^2+2(w-w_0)\frac{\partial u_0}{\partial x}\\&=-\frac{\partial w_0}{\partial t}-4k^2u+2u_0^2+u_0(w-w_0)^2+2(w-w_0)\frac{\partial u_0}{\partial x},\end{aligned}$$

这就是(9.576)的第二式.

显然 $w_0=0$ 是 KdV 方程(9.571)的一个平凡解,以 $w_0=0$ 代入 Bäcklund 变换(9.576)就得到方程组(9.574).由方程组(9.574)有

$$\frac{\partial w}{\partial t}+4k^2\frac{\partial w}{\partial x}=0.\tag{9.578}$$

这个方程的通解为

$$w = f(x - 4k^2 t). \tag{9.579}$$

若设

$$w\mid_{t=0} = -2k\tanh(kx), \tag{9.580}$$

相应

$$u\mid_{t=0} = -2k^2\operatorname{sech}^2(kx), \tag{9.581}$$

则由(9.579)式求得

$$w = -2k\tanh[k(x - 4k^2 t)], \tag{9.582}$$

相应

$$u = -2k^2\operatorname{sech}^2[k(x - 4k^2 t)], \tag{9.583}$$

这就是 KdV 方程的单孤立波解.

类似正弦-Gordon 方程,我们可以建立 KdV 方程(9.571)的解的非线性叠加公式.由(9.576)的第一式

$$\begin{cases} \dfrac{\partial w_1}{\partial x} = -\dfrac{\partial w_0}{\partial x} + \dfrac{1}{2}(w_1 - w_0)^2 - 2k_1^2, \\ \dfrac{\partial w_2}{\partial x} = -\dfrac{\partial w_0}{\partial x} + \dfrac{1}{2}(w_2 - w_0)^2 - 2k_0^2, \\ \dfrac{\partial w_3}{\partial x} = -\dfrac{\partial w_1}{\partial x} + \dfrac{1}{2}(w_3 - w_1)^2 - 2k_2^2, \\ \dfrac{\partial w_3}{\partial x} = -\dfrac{\partial w_2}{\partial x} + \dfrac{1}{2}(w_3 - w_2)^2 - 2k_1^2, \end{cases} \tag{9.584}$$

它类似于正弦-Gordon 方程的(9.553)式.

将方程组(9.584)的第一、三两式相减,第二、四两式相减,分别得到

$$\begin{cases} \dfrac{\partial w_3}{\partial x} - \dfrac{\partial w_0}{\partial x} = \dfrac{1}{2}(w_3 - w_1)^2 - \dfrac{1}{2}(w_1 - w_0)^2 - 2k_2^2 + 2k_1^2, \\ \dfrac{\partial w_3}{\partial x} - \dfrac{\partial w_0}{\partial x} = \dfrac{1}{2}(w_3 - w_2)^2 - \dfrac{1}{2}(w_2 - w_0)^2 - 2k_1^2 + 2k_2^2. \end{cases} \tag{9.585}$$

因(9.585)的两式左边相等,因而其右边应相等,则得

$$\frac{1}{2}(w_3 - w_1)^2 - \frac{1}{2}(w_1 - w_0)^2 - \frac{1}{2}(w_3 - w_2)^2 + \frac{1}{2}(w_2 - w_0)^2 = 4(k_2^2 - k_1^2),$$

即

$$(w_3 - w_0)(w_2 - w_1) = 4(k_2^2 - k_1^2).$$

则

$$w_3 = w_0 + \frac{4(k_2^2 - k_1^2)}{w_2 - w_1} = w_0 + \frac{4(k_1^2 - k_2^2)}{w_1 - w_2}, \tag{9.586}$$

这就是 KdV 方程(9.571)的解的非线性叠加公式.

若选 $w_0=0$,则上式化为

$$w_3=\frac{4(k_1^2-k_2^2)}{w_1-w_2}, \tag{9.587}$$

利用它可根据 w_1 和 w_2 求 KdV 方程的新解 w_3.

§9.15 散射反演法(inverse scattering method)

本节的目的主要是解下列 KdV 方程的初值问题:

$$\begin{cases}\dfrac{\partial u}{\partial t}-6u\dfrac{\partial u}{\partial x}+\dfrac{\partial^3 u}{\partial x^3}=0 & (-\infty<x<+\infty,t>0),\\ u\big|_{t=0}=u_0(x) & (-\infty<x<+\infty).\end{cases} \tag{9.588}$$

因为线性方程解的叠加原理对非线性方程不再成立,因而求解问题(9.588)不能再用传统的积分变换法.这里介绍的是利用 Schrödinger 方程的本征值问题及其反演求解问题(9.588),它称为散射反演法.

对于非线性方程的初值问题,人们早就设想:能否通过某种非线性变换将它化为线性方程的初值问题去求解.例如,对于 Burgers 方程的初值问题

$$\begin{cases}\dfrac{\partial u}{\partial t}+u\dfrac{\partial u}{\partial x}=\nu\dfrac{\partial^2 u}{\partial x^2},\\ u\big|_{t=0}=u_0(x),\end{cases} \tag{9.589}$$

Hopf(1950 年)和 Cole(1951 年)就提出用非线性变换

$$u=-2\nu\frac{\partial \ln\psi}{\partial x}=-2\nu\frac{1}{\psi}\frac{\partial\psi}{\partial x} \tag{9.590}$$

将 Burgers 方程的初值问题(9.589)化为下列一维线性热传导方程(或扩散方程)的初值问题:

$$\begin{cases}\dfrac{\partial\psi}{\partial t}=\nu\dfrac{\partial^2\psi}{\partial x^2},\\ \psi\big|_{t=0}=\psi_0(x)=\exp\left\{-\dfrac{1}{2\nu}\displaystyle\int_0^x u_0(\xi)\delta\xi\right\}.\end{cases} \tag{9.591}$$

这是因为 Cole-Hopf 变换(9.590)等价于

$$u=\frac{\partial w}{\partial x},\quad w=-2\nu\ln\psi. \tag{9.592}$$

因而,Cole-Hopf 变换分为两步:第一步,令 $u=\partial w/\partial x$,则问题(9.589)化为

$$\begin{cases}\dfrac{\partial^2 w}{\partial x\partial t}+\dfrac{\partial w}{\partial x}\dfrac{\partial^2 w}{\partial x^2}=\nu\dfrac{\partial^3 w}{\partial x^3},\\ w\big|_{t=0}=\displaystyle\int_0^x u_0(\xi)\delta\xi.\end{cases} \tag{9.593}$$

再将 w 的方程对 x 积分一次，则问题(9.593)化为

$$\begin{cases}\dfrac{\partial w}{\partial t}+\dfrac{1}{2}\left(\dfrac{\partial w}{\partial x}\right)^2=\nu\dfrac{\partial^2 w}{\partial x^2},\\ w\big|_{t=0}=\displaystyle\int_0^x u_0(\xi)\delta\xi.\end{cases}\tag{9.594}$$

第二步，令 $w=-2\nu\ln\psi$，注意

$$\frac{\partial w}{\partial t}=-2\nu\frac{1}{\psi}\frac{\partial\psi}{\partial t},\quad \frac{\partial w}{\partial x}=-2\nu\frac{1}{\psi}\frac{\partial\psi}{\partial x},\quad \frac{\partial^2 w}{\partial x^2}=-2\nu\frac{1}{\psi^2}\left[\psi\frac{\partial^2\psi}{\partial x^2}-\left(\frac{\partial\psi}{\partial x}\right)^2\right],$$

则问题(9.594)便化成了问题(9.591). 所以，Burgers 方程的初值问题可以通过 Cole-Hopf 变换化为热传导方程的初值问题.

受上述 Cole-Hopf 变换的启发，人们企图找到类似于 Cole-Hopf 变换的变换化 KdV 方程的初值问题(9.588)为线性方程的初值问题. 考虑到 Burgers 方程中 u 对 x 的微商最高是$\dfrac{\partial^2 u}{\partial x^2}$，而 KdV 方程中是$\dfrac{\partial^3 u}{\partial x^3}$，因而，自然想到作变换

$$u=\frac{1}{\psi}\frac{\partial^2\psi}{\partial x^2},$$

但这样做不能成功. 1967 年，Gardner, Greene, Kruskal 和 Miura 选择了下列变换

$$u=\frac{1}{\psi}\frac{\partial^2\psi}{\partial x^2}+\lambda(t),\tag{9.595}$$

它称为 GGKM 变换，如令 $v=\dfrac{\partial\ln\psi}{\partial x}$，则 GGKM 变换也可改写为

$$u=\frac{\partial v}{\partial x}+v^2+\lambda(t).\tag{9.596}$$

这样就有

$$\frac{\partial^2\psi}{\partial x^2}+(\lambda-u)\psi=0,\tag{9.597}$$

这是 Schrödinger 方程的本征值问题. 其中 ψ 相当于波函数，u 为势能，λ 为本征值. 这里与量子力学不同，u 是 KdV 方程的解，与时间有关，而且 λ 也与时间有关.

在上述(9.596)式的变换下，如何求解问题(9.588)呢? 它可分为三步：第一步，先将初值 $u_0(x)$作为势能，在一定条件下，解 Schrödinger 方程(9.597)的本征值问题，求出与 $u_0(x)$相应的 $\lambda|_{t=0}=\lambda(0)$ 和 $\psi|_{t=0}=\psi(x,0)$；第二步，将变换(9.596)代入 KdV 方程，在一定的条件下找到 λ 和 ψ 随时间 t 的演化关系；第三步，由 $\lambda(t)$和 $\psi(x,t)$通过散射反演求 $u(x,t)$. 这就是所谓散射反演法. 这种求解过程类似于用积分变换法(Fourier 变换或 Laplace 变换)求解线性偏微分方程的初值问题. 第一步相当于对方程和初条件作积分变换，第二步相当于求解变换所满足的常微分方程，第三步相当于求逆变换. 下面，我们具体写出求解问题(9.588)的过程：

(1) 对给定的势能 $u_0(x)$，求解 Schrödinger 方程(9.597)满足条件

$$|x| \to \infty, \quad \psi, \frac{\partial \psi}{\partial x} \to 0 \tag{9.598}$$

的本征值问题，确定 $\lambda(0)$ 和 $\psi(x,0)$，即求解

$$\begin{cases} \dfrac{\partial^2 \psi(x,0)}{\partial x^2} + (\lambda(0) - u_0(x))\psi(x,0) = 0, \\ \psi(x,0) \to 0, \quad \dfrac{\partial \psi(x,0)}{\partial x} \to 0 \quad (|x| \to \infty). \end{cases} \tag{9.599}$$

对于一般 Schrödinger 方程的本征值问题

$$\begin{cases} \dfrac{\partial^2 \psi}{\partial x^2} + (\lambda - u)\psi = 0, \\ \psi \Big|_{|x|\to\infty} \to 0, \quad \dfrac{\partial \psi}{\partial x}\Big|_{|x|\to\infty} \to 0, \end{cases} \tag{9.600}$$

只要满足条件

$$u\,|_{|x|\to\infty} \to 0,$$

则可以定得：当 $\lambda<0$ 时，存在有限个束缚态，即

$$\lambda_n = -k_n^2 \quad (n = 1,2,\cdots,N). \tag{9.601}$$

相应本征函数是

$$\psi_n(x,t) = c_n(t)\mathrm{e}^{-k_n x}, \quad x \to +\infty. \tag{9.602}$$

这里，我们假定 ψ_n 满足正交归一化条件，即

$$\int_{-\infty}^{\infty} \psi_n^2 \delta x = 1. \tag{9.603}$$

当 $\lambda>0$ 时，是连续状态，即

$$\lambda = k^2 > 0, \tag{9.604}$$

此时，ψ 与波的传输有关. 我们假定一个振幅为 1 的定常平面波 $\mathrm{e}^{-\mathrm{i}kx}$ 从 $x=+\infty$ 进入遇到势垒 $u(x,t)$，其中一部分以 $a(k,t)\mathrm{e}^{-\mathrm{i}kx}$ 进入 $x=-\infty$（$a(k,t)$ 称为透明系数），另一部分以$b(k,t)\mathrm{e}^{-kx}$被反射返回$x=+\infty$（$b(k,t)$称为反射系数），因而

$$\psi(x,t) = a(k,t)\mathrm{e}^{-\mathrm{i}kx}, \quad x \to -\infty, \tag{9.605}$$

$$\psi(x,t) = \mathrm{e}^{-\mathrm{i}kx} + b(k,t)\mathrm{e}^{\mathrm{i}kx}, \quad x \to +\infty. \tag{9.606}$$

其中 a,b 满足能量守恒定律（入射波的能量等于反射波与透射波能量之和），即

$$|a|^2 + |b|^2 = 1. \tag{9.607}$$

在前面诸式中，k_n，$c_n(t)$，$a(k,t)$，$b(k,t)$统称为散射参数.

据上分析，对于本征值问题(9.599)有

$$\begin{cases} \psi_n(x,0) = c_n(0)\mathrm{e}^{-k_n x}, & x \to +\infty, \\ \psi(x,0) = a(k,0)\mathrm{e}^{-\mathrm{i}kx}, & x \to -\infty, \\ \psi(x,0) = \mathrm{e}^{-\mathrm{i}kx} + b(k,0)\mathrm{e}^{\mathrm{i}kx}, & x \to +\infty, \end{cases} \tag{9.608}$$

因而由 $u_0(x)$ 可确定 $k_n(0)$，$c_n(0)$，$a(k,0)$，$b(k,0)$等散射参数.

(2) 导出任意时刻的散射参数与初始散射参数之间的关系. 将(9.596)式代入KdV方程((9.588)的第一式),注意

$$\begin{cases}\psi^2\dfrac{\partial u}{\partial t}=\psi^2\dfrac{\mathrm{d}\lambda}{\mathrm{d}t}+\dfrac{\partial}{\partial x}\left(\psi\dfrac{\partial^2\psi}{\partial x\partial t}-\dfrac{\partial\psi}{\partial t}\dfrac{\partial\psi}{\partial x}\right),\\ \psi^2\left(-6u\dfrac{\partial u}{\partial x}+\dfrac{\partial^3 u}{\partial x^3}\right)=\dfrac{\partial}{\partial x}\left(\psi\dfrac{\partial S}{\partial x}-S\dfrac{\partial\psi}{\partial x}\right)\quad\left(S\equiv\dfrac{\partial^3\psi}{\partial x^3}-3(u+\lambda)\dfrac{\partial\psi}{\partial x}\right),\end{cases}\tag{9.609}$$

则求得

$$\psi^2\frac{\mathrm{d}\lambda}{\mathrm{d}t}+\frac{\partial}{\partial x}\left(\psi\frac{\partial Q}{\partial x}-Q\frac{\partial\psi}{\partial x}\right)=0,\tag{9.610}$$

其中

$$Q\equiv\frac{\partial\psi}{\partial t}+\frac{\partial^3\psi}{\partial x^3}-3(u+\lambda)\frac{\partial\psi}{\partial x}.\tag{9.611}$$

将(9.610)式对 x 从 $-\infty$ 到 $+\infty$ 积分有

$$\frac{\mathrm{d}\lambda}{\mathrm{d}t}\int_{-\infty}^{\infty}\psi^2\delta x+\left[\psi\frac{\partial Q}{\partial x}-Q\frac{\partial\psi}{\partial x}\right]_{-\infty}^{\infty}=0,\tag{9.612}$$

利用边条件(9.598),注意 $\int_{-\infty}^{\infty}\psi^2\delta x=$有限值,则得到

$$\frac{\mathrm{d}\lambda}{\mathrm{d}t}=0.\tag{9.613}$$

它说明,本征值 λ 与时间无关. 这样,由 $u_0(x)$ 求得的 $\lambda(0)$ 就是 $\lambda(t)$,即

$$\lambda(t)=\lambda(0).\tag{9.614}$$

将(9.613)式代入(9.610)式,得到

$$\frac{\partial}{\partial x}\left(\psi\frac{\partial Q}{\partial x}-Q\frac{\partial\psi}{\partial x}\right)=0.\tag{9.615}$$

因而

$$\psi\frac{\partial Q}{\partial x}-Q\frac{\partial\psi}{\partial x}=D(t),\tag{9.616}$$

上式可改写为

$$\frac{\partial}{\partial x}\left(\frac{Q}{\psi}\right)=\frac{D(t)}{\psi^2}.\tag{9.617}$$

积分上式得

$$Q=D(t)\psi\int_0^x\frac{1}{\psi^2}\delta x+E(t)\psi,\tag{9.618}$$

注意(9.611)式,则上式可确定 ψ 的时间演变.

对离散谱,$\lambda_n=-k_n^2$,由(9.613)式,$\dfrac{\mathrm{d}\lambda_n}{\mathrm{d}t}=0$,因而

$$k_n(t) = k_n(0). \tag{9.619}$$

取 $\psi=\psi_n$，则(9.618)式化为

$$Q_n = D_n(t)\psi_n\int_0^x \frac{1}{\psi_n^2}\delta x + E_n(t)\psi_n. \tag{9.620}$$

但由(9.602)式，$\frac{1}{\psi_n^2}=\frac{1}{c_n^2(t)}e^{2k_nx}\to+\infty(x\to+\infty)$，因而，为了使 Q_n 有意义，我们选取 $D_n=0$，则(9.620)式化为

$$Q_n(t) = E_n(t)\psi_n. \tag{9.621}$$

将(9.611)式代入上式有

$$\frac{\partial\psi_n}{\partial t}+\frac{\partial^3\psi_n}{\partial x^3}-3(u+\lambda_n)\frac{\partial\psi_n}{\partial x} = E_n(t)\psi_n. \tag{9.622}$$

将上式两边乘以 ψ_n 有

$$\frac{\partial}{\partial t}\left(\frac{1}{2}\psi_n^2\right)+\left[\frac{\partial}{\partial x}\left(\psi_n\frac{\partial^2\psi_n}{\partial x^2}\right)-\frac{\partial\psi_n}{\partial x}\frac{\partial^2\psi_n}{\partial x^2}\right]-3(u+\lambda_n)\psi_n\frac{\partial\psi_n}{\partial x} = E_n(t)\psi_n^2. \tag{9.623}$$

但由(9.595)式，有

$$u\psi_n = \frac{\partial^2\psi_n}{\partial x^2}+\lambda_n\psi_n. \tag{9.624}$$

将(9.624)式代入(9.623)式消去 u 得

$$\frac{\partial}{\partial t}\left(\frac{1}{2}\psi_n^2\right)+\left[\frac{\partial}{\partial x}\left(\psi_n\frac{\partial^2\psi_n}{\partial x^2}\right)-4\frac{\partial\psi_n}{\partial x}\frac{\partial^2\psi_n}{\partial x^2}\right]-6\lambda_n\psi_n\frac{\partial\psi_n}{\partial x} = E_n(t)\psi_n^2$$

或

$$\frac{\partial}{\partial t}\left(\frac{1}{2}\psi_n^2\right)+\frac{\partial}{\partial x}\left[\psi_n\frac{\partial^2\psi_n}{\partial x^2}-2\left(\frac{\partial\psi_n}{\partial x}\right)^2-3\lambda_n\psi_n^2\right] = E_n(t)\psi_n^2. \tag{9.625}$$

将上式从 $x=-\infty$ 到 $x=+\infty$ 积分，并利用条件(9.598)式，得

$$\frac{\partial}{\partial t}\int_{-\infty}^{\infty}\frac{1}{2}\psi_n^2\delta x = E_n(t)\int_{-\infty}^{\infty}\psi_n^2\delta x,$$

注意(9.603)式，则由上式得到

$$E_n(t) = 0. \tag{9.626}$$

这样(9.621)式和(9.622)式化为

$$Q_n(t) \equiv \frac{\partial\psi_n}{\partial t}+\frac{\partial^3\psi_n}{\partial x^3}-3(u+\lambda_n)\frac{\partial\psi_n}{\partial x} = 0. \tag{9.627}$$

将(9.602)式代入上式，注意 $x\to\infty$，$u\to 0$，则得

$$\frac{dc_n(t)}{dt} = 4k_n^3c_n(t). \tag{9.628}$$

积分上式得到

$$c_n(t)=c_n(0)\mathrm{e}^{4k_n^3t},\tag{9.629}$$

这就是 $c_n(t)$的演化规律.

对连续谱,$\lambda=k^2$,将(9.605)式代入(9.618)式,则得

$$\frac{\partial a(k,t)}{\partial t}+4\mathrm{i}k^3a(h,t)=\frac{D(t)}{a(k,t)}\int_0^x\mathrm{e}^{2\mathrm{i}kx}\,\delta x+E(t)a(k,t).$$

因为 $a(k,t)$与 x 无关,则可令 $D(t)=0$,因而有

$$\frac{\partial a(k,t)}{\partial t}+[4\mathrm{i}k^3-E(t)]a(k,t)=0.\tag{9.630}$$

另一方面,将(9.606)式代入(9.618)式,则得

$$\mathrm{e}^{\mathrm{i}kx}\left[\frac{\partial b(k,t)}{\partial t}-4\mathrm{i}k^3b(k,t)-E(t)b(k,t)\right]+\mathrm{e}^{-\mathrm{i}kx}[4\mathrm{i}k^3-E(t)]=0,$$

因而有

$$E(t)=4\mathrm{i}k^3\tag{9.631}$$

和

$$\frac{\partial b(k,t)}{\partial t}=4\mathrm{i}k^3b(k,t)+E(t)b(k,t)=8\mathrm{i}k^3b(k,t).\tag{9.632}$$

将(9.631)式代入(9.630)式,得到

$$\frac{\partial a(k,t)}{\partial t}=0\quad\text{或}\quad a(k,t)=a(k,0).\tag{9.633}$$

而积分(9.632)式,得到

$$b(k,t)=b(k,0)\mathrm{e}^{8\mathrm{i}k^3t}.\tag{9.634}$$

(9.633)式和(9.634)式分别表示 $a(k,t)$,$b(k,t)$的演化规律.

总结可知:任意时刻,散射参数的演化规律有

$$\begin{cases}k_n(t)=k_n(0),\\ c_n(t)=c_n(0)\mathrm{e}^{4k_n^3t},\\ a(k,t)=a(k,0),\\ b(k,t)=b(k,0)\mathrm{e}^{8\mathrm{i}k^3t}.\end{cases}\tag{9.635}$$

(3) 散射反演求 $u(x,t)$. 根据量子力学的散射反演理论,对给定初值 $u_0(x)$,求得 KdV 方程的解为

$$u(x,t)=-2\frac{\partial}{\partial x}K(x,x,t),\tag{9.636}$$

其中 $K(x,x,t)$是 GLM(Gelfand-Levitan-Marchenko)积分方程

$$K(x,y,t)+B(x+y,t)+\int_x^\infty B(y+z,t)K(x,z,t)\delta z=0\tag{9.637}$$

的解,而积分方程的核为

$$B(x,t)=\sum_{n=1}^{N}c_n^2(t)\mathrm{e}^{-k_n(t)x}+\frac{1}{2\pi}\int_{-\infty}^{\infty}b(k,t)\mathrm{e}^{\mathrm{i}kx}\delta k,\tag{9.638}$$

它包含离散谱和连续谱的共同贡献(参见刘式适、刘式达,《物理学中的非线性方程》,第 9 章,北京大学出版社,2000). 下面举例说明散射反演法的应用.

[**例 1**]　KdV 方程的单个孤立波解.

对于 KdV 方程(9.568),我们用 Bäcklund 变换已求得它满足 $\xi\to\pm\infty, u\to 0$ 的孤立波解为(9.583)式,若写 $a=2k^2$,则它写为

$$u(x,t)=-a\operatorname{sech}^2\sqrt{\frac{a}{2}}(x-2at).\tag{9.639}$$

因孤立波移速为

$$c=2a,\tag{9.640}$$

则(9.640)式还可改写为

$$u(x,t)=-\frac{c}{2}\operatorname{sech}^2\frac{\sqrt{c}}{2}(x-ct).\tag{9.641}$$

上述孤立波解意味着初始孤立波为

$$u_0(x)=u(x,0)=-\frac{c}{2}\operatorname{sech}^2\frac{\sqrt{c}}{2}x.\tag{9.642}$$

所以,讨论 KdV 方程的单个孤立子解相当于求解下列初值问题

$$\begin{cases}\dfrac{\partial u}{\partial t}-6u\dfrac{\partial u}{\partial x}+\dfrac{\partial^3 u}{\partial x^3}=0 & (|x|<\infty, t\geqslant 0),\\ u|_{t=0}=-\dfrac{c}{2}\operatorname{sech}^2\dfrac{\sqrt{c}}{2}x & (|x|<\infty).\end{cases}\tag{9.643}$$

下面,我们应用散射反演法求解问题(9.643). 为了清楚起见,我们取 $c=4$,则问题(9.643)化为

$$\begin{cases}\dfrac{\partial u}{\partial t}-6u\dfrac{\partial u}{\partial x}+\dfrac{\partial^3 u}{\partial x^3}=0 & (|x|<\infty, t\geqslant 0),\\ u|_{t=0}=-2\operatorname{sech}^2 x & (|x|<\infty).\end{cases}\tag{9.644}$$

按(9.641)式,问题(9.644)的解应为

$$u(x,t)=-2\operatorname{sech}^2(x-4t).\tag{9.645}$$

按散射反演法的分析,第一步是解下列 Schrödinger 方程的本征值问题:

$$\begin{cases}\dfrac{\partial^2\psi(x,0)}{\partial x^2}+(\lambda+2\operatorname{sech}^2 x)\psi(x,0)=0,\\ \psi(x,0)|_{x\to\pm\infty}<\infty(\text{或}\to 0).\end{cases}\tag{9.646}$$

对于离散谱,$\lambda=-k_n^2<0$,我们作变换

$$\eta=\tanh x,\tag{9.647}$$

因 $x\to\pm\infty$ 对应于 $\eta\to\pm1$，且

$$\begin{cases}\dfrac{\partial}{\partial x}=\operatorname{sech}^2x\dfrac{\partial}{\partial\eta}=(1-\eta^2)\dfrac{\partial}{\partial\eta},\\ \dfrac{\partial^2}{\partial x^2}=(1-\eta^2)\dfrac{\partial}{\partial\eta}\left[(1-\eta^2)\dfrac{\partial}{\partial\eta}\right],\end{cases}\tag{9.648}$$

则问题(9.646)化为

$$\begin{cases}\dfrac{\partial}{\partial\eta}\left[(1-\eta^2)\dfrac{\partial\psi_0}{\partial\eta}\right]+\left(2+\dfrac{\lambda}{1-\eta^2}\right)\psi_0=0,\\ \psi_0\mid_{\eta=\pm1}<\infty,\end{cases}\tag{9.649}$$

其中 $\psi_0=\psi(x,0)$.

(9.649)的第一式是连带 Legendre 方程. 在 λ 给定时，根据连带 Legendre 本征值问题的结果有

$$l(l+1)=2,\quad l=1.\tag{9.650}$$

相应问题(9.649)的非零解为

$$\psi(x,0)=\mathrm{P}_1^{\sqrt{-\lambda}}(\eta)=\mathrm{P}_1^{k_n}(\eta)\quad(k_n\leqslant1).\tag{9.651}$$

因为离散谱，故 $\lambda=-k_n^2<0$，则由上式定得

$$\lambda=-1,\quad k_1=1.\tag{9.652}$$

这样，(9.651)式化为

$$\psi(x,0)=A\mathrm{P}_1^1(\eta)=A\sqrt{1-\eta^2}=A\operatorname{sech}x,\tag{9.653}$$

它在 $x\to+\infty$ 的渐近解为

$$\psi(x,0)=2A\mathrm{e}^{-x}=c(0)\mathrm{e}^{-x}\quad(x\to+\infty).\tag{9.654}$$

但由正交归一化条件(9.603)有

$$A^2\int_{-\infty}^{\infty}\operatorname{sech}^2x\delta x=1.$$

注意 $\int_{-\infty}^{\infty}\operatorname{sech}^2x\delta x=\int_{-1}^{1}(1-\eta^2)\dfrac{1}{1-\eta^2}\delta\eta=2$，$c(0)=2A$，则求得

$$A=1/\sqrt{2},\quad c(0)=\sqrt{2}.$$

所以，(9.653)式和(9.654)式分别化为

$$\psi(x,0)=\frac{1}{\sqrt{2}}\operatorname{sech}x,\tag{9.655}$$

$$\psi(x,0)=\sqrt{2}\mathrm{e}^{-x}\quad(x\to+\infty).\tag{9.656}$$

对于连续谱，$\lambda=k^2>0$，因对于势能 $u_0(x)=-2\operatorname{sech}^2x$，平面波 e^{-ikx} 是没有反射的，因而

$$a(k,0)=1,\quad b(k,0)=0.$$

根据散射反演法的第二步，由(9.635)式有

$$\begin{cases} k_1(t) = k_1(0) = 1, \\ c_1(t) = c(0)e^{4t} = \sqrt{2}e^{4t}, \\ a(k,t) = a(k,0) = 1, \\ b(k,t) = 0. \end{cases} \tag{9.657}$$

再由第三步,由(9.638)式

$$B(x,t) = c_1^2(t)e^{-x} = 2e^{8t-x}. \tag{9.658}$$

相应,GLM积分方程(9.637)化为

$$K(x,y,t) + 2e^{8t-(x+y)} + e^{8t-y}\int_x^{\infty} e^{-z}K(x,z,t)\delta z = 0. \tag{9.659}$$

这个方程各项,除左端第一项外,均有因子 e^{-y},故我们设

$$K(x,y,t) = I(x,t)e^{-y}, \tag{9.660}$$

代入方程(9.659),得

$$I(x,t)e^{-y} + 2e^{8t-(x+y)} + 2e^{8t-y}I(x,t)\int_x^{\infty} e^{-2z}\delta z = 0. \tag{9.661}$$

消去因子 e^{-y} 得

$$I(x,t) + 2e^{8t-x} + 2e^{8t}I(x,t)\frac{1}{2}e^{-2x} = 0, \tag{9.662}$$

因而

$$I(x,t) = -\frac{2e^{8t-x}}{1+e^{8t-2x}} = -\frac{2e^{4t}}{e^{x-4t}+e^{-(x-4t)}} = -e^{4t}\operatorname{sech}(x-4t), \tag{9.663}$$

$$K(x,y,t) = -e^{-y+4t}\operatorname{sech}(x-4t). \tag{9.664}$$

最后,由(9.636)式求得

$$\begin{aligned} u(x,t) &= -2\frac{\partial}{\partial x}K(x,x,t) = 2\frac{\partial}{\partial x}[e^{-x+4t}\operatorname{sech}(x-4t)] \\ &= 2\{-e^{-(x-4t)}\operatorname{sech}(x-4t) + e^{-(x-4t)}[-\operatorname{sech}(x-4t)\tanh(x-4t)]\} \\ &= -2\operatorname{sech}(x-4t)\cdot\{e^{-(x-4t)}[1+\tanh(x-4t)]\} = -2\operatorname{sech}^2(x-4t), \end{aligned} \tag{9.665}$$

这就是单个孤立波解(9.645)式.

[例 2] KdV方程的双孤立波解.

这里,即是求解下列初值问题

$$\begin{cases} \dfrac{\partial u}{\partial t} - 6u\dfrac{\partial u}{\partial x} + \dfrac{\partial^3 u}{\partial x^3} = 0 \quad (|x| < \infty, t \geqslant 0), \\ u|_{t=0} = -6\operatorname{sech}^2 x. \end{cases} \tag{9.666}$$

由于这里初条件与(9.642)式不匹配,因而,问题(9.666)不表征单个孤立波解.

第一步,解下列本征值问题

$$\begin{cases}\dfrac{\partial^2\psi(x,0)}{\partial x^2}+(\lambda+6\operatorname{sech}^2x)\psi(x,0)=0,\\ \psi\mid_{x\to\pm\infty}<\infty.\end{cases}\tag{9.667}$$

对于离散谱，$\lambda_n=-k_n^2<0$，同样应用变换(9.647)，则(9.667)式化为

$$\begin{cases}\dfrac{\partial}{\partial\eta}\left[(1-\eta^2)\dfrac{\partial\psi_0}{\partial\eta}\right]+\left(6+\dfrac{\lambda}{1-\eta^2}\right)\psi_0=0,\\ \psi_0\mid_{\eta=\pm1}<\infty.\end{cases}\tag{9.668}$$

因而

$$l(l+1)=6,\quad l=2,\tag{9.669}$$

而且

$$\psi(x,0)=\mathrm{P}_2^{k_n}(x)\quad(k_n\leqslant 2),\tag{9.670}$$

则由上式定得

$$\lambda_1=-1,\quad k_1=1;\quad \lambda_2=-4,\quad k_2=2.\tag{9.671}$$

相应

$$\begin{cases}\psi_1(x,0)=A_1\mathrm{P}_2^1(\eta)=A_1\cdot3\eta\sqrt{1-\eta^2}=3A_1\tanh x\operatorname{sech}x,\\ \psi_2(x,0)=A_2\mathrm{P}_2^2(\eta)=A_2\cdot3(1-\eta^2)=3A_2\operatorname{sech}^2x.\end{cases}\tag{9.672}$$

它在 $x\to+\infty$ 时的渐近解为

$$\begin{cases}\psi_1(x,0)=6A_1\mathrm{e}^{-x}=c_1(0)\mathrm{e}^{-x},\\ \psi_2(x,0)=12A_2\mathrm{e}^{-2x}=c_2(0)\mathrm{e}^{-2x}\end{cases}\quad(x\to+\infty).\tag{9.673}$$

利用正交归一化条件(9.603)，不难定得

$$A_1=1/\sqrt{6},\quad c_1(0)=\sqrt{6};\quad A_2(0)=1/2\sqrt{3},\quad c_2(0)=2\sqrt{3}.\tag{9.674}$$

因而，(9.672)式化为

$$\begin{cases}\psi_1(x,0)=\sqrt{\dfrac{3}{2}}\tanh x\cdot\operatorname{sech}x=\sqrt{\dfrac{3}{2}}\sinh x\cdot\operatorname{sech}^2x,\\ \psi_2(x,0)=\dfrac{\sqrt{3}}{2}\operatorname{sech}^2x.\end{cases}\tag{9.675}$$

对于连续谱，$\lambda=k^2>0$，对于势能 $u_0(x)=-6\operatorname{sech}^2x$，平面波 $\mathrm{e}^{-\mathrm{i}kx}$ 同样没有反射，因而

$$a(k,0)=1,\quad b(k,0)=1.\tag{9.676}$$

第二步，由(9.635)式有

$$\begin{cases}k_1(t)=k_1(0)=1,\quad k_2(t)=k_2(0)=2,\\ c_1(t)=c_1(0)\mathrm{e}^{4t}=\sqrt{6}\mathrm{e}^{4t},\quad c_2(t)=c_2(0)\mathrm{e}^{32t}=2\sqrt{3}\mathrm{e}^{32t},\\ a(k,t)=a(k,0)=1,\\ b(k,t)=0.\end{cases}\tag{9.677}$$

第三步,由(9.638)式

$$B(x,t)=6\mathrm{e}^{8t-x}+12\mathrm{e}^{64t-2x}. \tag{9.678}$$

相应,GLM 积分方程(9.637)化为

$$K(x,y,t)+\{6\mathrm{e}^{8t-(x+y)}+12\mathrm{e}^{64t-2(x+y)}\}+\int_x^{\infty}\{6\mathrm{e}^{8t-(y+z)}+12\mathrm{e}^{64t-2(y+z)}\}K(x,z,t)\delta z=0. \tag{9.679}$$

设

$$K(x,y,t)=I_1(x,t)\mathrm{e}^{-y}+I_2(x,t)\mathrm{e}^{-2y}, \tag{9.680}$$

代入(9.679)式得

$$\{I_1+6\mathrm{e}^{8t-x}+3I_1\mathrm{e}^{8t-2x}+2I_2\mathrm{e}^{8t-3x}\}\mathrm{e}^{-y}+\{I_2+12\mathrm{e}^{64t-2x}+3I_2\mathrm{e}^{64t-4x}+4I_1\mathrm{e}^{64t-3x}\}\mathrm{e}^{-2y}=0.$$

令 e^{-y} 和 e^{-3y} 的系数分别为零,得

$$\begin{cases}(1+3\mathrm{e}^{8t-2x})I_1+2\mathrm{e}^{8t-3x}I_2=-6\mathrm{e}^{8t-x},\\ 4\mathrm{e}^{64t-3x}I_1+(1+3\mathrm{e}^{64t-4x})I_2=-12\mathrm{e}^{64t-2x}.\end{cases} \tag{9.681}$$

将(9.681)的第一式分别乘以 e^{-x} 和 e^{-2x},得

$$\begin{cases}(1+3\mathrm{e}^{8t-2x})(\mathrm{e}^{-x}I_1)+2\mathrm{e}^{8t-2x}(\mathrm{e}^{-2x}I_2)=-6\mathrm{e}^{8t-2x},\\ 4\mathrm{e}^{64t-4x}(\mathrm{e}^{-x}I_1)+(1+3\mathrm{e}^{64t-4x})(\mathrm{e}^{-2x}I_2)=-12\mathrm{e}^{64t-4x}.\end{cases} \tag{9.682}$$

引入变量

$$\xi_1=x-4t,\quad \xi_2=x-16t, \tag{9.683}$$

$$J_1(x,t)=\mathrm{e}^{-x}I_1(x,t),\quad J_2(x,t)=\mathrm{e}^{-2x}I_2(x,t), \tag{9.684}$$

则(9.682)式化为

$$\begin{cases}(1+3\mathrm{e}^{-2\xi_1})J_1+2\mathrm{e}^{-2\xi_1}J_2=-6\mathrm{e}^{-2\xi_1},\\ 4\mathrm{e}^{-4\xi_2}J_1+(1+3\mathrm{e}^{-4\xi_2})J_2=-12\mathrm{e}^{-4\xi_2}.\end{cases} \tag{9.685}$$

由此求得

$$J_1=D_1/D,\quad J_2=D_2/D, \tag{9.686}$$

其中

$$\begin{cases}D_1=\begin{vmatrix}-6\mathrm{e}^{-2\xi_1} & 2\mathrm{e}^{-2\xi_1}\\ -12\mathrm{e}^{-4\xi_2} & 1+3\mathrm{e}^{-4\xi_2}\end{vmatrix}=-6\mathrm{e}^{-2\xi_1}(1-\mathrm{e}^{-4\xi_2}),\\ D_2=\begin{vmatrix}1+3\mathrm{e}^{-2\xi_1} & -6\mathrm{e}^{-2\xi_1}\\ 4\mathrm{e}^{-4\xi_2} & -12\mathrm{e}^{-4\xi_2}\end{vmatrix}=-12\mathrm{e}^{-4\xi_2}(1+\mathrm{e}^{-2\xi_1}),\\ D=\begin{vmatrix}1+3\mathrm{e}^{-2\xi_1} & 2\mathrm{e}^{-2\xi_1}\\ 4\mathrm{e}^{-4\xi_2} & 1+3\mathrm{e}^{-4\xi_2}\end{vmatrix}=1+3\mathrm{e}^{-2\xi_1}+3\mathrm{e}^{-4\xi_2}+\mathrm{e}^{-2\xi_1-4\xi_2}.\end{cases} \tag{9.687}$$

这样,由(9.680)式求得

$$K(x,x,t)=I_1\mathrm{e}^{-x}+I_2\mathrm{e}^{-2x}=J_1+J_2=(D_1+D_2)/D$$

$$= -6\frac{e^{-2\xi_1}+2e^{-4\xi_2}+e^{-2\xi_1-4\xi_2}}{1+3e^{-2\xi_1}+3e^{-4\xi_2}+e^{-2\xi_1-4\xi_2}}$$

$$= -6\frac{e^{-(2x-8t)}+2e^{-(4x-64t)}+e^{-(6x-72t)}}{1+3e^{-(2x-8t)}+9e^{-(4x-64t)}+e^{-(6x-72t)}}. \tag{9.688}$$

最后由(9.636)式求得

$$u(x,t) = -2\frac{\partial}{\partial x}K(x,x,t) = -12\frac{3+4\cosh(2x-8t)+\cosh(4x-64t)}{[3\cosh(x-28t)+\cosh(3x-36t)]^2}. \tag{9.689}$$

这个解在形式上很复杂. 下面分析 $t\to+\infty$ 时的渐近行为,以说明它确实表征双孤立波.

首先,固定 $\xi_1=x-4t$,因 $\xi_2=\xi_1-12t$,则当 $t\to+\infty$ 时,$e^{4\xi_2}\to0$,则由(9.688)式

$$\lim_{\substack{t\to+\infty\\ \xi_1\text{固定}}} K(x,x,t) = -6\frac{e^{-2\xi_1-4\xi_2}(e^{4\xi_2}+2e^{2\xi_1}+1)}{e^{-2\xi_1-4\xi_2}(e^{2\xi_1+4\xi_2}+3e^{4\xi_2}+3e^{2\xi_1}+1)} = -6\frac{1+2e^{2\xi_1}}{1+3e^{2\xi_1}}. \tag{9.690}$$

所以

$$\lim_{\substack{t\to+\infty\\ \xi_1\text{固定}}} u(x,t) = 12\lim_{\substack{t\to+\infty\\ \xi_1\text{固定}}}\frac{\partial}{\partial x}\left(\frac{1+2e^{2\xi_1}}{1+3e^{2\xi_1}}\right) = -24\frac{e^{2\xi_1}}{(1+3e^{2\xi_1})^2}$$

$$= -2\operatorname{sech}^2(\xi_1-\delta_1) = -2\operatorname{sech}^2(x-4t-\delta_1), \tag{9.691}$$

其中

$$e^{-2\delta_1} = 3. \tag{9.692}$$

同样,固定 $\xi_2=x-16t$,因 $\xi_1=\xi_2+12t$,则当 $t\to+\infty$ 时,$e^{-2\xi_1}\to0$,则由(9.688)式

$$\lim_{\substack{t\to+\infty\\ \xi_2\text{固定}}} K(x,x,t) = -6\frac{2e^{-4\xi_2}}{1+3e^{-4\xi_2}} = -12\frac{e^{-4\xi_2}}{1+3e^{-4\xi_2}}. \tag{9.693}$$

所以,

$$\lim_{\substack{t\to+\infty\\ \xi_2\text{固定}}} u(x,t) = -96\frac{e^{-4\xi_2}}{(1+3e^{-4\xi_2})^2} = -8\operatorname{sech}^2[2(\xi_2-\delta_2)]$$

$$= -8\operatorname{sech}^2[2(x-16t-\delta_2)], \tag{9.694}$$

其中

$$e^{4\delta_2} = 3. \tag{9.695}$$

(9.691)式和(9.694)式都是单个孤立波,波速分别是 $c_1=4$ 和 $c_2=16$. 所以,解(9.689)式确实表征两个孤立波.

§9.16 非线性方程的守恒律

在物理学、力学、地球流体力学等学科中,在一定条件下,不少规律都可表示为

$$\frac{\partial A}{\partial t}+\nabla\cdot\boldsymbol{F}=0,\tag{9.696}$$

其中 A 称为某物理量的密度,$\boldsymbol{F}$ 称为它的通量矢量,上式就称为守恒律.

例如,流体力学(包括大气动力学)中的连续性方程

$$\frac{\partial\rho}{\partial t}+\nabla\cdot\rho\boldsymbol{V}=0\tag{9.697}$$

反映了流体密度 ρ 与流量 $\rho\boldsymbol{V}$ 之间遵守质量守恒定律.又例如,大气准地转位涡度守恒定律

$$\left(\frac{\partial}{\partial t}+u\frac{\partial}{\partial x}+v\frac{\partial}{\partial y}\right)q=0,\tag{9.698}$$

因其中

$$u=-\frac{\partial\psi}{\partial y},\quad v=\frac{\partial\psi}{\partial x},\quad q=\nabla_{\mathrm{h}}^{2}\psi+f+\frac{1}{\rho_0}\frac{\partial}{\partial z}\left(\rho_0\frac{f_0^2}{N^2}\frac{\partial\psi}{\partial z}\right),\tag{9.699}$$

则它可改为下列守恒律的形式:

$$\frac{\partial q}{\partial t}+\nabla_{\mathrm{h}}\cdot q\boldsymbol{V}_{\mathrm{h}}=0.\tag{9.700}$$

对于固定空间 V,其边界上若无净的通量,则由(9.696)式有

$$\frac{\partial}{\partial t}\iiint\limits_V A\,\delta v=0.\tag{9.701}$$

它表示在守恒律(9.696)式中存在一个时间不变量(与时间无关的量):

$$I\equiv\iiint\limits_V A\,\delta v.\tag{9.702}$$

在空间一维情形(设为 x),则守恒律(9.696)写为

$$\frac{\partial A}{\partial t}+\frac{\partial F}{\partial x}=0.\tag{9.703}$$

若 F 具有周期性,或当 $|x|\to\infty$ 时 F 趋于零,则时间不变量(9.702)式改写为

$$I\equiv\int_T A\,\delta x\quad(T\text{ 为 }F\text{ 在 }x\text{ 方向的周期})\tag{9.704}$$

或

$$I\equiv\int_{-\infty}^{\infty}A\delta x.\tag{9.705}$$

许多简单的非线性方程(远场方程)都具有守恒律,下面我们举例说明.

一、Burgers 方程的守恒律

Burgers 方程

$$\frac{\partial u}{\partial t}+u\frac{\partial u}{\partial x}-\nu\frac{\partial^2 u}{\partial x^2}=0 \tag{9.706}$$

可以改写为

$$\frac{\partial u}{\partial t}+\frac{\partial}{\partial x}\left(\frac{1}{2}u^2-\nu\frac{\partial u}{\partial x}\right)=0, \tag{9.707}$$

这就是 Burgers 方程的一个守恒律，其中

$$A=u,\quad F=\frac{1}{2}u^2-\nu\frac{\partial u}{\partial x}. \tag{9.708}$$

若 u 及其导数在 $|x|\to\infty$ 时趋于零，则时间不变量为

$$I=\int_{-\infty}^{\infty}u\delta x. \tag{9.709}$$

二、KdV 方程的守恒律

Miura，Gardner 和 Kruskal(1968 年)证明：KdV 方程

$$\frac{\partial u}{\partial t}-6u\frac{\partial u}{\partial x}+\frac{\partial^3 u}{\partial x^3}=0 \tag{9.710}$$

有无穷多个守恒律，如方程(9.710)可直接改写为

$$\frac{\partial u}{\partial t}+\frac{\partial}{\partial x}\left(-3u^2+\frac{\partial^2 u}{\partial x^2}\right)=0. \tag{9.711}$$

若用 u 去乘方程(9.710)，则得

$$\frac{\partial}{\partial t}\left(\frac{1}{2}u^2\right)+\frac{\partial}{\partial x}\left[-2u^3+u\frac{\partial^2 u}{\partial x^2}-\frac{1}{2}\left(\frac{\partial u}{\partial x}\right)^2\right]=0. \tag{9.712}$$

(9.711)式和(9.712)式是 KdV 方程(9.710)的最简单的两个守恒律，其中 A 和 F 分别是

$$A_1=u,\quad F_1=-3u^2+\frac{\partial^2 u}{\partial x^2}, \tag{9.713}$$

$$A_2=\frac{1}{2}u^2,\quad F_2=-2u^3+u\frac{\partial^2 u}{\partial x^2}-\frac{1}{2}\left(\frac{\partial u}{\partial x}\right)^2. \tag{9.714}$$

若 u 及其导数在 $|x|\to\infty$ 时趋于零，则对应守恒律(9.711)式和(9.712)式的时间不变量分别是

$$I_1=\int_{-\infty}^{\infty}u\delta x,\quad I_2=\int_{-\infty}^{\infty}\frac{1}{2}u^2\delta x. \tag{9.715}$$

Miura 对 KdV 方程(9.710)作变换

$$u=\frac{\partial v}{\partial x}+v^2,\tag{9.716}$$

则因

$$\frac{\partial u}{\partial t}=\left(\frac{\partial}{\partial x}+2v\right)\frac{\partial v}{\partial t},\quad u\frac{\partial u}{\partial x}=\left(\frac{\partial}{\partial x}+2v\right)\left(v^2\frac{\partial v}{\partial x}\right)+\frac{\partial v}{\partial x}\frac{\partial^2 v}{\partial x^2},$$

$$\frac{\partial^3 u}{\partial x^3}=\left(\frac{\partial}{\partial x}+2v\right)\left(\frac{\partial^3 v}{\partial x^3}\right)+6\frac{\partial v}{\partial x}\frac{\partial^2 v}{\partial x^2},$$

所以，KdV 方程(9.710)化为

$$\left(\frac{\partial}{\partial x}+2v\right)\left(\frac{\partial v}{\partial t}-6v^2\frac{\partial v}{\partial x}+\frac{\partial^3 v}{\partial x^3}\right)=0.\tag{9.717}$$

由此可知：若 v 满足 mKdV 方程

$$\frac{\partial v}{\partial t}-6v^2\frac{\partial v}{\partial x}+\frac{\partial^3 v}{\partial x^3}=0,\tag{9.718}$$

则由(9.716)式确定的 u(若 u 已知，(9.716)式是 Riccati 方程)满足 KdV 方程(9.710)，而且可以利用(9.716)式证明 KdV 方程有无穷多个守恒律.

三、mKdV 方程(变形 KdV 方程)

mKdV 方程(9.718)可直接改写为

$$\frac{\partial v}{\partial t}+\frac{\partial}{\partial x}\left(-2v^3+\frac{\partial^2 v}{\partial x^2}\right)=0.\tag{9.719}$$

用 v 去乘方程(9.719)，得

$$\frac{\partial}{\partial t}\left(\frac{1}{2}v^2\right)+\frac{\partial}{\partial x}\left[-\frac{3}{2}v^4+v\frac{\partial^2 v}{\partial x^2}-\frac{1}{2}\left(\frac{\partial v}{\partial x}\right)^2\right]=0.\tag{9.720}$$

(9.719)式和(9.720)式是 mKdV 方程(9.718)的两个最简单的守恒律，其中 A,F 分别是

$$A_1=v,\quad F_1=-2v^3+\frac{\partial^2 v}{\partial x^2},\tag{9.721}$$

$$A_2=\frac{1}{2}v^2,\quad F_2=-\frac{3}{2}v^4+v\frac{\partial^2 v}{\partial x^2}-\frac{1}{2}\left(\frac{\partial v}{\partial x}\right)^2.\tag{9.722}$$

若 u 及其导数在 $|x|\to\infty$ 时趋于零，则对应守恒律(9.719)式和(9.720)式的时间不变量分别是

$$I_1\equiv\int_{-\infty}^{\infty}v\delta x,\quad I_2\equiv\int_{-\infty}^{\infty}\frac{1}{2}v^2\delta x.\tag{9.723}$$

§9.17 准地转位涡度方程的偶极子(modon)解

从第七章讨论可知，准地转位涡度方程不仅存在 Rossby 波解和 Haurwitz 波

解，而且存在永恒性波解. 事实上，从非线性波的角度来看，准地转位涡度方程还存在偶极子(modon)解.

正压的准地转位涡度方程为

$$\left(\frac{\partial}{\partial t}+u\frac{\partial}{\partial x}+v\frac{\partial}{\partial y}\right)q=0, \tag{9.724}$$

这是一个非线性方程，其中

$$u=-\frac{\partial\psi}{\partial y},\quad v=\frac{\partial\psi}{\partial x},\quad q=f_0+\beta_0 y+\nabla_{\mathrm{h}}^2\psi-\lambda_0^2\psi. \tag{9.725}$$

这里 ψ 为正压准地转流函数，q 为正压准地转位涡度.

令方程(9.724)在 x 方向上的行波解为

$$\psi=\psi(\xi,y),\quad q=q(\xi,y),\quad \xi=x-ct. \tag{9.726}$$

(9.726)式代入方程(9.724)有

$$(u-c)\frac{\partial q}{\partial\xi}+v\frac{\partial q}{\partial y}=0. \tag{9.727}$$

注意 $u-c=-\dfrac{\partial}{\partial y}(\psi+cy)$，$v=\dfrac{\partial\psi}{\partial\xi}$，则方程(9.727)化为

$$\mathrm{J}(\psi+cy,q)=0, \tag{9.728}$$

其中

$$\mathrm{J}(A,B)\equiv\frac{\partial A}{\partial x}\frac{\partial B}{\partial y}-\frac{\partial A}{\partial y}\frac{\partial B}{\partial x}=\frac{\partial A}{\partial\xi}\frac{\partial B}{\partial y}-\frac{\partial A}{\partial y}\frac{\partial B}{\partial\xi} \tag{9.729}$$

为 Jacobi 算子. 若令

$$\Psi=\psi+cy,\quad Q=\nabla_{\mathrm{h}}^2\Psi-\lambda_0^2\Psi+(\beta_0+\lambda_0^2c)y, \tag{9.730}$$

则方程(9.728)可以化为

$$\mathrm{J}(\Psi,Q)=0. \tag{9.731}$$

根据 Jacobi 算子的性质知，上式成立要求 Q 是 Ψ 的任意函数，即

$$Q=F(\Psi). \tag{9.732}$$

上式表明 Q 的等值线与 Ψ 的等值线重合.

我们考虑一个以原点$(\xi,y)=(0,0)$为中心、半径为 a 的圆形区域. 因在 Q 中有形式为 $\nabla_{\mathrm{h}}^2-\lambda_0^2$ 的 Helmholtz 算子，则引入平面极坐标：

$$\xi=r\cos\theta,\quad y=r\sin\theta. \tag{9.733}$$

考虑流函数 ψ 应在 $r=0$ 有界，在 $r\to\infty$ 趋于零，我们取 $F(\Psi)$ 为 Ψ 的下列线性函数：

$$F(\Psi)=\begin{cases}(-k^2-\lambda_0^2)\Psi & (r<a),\\ (p^2-\lambda_0^2)\Psi & (r>a),\end{cases} \tag{9.734}$$

其中 k 和 p 为常数. 这样，方程(9.732)对于圆内外分别化为

$$\nabla_h^2 \Psi_1 + k^2 \Psi_1 = -(\beta_0 + \lambda_0^2 c) y \quad (r < a) \tag{9.735}$$

和

$$\nabla_h^2 \Psi_2 - p^2 \Psi_2 = -(\beta_0 + \lambda_0^2 c) y \quad (r > a). \tag{9.736}$$

这样，非线性的准地转位涡度方程化成了线性方程.

方程(9.735)满足 $\Psi|_{r=0} < \infty$（当然，$\psi|_{r=0} < \infty$）的解为

$$\Psi_1 = -\frac{\beta_0 + \lambda_0^2 c}{k^2} r\sin\theta + \sum_{m=0}^{\infty} \mathrm{J}_m(kr)(A_m \cos m\theta + B_m \sin m\theta) \quad (r < a). \tag{9.737}$$

若要求 $\Psi_1|_{r=a} = 0$，则定得

$$A_0 = A_1 = 0, \quad B_1 = \frac{(\beta_0 + \lambda_0^2 c) a}{k^2 \mathrm{J}_1(ka)}, \quad A_m = B_m = 0 \quad (m = 2, 3, \cdots), \tag{9.738}$$

因而解(9.737)简化为

$$\Psi_1 = -\left[r - a\frac{\mathrm{J}_1(kr)}{\mathrm{J}_1(ka)}\right]\frac{(\beta_0 + \lambda_0^2 c)}{k^2} \sin\theta \quad (r < a), \tag{9.739}$$

这里 $\mathrm{J}_m(x)$ 为 m 阶的 Bessel 函数.

方程(9.736)满足 $\Psi_2|_{r\to\infty} \to cy = cr\sin\theta$（当然，$\psi|_{r\to\infty} \to 0$）的解为

$$\Psi_2 = \frac{\beta_0 + \lambda_0^2}{p^2} r\sin\theta + \sum_{m=0}^{\infty} \mathrm{K}_m(pr)(C_m \cos m\theta + D_m \sin m\theta) \quad (r > a), \tag{9.740}$$

其中 $\mathrm{K}_m(x)$ 为 m 阶的第二类变形 Bessel 函数（或 MacDonald 函数）. 因为 $r \to \infty$ 时，$\mathrm{K}_m(pr) \to 0$，所以

$$p^2 = \frac{\beta_0}{c} + \lambda_0^2. \tag{9.741}$$

若要求 $\Psi_2|_{r=a} = \Psi_1|_{r=a} = 0$，则定得

$$C_0 = C_1 = 0, \quad D_1 = -\frac{(\beta_0 + \lambda_0^2 c) a}{p^2 \mathrm{K}_1(pa)}, \quad C_m = D_m = 0 \quad (m = 2, 3, \cdots), \tag{9.742}$$

因而解(9.740)简化为

$$\Psi_2 = \left[r - a\frac{\mathrm{K}_1(pr)}{\mathrm{K}_1(pa)}\right]\frac{(\beta_0 + \lambda_0^2 c)}{p^2} \sin\theta \quad (r > a). \tag{9.743}$$

在(9.739)式和(9.743)式还有常数 k 需要确定. 除要求在 $r=a$ 处，Ψ_1 和 Ψ_2 连续（$\Psi_1 = \Psi_2 = 0$）外，还要求在 $r=a$ 处 $\dfrac{\partial \Psi}{\partial r}$ 连续$\left(\text{即} \dfrac{\partial \Psi_1}{\partial r} = \dfrac{\partial \Psi_2}{\partial r}\right)$. 注意

$$x\mathrm{J}_1'(x) - \mathrm{J}_1(x) = -x\mathrm{J}_2(x), \quad x\mathrm{K}_1'(x) - \mathrm{K}_1(x) = -x\mathrm{K}_2(x),$$

则得到

$$-\frac{1}{k}\cdot\frac{J_2(ka)}{J_1(ka)}=\frac{1}{p}\cdot\frac{K_2(pa)}{K_1(pa)}.$$

由此有

$$kJ_1(ka)K_2(pa)+pJ_2(ka)K_1(pa)=0, \tag{9.744}$$

这是一个确定 k 的超越方程.注意(9.741)式,则由(9.739)式和(9.743)式最后求得

$$\Psi=\begin{cases}-\left[\dfrac{r}{a}-\dfrac{J_1(kr)}{J_1(ka)}\right]\dfrac{p^2}{k^2}ca\sin\theta, & r<a,\\[2ex] \left[\dfrac{r}{a}-\dfrac{K_1(pr)}{K_1(pa)}\right]ca\sin\theta, & r>a.\end{cases} \tag{9.745}$$

在(ξ,y)平面上,Ψ 的等值线图见图 9.19,它是一个北高南低的涡旋结构,称为正压准地转位涡度方程的偶极波(dipole waves),简称为偶极子(modon),它在移动的过程中保持形态不变.大气中的阻塞系统与偶极子极为相似.

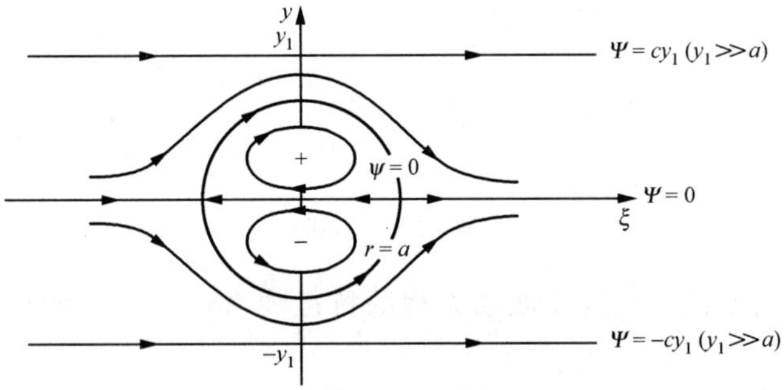

图 9.19 偶极子

因为 $\psi=\Psi-cy$,则依(9.745)式求得

$$\psi=\begin{cases}\left[\dfrac{p^2J_1(kr)}{k^2J_1(ka)}-\left(1+\dfrac{p^2}{k^2}\right)\dfrac{r}{a}\right]ca\sin\theta, & r<a,\\[2ex] -ca\dfrac{K_1(pr)}{K_1(pa)}\sin\theta, & r>a,\end{cases} \tag{9.746}$$

这就是正压准地转位涡度方程中的准地转流函数.

因为 $\nabla_h^2\psi=\nabla_h^2\Psi$,则(9.745)式代入到(9.735)式和(9.736)式求得

$$\zeta\equiv\nabla_h^2\psi=\begin{cases}-cap^2\dfrac{J_1(kr)}{J_1(ka)}\sin\theta, & r<a,\\[2ex] -cap^2\dfrac{K_1(pr)}{K_1(pa)}\sin\theta, & r>a,\end{cases} \tag{9.747}$$

这就是正压准地转位涡度方程中的准地转的垂直涡度分量.

因为 $q=f_0+\beta_0 y+\nabla_h^2\psi-\lambda_0^2\psi$，则利用(9.735)式和(9.736)式求得

$$q=\begin{cases}f_0-(k^2+\lambda_0^2)(\psi+cy)=f_0-(k^2+\lambda_0^2)\left[\dfrac{r}{a}-\dfrac{\mathrm{J}_1(kr)}{\mathrm{J}_1(ka)}\right]\dfrac{p^2}{k^2}c\,a\sin\theta, & r<a,\\ f_0+(p^2-\lambda_0^2)(\psi+cy)=f_0+\dfrac{\beta_0}{c}(\psi+cy)=f_0+\beta_0\left[\dfrac{r}{a}-\dfrac{\mathrm{K}_1(pr)}{\mathrm{K}_1(pa)}\right]a\sin\theta, & r>a,\end{cases}\tag{9.748}$$

这就是正压准地转位涡度方程中的准地转位涡度.

由极坐标(r,θ)的速度公式 $v_r=-\dfrac{1}{r}\dfrac{\partial\psi}{\partial\theta}$，$v_\theta=\dfrac{\partial\psi}{\partial r}$，根据(9.746)式还可以求得

$$v_r=\begin{cases}-\left[\dfrac{p^2\mathrm{J}_1(kr)}{k^2\mathrm{J}_1(ka)}-\left(1+\dfrac{p^2}{k^2}\right)\dfrac{r}{a}\right]c\,\dfrac{a}{r}\cos\theta, & r<a,\\ c\,\dfrac{a}{r}\cdot\dfrac{\mathrm{K}_1(pr)}{\mathrm{K}_1(pa)}\cos\theta, & r>a\end{cases}\tag{9.749}$$

和

$$v_\theta=\begin{cases}\left[\dfrac{p^2}{k^2r}\cdot\dfrac{\mathrm{J}_1(kr)}{\mathrm{J}_1(ka)}-\dfrac{p^2\mathrm{J}_2(kr)}{k\mathrm{J}_1(ka)}-\left(1+\dfrac{p^2}{k^2}\right)\dfrac{1}{a}\right]ca\sin\theta, & r<a,\\ -\left[\dfrac{1}{r}\cdot\dfrac{\mathrm{K}_1(pr)}{\mathrm{K}_1(pa)}-p\,\dfrac{\mathrm{K}_2(pr)}{\mathrm{K}_1(pa)}\right]ca\sin\theta, & r>a.\end{cases}\tag{9.750}$$

由此可见，在 $\theta=\pi/2$ 和 $\theta=3\pi/2$ 处，$v_r=0$；而在 $\theta=0$ 和 $\theta=\pi$ 处，$v_\theta=0$.

复习思考题

1. 线性波动方程与非线性波动方程的特征线有何不同？什么是 Riemann 不变量？
2. 在非线性波中非线性项，耗散项和频散项各起什么作用？
3. 椭圆余弦波是否存在周期？它在什么条件化为孤立波和线性波？
4. 孤立波的主要特征是什么？其周期多大？
5. 非线性波参数如何定义？其频散关系最主要的特征是什么？
6. 什么是远场？什么是远场方程？
7. 对 KdV 方程，表征波演变的合适空间和时间尺度能否写为
$$\xi=\varepsilon(x-ct),\quad \tau=\varepsilon^3 t?$$
8. Bäcklund 变换求解非线性方程的最大优点是什么？
9. 散射反演法求解非线性方程的基本思想是什么？
10. 非线性方程的守恒律反映什么物理规律？

习　题

1. 由(9.81)式，求表面重力波的群速度.
2. 求下列方程的特征线和 Riemann 不变量：

(1) 线性重力外波：

$$\begin{cases}\dfrac{\partial u}{\partial t}+g\dfrac{\partial h'}{\partial x}=0,\\[2mm]\dfrac{\partial h'}{\partial t}+H\dfrac{\partial u}{\partial x}=0;\end{cases}$$

(2) 非线性惯性重力外波：

$$\begin{cases}\dfrac{\partial u}{\partial t}+u\dfrac{\partial u}{\partial x}-fv+g\dfrac{\partial h}{\partial x}=0,\\[2mm]\dfrac{\partial v}{\partial t}+u\dfrac{\partial v}{\partial x}+fu=0,\\[2mm]\dfrac{\partial h}{\partial t}+u\dfrac{\partial h}{\partial x}+h\dfrac{\partial u}{\partial x}=0;\end{cases}$$

(3) 线性 Rossby 波：

$$\left(\frac{\partial}{\partial t}+\bar{u}\frac{\partial}{\partial x}\right)\frac{\partial v'}{\partial x}+\beta_0 v' = 0.$$

提示：特征线和 Riemann 不变量只与含微商的量有关.

3. 证明 KdV 方程

$$\frac{\partial u}{\partial t}+u\frac{\partial u}{\partial x}+\beta'\frac{\partial^3 u}{\partial x^3} = 0 \quad (\beta' < 0)$$

通过变换：$u_1=-u$，$x_1=-x$，可以化为标准形的 KdV 方程：

$$\frac{\partial u_1}{\partial t}+u_1\frac{\partial u_1}{\partial x_1}+(-\beta')\frac{\partial^3 u_1}{\partial x_1^3} = 0.$$

4. 证明 KdV 方程

$$\frac{\partial u}{\partial t}-6u\frac{\partial u}{\partial x}+\frac{\partial^3 u}{\partial x^3} = 0$$

在变换

$$\xi = kx, \quad \tau = k^3 t, \quad v = k^{-2}u$$

下，方程的形式保持不变.

5. 证明 KdV 方程

$$\frac{\partial u}{\partial t}-6u\frac{\partial u}{\partial x}+\frac{\partial^3 u}{\partial x^3} = 0$$

作变换

$$u =-(3t)^{-2/3}U(\xi), \quad \xi = (3t)^{-1/3}x,$$

则 U 满足

$$U'''+(6U-\xi)U'-2U = 0.$$

6. 证明线性 KdV 方程

$$\frac{\partial u}{\partial t}+c_0\frac{\partial u}{\partial x}+\beta\frac{\partial^3 u}{\partial x^3} = 0$$

作变换

$$u = (3\beta t)^{-1/3}U(\xi), \quad \xi = (3\beta t)^{-1/3}(x-c_0 t),$$

可以化为下列 Airy 方程

$$U'''-(\xi U'+U) = 0,$$

因而求得解为

$$u = (3\beta t)^{-1/3}\mathrm{Ai}(\xi),$$

其中 Ai(x)为 Airy 函数.

7. 上题若令

$$u = \int_{\xi}^{\infty} U(s)\delta s, \quad \xi = (3\beta t)^{-1/3}(x - c_0 t),$$

则方程化为

$$U'' - \xi U = 0,$$

这也是 Airy 方程,因而求得

$$u = \int_{\xi}^{\infty} \mathrm{Ai}(s)\mathrm{d}s.$$

8. 求下列线性方程的频散关系:

(1) 线性 Boussinesq 方程 $\dfrac{\partial^2 h}{\partial t^2} - c_0^2 \dfrac{\partial^2 h}{\partial x^2} - \dfrac{1}{3}H^2 \dfrac{\partial^4 h}{\partial t^2 \partial x^2} = 0$;

(2) 线性正规化的长波方程 $\dfrac{\partial h'}{\partial t} + c_0 \dfrac{\partial h'}{\partial x} - \dfrac{1}{6}H^2 \dfrac{\partial^3 h'}{\partial x^2 \partial t} = 0$.

9. 利用 Jacobi 椭圆函数,证明单摆运动方程

$$\left(\frac{\mathrm{d}\theta}{\mathrm{d}t}\right)^2 = 4\omega_0^2\left(m^2 - \sin^2\frac{\theta}{2}\right)$$

的解为

$$\sin\frac{\theta}{2} = m\,\mathrm{sn}\,\omega_0 t,$$

而且周期 $T = 4\mathrm{K}(m)/\omega_0$,其中

$$\omega_0 = \sqrt{g/L}, \quad m^2 = v_0^2/4gL = v_0^2/4\omega_0^2 L^2 < 1,$$

K(m)为第一类 Legendre 完全椭圆积分,L 为单摆摆长,v_0 为初速度,g 为重力加速度.

提示:令 $\sin\dfrac{\theta}{2} = m\sin\varphi$.

10. 利用 Jacobi 椭圆函数,证明 Duffing 方程

$$\frac{\mathrm{d}^2 x}{\mathrm{d}t^2} + \omega_0^2 x = -\varepsilon\beta_0^2 x^3$$

的解为:

(1) $\varepsilon < 0$, $x = a\,\mathrm{sn}\,\omega t$,其中

$$m^2 = \frac{\omega_0^2}{\omega^2} = -1, \quad \omega^2 = \omega_0^2 + \frac{1}{2}\varepsilon\beta_0^2 a^2.$$

(2) $\varepsilon > 0$, $x = a\,\mathrm{cn}\,\omega t$,其中

$$m^2=\frac{\varepsilon\beta_0^2 a^2}{2\omega^2}=\frac{1}{2}\left(1-\frac{\omega_0^2}{\omega^2}\right),$$

$$\omega^2=\omega_0^2+\varepsilon a^2\beta_0^2.$$

11. 求 Burgers 方程关于$\frac{\partial u}{\partial x}$的孤立波解.

12. 证明 $u(x,t)=-2k^2\operatorname{sech}^2\{k(x-4k^2t)\}$满足 KdV 方程

$$\frac{\partial u}{\partial t}-6u\frac{\partial u}{\partial x}+\frac{\partial^3 u}{\partial x^3}=0.$$

13. 证明 mKdV 方程

$$\frac{\partial u}{\partial t}+6u^2\frac{\partial u}{\partial x}+\frac{\partial^3 u}{\partial x^3}=0$$

有另一类解

$$u(x,t)=A-\frac{4A}{4A^2(x-6A^2t)+1},$$

其中 A 是任何实的常数.

14. 证明更一般的 mKdV 方程

$$\frac{\partial u}{\partial t}+(n+1)(n+2)u^n\frac{\partial u}{\partial x}+\frac{\partial^3 u}{\partial x^3}=0$$

有孤立波解：

$$u^n=\frac{c}{2}\operatorname{sech}^2\left[\frac{n}{2}\sqrt{c}(x-ct)\right],\quad c>0.$$

15. 证明 mKdV 方程

$$\frac{\partial u}{\partial t}\pm 6u^2\frac{\partial u}{\partial x}+\frac{\partial^3 u}{\partial x^3}=0$$

作变换

$$\xi=kx,\quad \tau=k^3t,\quad v=k^{-1}u,$$

方程的形式保持不变.

16. 应用试探函数法或双曲函数展开法求解：

(1) Burgers 方程 $\frac{\partial u}{\partial t}+u\frac{\partial u}{\partial x}-\nu\frac{\partial^2 u}{\partial x^2}=0$;

(2) Benney 方程 $\frac{\partial u}{\partial t}+u\frac{\partial u}{\partial x}+\alpha\frac{\partial^2 u}{\partial x^2}+\beta\frac{\partial^3 u}{\partial x^3}+\gamma\frac{\partial^4 u}{\partial x^4}=0$.

17. 应用 Jacobi 椭圆函数展开法求解下列两类 Klein-Gordon 方程：

(1) u^4 势能(或 u^4 场)：$\frac{\partial^2 u}{\partial t^2}-c_0^2\frac{\partial^2 u}{\partial x^2}+\alpha u-\beta u^3=0$;

(2) u^3 势能(或 u^3 场)：$\frac{\partial^2 u}{\partial t^2}-c_0^2\frac{\partial^2 u}{\partial x^2}+\alpha u-\beta u^2=0$.

18. 应用 Jacobi 椭圆函数展开法求 KP(Kadomtsev-Petviashvili)方程(也称二维浅水波的 KdV 方程)

$$\frac{\partial}{\partial x}\left(\frac{\partial u}{\partial t}+\alpha u\frac{\partial u}{\partial x}+\beta\frac{\partial^3 u}{\partial x^3}\right)+\frac{c_0}{2}\frac{\partial^2 u}{\partial y^2}=0$$

的周期波解和孤立波解.

提示：①线性化的频散关系为 $\omega=k^3+\frac{c_0}{2k}l^2$；② 令 $u=u(\theta)$，$\theta=kx+ly-\omega t$.

19. 证明 Boussinesq 方程

$$\frac{\partial^2 u}{\partial t^2}-\frac{\partial^2 u}{\partial x^2}-6\frac{\partial^2 u^2}{\partial x^2}-\frac{\partial^4 u}{\partial x^4}=0$$

的孤立波解为

$$u=\frac{1}{4}k^2\mathrm{sech}^2\frac{1}{2}[k(x+ct)]\quad 和\quad u=\frac{1}{4}k^2\mathrm{sech}^2\frac{1}{2}[k(x-ct)],$$

其中 $c=\sqrt{1+k^2}$.

20. 下列方程

$$\frac{\partial^2 u}{\partial t^2}-\frac{\partial^2 u}{\partial x^2}-\frac{\partial u}{\partial x}\frac{\partial^2 u}{\partial x^2}-\frac{\partial^4 u}{\partial x^4}=0$$

表征弹性介质的非线性波. 试求在 $|x|\to\infty$ 和 $u,\frac{\partial u}{\partial x},\frac{\partial^2 u}{\partial x^2},\frac{\partial^3 u}{\partial x^3}\to 0$ 时，$u=u(\xi)=u(x-ct)$形式的解.

21. 求非线性 Schrödinger 方程的形式为 $u=\phi(x)\mathrm{e}^{\mathrm{i}\omega t}$ 的包络周期波解和孤立波解.

22. 求下列耗散长波方程组

$$\begin{cases}\dfrac{\partial u}{\partial t}+u\dfrac{\partial u}{\partial x}+\dfrac{\partial v}{\partial x}=0,\\[2ex] \dfrac{\partial v}{\partial t}+\dfrac{\partial uv}{\partial x}+\beta\dfrac{\partial^3 u}{\partial x^3}=0\end{cases}$$

的周期波解和孤立波解.

23. 用试探函数法或双曲函数展开法求 Fisher 方程

$$\frac{\partial u}{\partial t}=D\frac{\partial^2 u}{\partial x^2}+ku(1-u)\quad(D>0,k>0)$$

的行波解 $u(x,t)=u(\xi)$，$\xi=x-ct$；并在相平面$(u,v)=(u,\mathrm{d}u/\mathrm{d}\xi)$上说明轨道满足

$$\frac{\mathrm{d}v}{\mathrm{d}u}=-\frac{ku(1-u)+cv}{Dv};$$

且$(u,v)=(1,0)$是鞍点，$(u,v)=(0,0)$是结点(当 $c^2>4kD$)或焦点(当 $c^2<4kD$)，并且说明，对 $c>2\sqrt{kD}$，都有：$x\to-\infty$时，$u\to1$；$x\to+\infty$时，$u\to0$.

24. 用幂级数展开法求解非线性惯性波

$$\begin{cases}\dfrac{\partial u}{\partial t}+u\dfrac{\partial u}{\partial x}-f_0 v=0,\\[2mm] \dfrac{\partial v}{\partial t}+u\dfrac{\partial v}{\partial x}+f_0 u=0.\end{cases}$$

25. 对于 KdV 方程

$$\frac{\partial u}{\partial t}-6u\frac{\partial u}{\partial x}+\frac{\partial^3 u}{\partial x^3}=0,$$

若守恒律的密度为 $u^3+\frac{1}{2}\left(\frac{\partial u}{\partial x}\right)^2$，求通量，并写出守恒律.

26. 证明正规化的长波方程：$\frac{\partial u}{\partial t}+u\frac{\partial u}{\partial x}+\frac{\partial^3 u}{\partial t\partial x^2}=0$ 的守恒律可以写为

$$\frac{\partial u}{\partial t}+\frac{\partial}{\partial x}\left(\frac{1}{2}u^2+\frac{\partial^2 u}{\partial t\partial x}\right)=0.$$

27. 给出非线性 Schrödinger 方程：$\mathrm{i}\frac{\partial u}{\partial t}+\alpha\frac{\partial^2 u}{\partial x^2}+\beta|u|^2u=0$ 的一个守恒律，并说明它的时间不变量为

$$I=\int_{-\infty}^{\infty}|u|^2\delta x=0.$$

28. 证明正弦-Gordon 方程

$$\frac{\partial^2 u}{\partial t^2}-\frac{\partial^2 u}{\partial x^2}+\sin u=0$$

作变换

$$v=\tan\frac{u}{4}$$

可化为

$$(1+v^2)\left(\frac{\partial^2 v}{\partial t^2}-\frac{\partial^2 v}{\partial x^2}-v\right)-2v\left[\left(\frac{\partial v}{\partial t}\right)^2-\left(\frac{\partial v}{\partial x}\right)^2+v^2\right]=0.$$

提示：$\sin u=4v(1-v^2)/(1+v^2)^2$.

29. 证明用 Bäcklund 变换求解 KdV 方程，对 u 的叠加公式为

$$u_3=4(k_2^2-k_1^2)(u_1-u_2)/(w_1-w_2)^2.$$

30. 证明 Burgers 方程用 Hopf-Cole 变换求解最后的结果是

$$u(x,t)=\int_{-\infty}^{\infty}\frac{x-\xi}{t}\exp\left\{-\frac{G}{2\nu}\right\}\delta\xi\Big/\int_{-\infty}^{\infty}\exp\left\{-\frac{G}{2\nu}\right\}\delta\xi,$$

其中

$$G(\xi,x,t)=\frac{(x-\xi)^2}{2t}+\int_0^{\xi}u_0(\eta)\delta\eta.$$

31. 写出 mKdV 方程：$\frac{\partial u}{\partial t}+u^2\frac{\partial u}{\partial x}+\frac{\partial^3 u}{\partial x^3}=0$ 的 G-M 变换式.

32. 证明用散射反演法求 KdV 方程中的 Q(见(9.618)式)也满足 KdV 方程.

33. 用散射反演法求解 KdV 方程：$\frac{\partial u}{\partial t}-6u\frac{\partial u}{\partial x}+\frac{\partial^3 u}{\partial x^3}=0$ 的下列初值问题：

(1) $u|_{t=0}=-\frac{9}{2}\mathrm{sech}^2(3x/2)$；　　(2) $u|_{t=0}=-9\mathrm{sech}^2 x$.

34. 用约化摄动法求解下列非线性频散的弦振动方程

$$\frac{\partial^2\psi}{\partial t^2}-c^2\left(\frac{\partial\psi}{\partial x}\right)\frac{\partial^2\psi}{\partial x^2}-\sigma^2\frac{\partial^4\psi}{\partial x^4}=0.$$

提示：令 $\frac{\partial\psi}{\partial t}=u,\frac{\partial\psi}{\partial x}=-v$，则化为 $\frac{\partial u}{\partial t}+c^2(v)\frac{\partial v}{\partial x}-\sigma^2\frac{\partial^3 v}{\partial x^3}=0$ 和 $\frac{\partial v}{\partial t}+\frac{\partial u}{\partial x}=0$，并注意，令 $u=\varepsilon u_1+\varepsilon^2 u_2+\cdots,v=v_0+\varepsilon v_1+\varepsilon^2 v_2+\cdots,c(v)=c_0(v_0)+\frac{\partial c}{\partial v}v\varepsilon+\cdots$.

35. 证明势能为 $u(x)=-2\mathrm{sech}^2 x$ 的 Schrödinger 方程：$\psi''+(\lambda+2\mathrm{sech}^2 x)\psi=0$ 作变换

$$\psi=\phi\mathrm{sech}x,\quad \xi=-\sinh^2 x\quad (\text{即 } \phi=\psi\sqrt{1-\xi})$$

可化为下列超比方程$\left(\alpha=-\frac{1}{2}+\frac{\sqrt{-\lambda}}{2},\beta=-\frac{1}{2}-\frac{\sqrt{-\lambda}}{2},\gamma=\frac{1}{2}\right)$

$$\xi(1-\xi)\frac{\mathrm{d}^2\phi}{\mathrm{d}\xi^2}+\frac{1}{2}\frac{\mathrm{d}\phi}{\mathrm{d}\xi}-\frac{1}{4}(1+\lambda)\phi=0.$$

36. 证明上题所给 Schrödinger 方程的通解为 $\psi=A\psi_1+B\psi_2$，其中

$$\psi_1=\frac{1}{\sqrt{1-\xi}}\phi_1=\frac{1}{\sqrt{1-\xi}}\mathrm{F}\left(-\frac{1}{2}+\frac{\sqrt{-\lambda}}{2},-\frac{1}{2}-\frac{\sqrt{-\lambda}}{2},\frac{1}{2},\xi\right),$$

$$\psi_2=\frac{1}{\sqrt{1-\xi}}\phi_2=\sqrt{\frac{\xi}{1-\xi}}\mathrm{F}\left(\frac{\sqrt{-\lambda}}{2},-\frac{\sqrt{-\lambda}}{2},\frac{3}{2},\xi\right);$$

并证明满足条件 $\psi|_{\zeta\to\infty}\to 0$，只有

$$-\frac{1}{2}+\frac{\sqrt{-\lambda}}{2}=-n\quad(n=0,1,2,\cdots),$$

$$\psi=A\psi_1=\frac{A}{\sqrt{1-\xi}}\mathrm{F}\left(-n,-\frac{1}{2}-\frac{\sqrt{-\lambda}}{2},\frac{1}{2},\xi\right).$$

若取 $n=0$，则 $\lambda=-1$，相应

$$\psi_1=A/\sqrt{1-\xi}=A/\cosh x=A\mathrm{sech}x.$$

37. 考虑圆域($r\leqslant a$)内的二维流场，设它满足 $\frac{1}{r}\frac{\partial}{\partial r}(rv_r)+\frac{1}{r}\frac{\partial v_\theta}{\partial\theta}=0$，且流函数

$$\psi = -caJ_1(kr)\sin\theta,$$

其中,k 和 c 为常数,$J_1(kr)$为一阶 Bessel 函数.若在圆($r=a$)上 $J_1(ka)=0$,试求流场$(v_r, v_\theta)=\left(-\frac{1}{r}\frac{\partial\psi}{\partial\theta}, \frac{\partial\psi}{\partial r}\right)$,并分析其偶极子结构.

第十章　大气中的能量平衡

本章的主要内容有：

将大气运动分解为沿纬圈平均的基本流场和扰动(或称为涡旋或涡动)流场，并且将动能和有效势能也分解为基本气流的动能(平均运动动能)和扰动动能(涡动动能)，基本气流的有效势能(平均有效势能)和扰动有效势能；

建立基本气流的动能与有效势能的变化方程，并说明影响它们的因子；

建立扰动运动的动能与有效势能的变化方程，并说明影响它们的因子；

分析对流层大气中的能量循环，即能量间的相互转换；

从能量转换角度分析 Richardson 数，并分析湍流的串级与能谱.

§10.1　基本气流能量与扰动能量

大气大范围的运动，总是存在两种形态：一是沿着纬圈分布的基本气流(主要是沿纬圈平均的基本纬向风速和相对较小的基本经向风速)，另一是叠加在基本气流上的扰动. 基本气流和扰动之间的相互作用在总体上形成和维持了大气环流以及相应的大范围天气的演变. 而大范围运动中的能量，特别是动能与有效势能之间的相互转换，则是基本气流和扰动能否发展的能源机制.

因为考虑大气大范围运动的能源机制或能量间的平衡，所以，我们假定垂直方向是静力平衡的，且忽略 ρ_0 的垂直变化；但要考虑摩擦和非绝热加热. 这样，以静态大气为背景的大气运动方程组可以写为

$$\begin{cases}\dfrac{\partial u}{\partial t}+u\dfrac{\partial u}{\partial x}+v\dfrac{\partial u}{\partial y}+w\dfrac{\partial u}{\partial z}-fv=\dfrac{\partial \phi}{\partial x}+F_x,\\ \dfrac{\partial v}{\partial t}+u\dfrac{\partial v}{\partial x}+v\dfrac{\partial v}{\partial y}+w\dfrac{\partial v}{\partial z}+fu=-\dfrac{\partial \phi}{\partial y}+F_y,\\ \dfrac{\partial \phi}{\partial z}=g\dfrac{\theta}{\theta_0},\\ \dfrac{\partial u}{\partial x}+\dfrac{\partial v}{\partial y}+\dfrac{\partial w}{\partial z}=0,\\ \dfrac{\partial}{\partial t}\left(g\dfrac{\theta}{\theta_0}\right)+u\dfrac{\partial}{\partial x}\left(g\dfrac{\theta}{\theta_0}\right)+v\dfrac{\partial}{\partial y}\left(g\dfrac{\theta}{\theta_0}\right)+w\dfrac{\partial}{\partial z}\left(g\dfrac{\theta}{\theta_0}\right)+N^2w=\dfrac{g}{c_pT_0}Q,\end{cases}\tag{10.1}$$

其中 $\phi=p'/\rho_0$，θ 是位温相对于静态位温 θ_0 的偏差，(F_x,F_y) 为水平摩擦力，Q 为非绝热加热. 无摩擦和绝热条件下，方程组(10.1)转化为(8.233)式.

设考虑的区域为 V(例如北半球或全球)，在区域的边界 S 上，除正常的边界条件外，我们设边界上无净的流动，即

$$(u,v,w)\mid_S=0. \tag{10.2}$$

用方程组(10.1)来描写大气大范围运动的能量平衡，动能只有水平运动动能，即

$$K=\frac{1}{2}(u^2+v^2). \tag{10.3}$$

对大气大范围运动而言，这是主要的动能；而有效势能为

$$A=\frac{g^2}{2N^2}\left(\frac{\theta}{\theta_0}\right)^2=\frac{1}{2N^2}\left(\frac{\partial\phi}{\partial z}\right)^2. \tag{10.4}$$

若把 u,v,w,θ 和 ϕ 分解为沿纬圈平均的部分与振动的部分之和，即

$$u=\bar{u}+u',\quad v=\bar{v}+v',\quad w=\bar{w}+w',\quad \theta=\bar{\theta}+\theta',\quad \phi=\bar{\phi}+\phi', \tag{10.5}$$

则$(\bar{u},\bar{v},\bar{w})$表示基本气流，$(u',v',w')$表示扰动气流，$\bar{\theta}$ 表示基本位温，即沿纬圈平均的位温，而 θ' 表示扰动位温，$\bar{\phi}$ 和 ϕ' 分别表示沿纬圈平均的 ϕ 和 ϕ 的扰动.

(10.5)式中的 u 和 v 代入到(10.3)式，再沿纬圈平均后得到

$$\overline{K}=K_{\mathrm{m}}+K_{\mathrm{p}}, \tag{10.6}$$

其中

$$K_{\mathrm{m}}=\frac{1}{2}(\bar{u}^2+\bar{v}^2),\quad K_{\mathrm{p}}=\frac{1}{2}\overline{(u'^2+v'^2)}. \tag{10.7}$$

K_{m} 为单位质量空气的基本气流的动能，也称为平均动能；而 K_{p} 为单位质量空气扰动动能的平均值，就称它为扰动动能. $\overline{K}$ 为单位质量空气动能的平均值. (10.6)式说明：动能沿纬圈的平均值可以分解为基本气流动能(或平均动能)与扰动动能两部分之和.

类似，(10.5)式中的 θ 代入到(10.4)式，再沿纬圈平均后得到

$$\overline{A}=A_{\mathrm{m}}+A_{\mathrm{p}}, \tag{10.8}$$

其中

$$A_{\mathrm{m}}=\frac{g^2}{2N^2}\left(\frac{\bar{\theta}}{\theta_0}\right)^2=\frac{1}{2N^2}\left(\frac{\partial\bar{\phi}}{\partial z}\right)^2,\quad A_{\mathrm{p}}=\frac{g^2}{2N^2}\overline{\left(\frac{\theta'}{\theta_0}\right)^2}-\frac{1}{2N^2}\overline{\left(\frac{\partial\phi'}{\partial z}\right)^2}. \tag{10.9}$$

A_{m} 为单位质量空气的基本气流的有效势能，也称为平均有效势能；而 A_{p} 为单位质量空气扰动有效势能的平均值，就称它为扰动有效势能；$\overline{A}$ 为单位质量空气有效势能的平均值. (10.8)式说明：有效势能沿纬圈的平均值可以分解为基本气流有效势能(或平均有效势能)与扰动有效势能两部分之和.

考虑区域 V，则在 V 内基本气流动能和扰动动能分别是

$$K_m^* \equiv \iiint_V \rho K_m \delta v, \quad K_p^* \equiv \iiint_V \rho K_p \delta v, \tag{10.10}$$

而区域 V 内动能沿纬圈的平均值为

$$\overline{K}^* \equiv \iiint_V \rho \overline{K} \delta v, \tag{10.11}$$

由(10.6)式显然有

$$\overline{K}^* = K_m^* + K_p^*. \tag{10.12}$$

类似,在区域 V 内基本气流有效势能和扰动有效势能分别是

$$A_m^* \equiv \iiint_V \rho A_m \delta v, \quad A_p^* \equiv \iiint_V \rho A_p \delta v. \tag{10.13}$$

而区域 V 内有效势能沿纬圈的平均值为

$$\overline{A}^* \equiv \iiint_V \rho \overline{A} \delta v, \tag{10.14}$$

且由(10.8)式有

$$\overline{A}^* = A_m^* + A_p^*. \tag{10.15}$$

§10.2 能量平衡方程

从动能的表达式(10.3)看到,方程组(10.1)的头两式是研究动能变化的方程;有意义的是从有效势能的表达式(10.4)看到,方程组(10.1)的第五个方程,即热力学方程恰好是研究有效势能变化的方程.

一、动能平衡方程

方程组(10.1)的头两式分别乘 u 和 v,然后相加得

$$\frac{\partial K}{\partial t} + u\frac{\partial K}{\partial x} + v\frac{\partial K}{\partial y} + w\frac{\partial K}{\partial z} = -\left(u\frac{\partial \phi}{\partial x} + v\frac{\partial \phi}{\partial y}\right) + (F_x u + F_y v). \tag{10.16}$$

应用连续性方程(方程组(10.1)的第四式),上式可改写为

$$\frac{\partial K}{\partial t} + \frac{\partial K u}{\partial x} + \frac{\partial K v}{\partial y} + \frac{\partial K w}{\partial z} = -\left(\frac{\partial \phi u}{\partial x} + \frac{\partial \phi v}{\partial y} + \frac{\partial \phi w}{\partial z}\right) + w\frac{\partial \phi}{\partial z} + (F_x u + F_y v), \tag{10.17}$$

这就是动能变化方程的微分形式.

将(10.17)式在整个区域 V 上积分,利用边条件(10.2)式和静力学方程((10.1)的第三式),得

$$\frac{\partial K^*}{\partial t} \equiv \iiint_M \frac{g}{\theta_0} \theta w \delta m - \varepsilon \quad (\delta m = \rho \delta v, M = \rho V), \tag{10.18}$$

其中

$$K^* \equiv \iiint\limits_M K\,\delta m \equiv \iiint\limits_V \rho K\,\delta v \tag{10.19}$$

为区域 V 内的动能. 而

$$\varepsilon \equiv -\iiint\limits_M (F_x u + F_y v)\delta m = -\iiint\limits_V \boldsymbol{F}\cdot\boldsymbol{V}_{\mathrm{h}}\rho\delta v \tag{10.20}$$

表征摩擦对动能的耗损,$\varepsilon>0$,表示它消耗动能. 方程(10.18)是动能变化方程的积分形式.

二、有效势能平衡方程

以$\frac{g}{N^2}\frac{\theta}{\theta_0}$乘方程组(10.1)的第五式得

$$\frac{\partial A}{\partial t} + u\frac{\partial A}{\partial x} + v\frac{\partial A}{\partial y} + w\frac{\partial A}{\partial z} = -\frac{g}{\theta_0}\theta w + \frac{g^2}{N^2 c_p T_0 \theta_0}\theta Q, \tag{10.21}$$

应用连续性方程,并注意 $N^2 = g\frac{\partial\theta_0}{\partial z}\Big/\theta_0$,则上式可改写为

$$\frac{\partial A}{\partial t} + \frac{\partial Au}{\partial x} + \frac{\partial Av}{\partial y} + \frac{\partial Aw}{\partial z} = -\frac{g}{\theta_0}\theta w + \frac{g}{c_p T_0 \partial\theta_0/\partial z}\theta Q, \tag{10.22}$$

这就是有效势能变化方程的微分形式.

将(10.22)式在整个区域 V 上积分,利用边条件(10.2)式,得

$$\frac{\partial A^*}{\partial t} = -\iiint\limits_M \frac{g}{\theta_0}\theta w\,\delta m + G = -\iiint\limits_M w\frac{\partial\phi}{\partial z}\delta m + G, \tag{10.23}$$

其中

$$A^* \equiv \iiint\limits_M A\,\delta m \equiv \iiint\limits_V \rho A\,\delta v \tag{10.24}$$

为区域 V 内的有效势能,而

$$G \equiv \iiint\limits_M \frac{g^2}{N^2 c_p T_0 \theta_0}\theta Q\,\delta m = \iiint\limits_M \frac{g}{c_p T_0 \partial\theta_0/\partial z}\theta Q\,\delta m \tag{10.25}$$

表征非绝热加热所产生的有效势能,即它是有效势能的制造项(在稳定层结下,要求 $\theta Q>0$). 方程(10.24)是有效势能变化方程的积分形式.

比较(10.18)式和(10.23)式可以看到,两式右端第一项只差一符号,它说明,这是有效势能与动能间的相互转换项. 我们令它表为

$$\{A,K\} = \iiint\limits_M w\frac{\partial\phi}{\partial z}\delta m = \iiint\limits_M \frac{g}{\theta_0}\theta w\,\delta m. \tag{10.26}$$

从导出过程看,

$$\{A,K\} = \iiint_M w \frac{\partial \phi}{\partial z} \delta m = -\iiint_M \left(u \frac{\partial \phi}{\partial x} + v \frac{\partial \phi}{\partial y} \right) \delta m,$$

因此,这一项主要反映气压梯度力对空气运动的作功.若风向低压偏,气压梯度力对空气运动作功,此时,冷空气下沉,暖空气上升($\theta w > 0$),动能增加;否则,风向高压偏,空气克服气压梯度力作功,此时,冷空气上升,暖空气下沉($\theta w < 0$),动能减小.

利用(10.26)式,(10.18)式和(10.23)式分别写为

$$\frac{\partial K^*}{\partial t} = \{A,K\} - \varepsilon, \tag{10.27}$$

$$\frac{\partial A^*}{\partial t} = -\{A,K\} + G. \tag{10.28}$$

将上面两式相加就得到区域 V 内总能量的平衡方程为

$$\frac{\partial}{\partial t}(K^* + A^*) = G - \varepsilon. \tag{10.29}$$

上式表明:在绝热和无摩擦的条件下,区域 V 内的总能量守恒.反过来说,因为就长期平均情况而言,区域总能量应不变,所以,非绝热加热所制造的有效势能必须与动能的摩擦耗损相平衡.

§10.3　基本气流动能与扰动动能的平衡方程

利用连续性方程,水平运动方程可以写为

$$\begin{cases} \dfrac{\partial u}{\partial t} + \dfrac{\partial u^2}{\partial x} + \dfrac{\partial uv}{\partial y} + \dfrac{\partial uw}{\partial z} - fv = -\dfrac{\partial \phi}{\partial x} + F_x, \\ \dfrac{\partial v}{\partial t} + \dfrac{\partial vu}{\partial x} + \dfrac{\partial v^2}{\partial y} + \dfrac{\partial vw}{\partial z} + fu = -\dfrac{\partial \phi}{\partial y} + F_y. \end{cases} \tag{10.30}$$

将(10.5)式中的 u,v,w 和 ϕ 代入上式,并沿纬圈平均得

$$\begin{cases} \dfrac{\partial \bar{u}}{\partial t} + \dfrac{\partial \bar{u}\bar{v}}{\partial y} + \dfrac{\partial \bar{u}\bar{w}}{\partial z} + \dfrac{\partial\, \overline{u'v'}}{\partial y} + \dfrac{\partial\, \overline{u'w'}}{\partial z} - f\bar{v} = \bar{F}_x, \\ \dfrac{\partial \bar{v}}{\partial t} + \dfrac{\partial \bar{v}^2}{\partial y} + \dfrac{\partial \bar{v}\bar{w}}{\partial z} + \dfrac{\partial\, \overline{v'^2}}{\partial y} + \dfrac{\partial\, \overline{v'w'}}{\partial z} + f\bar{u} = -\dfrac{\partial \bar{\phi}}{\partial y} + \bar{F}_y, \end{cases} \tag{10.31}$$

其中 $\bar{\boldsymbol{F}}(\bar{F}_x, \bar{F}_y)$ 为 $\boldsymbol{F}(F_x, F_y)$ 的纬圈平均.方程组(10.31)就是沿纬圈平均的水平运动方程.

显然,连续性方程沿纬圈平均得

$$\frac{\partial \bar{v}}{\partial y} + \frac{\partial \bar{w}}{\partial z} = 0. \tag{10.32}$$

方程组(10.31)的两式分别乘以 $\bar{u}$ 和 $\bar{v}$,然后相加则得

$$\frac{\partial K_{\mathrm{m}}}{\partial t}+\frac{\partial K_{\mathrm{m}}\bar{v}}{\partial y}+\frac{\partial K_{\mathrm{m}}\bar{w}}{\partial z}+\bar{u}\left(\frac{\partial\overline{u'v'}}{\partial y}+\frac{\partial\overline{u'w'}}{\partial z}\right)+\bar{v}\left(\frac{\partial\overline{v'^2}}{\partial y}+\frac{\partial\overline{v'w'}}{\partial z}\right)$$
$$=-\bar{v}\frac{\partial\bar{\phi}}{\partial y}+(\bar{F}_x\bar{u}+\bar{F}_y\bar{v}), \tag{10.33}$$

或利用(10.32)式得

$$\frac{\partial K_{\mathrm{m}}}{\partial t}+\frac{\partial K_{\mathrm{m}}\bar{v}}{\partial y}+\frac{\partial K_{\mathrm{m}}\bar{w}}{\partial z}+\left(\frac{\partial\bar{u}\,\overline{u'v'}}{\partial y}+\frac{\partial\bar{u}\,\overline{u'w'}}{\partial z}\right)-\left(\overline{u'v'}\frac{\partial\bar{u}}{\partial y}+\overline{u'w'}\frac{\partial\bar{u}}{\partial z}\right)$$
$$+\left(\frac{\partial\bar{v}\,\overline{v'^2}}{\partial y}+\frac{\partial\bar{v}\,\overline{v'w'}}{\partial z}\right)-\left(\overline{v'^2}\frac{\partial\bar{v}}{\partial y}+\overline{v'w'}\frac{\partial\bar{v}}{\partial z}\right)$$
$$=-\left(\frac{\partial\bar{\phi}\bar{v}}{\partial y}+\frac{\partial\bar{\phi}\bar{w}}{\partial z}\right)+\bar{w}\frac{\partial\bar{\phi}}{\partial z}+(\bar{F}_x\bar{u}+\bar{F}_y\bar{v}), \tag{10.34}$$

这就是基本气流动能变化方程的微分形式，利用(10.1)中的静力学方程，上式中 $\frac{\partial\bar{\phi}}{\partial z}=g\frac{\bar{\theta}}{\theta_0}$.

将上式在整个区域 V 上积分得

$$\frac{\partial K_{\mathrm{m}}^*}{\partial t}=\iiint_M\left(\overline{u'v'}\frac{\partial\bar{u}}{\partial y}+\overline{u'w'}\frac{\partial\bar{u}}{\partial z}+\overline{v'^2}\frac{\partial\bar{v}}{\partial y}+\overline{v'w'}\frac{\partial\bar{v}}{\partial z}\right)\delta m$$
$$+\iiint_M\frac{g}{\theta_0}\bar{\theta}\bar{w}\,\delta m+\iiint_M(\bar{F}_x\bar{u}+\bar{F}_y\bar{v})\delta m, \tag{10.35}$$

这是整个区域 V 内基本气流动能的变化方程.

下面，我们求扰动动能的平衡方程. 将(10.18)式沿纬圈平均，并利用(10.6)式，得

$$\frac{\partial K_{\mathrm{m}}^*}{\partial t}+\frac{\partial K_{\mathrm{p}}^*}{\partial t}=\iiint_M\frac{g}{\theta_0}\bar{\theta}\bar{w}\,\delta m+\iiint_M\frac{g}{\theta_0}\overline{\theta'w'}\delta m$$
$$+\iiint_M(\bar{F}_x\bar{u}+\bar{F}_y\bar{v})\delta m+\iiint_M(\overline{F_x'u'}+\overline{F_y'v'})\delta m, \tag{10.36}$$

其中 $\boldsymbol{F}'(F_x',F_y')$ 为 $\boldsymbol{F}$ 相对于 $\bar{\boldsymbol{F}}$ 的扰动. 将(10.36)式减去(10.35)式，得

$$\frac{\partial K_{\mathrm{p}}^*}{\partial t}=-\iiint_M\left(\overline{u'v'}\frac{\partial\bar{u}}{\partial y}+\overline{u'w'}\frac{\partial\bar{u}}{\partial z}+\overline{v'^2}\frac{\partial\bar{v}}{\partial y}+\overline{v'w'}\frac{\partial\bar{v}}{\partial z}\right)\delta m$$
$$+\iiint_M\frac{g}{\theta_0}\overline{\theta'w'}\delta m+\iiint_M(\overline{F_x'u'}+\overline{F_y'v'})\delta m, \tag{10.37}$$

这是整个区域 V 内扰动动能的变化方程.

§10.4 基本气流有效势能与扰动有效势能的平衡方程

利用连续性方程，热力学方程可以写为

$$\frac{\partial}{\partial t}\left(g\,\frac{\theta}{\theta_0}\right)+\frac{\partial}{\partial x}\left(ug\,\frac{\theta}{\theta_0}\right)+\frac{\partial}{\partial y}\left(vg\,\frac{\theta}{\theta_0}\right)+\frac{\partial}{\partial z}\left(wg\,\frac{\theta}{\theta_0}\right)+N^2 w=\frac{g}{c_p T_0}Q.$$

(10.38)

将(10.5)式的 u,v,w 和 θ 代入上式,并沿纬圈平均得

$$\frac{\partial}{\partial t}\left(g\,\frac{\bar{\theta}}{\theta_0}\right)+\frac{\partial}{\partial y}\left(\bar{v}g\,\frac{\bar{\theta}}{\theta_0}\right)+\frac{\partial}{\partial z}\left(\bar{w}g\,\frac{\bar{\theta}}{\theta_0}\right)+\frac{\partial}{\partial y}\left(\overline{v'g\,\frac{\theta'}{\theta_0}}\right)+\frac{\partial}{\partial z}\left(\overline{w'g\,\frac{\theta'}{\theta_0}}\right)+N^2\bar{w}=\frac{g}{c_p T_0}\bar{Q},$$

(10.39)

这就是沿纬圈平均的热力学方程,其中 $\bar{Q}$ 为 Q 的纬圈平均.

以 $\frac{g}{N^2}\frac{\bar{\theta}}{\theta_0}$ 乘上式,得到

$$\frac{\partial A_{\mathrm{m}}}{\partial t}+\frac{\partial A_{\mathrm{m}}\bar{v}}{\partial y}+\frac{\partial A_{\mathrm{m}}\bar{w}}{\partial z}+\frac{g}{N^2}\frac{\bar{\theta}}{\theta_0}\frac{\partial}{\partial y}\left(\frac{g}{\theta_0}\,\overline{\theta'v'}\right)+\frac{g}{N^2}\frac{\bar{\theta}}{\theta_0}\frac{\partial}{\partial z}\left(\frac{g}{\theta_0}\,\overline{\theta'w'}\right)+\frac{g}{\theta_0}\bar{\theta}\bar{w}$$

$$=\frac{g^2}{N^2 c_p T_0\theta_0}\bar{\theta}\bar{Q} \tag{10.40}$$

或

$$\frac{\partial A_{\mathrm{m}}}{\partial t}+\frac{\partial A_{\mathrm{m}}\bar{v}}{\partial y}+\frac{\partial A_{\mathrm{m}}\bar{w}}{\partial z}+\frac{\partial}{\partial y}\left(\frac{g^2}{N^2\theta_0^2}\bar{\theta}\,\overline{\theta'v'}\right)+\frac{\partial}{\partial z}\left(\frac{g}{N^2\theta_0^2}\bar{\theta}\,\overline{\theta'w'}\right)$$

$$-\frac{g^2}{N^2\theta_0^2}\,\overline{\theta'v'}\,\frac{\partial\bar{\theta}}{\partial y}-\frac{g^2}{N^2\theta_0^2}\,\overline{\theta'w'}\,\frac{\partial\bar{\theta}}{\partial z}+\frac{g}{\theta_0}\bar{\theta}\bar{w}=\frac{g^2}{N^2 c_p T_0\theta_0}\bar{\theta}\bar{Q}. \tag{10.41}$$

这就是基本气流有效势能变化方程的微分形式,其中已忽略了 N^2 的变化,并将 $\frac{\partial}{\partial z}\left(\frac{\bar{\theta}}{\theta_0}\right)$ 写成了 $\frac{1}{\theta_0}\frac{\partial\bar{\theta}}{\partial z}$.

将上式在整个区域 V 上积分得

$$\frac{\partial A_{\mathrm{m}}^*}{\partial t}=\iiint_M\frac{g^2}{N^2\theta_0^2}\,\overline{\theta'v'}\,\frac{\partial\bar{\theta}}{\partial y}\delta m+\iiint_M\frac{g^2}{N^2\theta_0^2}\,\overline{\theta'w'}\,\frac{\partial\bar{\theta}}{\partial z}\delta m$$

$$-\iiint_M\frac{g}{\theta_0}\bar{\theta}\bar{w}\,\delta m+\iiint_M\frac{g^2}{N^2 c_p T_0\theta_0}\bar{\theta}\bar{Q}\,\delta m, \tag{10.42}$$

这就是整个区域 V 内基本气流有效势能的变化方程.

类似,我们可以求扰动有效势能的平衡方程.将(10.23)式沿纬圈平均,并利用(10.8)式,得

$$\frac{\partial A_{\mathrm{m}}^*}{\partial t}+\frac{\partial A_{\mathrm{p}}^*}{\partial t}=-\iiint_M\frac{g}{\theta_0}\bar{\theta}\bar{w}\,\delta m-\iiint_M\frac{g}{\theta_0}\,\overline{\theta'w'}\,\delta m$$

$$+\iiint_M\frac{g^2}{N^2 c_p T_0\theta_0}\bar{\theta}\bar{Q}\,\delta m+\iiint_M\frac{g^2}{N^2 c_p T_0\theta_0}\,\overline{\theta'Q'}\,\delta m, \tag{10.43}$$

其中 Q' 为 Q 相对于 $\bar{Q}$ 的扰动.(10.43)式减去(10.42)式,得

$$\frac{\partial A_{\mathrm{p}}^{*}}{\partial t}=-\iiint_{M}\frac{g^{2}}{N^{2}\theta_{0}^{2}}\overline{\theta'v'}\frac{\partial\bar{\theta}}{\partial y}\delta m-\iiint_{M}\frac{g^{2}}{N^{2}\theta_{0}^{2}}\overline{\theta'w'}\frac{\partial\bar{\theta}}{\partial z}\delta m$$
$$-\iiint_{M}\frac{g}{\theta_{0}}\overline{\theta'w'}\delta m+\iiint_{M}\frac{g^{2}}{N^{2}c_{p}T_{0}\theta_{0}}\overline{\theta'Q'}\delta m, \qquad (10.44)$$

这就是整个区域 V 内扰动有效势能的变化方程.

§ 10.5 能量间的相互转换

(10.35)式、(10.37)式、(10.42)式和(10.44)式联合在一起,就可以清楚地看到基本气流动能、扰动动能、基本气流有效势能和扰动有效势能四种能量之间的相互转换,

$$\begin{cases}\dfrac{\partial K_{\mathrm{m}}^{*}}{\partial t}=\displaystyle\iiint_{M}\left(\overline{u'v'}\frac{\partial\bar{u}}{\partial y}+\overline{u'w'}\frac{\partial\bar{u}}{\partial z}+\overline{v'^{2}}\frac{\partial\bar{v}}{\partial y}+\overline{v'w'}\frac{\partial\bar{v}}{\partial z}\right)\delta m+\iiint_{M}\frac{g}{\theta_{0}}\bar{\theta}\bar{w}\delta m\\ \qquad\qquad+\displaystyle\iiint_{M}(\bar{F}_{x}\bar{u}+\bar{F}_{y}\bar{v})\delta m,\\ \dfrac{\partial K_{\mathrm{p}}^{*}}{\partial t}=-\displaystyle\iiint_{M}\left(\overline{u'v'}\frac{\partial\bar{u}}{\partial y}+\overline{u'w'}\frac{\partial\bar{u}}{\partial z}+\overline{v'^{2}}\frac{\partial\bar{v}}{\partial y}+\overline{v'w'}\frac{\partial\bar{v}}{\partial z}\right)\delta m+\iiint_{M}\frac{g}{\theta_{0}}\overline{\theta'w'}\delta m\\ \qquad\qquad+\displaystyle\iiint_{M}(\overline{F_{x}'u'}+\overline{F_{y}'v'})\delta m,\\ \dfrac{\partial A_{\mathrm{m}}^{*}}{\partial t}=\displaystyle\iiint_{M}\left(\frac{g^{2}}{N^{2}\theta_{0}^{2}}\overline{\theta'v'}\frac{\partial\bar{\theta}}{\partial y}+\frac{g^{2}}{N^{2}\theta_{0}^{2}}\overline{\theta'w'}\frac{\partial\bar{\theta}}{\partial z}\right)\delta m-\iiint_{M}\frac{g}{\theta_{0}}\bar{\theta}\bar{w}\delta m+\iiint_{M}\frac{g^{2}}{N^{2}c_{p}T_{0}\theta_{0}}\bar{\theta}\bar{Q}\delta m,\\ \dfrac{\partial A_{\mathrm{p}}^{*}}{\partial t}=-\displaystyle\iiint_{M}\left(\frac{g^{2}}{N^{2}\theta_{0}^{2}}\overline{\theta'v'}\frac{\partial\bar{\theta}}{\partial y}+\frac{g^{2}}{N^{2}\theta_{0}^{2}}\overline{\theta'w'}\frac{\partial\bar{\theta}}{\partial z}\right)\delta m-\iiint_{M}\frac{g}{\theta_{0}}\overline{\theta'w'}\delta m\\ \qquad\qquad+\displaystyle\iiint_{M}\frac{g^{2}}{N^{2}c_{p}T_{0}\theta_{0}}\overline{\theta'Q'}\delta m.\end{cases}$$

(10.45)

一、基本气流动能与扰动动能间的相互转换

比较(10.45)的头两式即知

$$\{K_{\mathrm{p}},K_{\mathrm{m}}\}\equiv\iiint_{M}\left(\overline{u'v'}\frac{\partial\bar{u}}{\partial y}+\overline{u'w'}\frac{\partial\bar{u}}{\partial z}+\overline{v'^{2}}\frac{\partial\bar{v}}{\partial y}+\overline{v'w'}\frac{\partial\bar{v}}{\partial z}\right)\delta m \qquad (10.46)$$

是基本气流动能与扰动动能间的相互转换项. $\{K_{\mathrm{p}},K_{\mathrm{m}}\}>0$ 表示扰动动能转换为基本气流动能;$\{K_{\mathrm{p}},K_{\mathrm{m}}\}<0$ 表示基本气流动能转换为扰动动能.

在第八章,我们已经分析了(10.46)式右端 $\iiint\limits_M \overline{u'v'}\frac{\partial \bar{u}}{\partial y}\delta m$ 一项的作用.按图8.3,对于急流以北 $\left(\frac{\partial \bar{u}}{\partial y}<0\right)$ 的导式槽线,动量向南输送($\overline{u'v'}<0$),急流以南 $\left(\frac{\partial \bar{u}}{\partial y}>0\right)$ 的曳式槽线,动量向北输送($\overline{u'v'}>0$),故扰动动能转换为基本气流动能;急流以北的曳式和急流以南的导式恰相反,是基本气流动能转换为扰动动能.至于(10.46)式的右端第二项 $\iiint\limits_M \overline{u'w'}\frac{\partial \bar{u}}{\partial z}\delta m$ 的作用,按图8.3,在对流层急流以下 $\left(\frac{\partial \bar{u}}{\partial z}>0\right)$,导式槽线 $\overline{u'w'}<0$(动量向下输送),曳式槽线 $\overline{u'w'}>0$(动量向上输送),因而,导式槽线使基本气流动能转换为扰动动能;曳式槽线正相反.(10.46)式右端第三、第四两项影响较小.所以,有如下结论:

$$\{K_{\mathrm{p}},K_{\mathrm{m}}\}_1 \equiv \iiint\limits_M \overline{u'v'}\frac{\partial \bar{u}}{\partial y}\delta m \begin{cases} >0, & \text{急流以北导式,以南曳式,} \\ <0, & \text{急流以南曳式,以北导式;} \end{cases} \tag{10.47}$$

$$\{K_{\mathrm{p}},K_{\mathrm{m}}\}_2 \equiv \iiint\limits_M \overline{u'w'}\frac{\partial \bar{u}}{\partial z}\delta m \begin{cases} >0, & \text{对流层急流以下的曳式槽线,} \\ <0, & \text{对流层急流以下的导式槽线.} \end{cases} \tag{10.48}$$

但是,通常认为 $\{K_{\mathrm{p}},K_{\mathrm{m}}\}_1$ 的数值要大于 $\{K_{\mathrm{p}},K_{\mathrm{m}}\}_2$ 的数值,所以,中纬度槽脊线倾斜的作用,主要是使扰动动能转换为基本气流动能,加之,在赤道和极地的大量分析表明,对流层以下,u' 与 w' 是正相关,即 $\overline{u'w'}>0$,故在对流层急流以下,仍然是扰动动能转换为基本气流动能,$\{K_{\mathrm{p}},K_{\mathrm{m}}\}>0$,这是大气通常发生的情况.这是大气大尺度运动与经典流体力学湍流运动中的能量转换的不同之处,这也是早在第三章中我们提及的"负黏性"问题.

二、基本气流有效势能与扰动有效势能间的相互转换

比较(10.45)的第三式和第四式即知

$$\{A_{\mathrm{m}},A_{\mathrm{p}}\} \equiv -\iiint\limits_M \frac{g^2}{N^2\theta_0^2}\overline{\theta'v'}\frac{\partial \bar{\theta}}{\partial y}\delta m - \iiint\limits_M \frac{g^2}{N^2\theta_0^2}\overline{\theta'w'}\frac{\partial \bar{\theta}}{\partial z}\delta m \tag{10.49}$$

是基本气流有效势能与扰动有效势能间的相互转换项.$\{A_{\mathrm{m}},A_{\mathrm{p}}\}>0$ 表示基本气流有效势能转换为扰动有效势能;$\{A_{\mathrm{m}},A_{\mathrm{p}}\}<0$ 表示扰动有效势能转换为基本气流有效势能.

在第八章,我们已经分析了(10.49)式右端 $\overline{\theta'v'}$ 和 $\overline{\theta'w'}$ 的作用.按图8.4,对于中纬度常见的 Rossby 波槽脊线自下而上向西倾斜和相应温度槽落后于流场槽的 Rossby 螺旋结构(spiral structure),$\overline{\theta'v'}>0$,$\overline{\theta'w'}>0$,即冷空气向南向下运动,暖

空气向北向上运动. 而在对流层，通常$\frac{\partial\bar{\theta}}{\partial y}<0$，$\frac{\partial\bar{\theta}}{\partial z}>0$，而且一般也是稳定层结($N^2>0$)，所以，有如下结论：

$$\{A_m,A_p\}_1=-\iiint\limits_M \frac{g}{N^2\theta_0^2}\overline{\theta'v'}\frac{\partial\bar{\theta}}{\partial y}\delta m \quad \left(\frac{\partial\bar{\theta}}{\partial y}<0\right)$$

$$\begin{cases} >0, & \text{槽脊线自下而上向西倾斜，暖空气向北运动，} \\ & \text{冷空气向南运动，}\overline{\theta'v'}>0\text{(感热向北输送)，} \\ <0, & \text{槽脊线自下而上向东倾斜，冷空气向北运动，} \\ & \text{暖空气向南运动，}\overline{\theta'v'}<0\text{(感热向南输送)；} \end{cases} \tag{10.50}$$

$$\{A_m,A_p\}_2=-\iiint\limits_M \frac{g^2}{N^2\theta_0^2}\overline{\theta'w'}\frac{\partial\bar{\theta}}{\partial z}\delta m \quad \left(\frac{\partial\bar{\theta}}{\partial z}>0\right)$$

$$\begin{cases} <0, & \text{槽脊线自下而上向西倾斜，暖空气上升，} \\ & \text{冷空气下沉，}\overline{\theta'w'}>0\text{(感热向上输送)，} \\ >0, & \text{槽脊线自下而上向东倾斜，冷空气上升，} \\ & \text{暖空气下沉，}\overline{\theta'w'}<0\text{(感热向下输送).} \end{cases} \tag{10.51}$$

但是，通常认为$\{A_m,A_p\}_1$的数值要大于$\{A_m,A_p\}_2$的数值，因而$\{A_m,A_p\}>0$，即中纬度倾斜的槽脊线的作用仍然是有利于基本气流的有效势能转换为扰动有效势能.

三、基本气流的有效势能与基本气流动能间的相互转换

比较(10.45)的第一式和第二式即知

$$\{A_m,K_m\}\equiv\iiint\limits_M \bar{w}\frac{\partial\bar{\phi}}{\partial z}\delta m=\iiint\limits_M \frac{g}{\theta_0}\bar{\theta}\bar{w}\delta m \tag{10.52}$$

是基本气流有效势能与基本气流动能间的相互转换项. $\{A_m,K_m\}>0$表示基本气流有效势能转换为基本气流动能；$\{A_m,K_m\}<0$表示基本气流动能转换为基本气流有效势能.

对于 Hadley 环流(正环流)，上升的是暖空气，下沉的是冷空气，平均有

$$\iiint\limits_M \frac{g}{\theta_0}\bar{\theta}\bar{w}\delta m>0;$$

而对于 Ferrel 环流(反环流)，上升的是冷空气，下沉的是暖空气，平均有

$$\iiint\limits_M \frac{g}{\theta_0}\bar{\theta}\bar{w}\delta m<0,$$

所以

$$\{A_{\mathrm{m}},K_{\mathrm{m}}\}=\iiint_{M}\frac{g}{\theta_0}\bar{\theta}\bar{w}\,\delta m\begin{cases}>0, & \text{Hadley 环流},\\ <0, & \text{Ferrel 环流}.\end{cases}\tag{10.53}$$

四、扰动有效势能与扰动动能间的相互转换

比较(10.45)的第二式和第四式即知

$$\{A_{\mathrm{p}},K_{\mathrm{p}}\}\equiv\iiint_{M}\overline{w'\frac{\partial\phi'}{\partial z}}\delta m=\iiint_{M}\frac{g}{\theta_0}\overline{\theta'w'}\delta m\tag{10.54}$$

是扰动有效势能与扰动动能间的相互转换项. $\{A_{\mathrm{p}},K_{\mathrm{p}}\}>0$ 表示扰动有效势能转换为扰动动能；$\{A_{\mathrm{p}},K_{\mathrm{p}}\}<0$ 表示扰动动能转换为扰动有效势能.

仿(10.51)式的分析，显然有

$$\{A_{\mathrm{p}},K_{\mathrm{p}}\}=\iiint_{M}\frac{g}{\theta_0}\overline{\theta'w'}\delta m\begin{cases}>0, & \text{暖空气上升，冷空气下沉},\\ <0, & \text{冷空气上升，暖空气下沉}.\end{cases}\tag{10.55}$$

所以，中纬度的温度槽落后于流场槽的形势有利于扰动有效势能转换为扰动动能.

以上分析的是四种基本能量形式间的相互转换. 下面，我们分析摩擦和非绝热因子的作用. 若令

$$\varepsilon_{\mathrm{m}}=-\iiint_{M}(\bar{F}_x\bar{u}+\bar{F}_y\bar{v})\delta m=-\iiint_{M}\bar{\boldsymbol{F}}_{\mathrm{h}}\cdot\bar{\boldsymbol{V}}_{\mathrm{h}}\delta m,\tag{10.56}$$

$$\varepsilon_{\mathrm{p}}=-\iiint_{M}(\overline{F_x'u'}+\overline{F_y'v'})\delta m=-\iiint_{M}\overline{\boldsymbol{F}_{\mathrm{h}}'\cdot\boldsymbol{V}_{\mathrm{h}}'}\delta m.\tag{10.57}$$

显然，$-\varepsilon_{\mathrm{m}}$ 和 $-\varepsilon_{\mathrm{p}}$ 分别是(10.35)式和(10.36)式右端最后一项，而且由(10.20)式有

$$\bar{\varepsilon}=\varepsilon_{\mathrm{m}}+\varepsilon_{\mathrm{p}}.\tag{10.58}$$

通常 $\varepsilon_{\mathrm{m}}<0$，$\varepsilon_{\mathrm{p}}<0$，这分别说明摩擦(主要是湍流摩擦)消耗基本气流动能和扰动动能，即对基本气流和扰动起能汇的作用. 若再令

$$G_{\mathrm{m}}=\iiint_{M}\frac{g^2}{N^2c_pT_0\theta_0}\bar{\theta}\bar{Q}\delta m=\iiint_{M}\frac{g}{c_pT_0\partial\theta_0/\partial z}\bar{\theta}\bar{Q}\delta m,\tag{10.59}$$

$$G_{\mathrm{p}}=\iiint_{M}\frac{g^2}{N^2c_pT_0\theta_0}\overline{\theta'Q'}\delta m=\iiint_{M}\frac{g}{c_pT_0\partial\theta_0/\partial z}\overline{\theta'Q'}\delta m,\tag{10.60}$$

显然，G_{m} 和 G_{p} 分别是(10.42)式和(10.44)式右端最后一项，而且由(10.25)式有

$$\bar{G}=G_{\mathrm{m}}+G_{\mathrm{p}}.\tag{10.61}$$

通常，在全球范围来看，层结平均是稳定的，且低纬加热和高纬冷却，以及在同一纬圈上高温处加热和低温处降冷，因而 $G_{\mathrm{m}}>0$，$G_{\mathrm{p}}>0$. 这分别说明非绝热因子通常是增加基本气流有效势能和扰动有效势能，即对基本气流和扰动起能源的作用.

§10.6　大气能量循环

利用(10.46)、(10.49)、(10.52)和(10.54)式，又利用(10.56)、(10.57)、(10.59)和(10.60)式，则方程组(10.45)可以写为

$$\begin{cases}\dfrac{\partial K_{\mathrm{m}}^{*}}{\partial t}=\{K_{\mathrm{p}},K_{\mathrm{m}}\}+\{A_{\mathrm{m}},K_{\mathrm{m}}\}-\varepsilon_{\mathrm{m}},\\[2ex] \dfrac{\partial K_{\mathrm{m}}^{*}}{\partial t}=-\{K_{\mathrm{p}},K_{\mathrm{m}}\}+\{A_{\mathrm{p}},K_{\mathrm{p}}\}-\varepsilon_{\mathrm{p}},\\[2ex] \dfrac{\partial A_{\mathrm{m}}^{*}}{\partial t}=-\{A_{\mathrm{m}},A_{\mathrm{p}}\}-\{A_{\mathrm{m}},K_{\mathrm{m}}\}+G_{\mathrm{m}},\\[2ex] \dfrac{\partial A_{\mathrm{p}}^{*}}{\partial t}=\{A_{\mathrm{m}},A_{\mathrm{p}}\}-\{A_{\mathrm{p}},K_{\mathrm{p}}\}+G_{\mathrm{p}},\end{cases}\tag{10.62}$$

这就是大气能量循环的方程组.

根据大气能量循环的方程组和实际资料可得到对流层大气环流能量循环的大致图案. 图 10.1 是 1983 年 Oort 利用实际资料计算得到的对流层中大气的能量平衡，其中正方形中的数字表示北半球某能量的年平均值，单位为 $10^5\,\mathrm{J\cdot m^{-2}}$，箭头的方向表示年平均能量形式的转换方向或能量的制造和消耗，箭头旁的数字单位为 $\mathrm{W\cdot m^{-2}}$.

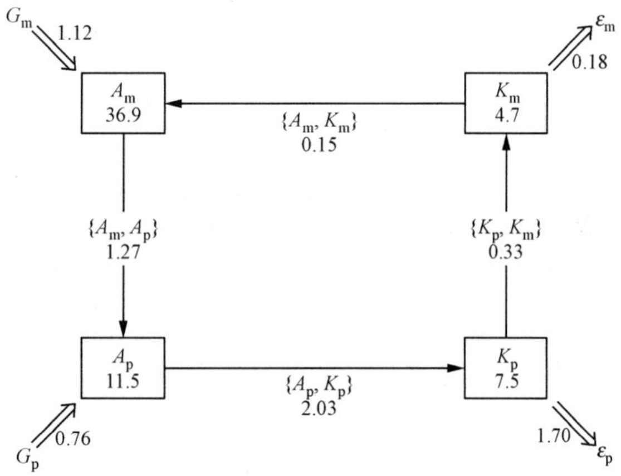

图 10.1　对流层大气能量循环

由图 10.1 我们可以得到如下几点结论：

(1) 由于太阳辐射的纬度差异，低纬辐射加热和高纬辐射冷却，形成了基本气流的有效势能；

(2) 通过中纬度的斜压经向扰动(温度槽落后于流场槽)对感热的输送使得基本气流的有效势能转换为扰动有效势能；

(3) 通过中纬度斜压经向扰动形成的暖空气上升和冷空气下沉，使得扰动有效势能转换为扰动动能；

(4) 通过中纬度 Rossby 波的螺旋结构对西风动量的输送，使得扰动动能转换为基本气流的动能；

(5) 平均经圈环流(Hadley 环流和 Ferrel 环流)的净作用使得基本气流的动能

转换为基本气流的有效势能；

(6) 基本气流的动能和扰动动能都由于摩擦而消耗.

由此可见：平均经圈环流和大型扰动(即 Rossby 波)在大气大尺度的能量循环中起着重要的作用.

上述分析还告诉我们：正是由于 Rossby 波对感热和动量的输送才使基本气流得以维持. 在第八章我们也作了类似的分析.

最后还要指出：在经典湍流理论中，湍涡总是从基本气流得到能量，但在大气环流中，基本气流却从扰动中获得能量. 因此，经典的湍流黏性概念不能用于大气环流，在大气环流中，存在的是“负黏性”. 我们在第三章也作过类似的分析. 此外，由于净辐射的纬度差异和地面与大气能量交换的结果，通常认为，低纬度是大气运动的能源.

§10.7　能量转换与 Richardson 数

为了早一点知道 Richardson 数，我们在§4.2 中粗糙地引入了它，现在我们从能量转换的角度较严格地说明 Richardson 数，主要是分析层结和风速垂直切变对扰动动能的作用.

首先，在稳定层结的条件下，对流和湍流都不易发展，因而要消耗扰动动能，这部分扰动动能转换为扰动有效势能. 从(10.54)式知，对单位质量空气而言，扰动动能转换为扰动有效势能的大小为

$$W_1 = -\frac{g}{\theta_0}\overline{\theta' w'}. \tag{10.63}$$

其次，风速垂直切变通常有利于对流和湍流的发展，因而扰动动能要增加，这部分扰动动能要从基本气流的动能转换而来. 从(10.46)式知，对单位质量空气而言，基本气流的动能转换为扰动动能的大小为

$$W_2 = -\overline{u'w'}\frac{\partial \overline{u}}{\partial z} - \overline{v'w'}\frac{\partial \overline{v}}{\partial z}. \tag{10.64}$$

若 $W_2 > W_1$，表示由基本气流转换来的扰动动能大于由于稳定层结所消耗的扰动动能，扰动会得到发展；否则，$W_2 < W_1$，扰动将减弱，所以，用比值 W_1/W_2 来定义判别扰动能否增强的一个无量纲参数，即所谓 Richardson 数：

$$Ri \equiv \frac{W_1}{W_2} = \frac{-\dfrac{g}{\theta_0}\overline{\theta' w'}}{-\overline{u'w'}\dfrac{\partial \overline{u}}{\partial z} - \overline{v'w'}\dfrac{\partial \overline{v}}{\partial z}}. \tag{10.65}$$

若应用湍流半经验理论，动量和热量都是从高值向低值输送，即

$$-\overline{u'w'} = K_M \frac{\partial \bar{u}}{\partial z}, \quad -\overline{v'w'} = K_M \frac{\partial \bar{v}}{\partial z}, \quad -\overline{\theta'w'} = K_H \frac{\partial \bar{\theta}}{\partial z} \approx K_H \frac{\partial \theta_0}{\partial z}, \tag{10.66}$$

其中 K_M 和 K_H 分别称为动量湍流系数和热量湍流系数.

(10.66)式代入到(10.65)式,得到的 Ri 称为通量 Richardson 数,记为 Ri_f,即

$$Ri_f = \frac{K_H}{K_M} \cdot \frac{\frac{g}{\theta_0}\frac{\partial \theta_0}{\partial z}}{\left(\frac{\partial \bar{u}}{\partial z}\right)^2 + \left(\frac{\partial \bar{v}}{\partial z}\right)^2} = \frac{K_H}{K_M} \cdot \frac{N^2}{\left(\frac{\partial \mathbf{V}_h}{\partial z}\right)^2}. \tag{10.67}$$

上式令 $K_H = K_M$,则得到一般的 Richardson 数:

$$Ri = \frac{N^2}{\left(\frac{\partial \mathbf{V}_h}{\partial z}\right)^2}. \tag{10.68}$$

§ 10.8 湍流的串级(cascade)与能谱(energy spectrum)

早在第一章我们就已指出,由于大气中的 Reynolds 数 Re 非常大,所以,大气运动是湍流运动,观测表明:湍流运动由各种不同尺度的涡旋(称为湍涡)组成,而且尺度较大的湍涡不稳定会产生尺度较小的湍涡,若它再不稳定便产生尺度更小的湍涡,直到分子黏性抑制这种分裂过程为止.这就是湍流运动的串级过程.在串级中,湍涡并不完全充满空间,因而又称为间隙(intermittency)湍流串级.由小尺度湍涡向大尺度湍涡输送能量即是反串级,也就是负黏性.

与湍流串级一样,在正常情况下,湍流脉动运动的动能主要来自大尺度的湍涡,并且也逐步串级向较小尺度的湍涡输送.湍流脉动动能 $K_p = \frac{1}{2}(\overline{u'^2 + v'^2 + w'^2})$ 应该是各种不同尺度(用波数 k 表示)的湍涡脉动动能的叠加,即

$$K_p \equiv \int_0^\infty S(k)\delta k, \tag{10.69}$$

其中 $S(k)$ 表示波数为 k 的单位波数的湍涡脉动动能,也称为能谱,其单位为 $m^3 \cdot s^{-2}$,能谱图见图 10.2.在图中,$k=k_0$ 附近的是大尺度湍涡的含能区($S(k) \sim k^3$),在该区中,湍流在各个方向上的性质差别很大,即所谓非各向同性湍流.图中 $k=k_1$ 附近的是中尺度湍涡的惯性区($S(k) \sim k^{-5/3}$),$k=$

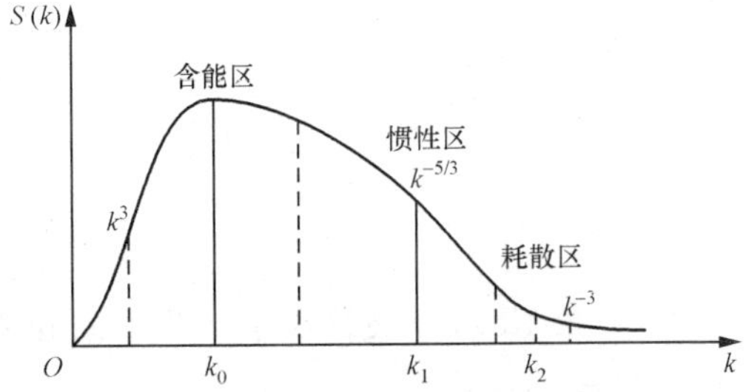

图 10.2 湍流脉动能谱图

k_2 附近的是小尺度湍涡的耗散区($S(k)\sim k^{-3}$). 显然,含能区是湍流的能源区,耗散区是湍流的能汇区,而介于含能区与耗散区之间的惯性区被认为在这里湍流具有局部各向同性的性质.

在惯性区内,Kolmogorov 认为:空间相距为 r 的两点的某物理量(例如脉动速度 u')的结构函数

$$D(r) = \overline{[u'(x+r)-u'(x)]^2}, \tag{10.70}$$

不仅与 r 有关,也与大尺度湍涡的能量输送率 ε(认为它等于能量的耗散率,与 §10.5 中的 ε_p 意义相同,这里只是微分形式,其单位为 $m^2 \cdot s^{-3}$)有关. 应用量纲分析,他假定

$$D(r) = C_1(\varepsilon r)^{\alpha}, \tag{10.71}$$

其中 C_1 为无量纲常数. 上式中左端 $D(r)$ 的单位为 $m^2 \cdot s^{-2}$,而右端 εr 的单位为 $m^3 \cdot s^{-3}$,两边单位相同,则只能是

$$\alpha = 2/3, \tag{10.72}$$

因而

$$D(r) = C_1\varepsilon^{2/3}r^{2/3}. \tag{10.73}$$

$\alpha=2/3$ 称为结构函数的标度(scaling)指数. (10.73)式称为惯性区结构函数的 2/3 次方定律,即结构函数的标度律(scaling law).

此外,Kolmogorov 也认为:在惯性区内的能谱 $S(k)$ 不仅与 k 有关,也与 ε 有关. 他同样假定

$$S(k) = C_2\varepsilon^{\alpha}k^{-\beta}, \tag{10.74}$$

其中 $\alpha=2/3$,C_2 为无量纲常数. 上式中左端 $S(k)$ 的单位为 $m^3 \cdot s^{-2}$,而右端 ε^{α} 的单位为 $m^{4/3} \cdot s^{-2}$,k 的单位为 m^{-1}. 两边单位相同,则必须

$$\beta = 5/3, \tag{10.75}$$

因而

$$S(k) = C_2\varepsilon^{2/3}k^{-5/3}. \tag{10.76}$$

$\beta=5/3$ 称为能谱的标度指数. (10.76)式称为惯性区能谱的 $-5/3$ 次方定律,即在波数空间能谱的标度律.

有人从不同角度分析和论证,在含能区和耗散区分别有

$$S(k)\sim k^3, \quad S(k)\sim k^{-3}. \tag{10.77}$$

复习思考题

1. 如果 Rossby 波槽线呈南北走向和铅直走向,基本气流的动能与扰动动能间有无转换? 为什么?

2. 如果温度槽与流场槽同位相,基本气流有效势能与扰动有效势能间有无转

换？为什么？若温度槽超前流场槽，结果又如何？

3. 用平均经圈环流说明$\{A_{\mathrm{m}}, K_{\mathrm{m}}\}$的意义和正负.

4. 在一天的中午，风速常常加强；日落，风速常常减弱，试从能量转换去解释.

5. 说明大气基本气流维持的能量因素.

6. 叙述对流层大气环流能量循环过程.

7. 叙述“负黏性”的物理含义.

8. 什么是湍流的串级过程？

习　　题

1. 证明整个大气有效势能可表为

$$A^* = \frac{c_p}{(1+\kappa)gP_0^{\kappa}}\iint\limits_S\int_0^{\infty}(p^{1+\kappa} - p_0^{1+\kappa})\delta\theta\delta S,$$

其中$\kappa = R/c_p$，θ为位温，p_0为等位温面上的平均气压，S为等位温面的总面积.

提示：利用第四章习题 5.

2. 证明整个大气的基本气流有效势能可表为

$$A_{\mathrm{m}}^* = \frac{\kappa c_p}{2gP_0^{\kappa}}\iint\limits_S\int_0^{\infty} p_0^{1+\kappa}\overline{\left(\frac{p'}{p_0}\right)^2}\delta\theta\delta S = -\frac{\kappa c_p}{2gP_0^{\kappa}}\iint\limits_S\int_0^{p_0}\frac{\theta_0^2}{p_0^{1-\kappa}\left(\dfrac{\partial\theta_0}{\partial p}\right)}\overline{\left(\frac{\theta'}{\theta_0}\right)^2}\delta p\delta S.$$

提示：利用第四章习题 4 和 5.

3. 利用 Ekman 定律，对于行星边界层中的单位截面气柱，求

(1) 气压梯度力作功(或湍流摩擦耗损)；

(2) 基本气流动能(即平均运动动能)；

(3) 平均运动动能与脉动动能间的转换$\left(\text{即}\{K_{\mathrm{m}}, K_{\mathrm{p}}\} = \iiint\limits_V\left(T_{zx}\dfrac{\partial\bar{u}}{\partial z} + T_{zy}\dfrac{\partial\bar{v}}{\partial z}\right)\delta v\right)$.

4. 上题若假定空气密度

$$\rho = \rho_0 e^{-\alpha z}\quad(\alpha > 0),$$

其结果如何？

第十一章　流动的稳定性

本章的主要内容有：

叙述流动稳定性的基本概念及表述方法；

论述扰动发展的能源及正压和斜压稳定度；

讨论主要大气波动，即重力波、惯性重力波和 Rossby 波的稳定性，附带讨论锋面波的稳定性；

简述弱非线性条件下，有限振幅 Rossby 波的稳定性；

介绍常微分方程的稳定性理论，并介绍它在大气中的应用，主要是气候系统的平衡态和大气流场的拓扑结构.

§11.1　稳定性的基本概念

在现实世界中，任何系统总会受着各种各样的扰动作用. 这种作用常常使系统偏离它原来的运动状态，因而有必要研究这种扰动对原有运动状态的影响. 通常把系统未受扰动的状态称为平衡态(在大气中，平衡态多指一定方式分布的基本流动). 所谓平衡态是稳定的，就是说扰动使运动离开平衡位置后仍回到它原有的平衡位置. 反之，若运动趋向于达到一个新的位置，我们就称平衡态是不稳定的.

图 11.1 的单摆有两个平衡态 A 和 B. 位置低的平衡态 A 是稳定的，位置高的平衡态 B 则是不稳定的. 实际上，如果单摆位于 B 点，那么，即使是任意小的扰动都足以使单摆远离 B 点的邻域. 但单摆在 A 点就不一样了，在单摆受到扰动后，它以逐渐减小的速度运动，当扰动不太大时，单摆不会跑出 A 点附近的任意给定的区域.

图 11.1　单摆运动的平衡态

若密度小的油在一个瓶子的下部，密度大的酱油在上部，这是一种很容易理解的不稳定的平衡态，这是因为密度大的酱油相对于密度小的油受到较大的重力的缘故. 大气也有类似的情况，不过，因为空气是可压缩性的流体，即便下层空气的密度大于上层空气的密度，也还不一定是稳定的状态. 因为它的运动还受温度和气压所制约. 在第四章我们已经知道，当温度的垂直减温率 $\Gamma \equiv -\partial T_0/\partial z$ 大于干绝热过程温度垂直减温率 $\Gamma_d \equiv -\mathrm{d}T/\mathrm{d}z = g/c_p$ 时，层结是不稳定的，否则，层结是稳定的.

流动稳定性最感兴趣的问题之一是层流向湍流过渡的问题，它是由 Reynolds 在 1883 年的圆管实验而引起的. 通常认为湍流是层流不稳定的结果.

至于不稳定的原因，因具体问题而异. 通常，力的平衡的破坏是造成不稳定的一个原因. 例如，单摆是在重力和张力平衡受到破坏后形成不稳定的；而密度分层不同引起的不稳定是重力和浮力平衡破坏的结果. 在流体中，不同因子对流动稳定性有不同的作用. 例如，黏性通常耗散扰动的能量，因而它一般是稳定的因素. 不过，在某些条件下（如存在平行切变流时），黏性乃是动量输送的体现，因而，它也内含着不稳定的作用. 在流体中刚体边界通常是限制扰动发展的因子，但是在刚体边界附近的边界层内形成强的速度切变又是一个不稳定的因子.

在大气中存在很多波动通常都可以归之为基本状态（如层结、基本气流）对于小扰动的不稳定性，而且，其中许多充分发展的有限振幅波动往往是小振幅波动不稳定发展的结果. 因此，大气中流动的稳定性常常是论述波动的稳定性. 若在某些条件下，小扰动不发展或随时间衰减，则称基本状态是稳定的，有时也说波是稳定的；若在某些条件下，小扰动随时间增强，则称基本状态是不稳定的，有时也说波是不稳定的. 扰动或波的稳定和不稳定统称为扰动或波的稳定度. 研究扰动或波的稳定度的问题统称为稳定度问题.

关于稳定度问题，早在 19 世纪 80 年代，Poincaré 和 Lyapunov 就作了系统研究. 如果是线性系统，系统的演化从稳定度角度考虑只会说明平衡态是稳定还是不稳定，绝不会有新的状态出现. 但实际上物理状态的演化是各种因素相互作用的结果，它将导致系统的状态不断交替，新的状态不断出现，这些就只能用系统的非线性来说明. 在实际问题中，系统的状态通常还依赖于一些参数，如 μ，当参数 μ 平滑或突然变化时，常常要改变系统的宏观结构. 若参数 μ 变化了 $O(\varepsilon)$（ε 表微量），相应，系统的结构（或解）也只改变了 $O(\varepsilon)$，则我们说系统是结构稳定的，或者说系统的相图拓扑结构不变；否则称系统是构造不稳定的. 在构造不稳定的情况下，随着参数 μ 的变化，系统的平衡状态常常分裂成一种或多种新的平衡态，这样，系统的老的结构被新的结构所代替，这就是所谓分岔（bifurcation）现象. 有时，在参数 μ 变化时，系统的状态由一种平衡态突然变成另一种平衡态，这就是所谓突变（catastrophe）现象. 分岔和突变是系统的非线性所形成的，它是自然科学中和社会科学中普遍存在的现象. 例如，在 Reynolds 实验中，当控制参数 Re（Reynolds 数）变化超过某一临界值时，流动由层流分岔成湍流；在两平板间的流体，当两板温差或 Ra（Rayleigh 数）超过某一数值时，流体便由静止状态分岔成对流状态；地球由球形变成椭球形是由于转动而引起的分岔;当温度达到 100℃时,液态水就突变成汽态,等等.

流体运动稳定性的研究归结为偏微分方程的求解和定性分析.第一种方法是正交模方法(normal mode approach),第二种方法是整体方法(global approach),它包括能量法和 Lyapunov 直接方法.正交模方法是将线性化的方程组的解设为 $Ae^{i(kx-\omega t)}$ 的形式,这在第七章我们已经讨论过,但这里我们考察在一定条件下 ω 是实数还是复数,这样,就将稳定度问题处理为以 ω 作为本征值的本征值问题.正交模方法可以提供稳定或不稳定应满足的条件,用起来比较直观,也取得了不少有意义的结果,不过,它只能解决线性问题;整体方法,主要是 Lyapunov 方法,它是将偏微分方程组化为常微分方程,再建立常微分方程组稳定性的分析方法.这种方法是从稳定度的最初概念(流动稳定性是对初始扰动的反应,即初值问题)出发的,它既能分析线性问题,又能分析非线性问题,不过,这种方法无统一法则来构造 Lyapunov 泛函.20 世纪 60 年代以来,由于摄动法,特别是多尺度摄动的发展,使得稳定度的研究有较大的发展.

本章首先说明应用正交模方法研究稳定度的途径和一些结论,最后介绍常微分方程的稳定性理论及其在大气中的应用.

由第七章分析知,可考虑空气流动是在一定常的沿纬圈平均的基本气流 $\bar{u}(y,z)$上叠加一个小扰动,即

$$u=\bar{u}+u',\quad v=v',\quad w=w'. \tag{11.1}$$

相应,状态参量也是在基本状态上叠加一个小扰动量,即

$$p=\bar{p}+p',\quad \rho=\bar{\rho}+\rho',\quad T=\bar{T}+T',\quad \theta=\bar{\theta}+\theta'. \tag{11.2}$$

对扰动量的线性方程组,依正交模方法,可设特解为

$$q'=Ae^{i(kx-\omega t)}. \tag{11.3}$$

若 k 为实数,考虑基本流场对于扰动的稳定性就要看 ω 是实数还是复数.若 ω 是实数,则扰动和波的振幅随时间没有变化,因而基本流场是稳定的,波称为是中性波(neutral waves).若 ω 对某些 k 为复数,即

$$\omega=\omega_r+i\omega_i, \tag{11.4}$$

则将(11.4)式代入(11.3)式有

$$q'=Ae^{\omega_i t}e^{i(kx-\omega_r t)}. \tag{11.5}$$

由此可知,ω 的实部 ω_r 确定了波在 x 方向的相速度,即

$$c_r=\omega_r/k. \tag{11.6}$$

而 ω 的虚部 ω_i 出现在振幅因子 $Ae^{\omega_i t}$ 中,确定了波振幅随时间的增长.形式上看,如 $\omega_i>0$,扰动将随时间增长;$\omega_i<0$,扰动将随时间衰减.但复数经常成对出现(共轭复数对),而且方程的通解为上述含有增长部分和含有衰减部分各特解之叠加,叠加

的结果扰动仍增长，所以，$\omega_i \neq 0$，即 ω 为复数就表征扰动和波的振幅随时间增长，因而基本流场是不稳定的，相应波也称为是不稳定的或发展的，而且 $|\omega_i|$ 称为不稳定波的增长率. 特别称 $\omega_i = 0$ 的情况为边际(marginal)稳定波. 因 $\omega = kc$，则(11.4)式可改写为

$$c = c_r + ic_i \quad (\omega_i = kc_i). \tag{11.7}$$

这样，不稳定波的增长率为

$$|\omega_i| = |kc_i|. \tag{11.8}$$

通常，根据 $\omega_i \neq 0$ 或 $c_i \neq 0$ 导出的条件称为不稳定的必要条件；若在条件(A)下，导出 $\omega_i = 0$ ($c_i = 0$)，则条件(A)称为稳定的充分条件；若在条件(B)下，必有 $\omega_i \neq 0$ ($c_i \neq 0$)，则条件(B)称为不稳定的充分条件. 稳定或不稳定的充分条件通称为稳定度判据.

§ 11.2 重力波的稳定度

因为大气小尺度运动的主要波动是重力波，因而重力波的稳定度是大气小尺度运动的问题.

一般讨论重力波的稳定度都要涉及一个无量纲参数，它就是在第四章我们已定义过的 Richardson 数(见(4.58)式). 现在我们用 $\partial \bar{u}/\partial z$ 表风速的垂直切变，则它定义为

$$Ri \equiv N^2 \bigg/ \left(\frac{\partial \bar{u}}{\partial z}\right)^2, \tag{11.9}$$

其中 N 是 Brunt-Väisälä 频率.

本节分密度连续和不连续两种情况来说明.

一、分层流中重力内波的稳定度(Kelvin-Helmholtz，K-H 稳定度)

在密度不连续的分界面系统中，若存在速度切变时，在界面上产生的重力内波称为分界面波(interfacial waves). 我们考虑两层流体系统，设每层流体都是无黏和均匀不可压缩的. 设下层流体($0 \leqslant z \leqslant h_1$)的密度为 $\rho_1 =$ 常数，基本气流为 $\bar{u}_1 =$ 常数；上层流体($h_1 \leqslant z \leqslant H = h_1 + h_2$)的密度为 $\rho_2 =$ 常数，基本气流为 $\bar{u}_2 =$ 常数. 通常

$$\rho_2 < \rho_1, \quad \bar{u}_2 > \bar{u}_1. \tag{11.10}$$

这样，两层流体的分界面为

$$z = h_1(x, y, t), \tag{11.11}$$

而流体的总深度为

$$H = h_1 + h_2, \tag{11.12}$$

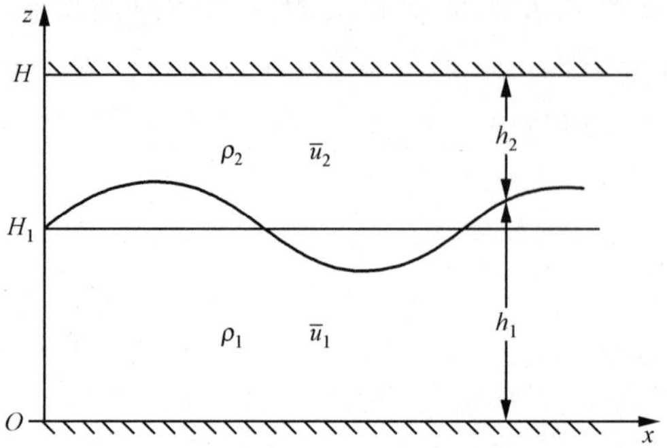

图 11.2 包含速度垂直切变的分层流体

见图 11.2.

为了简化,设运动限度在(x,z)平面,分界面受扰动后使得

$$h_1 = H_1 + h_1', \quad h_2 = H_2 + h_2', \tag{11.13}$$

相应

$$u_j = \bar{u}_j + u_j', \quad w_j = w_j',$$
$$p_j = \bar{p}_j + p_j' \quad (j = 1,2). \tag{11.14}$$

显然,$\bar{p}_j(j=1,2)$满足静力学关系:

$$\frac{\partial \bar{p}_j}{\partial z} = - g\rho_j \quad (j = 1,2). \tag{11.15}$$

设扰动量为小量,则线性化的方程组写为

$$\begin{cases} \left(\dfrac{\partial}{\partial t} + \bar{u}_j \dfrac{\partial}{\partial x}\right) u_j' = -\dfrac{1}{\rho_j} \dfrac{\partial p_j'}{\partial x}, \\ \left(\dfrac{\partial}{\partial t} + \bar{u}_j \dfrac{\partial}{\partial x}\right) w_j' = -\dfrac{1}{\rho_j} \dfrac{\partial p_j'}{\partial z} \quad (j = 1,2), \\ \dfrac{\partial u_j'}{\partial x} + \dfrac{\partial w_j'}{\partial z} = 0 \end{cases} \tag{11.16}$$

式中 $j=1$ 代表下层,$j=2$ 代表上层.

将(11.16)的第一式对 z 微商,第二式对 x 微商,然后相减,并消去 p_j',再利用(11.16)的第三式消去 u_j',得到

$$\mathscr{L}_j w_j' = 0 \quad (j = 1,2), \tag{11.17}$$

其中

$$\mathscr{L}_j \equiv \left(\frac{\partial}{\partial t} + \bar{u}_j \frac{\partial}{\partial x}\right)\left(\frac{\partial^2}{\partial x^2} + \frac{\partial^2}{\partial z^2}\right) \quad (j = 1,2). \tag{11.18}$$

如图 11.2,两层流体限制于 $z=0$ 和 $z=H$ 的刚壁之间,因而,边条件取为

$$w_1' |_{z=0} = 0, \quad w_2' |_{z=H} = 0; \tag{11.19}$$

至于分界面 $z=h_1 \approx H_1$,根据压力场连续,有下列条件:

$$\left[\left(\frac{\partial}{\partial t} + \bar{u}_j \frac{\partial}{\partial x}\right)(p_1' - p_2') + w_j' \frac{\partial}{\partial z}(\bar{p}_1 - \bar{p}_2)\right]_{z=H_1} = 0 \quad (j = 1,2). \tag{11.20}$$

利用(11.15)式,(11.20)式可改写为

$$\left[\left(\frac{\partial}{\partial t} + \bar{u}_j \frac{\partial}{\partial x}\right)(p_1' - p_2') - g(\rho_1 - \rho_2) w_j'\right]_{z=H_1} = 0 \quad (j = 1,2). \tag{11.21}$$

下面，在边条件(11.19)和(11.21)下，求方程组(11.17)的本征值问题. 设方程组(11.17)的单波解为

$$w_j' = W_j(z)\mathrm{e}^{\mathrm{i}k(x-ct)} \quad (j=1,2), \tag{11.22}$$

代入方程组(11.17)，在 $c \neq \bar{u}_j (j=1,2)$ 的条件下得

$$\frac{\mathrm{d}^2 W_j}{\mathrm{d}z^2} - k^2 W_j = 0 \quad (j=1,2). \tag{11.23}$$

利用边条件(11.19)，上述方程的解可以写为

$$\begin{cases} W_1(z) = A\sinh kz, \\ W_2(z) = B\sinh k(H-z), \end{cases} \tag{11.24}$$

其中 A, B 为二任意常数.

将(11.24)式代入(11.22)式即求得 $w_j' (j=1,2)$，再代入方程组(11.16)，可求得 $u_j', p_j' (j=1,2)$，在积分时，取积分常数为零，于是得

$$\begin{cases} u_1' = \mathrm{i}A\cosh kz\,\mathrm{e}^{\mathrm{i}k(x-ct)}, \\ w_1' = A\sinh kz\,\mathrm{e}^{\mathrm{i}k(x-ct)}, \\ p_1' = \mathrm{i}\rho_1(c-\bar{u}_1)A\cosh kz\,\mathrm{e}^{\mathrm{i}k(x-ct)}; \end{cases} \tag{11.25}$$

$$\begin{cases} u_2' = -\mathrm{i}B\cosh k(H-z)\mathrm{e}^{\mathrm{i}k(x-ct)}, \\ w_2' = B\sinh k(H-z)\mathrm{e}^{\mathrm{i}k(x-ct)}, \\ p_2' = -\mathrm{i}\rho_2(c-\bar{u}_2)B\cosh k(H-z)\mathrm{e}^{\mathrm{i}k(x-ct)}. \end{cases} \tag{11.26}$$

将 p_1', p_2', w_1', w_2' 代入分界面条件(11.21)，得

$$\begin{cases} [k(c-\bar{u}_1)^2\rho_1\cosh kH_1 - g(\rho_1-\rho_2)\sinh kH_1]A \\ \qquad + [k(c-\bar{u}_1)(c-\bar{u}_2)\rho_2\cosh kH_2]B = 0, \\ [k(c-\bar{u}_1)(c-\bar{u}_2)\rho_1\cosh kH_1]A \\ \qquad + [k(c-\bar{u}_2)^2\rho_2\cosh kH_2 - g(\rho_1-\rho_2)\sinh kH_2]B = 0. \end{cases} \tag{11.27}$$

这是 A, B 的齐次线性代数方程组，它有非零解的条件是必须而且只有 A, B 的系数行列式为零，即

$$\begin{vmatrix} k(c-\bar{u}_1)^2\rho_1\cosh kH_1 - g(\rho_1-\rho_2)\sinh kH_1 & k(c-\bar{u}_1)(c-\bar{u}_2)\rho_2\cosh kH_2 \\ k(c-\bar{u}_1)(c-\bar{u}_2)\rho_1\cosh kH_1 & k(c-\bar{u}_2)^2\rho_2\cosh kH_2 - g(\rho_1-\rho_2)\sinh kH_2 \end{vmatrix}$$

$$=0. \tag{11.28}$$

将上述行列式展开得

$$k(c-\bar{u}_1)^2\rho_1\lambda_1 + k(c-\bar{u}_2)^2\rho_2\lambda_2 - g(\rho_1-\rho_2) = 0 \tag{11.29}$$

或

$$(\rho_1\lambda_1+\rho_2\lambda_2)c^2 - 2(\rho_1\lambda_1\bar{u}_1+\rho_2\lambda_2\bar{u}_2)c + \left[\rho_1\lambda_1\bar{u}_1^2+\rho_2\lambda_2\bar{u}_2^2 - \frac{g}{k}(\rho_1-\rho_2)\right] = 0, \tag{11.30}$$

其中

$$\lambda_1 \equiv \coth kH_1, \quad \lambda_2 \equiv \coth kH_2. \tag{11.31}$$

由方程(11.30)求得

$$c = \frac{\lambda_1\rho_1\bar{u}_1 + \lambda_2\rho_2\bar{u}_2}{\lambda_1\rho_1 + \lambda_2\rho_2} \pm \sqrt{\frac{g(\rho_1 - \rho_2)}{k(\lambda_1\rho_1 + \lambda_2\rho_2)} - \frac{\lambda_1\lambda_2\rho_1\rho_2(\bar{u}_2 - \bar{u}_1)^2}{(\lambda_1\rho_1 + \lambda_2\rho_2)^2}}. \tag{11.32}$$

若令

$$\bar{u}_1 = \bar{u} - \hat{u}, \quad \bar{u}_2 = \bar{u} + \hat{u}, \tag{11.33}$$

即令

$$\bar{u} = (\bar{u}_1 + \bar{u}_2)/2, \quad \hat{u} = (\bar{u}_2 - \bar{u}_1)/2, \tag{11.34}$$

这意味着 $\bar{u}$ 表示平均基本气流,$\hat{u}$ 表征基本气流的垂直切变. 再令

$$\rho = \frac{\rho_1 + \rho_2}{2}, \quad \Delta\rho = \rho_1 - \rho_2. \tag{11.35}$$

因通常 $\Delta\rho \ll \rho_1, \rho_2$,则可以近似取 $\rho \approx \rho_1 \approx \rho_2$(注意,这是数量上的近似,不能因此而取 $\Delta\rho = 0$).

这样,(11.32)式可改写为

$$\begin{aligned} c &= \frac{\lambda_1\bar{u}_1 + \lambda_2\bar{u}_2}{\lambda_1 + \lambda_2} \pm \sqrt{\frac{g(\rho_1 - \rho_2)}{k(\lambda_1 + \lambda_2)\rho} - \frac{\lambda_1\lambda_2(\bar{u}_2 - \bar{u}_1)^2}{(\lambda_1 + \lambda_2)^2}} \\ &= \bar{u} + \frac{\lambda_2 - \lambda_1}{\lambda_2 + \lambda_1}\hat{u} \pm \sqrt{\frac{g(\rho_1 - \rho_2)}{k(\lambda_1 + \lambda_2)\rho} - \frac{4\lambda_1\lambda_2\hat{u}^2}{(\lambda_1 + \lambda_2)^2}}. \end{aligned} \tag{11.36}$$

由此可知: c 与 $\bar{u}, \hat{u}, g, k, \rho_1 - \rho_2$ 等有关. 而且,若根号内的数值为零或正,c 为实数,则为中性波,分层流是稳定的;若根号内数值为负,c 为复数,则分层流是不稳定的. 所以,分层流中重力内波稳定度的充分必要条件为

$$\frac{g(\rho_1 - \rho_2)}{k(\lambda_1 + \lambda_2)\rho} - \frac{4\lambda_1\lambda_2\hat{u}^2}{(\lambda_1 + \lambda_2)^2} \begin{cases} \geqslant 0, & \text{稳定}, \\ < 0, & \text{不稳定}. \end{cases} \tag{11.37}$$

显然,重力起稳定的作用,风速垂直切变起不稳定的作用. 注意在本问题中

$$\begin{cases} N^2 \equiv -\dfrac{g}{\rho}\dfrac{\partial\rho}{\partial z} \approx \dfrac{g(\rho_1 - \rho_2)}{\rho H}, \\ \left(\dfrac{\partial\bar{u}}{\partial z}\right)^2 \approx \left(\dfrac{\bar{u}_2 - \bar{u}_1}{H}\right)^2 = \dfrac{4\hat{u}^2}{H^2}. \end{cases} \tag{11.38}$$

这样,Richardson 数(11.9)式可改写为

$$Ri = (\rho_1 - \rho_2)gH/4\rho\hat{u}^2. \tag{11.39}$$

若再取

$$H_1 = H_2 = H/2,$$

相应

$$\lambda_1 = \lambda_2 = \lambda = \coth\frac{kH}{2},$$

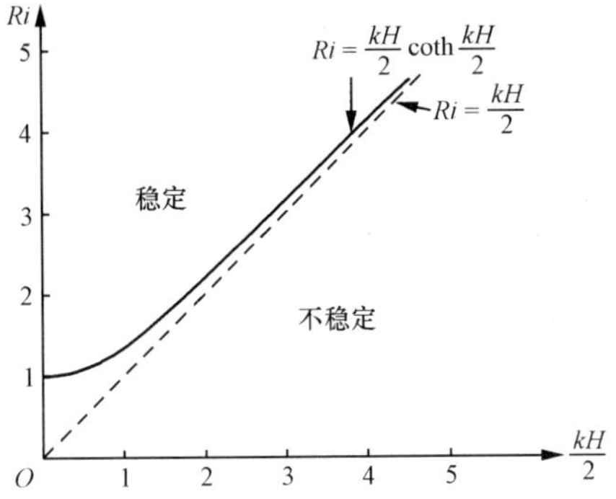

图 11.3　K-H 稳定度

这样，(11.37)式可改写为

$$Ri\begin{cases}\geqslant \dfrac{kH}{2}\lambda = \dfrac{kH}{2}\coth\dfrac{kH}{2}, & \text{稳定},\\ < \dfrac{kH}{2}\lambda = \dfrac{kH}{2}\coth\dfrac{kH}{2}, & \text{不稳定}.\end{cases}\tag{11.40}$$

图 11.3 画出了上述不等式所划分的稳定与不稳定区域. 其中曲线表示 $Ri=\dfrac{kH}{2}\coth\dfrac{kH}{2}$；虚线是它的渐近线 $Ri=\dfrac{kH}{2}$.

下面讨论两种特殊的情况.

(1) 相对于波长 H_1，H_2 很小的情况($kH_1 \ll 1$，$kH_2 \ll 1$)，此时

$$\lambda_1 \approx 1/kH_1,\quad \lambda_2 \approx 1/kH_2.$$

相应，(11.36)式化为

$$c = \bar{u} + \frac{H_1 - H_2}{H_1 + H_2}\hat{u} \pm \sqrt{\frac{g(\rho_1 - \rho_2)}{\rho}\cdot\frac{H_1 H_2}{H_1 + H_2} - \frac{4H_1 H_2 \hat{u}^2}{(H_1 + H_2)^2}}.\tag{11.41}$$

若取 $H_1 = H_2 = H/2$，则由上式求得

$$Ri\begin{cases}\geqslant 1, & \text{稳定},\\ < 1, & \text{不稳定},\end{cases}\tag{11.42}$$

它称为 Rayleigh 定理. 这实际上就是(11.40)式在 $kH \to 0$ 的极限情况.

特别当 $\hat{u}=0$，也就是 $\bar{u}_1 = \bar{u}_2 = \bar{u}$ 的情况，(11.41)式化为

$$c = \bar{u} \pm \sqrt{\frac{g(\rho_1 - \rho_2)}{\rho}\cdot\frac{H_1 H_2}{H_1 + H_2}}.\tag{11.43}$$

上式表明：无风速垂直切变的分界面波与正压模式中的重力外波比较，存在一个相当深度(equivalent depth)

$$H = \frac{\rho_1 - \rho_2}{\rho}\cdot\frac{H_1 H_2}{H_1 + H_2}.\tag{11.44}$$

而且在 $H_1 \ll H_2$ 时，(11.43)式可写为

$$c = \bar{u} \pm \sqrt{g^* H_1},\tag{11.45}$$

其中

$$g^* = (\rho_1 - \rho_2)g/\rho\tag{11.46}$$

称为约化重力(reduced gravity).

(2) 相对于波长 H_1，H_2 很大的情况($kH_1 \gg 1$，$kH_2 \gg 1$)，此时

$$\lambda_1 \approx 1,\quad \lambda_2 \approx 1.$$

相应，(11.36)式化为

$$u = \bar{u} \pm \sqrt{\frac{g(\rho_1 - \rho_2)}{2k\rho} - \hat{u}^2}. \tag{11.47}$$

则由上式求得

$$Ri \begin{cases} \geqslant kH/2, & \text{稳定}, \\ < kH/2, & \text{不稳定}, \end{cases} \tag{11.48}$$

这也就是(11.40)式在 $kH \to \infty$ 的极限情况.

二、一般重力内波的稳定度

应用方程组(7.70),但不考虑 f,也不考虑基本气流的水平切变$\left(\frac{\partial \bar{u}}{\partial y}=0\right)$,仅考虑基本气流的垂直切变$\left(\frac{\partial \bar{u}}{\partial z}\neq 0\right)$,则重力内波的线性方程组可以写为

$$\begin{cases} \left(\frac{\partial}{\partial t} + \bar{u}\frac{\partial}{\partial x}\right)u' + \frac{\partial \bar{u}}{\partial z}w' = -\frac{\partial \phi'}{\partial x}, \\ \left(\frac{\partial}{\partial t} + \bar{u}\frac{\partial}{\partial x}\right)v' = -\frac{\partial \phi'}{\partial y}, \\ \left(\frac{\partial}{\partial t} + \bar{u}\frac{\partial}{\partial x}\right)w' = -\frac{\partial \phi'}{\partial z} + g\frac{\theta'}{\theta_0}, \\ \frac{\partial u'}{\partial x} + \frac{\partial v'}{\partial y} + \frac{\partial w'}{\partial z} = 0, \\ \left(\frac{\partial}{\partial t} + \bar{u}\frac{\partial}{\partial x}\right)\left(g\frac{\theta'}{\theta_0}\right) + N^2 w' = 0. \end{cases} \tag{11.49}$$

将方程组(11.49)的第一式和第二式分别对 x 和 y 微商,然后相加并利用第四式得

$$\left(\frac{\partial}{\partial t} + \bar{u}\frac{\partial}{\partial x}\right)\left(\frac{\partial w'}{\partial z}\right) - \frac{\partial \bar{u}}{\partial z}\frac{\partial w'}{\partial x} = \nabla_{\mathrm{h}}^2 \phi', \tag{11.50}$$

再将上式对 z 微商,并利用(11.49)的第三式,则得

$$\left(\frac{\partial}{\partial t} + \bar{u}\frac{\partial}{\partial x}\right)\nabla^2 w' - \frac{\partial^2 \bar{u}}{\partial z^2}\frac{\partial w'}{\partial x} = \nabla_{\mathrm{h}}^2\left(g\frac{\theta'}{\theta_0}\right). \tag{11.51}$$

将上式再作$\left(\frac{\partial}{\partial t}+\bar{u}\frac{\partial}{\partial x}\right)$运算,并利用方程组(11.49)的第五式得

$$\mathscr{L}w' = 0, \tag{11.52}$$

其中

$$\mathscr{L} \equiv \left(\frac{\partial}{\partial t} + \bar{u}\frac{\partial}{\partial x}\right)^2 \nabla^2 - \frac{\partial^2 \bar{u}}{\partial z^2}\left(\frac{\partial}{\partial t} + \bar{u}\frac{\partial}{\partial x}\right)\frac{\partial}{\partial x} + N^2 \nabla_{\mathrm{h}}^2. \tag{11.53}$$

方程(11.52)的边界条件取为 $v'|_{y=y_1,y_2}=0$, $w'|_{z=0,H}=0$. 但是由(11.49)的第二式、第三式和第五式,$v'|_{y=y_1,y_2}=0$ 可改写为$\left.\frac{\partial w'}{\partial y}\right|_{y=y_1,y_2}=0$. 因而,方程(11.52)的

边条件写为

$$\begin{cases} \left.\dfrac{\partial w'}{\partial y}\right|_{y=y_1}=0, \quad \left.\dfrac{\partial w'}{\partial y}\right|_{y=y_2}=0, \\ w'\mid_{z=0}=0, \quad w'\mid_{z=H}=0. \end{cases} \tag{11.54}$$

当 $\bar{u}=0$ 时,(11.52)式退化为

$$\mathscr{L}\equiv\frac{\partial^2}{\partial t^2}\nabla^2+N^2\nabla_{\mathrm{h}}^2, \tag{11.55}$$

这就是第七章的(7.216)式. 这样,由方程(11.52)($\mathscr{L}$取为(11.55)式)求得

$$\omega^2=\frac{K_{\mathrm{h}}^2}{K^2}N^2, \tag{11.56}$$

这就是第七章的(7.214)式. 上式表明:当没有基本气流时,重力内波的稳定性完全由层结的稳定性来决定,这显然过于简单,不过,它也反映了层结稳定度在重力内波稳定度中的作用.

当 $\bar{u}\neq0$ 时,考虑到边条件(11.54)式我们令方程(11.52)的解为

$$w'=W(z)\cos l(y-y_1)\mathrm{e}^{\mathrm{i}k(x-ct)}, \tag{11.57}$$

其中

$$l=\pi/d=2\pi/L_y,$$

而

$$d=y_2-y_1, \quad L_y=2d=2(y_2-y_1),$$

d 表示波的南北宽度,L_y 为南北方向的波长.

以(11.57)式代入方程(11.54)得

$$(\bar{u}-c)^2\frac{\mathrm{d}^2W}{\mathrm{d}z^2}+\left[\frac{K_{\mathrm{h}}^2N^2}{k^2}-(\bar{u}-c)\frac{\partial^2\bar{u}}{\partial z^2}-K_{\mathrm{h}}^2(\bar{u}-c)^2\right]W=0. \tag{11.58}$$

这是变系数的二阶常微分方程,它可以在 $N(z)$ 和 $\bar{u}(z)$ 给定的情况下,利用边条件求解. 但我们这里着重分析稳定性的一些条件. 为此需作一些变换,首先令

$$F\equiv W/(\bar{u}-c), \tag{11.59}$$

注意

$$\frac{\mathrm{d}W}{\mathrm{d}z}=(\bar{u}-c)\frac{\mathrm{d}F}{\mathrm{d}z}+F\frac{\partial\bar{u}}{\partial z},$$

$$\frac{\mathrm{d}^2W}{\mathrm{d}z^2}=(\bar{u}-c)\frac{\mathrm{d}^2F}{\mathrm{d}z^2}+2\frac{\partial\bar{u}}{\partial z}\frac{\mathrm{d}F}{\mathrm{d}z}+F\frac{\mathrm{d}^2\bar{u}}{\mathrm{d}z^2},$$

$$(\bar{u}-c)\frac{\mathrm{d}^2W}{\mathrm{d}z^2}=\frac{\mathrm{d}}{\mathrm{d}z}\left[(\bar{u}-c)^2\frac{\mathrm{d}F}{\mathrm{d}z}\right]+(\bar{u}-c)F\frac{\partial^2\bar{u}}{\partial z^2},$$

则方程(11.58)化为

$$\frac{\mathrm{d}}{\mathrm{d}z}\left[(\bar{u}-c)^2\frac{\mathrm{d}F}{\mathrm{d}z}\right]+\left[\frac{K_{\mathrm{h}}^2N^2}{k^2}-K_{\mathrm{h}}^2(\bar{u}-c)^2\right]F=0. \tag{11.60}$$

若再令

$$G \equiv (\bar{u}-c)^{1/2}F, \tag{11.61}$$

注意

$$\frac{\mathrm{d}F}{\mathrm{d}z}=(\bar{u}-c)^{-1/2}\frac{\mathrm{d}G}{\mathrm{d}z}-\frac{1}{2}(\bar{u}-c)^{-3/2}G\frac{\partial\bar{u}}{\partial z},$$

$$(\bar{u}-c)^{3/2}\frac{\mathrm{d}F}{\mathrm{d}z}=(\bar{u}-c)\frac{\mathrm{d}G}{\mathrm{d}z}-\frac{1}{2}G\frac{\partial\bar{u}}{\partial z},$$

$$\frac{\mathrm{d}}{\mathrm{d}z}\left[(\bar{u}-c)\frac{\mathrm{d}G}{\mathrm{d}z}\right]=(\bar{u}-c)^{-1/2}\frac{\mathrm{d}}{\mathrm{d}z}\left[(\bar{u}-c)^2\frac{\mathrm{d}F}{\mathrm{d}z}\right]+\frac{1}{4}(\bar{u}-c)^{-1}G\left(\frac{\partial\bar{u}}{\partial z}\right)^2+\frac{1}{2}G\frac{\partial^2\bar{u}}{\partial z^2},$$

则方程(11.60)化为

$$\frac{\mathrm{d}}{\mathrm{d}z}\left[(\bar{u}-c)\frac{\mathrm{d}G}{\mathrm{d}z}\right]-\left[\frac{1}{2}\frac{\partial^2\bar{u}}{\partial z^2}+K_{\mathrm{h}}^2(\bar{u}-c)+\frac{\frac{1}{4}\left(\frac{\partial\bar{u}}{\partial z}\right)^2-\frac{K_{\mathrm{h}}^2N^2}{k^2}}{\bar{u}-c}\right]G=0. \tag{11.62}$$

注意,根据 z 方向 w' 的边条件可知,

$$W|_{z=0,H}=F|_{z=0,H}=G|_{z=0,H}=0. \tag{11.63}$$

1. 不稳定的必要条件

利用方程(11.58),设 W 的复共轭为 W^*,c 的复共轭为 c^*,则 W^* 满足

$$(\bar{u}-c^*)^2\frac{\mathrm{d}^2W^*}{\mathrm{d}z^2}+\left[\frac{K_{\mathrm{h}}^2N^2}{k^2}-(\bar{u}-c^*)\frac{\partial^2\bar{u}}{\partial z^2}-K_{\mathrm{h}}^2(\bar{u}-c^*)^2\right]W^*=0. \tag{11.64}$$

以 W^* 乘方程(11.58),W 乘方程(11.59),然后相减,并注意

$$W^*\frac{\mathrm{d}^2W}{\mathrm{d}z^2}-W\frac{\mathrm{d}^2W^*}{\mathrm{d}z^2}=\frac{\mathrm{d}}{\mathrm{d}z}\left(W^*\frac{\mathrm{d}W}{\mathrm{d}z}-W\frac{\mathrm{d}W^*}{\mathrm{d}z}\right)$$

和边条件,则从 $z=0$ 到 $z=H$ 积分得

$$\int_0^H\left\{\frac{K_{\mathrm{h}}^2N^2}{k^2}\left[\frac{1}{(\bar{u}-c)^2}-\frac{1}{(\bar{u}-c^*)^2}\right]-\left(\frac{1}{\bar{u}-c}-\frac{1}{\bar{u}-c^*}\right)\frac{\partial^2\bar{u}}{\partial z^2}\right\}WW^*\delta z=0. \tag{11.65}$$

注意

$$WW^*=|W|^2,$$

$$\frac{1}{\bar{u}-c}-\frac{1}{\bar{u}-c^*}=\frac{c-c^*}{|\bar{u}-c|^2}=\frac{2\mathrm{i}c_{\mathrm{i}}}{|\bar{u}-c|^2},$$

$$\frac{1}{(\bar{u}-c)^2}-\frac{1}{(\bar{u}-c^*)^2}=\frac{[2\bar{u}-(c+c^*)](c-c^*)}{|\bar{u}-c|^4}=\frac{4\mathrm{i}(\bar{u}-c_{\mathrm{r}})c_{\mathrm{i}}}{|\bar{u}-c|^4},$$

则(11.65)式化为

$$c_{\mathrm{i}}\int_0^H\left[\frac{2K_{\mathrm{h}}^2N^2}{k^2}(\bar{u}-c_{\mathrm{r}})-|\bar{u}-c|^2\frac{\partial^2\bar{u}}{\partial z^2}\right]\frac{|W|^2}{|\bar{u}-c|^4}\delta z=0, \tag{11.66}$$

上式中$|W|^2/|\bar{u}-c|^4>0$.若不稳定($c_i\neq 0$),则上式成立要求

$$\frac{2K_h^2N^2}{k^2}(\bar{u}-c_r)-|\bar{u}-c|^2\frac{\partial^2\bar{u}}{\partial z^2}\quad \text{在}(0,H)\text{改变符号}, \tag{11.67}$$

或在$(0,H)$内,至少存在一点$z=z_c$,使得

$$\frac{2K_h^2N^2}{k^2}(\bar{u}-c_r)-|\bar{u}-c|^2\frac{\partial^2\bar{u}}{\partial z^2}=0,\quad \text{在 } z=z_c\in(0,H). \tag{11.68}$$

(11.67)式或(11.68)式是重力内波不稳定的一个必要条件.

若利用方程(11.62),我们还可以导得重力内波的另一个明显的稳定性条件.以G的复共轭G^*乘方程(11.62),注意

$$G^*\frac{\mathrm{d}}{\mathrm{d}z}\left[(\bar{u}-c)\frac{\mathrm{d}G}{\mathrm{d}z}\right]=\frac{\mathrm{d}}{\mathrm{d}z}\left[(\bar{u}-c)G^*\frac{\mathrm{d}G}{\mathrm{d}z}\right]-(\bar{u}-c)\left|\frac{\mathrm{d}G}{\mathrm{d}z}\right|^2$$

和边条件,则从$z=0$到$z=H$积分得

$$\int_0^H\left\{(\bar{u}-c)\left(\left|\frac{\mathrm{d}G}{\mathrm{d}z}\right|^2+K_h^2|G|^2\right)-\frac{1}{2}\frac{\partial^2\bar{u}}{\partial z^2}|G|^2\right.$$
$$\left.+\left[\frac{K_h^2N^2}{k^2}-\frac{1}{4}\left(\frac{\partial\bar{u}}{\partial z}\right)^2\right]\frac{|G|^2}{\bar{u}-c}\right\}\delta z=0. \tag{11.69}$$

注意$1/(\bar{u}-c)=(\bar{u}-c^*)/|\bar{u}-c|^2$,则上式取虚部得

$$c_i\int_0^H\left\{\left|\frac{\mathrm{d}G}{\mathrm{d}z}\right|^2+K_h^2|G|^2+\left[\frac{K_h^2N^2}{k^2}-\frac{1}{4}\left(\frac{\partial\bar{u}}{\partial z}\right)^2\right]\frac{|G|^2}{|\bar{u}-c|^2}\right\}\delta z=0. \tag{11.70}$$

若上式的被积函数中,前两项为正,若第三项也为正或零,即

$$\frac{K_h^2N^2}{k^2}-\frac{1}{4}\left(\frac{\partial\bar{u}}{\partial z}\right)^2\geqslant 0, \tag{11.71}$$

则$c_i=0$.因而重力内波稳定,(11.71)是重力内波稳定的充分条件.利用Richardson数(11.9)式,则上式可改写为

$$Ri\geqslant k^2/4K_h^2. \tag{11.72}$$

在$l=0$时,$K_h^2=k^2$,上式化为

$$Ri\geqslant 1/4. \tag{11.73}$$

这就是所谓Miles定理:即在南北无限宽时,若$Ri\geqslant 1/4$,则重力内波稳定.

反之,若重力内波不稳定($c_i\neq 0$),则否定(11.72)式,必然要求

$$Ri<\frac{k^2}{4K_h^2}=\frac{1}{4}\cdot\frac{1}{1+(l/k)^2}=\frac{1}{4}\cdot\frac{1}{1+(L_x/L_y)^2}<\frac{1}{4}. \tag{11.74}$$

上式表明:对于不稳定的重力内波,必须从满足上述不等式的波中去找,即若不等式(11.74)满足,则重力内波可能不稳定.图11.4画出了$Ri=\frac{1}{4}\cdot\frac{1}{1+(L_x/L_y)^2}$的曲线,并且标出了稳定区域和可能的不稳定区域.将其与Miles的结果相比,显然,

稳定区域扩大了，而可能的不稳定区域缩小了.

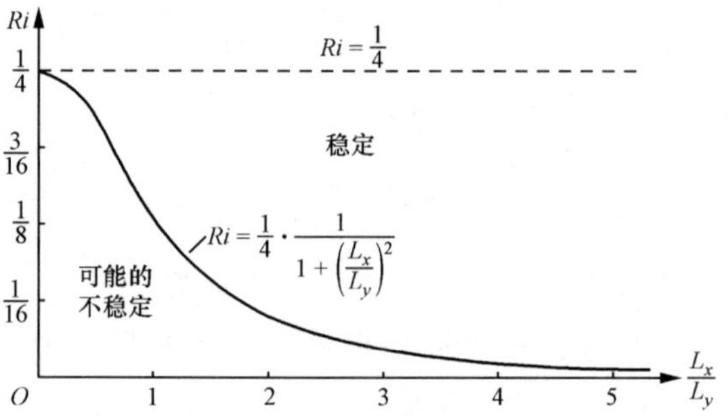

图 11.4 一般重力内波的稳定度

2. 不稳定波的增长率

对不稳定波，$c_i\neq0$，则(11.70)式化为

$$\int_0^H\left\{\left|\frac{\mathrm{d}G}{\mathrm{d}z}\right|^2+K_h^2\mid G\mid^2+\left[\frac{K_h^2N^2}{k^2}-\frac{1}{4}\left(\frac{\partial\bar{u}}{\partial z}\right)^2\right]\frac{\mid G\mid^2}{\mid\bar{u}-c\mid^2}\right\}\delta z=0,$$

或

$$k^2\int_0^H\mid G\mid^2\delta z=\int_0^H\left(\frac{\partial\bar{u}}{\partial z}\right)^2\cdot\frac{K_h^2}{k^2}\left(\frac{k^2}{4K_h^2}-Ri\right)\frac{\mid G\mid^2}{\mid\bar{u}-c\mid^2}\delta z-\int_0^H\left(\left|\frac{\mathrm{d}G}{\mathrm{d}z}\right|^2+l^2\mid G\mid^2\right)\delta z. \tag{11.75}$$

注意

$$\frac{1}{\mid\bar{u}-c\mid^2}=\frac{1}{(\bar{u}-c_r)^2+c_i^2}\leqslant\frac{1}{c_i^2},$$

则由(11.75)式可得

$$0<k^2\int_0^H\mid G\mid^2\delta z\leqslant\frac{1}{c_i^2}\int_0^H\left(\frac{\partial\bar{u}}{\partial z}\right)^2\frac{K_h^2}{k^2}\left(\frac{k^2}{4K_h^2}-Ri\right)\mid G\mid^2\delta z,$$

因而

$$k^2c_i^2\leqslant\max_{(0,H)}\left(\frac{\partial\bar{u}}{\partial z}\right)^2\frac{K_h^2}{k^2}\left(\frac{k^2}{4K_h^2}-Ri\right). \tag{11.76}$$

注意(11.74)式，则由上式求得不稳定重力内波的增长率满足

$$\mid kc_i\mid\leqslant\max_{(0,H)}\left|\frac{\partial\bar{u}}{\partial z}\right|\frac{K_h}{k}\sqrt{\frac{k^2}{4K_h^2}-Ri}. \tag{11.77}$$

3. Howard 半圆定理

利用方程(11.60)，我们可以导得不稳定重力内波的其他条件. 以 F 的复共轭 F^* 乘方程(11.60)，注意

$$F^*\frac{\mathrm{d}}{\mathrm{d}z}\left[(\bar{u}-c)^2\frac{\mathrm{d}F}{\mathrm{d}z}\right]=\frac{\mathrm{d}}{\mathrm{d}z}\left[(\bar{u}-c)^2F^*\frac{\mathrm{d}F}{\mathrm{d}z}\right]-(\bar{u}-c)^2\left|\frac{\mathrm{d}F}{\mathrm{d}z}\right|^2$$

和边条件，则从 $z=0$ 到 $z=H$ 积分得

$$\int_0^H \left\{ (\bar{u}-c)^2 \left(\left| \frac{\mathrm{d}F}{\mathrm{d}z} \right|^2 + K_{\mathrm{h}}^2 \mid F \mid^2 \right) - \frac{K_{\mathrm{h}}^2 N^2}{k^2} \mid F \mid^2 \right\} \delta z = 0. \tag{11.78}$$

上式的实部和虚部分别是

$$\int_0^H [(\bar{u}-c_{\mathrm{r}})^2 - c_{\mathrm{i}}^2] \left(\left| \frac{\mathrm{d}F}{\mathrm{d}z} \right|^2 + K_{\mathrm{h}}^2 \mid F \mid^2 \right) \delta z - \int_0^H \frac{K_{\mathrm{h}}^2 N^2}{k^2} \mid F \mid^2 \delta z = 0, \tag{11.79}$$

$$2c_{\mathrm{i}} \int_0^H (\bar{u}-c_{\mathrm{r}}) \left(\left| \frac{\mathrm{d}F}{\mathrm{d}z} \right|^2 + K_{\mathrm{h}}^2 \mid F \mid^2 \right) \delta z = 0. \tag{11.80}$$

由(11.80)式知，对于不稳定波，$c_{\mathrm{i}} \neq 0$，则要求

$$\bar{u} - c_{\mathrm{r}} \text{ 在}(0,H)\text{ 改变符号,} \tag{11.81}$$

或在$(0,H)$内至少存在一点 $z=z_{\mathrm{c}}$，使得

$$\bar{u} - c_{\mathrm{r}} = 0, \quad \text{在 } z = z_{\mathrm{c}} \in (0,H). \tag{11.82}$$

(11.81)式或(11.82)式是重力的内波不稳定的又一个必要条件，这意味着不稳定的重力内波必定存在 $\bar{u}=c_{\mathrm{r}}$ 的临界层.

若令 $\bar{u}_{\mathrm{m}}$ 和 $\bar{u}_{\mathrm{M}}$ 分别是在$(0,H)$内 $\bar{u}$ 的最小值和量大值，则不稳定的必要条件(11.81)式或(11.82)式可改写为

$$\bar{u}_{\mathrm{m}} < c_{\mathrm{r}} < \bar{u}_{\mathrm{M}}. \tag{11.83}$$

又令

$$Q \equiv \left| \frac{\mathrm{d}F}{\mathrm{d}z} \right|^2 + K_{\mathrm{h}}^2 \mid F \mid^2 \geqslant 0, \tag{11.84}$$

则(11.79)式和(11.80)式分别写为

$$\int_0^H \bar{u}^2 Q \delta z = (c_{\mathrm{i}}^2 - c_{\mathrm{r}}^2) \int_0^H Q \delta z + 2\int_0^H \bar{u} c_{\mathrm{r}} Q \delta z + \int_0^H \frac{K_{\mathrm{h}}^2 N^2}{k^2} \mid F \mid^2 \delta z, \tag{11.85}$$

$$\int_0^H \bar{u} Q \delta z = \int_0^H c_{\mathrm{r}} Q \delta z. \tag{11.86}$$

将(11.86)式代入(11.85)式，得

$$\int_0^H \bar{u}^2 Q \delta z = (c_{\mathrm{r}}^2 + c_{\mathrm{i}}^2) \int_0^H Q \delta z + \int_0^H \frac{K_{\mathrm{h}}^2 N^2}{k^2} \mid F \mid^2 \delta z. \tag{11.87}$$

因

$$(\bar{u} - \bar{u}_{\mathrm{m}})(\bar{u} - \bar{u}_{\mathrm{M}}) < 0,$$

即

$$\bar{u}^2 - (\bar{u}_{\mathrm{m}} + \bar{u}_{\mathrm{M}})\bar{u} + \bar{u}_{\mathrm{m}}\bar{u}_{\mathrm{M}} < 0,$$

则

$$\int_0^H \{\bar{u}^2 - (\bar{u}_{\mathrm{m}} + \bar{u}_{\mathrm{M}})\bar{u} + \bar{u}_{\mathrm{m}}\bar{u}_{\mathrm{M}}\} Q \delta z < 0. \tag{11.88}$$

将(11.86)式和(11.87)式代入上式得

$$(c_r^2+c_i^2)\int_0^H Q\delta z+\int_0^H \frac{K_h^2N^2}{k^2}\mid F\mid^2\delta z-\int_0^H(\bar{u}_m+\bar{u}_M)c_rQ\delta z+\int_0^H\bar{u}_m\bar{u}_MQ\delta z<0,$$

即

$$\int_0^H\left\{\left[c_r-\frac{1}{2}(\bar{u}_m+\bar{u}_M)\right]^2+c_i^2-\frac{1}{4}(\bar{u}_m-\bar{u}_M)^2\right\}Q\delta z+\int_0^H\frac{K_h^2N^2}{k^2}\mid F\mid^2\delta z<0. \tag{11.89}$$

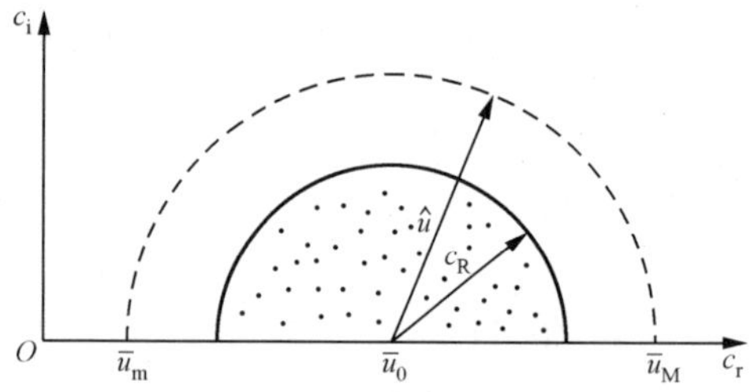

图 11.5　重力内波的半圆定理

对稳定层结($N^2>0$),由此有

$$(c_r-\bar{u}_0)^2+c_i^2<c_R^2, \tag{11.90}$$

其中

$$\begin{cases}\bar{u}_0=\dfrac{1}{2}(\bar{u}_M+\bar{u}_m),\quad \hat{u}=\dfrac{1}{2}(\bar{u}_M-\bar{u}_m),\\ c_R^2=\hat{u}^2-\left(\dfrac{K_h^2}{k^2}\displaystyle\int_0^H N^2\mid F\mid^2\delta z\right)\Big/\displaystyle\int_0^H Q\delta z.\end{cases} \tag{11.91}$$

(11.90)式说明:在相速度 c 的复平面内,不稳定重力内波的 c 必须位于以($\bar{u}_0$,0)为圆心,半径为 c_R 的上半圆内.对于稳定层结,$N^2>0$,则

$$c_R^2<\hat{u}^2.$$

这样,(11.90)式可写为

$$(c_r-\bar{u}_0)^2+c_i^2<\hat{u}^2, \tag{11.92}$$

它称为 Howard 半圆定理.图 11.5 给出了不等式(11.90)和(11.92)的结果.

§11.3　惯性-重力波的稳定度

大气中尺度运动的主要波动是惯性-重力波,因而惯性-重力波的稳定度是大气中尺度运动的问题.

与重力波类似,我们将密度连续与不连续分开说明.

一、锋面波的稳定度

锋面(frontal surface)是大气中的一个重要的天气系统,它是密度和速度不连续的分界面,不过分界面是倾斜的,这是 Coriolis 力作用的结果.在锋面上产生的惯性重力内波称为锋面波(frontal waves).在海洋中,也存在类似锋面的不连续.

设锋面被两种均匀不可压缩流体隔开,见图 11.6.锋面以下空气密度为 ρ_1,基本气流为 u_1;锋面以上空气密度为 ρ_2,基本气流为 $\bar{u}_2$.设 $\rho_2<\rho_1,\bar{u}_2>\bar{u}_1$.设未扰动的锋面为

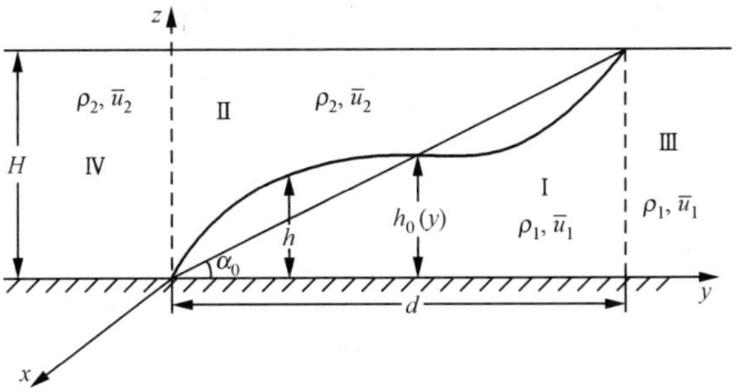

图 11.6 锋面模型

$$z = h_0(y), \tag{11.93}$$

其南北宽度为 d,垂直厚度为 H. 锋面受扰动后变为

$$z = h(x,y,t). \tag{11.94}$$

相应有

$$\begin{cases} u_j = \bar{u}_j + u_j', \quad v_j = v_j', \quad w_j = w_j', \\ p_j = \bar{p}_j + p_j', \quad h = h_0(y) + h' \end{cases} \quad (j = 1,2). \tag{11.95}$$

在不考虑摩擦的条件下,显然 $\bar{p}_j(j=1,2)$满足静力学关系和地转关系,即

$$\frac{\partial \bar{p}_j}{\partial z} = - g\rho_j, \quad \frac{\partial \bar{p}_j}{\partial y} = - f_0\rho_j\bar{u}_j \quad (j = 1,2). \tag{11.96}$$

其中因为惯性-重力内波不考虑 f 的变化,我们已将 f 写成了 f_0.

设上界 $z=H$ 上的气压为 $p=p_H(y)$,未扰动锋面 $z=h_0(y)$上的气压为 $p_{h_0}(y)$,即

$$p\,|_{z=H} = p_H, \quad p\,|_{z=h_0} = p_{h_0}, \tag{11.97}$$

则积分静力学方程,不难求得图 11.6 所示四个区域的基本状态的气压,它们分别为

$$\bar{p}_1 = \begin{cases} p_{h_0} + g\rho_1(h_0 - z), & (\text{Ⅰ}) \\ p_H + g\rho_1(H - z), & (\text{Ⅲ}) \end{cases} \tag{11.98}$$

$$\bar{p}_2 = p_H + g\rho_2(H - z), \quad (\text{Ⅱ}),(\text{Ⅳ}) \tag{11.99}$$

由(11.96)式和(11.99)式有

$$\frac{\partial \bar{p}_2}{\partial y} = \frac{\partial p_H}{\partial y} = - f_0\rho_2\bar{u}_2. \tag{11.100}$$

又由(11.99)式,令 $z=h_0(y)$可求得

$$p_{h_0} = p_H + g\rho_2(H - h_0). \tag{11.101}$$

将上式代入(11.98)式在(Ⅰ)区的表达式得

$$\bar{p}_1 = p_H + g\rho_2 H + g(\rho_1 - \rho_2)h_0 - g\rho_1 z, \quad (\text{Ⅰ}) \tag{11.102}$$

将上式对 y 微商,并利用(11.96)式和(11.100)式,得

$$-f_0\rho_1\bar{u}_1 = -f_0\rho_2\bar{u}_2 + g(\rho_1-\rho_2)\frac{\mathrm{d}h_0}{\mathrm{d}y}. \tag{11.103}$$

由此求得未扰动的锋面坡度为

$$\tan\alpha_0 \equiv \frac{\mathrm{d}h_0}{\mathrm{d}y} = \frac{f_0(\rho_2\bar{u}_2-\rho_1\bar{u}_1)}{g(\rho_1-\rho_2)} \approx \frac{f_0\rho(\bar{u}_2-\bar{u}_1)}{g\Delta\rho}, \tag{11.104}$$

这就是锋面坡度的 Margules 公式. 它也可以利用锋面气压场连续的性质，由

$$\delta(p_1-p_2) = \left(\frac{\partial\bar{p}_1}{\partial y}-\frac{\partial\bar{p}_2}{\partial y}\right)\delta y + \left(\frac{\partial\bar{p}_1}{\partial z}-\frac{\partial\bar{p}_2}{\partial z}\right)\delta z = 0$$

得到. 在(11.104)式中

$$\Delta\rho = \rho_1-\rho_2 \ll \rho_1,\rho_2,\quad \rho = (\rho_1+\rho_2)/2 \approx \rho_1 \approx \rho_2.$$

由图 11.6 知，

$$\tan\alpha_0 = H/d = h_0(y)/y. \tag{11.105}$$

将(11.104)式与(11.105)式比较得

$$H = d\,\frac{f_0\rho(\bar{u}_2-\bar{u}_1)}{g\Delta\rho},\quad h_0(y) = \frac{f_0\rho(\bar{u}_2-\bar{u}_1)}{g\Delta\rho}y. \tag{11.106}$$

若认为垂直方向的气压总是满足静力平衡的，则锋面波的线性化的扰动方程组可以写为

$$\begin{cases} \left(\dfrac{\partial}{\partial t}+\bar{u}_j\dfrac{\partial}{\partial x}\right)u_j' - f_0v_j' = -\dfrac{1}{\rho_j}\dfrac{\partial p_j'}{\partial x}, \\ \left(\dfrac{\partial}{\partial t}+\bar{u}_j\dfrac{\partial}{\partial x}\right)v_j' + f_0u_j' = -\dfrac{1}{\rho_j}\dfrac{\partial p_j'}{\partial y}, \\ \dfrac{\partial p_j'}{\partial z} = 0, \\ \dfrac{\partial u_j'}{\partial x}+\dfrac{\partial v_j'}{\partial y}+\dfrac{\partial w_j'}{\partial z} = 0 \end{cases} \quad (j=1,2). \tag{11.107}$$

因为$\dfrac{\partial p_j'}{\partial z}=0(j=1,2)$，则由方程组(11.107)的前两式判断，$u_j'$ 和 $v_j'(j=1,2)$也必然与 z 无关，因此，方程组(11.107)实质上就是线性化的正压模式(旋转浅水模式)方程组. 为了化简方程组，我们在锋面区域的上下界应用下列齐次边条件：

$$w'|_{z=0} = 0,\quad w'|_{z=H} = 0. \tag{11.108}$$

至于锋面上的运动学条件和动力学条件分别是

$$w_j'|_{z=h} \equiv \frac{\mathrm{d}h}{\mathrm{d}t} = \left(\frac{\partial}{\partial t}+\bar{u}_j\frac{\partial}{\partial x}\right)h' + v_j'\frac{\partial h_0}{\partial y}\quad (j=1,2), \tag{11.109}$$

$$(\bar{p}_1+p_1')_{z=h} = (\bar{p}_2+p_2')_{z=h}. \tag{11.110}$$

利用(11.99)式和(11.102)式，又考虑 $p_j'(j=1,2)$与 z 无关，则(11.110)式可改写为

$$\begin{aligned} p_1' - p_2' &= (\overline{p}_2 - \overline{p}_1)_{z=h} \\ &= [p_H + g\rho_2(H-h)] - [p_H + g\rho_2 H + g(\rho_1 - \rho_2)h_0 - g\rho_1 h] \\ &= g(\rho_1 - \rho_2)(h - h_0) = g\Delta\rho h' = \rho g^* h', \end{aligned} \tag{11.111}$$

其中 g^* 即是约化重力(见(11.46)式). 因 p_j' $(j=1,2)$ 与 z 无关,则分界面条件(11.111)可作为一个方程式.

将连续性方程((11.107)的第四式)对 z 积分,并利用条件(11.108)和(11.109),则得到四个区域的连续性方程分别为

$$\frac{\partial u_j'}{\partial x} + \frac{\partial v_j'}{\partial y} = 0 \quad (j=1,2), \qquad (\text{Ⅲ}),(\text{Ⅳ}) \tag{11.112}$$

$$\left(\frac{\partial}{\partial t} + \bar{u}_1 \frac{\partial}{\partial x}\right)h' + v_1' \frac{\partial h_0}{\partial y} + h_0\left(\frac{\partial u_1'}{\partial x} + \frac{\partial v_1'}{\partial y}\right) = 0, \qquad (\text{Ⅰ}) \tag{11.113}$$

$$\left(\frac{\partial}{\partial t} + \bar{u}_2 \frac{\partial}{\partial x}\right)h' + v_2' \frac{\partial h_0}{\partial y} - (H - h_0)\left(\frac{\partial u_2'}{\partial x} + \frac{\partial v_2'}{\partial y}\right) = 0. \qquad (\text{Ⅱ}) \tag{11.114}$$

若令

$$\phi_1' \equiv p_1'/\rho_1 \approx p_1'/\rho, \quad \phi_2' \equiv p_2'/\rho_2 \approx p_2'/\rho, \tag{11.115}$$

则(11.111)式化为

$$\phi' \equiv \phi_1' - \phi_2' = g^* h'. \tag{11.116}$$

又利用约化重力,(11.106)式可化为

$$g^* H = f_0(\bar{u}_2 - \bar{u}_1)d, \quad g^* h_0 = f_0(\bar{u}_2 - \bar{u}_1)y. \tag{11.117}$$

这样,四个区域的扰动方程组可改写为下列形式,它们分别是

$$\begin{cases} \left(\dfrac{\partial}{\partial t} + \bar{u}_j \dfrac{\partial}{\partial x}\right)u_j' - f_0 v_j' = -\dfrac{\partial \phi_j'}{\partial x}, \\ \left(\dfrac{\partial}{\partial t} + \bar{u}_j \dfrac{\partial}{\partial x}\right)v_j' + f_0 u_j' = -\dfrac{\partial \phi_j'}{\partial y}, \quad (j=1,2); \\ \dfrac{\partial u_j'}{\partial x} + \dfrac{\partial v_j'}{\partial y} = 0 \end{cases} \qquad (\text{Ⅲ}),(\text{Ⅳ}) \tag{11.118}$$

$$\begin{cases} \left(\dfrac{\partial}{\partial t} + \bar{u}_1 \dfrac{\partial}{\partial x}\right)u_1' - f_0 v_1' = -\dfrac{\partial \phi_1'}{\partial x}, \\ \left(\dfrac{\partial}{\partial t} + \bar{u}_1 \dfrac{\partial}{\partial x}\right)v_1' + f_0 u_1' = -\dfrac{\partial \phi_1'}{\partial y}, \\ \left(\dfrac{\partial}{\partial t} + \bar{u}_1 \dfrac{\partial}{\partial x}\right)\phi' + f_0(\bar{u}_2 - \bar{u}_1)v_1' + f_0(\bar{u}_2 - \bar{u}_1)y\left(\dfrac{\partial u_1'}{\partial x} + \dfrac{\partial v_1'}{\partial y}\right) = 0; \end{cases} \qquad (\text{Ⅰ}) \tag{11.119}$$

和

$$\begin{cases}\left(\dfrac{\partial}{\partial t}+\bar{u}_2\dfrac{\partial}{\partial x}\right)u_2'-f_0v_2'=-\dfrac{\partial\phi_2'}{\partial x},\\ \left(\dfrac{\partial}{\partial t}+\bar{u}_2\dfrac{\partial}{\partial x}\right)v_2'+f_0u_2'=-\dfrac{\partial\phi_2'}{\partial y},\\ \left(\dfrac{\partial}{\partial t}+\bar{u}_2\dfrac{\partial}{\partial x}\right)\phi'+f_0(\bar{u}_2-\bar{u}_1)v_2'-f_0(\bar{u}_2-\bar{u}_1)(d-y)\left(\dfrac{\partial u_2'}{\partial x}+\dfrac{\partial v_2'}{\partial y}\right)=0.\end{cases}$$

（Ⅱ） (11.120)

将方程组(11.118)，(11.119)和(11.120)的前两式分别消去 v_j'，u_j'，有

$$\begin{cases}\left[\left(\dfrac{\partial}{\partial t}+\bar{u}_j\dfrac{\partial}{\partial x}\right)^2+f_0^2\right]u_j'=-\left[\left(\dfrac{\partial}{\partial t}+\bar{u}_j\dfrac{\partial}{\partial x}\right)\dfrac{\partial}{\partial x}+f_0\dfrac{\partial}{\partial y}\right]\phi_j',\\ \left[\left(\dfrac{\partial}{\partial t}+\bar{u}_j\dfrac{\partial}{\partial x}\right)^2+f_0^2\right]v_j'=-\left[\left(\dfrac{\partial}{\partial t}+\bar{u}_j\dfrac{\partial}{\partial x}\right)\dfrac{\partial}{\partial y}-f_0\dfrac{\partial}{\partial x}\right]\phi_j'\end{cases}\quad(j=1,2).$$

(11.121)

利用(11.121)式，方程组(11.118)化为

$$\left(\frac{\partial}{\partial t}+\bar{u}_j\frac{\partial}{\partial x}\right)\nabla_{\rm h}^2\phi_j'=0\quad(j=1,2).\qquad(Ⅲ),(Ⅳ)\qquad(11.122)$$

利用(11.116)式和(11.121)式，方程组(11.119)和(11.120)分别化为

$$\left(\frac{\partial}{\partial t}+\bar{u}_1\frac{\partial}{\partial x}\right)\left[\left(\frac{\partial}{\partial t}+\bar{u}_1\frac{\partial}{\partial x}\right)^2+f_0^2\right](\phi_1'-\phi_2')-f_0(\bar{u}_2-\bar{u}_1)\cdot\left[\left(\frac{\partial}{\partial t}+\bar{u}_1\frac{\partial}{\partial x}\right)\left(y\nabla_{\rm h}^2+\frac{\partial}{\partial y}\right)-f_0\frac{\partial}{\partial x}\right]\phi_1'=0,\qquad(11.123)$$

$$\left(\frac{\partial}{\partial t}+\bar{u}_2\frac{\partial}{\partial x}\right)\left[\left(\frac{\partial}{\partial t}+\bar{u}_2\frac{\partial}{\partial x}\right)^2+f_0^2\right](\phi_1'-\phi_2')-f_0(\bar{u}_2-\bar{u}_1)\cdot\left[\left(\frac{\partial}{\partial t}+\bar{u}_2\frac{\partial}{\partial x}\right)\left((-d+y)\nabla_{\rm h}^2+\frac{\partial}{\partial y}\right)-f_0\frac{\partial}{\partial x}\right]\phi_2'=0.\qquad(11.124)$$

下面，我们在 y 方向的边条件

$$\phi_2'|_{y\to-\infty}<\infty,\quad \phi_1'|_{y\to\infty}<\infty\qquad(11.125)$$

和

$$\begin{cases}\phi_2',\dfrac{\partial\phi_2'}{\partial y}\ \text{在}\ y=0\ \text{连续},\\ \phi_1',\dfrac{\partial\phi_1'}{\partial y}\ \text{在}\ y=d\ \text{连续}\end{cases}\qquad(11.126)$$

下，求解方程组(11.122)，(11.123)和(11.124).

设方程组(11.122)，(11.123)和(11.124)的解为

$$\phi_j'=\Phi_j(y){\rm e}^{{\rm i}(kx-\omega t)}\quad(j=1,2).\qquad(11.127)$$

将(11.127)式代入(11.122)式，在 $\omega-k\bar{u}_j\neq0(j=1,2)$ 的条件下得到

$$\frac{\mathrm{d}^2\Phi_j}{\mathrm{d}y^2}-k^2\Phi_j=0\quad(j=1,2).\tag{11.128}$$

利用边条件(11.125),不难求得

$$\begin{cases}\Phi_1(y)=A\mathrm{e}^{-ky}, & (\text{Ⅲ})\\ \Phi_2(y)=B\mathrm{e}^{ky}, & (\text{Ⅳ})\end{cases}\tag{11.129}$$

由此求得

$$\begin{cases}\dfrac{\mathrm{d}\Phi_1}{\mathrm{d}y}=-k\Phi_1, & (\text{Ⅲ})\\[2mm] \dfrac{\mathrm{d}\Phi_2}{\mathrm{d}y}=k\Phi_2. & (\text{Ⅳ})\end{cases}\tag{11.130}$$

将(11.127)式代入(11.123)式和(11.124)式,在 $\omega-k\bar{u}_j\neq0(j=1,2)$ 的条件下得到

$$\begin{cases}\dfrac{\mathrm{d}}{\mathrm{d}y}\left(y\dfrac{\mathrm{d}\Phi_1}{\mathrm{d}y}\right)-\left(k^2y-\dfrac{kf_0}{\omega-k\bar{u}_1}\right)\Phi_1=\dfrac{f_0^2-(\omega-k\bar{u}_1)^2}{f_0(\bar{u}_2-\bar{u}_1)}(\Phi_1-\Phi_2),\\[2mm] \dfrac{\mathrm{d}}{\mathrm{d}y}\left[(d-y)\dfrac{\mathrm{d}\Phi_2}{\mathrm{d}y}\right]-\left[k^2(d-y)+\dfrac{kf_0}{\omega-k\bar{u}_2}\right]\Phi_2=-\dfrac{f_0^2-(\omega-k\bar{u}_2)^2}{f_0(\bar{u}_2-\bar{u}_1)}(\Phi_1-\Phi_2).\end{cases}\tag{11.131}$$

令

$$\eta=\frac{2y}{d}-1,\tag{11.132}$$

则 $y=-\infty,0,d,\infty$ 分别对应 $\eta=-\infty,-1,1,\infty$,而且方程组(11.131)化为

$$\begin{cases}\dfrac{\mathrm{d}}{\mathrm{d}\eta}\left[(1+\eta)\dfrac{\mathrm{d}\Phi_1}{\mathrm{d}\eta}\right]-\left[\dfrac{k^2d^2}{4}(1+\eta)-\dfrac{kdf_0/2}{\omega-k\bar{u}_1}\right]\Phi_1\\[2mm] \qquad=\dfrac{d}{2}\cdot\dfrac{f_0^2-(\omega-k\bar{u}_1)^2}{f_0(\bar{u}_2-\bar{u}_1)}(\Phi_1-\Phi_2),\\[2mm] \dfrac{\mathrm{d}}{\mathrm{d}\eta}\left[(1-\eta)\dfrac{\mathrm{d}\Phi_2}{\mathrm{d}\eta}\right]-\left[\dfrac{k^2d^2}{4}(1-\eta)+\dfrac{kdf_0/2}{\omega-k\bar{u}_2}\right]\Phi_2\\[2mm] \qquad=-\dfrac{d}{2}\cdot\dfrac{f_0^2-(\omega-k\bar{u}_2)^2}{f_0(\bar{u}_2-\bar{u}_1)}(\Phi_1-\Phi_2).\end{cases}\tag{11.133}$$

而(11.130)式化为

$$\begin{cases}\dfrac{\mathrm{d}\Phi_1}{\mathrm{d}\eta}=-\dfrac{kd}{2}\Phi_1, & (\text{Ⅲ})\\[2mm] \dfrac{\mathrm{d}\Phi_2}{\mathrm{d}\eta}=\dfrac{kd}{2}\Phi_2. & (\text{Ⅳ})\end{cases}\tag{11.134}$$

考虑到边条件(11.126),则方程组(11.133)的边条件可以写为

$$\left.\frac{\mathrm{d}\Phi_1}{\mathrm{d}\eta}\right|_{\eta=1}=-\frac{kd}{2}\Phi_1,\quad \left.\frac{\mathrm{d}\Phi_2}{\mathrm{d}\eta}\right|_{\eta=-1}=\frac{kd}{2}\Phi_2.\tag{11.135}$$

为了方便,我们令

$$\begin{cases} \bar{u} = (\bar{u}_1 + \bar{u}_2)/2, \quad \hat{u} = (\bar{u}_2 - \bar{u}_1)/2, \\ Ri \equiv g^* H/4\hat{u}^2 = f_0 d/2\hat{u}, \quad Ro \equiv k\hat{u}/f_0, \\ \lambda = RoRi = kd/2, \quad \tau = (\omega - k\bar{u})/k\hat{u}, \end{cases} \tag{11.136}$$

注意,这里 Ro 是用速度的垂直切变 $\hat{u}$ 来定义的.

将(11.136)式代入方程组(11.133),得

$$\begin{cases} \dfrac{\mathrm{d}}{\mathrm{d}\eta}\left[(1+\eta)\dfrac{\mathrm{d}\Phi_1}{\mathrm{d}\eta}\right] - \left[\lambda^2(1+\eta) - \dfrac{Ri}{1+\tau}\right]\Phi_1 = \dfrac{Ri}{2}[1 - Ro^2(1+\tau)^2](\Phi_1 - \Phi_2), \\ \dfrac{\mathrm{d}}{\mathrm{d}\eta}\left[(1-\eta)\dfrac{\mathrm{d}\Phi_2}{\mathrm{d}\eta}\right] - \left[\lambda^2(1-\eta) - \dfrac{Ri}{1-\tau}\right]\Phi_2 = -\dfrac{Ri}{2}[1 - Ro^2(1-\tau)^2](\Phi_1 - \Phi_2); \end{cases} \tag{11.137}$$

边条件(11.135)化为

$$\left.\frac{\mathrm{d}\Phi_1}{\mathrm{d}\eta}\right|_{\eta=1} = -\lambda\Phi_1, \quad \left.\frac{\mathrm{d}\Phi_2}{\mathrm{d}\eta}\right|_{\eta=-1} = \lambda\Phi_2. \tag{11.138}$$

方程组(11.137)的求解很困难,通常按(11.136)式中 Ro 的定义,其数值近于 10^{-1}.若取 $Ro\approx 0$,则方程组(11.137)简化为

$$\begin{cases} \dfrac{\mathrm{d}}{\mathrm{d}\eta}\left[(1+\eta)\dfrac{\mathrm{d}\Phi_1}{\mathrm{d}\eta}\right] + \dfrac{Ri}{1+\tau}\Phi_1 = \dfrac{Ri}{2}(\Phi_1 - \Phi_2), \\ \dfrac{\mathrm{d}}{\mathrm{d}\eta}\left[(1-\eta)\dfrac{\mathrm{d}\Phi_2}{\mathrm{d}\eta}\right] + \dfrac{Ri}{1-\tau}\Phi_2 = -\dfrac{Ri}{2}(\Phi_1 - \Phi_2); \end{cases} \tag{11.139}$$

而边条件(11.138)简化为

$$\left.\frac{\mathrm{d}\Phi_1}{\mathrm{d}\eta}\right|_{\eta=1} = 0, \quad \left.\frac{\mathrm{d}\Phi_2}{\mathrm{d}\eta}\right|_{\eta=-1} = 0. \tag{11.140}$$

将方程组(11.139)的第一式乘以$(1+\tau)$,第二式乘以$(1-\tau)$,然后相减得

$$\frac{\mathrm{d}}{\mathrm{d}\eta}\left\{(1+\tau)(1+\eta)\frac{\mathrm{d}\Phi_1}{\mathrm{d}\eta} - (1-\tau)(1-\eta)\frac{\mathrm{d}\Phi_2}{\mathrm{d}\eta}\right\} = 0.$$

上式积分得

$$(1+\tau)(1+\eta)\frac{\mathrm{d}\Phi_1}{\mathrm{d}\eta} - (1-\tau)(1-\eta)\frac{\mathrm{d}\Phi_2}{\mathrm{d}\eta} = C, \tag{11.141}$$

C 为积分常数.但由边条件(11.140)定得 $C=0$,因而

$$(1+\tau)(1+\eta)\frac{\mathrm{d}\Phi_1}{\mathrm{d}\eta} = (1-\tau)(1-\eta)\frac{\mathrm{d}\Phi_2}{\mathrm{d}\eta} \equiv \Psi(\eta). \tag{11.142}$$

利用上式,方程组(11.139)和边条件(11.140)分别化为

$$\begin{cases} \dfrac{\mathrm{d}\Psi}{\mathrm{d}\eta} + Ri\Phi_1 = \dfrac{Ri}{2}(1+\tau)(\Phi_1 - \Phi_2), \\ \dfrac{\mathrm{d}\Psi}{\mathrm{d}\eta} + Ri\Phi_2 = -\dfrac{Ri}{2}(1-\tau)(\Phi_1 - \Phi_2); \end{cases} \tag{11.143}$$

$$\Psi\,|_{\eta=\pm 1} = 0. \tag{11.144}$$

方程组(11.143)的任一式对 η 微商,然后乘以$(1-\eta^2)$,并利用(11.142)式,不难得到

$$(1-\eta^2)\frac{\mathrm{d}^2\Psi}{\mathrm{d}\eta^2}+(a+b\eta)\Psi=0, \tag{11.145}$$

其中

$$a=Ri\frac{1+\tau^2}{1-\tau^2},\quad b=2Ri\frac{\tau}{1-\tau^2}. \tag{11.146}$$

注意 $\tau\to 0$ 时($\omega-k\bar{u}\ll k\hat{u}$),$a=Ri,b=0$,相应,方程(11.145)化为

$$(1-\eta^2)\frac{\mathrm{d}^2\Psi}{\mathrm{d}\eta^2}+Ri\Psi=0. \tag{11.147}$$

令

$$\Theta\equiv\frac{\mathrm{d}\Psi}{\mathrm{d}\eta}, \tag{11.148}$$

则方程(11.147)化为

$$\frac{\mathrm{d}}{\mathrm{d}\eta}\left[(1-\eta^2)\frac{\mathrm{d}\Theta}{\mathrm{d}\eta}\right]+Ri\Theta=0. \tag{11.149}$$

而利用(11.144)式和(11.147)式有

$$\Theta\mid_{\eta=\pm 1}<\infty. \tag{11.150}$$

方程(11.149)是 Legendre 方程,它满足条件(11.150)的本征值是

$$Ri=n(n+1)\quad(n=0,1,2,\cdots). \tag{11.151}$$

考虑到上述结果知 $\tau=0$ 时,$a=n(n+1)$ $(n=0,1,2,\cdots)$,则不需普遍求解方程(11.145)即知,它满足条件(11.144)的本征值是

$$a\equiv Ri\frac{1+\tau^2}{1-\tau^2}=n(n+1)\quad(n=0,1,2,\cdots). \tag{11.152}$$

由此求得

$$\tau=\pm\sqrt{\frac{n(n+1)-Ri}{n(n+1)+Ri}}. \tag{11.153}$$

但由(11.136)式中 τ 的定义知:τ 是实数时,ω 为实数;τ 为虚数时,ω 为复数.因而,由上式求得锋面波稳定度的充分必要条件为

$$Ri\begin{cases}\leqslant n(n+1), & \text{稳定},\\ > n(n+1), & \text{不稳定},\end{cases} \tag{11.154}$$

其中 $n=0,1,2,\cdots$.注意,这个结果是在 $Ro\approx 0$ 的条件下得到的,它称为 Kotschin 定理.根据实际情况,若限制 Ri 的变化范围,如规定

$$5<Ri\leqslant 10, \tag{11.155}$$

则在(11.154)式中取 $n=2$,而有

$$\begin{cases} 5 < Ri \leqslant 6, & \text{稳定}, \\ 6 < Ri \leqslant 10, & \text{不稳定}. \end{cases} \tag{11.156}$$

二、基本气流水平切变条件下惯性-重力波的稳定度

应用方程组(7.70),注意$\dfrac{\partial \bar{u}}{\partial y}\neq 0$,$\dfrac{\partial \bar{u}}{\partial z}=0$,$f=f_0$,则有

$$\begin{cases} \left(\dfrac{\partial}{\partial t}+\bar{u}\dfrac{\partial}{\partial x}\right)u'-\left(f_0-\dfrac{\partial \bar{u}}{\partial y}\right)v'=-\dfrac{\partial \phi'}{\partial x}, \\ \left(\dfrac{\partial}{\partial t}+\bar{u}\dfrac{\partial}{\partial x}\right)v'+f_0u'=-\dfrac{\partial \phi'}{\partial y}, \\ \left(\dfrac{\partial}{\partial t}+\bar{u}\dfrac{\partial}{\partial x}\right)w'=-\dfrac{\partial \phi'}{\partial z}+g\dfrac{\theta'}{\theta_0}, \\ \dfrac{\partial u'}{\partial x}+\dfrac{\partial v'}{\partial y}+\dfrac{\partial w'}{\partial z}=0, \\ \left(\dfrac{\partial}{\partial t}+\bar{u}\dfrac{\partial}{\partial x}\right)\left(g\dfrac{\theta'}{\theta_0}\right)+N^2w'=0, \end{cases} \tag{11.157}$$

注意,这里有层结和基本气流水平切变的作用.从方程组(11.157)的前两式分别消去v'和u',得到

$$\begin{cases} \left[\left(\dfrac{\partial}{\partial t}+\bar{u}\dfrac{\partial}{\partial x}\right)^2+I^2\right]u'=-\left(\dfrac{\partial}{\partial t}+\bar{u}\dfrac{\partial}{\partial x}\right)\dfrac{\partial \phi'}{\partial x}-\left(f_0-\dfrac{\partial \bar{u}}{\partial y}\right)\dfrac{\partial \phi'}{\partial y}, \\ \left[\left(\dfrac{\partial}{\partial t}+\bar{u}\dfrac{\partial}{\partial x}\right)^2+I^2\right]v'=-\left(\dfrac{\partial}{\partial t}+\bar{u}\dfrac{\partial}{\partial x}\right)\dfrac{\partial \phi'}{\partial y}+f_0\dfrac{\partial \phi'}{\partial x}, \end{cases} \tag{11.158}$$

其中

$$I^2\equiv f_0\left(f_0-\frac{\partial \bar{u}}{\partial y}\right) \tag{11.159}$$

即是惯性稳定度参数.

将方程组(11.158)的第一式对 x 微商,第二式对 y 微商$\Bigg($微商过程中忽略$\left[\left(\dfrac{\partial}{\partial t}+\bar{u}\dfrac{\partial}{\partial x}\right)^2+I^2\right]$随 y 的变化$\Bigg)$,并利用方程组(11.157)的第四式,得到

$$\left[\left(\frac{\partial}{\partial t}+\bar{u}\frac{\partial}{\partial x}\right)^2+I^2\right]\frac{\partial w'}{\partial z}=\left(\frac{\partial}{\partial t}+\bar{u}\frac{\partial}{\partial x}\right)\nabla_{\mathrm{h}}^2\phi'. \tag{11.160}$$

从方程组(11.157)的第三、第五两式消去θ',得到

$$\left[\left(\frac{\partial}{\partial t}+\bar{u}\frac{\partial}{\partial x}\right)^2+N^2\right]w'=-\left(\frac{\partial}{\partial t}+\bar{u}\frac{\partial}{\partial x}\right)\frac{\partial \phi'}{\partial z}. \tag{11.161}$$

从(11.160)式和(11.161)式消去ϕ',则得到

$$\mathscr{L}w'=0, \tag{11.162}$$

其中

$$\mathscr{L}\equiv\left[\left(\frac{\partial}{\partial t}+\bar{u}\frac{\partial}{\partial x}\right)^2+N^2\right]\nabla_{\mathrm{h}}^2+\left[\left(\frac{\partial}{\partial t}+\bar{u}\frac{\partial}{\partial x}\right)^2+I^2\right]\frac{\partial^2}{\partial z^2},\quad(11.163)$$

方程(11.162)的边条件仍取为(11.154)的形式.

当 $\bar{u}=0$ 时,(11.163)退化为

$$\mathscr{L}\equiv\left(\frac{\partial^2}{\partial t^2}+N^2\right)\nabla_{\mathrm{h}}^2+\left(\frac{\partial^2}{\partial t^2}+f_0^2\right)\frac{\partial^2}{\partial z^2},\quad(11.164)$$

这就是第七章的(7.236)式.这样,由方程(11.162)($\mathscr{L}$取为(11.164)式),求得

$$\omega^2=\frac{K_{\mathrm{h}}^2N^2+n^2f_0^2}{K^2},\quad(11.165)$$

这就是第七章的(7.234)式.上式说明:当没有基本气流时,惯性-重力内波不稳定的必要条件是层结不稳定,即

$$\text{不稳定}\Rightarrow N^2<0,\quad(11.166)$$

而不稳定的充分条件(即不稳定判据)为

$$K_{\mathrm{h}}^2N^2+n^2f_0^2<0\quad(N^2<0).\quad(11.167)$$

若引进水平特征尺度 L 和斜压 Rossby 变形半径 L_1,它们分别满足

$$L^2=\frac{n^2H^2}{K_{\mathrm{h}}^2},\quad L_1^2=-\frac{N^2H^2}{f_0^2}\quad(N^2<0).\quad(11.168)$$

如 $nH=2\pi$,L 即是水平波长.这样,(11.165)式可改写为

$$\omega^2=\frac{K_{\mathrm{h}}^2f^2}{K^2H^2}(L^2-L_1^2).\quad(11.169)$$

相应,不稳定判据(11.167)可改写为

$$L<L_1,\quad(11.170)$$

它表明:当水平尺度 L 小于 Rossby 变形半径 L_1 时,惯性-重力内波不稳定;反之,当

$$L\geqslant L_1\quad(11.171)$$

时,惯性-重力内波一定稳定.

当 $\bar{u}\neq0$ 时,考虑到边条件(11.54)式,我们就以(11.57)式的解代入方程(11.162),则得到

$$\omega_{\mathrm{D}}^2=\frac{K_{\mathrm{h}}^2N^2+n^2I^2}{K^2},\quad(11.172)$$

其中

$$\omega_{\mathrm{D}}=\omega-k\bar{u}\quad(11.173)$$

即是 Doppler 频率.

由(11.172)式我们得到:惯性-重力内波稳定的充分条件为层结与惯性都是稳定的,即

$$N^2 > 0 \quad 和 \quad I^2 > 0. \tag{11.174}$$

而惯性-重力内波不稳定的必要条件是层结和惯性二者之中有一个不稳定,即

$$N^2 < 0,\ I^2 > 0 \quad 或 \quad I^2 < 0,\ N^2 > 0. \tag{11.175}$$

惯性-重力内波不稳定的充分条件则为

$$K_{\mathrm{h}}^2 N^2 + n^2 I^2 < 0. \tag{11.176}$$

实现条件(11.176)有两种可能:第一种可能是 N^2 和 I^2 皆负:

$$N^2 < 0 \quad 和 \quad I^2 < 0, \tag{11.177}$$

这是层结和惯性都不稳定的情况.第二种可能是 N^2 和 I^2 中有一个为负,但仍满足(11.176)式.此时,可仿照(11.168)式,引进 L 和 L_2,它们分别满足

$$L^2 = n^2 H^2 / K_{\mathrm{h}}^2, \quad L_2^2 = -N^2 H^2 / I^2. \tag{11.178}$$

这样,(11.172)式可改写为

$$\omega_{\mathrm{D}}^2 = \frac{K_{\mathrm{h}}^2 I^2}{K^2 H^2}(L^2 - L_2^2). \tag{11.179}$$

相应,不稳定判据(11.176)改写为

$$\begin{cases} I^2 > 0\ (N^2 < 0), & L < L_2, \\ I^2 < 0\ (N^2 > 0), & L > L_2. \end{cases} \tag{11.180}$$

图 11.7 给出了在 N^2 给定的条件下,$L^2 = L_2^2 = -NH^2/I^2$ 的曲线,并标出了稳定与不稳定的区域,其中图 11.7(a)是 $N^2<0$ 的情况,图 11.7(b)是 $N^2>0$ 的情况.

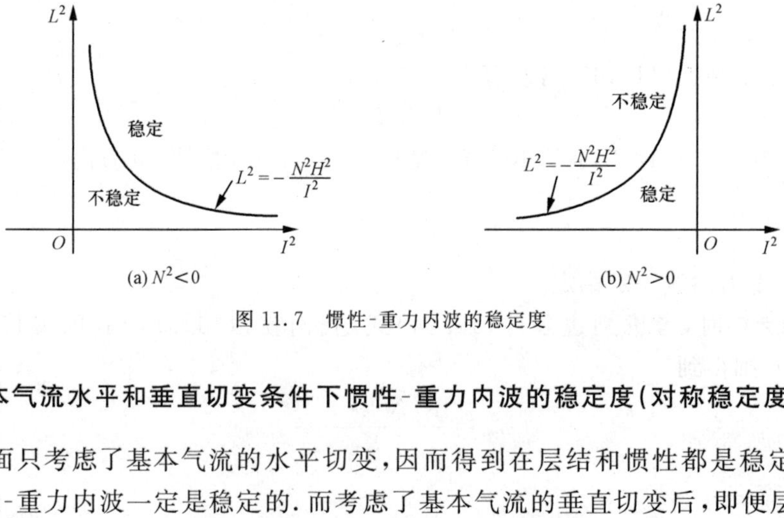

图 11.7 惯性-重力内波的稳定度

三、基本气流水平和垂直切变条件下惯性-重力内波的稳定度(对称稳定度)

上面只考虑了基本气流的水平切变,因而得到在层结和惯性都是稳定的条件下,惯性-重力内波一定是稳定的.而考虑了基本气流的垂直切变后,即便层结是稳定的,惯性是稳定的,惯性-重力内波也仍可以是不稳定的.

从§4.1 知道,对于在背景是静力平衡的层结大气中运动的空气微团而言,其运动是绝热的,而且垂直方向的运动受层结稳定度参数 N^2 控制,即

$$\frac{\mathrm{d}\theta}{\mathrm{d}t}=0,\quad \frac{\mathrm{d}w}{\mathrm{d}t}+N^2z=0,\quad N^2=\frac{g}{\theta_0}\frac{\partial\theta_0}{\partial z}\quad\left(N^2z=\frac{\theta_0-\theta}{\theta_0}\right).\tag{11.181}$$

类似,从§3.5知道,对于在背景是 $\partial\bar{\phi}/\partial x=0$ 和 y 方向是地转平衡的大气中运动的空气微团而言,其运动受 x 方向的运动方程和惯性稳定度参数 I^2 控制,即

$$\frac{\mathrm{d}u}{\mathrm{d}t}-f_0v=0,\quad \frac{\mathrm{d}v}{\mathrm{d}t}+I^2y=0,\quad I^2=f_0\left(f_0-\frac{\partial\bar{u}}{\partial y}\right).\tag{11.182}$$

若令

$$m=u-f_0y\tag{11.183}$$

表示运动空气的绝对纬向动量,相应,背景空气的绝对纬向动量为

$$\bar{m}=\bar{u}-f_0y,\tag{11.184}$$

这样,(11.182)式可以改写为

$$\frac{\mathrm{d}m}{\mathrm{d}t}=0,\quad \frac{\mathrm{d}v}{\mathrm{d}t}+I^2y=0,\quad I^2=-f_0\frac{\partial\bar{m}}{\partial y}\quad(I^2y=f_0(u-\bar{u})=f_0(m-\bar{m})).\tag{11.185}$$

上式说明:对于在背景是 $\partial\bar{p}/\partial x=0$ 和 y 方向是地转平衡的大气中运动的空气微团而言,其运动中绝对纬向动量是守恒的,而 y 方向的运动受背景大气的绝对纬向动量的经向变化控制.

在背景大气既存在层结又存在基本气流的情况下,背景大气的位温(θ_0 和 $\bar{\theta}$)不仅与 z 有关,而且与 y 有关.由于 $\bar{\theta}$ 是位温沿纬圈的平均值,而 θ_0 可以认为是位温沿纬圈和经圈的平均值,因此,两者可统一表述为沿纬圈 θ 的平均值,就记为 $\bar{\theta}$.若层结和惯性都是稳定的,则由(11.181)式和(11.185)式有

$$\frac{\partial\bar{\theta}}{\partial z}>0,\quad \frac{\partial\bar{m}}{\partial y}<0.\tag{11.186}$$

因通常有 $\frac{\partial\bar{\theta}}{\partial y}<0$,$\frac{\partial\bar{m}}{\partial z}=\frac{\partial\bar{u}}{\partial z}>0$,则 $\bar{\theta}$ 和 $\bar{m}$ 在 (y,z) 平面上的等值线分布见图11.8.

图11.8中的 P 点若受到扰动到达 Q 点,由于它在上升过程中的位温仍为 $\bar{\theta}$,Q 点的环境位温要小于 $\bar{\theta}$,因而还要继续上升,形成层结不稳定;同样,它在向北运动过程中,绝对纬向动量仍为 $\bar{m}$,但 Q 点的环境绝对纬向动量要大于 $\bar{m}$,因而还要继续向北运动,形成惯性不稳定.这样,两者共同作用就有可能形成惯性-重力内波的不稳定.

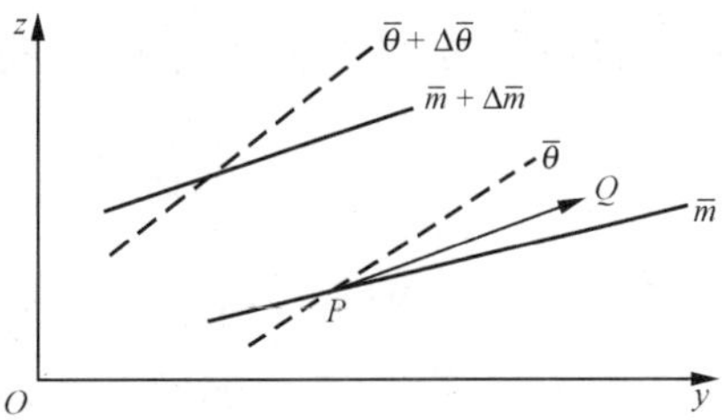

图11.8 $\bar{\theta}$ 和 $\bar{m}$ 的等值线分布

为了综合表征基本气流水平切变和垂直切变的作用,我们应用方程组(7.70),但为了叙述方便,我们设所有扰动与 x 无关,则(7.70)式化为

$$
\begin{cases}
\dfrac{\partial u'}{\partial t}-\left(f_0-\dfrac{\partial \bar{u}}{\partial y}\right)v'+w'\dfrac{\partial \bar{u}}{\partial z}=0,\\
\dfrac{\partial v'}{\partial t}+f_0u'=-\dfrac{\partial \phi'}{\partial y},\\
\dfrac{\partial w'}{\partial t}=-\dfrac{\partial \phi'}{\partial z}+g\dfrac{\theta'}{\theta_0},\\
\dfrac{\partial v'}{\partial y}+\dfrac{\partial w'}{\partial z}=0,\\
\dfrac{\partial}{\partial t}\left(g\dfrac{\theta'}{\theta_0}\right)-f_0\dfrac{\partial \bar{u}}{\partial z}v'+N^2w'=0,
\end{cases}
\tag{11.187}
$$

其中 f 已写成了 f_0. 由于基本气流 $\bar{u}$ 与扰动均与 x 无关,因此,由方程组(11.187)描写的惯性-重力内波的稳定度是在(y,z)平面内讨论的,波传播的方向与基本气流的方向垂直,所以又称为对称稳定度.

注意(7.69)式,我们引入参数

$$
J^2=f_0\frac{\partial \bar{u}}{\partial z}=-\frac{g}{\theta_0}\frac{\partial \bar{\theta}}{\partial y},
\tag{11.188}
$$

通常 $J^2>0$,J 可称为斜压频率. 利用(11.182)式,方程组(11.187)可改写为

$$
\begin{cases}
f_0\dfrac{\partial u'}{\partial t}-I^2v'+J^2w'=0,\\
\dfrac{\partial v'}{\partial t}+f_0u'=-\dfrac{\partial \phi'}{\partial y},\\
\dfrac{\partial w'}{\partial t}=-\dfrac{\partial \phi'}{\partial z}+g\dfrac{\theta'}{\theta_0},\\
\dfrac{\partial v'}{\partial y}+\dfrac{\partial w'}{\partial z}=0,\\
\dfrac{\partial}{\partial t}\left(g\dfrac{\theta'}{\theta_0}\right)-J^2v'+N^2w'=0.
\end{cases}
\tag{11.189}
$$

方程组(11.189)的头两式消去 u',得到

$$
\left(\frac{\partial^2}{\partial t^2}+I^2\right)v'-J^2w'=-\frac{\partial^2\phi'}{\partial t\partial y}.
\tag{11.190}
$$

方程组(11.189)的第三式和第五式消去 $g\dfrac{\theta'}{\theta_0}$,得到

$$
\left(\frac{\partial^2}{\partial t^2}+N^2\right)w'-J^2v'=-\frac{\partial^2\phi'}{\partial t\partial z}.
\tag{11.191}
$$

(11.190)式和(11.191)式消去 ϕ',并设 I^2,J^2 和 N^2 均为常数,得到

$$
\frac{\partial^2}{\partial t^2}\left(\frac{\partial v'}{\partial z}-\frac{\partial w'}{\partial y}\right)+I^2\frac{\partial v'}{\partial z}-N^2\frac{\partial w'}{\partial y}-J^2\left(\frac{\partial w'}{\partial z}-\frac{\partial v'}{\partial y}\right)=0.
\tag{11.192}
$$

但由方程组(11.187)的第四式可引入流函数 ψ' 使得

$$v' = \frac{\partial \psi'}{\partial z}, \quad w' = -\frac{\partial \psi'}{\partial y}. \tag{11.193}$$

这样，方程(11.192)就化为

$$\frac{\partial^2}{\partial t^2}\left(\frac{\partial^2 \psi'}{\partial y^2} + \frac{\partial^2 \psi'}{\partial z^2}\right) + N^2 \frac{\partial^2 \psi'}{\partial y^2} + I^2 \frac{\partial^2 \psi'}{\partial z^2} + 2J^2 \frac{\partial^2 \psi'}{\partial y \partial z} = 0. \tag{11.194}$$

这就是我们分析同时具有基本气流水平和垂直切变条件下惯性-重力内波稳定度的基本方程.

考虑 ψ'在 y 和 z 方向是齐次边条件，因而设方程(11.194)的解为

$$\psi' = \hat{\psi} e^{i(ly+nz-\omega t)}, \tag{11.195}$$

把它代入方程(11.194)，求得

$$\omega^2 = \frac{l^2 N^2 + n^2 I^2 + 2lnJ^2}{l^2 + n^2}. \tag{11.196}$$

由此可见，即便层结稳定($N^2>0$)和惯性稳定($I^2>0$)，但在 J^2(表征基本气流垂直切变)和 l,n 的共同作用下，ω^2 可能为负，从而出现惯性-重力内波的不稳定. 在 $J^2>0$ 的情况下就要求 l 和 n 反号.

在固定时刻，流函数 ψ'的等相位线($ly+nz=$常数)的斜率为

$$\tan\alpha \equiv \left(\frac{\partial z}{\partial y}\right)_{\psi'=\text{常数}} = -\frac{\partial \psi'/\partial y}{\partial \psi'/\partial z} = -\frac{l}{n}, \tag{11.197}$$

由此，(11.196)式还可以改写为

$$\omega^2 = N^2 \sin^2\alpha + I^2 \cos^2\alpha - 2J^2 \sin\alpha\cos\alpha. \tag{11.198}$$

从(11.196)式或(11.198)式看到，在 $N^2>0, I^2>0$ 和 $J^2>0$ 的条件下，扰动不稳定($\omega^2<0$)的必要条件为 l 与 n 反号或

$$\tan\alpha > 0, \tag{11.199}$$

即在(y,z)平面上，流函数 ψ'的等相位线的斜率为正，这就是图 11.8 中扰动 PQ 的情况.

应用三角函数的二倍角公式，(11.198)式可改写为

$$\omega^2 = a - b\cos 2(\alpha - \alpha_0), \tag{11.200}$$

其中

$$a = \frac{1}{2}(N^2 + I^2), \quad b = \sqrt{J^4 + \left[\frac{1}{2}(N^2 - I^2)\right]^2}, \tag{11.201}$$

而 α_0 满足

$$\cos 2\alpha_0 = \frac{N^2 - I^2}{2b}, \quad \sin 2\alpha_0 = \frac{J^2}{b}, \quad \tan 2\alpha_0 = \frac{2J^2}{N^2 - I^2}. \tag{11.202}$$

从(11.200)式看到，当 $\alpha=\alpha_0$ 时，ω^2 最小，且 ω 的最小值 ω_m 满足

$$\omega_m^2 = a - b = \frac{1}{2}(N^2 + I^2) - \sqrt{J^4 + \frac{1}{4}(N^2 - I^2)^2}$$

$$= \frac{1}{2}\left[(N^2 + I^2) - \sqrt{(N^2 + I^2)^2 - 4q}\right], \tag{11.203}$$

其中

$$q = N^2 I^2 - J^4. \tag{11.204}$$

从(11.203)式看到，在 $N^2>0$，$I^2>0$ 和 $J^2>0$ 的条件下，扰动不稳定($\omega_m^2<0$)的充分必要条件为 $q<0$，或

$$\frac{I^2}{J^2} < \frac{J^2}{N^2}. \tag{11.205}$$

因为等位温线($\bar{\theta}$=常数)和等绝对纬向动量线($\overline{m}$=常数)的斜率分别为

$$\tan\beta \equiv \left(\frac{\partial z}{\partial y}\right)_{\bar{\theta}=\text{常数}} = -\frac{\partial\bar{\theta}/\partial y}{\partial\bar{\theta}/\partial z} = \frac{f_0 \dfrac{\partial \bar{u}}{\partial z}}{N^2} = \frac{J^2}{N^2} \tag{11.206}$$

和

$$\tan\gamma \equiv \left(\frac{\partial z}{\partial y}\right)_{\overline{m}=\text{常数}} = -\frac{\partial\overline{m}/\partial y}{\partial\overline{m}/\partial z} = \frac{f_0 - \dfrac{\partial \bar{u}}{\partial y}}{\dfrac{\partial \bar{u}}{\partial z}} = \frac{I^2}{J^2}, \tag{11.207}$$

因此，(11.205)式可改写为

$$\tan\gamma < \tan\beta. \tag{11.208}$$

即在(y,z)平面上等位温线的斜率大于等绝对纬向动量线的斜率，这也正是图11.8所显示的情况. 考虑到 Richardson 数 Ri 可表示为

$$Ri \equiv \frac{N^2}{(\partial\bar{u}/\partial z)^2} = \frac{f_0^2 N^2}{J^4} = \frac{N^2 I^2}{J^4}\cdot\frac{f_0^2}{I^2}, \tag{11.209}$$

则(11.205)式可改写为

$$Ri < \frac{f_0^2}{I^2}, \tag{11.210}$$

这是在 $N^2>0$，$I^2>0$ 和 $J^2>0$ 的情况下，惯性-重力内波不稳定的充分必要条件.

当然，从(11.196)式看到，只要层结不稳定($N^2<0$)或惯性不稳定($J^2<0$)都可能发生惯性-重力内波的不稳定.

四、惯性-重力内波的超临界(super-critical)稳定度

我们这里讨论的是在飑线系统中，惯性-重力内波的稳定度.

我们仍考虑一密度不连续的分界面，且认为存在一个满足地转关系的基本流场. 问题是考查分界面上的扰动能否发展. 与锋面波不同，这里认为基本流场是连续分布的. 如图11.9，下层空气密度为 ρ_1，上层空气密度为 $\rho_2<\rho_1$，分界面为

$$z = h(x,y,t), \tag{11.211}$$

整个气层厚度为 H.

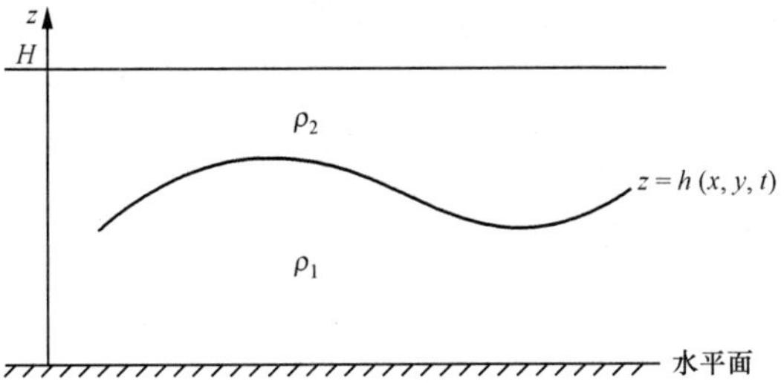

图 11.9 密度不连续面(流场连续分布)

设空气满足静力平衡,又设分界面和上界的气压分别是 p_h 和 p_H,则类似(11.102)式,求得下层空气的压强为

$$p_1 = p_H + g\rho_2 H + g(\rho_1 - \rho_2)h - g\rho_1 z. \tag{11.212}$$

因而

$$\begin{cases} \dfrac{\partial p_1}{\partial x} = g(\rho_1 - \rho_2)\dfrac{\partial h}{\partial x} = \rho_1 g^* \dfrac{\partial h}{\partial x}, \\ \dfrac{\partial p_2}{\partial y} = g(\rho_1 - \rho_2)\dfrac{\partial h}{\partial y} = \rho_1 g^* \dfrac{\partial h}{\partial y}, \end{cases} \tag{11.213}$$

其中

$$g^* = g(\rho_1 - \rho_2)/\rho_1. \tag{11.214}$$

根据(11.213)式,我们可以把下层空气满足的方程写为正压模式(旋转浅水模式)的形式

$$\begin{cases} \dfrac{\partial u}{\partial t} + u\dfrac{\partial u}{\partial x} + v\dfrac{\partial u}{\partial y} - f_0 v = - g^* \dfrac{\partial h}{\partial x}, \\ \dfrac{\partial v}{\partial t} + u\dfrac{\partial v}{\partial x} + v\dfrac{\partial v}{\partial y} + f_0 u = - g^* \dfrac{\partial h}{\partial y}, \\ \dfrac{\partial h}{\partial t} + \dfrac{\partial hu}{\partial x} + \dfrac{\partial hv}{\partial y} = 0. \end{cases} \tag{11.215}$$

令

$$u = \bar{u} + u', \quad v = v', \quad h = h_0(y) + h', \tag{11.216}$$

其中 $\bar{u}$ 满足下列地转关系

$$f_0 \bar{u} = - g^* \frac{\partial h_0}{\partial y}. \tag{11.217}$$

将(11.216)式代入方程组,并利用(11.217)式,则得到方程组(11.215)的线性化形式为

$$\begin{cases}\left(\dfrac{\partial}{\partial t}+\bar{u}\dfrac{\partial}{\partial x}\right)u'-\left(f_0-\dfrac{\partial\bar{u}}{\partial y}\right)v'=-\dfrac{\partial\phi'}{\partial x},\\ \left(\dfrac{\partial}{\partial t}+\bar{u}\dfrac{\partial}{\partial x}\right)v'+f_0u'=-\dfrac{\partial\phi'}{\partial y},\\ \left(\dfrac{\partial}{\partial t}+\bar{u}\dfrac{\partial}{\partial x}\right)\phi'-f_0\bar{u}v'+c_0^2\left(\dfrac{\partial u'}{\partial x}+\dfrac{\partial v'}{\partial y}\right)=0,\end{cases}\tag{11.218}$$

其中

$$\phi'=g^*h',\quad c_0^2=g^*h_0.\tag{11.219}$$

在飑线系统中，大约在 850 hPa 处有一密度的分界面，若取$(\rho_1-\rho_2)/\rho_1\approx 2.5\times10^{-2}$，则 $g^*\approx2.5\times10^{-1}\,\mathrm{m\cdot s^{-2}}$. 相应 $c_0^2\approx4\times10^2\,\mathrm{m^2\cdot s^{-2}}$，因而 $c_0\approx20\,\mathrm{m\cdot s^{-1}}$，这是飑线系统中，波的特征传播速度.

为了简化，我们假定扰动与 y 无关，并设 $\bar{u}=$常数，这样，方程组(11.218)化为

$$\begin{cases}\left(\dfrac{\partial}{\partial t}+\bar{u}\dfrac{\partial}{\partial x}\right)u'-f_0v'=-\dfrac{\partial\phi'}{\partial x},\\ \left(\dfrac{\partial}{\partial t}+\bar{u}\dfrac{\partial}{\partial x}\right)v'+f_0u'=0,\\ \left(\dfrac{\partial}{\partial t}+\bar{u}\dfrac{\partial}{\partial x}\right)\phi'-f_0\bar{u}v'+c_0^2\dfrac{\partial u'}{\partial x}=0.\end{cases}\tag{11.220}$$

从方程组(11.220)的前两式分别消去 v' 和 u' 得

$$\begin{cases}\left[\left(\dfrac{\partial}{\partial t}+\bar{u}\dfrac{\partial}{\partial x}\right)^2+f_0^2\right]u'=-\left(\dfrac{\partial}{\partial t}+\bar{u}\dfrac{\partial}{\partial x}\right)\dfrac{\partial\phi'}{\partial x},\\ \left[\left(\dfrac{\partial}{\partial t}+\bar{u}\dfrac{\partial}{\partial x}\right)^2+f_0^2\right]v'=f_0\dfrac{\partial\phi'}{\partial x}.\end{cases}\tag{11.221}$$

将方程组(11.220)的第三式作$\left[\left(\dfrac{\partial}{\partial t}+\bar{u}\dfrac{\partial}{\partial x}\right)^2+f_0^2\right]$的运算，并利用(11.191)式，得到

$$\mathscr{L}\phi'=0,\tag{11.222}$$

其中

$$\mathscr{L}\equiv\left(\frac{\partial}{\partial t}+\bar{u}\frac{\partial}{\partial x}\right)\left[\left(\frac{\partial}{\partial t}+\bar{u}\frac{\partial}{\partial x}\right)^2+f_0^2-c_0^2\frac{\partial^2}{\partial x^2}\right]-f_0^2\bar{u}\frac{\partial}{\partial x}.\tag{11.223}$$

当 $\bar{u}=0$ 时，上式退化为

$$\mathscr{L}\equiv\frac{\partial}{\partial t}\left(\frac{\partial^2}{\partial t^2}+f_0^2-c_0^2\frac{\partial^2}{\partial x^2}\right),\tag{11.224}$$

这样，由方程(11.222)($\mathscr{L}$取为(11.224)式)求得

$$\omega^2=k^2c_0^2+f_0^2.\tag{11.225}$$

因这里 $c_0^2=g^*h_0=\dfrac{\rho_1-\rho_2}{\rho_1}gh_0$，因而上式表征分界面上的惯性-重力内波，其形式同

惯性-重力外波.

当 $\bar{u}\neq 0$ 时,考虑到算子(11.223)式,我们令

$$\phi' = \hat{\phi}e^{ik(x-ct)}, \tag{11.226}$$

将其代入方程(11.222),得到

$$k^2(\bar{u}-c)^3-(k^2c_0^2+f_0^2)(\bar{u}-c)+f_0^2\bar{u}=0. \tag{11.227}$$

若令

$$p\equiv -\left(c_0^2+\frac{f_0^2}{k^2}\right),\quad q\equiv \frac{f_0^2\bar{u}}{k^2}, \tag{11.228}$$

则方程(11.227)可改写为

$$(\bar{u}-c)^3+p(\bar{u}-c)+q=0. \tag{11.229}$$

根据一元三次代数方程的理论,当

$$R\equiv \frac{p^3}{27}+\frac{q^2}{4}=-\frac{1}{27}\left(c_0^2+\frac{f_0^2}{k^2}\right)^3+\frac{1}{4}\left(\frac{f_0^2\bar{u}}{k^2}\right)^2>0 \tag{11.230}$$

时,方程(11.229)有一个实根和二共轭复根(它使得 $\bar{u}-c$ 为复数,c 的虚部不为零,造成不稳定),否则为三个实根(稳定的情况).若令

$$M\equiv \bar{u}/c_0,\quad \lambda=f_0/\sqrt{2}kc_0, \tag{11.231}$$

则条件(11.230)式化为

$$(\lambda^2M)^2>\left(\frac{1+2\lambda^2}{3}\right)^3. \tag{11.232}$$

上式或改写为

$$M^2>\frac{1}{\lambda^4}\left(\frac{1+2\lambda^2}{3}\right)^3. \tag{11.233}$$

注意下列不等式

$$(1-\lambda^2)^2(1+8\lambda^2)\geqslant 0, \tag{11.234}$$

展开上式左端,则上式化为

$$1+6\lambda^2+12\lambda^4+8\lambda^6\geqslant 27\lambda^4,$$

因而有

$$\left(\frac{1+2\lambda^2}{3}\right)^3\geqslant \lambda^4. \tag{11.235}$$

这样,不等式(11.233)可改写为

$$M^2>1 \tag{11.236}$$

或

$$\bar{u}^2>c_0^2. \tag{11.237}$$

上式表明,只要基本气流 $\bar{u}$ 的绝对值 $|\bar{u}|$ 大于特征波速 c_0,分界面上的惯性-重力内波将是不稳定的,它称为超临界不稳定.

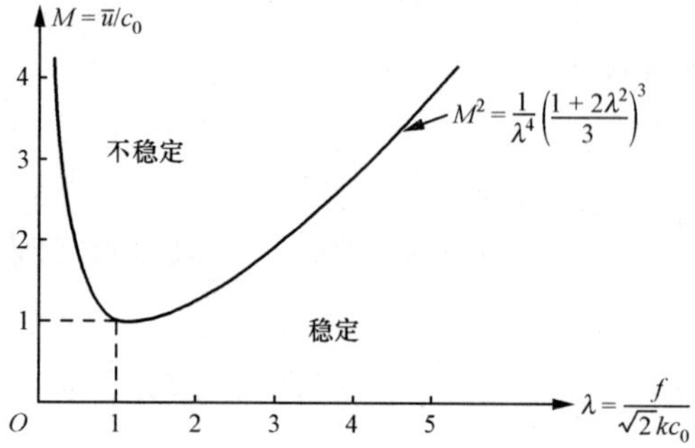

图 11.10 超临界不稳定

图 11.10 给出了 $M^2=\frac{1}{\lambda^4}\left(\frac{1+2\lambda^2}{3}\right)^3$ 的曲线.由图可知,当 $M\geqslant 1$ 时产生不稳定,且 M 值越大,λ 的范围越宽,即不稳定的波长越多.

依一元三次代数方程的理论,我们可以求得方程(11.229)的三个根为

$$\begin{cases} c_1=\bar{u}-(A+B), \\ c_2=\bar{u}+\left[\frac{1}{2}(A+B)-\mathrm{i}\frac{\sqrt{3}}{2}(A-B)\right], \\ c_3=\bar{u}+\left[\frac{1}{2}(A+B)+\mathrm{i}\frac{\sqrt{3}}{2}(A-B)\right], \end{cases} \tag{11.238}$$

其中

$$\begin{aligned} A&\equiv\sqrt[3]{-\frac{f_0^2\bar{u}}{2k^2}+\sqrt{\left(\frac{f_0^2\bar{u}}{2k^2}\right)^2-\left(\frac{k^2c_0^2+f_0^2}{3k^2}\right)^3}}, \\ B&\equiv\sqrt[3]{-\frac{f_0^2\bar{u}}{2k^2}-\sqrt{\left(\frac{f_0^2\bar{u}}{2k^2}\right)^2-\left(\frac{k^2c_0^2+f_0^2}{3k^2}\right)^3}}. \end{aligned} \tag{11.239}$$

因 $A>B$,所以,波速为 c_2 的波是衰减的;而波速为 c_3 的波是增长的,其增长率为

$$|kc_{\mathrm{i}}|=\frac{\sqrt{3}}{2}k(A-B). \tag{11.240}$$

五、锋生和 Q 矢量

锋是大气中温度(或位温)梯度较强的一个狭长区域,锋生是指锋加强,即锋区内温度(或位温)梯度增强的运动过程,通常定义锋生函数为

$$F=\frac{1}{2}\frac{\mathrm{d}}{\mathrm{d}t}(\nabla\theta)^2=\nabla\theta\cdot\frac{\mathrm{d}}{\mathrm{d}t}\nabla\theta, \tag{11.241}$$

其中,θ 是位温.设运动过程是绝热的$\left(\frac{\mathrm{d}\theta}{\mathrm{d}t}=0\right)$,且舍弃与 w 有关的对流项.因为

$$\begin{aligned} \frac{\mathrm{d}}{\mathrm{d}t}\nabla\theta&=\left(\frac{\partial}{\partial t}+u\frac{\partial}{\partial x}+v\frac{\partial}{\partial y}\right)\nabla\theta=\nabla\frac{\mathrm{d}\theta}{\mathrm{d}t}+\nabla\left(u\frac{\partial\theta}{\partial x}+v\frac{\partial\theta}{\partial y}\right)-\left(\frac{\partial\theta}{\partial x}\nabla u+\frac{\partial\theta}{\partial y}\nabla v\right) \\ &=\nabla\frac{\mathrm{d}\theta}{\mathrm{d}t}-\left[\left(\frac{\partial\theta}{\partial x}\frac{\partial u}{\partial x}+\frac{\partial\theta}{\partial y}\frac{\partial v}{\partial x}\right)\boldsymbol{i}+\left(\frac{\partial\theta}{\partial x}\frac{\partial u}{\partial y}+\frac{\partial\theta}{\partial y}\frac{\partial v}{\partial y}\right)\boldsymbol{j}+\left(\frac{\partial\theta}{\partial x}\frac{\partial u}{\partial z}+\frac{\partial\theta}{\partial y}\frac{\partial v}{\partial z}\right)\boldsymbol{k}\right], \end{aligned}$$

上式右端第一项因绝热而为零,右端最后一项若考虑 u,v 为地转风也近于零.如果引进矢量 $\boldsymbol{Q}$,其定义为

$$Q \equiv -\left[\left(\frac{\partial u}{\partial x}\frac{\partial \theta}{\partial x}+\frac{\partial v}{\partial x}\frac{\partial \theta}{\partial y}\right)\boldsymbol{i}+\left(\frac{\partial u}{\partial y}\frac{\partial \theta}{\partial x}+\frac{\partial v}{\partial y}\frac{\partial \theta}{\partial y}\right)\boldsymbol{j}\right], \tag{11.242}$$

则

$$\frac{\mathrm{d}}{\mathrm{d}t}\nabla\theta = \boldsymbol{Q}. \tag{11.243}$$

此式说明,$\boldsymbol{Q}$ 矢量表征了位温梯度的个别变化.

(11.243)式代入(11.241)式,得到

$$F = \boldsymbol{Q}\cdot\nabla\theta. \tag{11.244}$$

它表示锋生函数乃是 $\boldsymbol{Q}$ 矢量与位温梯度的点乘,因而当 $F>0$ 时为锋生,且 $\boldsymbol{Q}$ 与 $\nabla\theta$ 同方向时,F 的数值最大,锋生最强,而当 $F<0$ 时为锋消,且 $\boldsymbol{Q}$ 与 $\nabla\theta$ 反方向时,$|F|$ 最大,锋消最强.

§ 11.4 Rossby 波的稳定度

因为大气大尺度运动的主要波动是 Rossby 波,因而 Rossby 波的稳定度是大气大尺度运动的问题.

讨论 Rossby 波要利用准地转位涡度守恒定律.其线性化的形式为

$$\left(\frac{\partial}{\partial t}+\bar{u}\frac{\partial}{\partial x}\right)q'+\frac{\partial \bar{q}}{\partial y}\frac{\partial \psi'}{\partial x}=0, \tag{11.245}$$

其中

$$\begin{cases} q' = \nabla_{\mathrm{h}}^2\psi' + \dfrac{1}{\rho_0}\dfrac{\partial}{\partial z}\left(\dfrac{f_0^2}{N^2}\rho_0\dfrac{\partial\psi'}{\partial z}\right), \\ \dfrac{\partial\bar{q}}{\partial y} = \beta_0 - \dfrac{\partial^2\bar{u}}{\partial y^2} - \dfrac{1}{\rho_0}\dfrac{\partial}{\partial z}\left(\dfrac{f_0^2}{N^2}\rho_0\dfrac{\partial\bar{u}}{\partial z}\right). \end{cases} \tag{11.246}$$

若取 $N^2=$常数,则上式化为

$$\begin{cases} q' = \nabla_{\mathrm{h}}^2\psi' + \dfrac{f_0^2}{N^2}\dfrac{1}{\rho_0}\dfrac{\partial}{\partial z}\left(\rho_0\dfrac{\partial\psi'}{\partial z}\right) = \nabla_{\mathrm{h}}^2\psi' + \dfrac{f_0^2}{N^2}\left(\dfrac{\partial^2\psi'}{\partial z^2} - \sigma_0\dfrac{\partial\psi'}{\partial z}\right), \\ \dfrac{\partial\bar{q}}{\partial y} = \beta_0 - \dfrac{\partial^2\bar{u}}{\partial y^2} - \dfrac{f_0^2}{N^2}\left(\dfrac{\partial^2\bar{u}}{\partial z^2} - \sigma_0\dfrac{\partial\bar{u}}{\partial z}\right) \quad \left(\sigma_0 = -\dfrac{\partial\ln\rho_0}{\partial z}\right). \end{cases} \tag{11.247}$$

为了求解方程(11.245),我们考虑区域:$0\leqslant\lambda\leqslant 2\pi$,$y_1\leqslant y\leqslant y_2$,$0\leqslant z\leqslant H$.除 λ 方向以 2π 为周期外,y 和 z 方向认为是刚性边条件:

$$\begin{cases} v'\,|_{y=y_1,y_2} = 0, \\ w'\,|_{z=0,H} = 0. \end{cases} \tag{11.248}$$

根据 $v'=\dfrac{\partial\psi'}{\partial x}$ 和(6.53)式(加以线性化),上式化为

$$\begin{cases}\left.\dfrac{\partial\psi'}{\partial x}\right|_{y=y_1,y_2}=0,\\ \left\{\left(\dfrac{\partial}{\partial t}+\bar{u}\dfrac{\partial}{\partial x}\right)\dfrac{\partial\psi'}{\partial z}-\dfrac{\partial\bar{u}}{\partial z}\dfrac{\partial\psi'}{\partial x}\right\}_{z=0,H}=0.\end{cases}\tag{11.249}$$

考虑到 q' 的形式，我们设方程(11.245)的解为

$$\psi'=\Psi(y,z)\mathrm{e}^{\mathrm{i}k(x-ct)+\sigma_0 z/2}.\tag{11.250}$$

将其代入方程(11.245)得到

$$(\bar{u}-c)\left[\frac{\partial^2\Psi}{\partial y^2}-k^2\Psi+\frac{f_0^2}{N^2}\left(\frac{\partial^2\Psi}{\partial z^2}-\frac{\sigma_0^2}{4}\Psi\right)\right]+\frac{\partial\bar{q}}{\partial y}\Psi=0.\tag{11.251}$$

将(11.250)式代入边条件(11.249)，得到

$$\begin{cases}\Psi\,|_{y=y_1,y_2}=0,\\ \left[(\bar{u}-c)\dfrac{\partial\Psi}{\partial z}-\dfrac{\partial\bar{u}}{\partial z}\Psi\right]_{z=0,H}=0.\end{cases}\tag{11.252}$$

以 Ψ 的复共轭 Ψ^* 乘(11.251)式，注意

$$\begin{cases}\Psi^*\dfrac{\partial^2\Psi}{\partial y^2}=\dfrac{\partial}{\partial y}\left(\Psi^*\dfrac{\partial\Psi}{\partial y}\right)-\left|\dfrac{\partial\Psi}{\partial y}\right|^2,\\ \Psi^*\dfrac{\partial^2\Psi}{\partial z^2}=\dfrac{\partial}{\partial z}\left(\Psi^*\dfrac{\partial\Psi}{\partial z}\right)-\left|\dfrac{\partial\Psi}{\partial z}\right|^2,\end{cases}\tag{11.253}$$

则在 $\bar{u}-c\neq0$ 时(方程(11.251)无奇点)，得到

$$\frac{\partial}{\partial y}\left(\Psi^*\frac{\partial\Psi}{\partial y}\right)+\frac{f_0^2}{N^2}\frac{\partial}{\partial z}\left(\Psi^*\frac{\partial\Psi}{\partial z}\right)-\left|\frac{\partial\Psi}{\partial y}\right|^2-\frac{f_0^2}{N^2}\left|\frac{\partial\Psi}{\partial z}\right|^2$$
$$+\left(\frac{\partial\bar{q}/\partial y}{\bar{u}-c}-k^2-\frac{\sigma_0 f_0^2}{4N^2}\right)|\,\Psi\,|^2=0.\tag{11.254}$$

利用边条件(11.252)，将上式对 y,z 的整个区域积分得到

$$\int_0^H\int_{y_1}^{y_2}\left[\left|\frac{\partial\Psi}{\partial y}\right|^2+\frac{f_0^2}{N^2}\left|\frac{\partial\Psi}{\partial z}\right|^2+\left(k^2+\frac{\sigma_0 f_0^2}{4N^2}\right)|\,\Psi\,|^2\right]\delta y\delta z$$
$$=\frac{f_0^2}{N^2}\int_{y_1}^{y_2}\left[\frac{(\bar{u}-c^*)\partial\bar{u}/\partial z}{|\,\bar{u}-c\,|^2}|\,\Psi\,|^2\right]_{z=0}^{z=H}\delta y+\int_0^H\int_{y_1}^{y_2}\frac{(\bar{u}-c^*)\partial\bar{q}/\partial y}{|\,\bar{u}-c\,|^2}|\,\Psi\,|^2\delta y\delta z,\tag{11.255}$$

其中 c^* 为 c 的复共轭.

将上式分成实部和虚部，有

$$\int_0^H\int_{y_1}^{y_2}\left[2E_{\mathrm{p}}-\frac{(\bar{u}-c_{\mathrm{r}})\partial\bar{q}/\partial y}{|\,\bar{u}-c\,|^2}|\,\Psi\,|^2\right]\delta y\delta z=\frac{f_0^2}{N^2}\int_{y_1}^{y_2}\left[\frac{(\bar{u}-c_{\mathrm{r}})\partial\bar{u}/\partial z}{|\,\bar{u}-c\,|^2}|\,\Psi\,|^2\right]_{z=0}^{z=H}\delta y,\tag{11.256}$$

$$c_{\mathrm{i}}\left\{\int_0^H\int_{y_1}^{y_2}\frac{\partial\bar{q}/\partial y}{|\,\bar{u}-c\,|^2}|\,\Psi\,|^2\delta y\delta z+\frac{f_0^2}{N^2}\int_{y_1}^{y_2}\left[\frac{\partial\bar{u}/\partial z}{|\,\bar{u}-c\,|^2}|\,\Psi\,|^2\right]_{z=0}^{z=H}\delta y=0,\right.\tag{11.257}$$

在(11.256)式中

$$E_{\mathrm{p}}=\frac{1}{2}\left\{\left|\frac{\partial \Psi}{\partial y}\right|^{2}+\frac{f_{0}^{2}}{N^{2}}\left|\frac{\partial \Psi}{\partial z}\right|^{2}+\left(k^{2}+\frac{\sigma_{0}^{2} f_{0}^{2}}{4 N^{2}}\right)|\Psi|^{2}\right\}>0. \tag{11.258}$$

在准地转条件下，$u'=-\dfrac{\partial \psi'}{\partial y}$，$v'=\dfrac{\partial \psi'}{\partial x}$，$\dfrac{\theta'}{\theta_0}=\dfrac{f_0}{g}\dfrac{\partial \psi'}{\partial z}$，则由(11.250)式可知，扰动动能与扰动有效势能的实数值分别是

$$\begin{cases}K_{\mathrm{p}}=\dfrac{1}{2}\left(u'^{2}+v'^{2}\right)=\dfrac{1}{2}\left\{\left|\dfrac{\partial \Psi}{\partial y}\right|^{2}+k^{2}|\Psi|^{2}\right\}, \\ A_{\mathrm{p}}=\dfrac{g^{2}}{2 N^{2}}\left(\dfrac{\theta'}{\theta_{0}}\right)^{2}=\dfrac{f_{0}^{2}}{2 N^{2}}\left\{\left|\dfrac{\partial \Psi}{\partial z}\right|^{2}+\dfrac{\sigma_{0}^{2}}{4}|\Psi|^{2}\right\}.\end{cases} \tag{11.259}$$

因而

$$E_{\mathrm{p}}=K_{\mathrm{p}}+A_{\mathrm{p}}, \tag{11.260}$$

即在(11.258)中的 E_{p} 是扰动总能量.

对不稳定 Rossby 波，$c_{\mathrm{i}} \neq 0$，则由(11.257)式得到

$$\int_{0}^{H} \int_{y_{1}}^{y_{2}} \frac{\partial \bar{q} / \partial y}{|\bar{u}-c|^{2}}|\Psi|^{2} \delta y \delta z+\frac{f_{0}^{2}}{N^{2}} \int_{y_{1}}^{y_{2}}\left[\frac{\partial \bar{u} / \partial z}{|\bar{u}-c|^{2}}|\Psi|^{2}\right]_{z=0}^{z=H} \delta y=0, \tag{11.261}$$

这是 Rossby 波不稳定的第一个必要条件. 将(11.227)式代入(11.222)式得到

$$\int_{0}^{H} \int_{y_{1}}^{y_{2}} 2 E_{\mathrm{p}} \delta y \delta z=\int_{0}^{H} \int_{y_{1}}^{y_{2}} \frac{\bar{u} \partial \bar{q} / \partial y}{|\bar{u}-c|^{2}}|\Psi|^{2} \delta y \delta z+\frac{f_{0}^{2}}{N^{2}} \int_{y_{1}}^{y_{2}}\left[\frac{\bar{u} \partial \bar{u} / \partial z}{|\bar{u}-c|^{2}}|\Psi|^{2}\right]_{z=0}^{z=H} \delta y>0, \tag{11.262}$$

这是 Rossby 波不稳定的第二个必要条件. 下面，我们分开纯正压、纯斜压两种情况来说明. 关于 Rossby 波的演变和结构，我们在第八章已从能量的观点作了详尽的讨论，这里不再说明.

一、纯正压稳定度

在纯正压情况，基本流场

$$\bar{u}=\bar{u}(y), \tag{11.263}$$

因而 $\dfrac{\partial \bar{u}}{\partial z}=0$，$\dfrac{\partial^{2} \bar{u}}{\partial z^{2}}=0$；若考虑扰动也与 z 无关的情况，则(11.247)式化为

$$q'=\nabla_{\mathrm{h}}^{2} \psi', \quad \frac{\partial \bar{q}}{\partial y}=\beta_{0}-\frac{\partial^{2} \bar{u}}{\partial y^{2}}. \tag{11.264}$$

1. 不稳定的必要条件

此时，(11.261)式和(11.262)式分别化为

$$\int_{y_{1}}^{y_{2}} \frac{\partial \bar{q} / \partial y}{|\bar{u}-c|^{2}}|\Psi|^{2} \delta y=0, \tag{11.265}$$

$$\int_{y_1}^{y_2}\left(\left|\frac{\partial\Psi}{\partial y}\right|^2+k^2\mid\Psi\mid^2\right)\delta y=\int_{y_1}^{y_2}\frac{\bar{u}\partial\bar{q}/\partial y}{\mid\bar{u}-c\mid^2}\mid\Psi\mid^2\delta y>0. \tag{11.266}$$

因 $|\Psi|^2>0$，$|\bar{u}-c|^2>0$，则上两式成立分别要求：

$$\frac{\partial\bar{q}}{\partial y}=\beta_0-\frac{\partial^2\bar{u}}{\partial y^2}\text{ 在}(y_1,y_2)\text{ 中必须改变正负号；} \tag{11.267}$$

$$\bar{u}\frac{\partial\bar{q}}{\partial y}=\bar{u}\left(\beta_0-\frac{\partial^2\bar{u}}{\partial y^2}\right)\text{在}(y_1,y_2)\text{ 上正相关.} \tag{11.268}$$

(11.267)式称为郭晓岚(H. L. Kuo)定理，它说明正压不稳定扰动要求 $\bar{u}(y)$ 必须使得 $\beta_0-\partial^2\bar{u}/\partial y^2$ 在 (y_1,y_2) 的某些点上取零值；(11.268)式称为 Fjörtoft 定理，它从扰动能量上说明正压不稳定扰动能量增加要求 $\bar{u}(\beta_0-\partial^2\bar{u}/\partial y^2)$ 至少在 (y_1,y_2) 的某些区域上为正值，即便在某些点上 $\bar{u}(\beta_0-\partial^2\bar{u}/\partial y^2)$ 为负，但在整个区域 (y_1,y_2) 上，$\bar{u}\partial\bar{q}/\partial y$ 必须是正相关. 如果 Fjörtoft 定理不满足，那么即便郭晓岚定理成立，正压扰动也是稳定的，这是因为扰动能量是减小的.

在纯正压的条件下，扰动的振幅方程(11.251)和边条件(11.252)分别化为

$$(\bar{u}-c)\left(\frac{\mathrm{d}^2\Psi}{\mathrm{d}y^2}-k^2\Psi\right)+\frac{\partial\bar{q}}{\partial y}\Psi=0, \tag{11.269}$$

$$\Psi\mid_{y=y_1}=0,\quad \Psi\mid_{y=y_2}=0. \tag{11.270}$$

2. 不稳定波的增长率

在正压条件和扰动与 z 无关的条件下，(11.256)式化为

$$\int_{y_1}^{y_2}\frac{(\bar{u}-c_{\mathrm{r}})\partial\bar{q}/\partial y}{\mid\bar{u}-c\mid^2}\mid\Psi\mid^2\delta y=\int_{y_1}^{y_2}\left(\left|\frac{\mathrm{d}\Psi}{\mathrm{d}y}\right|^2+k^2\mid\Psi\mid^2\right)\delta y. \tag{11.271}$$

设扰动的南北宽度为

$$d\equiv y_2-y_1, \tag{11.272}$$

考虑到边条件(11.270)，则将 $\Psi(y)$ 展为下列 Fourier 级数：

$$\Psi(y)=\sum_{n=1}^{\infty}b_n\sin\frac{n\pi(y-y_1)}{d}, \tag{11.273}$$

因而

$$\frac{\mathrm{d}\Psi}{\mathrm{d}y}=\sum_{n=1}^{\infty}\frac{n\pi}{d}b_n\cos\frac{n\pi(y-y_1)}{d}. \tag{11.274}$$

利用(11.273)式和(11.274)式，我们可以对(11.271)式的右端作出估计. 由(11.273)式和(11.274)式有

$$\int_{y_1}^{y_2}\mid\Psi\mid^2\delta y=\sum_{n=1}^{\infty}b_n^2\int_{y_1}^{y_2}\sin^2\frac{n\pi(y-y_1)}{d}\delta y=\frac{d}{2}\sum_{n=1}^{\infty}b_n^2,$$

$$\int_{y_1}^{y_2}\left|\frac{\mathrm{d}\Psi}{\mathrm{d}y}\right|^2\delta y=\sum_{n=1}^{\infty}\left(\frac{n\pi}{d}\right)^2b_n^2\int_{y_1}^{y_2}\cos^2\frac{n\pi(y-y_1)}{d}\delta y$$

$$= \frac{d}{2}\sum_{n=1}^{\infty}\left(\frac{n\pi}{d}\right)^2 b_n^2 \geqslant \left(\frac{\pi}{d}\right)^2 \cdot \frac{d}{2}\sum_{n=1}^{\infty} b_n^2.$$

因而,(11.271)式右端

$$\int_{y_1}^{y_2}\left(\left|\frac{\mathrm{d}\Psi}{\mathrm{d}y}\right|^2 + k^2 \mid \Psi \mid^2\right)\delta y \geqslant \left(k^2 + \frac{\pi^2}{d^2}\right)\frac{d}{2}\sum_{n=1}^{\infty} b_n^2 = \left(k^2 + \frac{\pi^2}{d^2}\right)\int_{y_1}^{y_2} \mid \Psi \mid^2 \delta y, \tag{11.275}$$

而且,(11.271)式化为

$$\int_{y_1}^{y_2} \frac{(\bar{u} - c_r)\partial\bar{q}/\partial y}{\mid \bar{u} - c \mid^2} \mid \Psi \mid^2 \delta y \geqslant \left(k^2 + \frac{\pi^2}{d^2}\right)\int_{y_1}^{y_2} \mid \Psi \mid^2 \delta y. \tag{11.276}$$

又因$|\bar{u}-c|^2=(\bar{u}-c_r)^2+c_i^2 \geqslant 2(\bar{u}-c_r)c_i$,则上式左端

$$\int_{y_1}^{y_2} \frac{(\bar{u} - c_r)\dfrac{\partial\bar{q}}{\partial y}}{\mid \bar{u} - c \mid^2} \mid \Psi \mid^2 \delta y \leqslant \int_{y_1}^{y_2} \left|\frac{(\bar{u} - c_r)\dfrac{\partial\bar{q}}{\partial y}}{\mid \bar{u} - c_r \mid^2}\right| \mid \Psi \mid^2 \delta y$$

$$\leqslant \int_{y_1}^{y_2} \frac{\left|\dfrac{\partial\bar{q}}{\partial y}\right|}{2 \mid c_i \mid} \mid \Psi \mid^2 \delta y \leqslant \frac{\max\limits_{(y_1, y_2)}\left|\dfrac{\partial\bar{q}}{\partial y}\right|}{2 \mid c_i \mid}\int_{y_1}^{y_2} \mid \Psi \mid^2 \delta y. \tag{11.277}$$

将上式与(11.276)式结合有

$$\left(k^2 + \frac{\pi^2}{d^2}\right)\int_{y_1}^{y_2} \mid \Psi \mid^2 \delta y \leqslant \frac{\max\limits_{(y_1, y_2)}\left|\dfrac{\partial\bar{q}}{\partial y}\right|}{2 \mid c_i \mid}\int_{y_1}^{y_2} \mid \Psi \mid^2 \delta y, \tag{11.278}$$

所以

$$\mid c_i \mid \leqslant \max_{(y_1, y_2)}\left|\frac{\partial\bar{q}}{\partial y}\right| \Big/ 2\left(k^2 + \frac{\pi^2}{d^2}\right). \tag{11.279}$$

上式给出了正压不稳定扰动的 c_i 一个上限.由此求得不稳定增长率满足

$$\mid kc_i \mid \leqslant k \max_{(y_1, y_2)}\left|\frac{\partial\bar{q}}{\partial y}\right| \Big/ 2\left(k^2 + \frac{\pi^2}{d^2}\right). \tag{11.280}$$

上式右端当 $k \to 0$ 和 $k \to \infty$ 时都趋向于零,这就表明:最不稳定的波长既不会太长,也不会太短.

3. 半圆定理

不稳定 Rossby 波的移速 c_r 也是有限制的.为此,对方程(11.269)作变换

$$\Psi(y) = (\bar{u} - c)F(y), \tag{11.281}$$

则类似于(11.60)式,方程(11.269)化为

$$\frac{\mathrm{d}}{\mathrm{d}y}\left[(\bar{u} - c)^2\frac{\mathrm{d}F}{\mathrm{d}y}\right] + [\beta_0(\bar{u} - c) - k^2(\bar{u} - c)^2]F = 0. \tag{11.282}$$

以 F 的复共轭 F^* 乘以上式,得

$$\frac{\mathrm{d}}{\mathrm{d}y}\left[(\bar{u} - c)^2 F^* \frac{\mathrm{d}F}{\mathrm{d}y}\right] + \beta_0(\bar{u} - c) \mid F \mid^2 - (\bar{u} - c)^2\left(\left|\frac{\mathrm{d}F}{\mathrm{d}y}\right|^2 + k^2 \mid F \mid^2\right) = 0.$$

自 y_1 到 y_2 积分上式，注意 F^* 也满足边条件(11.270)，得

$$\int_{y_1}^{y_2}(\bar{u}-c)^2\left(\left|\frac{\mathrm{d}F}{\mathrm{d}y}\right|^2+k^2\mid F\mid^2\right)\delta y=\int_{y_1}^{y_2}\beta_0(\bar{u}-c)\mid F\mid^2\delta y. \quad (11.283)$$

上式的实部和虚部分别是

$$\int_{y_1}^{y_2}[(\bar{u}-c_{\mathrm{r}})^2-c_{\mathrm{i}}^2]\left(\left|\frac{\mathrm{d}F}{\mathrm{d}y}\right|^2+k^2\mid F\mid^2\right)\delta y=\int_{y_1}^{y_2}\beta_0(\bar{u}-c_{\mathrm{r}})\mid F\mid^2\delta y, \quad (11.284)$$

$$c_{\mathrm{i}}\left\{\int_{y_1}^{y_2}(\bar{u}-c_{\mathrm{r}})\left(\left|\frac{\mathrm{d}F}{\mathrm{d}y}\right|^2+k^2\mid F\mid^2\right)\delta y-\frac{1}{2}\int_{y_1}^{y_2}\beta_0\mid F\mid^2\delta y\right\}=0. \quad (11.285)$$

对不稳定扰动，$c_{\mathrm{i}}\neq 0$，则由(11.285)式，得到

$$\int_{y_1}^{y_2}(\bar{u}-c_{\mathrm{r}})\left(\left|\frac{\mathrm{d}F}{\mathrm{d}y}\right|^2+k^2\mid F\mid^2\right)\delta y=\frac{1}{2}\int_{y_1}^{y_2}\beta_0\mid F\mid^2\delta y. \quad (11.286)$$

由此求得

$$c_{\mathrm{r}}=\left(\int_{y_1}^{y_2}\bar{u}Q\delta y\Big/\int_{y_1}^{y_2}Q\delta y\right)-\left(\frac{\beta_0}{2}\int_{y_1}^{y_2}\mid F\mid^2\delta y\Big/\int_{y_1}^{y_2}Q\delta y\right), \quad (11.287)$$

其中

$$Q\equiv\left|\frac{\mathrm{d}F}{\mathrm{d}y}\right|^2+k^2\mid F\mid^2\geqslant 0. \quad (11.288)$$

注意 $\frac{\beta_0}{2}\int_{y_1}^{y_2}\mid\Psi\mid^2\delta y>0$，且对 F 应用(11.275)式，若设 $\bar{u}_{\mathrm{m}}$ 和 $\bar{u}_{\mathrm{M}}$ 分别是 $\bar{u}$ 在 (y_1,y_2) 上的最小值与最大值，则由(11.287)式求得

$$\bar{u}_{\mathrm{m}}-\frac{\beta_0}{2\left(k^2+\frac{\pi^2}{d^2}\right)}<c_{\mathrm{r}}<\bar{u}_{\mathrm{M}}, \quad (11.289)$$

这就是正压不稳定 Rossby 波移速 c_{r} 的限制.

利用(11.286)式，(11.284)式化为

$$\int_{y_1}^{y_2}\bar{u}^2Q\delta y=(c_{\mathrm{r}}^2+c_{\mathrm{i}}^2)\int_{y_1}^{y_2}Q\delta y+\int_{y_1}^{y_2}\beta_0\bar{u}\mid F\mid^2\delta y. \quad (11.290)$$

仿(11.87)式到(11.88)式的分析，我们得到

$$\int_{y_1}^{y_2}\{\bar{u}^2-(\bar{u}_{\mathrm{m}}+\bar{u}_{\mathrm{M}})\bar{u}+\bar{u}_{\mathrm{m}}\bar{u}_{\mathrm{M}}\}Q\delta y\leqslant 0. \quad (11.291)$$

将(11.286)式和(11.288)式代入上式得

$$(c_{\mathrm{r}}^2+c_{\mathrm{i}}^2)\int_{y_1}^{y_2}Q\delta y+\int_{y_1}^{y_2}\beta_0\bar{u}\mid F\mid^2\delta y-\int_{y_1}^{y_2}(\bar{u}_{\mathrm{m}}+\bar{u}_{\mathrm{M}})c_{\mathrm{r}}Q\delta y$$
$$-\frac{\bar{u}_{\mathrm{m}}+\bar{u}_{\mathrm{M}}}{2}\int_{y_1}^{y_2}\beta_0\mid F\mid^2\delta y\leqslant 0,$$

即

$$\int_{y_1}^{y_2}\left\{\left[c_r-\frac{1}{2}(\bar{u}_m+\bar{u}_M)\right]^2+c_i^2-\frac{1}{4}(\bar{u}_m+\bar{u}_M)^2\right\}Q\delta y$$

$$+\int_{y_1}^{y_2}\beta_0\left(\bar{u}-\frac{\bar{u}_m+\bar{u}_M}{2}\right)|F|^2\delta y\leqslant 0. \tag{11.292}$$

但 $\bar{u}\geqslant\bar{u}_m$，且对 F 应用(11.275)式，则上式左端第二项

$$\int_{y_1}^{y_2}\beta_0\left(\bar{u}-\frac{\bar{u}_m+\bar{u}_M}{2}\right)|F|^2\delta y\geqslant\int_{y_1}^{y_2}\beta_0\left(\bar{u}_m-\frac{\bar{u}_m+\bar{u}_M}{2}\right)|F|^2\delta y$$

$$=-\frac{\beta_0}{2}(\bar{u}_M-\bar{u}_m)\int_{y_1}^{y_2}|F|^2\delta y\geqslant-\frac{\frac{\beta_0}{2}(\bar{u}_M-\bar{u}_m)}{k^2+\frac{\pi^2}{d^2}}\int_{y_1}^{y_2}Q\delta y.$$

这样，(11.292)式就化为

$$\int_{y_1}^{y_2}\left\{\left[c_r-\frac{1}{2}(\bar{u}_m+\bar{u}_M)\right]^2+c_i^2-\frac{1}{4}(\bar{u}_m+\bar{u}_M)^2-\frac{\beta_0(\bar{u}_M-\bar{u}_m)/2}{k^2+\pi^2/d^2}\right\}Q\delta y\leqslant 0.$$

由此得到

$$(c_r-\bar{u}_0)^2+c_i^2\leqslant c_R^2, \tag{11.293}$$

其中

$$\bar{u}_0=\frac{1}{2}(\bar{u}_M+\bar{u}_m),\quad c_R^2=\bar{u}_0^2+\frac{\beta_0}{k^2+\pi^2/d^2}\hat{u},\quad \hat{u}=\frac{1}{2}(\bar{u}_M-\bar{u}_m). \tag{11.294}$$

(11.293)式就是正压不稳定 Rossby 波的半圆定理.

4. 本征值问题

下面，我们在给定的风速分布条件下，讨论方程(11.269)在边条件(11.270)下的本征值问题. 为了方便起见，我们应用下列无量纲变量

$$\begin{cases}\eta=(y-y_0)/d,\quad \bar{u}_1=\bar{u}/\bar{u}_0,\quad c_1=c/\bar{u}_0,\\ \Psi_1=\Psi/\bar{u}_0 d,\quad k_1=k\cdot d,\quad \beta_1=\beta_0 d^2/\bar{u}_0,\end{cases} \tag{11.295}$$

其中 y_0 为 (y_1,y_2) 间的一个特征位置；$\bar{u}_0$ 是基本风速 $\bar{u}(y)$ 的一个特征量；β_1 就是无量纲的 Rossby 参数. 利用(11.295)式，扰动振幅方程(11.269)和边条件(11.270)分别化为

$$\frac{d^2\Psi_1}{d\eta^2}+\left[\frac{\beta_1-\frac{\partial^2\bar{u}_1}{\partial\eta^2}}{\bar{u}_1-c_1}-k_1^2\right]\Psi_1=0, \tag{11.296}$$

$$\Psi_1|_{\eta=\eta_1,\eta_2}=0\quad(\eta_1=(y_1-y_0)/d,\eta_2=(y_2-y_0)/d). \tag{11.297}$$

我们考查如下两种基本气流分布.

(1) 双曲正切气流

$$\bar{u}=-\bar{u}_0\tanh\frac{y-y_0}{d}. \tag{11.298}$$

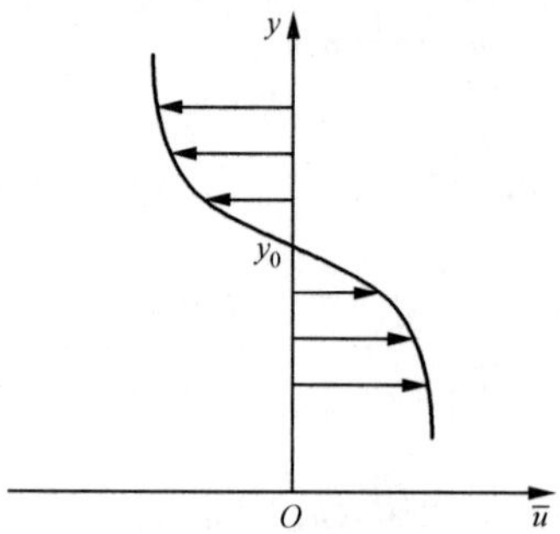

图 11.11　双正切气流

显然，$y=y_0$ 时 $\bar{u}=0$；$y<y_0$ 时 $\bar{u}>0$；$y>y_0$ 时 $\bar{u}<0$. 其图像见图 11.11，它是风速切变区域的抽象.

(11.298)式的无量纲形式为

$$\bar{u}_1 = -\tanh\eta. \tag{11.299}$$

因为

$$\tanh(\pm 3) = \pm 0.99505 \approx \pm 1,$$

因而，可以认为：当 $|\eta|>3$ 时，$\bar{u}_1$ 的数值近于 ± 1. 即此时 $\bar{u}_1$ 不再随 η 而变化，而接近于 $\eta\to\pm\infty$ 时的基本气流.

利用(11.299)式，求得无量纲的绝对涡度梯度为

$$\frac{\partial \bar{q}_1}{\partial \eta} \equiv \beta_1 - \frac{\partial^2 \bar{u}_1}{\partial \eta^2} = \beta_1 - 2t_1(1-t_1^2) = \beta_1 + f(t_1), \tag{11.300}$$

其中

$$t_1 = -\bar{u}_1 = \tanh\eta \tag{11.301}$$

和

$$f(t_1) \equiv 2t_1^3 - 2t_1. \tag{11.302}$$

而当 $t_1=-\sqrt{1/3}$ 时，$f(t_1)$ 有极大值 $4/3\sqrt{3}\approx 0.7698$；当 $t_1=\sqrt{1/3}$ 时，$f(t_1)$ 有极小值 $-4/3\sqrt{3}\approx -0.7698$. 所以，$\dfrac{\partial \bar{q}_1}{\partial \eta}$ 在 (η_1,η_2) 上要改变正负号的条件可写为

$$|\beta_1| < 4/3\sqrt{3} \approx 0.7698. \tag{11.303}$$

上式还原为有量纲形式为

$$\left|\frac{\beta_0 d^2}{\bar{u}_0}\right| < \frac{4}{3\sqrt{3}} \approx 0.7698. \tag{11.304}$$

因此，对于双曲正切气流，要产生不稳定扰动，基本气流必须满足 $|\bar{u}_{\max}|=|\bar{u}_0|$ 要大和切变宽度 d 要小.

(2) 双曲正割气流

$$\bar{u} = \bar{u}_0 \operatorname{sech}^2 \frac{y-y_0}{d}. \tag{11.305}$$

显然，$y=y_0$ 时，$\bar{u}=\bar{u}_0$，这是 $\bar{u}$ 的最大值，其图像见图 11.12，它是急流区域的抽象.

(11.305)式的无量纲形式为

$$\bar{u}_1 = \operatorname{sech}^2 \eta. \tag{11.306}$$

因为

$$\operatorname{sech}^2(\pm 4) \approx 0,$$

因而，可以认为：急流的有效区间为

$$-4 < \eta < 4.$$

利用(11.306)式,求得无量纲的绝对涡度梯度为

$$\frac{\partial \bar{q}_1}{\partial \eta} \equiv \beta_1 - \frac{\partial^2 \bar{u}_1}{\partial \eta^2} = \beta_1 + 6s_1^4 - 4s_1^2 = \beta_1 + g(s_1), \tag{11.307}$$

其中

$$s_1 = \mathrm{sech}\eta \tag{11.308}$$

和

$$g(s_1) = 6s_1^4 - 4s_1^2. \tag{11.309}$$

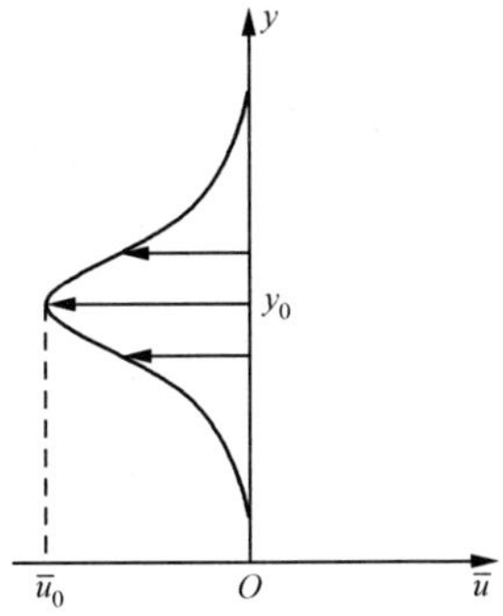

图 11.12　双曲正割气流

而当 $s_1=0$ 时,$g(s_1)$有极大值 0,当 $s_1^2=1/3$ 时,$g(s_1)$有极小值$-2/3$. 所以,$\partial\bar{q}_1/\partial\eta$ 在(η_1,η_2)上要改变正负号的条件可写为

$$-2/3 < \beta_1 < 0. \tag{11.310}$$

上式还原为有量纲形式为

$$-\frac{2}{3} < \frac{\beta_0 d^2}{\bar{u}_0} < 0 \quad \left(\left|\frac{\beta_0 d^2}{\bar{u}_0}\right| < \frac{2}{3}\right). \tag{11.311}$$

因此,对双曲正割气流,$\bar{u}_0>0$ 时(西风急流),扰动是稳定的;而只有 $\bar{u}_0<0$ 时(东风急流)才会产生不稳定扰动,且$|\bar{u}_0|$要大和急流宽度 d 要小.

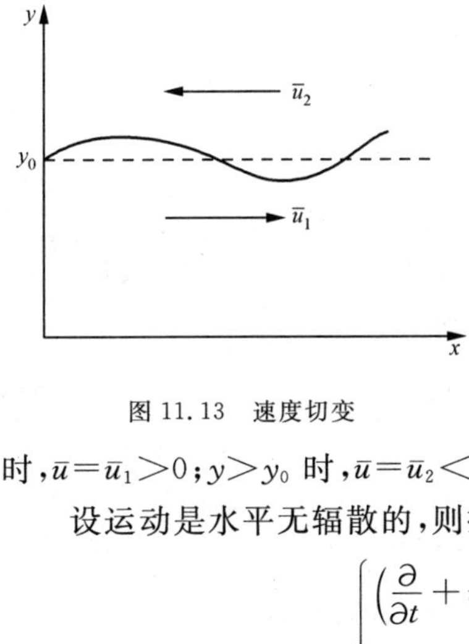

图 11.13　速度切变

以上两种基本气流分布的初步分析表明:当速度切变较大和有效宽度较小时,可以形成大和有效宽度较小时,可以形成正压不稳定. 为了简化,我们考虑如图 11.13 的具有速度不连续的 Rossby 波的正压稳定度,其中 $y=y_0$ 为分界面,且认为界面以南和以北各延伸到无穷远. $y<y_0$ 时,$\bar{u}=\bar{u}_1>0$;$y>y_0$ 时,$\bar{u}=\bar{u}_2<0$. 此时的正压稳定度又称为切变稳定度.

设运动是水平无辐散的,则描述各层的线性化的方程组可以写为

$$\begin{cases} \left(\dfrac{\partial}{\partial t} + \bar{u}_j \dfrac{\partial}{\partial x}\right)u_j' - f_i v_j' = -\dfrac{\partial \phi_j'}{\partial x}, \\ \left(\dfrac{\partial}{\partial t} + \bar{u}_j \dfrac{\partial}{\partial x}\right)v_j' + f_j u_j' = -\dfrac{\partial \phi_j'}{\partial y}, \\ \dfrac{\partial u_j'}{\partial x} + \dfrac{\partial v_j'}{\partial y} = 0, \end{cases} \tag{11.312}$$

其中 $j=1,2$,分别表 $y<y_0$ 和 $y>y_0$ 的区域. 由连续性方程引入流函数 ψ_j' $(j=1,2)$,使得

$$u_j' = -\frac{\partial \psi_j'}{\partial y}, \quad v_j' = \frac{\partial \psi_j'}{\partial x} \quad (j = 1,2), \tag{11.313}$$

则方程组(11.312)化为

$$\mathscr{L}_j \psi_j' = 0 \quad (j = 1,2), \tag{11.314}$$

其中

$$\mathscr{L}_j \equiv \left(\frac{\partial}{\partial t} + \bar{u}_j \frac{\partial}{\partial x}\right)\nabla_{\mathrm{h}}^2 + \beta_j \frac{\partial}{\partial x} \quad (j = 1,2). \tag{11.315}$$

在无穷远处,我们取下列齐次边条件:

$$\psi_1' \mid_{y\to-\infty} \to 0, \quad \psi_2 \mid_{y\to\infty} \to 0; \tag{11.316}$$

在分界面,取位势场(相当于气压场)连续的条件,即

$$y = y_0: \left(\frac{\partial}{\partial t} + \bar{u}_j \frac{\partial}{\partial x}\right)(\phi_1' - \phi_2') + v_j' \frac{\partial(\bar{\phi}_1 - \bar{\phi}_2)}{\partial y} = 0 \quad (j = 1,2). \tag{11.317}$$

因基本位势场满足地转关系,即

$$\frac{\partial \bar{\phi}_1}{\partial y} = -f_1 \bar{u}_1, \quad \frac{\partial \bar{\phi}_2}{\partial y} = -f_2 \bar{u}_2, \tag{11.318}$$

这样,(11.317)式化为

$$y = y_0: \left(\frac{\partial}{\partial t} + \bar{u}_j \frac{\partial}{\partial x}\right)(\phi_1' - \phi_2') - (f_1 \bar{u}_1 - f_2 \bar{u}_2) v_j' = 0 \quad (j = 1,2). \tag{11.319}$$

设方程(11.314)的解为

$$\psi_j' = \Psi_j(y) \mathrm{e}^{\mathrm{i}k(x-ct)} \quad (j = 1,2), \tag{11.320}$$

将其代入方程(11.314),在 $\bar{u}_j - c \neq 0 (j=1,2)$ 时得到

$$\frac{\mathrm{d}^2 \Psi_j}{\mathrm{d}y^2} - \alpha_j^2 \Psi_j = 0 \quad (j = 1,2), \tag{11.321}$$

其中

$$\alpha_j^2 = k^2 + \frac{\beta_{0j}}{c - \bar{u}_j} \quad (j = 1,2). \tag{11.322}$$

方程(11.321)要满足边条件(11.316),只有 $\alpha_j^2 > 0 (j=1,2)$,而且

$$\Psi_1(y) = A\mathrm{e}^{\alpha_1 y}, \quad \Psi_2(y) = B\mathrm{e}^{-\alpha_2 y}, \tag{11.323}$$

其中 α_1, α_2 分别为 α_1^2, α_2^2 的正根,A, B 为两常数.

将上式代入(11.321)式可求得 $\psi_j' (j=1,2)$,然后再代入(11.313)式可求得 $u_j', v_j' (j=1,2)$,再代入方程组(11.312)的第一式或第二式可求得 $\phi_j' (j=1,2)$. 取积分常数为零,我们得到

$$\begin{cases} u_1' = \alpha_1 A e^{\alpha_1 y} e^{ik(x-ct)}, \\ v_1' = ikA e^{\alpha_1 y} e^{ik(x-ct)}, \\ \phi_1' = -[\alpha_1(c-\bar{u}_1) - f_1] A e^{\alpha_1 y} e^{ik(x-ct)}; \end{cases} \tag{11.324}$$

$$\begin{cases} u_2' = \alpha_2 B e^{-\alpha_2 y} e^{ik(x-ct)}, \\ v_2' = ikB e^{-\alpha_2 y} e^{ik(x-ct)}, \\ \phi_2' = [\alpha_2(c-\bar{u}_2) + f_2] B e^{-\alpha_2 y} e^{ik(x-ct)}. \end{cases} \tag{11.325}$$

将(11.324)式和(11.325)式代入分界面条件(11.319)，注意在分界面上 $f_1 = f_2 = f_0$，$\beta_{01} = \beta_{02} = \beta_0$，则有

$$\begin{cases} [\alpha_1(c-\bar{u}_1)^2 - f_0(c-\bar{u}_2)] A e^{\alpha_1 y_0} + [\alpha_2(c-\bar{u}_1)(c-\bar{u}_2) + f_0(c-\bar{u}_1)] B e^{-\alpha_2 y_0} = 0, \\ [\alpha_1(c-\bar{u}_1)(c-\bar{u}_2) - f_0(c-\bar{u}_2)] A e^{\alpha_1 y_0} + [\alpha_2(c-\bar{u}_2)^2 + f_0(c-\bar{u}_1)] B e^{-\alpha_2 y_0} = 0. \end{cases} \tag{11.326}$$

这是待定常数 A, B 的代数方程组，欲使 A, B 有非零解必须而且只有

$$\begin{vmatrix} \alpha_1(c-\bar{u}_1)^2 - f_0(c-\bar{u}_2) & \alpha_2(c-\bar{u}_1)(c-\bar{u}_2) + f_0(c-\bar{u}_1) \\ \alpha_1(c-\bar{u}_1)(c-\bar{u}_2) - f_0(c-\bar{u}_2) & \alpha_2(c-\bar{u}_2)^2 + f_0(c-\bar{u}_1) \end{vmatrix} = 0.$$

将上式展开得

$$\alpha_1(c-\bar{u}_1)^2 + \alpha_2(c-\bar{u}_2)^2 = 0. \tag{11.327}$$

因为 $\alpha_1 > 0$，$\alpha_2 > 0$，则上式成立只有 c 为复数. 以(11.322)式代入，得到下列 c 的三次代数方程：

$$c^3 + ac^2 + bc + d = 0, \tag{11.328}$$

其中

$$\begin{cases} a = -\left[\dfrac{3}{2}(\bar{u}_1 + \bar{u}_2) - \dfrac{3\beta_0}{4k^2}\right], \\ b = \left[(\bar{u}_1^2 + \bar{u}_1\bar{u}_2 + \bar{u}_2^2) - \dfrac{3\beta_0}{4k^2}(\bar{u}_1 + \bar{u}_2)\right], \\ d = -\left[\dfrac{1}{4}(\bar{u}_1 + \bar{u}_2)(\bar{u}_1^2 + \bar{u}_2^2) - \dfrac{\beta_0}{4k^2}(\bar{u}_1^2 + \bar{u}_1\bar{u}_2 + \bar{u}_2^2)\right]. \end{cases} \tag{11.329}$$

令

$$\begin{cases} p \equiv b - \dfrac{1}{3}a^2 = \dfrac{1}{4}\left[(\bar{u}_1 - \bar{u}_2)^2 - \dfrac{3\beta_0^2}{4k^4}\right], \\ q \equiv d - \dfrac{1}{3}ab + \dfrac{2}{27}a^3 = \dfrac{\beta_0^3}{32k^6}. \end{cases} \tag{11.330}$$

根据一元三次代数方程的理论，当

$$R \equiv \frac{p^3}{27} + \frac{q^2}{4} = \frac{1}{12^3}\left[(\bar{u}_1 - \bar{u}_2)^2 - \frac{3\beta_0^2}{4k^4}\right]^3 + \frac{1}{64^2}\left(\frac{\beta_0}{k^2}\right)^6 > 0 \tag{11.331}$$

时，方程(11.328)有一实根和二共轭复根，因而扰动不稳定. 但(11.331)式很容易改写为

$$R \equiv \frac{(\bar{u}_1-\bar{u}_2)^2}{12^3}\left\{\left[(\bar{u}_1-\bar{u}_2)^2-\frac{9\beta_0^2}{8k^4}\right]^2+\frac{27\beta_0^4}{64k^8}\right\}>0. \qquad (11.332)$$

这是一个恒不等式，即不管 $\bar{u}_1, \bar{u}_2$ 及 k 值如何，不等式都成立，因而扰动不稳定.

方程(11.328)的三个根是

$$\begin{cases} c_1=\dfrac{1}{2}\left[(\bar{u}_1+\bar{u}_2)-\dfrac{\beta_0}{2k^2}\right]+A+B, \\ c_2=\dfrac{1}{2}\left[(\bar{u}_1+\bar{u}_2)-\dfrac{\beta_0}{2k^2}\right]+\gamma A+\gamma^2 B=\dfrac{1}{2}\left[(\bar{u}_1+\bar{u}_2)-\dfrac{\beta_0}{2k^2}\right]-\dfrac{1}{2}(A+B)+\mathrm{i}\dfrac{\sqrt{3}}{2}(A-B), \\ c_3=\dfrac{1}{2}\left[(\bar{u}_1+\bar{u}_2)-\dfrac{\beta_0}{2k^2}\right]+\gamma^2 A+\gamma B=\dfrac{1}{2}\left[(\bar{u}_1+\bar{u}_2)-\dfrac{\beta_0}{2k^2}\right]-\dfrac{1}{2}(A+B)-\mathrm{i}\dfrac{\sqrt{3}}{2}(A-B), \end{cases}$$

(11.333)

其中

$$\gamma=-\frac{1}{2}+\mathrm{i}\frac{\sqrt{3}}{2}, \quad \gamma^2=-\frac{1}{2}-\mathrm{i}\frac{\sqrt{3}}{2}, \quad \gamma^3=1 \qquad (11.334)$$

和

$$\begin{cases} A\equiv\left(-\dfrac{q}{2}+\sqrt{R}\right)^{1/3}=\left\{-\dfrac{\beta_0^3}{64k^6}+\dfrac{\bar{u}_1-\bar{u}_2}{24\sqrt{3}}\cdot\sqrt{\left[(\bar{u}_1-\bar{u}_2)^2-\dfrac{9\beta_0^2}{8k^4}\right]^2+\dfrac{27\beta_0^4}{64k^8}}\right\}^{1/3}, \\ B\equiv\left(-\dfrac{q}{2}+\sqrt{R}\right)^{1/3}=\left\{-\dfrac{\beta_0^3}{64k^6}-\dfrac{\bar{u}_1-\bar{u}_2}{24\sqrt{3}}\cdot\sqrt{\left[(\bar{u}_1-\bar{u}_2)^2-\dfrac{9\beta_0^2}{8k^4}\right]^2+\dfrac{27\beta_0^4}{64k^8}}\right\}^{1/3}. \end{cases}$$

(11.335)

又因为 $A>B$，所以，对应 c_3 的波是衰减的，而对应 c_2 的波是增长的，其增长率为

$$|kc_{\mathrm{i}}|=\sqrt{3}k(A-B)/2. \qquad (11.336)$$

二、纯斜压稳定度

在纯斜压情况，基本流场

$$\bar{u}=\bar{u}(z). \qquad (11.337)$$

因而 $\dfrac{\partial\bar{u}}{\partial y}=0, \dfrac{\partial^2\bar{u}}{\partial y^2}=0$；这样，(11.247)式的第二式化为

$$\frac{\partial\bar{q}}{\partial y}=\beta_0-\frac{f_0^2}{N^2}\left(\frac{\partial^2\bar{u}}{\partial z^2}-\sigma_0\frac{\partial\bar{u}}{\partial z}\right). \qquad (11.338)$$

在纯斜压情况下的 Rossby 波，层结通常是稳定的，即 $N^2>0$.

关于纯斜压条件下 Rossby 波不稳定的必要条件(参见本章末习题 11)和半圆定理等可以仿正压情况作类似的讨论，这里我们不再说明. 下面，我们应用准地转

的斜压两层正压模式讨论 Rossby 波的纯斜压稳定度，其示意图见图 11.2. 为了简化，我们假定：在未扰动时，两层空气以 $H_1=H/2$ 作为其分界面，因而，两层空气的厚度均是 $D=H/2$.

依第六章的分析，准地转正压模式的涡度方程可以写为

$$\left(\frac{\partial}{\partial t}+u^{(0)}\frac{\partial}{\partial x}+v^{(0)}\frac{\partial}{\partial y}\right)\zeta^{(0)}+\beta_0 v^{(0)}=f_0\frac{\partial w}{\partial z}, \tag{11.339}$$

其中

$$u^{(0)}=-\frac{\partial\psi}{\partial y},\quad v^{(0)}=\frac{\partial\psi}{\partial x},\quad \zeta^{(0)}=\nabla_{\mathrm{h}}^2\psi. \tag{11.340}$$

这里，准地转流函数 ψ 为

$$\psi=p'/f_0\rho.$$

在此两层模式中，我们应用的边条件是

$$w\big|_{z=0}=0,\quad w\big|_{z=H}=0, \tag{11.341}$$

分界面条件为

$$w\big|_{z=H/2}=\left(\frac{\partial}{\partial t}+u^{(0)}\frac{\partial}{\partial x}+v^{(0)}\frac{\partial}{\partial y}\right)h', \tag{11.342}$$

其中 h' 为分界面的扰动. 而由(11.111)式知

$$p_1'-p_2'=\rho g^* h'\quad\left(g^*=\frac{\rho_1-\rho_2}{\rho}g,\ \rho=\frac{\rho_1+\rho_2}{2}\right). \tag{11.343}$$

对下层空气，从 $z=0$ 到 $z=H/2=D$ 积分涡度方程(11.339)，并应用下边界和分界面条件得

$$\left(\frac{\partial}{\partial t}+u_1^{(0)}\frac{\partial}{\partial x}+v_1^{(0)}\frac{\partial}{\partial y}\right)\zeta_1^{(0)}+\beta_0 v_1^{(0)}=\frac{f_0}{D}\left(\frac{\partial}{\partial t}+u_1^{(0)}\frac{\partial}{\partial x}+v_1^{(0)}\frac{\partial}{\partial y}\right)h'. \tag{11.344}$$

类似，对上层空气，从 $z=H/2=D$ 到 $z=H=2D$ 积分涡度方程(11.339)，并应用分界面条件和上边界条件为

$$\left(\frac{\partial}{\partial t}+u_2^{(0)}\frac{\partial}{\partial x}+v_2^{(0)}\frac{\partial}{\partial y}\right)\zeta_2^{(0)}+\beta_0 v_2^{(0)}=-\frac{f_0}{D}\left(\frac{\partial}{\partial t}+u_2^{(0)}\frac{\partial}{\partial x}+v_2^{(0)}\frac{\partial}{\partial y}\right)h'. \tag{11.345}$$

利用(11.343)式，并令

$$c_0^2=g^* D,\quad \lambda_0^2=f_0^2/c_0^2, \tag{11.346}$$

则方程(11.344)和(11.345)化为

$$\begin{cases}\left(\dfrac{\partial}{\partial t}-\dfrac{\partial\psi_1}{\partial y}\dfrac{\partial}{\partial x}+\dfrac{\partial\psi_1}{\partial x}\dfrac{\partial}{\partial y}\right)[\nabla_{\mathrm{h}}^2\psi_1+\lambda_0^2(\psi_2-\psi_1)]+\beta_0\dfrac{\partial\psi_1}{\partial x}=0,\\ \left(\dfrac{\partial}{\partial t}-\dfrac{\partial\psi_2}{\partial y}\dfrac{\partial}{\partial x}+\dfrac{\partial\psi_2}{\partial x}\dfrac{\partial}{\partial y}\right)[\nabla_{\mathrm{h}}^2\psi_2-\lambda_0^2(\psi_2-\psi_1)]+\beta_0\dfrac{\partial\psi_2}{\partial x}=0\end{cases}\quad(\psi_1\equiv p_1'/f_0\rho,\ \psi_2\equiv p_2'/f_0\rho). \tag{11.347}$$

这就是准地转两层正压模式的方程组，其中 ψ_1,ψ_2 分别为下层和上层空气的准地转流函数.

为了求解方程组(11.347)，我们令

$$\psi_1 = -\bar{u}_1 y + \psi_1', \quad \psi_2 = -\bar{u}_2 y + \psi_2', \tag{11.348}$$

显然 $\bar{u}_1,\bar{u}_2$ 分别为下层和上层的基本气流，$\bar{u}_2-\bar{u}_1\neq 0$ 表征了大气斜压性. 将(11.348)式代入方程组(11.347)，则方程组化为

$$\begin{cases}\left(\dfrac{\partial}{\partial t}+\bar{u}_1\dfrac{\partial}{\partial x}\right)q_1' + [\beta_0 - \lambda_0^2(\bar{u}_2-\bar{u}_1)]\dfrac{\partial \psi_1'}{\partial x} = -\mathrm{J}(\psi_1',q_1'),\\ \left(\dfrac{\partial}{\partial t}+\bar{u}_2\dfrac{\partial}{\partial x}\right)q_2' + [\beta_0 + \lambda_0^2(\bar{u}_2-\bar{u}_1)]\dfrac{\partial \psi_2'}{\partial x} = -\mathrm{J}(\psi_2',q_2'),\end{cases} \tag{11.349}$$

其中

$$q_1' = \nabla_{\mathrm{h}}^2\psi_1' + \lambda_0^2(\psi_2'-\psi_1'), \quad q_2' = \nabla_{\mathrm{h}}^2\psi_2' - \lambda_0^2(\psi_2'-\psi_1'). \tag{11.350}$$

去掉方程组(11.349)右端的非线性项，则方程组(11.349)化为

$$\begin{cases}\left(\dfrac{\partial}{\partial t}+\bar{u}_1\dfrac{\partial}{\partial x}\right)(\nabla_{\mathrm{h}}^2\psi_1' + \lambda_0^2\psi_2') - \lambda_0^2\left(\dfrac{\partial}{\partial t}+\bar{u}_2\dfrac{\partial}{\partial x}\right)\psi_1' + \beta_0\dfrac{\partial \psi_1'}{\partial x} = 0,\\ \left(\dfrac{\partial}{\partial t}+\bar{u}_2\dfrac{\partial}{\partial x}\right)(\nabla_{\mathrm{h}}^2\psi_2' + \lambda_0^2\psi_1') - \lambda_0^2\left(\dfrac{\partial}{\partial t}+\bar{u}_1\dfrac{\partial}{\partial x}\right)\psi_2' + \beta_0\dfrac{\partial \psi_2'}{\partial x} = 0.\end{cases} \tag{11.351}$$

为了求解方程组(11.351)，我们取 y 方向是齐次边条件：

$$\psi_j'\big|_{y=y_1} = 0, \quad \psi_j'\big|_{y=y_2} = 0 \quad (j=1,2). \tag{11.352}$$

这样，我们可设方程组(11.351)的解为

$$(\psi_1',\psi_2') = (\hat{\psi}_1,\hat{\psi}_2)\sin l(y-y_1)\mathrm{e}^{\mathrm{i}k(x-ct)}, \tag{11.353}$$

其中 $l=\pi/d=\pi/(y_2-y_1)$.

将(11.353)式代入方程组(11.351)，得到

$$\begin{cases}[K_{\mathrm{h}}^2(c-\bar{u}_1)+\lambda_0^2(c-\bar{u}_2)+\beta_0]\hat{\psi}_1 - \lambda_0^2(c-\bar{u}_1)\hat{\psi}_2 = 0,\\ -\lambda_0^2(c-\bar{u}_2)\hat{\psi}_1 + [K_{\mathrm{h}}^2(c-\bar{u}_2)+\lambda_0^2(c-\bar{u}_1)+\beta_0]\hat{\psi}_2 = 0.\end{cases} \tag{11.354}$$

这是 $\hat{\psi}_1,\hat{\psi}_2$ 的线性方程组，欲使 $\hat{\psi}_1,\hat{\psi}_2$ 有非零解，其系数行列式必须为零，即

$$\begin{vmatrix} K_{\mathrm{h}}^2(c-\bar{u}_1)+\lambda_0^2(c-\bar{u}_2)+\beta_0 & -\lambda_0^2(c-\bar{u}_1)\\ -\lambda_0^2(c-\bar{u}_2) & K_{\mathrm{h}}^2(c-\bar{u}_2)+\lambda_0^2(c-\bar{u}_1)+\beta_0\end{vmatrix} = 0. \tag{11.355}$$

由此得到下列 c 的二次代数方程

$$ac^2 + bc + d = 0, \tag{11.356}$$

其中

$$\begin{cases}a = K_{\mathrm{h}}^2(K_{\mathrm{h}}^2+2\lambda_0^2), \quad b = 2\beta_0(K_{\mathrm{h}}^2+\lambda_0^2) - K_{\mathrm{h}}^2(K_{\mathrm{h}}^2+2\lambda_0^2)(\bar{u}_1+\bar{u}_2),\\ d = \beta_0^2 - \beta_0(K_{\mathrm{h}}^2+\lambda_0^2)(\bar{u}_1+\bar{u}_2) + K_{\mathrm{h}}^2\lambda_0^2(\bar{u}_1^2+\bar{u}_2^2) + K_{\mathrm{h}}^4\bar{u}_1\bar{u}_2.\end{cases} \tag{11.357}$$

若令

$$\bar{u}=(\bar{u}_1+\bar{u}_2)/2,\quad \hat{u}=(\bar{u}_2-\bar{u}_1)/2,\tag{11.358}$$

则方程(11.356)化为

$$(c-\bar{u})^2+\frac{2\beta_0(K_h^2+\lambda_0^2)}{K_h^2(K_h^2+2\lambda_0^2)}(c-\bar{u})+\frac{\beta_0^2-K_h^2\hat{u}^2(K_h^2-2\lambda_0^2)}{K_h^2(K_h^2+2\lambda_0^2)}=0.\tag{11.359}$$

由此求得

$$c=\bar{u}-\frac{\beta_0}{K_h^2}\cdot\frac{K_h^2+\lambda_0^2}{K_h^2+2\lambda_0^2}\pm\frac{\sqrt{\beta_0^2\lambda_0^4-K_h^4\hat{u}^2(4\lambda_0^4-K_h^4)}}{K_h^2(K_h^2+2\lambda_0^2)}.\tag{11.360}$$

由此可知，在分层流中，Rossby 波斜压稳定度的充分必要条件为

$$\beta_0^2\lambda_0^4-K_h^4\hat{u}^2(4\lambda_0^4-K_h^4)\begin{cases}\geqslant 0, & 稳定,\\ <0, & 不稳定.\end{cases}\tag{11.361}$$

所以，β_0 起稳定的作用，风速垂直切变 $\hat{u}$ 起不稳定的作用，而且，风速垂直切变数值越大，越易不稳定. 当

$$K_h^2\geqslant 2\lambda_0^2\tag{11.362}$$

时，波是稳定的；只有当

$$K_h^2<2\lambda_0^2\tag{11.363}$$

时，波才有可能不稳定. 由 $K_h^2=2\lambda_0^2$，取 $K_h=2\pi/L$ 求得临界波长为

$$L_c=\sqrt{2}\pi/\lambda_0.\tag{11.364}$$

$L_c\approx 3100$ km. 这样，(11.363)式可改写为

$$L>L_c,\tag{11.365}$$

即只有 $L>L_c$ 时，波才有可能不稳定. (11.363)式或(11.365)式即是两层斜压 Rossby 波不稳定的必要条件. 在这个条件满足时，(11.361)式可以化为

$$\hat{u}\begin{cases}\leqslant \hat{u}_c, & 稳定,\\ >\hat{u}_c, & 不稳定,\end{cases}\tag{11.366}$$

其中

$$\hat{u}_c=\beta_0\lambda_0^2/K_h^2\sqrt{4\lambda_0^4-K_h^4}\tag{11.367}$$

为 $\hat{u}$ 的临界值. 根据实际资料分析，$\hat{u}_c\approx 4\ \mathrm{m\cdot s^{-1}}$，因而 $(\bar{u}_2-\bar{u}_1)_c\approx 8\ \mathrm{m\cdot s^{-1}}$，所以，当风速垂直切变 $(\bar{u}_2-\bar{u}_1)>8\ \mathrm{m\cdot s^{-1}}$ 时，才会出现不稳定波.

由上分析知，(11.367)式表征 $K_h^2<2\lambda_0^2$ 时，稳定与不稳定的两层斜压 Rossby 波的分界线. 若以 K_h^2 为横坐标，$\bar{u}_s=\bar{u}_2-\bar{u}_1=2\hat{u}$ 为纵坐标，画出(11.367)式所表示的曲线，见图 11.14. 图中曲线的最低点为 $(\sqrt{2}\lambda_0^2,\beta_0/\lambda_0^2)$，称它为临界点，因此

$$\hat{u}_{c,\min}=\beta_0/2\lambda_0^2.\tag{11.368}$$

类似，取 $K_h=2\pi/L$，还可画出以 L 为横坐标，$\hat{u}$ 为纵坐标的由(11.367)式所表示的曲线，见图 11.15. 由图看出，只有 $\hat{u}>\hat{u}_c$ ($\hat{u}_c\approx 4\ \mathrm{m\cdot s^{-1}}$) 和 $L>L_c$ ($L_c\approx 3100$ km) 的斜压

Rossby 波才可能不稳定，而且，风速垂直切变越大，不稳定波段的范围也越大.

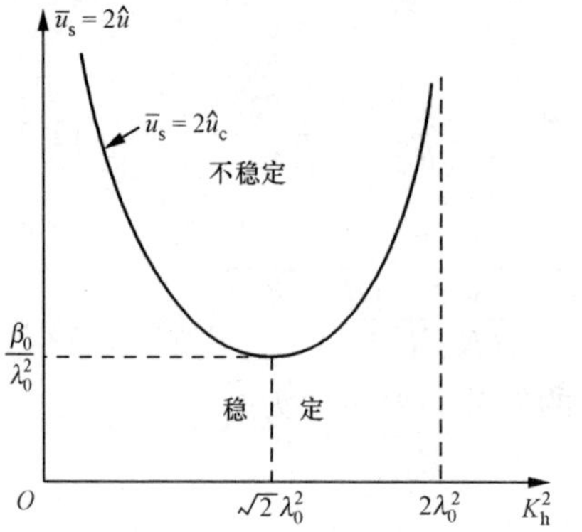

图 11.14　边缘稳定曲线(Ⅰ)

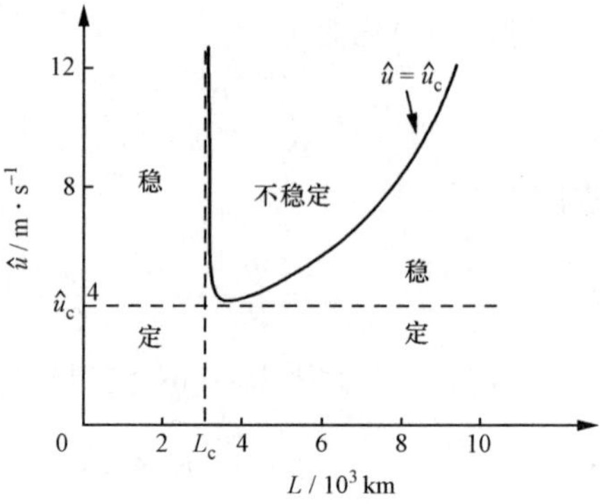

图 11.15　边缘稳定曲线(Ⅱ)

由(11.360)式，令 $\hat{u}=0$(相当于正压状态)，求得

$$c_1 = \bar{u} - \frac{\beta_0}{K_h^2}, \quad c_2 = \bar{u} - \frac{\beta_0}{K_h^2 + 2\lambda_0^2}, \tag{11.369}$$

它们分别表征水平无辐散和有辐散的 Rossby 波. 显然，

$$c_2 > c_1. \tag{11.370}$$

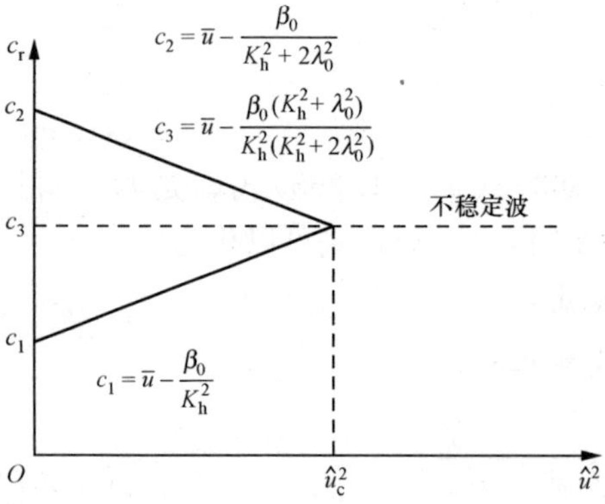

图 11.16　c_r 随 $\hat{u}^2$ 的变化

而当 $K_h^2 < 2\lambda_0^2$ 和 $\hat{u} \leqslant \hat{u}_c$ 时，波稳定，c 为实数，且不难证明

$$c_1 < c < c_2. \tag{11.371}$$

但当 $\hat{u}=\hat{u}_c$ 以后，波开始出现不稳定，c 为复数，其实部

$$c_r = \bar{u} - \frac{\beta_0(K_h^2 + \lambda_0^2)}{K_h^2(K_h^2 + 2\lambda_0^2)} \equiv c_3 \tag{11.372}$$

就代表不稳定波的移速，显然

$$c_1 < c_3 < c_2. \tag{11.373}$$

图 11.16 是由(11.360)式表征的 c_r 随 $\hat{u}^2$ 的变化图.

由(11.360)式求得不稳定波的虚部为

$$c_i = \frac{\beta_0 \lambda_0^2}{K_h^2(K_h^2 + 2\lambda_0^2)} \sqrt{\left(\frac{\hat{u}}{\hat{u}_c}\right)^2 - 1}. \tag{11.374}$$

若令

$$\bar{u}_s = 2\hat{u} = \bar{u}_2 - \bar{u}_1, \tag{11.375}$$

并用 $\bar{u}_c$ 表示 $\bar{u}_s$ 的临界值，即

$$\bar{u}_c = 2\hat{u}_c = \frac{2\beta_0\lambda_0^2}{K_h^2 \cdot \sqrt{4\lambda_0^4 - K_h^4}}, \tag{11.376}$$

则当 $\bar{u}_s$ 略大于 $\bar{u}_c$ 时，即当

$$\bar{u}_s = \bar{u}_c + \Delta, \quad 0 < \Delta \ll \bar{u}_c \tag{11.377}$$

时，由(11.374)式求得

$$c_i = \frac{\beta_0\lambda_0^2}{K_h^2(K_h^2 + 2\lambda_0^2)}\sqrt{\left(1 - \frac{\Delta}{\bar{u}_c}\right)^2 - 1} = \frac{\sqrt{2}\beta_0\lambda_0^2}{K_h^2(K_h^2 + 2\lambda_0^2)}\sqrt{\frac{\Delta}{\bar{u}_c}} + O(\Delta). \tag{11.378}$$

它说明不稳定斜压 Rossby 波的振幅随时间增长率的量级为 $O(\Delta^{1/2})$.

三、空间稳定度

以上，我们讨论的都是对时间的稳定度问题，在空间上认为是作周期性变化.实际并非一概如此，如认为 x 方向仍呈波动状态，若 y 方向也呈周期性变化，我们称波在空间上是稳定的，否则，就称为空间不稳定.

我们就以斜压两层的方程组(11.351)来说明.但这时设解为

$$(\psi_1', \psi_2') = (\Psi_1(y), \Psi_2(y))e^{ik(x-ct)}. \tag{11.379}$$

将上式代入方程组(11.351)，得到

$$\begin{cases} \dfrac{d^2\Psi_1}{dy^2} + a^2\Psi_1 = -\lambda_0^2\Psi_2, \\ \dfrac{d^2\Psi_2}{dy^2} + b^2\Psi_2 = -\lambda_0^2\Psi_1, \end{cases} \tag{11.380}$$

其中

$$a^2 \equiv \frac{\beta_0}{\bar{u}_1 - c} - \lambda_0^2\frac{\bar{u}_2 - c}{\bar{u}_1 - c} - k^2, \quad b^2 \equiv \frac{\beta_0}{\bar{u}_2 - c} - \lambda_0^2\frac{\bar{u}_1 - c}{\bar{u}_2 - c} - k^2. \tag{11.381}$$

从方程组(11.380)看到：λ_0^2 反映高低层间的相互作用.为了反映这种情况，我们设 $a^2 > 0, b^2 > 0$.

方程组(11.380)通过消元可化为

$$\mathscr{L}(\Psi_1, \Psi_2) = 0, \tag{11.382}$$

其中

$$\mathscr{L} \equiv \frac{d^4}{dy^4} + (a^2 + b^2)\frac{d^2}{dy^2} + (a^2b^2 - \lambda_0^4). \tag{11.383}$$

方程(11.382)为双二次线性常系数的微分方程，其特征方程为

$$r^4 + (a^2 + b^2)r^2 + (a^2b^2 - \lambda_0^4) = 0, \tag{11.384}$$

相应的特征根为

$$\begin{cases} r_{1,2}^2 = \dfrac{1}{2}\{-(a^2+b^2)-\sqrt{(a^2+b^2)^2-4(a^2b^2-\lambda_0^4)}\} \\ \quad\;\; = \dfrac{1}{2}\{-(a^2+b^2)-\sqrt{(a^2-b^2)^2+4\lambda_0^4}\}, \\ r_{3,4}^2 = \dfrac{1}{2}\{-(a^2+b^2)+\sqrt{(a^2+b^2)^2-4(a^2b^2-\lambda_0^4)}\} \\ \quad\;\; = \dfrac{1}{2}\{-(a^2+b^2)+\sqrt{(a^2-b^2)^2+4\lambda_0^4}\}. \end{cases} \tag{11.385}$$

特征根的性质反映了解的性质，从而可以判断空间稳定性. 谢义炳教授按如下三种情况进行说明.

1. $a^2b^2-\lambda_0^4=0$

此时，由(11.385)式求得

$$r_1=\sqrt{a^2+b^2}\,\mathrm{i},\quad r_2=-\sqrt{a^2+b^2}\,\mathrm{i},\quad r_3=0,\quad r_4=0. \tag{11.386}$$

相应，方程(11.382)的解为

$$\begin{cases} \Psi_1(y)=A_1+B_1y+C_1\cos\sqrt{a^2+b^2}\,y+D_1\sin\sqrt{a^2+b^2}\,y, \\ \Psi_2(y)=A_2+B_2y+C_2\cos\sqrt{a^2+b^2}\,y+D_2\sin\sqrt{a^2+b^2}\,y, \end{cases} \tag{11.387}$$

其中 $A_1,B_1,C_1,D_1;A_2,B_2,C_2,D_2$ 为任意常数. 由(11.387)式可看出，这是一种临界状态，即是说，当边界条件合适，可使 $B_1=B_2=0$，这是空间稳定状态；否则，是空间不稳定状态.

将(11.381)式代入 $a^2b^2-\lambda_0^4=0$，整理后得

$$c=c_{\mathrm{r}}\pm\sqrt{R}, \tag{11.388}$$

其中

$$c_{\mathrm{r}}=\bar{u}-\frac{\beta_0(k^2+\lambda_0^2)}{k^2(k^2+2\lambda_0^2)},\quad R=\frac{\beta_0^2\lambda_0^4-k^4\hat{u}^2(4\lambda_0^2-k^4)}{k^4(k^2+2\lambda_0^2)^2}. \tag{11.389}$$

(11.389)式即是(11.360)式 $l=0$ 的特例. 所以，在空间临界状态 $a^2b^2-\lambda_0^4=0$ 下，时间稳定度的判据为

$$R\begin{cases} \geqslant 0, & \text{时间稳定}, \\ <0, & \text{时间不稳定}. \end{cases} \tag{11.390}$$

2. $a^2b^2-\lambda_0^4>0$

此时，由(11.385)式求得

$$r_{1,2}=\pm l_1\mathrm{i},\quad r_{3,4}=\pm l_2\mathrm{i}, \tag{11.391}$$

其中 l_1,l_2 为正数，且满足

$$\begin{cases} l_1^2=\dfrac{1}{2}\{(a^2+b^2)+\sqrt{(a^2+b^2)^2-4(a^2b^2-\lambda_0^4)}\}, \\ l_2^2=\dfrac{1}{2}\{(a^2+b^2)-\sqrt{(a^2+b^2)^2-4(a^2b^2-\lambda_0^4)}\}. \end{cases} \tag{11.392}$$

相应，方程(11.382)的解为

$$\begin{cases}\Psi_1(y)=A_1\cos l_1y+B_1\sin l_1y+C_1\cos l_2y+D_1\sin l_2y,\\ \Psi_2(y)=A_2\cos l_1y+B_2\sin l_1y+C_2\cos l_2y+D_2\sin l_2y,\end{cases}\tag{11.393}$$

显然，这是空间稳定状态.

将(11.381)式代入 $a^2b^2-\lambda_0^4>0$，得到

$$(c-c_r)^2-R<0.\tag{11.394}$$

显然 $R>0$ 时不等式成立，c 可以为实数(要求 $|c-c_r|<\sqrt{R}$ 即 $c_r-\sqrt{R}<c<c_r+\sqrt{R}$)，也可以为复数(要求 $c=c_r+ic_i, c_i\neq0$)；而当 $R\leqslant0$ 时，c 只能为复数. 所以，此时再用(11.390)式作为时间稳定度判据已不完全合适. 当然，当 $R\leqslant0$ 时，时间仍然是不稳定的.

3. $a^2b^2-\lambda_0^4<0$

此时，由(11.385)式求得

$$r_{1,2}=\pm li,\quad r_{3,4}=\pm\gamma,\tag{11.395}$$

其中 l,γ 为正数，且满足

$$\begin{cases}l^2=\dfrac{1}{2}\{(a^2+b^2)+\sqrt{(a^2+b^2)^2-4(a^2b^2-\lambda_0^4)}\},\\ \gamma^2=\dfrac{1}{2}\{-(a^2+b^2)+\sqrt{(a^2+b^2)^2-4(a^2b^2-\lambda_0^4)}\}.\end{cases}\tag{11.396}$$

相应，方程(11.382)的解为

$$\begin{cases}\Psi_1(y)=A_1e^{\gamma y}+B_1e^{-\gamma y}+C_1\cos ly+D_1\sin ly,\\ \Psi_2(y)=A_2e^{\gamma y}+B_2e^{-\gamma y}+C_2\cos ly+D_2\sin ly.\end{cases}\tag{11.397}$$

显然，这是空间不稳定状态.

此时，$a^2b^2-\lambda_0^4<0$ 化为

$$(c-c_r)^2-R>0.\tag{11.398}$$

显然，当 $R\geqslant0$ 时，上不等式成立，c 只能为实数；当 $R<0$ 时，c 可以是实数，也可以为复数. 同样，(11.390)式作为时间稳定度判据也已不完全合适，但当 $R\geqslant0$ 时，时间仍然是稳定的.

§11.5　临界层问题

前面，我们举的许多稳定度问题的例子都是假定 $\bar{u}-c\neq0$，即认为方程无奇点，但实际情况可能存在奇点. 下面，我们就正压 Rossby 波的扰动振幅方程(11.269)在边条件(11.270)下的本征值问题

$$\begin{cases}(\bar{u}(y)-c)\left(\dfrac{\mathrm{d}^2\Psi}{\mathrm{d}y^2}-k^2\Psi\right)+B\Psi=0,\\ \Psi\big|_{y=y_1}=0,\quad \Psi\big|_{y=y_2}=0\end{cases}\tag{11.399}$$

为例来说明，其中

$$B\equiv\frac{\partial\bar{q}}{\partial y}=\beta_0-\frac{\partial^2\bar{u}}{\partial y^2}.\tag{11.400}$$

设在(y_1,y_2)内存在一点 $y=y_c$ 使得

$$\bar{u}(y_c)=c.\tag{11.401}$$

这样，$y=y_c$ 即是方程的一个奇点. 在 $y=y_c$ 的邻域，$\bar{u}(y)-c$ 可近似地表为

$$\bar{u}(y)-c=(\bar{u}(y_c)-c)+\frac{\partial\bar{u}}{\partial y}\bigg|_{y=y_c}\cdot(y-y_c)=\frac{\partial\bar{u}}{\partial y}\bigg|_{y=y_c}\cdot(y-y_c).\tag{11.402}$$

因 $\bar{u}(y)$为实数，若 c 为实数(中性波)，上式可能为零；但若 c 为复数(不稳定波)，则要使 $\bar{u}(y)-c=0$，只有 y_c 是复数，这样，问题就转化为在 y 的复平面内讨论.

若 $y=y_c$ 为 $\bar{u}(y)-c$ 的一阶零点，即

$$\frac{\partial\bar{u}}{\partial y}\bigg|_{y=y_c}\neq 0,$$

这样的点称为临界点，由(11.402)式看到，它也是方程的正则奇点. 在临界点附近的区域称为临界层.

在临界层内讨论本征值问题(11.399)，就是设 $\Psi(y)$为下列正则解的形式：

$$\Psi(y)=\eta^{\rho}\sum_{k=0}^{\infty}a_k\eta^k,\quad \eta=y-y_c,\ a_0\neq 0,\tag{11.403}$$

式中 ρ 称为指标.

同时，将 $\bar{u}(y)-c$ 和 $B(y)$也展为 η 的幂级数，即

$$\begin{cases}\bar{u}(y)-c=\bar{u}'(y_c)\eta+\dfrac{1}{2}\bar{u}''(y_c)\eta^2+\cdots,\\ B(y)=B(y_c)+B'(y_c)\eta+\dfrac{1}{2}B''(y_c)\eta^2+\cdots.\end{cases}\tag{11.404}$$

将(11.403)式和(11.404)式一起代入方程，按 η 的幂次排列求得

$$\begin{cases}\bar{u}'(y_c)\rho(\rho-1)a_0=0,\\ \bar{u}'(y_c)\rho(\rho+1)a_1+\left[\dfrac{1}{2}\bar{u}''(y_c)\rho(\rho-1)+B(y_c)\right]a_0=0,\\ \bar{u}'(y_c)(\rho+2)(\rho+1)a_2+\left[\dfrac{1}{2}\bar{u}''(y_c)\rho(\rho+1)+B(y_c)\right]a_1\\ \qquad-[k^2\bar{u}'(y_c)-B'(y_c)]a_0=0,\\ \cdots.\end{cases}\tag{11.405}$$

因 $\bar{u}'(y_c) \neq 0, a_0 \neq 0$,则由(11.405)的第一式求得指标方程为

$$\rho(\rho - 1) = 0. \tag{11.406}$$

取 $\rho=1, a_0=1$,则由(11.405)的第二式求得

$$a_1 = -B(y_c)/2\bar{u}'(y_c). \tag{11.407}$$

类似,还可求得 $a_2, \cdots$.

这样,方程的一个正则解便是

$$\Psi_1 = \eta - \frac{B(y_c)}{2\bar{u}'(y_c)}\eta^2 + \cdots. \tag{11.408}$$

方程的另一个解是下列含 $\ln\eta$ 的正则解:

$$\Psi_2 = \frac{B(y_c)}{\bar{u}'(y_c)}\Psi_1 \ln\eta + (-1 + b_1\eta + b_2\eta^2 + \cdots). \tag{11.409}$$

因为 $\eta = y - y_c$,则当 $\eta > 0$,即 $y > y_c$ 时,$\ln\eta$ 为实数;但当 $\eta < 0$,即 $y < y_c$ 时,$\ln\eta$ 为复数.此时在(11.409)式中

$$\ln\eta = \ln|\eta| - \mathrm{i}\pi \quad (\eta < 0). \tag{11.410}$$

这样,在 $\eta<0$ 时,(11.409)式改写为

$$\Psi_2^* = \frac{B(y_c)}{\bar{u}'(y_c)}\Psi_1(\ln|\eta| - \mathrm{i}\pi) + (-1 + b_1\eta + b_2\eta^2 + \cdots). \tag{11.411}$$

所以,方程的通解最后写为

$$\Psi = \begin{cases} A\Psi_1 + B\Psi_2, & \eta \geqslant 0 \ (y \geqslant y_c), \\ A^*\Psi_1 + B^*\Psi_2^*, & \eta \leqslant 0 \ (y \leqslant y_c), \end{cases} \tag{11.412}$$

其中 A, A^*, B, B^* 为待定常数.由 $y=y_1$ 和 $y=y_2$ 的边条件和 Ψ 在 $y=y_c$ 的连续性条件,我们定得

$$\begin{cases} B^* = B, \\ A\Psi_1(y_2) = -B\Psi_2(y_2), \\ A^*\Psi_1(y_1) = -B\Psi_2^*(y_1), \end{cases} \tag{11.413}$$

这是 A, A^* 和 B 之间的相互联系.显然,方程有非零解,A, A^*, B 都不能为零.这样,对应于(11.410)式,必然会出现 c 为复数的不稳定波解.曾庆存教授(1986)曾论证:由(11.412)式和(11.413)式所确定的 Ψ 在$[y_1, y_2]$的任何点上都连续,而且 c 为连续谱($\bar{u}_{\min} \leqslant c \leqslant \bar{u}_{\max}$).

关于斜压 Rossby 波的临界层问题可参见本章末习题 12.

§ 11.6 非线性稳定度

前面讨论稳定度用的都是线性方程.对于线性的不稳定波,其振幅随时间按指数增长,这种增长是无限制的,不符合实际.所以,讨论稳定度问题必须考虑非线性

的作用.事实上,线性理论也只在扰动发展的初始阶段才成立,一当扰动发展到有限振幅时,非线性项就不能再忽略了.我们就以分层的斜压模式为例,应用多尺度方法讨论非线性 Rossby 波的稳定度,其控制方程是方程组(11.349).

先将方程组(11.349)无量纲化.水平尺度取为 L,速度尺度取为 U,时间尺度取为 L/U,流函数的尺度取为 LU,再注意无量纲的 Rossby 参数为 $\beta_1=\beta_0 L^2/U$,这样,我们得到方程组(11.349)的无量纲形式为

$$\begin{cases}\left(\dfrac{\partial}{\partial t}+\bar{u}_1\dfrac{\partial}{\partial x}\right)q_1'+[\beta_1-\mu_0^2(\bar{u}_2-\bar{u}_1)]\dfrac{\partial\psi_1'}{\partial x}=-\mathrm{J}(\psi_1',q_1'),\\ \left(\dfrac{\partial}{\partial t}+\bar{u}_2\dfrac{\partial}{\partial x}\right)q_2'+[\beta_1+\mu_0^2(\bar{u}_2-\bar{u}_1)]\dfrac{\partial\psi_2'}{\partial x}=-\mathrm{J}(\psi_2',q_2').\end{cases}\tag{11.414}$$

其中所有量都是无量纲量,形式同方程组(11.349),只是 λ_0^2 改为

$$\mu_0^2=\lambda_0^2L^2=f_0^2L^2/c_0^2,\tag{11.415}$$

而

$$q_1'=\nabla_{\mathrm{h}}^2\psi_1'+\mu_0^2(\psi_2'-\psi_1'),\quad q_2'=\nabla_{\mathrm{h}}^2\psi_2'-\mu_0^2(\psi_2'-\psi_1').\tag{11.416}$$

按§11.4的分析,若

$$\bar{u}_{\mathrm{s}}\equiv\bar{u}_2-\bar{u}_1=\bar{u}_{\mathrm{c}}+\Delta\quad(0<\Delta\ll\bar{u}_{\mathrm{s}}),\tag{11.417}$$

则

$$c_{\mathrm{i}}\propto\Delta^{1/2}.\tag{11.418}$$

它说明波振幅演变的自然时间尺度为 $O(\Delta^{1/2})$,为此,令

$$\varepsilon\equiv\Delta^{1/2}=(\bar{u}_{\mathrm{s}}-\bar{u}_{\mathrm{c}})^{1/2},\tag{11.419}$$

则相位演变的时间尺度为

$$\tau=t,\tag{11.420}$$

而振幅演变的时间尺度为

$$T=\varepsilon t.\tag{11.421}$$

这样,无量纲的准地转流函数可以表为

$$\psi_j'=\psi_j'(x,y,\tau,T)\quad(j=1,2).\tag{11.422}$$

应用复合函数求导的法则有

$$\frac{\partial\psi_j'}{\partial t}=\frac{\partial\psi_j'}{\partial\tau}+\varepsilon\frac{\partial\psi_j'}{\partial T}\quad(j=1,2).\tag{11.423}$$

注意

$$\bar{u}_2=\bar{u}_1+\bar{u}_{\mathrm{s}}=\bar{u}_1+\bar{u}_{\mathrm{c}}+\Delta=\bar{u}_1+\bar{u}_{\mathrm{c}}+\varepsilon^2,\tag{11.424}$$

则方程组(11.414)化为

$$\begin{cases}\left(\dfrac{\partial}{\partial\tau}+\varepsilon\dfrac{\partial}{\partial T}+\bar{u}_1\dfrac{\partial}{\partial x}\right)q_1'+[\beta_1-\mu_0^2(\bar{u}_{\mathrm{c}}+\varepsilon^2)]\dfrac{\partial\psi_1'}{\partial x}=-\mathrm{J}(\psi_1',q_1'),\\ \left[\dfrac{\partial}{\partial\tau}+\varepsilon\dfrac{\partial}{\partial T}+(\bar{u}_1+\bar{u}_{\mathrm{c}}+\varepsilon^2)\dfrac{\partial}{\partial x}\right]q_2'+[\beta_1+\mu_0^2(\bar{u}_{\mathrm{c}}+\varepsilon^2)]\dfrac{\partial\psi_2'}{\partial x}=-\mathrm{J}(\psi_2',q_2').\end{cases}\tag{11.425}$$

将 ψ_j', q_j' $(j=1,2)$ 展为 ε 的幂级数，即

$$\begin{cases} \psi_j' = \varepsilon\psi_j^{(1)} + \varepsilon^2\psi_j^{(2)} + \cdots, \\ q_j' = \varepsilon q_j^{(1)} + \varepsilon^2 q_j^{(2)} + \cdots, \end{cases} \tag{11.426}$$

将(11.426)式代入(11.425)式，仅保留 $O(\varepsilon)$ 的量，得到方程组(11.391)的一级近似为

$$\begin{cases} \left(\dfrac{\partial}{\partial\tau} + \bar{u}_1\dfrac{\partial}{\partial x}\right)q_1^{(1)} + (\beta_1 - \mu_0^2\bar{u}_c)\dfrac{\partial\psi_1^{(1)}}{\partial x} = 0, \\ \left[\dfrac{\partial}{\partial\tau} + (\bar{u}_1 + \bar{u}_c)\dfrac{\partial}{\partial x}\right]q_2^{(1)} + (\beta_1 + \mu_0^2\bar{u}_c)\dfrac{\partial\psi_2^{(1)}}{\partial x} = 0. \end{cases} \tag{11.427}$$

令方程组(11.427)的解为

$$\begin{cases} \psi_1^{(1)} = A_1^{(1)}\mathrm{e}^{\mathrm{i}k(x-c\tau)}\sin ly, \\ \psi_2^{(1)} = A_2^{(1)}\mathrm{e}^{\mathrm{i}k(x-c\tau)}\sin ly, \end{cases} \tag{11.428}$$

令其代入方程组(11.427)，得到

$$\begin{cases} I_1A_1^{(1)} + I_2A_2^{(1)} = 0, \\ J_1A_1^{(1)} + J_2A_2^{(1)} = 0, \end{cases} \tag{11.429}$$

其中

$$\begin{cases} I_1 = (K_\mathrm{h}^2 + \mu_0^2)(\bar{u}_1 - c) - \beta_1 + \mu_0^2\bar{u}_c, \quad I_2 = -\mu_0^2(\bar{u}_1 - c), \\ J_1 = -\mu_0^2(\bar{u}_1 + \bar{u}_c - c), \quad J_2 = (K_\mathrm{h}^2 + \mu_0^2)(\bar{u}_1 + \bar{u}_2 - c) - \beta_1 - \mu_0^2\bar{u}_c. \end{cases} \tag{11.430}$$

$A_1^{(1)}, A_2^{(1)}$ 有非零解，则必有系数行列式为零，即

$$\begin{vmatrix} I_1 & I_2 \\ J_1 & J_2 \end{vmatrix} = I_1J_2 - I_2J_1 = 0. \tag{11.431}$$

将(11.430)式代入(11.431)式，得到

$$K_\mathrm{h}^2(K_\mathrm{h}^2 + 2\mu_0^2)\left\{(\bar{u}_1 - c)^2 + \left[\bar{u}_c - \frac{2(K_\mathrm{h}^2 + \mu_0^2)\beta_1}{K_\mathrm{h}^2(K_\mathrm{h}^2 + 2\mu_0^2)}\right](\bar{u}_1 - c) + \frac{[K_\mathrm{h}^2\mu_0^2\bar{u}_c^2 - (K_\mathrm{h}^2 + \mu_0^2)\bar{u}_c\beta_1 + \beta_1^2]}{K_\mathrm{h}^2(K_\mathrm{h}^2 + 2\mu_0^2)}\right\} = 0. \tag{11.432}$$

由上式求得

$$c = \bar{u}_1 + \frac{\bar{u}_c}{2} - \frac{\beta_0(K_\mathrm{h}^2 + \mu_0^2)}{K_\mathrm{h}^2(K_\mathrm{h}^2 + 2\mu_0^2)} \pm \sqrt{R}, \tag{11.433}$$

其中

$$R = \frac{K_\mathrm{h}^2 - \mu_0^2}{4(K_\mathrm{h}^2 + 2\mu_0^2)}\left[\bar{u}_c^2 - \frac{4\beta_1^2\mu_0^2}{K_\mathrm{h}^4(4\mu_0^4 - K_\mathrm{h}^4)}\right]. \tag{11.434}$$

因为 $\bar{u}_c$ 是风速垂直切变 $\bar{u}_2 - \bar{u}_1$ 的临界值，由在 § 11.4 中的分析可知，它是由

$R=0$ 求得的，即

$$\bar{u}_c = 2\beta_1\mu_0^2/K_h^2\sqrt{4\mu_0^4 - K_h^4}. \tag{11.435}$$

这样，(11.433)式化为

$$c = \bar{u}_1 + \frac{\bar{u}_c}{2} - \frac{\beta_1(K_h^2+\mu_0^2)}{K_h^2(K_h^2+2\mu_0^2)}, \tag{11.436}$$

这是实数. 所以，方程组(11.425)的第一级近似(线性解)说明上下两层扰动的相位相同，但它不能求出扰动的振幅，而可以获得两层的扰动振幅比为

$$\begin{cases}\gamma \equiv \dfrac{A_1^{(1)}}{A_2^{(1)}} = -\dfrac{I_2}{I_1} = \mu_0^2\Big/\left(K_h^2 + \mu_0^2 - \dfrac{\beta_1 - \mu_0^2\bar{u}_c}{\bar{u}_1 - c}\right),\\[2ex] \gamma \equiv \dfrac{A_1^{(1)}}{A_2^{(1)}} = -\dfrac{J_2}{J_1} = 1 + \dfrac{K_h^2}{\mu_0^2} - \dfrac{\beta_1 + \mu_0^2\bar{u}_c}{\mu_0^2(K_h^2+2\mu_0^2)}.\end{cases} \tag{11.437}$$

因而

$$\psi_1^{(1)} = \gamma\psi_2^{(1)}, \tag{11.438}$$

而且，由(11.416)式不难求得

$$q_1^{(1)} = -\frac{\beta_1 - \mu_0^2\bar{u}_c}{\bar{u}_1 - c}\psi_1^{(1)}, \quad q_2^{(1)} = -\frac{\beta_1 + \mu_0^2\bar{u}_c}{\bar{u}_1 + \bar{u}_c - c}\psi_2^{(1)}. \tag{11.439}$$

由上式有

$$\mathrm{J}(\psi_1^{(1)}, q_1^{(1)}) = 0, \quad \mathrm{J}(\psi_2^{(1)}, q_2^{(1)}) = 0. \tag{11.440}$$

方程组(11.425)的二级近似($O(\varepsilon^2)$)为

$$\begin{cases}\left(\dfrac{\partial}{\partial\tau} + \bar{u}_1\dfrac{\partial}{\partial x}\right)q_1^{(2)} + (\beta_1 - \mu_0^2\bar{u}_c)\dfrac{\partial\psi_1^{(2)}}{\partial x} = -\dfrac{\partial q_1^{(1)}}{\partial T},\\[2ex] \left[\dfrac{\partial}{\partial\tau} + (\bar{u}_1 + \bar{u}_c)\dfrac{\partial}{\partial x}\right]q_2^{(2)} + (\beta_1 + \mu_0^2\bar{u}_c)\dfrac{\partial\psi_2^{(2)}}{\partial x} = -\dfrac{\partial q_2^{(1)}}{\partial T},\end{cases} \tag{11.441}$$

这是包含非齐次项的方程组. 为此设它的解为

$$\begin{cases}\psi_1^{(2)} = \boldsymbol{\Psi}_1^{(2)}(y,T) + A_1^{(2)}\mathrm{e}^{\mathrm{i}k(x-c\tau)}\sin ly,\\ \psi_2^{(2)} = \boldsymbol{\Psi}_2^{(2)}(y,T) + A_2^{(2)}\mathrm{e}^{\mathrm{i}k(x-c\tau)}\sin ly,\end{cases} \tag{11.442}$$

其中 $\boldsymbol{\Psi}_1^{(2)}(y,T)$ 和 $\boldsymbol{\Psi}_2^{(2)}(y,T)$ 为方程组(11.441)的齐次方程的解.

将(11.442)式代入方程组(11.441)，得到

$$\begin{cases}I_1A_1^{(2)} + I_2A_2^{(2)} = \dfrac{\mathrm{i}}{k}\left[(K_h^2+\mu_0^2)\dfrac{\mathrm{d}A_1^{(1)}}{\mathrm{d}T} - \mu_0^2\dfrac{\mathrm{d}A_2^{(1)}}{\mathrm{d}T}\right],\\[2ex] J_1A_1^{(2)} + J_2A_2^{(2)} = \dfrac{\mathrm{i}}{k}\left[(K_h^2+\mu_0^2)\dfrac{\mathrm{d}A_2^{(1)}}{\mathrm{d}T} - \mu_0^2\dfrac{\mathrm{d}A_1^{(1)}}{\mathrm{d}T}\right].\end{cases} \tag{11.443}$$

将(11.443)的第一式除以($-I_1$)，第二式除以($-J_1$)，并利用(11.438)式和(11.439)式，得到

$$
\begin{cases}
\gamma A_2^{(2)} - A_1^{(2)} = -\dfrac{\mathrm{i}(\beta_1 - \mu_0^2 \bar{u}_c)}{kI_1(\bar{u}_1 - c)} \dfrac{\mathrm{d}A_1^{(1)}}{\mathrm{d}T} = -\dfrac{\mathrm{i}\gamma^2(\beta_1 - \mu_0^2 \bar{u}_c)}{k\mu_0^2(\bar{u}_1 - c)^2} \dfrac{\mathrm{d}A_2^{(1)}}{\mathrm{d}T}, \\
\gamma A_2^{(2)} - A_1^{(2)} = -\dfrac{\mathrm{i}(\beta_1 + \mu_0^2 \bar{u}_c)}{kJ_1(\bar{u}_1 + \bar{u}_c - c)} \dfrac{\mathrm{d}A_2^{(1)}}{\mathrm{d}T} = \dfrac{\mathrm{i}(\beta_1 + \mu_0^2 \bar{u}_c)}{k\mu_0^2(\bar{u}_1 + \bar{u}_c - c)^2} \dfrac{\mathrm{d}A_2^{(1)}}{\mathrm{d}T}.
\end{cases}
\tag{11.444}
$$

利用(11.435),(11.436)和(11.437)式,不难证明,(11.444)的两式右端完全相同,因而,由(11.444)式求得

$$
A_1^{(2)} = \gamma A_2^{(2)} - \frac{\mathrm{i}(\beta_1 + \mu_0^2 \bar{u}_c)}{k\mu_0^2(\bar{u}_1 + \bar{u}_c - c)^2} \frac{\mathrm{d}A_2^{(1)}}{\mathrm{d}T}. \tag{11.445}
$$

上式表明:当 $\psi_2^{(1)} \neq 0$ 时,方程组(11.425)的第二级近似反映出上下层扰动振幅存在相位差,而且把(11.445)式与(11.437)式比较可知,第二级近似相对第一级近似多了一个修正项.为了方便,我们就把 $A_2^{(1)}$ 视为上层扰动的振幅,这样可令

$$
A_2^{(2)} = 0, \quad A_2^{(1)} = A(T), \quad A_1^{(1)} = \gamma A(T). \tag{11.446}
$$

因而,(11.445)式化为

$$
A_1^{(2)} = -\frac{\mathrm{i}(\beta_1 + \mu_0^2 u_c)}{k\mu_0^2(\bar{u}_1 + \bar{u}_c - c)^2} \frac{\mathrm{d}A_2^{(1)}}{\mathrm{d}T} = -\frac{\mathrm{i}(\beta_1 + \mu_0^2 u_c)}{k\mu_0^2(\bar{u}_1 + \bar{u}_c - c)^2} \frac{\mathrm{d}A}{\mathrm{d}T}. \tag{11.447}
$$

而(11.442)式化为

$$
\begin{cases}
\psi_1^{(2)} = \Psi_1^{(2)}(y,T) - \dfrac{\mathrm{i}(\beta_1 + \mu_0^2 \bar{u}_c)}{k\mu_0^2(\bar{u}_1 + \bar{u}_c - c)^2} \dfrac{\mathrm{d}A}{\mathrm{d}T} \mathrm{e}^{\mathrm{i}k(x-ct)} \sin ly, \\
\psi_2^{(2)} = \Psi_2^{(2)}(y,T).
\end{cases}
\tag{11.448}
$$

而且由(11.426)式不难求得

$$
\begin{cases}
q_1^{(2)} = \dfrac{\mathrm{i}(K_h^2 + \mu_0^2)(\beta_1 + \mu_0^2 \bar{u}_c)}{k\mu_0^2(\bar{u}_1 + \bar{u}_c - c)^2} \dfrac{\mathrm{d}A}{\mathrm{d}T} \mathrm{e}^{\mathrm{i}k(x-ct)} \sin ly + \left[\dfrac{\partial^2 \Psi_1^{(2)}}{\partial y^2} + \mu_0^2(\Psi_2^{(2)} - \Psi_1^{(2)})\right], \\
q_2^{(2)} = -\dfrac{\mathrm{i}(\beta_1 + \mu_0^2 \bar{u}_c)}{k(\bar{u}_1 + \bar{u}_c - c)^2} \dfrac{\mathrm{d}A}{\mathrm{d}T} \mathrm{e}^{\mathrm{i}k(x-ct)} \sin ly + \left[\dfrac{\partial^2 \Psi_2^{(2)}}{\partial y^2} - \mu_0^2(\Psi_2^{(2)} - \Psi_1^{(2)})\right].
\end{cases}
\tag{11.449}
$$

此时,(11.442)式化为

$$
\begin{cases}
\psi_1^{(2)} = \Psi_1^{(2)}(y,T) - \dfrac{\mathrm{i}(\beta_1 + \mu_0^2 \bar{u}_c)}{k\mu_0^2(\bar{u}_1 + \bar{u}_c - c)^2} \dfrac{\mathrm{d}A}{\mathrm{d}T} \mathrm{e}^{\mathrm{i}k(x-ct)} \sin ly, \\
\psi_2^{(2)} = \Psi_2^{(2)}(y,T).
\end{cases}
\tag{11.450}
$$

而(11.428)式和(11.439)式分别化为

$$
\begin{cases}
\psi_1^{(1)} = \gamma A \mathrm{e}^{\mathrm{i}k(x-ct)} \sin ly, \\
\psi_2^{(1)} = A \mathrm{e}^{\mathrm{i}k(x-ct)} \sin ly;
\end{cases}
\tag{11.451}
$$

$$\begin{cases} q_1^{(1)} = -\dfrac{\beta_1 - \mu_0^2 \bar{u}_c}{\bar{u}_1 - c}\gamma A\, \mathrm{e}^{\mathrm{i}k(x-c\tau)} \sin ly, \\ q_2^{(1)} = -\dfrac{\beta_1 + \mu_0^2 \bar{u}_c}{\bar{u}_1 + \bar{u}_c - c} A\, \mathrm{e}^{\mathrm{i}k(x-c\tau)} \sin ly. \end{cases} \tag{11.452}$$

综合(11.451)式和(11.448)式有

$$\begin{cases} \psi_1' = \varepsilon\left\{\gamma A - \dfrac{\mathrm{i}\varepsilon(\beta_1 + \mu_0^2 \bar{u}_c)}{k\mu_0^2(\bar{u}_1 + \bar{u}_c - c)^2}\dfrac{\mathrm{d}A}{\mathrm{d}T} + O(\varepsilon^2)\right\}\mathrm{e}^{\mathrm{i}k(x-c\tau)} \sin ly + \varepsilon^2 \boldsymbol{\Psi}_1^{(2)}(y,T), \\ \psi_2' = \varepsilon\{A + O(\varepsilon^2)\}\mathrm{e}^{\mathrm{i}k(x-c\tau)} \sin ly + \varepsilon^2 \boldsymbol{\Psi}_2^{(2)}(y,T); \end{cases} \tag{11.453}$$

综合(11.452)式和(11.449)式有

$$\begin{cases} q_1' = \varepsilon\left\{-\dfrac{\beta_1 - \mu_0^2 \bar{u}_c}{\bar{u}_1 - c}\gamma A + \dfrac{\mathrm{i}\varepsilon(K_h^2 + \mu_0^2)(\beta_1 + \mu_0^2 \bar{u}_c)}{k\mu_0^2(\bar{u}_1 + \bar{u}_c - c)^2}\dfrac{\mathrm{d}A}{\mathrm{d}T} + O(\varepsilon^2)\right\}\mathrm{e}^{\mathrm{i}k(x-c\tau)} \sin ly \\ \qquad + \varepsilon^2\left\{\dfrac{\partial^2 \boldsymbol{\Psi}_1^{(2)}}{\partial y^2} + \mu_0^2(\boldsymbol{\Psi}_2^{(2)} - \boldsymbol{\Psi}_1^{(2)})\right\}, \\ q_2' = \varepsilon\left\{-\dfrac{\beta_1 + \mu_0^2 \bar{u}_c}{\bar{u}_1 + \bar{u}_c - c}A - \dfrac{\mathrm{i}\varepsilon(\beta_1 + \mu_0^2 \bar{u}_c)}{k(\bar{u}_1 + \bar{u}_c - c)^2}\dfrac{\mathrm{d}A}{\mathrm{d}T} + O(\varepsilon^2)\right\}\mathrm{e}^{\mathrm{i}k(x-c\tau)} \sin ly \\ \qquad + \varepsilon^2\left\{\dfrac{\partial^2 \boldsymbol{\Psi}_2^{(2)}}{\partial y^2} - \mu_0^2(\boldsymbol{\Psi}_2^{(2)} - \boldsymbol{\Psi}_1^{(2)})\right\}. \end{cases} \tag{11.454}$$

为了确定 $A(T)$ 和 $\boldsymbol{\Psi}_j^{(2)}(y,T)$，$(j=1,2)$，必须考虑方程组(11.425)的三级近似. 方程组(11.425)的三级近似($O(\varepsilon^3)$)为

$$\begin{cases} \left(\dfrac{\partial}{\partial t} + \bar{u}_1\dfrac{\partial}{\partial x}\right)q_1^{(3)} + (\beta_1 + \mu_0^2 \bar{u}_c)\dfrac{\partial \psi_1^{(3)}}{\partial x} = -\dfrac{\partial q_1^{(2)}}{\partial T} + \mu_0^2\dfrac{\partial \psi_1^{(1)}}{\partial x} - \mathrm{J}(\psi_1^{(1)}, q_1^{(2)}) - \mathrm{J}(\psi_1^{(2)}, q_1^{(1)}), \\ \left[\dfrac{\partial}{\partial t} + (\bar{u}_1 + \bar{u}_c)\dfrac{\partial}{\partial x}\right]q_2^{(3)} + (\beta_1 + \mu_0^2 \bar{u}_c)\dfrac{\partial \psi_2^{(3)}}{\partial x} = -\dfrac{\partial q_2^{(2)}}{\partial T} - \mu_0^2\dfrac{\partial \psi_2^{(1)}}{\partial x} - \mathrm{J}(\psi_2^{(1)}, q_2^{(2)}) - \mathrm{J}(\psi_2^{(2)}, q_2^{(1)}). \end{cases} \tag{11.455}$$

方程组(11.455)的右端用(11.448)—(11.452)式代入，其中与 x,τ 无关的项分别为

$$\begin{cases} F_1(y,T) = -\dfrac{\partial}{\partial T}\left[\dfrac{\partial^2 \boldsymbol{\Psi}_1^{(2)}}{\partial y^2} + \mu_0^2(\boldsymbol{\Psi}_2^{(2)} - \boldsymbol{\Psi}_1^{(2)})\right] - \dfrac{\mathrm{d}|A|^2}{\mathrm{d}T}\cdot\dfrac{\beta_1 + \mu_0^2 \bar{u}_c}{4(\bar{u}_1 + \bar{u}_c - c)^2} l \sin 2ly, \\ F_2(y,T) = -\dfrac{\partial}{\partial T}\left[\dfrac{\partial^2 \boldsymbol{\Psi}_2^{(2)}}{\partial y^2} - \mu_0^2(\boldsymbol{\Psi}_2^{(2)} - \boldsymbol{\Psi}_1^{(2)})\right] + \dfrac{\mathrm{d}|A|^2}{\mathrm{d}T}\cdot\dfrac{\beta_1 + \mu_0^2 \bar{u}_c}{4(\bar{u}_1 + \bar{u}_c - c)^2} l \sin 2ly. \end{cases} \tag{11.456}$$

从方程组(11.455)知，必须

$$F_1(y,T) = 0, \quad F_2(y,T) = 0, \tag{11.457}$$

否则，$\psi_1^{(3)}$，$\psi_2^{(3)}$ 将随 x,τ 线性增大，从而破坏摄动法.

将(11.456)式代入(11.457)式，得到

$$\begin{cases}\dfrac{\partial}{\partial T}\left[\dfrac{\partial^2\Psi_1^{(2)}}{\partial y^2}+\mu_0^2(\Psi_2^{(2)}-\Psi_1^{(2)})\right]=-\dfrac{\mathrm{d}|A|^2}{\mathrm{d}T}\cdot\dfrac{\beta_1+\mu_0^2\bar{u}_c}{4(\bar{u}_1+\bar{u}_c-c)^2}l\sin2ly,\\ \dfrac{\partial}{\partial T}\left[\dfrac{\partial^2\Psi_2^{(2)}}{\partial y^2}-\mu_0^2(\Psi_2^{(2)}-\Psi_1^{(2)})\right]=\dfrac{\mathrm{d}|A|^2}{\mathrm{d}T}\cdot\dfrac{\beta_1+\mu_0^2\bar{u}_c}{4(\bar{u}_1+\bar{u}_c-c)^2}l\sin2ly.\end{cases}\tag{11.458}$$

将(11.458)的两式相加，得到

$$\frac{\partial}{\partial T}\left[\frac{\partial^2}{\partial y^2}(\Psi_1^{(2)}+\Psi_2^{(2)})\right]=0.\tag{11.459}$$

上式有一特解

$$\Psi_1^{(2)}=-\Psi_2^{(2)}.\tag{11.460}$$

将上式代入(11.458)的第二式，得

$$\frac{\partial}{\partial T}\left[\frac{\partial^2\Psi_2^{(2)}}{\partial y^2}-2\mu_0^2\Psi_2^{(2)}\right]=\frac{\mathrm{d}|A|^2}{\mathrm{d}T}\cdot\frac{\beta_1+\mu_0^2\bar{u}_c}{4(\bar{u}_1+\bar{u}_c-c)^2}l\sin2ly.\tag{11.461}$$

因而

$$\frac{\partial^2\Psi_2^{(2)}}{\partial y^2}-2\mu_0^2\Psi_2^{(2)}=\frac{(\beta_1+\mu_0^2\bar{u}_c)(|A|^2-|A(0)|^2)}{4(\bar{u}_1+\bar{u}_c-c)^2}l\sin2ly,\tag{11.462}$$

其中 $A(0)$ 是 $A(T)$ 的初值. 若取下列边条件

$$\left.\frac{\partial^2\Psi_2^{(2)}}{\partial y\partial T}\right|_{y=0,1}=0,\tag{11.463}$$

它相当于纬向气流在边界定常.

方程(11.462)在边条件(11.463)下的解为

$$\Psi_2^{(2)}=-\Psi_1^{(2)}=-\frac{(\beta_1+\mu_0^2\bar{u}_c)l[|A|^2-|A(0)|^2]}{8(\mu_0^2+2l^2)(\bar{u}_1+\bar{u}_c-c)^2}\cdot\left\{\sin2ly-\frac{\sqrt{2}l}{\mu_0}\frac{\sinh\sqrt{2}\mu_0(y-1/2)}{\cosh(\mu_0/\sqrt{2})}\right\}.\tag{11.464}$$

有了上述分析，我们设方程组(11.455)的解为

$$\begin{cases}\psi_1^{(3)}=A_1^{(3)}\mathrm{e}^{\mathrm{i}k(x-c\tau)}\sin ly,\\ \psi_2^{(3)}=A_2^{(3)}\mathrm{e}^{\mathrm{i}k(x-c\tau)}\sin ly.\end{cases}\tag{11.465}$$

将其代入方程组(11.455)，得到

$$\begin{cases}I_1A_1^{(3)}+I_2A_2^{(3)}=-\dfrac{\mathrm{i}(K_h^2+\mu_0^2)(\beta_1+\mu_0^2\bar{u}_c)}{k\mu_0^2(\bar{u}_1+\bar{u}_c-c)^2}\dfrac{\mathrm{d}^2A}{\mathrm{d}T^2}+\mathrm{i}k\mu_0^2\gamma A+G_1,\\ J_1A_1^{(3)}+J_2A_2^{(3)}=\dfrac{\mathrm{i}(\beta_1+\mu_0^2\bar{u}_c)}{k(\bar{u}_1+\bar{u}_c-c)^2}\dfrac{\mathrm{d}^2A}{\mathrm{d}T^2}-\mathrm{i}k\mu_0^2A+G_2,\end{cases}\tag{11.466}$$

其中

$$\begin{cases} G_1 = \dfrac{1}{e^{ik(x-ct)}\sin ly}\left\{-\dfrac{\partial}{\partial T}\left[\dfrac{\partial^2 \Psi_1^{(2)}}{\partial y^2} + \mu_0^2(\Psi_2^{(2)} - \Psi_1^{(2)})\right] - J(\psi_1^{(1)}, q_1^{(2)}) - J(\psi_1^{(2)}, q_1^{(1)})\right\}, \\ G_2 = \dfrac{1}{e^{ik(x-ct)}\sin ly}\left\{-\dfrac{\partial}{\partial T}\left[\dfrac{\partial^2 \Psi_2^{(2)}}{\partial y^2} - \mu_0^2(\Psi_2^{(2)} - \Psi_1^{(2)})\right] - J(\psi_2^{(1)}, q_2^{(2)}) - J(\psi_2^{(2)}, q_2^{(1)})\right\}. \end{cases} \tag{11.467}$$

将(11.466)的第一式除以$(-I_1)$，第二式除以$(-J_1)$，得到

$$\begin{cases} \gamma A_2^{(3)} - A_1^{(3)} = \dfrac{1}{I_1}\left\{\dfrac{i(K_h^2 + \mu_0^2)(\beta_1 + \mu_0^2 \bar{u}_c)}{k\mu_0^2(\bar{u}_1 + \bar{u}_c - c)^2}\dfrac{d^2 A}{dT^2} - ik\mu_0^2 \gamma A - G_1\right\}, \\ \gamma A_2^{(3)} - A_1^{(3)} = -\dfrac{1}{J_1}\left\{\dfrac{i(\beta_1 + \mu_0^2 \bar{u}_c)}{k(\bar{u}_1 + \bar{u}_c - c)^2}\dfrac{d^2 A}{dT^2} - ik\mu_0^2 A + G_2\right\}. \end{cases} \tag{11.468}$$

因(11.468)的两式左端相等，所以其右端也应相等. 这样，经过一系列运算，得到一个关于扰动振幅 A 的下列方程：

$$\frac{d^2 A}{dT^2} - k^2 c_0^2 A = -N_0 A[|A|^2 - |A(0)|^2], \tag{11.469}$$

其中

$$\begin{cases} c_0^2 = \dfrac{2\beta_1^2 \mu_0^2}{K_h^4 (K_h^2 + 2\mu_0^2)^2 \bar{u}_c}, \\ N_0 = \dfrac{k^2 l^2 (\beta_1 + \mu_0^2 \bar{u}_c)}{8\mu_0^2 (K_h^2 + 2\mu_0^2)(2l^2 + \mu_0^2)(\bar{u}_1 + \bar{u}_c - c)^2} \\ \qquad \cdot \left\{2l^2(2K_h^2 - \mu_0^2) + (2\mu_0^2 - K_h^2)\left[K_h^2 + \dfrac{8l^2}{2l^2 + \mu_0^2}\dfrac{\sqrt{2}\tanh\sqrt{2}\mu_0}{\mu_0}\right]\right\}. \end{cases} \tag{11.470}$$

将方程(11.469)右端忽略，得到

$$\frac{d^2 A}{dT^2} - k^2 c_0^2 A = 0. \tag{11.471}$$

由此求得

$$A = A(0)e^{kc_0 T} = A(0)e^{kc_0 st}, \tag{11.472}$$

这是线性理论的结果. 所以，正是由于方程(11.469)右端项的影响，也就是非线性的作用，使得扰动不能无限制地增长.

在方程(11.469)中，令

$$A = R(T)e^{i\theta(T)}, \tag{11.473}$$

式中 $R(T)$ 表 A 的模，$\theta(T)$ 为 A 的幅角，则方程(11.469)的实部和虚部分别为

$$\frac{d^2 R}{dT^2} - R\left(\frac{d\theta}{dT}\right)^2 = k^2 c_0^2 R - N_0 R[R^2 - R^2(0)]; \tag{11.474}$$

$$\frac{\mathrm{d}}{\mathrm{d}T}\left(R^2 \frac{\mathrm{d}\theta}{\mathrm{d}T}\right) = 0, \tag{11.475}$$

方程(11.474)中 $R(0)$为 R 的初值. 由方程(11.475)得到

$$R^2 \frac{\mathrm{d}\theta}{\mathrm{d}T} = L = \text{常数}. \tag{11.476}$$

将上式代入到方程(11.474),得到

$$\frac{\mathrm{d}^2 R}{\mathrm{d}T^2} = k^2 c_0^2 R - N_0 R[R^2 - R^2(0)] + \frac{L^2}{R^3}. \tag{11.477}$$

再将上式乘以$\frac{\mathrm{d}R}{\mathrm{d}T}$,并对 T 积分一次得到

$$\left(\frac{\mathrm{d}R}{\mathrm{d}T}\right)^2 = (k^2 c_0^2 + N_0 R_0^2) R^2 - \frac{N_0}{2} R^4 - \frac{L^2}{R^2} + 2E, \tag{11.478}$$

其中 E 为积分常数,它完全由初值决定,即

$$2E = \left(\frac{\mathrm{d}R}{\mathrm{d}T}\right)_0^2 - (k^2 c_0^2 + N_0 R_0^2) R_0^2 + \frac{N_0}{2} R_0^4 + \frac{L^2}{R_0^2}. \tag{11.479}$$

方程(11.478)的右端,在适当选择参数的情况下,可以化为 R 的四次多项式,这样,方程(11.478)化为

$$\left(\frac{\mathrm{d}R}{\mathrm{d}T}\right)^2 = \frac{N_0}{2}(R_{\mathrm{M}}^2 - R^2)(R^2 - R_{\mathrm{m}}^2), \tag{11.480}$$

其中 R_{M},R_{m} 分别是 R 的最大值和最小值.

对非线性常微分方程(11.480),作变换

$$Y = \frac{R}{R_{\mathrm{M}}}, \quad X = \sqrt{\frac{N_0}{2}} R_{\mathrm{M}} T, \tag{11.481}$$

则化为

$$\left(\frac{\mathrm{d}Y}{\mathrm{d}X}\right)^2 = (1 - Y^2)(Y^2 - m'^2), \tag{11.482}$$

其中

$$m'^2 = \left(\frac{R_{\mathrm{m}}}{R_{\mathrm{M}}}\right)^2, \quad m^2 = 1 - \left(\frac{R_{\mathrm{m}}}{R_{\mathrm{M}}}\right)^2, \tag{11.483}$$

m 和 m'分别称为模数和余模数.

方程(11.482)的解(参见(8.299)的第三式)为

$$Y = \mathrm{dn}(X - X_0), \tag{11.484}$$

其中 dn( )是第三类 Jacobi 椭圆函数,X_0 是常数.

将(11.481)式代入(11.484)式,得到

$$R(T) = R_{\mathrm{M}} \mathrm{dn}\left[\sqrt{\frac{N_0}{2}} R_{\mathrm{M}} (T - T_0)\right], \tag{11.485}$$

其中 T_0 是常数. 由上式知,当 $T=T_0$ 时,$R=R_{\max}$;当 $T=0$ 时,

$$R_0 = R(0) = R_{\mathrm{M}} \mathrm{dn}\left(\sqrt{\frac{N_0}{2}} R_{\mathrm{M}} T_0\right).$$

$R(T)$求得后,代入方程(11.476)以求得 $\theta(T)$,从而最后确定了 $A(T)$.(11.485)式的图像见图 11.17.它表明扰动振幅随时间作周期变化,其周期是 $2\mathrm{K}(m)$,其中

$$\mathrm{K}(m) = \int_0^1 \frac{1}{\sqrt{(1-x^2)(1-m^2x^2)}} \mathrm{d}x \qquad (11.486)$$

为第一类 Legendre 完全椭圆积分.扰动振幅之所以不能无限增长就是因为非线性作用所致.

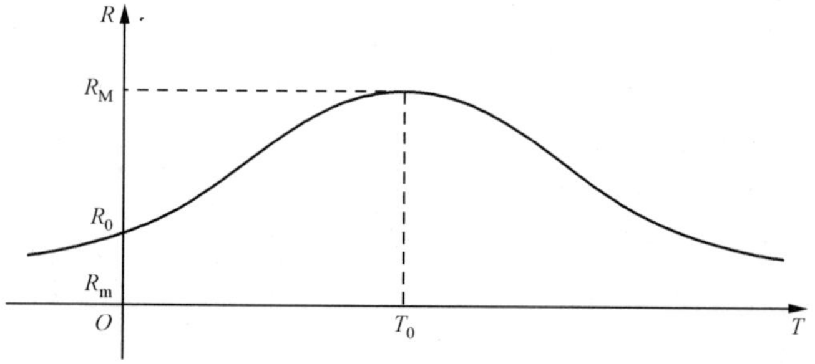

图 11.17 非线性 Rossby 波振幅的周期性变化

§ 11.7 常微分方程的稳定性理论

在§11.1 中我们知道,稳定性是研究扰动对原有状态的影响,原有的那种运动状态称为基本流动或叫平衡态.如果扰动随时间衰减,则平衡态是稳定的,否则,如果扰动随时间增长,平衡态是不稳定的.

为了证明它,我们以二阶常微分方程

$$\ddot{x} = f(x, \dot{x}) \qquad (11.487)$$

为例,其中

$$\dot{x} \equiv \frac{\mathrm{d}x}{\mathrm{d}t}, \quad \ddot{x} \equiv \frac{\mathrm{d}^2 x}{\mathrm{d}t^2}. \qquad (11.488)$$

若 x 表质点的位移,$\dot{x}$,$\ddot{x}$ 就分别是质点的速度和加速度,$f(x,\dot{x})$就是作用在单位质量质点上的力.显然,x 和 $\dot{x}$ 刻画了系统(11.487)在任一时刻的状态,称之为相.若令

$$y = \dot{x}, \qquad (11.489)$$

则(11.487)化为下列常微分方程

$$\begin{cases}\dot{x} = y,\\ \dot{y} = f(x,y).\end{cases} \tag{11.490}$$

这样，在(x,y)平面上的任一点(x,y)就表征了某时刻质点的位置和速度. 因此，(x,y)平面称为相平面.

方程组(11.490)的解 $x(t)$，$y(t)$在相平面上画了一条曲线，它定性地描述了系统状态在全部运动时间内的变化，因而曲线为质点的轨迹，称为轨线. 在轨线上常用箭头表示时间增加的方向. 所以，轨线的形态就表征了系统状态的演化.

方程组(11.490)更一般的形式为

$$\begin{cases}\dot{x} = F(x,y),\\ \dot{y} = G(x,y).\end{cases} \tag{11.491}$$

这里 F 和 G 不明显地含时间 t，则称方程组(11.491)为自治系统(autonomous system)或 Poincaré 系统；否则，若 F 和 G 明显地与时间 t 有关，则方程组称为非自治系统(non-autonomous system)或 Lyapunov 系统.

在物理上，若质点的速度 $\dot{x}$ 和加速度 $\ddot{x}=\dot{y}$ 都为零，则表示质点处于静止状态. 因此，使得方程组(11.491)右端为零的点，即满足

$$\begin{cases}F(x_0,y_0) = 0,\\ G(x_0,y_0) = 0\end{cases} \tag{11.492}$$

的点(x_0,y_0)称为平衡点或奇点. 方程组(11.456)的平衡点满足

$$y_0 = 0,\quad f(x_0,0) = 0. \tag{11.493}$$

如果我们把方程组(11.491)中的 x 和 y 看成是二维速度场 $\mathbf{V}_h$ 的两个分量 u 和 v，那么，自治系统(11.491)就表征运动方程组，平衡点方程(11.492)就表征定常的基本流场，相当于前述的 $\bar{u}$.

在平衡点处，方程组(11.491)的解为

$$x = x_0,\quad y = y_0. \tag{11.494}$$

这是常数解，因而不能定出一条随时间变化的轨线，即平衡点是没有轨线经过的. 因为物理上运动的单值性，所以，除平衡点外，通过相平面上的第一点只能有一条轨线，即轨线不能相交.

既然，物理系统中的基本流动或平衡态相当于系统(11.491)的奇点或平衡点，因此可看成是未被扰动的状态. 如果给系统以扰动使其离开平衡状态，则点开始在相平面上运动. 因此，研究平衡态的稳定性就代表系统的稳定性.

设系统(11.491)的初条件为

$$x\,|_{t=0} = x(0),\quad y\,|_{t=0} = y(0); \tag{11.495}$$

又假定对于平衡态(x_0,y_0)的扰动就是在 $t=0$ 时发生的. 若对任意给定的 $\varepsilon>0$，可以找到一个正数 δ，使得当

$$|x(0)-x_0|<\delta, \quad |y(0)-y_0|<\delta \tag{11.496}$$

时，对所有 $t>0$ 都有

$$|x(t)-x_0|<\varepsilon, \quad |y(t)-y_0|<\varepsilon, \tag{11.497}$$

则称平衡态是稳定的. 否则就是不稳定的. 特别地，若平衡态是稳定的，而且

$$\lim_{t\to\infty}|x(t)-x_0|\to 0, \quad \lim_{t\to\infty}|y(t)-y_0|\to 0, \tag{11.498}$$

则称平衡态是渐近稳定的(asymptotically stable). 按上述方式定义的稳定性称为 Lyapunov 意义下的稳定性. 从上述定义看出，判断稳定性与否，实质上就是求解 $x(t)$ 和 $y(t)$. 下面，我们先讨论线性系统，然后讨论非线性系统.

一、线性系统

我们假定平衡点就在原点(0,0). 若平衡点在(x_0,y_0)，则可作变换

$$x^* = x - x_0, \quad y^* = y - y_0. \tag{11.499}$$

这样，关于 x^* 和 y^* 的方程组的平衡点就在$(x^*,y^*)=(0,0)$了. 二维线性自治系统的微分方程组为

$$\begin{cases}\dot{x} = ax + by,\\ \dot{y} = cx + dy,\end{cases} \tag{11.500}$$

其中 a,b,c,d 为实的常数. 显然，(11.466)的平衡点为

$$(x,y) = (0,0). \tag{11.501}$$

现在我们来讨论它的稳定性问题.

设方程组(11.500)的非零特解为

$$x = re^{\lambda t}, \quad y = se^{\lambda t}, \tag{11.502}$$

r,s 是两个相关的常数，λ 称为特征值. 若 λ 的实部为正，即 $\mathrm{Re}\lambda>0$，则平衡点就是不稳定的.

为了确定 λ，我们把(11.502)式代入方程组(11.500)，得到

$$\begin{cases}(a-\lambda)r + bs = 0,\\ cr + (d-\lambda)s = 0,\end{cases} \tag{11.503}$$

r,s 有非零解必须而且只有

$$\begin{vmatrix} a-\lambda & b \\ c & d-\lambda \end{vmatrix} = 0 \tag{11.504}$$

或

$$\lambda^2 + p\lambda + q = 0. \tag{11.505}$$

它称为方程组(11.500)的特征方程，其中

$$p = -(a+d), \quad q = ad - bc. \tag{11.506}$$

事实上，方程组(11.500)也可以通过消元化为下列二阶微分方程

$$\ddot{x} + p\dot{x} + qx = 0. \tag{11.507}$$

所以,方程(11.505)也是方程(11.507)的特征方程.

由方程(11.505)求得其两个根是

$$\lambda_1 = (-p+\sqrt{\Delta})/2, \quad \lambda_2 = (-p-\sqrt{\Delta})/2, \tag{11.508}$$

其中

$$\Delta \equiv p^2 - 4q. \tag{11.509}$$

下面,我们分几种情况来讨论.

1. $p=0,\Delta<0$

此时必然有 $q>0$. 由(11.507)式知,此时

$$\lambda_1 = \mathrm{i}\beta, \quad \lambda_2 = -\mathrm{i}\beta \quad (\beta = \sqrt{q}), \tag{11.510}$$

即 λ_1,λ_2 为共轭纯虚根. 而此时方程(11.507)化为

$$\ddot{x} + qx = 0. \tag{11.511}$$

因 $q>0$,则方程(11.511)的通解可以写为

$$x = A\cos(\beta t + \gamma), \tag{11.512}$$

其中 A 和 γ 是任意常数. 解(11.512)表征周期运动. 因在方程(11.511)中,qx 项表征与位置 x 有关的恢复项,所以,$q>0$ 代表正恢复;$q<0$ 代表负恢复. 事实上,若令 $\dot{x}=y$,则方程(11.511)化为

$$\begin{cases}\dot{x} = y, \\ \dot{y} = -qx.\end{cases} \tag{11.513}$$

将方程组(11.513)的两式相除,得到

$$\frac{\mathrm{d}y}{\mathrm{d}x} = -\frac{qx}{y}, \tag{11.514}$$

它称为轨线方程. 积分方程(11.514),得

$$qx^2 + y^2 = C, \tag{11.515}$$

其中 C 为积分常数. 因 $q>0$,则方程(11.515)在相平面(x,y)上就表示一族椭圆,它就是轨线. 椭圆的中心在原点,此时平衡点(0,0)称为是中心点(centre). 由于轨线是闭曲线,故相平面上任一点,经过一段时间"绕了一周"又回到相平面上的同一点,即重新具有原来的位置和速度,这就是物理上的周期运动. 图 11.18 是平衡点为中心点的相图.

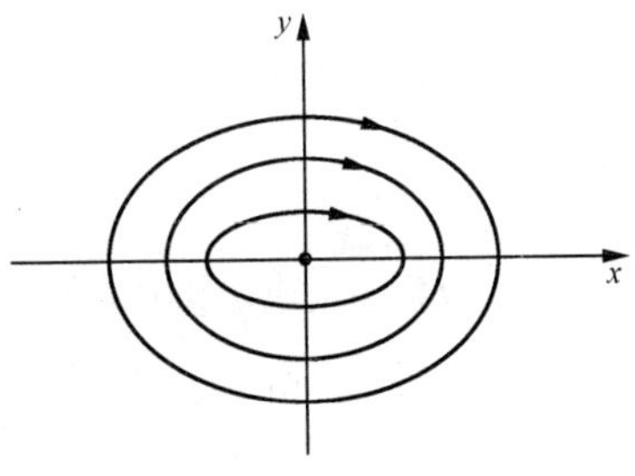

图 11.18 中心点

显然,设有初始位置偏离中心一个 δ 的小闭曲线(椭圆),使此椭圆处于任意小的 ε 区域以内,那么,位于 δ 内的点无论如何都

不会越出 ε 区域，所以，平衡点(0,0)是稳定的.

2. $p\neq 0,\Delta<0$

由(11.508)式知，此时

$$\lambda_1=\alpha+\mathrm{i}\beta,\quad \lambda_2=\alpha-\mathrm{i}\beta\quad (\alpha=-p/2,\beta=\sqrt{-\Delta/2}),\qquad (11.516)$$

即 λ_1,λ_2 为共轭复根. 此时，方程(11.507)的通解可以写为

$$x=A\mathrm{e}^{\alpha t}\cos(\beta t+\gamma),\qquad (11.517)$$

其中 A,γ 为任意常数. 解(11.517)表征衰减的($\alpha<0,p>0$)或增长的($\alpha>0,p<0$)周期振荡. 在方程(11.507)中，$p\dot{x}$ 项表征与速度 $\dot{x}$ 有关的阻尼项，因此 $p>0$ 代表正阻尼；$p<0$ 代表负阻尼.

令 $\dot{x}=y$，则方程(11.507)化为

$$\begin{cases}\dot{x}=y,\\ \dot{y}=-qx-py.\end{cases}\qquad (11.518)$$

因而，

$$\frac{\mathrm{d}y}{\mathrm{d}x}=-\frac{qx+py}{y}.\qquad (11.519)$$

作变换，令

$$y=zx,\qquad (11.520)$$

注意 $\frac{\mathrm{d}y}{\mathrm{d}x}=x\frac{\mathrm{d}z}{\mathrm{d}x}+z$，则轨线方程(11.519)化为

$$x\frac{\mathrm{d}z}{\mathrm{d}x}=-\left(\frac{q+pz}{z}+z\right)=-\frac{z^2+pz+q}{z},\qquad (11.521)$$

显然，此时

$$z^2+pz+q=(z-\lambda_1)(z-\lambda_2)=(z-\alpha)^2+\beta^2.\qquad (11.522)$$

因而，方程(11.521)化为

$$\frac{\mathrm{d}z}{\mathrm{d}x}=-\frac{[(z-\alpha)^2+\beta^2]}{z}\frac{1}{x}.\qquad (11.523)$$

积分上式得到

$$\frac{1}{2}\ln[(z-\alpha)^2+\beta^2]+\frac{\alpha}{\beta}\arctan\left(\frac{z-\alpha}{\beta}\right)=-\ln|x|+C_1,\qquad (11.524)$$

其中 C_1 为积分常数. 将(11.520)式代入上式，将 z 换回 y 得到

$$\frac{1}{2}\ln[(y-\alpha x)^2+\beta^2x^2]=-\frac{\alpha}{\beta}\arctan\left(\frac{y-\alpha x}{\beta x}\right)+C_1.\qquad (11.525)$$

若再令

$$\xi=\beta x,\quad \eta=y-\alpha x,\quad r=\sqrt{\xi^2+\eta^2},\quad \theta=\arctan(\eta/\xi),\qquad (11.526)$$

则(11.525)式化为

$$r = C\mathrm{e}^{k\theta}, \quad k = -\alpha/\beta, \tag{11.527}$$

其中 C 为任意常数($C=\mathrm{e}^{C_1}$).

方程(11.527)表征一族对数螺线,而且,正阻尼时螺旋线向内旋,逐渐趋向平衡点;负阻尼时螺旋线向外旋,逐渐远离平衡点.因而,前者($\alpha<0,p>0$)是渐近稳定的,平衡点称为稳定焦点(stable focus);后者($\alpha>0,p<0$)是不稳定的,平衡点称为不稳定焦点(unstable focus).它们的相图分别见图 11.19(a)和(b).

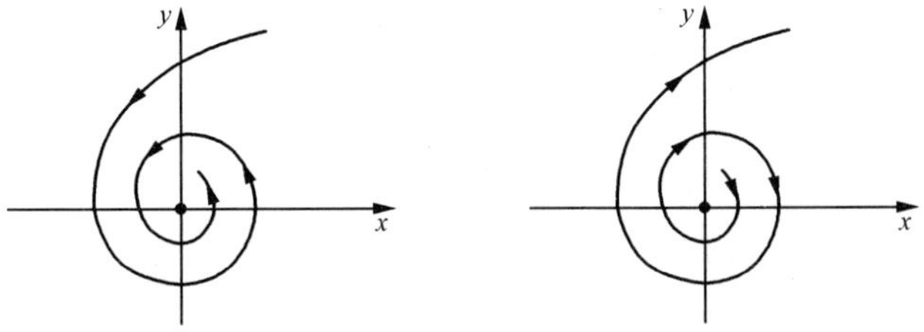

(a) 稳定焦点　　(b) 不稳定焦点

图 11.19

3. $q>0,\Delta>0$

由(11.474)式知,λ_1,λ_2 为两不等实根,即

$$\lambda_1 = -\frac{p}{2}+\frac{\sqrt{\Delta}}{2}, \quad \lambda_2 = -\frac{p}{2}-\frac{\sqrt{\Delta}}{2} \quad (\sqrt{\Delta}<|p|). \tag{11.528}$$

而且,当 $p>0$ 时两根皆负;当 $p<0$ 时两根皆正.此时,方程组(11.500)的通解可以写为

$$\begin{cases} x = A_1 r_1 \mathrm{e}^{\lambda_1 t} + A_2 r_2 \mathrm{e}^{\lambda_2 t}, \\ y = A_1 s_1 \mathrm{e}^{\lambda_1 t} + A_2 s_2 \mathrm{e}^{\lambda_2 t}, \end{cases} \tag{11.529}$$

其中 A_1,A_2 是任意常数.而(r_1,s_1),(r_2,s_2)分别是方程组(11.503)对应于 λ_1,λ_2 的特征向量.

由(11.529)式知,相平面(x,y)上的轨线方程为

$$\frac{\mathrm{d}y}{\mathrm{d}x} = \frac{\dot{y}}{\dot{x}} = \frac{\lambda_1 A_1 s_1 + \lambda_2 A_2 s_2 \mathrm{e}^{-(\lambda_1-\lambda_2)t}}{\lambda_1 A_1 r_1 + \lambda_2 A_2 r_2 \mathrm{e}^{-(\lambda_1-\lambda_2)t}}. \tag{11.530}$$

因 $p>0$ 时,$\lambda_1<0,\lambda_2<0$,且 $\lambda_2<\lambda_1$,因而,由(11.495)式和(11.496)式得到

$$\begin{cases} t\to-\infty,\ x\to\infty,\ y\to\infty, \quad \dfrac{\mathrm{d}y}{\mathrm{d}x}\to\dfrac{s_2}{r_2}, \quad y\to\dfrac{s_2}{r_2}x; \\ t\to\infty,\ x\to0,\ y\to0, \quad \dfrac{\mathrm{d}y}{\mathrm{d}x}\to\dfrac{s_1}{r_1}, \quad y\to\dfrac{s_1}{r_1}x. \end{cases} \tag{11.531}$$

它说明轨线先沿着近于平行于直线 $y=s_2x/r_2$ 的曲线,再沿着近于平行于直线 $y=s_1x/r_1$ 的曲线趋于原点.显然,此平衡点是稳定的,称为稳定的结点(stable node),见图 11.20(a),其中直线 $y=s_1x/r_1$,$y=s_2x/r_2$ 称为分型线(separatrix).而

在 $p<0$ 时，$\lambda_1>0$，$\lambda_2>0$，且 $\lambda_2<\lambda_1$，则

$$\begin{cases} t\to-\infty,\ x\to 0,\ y\to 0, & \dfrac{\mathrm{d}y}{\mathrm{d}x}\to\dfrac{s_2}{r_2},\quad y\to\dfrac{s_2}{r_2}x; \\ t\to+\infty,\ x\to+\infty,\ y\to+\infty, & \dfrac{\mathrm{d}y}{\mathrm{d}x}\to\dfrac{s_1}{r_1},\quad y\to\dfrac{s_1}{r_1}x. \end{cases} \tag{11.532}$$

它与 $p>0$ 的情况相反，此时平衡点是不稳定的，称为不稳定的结点(unstable node)，见图 11.20(b)，其箭头方向恰与图 11.20(a)的相反.

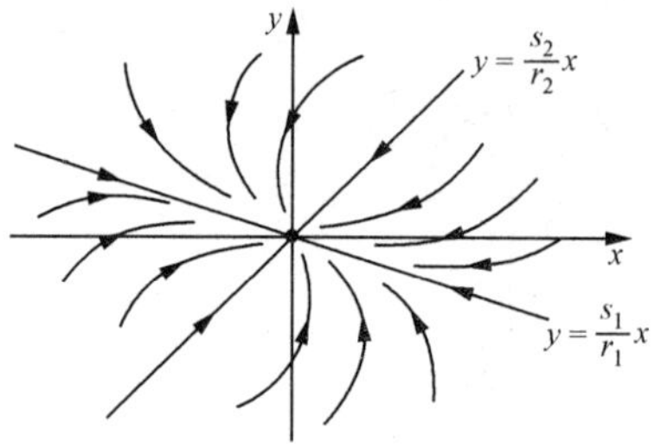

(a) 稳定结点

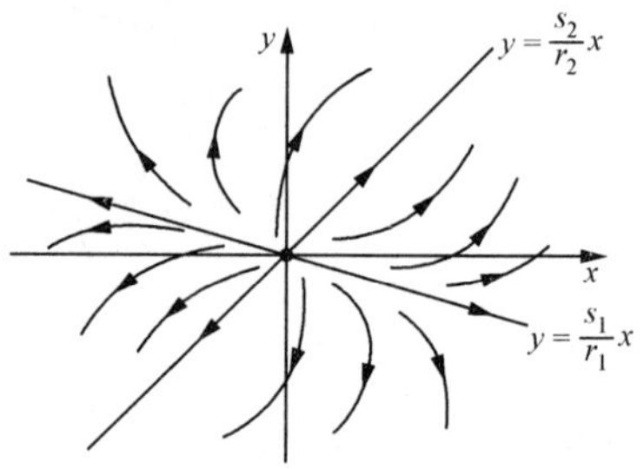

(b) 不稳定结点

图 11.20

4. $q<0$，$\Delta>0$

由(11.508)式知，λ_1，λ_2 为两不等实根，即

$$\lambda_1=-\frac{p}{2}+\frac{\sqrt{\Delta}}{2},\quad \lambda_2=-\frac{p}{2}-\frac{\sqrt{\Delta}}{2}\quad (\sqrt{\Delta}>|\ p\ |). \tag{11.533}$$

因而，$\lambda_1>0$，$\lambda_2<0$，两根符号相反，则由(11.495)式和(11.496)式有

$$\begin{cases} t\to-\infty,\ x\to\infty,\ y\to\infty(\text{但反号}), & \dfrac{\mathrm{d}y}{\mathrm{d}x}\to\dfrac{s_2}{r_2},\quad y\to\dfrac{s_2}{r_2}x; \\ t\to+\infty,\ x\to\infty,\ y\to\infty(\text{但同号}), & \dfrac{\mathrm{d}y}{\mathrm{d}x}\to\dfrac{s_1}{r_1},\quad y\to\dfrac{s_1}{r_1}x. \end{cases} \tag{11.534}$$

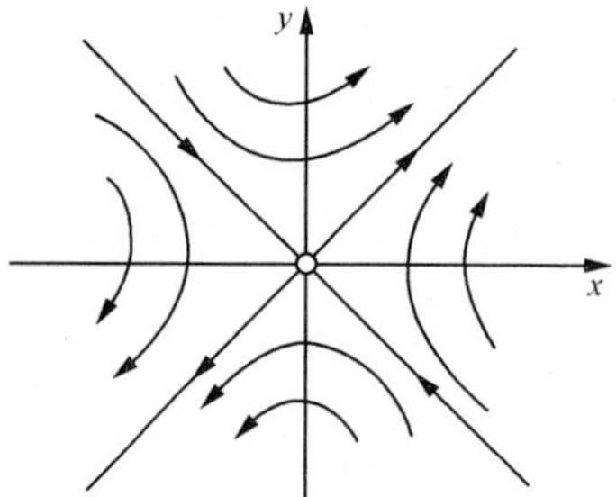

图 11.21 鞍点

此时，平衡点是不稳定的，称为鞍点(saddle)，见图 11.21.

应当指出：方程(11.507)从物理上看，qx 为恢复项，$p\dot{x}$ 为阻尼项. 因而，结点($q>0$)是正恢复项的振荡系(11.511)加上正阻尼或负阻尼的结果. 而鞍点($q<0$)是属于负恢复项的情况，此时尽管阻尼可正可负，但它不能改变鞍点的不稳定形态(注：$-qx$ 称为恢复力，$-p\dot{x}$ 称为阻尼力).

综上所述，在参数平面(p,q)上，平衡点的稳定性态(它们以 x，y 为坐标画出来)绘于图11.22. 图

中虚线为 $\Delta=0$，即 $p^2=4q$ 的抛物线. 依(11.508)式，这是 $\lambda_1=\lambda_2$ 的重根情况. 它在形式上将系统分成振动的($p^2<4q$)和非振动的($p^2>4q$)两类. 在真实的物理系统中，$p^2=4q$ 是很难精确地实现的，所以，它没有物理意义.

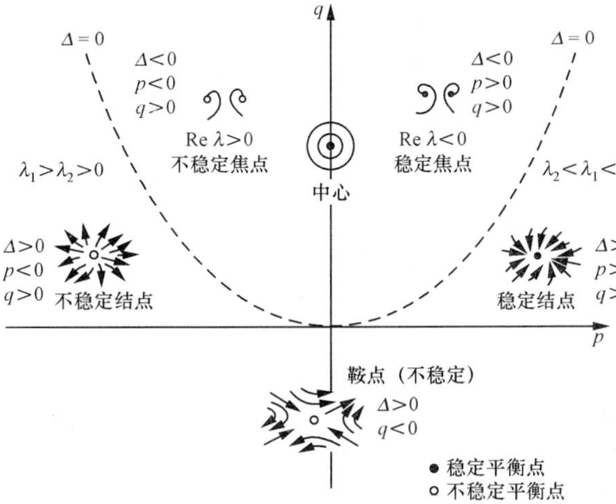

图 11.22 线性系统的稳定性

在图 11.22 中，稳定的平衡点都位于第一象限，除了点$(p,q)=(0,0)$外，其他区域中的平衡点都是不稳定的，从图上我们还看出，除了无阻尼($p=0$)的简谐振动(它属于线性保守系统)外，在相平面上都没有封闭的轨线，因此，在线性非保守系统($p\neq 0$)，纯周期过程是不能存在的.

二、非线性系统

前面从线性系统(11.500)的相图分析看出，通过分析平衡点的性质就可以决定其轨线，但对非线性系统，它可以有多个平衡点，因而其轨线不能完全用其平衡点的性质来决定. 所以，非线性系统通常要进行整体(global)分析. 不过，整体分析常常是一个相当困难的事情. 首先，我们在一定的条件作局部(local)分析，即在平衡点附近进行分析.

设二维自治系统的非线性方程组为

$$\begin{cases}\dot{x}=ax+by+X(x,y)\equiv F(x,y),\\ \dot{y}=cx+dy+Y(x,y)\equiv G(x,y),\end{cases}\tag{11.535}$$

其中 a,b,c,d 为实的常数，而 $X(x,y),Y(x,y)$在$(x,y)=(0,0)$的小邻域是连续可微的，且

$$\begin{cases}X(0,0)=0,\quad Y(0,0)=0,\\ \lim\limits_{r\to 0}\dfrac{X(x,y)}{r}\to 0,\quad \lim\limits_{r\to 0}\dfrac{Y(x,y)}{r}\to 0\quad (r=\sqrt{x^2+y^2}).\end{cases}\tag{11.536}$$

方程组(11.535)右端的非线性项 X 和 Y 在(11.536)式的假定下是 r 的高阶项，所以，我们可以认为它在平衡点附近的定性行为主要由其线性部分所决定.这样，对非线性系统(11.534)，需先求出平衡点(x_0,y_0)(它可以不止一个)，然后，计算下列 Jacobi 矩阵或导算子

$$\boldsymbol{J}\equiv\begin{bmatrix}\dfrac{\partial F}{\partial x} & \dfrac{\partial F}{\partial y}\\ \dfrac{\partial G}{\partial x} & \dfrac{\partial G}{\partial y}\end{bmatrix}_{(x_0,y_0)} \tag{11.537}$$

的特征值 λ(当 $X=Y=0$ 时，λ 满足方程(11.505)).

对某平衡点而言，若特征值的实部全是非零的，即 $\mathrm{Re}\lambda\neq 0$，此时，系统(11.535)称为是双曲的(hyperbolic).可以证明，此时，非线性系统(11.535)在平衡点附近的轨线与其线性化系统在平衡点附近的轨线是拓扑定性等价的.此时的平衡点也称为是双曲的，且线性化系统的分型线也是非线性系统的分型线.从稳定度角度分析，有下列结论：

(1) 若所有特征值 $\mathrm{Re}\lambda<0$，则该平衡点是稳定的；

(2) 若至少有一个特征值 $\mathrm{Re}\lambda>0$，则该平衡点是不稳定的；

以上两种情况，方程组(11.535)的右端 F 和 G 的微小改变都不会改变轨线的拓扑结构，这称为是结构稳定的.

(3) 若至少有一个 λ，使得 $\mathrm{Re}\lambda=0$，例如图 11.22 中的 $p=0$(此时 $\mathrm{Re}\lambda=0$)或 $q=0$(此时有一个 $\lambda=0$)，此时，系统的双曲性受到破坏，轨线的拓扑结构发生变化(尽管 F 和 G 只有微小变化).对线性系统，$\mathrm{Re}\lambda=0$ 对应于中心；对非线性系统对应的是中心，也可能是焦点，称为结构不稳定.此时，随着参数的变化，常在 $\mathrm{Re}\lambda=0$ 处发生 Hopf 分岔($p=0,q>0$)和鞍-结点分岔($q=0$，对应于鞍结点).

上述分析说明：非线性系统的轨线与其线性系统的轨线，在平衡点是非中心点(焦点、鞍点、结点)时具有相同的特性，但在平衡点是中心点时要作具体分析，下面举两例说明.

［例 1］ 非线性系统

$$\begin{cases}\dot{x}=\sin x\equiv F,\\ \dot{y}=-\sin y=G.\end{cases} \tag{11.538}$$

显然，其平衡点为$(x,y)=(0,0)$.将 $\sin x$ 和 $\sin y$ 在平衡点附近 Taylor 展开，则求得方程组(11.538)的线性系统为

$$\begin{cases}\dot{x}=x,\\ \dot{y}=-y,\end{cases} \tag{11.539}$$

而且，它的平衡点也是$(x,y)=(0,0)$.对线性系统(11.539)，$a=1,b=0,c=0,d=-1$，因而 $p=0,q=-1,\Delta=4$，平衡点是鞍点(不稳定).

非线性系统(11.538)在平衡点的 Jacobi 矩阵为

$$\boldsymbol{J} \equiv \begin{bmatrix} \cos x & 0 \\ 0 & -\cos y \end{bmatrix}_{(0,0)} = \begin{bmatrix} 1 & 0 \\ 0 & -1 \end{bmatrix}, \tag{11.540}$$

其特征方程为

$$\begin{vmatrix} 1-\lambda & 0 \\ 0 & -1-\lambda \end{vmatrix} \equiv -(\lambda-1)(\lambda+1) = 0, \tag{11.541}$$

因而特征值 $\lambda_1 = 1, \lambda_2 = -1$. 其中有一个特征值为正,因而,其轨线拓扑结构在平衡点附近与线性系统一样.

[**例 2**] 非线性系统

$$\begin{cases} \dot{x} = -y + x(x^2+y^2), \\ \dot{y} = x + y(x^2+y^2), \end{cases} \tag{11.542}$$

和

$$\begin{cases} \dot{x} = -y - x(x^2+y^2), \\ \dot{y} = x - y(x^2+y^2). \end{cases} \tag{11.543}$$

显然,它们的平衡点都为

$$(x,y) = (0,0).$$

而且,它们的非线性部分 $\pm x(x^2+y^2)$, $\pm y(x^2+y^2)$ 是关于 r 的高阶项.

方程组(11.542)和(11.543)在平衡点处的线性方程组都是

$$\begin{cases} \dot{x} = -y, \\ \dot{y} = x. \end{cases} \tag{11.544}$$

显然,$a=0, b=-1, c=1, d=0$,因而,$p=0, q=1, \Delta=-4$,所以,线性系统(11.544)的平衡点是中心点.

对非线性系统(11.542)和(11.543),各系统的第一式乘以 x,第二式乘以 y 后相加;第一式乘以 y,第二式乘以 x 后相减,这样,非线性系统(11.542)和(11.543)分别化为

$$\begin{cases} x\dot{x} + y\dot{y} = (x^2+y^2)^4, \\ x\dot{y} - y\dot{x} = x^2+y^2, \end{cases} \tag{11.545}$$

和

$$\begin{cases} x\dot{x} + y\dot{y} = -(x^2+y^2)^4, \\ x\dot{y} - y\dot{x} = -(x^2+y^2). \end{cases} \tag{11.546}$$

若引入平面极坐标

$$x = r\cos\theta, \quad y = r\sin\theta, \tag{11.547}$$

注意

$$\dot{r}=(x\dot{x}+y\dot{y})/r,\quad \dot{\theta}=(x\dot{y}-y\dot{x})/r^2,$$

则方程组(11.545)和(11.546)分别化为

$$\begin{cases}\dot{r}=r^3,\\ \dot{\theta}=1.\end{cases}\tag{11.548}$$

和

$$\begin{cases}\dot{r}=-r^3,\\ \dot{\theta}=-1.\end{cases}\tag{11.549}$$

它们的轨线方程都是

$$\frac{\mathrm{d}r}{\mathrm{d}\theta}=r^3.\tag{11.550}$$

将上式积分,并取积分常数为零,则得

$$2r^2\theta=-1,\tag{11.551}$$

这是一连锁螺线.但对非线性系统(11.548),$r>0$ 时,$\dot{r}>0$,因而轨线是螺旋向外的,故 $r=0$ 是不稳定焦点;但对非线性系统(11.549),$r>0$ 时,$\dot{r}<0$,因而轨线是螺旋向内的,故 $r=0$ 是稳定焦点.

本例说明非线性系统与其线性化系统的轨线不是拓扑等价的.这是因为非线性系统(11.542)和(11.543)在平衡点 Jacobi 矩阵分别为

$$\begin{bmatrix}3x^2+y^2 & -1+2xy\\ 1+2xy & x^2+3y^2\end{bmatrix}_{(0,0)}=\begin{bmatrix}0 & -1\\ 1 & 0\end{bmatrix}\tag{11.552}$$

和

$$\begin{bmatrix}-3x^2-y^2 & -1-2xy\\ 1-2xy & -x^2-3y^2\end{bmatrix}_{(0,0)}=\begin{bmatrix}0 & -1\\ 1 & 0\end{bmatrix},\tag{11.553}$$

它们的特征方程组全是

$$\begin{vmatrix}0-\lambda & 1\\ 1 & 0-\lambda\end{vmatrix}\equiv\lambda^2-1=0.\tag{11.554}$$

因而特征值 $\lambda_1=\mathrm{i}$,$\lambda_2=-\mathrm{i}$,所以 $\mathrm{Re}\lambda=0$,即它的特征值具有零的实部,必然双曲性受到破坏.

以上是局部分析,下面举两例说明整体分析,它可以画出整个区域的相图.

[例 1] 非线性保守系统

$$\ddot{x}=f(x).\tag{11.555}$$

若令 $\dot{x}=y$,则方程(11.555)化为

$$\begin{cases}\dot{x}=y,\\ \dot{y}=f(x)\equiv-V'(x),\end{cases}\tag{11.556}$$

其中

$$V(x) = -\int f(x)\delta x \tag{11.557}$$

为克服外力 $f(x)$所作的功,即为系统的势能.方程组(11.556)的轨线方程为

$$\frac{\mathrm{d}y}{\mathrm{d}x} = -\frac{V'(x)}{y}. \tag{11.558}$$

积分上式求得系统的轨线为

$$\frac{1}{2}y^2 + V(x) = C, \tag{11.559}$$

其中 C 为积分常数.上式表明:对非线性保守系统(11.521),其动能$\frac{1}{2}\dot{x}^2 = \frac{1}{2}y^2$与势能 $V(x)$之和为常数,这就是能量守恒定律,C 为总能量.

由方程组(11.556)知,平衡点(x_0, y_0)满足

$$y_0 = 0 \quad 和 \quad V'(x_0) = 0. \tag{11.560}$$

因而,平衡点总是位于 x 轴上,而且它是势能 $V(x)$的极值点.由方程组(11.556)知,在平衡点$(x_0, 0)$处的 Jacobi 矩阵为

$$\boldsymbol{J} \equiv \begin{bmatrix} 0 & 1 \\ -V''(x) & 0 \end{bmatrix}_{(x_0, 0)} = \begin{bmatrix} 0 & 1 \\ -V''(x_0) & 0 \end{bmatrix}, \tag{11.561}$$

其特征方程为

$$\begin{vmatrix} 0-\lambda & 1 \\ -V''(x_0) & 0-\lambda \end{vmatrix} \equiv \lambda^2 + V''(x_0) = 0. \tag{11.562}$$

因此,平衡点的稳定性由 $V''(x_0)$的符号决定.若 $V''(x_0)>0$,即 x_0 是势能 $V(x)$的极小点,则 λ 为共轭纯虚根,平衡点$(x_0, 0)$是中心点,是稳定的;若 $V''(x_0)<0$,即 x_0 是势能 $V(x)$的极大点,则 λ 为一正一负,平衡点$(x_0, 0)$是不稳定的鞍点;若 $V''(x_0)=0$,即 x_0 是势能的拐点,则 λ 皆为零,此时,平衡点$(x_0, 0)$为一不稳定的高阶奇点,称为尖点(cusp).

由方程(11.559)有

$$y = \pm\sqrt{2C - 2V(x)}. \tag{11.563}$$

因为每一轨线都有一个总能量 C,所以,由上式给出总能量 C,我们就能画出轨线.图 11.23(a),(b),(c)给出三种不同势能 $V(x)$的曲线,分别有极小点、极大点和拐点,它们在相平面(x, y)上分别对应于中心点、鞍点和尖点.

[**例 2**] 梯度系统

$$\begin{cases} \dot{x} = -\dfrac{\partial V}{\partial x}, \\ \dot{y} = -\dfrac{\partial V}{\partial y}. \end{cases} \tag{11.564}$$

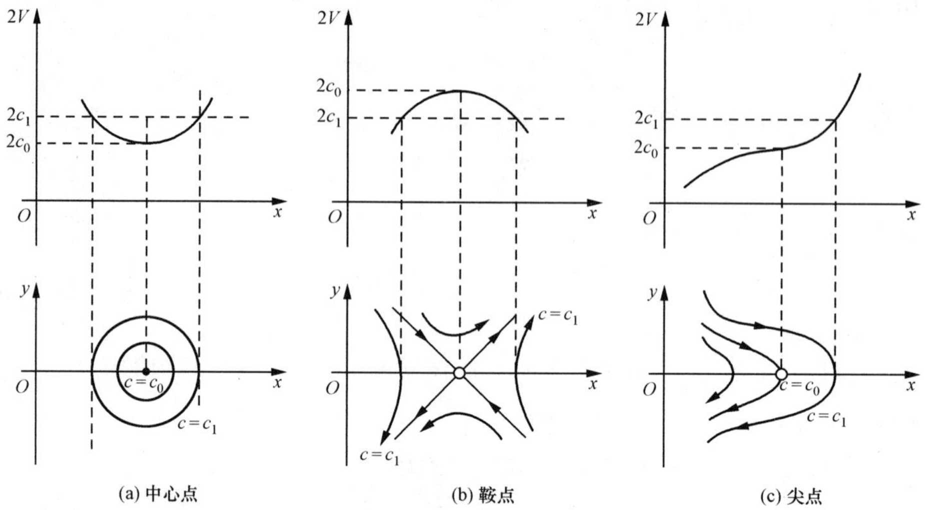

图 11.23 非线性保守系统

若视 $\dot{x}$ 和 $\dot{y}$ 为平面流场 $\mathbf{V}_h$ 的两个分量 u 和 v，那么，梯度系统(11.564)就表征无旋场；若视 $\dot{x}$ 和 $\dot{y}$ 为加速度的两个分量，则梯度系统(11.564)的右端就是位势力，即

$$\boldsymbol{F} = -\nabla V, \tag{11.565}$$

$V(x,y)$就是位势，$\boldsymbol{F}$ 的方向垂直于 V 的等值线，且从 V 的高值指向低值.

梯度系统(11.564)的平衡点(x_0, y_0)满足

$$\left.\frac{\partial V}{\partial x}\right|_{(x_0,y_0)} = 0, \quad \left.\frac{\partial V}{\partial y}\right|_{(x_0,y_0)} = 0, \tag{11.566}$$

因此，平衡点就是位势 V 的驻点. 若令

$$A = \left.\frac{\partial^2 V}{\partial x^2}\right|_{(x_0,y_0)}, \quad B = \left.\frac{\partial^2 V}{\partial x \partial y}\right|_{(x_0,y_0)}, \quad C = \left.\frac{\partial^2 V}{\partial y^2}\right|_{(x_0,y_0)}, \tag{11.567}$$

则由方程组(11.564)知，在平衡点处的 Jacobi 矩阵为

$$\boldsymbol{J} \equiv \begin{bmatrix} -A & -B \\ -B & -C \end{bmatrix}, \tag{11.568}$$

其特征方程为

$$\begin{vmatrix} -A-\lambda & -B \\ -B & -C-\lambda \end{vmatrix} \equiv (\lambda + A)(\lambda + C) - B^2 = 0, \tag{11.569}$$

或

$$\lambda^2 + (A + C)\lambda + (AC - B^2) = 0, \tag{11.570}$$

因而，特征根为

$$\lambda = \frac{1}{2}\{-(A + C) \pm \sqrt{(A + C)^2 - 4(AC - B^2)}\}$$

$$= \frac{1}{2}\{-(A+C) \pm \sqrt{(A-C)^2+4B^2}\}. \tag{11.571}$$

若平衡点(x_0, y_0)是位势 V 的极大值点，$A<0, C<0, AC-B^2>0$，因而 λ 的两根皆为正，对应是不稳定结点；该点是力的源，力从该点指向外. 若平衡点(x_0, y_0)是位势 V 的极小值点，$A>0, C>0, AC-B^2>0$，因而 λ 的两根皆为负，对应是稳定结点；该点是力的汇，力指向该点. 对于 $AC-B^2<0$ 的点，位势 V 在该点不是极值，也可称为拐点，因而 λ 一正一负，对应于鞍点. 根据上述分析可知，梯度系统(11.564)全是实的特征值，而且，只要 $AC-B^2\neq 0$，则它就没有零特征值，这样，梯度系统的平衡点是双曲的.

前面非线性相图分析，对于 $\mathrm{Re}\lambda\neq 0$ 的情况可以用线性化系统来研究平衡点的稳定性问题. 对于至少有一个 $\mathrm{Re}\lambda=0$ 的情况，双曲性被破坏，此时用线性方程来研究稳定性问题一般是不可能的. 另外，更广泛的非线性问题，特别是强非线性问题，线性化方法也是不适用的，此时，常用 Lyapunov 直接方法（或 Lyapunov 第二方法）来判别平衡点的稳定性. 该方法的实质是找一个关于 x, y 的 Lyapunov 正定(positive definite)函数 $E(x,y)$，它满足

$$E(0,0)=0, \quad E(x,y)>0 \quad ((x,y)\neq(0,0)), \tag{11.572}$$

$E(x,y)$相当于系统的总能量. 然后，研究能量 $E(x,y)$沿轨线的变化，即考察

$$\dot{E} \equiv \frac{\mathrm{d}E}{\mathrm{d}t} = \frac{\partial E}{\partial x}\dot{x} + \frac{\partial E}{\partial y}\dot{y}. \tag{11.573}$$

可以证明：如果 $\dot{E}$ 是半负定的(semi-negative definite)，即

$$\dot{E}(x,y) \leqslant 0, \tag{11.574}$$

则平衡点$(x,y)=(0,0)$是稳定的，它表示能量随时间不增加；如果 $\dot{E}$ 是负定的(negative definite)，即

$$\dot{E}(0,0)=0, \quad \dot{E}(x,y)<0 \quad ((x,y)\neq(0,0)), \tag{11.575}$$

则平衡点$(x,y)=(0,0)$是渐近稳定的，它表示能量随时间减小；若 $\dot{E}$ 是正定的，即

$$\dot{E}(0,0)=0, \quad \dot{E}(x,y)>0 \quad ((x,y)\neq(0,0)), \tag{11.576}$$

则平衡点$(x,y)=(0,0)$是不稳定的，它表示能量随时间增加.

至于如何寻找 Lyapunov 正定函数 $E(x,y)$，目前为止尚无一般的方法，它常常取为 $E(x,y)=x^2+y^2$ 等等形式. 不过，在物理问题中，它就是系统的总能量. 下面举例说明这种方法.

[例 1] 非线性系统

$$\begin{cases} \dot{x} = -x^3, \\ \dot{y} = -y^3. \end{cases} \tag{11.577}$$

它的平衡点是$(x,y)=(0,0)$，但在该点，Jacobi 矩阵为

$$J\equiv\begin{bmatrix}0 & 0\\0 & 0\end{bmatrix}. \tag{11.578}$$

显然，其特征值$\lambda_1=\lambda_2=0$. 因而用前面所述拓扑等价的方法无法判断平衡点的稳定性. 但应用 Lyapunov 直接方法，设

$$E(x,y)=x^2+y^2, \tag{11.579}$$

则由(11.573)式求得

$$\dot{E}=-2(x^4+y^4), \tag{11.580}$$

故在平衡点$\dot{E}=0$，其他点$\dot{E}<0$，即$\dot{E}$是负定的，因而平衡点是渐近稳定的.

［**例 2**］ 耗散系统

$$\ddot{x}+\alpha\dot{x}+(x+x^3)=0 \quad (\alpha>0). \tag{11.581}$$

令$\dot{x}=y$，则系统(11.581)化为

$$\begin{cases}\dot{x}=y,\\ \dot{y}=-(x+x^3)-\alpha y\end{cases} \quad (\alpha>0). \tag{11.582}$$

显然，其平衡点为$(x,y)=(0,0)$.

当$\alpha=0$时，方程(11.581)转化为保守系统(11.555)，平衡点也是$(x,y)=(0,0)$，而且势能是$V(x)=\dfrac{x^2}{2}+\dfrac{x^4}{4}$，它在$x=0$有极小值，因而当$\alpha=0$时，系统(11.581)的平衡点是中心点.

在$\alpha>0$时，系统(11.581)的总能量为

$$E=\frac{1}{2}\dot{x}^2+V(x)=\frac{1}{2}y^2+\left(\frac{x^2}{2}+\frac{x^4}{4}\right). \tag{11.583}$$

如果我们就取E为 Lyapunov 函数，则

$$\dot{E}=(x+x^3)y+y[-(x+x^3)-\alpha y]=-\alpha y^2\leqslant 0, \tag{11.584}$$

即$\dot{E}$是半负定的，则平衡点是稳定的. 但由上式，除$\dot{E}(0,0)=0$外，还有$\dot{E}(x,0)=0(x\neq 0)$，因而还不能说平衡点是渐近稳定的. 但若取 Lyapunov 函数为

$$E(x,y)=\frac{y^2}{2}+\left(\frac{x^2}{2}+\frac{x^4}{4}\right)+\beta\left(xy+\frac{\alpha}{2}x^2\right) \quad (\beta>0), \tag{11.585}$$

只要β充分小，可保证$E(x,y)\geqslant 0$. 因

$$\dot{E}(x,y)=-\beta(x^2+x^4)-(\alpha-\beta)y^2, \tag{11.586}$$

则当β充分小时，$\dot{E}$就负定，而且只有$\dot{E}(0,0)=0$. 这样，可以判断平衡点是渐近稳定的.

利用 Lyapunov 直接方法对某些非线性系统非整体分析，还会出现一种重要的

周期性的轨线，它就是极限环(limit cycle). 它是一种独立于初始扰动的非线性周期振荡现象，在相图上，它通常包含一个孤立的不稳定平衡点和一个围绕此平衡点的闭合轨线. 下面举例说明.

［**例 1**］ 一般的非线性耗散系统(Lienard 方程)

$$\ddot{x}+g(x,\dot{x})\dot{x}-f(x)=0. \tag{11.587}$$

若 $g(x,\dot{x})=0$，则方程(11.587)就转化为保守系统(11.555). 系统(11.587)的势能为 $V(x)=-\int f(x)\delta x$，而总能量为

$$E=\frac{1}{2}\dot{x}^2+V(x)=\frac{1}{2}\dot{x}^2-\int f(x)\delta x, \tag{11.588}$$

由此求得

$$\frac{\mathrm{d}E}{\mathrm{d}t}=\dot{x}\ddot{x}+V'(x)\dot{x}=\dot{x}[\ddot{x}+V'(x)]=\dot{x}[\ddot{x}-f(x)]=-g(x,\dot{x})\dot{x}^2. \tag{11.589}$$

因此，对于相平面某一区域中的一条轨线，当 $g(x,\dot{x})>0$ 时(表示正阻尼)，$\frac{\mathrm{d}E}{\mathrm{d}t}<0$(总能量减小)，使系统趋于稳定；当 $g(x,\dot{x})<0$ 时(表示负阻尼)，$\frac{\mathrm{d}E}{\mathrm{d}t}>0$(总能量增加)，使系统趋于不稳定.

若要求耗散系统(11.587)表征周期运动，则它应在一个周期 T 内，总能量变化为零，即

$$\int_t^{t+T}\frac{\mathrm{d}E}{\mathrm{d}t}\delta t=0. \tag{11.590}$$

将(11.589)式代入上式有

$$\int_t^{t+T}-g(x,\dot{x})\dot{x}^2\delta t=0. \tag{11.591}$$

因为 $\dot{x}^2>0$，则上式表明，若阻尼系数 $g(x,\dot{x})$在运动过程中改变符号，才可能有周期运动. 在物理上通常认为，在速度 $\dot{x}$ 较小时是负阻尼($g(x,\dot{x})<0$)，在速度大时是正阻尼($g(x,\dot{x})>0$).

在耗散系统(11.587)中，如取 $f(x)=-x$，$g(x,\dot{x})=x^2-1$，则化为下列所谓 van der Pol 方程

$$\ddot{x}+(x^2-1)\dot{x}+x=0. \tag{11.592}$$

令 $\dot{x}=y$，则方程(11.592)化为

$$\begin{cases}\dot{x}=y,\\ \dot{y}=-x+y-x^2y.\end{cases} \tag{11.593}$$

显然,平衡点为$(x,y)=(0,0)$.在平衡点处,Jacobi 矩阵为

$$\boldsymbol{J}\equiv\begin{bmatrix}0 & 1\\ -1 & 1\end{bmatrix},\tag{11.594}$$

它的特征方程为

$$\begin{vmatrix}0-\lambda & 1\\ -1 & 1-\lambda\end{vmatrix}\equiv\lambda(\lambda-1)+1\equiv\lambda^2-\lambda+1=0.\tag{11.595}$$

因而特征根为$\lambda_1=(1+\sqrt{3}\mathrm{i})/2$,$\lambda_2=(1-\sqrt{3}\mathrm{i})/2$,这是共轭复根,且 $\mathrm{Re}\lambda=1/2$,所以,平衡点是不稳定的焦点.

若作整体分析,此时(11.588)式和(11.589)式分别化为

$$E=\frac{1}{2}\dot{x}^2+\frac{1}{2}x^2=\frac{1}{2}(x^2+y^2),\tag{11.596}$$

$$\frac{\mathrm{d}E}{\mathrm{d}t}=-(x^2-1)\dot{x}^2=-(x^2-1)y^2.\tag{11.597}$$

由此可见,若取 E 是 Lyapunov 函数,则当$|x|<1$时(负阻尼),$\frac{\mathrm{d}E}{\mathrm{d}t}>0$,即 $\dot{E}$ 是正定的,系统趋于不稳定;当$|x|>1$时(正阻尼),$\frac{\mathrm{d}E}{\mathrm{d}t}<0$,即 $\dot{E}$ 是负定的,系统趋于稳定;而当$|x|=1$时,$\frac{\mathrm{d}E}{\mathrm{d}t}=0$,能量 E 达到极值(极大或极小).这样,随着 x 的变化,在相平面(x,y)上平衡点周围就形成周期运动的极限环,而且极限环邻近的轨线从极限环两边趋向于极限环.见图 11.24.

在耗散系统(11.587)中,如取 $f(x)=-x$,$g(x,\dot{x})=x^2+\dot{x}^2-1$,则化为

$$\ddot{x}+(x^2+\dot{x}^2-1)\dot{x}+x=0.\tag{11.598}$$

令 $\dot{x}=y$,则方程(11.598)化为

$$\begin{cases}\dot{x}=y,\\ \dot{y}=-x+y-(x^2+y^2)y.\end{cases}\tag{11.599}$$

平衡点还是$(x,y)=(0,0)$,而且也是不稳定的焦点.此时,能量 E 仍为(11.596)式,但

$$\frac{\mathrm{d}E}{\mathrm{d}t}=-(x^2+\dot{x}^2-1)\dot{x}^2=-(x^2+y^2-1)y^2.\tag{11.600}$$

由此可见,当 $x^2+y^2<1$ 时,$\frac{\mathrm{d}E}{\mathrm{d}t}>0$(负阻尼);当 $x^2+y^2>1$ 时,$\frac{\mathrm{d}E}{\mathrm{d}t}<0$(正阻尼);只有 $x^2+y^2=1$ 时,$\frac{\mathrm{d}E}{\mathrm{d}t}=0$.这样,在相平面$(x,y)$上的圆 $x^2+y^2=1$ 就是极限环,而且,其邻近的轨线也从极限环两边趋向极限环,见图 11.25.

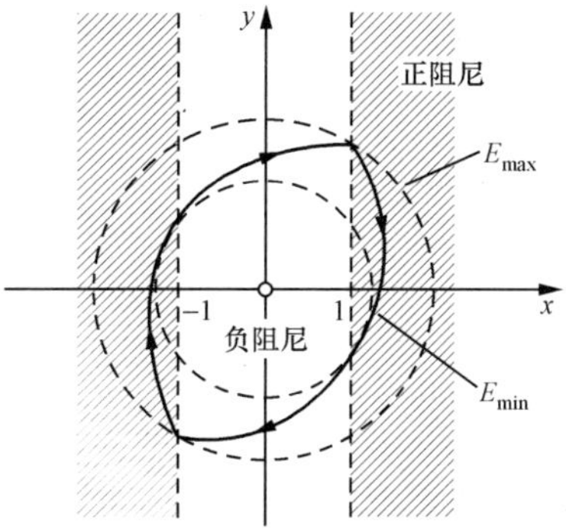

图 11.24 van der Pol 方程的极限环

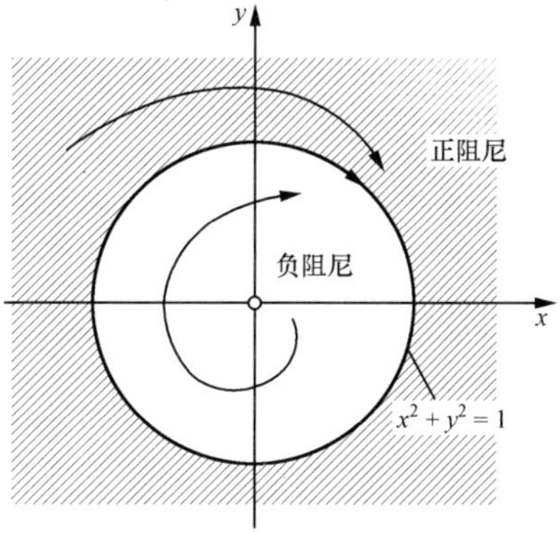

图 11.25 系统(11.598)的极限环

上面分析的非线性耗散系统的两个例子说明了极限环的存在，而且其邻近轨线从极限环两边趋向极限环，此极限环称为稳定的极限环. 下面给出三个例子，只是稍有不同，但极限环的性质却大不相同.

［**例 2**］ 非线性系统

$$\begin{cases}\dot{x}=-y+x[1-(x^2+y^2)^{1/2}],\\ \dot{y}=x+y[1-(x^2+y^2)^{1/2}].\end{cases} \tag{11.601}$$

引入平面极坐标(见(11.547)式)，则方程组(11.567)化为

$$\begin{cases}\dot{r}=r(1-r),\\ \dot{\theta}=1.\end{cases} \tag{11.602}$$

对 r 而言，它有两个平衡态：$r=0$ 和 $r=1$. 对于 $r=0$，其线性方程 $\dot{r}=r>0$，表明它是不稳定的平衡态. 又对于 $0<r<1$，有 $\dot{r}>0$，因而轨线螺旋向外到 $r=1$；对于 $r>1$，有 $\dot{r}<0$，因而轨线螺旋向内到 $r=1$，所以 $r=1$(它使得 $\dot{r}=0$)代表极限环，而且是稳定的极限环，见图 11.26.

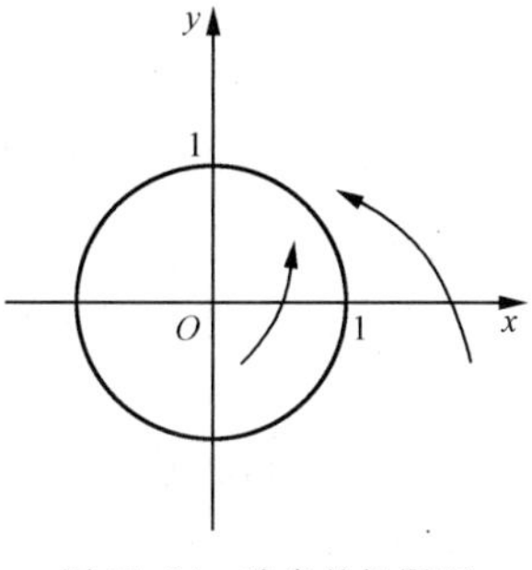

图 11.26 稳定的极限环

［**例 3**］ 非线性系统

$$\begin{cases}\dot{r}=r(r-1)(r-2),\\ \dot{\theta}=1.\end{cases} \tag{11.603}$$

显然，它有不稳定平衡点 $r=0$ 和两条闭曲线 $r=1$ 与 $r=2$，且当 $0<r<1$ 时，$\dot{r}>0$；当 $1<r<2$ 时，$\dot{r}<0$；当 $r>0$ 时，$\dot{r}>0$. 所以，$r=1$ 是稳定的极限环，$r=2$ 的两边轨线都离开 $r=2$，因而 $r=2$ 是不稳定极限环，见图 11.27.

[**例 4**] 非线性系统

$$\begin{cases} \dot{r} = r(r-1)^2, \\ \dot{\theta} = 1. \end{cases} \tag{11.604}$$

显然,$r=1$ 是极限环,且对 $0<r<1$ 和 $r>1$ 时都有 $\dot{r}>0$,因而,对 $r=1$ 的极限环而言,轨线从 $r<1$ 一边趋向这个极限环,但从 $r>1$ 的一边远离这个极限环,它称为是半稳定的极限环,见图 11.28.

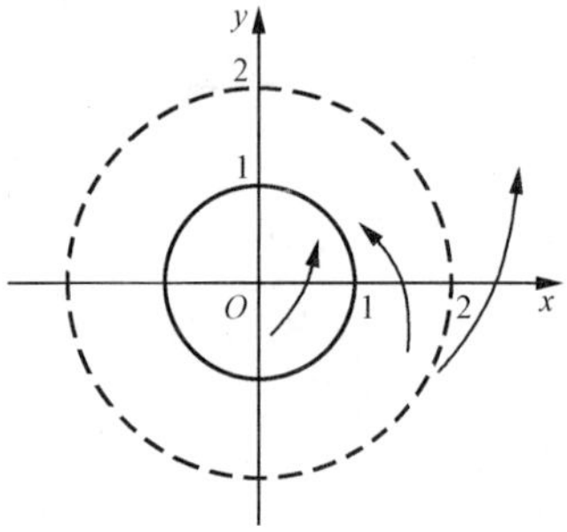

图 11.27 稳定的极限环和不稳定的极限环

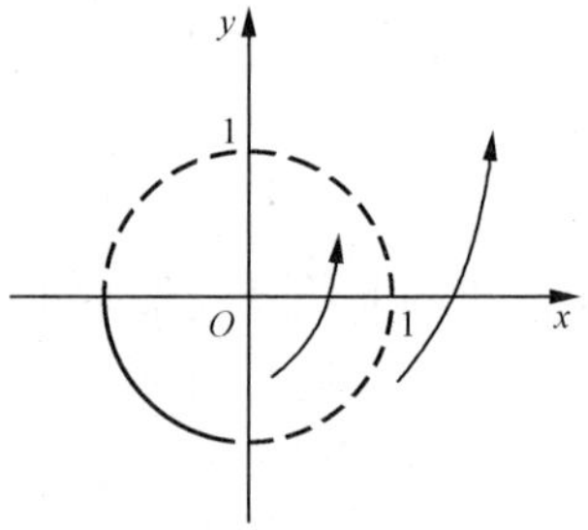

图 11.28 半稳定的极限环

§11.8 气候系统的平衡态(equilibrium states)

气候系统的主要特征是由其能量收支所决定的. 设进入大气的太阳短波辐射为 R_1,大气向外的长波辐射为 R_2,则地气系统的基本方程可以写为

$$c\frac{\partial T}{\partial t} = R_1 - R_2, \tag{11.605}$$

其中 T 为大气的平均温度,c 为地-气系统的平均热容量. 方程(11.605)称为零维能量平衡模式或 BS(Budyko-Sellers)模式.

入射的太阳短波辐射可以表为

$$R_1 = Q_0[1-\alpha(T)], \tag{11.606}$$

其中 Q_0 为到达地球表面的平均太阳短波辐射,它是太阳常数 S_0 的 1/4(若取 $S_0=1370\ \mathrm{W\cdot m^{-2}}$,则 $Q_0=342.5\ \mathrm{W\cdot m^{-2}}$),$\alpha(T)$ 为行星反照率.

按照 Stefan-Boltzman 定律,大气向外的长波辐射可以写为

$$R_2 = \varepsilon(T)\sigma T^4, \tag{11.607}$$

其中 $\varepsilon(T)$ 为有效放射率,而

$$\sigma = 5.6687\times10^{-8}\ \mathrm{W\cdot m^{-2}\cdot K^{-4}}$$

为 Stefan-Boltzman 常数.

(11.606)式和(11.607)式代入方程(11.605),得到

$$c\frac{\partial T}{\partial t}=F(T),\tag{11.608}$$

其中

$$F(T)\equiv R_1-R_2=Q_0[1-\alpha(T)]-\varepsilon(T)\sigma T^4.\tag{11.609}$$

方程(11.608)是 T 关于 t 的一阶非线性方程.使方程右端 $F(T)=0$ 的 T 称为此方程的平衡态,记为 T^*,称为辐射平衡温度,显然 T^* 满足

$$F(T^*)\equiv Q_0[1-\alpha(T^*)]-\varepsilon(T^*)\sigma T^{*4}=0.\tag{11.610}$$

方程(11.608)右端在平衡态 $T=T^*$ 附近作 Taylor 展开,只取一次项有

$$c\frac{\partial T}{\partial t}=\left(\frac{\partial F}{\partial T}\right)_{T=T^*}\cdot(T-T^*),\tag{11.611}$$

显然,$\left(\frac{\partial F}{\partial T}\right)_{T=T^*}$ 的符号决定了平衡态的稳定性.若 $\left(\frac{\partial F}{\partial T}\right)_{T=T^*}<0$,则 $T-T^*$ 随时间指数减小,T 趋近于 T^*,因而平衡态是稳定的;若 $\left(\frac{\partial F}{\partial T}\right)_{T=T^*}>0$,则 $T-T^*$ 随时间指数增长,T 远离于 T^*,因而平衡态是不稳定的.

下面分三种情况来说明.

1. $\varepsilon(T)=1,\alpha(T)=\alpha_0=$常数

则由方程(11.610)求得辐射平衡温度为

$$T^*=\left[\frac{Q_0}{\sigma}(1-\alpha_0)\right]^{1/4}.\tag{11.612}$$

若取 $\alpha_0=0.3$,则求得 $T^*=254.6\,\mathrm{K}$,这个温度要比观测到的地表附近的大气平均温度低 32.8 K,这可能是我们未考虑地球大气的温室效应的缘故.因

$$\left(\frac{\partial F}{\partial T}\right)_{T=T^*}=-4\sigma T^{*3}=-4\sigma\left[\frac{Q_0}{\sigma}(1-\alpha_0)\right]^{3/4}<0,\tag{11.613}$$

因而此平衡态是稳定的.

2. $\varepsilon(T)=\varepsilon_0=$常数,$\alpha(T)=\alpha_0-\alpha_1 T\,(\alpha_0=2.8,\alpha_1=0.009\,\mathrm{K}^{-1})$

则由方程(11.610)求得辐射平衡温度满足

$$T^{*4}-pT^*+q=0,\tag{11.614}$$

其中

$$p=\frac{\alpha_1 Q_0}{\varepsilon_0\sigma},\quad q=-\frac{Q_0(1-\alpha_0)}{\varepsilon_0\sigma}.\tag{11.615}$$

根据四次代数方程求解的理论,如果 $\left(\frac{q}{3}\right)^3-\left(\frac{p}{4}\right)^4<0$,则方程(11.614)有一对实根和一对复根,其中一对实根为

$$T_1^*=A+\sqrt{\frac{p}{4A}-A^2},\quad T_2^*=A-\sqrt{\frac{p}{4A}-A^2},\tag{11.616}$$

其中

$$A=\sqrt{\frac{q}{3}}\cosh\left[\frac{1}{3}\ln(B+\sqrt{B^2-1})\right]\quad\left(B^2=\left(\frac{p}{4}\right)^4\Big/\left(\frac{q}{3}\right)^3\right).\tag{11.617}$$

若取 $\varepsilon_0=0.69$,求得 $p=78.2\times10^6\,\mathrm{K}^3$,$q=156.4\times10^8\,\mathrm{K}^4$,从而求得 $T_1^*=288.6\,\mathrm{K}$,这与实际较为一致. 因 $\left[\frac{\partial F}{\partial T}\right]_{T=T^*}=-4\varepsilon_0\sigma\left[T^{*3}-\frac{p}{4}\right]$,不难证明 $T_1^{*3}-\frac{p}{4}>0$,$T_2^{*3}-\frac{p}{4}<0$,因而平衡态 T_1^* 是稳定的,但平衡态 T_2^* 是不稳定的,这是 Fraedrich 的研究结果.

3. 一般情况

由于冰覆盖对反照率的影响(称为冰反照反馈),取

$$\alpha(T)=\begin{cases}\alpha_0, & T<T_a,\\ \beta_0-\gamma_0 T, & T_a<T<T_b,\\ 0, & T>T_b.\end{cases}\tag{11.618}$$

由于温室效应,放出的长波辐射部分地被云和痕量气体吸收,取

$$\varepsilon(T)=1-m\tanh\left(\frac{T}{T_0}\right)^6,\tag{11.619}$$

其中 m 为长波辐射的减弱系数,在天空的 50% 被云覆盖的情况下,$m=1/2$,$T_0^{-6}=1.9\times10^{-15}\,\mathrm{K}^{-6}$,此时由(11.610)式求辐射平衡温度需要做数值计算.

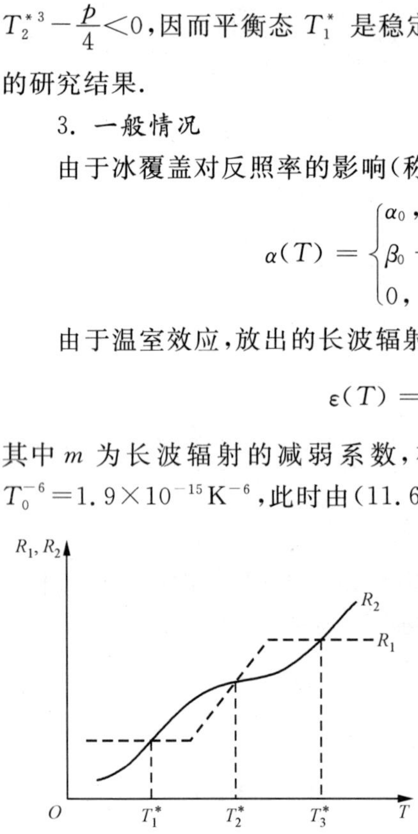

图 11.29 R_1,R_2 随 T 的变化

图 11.29 给出了 R_1 和 R_2 随 T 的变化图. 图中的 R_1 曲线和 R_2 曲线的交点就是方程(11.605)的平衡态. 从图看出,有 3 个平衡温度 T_1^*,T_2^* 和 T_3^*,其中 T_1^* 表示冰期的气候,T_2^* 表示冷期的气候,T_3^* 表示较暖的现代气候.

平衡态的稳定性决定于

$$\left(\frac{\partial F}{\partial T}\right)_{T=T^*}=\left(\frac{\partial R_1}{\partial T}-\frac{\partial R_2}{\partial T}\right)_{T=T^*}\tag{11.620}$$

的符号. 从图 11.29 看出 $\left(\frac{\partial F}{\partial T}\right)_{T=T_1^*,T_3^*}<0$,$\left(\frac{\partial F}{\partial T}\right)_{T=T_2^*}>0$,因而平衡态 $T=T_1^*$ 和 $T=T_3^*$ 是稳定的,而 $T=T_2^*$ 是不稳定的.

§11.9 大气流场的拓扑(topology)结构

由于大气运动的非线性和复杂性,在大气中存在着丰富多彩的流场斑图(pattern),如气旋、反气旋、台风、龙卷风等等.本节对大气流场构成的自治系统作定性分析,说明大气中的流场斑图有着清晰的物理基础和拓扑结构.

一、二维流场的拓扑结构

在(x,y)平面上,二维流场可表为

$$\begin{cases}\dfrac{\mathrm{d}x}{\mathrm{d}t}=u(x,y),\\[2mm]\dfrac{\mathrm{d}y}{\mathrm{d}t}=v(x,y).\end{cases}\tag{11.621}$$

一般情况下,u 和 v 均是 x 和 y 的非线性函数,因而(11.621)式就是 x 和 y 的非线性常微分方程组.因为(11.621)式右端不明显含时间 t,所以,它是一个二维的自治动力系统.

设自治系统(11.621)右端为零(即无风的状态)的位置是

$$(x^*,y^*)=(0,0),\tag{11.622}$$

它就是动力系统的平衡点.在该点附近作 Taylor 展开到一次项,方程组(11.621)化为

$$\begin{cases}\dfrac{\mathrm{d}x}{\mathrm{d}t}=\left(\dfrac{\partial u}{\partial x}\right)_{(0,0)}\cdot x+\left(\dfrac{\partial u}{\partial y}\right)_{(0,0)}\cdot y,\\[2mm]\dfrac{\mathrm{d}y}{\mathrm{d}t}=\left(\dfrac{\partial v}{\partial x}\right)_{(0,0)}\cdot x+\left(\dfrac{\partial v}{\partial y}\right)_{(0,0)}\cdot y.\end{cases}\tag{11.623}$$

方程组(11.623)右端的 Jacobi 矩阵为

$$\boldsymbol{J}\equiv\begin{bmatrix}\dfrac{\partial u}{\partial x} & \dfrac{\partial u}{\partial y}\\[2mm]\dfrac{\partial v}{\partial x} & \dfrac{\partial v}{\partial y}\end{bmatrix}_{(0,0)}.\tag{11.624}$$

若令

$$\zeta\equiv\frac{\partial v}{\partial x}-\frac{\partial u}{\partial y},\quad D\equiv\frac{\partial u}{\partial x}+\frac{\partial v}{\partial y},\quad F\equiv\frac{\partial u}{\partial x}-\frac{\partial v}{\partial y},\quad G\equiv\frac{\partial u}{\partial y}+\frac{\partial v}{\partial x},\tag{11.625}$$

ζ 为垂直涡度分量,D 为水平速度散度,F 和 G 均为变形度(见(2.203)式和(2.208)式).这样,(11.624)式可以改写为

$$\boldsymbol{J}=\boldsymbol{J}_1+\boldsymbol{J}_2,\tag{11.626}$$

其中

$$\boldsymbol{J}_1 \equiv \begin{bmatrix} 0 & -\dfrac{1}{2}\zeta \\ \dfrac{1}{2}\zeta & 0 \end{bmatrix}_{(0,0)}, \quad \boldsymbol{J}_2 \equiv \begin{bmatrix} \dfrac{\partial u}{\partial x} & \dfrac{1}{2}G \\ \dfrac{1}{2}G & \dfrac{\partial v}{\partial y} \end{bmatrix}_{(0,0)}. \tag{11.627}$$

$\boldsymbol{J}_1$ 是反对称矩阵，它由垂直涡度分量 ζ 决定，称为旋转矩阵或涡度矩阵；$\boldsymbol{J}_2$ 是对称矩阵，它由水平速度散度场和变形场决定，称为变形矩阵. 事实上，$\boldsymbol{J}_2$ 还可以写为

$$\boldsymbol{J}_2 = \boldsymbol{J}_2^{(1)} + \boldsymbol{J}_2^{(2)}, \tag{11.628}$$

其中

$$\boldsymbol{J}_2^{(1)} \equiv \begin{bmatrix} \dfrac{1}{2}D & 0 \\ 0 & \dfrac{1}{2}D \end{bmatrix}_{(0,0)}, \quad \boldsymbol{J}_2^{(2)} \equiv \begin{bmatrix} \dfrac{1}{2}F & \dfrac{1}{2}G \\ \dfrac{1}{2}G & -\dfrac{1}{2}F \end{bmatrix}_{(0,0)}. \tag{11.629}$$

这样就能很清楚地看出 $\boldsymbol{J}_2$ 由水平散度场和变形场决定.

由(11.624)式或由(11.626)式、(11.627)式、(11.628)式和(11.629)式可知 Jacobi 矩阵 $\boldsymbol{J}$ 的特征值 λ 满足

$$\begin{vmatrix} \left(\dfrac{\partial u}{\partial x}\right)_{(0,0)} - \lambda & \left(\dfrac{\partial u}{\partial y}\right)_{(0,0)} \\ \left(\dfrac{\partial v}{\partial x}\right)_{(0,0)} & \left(\dfrac{\partial v}{\partial y}\right)_{(0,0)} - \lambda \end{vmatrix} = \begin{vmatrix} \dfrac{1}{2}(D_0 + F_0) - \lambda & -\dfrac{1}{2}(\zeta_0 - G_0) \\ \dfrac{1}{2}(\zeta_0 + G_0) & \dfrac{1}{2}(D_0 - F_0) - \lambda \end{vmatrix} = 0, \tag{11.630}$$

其中 D_0 和 ζ_0 分别表示在平衡点处的水平速度散度和垂直涡度，而 F_0 和 G_0 为平衡点处的变形度. 由(11.630)式求得特征方程为

$$\lambda^2 - D_0\lambda + \frac{1}{4}(D_0^2 - F_0^2 + \zeta_0^2 - G_0^2) = 0. \tag{11.631}$$

而特征值为

$$\lambda = \frac{D_0 \pm \sqrt{D_0^2 - (D_0^2 - F_0^2 + \zeta_0^2 - G_0^2)}}{2} = \frac{D_0 \pm \sqrt{(F_0^2 + G_0^2) - \zeta_0^2}}{2}. \tag{11.632}$$

(11.631)式与(11.505)式比较知

$$p = -D_0, \quad q = \frac{1}{4}(D_0^2 - F_0^2 + \zeta_0^2 - G_0^2) = \left(\frac{\partial u}{\partial x}\frac{\partial v}{\partial y} - \frac{\partial u}{\partial y}\frac{\partial v}{\partial x}\right)_{(0,0)}, \tag{11.633}$$

而(11.632)式与(11.509)式比较知

$$\Delta \equiv p^2 - 4q = (F_0^2 + G_0^2) - \zeta_0^2. \tag{11.634}$$

这样，可以以$(-D_0)$为横轴，$\frac{1}{4}(D_0^2 - F_0^2 + \zeta_0^2 - G_0^2)$为纵轴画出与图 11.22 完全一

样的图像(此处省略),图中 $\Delta=0$ 的抛物线应满足

$$F_0^2+G_0^2=\zeta_0^2. \tag{11.635}$$

参考图 11.22,在图的第一象限,由于$(-D_0)>0$,即 $D_0<0$,在物理上它表示是流场水平向内辐合到平衡点,而且由(11.632)式知,当 $F_0^2+G_0^2>\zeta_0^2$(意味着变形场大于涡度场)时,λ 为两个负实根,平衡点为稳定结点,此时流线是纯粹的水平辐合场,在天气图上较少见;但当 $F_0^2+G_0^2<\zeta_0^2$(意味着变形场小于涡度场)时,λ 为二共轭复根,且实部为负,平衡点为稳定焦点,此时流线是螺旋水平辐合到平衡点,实际地面天气图上的气旋就属于这一类斑图.

在图的第一、第二象限交界的纵轴上 $D_0=0$,且 $F_0^2+G_0^2<\zeta_0^2$(意味着变形场小于涡度场),λ 为二共轭纯虚根,平衡点为中心点,实际高空天气图上的低压系统和高压系统就属于这一类斑图.

在图的第二象限,由于$(-D_0)<0$,即 $D_0>0$,在物理上它表示是流场从平衡点水平向外辐散,其结点和焦点都是不稳定的,特别是在焦点附近,流线从平衡点螺旋向外水平辐散,实际地面天气图上的反气旋就属于这一类斑图.

在图的第三、第四象限 $q\equiv\frac{1}{4}(D_0^2-F_0^2+\zeta_0^2-G_0^2)<0$,则 $F_0^2+G_0^2>\zeta_0^2+D_0^2>\zeta_0^2$,$F_0^2+G_0^2-\zeta_0^2>D_0^2$,因而 λ 为一正实根和一负实根,平衡点为鞍点,它永远是不稳定的. 实际高空天气图上高压与低压系统之间的流形就属于这一类斑图.

二维流场拓扑结构的简单例子可参见 § 2.5 和本章末习题 13.

二、三维流场的拓扑结构

在空间(x,y,z),三维流场可表示为

$$\begin{cases}\dfrac{\mathrm{d}x}{\mathrm{d}t}=u(x,y,z),\\[2mm]\dfrac{\mathrm{d}y}{\mathrm{d}t}=v(x,y,z),\\[2mm]\dfrac{\mathrm{d}z}{\mathrm{d}t}=w(x,y,z).\end{cases} \tag{11.636}$$

在一般情况下,(u,v,w)受下列连续性方程控制

$$\frac{\partial u}{\partial x}+\frac{\partial v}{\partial y}+\frac{\partial w}{\partial z}=0. \tag{11.637}$$

非线性方程组(11.636)右端不明显含时间 t,所以,它是一个三维的自治动力系统. 与二维自治动力系统类似,我们设方程组(11.636)右端为零的平衡点是

$$(x^*,y^*,z^*)=(0,0,0), \tag{11.638}$$

它就是流体的静止状态. 类似,在平衡点附近作 Taylor 展开到一次项,方程组(11.636)化为

$$\begin{cases} \dfrac{\mathrm{d}x}{\mathrm{d}t} = \left(\dfrac{\partial u}{\partial x}\right)_{(0,0,0)} \cdot x + \left(\dfrac{\partial u}{\partial y}\right)_{(0,0,0)} \cdot y + \left(\dfrac{\partial u}{\partial z}\right)_{(0,0,0)} \cdot z, \\ \dfrac{\mathrm{d}y}{\mathrm{d}t} = \left(\dfrac{\partial v}{\partial x}\right)_{(0,0,0)} \cdot x + \left(\dfrac{\partial v}{\partial y}\right)_{(0,0,0)} \cdot y + \left(\dfrac{\partial v}{\partial z}\right)_{(0,0,0)} \cdot z, \\ \dfrac{\mathrm{d}z}{\mathrm{d}t} = \left(\dfrac{\partial w}{\partial x}\right)_{(0,0,0)} \cdot x + \left(\dfrac{\partial w}{\partial y}\right)_{(0,0,0)} \cdot y + \left(\dfrac{\partial w}{\partial z}\right)_{(0,0,0)} \cdot z. \end{cases} \tag{11.639}$$

方程组(11.639)右端的 Jacobi 矩阵为

$$\boldsymbol{J} \equiv \begin{bmatrix} \dfrac{\partial u}{\partial x} & \dfrac{\partial u}{\partial y} & \dfrac{\partial u}{\partial z} \\ \dfrac{\partial v}{\partial x} & \dfrac{\partial v}{\partial y} & \dfrac{\partial v}{\partial z} \\ \dfrac{\partial w}{\partial x} & \dfrac{\partial w}{\partial y} & \dfrac{\partial w}{\partial z} \end{bmatrix}_{(0,0,0)}. \tag{11.640}$$

类似,上述 Jacobi 矩阵可以写为

$$\boldsymbol{J} = \boldsymbol{J}_1 + \boldsymbol{J}_2, \quad \boldsymbol{J}_2 = \boldsymbol{J}_2^{(1)} + \boldsymbol{J}_2^{(2)}, \tag{11.641}$$

其中

$$\boldsymbol{J}_1 \equiv \begin{bmatrix} 0 & -\dfrac{1}{2}\zeta & \dfrac{1}{2}\eta \\ \dfrac{1}{2}\zeta & 0 & -\dfrac{1}{2}\xi \\ -\dfrac{1}{2}\eta & \dfrac{1}{2}\xi & 0 \end{bmatrix}_{(0,0,0)}, \quad \boldsymbol{J}_2 \equiv \begin{bmatrix} \dfrac{\partial u}{\partial x} & \dfrac{1}{2}G_3 & \dfrac{1}{2}G_2 \\ \dfrac{1}{2}G_3 & \dfrac{\partial v}{\partial y} & \dfrac{1}{2}G_1 \\ \dfrac{1}{2}G_2 & \dfrac{1}{2}G_1 & \dfrac{\partial w}{\partial z} \end{bmatrix}_{(0,0,0)}. \tag{11.642}$$

而

$$\boldsymbol{J}_2^{(1)} \equiv \begin{bmatrix} \dfrac{1}{2}D & 0 & 0 \\ 0 & \dfrac{1}{2}D & 0 \\ 0 & 0 & \dfrac{1}{2}D \end{bmatrix}_{(0,0,0)}, \quad \boldsymbol{J}_2^{(2)} \equiv \begin{bmatrix} \dfrac{1}{2}F_3 & \dfrac{1}{2}G_3 & \dfrac{1}{2}G_2 \\ \dfrac{1}{2}G_3 & -\dfrac{1}{2}F_3 & \dfrac{1}{2}G_1 \\ \dfrac{1}{2}G_2 & \dfrac{1}{2}G_1 & \dfrac{1}{2}(F_2 - F_1) \end{bmatrix}_{(0,0,0)}, \tag{11.643}$$

这里

$$D \equiv \frac{\partial u}{\partial x} + \frac{\partial v}{\partial y}, \quad (\xi, \eta, \zeta) \equiv \left(\frac{\partial w}{\partial y} - \frac{\partial v}{\partial z}, \frac{\partial u}{\partial z} - \frac{\partial w}{\partial x}, \frac{\partial v}{\partial x} - \frac{\partial u}{\partial y}\right) \tag{11.644}$$

分别表示水平速度散度和三维涡度,而

$$(F_1, F_2, F_3) \equiv \left(\frac{\partial v}{\partial y} - \frac{\partial w}{\partial z}, \frac{\partial w}{\partial z} - \frac{\partial u}{\partial x}, \frac{\partial u}{\partial x} - \frac{\partial v}{\partial y}\right) \tag{11.645}$$

和

$$(G_1, G_2, G_3) \equiv \left(\frac{\partial w}{\partial y}+\frac{\partial v}{\partial z}, \frac{\partial u}{\partial z}+\frac{\partial w}{\partial x}, \frac{\partial v}{\partial x}+\frac{\partial u}{\partial y}\right) \tag{11.646}$$

表示变形场. 注意(11.643)式用到了(11.637)式,且有

$$F_1+F_2+F_3=0. \tag{11.647}$$

显然,J_1 是反对称矩阵,它由涡度场决定,称为旋转矩阵或涡度矩阵;$J_2, J_2^{(1)}$ 和 $J_2^{(2)}$ 均是对称矩阵,它由水平速度散度场和变形场决定,均称为变形矩阵.

为了简化起见,我们不考虑$\dfrac{\partial w}{\partial x}$和$\dfrac{\partial w}{\partial y}$,而将矩阵(11.640)改写为

$$\boldsymbol{J}=\begin{bmatrix}\dfrac{\partial u}{\partial x} & \dfrac{\partial u}{\partial y} & \dfrac{\partial u}{\partial z}\\ \dfrac{\partial v}{\partial x} & \dfrac{\partial v}{\partial y} & \dfrac{\partial v}{\partial z}\\ 0 & 0 & -D\end{bmatrix}_{(0,0,0)}, \tag{11.648}$$

它的特征值 λ 满足

$$\begin{vmatrix}\dfrac{\partial u}{\partial x}-\lambda & \dfrac{\partial u}{\partial y} & \dfrac{\partial u}{\partial z}\\ \dfrac{\partial v}{\partial x} & \dfrac{\partial v}{\partial y}-\lambda & \dfrac{\partial v}{\partial z}\\ 0 & 0 & -D-\lambda\end{vmatrix}_{(0,0,0)}=0. \tag{11.649}$$

由此求得特征方程为

$$(\lambda+D_0)\left[\lambda^2-D_0\lambda+\frac{1}{4}(D_0^2-F_0^2+\zeta_0^2-G_0^2)\right]=0. \tag{11.650}$$

其中用到了(11.633)的第二式.

由此便知,三维流场有三个特征根. 在简化的情况下,有两个根完全同(11.632)式,即

$$\lambda_{1,2}=\frac{D_0\pm\sqrt{(F_0^2+G_0^2)-\zeta_0^2}}{2}, \tag{11.651}$$

而第三个根为

$$\lambda_3=-D_0. \tag{11.652}$$

λ_3 完全由水平速度散度 D_0 决定. 当 $D_0>0$ 时(表示平衡点水平辐散),$\lambda_3<0$;当 $D_0<0$ 时(表示平衡点水平辐合),$\lambda_3>0$. 在物理上,因为流体要遵守连续性方程,因此,水平速度的辐散辐合,必然要产生 z 方向上的垂直运动,因而形成三维流场的斑图,特别是三维流场的螺旋斑图. 下面举两例说明.

[例 1] 三维流场

$$\begin{cases}u=ax-by,\\ v=bx+ay,\\ w=-2a(z-z_c),\end{cases} \tag{11.653}$$

其中 a,b 和 z_c 是非零常数.

由(11.653)式求得

$$D = 2a,\quad \zeta = 2b,\quad \frac{\partial w}{\partial z} = -2a = -D,\quad F = 0,\quad G = 0. \tag{11.654}$$

因而,三维流场(11.653)满足连续性方程(11.637),且无变形场.若令

$$(u,v,w) = (u_1 + u_2, v_1 + v_2, w_1 + w_2), \tag{11.655}$$

其中

$$\begin{cases} u_1 = ax, \\ v_1 = ay, \\ w_1 = -2a(z - z_c); \end{cases} \quad \begin{cases} u_2 = -by, \\ v_2 = bx, \\ w_2 = 0. \end{cases} \tag{11.656}$$

显然,三维流场(u_1,v_1,w_1)的 $D_1 = 2a$,$\xi_1 = 0$,即它是无旋有散场;而三维流场(u_2,v_2,w_2)的 $D_2 = 0$,$\zeta_2 = 2b$,即它是有旋无散场.

尽管方程组(11.653)的平衡点是(x^*,y^*,z^*)=(0,0,z_c),但若将 z 轴作平移,平衡点仍可写为(x^*,y^*,z^*)=(0,0,0).由(11.651)式和(11.652)式求得

$$\lambda_{1,2} = a \pm \mathrm{i}b \quad (b > 0),\quad \lambda_3 = -2a. \tag{11.657}$$

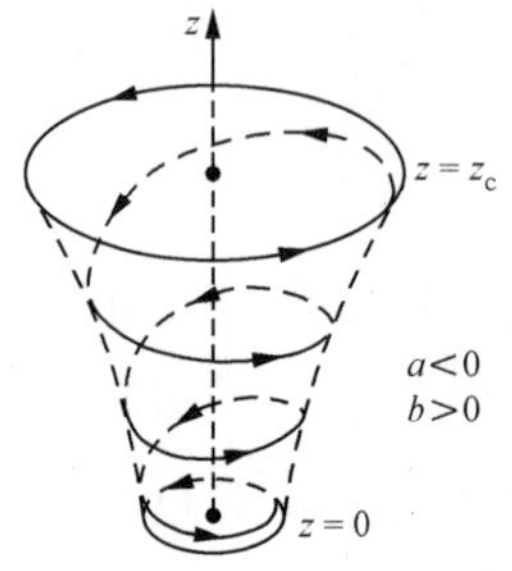

图 11.30 龙卷风的螺旋斑图

上式表明:当 $a<0$ 时(表征水平速度辐合,$D<0$),$\lambda_{1,2}$ 的实部为负,$\lambda_3>0$,它表示在(x,y)平面上的螺旋向内辐合,必然导致平衡点附近 z 方向上的垂直运动($z<z_c$,$w<0$;在 $z>z_c$,$w>0$);而当 $a>0$ 时(表征水平速度辐散,$D<0$),$\lambda_{1,2}$ 的实部为正,$\lambda_3<0$,它表示平衡点附近 z 方向上的垂直运动($z<z_c$,$w>0$;在 $z>z_c$,$w<0$)引起(x,y)平面上从平衡点螺旋向外辐散.大气中的龙卷风(tornado)就属于这一类斑图,见图 11.30.图中 $a<0$,$z=z_c$ 可视为是对流云云底的高度.

至于龙卷风的漏斗型结构,可以由方程组(11.653)化成柱坐标(r,θ,z)的形式给以说明.因为由(1.195)式

$$\begin{cases} v_r \equiv \dfrac{\mathrm{d}r}{\mathrm{d}t} = \dfrac{1}{r}(x\dot{x} + y\dot{y}), \\ v_\theta \equiv r\dfrac{\mathrm{d}\theta}{\mathrm{d}t} = \dfrac{1}{r}(x\dot{y} - y\dot{x}), \\ v_z \equiv w \end{cases} \tag{11.658}$$

$$\left(\dot{x} \equiv \frac{\mathrm{d}x}{\mathrm{d}t} \equiv u, \dot{y} \equiv \frac{\mathrm{d}y}{\mathrm{d}t} \equiv v\right),$$

则方程组(11.653)化为

$$\begin{cases} v_r = ar, \\ v_\theta = br, \\ w = -2a(z - z_c). \end{cases} \tag{11.659}$$

而且因为

$$\frac{1}{r}\frac{\partial}{\partial r}(rv_r) + \frac{\partial w}{\partial z} = 0, \tag{11.660}$$

则可引入流函数 ψ 使得

$$rv_r = -\frac{\partial \psi}{\partial z}, \quad rw = \frac{\partial \psi}{\partial r}, \tag{11.661}$$

因而

$$\psi = \int \frac{\partial \psi}{\partial r}\delta r + \frac{\partial \psi}{\partial z}\delta z = \int rw\delta r - rv_r\delta z = -ar^2(z - z_c) + 常数. \tag{11.662}$$

在(r,z)平面上，流线 $\psi=$常数就是如图 11.30 所示的漏斗型.

［**例 2**］ 三维流场

$$\begin{cases} u = (ax - by)\cos nz, \\ v = (bx + ay)\cos nz, \\ w = -\dfrac{2a}{n}\sin nz \end{cases} \quad (n = \pi/H), \tag{11.663}$$

其中 a 和 b 是非零常数.

由(11.663)式求得

$$D = 2a\cos nz, \quad \zeta = 2b\cos nz, \quad \frac{\partial w}{\partial z} = -2a\cos nz = -D, \quad F = 0, \quad G = 0, \tag{11.664}$$

因而，三维流场(11.663)满足连续性方程(11.637)，且无变形场. 在 $z=0$ 处，$D_0=2a$($a<0$，$D_0<0$，水平辐合；$a>0$，$D_0>0$，水平辐散)，$\zeta_0=2b$($b>0$，$\zeta_0>0$，正涡度或气旋式涡度；$b<0$，$\zeta_0<0$，负涡度或反气旋式涡度). 在 $z=\dfrac{H}{2}$ 处，$D_{\frac{H}{2}}=0$，$\zeta_{\frac{H}{2}}=0$. 在 $z=H$ 处 $D_H=-2a=-D_0$，$\zeta_H=-2b=-\zeta_0$. 而且在 $z=0$ 处 $w_0=0$，在 $z=H$ 处 $w_H=0$，即三维流场(11.663)也满足下界和上界的边条件.

显然，方程组(11.663)的平衡点为$(x^*,y^*,z^*)=(0,0,0)$. 由(11.651)式和(11.652)式求得

$$\lambda_{1,2} = a \pm ib \quad (b > 0), \quad \lambda_3 = -2a. \tag{11.665}$$

与(11.657)式完全相同. 图 11.31 描绘的便是台风(Typhoon)的螺旋斑图. 图中台风下层是正涡度(或气旋式

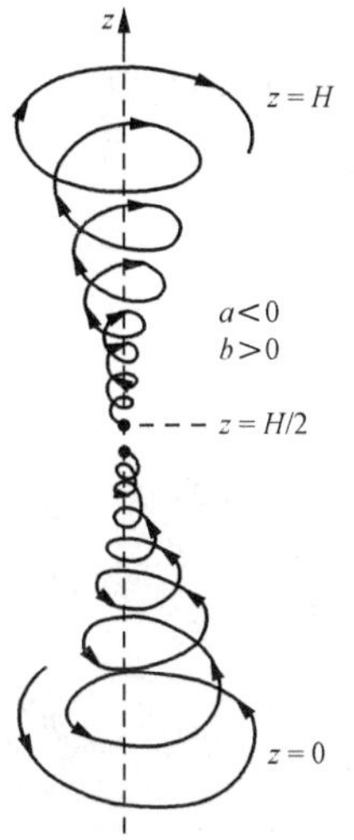

图 11.31 台风的螺旋斑图

涡度)和水平辐合,而台风上层是负涡度(反气旋式涡度)和水平辐散.下层空气螺旋向内,引起台风中心附近空气的上升运动,到中层垂直涡度和水平散度都变为零,但垂直运动达到极大值.而台风上层空气螺旋向外,引起台风外围空气的下沉运动.

复习思考题

1. 稳定度的研究有何意义?一般研究稳定度有哪些方法?
2. 层结稳定度、惯性稳定度、波的稳定度三者有何异同?
3. 用线性化的方程组讨论稳定度有何局限性?
4. 非线性稳定度会出现哪些现象?
5. 说明风速切变$\left(\dfrac{\partial \bar{u}}{\partial y}, \dfrac{\partial \bar{u}}{\partial z}\right)$,重力 g,层结参数 N^2,Rossby 参数对波的稳定与不稳定各起什么作用?
6. 什么是正压不稳定?什么是斜压不稳定?两者在能源供给上有何不同?
7. 在正压和斜压大气中,流场具有什么样的结构容易产生 Rossby 波的不稳定?斜压大气中,温度场与流场的配置具有什么样的特点时,容易产生 Rossby 波的不稳定?
8. 什么是空间稳定度?它与时间稳定度有何不同?
9. 什么叫平衡点?什么叫 Lyapunov 意义下的稳定与不稳定?
10. 叙述鞍点、结点、中心、焦点等对稳定度的作用.

习 题

1. 证明:当 $\bar{u}_1 = \bar{u}_2 = 0$ 时,分层流体中重力内波的圆频率 ω 满足

$$\omega^2 = \frac{gk(\rho_1 - \rho_2) T_1 T_2}{\rho_1 T_2 + \rho_2 T_1},$$

其中

$$T_1 = \tanh kH_1, \quad T_2 = \tanh kH_2,$$

并证明:

(1) 浅水极限,即

$$\lim_{k\to 0} \omega^2 = k^2 c_0^2 - 2\gamma c_0 k^4, \quad \lim_{k\to 0} \omega = kc_0 - \gamma k^3,$$

其中

$$c_0^2 = \frac{g(\rho_1 - \rho_2) H_1 H_2}{\rho_1 H_2 + \rho_2 H_1}, \quad \gamma = \frac{1}{6} c_0 H_1 H_2 \frac{\rho_1 H_1 + \rho_2 H_2}{\rho_1 H_2 + \rho_2 H_1},$$

$$2\gamma c_0 = \frac{1}{3} c_0^2 H_1 H_2 \frac{\rho_1 H_1 + \rho_2 H_2}{\rho_1 H_2 + \rho_2 H_1};$$

(2) 深水极限，即

$$\lim_{\substack{k\to 0\\ H_2\text{固定}}}\{\lim_{\substack{H_1\to\infty\\ k,H_2\text{固定}}}\omega^2\}=k^2c_0^2-2\beta c_0k^3\operatorname{sgn}k,$$

$$\lim_{\substack{k\to 0\\ H_2\text{固定}}}\{\lim_{\substack{H_1\to\infty\\ k,H_2\text{固定}}}\omega\}=kc_0-\beta k\mid k\mid,$$

其中 $c_0^2=g^*H_2,\beta=\dfrac{1}{2}\dfrac{\rho_1}{\rho_2}c_0H_2,g^*=\dfrac{\rho_1-\rho_2}{\rho_2}g$.

2. 证明：当 $\rho_1=\rho_2$ 时，分层流中重力内波波速满足：

(1) $kH_1\ll 1,kH_2\ll 1$ 时，

$$c=\bar{u}+\frac{H_1-H_2}{H_1+H_2}\hat{u}\pm\mathrm{i}\frac{\sqrt{4H_1H_2}}{H_1+H_2}\hat{u};$$

(2) $kH_1\gg 1,kH_2\gg 1$ 时，

$$c=\bar{u}+\mathrm{i}\hat{u},$$

其中 $\bar{u}=(\bar{u}_1+\bar{u}_2)/2,\hat{u}=(\bar{u}_2-\bar{u}_1)/2$.

3. 证明：在一般情况下，Kelvin-Helmholtz 不稳定波波速满足下列 Howard 半圆定理

$$(c_r-\bar{u})^2+c_i^2\leqslant\hat{u}^2,$$

其中 $\bar{u}=(\bar{u}_1+\bar{u}_2)/2,\hat{u}=(\bar{u}_2-\bar{u}_1)/2$. 上式表明：在相速度 c 的复平面内，不稳定的 K-H 波的 c 必须位于以 $(\bar{u},0)$ 为圆心，半径为 $\hat{u}$ 的上半圆内.

4. Eady 稳定度问题：设大气介于地面 $(z=0)$ 与对流层顶 $(z=H)$ 之间，设地面基本气流 $\bar{u}_0=0$，对流层顶基本气流为 $\bar{u}_H=$ 常数，假定 $s\equiv\partial\bar{u}/\partial z=\bar{u}_H/H$. 又假定大气大尺度运动的准地转模式成立，但忽略 β 的作用，又设 $N^2=$ 常数，上下边界条件都取为 $w=0$，试讨论此时的斜压稳定度.

提示：(1) 线性化的准地转位涡度方程为 $\left(\dfrac{\partial}{\partial t}+\bar{u}\dfrac{\partial}{\partial x}\right)\left(\nabla_{\mathrm{h}}^2\psi+\dfrac{f_0^2}{N^2}\dfrac{\partial^2\psi}{\partial z^2}\right)=0$; (2) 应用线性化的绝热方程 $\left(\dfrac{\partial}{\partial t}+\bar{u}\dfrac{\partial}{\partial x}\right)\dfrac{\partial\psi}{\partial z}-\dfrac{\partial\bar{u}}{\partial z}\dfrac{\partial\psi}{\partial x}+\dfrac{N^2}{f_0}w=0$，转换 $w=0$ 的边条件；(3) 应用正交模方法，设 $\psi=\Psi(z)\mathrm{e}^{\mathrm{i}(kx+ly-\omega t)}$ 求解，通解写为 $\Psi(z)=A\cosh\mu z+B\sinh\mu z,\mu^2=N^2K_{\mathrm{h}}^2/f_0^2$；(4) 令 $\omega=kc$，利用边条件定出 c 满足

$$\mu^2c^2-\mu^2sHc+(\mu Hs^2\coth\mu H-s^2)=0,$$

利用恒等式 $\coth x=\dfrac{1}{2}\left(\tanh\dfrac{x}{2}+\coth\dfrac{x}{2}\right)$ 求出

$$c=\frac{\bar{u}_H}{2}\pm\frac{\bar{u}_H}{\mu H}\sqrt{\left(\frac{\mu H}{2}-\coth\frac{\mu H}{2}\right)\left(\frac{\mu H}{2}-\tanh\frac{\mu H}{2}\right)};$$

(5) 注意 $x\geqslant\tanh x$，$\dfrac{x}{2}=\coth\dfrac{x}{2}$ 的解为 $x_c=2.3994$，不稳定必须有 $\dfrac{\mu H}{2}<\coth\dfrac{\mu H}{2}$，

则 $\mu H<x_c$，还可以求出增长率为

$$\omega_i \equiv kc_i = \frac{k\bar{u}_H}{\mu H}\sqrt{\left(\coth\frac{\mu H}{2}-\frac{\mu H}{2}\right)\left(\frac{\mu H}{2}-\tanh\frac{\mu H}{2}\right)}.$$

5. 证明：当 $\beta_0=0$ 时，郭晓岚定理和 Fjörtoft 定理化为下列 Rayleigh 定理：即平行切变流不稳定的必要条件为

$$\frac{\partial^2\bar{u}}{\partial y^2}\text{ 在}(y_1,y_2)\text{ 改变正负号；}\quad \bar{u}\frac{\partial^2\bar{u}}{\partial y^2}\text{ 在}(y_1,y_2)\text{ 负相关.}$$

上式前者说明：不稳定的平行切变流 $\bar{u}(y)$ 必须有拐点 $y=y_c$，使得 $\frac{\partial^2\bar{u}}{\partial y^2}=0$，设在拐点处 $\bar{u}=\bar{u}_c$，则上式后者可改写为

$$(\bar{u}-\bar{u}_c)\frac{\partial^2\bar{u}}{\partial y^2}\text{ 在}(y_1,y_2)\text{ 负相关.}$$

6. 证明 $\hat{u}_c=\dfrac{\beta_0\lambda_0^2}{K_h^2\cdot\sqrt{4\lambda_0^4-K_h^4}}$ 随 K_h^2 变化的极小值点是 $(\sqrt{2}\lambda_0^2,\beta_0/2\lambda_0^2)$，即证明：当 $K_h^2=\sqrt{2}\lambda_0^2$ 时，$\hat{u}_c$ 达极小，且

$$\hat{u}_{c_{\min}}=\beta_0/2\lambda_0^2.$$

7. 证明：当 $K_h^2<2\lambda_0^2$ 和 $\hat{u}<\hat{u}_c$ 时的稳定斜压 Rossby 波波速 c 满足

$$c_1<c<c_2,$$

其中 $c_1=\bar{u}-\dfrac{\beta_0}{K_h^2}$，$c_2=\bar{u}-\dfrac{\beta_0}{K_h^2+2\lambda_0^2}$.

8. 讨论 $l=0$ 时的斜压两层模式 Rossby 波的稳定度.

(1) 写出波速 c 的公式和稳定度判据；

(2) 证明：最不稳定的斜压 Rossby 波 $\left(\dfrac{\partial kc_i}{\partial h}=0\right)$ 满足

$$\hat{u}^2=\frac{\beta_0^2\lambda_0^4(3k^2+2\lambda_0^2)}{k^4(k^2+2\lambda_0^2)(k^4+4\lambda_0^2k^2-4\lambda_0^4)};$$

(3) 证明：在 $\beta_0=0$，当 $k^2=2\lambda_0^2(\sqrt{2}-1)$，斜压不稳定的增长率最大. 若取 $\lambda_0=\sqrt{2}\times10^{-6}\,\mathrm{m}^{-1}$，$\hat{u}=20\,\mathrm{m\cdot s^{-1}}$，求波增大 e 倍所需要的时间；

(4) 不稳定波的高低层振幅满足

$$\hat{\psi}_2/\hat{\psi}_1=re^{ik\delta},$$

其中

$$r=\sqrt{\left(2\hat{u}+\frac{\beta_0}{k^2}\right)\Big/\left(2\hat{u}-\frac{\beta_0}{k^2}\right)},\quad \tan k\delta=\frac{\varepsilon+2}{\varepsilon}\frac{c_i}{\hat{u}}\quad\left(0<\varepsilon\equiv\frac{k^2}{\lambda_0^2}<2\right),$$

并证明：当 $k^2=\sqrt{2}\lambda_0^2$，$\hat{u}=\hat{u}_{c\min}=\dfrac{\beta_0}{2\lambda_0^2}$ 时，$r=\sqrt{2}+1$，$\tan k\delta=0$.

9. 应用 p 坐标系中的线性的准地转模式方程组(见第七章习题 12),建立描写斜压两层模式 Rossby 波的方程组,说明其形式完全同方程组(11.351),只是方程组(11.351)中的 ψ_1' 和 ψ_2' 现在分别改为 ψ_3' 和 ψ_1',分别表示 $p_3=750\ \mathrm{hPa}$ 和 $p_1=250\ \mathrm{hPa}$ 的流场,且 λ_0^2 改为 $\lambda_1^2\equiv(f_0/c_a)^2$.

提示:(1) 自大气上界到地面等间隔分层,分点为 0,1,2,3,4,间隔 $\Delta p=250\ \mathrm{hPa}$,参见图 7.14;

(2) 将涡度方程写在第 1 和第 3 层上,绝热方程写在第 2 层上;

(3) 对 p 的微商用差商代替:$\left(\dfrac{\partial\psi'}{\partial p}\right)_2\approx-\dfrac{\psi_1'-\psi_3'}{2\Delta p}$,$\left(\dfrac{\partial\bar{u}}{\partial p}\right)_2\approx-\dfrac{\bar{u}_1-\bar{u}_3}{2\Delta p}$,并利用边条件 $\omega_0'=\omega_4'=0$,有 $\left(\dfrac{\partial\omega'}{\partial p}\right)_1\approx\dfrac{\omega_2'}{2\Delta p}$,$\left(\dfrac{\partial\omega'}{\partial p}\right)_3\approx-\dfrac{\omega_2'}{2\Delta p}$,且取 $\psi_2'=\dfrac{1}{2}(\psi_1'+\psi_3')$,$\bar{u}_2=\dfrac{1}{2}(\bar{u}_1+\bar{u}_3)$.

10. 利用上题结果,证明当 $l=0$ 时:

(1) 不稳定波的高低层流动振幅满足

$$\hat{\psi}_1/\hat{\psi}_3=r\mathrm{e}^{\mathrm{i}k\delta},$$

其中

$$r=\sqrt{\left(2\hat{u}+\frac{\beta_0}{k^2}\right)\Big/\left(2\hat{u}-\frac{\beta_0}{k^2}\right)},\quad \tan k\delta=\frac{\varepsilon+2}{\varepsilon}\frac{c_{\mathrm{i}}}{\hat{u}}\quad\left(0<\varepsilon\equiv\frac{k^2}{\lambda_1^2}<2\right);$$

(2) 平均层流场

$$\psi_2'=\hat{\psi}_2\mathrm{e}^{\mathrm{i}k(x-ct+\delta_\psi)},$$

其中

$$\hat{\psi}_2=\frac{1}{2}\hat{\psi}_3\sqrt{2(\varepsilon+2)\hat{u}\Big/\left(2\hat{u}-\frac{\beta_0}{k^2}\right)},\quad \tan k\delta_\psi=\frac{\varepsilon\hat{u}}{\varepsilon\hat{u}+\left(2\hat{u}-\dfrac{\beta_0}{k^2}\right)}\tan k\delta;$$

(3) 平均层温度场

$$T_2'=\frac{f}{R}(\psi_1'-\psi_3')=\hat{T}_2\mathrm{e}^{\mathrm{i}k(x-ct+\delta_T)},$$

其中

$$\hat{T}_2=\frac{f}{R}\hat{\psi}_3\sqrt{2\hat{u}(2-\varepsilon)\Big/\left(2\hat{u}-\frac{\beta_0}{k^2}\right)},\quad \tan k\delta_T=\frac{\varepsilon\hat{u}}{\varepsilon\hat{u}-\left(2\hat{u}-\dfrac{\beta_0}{k^2}\right)}\tan k\delta,$$

或

$$\tan k\delta_T=\frac{\varepsilon\hat{u}+\left(2\hat{u}-\dfrac{\beta_0}{k^2}\right)}{\varepsilon\hat{u}-\left(2\hat{u}-\dfrac{\beta_0}{k^2}\right)}\tan k\delta_\phi;$$

(4) 平均垂直 p 速度场

$$\omega_2' = \hat{\omega}_2 e^{ik(x-ct+\delta_\omega)},$$

其中

$$\hat{\omega}_2 = \frac{2\Delta p}{f} k^2 \hat{\psi}_3 \sqrt{\frac{2\hat{u}(2\hat{u}+\beta_0/k^2)}{\varepsilon+2}}, \quad \tan k\delta_\omega = \frac{\varepsilon\hat{u} + \left(2\hat{u} - \dfrac{\beta_0}{k^2}\right)}{\varepsilon\hat{u} - \left(2\hat{u} - \dfrac{\beta_0}{k^2}\right)} \tan\left(k\delta_\phi + \frac{\pi}{2}\right);$$

(5) 平均层扰动动能和扰动有效势能分别为

$$K_2' \equiv K_1' + K_3' = \frac{1}{2}\left[\overline{\left(\frac{\partial\psi_1'}{\partial x}\right)^2} + \overline{\left(\frac{\partial\psi_3'}{\partial x}\right)^2}\right],$$

$$A_2' \equiv \frac{f_0^2}{2\sigma}\overline{\left(\frac{\partial\psi'}{\partial p}\right)^2} = \frac{\lambda_1^2}{2}\overline{(\psi_1' - \psi_3')^2},$$

而它们的变化可表为

$$\begin{cases} \dfrac{\partial K_2'}{\partial t} = -\dfrac{R}{\Delta p}\overline{\omega_2' T_2'}, \\ \dfrac{\partial A_2'}{\partial t} = \dfrac{2\lambda_1^2 R}{f_0}\hat{u}\,\overline{v_2' T_2'} + \dfrac{R}{\Delta p}\overline{\omega_2' T_2'}. \end{cases}$$

11. 纯斜压情况下 Rossby 波的稳定度问题. 对于方程(11.251),设

$$\Psi(y,z) = \hat{\Psi}(z)\sin ly,$$

证明它可以化为

$$(\bar{u}-c)\left(\frac{d^2\hat{\Psi}}{dz^2} - a^2\hat{\Psi}\right) + b\hat{\Psi} = 0,$$

其中

$$a^2 = \frac{N^2}{f_0^2}(k^2+l^2) + \frac{\sigma_0^2}{4}, \quad b = \frac{N^2}{f_0^2}\beta_0 - \frac{\partial^2\bar{u}}{\partial z^2} + \sigma_0\frac{\partial\bar{u}}{\partial z};$$

并利用(11.261)式证明纯斜压 Rossby 波不稳定的必要条件为

$$\int_0^H \frac{b\,|\hat{\Psi}|^2}{|\bar{u}-c|^2}\delta z + \left[\frac{\dfrac{\partial\bar{u}}{\partial z}|\hat{\Psi}|^2}{|\bar{u}-c|^2}\right]_0^H = 0,$$

因而有下列三种情况:

(1) $b>0$,要求 $\left(\dfrac{\dfrac{\partial\bar{u}}{\partial z}|\hat{\Psi}|^2}{|\bar{u}-c|^2}\right)_{z=0} > \left(\dfrac{\dfrac{\partial\bar{u}}{\partial z}|\hat{\Psi}|^2}{|\bar{u}-c|^2}\right)_{z=H}$;

(2) $b<0$,要求 $\left(\dfrac{\dfrac{\partial\bar{u}}{\partial z}|\hat{\Psi}|^2}{|\bar{u}-c|^2}\right)_{z=0} < \left(\dfrac{\dfrac{\partial\bar{u}}{\partial z}|\hat{\Psi}|^2}{|\bar{u}-c|^2}\right)_{z=H}$;

(3) $b=0$,要求 $\left(\dfrac{\dfrac{\partial\bar{u}}{\partial z}|\hat{\Psi}|^2}{|\bar{u}-c|^2}\right)_{z=0} = \left(\dfrac{\dfrac{\partial\bar{u}}{\partial z}|\hat{\Psi}|^2}{|\bar{u}-c|^2}\right)_{z=H}$.

12. Charney 临界层问题. 依上题，若设

$$\bar{u} = \bar{u}_0 + sz, \quad s \equiv \frac{\partial \bar{u}}{\partial z} = 常数,$$

则方程化为

$$(\bar{u}_0 + sz - c)\left(\frac{\mathrm{d}^2 \hat{\Psi}}{\mathrm{d}z^2} - a^2 \hat{\Psi}\right) + b\hat{\Psi} = 0, \quad b = \frac{N^2}{f_0^2}\beta_0 + s\sigma_0.$$

(1) 令 $\xi = a\left(z + \frac{\bar{u}_0 - c}{s}\right)$，证明方程化为

$$\xi \frac{\mathrm{d}^2 \hat{\Psi}}{\mathrm{d}\xi^2} + \left(\frac{b}{as} - \xi\right)\hat{\Psi} = 0;$$

(2) 再令 $\eta = 2\xi, \hat{\Psi} = \eta e^{-\frac{\eta}{2}} \Phi(\eta)$，证明方程化为 Kummer 方程（合流超几何方程）

$$\eta \frac{\mathrm{d}^2 \Phi}{\mathrm{d}\eta^2} + (2 - \eta) \frac{\mathrm{d}\Phi}{\mathrm{d}\eta} - \alpha\Phi = 0,$$

其中

$$\alpha = 1 - \frac{b}{2as},$$

并求解.

13. 用二维流场的拓扑结构分析 § 2.5 中的所有例子.

14. 考虑 Rayleigh 摩擦，$(F_x, F_y) = -k(u, v)$，并设 $u_g = -\frac{1}{f_0\rho}\frac{\partial p}{\partial y}, v_g = \frac{1}{f_0\rho}\frac{\partial p}{\partial x}$，则水平气压梯度力、Coriolis 力、摩擦力三者平衡的水平运动方程可以写为

$$-f_0 v = -f_0 v_g - ku, \quad f_0 u = f_0 u_g - kv,$$

因而有

$$u = \frac{f_0}{k^2 + f_0^2}(f_0 u_g - kv_g),$$

$$v = \frac{f_0}{k^2 + f_0^2}(ku_g + f_0 v_g),$$

若设 $u_g = -by, v_g = bx$（b 为常数），试分析该二维流场的拓扑结构.

15. 证明：三维流场

$$u = -by, \quad v = bx, \quad w = c \quad (b, c \text{ 为非零常数})$$

在柱坐标系中可以化为

$$v_r = 0, \quad v_\theta = br, \quad w = c,$$

并由上述方程组的解证明

$$x = a\cos bt, \quad y = a\sin bt, \quad z = ct \quad (a \text{ 为非零常数}).$$

因 $x^2+y^2=a^2$，$y/x=\tan bt=\tan\dfrac{b}{c}z$，上述曲线称为圆柱螺旋线(circular helix)或普通螺旋线(right helix). 上述 x,y,z 构成的方程组称为圆柱螺旋线的参数形式.

16. 求方程组(11.659)的解，并证明

$$x=A\mathrm{e}^{at}\cos bt,\quad y=A\mathrm{e}^{at}\sin bt,\quad z-z_c=B\mathrm{e}^{-2at}\quad (A,B\text{ 为非零常数})$$

和

$$r=C\mathrm{e}^{\frac{a}{b}\theta}\quad (C\text{ 为非零常数}),$$

上式表征的曲线称为对数螺线(logarithmic spiral)或等角螺线(equiangular spiral). 因 $x^2+y^2=\dfrac{A^2B}{z-z_c}$，$y/x=\tan bt=\tan\left(\dfrac{b}{2a}\ln\dfrac{B}{z-z_c}\right)$，则三维曲线称为圆锥螺旋线(conical helix)，上述 x,y,z 构成的方程组称为圆锥螺旋线的参数形式.

17. 证明：在 t 很小时，上题圆锥螺旋线可改写为

$$x_1=Aat\cos bt,\quad y_1=Aat\sin bt,\quad z_1=-2Bat,$$

其中 $x_1=x-A$，$y_1=y-A$，$z=z-z_c-B$. 它满足 $x_1^2+y_1^2=\left(\dfrac{A}{2B}\right)^2z_1^2$，$y_1/x_1=\tan bt=\tan\left(-\dfrac{b}{2Ba}z_1\right)$.

18. 将方程组(11.663)写为柱坐标的形式

(1) 证明：$\dfrac{1}{r}\dfrac{\partial}{\partial r}(rv_r)+\dfrac{\partial w}{\partial z}=0$，而流函数为

$$\psi=-\frac{ar^2}{n}\sin nz+\text{常数};$$

(2) 证明：$r=C\mathrm{e}^{\frac{a}{b}\theta}$.

第十二章　地转适应理论

本章的主要内容有：

论述大气大尺度运动为什么经常处于准地转平衡状态；

说明适应过程和演变过程的基本概念，并分析大尺度天气演变的物理本质；

说明地转适应过程和准地转演变过程的可分性，并引入"时间和边界层"的概念；

建立地转适应的尺度理论，即说明初始扰动尺度与地转适应方向的关系；

阐述大尺度天气形势变化的分解，说明演变过程和适应过程的联结.

§12.1　适应过程和演变过程的基本概念

一、问题的提出

从理论和实践我们都知道，在中高纬的自由大气中，大气大尺度运动处于准地转平衡状态，这是大气大尺度运动的一个重要规律. 然而大气中却又有局部的和明显的地转偏差不断出现和迅速消失. 因此，大气大尺度运动一方面维持着准地转平衡运动，但另一方面它又不能完全是地转的平衡运动，因为那样就没有天气的变化和发展了. 所以，地转平衡是重要的，地转平衡的破坏也是重要的，而且在运动中平衡是相对的、暂时的，不平衡则是永久起作用的. 显然，在大气大尺度运动中地转平衡的建立、破坏和再建立的过程是天气变化的一个极为重要的动力过程. 这就是恩格斯所说的"平衡中的运动和运动中的平衡".

大气运动受太阳辐射以及气压梯度力、重力和 Coriolis 力的作用. 若仅有气压梯度力的作用，则空气像水一样沿压力梯度力方向运动. 正是由于重力作用在垂直方向上与气压梯度力维持静力平衡，使大气运动具有准水平性，又正是由于太阳辐射形成的经向温度梯度和 Coriolis 力的作用，在水平方向上维持地转平衡. 所以，地转平衡的建立过程是旋转地球大气的一个重要特征.

所以，人们把大气大尺度运动的过程分为两个阶段：一是当准地转平衡遭到破坏后，通过流场与气压场的相互调整使运动恢复到准地转平衡的过程，这就是"地转适应过程"，由于我们经常观测到的大气大尺度运动是准地转运动，因此，地转适应过程是迅速的；另外是在准地转条件下大尺度运动发展和演变的过程，这就是准地转演变过程，显然，准地转演变过程是缓慢的. 在大气大尺度运动中实际上不断地同时进行着地转适应过程和准地转演变过程,大气运动就是在这种矛盾对立统一的过程中变化和发展的.

地转适应过程的研究对于理解大气运动的本质是非常重要的,它不仅可以揭示地转适应过程本身的机制,而且也可以帮助我们认识准地转演变过程的一些规律,如在地转适应过程中流场和气压场都要变化,这种变化的相对大小可以帮助我们了解大气气压系统的形成.

地转适应过程的概念最早是由 Rossby 提出来的,其后 Cahn, Obukhov, Kibel, Monin 等人也做了不少工作.我国学者叶笃正、曾庆存、陈秋士等人也做了大量的研究.

二、定义

大气运动存在着动力平衡和动力不平衡两种最基本的形态.就大气大尺度运动而言,这种形态就是地转平衡和非地转运动.我们说大气大尺度运动经常处于准地转状态是指,当地转平衡在局部受到破坏,那么必存在一种物理机制使受到破坏的准地转状态迅速得到恢复,这种过程称为地转适应过程.而在准地转条件下,大尺度运动缓慢发展和演变的过程称为准地转演变过程.地转适应过程和准地转演变过程分别简称为适应过程和演变过程.

在地转适应过程中,流场和气压场不断地变化以调整到相互适应.若在适应过程中,与初始状态相比,气压场相对于流场有较大的变化(即流场变化小,气压场变化大),则称气压场适应流场;否则,流场相对于气压场有较大的变化(即气压场变化小,流场变化大),则称流场适应气压场.气压场适应流场或流场适应气压场统称为适应方向.

§12.2 适应过程和演变过程的可分性

适应过程和演变过程是两种不同的过程,两者是否可区分呢?回答是肯定的.它们在时间尺度上和物理性质上都可以区分开.

一、时间尺度上的可分性,时间边界层

大尺度运动(静力平衡满足)的水平运动方程可以写为

$$\begin{cases}\dfrac{\partial u}{\partial t}+u\dfrac{\partial u}{\partial x}+v\dfrac{\partial u}{\partial y}=fv-\dfrac{\partial \phi}{\partial x}=fv',\\[2ex]\dfrac{\partial v}{\partial t}+u\dfrac{\partial v}{\partial x}+v\dfrac{\partial v}{\partial y}=-fu-\dfrac{\partial \phi}{\partial y}=-fu',\end{cases}\tag{12.1}$$

其中(u',v')为地转偏差.将水平运动方程(12.1)无量纲化,令

$$\begin{cases} t = \tau t_1, \quad (x,y) = L(x_1,y_1), \quad (u,v) = U(u_1,v_1), \\ f = f_0 f_1, \quad (u',v') = U'(u_1',v_1'), \end{cases} \tag{12.2}$$

则方程(12.1)化为

$$\begin{cases} \dfrac{U}{\tau}\dfrac{\partial u_1}{\partial t_1} + \dfrac{U^2}{L}\left(u_1\dfrac{\partial u_1}{\partial x_1} + v_1\dfrac{\partial u_1}{\partial y_1}\right) = f_0 U'(f_1 v_1'), \\ \dfrac{U}{\tau}\dfrac{\partial v_1}{\partial t_1} + \dfrac{U^2}{L}\left(u_1\dfrac{\partial v_1}{\partial x_1} + v_1\dfrac{\partial v_1}{\partial y_1}\right) = f_0 U'(-f_1 u_1'). \end{cases} \tag{12.3}$$

将等式两边同除以 $f_0 U$,得到

$$\begin{cases} \varepsilon\dfrac{\partial u_1}{\partial t_1} + Ro\left(u_1\dfrac{\partial u_1}{\partial x_1} + v_1\dfrac{\partial u_1}{\partial y_1}\right) = C(f_1 v_1'), \\ \varepsilon\dfrac{\partial v_1}{\partial t_1} + Ro\left(u_1\dfrac{\partial v_1}{\partial x_1} + v_1\dfrac{\partial v_1}{\partial y_1}\right) = C(-f_1 u_1'), \end{cases} \tag{12.4}$$

其中 $\varepsilon \equiv (f_0\tau)^{-1}$ 为 Kibel 数,$Ro \equiv U/f_0 L$ 为 Rossby 数,$C \equiv U'/U = D_0/\zeta_0$ 为陈秋士数,这些我们都在第五章中叙述过. 对大气大尺度运动,$Ro = 10^{-1}$,但对不同过程,C 与 ε 的值有很大的差别.

1. 演变过程

演变过程是准地转运动,地转偏差较小,可以认为

$$C \equiv U'/U = 10^{-1}. \tag{12.5}$$

这样,在方程(12.4)中包含 Ro 和 C 的两项是已知的最大项,因而 ε 的量级不能大于 Ro 的量级,即

$$\varepsilon \leqslant Ro. \tag{12.6}$$

由此求得

$$\tau \geqslant 10 f_0^{-1} = 10^5\,\mathrm{s}. \tag{12.7}$$

所以,大尺度运动的准地转演变过程是比较缓慢的,其变化时间要以“天”为单位来度量,这正是大型天气演变的一个特征. 在第五章作尺度分析时,大尺度运动取的就是 $\tau = 10^5\,\mathrm{s}$.

2. 适应过程

适应过程意味着在运动的大部分时间内处于较强的地转偏差,可以认为

$$C \equiv U'/U \geqslant 10^0. \tag{12.8}$$

这样,在方程(12.4)中包含 C 的项是已知的最大项,因而 ε 的量级与 C 的量级相同,即

$$\varepsilon = C \geqslant 10^0. \tag{12.9}$$

由此求得

$$\tau \leqslant f_0^{-1} = 10^4\,\mathrm{s}. \tag{12.10}$$

所以,在非地转条件下的大尺度运动的适应过程是非常迅速的,其变化时间以“小

时”为单位来度量，这正是大气中不容易发生大范围的非地转运动，或者发生了非地转运动人们也不易观测到的原因. 它说明一旦出现非地转运动，很快就消失了.

由以上分析便知，当局部地区一旦出现较强的非地转运动以后，随即有气压场与流场的变化；这种变化非常迅速，很快流场与气压场就恢复到准地转平衡状态，这就是地转适应过程. 此后运动则按准地转的慢过程发展，而进入所谓的演变过程.

正是因为这样，曾庆存引入“时间边界层”的概念，“时间边界层”的“厚度”为 $f_0^{-1}=10^4\,\text{s}$. 在“时间边界层”内主要进行地转适应过程，这是不平衡的暂态变化过程，气压场与流场在此期间进行迅速的调整；在“时间边界层”外则是准平衡态的缓慢演变过程. 这就是两者在时间上的可分性. 正是由于适应过程的迅速才使得大气大尺度运动经常处于准地转平衡状态，因而，准地转模式能够较好地描写大气大尺度运动.

二、物理性质上的可分性

适应过程和演变过程在时间上是可分的. 同样，在物理性质上也有很大的不同.

(1) 适应过程是准线性的，演变过程是非线性的. 对适应过程，由(12.9)式知 $\varepsilon\geqslant 1$，而 $Ro=10^{-1}$，则

$$\varepsilon > Ro. \tag{12.11}$$

故由方程(12.4)知，在适应过程中，水平运动方程中的非线性项相对时间变化项要小，类似，其他方程也如此. 所以，适应过程具有准线性性质. 对演变过程，根据(12.6)式知，非线性项不小于时间变化项，所以演变过程是非线性的.

(2) 适应过程中水平散度的数值大于或等于垂直涡度的数值；演变过程中水平散度的数值比垂直涡度小一个量级，因此是准涡旋运动. 因 $C\equiv U'/U=D_0/\zeta_0$，则由(12.8)式知，对适应过程有

$$D_0 \geqslant \zeta_0, \tag{12.12}$$

即适应过程中水平散度的数值大于或等于垂直涡度的量级. 而对演变过程，由(12.5)式知

$$D_0 = 10^{-1}\zeta_0, \tag{12.13}$$

即演变过程中水平散度的数值比垂直涡度的数值小一个量级，因此是准涡旋运动.

(3) 适应过程中的水平散度和垂直运动的数值至少分别比演变过程的水平散度和垂直运动大一个量级. 比较(12.12)式和(12.13)式，如果认为大尺度运动 $\zeta_0=10^{-5}\,\text{s}^{-1}$，则适应过程中的水平散度至少比演变过程中的水平散度大一个量级.

水平散度的上述结果必然导致垂直运动也有同样的结果. 这是因为根据 p 坐

标中的连续性方程

$$\left(\frac{\partial u}{\partial x}+\frac{\partial v}{\partial y}\right)+\frac{\partial \omega}{\partial p}=0, \tag{12.14}$$

但不考虑 f 变化的情况下，地转风的水平散度为零，因而

$$\frac{\partial u}{\partial x}+\frac{\partial v}{\partial y}=\frac{\partial u'}{\partial x}+\frac{\partial v'}{\partial y}. \tag{12.15}$$

上式表明：大尺度运动的水平散度的尺度 D_0 可表为

$$D_0=U'/L. \tag{12.16}$$

这样，由(12.14)式，垂直 p 速度 ω 的尺度 Ω_0 可表为

$$\Omega_0=D_0P=U'P/L, \tag{12.17}$$

而 p 坐标系中自变量 p 的尺度 P 可利用(5.7)式表为 $P=\rho_0 gH$，这样，(12.17)式又可改写为

$$\Omega_0=U'\rho_0 gH/L. \tag{12.18}$$

但大尺度运动，$\omega\approx-\rho g w$，因而垂直运动 w 的尺度为

$$W=\Omega_0/\rho_0 g=HU'/L=10^{-2}U'. \tag{12.19}$$

对适应过程，由(12.8)式，$U'\geqslant U$，因而

$$W\geqslant 10^{-2}U. \tag{12.20}$$

但对演变过程，由(12.5)式，$U'=10^{-1}U$，因而

$$W=10^{-3}U. \tag{12.21}$$

比较(12.20)式和(12.21)式，在适应过程中垂直运动的量级至少比演变过程中的垂直运动大一个量级.

(4) 适应过程中可不考虑 Rossby 参数 β 的作用，演变过程必须考虑 β 的作用. 为了突出说明 β 的作用，我们先不考虑非线性项，此时，大尺度运动的涡度方程可以写为

$$\frac{\partial \zeta}{\partial t}+\beta_0 v+fD=0, \tag{12.22}$$

将上式无量纲化后得到

$$\frac{\zeta_0}{\tau}\frac{\partial \zeta_1}{\partial t_1}+\beta_0 U(\beta_1 v_1)+f_0 D_0(f_1 D_1)=0. \tag{12.23}$$

将上式两边同除以 $f_0 D_0=f_0 U'/L$ 后得到

$$\frac{\varepsilon}{C}\frac{\partial \zeta_1}{\partial t_1}+\frac{\beta_0 L/f_0}{C}(\beta_1 v_1)+f_1 D_1=0. \tag{12.24}$$

对适应过程，由(12.9)式，$\varepsilon\geqslant 1$，而 $\beta_0 L/f_0\approx 10^{-1}$，因此，在涡度方程中 β 的作用可忽略. 同样分析，在散度方程中 β 的作用也可忽略.

对演变过程，由(12.6)式，$\varepsilon\leqslant 10^{-1}$，而 $\beta_0 L/f_0=10^{-1}$，因此，在涡度方程中必须考虑 β 的作用. 不过，在演变过程中，运动是准地转的，由地转风引起的水平散度

为零.

综上所述,在物理性质上,适应过程和演变过程也是可分的.

§12.3 适应过程的物理分析

我们以最简单的空间一维的有自由面的线性正压模式为例说明地转适应过程的物理机制.此时,方程组可以写为

$$\begin{cases}\dfrac{\partial u}{\partial t}-f_0 v=-\dfrac{\partial \phi'}{\partial x},\\ \dfrac{\partial v}{\partial t}+f_0 u=0,\\ \dfrac{\partial \phi'}{\partial t}+c_0^2\dfrac{\partial u}{\partial x}=0,\end{cases}\tag{12.25}$$

其中 $\phi'=gh'$,$c_0^2=gH$.

下面,我们分析如下几个问题.

一、波动

根据地转适应过程的性质,β 的作用可忽略,因而方程组(12.25)包含惯性-重力外波.将方程组(12.25)的第一式对 t 微商,并利用第二、第三式可得到

$$\frac{\partial^2 u}{\partial t^2}=c_0^2\frac{\partial^2 u}{\partial x^2}-f_0^2 u,\tag{12.26}$$

这是一维 Klein-Gordon 方程,它是惯性-重力外波所满足的方程,f 取为常数 f_0.应用正交模方法,设

$$u=\hat{u}\mathrm{e}^{\mathrm{i}(kx-\omega t)},\tag{12.27}$$

将其代入方程(12.26),求得惯性-重力外波的频率 ω 为

$$\omega=\pm\sqrt{k^2c_0^2+f_0^2}.\tag{12.28}$$

相应的波速为

$$c\equiv\omega/k=\pm\sqrt{c_0^2+(f_0/k)^2}.\tag{12.29}$$

由(12.28)式和(12.29)式知,它是频散波,其群速度为

$$c_g\equiv\frac{\mathrm{d}\omega}{\mathrm{d}k}=\frac{c_0^2}{c}=\pm\frac{c_0^2}{\sqrt{c_0^2+(f_0/k)^2}}.\tag{12.30}$$

可见,波长越短(k 越大),c 越小,c_g 越大,c_g 的最大值为

$$(c_g)_{\max}=c_0.\tag{12.31}$$

二、适应过程的物理机制

若初始的非地转状态局限于

$$|x| \leqslant L$$

的有限区域，L 称为初始扰动的水平尺度或扰源尺度. 为了讨论方便，我们用地转风关系

$$v_g = \frac{1}{f_0}\frac{\partial \phi'}{\partial x} \tag{12.32}$$

来表示相应于气压场的速度，以区别流场.

下面，我们分析若初始在 $|x| \leqslant L$ 内的非地转状态是：只有流场（如南风），没有气压场的情况下的地转适应. 即初始状态为

$$u|_{t=0} = 0, \quad v|_{t=0} > 0, \quad v_g|_{t=0} = 0. \tag{12.33}$$

在上述初始状态下，我们将分析：如何建立气压场并与流场达到地转平衡，并将分析地转适应与扰源尺度的关系.

1. Coriolis 力的作用

因为南风，故在 Coriolis 力的作用下产生西风 $\left(\text{由(12.25)的第一式}, v>0, \text{则} \frac{\partial u}{\partial t}>0, \text{但} u|_{t=0}=0, \text{因而 } u>0\right)$，这样，在区域的右边形成水平辐合和质量堆积，自由面升高 $\left(\text{(12.25)的第三式}, \frac{\partial u}{\partial x}<0, \text{则} \frac{\partial \phi'}{\partial t}>0\right)$. 而区域的左边形成水平辐散和质量减小，自由面下降 $\left(\text{由(12.25)的第三式}, \frac{\partial u}{\partial x}>0, \text{则} \frac{\partial \phi'}{\partial t}<0\right)$，见图 12.1. 所以，在 Coriolis 力的作用下建立了水平气压梯度 $\left(\frac{\partial \phi'}{\partial x}>0\right)$，这是问题的一个方面.

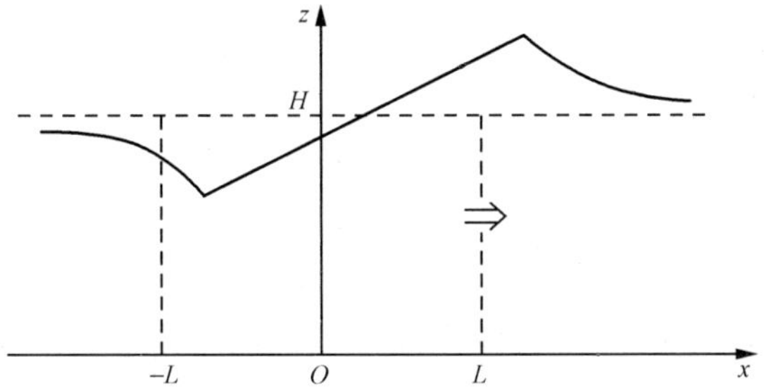

图 12.1　气压场的建立

问题的另一方面是形成西风的同时，又在 Coriolis 力的作用下使初始的南风削弱（由(12.25)的第二式，$u>0$，则 $\partial v/\partial t<0$），所以，在大气内部，由于 Coriolis 力的作用，南风的作用就促使其自身削弱.

综上两方面的分析，若初始只有流场而无气压场，则流场将随时间逐渐减小，是从大到小的过程；气压场则是从无到有，从小到大的过程. 经过一定的时间达到

地转平衡，$v=v_g=\dfrac{1}{f_0}\dfrac{\partial \phi'}{\partial x}$，此时，西风达到极大值，$\dfrac{\partial u}{\partial t}=0$((12.25)的第一式)；随后，由于惯性，$v$ 继续减小，v_g 继续增大，相对 $v_g>v$，则 u 将减小((12.25)的第一式)；……如此往复不断，通过水平辐散辐合的调节，形成 u，v 和 ϕ' 的惯性-重力外波的传播.

2. 波的频散

也由于 f 的存在，惯性-重力外波是频散波，使得初始集中于局部有限区域的能量迅速散布于无限区域，从而使得有限区域的非地转扰动逐渐消失，地转平衡得以恢复，这就是地转适应过程的物理本质.

3. 适应方向与扰源尺度的关系

将(12.32)式对 t 微商，并利用(12.25)的第三式有

$$\frac{\partial v_g}{\partial t}=-\frac{c_0^2}{f_0}\frac{\partial^2 u}{\partial x^2}=O\left(\frac{c_0^2}{f_0}\frac{U}{L^2}\right). \tag{12.34}$$

而由(12.25)的第二式

$$\frac{\partial v}{\partial t}=O(f_0U), \tag{12.35}$$

将(12.35)式与(12.34)式相比有

$$\frac{\partial v}{\partial t}\Big/\frac{\partial v_g}{\partial t}=O\left(\frac{L^2}{L_0^2}\right)=O(\mu_0^2), \tag{12.36}$$

其中

$$L_0\equiv c_0/f_0 \tag{12.37}$$

为正压大气的 Rossby 变形半径，而

$$\mu_0^2=L^2/L_0^2=f_0^2L^2/gH \tag{12.38}$$

为正压大气的行星 Froude 数.

(12.36)式可用来判断在适应过程中流场与气压场的相对变化大小. 由(12.36)式看到，当 $L<L_0$ 时，$\mu_0^2\ll 1$，$\left|\dfrac{\partial v}{\partial t}\right|\ll\left|\dfrac{\partial v_g}{\partial t}\right|$，它表示在适应过程中，流场的变化远小于气压场的变化，则是气压场向流场适应；当 $L>L_0$ 时，$\mu_0^2\gg 1$，$\left|\dfrac{\partial v}{\partial t}\right|\gg\left|\dfrac{\partial v_g}{\partial t}\right|$，它表示在适应过程中，气压场的变化远小于流场的变化，则是流场向气压场适应.

地转适应方向对扰源尺度的依赖关系之所以如此，是因为在初始只有流场而无气压场，在 L 较小时，平衡南风所需要的气压场可以很快建立$\Big($由(12.25)式，若 L 小，则$\dfrac{\partial u}{\partial x}$大，$\dfrac{\partial \phi'}{\partial t}$大，因而时间短$\Big)$，这样，南风还未来得及被大量削弱时，平衡流

场的气压场已经建立好了,因而,L 较小时,流场变化小,气压场变化大,是气压场向流场适应.在 L 较大时,平衡南风所需要的气压场需要很长时间才能建立,这样,南风已被大大削弱,即是说,气压场刚建立,流场已所剩无几了.因而,L 较大时,流场变化大,气压场变化小,是流场向气压场适应.对于初始只有气压场而无流场的非地转状态,也可作类似的物理分析.

由此可以推断:在大气中,较大尺度的系统通常在气压场(或位势高度场)上反映清楚,而较小尺度的系统往往在流场上反映明显.

§12.4 正压地转适应过程

为了简单起见,我们先讨论有自由面的正压大气的地转适应过程.

一、基本方程组

正压地转适应过程的基本方程组为

$$\begin{cases}\dfrac{\partial u}{\partial t}-f_0 v=-\dfrac{\partial \phi'}{\partial x},\\[2mm] \dfrac{\partial v}{\partial t}+f_0 u=-\dfrac{\partial \phi'}{\partial y},\\[2mm] \dfrac{\partial \phi'}{\partial t}+c_0^2\left(\dfrac{\partial u}{\partial x}+\dfrac{\partial v}{\partial y}\right)=0.\end{cases}\tag{12.39}$$

根据适应过程的性质,这里用的是线性方程,且取 $f=f_0=$常数.

令 D,ζ 分别为水平散度和垂直涡度,即

$$D\equiv\frac{\partial u}{\partial x}+\frac{\partial v}{\partial y},\quad \zeta\equiv\frac{\partial v}{\partial x}-\frac{\partial u}{\partial y},\tag{12.40}$$

则方程组(12.39)的前两式作涡度运算和散度运算,使方程组(12.39)化为

$$\begin{cases}\dfrac{\partial \zeta}{\partial t}+f_0 D=0,\\[2mm] \dfrac{\partial D}{\partial t}-f_0\zeta+\nabla_h^2\phi'=0,\\[2mm] \dfrac{\partial \phi}{\partial t}+c_0^2 D=0.\end{cases}\tag{12.41}$$

在 f 为常数的条件下,方程组(12.39)或(12.41)应包含惯性-重力外波.事实上,将(12.41)的第二式对 t 微商,并利用第一、第三两式可得

$$\frac{\partial^2 D}{\partial t^2}=c_0^2\,\nabla_h^2 D-f_0^2 D,\tag{12.42}$$

这是二维 Klein-Gordon 方程.应用正交模方法于方程(12.42),不难求得惯性-重力外波的圆频率为

$$\omega=\pm\sqrt{K_h^2c_0^2+f_0^2},\tag{12.43}$$

其中

$$K_h^2=k^2+l^2,\tag{12.44}$$

而 k,l 分别为 x,y 方向上的波数. 由(12.43)式求得惯性-重力外波的相速度和群速度分别是

$$\boldsymbol{c}=\frac{\omega}{\boldsymbol{K}_h}=\frac{\omega}{K_h^2}\boldsymbol{K}_h=\pm\frac{\sqrt{K_h^2c_0^2+f_0^2}}{K_h^2}\boldsymbol{K}_h=\pm\sqrt{c_0^2+\left(\frac{f_0}{K_h}\right)^2}\frac{\boldsymbol{K}_h}{K_h},\tag{12.45}$$

$$\begin{aligned}\boldsymbol{c}_g&=\frac{\partial\omega}{\partial\boldsymbol{K}_h}=\frac{\partial\omega}{\partial K_h}\cdot\frac{\boldsymbol{K}_h}{K_h}=\pm\frac{K_hc_0^2}{\sqrt{K_h^2c_0^2+f_0^2}}\cdot\frac{\boldsymbol{K}_h}{K_h}\\&=\pm\frac{c_0}{\sqrt{1+\frac{1}{K_h^2L_0^2}}}\cdot\frac{\boldsymbol{K}_h}{K_h}=\pm\frac{c_0}{\sqrt{1+\mu_0^2}}\cdot\frac{\boldsymbol{K}_h}{K_h},\end{aligned}\tag{12.46}$$

这里 $\mu_0=L/L_0$(见(12.38)式),且

$$\boldsymbol{K}_h=k\boldsymbol{i}+l\boldsymbol{j}\tag{12.47}$$

和

$$L=1/K_h,\tag{12.48}$$

上式中的 L 相当于波长. 对圆形涡旋而言,L 就是圆形涡旋半径 R(依上式,圆周长为 $2\pi R=2\pi L=2\pi/K_h$,是真正的波长).

方程组(12.41)的第三式代入第一式,消去 D 有

$$\frac{\partial}{\partial t}\left(\zeta-f_0\frac{\phi'}{c_0^2}\right)=0.\tag{12.49}$$

上式表明,在适应过程中,存在一个不随时间变化的量

$$\zeta-f_0\frac{\phi'}{c_0^2}=\zeta_0-f_0\frac{\phi_0'}{c_0^2}\equiv q(x,y),\tag{12.50}$$

这就是所谓位涡度,它仅决定于初值,式中 ζ_0,ϕ_0' 分别为 ζ 和 ϕ' 的初值.

由静力学关系,设自由面 $p_h=$常数,不难求得因自由面高度变化($h'=h-H$,$\phi'=\phi-c_0^2$)造成的地面气压变化为

$$p_0'\equiv p_s(x,y,t)-p_0=\rho g(h-H)=\rho\phi'\quad(\rho\text{ 为常密度}).\tag{12.51}$$

二、适应方程的求解

为了讨论方便,我们引入流函数 ψ 和速度势 φ,使得

$$u=-\frac{\partial\psi}{\partial y}+\frac{\partial\varphi}{\partial x},\quad v=\frac{\partial\psi}{\partial x}+\frac{\partial\varphi}{\partial y},\tag{12.52}$$

因而有

$$\zeta = \nabla_h^2 \psi, \quad D = \nabla_h^2 \varphi. \tag{12.53}$$

而且方程组(12.41)可以改写为

$$\begin{cases} \nabla_h^2 \left(\dfrac{\partial \psi}{\partial t} + f_0 \varphi \right) = 0, \\ \nabla_h^2 \left(\dfrac{\partial \varphi}{\partial t} - f_0 \psi + \phi' \right) = 0, \\ \dfrac{\partial \phi'}{\partial t} + c_0^2 \nabla_h^2 \varphi = 0. \end{cases} \tag{12.54}$$

相应,(12.50)式改写为

$$\nabla_h^2 \psi - \frac{f_0}{c_0^2} \phi' = \nabla_h^2 \psi_0 - \frac{f_0}{c_0^2} \phi_0' \equiv q(x, y), \tag{12.55}$$

其中 ψ_0 为 ψ 的初值. 方程(12.54)的前两式为二维 Laplace 方程. 因初始非地转扰动出现在有限区域,且扰动是有界的,则物理上可以认为 ψ, φ 和 ϕ' 在无穷远处为零. 根据椭圆型方程的极值原理,方程(12.54)的头两式可分别化为

$$\frac{\partial \psi}{\partial t} + f_0 \varphi = 0, \quad \frac{\partial \varphi}{\partial t} - f_0 \psi + \phi' = 0, \tag{12.56}$$

也就是把(12.54)前两式的 ∇_h^2 去掉. 这样,方程组(12.54)又可改写为

$$\begin{cases} \dfrac{\partial \psi}{\partial t} + f_0 \varphi = 0, \\ \dfrac{\partial \varphi}{\partial t} - f_0 \psi + \phi' = 0, \\ \dfrac{\partial \phi'}{\partial t} + c_0^2 \nabla_h^2 \varphi = 0, \end{cases} \tag{12.57}$$

上式就是正压大气的地转适应方程组. 将其中第二式对 t 微商,并利用第一、第三两式有

$$\frac{\partial^2 \varphi}{\partial t^2} = c_0^2 \nabla_h^2 \varphi - f_0^2 \varphi, \tag{12.58}$$

这是速度势 φ 的二维 Klein-Gordon 方程,称为地转适应方程. 它也可以由 $D = \nabla_h^2 \varphi$ 代入方程(12.42),然后去掉 ∇_h^2 而得到.

方程(12.58)的初条件可以写为

$$\begin{cases} \varphi \big|_{t=0} = \varphi_0(x, y), \\ \dfrac{\partial \varphi}{\partial t} \Big|_{t=0} = f_0 \psi_0 - \phi_0' \equiv \varphi_1(x, y), \end{cases} \tag{12.59}$$

其中的第二式是根据方程组(12.57)的第二式得到的.

方程(12.58)是在初条件(12.59)下的 Cauchy 问题,可用降维法求解,即作因变量变换. 令

$$w(x,y,z,t) = \varphi(x,y,t)\cos\frac{f_0 z}{c_0}, \tag{12.60}$$

则方程(12.58)和初条件(12.59)分别化为

$$\frac{\partial^2 w}{\partial t^2} = c_0^2\left(\frac{\partial^2 w}{\partial x^2}+\frac{\partial^2 w}{\partial y^2}+\frac{\partial^2 w}{\partial z^2}\right), \tag{12.61}$$

$$\begin{cases} w\mid_{t=0} = \varphi_0(x,y)\cos\dfrac{f_0 z}{c_0}, \\ \left.\dfrac{\partial w}{\partial t}\right|_{t=0} = \varphi_1(x,y)\cos\dfrac{f_0 z}{c_0}. \end{cases} \tag{12.62}$$

方程(12.61)在初条件(12.62)下的求解是标准的三维波动方程 Cauchy 问题的求解. 它的解为下列 Poisson 公式：

$$w(x,y,z,t) = \frac{1}{4\pi c_0}\left\{\frac{\partial}{\partial t}\iint\limits_{S_{c_0 t}^M}\varphi_0(\xi,\eta)R^{-1}\cos\frac{f_0\zeta}{c_0}\delta S + \iint\limits_{S_{c_0 t}^M}\varphi_1(\xi,\eta)R^{-1}\cos\frac{f_0\zeta}{c_0}\delta S\right\}, \tag{12.63}$$

其中

$$R = \sqrt{(\xi-x)^2+(\eta-y)^2+(\zeta-z)^2}. \tag{12.64}$$

而 $S_{c_0 t}^M$ 表示以 $M(x,y,z)$ 为中心, $c_0 t$ 为半径的球面, 即

$$R = c_0 t. \tag{12.65}$$

利用降维法, 因 $z=0$ 时, $w(x,y,0,t)=\varphi(x,y,t)$, 又因 φ_0, φ_1 与 z 无关, 则球面 $S_{c_0 t}^M$ 上的积分可以化为这个球面在平面 $z=\zeta$ 上的圆域 $\Sigma_{c_0 t}^M$ $((\xi-x)^2 t(\eta-y)^2\leqslant c_0^2 t^2)$ 上的积分. 球面上的面积元 δS 与其投影的面积元 $\delta\xi\delta\eta$ 有下列关系：

$$(\delta S)\cos\gamma = \delta\xi\delta\eta, \tag{12.66}$$

其中 γ 是 δS 的外法线方向与 z 轴间的夹角, 即

$$\cos\gamma = \frac{\zeta-z}{c_0 t} = \frac{\sqrt{c_0^2 t^2-(\xi-x)^2-(\eta-y)^2}}{c_0 t}. \tag{12.67}$$

故

$$\delta S = \frac{c_0 t}{\sqrt{c_0^2 t^2-\rho^2}}\delta\xi\delta\eta, \tag{12.68}$$

其中

$$\rho \equiv \sqrt{(\xi-x)^2+(\eta-y)^2}. \tag{12.69}$$

注意上下两个半球面的投影相同, 因此, 积分应是在 $\Sigma_{c_0 t}^M$ 积分的两倍, 所以

$$\varphi(x,y,t)= \frac{1}{2\pi c_0}\left\{\frac{\partial}{\partial t}\iint\limits_{\Sigma_{c_0 t}^M}\varphi_0(\xi,\eta)\,\frac{\cos f_0\sqrt{c_0^2 t^2-\rho^2}/c_0}{\sqrt{c_0^2 t^2-\rho^2}}\delta\xi\delta\eta\right.$$

$$+\iint\limits_{\Sigma_{c_0t}^M}\varphi_1(\xi,\eta)\frac{\cos f_0\sqrt{c_0^2t^2-\rho^2}/c_0}{\sqrt{c_0^2t^2-\rho^2}}\delta\xi\delta\eta\Big\}. \tag{12.70}$$

引入平面极坐标(ρ,θ)有

$$\xi-x=\rho\cos\theta,\quad \eta-y=\rho\sin\theta,\quad \delta\xi\delta\eta=\rho\delta\rho\delta\theta\quad(\rho=\sqrt{(\xi-x)^2+(\eta-y)^2}), \tag{12.71}$$

则(12.70)式可改写为

$$\varphi(x,y,t)=\frac{1}{2\pi c_0}\frac{\partial}{\partial t}\int_0^{2\pi}\int_0^{c_0t}\varphi_0(x+\rho\cos\theta,y+\rho\sin\theta)\frac{\cos f_0\sqrt{c_0^2t^2-\rho^2}/c_0}{\sqrt{c_0^2t^2-\rho^2}}\rho\delta\rho\delta\theta$$
$$+\frac{1}{2\pi c_0}\int_0^{2\pi}\int_0^{c_0t}\varphi_1(x+\rho\cos\theta,y+\rho\sin\theta)\frac{\cos f_0\sqrt{c_0^2t^2-\rho^2}/c_0}{\sqrt{c_0^2t^2-\rho^2}}\rho\delta\rho\delta\theta. \tag{12.72}$$

由上面(12.70)式或(12.72)式可以看出，只有φ_0，φ_1不全为零时，φ才不为零，否则$\varphi=0$. 所以，在适应过程中出现的惯性-重力外波乃是由初始局部的非地转扰动所激发出来的.

设初始扰动局限于中心在原点，半径为R_0的圆内，即

$$\begin{cases}\varphi_0(x,y)=\begin{cases}F(x,y) & r\leqslant R_0,\\ 0, & r>R_0,\end{cases}\\ \varphi_1(x,y)=\begin{cases}G(x,y), & r\leqslant R_0,\\ 0 & r>R_0\end{cases}\end{cases}\quad(r=\sqrt{x^2+y^2}). \tag{12.73}$$

初始扰源见图12.2.

设初始扰源外一点$P(x,y)$到扰源的最近距离和最远距离分别为ρ_1和ρ_2，则

$$\rho_1=r-R_0,\quad \rho_2=r+R_0. \tag{12.74}$$

当$t<t_1\equiv\rho_1/c_0$时，$c_0t<\rho_1$，$c_0t\ll\rho_2$，(12.72)式的积分区域与扰源不相交，因而$\varphi=0$，它表示初始扰动还未到达场点；

当$\rho_1/c_0\equiv t_1\leqslant t\leqslant t_2\equiv\rho_2/c_0$时，$\rho_1\leqslant c_0t\leqslant\rho_2$，(12.72)式的积分区域与扰源相交，因而$\varphi\neq0$，它表示初始扰动已传到场点；

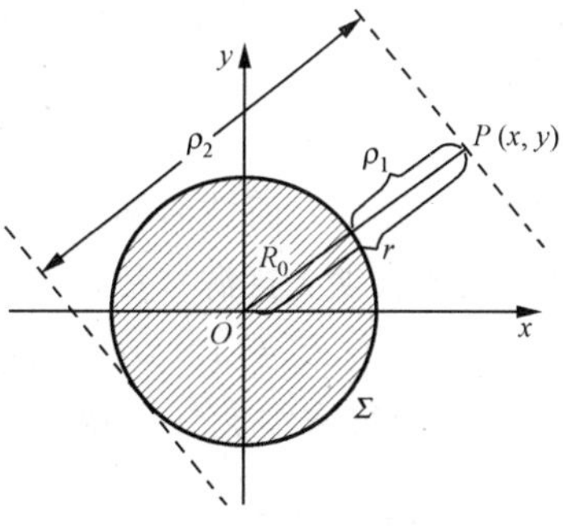

图12.2 初始扰源

当$t>t_2\equiv\rho_2/c_0$时，$c_0t>\rho_2$，(12.72)式的积分区域完全包围了扰源，这时实际的积分区域即为扰源区域Σ：$\rho_1\leqslant\rho\leqslant\rho_2$，这样，(12.72)式可改写为

$$\varphi(x,y,t)=\frac{1}{2\pi c_0}\frac{\partial}{\partial t}\iint\limits_{\rho\leqslant c_0t}F(x+\rho\cos\theta,y+\rho\sin\theta)\frac{\cos f_0\sqrt{c_0^2t^2-\rho^2}/c_0}{\sqrt{c_0^2t^2-\rho^2}}\rho\delta\rho\delta\theta$$

$$+\frac{1}{2\pi c_0}\iint\limits_{\rho\leqslant c_0 t} G(x+\rho\cos\theta, y+\rho\sin\theta)\,\frac{\cos f_0\sqrt{c_0^2t^2-\rho^2}/c_0}{\sqrt{c_0^2t^2-\rho^2}}\rho\delta\rho\delta\theta. \quad (12.75)$$

设 $\bar{F}$,$\bar{G}$ 分别为 F,G 在圆域 $\rho\leqslant c_0 t$ 内的平均值,又 ρ_1,ρ_2 的平均值为 r,则上式近似表为

$$\varphi(x,y,t)=\frac{R_0^2\bar{F}}{2c_0}\frac{\partial}{\partial t}\left[\frac{\cos f_0\sqrt{c_0^2t^2-r^2}/c_0}{\sqrt{c_0^2t^2-r^2}}\right]+\frac{R_0^2\bar{G}}{2c_0}\cdot\frac{\cos f_0\sqrt{c_0^2t^2-r^2}/c_0}{\sqrt{c_0^2t^2-r^2}}. \quad (12.76)$$

由上式可看出,随着 t 的增加,φ 将迅速衰减,当 $t\to\infty$ 时,$\varphi=0$. 显然,这种阻尼的产生不是由于摩擦所引起,因为方程中未考虑摩擦作用;这种阻尼是由于惯性-重力外波的频散所产生的. 而且扰动以速度 $c=|c|=\sqrt{c_0^2+(f_0/K_h)^2}$ 传播,能量则以 $c_g=|c_g|=c_0/\sqrt{1+\mu_0^2}$ 传播,因 c 和 c_g 的数值都很大,所以,由(12.76)式所表示的振荡随时间衰减得非常快.

当 $\varphi=0$ 时,运动变为涡旋运动. 由(12.57)式,$\dfrac{\partial\psi}{\partial t}=0$ 和 $\dfrac{\partial\phi'}{\partial t}=0$,它表示流场和气压场都变为定常;而且 $f_0\psi=\phi'$,这就是地转平衡关系,从而实现了地转适应.

三、地转适应时间

事实上,无需到 $t\to\infty$,φ 已经衰减得微不足道了. 从(12.76)式看到,使 φ 足够小所需时间依赖于初始扰源的尺度 L 和能量的频散速度 c_g. 所以,我们把 L/c_g 定义为地转适应时间,记为 τ_A,即

$$\tau_A\equiv\frac{L}{c_g}=\frac{L}{c_0}\sqrt{1+\mu_0^2}=\frac{1}{f_0}\mu_0\sqrt{1+\mu_0^2}=\tau_i\mu_0\sqrt{1+\mu_0^2}, \quad (12.77)$$

其中 $\tau_i=f_0^{-1}$ 为惯性时间尺度.

上式表明:扰源尺度越大(μ_0 越大),地转适应时间 τ_A 也越长,若取 $L=10^6\,\mathrm{m}$,$f_0=10^{-4}\,\mathrm{s}^{-1}$,$L_0=3\times10^6\,\mathrm{m}$,则由上式算得 $\tau_A\approx1\,\mathrm{h}$. 正由于地转适应时间非常短,所以,我们很难在大气中观测到显著的地转偏差.

四、地转适应终态

当适应过程结束,恢复到地转平衡后,φ,ψ,ϕ' 的终态 φ_∞,ψ_∞,ϕ'_∞ 满足

$$\varphi_\infty=0,\quad f_0\psi_\infty=\phi'_\infty,\quad \nabla_h^2\psi_\infty-\frac{f_0}{c_0^2}\phi'_\infty=\nabla_h^2\psi_0-\frac{f_0}{c_0^2}\phi'_0\equiv q(x,y), \quad (12.78)$$

其中第二式即是地转关系. 后两式合并有

$$\nabla_h^2\psi_\infty-\frac{1}{L_0^2}\psi_\infty=q(x,y)=\nabla_h^2\psi_0-\frac{1}{L_0^2}\left(\frac{\phi_0'}{f_0}\right),\tag{12.79}$$

这是 ψ_∞ 的非齐次 Helmholtz 方程. 该方程的 Green 函数(或基本解)$G(x,y;\xi,\eta)$满足

$$\nabla_h^2 G-\frac{1}{L_0^2}G=\delta(\xi-x,\eta-y),\tag{12.80}$$

其中 $\delta(\xi-x,\eta-y)$为 Dirac δ 函数. 由方程(12.80)不难求得

$$G(x,y;\xi,\eta)=-\frac{1}{2\pi}K_0(\rho/L_0),\tag{12.81}$$

其中

$$\rho=\sqrt{(\xi-x)^2+(\eta-y)^2}.\tag{12.82}$$

而 $K_0(z)$为第二类变型的零阶 Bessel 函数(或零阶 MacDonald 函数).

由 Green 函数 G,依叠加原理我们立即求得方程(12.79)的解为

$$\psi_\infty(x,y)=\iint_{\infty}^{\infty}q(\xi,\eta)G(x,y;\xi,\eta)\delta\xi\delta\eta=-\frac{1}{2\pi}\iint_{-\infty}^{\infty}q(\xi,\eta)K_0\left(\frac{\rho}{L_0}\right)\delta\xi\delta\eta.\tag{12.83}$$

因为当 $z\to\infty$时,$K_0(z)\to\sqrt{\pi/2z}\,e^{-z}\to 0$,所以,上述积分是收敛的. 根据初始状态确定 $q_0(x,y)$,利用(12.83)式可确定流函数 ψ 的终态 ψ_∞,再由(12.78)式定出 ϕ_∞'.

应用平面极坐标(12.71)式,(12.83)式可以改写为

$$\begin{aligned}\psi_\infty(x,y)&=-\frac{1}{2\pi}\int_0^{2\pi}\int_0^{\infty}q(x+\rho\cos\theta,y+\rho\sin\theta)K_0\left(\frac{\rho}{L_0}\right)\rho\delta\rho\delta\theta\\&=-\frac{1}{2\pi}\int_0^{2\pi}\int_0^{\infty}\left(\nabla_h^2\psi_0-\frac{1}{L_0^2f_0}\phi_0'\right)K_0\left(\frac{\rho}{L_0}\right)\rho\delta\rho\delta\theta\\&=-\frac{1}{2\pi}\int_0^{2\pi}\int_0^{\infty}\left(\nabla_h^2\psi_0-\frac{1}{L_0^2}\psi_0\right)K_0\left(\frac{\rho}{L_0}\right)\rho\delta\rho\delta\theta\\&\quad-\frac{1}{2\pi}\int_0^{2\pi}\int_0^{\infty}\frac{1}{L_0^2}\left(\psi_0-\frac{\phi_0'}{f_0}\right)K_0\left(\frac{\rho}{L_0}\right)\rho\delta\rho\delta\theta,\end{aligned}\tag{12.84}$$

上式最后一个等式的右端第一个积分是 Helmholtz 方程 $\nabla_h^2\psi_0-\frac{1}{L_0^2}\psi_0=F$ 的解,即

$$\psi_0(x,y)=-\frac{1}{2\pi}\int_0^{2\pi}\int_0^{\infty}\left(\nabla_h^2\psi_0-\frac{1}{L_0^2}\psi_0\right)K_0\left(\frac{\rho}{L_0}\right)\rho\delta\rho\delta\theta.\tag{12.85}$$

这样,(12.84)式可以改写为

$$\psi_\infty(x,y)=\psi_0(x,y)-\frac{1}{2\pi}\int_0^{2\pi}\int_0^{\infty}\frac{1}{L_0^2}\left(\psi_0-\frac{\phi_0'}{f_0}\right)K_0\left(\frac{\rho}{L_0}\right)\rho\delta\rho\delta\theta.\tag{12.86}$$

五、适应方向与扰源尺度的关系

设初始扰动局限于以中心在原点、半径为 L 的圆内，且考虑在圆内，ψ_0，ϕ_0' 为常数，这样，由它们形成的 ψ_∞ 在圆内也为常数，则由(12.86)式求得在上述圆内

$$\psi_\infty = \psi_0 - \frac{1}{L_0^2}\left(\psi_0 - \frac{\phi_0'}{f_0}\right)\int_0^L \mathrm{K}_0\left(\frac{\rho}{L_0}\right)\rho\delta\rho. \tag{12.87}$$

利用 MacDonald 函数的微商性质：

$$\frac{\mathrm{d}}{\mathrm{d}z}(z\mathrm{K}_1(z)) = -z\mathrm{K}_0(z), \tag{12.88}$$

这里 $\mathrm{K}_1(z)$是一阶 MacDonald 函数.

这样，(12.87)式可改写为

$$\psi_\infty = \psi_0 - \frac{1}{L_0^2}\left(\psi_0 - \frac{\phi_0'}{f_0}\right)L_0^2\left[-\frac{\rho}{L_0}\mathrm{K}_1\left(\frac{\rho}{L_0}\right)\right]_{\rho=0}^{\rho=L} = \psi_0 - \left(\psi_0 - \frac{\phi_0'}{f_0}\right)[1-\mu_0\mathrm{K}_1(\mu_0)], \tag{12.89}$$

这里用到了 $z\to 0$，$\mathrm{K}_1(z)\to 1/z$ 的性质. 根据上式，我们有：

(1) 当 $\mu_0 \equiv L/L_0 < 1$ 时，$\mu_0\mathrm{K}_1(\mu_0)\approx 1$，因而由上式和(12.78)式有

$$\psi_\infty \approx \psi_0, \quad \phi_\infty' \approx f_0\psi_0, \tag{12.90}$$

这表明当 $L<L_0$ 时，流场几乎没有什么变化，气压场相对有较大的变化，因而是气压场适应流场；

(2) 当 $\mu_0 \equiv L/L_0 > 1$ 时，$\mu_0\mathrm{K}_1(\mu_0)\approx 0$，因而由(12.89)式和(12.78)式有

$$\psi_\infty = \phi_0'/f_0, \quad \phi_\infty' \approx \phi_0', \tag{12.91}$$

它表明当 $L>L_0$ 时，气压场几乎没有什么变化，流场相对有较大的变化，因而是流场适应气压场.

§12.5　斜压地转适应过程

正压地转适应过程没有考虑层结和扰动的垂直分布，其中的波动是惯性-重力外波；当考虑了斜压大气后，地转适应过程必然会出现一些新的特点. 这主要是因为在斜压地转适应过程中的波动是惯性-重力内波的缘故. 下面将具体分析.

一、基本方程组

在 p 坐标系中，斜压地转适应过程的基本方程组可以写为

$$\begin{cases}\dfrac{\partial u}{\partial t}-f_0 v=-\dfrac{\partial\phi}{\partial x},\\[2mm]\dfrac{\partial v}{\partial y}+f_0 u=-\dfrac{\partial\phi}{\partial y},\\[2mm]\dfrac{\partial u}{\partial x}+\dfrac{\partial v}{\partial y}+\dfrac{\partial\omega}{\partial p}=0,\\[2mm]\dfrac{\partial}{\partial t}\left(\dfrac{\partial\phi}{\partial p}\right)+\dfrac{c_a^2}{p^2}\omega=0.\end{cases}\tag{12.92}$$

根据适应过程的性质，这里用的是线性方程，而且视 f 为常数 f_0，c_a^2 也视为常数. 方程组(12.92)的前两式作涡度运算和散度运算，则方程组(12.92)可以化为

$$\begin{cases}\dfrac{\partial\zeta}{\partial t}+f_0 D=0,\\[2mm]\dfrac{\partial D}{\partial t}-f_0\zeta+\nabla^2\phi=0\quad\left(\nabla^2\equiv\dfrac{\partial^2}{\partial x^2}+\dfrac{\partial^2}{\partial y^2}\right),\\[2mm]D+\dfrac{\partial\omega}{\partial p}=0,\\[2mm]\dfrac{\partial}{\partial t}\left(p^2\dfrac{\partial\phi}{\partial p}\right)+c_a^2\omega=0,\end{cases}\tag{12.93}$$

它应包含惯性-重力内波. 为了简洁而清楚地说明斜压地转适应过程，我们采用第七章已用过的“斜压两层模式”(见图 7.14).

将涡度方程、散度方程、连续性方程写在第一、第三两层上，绝热方程写在第二层上，$\partial/\partial p$ 用差商代替(气压间隔为 Δp)，则方程组(12.93)改写为

$$\begin{cases}\dfrac{\partial\zeta_1}{\partial t}+f_0 D_1=0, & \dfrac{\partial\zeta_3}{\partial t}+f_0 D_3=0,\\[2mm]\dfrac{\partial D_1}{\partial t}-f_0\zeta_1+\nabla^2\phi_1=0, & \dfrac{\partial D_3}{\partial t}-f_0\zeta_3+\nabla^2\phi_3=0,\\[2mm]D_1+\dfrac{1}{2\Delta p}\omega_2=0, & D_3-\dfrac{1}{2\Delta p}\omega_2=0,\\[2mm]\dfrac{\partial}{\partial t}(\phi_1-\phi_3)-\dfrac{1}{2\Delta p}c_a^2\omega_2=0,\end{cases}\tag{12.94}$$

其中已经用到了 $\omega_0=0$ 和 $\omega_4=0$ 的条件. 若令

$$\hat{\zeta}=\frac{1}{2}(\zeta_1-\zeta_3),\quad\hat{D}=\frac{1}{2}(D_1-D_3),\quad\hat{\phi}=\frac{1}{2}(\phi_1-\phi_3),\tag{12.95}$$

$\hat{\zeta},\hat{D},\hat{\phi}$ 分别表征 ζ,D,ϕ 的垂直切变. 这样，方程(12.94)改写为

$$\begin{cases}\dfrac{\partial\hat{\zeta}}{\partial t}+f_0\hat{D}=0,\\ \dfrac{\partial\hat{D}}{\partial t}-f_0\hat{\zeta}+\nabla^2\hat{\phi}=0,\\ \hat{D}+\dfrac{1}{2\Delta p}\omega_2=0,\\ \dfrac{\partial\hat{\phi}}{\partial t}-\dfrac{1}{4\Delta p}c_a^2\omega_2=0.\end{cases}\tag{12.96}$$

若由上述方程组的第三、四两式消 ω_2，则方程组(12.96)化为

$$\begin{cases}\dfrac{\partial\hat{\zeta}}{\partial t}+f_0\hat{D}=0,\\ \dfrac{\partial\hat{D}}{\partial t}-f_0\hat{\zeta}+\nabla^2\hat{\phi}=0,\\ \dfrac{\partial\hat{\phi}}{\partial t}+c_1^2\hat{D}=0,\end{cases}\tag{12.97}$$

其中

$$c_1^2=c_a^2/2.\tag{12.98}$$

若取 $c_a=10^2\,\mathrm{m\cdot s^{-1}}$，则 $c_1=70\,\mathrm{m\cdot s^{-1}}$.

方程组(12.97)在形式上完全同方程组(12.41)，只是 ζ,D,ϕ 分别换成了 $\hat{\zeta},\hat{D}$，$\hat{\phi}$，而且将 c_0^2 换成了 c_1^2. 这反映了斜压地转适应过程与正压地转适应过程相比，在波的性质上发生了变化，显然，这里已不是惯性-重力外波，而是惯性-重力内波了.

将方程组(12.96)的第三式代入第二式有

$$\frac{\partial\omega_2}{\partial t}=-2\Delta p(f_0\hat{\zeta}-\nabla^2\hat{\phi}),\tag{12.99}$$

再将上式对时间 t 微商，并利用(12.96)的第一、第三和第四式得到

$$\frac{\partial^2\omega_2}{\partial t^2}=c_1^2\nabla^2\omega_2-f_0^2\omega_2,\tag{12.100}$$

这是 ω_2 的在 p 坐标系中的二维 Klein-Gordon 方程. 求其波动解，不难得到在两层模式中惯性-重力内波的圆频率为

$$\omega=\pm\sqrt{K_{\mathrm{h}}^2c_1^2+f_0^2}.\tag{12.101}$$

它的相速度和群速度分别与(12.45)式和(12.46)式相似，即

$$\boldsymbol{c}=\pm\sqrt{c_1^2+\left(\frac{f_0}{K_{\mathrm{h}}}\right)^2}\cdot\frac{\boldsymbol{K}_{\mathrm{h}}}{K_{\mathrm{h}}},\tag{12.102}$$

$$\boldsymbol{c}_{\mathrm{g}}=\pm\frac{K_{\mathrm{h}}c_1^2}{\sqrt{K_{\mathrm{h}}^2c_1^2+f_0^2}}\cdot\frac{\boldsymbol{K}_{\mathrm{h}}}{K_{\mathrm{h}}}=\pm\frac{c_1}{\sqrt{1+\mu_1^2}}\cdot\frac{\boldsymbol{K}_{\mathrm{h}}}{K_{\mathrm{h}}},\tag{12.103}$$

其中

$$\mu \equiv 1/K_h L_1 = L/L_1 \quad (L \equiv 1/K_h), \tag{12.104}$$

而

$$L_1 \equiv c_1/f_0 \tag{12.105}$$

为斜压两层模式中的 Rossby 变形半径.

由方程组(12.97)的第一式与第三式消去 $\hat{D}$ 得

$$\frac{\partial}{\partial t}\left(\hat{\zeta} - f_0 \frac{\hat{\phi}}{c_1^2}\right) = 0 \tag{12.106}$$

或

$$\hat{\zeta} - \frac{f_0}{c_1^2}\hat{\phi} = \hat{q}(x,y) = \hat{\zeta}_0 - \frac{f_0}{c_1^2}\hat{\phi}_0, \tag{12.107}$$

其中 $\hat{q}$ 即为斜压两层模式中的位涡度,$\hat{\zeta}_0$,$\hat{\phi}_0$ 分别为 $\hat{\zeta}$,$\hat{\phi}$ 的初值.

类似(12.52)式可引入流函数 $\hat{\psi}$ 和速度势 $\hat{\varphi}$,则有

$$\hat{\zeta} = \nabla^2 \hat{\psi}. \tag{12.108}$$

这样,(12.107)式可改写为

$$\nabla^2\hat{\psi} - \frac{f_0}{c_1^2}\hat{\phi} = \hat{q}(x,y) = \nabla^2\hat{\psi}_0 - \frac{f_0}{c_1^2}\hat{\phi}_0, \tag{12.109}$$

其中 $\hat{\psi}_0$ 为 $\hat{\psi}$ 的初值.

二、适应方程的求解

这里即来求解方程(12.100).从(12.99)式可看到,当$\dfrac{\partial \omega_2}{\partial t}=0$ 时有

$$f_0\hat{\zeta} = \nabla^2\hat{\phi}, \tag{12.110}$$

这就是 $\hat{\zeta}$ 的地转涡度关系.将(12.108)式代入上式,去掉 ∇^2 得到

$$f_0\hat{\psi} = \hat{\phi}, \tag{12.111}$$

这就是 $\hat{\psi}$ 的地转关系,实际上是热成风关系.因此,方程(12.98)的非地转条件可以写为

$$\omega_2 \big|_{t=0} = 0, \quad \left.\frac{\partial \omega_2}{\partial t}\right|_{t=0} = g(x,y), \tag{12.112}$$

其中 $g(x,y)$ 可根据(12.99)式由 $\hat{\zeta}_0$ 和 $\hat{\phi}$ 去确定.

类似(12.70)式,我们求得方程(12.100)在初条件(12.112)下的解为

$$\omega_2(x,y,t) = \frac{1}{2\pi c_1}\iint\limits_{\rho\leqslant c_1 t} g(\xi,\eta)\,\frac{\cos f_0\sqrt{c_1^2t^2-\rho^2}/c_1}{\sqrt{c_1^2t^2-\rho^2}}\delta\xi\delta\eta. \tag{12.113}$$

与正压适应过程讨论相似,若初始扰动局限于中心在原点、半径为 R_0 的圆内,即

$$g(x,y) = \begin{cases} G(x,y), & r \leqslant R_0, \\ 0, & r > R \end{cases} \quad (r = \sqrt{x^2+y^2}), \tag{12.114}$$

则当 $t>\rho_2/c_1$ 时，有

$$\omega_2(x,y,t)=\frac{1}{2\pi c_1}\iint_{\rho\leqslant c_1 t}G(\xi,\eta)\,\frac{\cos f_0\sqrt{c_1^2t^2-\rho^2}/c_1}{\sqrt{c_1^2t^2-\rho^2}}\delta\xi\delta\eta. \tag{12.115}$$

显然，当 $t\to\infty$ 时，$\omega_2\to 0$，达到地转平衡.

若取 $G(x,y)=-2\Delta p f_0 A$，$A=\hat{\zeta}_0-\frac{1}{f_0}\nabla^2\hat{\phi}_0=2\times10^{-5}\,\mathrm{s}^{-1}$，它相当于区域有 $5\,\mathrm{m\cdot s^{-1}}$ 的非热成风，又取 $R_0=5\times10^5\,\mathrm{m}$，则求得在 $r=0$ 处的垂直运动 w_2 随时间 t 的变化，见图 12.3. 由图 12.3 可看出：当 $t=2.2\,\mathrm{h}$，$w_2\approx3.8\times10^{-2}\,\mathrm{m\cdot s^{-1}}$；在 $t=4\,\mathrm{h}$ 后，w_2 的数值就不再超过 $10^{-2}\,\mathrm{m\cdot s^{-1}}$；24 h 后，$w_2$ 的数值不超过 $10^{-3}\,\mathrm{m\cdot s^{-1}}$.

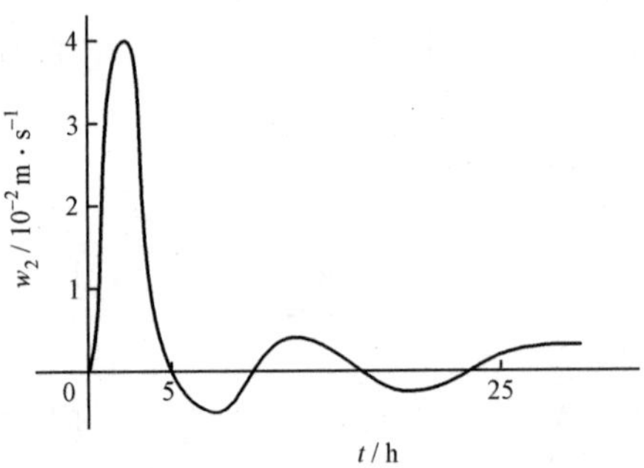

图 12.3　适应过程中 w_2 的变化曲线

三、地转适应时间

类似(12.77)式，利用(12.103)式求得地转适应时间为

$$\tau_{\mathrm{A}}=\frac{L}{c_{\mathrm{g}}}=\frac{L}{c_1}\sqrt{1+\mu_1^2}=\tau_i\mu_1\sqrt{1+\mu_1^2}. \tag{12.116}$$

因为 $c_1<c_0$，因而 $L_1<L_0$，对同样的 L，$\mu_1>\mu_0$，因此斜压地转适应过程的适应时间大于正压地转适应过程的适应时间. 即是说，由于斜压适应过程中的波是惯性-重力内波，所以斜压大气的适应过程进行得较正压大气的适应过程为慢. 如果取 $L=10^6\,\mathrm{m}$，$f_0=10^{-4}\,\mathrm{s}^{-1}$，$L_1=10^6\,\mathrm{m}$，则由上式算得 $\tau_{\mathrm{A}}\approx4\,\mathrm{h}$.

又因为通常认为高层的 c_1 较低层的 c_1 大（高层 Γ 小，低层 Γ 大的缘故），所以通常高层地转适应较快，低层适应较慢.

四、地转适应终态

当达到地转适应后，$\hat{\zeta},\hat{\psi},\hat{\phi},\hat{\omega},\hat{D}$ 的终态 $\hat{\zeta}_\infty,\hat{\psi}_\infty,\hat{\phi}_\infty,\hat{\omega}_\infty,\hat{D}_\infty$ 满足

$$\begin{cases}\hat{D}_\infty=0,\quad\hat{\omega}_\infty=0,\quad f_0\hat{\psi}_\infty=\hat{\phi}_\infty,\\ \nabla^2\hat{\psi}_\infty-\dfrac{f_0}{c_1^2}\hat{\phi}_\infty=\hat{q}(x,y)=\nabla^2\hat{\psi}_0-\dfrac{f_0}{c_1^2}\hat{\phi}_0,\end{cases} \tag{12.117}$$

其中的最后两式可以合并为

$$\nabla^2\hat{\psi}_\infty-\frac{1}{L_1^2}\hat{\psi}_\infty=\hat{q}(x,y), \tag{12.118}$$

这是 $\hat{\psi}_\infty$ 的 Helmholtz 方程. 类似于(12.79)式,我们求得方程(12.118)的解为

$$\hat{\psi}_\infty(x,y) = -\frac{1}{2\pi}\iint_{-\infty}^{\infty}\hat{q}(\xi,\eta)\mathrm{K}_0\left(\frac{\rho}{L_1}\right)\delta\xi\delta\eta. \tag{12.119}$$

五、地转适应与扰源尺度、扰动垂直结构的关系

类似分析可知,当 $L<L_1$ 时,气压场适应流场;当 $L>L_1$ 时,流场适应气压场. 在同一纬度(f_0 相同),一般 $L_1<L_0$,所以,在斜压大气中,对扰源更易满足 $L>L_1$,也就是说,在斜压大气中气压场更易维持,是流场适应气压场. 比较高层与低层,高层 L_1 大,低层 L_1 小,所以,对同一扰源尺度,高层更易满足 $L<L_1$,低层更易满足 $L>L_1$,即是说,高层流场更易维持,是气压场适应流场,而低层气压场更易维持,是流场适应气压场. 比较深厚系统与浅薄系统,深厚系统能达到较高的层次,更易满足 $L<L_1$,浅薄系统达不到较高的层次,更易满足 $L>L_1$,即是说,深厚系统流场更易维持,浅薄系统气压场更易维持. 上述分析使我们推断:在高层及深厚系统中流场占主导地位,其变化主要由动力作用所引起;而在低层及浅薄系统中气压场占主导地位,其变化主要由热力作用所引起. 这些理论推断都与实际相一致.

§12.6　天气形势变化的分解、演变过程和适应过程的联结

前面,我们分析了适应过程的性质及在适应过程中流场与气压场的变化,而且把它与演变过程区别开来,这是必要的,但这也是近似的. 实际上演变过程和适应过程是同时进行的,而且相互作用、相互影响.

一、天气形势变化的分解

在中高纬度的大尺度运动中,正是因为地转平衡的不断破坏和不断建立的过程,造成了天气形势的不断变化和发展,所以,可以把天气形势变化的整个过程分成很多时间间隔为 Δt 的小阶段,在每个小阶段既有演变过程又有适应过程,其内的天气形势变化是两者变化的和. 在每个小阶段,首先考虑演变过程,分析由准地转到非地转风的出现,然后考虑适应过程,分析由非地转向准地转的调整,调整后出现的新的准地转状态表征了在 Δt 内的天气形势变化. 这就是天气形势变化的分解. 下面我们具体说明这种分解.

在 p 坐标系中,描写大尺度运动的方程组可以写为

$$\begin{cases}\dfrac{\partial\zeta}{\partial t}+u\dfrac{\partial\zeta}{\partial x}+v\dfrac{\partial\zeta}{\partial y}+\beta_0 v+f_0 D=0,\\ \dfrac{\partial D}{\partial t}-f_0\zeta+\nabla^2\phi=0,\\ \dfrac{\partial}{\partial t}\left(\dfrac{\partial\phi}{\partial p}\right)+u\dfrac{\partial}{\partial x}\left(\dfrac{\partial\phi}{\partial p}\right)+v\dfrac{\partial}{\partial y}\left(\dfrac{\partial\phi}{\partial p}\right)+\sigma\omega=0\quad\left(\sigma=\dfrac{c_\alpha^2}{p^2}\right),\end{cases}\tag{12.120}$$

其中第一式为涡度方程,第二式为散度方程,第三式为绝热方程.

方程组可以分解为以平流变化和 β 作用为主的演变过程与以线性变化和 f_0 作用为主的适应过程. 演变过程的方程组可以写为

$$\begin{cases}\dfrac{\partial\zeta}{\partial t}=-\left(u\dfrac{\partial\zeta}{\partial x}+v\dfrac{\partial\zeta}{\partial y}\right)-\beta_0 v,\\ \dfrac{\partial D}{\partial t}=0,\\ \dfrac{\partial}{\partial t}\left(\dfrac{\partial\phi}{\partial p}\right)=-\left[u\dfrac{\partial}{\partial x}\left(\dfrac{\partial\phi}{\partial p}\right)+v\dfrac{\partial}{\partial y}\left(\dfrac{\partial\phi}{\partial p}\right)\right];\end{cases}\tag{12.121}$$

而适应过程的方程组为

$$\begin{cases}\dfrac{\partial\zeta}{\partial t}=-f_0 D,\\ \dfrac{\partial D}{\partial t}=f_0\zeta-\nabla^2\phi,\\ \dfrac{\partial}{\partial t}\left(\dfrac{\partial\phi}{\partial p}\right)=-\sigma\omega\quad\left(\sigma=\dfrac{c_\alpha^2}{p^2}\right).\end{cases}\tag{12.122}$$

下面分别说明演变过程和适应过程.

1. 演变过程

应用“斜压两层模式”,将方程组(12.121)中的涡度方程写在第一、第三两层;绝热方程写在第二层,对 p 的微商用差商代替,则方程组(12.121)改写为

$$\begin{cases}\dfrac{\partial\zeta_1}{\partial t}=-\left(u_1\dfrac{\partial\zeta_1}{\partial x}+v_1\dfrac{\partial\zeta_1}{\partial y}\right)-\beta_0 v_1,\\ \dfrac{\partial\zeta_3}{\partial t}=-\left(u_3\dfrac{\partial\zeta_3}{\partial x}+v_3\dfrac{\partial\zeta_3}{\partial y}\right)-\beta_0 v_3,\\ \dfrac{\partial}{\partial t}(\phi_1-\phi_3)=-\left[u_2\dfrac{\partial}{\partial x}(\phi_1-\phi_3)+v_2\dfrac{\partial}{\partial y}(\phi_1-\phi_3)\right].\end{cases}\tag{12.123}$$

若令

$$\begin{cases}u_2=\dfrac{1}{2}(u_1+u_3),\quad v_2=\dfrac{1}{2}(v_1+v_3),\quad \zeta_2=\dfrac{1}{2}(\zeta_1+\zeta_3),\\ \hat{u}=\dfrac{1}{2}(u_1-u_3),\quad \hat{v}=\dfrac{1}{2}(v_1-v_3),\quad \hat{\zeta}=\dfrac{1}{2}(\zeta_1-\zeta_3),\quad \hat{\phi}=\dfrac{1}{2}(\phi_1-\phi_3),\end{cases}\tag{12.124}$$

其中(u_2,v_2)表征平均层的流场，即正压流场部分；$(\hat{u},\hat{v})$表征垂直切变的流场，即斜压流场部分. 式中 ζ_2 为平均层的涡度，$\hat{\zeta}$ 为流场的垂直切变涡度，$\hat{\phi}$ 为垂直切变位势. 这样，方程组(12.123)可改写为

$$\begin{cases}\dfrac{\partial\zeta_2}{\partial t}=-\left(u_2\dfrac{\partial\zeta_2}{\partial x}+v_2\dfrac{\partial\zeta_2}{\partial y}\right)-\left(\hat{u}\dfrac{\partial\hat{\zeta}}{\partial x}+\hat{v}\dfrac{\partial\hat{\zeta}}{\partial y}\right)-\beta_0 v_2,\\ \dfrac{\partial\hat{\zeta}}{\partial t}=-\left(u_2\dfrac{\partial\hat{\zeta}}{\partial x}+v_2\dfrac{\partial\hat{\zeta}}{\partial y}\right)-\left(\hat{u}\dfrac{\partial\zeta_2}{\partial x}+\hat{v}\dfrac{\partial\zeta_2}{\partial y}\right)-\beta_0\hat{v},\\ \dfrac{\partial\hat{\phi}}{\partial t}=-\left(u_2\dfrac{\partial\hat{\phi}}{\partial x}+v_2\dfrac{\partial\hat{\phi}}{\partial y}\right).\end{cases}\tag{12.125}$$

演变过程通常的做法是将物理场量分解为沿纬圈平均的基本场和叠加在其上的小扰动场，即

$$\begin{cases}u_2=\bar{u}_2+u_2', \quad v_2=v_2', \quad \zeta_2=\bar{\zeta}_2+\zeta_2',\\ \hat{u}=\bar{\hat{u}}+\hat{u}', \quad \hat{v}=\hat{v}', \quad \hat{\phi}=\bar{\hat{\phi}}+\hat{\phi}', \quad \hat{\zeta}=\bar{\hat{\zeta}}+\hat{\zeta}',\end{cases}\tag{12.126}$$

其中 $\bar{\hat{u}}$ 与 $\hat{\phi}=\bar{\hat{\phi}}$ 满足形式上的地转关系，即

$$f_0\bar{\hat{u}}=-\frac{\partial\bar{\hat{\phi}}}{\partial y},\tag{12.127}$$

它实质上是热成风关系.

将(12.126)式代入(12.125)式，则演变过程经过线性化的方程组(12.125)可以写为(其中“′”号已省略)

$$\begin{cases}\dfrac{\partial\zeta_2}{\partial t}=-\bar{u}_2\dfrac{\partial\zeta_2}{\partial x}-\bar{\hat{u}}\dfrac{\partial\hat{\zeta}}{\partial x}-\beta_0 v_2,\\ \dfrac{\partial\hat{\zeta}}{\partial t}=-\bar{u}_2\dfrac{\partial\hat{\zeta}}{\partial x}-\bar{\hat{u}}\dfrac{\partial\zeta_2}{\partial x}-\beta_0\hat{v},\\ \dfrac{\partial\hat{\phi}}{\partial t}=-\bar{u}_2\dfrac{\partial\hat{\phi}}{\partial x}+f_0\bar{\hat{u}}v_2.\end{cases}\tag{12.128}$$

为了看清在演变过程中流场与气压场的变化，我们引入气压场的切变涡度 $\hat{\zeta}_g$：

$$\hat{\zeta}_g=\frac{1}{f_0}\nabla^2\hat{\phi},\tag{12.129}$$

它即是热成风涡度. $\hat{\zeta}_g<0$ 表示暖温度脊或暖中心；$\hat{\zeta}_g>0$ 表示冷温度槽或冷中心.

这样，若对方程组(12.128)的第三式作$\dfrac{1}{f_0}\nabla^2$ 运算，则得

$$\frac{\partial\hat{\zeta}_g}{\partial t}=-\bar{u}_2\frac{\partial\hat{\zeta}_g}{\partial x}+\bar{\hat{u}}\nabla^2 v_2.\tag{12.130}$$

这样，由方程组(12.128)的第二式可判断在演变过程中流场切变涡度的变化，而由(12.130)式可判断在演变过程中气压场切变涡度的变化.

2. 适应过程

应用"斜压两层模式",其方程组(12.122)就化为方程组(12.96),取其中的第一、第三和第四式,并将第三、第四两式合并消去 ω_2 得

$$\begin{cases}\dfrac{\partial\hat{\zeta}}{\partial t}+f_0\hat{D}=0,\\[2ex]\dfrac{\partial\hat{\phi}}{\partial t}+c_1^2\hat{D}=0.\end{cases}\tag{12.131}$$

上述方程组的第二个方程应用(12.129)式,并取

$$\nabla^2\hat{\phi}=-\hat{\phi}/L^2,\tag{12.132}$$

则化为

$$\frac{\partial\hat{\zeta}_{\mathrm{g}}}{\partial t}-\mu_1^2f_0\hat{D}=0.\tag{12.133}$$

这样,由方程组(12.131)的第一式可判断在适应过程中流场切变涡度的变化;而由(12.133)式可判断在适应过程中气压场切变涡度的变化.由这两式还可得到

$$\left|\frac{\partial\hat{\zeta}}{\partial t}\Big/\frac{\partial\hat{\zeta}_{\mathrm{g}}}{\partial t}\right|=\mu_1^2.\tag{12.134}$$

由上式可判断在适应过程中流场切变涡度和气压场切变涡度变化的相对大小.当 $\mu_1^2\ll1$ 时,$L<L_1$,$\left|\dfrac{\partial\hat{\zeta}}{\partial t}\right|\ll\left|\dfrac{\partial\hat{\zeta}_{\mathrm{g}}}{\partial t}\right|$,是气压场适应流场;当 $\mu_1^2\gg1$ 时,$L>L_1$,$\left|\dfrac{\partial\hat{\zeta}}{\partial t}\right|\gg\left|\dfrac{\partial\hat{\zeta}_{\mathrm{g}}}{\partial t}\right|$,是流场适应气压场.

将(12.129)式代入(12.99)式得到

$$\frac{\partial\omega_2}{\partial t}=-2\Delta pf_0(\hat{\zeta}-\hat{\zeta}_{\mathrm{g}}),\tag{12.135}$$

上式可用来判断在适应过程中垂直运动的变化.

二、演变过程和适应过程的联结

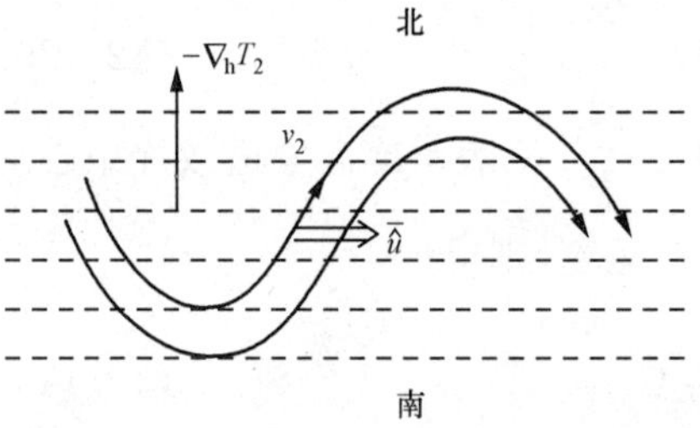

图 12.4 平均层上的流场和温度场

为了说明在 Δt 时段内演变过程和适应过程的联结,我们考察一个简单的例子.图 12.4 为平均层(p=500 hPa 等压面)上的流场和温度场.实线为流场,它存在着扰动,虚线为温度场,它由南向北均匀地减小.

1. 演变过程中,$\hat{\zeta}$,$\hat{\zeta}_{\mathrm{g}}$ 的变化

在 Δt 内先考查演变过程,其初始状态应满足地转平衡,即 $\bar{u}$ 沿着平均层的等温线自

西向东，且

$$\hat{\zeta}=\hat{\zeta}_g, \tag{12.136}$$

因而，$-\bar{u}_2\dfrac{\partial\hat{\zeta}}{\partial x}=-\bar{u}_2\dfrac{\partial\hat{\zeta}_g}{\partial x}$. 比较(12.128)的第二式和(12.130)式，两式右端第一项便相等，它们使 $\hat{\zeta},\hat{\zeta}_g$ 改变的数值相等，因此，这一项不能改变初始的地转平衡，即不能产生非地转运动. 再分析(12.128)第二式右端的第二项和第三项以及(12.130)式右端的第二项. 因在图 12.4 的流场的槽前脊后的区域 $-\hat{u}\dfrac{\partial\zeta_2}{\partial x}>0$，它使得 $\hat{\zeta}$ 增加，但 $\hat{v}=0$，β_0 项不起作用，又在流场的槽前脊后，$v_2>0$，$\nabla^2 v_2<0$，它使得 $\hat{\zeta}_g$ 减小，即产生暖脊；而在流场的槽后脊前的区域，$-\hat{u}\dfrac{\partial\zeta_2}{\partial x}<0$，它使得 $\hat{\zeta}$ 减小，又 $v_2<0$，$\nabla^2 v_2>0$，它使得 $\hat{\zeta}_g$ 增加，即产生冷槽. 所以，由于平流的作用，在演变过程中的初始流场的槽前脊后将产生暖脊，且形成 $\hat{\zeta}>\hat{\zeta}_g$ 的非地转运动；而在初始流场的槽后脊前将产生冷槽，且形成 $\hat{\zeta}<\hat{\zeta}_g$ 的非地转运动.

2. 适应过程中，ω_2，$\hat{\zeta}$，$\hat{\zeta}_g$ 的变化

在演变过程中产生的非地转运动如何向地转运动调整呢？我们利用(12.135)式，(12.131)的第一式和(12.133)式来分析. 在初始流场的槽前脊后区域，因为 $\hat{\zeta}>\hat{\zeta}_g$，则由(12.135)式知，它使 ω_2 减小，即产生上升运动，并伴有下层水平辐合和上层水平辐散. 而在初始流场的槽后脊前区域，因 $\hat{\zeta}<\hat{\zeta}_g$，则由(12.135)式知，它使 ω_2 增加，即产生下沉运动，并伴有下层水平辐散和上层水平辐合. 所以，与流场的槽脊相联系的垂直运动和水平散度的分布是由于演变过程中出现了非地转风而在适应过程中产生的.

适应过程中不仅要产生垂直运动，而且还要引起 $\hat{\zeta}$ 和 $\hat{\zeta}_g$ 的变化. 在流场的槽前脊后，$\omega_2<0$，$\hat{D}>0$，则由(12.131)的第一式 $\hat{\zeta}$ 将减小，由(12.133)式 $\hat{\zeta}_g$ 将增加；而在流场的槽后脊前，$\omega_2>0$，$\hat{D}<0$，则由(12.131)的第一式 $\hat{\zeta}$ 将增加，由(12.133)式 $\hat{\zeta}_g$ 将减小. 所以，通过垂直运动和水平散度的垂直分布可以使在演变过程中出现的非地转运动在适应过程中调整到地转平衡.

在适应过程中，当 $L<L_1$ 时，气压场适应流场，即气压场变化较大，所以在演变过程中流场的槽前脊后形成的暖脊和流场的槽后脊前形成的冷槽都要发生较大的变化以适应流场，这样，在流场的槽前脊后形成冷槽，槽后脊前形成暖脊，这就是在第八章所分析的温度槽超前流场槽的稳定结构；当 $L>L_1$ 时，流场适应气压场，即气压场变化较小，所以在演变过程中流场的槽前脊后形成的暖脊和流场的槽后脊前形成的冷槽仅稍有变化而维持，这样，在流场的槽前脊后维持暖脊，在流场的槽后脊前维持冷槽，这就是在第八章所分析的温度槽落后于流场槽的不稳定结构.

以上通过一个典型例子分析了演变过程和适应过程的联结，并由此分析了大

尺度天气形势的变化，从而说明了 Rossby 波的演变与垂直运动、高低层水平辐散辐合间的内在联系，这些对于认识大尺度天气的变化和预报都有重要的意义.

复习思考题

1. 什么叫地转适应过程？地转适应理论企图解决哪些实际问题？

2. 什么叫准地转演变过程？它与地转适应过程如何区分？

3. 什么叫“时间边界层”，它有何意义？

4. 为什么在自由大气中不能经常观测到较大的地转偏差？

5. 地转适应的快慢取决于哪些物理因子？

6. 用辩证唯物主义的观点论述适应过程和演变过程的矛盾对立统一.

7. 在地转适应过程中，惯性-重力波是怎样被激发出来的？又是如何被“消灭”的？

8. 在地转适应过程中，Coriolis 力起什么作用？波的频散又起什么作用？

9. 解释 Rossby 变形半径的意义，并在物理上说明适应方向与初始扰源尺度的关系.

10. 气压场适应流场或流场适应气压场在天气系统的生成、发展中各表征什么意义？

11. 比较正压地转适应和斜压地转适应的结果，说明相同点和不同点.

12. 理解天气形势分解的意义，并利用图 12.4 说明演变过程、适应过程对流场、气压场的变化各起什么作用.

习　题

1. 用 Fourier 积分变换法求解下列一维适应方程（即 Klein-Gordon 方程）Cauchy 问题的解

$$\begin{cases}\dfrac{\partial^2 u}{\partial t^2}=c_0^2\dfrac{\partial^2 u}{\partial x^2}-f_0^2 u & (-\infty<x<\infty, t>0),\\ u\Big|_{t=0}=0,\quad \dfrac{\partial u}{\partial t}\Big|_{t=0}=f_0 v_0(x) & (-\infty<x<\infty).\end{cases}$$

提示：$\displaystyle\int_0^\infty \cos\alpha z\cdot\frac{\sin\beta\sqrt{z^2+\gamma^2}}{\sqrt{z^2+\gamma^2}}\delta z=\begin{cases}\pi J_0(\gamma\sqrt{\beta^2-\alpha^2})/2, & |\alpha|<\beta\ (>0),\\ 0, & |\alpha|>\beta\ (>0).\end{cases}$

2. 证明下列一维适应方程组

$$\begin{cases}\dfrac{\partial u}{\partial t}-f_0 v=-\dfrac{\partial \phi'}{\partial x},\\ \dfrac{\partial v}{\partial t}+f_0 u=0,\\ \dfrac{\partial \phi'}{\partial t}+c_0^2\dfrac{\partial u}{\partial x}=0\end{cases}$$

存在一个时间不变量

$$\frac{\partial v}{\partial x}-\frac{f_0}{c_0^2}\phi'=q(x).$$

3. 应用上题的一维适应方程组,分析当初始仅有气压场而无流场$\left(\text{即}\ |x|\leqslant L,\ \dfrac{\partial \phi'}{\partial x}\Big|_{t=0}\neq 0, u|_{t=0}=0, v|_{t=0}=0\right)$的非地转状态下,地转适应的建立过程.

4. 对第 2 题的方程组,设初条件为

$$u|_{t=0}=0,\quad v|_{t=0}=0,\quad \phi'|_{t=0}=\begin{cases}\phi_0, & x<0,\\ -\phi_0, & x>0.\end{cases}$$

证明:适应过程的终态解为

$$u_\infty=0,\quad \phi'_\infty=\begin{cases}\phi_0(1-e^{x/L_0}), & x<0,\\ \phi_0(-1+e^{-x/L_0}), & x>0,\end{cases}\quad v_\infty=\begin{cases}-\dfrac{\phi_0}{c_0}e^{x/L_0}, & x<0\\ -\dfrac{\phi_0}{c_0}e^{-x/L_0}, & x>0.\end{cases}$$

提示:(1) ϕ'_∞ 满足$\dfrac{\partial^2\phi'_\infty}{\partial x^2}-\dfrac{1}{L_0^2}\phi'_\infty=-\dfrac{1}{L_0^2}\phi'|_{t=0}$,$L_0\equiv c_0/f_0$;(2) $x<0$ 和 $x>0$ 处的解分别是 $\phi'_\infty=Ae^{x/L_0}+\phi_0$,$\phi'_\infty=Be^{-x/L_0}-\phi_0$,用 $x=0$ 处 $\phi'_\infty=0$ 去定常数 A 和 B.

5. 对第 2 题的方程组,设初条件为

$$u|_{t=0}=0,\quad v|_{t=0}=\begin{cases}v_0, & |x|<L,\\ 0, & |x|>L,\end{cases}\quad \frac{\partial \phi'}{\partial x}\Big|_{t=0}=0.$$

证明:适应过程的终态解为

$$u_\infty=0,\quad \phi'_\infty=\begin{cases}-c_0 v_0 e^{x/L_0}\sinh L/L_0, & x\leqslant -L,\\ c_0 v_0 e^{-L/L_0}\sinh x/L_0, & |x|\leqslant L,\\ c_0 v_0 e^{-x/L_0}\sinh L/L_0, & x\geqslant L,\end{cases}$$

$$v_\infty=\begin{cases}-v_0 e^{x/L_0}\sinh L/L_0, & x\leqslant -L,\\ v_0 e^{-L/L_0}\cosh x/L_0, & |x|\leqslant L,\\ -v_0 e^{-x/L_0}\sinh L/L_0, & x\geqslant L.\end{cases}$$

提示:(1) ϕ'_∞ 满足$\dfrac{\partial^2\phi'_\infty}{\partial x^2}-\dfrac{1}{L_0^2}\phi'_\infty=f_0\left(\dfrac{\partial v}{\partial x}\right)_{t=0}=0\,(x\neq\pm L)$;(2) 考虑到 $v|_{t=0}$ 是

x 的偶函数，ϕ'_∞ 应是 x 的奇函数，在 $|x|<L$ 处的解是 $\phi'_\infty = A\sinh x/L_0$，而在 $x<-L$ 和 $x>L$ 处的解分别是 $\phi'_\infty = B_1 e^{x/L_0}$ 和 $\phi'_\infty = B_2 e^{-x/L_0}$，用 $x=\pm L$，ϕ'_∞ 连续的条件定出 $B_1 = -Ae^{L/L_0}\sinh L/L_0$，$B_2 = Ae^{L/L_0}\sinh L/L_0$；(3) 因在 $x=\pm L$ 处，$\dfrac{\partial\phi'_\infty}{\partial x}$ 有一跳跃，如根据 $\left(\dfrac{\partial\phi'_\infty}{\partial x}\right)_{L-\varepsilon} - \left(\dfrac{\partial\phi'_\infty}{\partial x}\right)_{L+\varepsilon} = f_0 v_0$，令 $\varepsilon\to 0$ 定出 $A = c_0 v_0 e^{-L/L_0}$.

6. 对第 2 题的方程组，设初条件为

$$v\,|_{t=0} = 0,\quad \phi'\,|_{t=0} = \phi'_0(x) = \begin{cases}\phi_0, & |x|\leqslant L,\\ 0, & |x|>L.\end{cases}$$

证明：在 $x=0$ 处的适应终态为

$$\phi'_\infty = \phi_0(1-e^{-L/L_0}).$$

7. 用 Riemann 方法解第 1 题.

8. 在正压地转适应过程中，若初条件为

$$\varphi\,|_{t=0} = 0,\quad \left.\frac{\partial\varphi}{\partial t}\right|_{t=0} = \begin{cases} f_0\psi_0 = \text{常数}, & |r|\leqslant R_0,\\ 0, & |r|>R,\end{cases}$$

证明：在扰源中心 $(x,y)=(0,0)$ 处

$$\psi = \begin{cases}\psi_0 \sin f_0 t, & \text{当 } t\leqslant R_0/c_0,\\ \psi_0\left(\sin f_0 t - \sin\sqrt{(f_0 t)^2 - \left(\dfrac{R_0}{L_0}\right)^2}\right), & \text{当 } t\geqslant R_0/c_0.\end{cases}$$

9. 用 Fourier 积分变换法解正压地转适应方程的初值问题(即解方程组(12.58)带有初条件(12.59)的 Cauchy 问题).

10. 用 Fourier 积分变换法解正压地转适应的终态方程(即解方程(12.79)).

11. 在斜压地转适应过程中，若初条件为

$$\omega_2\,|_{t=0} = 0,\quad \left.\frac{\partial\omega_2}{\partial t}\right|_{t=0} = \begin{cases}-2\Delta p f_0 A, & |r|\leqslant R_0,\\ 0, & |r|>R_0,\end{cases}$$

证明：在扰源中心 $(x,y)=(0,0)$ 处

$$\omega_2 = \begin{cases}-\Delta pA\sin f_0 t, & t\leqslant R_0/c_1,\\ -\Delta pA\left(\sin f_0 t - \sin\sqrt{(f_0 t)^2 - \left(\dfrac{R_0}{L_1}\right)^2}\right), & t\geqslant R_0/c_1.\end{cases}$$

12. 证明：在斜压地转适应过程中的时间不变量为

$$\zeta + \frac{f_0}{c_a^2}\frac{\partial}{\partial p}\left(p^2\frac{\partial\phi}{\partial p}\right) = q(x,y,p).$$

13. 将下列一般二维波动方程的 Cauchy 问题

$$\begin{cases}\left[\dfrac{\partial^2}{\partial t^2}+A\dfrac{\partial}{\partial t}+B\dfrac{\partial}{\partial x}+D\dfrac{\partial}{\partial y}-c_0^2\left(\dfrac{\partial^2}{\partial x^2}+\dfrac{\partial^2}{\partial y^2}\right)+f_0^2\right]q=0,\\ q\big|_{t=0}=q_0(x,y),\quad \dfrac{\partial q}{\partial t}\Big|_{t=0}=q_1(x,y)\end{cases}$$

化为标准二维适应方程的初值问题.

提示：作变换 $q=Qe^{\alpha t+\beta x+\gamma y}$.

14. 试求非线性正压方程组

$$\begin{cases}\dfrac{\partial u}{\partial t}+\dfrac{\partial E}{\partial x}=(f_0+\zeta)v\equiv N_u,\\ \dfrac{\partial v}{\partial t}+\dfrac{\partial E}{\partial y}=-(f_0+\zeta)u\equiv N_v,\\ \dfrac{\partial E}{\partial t}+c_0^2\left(\dfrac{\partial u}{\partial x}+\dfrac{\partial v}{\partial y}\right)=-\left[u\dfrac{\partial}{\partial x}(E+\phi)+v\dfrac{\partial}{\partial y}(E+\phi)\right]\equiv N_\phi\end{cases}$$

满足一定条件在整个平面上的有界解，其中 $E=\phi+\dfrac{1}{2}(u^2+v^2)$ 为正压模式中的总能量.

提示：通过消元，视 N_u, N_v, N_ϕ 为已知量，把方程组化为仅含 $\dfrac{\partial u}{\partial t}, \dfrac{\partial v}{\partial t}, \dfrac{\partial E}{\partial t}$ 的方程.

第十三章　低纬大气动力学

本章的主要内容有：

简述低纬大气运动的特征，对低纬大尺度运动进行尺度分析，并分析低纬大气风场与气压场的关系及惯性振荡；

介绍低纬大气的主要波动：即低纬 Kelvin 波、低纬惯性-重力波、低纬 Rossby 波和低纬混合的 Rossby-重力波（即 Yanai 波），同时介绍低纬的半地转近似及其滤波；

讨论低纬扰动的不稳定问题，并用它说明台风的生成和发展；

分析低纬小尺度对流与大尺度扰动间的相互作用，并介绍用大尺度变量表征对流凝结加热的所谓积云对流加热参数化的方法；

叙述第二类条件不稳定，即所谓 CISK 的概念，并用它讨论台风的发展；

叙述台风的一般结构；

介绍与非绝热过程有关的非绝热波动.

§13.1　低纬大气运动的主要特征

在本章之前主要讨论的是中、高纬度大气动力学的一些基本问题. 本章则讨论发生在赤道（$\varphi=0$）以北或以南 20—30 纬度（称为低纬度或热带地区）内大气的运动.

低纬大气运动是全球大气环流中重要的一环. 如把大气视为一部热机，则推动这部热机的根本动力是太阳辐射能. 而太阳辐射首先加热地球表面，然后输送给大气，而太阳辐射能的大部分在低纬地区被地球吸收. 所以，就地球不同纬度而言，低纬是大气运动的主要能源地区，这样，低纬大气运动就与中、高纬大气运动紧密相关.

大量的观测事实和理论分析都说明，低纬大气运动主要的特征有：

(1) 在低纬，Coriolis 参数 f 的数值较小，平均而言

$$f \approx 10^{-5}\,\mathrm{s}^{-1}.$$

正因为如此，取 $f_0=0$，则低纬多应用所谓"赤道 β 平面近似"，即

$$f = \beta_0 y,\quad \beta_0 = 2\Omega\cos\varphi_0/a = 2\Omega/a. \tag{13.1}$$

不过，应该注意的是，在低纬，另一 Coriolis 参数 f' 显得较为重要，且近似为常

数，即

$$f' = 2\Omega\cos\varphi \approx 2\Omega. \tag{13.2}$$

（2）低纬地区多为广大海洋，除高层而外，在低纬盛行潮湿空气的对流运动，上升运动伴有凝结潜热的释放．所以，低纬大气运动是湿空气的运动，凝结潜热是十分重要的能源．

（3）低纬地区的对流层中、下层多是湿空气运动，表征层结的参数应是湿 Brunt-Väisälä 频率 N_{m}，即

$$N_{\mathrm{m}} \equiv \sqrt{g\frac{\partial \ln\theta_{\mathrm{e}}}{\partial z}} = \sqrt{\frac{g}{T_0}(\Gamma_{\mathrm{m}} - \Gamma)}, \tag{13.3}$$

其中 θ_{e} 为相当位温，Γ_{m} 为湿绝热垂直减温率．因为通常 $\Gamma_{\mathrm{m}} < \Gamma_{\mathrm{d}}$，所以，与中高纬度多为干空气的情况相比，$N_{\mathrm{m}} < N$．而低纬地区对流和湍流都较强，因此，低纬对流层中、下层的弱的层结有利于对流和湍流的垂直输送．

（4）低纬地区水平温差较小，所以，相对于中、高纬度而言，低纬大气的斜压性较小，某些地区可近似处理为正压大气．

（5）低纬的大气系统主要有：

（a）积云对流云团：它由中小型对流云系组成，水平范围为几百公里，可维持 3—4 天，它按盛行风向移动．

（b）热带气旋：它包括台风（位于西太平洋）和飓风（位于大西洋），是流场呈气旋式旋转的低压系统，具有暖心和眼的结构．水平范围也为几百公里，可维持 3—5 天，同时伴有强烈的风和暴雨天气．

（c）热带辐合带 ITCZ（Inter-Tropical Convergence Zones）：它又称为赤道辐合带，在北半球，是由北面的东北信风和南面的赤道西风构成的狭长的纬圈带，其水平范围为几千公里，其上扰动常不稳定，形成台风．

（d）低纬波动：在低纬对流层下层，大尺度的波动主要是向西移动的低纬 Rossby 波（即东风波，移速近于 $10\,\mathrm{m\cdot s^{-1}}$，周期约 4—5 天）和向东传播的惯性-重力波（移速约 $30\,\mathrm{m\cdot s^{-1}}$，周期 4—5 天或 14—15 天）．另外，在台风这样的中尺度系统中还存在惯性-重力波．

在低纬对流层上层和平流层，大尺度的波动主要是向东移动的低纬 Kelvin 波（移速 $30\,\mathrm{m\cdot s^{-1}}$，周期 15 天，但 $v=0$，且对于赤道，u 是对称的，p 也是对称的）和向西移动的混合 Rossby-重力波（移速 $20\,\mathrm{m\cdot s^{-1}}$，周期 4—5 天，且对于赤道，$v$ 对称，而 u 反对称，p 也是反对称）．

§13.2 低纬大尺度运动的尺度分析

首先，我们要说明的是，由于 $\delta \equiv D/L \ll 1$，所以静力学关系在低纬的大尺度运

动中依然非常准确地成立，因此，可利用方程组(10.1). 其次，在低纬要考虑非绝热的作用，主要是太阳辐射和凝结潜热. 这样，不考虑摩擦，则以静态为背景的大气运动方程组可以写为

$$\begin{cases}\dfrac{\partial u}{\partial t}+u\dfrac{\partial u}{\partial x}+v\dfrac{\partial u}{\partial y}+w\dfrac{\partial u}{\partial z}-fv=-\dfrac{\partial \phi'}{\partial x},\\ \dfrac{\partial v}{\partial t}+u\dfrac{\partial v}{\partial x}+v\dfrac{\partial v}{\partial y}+w\dfrac{\partial v}{\partial z}+fu=-\dfrac{\partial \phi'}{\partial y},\\ \dfrac{\partial \phi'}{\partial z}=g\dfrac{\theta'}{\theta_0} \qquad (\phi'\equiv p'/\rho_0),\\ \dfrac{\partial u}{\partial x}+\dfrac{\partial v}{\partial y}+\dfrac{\partial w}{\partial z}=0,\\ \left(\dfrac{\partial}{\partial t}+u\dfrac{\partial}{\partial x}+v\dfrac{\partial}{\partial y}+w\dfrac{\partial}{\partial z}\right)\left(g\dfrac{\theta'}{\theta_0}\right)+N^2w=\dfrac{g}{c_pT_0}\left(Q-L\dfrac{\mathrm{d}q_s}{\mathrm{d}t}\right),\end{cases} \tag{13.4}$$

其中 Q 主要代表太阳辐射加热，而 $-L\dfrac{\mathrm{d}q_s}{\mathrm{d}t}$ 表凝结潜热.

采用在第五章尺度分析中所应用的符号，在低纬对流层中，我们取

$L=10^6\,\mathrm{m}$，　$U=10\,\mathrm{m\cdot s^{-1}}$，　$\tau=L/U=10^5\,\mathrm{s}$，　$f_0=10^{-5}\,\mathrm{s^{-1}}$，

$H=10^4\,\mathrm{m}$，　$D=10^4\,\mathrm{m}$，　$Q/c_p=10^{-5}\,\mathrm{K\cdot s^{-1}}$，　$T_0=\theta_0=300\,\mathrm{K}$，

$g=10\,\mathrm{m\cdot s^{-2}}$，　$N^2=10^{-4}\,\mathrm{s^{-2}}$，　$N_m^2=10^{-5}\,\mathrm{s^{-2}}$.

下面就利用方程组(13.4)作尺度分析.

一、连续性方程

连续性方程为

$$\begin{matrix}\dfrac{\partial u}{\partial x} & + & \dfrac{\partial v}{\partial y} & + & \dfrac{\partial w}{\partial z}=0, \\ \boxed{\dfrac{U}{L}} & & \boxed{\dfrac{U}{L}} & & \dfrac{W}{D}\end{matrix} \tag{13.5}$$

由此得到 w 的尺度 W 满足

$$W/D\leqslant U/L, \tag{13.6}$$

而且可以得到水平散度的尺度 D_0 与 W 之间有关系

$$D_0=W/D. \tag{13.7}$$

二、水平运动方程

水平运动方程为

$$\begin{cases}\dfrac{\partial u}{\partial t}+u\dfrac{\partial u}{\partial x}+v\dfrac{\partial u}{\partial y}+w\dfrac{\partial u}{\partial z}-fv=-\dfrac{\partial \phi'}{\partial x},\\ \dfrac{\partial v}{\partial t}+u\dfrac{\partial v}{\partial x}+v\dfrac{\partial v}{\partial y}+w\dfrac{\partial v}{\partial z}+fu=-\dfrac{\partial \phi'}{\partial y}.\end{cases}\quad (\phi'\equiv p'/\rho_0)\quad(13.8)$$

$$\boxed{\frac{U^2}{L}}\quad \boxed{\frac{U^2}{L}}\quad \frac{WU}{D}\leqslant\frac{U^2}{L}\quad f_0U\quad \frac{\Phi'}{L}=\frac{p'}{\rho_0 L}$$

因低纬 $f_0=10^{-5}\,\mathrm{s}^{-1}$，则低纬 Rossby 数为

$$R_0\equiv\frac{U}{f_0L}\approx 10^0,\tag{13.9}$$

因而，在方程(13.8)中的已知最大项为 U^2/L，而 $\Phi'/L=p'/\rho_0L$ 待定，则求得

$$\frac{p'}{\rho_0}=\Phi'=U^2=10^2\,\mathrm{m}^2\cdot\mathrm{s}^{-2}=10\,\mathrm{gpm}.\tag{13.10}$$

而在中、高纬地区的大尺度运动中，$\Phi'=f_0UL=10^3\,\mathrm{m}^2\cdot\mathrm{s}^{-2}=10^2\,\mathrm{gpm}$(gpm 定义见第一章§1.3)，所以，若用角标 l 表低纬，m 表中高纬，则

$$\frac{\Phi_{\mathrm{l}}'}{\Phi_{\mathrm{m}}'}=10^{-1}.\tag{13.11}$$

再由状态方程和静力学方程，必然有

$$\frac{\Theta_{\mathrm{l}}'}{\Theta_{\mathrm{m}}'}=\frac{T_{\mathrm{l}}'}{T_{\mathrm{m}}'}=\frac{\Pi_{\mathrm{l}}'}{\Pi_{\mathrm{m}}'}=\frac{\Phi_{\mathrm{l}}'}{\Phi_{\mathrm{m}}'}=10^{-1},\tag{13.12}$$

式中 Θ'，T'，Π' 分别表等压面上位温偏差、气温偏差和密度偏差的尺度. 由此可知，在等压面上低纬状态偏差较中高纬状态偏差小一个量级，因而低纬状态分布较均匀，这是符合观测事实的. 至于 T_{l}' 的大小，可以由状态方程去确定.

三、静力学方程

静力学方程为

$$\frac{\partial\phi'}{\partial z}=g\frac{\theta'}{\theta_0}.\tag{13.13}$$

$$\boxed{\frac{\Phi'}{D}}\quad g\frac{\Theta'}{\theta_0}$$

由此求得

$$\Theta'=\frac{\Phi'\theta_0}{gD}=\frac{U^2\theta_0}{gD}=3\times10^{-1}\,\mathrm{K}.\tag{13.14}$$

四、热力学方程

我们分无凝结潜热和有凝结潜热两种情况说明.

1. 无凝结潜热

此时，热力学方程可以写为

$$\left(\frac{\partial}{\partial t}+u\frac{\partial}{\partial x}+v\frac{\partial}{\partial y}+w\frac{\partial}{\partial z}\right)\left(g\frac{\theta'}{\theta_0}\right)+N^2w=\frac{g}{c_pT_0}Q, \tag{13.15}$$

$$\frac{gU\Theta'}{L\theta_0}=\frac{U^3}{LD}<\frac{gQ}{T_0c_p}\qquad N^2W\qquad \boxed{\frac{g}{T_0}\frac{Q}{c_p}}$$

其中的最大已知项为$\dfrac{g}{T_0}\dfrac{Q}{c_p}$，则求得

$$W=\frac{g}{N^2T_0}\cdot\frac{Q}{c_p}=\frac{1}{3}\times10^{-2}\,\mathrm{m\cdot s^{-1}}, \tag{13.16}$$

此值略小于中高纬度大尺度运动的 W（中高纬度大尺度运动 $W=10^{-2}\,\mathrm{m\cdot s^{-2}}$）.

2. 有凝结潜热

此时，若仅考虑凝结潜热，则热力学方程可以写为

$$\left(\frac{\partial}{\partial t}+u\frac{\partial}{\partial x}+v\frac{\partial}{\partial y}+w\frac{\partial}{\partial z}\right)\left(g\frac{\theta'}{\theta_0}\right)+N^2w=-\frac{g}{c_pT_0}L\frac{\mathrm{d}q_s}{\mathrm{d}t}. \tag{13.17}$$

但是，$\dfrac{\mathrm{d}q_s}{\mathrm{d}t}\approx w\dfrac{\partial q_{s0}}{\partial z}$，$-\dfrac{g}{c_pT_0}L\dfrac{\mathrm{d}q_s}{\mathrm{d}t}=-g\dfrac{Lw}{c_pT_0}\dfrac{\partial q_{s0}}{\partial z}$，注意到(4.42)式$\dfrac{\partial\ln\theta_{e_0}}{\partial z}=\dfrac{\partial\ln\theta_0}{\partial z}+\dfrac{L}{c_pT_0}\dfrac{\partial q_{s0}}{\partial z}$，$N^2=g\dfrac{\partial\ln\theta_0}{\partial z}$，$N_m^2=g\dfrac{\partial\ln\theta_{e_0}}{\partial z}$，则(13.17)式化为

$$\left(\frac{\partial}{\partial t}+u\frac{\partial}{\partial x}+v\frac{\partial}{\partial y}+w\frac{\partial}{\partial z}\right)\left(g\frac{\theta'}{\theta_0}\right)+N_m^2w=0. \tag{13.18}$$

$$\frac{gU\Theta'}{L\theta_0}=\frac{U^3}{LD}\qquad N_m^2W$$

由此求得

$$W=\frac{gU\Theta'}{N_m^2L\theta_0}=\frac{gU^3}{N_m^2LD}=10^{-1}\,\mathrm{m\cdot s^{-1}}, \tag{13.19}$$

其数值约是中高纬度大尺度运动 W 的 10 倍.

由以上分析便知，在考虑凝结潜热的情况下，低纬大尺度运动有较强的垂直运动. 相应，由(13.7)式，

$$D_0=\frac{gU^3}{N_m^2LD^2}\approx10^{-5}\,\mathrm{s^{-1}}. \tag{13.20}$$

因而水平辐散也较强，这样就给蕴育在大尺度运动中的积云对流提供了形成降水的必不可少的条件. 当然，积云中的水汽凝结又反过来给大尺度运动提供能量，所以，在低纬经常要考虑大尺度运动和积云对流间的相互作用.

垂直涡度 ζ 的尺度通常取为

$$\zeta_0 = U/L \approx 10^{-5}\,\mathrm{s}^{-1}, \tag{13.21}$$

因此，在有凝结时，水平散度与垂直涡度有同样的量级，这意味着低纬通常具有较强的非地转运动.

由(13.19)式还可求得 $O\left(w\frac{\partial u}{\partial z}\right)=O\left(u\frac{\partial u}{\partial x}\right)$，这意味着当有凝结时，在水平运动方程中，$w\frac{\partial u}{\partial z}$，$w\frac{\partial v}{\partial z}$与平流项具有同样的量级.

至于涡度方程和散度方程也可作类似的尺度分析.

§13.3 低纬大气风场与气压场的关系

在中高纬度的大尺度运动中，风场与气压场的最基本的关系就是地转风关系. 低纬的情况如何呢？低纬地区描写水平运动(风)的运动方程可以写为

$$\begin{cases}\dfrac{\partial u}{\partial t}+u\dfrac{\partial u}{\partial x}+v\dfrac{\partial u}{\partial y}-\beta_0 yv=-\dfrac{\partial \phi'}{\partial x},\\[2mm] \dfrac{\partial v}{\partial t}+u\dfrac{\partial v}{\partial x}+v\dfrac{\partial v}{\partial y}+\beta_0 yu=-\dfrac{\partial \phi'}{\partial y}\end{cases} \quad (\phi'\equiv p'/\rho_0). \tag{13.22}$$

若不考虑加速度，则上式化为

$$-\beta_0 yv=-\frac{\partial \phi'}{\partial x},\quad \beta_0 yu=-\frac{\partial \phi'}{\partial y}, \tag{13.23}$$

此即低纬地区形式上的地转风关系. 然而实际观测表明，在低纬$\frac{\partial \phi'}{\partial x}\approx 0$，$\frac{\partial \phi'}{\partial y}\neq 0$，因而上式可改写为

$$v\approx 0,\quad \beta_0 yu=-\frac{\partial \phi'}{\partial y}. \tag{13.24}$$

这表明，u 在形式上与 $\phi'(y)$之间满足地转关系，这就是通常所说的低纬的半地转关系.

在近赤道地区，$y\to 0$，若 $\phi'(y)$存在极值($\partial\phi'/\partial y=0$)，则由上式有

$$u=\lim_{y\to 0}\left(-\frac{\partial \phi'}{\partial y}\right)\Big/\beta_0 y=-\frac{1}{\beta_0}\left(\frac{\partial^2 \phi'}{\partial y^2}\right)_{y=0}, \tag{13.25}$$

这就是低纬近赤道地区风场与气压场之间的关系. 在赤道多数情况有 $\partial^2\phi'/\partial y^2<0$(赤道高压)，则由上式有 $u>0$，这就是赤道西风，若在赤道 $\partial^2\phi'/\partial y^2>0$(赤道低压)，则 $u<0$，即赤道东风.

正由于低纬 Coriolis 参数 f 的数值较小，因而，低纬非线性的作用增大，因此完全不考虑加速度是不合适的. 若考虑水平运动的加速度，则方程组(13.22)可以写为

$$\frac{\partial \boldsymbol{V}_{\mathrm{h}}}{\partial t}-(\zeta+\beta_0 y)\boldsymbol{V}_{\mathrm{h}}\times\boldsymbol{k}=-\nabla(\phi'+K), \tag{13.26}$$

其中 $\phi'=p'/\rho_0$ 为压力能，$K\equiv(u^2+v^2)/2$ 为水平运动动能.

由上式我们求得：在定常条件下$\left(\frac{\partial \boldsymbol{V}_{\mathrm{h}}}{\partial t}=0\right)$，风场与气压场的关系可写为

$$\boldsymbol{V}_{\mathrm{h}}=-\frac{1}{\zeta+\beta_0 y}\nabla(\phi'+K)\times\boldsymbol{k}. \tag{13.27}$$

上式表明：在定常情况下，低纬大气风场的流线也是能量 $\phi'+K$ 的等值线.

§13.4 低纬大气的惯性振动

本节讨论在 Coriolis 力作用下的惯性振动. 考虑到低纬$\frac{\partial \phi'}{\partial x}\approx 0$，我们令

$$-\frac{\partial \phi'}{\partial y}\equiv F(y), \tag{13.28}$$

则方程组(13.22)可以改写为

$$\begin{cases}\dfrac{\mathrm{d}u}{\mathrm{d}t}-\beta_0 yv=0,\\[2mm] \dfrac{\mathrm{d}v}{\mathrm{d}t}+\beta_0 yu=F(y).\end{cases} \tag{13.29}$$

因

$$u\equiv\frac{\mathrm{d}x}{\mathrm{d}t}\equiv\dot{x},\quad v\equiv\frac{\mathrm{d}y}{\mathrm{d}t}\equiv\dot{y}, \tag{13.30}$$

则方程组(13.29)化为

$$\begin{cases}\ddot{x}-\beta_0 y\dot{y}=0,\\ \ddot{y}+\beta_0 y\dot{x}=F(y).\end{cases} \tag{13.31}$$

将其中的第一个方程对时间积分一次，得到

$$\dot{x}-\frac{1}{2}\beta_0 y^2=A, \tag{13.32}$$

式中 A 为积分常数. 将(13.32)式代入到方程组(13.31)的第二个方程，得到

$$\ddot{y}+\beta_0 Ay+\frac{1}{2}\beta_0^2 y^3=F(y). \tag{13.33}$$

下面，我们仅讨论 $F(y)=0$ 的低纬纯惯性振动. 因此，方程(13.33)化为

$$\ddot{y}+\beta_0 Ay+\frac{1}{2}\beta_0^2 y^3=0, \tag{13.34}$$

注意，若取初始($t=0$)位置和速度分别为

$$x|_{t=0}=x_0,\quad y|_{t=0}=y_0,\quad \dot{x}|_{t=0}=u_0,\quad \dot{y}|_{t=0}=v_0,\tag{13.35}$$

则由(13.32)式求得

$$A=u_0-\frac{1}{2}\beta_0 y_0^2\equiv u_0^*.\tag{13.36}$$

这样,方程(13.34)化为

$$\ddot{y}+\beta_0 u_0^* y+\frac{1}{2}\beta_0^2 y^3=0,\tag{13.37}$$

这是 y 的非线性微分方程,称为 Duffing 方程.

先不考虑 Duffing 方程(13.37)中的非线性项,则它化为

$$\ddot{y}+\beta_0 u_0^* y=0.\tag{13.38}$$

当 $u_0^*>0$,或 $u_0>\beta_0 y_0^2/2$ 时,方程(13.38)是振动方程.它表示在低纬强西风时会出现惯性振动,其振动圆频率为

$$\omega_0\equiv\sqrt{\beta_0 u_0^*};\tag{13.39}$$

而振动周期为

$$T_0\equiv 2\pi/\omega_0=2\pi/\sqrt{\beta_0 u_0^*}.\tag{13.40}$$

若取 $u_0^*=5\mathrm{m}\cdot\mathrm{s}^{-1}$,则算得 $\omega_0=10^{-5}\mathrm{s}^{-1}$,$T_0=6\times10^5\mathrm{s}\approx7\mathrm{d}$.

若考虑 Duffing 方程的非线性项,则 Duffing 方程(13.37)可以化为

$$\ddot{y}+\omega_0^2 y=-\gamma\omega_0^2 y^3,\tag{13.41}$$

其中

$$\gamma\equiv\beta_0/2u_0^*.\tag{13.42}$$

Duffing 方程(13.41)的解为

$$y=y_0\,\mathrm{cn}\omega t,\tag{13.43}$$

其中 cn( )是 Jacobi 椭圆余弦函数;其周期为 $4\mathrm{K}(m)$,这里 m 为模数,$\mathrm{K}(m)$ 为第一类 Legendre 完全椭圆积分(见(9.185)式).模数 m 和圆频率 ω 分别满足

$$\begin{cases}m^2=\dfrac{\gamma y_0^2}{2(1+\gamma y_0^2)}=\dfrac{\beta_0 y_0^2/2}{2u_0^*+\beta_0 y_0^2},\\[2ex]\omega^2=(1+\gamma y_0^2)\omega_0^2=\left(1+\dfrac{\beta_0 y_0^2}{2u_0^*}\right)\omega_0^2.\end{cases}\tag{13.44}$$

由 u_0^* 和 y_0 即可求得 m 和 ω.

由(13.43)式我们求得非线性惯性振动周期为

$$T=4\mathrm{K}(m)/\omega.\tag{13.45}$$

取 $y_0=5\sqrt{2}\times10^5\mathrm{m}$,$u_0^*=5\ \mathrm{m}\cdot\mathrm{s}^{-1}$,则由(13.44)式算得 $m=1/2$ 和 $\omega=\sqrt{2}\omega_0$;由 $m=1/2$ 算得 $\mathrm{K}(m)=1.686$.则由上式算得 $T\approx5\times10^5\mathrm{s}\approx6\ \mathrm{d}$.

由以上分析可知,低纬纯惯性振动周期约 6—7 天.若要求得更长的周期,必须

考虑 $F(y)$，即考虑 y 方向气压梯度力的作用.

§13.5 低纬大气 Kelvin 波

低纬大气的 Kelvin 波是低纬大气对流层上层和平流层中存在的具有重力波性质的波动. 因为在赤道($y=0$)可以认为没有经向速度($v=0$)，而在远离赤道处($y\to\infty$)应认为包括 v 在内的所有物理量应有界或者为零，则由 §7.6 知，在整个区间上处处有 $v=0$，而且波向东传播. 所不同的是低纬 Kelvin 波的纬向速度 u 和气压场关于赤道对称. 为了方便，我们先分析正压模式下的低纬大气的 Kelvin 波，然后分析斜压模式下的低纬大气的 Kelvin 波.

一、正压大气的低纬 Kelvin 波

这是重力外波型的 Kelvin 波，应用赤道 β 平面近似的有自由面的线性正压模式，在 $v=0$ 时，方程组为

$$\begin{cases}\dfrac{\partial u}{\partial t}=-\dfrac{\partial\phi'}{\partial x},\\[2mm] \beta_0 yu=-\dfrac{\partial\phi'}{\partial y},\\[2mm] \dfrac{\partial\phi'}{\partial t}+c_0^2\dfrac{\partial u}{\partial x}=0.\end{cases}\tag{13.46}$$

它可以理解为 $v\approx0$ 下的方程组. 方程组(13.46)的第三式对 t 微商，并利用第一式得

$$\mathscr{L}_{\mathrm{G}}^{(1)}\phi'=0,\tag{13.47}$$

其中

$$\mathscr{L}_{\mathrm{G}}^{(1)}\equiv\frac{\partial^2}{\partial t^2}-c_0^2\frac{\partial^2}{\partial x^2}\tag{13.48}$$

为一维重力外波算子. 由此判断，其传播速度为重力外波的波速，即

$$c=\pm c_0=\pm\sqrt{gH},\tag{13.49}$$

相应的圆频率为

$$\omega=\pm kc_0.\tag{13.50}$$

从形式上看，它可以向东和向西两个方向传播，但若利用方程组(13.46)的第二式，c 或 ω 只能取正号，即这种重力波只能向东移动. 这是因为若将方程组(13.46)的第二式对 t 微商，并利用第一式得

$$\frac{\partial^2\phi'}{\partial t\partial y}-\beta_0 y\frac{\partial\phi'}{\partial x}=0,\tag{13.51}$$

这是 ϕ' 的变系数方程. 若取

$$y \to \infty, \quad \phi' = 0, \tag{13.52}$$

则设

$$\phi' = \Phi(y)\mathrm{e}^{\mathrm{i}(kx-\omega t)}, \tag{13.53}$$

将其代入方程(13.51)和边条件(13.52)得

$$\begin{cases} \dfrac{\mathrm{d}\Phi}{\mathrm{d}y} + \dfrac{\beta_0 k}{\omega} y\Phi = 0, \\ \Phi \mid_{y\to\infty} = 0. \end{cases} \tag{13.54}$$

(13.54)式中方程的解很易求得为

$$\Phi(y) = \phi_0 \exp\left\{-\frac{\beta_0 k}{2\omega} y^2\right\}, \tag{13.55}$$

但要满足 $\Phi|_{y\to\infty}=0$ 的条件，只有 $\omega>0$；否则，$\omega<0$，$\Phi|_{y\to\infty}\to\infty$. 所以，对 Kelvin 波，只能向东传播，即

$$c = c_0, \tag{13.56}$$

或

$$\omega = kc_0. \tag{13.57}$$

将(13.55)式代入(13.53)式，得到

$$\phi' = \phi_0 \exp\left\{-\frac{y^2}{2L_0^2}\right\} \cdot \exp\{\mathrm{i}(kx - \omega t)\}. \tag{13.58}$$

显然，ϕ_0 是赤道处($y=0$)ϕ'的振幅；其中

$$L_0 = \sqrt{c_0/\beta_0} \tag{13.59}$$

称为低纬正压 Rossby 变形半径，其数值近于 3.8×10^6 m. 由(13.58)式看到，低纬 Kelvin 波的气压场关于赤道对称，且当 $y=\sqrt{2}L_0$ 时，$\phi'=\phi_0\mathrm{e}^{\mathrm{i}(kx-\omega t)}/\mathrm{e}$，即扰动振幅是 $y=0$ 处振幅的 $1/\mathrm{e}$.

将(13.57)式代入(13.46)的第二式求得 Kelvin 波的纬向速度为

$$u = \frac{1}{c_0}\phi_0 \exp\left\{-\frac{1}{2L_0^2}y^2\right\} \cdot \exp\{\mathrm{i}(kx - \omega t)\}, \tag{13.60}$$

它也关于赤道对称.

由此可知，正压的低纬 Kelvin 波的经向速度为零；纬向速度和自由面高度扰动关于赤道对称且呈 Gauss 分布和满足形式上的地转关系$\left(\beta_0 yu=-\dfrac{\partial\phi'}{\partial y}\right)$. 正压情况下，低纬 Kelvin 波向东移动，波速为 $c_0=\sqrt{gH}$.

低纬 Kelvin 波最早在海洋中被发现，$y=0$ 相当于海岸. 这样，在海洋中的低纬 Kelvin 波能量集中于海岸附近，它沿着海岸的一个方向传播，而且常引起海岸附近有限水位的变动.

二、斜压大气的低纬 Kelvin 波

这是重力内波型的 Kelvin 波，我们应用方程组(8.233)，在 $v=0$ 和赤道 β 平面近似的条件下，线性化的方程组可以写为

$$\begin{cases}\dfrac{\partial u}{\partial t}=-\dfrac{\partial \phi'}{\partial x},\\ \beta_0 yu=-\dfrac{\partial \phi'}{\partial y},\\ \dfrac{\partial u}{\partial x}+\dfrac{\partial w}{\partial z}=0,\\ \dfrac{\partial}{\partial t}\left(\dfrac{\partial \phi'}{\partial z}\right)+N^2 w=0\end{cases}\qquad (\phi'\equiv p'/\rho_0). \tag{13.61}$$

它可以理解为 $v\approx 0$ 下的方程组.

将方程组(13.61)的第四式对 z 微商，再利用第三式消去 w，得

$$\frac{\partial}{\partial t}\left(\frac{\partial^2 \phi'}{\partial z^2}\right)-N^2\frac{\partial u}{\partial x}=0. \tag{13.62}$$

将上式再对 t 微商，并利用方程组(13.61)的第一式消去 u，得

$$\mathscr{L}_{\mathrm{G}}^{(2)}\phi'=0, \tag{13.63}$$

其中

$$\mathscr{L}_{\mathrm{G}}^{(2)}\equiv\frac{\partial^2}{\partial t^2}\left(\frac{\partial^2}{\partial z^2}\right)+N^2\frac{\partial^2}{\partial x^2} \tag{13.64}$$

为静力平衡条件下的二维重力内波算子. 若令

$$\phi'=\Phi(y)\mathrm{e}^{\mathrm{i}(kx+nz-\omega t)}, \tag{13.65}$$

将其代入方程(13.63)，则求得重力内波的圆频率 ω 满足

$$\omega^2=k^2N^2/n^2. \tag{13.66}$$

由此求得它在 x 方向的传播速度为

$$c_x\equiv\frac{\omega}{k}=\pm c_1=\pm\frac{N}{n}=\pm\frac{NH}{nH}=\mp\frac{c_a}{\pi}. \tag{13.67}$$

在对流层上层及平流层，取 $c_a=10^2\,\mathrm{m\cdot s^{-1}}$，$nH=\pi$，则由上式算得 $c_1=30\,\mathrm{m\cdot s^{-1}}$. 仅由(13.67)式，似乎 c 可取正号也可取负号，但若给出下列无穷远条件

$$y\to\infty,\quad \phi'\to 0, \tag{13.68}$$

c 就只能取正值了. 这是因为若将方程组(13.61)的第二式对 t 微商，并利用第一式，得到

$$\frac{\partial^2\phi'}{\partial t\partial y}-\beta_0 y\frac{\partial \phi'}{\partial x}=0, \tag{13.69}$$

其形式完全同(13.51)式.

将(13.65)式代入方程(13.69),得到

$$\frac{\mathrm{d}\Phi}{\mathrm{d}y}+\frac{\beta_0 ky}{\omega}\Phi=0. \tag{13.70}$$

它的解为

$$\Phi(y)=\phi_0\exp\left\{-\frac{\beta_0 k}{2\omega}y^2\right\}. \tag{13.71}$$

将其代入(13.65)式求得

$$\phi'=\phi_0\exp\left\{-\frac{1}{2L_1^2}y^2\right\}\cdot\exp\{\mathrm{i}(kx+nz-\omega t)\}, \tag{13.72}$$

因而

$$p'=\rho_0\phi_0\exp\left\{-\frac{1}{2L_1^2}y^2\right\}\cdot\exp\{\mathrm{i}(kx+nz-\omega t)\}, \tag{13.73}$$

这里 ϕ_0 是赤道($y=0$)的 $z=0$ 处 ϕ' 的振幅;其中

$$L_1=\sqrt{c_1/\beta_0} \tag{13.74}$$

称为低纬斜压 Rossby 变形半径,其数值近于 $1.2\times10^6\,\mathrm{m}$. 由(13.73)式看到,当 $y=\sqrt{2}L_1$ 时,p' 是 $y=0$ 处的值的 1/e.

由(13.65)式和(13.67)式还可以计算 z 方向 Kelvin 波的波长为

$$L_z=2\pi/n=2\pi c_1/N. \tag{13.75}$$

若取 $c_1=30\,\mathrm{m\cdot s^{-1}}$,$N=10^{-2}\,\mathrm{s^{-1}}$,则由上式算得 $L_z=1.8\times10^4\,\mathrm{m}$.

将(13.72)式代入方程组(13.61),可以求得 u 和 w 分别为

$$u=\frac{1}{c_1}\phi_0\exp\left\{-\frac{1}{2L_1^2}y^2\right\}\cdot\exp\{\mathrm{i}(kx+nz-\omega t)\}, \tag{13.76}$$

$$w=-\frac{knc_1}{N^2}\phi_0\exp\left\{-\frac{1}{2L_1^2}y^2\right\}\cdot\exp\{\mathrm{i}(kx+nz-\omega t)\}. \tag{13.77}$$

它们关于赤道也是对称的.

§13.6 低纬大气的一般线性波动

本节分析低纬大气的一般线性波动,为了方便,与低纬 Kelvin 波一样,我们仍分两类来说明.

一、低纬正压大气波动(外波型)

应用赤道 β 平面近似,有自由面的线性正压模式方程组可以写为

$$\begin{cases}\dfrac{\partial u}{\partial t}-\beta_0 yv=-\dfrac{\partial \phi'}{\partial x},\\ \delta\dfrac{\partial v}{\partial t}+\beta_0 yu=-\dfrac{\partial \phi'}{\partial y},\\ \dfrac{\partial \phi'}{\partial t}+c_0^2\left(\dfrac{\partial u}{\partial x}+\dfrac{\partial v}{\partial y}\right)=0.\end{cases}\tag{13.78}$$

其中 $\delta=0$ 表 y 方向上的地转近似,即半地转近似. 将方程组(13.78)的第二式对 x 微商,第一式对 y 微商,然后相减消去 ϕ' 得到

$$\left(\frac{\partial^2}{\partial t\partial y}-\beta_0 y\frac{\partial}{\partial x}\right)u=\left(\delta\frac{\partial^2}{\partial t\partial x}+\beta_0 y\frac{\partial}{\partial y}+\beta_0\right)v,\tag{13.79}$$

这就是涡度方程. 同样,将方程组(13.78)的第一式对 t 微商,并利用第三式消去 ϕ' 得到

$$\left(\frac{\partial^2}{\partial t^2}-c_0^2\frac{\partial^2}{\partial x^2}\right)u=\left(\beta_0 y\frac{\partial}{\partial t}+c_0^2\frac{\partial^2}{\partial x\partial y}\right)v.\tag{13.80}$$

由(13.79)式和(13.80)式消去 u,注意 $\dfrac{\partial^2}{\partial t\partial y}\left(\beta_0 y\dfrac{\partial v}{\partial t}\right)=\beta_0 y\dfrac{\partial^3 v}{\partial t^2\partial y}+\beta_0\dfrac{\partial^2 v}{\partial t^2}$,则得到

$$\mathscr{L}v=0,\tag{13.81}$$

其中

$$\mathscr{L}\equiv\frac{\partial}{\partial t}\left[\delta\frac{\partial^2}{\partial t^2}-c_0^2\left(\delta\frac{\partial^2}{\partial x^2}+\frac{\partial^2}{\partial y^2}\right)+\beta_0^2 y^2\right]-\beta_0 c_0^2\frac{\partial}{\partial x}.\tag{13.82}$$

我们考虑低纬大气波动,离低纬很远处可认为波动消失,这样,我们取边条件为

$$y\to\pm\infty,\quad v=0.\tag{13.83}$$

方程(13.81)是关于 v 的变系数方程,应用正交模方法设

$$v=V(y)\mathrm{e}^{\mathrm{i}(kx-\omega t)},\tag{13.84}$$

将其代入方程(13.81),得到

$$\frac{\mathrm{d}^2V}{\mathrm{d}y^2}+\left[-\frac{\beta_0 k}{\omega}+\delta\left(\frac{\omega^2}{c_0^2}-k^2\right)-\frac{\beta_0^2}{c_0^2}y^2\right]V=0,\tag{13.85}$$

这是变系数的二阶常微分方程. 为了使其化为标准型,我们将自变量 y 和方程的系数无量纲化,令

$$y=L_0 y_1,\quad k=\frac{1}{L_0}k_1,\quad \omega=\sqrt{\beta_0 c_0}\,\omega_1=\beta_0 L_0\omega_1,\tag{13.86}$$

其中 $L_0=\sqrt{c_0/\beta_0}$ 为低纬正压 Rossby 变形半径(见(13.59)式);而 y_1,k_1,ω_1 分别为 y,k,ω 的无量纲量.

将(13.86)式代入方程(13.85),得到

$$\frac{d^2V}{dy_1^2}+(\lambda-y_1^2)V=0. \tag{13.87}$$

这是所谓 Weber 方程,其中

$$\lambda\equiv-\frac{k_1}{\omega_1}+\delta(\omega_1^2-k_1^2). \tag{13.88}$$

将(13.86)式和(13.84)式代入边条件(13.83),得到

$$V\,|_{y_1\to\pm\infty}=0. \tag{13.89}$$

方程(13.87)满足边条件(13.89)的本征值为

$$\lambda\equiv-\frac{k_1}{\omega_1}+\delta(\omega_1^2-k_1^2)=2m+1\quad(m=0,1,2,\cdots). \tag{13.90}$$

相应的本征函数为

$$V(y_1)=A_m e^{-y_1^2/2}\mathrm{H}_m(y_1)\quad(m=0,1,2,\cdots), \tag{13.91}$$

其中 A_m 为非零常数,而 $\mathrm{H}_m(y_1)$ 为 m 阶的 Hermite 多项式. 因 $\mathrm{H}_m(y_1)$ 是 y_1 的振荡函数,所以,m 相当于波沿经圈方向的节点数. 注意 $e^{-y_1^2/2}\mathrm{H}_m(y_1)=2^{m/2}\mathrm{D}_m(\sqrt{2}y_1)$,$\mathrm{D}_m(\sqrt{2}y_1)$ 是抛物柱函数或 Weber 函数.

将(13.91)式代入(13.84)式,记 $A_m=v_0$,则求得

$$v=v_0\exp\left\{-\frac{1}{2L_0^2}y^2\right\}\mathrm{H}_m\left(\frac{y}{L_0}\right)e^{i(kx-\omega t)}. \tag{13.92}$$

类似,将 u 及 ϕ 也写成(13.84)式的形式,并将(13.92)式代入(13.80)式求出 u,代入(13.78)式求出 ϕ',则得到

$$\begin{cases}u=i\dfrac{\sqrt{\beta_0c_0}}{\omega^2-k^2c_0^2}\left\{\dfrac{1}{2}(\omega+kc_0)\mathrm{H}_{m+1}\left(\dfrac{y}{L_0}\right)+(\omega-kc_0)m\mathrm{H}_{m-1}\left(\dfrac{y}{L_0}\right)\right\}v_0\exp\left\{-\dfrac{1}{2L_0^2}y^2\right\}\\ \quad\cdot\exp\{i(kx-\omega t)\},\\ \phi'=i\dfrac{\sqrt{\beta_0c_0}\cdot c_0}{\omega^2-k^2c_0^2}\left\{\dfrac{1}{2}(\omega+kc_0)\mathrm{H}_{m+1}\left(\dfrac{y}{L_0}\right)-(\omega-kc_0)m\mathrm{H}_{m-1}\left(\dfrac{y}{L_0}\right)\right\}v_0\exp\left\{-\dfrac{1}{2L_0^2}y^2\right\}\\ \quad\cdot\exp\{i(kx-\omega t)\}.\end{cases} \tag{13.93}$$

注意,上式得到过程中利用了 Hermite 多项式的下列性质:

$$\begin{cases}\dfrac{d\mathrm{H}_m(y_1)}{dy_1}=2m\mathrm{H}_{m-1}(y_1),\\ \mathrm{H}_{m+1}(y_1)-2y_1\mathrm{H}_m(y_1)+2m\mathrm{H}_{m-1}(y_1)=0.\end{cases} \tag{13.94}$$

令 $\delta=1$,频率方程(13.90)是 ω_1 的三次代数方程,现在我们分别对 m 的不同情形进行讨论.

1. $m\geqslant 1$

此时准确求解方程(13.90)并无必要,因为它能很好地区别低频波与高频波.

对于高频波，方程(13.90)中的$-k_1/\omega_1$项可以忽略，则有

$$\omega_1 = \pm\sqrt{k_1^2 + 2m + 1} \quad (m \geqslant 1). \tag{13.95}$$

将(13.86)式代入上式，便求得高频波频率为

$$\omega_{IG} = \pm\sqrt{k^2 c_0^2 + (2m+1)\beta_0 c_0} \quad (m \geqslant 1), \tag{13.96}$$

它显然表征的是低纬惯性-重力外波的频率. 与中高纬惯性-重力外波的圆频率比较，$(2m+1)\beta_0 c_0$ 相当于 f_0^2. 若考虑基本气流 $\bar{u}$，则由上式求得低纬惯性-重力外波的波速为

$$c_{IG} = \bar{u} \pm \sqrt{c_0^2 + \frac{(2m+1)\beta_0 c_0}{k^2}} \quad (m \geqslant 1). \tag{13.97}$$

但 $\bar{u} \ll c_0$，因此，它可以向东西两个方向传播.

对于低频波，方程(13.90)中的 ω_1^2 项可以忽略，则有

$$\omega_1 = -\frac{k_1}{k_1^2 + 2m + 1} \quad (m \geqslant 1). \tag{13.98}$$

将(13.86)式代入，便求得低频波频率为

$$\omega_R = -\frac{\beta_0 k}{k^2 + (2m+1)\beta_0/c_0} \quad (m \geqslant 1), \tag{13.99}$$

显然，它表征的是低纬 Rossby 波的频率. 与中高纬水平无辐散的 Rossby 波的圆频率比较，$(2m+1)\beta_0/c_0$ 相当于 y 方向波数 l 的平方 l^2. 若考虑基本气流 $\bar{u}$，则由上式求得低纬 Rossby 波的波速为

$$c_R = \bar{u} - \frac{\beta_0}{k^2 + (2m+1)\beta_0/c_0} \quad (m \geqslant 1). \tag{13.100}$$

因低纬副热带高压南侧盛行偏东风，$\bar{u}<0$，则由上式算得 $c_R<0$，这就是低纬 Rossby 波俗称东风波的原因.

若作半地转近似，即令 $\delta=0$，则由(13.90)式求得

$$\omega_1 = -\frac{k_1}{2m+1} \quad (m \geqslant 1). \tag{13.101}$$

将(13.86)式代入，使上式还原为有量纲量，为

$$\omega = -\frac{kc_0}{2m+1} = -\frac{\beta_0 k}{(2m+1)\beta_0/c_0} \quad (m \geqslant 1). \tag{13.102}$$

将(13.102)式与(13.99)式比较即知：采用半地转近似可以滤去低纬惯性-重力外波，而保留超长尺度($k^2 \ll (2m+1)\beta_0/c_0$)的低纬 Rossby 波. 还要注意的是半地转近似可以视为 $v=0$，因此，半地转近似仍保留低纬 Kelvin 波.

对于低纬惯性-重力外波，在(13.90)式中忽略$-k_1/\omega_1$一项意味着在(13.82)式右端$\dfrac{\partial}{\partial t}$和$\dfrac{\partial}{\partial x}$的舍弃，因此，对于低纬惯性-重力外波，满足方程(13.81)的微分算

子(13.82)式改为

$$\mathscr{L}_{\mathrm{IG}} \equiv \frac{\partial^2}{\partial t^2} - c_0^2 \nabla_{\mathrm{h}}^2 + \beta_0^2 y^2. \tag{13.103}$$

与中高纬惯性-重力外波的(7.155)式相比,两者形式相同,只是(7.155)中的 f_0^2 现在换成了 $\beta_0^2 y^2$.

对于低纬 Rossby 波,在(13.90)式中忽略 ω_1^2 一项意味着在(13.82)式右端将 $\frac{\partial^2}{\partial t^2}$ 舍弃,因而它改为

$$\mathscr{L}_{\mathrm{R}} \equiv \frac{\partial}{\partial t}\left(\nabla_{\mathrm{h}}^2 - \frac{\beta_0^2}{c_0^2} y^2\right) + \beta_0 \frac{\partial}{\partial x}. \tag{13.104}$$

与中高纬 Rossby 波的(7.161)式相比,也是将 f_0^2 换成了 $\beta_0^2 y^2$(注意 $\lambda_0^2 = f_0^2/c_0^2$).

从(13.92)式和(13.93)式看到,由于存在 $\exp\left\{-\frac{1}{L_0^2} y^2\right\}$,因而,离开赤道越远,波越衰减.事实上,由方程(13.87)看到,随着 y_1 的增加,V 的系数从正可以减少到零,甚至变为负.使 V 的系数变为零的临界 y_1 值为

$$y_{1\mathrm{c}} = \sqrt{\lambda} = \sqrt{2m+1}. \tag{13.105}$$

把它作为有量纲的形式即为

$$y_{\mathrm{c}} = \sqrt{2m+1} \cdot \sqrt{c_0/\beta_0} = \sqrt{2m+1} L_0. \tag{13.106}$$

所以,当 $|y| < y_{\mathrm{c}}$ 时,V 的系数为正,波可以在 y 方向传播,且由方程(13.85)看到,此时 y 方向的波数 l 满足

$$l^2 \equiv -\frac{\beta_0 k}{\omega} + \frac{\omega^2}{c_0^2} - k^2 - \frac{\beta_0^2}{c_0^2} y^2 = \frac{1}{L_0^2}(y_{\mathrm{c}}^2 - y^2). \tag{13.107}$$

而当 $|y| > y_{\mathrm{c}}$ 时,V 的系数为负,波在 y 方向被拦截(trapped).

2. $m=0$

此时方程(13.90)化为

$$\omega_1^3 - (k_1^2 + 1)\omega_1 - k_1 = 0, \tag{13.108}$$

即

$$(\omega_1 + k_1)(\omega_1^2 - k_1\omega_1 - 1) = 0. \tag{13.109}$$

方程(13.109)的第一个根为

$$\omega_1 = -k_1 \quad (m = 0), \tag{13.110}$$

将(13.86)式代入并换回有量纲量,有

$$\omega = -k\beta_0 L_0^2 = -kc_0 \quad (m = 0), \tag{13.111}$$

这是向西传播的重力外波的频率.但由上式 $\omega^2 = k^2 c_0^2$,它将使得(13.80)式左端为零,所以,这个根应舍弃.

方程(13.109)的另两个根满足

$$\omega_1^2 - k_1\omega_1 - 1 = 0 \quad (m = 0). \tag{13.112}$$

它的两个根分别为

$$\omega_1^{(1)} = \frac{k_1}{2} + \sqrt{\frac{k_1^2}{4} + 1}, \quad \omega_1^{(2)} = \frac{k_1}{2} - \sqrt{\frac{k_1^2}{4} + 1} \quad (m = 0). \tag{13.113}$$

将(13.86)式代入得

$$\begin{cases} \omega^{(1)} = \dfrac{1}{2}kc_0 + \sqrt{\left(\dfrac{1}{2}kc_0\right)^2 + \beta_0 c_0}, \\ \omega^{(2)} = \dfrac{1}{2}kc_0 - \sqrt{\left(\dfrac{1}{2}kc_0\right)^2 + \beta_0 c_0} \end{cases} \quad (m = 0). \tag{13.114}$$

因 $\omega^{(1)} > 0$，且当 $\beta_0 \approx 0$ 时，$\omega^{(1)} \approx kc_0$，所以，$\omega^{(1)}$ 表征的是向东传播的惯性-重力外波的频率；因 $\omega^{(2)} < 0$，且当 $\beta_0 \approx 0$ 时，

$$\omega^{(2)} \approx \frac{1}{2}kc_0 - \frac{1}{2}kc_0\left(1 + \frac{4\beta_0}{2k^2 c_0}\right) = -\frac{\beta_0}{k},$$

所以，$\omega^{(2)}$ 表征的是向西传播的混合 Rossby-重力外波的频率，这种波又称为柳井波(Yanai 波).

若考虑基本气流 $\bar{u}$，则由(13.114)式求得这两类波的波速为

$$\begin{cases} c^{(1)} = \bar{u} + \dfrac{1}{2}c_0 + \sqrt{\left(\dfrac{1}{2}c_0\right)^2 + \dfrac{\beta_0 c_0}{k^2}}, \\ c^{(2)} = \bar{u} + \dfrac{1}{2}c_0 - \sqrt{\left(\dfrac{1}{2}c_0\right)^2 + \dfrac{\beta_0 c_0}{k^2}} \end{cases} \quad (m = 0). \tag{13.115}$$

因 $m=0$ 时，$\mathrm{H}_m(y/L_0)=1$，则由(13.92)式求得

$$v = v_0 \exp\left\{-\frac{1}{2L_0^2}y^2\right\} \cdot \exp\{\mathrm{i}(kx - \omega t\} \quad (m = 0). \tag{13.116}$$

它说明：当 $m=0$ 时，经向速度关于赤道对称，且随 y 呈 Gauss 分布.

又因 $m=0$ 时，$\mathrm{H}_1(y/L_0)=2y/L_0$，则由(13.93)式求得

$$\begin{cases} u = \mathrm{i}\,\dfrac{\beta_0 y}{\omega - kc_0} v_0 \exp\left\{-\dfrac{1}{2L_0^2}y^2\right\} \cdot \exp\{\mathrm{i}(kx - \omega t)\}, \\ \phi' = \mathrm{i}\,\dfrac{\beta_0 c_0 y}{\omega - kc_0} v_0 \exp\left\{-\dfrac{1}{2L_0^2}y^2\right\} \cdot \exp\{\mathrm{i}(kx - \omega t)\} \end{cases} \quad (m = 0). \tag{13.117}$$

它说明：当 $m=0$ 时，纬向速度和自由面高度(表征气压场)关于赤道奇对称.

3. $m=-1$

依(13.90)式，$m \neq -1$，但当 $m=-1$ 时，(13.90)式化为

$$-\frac{k_1}{\omega_1} + \omega_1^2 - k_1^2 = -1, \tag{13.118}$$

即

$$(\omega_1 - k_1)(\omega_1^2 + k_1\omega_1 + 1) = 0, \tag{13.119}$$

其中 $\omega_1 = k_1$ 化为有量纲形式就是(13.57)式，这就是正压大气低纬 Kelvin 波的圆频率. 所以低纬 Kelvin 波可以归结为(13.90)式中 $m=-1$ 的情况.

图 13.1 是低纬大气波动的圆频率 ω 随波数 k 的变化图. 由图看出，对同样的 k 和 m 可能有性质不同的波动.

图 13.2 是当 $m=1$ 时由低纬 Rossby 波和惯性-重力外波给出的气压场和速度场的经向分布图.

图 13.3 是当 $m=0$ 时由向东传播的惯性-重力外波和向西传播的混合 Rossby-重力外波给出的气压场和速度场的经向分布图.

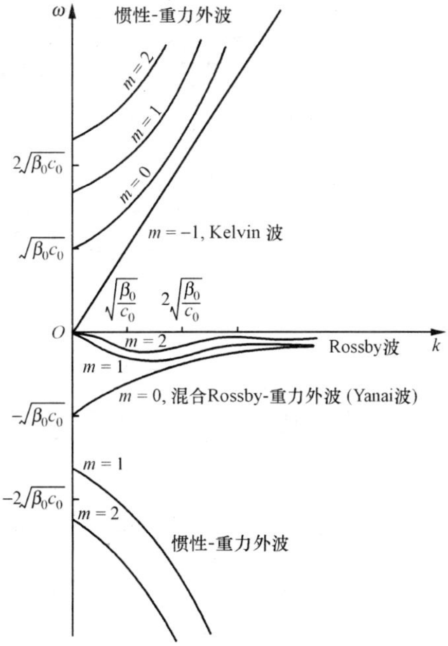

图 13.1　低纬大气波动的 ω-k 图

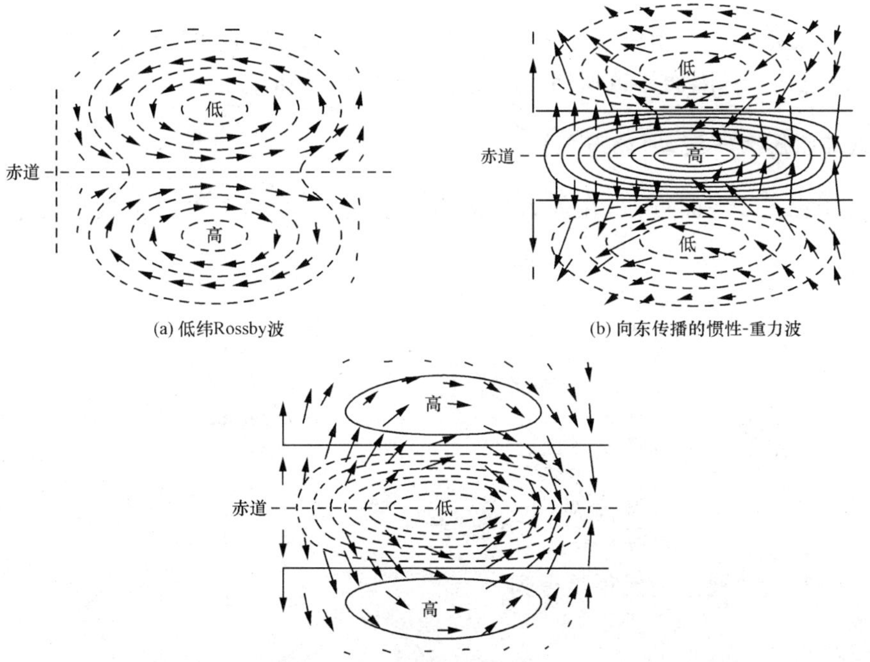

图 13.2　$m=1$ 时气压场和速度场的经向分布

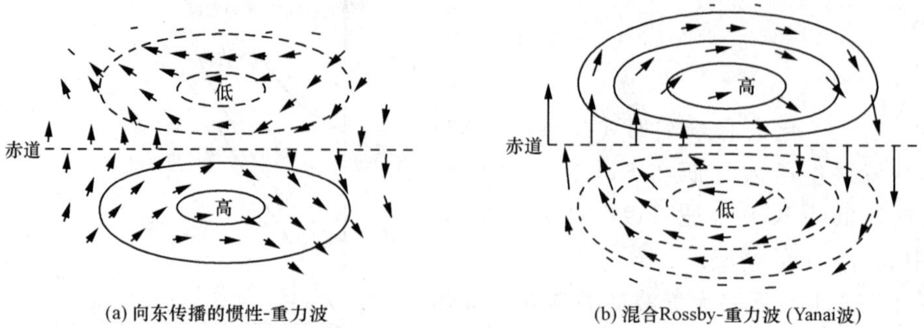
低
赤道
高
(a) 向东传播的惯性-重力波
高
赤道
低
(b) 混合Rossby-重力波 (Yanai波)

图 13.3　$m=0$ 时气压场和速度场的经向分布

图 13.4 是当 $m=-1$ 时由 Kelvin 波给出的气压场和速度场的经向分布图.

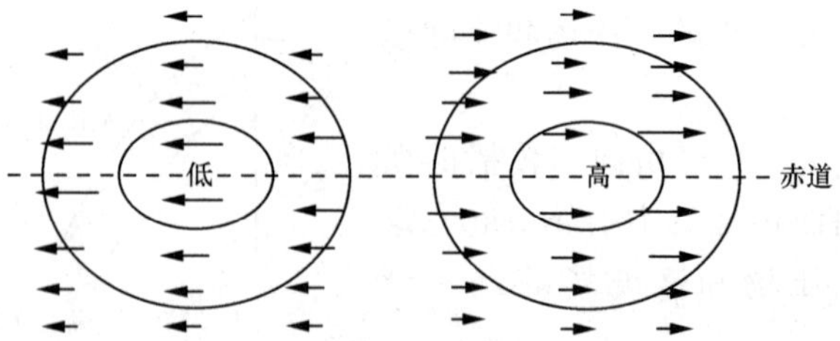

图 13.4　$m=-1$ 时低纬 Kelvin 波给出的气压场和速度场的经向分布

最后要指出的是由于 β 的作用，方程(13.81)在一定的初条件下的解 v 将在 t 足够大时趋于零，因而导致低纬气压场趋于纯纬向分布.

二、低纬斜压大气波动(内波型)

应用赤道 β 平面近似，在静力平衡条件下的方程组(8.233)的线性形式可以写为

$$\begin{cases}\dfrac{\partial u}{\partial t}-\beta_0 yv=-\dfrac{\partial\phi'}{\partial x},\\ \dfrac{\partial v}{\partial t}+\beta_0 yu=-\dfrac{\partial\phi'}{\partial y},\\ \dfrac{\partial u}{\partial x}+\dfrac{\partial v}{\partial y}+\dfrac{\partial w}{\partial z}=0,\\ \dfrac{\partial}{\partial t}\left(\dfrac{\partial\phi'}{\partial z}\right)+N^2w=0\end{cases}\quad(\phi'\equiv p'/\rho_0),\tag{13.120}$$

方程组(13.120)通过消元很易得到

$$\mathscr{L}v=0,\tag{13.121}$$

其中

$$\mathscr{L} \equiv N^2\left(\frac{\partial}{\partial t}\nabla_{\mathrm{h}}^2 + \beta_0\frac{\partial}{\partial x}\right) + \left(\frac{\partial^2}{\partial t^2} + \beta_0^2 y^2\right)\frac{\partial}{\partial t}\left(\frac{\partial^2}{\partial z^2}\right) \tag{13.122}$$

与(13.83)式相应，考虑低纬大气波动要求

$$y \to \pm\infty, \quad v \to 0. \tag{13.123}$$

考虑到算子(13.122)式的性质，我们设方程(13.121)的波动解为

$$v = V(y)\mathrm{e}^{\mathrm{i}(kx+nz-\omega t)}. \tag{13.124}$$

将上式代入方程(13.121)，得到

$$\frac{\mathrm{d}^2 V}{\mathrm{d}y^2} + \left(-\frac{\beta_0 k}{\omega} + \frac{\omega^2}{c_1^2} - k^2 - \frac{\beta_0^2}{c_1^2}y^2\right)V = 0. \tag{13.125}$$

方程(13.125)与方程(13.85)($\delta=1$)在形式上完全一样，只是 c_0^2 用 c_1^2 去代替了，因此，完全可以应用低纬正压波动的结果.

1. $m \geqslant 1$

它包含低频的低纬 Rossby 波和高频的惯性-重力内波，频率分别为

$$\omega_{\mathrm{R}} = -\frac{\beta_0 k}{k^2 + (2m+1)\beta_0/c_1} \quad (m \geqslant 1), \tag{13.126}$$

$$\omega_{\mathrm{IG}} = \pm\sqrt{k^2 c_1^2 + (2m+1)\beta_0 c_1} \quad (m \geqslant 1). \tag{13.127}$$

相应 v 的解可以写为

$$v = v_0 \exp\left\{-\frac{y^2}{2L_1^2}\right\} \cdot \mathrm{H}_m\left(\frac{1}{L_1}y\right) \cdot \exp\{\mathrm{i}(kx+nz-\omega t)\}, \tag{13.128}$$

其中 v_0 为 $y=0, z=0$ 处的 v 的振幅，而 $L_1 = \sqrt{c_1/\beta_0}$ 为低纬斜压 Rossby 变形半径(见(13.74)式).

2. $m=0$

它包含惯性-重力内波和混合的 Rossby-重力内波，它们的频率分别是

$$\begin{cases} \omega^{(1)} = \dfrac{1}{2}kc_1 + \sqrt{\left(\dfrac{1}{2}kc_1\right)^2 + \beta_0 c_1}, \\ \omega^{(2)} = \dfrac{1}{2}kc_1 - \sqrt{\left(\dfrac{1}{2}kc_1\right)^2 + \beta_0 c_1} \end{cases} \quad (m=0). \tag{13.129}$$

相应，v 的解为

$$v = v_0 \exp\left\{-\frac{y^2}{2L_1^2}\right\} \cdot \exp\{\mathrm{i}(kx+nz-\omega t)\}. \tag{13.130}$$

3. $m=-1$

与外波型相似的分析推得，当 $m=-1$ 时，退化为斜压大气的低纬 Kelvin 波.

同时要指出的是：与外波型分析相似，在 y 方向上的半地转近似可以滤去惯性-重力内波而保留超长尺度的低纬 Rossby 波和 Kelvin 波.

最后要指出的是：在低纬平流层低层存在的所谓平均纬向风速的准两年周期

振荡(quasibiennial oscillation,简称 QBO)现象通常认为是由于向东传播的 Kelvin 波和向西传播的混合 Rossby-重力波与纬向气流相互作用的结果. 观测表明,Kelvin 波向东传播的同时也向下传播,依第七章分析,则波动能量向上传播($c_{gz}>0$),而且由于平流层辐射冷却形成的阻尼使得 Kelvin 波振幅随高度增加而衰减,这种能量输送产生 QBO 中的西风加速区;类似,向西传播的混合 Rossby-重力波也向下传播,则波动能量也向上传播,而且产生 QBO 中的东风加速区. 这样,垂直传播的 Kelvin 波和混合 Rossby-重力波把波动能量传输给纬向平均气流,使得向东和向西的平均纬向气流交替地得到加速,形成平均纬向气流的所谓准两年振荡. 还要指出的是低纬大气存在的 30—50 天的低频振荡(low-frequency oscillation 或 intraseasonal oscillation)现象通常认为是非绝热的 Kelvin 波和 Rossby 波所致,本章最后一节,我们将扼要地进行说明.

§13.7　积云对流加热参数化

我们知道,在低纬大气中凝结潜热的释放是低纬系统发展的一个重要能源. 但大气中的凝结过程在中高纬与低纬是不同的. 在中高纬锋区附近的大范围降水是缓慢的大尺度上升运动使空气绝热冷却达到饱和而产生的,这是大尺度缓慢上升运动形成的水汽凝结过程. 而在低纬度,水平温差小,很少会出现这种大范围的缓慢降水过程,它主要是积云对流形成的水汽凝结过程.

大量观测表明: 在低纬度,上述对流凝结降水过程多集中在发展旺盛的深厚积云对流单体中,人们把这些对流积云称之为“热塔”(hot towers). 这些“热塔”所占面积并不大,却对低纬大气运动有重要的影响. 这是因为“热塔”将大量的感热、潜热和动量从低层输送到高层,这样又影响到高层以及中高纬度的大气运动. 当然,这些“热塔”的产生需要有大尺度运动的背景,因此,低纬大气动力学的一个重要特点是研究大尺度运动和小尺度积云对流运动之间的相互作用. 本节着重分析积云对流加热问题,并且给出用大尺度运动的变量来表征对流凝结加热的方法,即所谓积云对流加热参数化的方法.

为了表征大尺度运动和积云对流的相互作用,我们取一水平面积作为单位面积. 一方面该面积必须足够大,使其中包含相当多的积云群体,另一方面该面积又必须足够小,使物理量在该面积内平均能够反映出大尺度运动的特征. 设在此面积内,积云所占面积的百分比为 σ_c,则该面积内的无云部分所占面积的百分比为 $1-\sigma_c$,σ_c 可称为积云覆盖比. 设积云内温度、位温和比湿分别为 T_c,θ_c 和 q_c,云内垂直速度为 w_c,相应垂直 p 速度为 ω_c;云外环境空气的温度、位温和比湿分别为 T_0,θ_0 和 q_0,垂直速度为 w_0,相应垂直 p 速度为 ω_0. 则该面积内任一物理量 A(云内为

A_c，云外为 A_0）的平均值定义为

$$\overline{A}=\sigma_c A_c+(1-\sigma_c)A_0, \tag{13.131}$$

$\overline{A}$ 可以用来表征大尺度运动.同时，令

$$A=\overline{A}+A', \tag{13.132}$$

其中 A' 为 A 相对于 $\overline{A}$ 的扰动，它可以用来表征对流引起的扰动.

在低纬，若仅考虑积云对流凝结加热 Q_c，则在 p 坐标系中的热力学方程可以写为

$$\frac{\partial\theta}{\partial t}+u\frac{\partial\theta}{\partial x}+v\frac{\partial\theta}{\partial y}+\omega\frac{\partial\theta}{\partial p}=\frac{1}{\Pi}Q_c, \tag{13.133}$$

其中

$$\Pi=c_p\frac{T}{\theta}=c_p\left(\frac{p}{P_0}\right)^{R/c_p} \tag{13.134}$$

为 Exner 函数.

按(13.132)式取平均，热力学方程(13.133)可以化为

$$\frac{\partial\bar{\theta}}{\partial t}+\bar{u}\frac{\partial\bar{\theta}}{\partial x}+\bar{v}\frac{\partial\bar{\theta}}{\partial y}+\bar{\omega}\frac{\partial\bar{\theta}}{\partial p}=\frac{1}{\Pi}\overline{Q}_c-\overline{\left(u'\frac{\partial\theta'}{\partial x}+v'\frac{\partial\theta'}{\partial y}+\omega'\frac{\partial\theta'}{\partial p}\right)}. \tag{13.135}$$

利用连续性方程，上式右端第二项 $-\overline{\left(u'\frac{\partial\theta'}{\partial x}+v'\frac{\partial\theta'}{\partial y}+\omega'\frac{\partial\theta'}{\partial p}\right)}$ 可改写为 $-\left(\frac{\partial\overline{\theta'u'}}{\partial x}+\frac{\partial\overline{\theta'v'}}{\partial y}+\frac{\partial\overline{\theta'w'}}{\partial p}\right)$.若忽略其中的扰动热量的水平输送项 $-\left(\frac{\partial\overline{\theta'u'}}{\partial x}+\frac{\partial\overline{\theta'v'}}{\partial y}\right)$，则方程(13.135)化为

$$\frac{\partial\bar{\theta}}{\partial t}+\bar{u}\frac{\partial\bar{\theta}}{\partial x}+\bar{v}\frac{\partial\bar{\theta}}{\partial y}+\bar{\omega}\frac{\partial\bar{\theta}}{\partial p}=\frac{1}{\Pi}\overline{Q}_c-\frac{\partial\overline{\theta'\omega'}}{\partial p}. \tag{13.136}$$

但因为 Q_c 是积云对流凝结加热，它只决定于云内的特征，因而

$$\overline{Q}_c=-\overline{L\omega\frac{\partial q_s}{\partial p}}=-L\sigma_c\omega_c\frac{\partial q_c}{\partial p}. \tag{13.137}$$

而 $-\frac{\partial\overline{\theta'\omega'}}{\partial p}$ 表征积云扰动热量的垂直输送，利用(13.131)式和(13.132)式，

$$\begin{aligned}\overline{\theta'\omega'}&=\overline{(\theta-\bar{\theta})(\omega-\bar{\omega})}=\sigma_c(\theta_c-\bar{\theta})(\omega_c-\bar{\omega})+(1-\sigma_c)(\theta_0-\bar{\theta})(\omega_0-\bar{\omega})\\&=\sigma_c(\theta_c-\bar{\theta})(\omega_c-\bar{\omega})+(1-\sigma_c)\left[\frac{1}{1-\sigma_c}(\bar{\theta}-\sigma_c\theta_c)-\bar{\theta}\right]\left[\frac{1}{1-\sigma_c}(\bar{\omega}-\sigma_c\omega_c)-\bar{\omega}\right]\\&=\frac{\sigma_c}{1-\sigma_c}(\theta_c-\bar{\theta})(\omega_c-\bar{\omega}).\end{aligned} \tag{13.138}$$

但 $|\omega_c|\gg|\bar{\omega}|$，又 $\sigma_c\ll1$（一般 $\sigma_c\approx0.1$），则(13.138)式近似为

$$\overline{\theta'\omega'}=\sigma_c\omega_c(\theta_c-\bar{\theta}), \tag{13.139}$$

因而

$$-\frac{\partial\overline{\theta'\omega'}}{\partial p}=-\frac{\partial}{\partial p}[\sigma_c\omega_c(\theta_c-\bar{\theta})].\tag{13.140}$$

这样,热力学方程(13.136)改写为

$$\frac{\partial\theta}{\partial t}+u\frac{\partial\theta}{\partial x}+v\frac{\partial\theta}{\partial y}+\omega\frac{\partial\theta}{\partial p}=\frac{Lg}{\Pi}M_c\frac{\partial q_c}{\partial p}+g\frac{\partial}{\partial p}[M_c(\theta_c-\theta)],\tag{13.141}$$

其中我们已省略了平均运算的符号,且

$$M_c\equiv\rho\sigma_c w_c\approx-\frac{1}{g}\sigma_c\omega_c\tag{13.142}$$

表云内总的质量垂直通量(单位时间通过单位面积向上输送的质量).

在方程(13.141)中,左端全是大尺度特征的量,但右端 θ_c,q_c,M_c 全是积云本身的量,我们若能用大尺度的特征变量表征它们,那么方程(13.141)就仅含大尺度变量了,这就需要参数化.下面主要介绍郭晓岚(Kuo H. L., 1965)的参数化方法.

郭晓岚认为积云对流出现在条件不稳定的层结大气中,其低层有大尺度的水平辐合.由于云内温度高于环境温度,则通过云内空气与环境空气的交换,向环境空气提供的感热量就是平均对流凝结加热量.因而,郭晓岚设

$$Q_c=\frac{\sigma_c c_p(T_c-T)}{\tau_c},\tag{13.143}$$

其中 τ_c 为积云生成的时间,它通常取为积云存在时间(时间尺度)的一半;T_c 可以由湿绝热曲线确定;为了确定 σ_c,郭晓岚考虑由大尺度水汽辐合和下垫面蒸发所产生的在单位时间通过单位面积上的水汽量为

$$M=-\frac{1}{g}\int_0^{p_s}\left(\frac{\partial qu}{\partial x}+\frac{\partial qv}{\partial y}\right)\delta p+\rho_0 c_D\mid\boldsymbol{V}_0\mid q_{s0}-q_0),\tag{13.144}$$

其中 $\rho_0,q_0,\boldsymbol{V}_0$ 分别为接近地面的某一参考高度上的空气密度、比湿和风速,q_{s0} 为与参考高度上的气温 T_0 相对应的饱和比湿,c_D 为地面与大气的水汽交换系统(拖曳系数).

由于水汽辐合和下垫面蒸发所产生的水汽量,一部分用于成云,另一部分以气体形式存在于空气中.而用于成云的水汽量包含积云加热用于凝结的水汽量和使云中水汽从 q 变为 q_{sc} 所需要的水汽量,即单位面积上成云所需的水汽量为

$$I_c=\frac{1}{g}\int_{p_t}^{p_b}\left[\frac{c_p}{L}(T_c-T)+(q_{sc}-q)\right]\delta p,\tag{13.145}$$

其中 p_t,p_b 分别表积云顶部和底部的气压,q_{sc} 为积云的饱和比湿.因积云生成的时间为 τ_c,覆盖率为 σ_c,因而单位时间通过单位面积成云所需的水汽量为

$$M_c=\sigma_c I_c/\tau_c.\tag{13.146}$$

设存在于空气中的水汽量为 bM,b 决定于空气的相对湿度.相对湿度越大,b 越小,在低纬地区通常 $b\ll1$,它表示供给的水汽几乎完全成云,这样,成云的水汽量便是 $(1-b)M$,因而

$$M_c = (1-b)M. \tag{13.147}$$

比较(13.146)式和(13.147)式求得

$$\sigma_c = (1-b)\tau_c M/I_c. \tag{13.148}$$

将(13.148)式代入(13.143)式即可确定 Q_c 是

$$Q_c = (1-b)\frac{M}{I_c}c_p(T_c - T). \tag{13.149}$$

Charney 和 Eliassen(1964)也提出过一个积云对流加热参数化的方案. 他们认为供给积云的水汽不仅来自边界层以上的辐合,也可来自 Ekman 层顶上的水汽质量输送,即

$$M = -\frac{1}{g}\int_0^{p_E}\left(\frac{\partial qu}{\partial x} + \frac{\partial qv}{\partial y}\right)\delta p - \frac{1}{g}q_E\omega_E, \tag{13.150}$$

其中 p_E, q_E, ω_E 分别为 Ekman 层顶的气压、比湿和垂直 p 速度.

设相对湿度为 η,则

$$q = \eta q_s. \tag{13.151}$$

将上式代入(13.150)式,忽略 q_s 和 η 的水平变化并利用连续性方程得

$$\begin{aligned} M &= -\frac{1}{g}\int_0^{p_E}\eta q_s\left(\frac{\partial u}{\partial x} + \frac{\partial v}{\partial y}\right)\delta p - \frac{1}{g}q_E\omega_E \\ &= -\frac{1}{g}\left\{\int_0^{p_E} - \eta q_s\frac{\partial \omega}{\partial p}\delta p + q_E\omega_E\right\}. \end{aligned} \tag{13.152}$$

将上式右端第一项分部积分,设 $p=0$ 处,$\omega=0$,并忽略 η 的垂直变化,则得

$$M = -\frac{1}{g}\int_0^{p_E}\eta\omega\frac{\partial q_s}{\partial p}\delta p. \tag{13.153}$$

Charney 和 Eliassen 又认为在积云中的对流凝结加热与向它提供的水汽凝结加热相等,即

$$\frac{1}{g}\int_0^{p_E}Q_c\delta p = LM, \tag{13.154}$$

而且 Q_c 在形式上可表为

$$Q_c = -L\frac{\partial q_s}{\partial p}\omega_c. \tag{13.155}$$

这样,将(13.155)式代入(13.154)式,并设在 $p=0$ 处 $q_s=0$,在 $p=p_E$ 处 $q_s=q_{sE}$,又不考虑 ω_c 的变化,则得

$$-\frac{L\omega_c}{g}q_{sE} = LM. \tag{13.156}$$

因而

$$\omega_c = -gM/q_{sE}, \tag{13.157}$$

把 $\bar{\omega}_c$ 代入(13.155)式最后求得

$$Q_c = \frac{gL}{q_{sE}} \frac{\partial q_s}{\partial p} M. \tag{13.158}$$

§13.8　台风中惯性-重力内波的不稳定

在第十一章,我们分析了具有风速水平切变的 Rossby 波的不稳定,用它可以解释热带辐合带上台风的生成.因为低纬水平温差小,所以,正压不稳定是低纬扰动发展的一个重要机制.本节分析台风发展的一个重要过程,即台风中惯性-重力内波的不稳定.

因为台风可视为是铅直圆对称的涡旋,所以应用柱坐标系$\{r,\theta,z\}$比较方便,与坐标方向r,θ,z对应的空气速度分别是

$$v_r \equiv \frac{\mathrm{d}r}{\mathrm{d}t}, \quad v_\theta \equiv r\frac{\mathrm{d}\theta}{\mathrm{d}t}, \quad w \equiv \frac{\mathrm{d}z}{\mathrm{d}t}, \tag{13.159}$$

v_r称为径向速度,v_θ称为切向速度,w为垂直速度.

若不考虑基本气流,且认为是轴对称的情况$\left(\frac{\partial}{\partial\theta}=0\right)$,则在 Boussinesq 近似下描写台风中惯性-重力内波的线性方程组(参见(7.66))可以写为

$$\begin{cases} \dfrac{\partial v_r}{\partial t} - f_0 v_\theta = -\dfrac{\partial \phi'}{\partial r}, \\ \dfrac{\partial v_\theta}{\partial t} + f_0 v_r = 0, \\ \dfrac{\partial w}{\partial t} = -\dfrac{\partial \phi'}{\partial z} + g\dfrac{\theta'}{\theta_0}, \\ \dfrac{1}{r}\dfrac{\partial}{\partial r}(r v_r) + \dfrac{\partial w}{\partial z} = 0, \\ \dfrac{\partial}{\partial t}\left(g\dfrac{\theta'}{\theta_0}\right) + N_m^2 w = 0, \end{cases} \tag{13.160}$$

其中

$$\phi' \equiv p'/\rho_0. \tag{13.161}$$

又因为台风中含有大量的水汽,所以,在方程组(13.160)的绝热方程中应用的是湿的 Brunt-Väisälä 频率N_m.

将方程组(13.160)的前两式消去v_θ,得到

$$\left(\frac{\partial^2}{\partial t^2} + f_0^2\right) v_r = -\frac{\partial^2 \phi'}{\partial t \partial r}. \tag{13.162}$$

将上式乘以r,再作$\frac{1}{r}\frac{\partial}{\partial r}$的运算得到

$$\left(\frac{\partial^2}{\partial t^2}+f_0^2\right)\frac{1}{r}\frac{\partial}{\partial r}(rv_r)=-\frac{1}{r}\frac{\partial}{\partial r}\left(r\frac{\partial^2\phi'}{\partial t\partial r}\right). \tag{13.163}$$

再利用方程组(13.160)的第四式消去 v_r 得

$$\left(\frac{\partial^2}{\partial t^2}+f_0^2\right)\frac{\partial w}{\partial z}=\frac{1}{r}\frac{\partial}{\partial r}\left(r\frac{\partial^2\phi'}{\partial t\partial r}\right). \tag{13.164}$$

最后将方程组(13.160)的第三、第五两式消去 θ',得到

$$\left(\frac{\partial^2}{\partial t^2}+N_{\mathrm{m}}^2\right)w=-\frac{\partial^2\phi'}{\partial t\partial z}. \tag{13.165}$$

将(13.164)式和(13.165)式消去 ϕ',得到

$$\mathscr{L}w=0, \tag{13.166}$$

其中

$$\mathscr{L}\equiv\left(\frac{\partial^2}{\partial t^2}+N_{\mathrm{m}}^2\right)\frac{1}{r}\frac{\partial}{\partial r}\left(r\frac{\partial}{\partial r}\right)+\left(\frac{\partial^2}{\partial t^2}+f_0^2\right)\frac{\partial^2}{\partial z^2}. \tag{13.167}$$

因为这里讨论的是内波,z 方向用 w 的自然边条件是很自然的. 现在,我们重点考虑侧向边条件对稳定度的影响. 为此,我们假定: 在台风中心($r=0$),w 有界,在台风边缘($r=a$,a 为台风半径),$w=0$. 这样,方程(13.162)的侧向边条件可以写为

$$w\,|_{r=0}<\infty,\quad w\,|_{r=a}=0. \tag{13.168}$$

设方程(13.166)的单波解为

$$w=W(r)\mathrm{e}^{\mathrm{i}(nz-\omega t)}. \tag{13.169}$$

将其代入方程(13.166),得到

$$\frac{1}{r}\frac{\mathrm{d}}{\mathrm{d}r}\left(r\frac{\mathrm{d}W}{\mathrm{d}r}\right)+\lambda r^2W=0, \tag{13.170}$$

其中

$$\lambda=\frac{(\omega^2-f_0^2)n^2}{N_{\mathrm{m}}^2-\omega^2}, \tag{13.171}$$

而

$$n=\pi/H. \tag{13.172}$$

方程(13.170)是关于 W 的带参数 λ 的零阶 Bessel 方程,其通解为

$$W(r)=A\mathrm{J}_0(\sqrt{\lambda}r)+B\mathrm{Y}_0(\sqrt{\lambda}r), \tag{13.173}$$

其中 A,B 为二任意常数. J_0,Y_0 分别为第一类、第二类的零阶 Bessel 函数(Y_0 又称为零阶 Neumann 函数).

注意边条件(13.168),显然要求 $W|_{r=0}<\infty$,$W|_{r=a}=0$,因 $\mathrm{Y}_0(0)\to\infty$,则由 $W|_{r=0}<\infty$ 得到 $B=0$,而由 $W|_{r=a}=0$ 得到

$$\mathrm{J}_0(\sqrt{\lambda}a)=0. \tag{13.174}$$

设 $\mathrm{J}_0(x)=0$ 的零点为 μ_j($j=1,2,\cdots$),则

$$\sqrt{\lambda}a = \mu_j \quad (j = 1,2,\cdots). \tag{13.175}$$

将(13.171)式代入(13.175)式,得到

$$\omega^2 = \frac{(\mu_j/a)^2 N_m^2 + n^2 f_0^2}{\left(\frac{\mu_j}{a}\right)^2 + n^2} \quad (j = 1,2,\cdots). \tag{13.176}$$

因此由上式可知：若层结稳定($N_m^2>0$),则 $\omega^2>0$,ω 为实数,则台风中惯性-重力内波稳定;若层结不稳定($N_m^2<0$),则 ω^2 可能是负数. 所以,层结不稳定是惯性-重力内波不稳定的先决条件,这与第十一章的分析完全一致. 在台风有充分水汽供应的条件下,经常处于层结不稳定状态,因而它容易使台风中的惯性-重力内波不稳定. 但由(13.176)式知,只有当

$$\left(\frac{\mu_j}{a}\right)^2 N_m^2 + n^2 f_0^2 < 0 \quad (j = 1,2,\cdots) \tag{13.177}$$

时,$\omega^2<0$,ω 为纯虚数,惯性-重力内波才不稳定,台风才得以发展加强.

注意 $N_m^2<0$,则由(13.177)式求得台风半径满足

$$a < \frac{|N_m|}{nf_0}\mu_j \quad (j = 1,2,\cdots). \tag{13.178}$$

因 $J_0(x)$ 的零点排列为

$$\mu_1 = 2.4048, \quad \mu_2 = 5.5201, \quad \mu_3 = 8.6537, \quad \cdots,$$

则(13.178)式就可改写为

$$a < \frac{|N_m|}{nf_0}\mu_1 \equiv a_c, \tag{13.179}$$

这就是台风中惯性-重力内波不稳定的判据. 由此看到：(1) 层结越不稳定($|N_m|$ 数值越大),台风越易加强;(2) 越是低纬(f_0 数值越小),台风越易加强;(3) 台风半径越小,台风越易加强. 这些结论都与实际定性一致.

取 $\mu_1=2.4$,$\varphi=20°\mathrm{N}$,$n=\pi/H=3\times10^{-4}\,\mathrm{m}^{-1}$,$|N_m|=4\times10^{-3}\,\mathrm{s}^{-1}$,则求得台风的临界半径 $a_c\approx10^6\,\mathrm{m}$,这就表明：在低纬度,即便是弱的层结不稳定,台风也易发展.

取 $n=\pi/H$,则(13.179)式化为

$$a < \frac{|N_m|H}{\pi f_0}\mu_1 = \frac{c_m}{1.3f_0} \quad (c_m = |N_m|H). \tag{13.180}$$

这与第十一章所得到的不稳定判据 $L<L_1=c_a/f_0$((11.170)式)非常接近.

§13.9　第二类条件不稳定(CISK)和台风的发展

在低纬,一方面积云群蕴育在大尺度运动之中,积云群的层结不稳定(即第一

类条件不稳定)所引起的凝结潜热释放有可能为大尺度运动提供能量;另一方面,积云群尽管常满足层结不稳定的条件,但它不足以达到饱和状态.要达到饱和,必须有强烈的抬升,这就要求大尺度运动在对流层低层形成水平辐合.

所谓第二类条件不稳定(Conditional Instability of Second Kind),简称CISK,就是指上述在低纬积云群与大尺度运动间的相互作用,从而使得大尺度扰动和热带气旋处于不稳定发展的过程.其物理本质是:在对流层低层,由于摩擦的作用,产生向低压中心的大尺度水平辐合,同时,伴有水汽堆积并通过Ekman抽吸作用,使处于条件不稳定的湿空气强迫抬升,产生有组织的积云对流.由于水汽凝结潜热的释放,使低压上空温度比四周空气高,因而有$\overline{\theta'\omega'}>0$,从而使有效位能转换为扰动动能,使大尺度扰动处于不稳定发展的过程;在低压上空温度增高的同时,地面气压下降,则增强指向低压中心的气流,又由于绝对角动量守恒,也使切向风速加强,这就使低压扰动也处于不稳定发展的过程.这样,低层辐合,强迫抬升,凝结增温,地面气压下降……,往复循环,造成积云对流与低压环流间的正反馈,促使大尺度扰动和热带气旋同时发展.下面,我们以台风发展为例,说明CISK的机制.

与上节一样,我们采用柱坐标系,但应用静力平衡条件,故垂直坐标用p代替z.同样,考虑轴对称的情况,且假定径向是平衡运动,并应用Boussinesq近似.则不考虑基本气流下,描写台风运动的线性方程组可以写为

$$\begin{cases} -f_0 v_\theta = -\dfrac{\partial \phi'}{\partial r}, \\ \dfrac{\partial v_\theta}{\partial t} + f_0 v_r = 0, \\ \dfrac{\partial \phi'}{\partial p} = -\dfrac{RT'}{p} = -\dfrac{RT_0}{p}\dfrac{\theta'}{\theta_0}, \\ \dfrac{1}{r}\dfrac{\partial}{\partial r}(r v_r) + \dfrac{\partial \omega}{\partial p} = 0, \\ \dfrac{\partial \theta'}{\partial t} + \omega \dfrac{\partial \theta_0}{\partial p} = \dfrac{\theta_0}{c_p T_0} Q. \end{cases} \tag{13.181}$$

将方程组(13.181)的第一式(地转风关系)对p微商,并利用第三式(静力学关系)就得到热成风关系:

$$\frac{\partial v_\theta}{\partial p} = -\frac{R}{f_0 p}\frac{\partial T'}{\partial r} = -\frac{R}{f_0 p}\frac{T_0}{\theta_0}\frac{\partial \theta'}{\partial r}. \tag{13.182}$$

将上式对t微商,并利用方程组(13.181)的第五式得

$$\frac{\partial}{\partial t}\left(\frac{\partial v_\theta}{\partial p}\right) - \frac{RT_0}{f_0 p \theta_0}\frac{\partial \theta_0}{\partial p}\frac{\partial \omega}{\partial r} = -\frac{R}{c_p f_0 p}\frac{\partial Q}{\partial r}. \tag{13.183}$$

由方程组(13.181)的第四式(连续性方程)可引入流函数ψ,使得

$$r v_r = \frac{\partial \psi}{\partial p}, \quad r\omega = -\frac{\partial \psi}{\partial r}. \tag{13.184}$$

将上式代入方程组(13.181)的第二式和(13.183)式,得到

$$\begin{cases}\dfrac{\partial v_\theta}{\partial t}+\dfrac{f_0}{r}\dfrac{\partial\psi}{\partial p}=0,\\ \dfrac{\partial}{\partial t}\left(\dfrac{\partial v_\theta}{\partial p}\right)+\dfrac{RT_0}{f_0p\theta_0}\dfrac{\partial\theta_0}{\partial p}\dfrac{\partial}{\partial r}\left(\dfrac{1}{r}\dfrac{\partial\psi}{\partial r}\right)=-\dfrac{R}{c_pf_0p}\dfrac{\partial Q}{\partial r}.\end{cases}\tag{13.185}$$

下面应用通常的“两层模式”来求解方程组(13.185).但为了反映 Ekman 抽吸作用,我们将下边界取在边界层顶,见图 13.5.

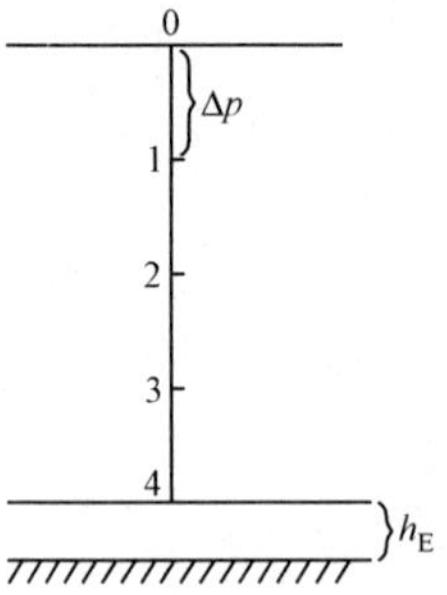

图 13.5　CISK 的两层模式

根据 Ekman 理论,在 Ekman 层顶的垂直运动为

$$w_4=\frac{1}{2}h_{\mathrm{E}}\zeta_4,\tag{13.186}$$

其中 h_{E} 为 Ekman 标高,ζ_4 为边界层顶的垂直涡度.注意,$\omega\approx-\rho gw$,$\zeta=\dfrac{1}{r}\dfrac{\partial}{\partial r}(rv_\theta)$,则(13.186)式可改写为

$$\omega_4=-\frac{g\rho_4h_{\mathrm{E}}}{2}\cdot\frac{1}{r}\frac{\partial}{\partial r}(rv_{\theta_4}).\tag{13.187}$$

利用(13.184)式,上式又可改写为

$$\frac{\partial\psi_4}{\partial r}=\frac{g\rho_4h_{\mathrm{E}}}{2}\frac{\partial}{\partial r}(rv_{\theta_4}),\tag{13.188}$$

这就是模式的下边界条件.

至于上边界条件,我们就取为

$$\psi_0=0.\tag{13.189}$$

将方程组(13.185)的第一式写在第一、第三两层,第二式写在第二层,并且对 p 的微商用差商代替,则得到

$$\begin{cases}\dfrac{\partial v_{\theta_1}}{\partial t}+\dfrac{f_0}{r}\cdot\dfrac{\psi_2-\psi_0}{2\Delta p}=0,\\ \dfrac{\partial v_{\theta_3}}{\partial t}+\dfrac{f_0}{r}\cdot\dfrac{\psi_4-\psi_2}{2\Delta p}=0,\\ \dfrac{\partial}{\partial t}\left(\dfrac{v_{\theta_3}-v_{\theta_1}}{2\Delta p}\right)+\dfrac{RT_2}{fp_2\theta_2}\cdot\dfrac{\theta_3-\theta_1}{2\Delta p}\dfrac{\partial}{\partial r}\left(\dfrac{1}{r}\dfrac{\partial\psi_2}{\partial r}\right)=-\dfrac{R}{c_pf_0p_2}\dfrac{\partial Q_2}{\partial r},\end{cases}\tag{13.190}$$

其中 $p_2=2\Delta p$,T_2,θ_2 表第二层的静止大气的温度和位温,θ_1,θ_3 分别为第一层和第三层的静止大气位温.

方程组(13.190)的第一、第二两式代入第三式,并利用(13.189)式,得到

$$-\frac{f_0}{r(2\Delta p)^2}(\psi_4-2\psi_2)+\frac{RT_2}{f_0(2\Delta p)^2}\cdot\frac{\theta_3-\theta_1}{\theta_2}\frac{\partial}{\partial r}\left(\frac{1}{r}\frac{\partial\psi_2}{\partial r}\right)=-\frac{R}{c_pf_0(2\Delta p)}\frac{\partial Q_2}{\partial r}.\tag{13.191}$$

又因为第二层的非绝热加热 Q_2 主要应是水汽凝结加热,则应用(13.158)式有

$$Q_2 = \frac{gL}{q_{s_4}}\left(\frac{\partial q_s}{\partial p}\right)_2 M \approx \frac{gL}{q_{s_4}} \cdot \frac{q_{s_3} - q_{s_1}}{2\Delta p} M. \tag{13.192}$$

而依(13.153)式,应用梯形积分公式有

$$M = -\frac{\eta}{g}\int_{p_0}^{p_4} \omega \delta q_s = -\frac{\eta}{2g}(q_{s_4} - q_{s_0})\left(\frac{1}{2}\omega_0 + \omega_2 + \frac{1}{2}\omega_4\right) = -\frac{\eta q_{s_4}}{2g}\left(\omega_2 + \frac{1}{2}\omega_4\right), \tag{13.193}$$

上式已应用了 $q_{s_0}=0, \omega_0=0$ 的条件.

这样,(13.193)式代入(13.192)式,得到

$$Q_2 = -\frac{\eta L}{4\Delta p}(q_{s_3} - q_{s_1})\left(\omega_2 + \frac{1}{2}\omega_4\right) = -\frac{\eta L}{4\Delta p}(q_{s_3} - q_{s_1})\left(\frac{1}{r}\frac{\partial \psi_2}{\partial r} + \frac{1}{2r}\frac{\partial \psi_4}{\partial r}\right). \tag{13.194}$$

(13.194)式代入(13.191)式,得到

$$2\psi_2 - \psi_4 = \frac{RT_2}{f_0^2} \cdot \frac{\theta_3 - \theta_1}{\theta_2} r \frac{\partial}{\partial r}\left(\frac{1}{r}\frac{\partial \psi_2}{\partial r}\right) + \frac{\eta RL(q_{s_3} - q_{s_1})}{2c_p f_0^2} r \frac{\partial}{\partial r}\left(\frac{1}{r}\frac{\partial \psi_2}{\partial r} + \frac{1}{2r}\frac{\partial \psi_4}{\partial r}\right). \tag{13.195}$$

上式包含两个未知函数 ψ_2, ψ_4,尚未利用下边界方程(13.188),但方程(13.188)中含有 v_{θ_4},因此,为了利用方程(13.188),我们在第四层上写出切向运动方程((13.185)的第一式),即

$$\frac{\partial v_{\theta_4}}{\partial t} = -\frac{f_0}{r}\left(\frac{\partial \psi}{\partial p}\right)_4 \approx -\frac{f_0}{r}\frac{\psi_4 - \psi_2}{2\Delta p}. \tag{13.196}$$

将上式与方程(13.188)结合,消去 v_{θ_4},得到

$$\frac{\partial^2 \psi_4}{\partial t \partial r} = -\frac{g\rho_4 h_E f_0}{4\Delta p}\frac{\partial}{\partial r}(\psi_4 - \psi_2). \tag{13.197}$$

将上式从 $r=0$ 到 $r=r$ 积分,取 $r=0$ 处 $\psi_2=\psi_4=0$,得到

$$\frac{\partial \psi_4}{\partial t} = -\frac{g\rho_4 h_E f_0}{4\Delta p}(\psi_4 - \psi_2). \tag{13.198}$$

若令

$$\lambda = \frac{2f_0^2}{RT_2} \cdot \frac{\theta_2}{\theta_1 - \theta_3}, \quad \mu = \frac{L}{2} \cdot \frac{q_{s_3} - q_{s_1}}{c_p T_2} \cdot \frac{\theta_2}{\theta_1 - \theta_3}, \quad \nu = \frac{g\rho_4 h_E f_0}{4\Delta p}, \tag{13.199}$$

则方程(13.198)和(13.195)构成关于 ψ_2, ψ_4 的封闭方程组,即

$$\begin{cases} \left(\dfrac{\partial}{\partial t} + \nu\right)\psi_4 = \nu\psi_2, \\ \dfrac{1}{2}\left[\mu\eta r \dfrac{\partial}{\partial r}\left(\dfrac{1}{r}\dfrac{\partial}{\partial r}\right) - \lambda\right]\psi_4 = \left[(1-\mu\eta) r \dfrac{\partial}{\partial r}\left(\dfrac{1}{r}\dfrac{\partial}{\partial r}\right) - \lambda\right]\psi_2. \end{cases} \tag{13.200}$$

由方程组(13.200)的两式消去 ψ_2,得到

$$\mathscr{L}\psi_4 = 0, \tag{13.201}$$

其中

$$\mathscr{L} \equiv \left[\left(\frac{\partial}{\partial t}+\nu\right)(1-\mu\eta)-\frac{\nu}{2}\mu\eta\right]r\frac{\partial}{\partial r}\left(\frac{1}{r}\frac{\partial}{\partial r}\right)+\lambda\left(\frac{\partial}{\partial t}+\frac{\nu}{2}\right). \tag{13.202}$$

设方程(13.201)的解为

$$\psi_4 = \Psi_4(r)\mathrm{e}^{\sigma t}, \tag{13.203}$$

σ 即是增长率.将(13.203)式代入方程(13.201),得到

$$r\frac{\mathrm{d}}{\mathrm{d}r}\left(\frac{1}{r}\frac{\mathrm{d}\Psi_4}{\mathrm{d}r}\right)+\lambda_1\Psi_4 = 0, \tag{13.204}$$

其中

$$\lambda_1 = \frac{2\sigma+\nu}{-(2\sigma+2\nu)+\mu\eta(2\sigma+3\nu)}\lambda. \tag{13.205}$$

设在台风的 $0\leqslant r\leqslant a_0$ 区域内存在上升气流(为凝结加热区),在 $r\geqslant a_0$ 的区域内存在下沉气流(为非凝结加热区),a_0 称为台风对流活动半径.显然,在对流活动区域内,$\eta\neq 0$,而在对流活动区外,$\eta=0$.这样,方程(13.204)可作为对流活动区域内的方程,而在对流活动区域外,方程则应是

$$r\frac{\partial}{\partial r}\left(r\frac{\partial\Psi_4}{\partial r}\right)-\lambda_2\Psi_4 = 0, \tag{13.206}$$

其中

$$\lambda_2 = \frac{2\sigma+\nu}{2\sigma+2\nu}\lambda. \tag{13.207}$$

方程(13.204)是可化为 Bessel 方程的方程,若令 $\xi=\sqrt{\lambda_1}r$,$y=r^{-1}\Psi_4$,则方程(13.204)化为 y 关于 ξ 的一阶 Bessel 方程,且它满足 $\Psi_4|_{r=0}=0$ 的解为

$$\Psi_4(r) = Ar\mathrm{J}_1(\sqrt{\lambda_1}r) \quad (0\leqslant r\leqslant a_0), \tag{13.208}$$

其中 J_1 为第一类的一阶 Bessel 函数.

类似,方程(13.206)也可化为 Bessel 方程的方程.若令 $\xi=\mathrm{i}\sqrt{\lambda_2}r$,$y=r^{-1}\Psi_4$,则方程(13.206)也化为 y 对 ξ 的一阶 Bessel 方程,它满足 $\Psi_4|_{r\to\infty}\to 0$ 的解为

$$\Psi_4(r) = Br\mathrm{H}_1^{(1)}(\mathrm{i}\sqrt{\lambda_2}r) \quad (a_0\leqslant r<\infty), \tag{13.209}$$

其中 $\mathrm{H}_1^{(1)}$ 为第一类的一阶 Hankel 函数.

在 $r=a_0$ 处,我们认为径向速度 v_r 和重力位势 ϕ' 应该是连续的.

由方程组(13.184)的第一式知,在 $r=a_0$ 处 v_r 连续,也就是 ψ 连续,则由(13.208)和(13.209)式有

$$A\mathrm{J}_1(\sqrt{\lambda_1}a_0) = B\mathrm{H}_1^{(1)}(\mathrm{i}\sqrt{\lambda_2}a_0). \tag{13.210}$$

至于位势场,应先求出 ψ_2 和 ψ_4,再由(13.196)式求出 v_{θ_4},最后再由方程组(13.181)的第一式求出 ϕ'.

类似(13.203)式,若设

$$\psi_2 = \Psi_2(r)\mathrm{e}^{\sigma t}, \tag{13.211}$$

则由方程组(13.200)的第一式求得

$$\Psi_2(r) = \frac{\sigma+\nu}{\nu}\Psi_4(r). \tag{13.212}$$

这样就有

$$\Psi_4 - \Psi_2 = -\frac{\sigma}{\nu}\Psi_4, \quad \psi_4 - \psi_2 = -\frac{\sigma}{\nu}\Psi_4\mathrm{e}^{\sigma t}. \tag{13.213}$$

将其代入(13.196)式求得

$$\frac{\partial v_{\theta_4}}{\partial t} = \frac{f_0}{2\Delta p}\cdot\frac{\sigma}{\nu}\frac{1}{r}\Psi_4(r)\mathrm{e}^{\sigma t}. \tag{13.214}$$

再将上式对 t 积分,取积分常数为零,得

$$v_{\theta_4} = \frac{f_0}{2\Delta p}\cdot\frac{1}{\nu r}\Psi_4(r)\mathrm{e}^{\sigma t}. \tag{13.215}$$

将上式代入方程组(13.181)的第一式,求得

$$\frac{\partial\phi_4'}{\partial r} = \frac{f_0^2}{2\Delta p}\cdot\frac{1}{\nu r}\Psi_4(r)\mathrm{e}^{\sigma t}, \tag{13.216}$$

再对 r 求积分即得

$$\phi_4' = \frac{f_0^2\mathrm{e}^{\sigma t}}{2\nu\Delta p}\int\frac{1}{r}\Psi_4(r)\delta r. \tag{13.217}$$

将(13.208)式和(13.209)式分别代入上式,注意

$$\frac{\mathrm{dJ}_0(x)}{\mathrm{d}x} = -\mathrm{J}_1(x), \quad \frac{\mathrm{dH}_0^{(1)}(x)}{\mathrm{d}x} = -\mathrm{H}_1^{(1)}(x),$$

则求得

$$\phi_4' = -\frac{f_0^2}{2\nu\Delta p\cdot\sqrt{\lambda_1}}A\mathrm{J}_0(\sqrt{\lambda_1}r)\mathrm{e}^{\sigma t} \quad (0\leqslant r\leqslant a_0), \tag{13.218}$$

$$\phi_4' = \frac{\mathrm{i}f_0^2}{2\nu\Delta p\cdot\sqrt{\lambda_2}}B\mathrm{H}_0^{(1)}(\mathrm{i}\sqrt{\lambda_2}r)\mathrm{e}^{\sigma t} \quad (a_0\leqslant r<\infty). \tag{13.219}$$

这样,在 $r=a_0$ 处,ϕ_4' 连续就有

$$-\frac{1}{\sqrt{\lambda_1}}A\mathrm{J}_0(\sqrt{\lambda_1}a_0) = \mathrm{i}\frac{1}{\sqrt{\lambda_2}}B\mathrm{H}_0^{(1)}(\mathrm{i}\sqrt{\lambda_2}a_0), \tag{13.220}$$

其中 J_0,$\mathrm{H}_0^{(1)}$ 分别为零阶的第一类 Bessel 函数和 Hankel 函数.

(13.210)式与(13.220)式联立得到

$$\frac{\mathrm{J}_1(\sqrt{\lambda_1}a_0)}{\mathrm{J}_0(\sqrt{\lambda_1}a_0)} = \mathrm{i}\frac{\sqrt{\lambda_2}}{\sqrt{\lambda_1}}\cdot\frac{\mathrm{H}_0^{(1)}(\mathrm{i}\sqrt{\lambda_2}a_0)}{\mathrm{H}_0^{(1)}(\mathrm{i}\sqrt{\lambda_2}a_0)}, \tag{13.221}$$

这是增长率 σ 的特征方程.在给定的参数下,可以求出增长率 σ 与对流活动半径 a_0

的关系. 取 $\mu=1.1$, $f_0=3.77\times10^{-5}\,\mathrm{s}^{-1}$(相当于 $\varphi=15°\mathrm{N}$), $\nu=1.72\times10^{-6}\,\mathrm{s}^{-1}$, $1/\sqrt{\lambda}=1.2\times10^{6}\,\mathrm{m}$, 则由上式算得的 σ 与 a_0 的关系见图 13.6. 由图 13.6 可以看出: 当 $\eta=0.8$ 时, 稳定的 $a_0\approx100$—200 km, 此时 $\sigma=6\times10^{-6}\,\mathrm{s}^{-1}$, 则令 $\sigma t=1$, 求得 $\sigma\approx2\,\mathrm{d}$, 即估计需要二天左右的时间, 通过 CISK, 可使台风的对流活动半径达到 100—200 km.

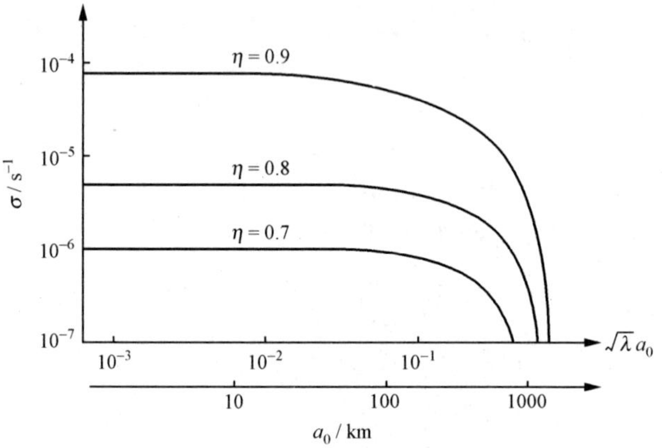

图 13.6　增长率 σ 与对流活动半径的关系

§13.10　台风的结构

台风是具有强烈天气(强风和暴雨)的中尺度系统, 在对流层低层是中心为低压的强的气旋性涡旋, 但在对流层高层转变为中心是高压的弱的反气旋性涡旋. 发展较完善的台风半径有几百公里, 其中强烈对流区的半径约 100 公里. 台风中心附近有平静的台风眼, 半径约为 5—20 km, 台风中心呈暖性, 在台风眼壁附近台风有最大风速, 风速可达 $100\,\mathrm{m\cdot s^{-1}}$. 除台风眼外, 在低层, 空气向中心流入; 而在高层, 空气由中心流出. 在垂直方向, 于边界层顶附近, 风速达最大, 但风速随高度变化相对较小, 具有准正压性. 从台风眼壁到台风边缘存在螺旋结构(螺旋云带和螺旋雨带).

下面利用方程组, 简单描述这些结构, 在 p 坐标系中, 绝热无摩擦条件下以静态为背景的描写轴对称的台风方程组可以写为

$$\begin{cases}\dfrac{\mathrm{d}v_r}{\mathrm{d}t}-\dfrac{v_\theta^2}{r}-f_0v_\theta=-\dfrac{\partial\phi'}{\partial r},\\ \dfrac{\mathrm{d}v_\theta}{\mathrm{d}t}+\dfrac{v_rv_\theta}{r}+f_0v_r=0,\\ \dfrac{\partial\phi'}{\partial p}=-\dfrac{RT'}{p},\\ \dfrac{1}{r}\dfrac{\partial}{\partial r}(rv_r)+\dfrac{\partial\omega}{\partial p}=0,\\ \dfrac{\mathrm{d}}{\mathrm{d}t}\left(\dfrac{\partial\phi'}{\partial p}\right)+\sigma_{\mathrm{m}}\omega=0,\end{cases} \tag{13.222}$$

其中

$$\begin{aligned}&\frac{\mathrm{d}}{\mathrm{d}t}\equiv\frac{\partial}{\partial t}+v_r\frac{\partial}{\partial r}+\omega\frac{\partial}{\partial p},\\ &\sigma_{\mathrm{m}}\equiv-\frac{1}{\rho_0}\frac{\partial\ln\theta_{\mathrm{e}_0}}{\partial p}=\frac{N_{\mathrm{m}}^2}{g^2\rho_0^2}.\end{aligned} \tag{13.223}$$

若令$\dfrac{\mathrm{d}v_r}{\mathrm{d}t}=0$,则由方程组(13.222)的第一式得

$$\left(f_0+\frac{v_\theta}{r}\right)v_\theta=\frac{\partial\phi'}{\partial r}, \tag{13.224}$$

这就是梯度风关系.

北半球 $f_0>0$,则由上式知:当 $v_\theta>0$ 时(逆时针运动),$\dfrac{\partial\phi'}{\partial r}>0$,即中心是低压,这就是对流层低层台风的状况;而当 $v_\theta<0$ 时(顺时针运动),如 $f_0+\dfrac{v_\theta}{r}>0$,则 $\dfrac{\partial\phi'}{\partial r}<0$,即中心是高压,这就是对流层高层台风的状况.

方程组(13.222)的第二式乘以 r,注意 $v_r\equiv\dfrac{\mathrm{d}v_r}{\mathrm{d}t}$,则得

$$\frac{\mathrm{d}M}{\mathrm{d}t}=0, \tag{13.225}$$

其中

$$M\equiv r\left(v_\theta+\frac{1}{2}f_0r\right) \tag{13.226}$$

为绕地轴的绝对角动量.方程(13.225)即是绝对角动量守恒定律.

根据角动量守恒定律,空气向台风中心方向运动时,r 减小.v_θ 将增加,而当 $r\to0$ 时,$v_\theta\to\infty$,这显然是不合理的.所以,空气向台风中心运动时,不能超过一最小半径 $a_{\min}$,当 $r\to a_{\min}$时,$v_\theta\to v_{\theta_{\max}}$,$v_r\to0$.这就表明:在台风中心附近存在一个台风眼,其半径为 $r=a_{\min}$,在台风眼壁上($r=a_{\min}$),v_θ 达极大,v_r 达极小.因而,空

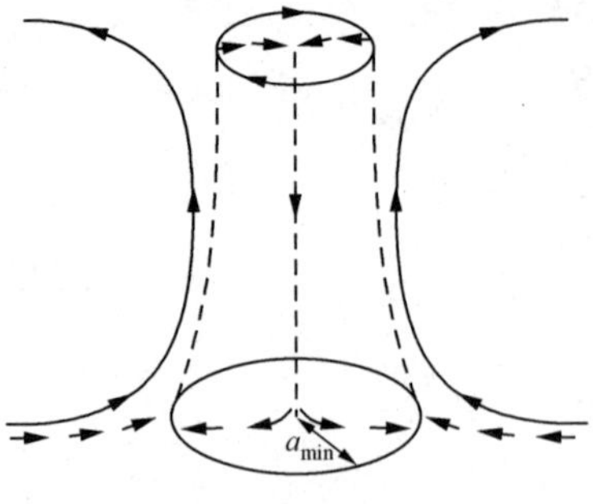

图 13.7　台风流场

气向台风中心运动到达眼壁时将转向，沿眼壁向上运动，到对流层上层某一高度又转向，在眼壁外向外运动，在眼壁内向中心运动，并使台风眼内空气为下沉运动. 图 13.7 是台风流场的示意图.

至于台风眼外的流场可以由能量方程、角动量方程和连续性方程得到说明.

方程组(13.222)的第一式乘以 v_r，第二式乘以 v_θ，然后相加得

$$\frac{\mathrm{d}}{\mathrm{d}t}\left[\frac{1}{2}(v_r^2+v_\theta^2)\right]=-v_r\frac{\partial\phi'}{\partial r},\tag{13.227}$$

这就是台风中的水平运动动能方程. 由上式可知，若要使台风水平动能增加，则 $v_r\dfrac{\partial\phi'}{\partial r}<0$，所以，对流层低层 $\dfrac{\partial\phi'}{\partial r}>0$，则 $v_r<0$，即向中心运动；对流层高层 $\dfrac{\partial\phi'}{\partial r}<0$，则 $v_r>0$，即向外运动.

既然，对流层低层 $v_r|_{r=a_{\min}}=0$，　$v_r|_{r>a_{\min}}<0$，因而 $\dfrac{\partial v_r}{\partial r}<0$，则根据连续性方程(方程组(13.222)的第四式)，这种向眼壁辐合的气流，必然造成上升运动($\omega<0$).

前面已分析：$v_\theta|_{r=a_{\min}}=v_{\theta_{\max}}$，不妨设 $v_\theta|_{r=a}=0$(a 可视为台风半径)，则

$$\frac{\partial v_\theta}{\partial r}<0,$$

而且可以根据(13.226)式定得

$$v_\theta=\frac{f_0(a^2-r^2)}{2r}.\tag{13.228}$$

关于台风的暖心结构，可以由热成风关系得到说明. 利用静力学关系(方程组(13.222)的第三式)和梯度风关系(13.224)可得

$$\left(f_0+\frac{2v_\theta}{r}\right)\frac{\partial v_\theta}{\partial p}=-\frac{R}{p}\frac{\partial T'}{\partial r},\tag{13.229}$$

这就是热成风关系.

因在台风中气旋式运动随高度的增加而减弱，因而通常

$$\frac{\partial v_\theta}{\partial p}>0,$$

则由上式知

$$\frac{\partial T'}{\partial r}<0,\tag{13.230}$$

这就解释了台风的暖心结构.

像台风这样的中尺度系统，其中包含惯性-重力内波，波的等相位线可以表为

$$kr + m\theta + nz - \omega t = 常数，\tag{13.231}$$

其中 ω 为圆频率，k，n 分别为 r，z 方向上的波数，m 称为角波数.

由上式知，在固定时刻的任一高度上有

$$\theta = -\frac{k}{m}r + 常数. \tag{13.232}$$

由上式确定等相位线为螺旋线，见图 13.8. 这时的 m 又称为螺旋臂数. 此图与卫星观察到的台风螺旋图较为一致.

我们推断：一般对流涡旋系统都有眼和螺旋结构.

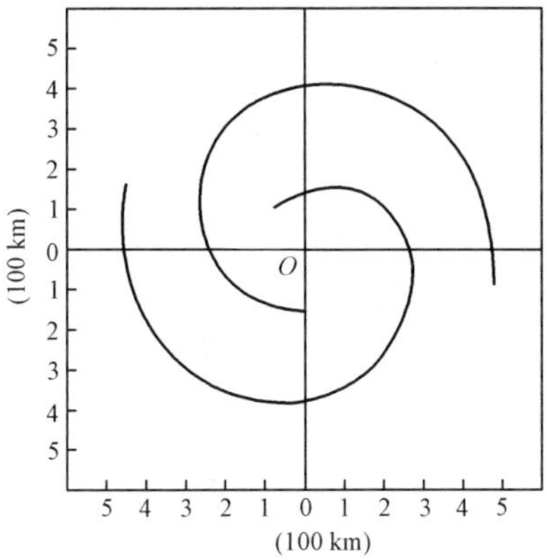

图 13.8 台风的螺旋结构

§13.11 非绝热波动(diabatic waves)

第七章以及本章所讨论的波动都是线性的，而且是绝热的. 线性绝热的大气波动理论一般认为已经成熟，其中周期最长的是 Rossby 波，其周期约为一个星期，它是短期天气预报的理论基础. 研究大气运动的中长期过程和全球气候演变必须要考虑非绝热大气波动. 大量研究表明：加入非绝热因子(如 CISK，海气耦合中海洋对大气的加热等)到大气运动的方程组后出现的非绝热大气波动通常是低频的(周期在两个星期以上)甚至是超低频的(周期为两个月、半年、一年、二年、十年等)，因而非绝热的大气波动是大气运动中长期过程和全球气候演变的理论基础. 近代流行于大气科学界的所谓"低频振荡"实际上就是非绝热波动.

下面，我们以 CISK 机制来说明非绝热波动. 由于对流层低层摩擦辐合抬升，导致凝结潜热释放而加热对流层中上层大气. 假定这部分热量 Q_c 与边界层顶的垂直运动速度 w_B 成正比，即设

$$Q_c = \eta N^2 w_B, \tag{13.233}$$

其中 η 是表征 CISK 机制的无量纲对流凝结加热参数，而且认为它只与 z 有关，且在 $w_B > 0$ 时，$\eta \neq 0$，N^2 为层结参数.

考虑一个稳定层结的 Boussinesq 流体，假定 y 方向是地转的(即所谓半地转近似)，z 方向是静力平衡的，并应用赤道 β 平面近似和(13.233)式，则包含 CISK 机制的非绝热大气波动的线性方程组可以写为

$$\begin{cases}\dfrac{\partial u}{\partial t}-\beta_0 yv=-\dfrac{\partial \phi'}{\partial x},\\ \beta_0 yu=-\dfrac{\partial \phi'}{\partial y},\\ \dfrac{\partial u}{\partial x}+\dfrac{\partial v}{\partial y}+\dfrac{\partial w}{\partial z}=0,\\ \dfrac{\partial}{\partial t}\left(\dfrac{\partial \phi'}{\partial z}\right)+N^2 w=\eta N^2 w_{\mathrm{B}}\end{cases}\quad (\phi'\equiv p'/\rho_0). \tag{13.234}$$

方程组(13.234)的头两式消去 u 有

$$\beta_0^2 y^2 v=-\left(\frac{\partial^2}{\partial t\partial y}-\beta_0 y\frac{\partial}{\partial x}\right)\phi'. \tag{13.235}$$

上式对 y 微商得

$$\beta_0^2 y^2\frac{\partial v}{\partial y}+2\beta_0^2 yv=-\left(\frac{\partial^3}{\partial t\partial y^2}-\beta_0 y\frac{\partial^2}{\partial x\partial y}-\beta_0\frac{\partial}{\partial x}\right)\phi'. \tag{13.236}$$

利用方程组(13.234)的第二式,上式右端的$\dfrac{\partial \phi'}{\partial y}$用$-\beta_0 yu$ 代替,得

$$\beta_0^2 y^2\left(\frac{\partial u}{\partial x}+\frac{\partial v}{\partial y}\right)+2\beta_0^2 yv=-\frac{\partial^3\phi'}{\partial t\partial y^2}+\beta_0\frac{\partial \phi'}{\partial x}. \tag{13.237}$$

利用(13.235)式,上式左端第二项中的 v 用 ϕ' 表示,则得

$$\beta_0^2 y^3\left(\frac{\partial u}{\partial x}+\frac{\partial v}{\partial y}\right)=-y\frac{\partial^3\phi'}{\partial t\partial y^2}+2\frac{\partial^2\phi'}{\partial t\partial y}-\beta_0 y\frac{\partial \phi'}{\partial x}. \tag{13.238}$$

利用方程组(13.234)的第三式,上式左端$\dfrac{\partial u}{\partial x}+\dfrac{\partial v}{\partial y}$用$-\dfrac{\partial w}{\partial z}$代替,则得

$$\beta_0^2 y^3\frac{\partial w}{\partial z}=\left(y\frac{\partial}{\partial y}-2\right)\frac{\partial^2\phi'}{\partial t\partial y}+\beta_0 y\frac{\partial \phi'}{\partial x}. \tag{13.239}$$

上式作$\dfrac{\partial^2}{\partial t\partial z}$运算,并利用方程组(12.234)的第四式,最后得

$$\mathscr{L}w=F, \tag{13.240}$$

其中

$$\mathscr{L}\equiv\frac{\partial}{\partial t}\left\{N^2\left(y\frac{\partial^2}{\partial y^2}-2\frac{\partial}{\partial y}\right)+\beta_0^2 y^3\frac{\partial^2}{\partial z^2}\right\}+N^2\beta_0 y\frac{\partial}{\partial x}, \tag{13.241}$$

$$F\equiv\eta N^2 y\frac{\partial^3 w_{\mathrm{B}}}{\partial t\partial y^2}-2\eta N^2\frac{\partial^2 w_{\mathrm{B}}}{\partial t\partial y}+\eta N^2\beta_0 y\frac{\partial w_{\mathrm{B}}}{\partial x}. \tag{13.242}$$

方程(13.240)就是我们讨论 CISK 机制下非绝热波动的基本方程.

为了便于比较,我们先说明无 CISK 加热的情况,此时 $\eta=0$,方程(13.240)化为

$$\mathscr{L}w=0, \tag{13.243}$$

这是 w 的齐次方程. 考虑 y 方向上的区间为$(-\infty,\infty)$,$y\to\pm\infty$表示远离赤道地区;z 方向取对流层 $0\leqslant z\leqslant H$,并且给以如下的边界条件:

$$w\mid_{z=0,H}=0,\quad w\mid_{y\to\pm\infty}=0. \tag{13.244}$$

考虑到方程(13.243)和边界条件(13.244),应用正交模方法,令

$$w=W(y)\mathrm{e}^{\mathrm{i}(kx+nz-\omega t)}\quad(n=\pi/H). \tag{13.245}$$

将上式代入方程(13.243)和边界条件(13.244)得到

$$\begin{cases} y^2\dfrac{\mathrm{d}^2W}{\mathrm{d}y^2}-2y\dfrac{\mathrm{d}W}{\mathrm{d}y}-\left(\dfrac{1}{L_1^4}y^4+\dfrac{\beta_0 k}{\omega}y^2\right)W=0, \\ W\mid_{y\to\pm\infty}=0, \end{cases} \tag{13.246}$$

其中

$$L_1\equiv\sqrt{\frac{c_1}{\beta_0}}\quad\left(c_1\equiv\frac{N}{n}=\frac{NH}{\pi}\right) \tag{13.247}$$

为低纬斜压 Rossby 变形半径. 若令

$$\xi=(y/L_1)^2, \tag{13.248}$$

因

$$\frac{\mathrm{d}W}{\mathrm{d}y}=\frac{2}{L_1^2}y\frac{\mathrm{d}W}{\mathrm{d}\xi},\quad \frac{\mathrm{d}^2W}{\mathrm{d}\xi^2}=\frac{4}{L_1^4}y^2\frac{\mathrm{d}^2W}{\mathrm{d}\xi^2}+\frac{2}{L_1^2}\frac{\mathrm{d}W}{\mathrm{d}\xi},$$

则问题(13.246)化为

$$\begin{cases} \xi\dfrac{\mathrm{d}^2W}{\mathrm{d}\xi^2}-\dfrac{1}{2}\dfrac{\mathrm{d}W}{\mathrm{d}\xi}-\dfrac{1}{4}\left(\xi+\dfrac{kc_1}{\omega}\right)W=0, \\ W\mid_{\xi\to\infty}=0. \end{cases} \tag{13.249}$$

若再令

$$W=\mathrm{e}^{-\frac{1}{2}\xi}\hat{W}, \tag{13.250}$$

因

$$\frac{\mathrm{d}W}{\mathrm{d}\xi}=\mathrm{e}^{-\frac{1}{2}\xi}\left(\frac{\mathrm{d}\hat{W}}{\mathrm{d}\xi}-\frac{1}{2}\hat{W}\right),\quad \frac{\mathrm{d}^2W}{\mathrm{d}\xi^2}=\mathrm{e}^{-\frac{1}{2}\xi}\left(\frac{\mathrm{d}^2\hat{W}}{\mathrm{d}\xi^2}-\frac{\mathrm{d}\hat{W}}{\mathrm{d}\xi}+\frac{1}{4}\hat{W}\right),$$

则问题(13.249)化为下列 Kummer 方程(合流超几何方程)的本征值问题

$$\begin{cases} \xi\dfrac{\mathrm{d}^2\hat{W}}{\mathrm{d}\xi^2}+(\gamma-\xi)\dfrac{\mathrm{d}\hat{W}}{\mathrm{d}\zeta}-\alpha\hat{W}=0, \\ \hat{W}\mid_{\xi\to\infty}=O(\xi^m), \end{cases} \tag{13.251}$$

其中

$$\gamma=-1/2,\quad \alpha=-1/4\left(1-\frac{kc_1}{\omega}\right). \tag{13.252}$$

因为 $\xi\to\infty$ 时 $\mathrm{e}^{-\frac{1}{2}\xi}\to0$,则由(13.250)式,要求 $\xi\to\infty$ 时,$W\to0$,这可以通过要求 $\hat{W}$ 在 $\xi\to\infty$ 时,按 ξ 的幂函数 ξ^m $(m\geqslant0)$ 格式发散而实现,这样才有(13.251)的第二式.

本征值问题(13.251)的本征值为

$$\alpha = -m \quad (m = 0,1,2,\cdots), \tag{13.253}$$

相应的本征函数为

$$\hat{W} = A_m \mathrm{F}\left(-m, -\frac{1}{2}, \xi\right), \tag{13.254}$$

其中 $\mathrm{F}(\alpha, r, \xi) = \mathrm{F}\left(-m, -\frac{1}{2}, \xi\right)$ 为 Kummer 函数(合流超几何函数),A_m 为常数.

以(13.252)式中的 α 代入到(13.253)式求得圆频率为

$$\omega = \frac{kc_1}{-4m+1} \quad (m = 0,1,2,\cdots). \tag{13.255}$$

而(13.254)代入到(13.250)式,再代入到(13.245)式求得

$$w = A_m \mathrm{e}^{-\frac{y^2}{2L_1^2}} \cdot \mathrm{F}\left(-m, -\frac{1}{2}, \frac{y^2}{L_1^2}\right) \mathrm{e}^{\mathrm{i}(kx+nz-\omega t)}. \tag{13.256}$$

由(13.255)式知,当 $m=0$ 时化为

$$\omega = kc_1, \tag{13.257}$$

这显然是向东传播的低纬 Kelvin 波. 而当 $m \geqslant 1$ 时,(13.255)式包含 $\omega = -\frac{1}{3}kc_1$, $-\frac{1}{7}kc_1$, $-\frac{1}{11}kc_1$, $\cdots$频率的波动;而斜压的低纬 Rossby 波的圆频率(13.126)式在超长尺度($k^2 \to 0$)的条件下包含 $\omega_{\mathrm{R}} = -\frac{1}{3}kc_1$, $-\frac{1}{5}kc_1$, $-\frac{1}{7}kc_1$, $\cdots$频率. 所以,我们认为在 $m \geqslant 1$ 时,(13.255)式表征的就是超长尺度的向西传播的低纬 Rossby 波.

在存在 CISK 加热,即 $\eta \neq 0$ 时,情况将会如何呢? 为简化起见,我们只考虑(13.242)式中 F 的第三项,这样,方程(13.236)写为

$$\mathscr{L}w = \eta N^2 \beta_0 y \frac{\partial w_{\mathrm{B}}}{\partial x}, \tag{13.258}$$

其中要考虑 η 随 z 的变化. 同样,应用正交模方法,但令

$$\begin{cases} w = W(y,z)\mathrm{e}^{\mathrm{i}(kx-\omega t)}, \\ w_{\mathrm{B}} = W_{\mathrm{B}}\mathrm{e}^{\mathrm{i}(kx-\omega t)}, \end{cases} \tag{13.259}$$

显然,当 $z = h_{\mathrm{B}}$ 时,$W = W_{\mathrm{B}}$,但我们不考虑 W_{B} 随 y 的变化.

(13.259)式代入到方程(13.258),得到

$$\omega N^2 \left(y \frac{\partial^2 W}{\partial y^2} - 2\frac{\partial W}{\partial y}\right) + \omega \beta_0^2 y^3 \frac{\partial^2 W}{\partial z^2} - N^2 k\beta_0 yW = -\eta N^2 k\beta_0 y W_{\mathrm{B}}, \tag{13.260}$$

这是 W 关于 y, z 的偏微分方程. 为了求解方便,我们应用垂直方向上的三层模式. 此模式的概图见图 13.9,其中 Δz 表示 z 方向等分层次的间隔,图 13.10 为该模式中 η 随 z 的变化图示.

图 13.9 三层模式概图

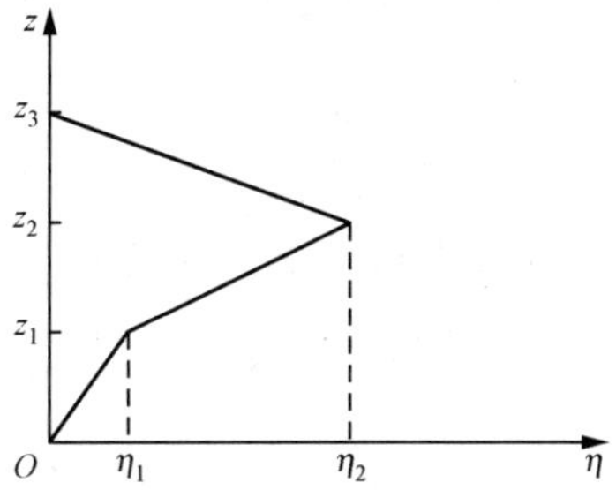

图 13.10 三层模式中 η 随 z 的变化

我们将方程(13.260)写在三层模式的第一和第二层上，且对 z 的微商用差商代替，即

$$\left(\frac{\partial^2 W}{\partial z^2}\right)_1 = \frac{W_2 - 2W_1}{(\Delta z)^2}, \quad \left(\frac{\partial^2 W}{\partial z^2}\right)_3 = \frac{W_1 - 2W_2}{(\Delta z)^2}. \tag{13.261}$$

注意 $W_B = W_1$，且不考虑 W_1 随 y 的变化，则有

$$\begin{cases} \omega\beta_0^2 y^3 \cdot \dfrac{W_2 - 2W_1}{(\Delta z)^2} - N^2 k\beta_0 y W_1 = -\eta_1 N^2 k\beta_0 y W_1, \\ \omega N^2 \left(y\dfrac{\mathrm{d}^2 W_2}{\mathrm{d}y^2} - 2\dfrac{\mathrm{d}W_2}{\mathrm{d}y}\right) + \omega\beta_0^2 y^3 \cdot \dfrac{W_1 - 2W_2}{(\Delta z)^2} - N^2 k\beta_0 y W_2 = -\eta_2 N^2 k\beta_0 y W_1. \end{cases} \tag{13.262}$$

由方程组(13.262)的第一式求得

$$W_1 = \frac{\omega\beta_0 y^2}{(1-\eta_1)kN^2(\Delta z)^2 + 2\omega\beta_0 y^2} W_2. \tag{13.263}$$

上式代入到方程组(13.262)的第二式，得到

$$y^2 \frac{\mathrm{d}^2 W_2}{\mathrm{d}y^2} - 2y\frac{\mathrm{d}W_2}{\mathrm{d}y} - G(y)W_2 = 0, \tag{13.264}$$

其中

$$G(y) \equiv \frac{\dfrac{3\omega^2\beta_0^2}{(\Delta z)^2} y^6 + (4 - 2\eta_1 - \eta_2)\omega N^2 k\beta_0^2 y^4 + (1-\eta_1)k^2 N^4 \beta_0 (\Delta z)^2 y^2}{\omega N^2 [(1-\eta_1)kN^2(\Delta z)^2 + 2\omega\beta_0 y^2]}. \tag{13.265}$$

取

$$\eta_1 = 1, \tag{13.266}$$

(13.265)式化为

$$G(y) = \frac{1}{L_2^4} y^4 + \frac{(2-\eta_2)\beta_0 k}{2\omega} y^2, \tag{13.267}$$

其中

$$L_2 \equiv \sqrt{\frac{c_2}{\beta_0}}, \quad c_2 = \sqrt{\frac{2}{3}} N \cdot \Delta z. \tag{13.268}$$

这样，方程(13.264)化为

$$y^2\frac{d^2W_2}{dy^2}-2y\frac{dW_2}{dy}-\left[\frac{1}{L_2^4}y^4+\frac{\left(1-\frac{\eta_2}{2}\right)\beta_0 k}{\omega}y^2\right]W_2=0. \tag{13.269}$$

方程(13.269)在形式上完全同(13.246)式的第一个方程，只是 W 换成了 W_2，L_1 换成了 L_2，ω 换成了 $\omega\Big/\left(1-\frac{\eta_2}{2}\right)$，则依据(13.255)式求得圆频率为

$$\omega=\frac{\left(1-\frac{\eta_2}{2}\right)kc_2}{-4m+1}\quad(m=0,1,2,\cdots). \tag{13.270}$$

而依据(13.256)，并注意 $\eta_1=1$ 时，$W_1=\frac{1}{2}W_2=W_B$，则求得

$$w_2=B_m e^{-\frac{y^2}{2L_2^2}}\cdot F\left(-m,-\frac{1}{2},\frac{y^2}{L_2^2}\right)(2W_B)e^{i(kx-\omega t)}, \tag{13.271}$$

其中 B_m 为常数.

由(13.270)式知，当 $m=0$ 时化为

$$\omega=\left(1-\frac{\eta_2}{2}\right)kc_2. \tag{13.272}$$

它表征有 CISK 加热的低纬 Kelvin 波，称为 CISK-Kelvin 波. 只要 $0<\eta_2<2$，则 $\omega>0$，且数值要小于 $\eta_2=0$ 时的 kc_2，由此可见，只要 $0<\eta_2<2$. CISK-Kelvin 波向东传播，且比无 CISK 加热时圆频率的数值要小. 当然，$\eta_2>2$ 时，$\omega<0$，CISK-Kelvin 波向西传播.

由(13.270)式还知，当 $m\geqslant 1$ 时，它表征的是有 CISK 加热的超长尺度的低纬 Rossby 波，称为 CISK-Rossby 波. 只要 $0<\eta_2<2$，则 $\omega<0$ 且其绝对值也要小于 $\eta_2=0$ 时的 $\frac{kc_2}{-4m+1}$，因而只要 $0<\eta_2<2$，CISK-Rossby 波向西传播，且比无 CISK 加热时的圆频率的绝对值要小. 当然，$\eta_2>2$ 时，$\omega>0$，CISK-Rossby 波向东传播.

从 CISK 加热的简单例子中充分说明：非绝热波是低频波，特别是长周期的低频波的引导机制，是大气运动中长期过程和全球气候演变的理论基础. 同时，非绝热波改变或扩大了原绝热波的波速和传播方向.

复习思考题

1. 低纬大气运动有哪些特点？
2. 低纬大气运动的 Ro，Ri 各是多少？
3. 低纬大气地转风关系成立否？为什么？在定常时低纬大气较准确的流场与气压场的关系应是什么？
4. 低纬大气惯性振荡的圆频率与周期各是多少？它与中高纬惯性振荡有何

区别？

5. 什么是低纬 Kelvin 波？其风场、气压场有哪些特点？

6. 什么是混合 Rossby-重力波？其风场、气压场有哪些特点？

7. 什么是 ITCZ？它在低纬起什么作用？

8. 什么是 CISK？它与通常条件下的不稳定有何不同？说明 CISK 使得大尺度扰动和热带气旋同时发展的过程？

9. 用角动量守恒原理说明台风眼的存在.

10. 用热成风方程说明台风的暖心结构.

习　题

1. 对低纬大尺度运动的涡度方程作尺度分析，证明：

(1) 无凝结时，涡度方程可简化为

$$\left(\frac{\partial}{\partial t}+u\frac{\partial}{\partial x}+v\frac{\partial}{\partial y}\right)\zeta+\beta_0 v=0,$$

其中 u,v 可分别表为 $u=-\dfrac{\partial\psi}{\partial y}, v=\dfrac{\partial\psi}{\partial x}$.

(2) 有凝结时，涡度方程可简化为

$$\left(\frac{\partial}{\partial t}+u\frac{\partial}{\partial x}+v\frac{\partial}{\partial y}\right)\zeta+\beta_0 v+(f+\zeta)D=0.$$

2. 证明：对低纬 Kelvin 波，使 ϕ 的振幅的 e 衰减(e-folding)的经向距离为

$$y_c=\sqrt{2}L_0\quad (L_0\equiv\sqrt{c_0/\beta_0}).$$

3. 证明：对混合 Rossby-重力外波

$$k_1\neq 1/\sqrt{2}\quad (\text{或 } k\neq 1/\sqrt{2}L_0),$$

否则 $\omega_1=-k_1$(或 $\omega=-k\beta_0 L_0^2=-kc_0$).

4. 求低纬大气 Kelvin 波和 Yanai 波的群速度.

5. 对于低纬正压大气线性波动

(1) 证明(13.90)式(取 $\delta=1$)的有量纲形式为

$$-\frac{kc_0}{\omega}+\frac{\omega^2}{\beta_0 c_0}-\frac{k^2 c_0}{\beta_0}=2m+1.$$

(2) 由上式证明 $k=-\dfrac{\beta_0}{2\omega}\pm\sqrt{\left(\dfrac{\beta_0}{\omega}-\dfrac{2\omega}{c_0}\right)^2-8m\dfrac{\beta_0}{c_0}}$.

(3) 求群速度 c_g，并证明当 $\omega=-\beta_0/2k$ 时，$c_g=0$.

(4) 在 $c_g=0$ 的条件下，证明

$$\omega^2=\frac{\beta_0 c_0}{2}\left(2m+1\pm 2\sqrt{m(m+1)}\right)=\frac{\beta_0 c_0}{2}\left(\sqrt{m+1}\pm\sqrt{m}\right)^2,$$

并且有对低纬惯性-重力外波

$$|\omega_{IG}|_{\min}=\sqrt{\frac{\beta_0 c_0}{2}}(\sqrt{m+1}+\sqrt{m}),$$

对低纬 Rossby 波

$$|\omega_R|_{\max}=\sqrt{\frac{\beta_0 c_0}{2}}(\sqrt{m+1}-\sqrt{m}).$$

6. 低纬大气的正压模式的线性方程组为

$$\begin{cases}\dfrac{\partial u}{\partial t}-\beta_0 yv=-\dfrac{\partial \phi'}{\partial x},\\ \dfrac{\partial v}{\partial t}+\beta_0 yu=-\dfrac{\partial \phi'}{\partial y},\\ \dfrac{\partial \phi'}{\partial t}+c_0^2\left(\dfrac{\partial u}{\partial x}+\dfrac{\partial v}{\partial y}\right)=0.\end{cases}$$

取 $t=\dfrac{1}{\sqrt{2\beta_0 c_0}}t_1$，$(x,y)=\sqrt{\dfrac{c_0}{2\beta_0}}(x_1,y_1)$，$(u,v)=c_0(u_1,v_1)$，$\phi'=c_0^2\phi_1'$，证明上式的无量纲形式为

$$\begin{cases}\dfrac{\partial u_1}{\partial t_1}-\dfrac{1}{2}y_1 u_1=-\dfrac{\partial \phi_1'}{\partial x_1},\\ \dfrac{\partial v_1}{\partial t_1}+\dfrac{1}{2}y_1 u_1=-\dfrac{\partial \phi_1'}{\partial y_1},\\ \dfrac{\partial \phi_1'}{\partial t_1}+\left(\dfrac{\partial u_1'}{\partial x_1}+\dfrac{\partial v_1'}{\partial y_1}\right)=0.\end{cases}$$

7. 如果令

$$q=\frac{\phi'}{c_0}+u,\quad r=\frac{\phi'}{c_0}-u,$$

证明低纬大气正压模式的线性方程组可以写为

$$\begin{cases}\dfrac{\partial q}{\partial t}+c_0\dfrac{\partial q}{\partial x}+c_0\dfrac{\partial v}{\partial y}-\beta_0 yv=0,\\ \dfrac{\partial r}{\partial t}-c_0\dfrac{\partial r}{\partial x}+c_0\dfrac{\partial v}{\partial y}+\beta_0 yv=0,\\ 2\dfrac{\partial v}{\partial t}+c_0\dfrac{\partial}{\partial y}(q+r)+\beta_0 y(q-r)=0.\end{cases}$$

而按上题的尺度，证明它的无量纲形式为

$$\begin{cases}\dfrac{\partial q_1}{\partial t_1}+\dfrac{\partial q_1}{\partial x_1}+\dfrac{\partial v_1}{\partial y_1}-\dfrac{1}{2}y_1 v_1=0,\\ \dfrac{\partial r_1}{\partial t_1}-\dfrac{\partial r_1}{\partial x_1}+\dfrac{\partial v_1}{\partial y_1}+\dfrac{1}{2}y_1 u_1=0,\\ 2\dfrac{\partial v_1}{\partial t_1}+\dfrac{\partial}{\partial y_1}(q_1+r_1)+\dfrac{1}{2}y_1(q_1-r_1)=0.\end{cases}$$

8. 显然,第 6 题的低纬大气正压模式的线性方程组可以化为

$$\mathscr{L}v = 0,$$

其中

$$\mathscr{L} \equiv \frac{\partial}{\partial t}\left\{\frac{\partial^2}{\partial t^2} - c_0^2\left(\frac{\partial^2}{\partial x^2} + \frac{\partial^2}{\partial y^2}\right) + \beta_0^2 y^2\right\} - \beta_0 c_0^2 \frac{\partial}{\partial x}.$$

证明在半地转近似下 $\mathscr{L}$ 退化为

$$\mathscr{L} \equiv \frac{\partial}{\partial t}\left(\frac{\partial^2}{\partial y^2} - \frac{\beta_0^2 y^2}{c_0^2}\right) + \beta_0 \frac{\partial}{\partial x}.$$

9. 如第 6 题的无量纲化的低纬正压模式的线性方程组,证明它可以化为

$$\mathscr{L}_1 v_1 = 0,$$

其中

$$\mathscr{L}_1 \equiv \frac{\partial}{\partial t_1}\left\{\frac{\partial^2}{\partial t_1^2} - \left(\frac{\partial^2}{\partial x_1^2} + \frac{\partial^2}{\partial y_1^2}\right) + \frac{1}{4} y_1^2\right\} - \frac{1}{2}\frac{\partial}{\partial x_1},$$

而且在半地转假定下,$\mathscr{L}_1$ 退化为

$$\mathscr{L}_1 \equiv \frac{\partial}{\partial t_1}\left(\frac{\partial^2}{\partial y_1^2} - \frac{1}{4} y_1^2\right) + \frac{1}{2}\frac{\partial}{\partial x_1}.$$

10. 证明:半地转近似下的正压模式的线性方程组

$$\begin{cases}\dfrac{\partial u}{\partial t} - \beta_0 y v = -\dfrac{\partial \phi'}{\partial x},\\[2mm] \beta_0 y u = -\dfrac{\partial \phi'}{\partial y},\\[2mm] \dfrac{\partial \phi'}{\partial t} + c_0^2\left(\dfrac{\partial u}{\partial x} + \dfrac{\partial v}{\partial y}\right) = 0\end{cases}$$

可以化为

$$\mathscr{L}\phi' = 0,$$

其中

$$\mathscr{L} \equiv \frac{\partial}{\partial t}\left(\frac{\partial^2}{\partial y^2} - \frac{2}{y}\frac{\partial}{\partial y} - \frac{\beta_0^2}{c_0^2} y^2\right) + \beta_0 \frac{\partial}{\partial x}.$$

11. 分别写出低纬惯性-重力内波和低纬斜压 Rossby 波所满足的方程.

12. 证明半地转近似中,可以滤去低纬惯性-重力内波而保留低纬超长尺度的低纬斜压 Rossby 波和 Kelvin 波,并写出此时超长尺度的低纬斜压 Rossby 波的圆频率.

13. 对于混合 Rossby-重力外波或 Yanai 波,证明

$$u = \phi'/c_0,\quad q = 2u,\quad r = 0.$$

提示:$m=0$ 并利用(13.117)式和第 7 题.

14. 利用上题和第 7 题,证明 Yanai 波满足

$$\begin{cases}\dfrac{\partial u}{\partial t}+c_0\dfrac{\partial u}{\partial x}-\beta_0 yv=0,\\ \dfrac{\partial v}{\partial t}+c_0\dfrac{\partial u}{\partial y}+\beta_0 yu=0.\end{cases}$$

因而有

$$\mathscr{L}_{\mathrm{Y}}v=0,$$

其中

$$\mathscr{L}_{\mathrm{Y}}\equiv\frac{\partial}{\partial t}\left(\frac{\partial}{\partial t}+c_0\frac{\partial}{\partial x}\right)+\beta_0 c_0.$$

提示：$q=2u, r=0, c_0\dfrac{\partial v}{\partial y}+\beta_0 yv=0$.

15. 由方程(13.47)，若设

$$\phi'=F_1(x-c_0t,y)+F_2(x+c_0t,y),$$

证明：

$$F_1(x-c_0t,y)=F(x-c_0t)\mathrm{e}^{-\frac{y^2}{2L_0^2}},$$

$$F_2(x+c_0t,y)=G(x+c_0t)\mathrm{e}^{-\frac{y^2}{2L_0^2}}\quad\left(L_0\equiv\sqrt{\frac{c_0}{\beta_0}}\right).$$

16. 用下列 p 坐标系的方程组

$$\begin{cases}\dfrac{\partial u}{\partial t}=-\dfrac{\partial\phi'}{\partial x},\\ \beta_0 yu=-\dfrac{\partial\phi'}{\partial y},\\ \dfrac{\partial u}{\partial x}+\dfrac{\partial\omega}{\partial p}=0,\\ \dfrac{\partial}{\partial t}\left(\dfrac{\partial\phi'}{\partial p}\right)+\sigma\omega=0,\end{cases}$$

在 $y\to\infty,\phi'\to0$ 的条件下求解 Kelvin 波.

17. 用下列 p 坐标系的方程组

$$\begin{cases}\dfrac{\partial u}{\partial t}-\beta_0 yv=-\dfrac{\partial\phi'}{\partial x},\\ \dfrac{\partial v}{\partial t}+\beta_0 yu=-\dfrac{\partial\phi'}{\partial y},\\ \dfrac{\partial u}{\partial x}+\dfrac{\partial v}{\partial y}+\dfrac{\partial\omega}{\partial p}=0,\\ \dfrac{\partial}{\partial t}\left(\dfrac{\partial\phi'}{\partial p}\right)+\sigma\omega=0,\end{cases}$$

在 $y\to\pm\infty, v=0$ 的条件下求解一般低纬大气波动.

主要参考书目

Andrews D G, Holton J R, Leovy C B. Middle atmosphere dynamics. Academic Press, 1987.

Gill A E. Atmosphere-ocean dynamics. Academic Press, 1982.

Holton J R. An introduction to dynamic meteorology. Academic Press, 1992.

Kuo H L (郭晓岚). Dynamics of quasi-geostrophic flows and instability theory//Advances in applied mechanics, vol. 13. Academic Press, 1973.

刘式适,刘式达.物理学中的非线性方程.北京:北京大学出版社,2000.

刘式适,刘式达.特殊函数(第二版).北京:气象出版社,2002.

Pedlosky J. Geophysical fluid dynamics. Springer-Verlag, 1986.

Pedlosky J. Waves in the ocean and atmosphere. Springer-Verlag, 2003.

杨大升.动力气象学.北京:气象出版社,1983.

Zeitlin V. Nonlinear dynamics of rotating shallow water, method and advances. Elsevier, 2007.